PROGRAMA DEL DIPLOMA DEL IB OXFORD

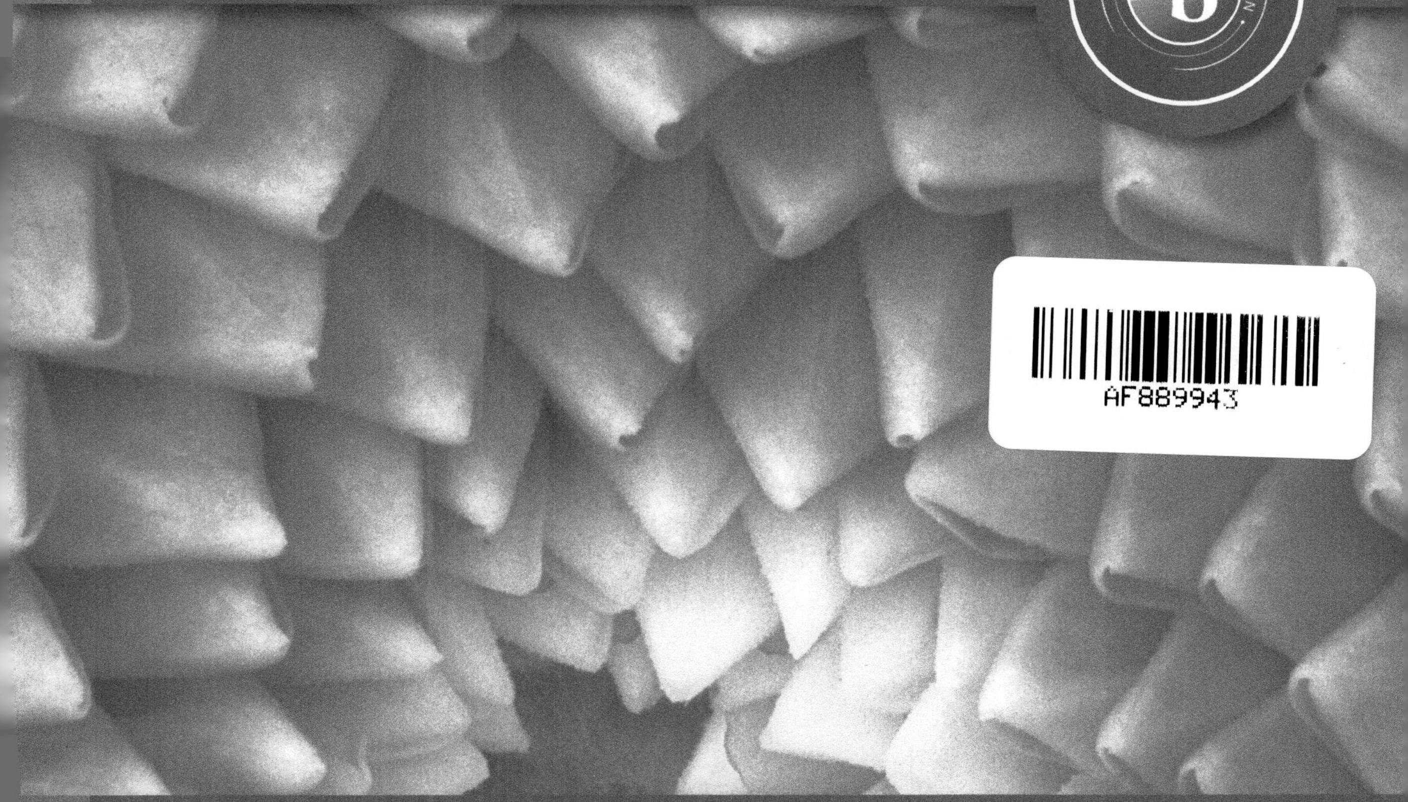

VERSIÓN EN ESPAÑOL

ESTUDIOS MATEMÁTICOS

NIVEL MEDIO

LIBRO DEL ALUMNO

Peter Blythe
Jim Fensom
Jane Forrest
Paula Waldman de Tokman

OXFORD
UNIVERSITY PRESS

OXFORD
UNIVERSITY PRESS

Great Clarendon Street, Oxford, OX2 6DP, Reino Unido

Oxford University Press es un departamento de la Universidad de Oxford que promueve el objetivo de excelencia académica, educativa e investigadora de esta Universidad mediante sus publicaciones en todo el mundo. Oxford es una marca registrada de Oxford University Press en el Reino Unido y en algunos otros países.

Traducido del inglés por Paula Waldman de Tokman, y revisado por Irene Owen y Valeria Juanatey-Oogan

Primera publicación en 2015

Esta publicación figura en el catálogo de la Biblioteca Británica con los datos siguientes:

978-0-19-833875-8

3 5 7 9 10 8 6 4 2

El papel usado para la fabricación de este libro es un producto natural y reciclable de madera de bosques sostenibles. El proceso de fabricación se ajusta a las normas ambientales del país de origen.

Impreso en Gran Bretaña

Agradecimientos

Los editores desean agradecer a las siguientes personas e instituciones su autorización para usar sus fotografías:

P3: PEKKA AHO/Associated Press; P20: kirych/Shutterstock; P22: allOver photography/Alamy; P25: Ronald Sumners/Shutterstock; P41: Christopher King/Dreamstime.com; P41: XYZ/Shutterstock; P41: Ionia/Shutterstock; P43: Paul Brown/Rex Features; P45: Gravicapa/Shutterstock; P45: Sergej Razvodovskij/Shutterstock; P63: Stéphane Bidouze/Shutterstock; P69: Liv Falvey/ Shutterstock; P84: Paul Walters Worldwide Photography Ltd/ Photo Library; P85: David H.Seymour/Shutterstock; P85: SkillUp/ Shutterstock; P85: Nlshop/Shutterstock; P85: marina ljubanovic/ Shutterstock; P87: David Parker/Alamy; P130: Dietmar Höpfl/ Shutterstock; P130: pagadesign/istockphoto; P131: Professor Peter Goddardd/Science Photo Library; P131: Dreamstime; P133: A777thunder; P165: James Steidl/Shutterstock; P166: Tatiana53/ Shutterstock; P166: Hemera Technologies/Getty Images; P171: Smileus/Shutterstock; P173: Dirk Ercken/Shutterstock; P173: Bradcalkin.../Dreamstime.com; P174: Draghicich/Dreamstime.com; P175: sherpa/Shutterstock; P181: Yegor Korzh/Shutterstock; P183: dragon_fang/Shutterstock; P201: NASA Archive; P203: Dmitrijs Dmitrijevs/Shutterstock; P204: Zimmytws/Shutterstock; P214: Volosina/Shutterstock; P215: Elena Elisseeva/Shutterstock; P223: pandapaw/Shutterstock; P224: Science Photo Library; P227: Lakhesis/shutterstock; P230: paul prescott /Shutterstock; P239: Erik Lam/Shutterstock; P241: Rakov Studio/Shutterstock; P252: Magalí Izaguirre/Istock; P252: Maxx-Studio/Shutterstock; P225: italianestro/shutterstock; P278: ruzanna/Shutterstock; P293: Dmitry Rukhlenko/Dreamstime.com; P293: Paul Wootton/Science Photo Library; P292: Eugene Sim/Shutterstock; P293: PixAchi/ Shutterstock; P292: Jessmine/Shutterstock; P295: Annabelle496/ Dreamstime.com; P303: Rui Matos/Dreamstime.com; P304: Slidepix/Dreamstime.com; P306: negative/Shutterstock; P308: Oleksandr Pekur/Dreamstime.com; P310: Tupungato/Dreamstime.com; P312: Anna Dudek/Dreamstime.com; P320: Stuart Key/ Dreamstime.com; P327: Seymour/Science Photo Library; P326: MoonBloom/Shutterstock; P327: Christian Delbert/Shutterstock; P327: GoodMood Photo/Shutterstock; P329: Badzmanaoi.../Dreamstime.com; P350: negative/Shutterstock; P352: Tatiana Popova/ Shutterstock; P352: Sinelyov/Shutterstock; P355: Roman Sigaev/ Shutterstock; P361: Sinelyov/Shutterstock; P365: grum_l/Shutterstock; P378: M&N/Alamy; P379: Peter E Noyce/Alamy; P379: Tele52/Dreamstime.com; P378: Oleksiy Mark/Shutterstock; P381: Comstock/Thinkstock; P403: Olga Utlyakova/Shutterstock; P419: FromOldBooks.org/Alamy; P418: Briangoff/Dreamstime.com; P418: TerryM/Shutterstock; P418: Bomshtein/Shutterstock; P419: Zack Clothier/Shutterstock; P419: Anton Brand/Shutterstock; P421: Ahmet Ihsan Ariturk/Dreamstime.com; P423: Sunnyi/Dreamstime.com; P429: Sunnyi/Dreamstime.com; P452: Simon Colmer and Abby Rex/Alamy; P452: Photo Researchers/Alamy; P452: Carlos Caetano/Shutterstock; P452: Picsfive/Shutterstock; P520: Karin Hildebrand Lau/Shutterstock; P524: Reeed/Shutterstock; P518: De Agostini/Getty Images; P533: Science Source/Science Photo Library; P539: Georgios Kollidas/Shutterstock.

Portada: JS. Sira/Photolibrary.

Los editores han procurado por todos los medios identificar y contactar a todos los titulares de los derechos de autor antes de la publicación de este libro, pero no ha sido posible en todos los casos. Si se les notifica, los editores rectificarán cualquier error u omisión a la mayor brevedad.

Definición del libro del alumno

Los libros del alumno del Programa del Diploma del IB son recursos diseñados como apoyo para el estudio en los dos años del Programa del Diploma. Estos recursos ayudan a los alumnos a entender lo que se espera del estudio de una asignatura del Programa del Diploma del IB y presentan su contenido de manera que ilustra el propósito y los objetivos del IB. Reflejan la filosofía y el enfoque del IB, y favorecen una comprensión profunda de la asignatura al establecer conexiones con temas más amplios y brindar oportunidades para el pensamiento crítico.

Conforme a la filosofía del IB, los libros abordan el currículo teniendo en cuenta el curso en su totalidad y el uso de una amplia gama de recursos, la mentalidad internacional, el perfil de la comunidad de aprendizaje del IB y los componentes troncales del Programa del Diploma del IB: Teoría del Conocimiento, la Monografía y Creatividad, Actividad y Servicio (CAS).

Todos los libros pueden usarse en combinación con otros materiales y, de hecho, se espera que los alumnos del IB extraigan conclusiones basándose en una variedad de recursos. Todos los libros proponen lecturas adicionales y brindan sugerencias para ampliar la investigación.

Además, los libros del alumno proporcionan asesoramiento y orientación con respecto a los requisitos de evaluación de las asignaturas y la probidad académica.

Declaración de principios del IB

El Bachillerato Internacional tiene como meta formar jóvenes solidarios, informados y ávidos de conocimiento, capaces de contribuir a crear un mundo mejor y más pacífico, en el marco del entendimiento mutuo y el respeto intercultural.

En pos de este objetivo, la organización colabora con establecimientos escolares, gobiernos y organizaciones internacionales para crear y desarrollar programas de educación internacional exigentes y métodos de evaluación rigurosos.

Estos programas alientan a alumnos del mundo entero a adoptar una actitud activa de aprendizaje durante toda su vida, a ser compasivos y a entender que otras personas, con sus diferencias, también pueden estar en lo cierto.

El perfil de la comunidad de aprendizaje del IB

El objetivo fundamental de los programas del Bachillerato Internacional (IB) es formar personas con mentalidad internacional que, conscientes de la condición que las une como seres humanos y de la responsabilidad que comparten de velar por el planeta, contribuyan a crear un mundo mejor y más pacífico. Como miembros de la comunidad de aprendizaje del IB, nos esforzamos por ser:

Indagadores: Cultivamos nuestra curiosidad, a la vez que desarrollamos habilidades para la indagación y la investigación. Sabemos cómo aprender de manera autónoma y junto con otros. Aprendemos con entusiasmo y mantenemos estas ansias de aprender durante toda la vida.

Informados e instruidos: Desarrollamos y usamos nuestra comprensión conceptual mediante la exploración del conocimiento en una variedad de disciplinas. Nos comprometemos con ideas y cuestiones de importancia local y mundial.

Pensadores: Utilizamos habilidades de pensamiento crítico y creativo para analizar y proceder de manera responsable ante problemas complejos. Actuamos por propia iniciativa al tomar decisiones razonadas y éticas.

Buenos comunicadores: Nos expresamos con confianza y creatividad en diversas lenguas, lenguajes y maneras. Colaboramos eficazmente, escuchando atentamente las perspectivas de otras personas y grupos.

Íntegros: Actuamos con integridad y honradez, con un profundo sentido de la equidad, la justicia y el respeto por la dignidad y los derechos de las personas en todo el mundo. Asumimos la responsabilidad de nuestros propios actos y sus consecuencias.

De mentalidad abierta: Desarrollamos una apreciación crítica de nuestras propias culturas e historias personales, así como de los valores y tradiciones de los demás. Buscamos y consideramos distintos puntos de vista y estamos dispuestos a aprender de la experiencia.

Solidarios: Mostramos empatía, sensibilidad y respeto frente a las necesidades y los sentimientos de otros. Nos comprometemos a ayudar a los demás y actuamos con el propósito de influir positivamente en las vidas de las personas y el mundo que nos rodea.

Audaces: Abordamos la incertidumbre con previsión y determinación. Trabajamos de manera autónoma y colaborativa para explorar nuevas ideas y estrategias innovadoras. Defendemos nuestras posturas con valentía y claridad.

Equilibrados: Entendemos la importancia del equilibrio físico, mental y emocional para lograr el bienestar propio y el de los demás.

Reflexivos: Evaluamos detenidamente el mundo y nuestras propias ideas y experiencias. Nos esforzamos por comprender nuestras fortalezas y debilidades para, de este modo, contribuir a nuestro aprendizaje y desarrollo personal.

Probidad académica

Es fundamental citar debidamente a los autores de la información que se utiliza en un trabajo. Después de todo, los autores de las ideas (propiedad intelectual) tienen derechos de propiedad. Para que un trabajo se considere original, debe basarse en ideas propias y citar debidamente la autoría de las ideas y el trabajo de otras personas. Por lo tanto, toda actividad escrita u oral realizada para la evaluación debe estar expresada en palabras propias. Cuando se utilicen fuentes externas o se haga referencia a ellas, ya sea en forma de cita directa o paráfrasis, se debe indicar debidamente su procedencia.

Cómo citar el trabajo de otros

Para indicar que se han utilizado las ideas de otras personas se usan notas a pie de página y bibliografías.

Notas a pie de página (colocadas en la parte inferior de una página) o notas al final (colocadas al final de un documento): deben utilizarse cuando se cita o parafrasea de otro documento, o cuando se reproduce de manera resumida la información de otro documento. No es necesario usar una nota a pie de página para información que forma parte de un área de conocimiento. Es decir, no es necesario citar definiciones en notas a pie de página, ya que se considera que son de conocimiento general.

Bibliografías: deben incluir una lista formal de los recursos que se han utilizado en un trabajo. Por "formal" se entiende que debe presentarse siguiendo una de las varias convenciones aceptadas. Esto normalmente implica separar los recursos utilizados en diferentes categorías (por ejemplo, libros, revistas, artículos periodísticos, recursos de Internet, CD y obras de arte) y proporcionar datos completos de dónde puede encontrar la misma información un lector o un observador del trabajo. La bibliografía es una parte obligatoria de la Monografía.

¿Qué constituye una conducta improcedente?

La conducta improcedente es toda acción por la que un alumno salga o pueda salir beneficiado injustamente en uno o varios componentes de la evaluación. El plagio y la colusión se consideran conducta improcedente.

Plagio: se entiende como la presentación de las ideas o el trabajo de otra persona como propios. Estas son algunas formas de evitar el plagio:

- Debe citarse la autoría de las palabras e ideas de otras personas que se utilicen para respaldar los argumentos propios.
- Los pasajes citados textualmente deben entrecomillarse y debe citarse su autoría.
- Los CD-ROM, mensajes de correo electrónico, sitios web y otros medios electrónicos deben ser tratados de la misma manera que los libros y las revistas.
- Debe citarse la fuente de todas las fotografías, mapas, ilustraciones, programas informáticos, datos, gráficos, materiales audiovisuales y otros materiales similares que no sean de creación propia.
- Cuando se utilicen obras de arte, ya sean de música, cine, danza, teatro o artes visuales, o cuando se haga un uso creativo de una parte de una obra de arte, se debe citar al artista original.

Colusión: se entiende como el comportamiento de un alumno que contribuye a la conducta improcedente de otro. Incluye:

- Permitirle a otro alumno que copie un trabajo o lo presente como si fuese propio
- Presentar un mismo trabajo para distintos componentes de evaluación o requisitos del Programa del Diploma

Otras formas de conducta improcedente incluyen cualquier acción que le permita a un alumno salir beneficiado injustamente, o que tenga consecuencias sobre los resultados de otro alumno (por ejemplo, introducir material no autorizado a la sala de examen, conducta indebida durante un examen y falsificar documentación relacionada con CAS).

Contenidos

Acerca del libro

En este libro se cubre detalladamente el actual programa de estudios de Estudios Matemáticos NM. El libro está escrito por educadores que estuvieron involucrados en la última revisión del currículo. Cada capítulo está dividido en secciones que pueden abordarse en una clase e incluyen:

- Investigaciones
- Sugerencias para exploraciones
- Consejos del examinador
- Teoría del Conocimiento
- Curiosidades
- Exploración histórica

La intención es permitir al alumno navegar por el libro en el orden que elija. Al comienzo de cada capítulo, hay una ejercitación corta sobre lo que el alumno debería saber antes de empezar ese capítulo. Además, el libro presenta un capítulo sobre conocimientos previos. En todo el libro, se incluyen preguntas tipo examen, cuyas soluciones completas están en el sitio web (www.oxfordsecondary.com/ib-matematicas). Las respuestas finales de todas las ejercitaciones están al final del libro.

El capítulo sobre calculadoras de pantalla gráfica (CPG) y las capturas de pantalla en todo el libro son de la calculadora TI-Nspire. Junto a las preguntas en las que se requiere usar la CPG, hay un icono de calculadora.

En la clase es importante aplicar estrategias de diferenciación. Para ayudar a los profesores con esto, los autores han escrito, en cada ejercitación, preguntas que van de fáciles a difíciles. En el sitio web, se incluye además material de ampliación. Parte de este material les resultará útil a los alumnos cuando escriban sus proyectos. Para obtener el máximo nivel de logro en el criterio "Procedimientos matemáticos", los cálculos deben hacerse a mano. En el material de ampliación, esto se expone claramente.

Además hay un capítulo que aborda los criterios de evaluación para el proyecto,
junto con sugerencias para escribir un buen trabajo.

Al final de cada capítulo, se incluye un resumen de las habilidades más importantes que el alumno ha aprendido en ese capítulo. A continuación del resumen, hay algunas páginas interesantes sobre Teoría del Conocimiento, para hacer que los alumnos se detengan a pensar.

El lenguaje utilizado en todo el libro es simple, conciso y claro, con contextos internacionales que son interesantes y pertinentes.

Nota: Se ha utilizado el estilo del IB para los términos matemáticos. También se ha empleado el estilo formal de redacción utilizado en los exámenes del IB, para ayudar a los alumnos a prepararse para dichas pruebas.

Acerca de los autores

Peter Blythe ha enseñado durante 25 años los 4 cursos de matemáticas del Programa del Diploma del IB. Actualmente es profesor en el United World College South East Asia y es examinador jefe adjunto de Estudios Matemáticos NM.

Jim Fensom ha enseñado cursos de matemáticas del IB durante aproximadamente 35 años. Ha trabajado como coordinador de Matemáticas en el Nexus International School en Singapur.

Jane Forrest ha enseñado matemáticas durante más de 30 años. Actualmente es la directora del Rotterdam International Secondary School en los Países Bajos. Fue examinadora jefa adjunta de Estudios Matemáticos NM durante 5 años y es moderadora principal de los proyectos.

Paula Waldman de Tokman ha enseñado matemáticas durante más de 20 años. Fue examinadora jefa adjunta de Estudios Matemáticos durante 6 años. Actualmente enseña cursos de matemáticas del IB en el St. Andrew's Scots School en Buenos Aires (Argentina).

Paul La Rondie y todos los autores del libro de alumno *Matemáticas NM* han contribuido en las secciones sobre Teoría del Conocimiento.

1 Número y álgebra 1

OBJETIVOS DEL CAPÍTULO:

1.1 Números naturales, $\mathbb{N}$; enteros, $\mathbb{Z}$; números racionales, $\mathbb{Q}$; números reales, $\mathbb{R}$
1.2 Aproximación: lugares decimales, cifras significativas, estimación, porcentajes de error
1.3 Expresión de números en notación científica, operaciones con números en notación científica
1.4 SI y otras unidades básicas de medición

Antes de comenzar

Qué necesitamos saber

1 Sustituir en fórmulas. Por ejemplo: G y F se relacionan a través de la fórmula $G = \frac{F-1}{\sqrt{F+2}}$. Hallar el valor de G cuando $F = 98$. $G = \frac{98-1}{\sqrt{98+2}} = 9{,}7$.

2 Resolver ecuaciones simples en una variable. Por ejemplo:

a $2x - 8 = 10$
$2x = 18$
$x = 9$

b $x^2 = 25$
$x = 5$ o $x = -5$

3 Calcular porcentajes. Por ejemplo: Calcular el 5% de 240. $\frac{5}{100} \times 240 = 12$

4 Resolver inecuaciones y representar la solución en la recta numérica. Por ejemplo:

$2x + 7 \leq 10$
$2x \leq 3$
$x \leq 1{,}5$

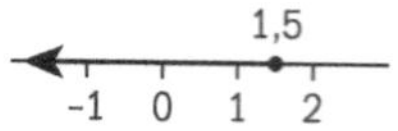

5 Calcular el valor absoluto de un número. Por ejemplo: $|2{,}5| = 2{,}5$; $|-1{,}3| = 1{,}3$; $|0| = 0$; $|5 - 10| = 5$

Comprobemos nuestras habilidades

1 Halle el valor de y cuando $x = -0{,}1$ si las variables x e y están relacionadas a través de la fórmula:

a $y = 3x^2(x - 1)$ **b** $y = \frac{(x-1)^2}{x}$
c $y = (1 - x)(2x + 1)$

2 Halle el valor de x:

a $3x - 7 = 14$ **b** $2(x - 6) = 4$
c $\frac{1}{2}(1-x) = 0$ **d** $x^2 = 16$

3 Calcule:

a 8% de 1200 **b** 0,1% de 234

4 Resuelva las siguientes inecuaciones. Represente las soluciones en la recta numérica:

a $10 - x \leq 1$ **b** $3x - 6 > 12$
c $2x \leq 0$

5 Calcule:

a $|-5|$ **b** $\left|\frac{1}{2}\right|$
c $|5 - 7|$ **d** $\left|\frac{12-8}{8}\right| \times 100$

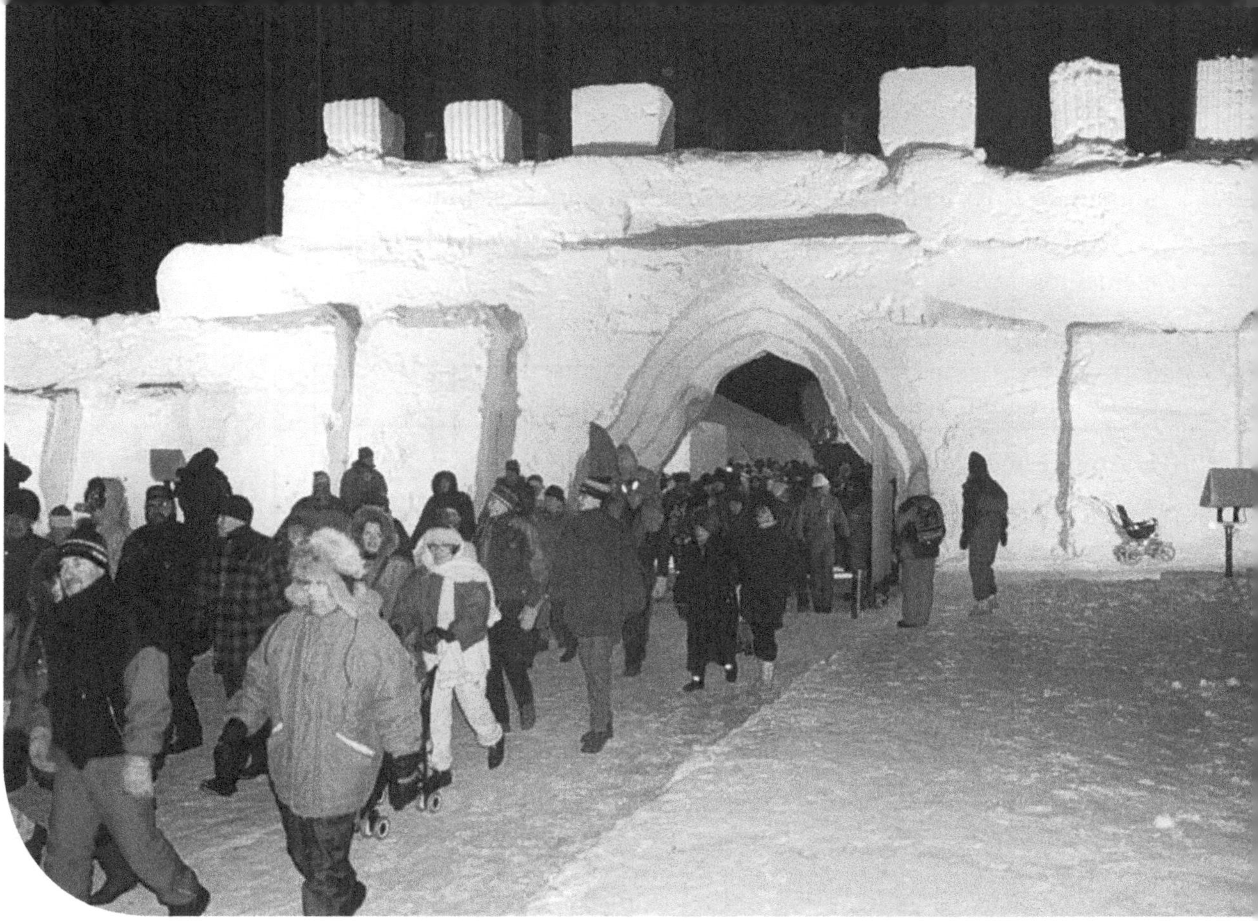

Este es el castillo de nieve más grande del mundo. Se encuentra en el norte de Finlandia. Fue construido por primera vez en 1996. Desde entonces ha sido reconstruido cada invierno en el que hubo suficiente cantidad de nieve.

- El castillo se encuentra 100 km al sur del Círculo Ártico.
- Se tarda en construir aproximadamente seis semanas.
- La temperatura no debe ser mayor que −8 °C para impedir que se derrita.
- El área del castillo varía anualmente. Hasta ahora ha variado de 13 000 a 20 000 m^2.
- Cuando se abrió el castillo por primera vez, lo visitaron aproximadamente 300 000 personas de todo el mundo.
- Los castillos han tenido torres más altas que 20 m y paredes más largas que 1000 m.

Estos hechos y estas cifras acerca del castillo de nieve usan distintos tipos de números y distintos tipos de unidades. Algunos son valores aproximados.

Este capítulo nos ayudará a clasificar números, redondear números y hacer aproximaciones, además de mostrarnos la forma de escribir en notación científica números muy grandes o muy pequeños, y hacer conversiones entre diferentes unidades de medida.

1.1 Los conjuntos numéricos

Estas expresiones usan varios tipos de números:

- La temperatura más baja de Finlandia en invierno está alrededor de −45 °C.
- El desempleo de Irlanda en el 2010 fue superior al 13%.
- Aproximadamente $\frac{4}{5}$ de la población del mundo tiene un teléfono celular o móvil.
- Usain Bolt ganó la carrera de 100 metros en los Juegos Olímpicos de 2008 con un tiempo récord mundial de 9,69 segundos.
- El área de un círculo de radio 1 cm es πcm^2.

Los números 60; -45; $\frac{1}{3}$; 9,69 y π pertenecen a distintos **conjuntos numéricos**, los cuales se describirán en las próximas páginas.

Al final de esta sección, podremos clasificar a estos números como elementos de esos conjuntos.

Los números naturales, $\mathbb{N}$

→ El conjunto de **números naturales** $\mathbb{N}$ es $\{0, 1, 2, 3, 4, \ldots\}$

Usamos estos números:

- *Para contar:* por ejemplo: "En los Juegos Olímpicos de 2012, se espera que participen 205 naciones."
- *Para ordenar:* por ejemplo: "El bosque tropical del Congo es el segundo más grande del mundo."

Escribimos $\mathbb{N} = \{0, 1, 2, 3, 4, 5, \ldots\}$. Las llaves encierran los elementos de un conjunto.

Podemos representar los números naturales en la recta numérica definiendo un **origen** y una **unidad**.

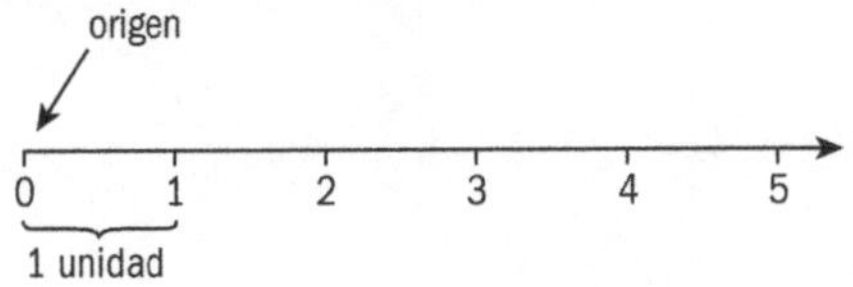

Ejemplo 1

a Halle el valor de estas expresiones cuando $a = 5$ y $b = 7$:

i $a + b$ **ii** $a \times b$ **iii** $a - b$ **iv** $b - a$

b Indique si sus respuestas al apartado **a** son números naturales.

Respuestas

a	**i**	$5 + 7 = 12$	**ii**	$5 \times 7 = 35$	**iii**	$5 - 7 = -2$	**iv**	$7 - 5 = 2$
b	**i**	Natural	**ii**	Natural	**iii**	No natural	**iv**	Natural

Hay tantos números naturales como números pares.

Hay que recordar que los números negativos no están en $\mathbb{N}$.

Ejercitación 1A

a Halle el valor de estas expresiones cuando $a = 2$ y $b = 4$:

i $2a + b$ **ii** $2(a + b)$ **iii** $a^2 - b^2$ **iv** $(a - b)^2$

b Indique si sus respuestas al apartado **a** son números naturales.

Investigación: números naturales

Indique si las siguientes afirmaciones son verdaderas o falsas. Si son falsas, dé un ejemplo para mostrar por qué.

a ¿Verdadero o falso? *Siempre que se sumen dos números naturales, la **suma** será un número natural.*

Si $a + b = c$, decimos que c es la suma de a y b.

b ¿Verdadero o falso? *Siempre que se multipliquen dos números naturales, el **producto** será un número natural.*

Si $a \times b = c$, decimos que c es el producto de a y b.

c ¿Verdadero o falso? *Siempre que se resten dos números naturales, la **diferencia** será un número natural.*

Si $a - b = c$, decimos que c es la diferencia de a y b.

El conjunto de los enteros, $\mathbb{Z}$

En el ejemplo 1 vimos que la diferencia entre dos números naturales *no es siempre* un número natural. De manera que necesitamos un nuevo conjunto, dado que hay cantidades que no se pueden representar con números naturales. El nuevo conjunto es $\mathbb{Z}$, el conjunto de los enteros.

$\mathbb{Z}$ es una extensión de $\mathbb{N}$.

→ El conjunto de **enteros** $\mathbb{Z}$ es $\{\ldots, -4, -3, -2, -1, 0, 1, 2, 3, 4, \ldots\}$

Todo número natural es también un número entero, pero no todo número entero es un número natural.

Se puede representar $\mathbb{Z}$ en la recta numérica así:

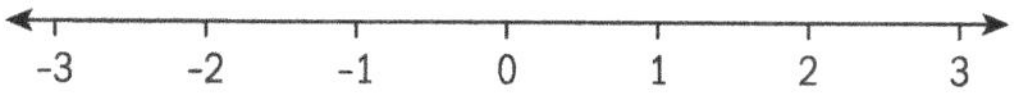

En esta recta numérica:

- Los enteros positivos se ubican a la derecha del cero
- Los enteros negativos se ubican a la izquierda del cero
- El cero no es ni positivo ni negativo

Ejemplo 2

Halle el valor de x en cada ecuación. Indique si la solución de la ecuación es un entero o no.

a $x + 5 = 11$ **b** $-3x = 10$

Respuestas

a $x + 5 = 11$

$x = 6$ x es un entero.

b $-3x = 10$

$x = \frac{-10}{3}$ x no es un entero.

Usamos números negativos para representar muchas situaciones cotidianas. Enumere al menos tres.

Ejemplo 3

a Halle el valor de las siguientes expresiones cuando $j = 4$ y $k = -2$.

i $\frac{5k - j}{k + j}$ **ii** $\frac{j^2 - k}{j^2 + 2k}$

b Indique si sus respuestas al apartado **a** son enteros.

Respuestas

a i $\frac{5(-2) - 4}{-2 + 4} = \frac{-14}{2} = -7$

Escribir las expresiones sustituyendo las letras por los números

ii $\frac{4^2 - (-2)}{4^2 + 2(-2)} = 1{,}5$

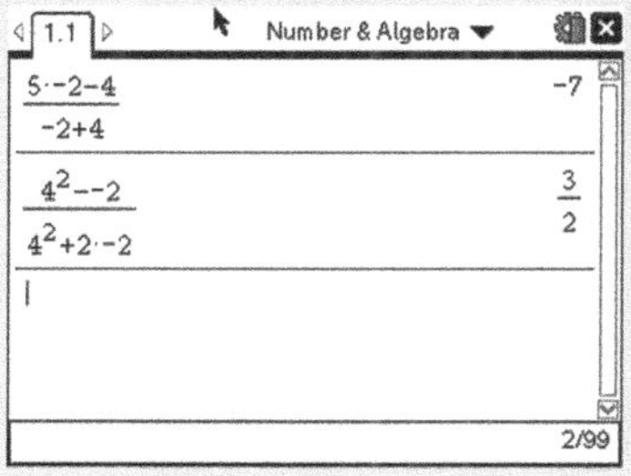

Podemos usar la calculadora de pantalla gráfica (en adelante, CPG) para calcular esto.
Al usar la CPG para ingresar expresiones fraccionarias, debemos recordar el uso de paréntesis para indicar claramente el numerador y el denominador o, en su defecto, utilizar la plantilla de fracción.

b i Entero

ii No entero

Brahmagupta vivió desde 589 hasta 669 e. c. en India. Se le atribuye haber escrito el primer libro que incluyó el cero y los números negativos.

Ejercitación 1B

1 **a** Resuelva la ecuación $4x + 2 = 0$.
b Indique si su solución al apartado **a** es un número entero.

2 **a** Resuelva la ecuación $x^2 = 4$.
b Indique si sus soluciones al apartado **a** son números enteros.

3 **a** Halle el valor de estas expresiones cuando $a = -2$ y $b = 4$.
i $\frac{a-b}{a+b}$ **ii** $3a^2 - \frac{9}{b}$
b Indique si sus respuestas al apartado **a** son números enteros.

Investigación: enteros

Indique si las siguientes afirmaciones son verdaderas o falsas. Si son falsas, dé un ejemplo para mostrar por qué.

a *La **suma** de dos enteros es siempre un entero.*
b *La **diferencia** de dos enteros es siempre un entero.*
c *El **cociente** de dos enteros es siempre un entero.*
d *El **producto** de dos enteros es siempre un entero.*

Si $\frac{a}{b} = c$ entonces decimos que c es el **cociente** de a y b. "Cociente" significa **razón**.

El conjunto de los números racionales, $\mathbb{Q}$

En la investigación tendríamos que haber encontrado que el cociente de dos enteros no es siempre un entero. Por lo tanto necesitamos un nuevo conjunto, ya que hay cantidades que no se pueden representar con enteros. Este conjunto es $\mathbb{Q}$, el conjunto de los números racionales.

$\mathbb{Q}$ es una extensión del conjunto $\mathbb{Z}$.

→ El conjunto de **números racionales** $\mathbb{Q}$ es:

$$\left\{\frac{p}{q} \text{ donde } p \text{ y } q \text{ son enteros y } q \neq 0\right\}$$

Observe que $q \neq 0$ ya que la división por 0 no está definida.

Esta definición significa que un número es racional si se puede escribir como un cociente de dos enteros. Aquí se muestran ejemplos de números racionales.

- 7 es un número racional, ya que se puede escribir como $\frac{7}{1}$, donde 7 y 1 son enteros.
- −3 es un número racional, ya que se puede escribir como $\frac{-3}{1}$, donde −3 y 1 son enteros.
- 0 es un número racional, ya que se puede escribir como $\frac{0}{4}$, donde 0 y 4 son enteros.
- −1,5 es un número racional, ya que se puede escribir como $\frac{-3}{2}$, donde −3 y 2 son enteros.
- $0,\dot{6} = 0,666...$ es un número racional, ya que se puede escribir como $\frac{6}{9}$, donde 6 y 9 son enteros.

La expresión decimal de un número racional puede tener una cantidad finita de lugares decimales (por ejemplo, −1,5) o puede repetirse indefinidamente (por ejemplo, $0,\dot{6}$). Un número cuyos decimales se repiten indefinidamente tiene un **período**, es decir un decimal o un grupo de decimales que se repiten después de la coma decimal. Por ejemplo: el período de 0,66666... es 6 y el período de 0,767676... es 76.

A partir de estos ejemplos podemos ver que todo entero es también un número racional, pero que no todos los números racionales son enteros. Podemos representar algunos números racionales en la recta numérica así:

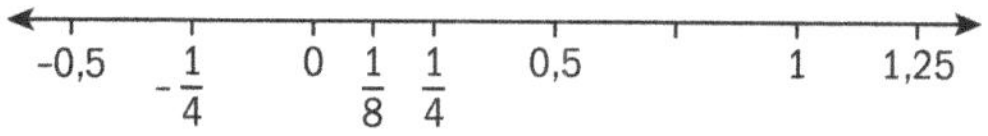

Averigüe más acerca de la historia de los números racionales en las páginas 40–41.

Ejemplo 4

a Exprese $1,\dot{3}$ como una fracción.

b A partir de lo anterior, calcule $1,\dot{3} + \frac{4}{5}$. Dé su respuesta como una fracción.

Respuestas

a Sea $a = 1,\dot{3}$ entonces	
$a = 1,3333\ldots$	
$10a = 13,333\ldots$	*Multiplicar por 10 para obtener otro número con el mismo período*
$10a - a = 13,333\ldots - 1,3333\ldots$	*Restar a de 10a*
$= 12$	
$9a = 12$	*Dividir ambos miembros por 9*
$a = \frac{12}{9} = \frac{4}{3}$	*Simplificar a la expresión más simple*
b $1,\dot{3} + \frac{4}{5} = \frac{4}{3} + \frac{4}{5} = \frac{32}{15}$	*Usar el denominador común 15 o su CPG*

A partir de lo anterior es un término de instrucción que se usa frecuentemente en los exámenes. Si leemos "a partir de lo anterior", entonces debemos usar los resultados anteriores para hallar el valor solicitado.

Ejercitación 1C

1 **a** Halle la expresión decimal de estas fracciones:

$\frac{2}{3}$ $\quad -\frac{5}{4}$ $\quad \frac{2}{9}$ $\quad \frac{4}{7}$ $\quad \frac{-11}{5}$

b Para cada fracción de **a**, indique si su expresión decimal es:

i Finita **ii** Periódica

$\frac{2}{3} \longrightarrow 2 \div 3$

Use su CPG.

2 **a** Exprese $0,\dot{5}$ como una fracción. **b** Exprese $1,\dot{8}$ como una fracción.

c A partir de lo anterior, calcule $0,\dot{5} + 1,\dot{8}$. Dé su respuesta como una fracción.

3 **a** Escriba un número racional cuya expresión decimal sea finita.

b Escriba un número racional cuya expresión decimal sea periódica.

c Escriba un número racional cuya expresión decimal tenga un período que empieza en la cuarta cifra después de la coma decimal.

Para todo par de números racionales siempre podemos encontrar un número racional que se encuentre entre ellos en la recta numérica. Por ejemplo, la **media aritmética** de dos números está a mitad de camino entre ambos números.

Exprese $1,\dot{9}$ como una fracción. ¿Qué observa? ¿Es verdad que $1,\dot{9} = 2$?

Ejemplo 5

a Escriba un número racional que se encuentre en la recta numérica entre $\frac{2}{3}$ y 1.

b Escriba un segundo número racional que se encuentre en la recta numérica entre $\frac{2}{3}$ y 1.

c Escriba un tercer número racional que se encuentre en la recta numérica entre $\frac{2}{3}$ y 1.

Respuestas

a $\dfrac{\frac{2}{3}+1}{2}=\dfrac{5}{6}$

Hallar la media aritmética de $\frac{2}{3}$ y 1. Usar la CPG para simplificar la respuesta.

b $\dfrac{\frac{2}{3}+\frac{5}{6}}{2}=\dfrac{3}{4}$

c $\dfrac{\frac{2}{3}+\frac{3}{4}}{2}=\dfrac{17}{24}$

Escriba es un término de instrucción que señala que se requieren pocos pasos (o ninguno) para obtener la respuesta.

¿Cuántos números racionales hay entre dos números racionales?

→ Un número es racional si:

- Se puede escribir como el cociente de dos enteros
- Su expresión decimal es finita
- Su expresión decimal no termina, pero tiene una cifra o un patrón de cifras que se repite indefinidamente

Decir que "no termina" es lo opuesto a decir que "es finita".

Ejemplo 6

Para cada una de las expresiones **a** $(x+y)^2$ **b** $\sqrt{\dfrac{x+5}{y}}$:

i Calcule el valor cuando $x = -4$ e $y = \frac{1}{2}$.

ii Indique si sus respuestas al apartado **i** son números racionales. Justifique su respuesta.

Respuestas

a i $\left(-4+\frac{1}{2}\right)^2=\left(-\frac{7}{2}\right)^2=\frac{49}{4}$

ii Es un número racional, ya que se puede escribir como el cociente de dos enteros.

Para justificar su respuesta, explicar cómo sabe que es racional

b i $\sqrt{\dfrac{-4+5}{\frac{1}{2}}}=\sqrt{\dfrac{1}{\frac{1}{2}}}=\sqrt{2}$

ii No es un número racional. La expresión decimal es 1,4142135... No tiene un número finito de lugares decimales y no tiene una cifra o un grupo de cifras que se repite indefinidamente.

Ejercitación 1D

1 Escriba tres números racionales que se encuentren entre 2 y $\frac{9}{4}$ en la recta numérica.

2 **a** Calcule el valor de la expresión $\sqrt{2(y-x)}$ cuando $y = 3$ y $x = -\frac{1}{8}$.

b Indique si su respuesta al apartado **a** es un número racional.

3 **a** Escriba tres números racionales entre $\frac{9}{5}$ y $\frac{11}{6}$.

b **i** Escriba tres números racionales entre $-\frac{28}{13}$ y -2.

ii ¿Cuántos números racionales hay entre $-\frac{28}{13}$ y -2?

Investigación: números racionales

Indique si las siguientes afirmaciones son verdaderas o falsas.
Si son falsas, dé un ejemplo para mostrar por qué.

a *La **diferencia** de dos números racionales es siempre un número racional.*
b *El **cuadrado** de un número racional es siempre un número racional.*
c *El **cociente** de dos números racionales es a veces un número racional.*
d *La **raíz cuadrada** de un número racional es siempre un número racional.*

El conjunto de los números reales, $\mathbb{R}$

En la investigación tendríamos que haber encontrado que la raíz cuadrada de un número racional no es siempre un número racional. Por lo tanto necesitamos un nuevo conjunto, ya que hay cantidades que no se pueden representar con números racionales. Por ejemplo, podríamos pensar en un círculo de radio 1 cm.

¿Cuál es el área, A, de este círculo?

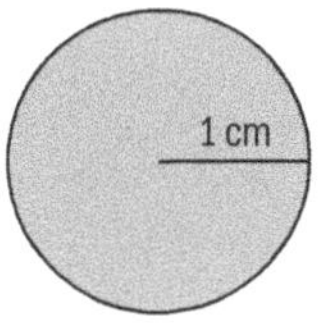

$A = \pi \times r^2$
$A = \pi \times (1\text{ cm})^2$
$A = \pi\text{ cm}^2$

¿Es el número π racional? La expresión decimal de π obtenida de la CPG es 3,141592654. Estas son solo las primeras nueve cifras después de la coma decimal.

La expresión decimal de π tiene un número infinito de cifras después de la coma decimal y no tiene **período** (no tiene un patrón que se repite indefinidamente).

Podemos encontrar las primeras 10 000 cifras de π en el sitio web: http://www.joyofpi.com/pi.html (en inglés).

→ Todo número decimal que tiene un número infinito de cifras después de la coma decimal y que no tiene período es un **número irracional**.

Los números irracionales incluyen, por ejemplo, π, $\sqrt{2}$, $\sqrt{3}$.

> ➔ El conjunto de los números racionales junto con el conjunto de números irracionales completan la recta numérica y forman el conjunto de los **números reales**, $\mathbb{R}$.

> ¿Cuántos números reales hay? ¿Los podemos contar?

Números naturales $\mathbb{N}$

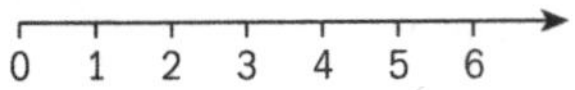

Números enteros $\mathbb{Z}$

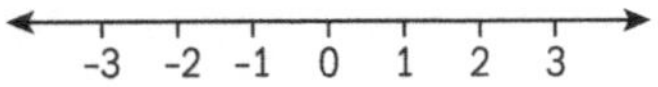

Números racionales $\mathbb{Q}$

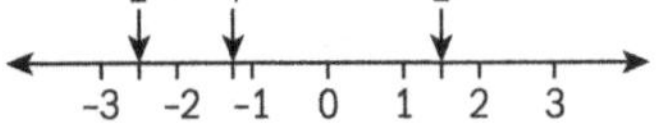

Los números reales $\mathbb{R}$ completan la recta numérica:

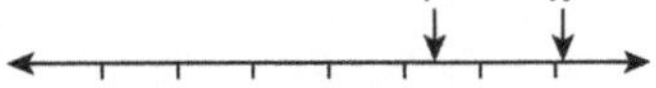

> El 14 de marzo (o en el formato mes/día, 3/14), mucha gente de todo el mundo celebra el **Día de Pi**, ya que 3, 1 y 4 son los dígitos más significativos de π. Además, el 14 de marzo es el cumpleaños de Albert Einstein, por lo que algunas veces ambos eventos se celebran en conjunto. El **Día de la aproximación de Pi** es el 22 de julio, que en el formato día/mes es 22/7, el cual es una aproximación del valor de π.

Ejemplo 7

Calcule cada una de estas medidas e indique si son números racionales o irracionales:

a La longitud l de la diagonal de un cuadrado cuyo lado mide 1 cm

b El área A de un círculo de radio $\frac{1}{\sqrt{\pi}}$ cm

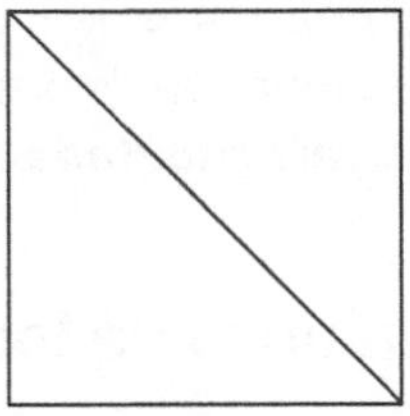

1 cm

Respuestas

a $l^2 = 1^2 + 1^2$	*Usar el teorema de Pitágoras*
$l^2 = 2$	
$l = \sqrt{2}$	$\sqrt{2} = 1,4142...$
$\sqrt{2}$ es un número irracional.	*No es finito, no hay un período.*
b $A = \pi r^2$	*Usar la fórmula del área de un círculo*
$A = \pi \times \left(\frac{1}{\sqrt{\pi}}\right)^2 = \pi \times \frac{1}{\pi}$	
$A = 1\,\text{cm}^2$	
1 es un número racional.	

Ejercitación 1E

1 **a** Calcule la longitud, h, de la hipotenusa de un triángulo rectángulo cuyos lados miden 2 cm y 1,5 cm.

b Indique si h es racional o irracional.

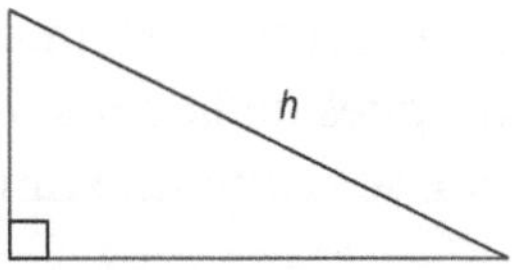

2 **a** Calcule el área, A, de un círculo de 10 cm de diámetro.

b Indique si A es racional o irracional.

Ejemplo 8

a Resuelva la inecuación y represente la solución en la recta numérica: $8 + x > 5$

b Indique si $p = -\pi$ es solución de la inecuación dada en el apartado **a**.

Respuestas

a $8 + x > 5$

$x > -3$

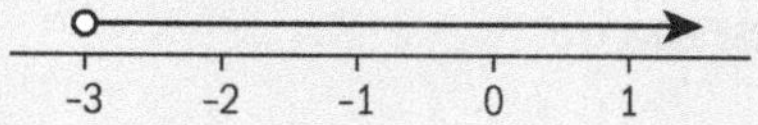

b $-\pi = -3{,}142\ldots$, por lo que $-\pi < -3$

p no es solución de la inecuación.

¿Todos usamos la misma notación en matemática? Estamos usando un círculo vacío para indicar que $x = -3$ *no* está incluido. Distintos países tienen distintas notaciones para representar lo mismo. Es más, distintos profesores dentro del mismo país usan diferentes notaciones.

Ejercitación 1F

1 **a** Resuelva estas inecuaciones:

i $0{,}5 < \frac{x}{2} \leq 1{,}5$ **ii** $3 - x \geq 1$

b Represente la solución al apartado **a** en la recta numérica.

c Indique si los números $q = 1{,}5$ y $t = \sqrt{5}$ son soluciones de las inecuaciones dadas en el apartado **a**.

2 **a** Resuelva estas inecuaciones:

i $2x + 1 > -1$ **ii** $4 \leq x + 1 \leq 8$ **iii** $2 - x > -1$

b Represente la solución al apartado **a** en la recta numérica.

c Copie y complete la siguiente tabla. Inserte un ✓ si el número p es una solución de la inecuación dada.

Inecuación / *p*	$2x + 1 > -1$	$4 \leq x + 1 \leq 8$	$2 - x > -1$
$\frac{-2}{3}$			
$\sqrt{10}$			
2π			

1.2 Aproximaciones y error

Es importante comprender la diferencia entre **valor exacto** y **valor aproximado**.

Algunas veces, como en los próximos ejemplos, aproximamos cantidades porque no conocemos los valores exactos (quizás porque el instrumento usado para tomar las mediciones solo alcanza cierta precisión).

- El área aproximada de Ecuador es 283 561 km^2.
- La altura actual de la Gran Pirámide de Guiza es aproximadamente 138,8 m.
- El peso de una manzana es aproximadamente 250 g.

Algunas veces aproximamos cantidades porque no necesitamos el valor exacto, como en los próximos ejemplos:

- La población de India es de alrededor de 1 800 000 000 habitantes.
- Corro alrededor de 3 horas todos los domingos.
- La economía de China creció a una tasa promedio del 10% por año durante el período 1990–2004.

Redondear un número es el proceso de aproximar este número con un nivel de precisión dado.

Redondeo de números a la unidad más cercana, a la decena más cercana, a la centena más cercana, a la unidad de millar más cercana, etc.

→ Redondear un número a la **decena más cercana** es lo mismo que redondearlo al **múltiplo de 10 más cercano**.

Redondear un número a la **centena más cercana** es lo mismo que redondearlo al **múltiplo de 100 más cercano**.

Para redondear 3746 a la centena más cercana:

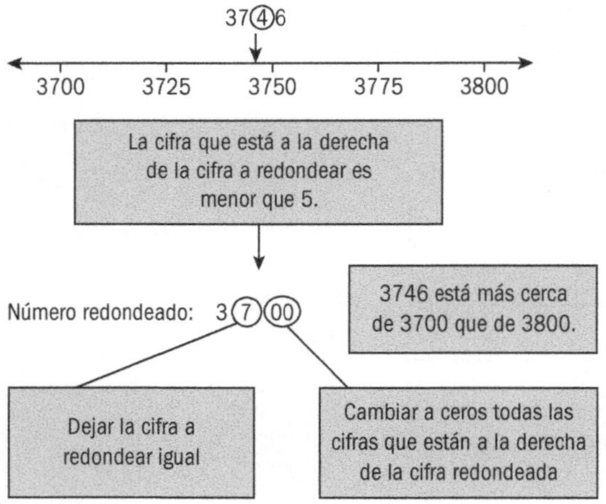

Para redondear 81 650 a la unidad de millar más cercana:

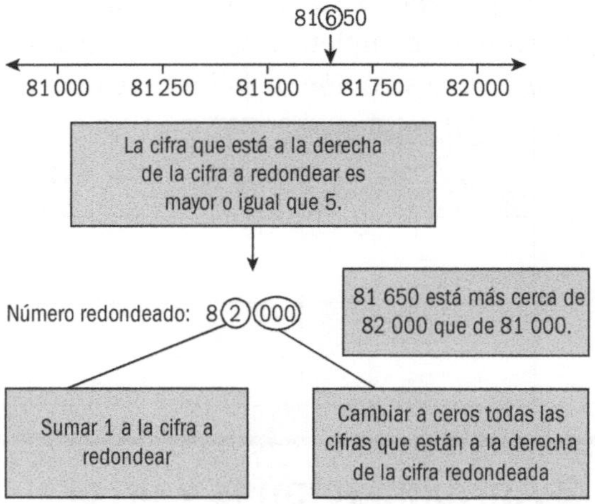

→ **Reglas de redondeo**

Si la cifra siguiente a la que se está redondeando es menor que 5, entonces mantener la cifra que se está redondeando y cambiar a ceros todas las que están a su derecha.

Si la cifra siguiente a la que se está redondeando es 5 o más, entonces sumarle 1 a la cifra que se está redondeando y cambiar a ceros todas las que están a su derecha.

Ejemplo 9

a Escriba 247 redondeado a la decena más cercana.
b Escriba 1050 redondeado a la centena más cercana.

Respuestas

a 250	*240 y 250 son ambos múltiplos de 10, pero 250 está más cerca del 247.*
b 1100	*1000 y 1100 son ambos múltiplos de 100, y 1050 está exactamente en el medio. Dado que la cifra siguiente a la que se está redondeando es 5, redondear hacia arriba.*

Ejercitación 1G

1 Escriba estos números redondeados a la unidad más cercana:
a 358,4 **b** 24,5 **c** 108,9 **d** 10 016,01

2 Escriba estos números redondeados a la decena más cercana:
a 246,25 **b** 109 **c** 1015,03 **d** 269

3 Escriba estos números redondeados a la centena más cercana:
a 140 **b** 150 **c** 1240 **d** 3062

4 Escriba estos números redondeados a la unidad de millar más cercana:
a 105 607 **b** 1500 **c** 9640 **d** 952

5 Escriba un número que redondeado a la centena más cercana es 200.

6 Escriba un número que redondeado a la unidad de millar más cercana es 3000.

7 Escriba un número que redondeado a la unidad más cercana es 6.

Redondeo de números a una cantidad dada de cifras decimales o lugares decimales

Esto significa redondear números al décimo más cercano, al centésimo más cercano, etc.

→ Redondear un número a **un lugar decimal** es lo mismo que redondearlo al **décimo más cercano**.

Redondear un número a **dos lugares decimales** es lo mismo que redondearlo al **centésimo más cercano**.

Redondear un número a **tres lugares decimales** es lo mismo que redondearlo al **milésimo más cercano**.

Para escribir 3,021 redondeado a un lugar decimal:

		Cifra a redondear	Primera cifra a la derecha es menor que 5		
NÚMERO	3	, 0	2	1	
NÚMERO REDONDEADO	3	, 0	......	......	3,021 = 3,0 (1 lugar decimal)
		Cifra a redondear se mantiene igual.	Cifras a la derecha de la cifra redondeada se eliminan.	Cifras a la derecha de la cifra redondeada se eliminan.	

Para escribir 10,583 redondeado a dos lugares decimales:

				Cifra a redondear	Primera cifra a la derecha es menor que 5	
NÚMERO	1	0	, 5	8	3	
NÚMERO REDONDEADO	1	0	, 5	8	......	10,583 = 10,58 (2 lugares decimales)
				Cifra a redondear se mantiene igual.	Cifras a la derecha de la cifra redondeada se eliminan.	

Para escribir 4,371 redondeado a un lugar decimal:

		Cifra a redondear	Primera cifra a la derecha es mayor que 5		
NÚMERO	4	, 3	7	1	
NÚMERO REDONDEADO	4	, 4	......	......	4,371 = 4,4 (1lugar decimal)
		A la cifra a redondear se le suma 1.	Cifras a la derecha de la cifra redondeada se eliminan.	Cifras a la derecha de la cifra redondeada se eliminan.	

→ Reglas de redondeo para decimales

- Si la cifra siguiente a la que se está redondeando es menor que 5, entonces mantener la cifra que se está redondeando y eliminar todas las que están a su derecha.
- Si la cifra siguiente a la que se está redondeando es 5 o más, entonces sumar 1 a la cifra que se está redondeando y eliminar todas las que están a su derecha.

Ejemplo 10

a Escriba 10,045 redondeado a dos lugares decimales.
b Escriba 1,06 redondeado a un lugar decimal.

Respuestas

a 10,045 = 10,05 (2 lugares decimales)	*La cifra siguiente a 4 es 5, entonces redondear hacia arriba: 10,05.*
b 1,06 = 1,1 (1 lugar decimal)	*La cifra siguiente a 0 es 6, entonces redondear hacia arriba: 1,1.*

Ejercitación 1H

1 Escriba estos números redondeados a 1 lugar decimal:

a 45,67 **b** 301,065 **c** 2,401 **d** 0,09

2 Escriba estos números redondeados a 2 lugares decimales:

a 0,0047 **b** 201,305 **c** 9,6201 **d** 28,0751

3 Escriba estos números redondeados a 3 lugares decimales:

a 10,0485 **b** 3,9002 **c** 201,7805 **d** 0,00841

4 Use su calculadora de pantalla gráfica para calcular $\frac{\sqrt{1,8}}{3,08 \times 0,012^2}$.
Dé su respuesta redondeada a:

a 1 lugar decimal **b** 2 lugares decimales
c 3 lugares decimales **d** La centena más cercana
e La unidad de millar más cercana

5 Dados $p = 3,15$ y $q = 0,8$, halle el valor de $\frac{(p+q)^3}{p+q}$.
Dé su respuesta redondeada a:

a 2 lugares decimales **b** 3 lugares decimales
c El entero más cercano **d** La decena más cercana

6 Escriba un número que redondeado a 2 lugares decimales es 2,37.

7 Escriba un número que redondeado a 1 lugar decimal es 4,1.

Redondeo de números a una cantidad dada de cifras significativas

→ La cantidad de **cifras significativas** (en adelante, cs) en un resultado es la cantidad de cifras que se conocen con cierto grado de fiabilidad.

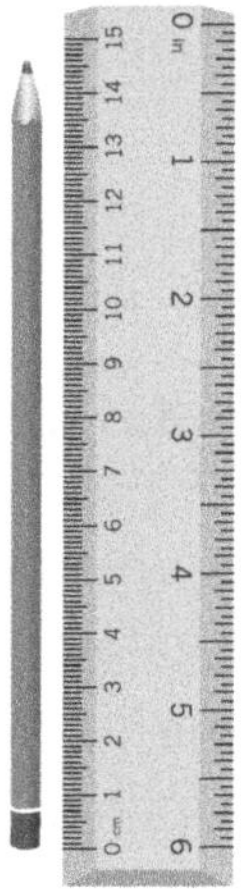

Esto en algunos casos depende de lo que se está midiendo. Por ejemplo, si se está midiendo el largo de un lápiz con una regla cuya división más pequeña es 1 mm, entonces nuestra medición podrá ser precisa solo hasta el milímetro más cercano.

Podemos decir: *Este lápiz mide 14,6 cm.*
Sin embargo, no podemos decir: *Este lápiz mide 14,63 cm.*
La longitud del lápiz se puede dar con una precisión de tres cifras significativas pero no con una precisión de cuatro cifras significativas.

Reglas para cifras significativas:	
• Toda cifra distinta de cero es significativa.	2578 kg tiene 4 cs.
• Los ceros que se encuentran entre dos cifras distintas de cero son significativos.	20 004 km tiene 5 cs.
• Los ceros a la izquierda de la primera cifra que no es cero **no** son significativos.	0,023 g tiene 2 cs.
• Los ceros ubicados después de otra cifra, pero que están a la derecha de la coma decimal, son significativos.	0,100 ml tiene 3 cs.

Es importante comprender cuándo una cifra es significativa.

Las reglas para redondear a una cantidad dada de cifras significativas son similares a las de redondeo a la decena más cercana, unidad de millar más cercana, etc., o a las de redondeo a un número dado de lugares decimales.

Este ejemplo muestra el método.

Ejemplo 11

a Escriba 24,31 redondeado a 2 cifras significativas.
b Escriba 1005 redondeado a 3 cifras significativas.
c Escriba 0,2981 redondeado a 2 cifras significativas.

Respuestas

a 24,31 = 24 (2 cs)

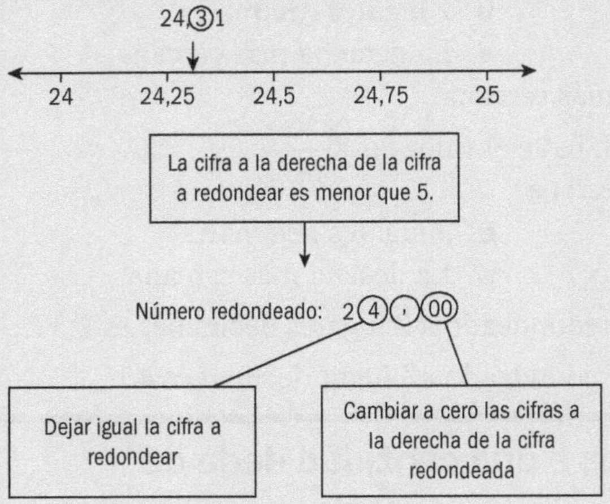

b 1005 = 1010 (3 cs)

La cifra a la derecha de la cifra a redondear es igual a 5. Sumar 1 a la cifra a redondear. Cambiar a cero todas las cifras que están a su derecha.

c 0,2981 = 0,30 (2 cs)

La cifra a la derecha de la cifra a redondear es mayor que 5. Sumar 1 a la cifra a redondear. Eliminar todas las cifras que están a la derecha de la cifra redondeada.

9 + 1 = 10.
Reemplazar la cifra a redondear con un 0.
Sumar 1 a la cifra que está a la izquierda de la cifra a redondear.

→ Reglas de redondeo para cifras significativas

- Si la cifra que está en el lugar $(n + 1)$ es menor que 5, entonces mantener igual la cifra del lugar n.
- Si la cifra que está en el lugar $(n + 1)$ es 5 o más, entonces sumar 1 a la cifra del lugar n.
- En ambos casos todas las cifras a la derecha de la cifra que se ubica en el lugar n deben ser eliminadas si están a la derecha de la coma decimal, y deben ser reemplazadas por ceros si están a la izquierda de la coma decimal.

Ejemplo 12

Sea $t = \dfrac{12{,}4^3}{2{,}1 + \sqrt{3}}$.

a Escriba el valor de t. Dé el valor completo que despliega la pantalla de la calculadora.

b Escriba la respuesta al apartado **a** redondeando a:

i Tres cifras significativas **ii** Dos cifras significativas

Respuestas

a 497,5466391

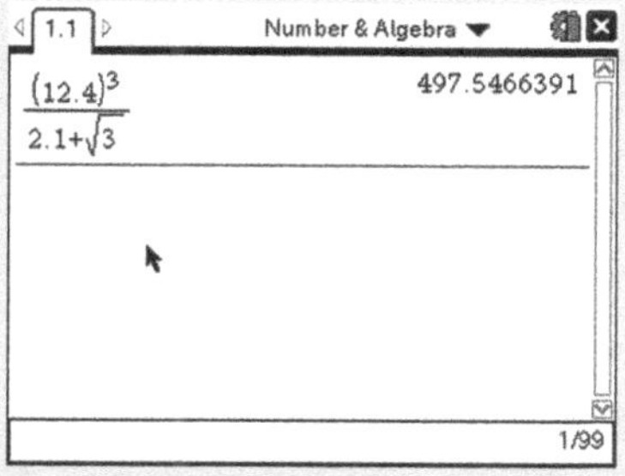

b i 498 — *497,|54 = 498 (3 cs)*

ii 500 — *49|7,54 = 500 (2 cs)*

Ejercitación 1I

1 Escriba el número de cifras significativas de cada uno de los siguientes números:
a 106 **b** 200 **c** 0,02 **d** 1290 **e** 1209

2 Escriba estos números redondeando a 1 cifra significativa:
a 280 **b** 0,072 **c** 390,8 **d** 0,00132

3 Escriba estos números redondeando a 2 cifras significativas:
a 355 **b** 0,0801 **c** 1,075 **d** 1560,03

4 Escriba estos números redondeando a 3 cifras significativas:
a 2971 **b** 0,3259 **c** 10 410 **d** 0,5006

5 Calcule $\dfrac{\sqrt{8{,}7 + 2 \times 1{,}6}}{0{,}3^4}$. Dé su respuesta redondeada a:
a 1 cs **b** 3 cs **c** 1 lugar decimal **d** El centésimo más cercano

6 Escriba el valor de π redondeado a:
a La unidad más cercana **b** 2 lugares decimales
c 2 cs **d** 3 lugares decimales

7 Escriba estos números con la precisión especificada:
a 238 (1 cs) **b** 4609 (3 cs) **c** 2,7002 (3 cs)

8 a Calcule $\dfrac{\sqrt[3]{3{,}375}}{1{,}5^2 + 1{,}8}$. Escriba el valor completo que despliega la pantalla de la calculadora.

b Dé su respuesta al apartado **a** redondeada a:

i 2 cs **ii** 3 cs **iii** 4 cs

Frecuentemente en los exámenes necesitamos hacer cálculos que requieren muchos pasos. En estas situaciones, *se debe mantener en los pasos intermedios al menos una cifra significativa más* de las necesarias en la respuesta final.
Por ejemplo, si se debe dar la respuesta final redondeada a tres cifras significativas, entonces debemos mantener al menos cuatro cifras significativas en los cálculos intermedios, o guardar los valores sin redondear en la CPG.

La regla general en Estudios Matemáticos es: *Salvo que se indique lo contrario en la pregunta, todas las respuestas numéricas deberán ser exactas o aproximadas con tres cifras significativas.*

Ejemplo 13

El diagrama representa una reja de una ventana hecha de alambre, para mantener a las palomas fuera de la casa. Los triángulos pequeños son rectángulos y son todos **congruentes**.
Su hipotenusa mide 15 cm. Los otros dos lados tienen la misma longitud. Halle la longitud total del alambre, L. Dé la respuesta redondeando a tres cifras significativas.

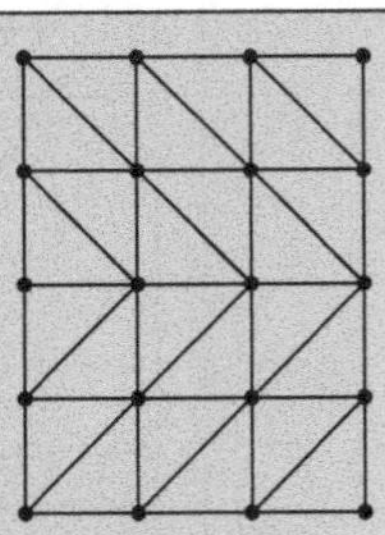

"Congruentes" significa que tienen exactamente la misma forma y tamaño.

Respuestas

Sea x la longitud del lado de los triángulos.	*Primero hallar la longitud del lado más corto usando Pitágoras*
$x^2 + x^2 = 15^2$ $2x^2 = 225$ $x^2 = 112{,}5$ $x = \sqrt{112{,}5}$	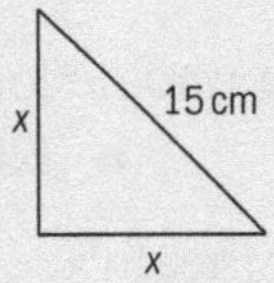
$x = 10{,}6066\ldots$	*Mantener el valor exacto de x o redondeado a más de tres cifras significativas, ya que es solo un valor intermedio*
$L = 31 \times x + 12 \times 15$ $L = 31 \times 10{,}6066\ldots + 12 \times 15$ $L = 508{,}804\ldots$ $L = 509\text{ cm (3 cs)}$	*En la reja hay 31 lados de triángulos cuya longitud es x y 12 lados cuya longitud es 15.*

Recuerde escribir las unidades en sus respuestas.

Ejercitación 1J

PREGUNTAS TIPO EXAMEN

1 El área de un círculo es $10{,}5\text{ cm}^2$.

a Halle la longitud de su radio. Dé su respuesta redondeada a cuatro cifras significativas.

b Halle la longitud de su circunferencia. Dé su respuesta redondeada a dos cifras significativas.

2 Considere los números $p = \sqrt{2}$ y $q = \sqrt{10}$.

a Halle la media aritmética de p y q. Dé su respuesta redondeada a cuatro cifras significativas.

b Halle el valor de $(p + q)^2$. Dé su respuesta redondeada a tres cifras significativas.

c Halle el área de un rectángulo cuyos lados miden p cm y q cm. Dé su respuesta redondeada a dos cifras significativas.

Estimación

Una **estimación de una cantidad** es una aproximación que frecuentemente se utiliza para comprobar si una respuesta es razonable.

> → Para estimar la respuesta de un cálculo, hay que redondear todos los números que lo componen a una cifra significativa.

Ejemplo 14

Un teatro tiene 98 filas y cada fila tiene 23 asientos. Estime la cantidad de asientos en el teatro.

Respuesta	
$100 \times 20 = 2000$ asientos	*Redondear 98 a 1cs → 100* *Redondear 23 a 1cs → 20*

La respuesta exacta es: $98 \times 23 = 2254$ asientos.

Ejemplo 15

Estime la velocidad promedio de un automóvil que recorre 527 km en 6 horas.

Respuesta	
velocidad promedio = $\frac{\text{distancia recorrida}}{\text{tiempo empleado}}$ $\frac{500}{5} = 100 \text{ km h}^{-1}$	*527 → 500 (1cs)* *El 6 se redondea a 5 para hacer más fácil la división.*

La respuesta exacta es: $\frac{527}{6} = 87{,}8 \text{ km h}^{-1}$ (3 cs)

Ejercitación 1K

1 Estime las respuestas de estos cálculos:

a $298 \times 10{,}75$ **b** $3{,}8^2$ **c** $\frac{147}{11{,}02}$ **d** $\sqrt{103}$

2 Un camión traslada 210 contenedores con caños. Hay 18 caños en cada contenedor. Estime la cantidad de caños que traslada el camión.

3 Japón tiene una superficie de aproximadamente 377 835 km² y, en marzo de 2009, la población de Japón era de 127 076 183. Estime la densidad de población de Japón en 2009.

Densidad de población = $\frac{\text{población total}}{\text{superficie}}$

4 Un árbol produce en promedio 9000 hojas de papel. Estime el número de resmas que se pueden hacer de un árbol.

Una resma tiene 500 hojas.

5 Mizuki corre 33 km en 1,8 horas. Estime la velocidad promedio de Mizuki.

Velocidad promedio = $\frac{\text{distancia recorrida}}{\text{tiempo empleado}}$

6 La sección de Badaling y el Mausoleo de Ming, área pintoresca de la Gran Muralla, se limitan a recibir 53 000 visitantes al día. Estime la cantidad de visitantes por año.

7 Pedro calcula que el área de este cuadrado es 1020,01 m^2. Utilice estimaciones para decidir si Pedro tiene razón.

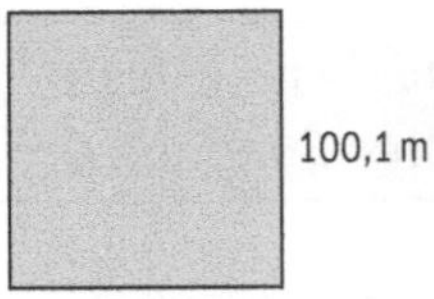

▲ La Gran Muralla de China

Porcentajes de error

En algunos casos necesitamos saber la diferencia entre el valor estimado y el valor exacto.

→ La diferencia entre un valor estimado o **valor aproximado** y el **valor exacto** se denomina **error**:

Error = $v_A - v_E$

Donde v_A es el valor aproximado y v_E es el valor exacto

¿Por qué surgen los errores?
¿Qué tipo de errores conocemos?
Las palabras "error" y "equivocación", ¿tienen el mismo significado?

Ejemplo 16

Olivia y Ramesh fueron a distintos conciertos. En el concierto al que fue Olivia había 1450 personas y ella estimó que había 1300.
En el concierto al que fue Ramesh había 1950 personas y él estimó que había 1800.
Calcule los errores que cometieron Olivia y Ramesh en sus estimaciones.

Respuestas Olivia: Error = 1450 – 1300 Error = 150 personas Ramesh: Error = 1950 – 1800 Error = 150 personas	*$v_A - v_E$ es negativo, entonces se utiliza $v_E - v_A$.*

$|v_A - v_E|$ es el módulo o valor positivo de $v_A - v_E$.

En el ejemplo 16, tanto Olivia como Ramesh cometieron el mismo error, 150. Sin embargo, la estimación de Ramesh fue más precisa, ya que 150 de 1950 es una proporción menor que 150 de 1450.
Usando **porcentajes**:

$$\frac{150}{1450} \times 100\% = 10{,}3\%\ (3\,\text{cs}) \quad \text{y} \quad \frac{150}{1950} \times 100\% = 7{,}69\%\ (3\,\text{cs})$$

El error de Olivia representa 10,3% del total.
El error de Ramesh representa 7,69% del total.
Estos porcentajes nos ayudan a tener una mejor idea de la precisión de las estimaciones. Se denominan "**porcentajes de error**".

→ Porcentaje de error = $\left|\frac{v_A - v_E}{v_E}\right| \times 100\%$

Donde v_A representa el **valor aproximado** o **valor estimado** y v_E representa el **valor exacto**

En algunas situaciones no conocemos el valor exacto y lo reemplazamos con el **valor aceptado**.

Ejemplo 17

La medida del ángulo M es 125,7°. Salomón, midiendo con un transportador, encuentra que M mide 126°. Halle el porcentaje de error que ha cometido Salomón al medir M.

Respuesta	
Porcentaje de error $= \left\lvert \frac{126 - 125{,}7}{125{,}7} \right\rvert \times 100\%$	Porcentaje de error $= \left\lvert \frac{v_A - v_E}{v_E} \right\rvert \times 100\%$
Porcentaje de error = 0,239% (3 cs)	*Con* $v_A = 126$, $v_E = 125{,}7$ *Utilizar la CPG. Redondear a 3 cs.*

Ejercitación 1L

PREGUNTAS TIPO EXAMEN

1 Considere $a = 5{,}2$ y $b = 4{,}7$.

a Halle el valor exacto de $3a + b^3$.

Gema estima que la respuesta al apartado **a** es 140.

b Halle el porcentaje de error que comete Gema en su estimación.

2 Las notas de Ezequiel en Biología son 8,3; 6,8 y 9,4 sobre 10. Su nota final en Biología es la media de estas tres notas.

a Calcule la nota final de Ezequiel en Biología.

Ezequiel redondea las tres notas a la unidad más cercana para calcular su nota final de Biología.

b Calcule la nota final que halló Ezequiel.

c Calcule el porcentaje de error que cometió Ezequiel cuando halló su nota final en Biología.

3 El ancho y el largo de una cocina rectangular son 5,34 m y 3,48 m respectivamente.

a Calcule, en m^2, el área exacta de la cocina.

b Escriba la longitud y el ancho de la cocina redondeados a un lugar decimal.

c Calcule el porcentaje de error que se cometería si el área fuera calculada utilizando la longitud y el ancho, ambos redondeados a un lugar decimal.

4 El área de un jardín circular es 89 m^2.

a Halle el radio del jardín. Dé su respuesta redondeando a tres lugares decimales.

b Halle el perímetro del jardín.

José estima que el perímetro del jardín es 30 m.

c Utilizando su respuesta al apartado **b**, halle el porcentaje de error que comete José. Dé su respuesta redondeada a dos cifras significativas.

1.3 Notación científica

- La cantidad de usuarios de Internet en el mundo hasta junio de 2010 era $\mathbf{2 \times 10^9}$.
- La masa de la Tierra es aproximadamente $\mathbf{5{,}97 \times 10^{24}}$ kg.
- Una estimación de la masa promedio de una célula humana es $\mathbf{10^{-9}}$ g.

Estos números o bien son muy grandes o bien son muy pequeños. Están escritos en **notación científica**: una forma de escribir números muy grandes o muy pequeños, evitando escribir muchos ceros.

Si no usáramos notación científica, escribiríamos la masa de la Tierra como 5 970 000 000 000 000 000 000 000 kg.

Cuando los números están escritos en notación científica, es más fácil:
- Compararlos
- Hacer cálculos con ellos

→ Un número está escrito en notación científica si está en la forma $a \times 10^k$, donde $1 \leq a < 10$ y k es un entero.

Un *googol* es el número 1 seguido de 100 ceros. En notación científica se escribe 10^{100}. El nombre *googol* lo inventó un niño de nueve años. Su tío, el matemático americano Edward Kasner, le pidió que piense un nombre para un número muy grande.
El nombre de la compañía Google proviene de un juego de palabras con el término *googol* y se relaciona con la cantidad de información que maneja la compañía.

Ejemplo 18

Estos números están escritos en notación científica ($a \times 10^k$).
Para cada uno de ellos, indique el valor de a y de k.

a 2×10^9 **b** $5{,}97 \times 10^{24}$ **c** 10^{-9}

Respuestas

a $a = 2$; $k = 9$ **b** $a = 5{,}97$; $k = 24$
c $a = 1$; $k = -9$

Comparar con $a \times 10^k$

Ejemplo 19

Indique cuáles de estos números **no** están escritos en la forma $a \times 10^k$, donde $1 \leq a < 10$ y k es un entero. Justifique sus decisiones.

a $2{,}06 \times 10^{-5}$ **b** 13×10^{-1} **c** $6{,}13 \times 10^{\frac{1}{3}}$
d $7{,}05$ **e** $0{,}12 \times 10^6$

Respuestas

b 13×10^{-1} no está escrito en notación científica, ya que 13 es mayor que 10.

c $6{,}13 \times 10^{\frac{1}{3}}$ no está escrito en notación científica, ya que $\frac{1}{3}$ no es un entero.

e $0{,}12 \times 10^6$ no está escrito en notación científica, ya que 0,12 es menor que 1.

Comparar con $a \times 10^k$, donde $1 \leq a < 10$ y $k \in \mathbb{Z}$

Abu Kamil Shuja (c. 850–c. 930), también conocido como "al-Hasib al-Misri", que significa "la calculadora de Egipto", fue uno de los primeros en introducir en álgebra símbolos para potencias como $x^m x^n = x^{m+n}$.

Ejemplo 20

Escriba estos números en notación científica, mostrando su procedimiento:

a 257 000 000 **b** 0,00043

Respuestas

a 257 000 000

entonces $k = 8$

$257\,000\,000 = 2{,}57 \times 10^8$

La primer cifra significativa de 257 000 000 es 2. Ubicar la coma decimal inmediatamente después del 2. Mover la coma decimal 8 lugares a la derecha es equivalente a multiplicar por 10^8.

b 0,00043

entonces $k = -4$

$0{,}00043 = 4{,}3 \times 10^{-4}$

La primer cifra significativa de 0,00043 es 4. Ubicar la coma decimal inmediatamente después del 4. Mover la coma decimal 4 lugares a la izquierda es equivalente a multiplicar por 10^{-4}.

Consejos para escribir un número en notación científica:

1. Escribir *a*: escribir todas las cifras significativas del número y ubicar la coma decimal inmediatamente después de la primera
2. Hallar *k*

Ejercitación 1M

1 ¿Cuáles de estos números están escritos en notación científica?

$2{,}5 \times 10^{-3}$ 12×10^5 10^{10} $3{,}15 \times 10^{\frac{1}{2}}$ $0{,}81 \times 10^2$

2 Escriba estos números en notación científica:

a 135 600 **b** 0,00245 **c** 16 000 000 000

d 0,000108 **e** $0{,}23 \times 10^3$

3 Escriba estos números en orden creciente:

$2{,}3 \times 10^6$ $3{,}4 \times 10^5$ $0{,}21 \times 10^7$ 215×10^4

4 Escriba estos números en orden decreciente:

$3{,}621 \times 10^4$ $31{,}62 \times 10^2$ $0{,}3621 \times 10^4$ $3{,}261 \times 10^3$

Escribir los números en su expresión decimal, por ejemplo: $2{,}3 \times 10^6 = 2\,300\,000$. "Expresión decimal" no significa que debe haber una coma decimal o lugares decimales. Es el número "normal" escrito en base 10.

Ejemplo 21

Sea $x = \dfrac{-5 + \sqrt{121}}{(7-1)^2}$.

a Calcule el valor de x. Escriba el valor completo que despliega la pantalla de la calculadora.

b Escriba su respuesta al apartado **a** redondeada a tres cifras significativas.

c Escriba su respuesta al apartado **b** en la forma $a \times 10^k$, donde $1 \leq a < 10$ y $k \in \mathbb{Z}$.

▶ Continúa en la página siguiente.

Respuestas

a 0,1666666667

Usar la CPG

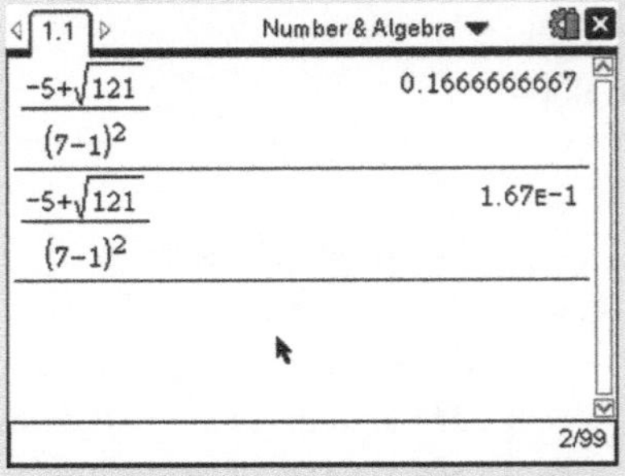

b 0,167

0,166¦666...

c $1{,}67 \times 10^{-1}$

3 cs, redondear hacia arriba

Cuidado

1,67E-1 es la notación de la calculadora y *no* se acepta como respuesta. Lo debemos interpretar como $1{,}67 \times 10^{-1}$.

Cálculos con números expresados en notación científica

Podemos usar la CPG para cálculos con números escritos en notación científica.

Ejemplo 22

Sean $x = 2{,}4 \times 10^4$ e $y = 5{,}10 \times 10^5$.

a Halle el valor de $3x + y$.

b Escriba su respuesta al apartado **a** redondeando a dos cifras significativas.

c Escriba su respuesta al apartado **b** en la forma $a \times 10^k$, donde $1 \le a < 10$ y k es un entero.

Respuestas

a $3 \times 2{,}4 \times 10^4 + 5{,}10 \times 10^5$
$= 582\,000$

b 580000

c $5{,}8 \times 10^5$

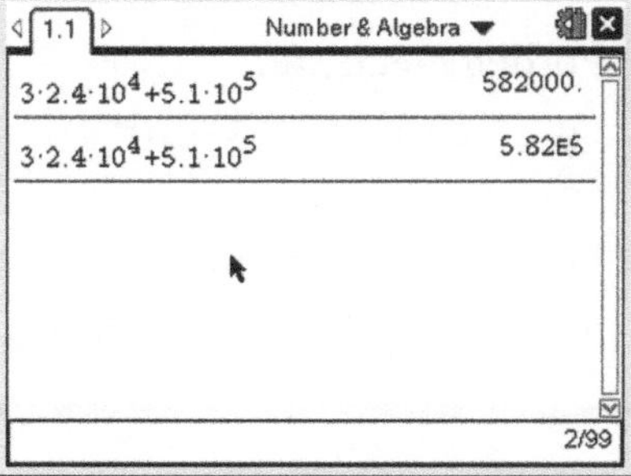

Siempre hay que usar la CPG en este tipo de pregunta, pero mostrando el procedimiento como se ve en **a**.

Ejercitación 1N

1 Dados $x = 6{,}3 \times 10^6$ e $y = 2{,}8 \times 10^{10}$, calcule lo siguiente.
Dé sus respuestas en la forma $a \times 10^k$, donde $1 \le a < 10$ y $k \in \mathbb{Z}$.

a $x \times y$ **b** $\frac{x}{y}$ **c** $\sqrt{\frac{x}{y}}$

2 Sean $x = 2{,}5 \times 10^6$ e $y = 3{,}48 \times 10^6$.

a Halle la media aritmética de x e y. Dé su respuesta en la forma $a \times 10^k$, donde $1 \le a < 10$ y $k \in \mathbb{Z}$.

b Dé su respuesta al apartado **a** redondeando a la unidad de millón más cercana.

PREGUNTAS TIPO EXAMEN

3 Sean $t = 22{,}05 \times 10^8$ y $q = 3{,}15 \times 10^6$.

a Escriba t en la forma $a \times 10^k$, donde $1 \leq a < 10$ y $k \in \mathbb{Z}$.

b Calcule $\frac{t}{q}$.

c Escriba su respuesta al apartado **b** en la forma $a \times 10^k$, donde $1 \leq a < 10$ y $k \in \mathbb{Z}$.

4 Sea $x = 225 \times 10^8$.

a Escriba x en la forma $a \times 10^k$, donde $1 \leq a < 10$ y $k \in \mathbb{Z}$.

b Indique si la siguiente afirmación es verdadera: $x^2 > 10^{20}$. Justifique su respuesta.

c **i** Calcule $\frac{x}{\sqrt{x}}$.

ii Dé su respuesta al apartado **i** en la forma $a \times 10^k$, donde $1 \leq a < 10$ y $k \in \mathbb{Z}$.

1.4 Unidades de medición SI

Ariel está cocinando un pastel de atún.
Necesita una lata de atún con un peso neto de 180 ***g***.
Otro ingrediente necesario es 240 ***ml*** *de leche.*
Cocina el pastel en un horno que está precalentado a 200 ***°C*** *por 20* ***minutos***.
Ariel recicla materiales. Ha decidido usar el metal de la lata, por lo que necesita tomar algunas medidas:
La altura de la lata de atún es 4 ***cm***.
El área total de metal usado para hacer la lata es 219 ***cm²***.
El volumen de la lata de atún es 314 ***cm³***.

Aquí se muestra, en una situación cotidiana, cómo tratamos con diferentes tipos de unidades como g, ml, °C, minutos, cm, cm^2, cm^3. Estas unidades se aceptan internacionalmente y tienen el mismo significado en cualquier parte del mundo.

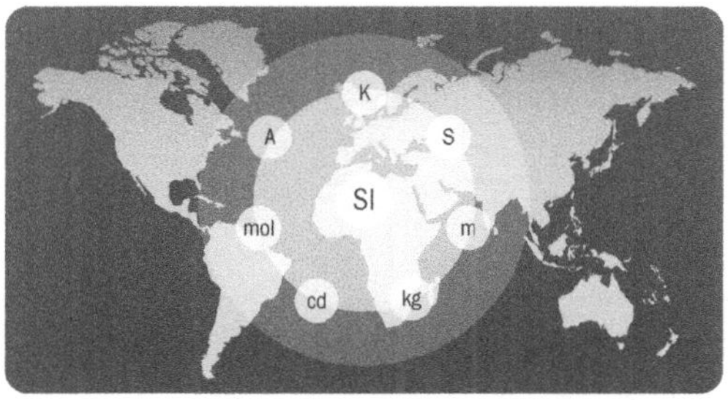

La XI Conferencia general de pesas y medidas (CGPM), realizada en 1960, adoptó para el sistema de medición el nombre *Système International d'Unités*. La CGPM se conforma de representantes de 54 Estados miembros y 31 Estados y economías asociados.

SI es la abreviación internacional para el Sistema Internacional de Unidades (en francés, *Système International d'Unités*).
Hay siete **unidades base** (ver tabla). Se define cada unidad en forma precisa y esta definición es independiente de la usada para las otras seis unidades.

En la siguiente tabla, se muestran las siete unidades base y sus respectivas magnitudes físicas.

Magnitud física	Unidad base	Símbolo de la unidad base
Longitud	metro	m
Masa	kilogramo	kg
Tiempo	segundo	s
Intensidad de corriente eléctrica	amperio	A
Temperatura	kelvin	K
Cantidad de sustancia	mol	mol
Intensidad luminosa	candela	cd

Un metro se define en el SI como la distancia que recorre la luz en el vacío en $\frac{1}{299\,792\,458}$ segundos.

En el **SI** hay otras unidades, las **unidades derivadas**. Estas unidades se expresan en función de las unidades base. Algunas de estas unidades, junto con sus magnitudes físicas, se enumeran a continuación:

- El **metro cuadrado** (m^2) para área
- El **metro cúbico** (m^3) para volumen
- El **metro por segundo** ($m\,s^{-1}$) para celeridad o velocidad
- El **kilogramo por metro cúbico** ($kg\,m^{-3}$) para densidad o densidad de masa

Las unidades derivadas son productos de potencias de las **unidades base**.

→ En Estudios Matemáticos, las **unidades base SI** que se usan más comúnmente son m, kg, y s, y sus **unidades derivadas** son: m^2 (área), m^3 (volumen), $km\,h^{-1}$ (velocidad), $kg\,m^{-3}$ (densidad).

Ejemplo 23

Escriba el símbolo usado para las magnitudes físicas que están resaltadas:

a La **velocidad** de un objeto que recorre 1000 km en 3 horas

b La **densidad** de un objeto con una masa de 550 g y un volumen de 400 cm^3

Respuestas

a $km\,h^{-1}$ — *Velocidad es kilómetros por hora.*

b $g\,cm^{-3}$ — *Densidad es gramos por centímetro cúbico.*

Prefijos en el SI

Para evitar escribir cantidades muy pequeñas o muy grandes, se utilizan prefijos. Algunos de estos se muestran en la siguiente tabla.

Factor	Prefijo	Símbolo	Factor	Prefijo	Símbolo
10^3	kilo	k	10^{-3}	mili	m
10^2	hecto	h	10^{-2}	centi	c
10^1	deca	da	10^{-1}	deci	d

El kilogramo es la única unidad base del SI que tiene un prefijo como parte de su nombre.

Investigación: unidades del SI

a ¿Cuántos nombres y símbolos de prefijos hay hoy en día?

b En la tabla anterior se muestran seis nombres de prefijos y sus símbolos. Halle los otros.

c Elija al menos dos de ellos y describa situaciones en las que se utilizan.

> ¿Ayuda el uso de la notación SI a pensar la matemática como un "lenguaje universal"?

Ejemplo 24

Convierta cada medida a la unidad indicada:

a 1 dm a m **b** 1 das a s **c** 1 hg a g

Respuestas

a 1 dm = 10^{-1} m **b** 1 das = 10^{1} s **c** 1 hg = 10^{2} g	*Usar la información de prefijos dada en la tabla anterior* **dm** *se lee decímetro.* **das** *se lee decasegundo.* **hg** *se lee hectogramo.*

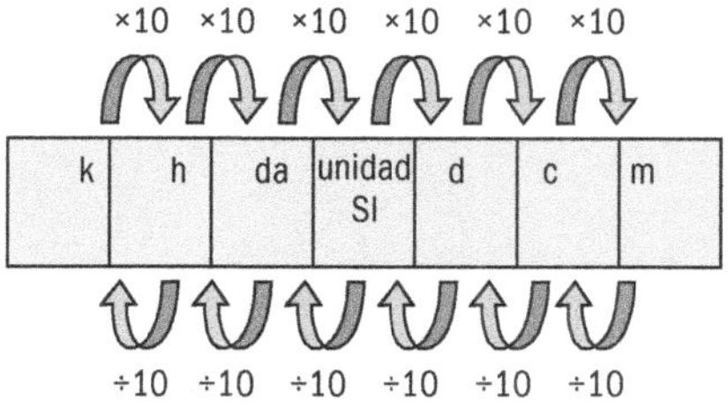

> Este diagrama nos resulta útil para realizar conversiones entre unidades.

Ejemplo 25

Convierta cada medida a la unidad indicada. Dé sus respuestas en notación científica.

a 2,8 m a hm **b** 3200 s a ms **c** 0,5 kg a dg

Respuestas

a 1 m = 10^{-2} hm 2,8 m = 2,8 × 10^{-2} hm	*En este ejemplo, utilizar el diagrama reemplazando "unidad SI" con "m"* *Dividir dos veces por 10 para convertir de m a hm, por lo tanto,* *1 m = 10^{-2} hm*
b 1 s = 10^{3} ms 3200 s = 3200 × 10^{3} ms = 3,2 × 10^{6} ms	*En este ejemplo, reemplazar en el diagrama "unidad SI" con "s"* *Multiplicar tres veces por 10 para convertir de s a ms, por lo tanto,* *1 s = 10^{3} ms*
c 1 kg = 10^{4} dg 0,5 kg = 0,5 × 10^{4} dg = 5 × 10^{3} dg	*En este ejemplo, reemplazar en el diagrama "unidad SI" con "g"* *Multiplicar cuatro veces por 10 para convertir de kg a dg, por lo tanto,* *1 kg = 10^{4} dg*

Ejercitación 10

1 Escriba el símbolo usado para las magnitudes físicas que están resaltadas:

a La **aceleración** de un objeto que tiene unidades medidas en kilómetros por hora al cuadrado

b La **densidad** de un objeto con una masa de 23 kg y un volumen de 1,5 m^3

c La **velocidad** promedio de un objeto que recorre 500 m en 70 segundos

2 Escriba estas unidades con palabras:

a dag **b** cs **c** mm **d** dm

3 Convierta estas cantidades a la unidad indicada:

a 32 km a m **b** 0,87 m a dam **c** 128 cm a m

4 Convierta estas cantidades a la unidad indicada:

a 500 g a kg **b** 357 kg a dag **c** 1080 dg a hg

5 Convierta estas cantidades a la unidad indicada:

a 0,080 s a ms **b** 1200 s a das **c** 0,8 hs a ds

6 **a** Convierta 67 800 000 mg a kg. Dé su respuesta redondeada al kg más cercano.

b Convierta 35 802 m a km. Dé su respuesta redondeada al km más cercano.

c Convierta 0,654 g a mg. Dé su respuesta en la forma $a \times 10^k$, donde $1 \leq a < 10$ y $k \in \mathbb{Z}$.

Unidades SI de área y volumen

Área

Los diagramas siguientes muestran dos formas de representar 1 m^2.

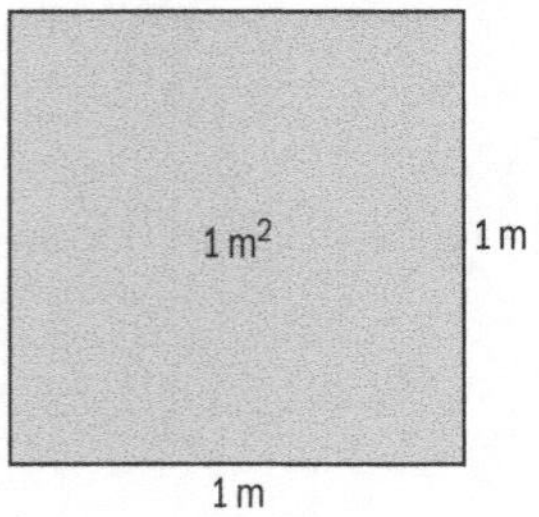

▲ Un metro cuadrado es igual al área de un cuadrado cuyos lados miden 1 m.

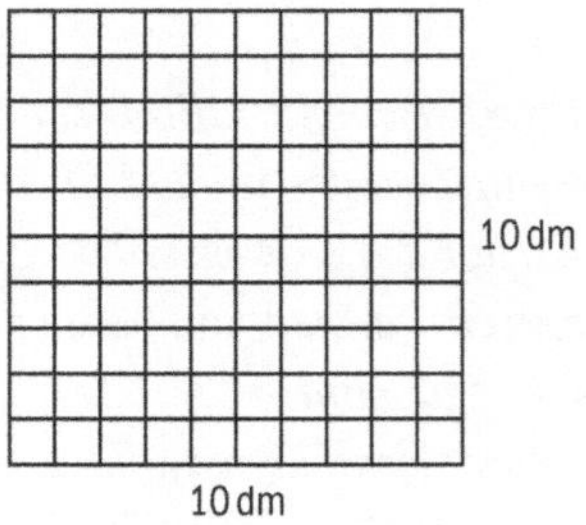

▲ $1\,m^2 = 100\,dm^2$

$1\,m^2 = 1\,m \times 1\,m = 10\,dm \times 10\,dm = 100\,dm^2$

Para convertir de m^2 a dm^2 multiplicamos por **100** o por 10^2.
Podemos usar el mismo método para convertir de:

- km^2 a hm^2
- hm^2 a dam^2
- dam^2 a m^2
- m^2 a dm^2
- dm^2 a cm^2
- cm^2 a mm^2

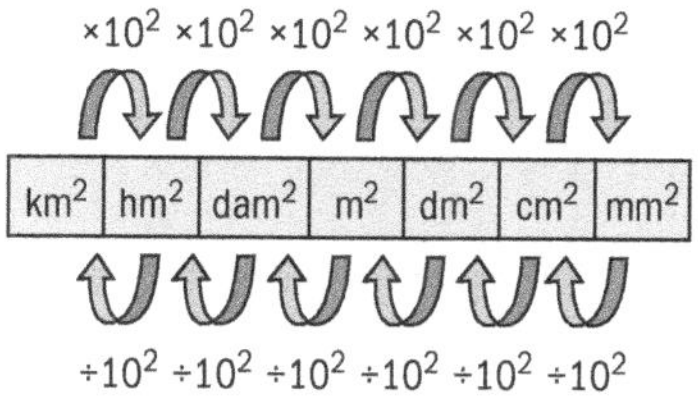

Ejemplo 26

Convierta cada cantidad a la unidad indicada.
Dé su respuesta en forma decimal.

a $1{,}5\,m^2$ a cm^2

b $3240\,m^2$ a km^2

Respuestas

a $1\,m^2 = 10^4\,cm^2$

Entonces

$1{,}5\,m^2 = 1{,}5 \times 10^4\,cm^2$
$= 15\,000\,cm^2$

Para convertir de m^2 a cm^2, multiplicar por 10^2 dos veces; es decir multiplicar por 10^4:

$(10^2)^2 = 10^4$

b $1\,m^2 = 10^{-6}\,km^2$

Entonces

$3240\,m^2 = 3240 \times 10^{-6}\,km^2$
$= 0{,}003240\,km^2$

Para convertir de m^2 a km^2, dividir por 10^2 tres veces; es decir dividir por 10^6 o multiplicar por 10^{-6}:

$(10^2)^3 = 10^6$

Volumen

Los diagramas siguientes muestran dos formas de representar $1\,m^3$.

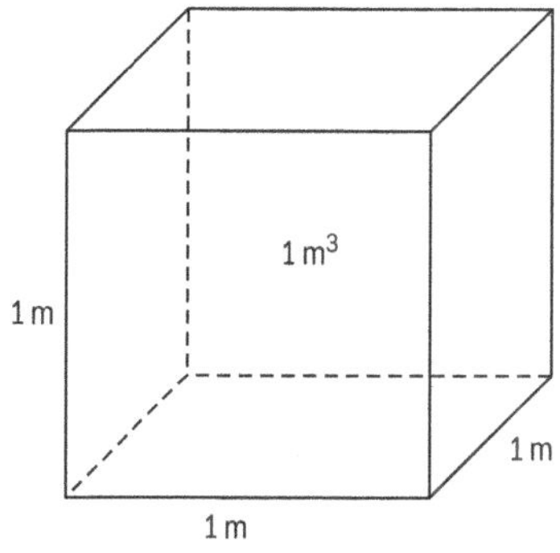

▲ Un metro cúbico es igual al volumen de un cubo cuyos lados miden 1 m.

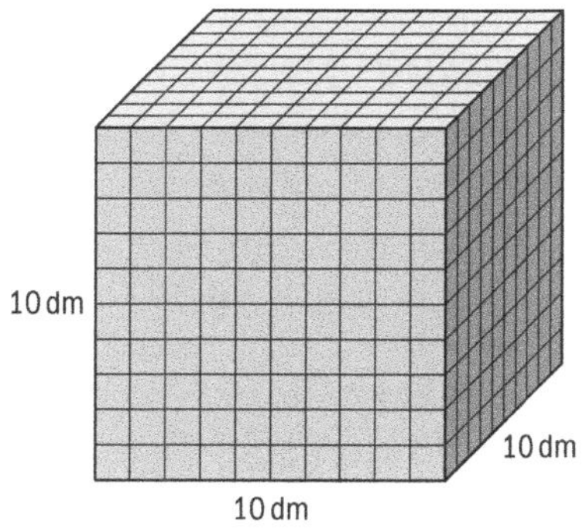

▲ $1\,m^3 = 1000\,dm^3$

$1\,m^3 = 1\,m \times 1\,m \times 1\,m = 10\,dm \times 10\,dm \times 10\,dm = 1000\,dm^3$

Para convertir de m^3 a dm^3 multiplicamos por **1000** o por 10^3.
Podemos usar el mismo método para convertir de:

- km^3 a hm^3
- hm^3 a dam^3
- dam^3 a m^3
- m^3 a dm^3
- dm^3 a cm^3
- cm^3 a mm^3

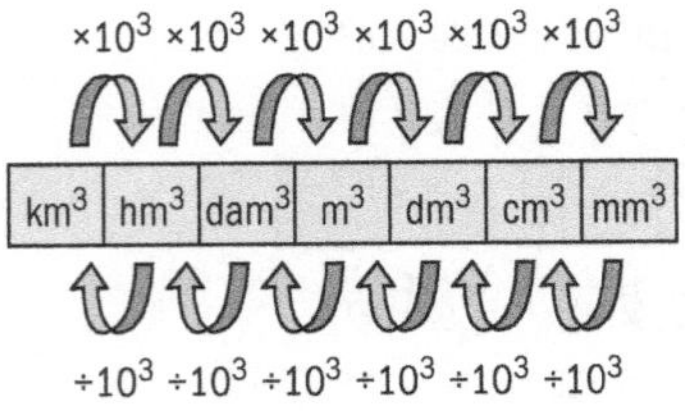

Ejemplo 27

Convierta cada cantidad a la unidad indicada.
Dé su respuesta en notación científica.

a $0{,}8\,m^3$ a cm^3
b $15\,900\,cm^3$ a dam^3

Respuestas

a $1\,m^3 = 10^6\,cm^3$
Entonces
$0{,}8\,m^3 = 0{,}8 \times 10^6\,cm^3$
$= 8 \times 10^5\,cm^3$

Para convertir de m^3 a cm^3, multiplicar por 10^3 dos veces; es decir, multiplicar por 10^6: $(10^3)^2 = 10^6$

b $1\,cm^3 = 10^{-9}\,dam^3$
Entonces
$15\,900\,cm^3$
$= 15\,900 \times 10^{-9}\,dam^3$
$= 1{,}59 \times 10^{-5}\,dam^3$

Para convertir de cm^3 a dam^3, dividir por 10^3 tres veces; es decir, multiplicar por 10^{-9}

Ejercitación 1P

1 Convierta estas medidas a la unidad indicada.
Dé su respuesta en forma decimal.

a $2{,}36\,m^2$ a cm^2 **b** $1{,}5\,dm^2$ a dam^2
c $5400\,mm^2$ a cm^2 **d** $0{,}06\,m^2$ a mm^2
e $0{,}8\,km^2$ a hm^2 **f** $35\,000\,m^2$ a km^2

2 Convierta estas medidas a la unidad indicada.
Dé su respuesta en la forma $a \times 10^k$, donde $1 \le a < 10$ y $k \in \mathbb{Z}$.

a $5\,m^3$ a cm^3 **b** $0{,}1\,dam^3$ a m^3
c $3\,500\,000\,mm^3$ a dm^3 **d** $255\,m^3$ a mm^3
e $12\,000\,m^3$ a dam^3 **f** $0{,}7802\,hm^3$ a dam^3

3 El lado de un cuadrado mide 13 cm. Halle el área en:

a cm^2 **b** m^2

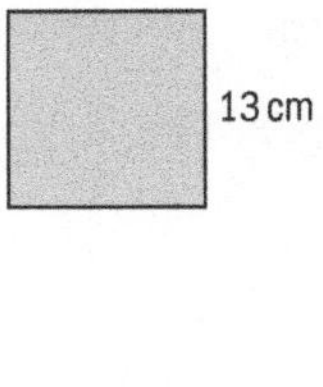

4 El lado de un cubo mide 0,85 m. Halle el volumen del cubo en:

a m^3 **b** cm^3

5 Escriba estas medidas en orden, comenzando desde la menor:
0,081 dam^2; 8 000 000 mm^2; 82 dm^2; 7560 cm^2; 0,8 m^2

6 Escriba estas medidas en orden, comenzando desde la menor:
11,2 m^3; 1200 dm^3; 0,01 dam^3; 11 020 000 000 mm^3; 10 900 000 cm^3

Convierta todo a la misma unidad.

Convierta todo a la misma unidad.

Unidades aceptadas en el SI que no son del SI

Material de ampliación disponible en línea: *Hoja de ejercicios 1: cálculos con medidas*

→ Hay algunas unidades que **no son** unidades del **SI**, pero son aceptadas para usar con el SI porque son ampliamente usadas en la vida cotidiana, por ejemplo, min, h, ℓ.

Cada una de estas unidades tiene una definición exacta en función de una unidad del SI. La tabla muestra algunas de estas unidades junto con sus equivalentes en unidades SI.

Magnitud física	Nombre de la unidad	Símbolo	Equivalente en unidades SI
Tiempo	minuto	min	1 min = 60 s
	hora	h	1 h = 60 min = 3600 s
	día	d	1 d = 24 h = 86 400 s
Área	hectárea	ha	1 ha = 1 hm^2 = 10^4 m^2
Volumen	litro	L, ℓ	1 ℓ = 1 dm^3
Masa	tonelada	t	1 t = 10^3 kg

Los prefijos SI se usan con ℓ, pero *no* se usan con min, h y d.

Ejemplo 28

a Convierta 3 d 15 h 6 min a segundos.
b Convierta una velocidad promedio de 12 km h^{-1} a m s^{-1}.

Respuestas

a 1 d = 86 400 s
⇒ 3 d = 259 200 s
1 h = 3600 s ⇒ 15 h = 54 000 s
1 min = 60 s ⇒ 6 min = 360 s
Entonces
3 d 15 h 6 min = 259 200 s + 54 000 s + 360 s = 313 560 s

1 día = 24 horas = 24 × 60 min = 24 × 60 × 60 s

b Velocidad promedio = 12 km h^{-1}
⇒ en 1 h el objeto recorrió 12 km.
⇒ en 3600 s recorrió 12 000 m.

$$\text{Velocidad promedio} = \frac{12000\ \text{m}}{3600\ \text{s}} = 3{,}33\ \text{m s}^{-1}\ (3\ \text{cs})$$

1 h = 60 min = 60 × 60 s
12 km = 12 000 m

"⇒" significa "entonces" o "implica que".

$$\text{Velocidad promedio} = \frac{\text{distancia recorrida}}{\text{tiempo empleado}}$$

Ejemplo 29

Convierta:

a 120 hl a cl

b 5400 ℓ a m^3

Respuestas	
a 120 hl = 120×10^4 cl = 1 200 000 cl	*Para convertir de hl a cl, multiplicar por 10 cuatro veces; es decir, multiplicar por 10^4*
b 1 ℓ = 1 dm^3 ⇒ 5400 ℓ = 5400 dm^3 5400 dm^3 = 5400×10^{-3} m^3 = 5,4 m^3	*Para convertir de dm^3 a m^3, dividir por 10^3; es decir, multiplicar por 10^{-3}*

Ejercitación 1Q

1 **a** Convierta 1 d 2 h 23 min a segundos.

b Dé su respuesta al apartado **a** redondeando a la centena más cercana.

2 **a** Convierta 2 d 5 min a segundos.

b Dé su respuesta al apartado **a** en la forma $a \times 10^k$, donde $1 \le a < 10$ y $k \in \mathbb{Z}$.

3 Convierta estas medidas a la unidad indicada. Dé sus respuestas en forma decimal.

a 5 ℓ a ml **b** 0,56 ml a hl **c** 4500 dal a cl

4 Convierta estas medidas a la unidad indicada. Dé sus respuestas en la forma $a \times 10^k$, donde $1 \le a < 10$ y $k \in \mathbb{Z}$.

a 500 ℓ a cm^3 **b** 145,8 dl a dm^3 **c** 8 hl a cm^3

5 Convierta estas medidas a la unidad indicada. Dé su respuesta redondeando a la unidad más cercana.

a 12,5 dm^3 a ℓ **b** 0,368 m^3 a hl **c** 809 cm^3 a cl

6 Una partícula viaja a una velocidad promedio de 40 m min^{-1} y recorre 3000 m.

a Halle, en minutos, el tiempo que viaja la partícula.

b Dé su respuesta al apartado **a** en segundos.

PREGUNTA TIPO EXAMEN

7 Las aristas de un contenedor en forma de cubo miden 1,5 m.

a Halle el volumen del contenedor. Dé su respuesta en m^3.

b Dé su respuesta al apartado **a** en dm^3.

c Decida si se pueden verter en el contenedor 4000 *l* de agua. Justifique su respuesta.

PREGUNTAS TIPO EXAMEN

8 El volumen de una taza de té es 220 cm^3. Mercedes siempre sirve $\frac{4}{5}$ de la capacidad de una taza de té para evitar que se derrame.

a Halle, en ℓ, la cantidad de té que Mercedes sirve en la taza de té.

El volumen de la tetera de Mercedes es 1,5 ℓ.

b Halle el máximo número de tazas de té que Mercedes puede servir de la tetera.

9 La distancia aérea entre Buenos Aires y Ciudad del Cabo es 6900 km. Un avión vuela a una velocidad promedio de 800 km h^{-1}.

a Halle el tiempo que tarda este avión en volar de Buenos Aires a Ciudad del Cabo.

Abouo toma este vuelo y luego vuela a Johannesburgo, que se encuentra a 1393 km de Ciudad del Cabo. El vuelo dura 2 horas.

b Halle la velocidad promedio de este segundo avión.

Abouo se va de Buenos Aires a las 10.00 de la mañana. Cuando llega a Ciudad del Cabo, espera 1,5 horas hasta tomar el segundo vuelo.

c Halle la hora en que arriba a Johannesburgo.

Temperatura

→ Hay tres escalas de temperatura:

- **Kelvin** (K)
- **Celsius** (°C)
- **Fahrenheit** (°F)

Fahrenheit 451 es el nombre de un libro escrito por Ray Bradbury. El título hace referencia a la temperatura en que el papel se inflama. Esta temperatura también se conoce como "punto de flasheo" del papel.

El kelvin (K) es la única unidad base del SI de temperatura y es generalmente usada por científicos. El °C es una unidad del SI derivada. La escala Celsius se usa en la mayoría de los países, pero no en los Estados Unidos, en donde se usa la escala Fahrenheit. En la siguiente tabla se muestran, para cada escala, las temperaturas de congelación y de ebullición del agua.

Escala	Punto de congelación del agua	Punto de ebullición del agua
Fahrenheit (°F)	32	212
Celsius (°C)	0	100
Kelvin (K)	273,15	373,15

En esta fórmula t_c representa temperatura en °C y t_F representa temperatura en °F.

La fórmula que se usa para convertir de °C a °F es:

$$t_F = \frac{9}{5} \times t_C + 32$$

En esta fórmula t_c representa temperatura en °C y t_K representa temperatura en K.

La fórmula que se usa para convertir de K a °C es:

$$t_C = t_K - 273{,}15$$

Ejemplo 30

Convierta:

a 25 °C a °F **b** 300 K a °C **c** 200 °F a °C

Respuestas	
a $\frac{9}{5} \times 25 + 32 = 77$ °F	*Usar la fórmula* $t_F = \frac{9}{5} \times t_C + 32$
b $300 - 273{,}15 = 26{,}85$ °C	*Usar la fórmula* $t_C = t_K - 273{,}15$
c $200 = \frac{9}{5} \times t_C + 32$ $t_C = (200 - 32) \times \frac{5}{9}$ $t_C = 93{,}3$ °C (3 cs)	*Despejar* t_c *de la ecuación*

En el capítulo 6, obtendremos fórmulas como estas para modelizar situaciones de la vida real.

Ejercitación 1R

1 Convierta a °C. Dé su respuesta redondeada al décimo más cercano.

a 280 K **b** 80 °F

2 Convierta a °F. Dé su respuesta redondeada al grado más cercano.

a 21 °C **b** 2 °C

3 **a** Convierta 290 K a °C.

b A partir de lo anterior, convierta 290 K a °F.

4 **a** La fórmula para convertir de K a °C es $t_C = t_K - 273{,}15$.
Halle la fórmula que se usa para convertir de °C a K.

b La fórmula para convertir de °C a °F es $t_F = \frac{9}{5} \times t_C + 32$.
Halle la fórmula que se usa para convertir de °F a °C.

Ejercicio de revisión

Preguntas del estilo de la prueba 1

PREGUNTA TIPO EXAMEN

1 Considere los números 5; $\frac{\pi}{2}$; -3; $\frac{5}{4}$; $2{,}\dot{3}$ y los conjuntos numéricos $\mathbb{N}$, $\mathbb{Z}$, $\mathbb{Q}$ y $\mathbb{R}$.
Complete la tabla siguiente ubicando una marca (✓) en la casilla apropiada, si el número es un elemento del conjunto.

	5	$\frac{\pi}{2}$	−3	$\frac{5}{4}$	$2{,}\dot{3}$
$\mathbb{N}$	✓				
$\mathbb{Z}$	✓		✓		
$\mathbb{Q}$	✓		✓	✓	✓
$\mathbb{R}$	✓	✓	✓	✓	✓

PREGUNTAS TIPO EXAMEN

2 Dados los números:

$14{,}1 \times 10^{-1}$ $1{,}4 \times 10^{2}$ $\sqrt{2}$ $0{,}00139 \times 10^{2}$ 1414×10^{-2}

a Indique cuál de estos números es irracional
b Escriba $\sqrt{2}$ redondeando a 5 cifras significativas
c Escriba estos números en orden creciente

3 La masa de un contenedor es 2690 kg.

a Escriba esta masa en la forma $a \times 10^{k}$, donde $1 \leq a < 10$ y $k \in \mathbb{Z}$.

Nelson estima que la masa del contenedor es $2{,}7 \times 10^{3}$ kg.

b **i** Escriba esta masa en forma decimal.
ii Halle el porcentaje de error que ha cometido Nelson con su estimación.

4 La luz viaja en el vacío a una velocidad de 299 792 458 m s^{-1}.

a Escriba este valor redondeado a 3 cifras significativas.
b Utilice su respuesta al apartado **a** para hallar en km la distancia que viaja la luz en 1 segundo.
c Utilice su respuesta al apartado **b** para hallar en km h^{-1} la velocidad a la que viaja la luz en el vacío. Dé su respuesta en la forma $a \times 10^{k}$, donde $1 \leq a < 10$ y $k \in \mathbb{Z}$.

5 La masa total de 90 libros idénticos es 52 200 g.

a Calcule la masa exacta de un libro en kg.
b Escriba su respuesta al apartado **a** redondeada a 1 cifra significativa.

Matilda estima que la masa de cualquiera de estos libros es 0,4 kg. Use la respuesta al apartado **b** para hallar el porcentaje de error que Matilda cometió en su estimación.

c Halle este porcentaje de error.

6 El volumen, V, de una jarra cúbica es 1560 cm^{3}.

a Escriba V en dm^{3}.

Juan trabaja en la cafetería del colegio haciendo jugos. Vierte el jugo en estas jarras. Siempre llena las jarras hasta $\frac{3}{4}$ de su altura.

b Halle, en ℓ, la cantidad de jugo que Juan vierte en cada jarra.

Juan hace 25 ℓ de jugo por día.

c **i** Halle el número de jarras que Juan llena por día.
ii Escriba la cantidad de jugo que no se usa.

7 Sea $x = \dfrac{30y^{2}}{\sqrt{y+1}}$.

a Halle el valor exacto de x cuando $y = 1{,}25$.
b Escriba el valor de x redondeado a 3 cifras significativas.
c Escriba su respuesta al apartado **b** en en la forma $a \times 10^{k}$, donde $1 \leq a < 10$ y $k \in \mathbb{Z}$.

PREGUNTAS TIPO EXAMEN

8 El lado de un terreno cuadrado mide x m.

a Escriba, en función de x, una expresión para el área del terreno.

El área del terreno es 2,56 km^2.

b **i** Halle el valor de x.

ii Halle, en **metros**, el perímetro del terreno.

9 La fórmula para convertir de la escala kelvin a la escala Fahrenheit es:

$$t_F = \frac{9}{5} \times t_K - 459,67$$

Donde t_k representa la temperatura en K y t_F representa la temperatura en °F

a Halle una temperatura de 300 K en °F.

b Halle una temperatura de 100 °F en K. Dé su respuesta redondeada a la unidad más cercana.

10 Considere la inecuación $2x + 5 > x + 6$.

a Resuelva la inecuación.

b Represente la solución al apartado **a** en una copia de esta recta numérica.

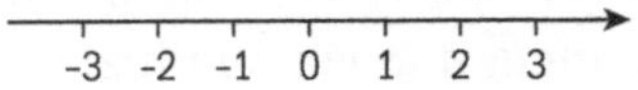

c Decida cuáles de estos números son soluciones de la inecuación dada en el apartado **a**:

$$1 \qquad \frac{\pi}{4} \qquad -5 \qquad \sqrt{3} \qquad 2,0\dot{6} \qquad \frac{101}{100} \qquad 1,2 \times 10^{-3}$$

11 El tamaño de una hoja A4 es 210 mm × 297 mm.

a Halle el área de una hoja A4. Dé su respuesta en mm^2.

b Dé su respuesta al apartado **a** en m^2.

Una resma tiene 500 hojas y pesa 75 g m^{-2}.

c Halle la masa de una hoja.

d Halle la masa de una resma en kg.

Preguntas del estilo de la prueba 2

PREGUNTAS TIPO EXAMEN

1 La figura muestra un terreno rectangular. El terreno mide 1260 m de ancho y 2500 m de largo.

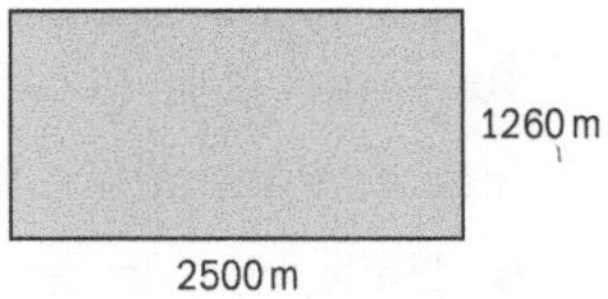

La figura no está dibujada a escala.

a Calcule el perímetro del terreno. Dé su respuesta en km.

El propietario del terreno, Enrico, quiere cercarlo. El costo del cerco es $327,64 por km.

b Calcule el costo de cercar el terreno. Dé su respuesta redondeada a 2 lugares decimales.

Enrico estima que el perímetro del terreno es 7,6 km. Utiliza su estimación para calcular el costo del cerco del terreno.

c Calcule el porcentaje de error que comete Enrico al usar su estimación del perímetro del terreno para calcular el costo del cerco.

d Calcule el área del terreno. Dé su respuesta en kilómetros cuadrados (km^2).

PREGUNTAS TIPO EXAMEN

2 Una pista de carrera se conforma de un rectángulo de 800 m por 400 m con dos semicírculos en sus extremos, como muestra la figura.

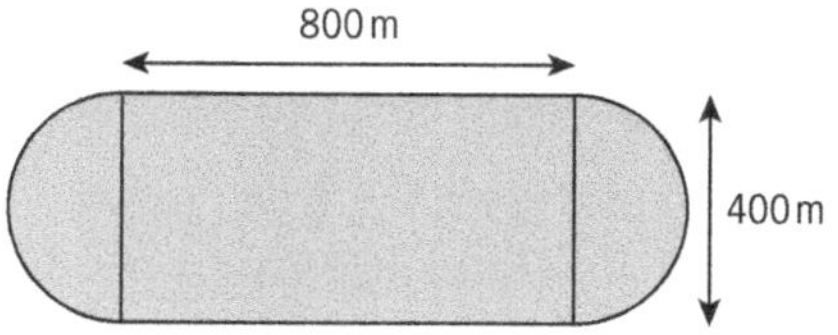

La figura no está dibujada a escala.

a Halle el perímetro de la pista de carrera. Dé su respuesta redondeada al metro más cercano.

Elena corre 14 200 m alrededor de la pista.

b Halle la cantidad de vueltas completas que corre Elena alrededor de la pista de carrera.

Elena corre a una velocidad promedio de $19\,\text{km}\,\text{h}^{-1}$.

c Halle cuánto tiempo tarda Elena en completar **una** vuelta. Dé su respuesta en horas.

d Halle el tiempo, en **minutos**, que tarda Elena en correr 14 200 m. Dé su respuesta redondeada a 5 cifras significativas.

Elena estima que tarda 44 minutos en correr 14 200 m.

e Halle el porcentaje de error que comete Elena en su estimación.

3 Un negocio de chocolates produce chocolates esféricos con un diámetro de 2,5 cm.

a Calcule el volumen de cada uno de estos chocolates en cm^3. Dé su respuesta redondeada a dos lugares decimales.

Los chocolates se venden en cajas cilíndricas, que tienen un radio de 12,5 mm y una altura de 15 cm.

b Calcule el volumen de cada una de estas cajas cilíndricas en cm^3. Dé su respuesta redondeada a 2 lugares decimales.

c Muestre que el máximo número de chocolates que entran en cada una de estas cajas es 6.

Las cajas se llenan con 6 chocolates.

d Halle el volumen de la caja que **no** está ocupado por los chocolates.

e Dé su respuesta al apartado **d** en mm^3.

f Dé su respuesta al apartado **d** en la forma $a \times 10^k$, donde $1 \leq a < 10$ y $k \in \mathbb{Z}$.

RESUMEN DEL CAPÍTULO 1

Conjuntos numéricos

- El conjunto de **números naturales** $\mathbb{N}$ es $\{0, 1, 2, 3, 4, 5, \ldots\}$.
- El conjunto de **números enteros** $\mathbb{Z}$ es $\{\ldots, -4, -3, -2, -1, 0, 1, 2, 3, 4, \ldots\}$.
- El conjunto de **números racionales** $\mathbb{Q}$ es $\left\{\frac{p}{q}, \text{ donde } p \text{ y } q \text{ son enteros y } q \neq 0\right\}$.
  Un número es racional si:
  - Se puede escribir como el cociente de dos enteros
  - Su expresión decimal es finita
  - Su expresión decimal no termina, pero tiene una cifra o un patrón de cifras que se repite indefinidamente
- Todo número decimal que tiene un número infinito de cifras después de la coma decimal y que no tiene período es un **número irracional**.
- El conjunto de los números racionales junto con el conjunto de los números irracionales completan la recta numérica y forman el conjunto de los **números reales**, $\mathbb{R}$.

Aproximación y error

- Redondear un número a la **decena más cercana** es lo mismo que redondearlo al **múltiplo de 10 más cercano**.
- Redondear un número a la **centena más cercana** es lo mismo que redondearlo al **múltiplo de 100 más cercano**.
- **Reglas de redondeo**
  - Si la cifra siguiente a la que se está redondeando es menor que 5, entonces mantener la cifra que se está redondeando y cambiar a ceros todas las que están a su derecha.
  - Si la cifra siguiente a la que se está redondeando es 5 o más, entonces sumarle 1 a la cifra que se está redondeando y cambiar a ceros todas las que están a su derecha.
- Redondear un número a **un lugar decimal** es lo mismo que redondearlo al **décimo más cercano**.
- Redondear un número a **dos lugares decimales** es lo mismo que redondearlo al **centésimo más cercano**.
- Redondear un número a **tres lugares decimales** es lo mismo que redondearlo al **milésimo más cercano**.
- **Reglas de redondeo para decimales**
  - Si la cifra siguiente a la que se está redondeando es menor que 5, entonces mantener la cifra que se está redondeando y eliminar todas las que están a su derecha.
  - Si la cifra siguiente a la que se está redondeando es 5 o más, entonces sumar 1 a la cifra que se está redondeando y eliminar todas las que están a su derecha.
- La cantidad de **cifras significativas** en un resultado es la cantidad de cifras que se conocen con cierto grado de fiabilidad.

Continúa en la página siguiente.

- **Reglas para cifras significativas**
  - Toda cifra distinta de cero es significativa.
  - Los ceros que se encuentran entre dos cifras distintas de cero son significativos.
  - Los ceros a la izquierda de la primera cifra que no es cero *no* son significativos.
  - Los ceros ubicados después de otra cifra, pero que están a la derecha de la coma decimal, son significativos.
- **Reglas de redondeo para cifras significativas**
  - Si la cifra que está en el lugar $(n+1)$ es menor que 5, entonces mantener igual la cifra del lugar n.
  - Si la cifra que está en el lugar $(n+1)$ es 5 o más, entonces sumar 1 a la cifra del lugar n.
  - En ambos casos, todas las cifras a la derecha de la cifra que se ubica en el lugar n deben ser eliminadas si están a la derecha de la coma decimal, y deben ser reemplazadas por ceros si están a la izquierda de la coma decimal.
- Para **estimar** la respuesta de un cálculo, hay que redondear todos los números que lo componen a una cifra significativa.
- La diferencia entre un **valor estimado** o **valor aproximado** y el **valor exacto** se denomina **error**:

  $$\text{Error} = v_A - v_E$$

  Donde v_A es el valor aproximado y v_E es el valor exacto
- $$\text{Porcentaje de error} = \left|\frac{v_A - v_E}{v_E}\right| \times 100\%$$

  Donde v_A representa el **valor aproximado** o **valor estimado** y v_E representa el **valor exacto**

Notación científica

- Un número está escrito en **notación científica** si está en la forma $a \times 10^k$, donde $1 \le a < 10$ y k es un entero.

Unidades de medida del SI

- En Estudios Matemáticos, las **unidades base SI** que se usan más comúnmente son: m, kg, y s, y sus **unidades derivadas** son: m^2 (área), m^3 (volumen), $km\,h^{-1}$ (velocidad), $kg\,m^{-3}$ (densidad).
- Para evitar escribir cantidades muy pequeñas o muy grandes, se utilizan **prefijos**. Algunos de estos se muestran en la siguiente tabla.

Factor	Prefijo	Símbolo	Factor	Prefijo	Símbolo
10^3	kilo	k	10^{-3}	mili	m
10^2	hecto	h	10^{-2}	centi	c
10^1	deca	da	10^{-1}	deci	d

- Hay algunas unidades que **no son** unidades del **SI**, pero son aceptadas para usar con el SI porque son ampliamente usadas en la vida cotidiana, por ejemplo, min, h, *l*.
- Hay tres escalas de temperatura: **kelvin** (K), **Celsius** (°C) y **Fahrenheit** (°F).

Una explicación racional

La escuela pitagórica, alrededor de 2500 años atrás, creía que todos los números eran racionales. Esta idea se expresaba con palillos de distintas longitudes, que se podían medir de forma exacta con un tercer palillo, más corto que los otros dos.

Por ejemplo, estos palillos:

Pueden ser medidos con este:

Así:

- ¿Cuál es la razón entre el palillo más corto y el más largo?
- ¿Qué fracción del palillo más largo es el más corto?
- ¿Qué fracción del palillo más corto es el más largo?

Como la longitud de cada palillo se puede escribir como una fracción del otro, se dice que los dos palillos son "conmensurables". Los primeros pitagóricos creían que todos los números podían ser representados por un conjunto de líneas conmensurables.

La escuela pitagórica tenía reglas muy estrictas y fue una escuela tanto de filosofía como de matemática. Averigüe más acerca de sus principios y creencias.

Brahmi		–	=	≡	+	[illegible]	[illegible]	[illegible]	[illegible]	[illegible]
Hindú	०	१	२	३	४	५	६	७	८	९
Árabe	•	١	٢	٣	٤	٥	٦	٧	٨	٩
Medieval	o	I	2	3	[illegible]	[illegible]	6	Λ	8	9
Moderno	0	1	2	3	4	5	6	7	8	9

- ¿De dónde provienen nuestros números del cero al diez?
- ¿Cuándo se descubrió el cero?, ¿o fue inventado?

Hipaso muestra un número irracional

En base a una leyenda, uno de los pitagóricos, Hipaso, demostró por primera vez que $\sqrt{2}$ no era racional. Es posible que Hipaso haya usado la idea de que $\sqrt{2}$ y 1 no podían medirse utilizando el mismo palillo, por más pequeño que fuera.

Hipaso sabía algunas cosas:

1 El teorema de Pitágoras: por lo tanto, la diagonal de este cuadrado de lado 1 es $\sqrt{2}$.

2 Si un palillo podía medir dos palillos más largos, entonces podía medir la diferencia entre ellos.

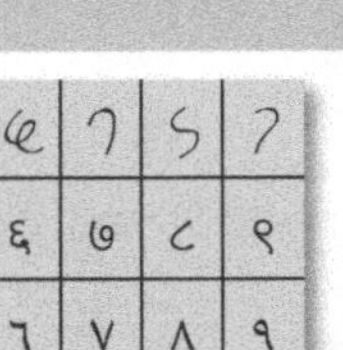

Figura 1

En el ejemplo de arriba, la diferencia es dos veces el palillo de medición.

Por lo tanto, Hipaso razonó que, si había un palillo que podía medir tanto el lado como la diagonal del cuadrado, entonces ese palillo tenía que poder medir su diferencia, que se muestra en gris en la figura 2.

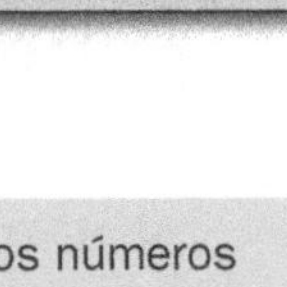
Figura 2

En el libro *Viaje a través de los genios*, William Dunham da a entender cómo Hipaso pudo haber hecho esto.

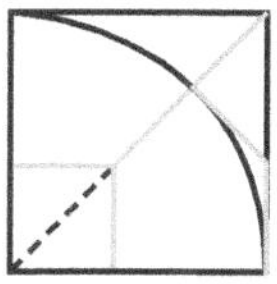

Figura 3

Conocía suficientes teoremas del círculo como para deducir que todos los segmentos grises (figura 3) tenían la misma longitud, por lo que podían medirse con el palillo original. Lo mismo para la parte punteada.

Y así empezó nuevamente con el cuadrado pequeño y la diagonal y construyó la misma figura dentro de este, y nuevamente dentro de ese.

Figura 4

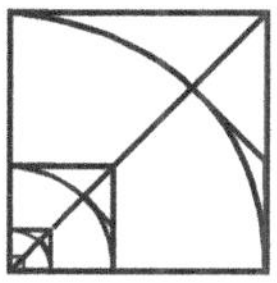

Figura 5

Argumentó que, dado que el cuadrado se estaba haciendo cada vez más chico, el palillo de medición debía ser aún menor, y al final desaparecer, porque la reducción podía repetirse en forma indefinida. Dado que el palillo terminaba siendo tan pequeño que desaparecía, entonces debía no existir en un principio. Sus colegas estaban convencidos, pero definitivamente no estaban contentos, y lo tiraron de un barco dejándolo ahogar. Sin duda la historia ha ganado algunos detalles a lo largo de los años, pero el descubrimiento de los números irracionales tuvo un profundo efecto en los matemáticos griegos, quienes por siglos abandonaron el estudio de los números y se concentraron en el tema "seguro" de la geometría.

- ¿Fueron los números irracionales creados o descubiertos?
- ¿Existen los números irracionales?

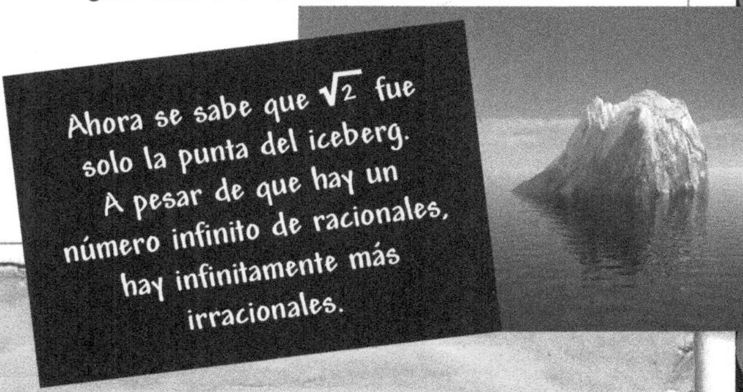

La prueba de Cantor

Georg Cantor clasificó a los conjuntos infinitos en "infinitos numerables" e "infinitos innumerables". Infinito numerable es la medida de un conjunto en la que se puede contar cada elemento con los números naturales: 1, 2, 3, 4, … El proceso podría continuar para siempre, pero, debido a que a los elementos del conjunto se les ha dado cierto tipo de orden, se podría seguir contándolos sin dejar ninguno afuera. Cantor demostró que los números racionales pueden ser ordenados de esta forma, pero que es imposible hacer lo mismo con los números irracionales. Cualquiera sea el orden que se idee, habrá siempre números irracionales fuera de la lista.

Las teorías de Cantor (aunque algo incómodas) el día de hoy son una parte habitual de la matemática, pero en su época causaron más controversia que lo que causó Hipaso en su momento.

Se veía a Cantor como queriendo socavar las matemáticas y sus ideas fueron rechazadas por casi todos los matemáticos contemporáneos de la época.

Sufrió de una severa depresión y terminó su vida en un hospital de salud mental.

Cantor vivió en Viena durante la Primera Guerra Mundial, cuando el Imperio austro-húngaro se estaba desmoronando. Sus conciudadanos estaban temerosos del cambio que veían a su alrededor. ¿Fue quizás un paso demasiado grande para Cantor el "cambiar" el concepto de número?

- ¿Puede la matemática desarrollarse "en una burbuja"?
- ¿Pueden los matemáticos liberarse de las influencias externas?

2 Estadística descriptiva

OBJETIVOS DEL CAPÍTULO:

2.1-2.3 Datos discretos y continuos: tablas de frecuencias, valores centrales de los intervalos y límites superior e inferior de los intervalos; histogramas de frecuencias
2.4 Tablas de frecuencias acumuladas, curvas de frecuencias acumuladas, mediana y cuartiles; diagramas de caja y bigotes
2.5 Medidas de posición central: media, mediana y moda; estimación de la media y clase modal
2.6 Medidas de dispersión: rango, rango intercuartil y desviación típica

Antes de comenzar

Qué necesitamos saber

1 Recopilar y representar datos usando:

a Un pictograma

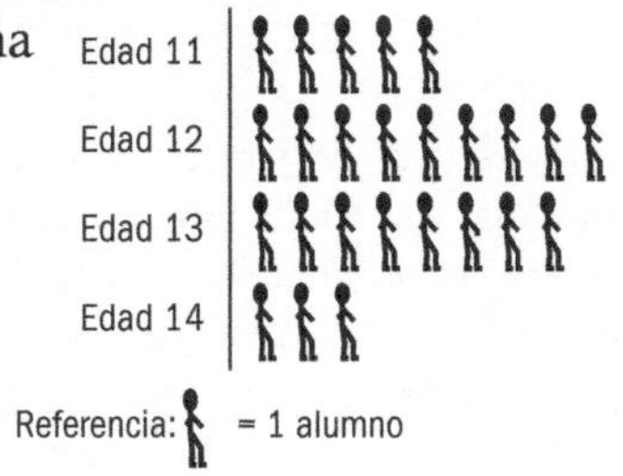

b Un gráfico de barras

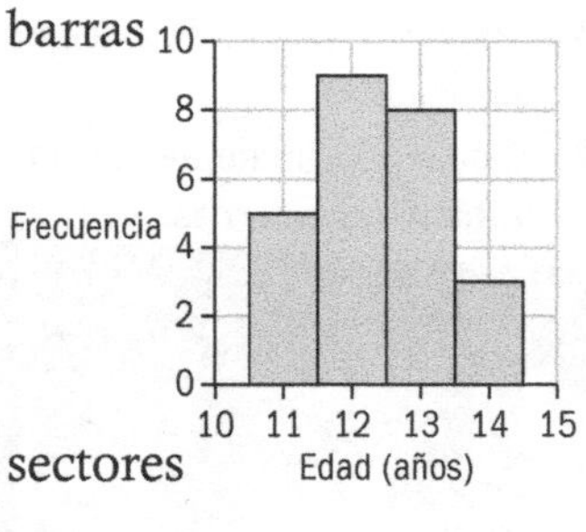

c Un gráfico de sectores

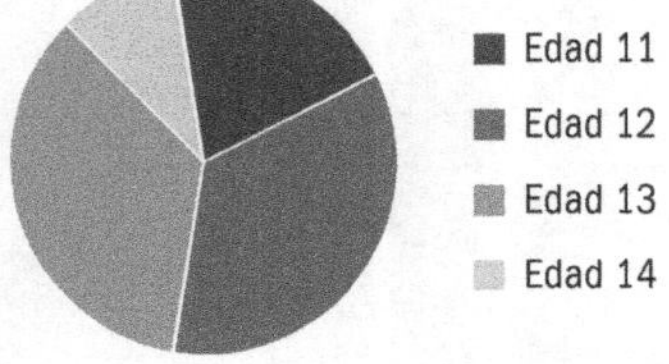

2 Preparar los ejes de un gráfico usando las escalas especificadas

Comprobemos nuestras habilidades

1 Martín quiere averiguar información acerca de la cantidad de hombres, mujeres, niños y niñas que usan una biblioteca. Diseñe una hoja de recopilación de datos para esta información.

2 Estos datos muestran la cantidad de caramelos de distintos colores que hay en un paquete.

Color	Azul	Verde	Rojo	Naranja	Amarillo
Frecuencia	5	7	8	4	6

a Dibuje con precisión un pictograma para representar estos datos.
b Dibuje con precisión un gráfico de barras para representar estos datos.
c Dibuje con precisión un gráfico de sectores para representar estos datos.

3 En papel milimetrado, dibuje con precisión un par de ejes coordenados tales que, en el eje x, 1 cm represente 2 unidades y, en el eje y, 1 cm represente 10 unidades.

Cada país necesita información básica acerca de su población, para poder planear y desarrollar los servicios que necesita. Por ejemplo, para planificar una red de rutas, es necesario saber el tamaño de la población, para así poder estimar la cantidad de tráfico en la zona.

Para recopilar información sobre la población, los gobiernos llevan a cabo censos. Un censo es una encuesta sobre **toda la población** de un país.

La información recopilada incluye datos sobre edad, género, salud, vivienda, empleo y transporte. Posteriormente, los datos se analizan y se muestran en tablas, gráficos y hojas de cálculo. Todos los datos deben ser procesados para proteger la información de los individuos. La Organización de las Naciones Unidas recomienda llevar a cabo 1 censo al menos cada 10 años.

¿En qué otras áreas de la sociedad se utiliza la matemática de una forma práctica?

¿Cuál es el beneficio de compartir y analizar datos de distintos países?

¿Cuándo fue el último censo en su país? ¿Es la información del censo de dominio público? ¿Cómo ha cambiado la tecnología la forma en que se recopilan y presentan los datos de los censos?

Investigación: distribución de la población

En el Reino Unido, hay 1 censo cada 10 años.

Estas pirámides poblacionales están basadas en información recopilada en el censo de 2001. Muestran la distribución de grupos de edad en Tower Hamlets (Londres) y Christchurch (Dorset).

Censo 2001: Tower Hamlets

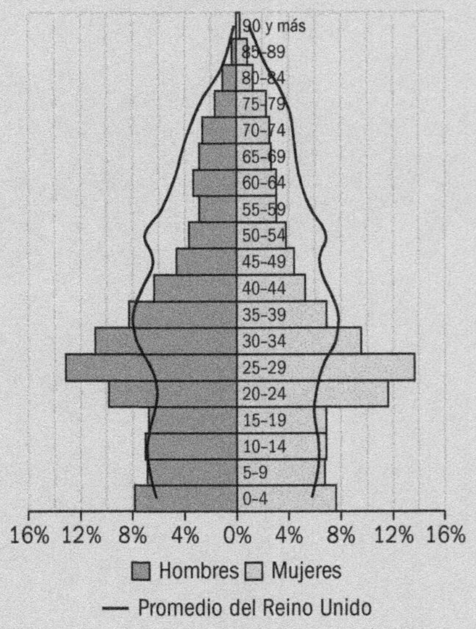

Censo 2001: Christchurch

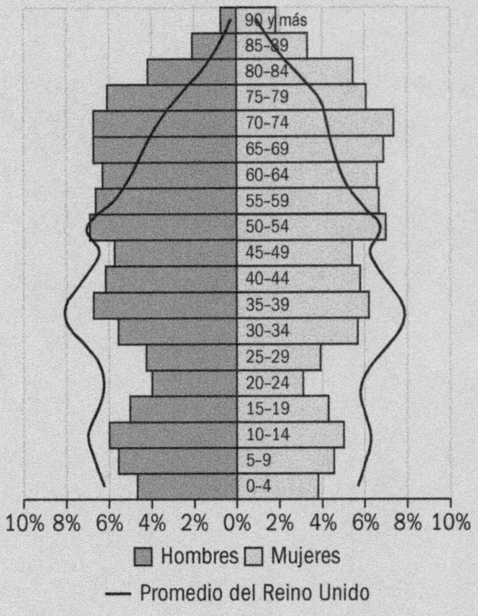

Compare las pirámides poblacionales de Tower Hamlets y Christchurch.

Simplemente basándose en estos datos, haga algunas conjeturas acerca de estas dos zonas.

Realice una investigación completa de estas zonas y verifique sus conjeturas. ¿En qué medida fueron precisas?

Toda la información del censo de 2001 se puede encontrar en www.ons.gov.uk (en inglés), buscando *"2001 census data"*.

En este capítulo, organizaremos datos en tablas de frecuencias, graficaremos datos en una variedad de diagramas y analizaremos datos usando varias medidas.

¿Cómo se utilizan los datos sobre educación para investigar la relación que hay entre el nivel de educación y ciertos patrones de formación de familias y fertilidad?

2.1 Clasificación de datos

Hay dos tipos principales de datos: **cualitativos** y **cuantitativos**. Los datos cualitativos son aquellos que no se dan numéricamente, como por ejemplo, el color preferido. Los datos cuantitativos son numéricos, y se pueden además clasificar en **discretos** o **continuos**.

→ Los **datos discretos** son aquellos que o bien se pueden **contar** o bien pueden tomar solamente **determinados valores**.

Ejemplos de datos que se pueden contar pueden ser: la cantidad de caramelos en un paquete, la cantidad de personas que prefieren té y no café, y la cantidad de pares de zapatos que posee una persona.

Ejemplos de datos que solo pueden tomar valores determinados pueden ser: el tamaño de zapato, el tamaño de sombrero y el tamaño de vestido.

¿Es discreta la cantidad de granos de sal en un salero?

→ Los **datos continuos** son aquellos que se pueden **medir**. Pueden tomar cualquier valor dentro de un rango.

Ejemplos de datos continuos pueden ser: peso, altura y tiempo.

Los datos continuos se pueden expresar con la cantidad de cifras significativas que sean necesarias. Cuanto mayor sea la precisión que se necesita, más cantidad de cifras significativas tendrán los datos.

▲ La cantidad de zapatos y el tamaño de zapato son ejemplos de datos discretos.

Las balanzas se inventaron cuando los países empezaron a comerciar mercadería y se necesitó una medida estándar para asegurar un comercio justo.

El tiempo es una medida continua, porque puede tomar cualquier valor numérico en un rango determinado. Por ejemplo: el tiempo que tarda un velocista profesional en correr 100 m puede ser registrado como cualquier fracción de segundo.

Población y muestra

Al llevar a cabo una investigación estadística, el grupo total del cual estamos recopilando datos se denomina **población**. No siempre es posible, o necesario, acceder a los datos de toda una población.

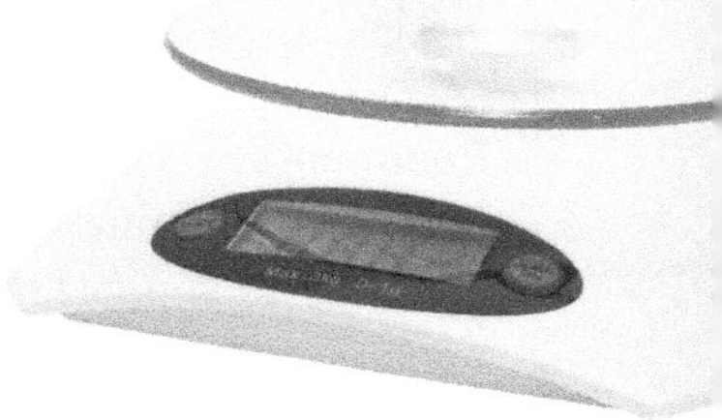

▲ Las balanzas nos dan datos continuos.

Podemos sacar conclusiones acerca de una población a partir de la recopilación de datos de una muestra. Es, en general, más económico y más rápido, recopilar datos de una muestra.

Una **muestra** es un grupo pequeño elegido de una población.

Una **muestra aleatoria** es aquella en la que cada elemento tiene la misma probabilidad de ser incluido.

Una **muestra sesgada** es aquella que no es aleatoria.

¿Pueden producir un sesgo la redacción y la forma de presentar los datos en una pregunta de una encuesta?

Es importante que una muestra sea aleatoria y no sesgada, ya que debe ser **representativa** de los elementos que se están investigando. Para asegurar que distintos elementos de la población tengan la misma probabilidad de ser elegidos, se podrían poner todos los nombres en un sombreo y sacarlos. O se podría asignar un número a cada miembro de la población y luego elegir números aleatoriamente, utilizando la función **RandInt** (números aleatorios) de la calculadora de pantalla gráfica (en adelante, CPG).

Las muestras no serán objeto de examen. Sin embargo, al usarlas en el proyecto de Estudios Matemáticos, deberemos discutir cómo elegimos la muestra y convencer al moderador de que es en verdad una muestra aleatoria.

¿Son las encuestas de salida o de boca de urna una buena forma de predecir los resultados de una elección?

Ejemplo 1

Kiki quiere averiguar si en su colegio las notas de los alumnos tienen alguna relación con el hábito de desayunar. Sin embargo, hay demasiados alumnos en el colegio como para preguntar a todos. Necesita elegir una muestra.
¿Cómo puede asegurarse de que la muestra que elige es aleatoria?

Respuesta Kiki puede usar su CPG para generar números aleatorios y usar los alumnos que tienen esos números en el registro del colegio.	*¿Tiene cada alumno la misma probabilidad de ser incluido en la muestra de Kiki? Si es así, entonces la muestra es aleatoria.*

En investigación de mercado, se entrevista a una muestra de la población para recopilar datos acerca de los clientes. Se han desarrollado muchos métodos de investigación desde que las compañías empezaron a llevar a cabo investigaciones formales de mercado en la década de 1920.

Ejemplo 2

Alicia está realizando una encuesta para averiguar cuánto dinero gastan en moda, por mes, las mujeres que viven en Londres. Solo entrevista a mujeres que están saliendo de Harrods (una tienda muy exclusiva). ¿Es aleatoria esta muestra?

Respuesta No, porque la muestra no proviene de la población total de mujeres de Londres y algunas de las mujeres que entrevista podrían no pertenecer a la población.	*¿Alicia solo pregunta a "mujeres que viven en Londres"?* *¿Todas las mujeres que viven en Londres compran en Harrods?*

Ejercitación 2A

1 Indique si los siguientes datos son discretos o continuos:

- **a** La cantidad de caramelos en un paquete
- **b** Las alturas de los alumnos de octavo grado/año
- **c** Los talles de vestidos de las niñas que conforman una banda de gaitas
- **d** La cantidad de automóviles rojos en un estacionamiento
- **e** Los pesos de gatos pequeños
- **f** Las notas que obtuvieron, en una prueba de Ciencias, los alumnos de séptimo grado/año
- **g** Los tiempos que tardaron los alumnos en escribir su prueba de Literatura Mundial
- **h** Los pesos de las manzanas de una bolsa de 5 kg
- **i** La cantidad de lluvia caída, en cm diarios, durante el mes de abril
- **j** La cantidad de caras cuando se lanza una moneda 60 veces
- **k** Los tiempos que tardan los atletas en correr una maratón
- **l** La cantidad de visitantes diarios a la Mezquita Azul

2 Indique si las siguientes muestras son aleatorias o sesgadas:

a Al investigar si la gente desayuna, solo entrevistar a personas que están en la cafetería.

b Al investigar acerca de hábitos de consumo, entrevistar a una de cada tres personas que encontramos.

c Al investigar hábitos de consumo en automóviles, José entrevista a hombres que están saliendo de un taller.

d Al comparar el PIB con la mortalidad infantil, Eizo elige los países de una lista numerada, generando números aleatorios en su CPG.

e Al investigar los hábitos de sueño de los niños, Adam distribuye un cuestionario a los alumnos en su colegio.

El PIB (Producto Interno Bruto) es la cantidad total de bienes y servicios producidos en un país a lo largo de un año.

2.2 Datos discretos simples

Cuando hay una gran cantidad de datos, es más fácil interpretarlos si están organizados en una **tabla de frecuencias** o expuestos en un gráfico.

Ejemplo 3

A continuación se muestra la cantidad de caramelos que hay en 24 paquetes:

22 23 22 22 23 21 22 22 20 22 24 21
22 21 22 23 22 22 24 20 22 23 22 22

Organice esta información en una tabla de frecuencias.

Respuesta

Cantidad de caramelos	Conteo	Frecuencia
20	||	2
21	|||	3
22	~~||||~~ ~~||||~~ |||	13
23	||||	4
24	||	2
	TOTAL	**24**

Dibujar una tabla con tres columnas

Escribir los valores posibles en la columna "Cantidad de caramelos"

Utilizar marcas de conteo para registrar cada valor en la columna "Conteo"

Para cada fila, contar la cantidad de marcas de conteo y escribir el total en la columna "Frecuencia"

Sumar los valores en la columna "Frecuencia" para hallar la frecuencia total

Ahora puede ver cuántos paquetes tienen cada cantidad de caramelos.

Ejercitación 2B

1 Las cantidades de goles que anotó el equipo de fútbol Ajax en sus últimos 25 partidos son:

1 3 0 2 1 1 2 3 0 1 2 2 5 0 2 1 4 3 2 1 0 1 2 3 5

Organice esta información en una tabla de frecuencias.

2 Las cantidades de caras obtenidas cuando se arrojaron 50 veces 12 monedas se anotaron abajo:

8 3 5 7 1 9 2 10 5 12 7 6 6 8 12 4 10 2 6 6 8 4 5 11 3

4 6 8 6 7 5 3 11 2 10 5 6 7 5 8 9 2 10 11 0 12 3 6 6 5

Organice esta información en una tabla de frecuencias.

3 Las edades de las niñas en un club de hockey son:

10 11 12 10 9 11 15 13 12 16 11 13 14 12 10 10 11 9 9 10

10 12 15 16 12 11 13 10 15 13 12 11 15 16 11 12 10 9 10 11

Organice esta información en una tabla de frecuencias.

4 En una caja está escrito que en su interior hay 90 patatas fritas.
Victoria controló 30 de esas cajas y anotó debajo la cantidad de patatas fritas que tenían:

90 90 91 90 89 89 90 90 92 90 90 88 89 90 90

91 90 89 90 88 89 90 91 90 92 88 89 90 90 90

Organice esta información en una tabla de frecuencias.

5 Juan tiró un dado 50 veces. Los números que salieron se muestran abajo:

1 1 3 2 6 6 5 6 4 4 3 6 2 1 3 5 6 3 2 1 4 5 6 3 2

1 5 3 4 6 2 5 5 4 2 1 3 6 4 2 3 1 6 3 2 5 3 3 2 6

Organice esta información en una tabla de frecuencias.

PREGUNTA TIPO EXAMEN

6 Las cantidades de juegos en los distintos partidos de un torneo de bádminton se anotan abajo:

8 8 10 11 9 7 8 7 11 12 7 8 10 10 11 9 9 8 11 7 9 8

Los datos primarios han sido organizados en la tabla de frecuencias.

Juegos	Frecuencia
7	4
8	m
9	4
10	n
11	4
12	1

Escriba los valores de m y de n.

2.3 Datos discretos o continuos agrupados

Cuando hay una gran cantidad de datos dispersos en un amplio rango es útil **agruparlos**. Dependiendo de la cantidad de datos, debe haber entre 5 y 15 grupos, o intervalos de clases, de la misma amplitud.

Las clases deben cubrir el rango de los datos y no se deben superponer, es decir, que cada dato debe pertenecer a una sola clase.

Podemos organizar tanto los datos discretos como los continuos en **tablas de frecuencias de datos agrupados**.

Ejemplo 4

En una semana, Lorena hizo 30 llamadas telefónicas. Se registró la duración de las llamadas, en minutos.

3,1	12,2	9,6	8,1	2,2	1,2	15,0	4,8	21,2	13,6
17,3	22,3	1,5	4,6	31,2	26,7	7,8	18,2	35,4	1,6
2,9	5,5	12,8	28,3	16,9	1,3	5,6	7,8	2,3	6,9

Organice esta información en una tabla de frecuencias de datos agrupados.

La tabla de frecuencias da una idea mucho más clara de los datos.

Respuesta

Duración (d)	Frecuencia
$0 \leq d < 5$	10
$5 \leq d < 10$	7
$10 \leq d < 15$	3
$15 \leq d < 20$	4
$20 \leq d < 25$	2
$25 \leq d < 30$	2
$30 \leq d < 35$	1
$35 \leq d < 40$	1

Primero decidir acerca del tamaño y la cantidad de clases

El dato menor = 1,2, por lo tanto las clases empiezan en 0.

El dato mayor = 35,4, por lo tanto las clases terminan en 40.

Usando 5 como amplitud de clase, habrá (40 ÷ 5 =) 8 clases en total.

Ejercitación 2C

1 Organice cada uno de estos conjuntos de datos en una tabla de frecuencias de datos agrupados:

a 2 5 12 21 7 9 25 31 17 19 22 23 15 24 5
34 45 32 13 43 7 11 32 6 18 40 23 32 22 8

b 10 24 31 29 42 19 55 65 46 72 35 48 68 56 92
12 33 77 56 45 82 76 56 34 12 78 89 45 59 32
26 97 67 54 34 18 77 59 34 27 13 19 63 65 22

c 1 3 8 12 4 2 6 3 9 10 11 9 7 5 14 2 3 16
9 5 13 14 4 8 17 3 15 19 5 3 9 10 11 14 15

Límite superior y límite inferior

Para hallar los **límites superior** e **inferior** de una clase, hay que calcular la media del valor más alto de una clase y el valor más bajo de la clase siguiente.

Ejemplo 5

Esta tabla muestra las alturas de las flores en un jardín.
Escriba:

a El límite superior de la primera clase

b El límite inferior de la tercera clase

Altura (x cm)	Frecuencia
$0 \leq x < 10$	5
$10 \leq x < 20$	12
$20 \leq x < 30$	21
$30 \leq x < 40$	15
$40 \leq x < 50$	6

Respuestas

a $\frac{10+10}{2} = 10$

El valor más alto de la primera clase es 10. El valor más bajo de la segunda clase es 10. El límite superior de la primera clase es la media de estos dos valores.

b $\frac{20+20}{2} = 20$

El valor más alto de la segunda clase es 20. El valor más bajo de la tercera clase es 20. El límite inferior de la tercera clase es la media de estos dos valores.

Ejemplo 6

La tabla muestra la cantidad de pares de zapatos vendidos de cada talle en un negocio, un determinado día.
Escriba:

a El límite superior de la primera clase y de la última clase

b El límite inferior de la primera clase y de la cuarta clase

Talle de zapato	Frecuencia
15–19	3
20–24	9
25–29	12
30–34	22
35–39	45
40–44	31

Estos son talles europeos. ¿Cuáles son los talles de zapatos equivalentes en su país?

Respuestas

a Límite superior de la primera clase $= \frac{19+20}{2} = 19{,}5$

Límite superior de la última clase $= \frac{44+45}{2} = 44{,}5$

El valor más alto de la primera clase es 19. El valor más bajo de la segunda clase es 20. El límite superior de la primera clase es la media de estos dos números. Lo mismo para la última clase.

b Límite inferior de la primera clase $= \frac{14+15}{2} = 14{,}5$

Límite inferior de la cuarta clase $= \frac{29+30}{2} = 29{,}5$

El valor más alto de la clase anterior sería 14. El valor más bajo de la primera clase es 15. El límite inferior de la primera clase es la media de estos dos números. Lo mismo para la cuarta clase.

¿Cómo podría utilizar estos datos el administrador de la zapatería?

Ejercitación 2D

1 Copie estas tablas y complételas con los límites inferiores y límites superiores que faltan:

a

Clase	Límite inferior	Límite superior
9–12		12,5
13–16		
17–20	16,5	
21–24		

b

Tiempo (*t* segundos)	Límite inferior	Límite superior
$2{,}0 \le t < 2{,}2$		
$2{,}2 \le t < 2{,}4$		
$2{,}4 \le t < 2{,}6$		

Histogramas de frecuencias

Un **histograma de frecuencias** es una manera útil de representar los datos visualmente.

> ➔ Para dibujar con precisión un histograma de frecuencias, hallar el límite inferior y el límite superior de los intervalos de clase y dibujar las barras entre estos límites. No debe haber espacios entre las barras.

En el curso de Estudios Matemáticos, solo se tratarán histogramas de frecuencias con intervalos de clase de la misma amplitud.

Los límites de las clases se sitúan sobre el eje x y los valores de las frecuencias sobre el eje y.

Aquí se muestran los histogramas de frecuencias de los ejemplos 5 y 6:

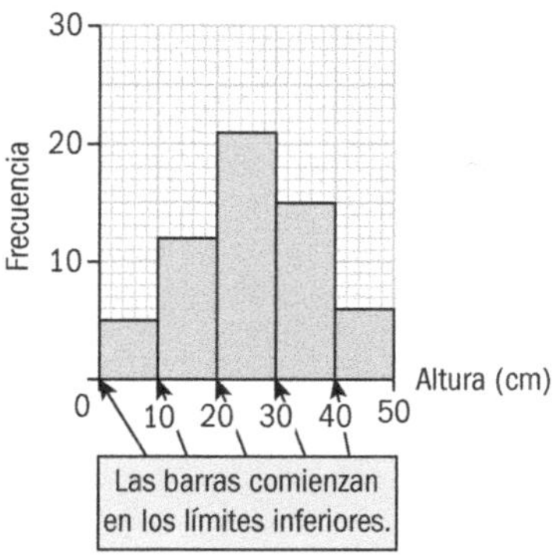

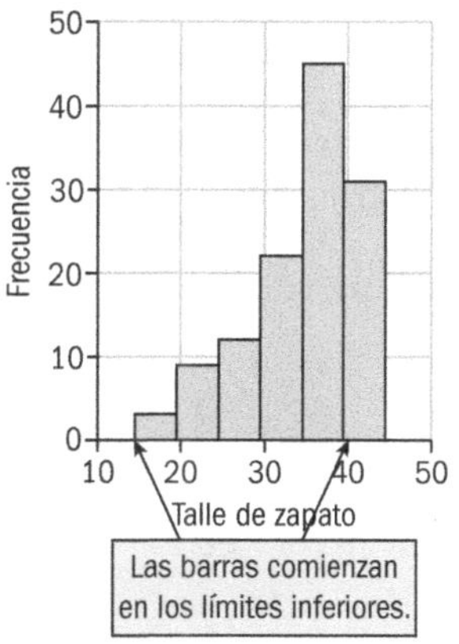

El estadístico inglés Karl Pearson (1857–1936) fue la primera persona en utilizar el término "histograma" (en 1895).

Ejercitación 2E

1 Los costos de 80 cenas, en euros, se muestran en la tabla. Dibuje con precisión un histograma para representar esta información.

Costo de cena en euros (c)	Frecuencia
$10 \le c < 15$	2
$15 \le c < 20$	8
$20 \le c < 25$	11
$25 \le c < 30$	25
$30 \le c < 35$	14
$35 \le c < 40$	11
$40 \le c < 45$	6
$45 \le c < 50$	3

2 La tabla muestra la distribución de edades de los profesores en la Academia Genios.

a Escriba los límites inferior y superior de cada clase.

b Dibuje con precisión un histograma para representar esta información.

Edad (x)	Frecuencia
$20 \le x < 30$	4
$30 \le x < 40$	8
$40 \le x < 50$	10
$50 \le x < 60$	9
$60 \le x < 70$	3

3 Las masas de 150 melones se registran en la tabla.

a Escriba el límite inferior y superior de la tercera clase.

b Dibuje con precisión un histograma para representar la información.

Masa (x kg)	Frecuencia
$0{,}4 \le x < 0{,}6$	21
$0{,}6 \le x < 0{,}8$	36
$0{,}8 \le x < 1{,}0$	34
$1{,}0 \le x < 1{,}2$	29
$1{,}2 \le x < 1{,}4$	18
$1{,}4 \le x < 1{,}6$	12

4 Las longitudes de 100 gusanos (redondeadas al cm más cercano) están dadas en la tabla.

Longitud (cm)	4	5	6	7	8	9	10
Frecuencia	18	20	26	15	8	6	7

a Escriba los límites inferior y superior de cada clase.

b Dibuje con precisión un histograma para representar esta información.

5 Se les preguntó a 50 personas cuántas veces por mes viajan en tren. Los resultados fueron:

8	7	10	5	23	4	16	9	62	28
14	53	29	11	34	33	68	75	12	79
22	54	67	55	13	32	41	58	36	2
26	80	65	38	52	71	2	16	36	40
18	24	52	64	76	16	6	18	28	40

a Organice esta información en una tabla de frecuencias de datos agrupados.

b Dibuje con precisión un histograma para representar la información gráficamente.

6 Yuri decidió contar la cantidad de malas hierbas en un metro cuadrado de pasto. Eligió 80 parcelas de 1 metro cuadrado. Los resultados para cada metro cuadrado son:

22	24	21	12	8	14	34	62	54	6	28	42	35	22	14	18	9	24	12	18
31	47	17	9	35	24	41	52	38	19	5	23	31	65	32	46	15	13	74	22
9	13	22	55	47	52	14	13	21	19	52	33	71	12	22	17	58	42	31	16
2	15	31	73	45	31	12	8	4	33	42	57	61	48	43	27	14	5	14	26

a Organice esta información en una tabla de frecuencias de datos agrupados.

b Dibuje con precisión un histograma para representar la información gráficamente.

7 Sergio anotó la cantidad de camionetas que pasaron por su calle, cada cinco minutos, durante un período de ocho horas. Sus resultados fueron:

Cantidad de camionetas (x)	Frecuencia
$1 \leq x \leq 5$	12
$6 \leq x \leq 10$	23
$11 \leq x \leq 15$	31
$16 \leq x \leq 20$	13
$21 \leq x \leq 25$	9
$26 \leq x \leq 30$	5
$31 \leq x \leq 35$	2
$36 \leq x \leq 40$	1

a Escriba el límite inferior y el límite superior de la cuarta clase.

b Dibuje con precisión un histograma para representar la información.

PREGUNTA TIPO EXAMEN

8 La cantidad de visitantes por hora al Taj Mahal se anotan en esta tabla:

Hora (h)	Cantidad de visitantes
$09.00 \leq h < 10.00$	324
$10.00 \leq h < 11.00$	356
$11.00 \leq h < 12.00$	388
$12.00 \leq h < 13.00$	435
$13.00 \leq h < 14.00$	498
$14.00 \leq h < 15.00$	563
$15.00 \leq h < 16.00$	436
$16.00 \leq h < 17.00$	250
$17.00 \leq h < 18.00$	232

Dibuje con precisión un histograma para representar esta información.

2.4 Medidas de posición central

Los datos se pueden resumir usando medidas de posición central como la moda, la mediana y la media.

→ La **moda** de un conjunto de datos es el valor que ocurre con mayor frecuencia.

La **mediana** de un conjunto de datos es el valor que se encuentra en el medio, cuando los datos están ordenados por tamaño.

La **media** de un conjunto de datos es la suma de todos los valores dividida por la cantidad de valores.

Cuando hay dos valores "en el medio", la mediana es el punto medio entre estos dos valores del medio. Para hallar el punto medio, hay que sumar los dos valores del medio y dividir por dos.

¿Cómo sabemos cuál es la mejor medida de posición central para usar?

¿Podemos engañar a la gente citando la estadística? Por ejemplo, los números 1, 1, 100 tienen una moda igual a 1, una mediana igual a 1 y una media igual a 34.

Tenemos que estar al tanto de que podría haber valores no esperados (datos aislados que están fuera del rango normal de los valores) que sesgan la estadística.

¿Cuáles son las implicaciones éticas de usar la estadística para engañar a la gente?

Ejemplo 7

Aquí hay un conjunto de datos: 5 4 8 4 4 7 8 9 11 1 5
Halle la moda, la mediana y la media.

Respuesta 5 ④ 8 ④ ④ 7 8 9 11 1 5 Moda = 4	*El valor 4 se repite tres veces.*
1 4 4 4 5 ⑤ 7 8 8 9 11 Mediana = 5	*Primero ordenar los datos por tamaño* *Hay 11 datos, entonces la mediana es el dato que ocupa la posición* $\frac{11+1}{2}$.
Media = $\frac{1+4+4+4+5+5+7+8+8+9+11}{11}$ $= \frac{66}{11}$ Media = 6	*La media es:* $\frac{\textit{Suma de todos los valores}}{\textit{Cantidad de valores}}$

También podemos usar la CPG para calcular la mediana y la media.
Ingresar los datos:

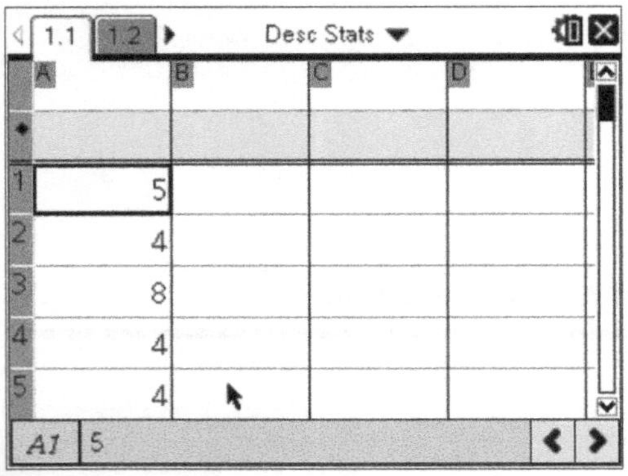

En el capítulo 12, sección 2.1, se muestra cómo ingresar los datos.

La pantalla de la CPG es demasiado pequeña para mostrar todos los valores de la lista. Hay que desplazar hacia abajo para ver los otros valores.

El valor de la media se da como $\bar{x}$ (se lee "*x*-barra"):

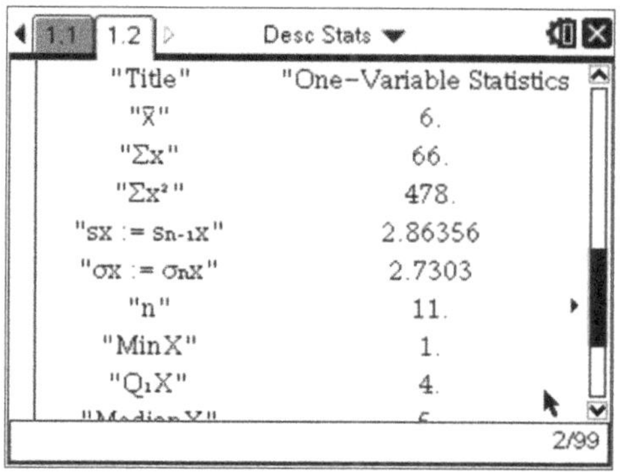

El valor de la mediana se muestra como "MedianX":

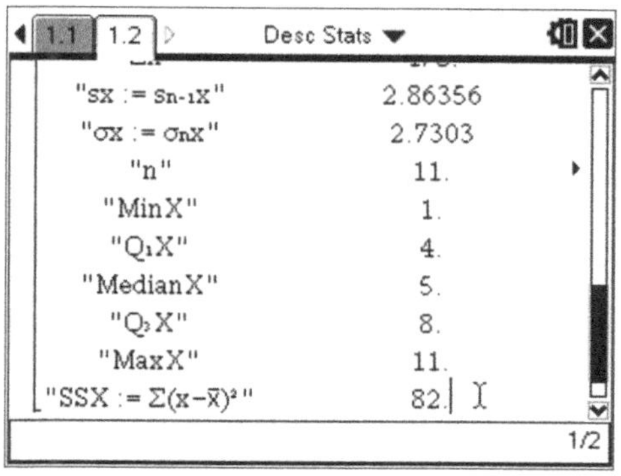

Ejercitación 2F

1 Calcule la moda, la mediana y la media de cada conjunto de datos:

a 7 3 8 9 1 10 1

b 3 4 8 2 5 6 11 13 3 5 6 5

2 Calcule los valores de **a**, **b**, **c**, **d** y **e** de la tabla:

Datos	Mediana	Moda	Media
Altura (m): 1,52; 1,74; 1,83; 1,52; 1,67; 1,91	**a**	**b**	1,70
Edad (años): 21, 34, 17, 22, 56, 38	28	No hay.	**c**
Peso (kg): 54,7; 48,6; 63,2; 55,1; 77,9; 48,6	**d**	48,6	**e**

El psicólogo alemán Gustav Fechner (1801–1887) popularizó el uso de la mediana, aunque el matemático y astrónomo francés Pierre-Simon Laplace (1749–1827) la había usado anteriormente.

3 Los pesos de ocho calabazas son:
26,3 kg; 12,6 kg; 33,5 kg; 8,9 kg; 18,7 kg; 22,6 kg; 31,8 kg y 45,3 kg

a Halle la mediana de los pesos.

b Calcule la media de los pesos.

PREGUNTAS TIPO EXAMEN

4 Para estos datos la moda es 5, la mediana es 6 y la media es 6,5.

1 1 2 3 s 5 5 7 8 9 10 t 12 12

Sabiendo que $s < t$, halle los valores de s y de t.

5 Las notas de Juana en Física, Biología e Historia fueron 76, 54 y 65 respectivamente.

a Calcule la media de sus notas en los tres exámenes.

b Halle la nota que Juana debe obtener en Matemáticas para que la media de los cuatro exámenes sea exactamente 68.

PREGUNTA TIPO EXAMEN

6 Zoe y Sonia compararon las notas de sus pruebas. Zoe obtuvo una media igual a 81 sobre un total de 5 pruebas y Sonia obtuvo una media igual a 78 sobre un total de 3 pruebas. Posteriormente, ambas realizaron una prueba más y finalizaron con la misma media, 80.

a Halle la nota que Zoe obtuvo en su sexta prueba.

b Halle la nota que Sonia obtuvo en su cuarta prueba.

Media, mediana y moda de una tabla de frecuencias

→ Cuando los datos están en una tabla de frecuencias, la **moda** es el valor que tiene la mayor frecuencia.

La **mediana**, en una tabla de frecuencias, es el valor del medio, dado que en la tabla los valores ya están en orden. Si hay n datos, la mediana es el valor que está en la posición $\frac{n+1}{2}$.

El próximo ejemplo muestra cómo calcular la moda, la mediana y la media a partir de una tabla de frecuencias.

Ejemplo 8

Calcule la moda, la mediana y la media de estos datos.

Cantidad de caramelos	Frecuencia
20	2
21	3
22	13
23	4
24	2
TOTAL	24

Algunas veces las preguntas se refieren al "valor modal", que tiene el mismo significado que "moda".

Respuesta

Moda = 22

22 tiene la mayor frecuencia (que es 13).

Mediana = 22

La mediana es el dato que ocupa la posición $\frac{24+1}{2} = 12,5$*; por lo tanto, se encuentra entre las posiciones 12 y 13. Los datos que están en las posiciones 12 y 13 son ambos 22, por lo que la mediana es 22.*

Cantidad de caramelos, x_i	Frecuencia, f_i	$f_i x_i$
20	2	40
21	3	63
22	13	286
23	4	92
24	2	48
TOTAL	24	529

Para calcular la media: rotular la primera columna con x_i*, rotular la segunda columna con* f_i*, agregar una tercera columna y rotularla con* $f_i x_i$*.*

Calcular $f_i \times x_i$ *para cada fila:*

$2 \times 20 = 40$

$3 \times 21 = 63$

$13 \times 22 = 286$

$4 \times 23 = 92$

$2 \times 24 = 48$

Calcular el total de la columna f_i *y el total de la columna* $f_i x_i$*:*

$Media = \frac{\text{suma de } f_i x_i}{\text{total de } f_i}$

Media $= \frac{529}{24} = 22,0$ (3 cs)

→ La media de una tabla de frecuencias es:

$$\text{Media} = \frac{\text{suma de } f_i x_i}{\text{total de frecuencias}}$$

Donde f_i es la frecuencia de cada dato x_i, $i = 1, \ldots, k$, y k es la cantidad de datos

La fórmula del IB para la media es:

$$\bar{x} = \frac{\sum_{i=1}^{k} f_i x_i}{n}, \text{ donde}$$

$$n = \sum_{i=1}^{k} f_i$$

La notación $\sum$ simplemente significa "suma". Esta fórmula está dada en el cuadernillo de fórmulas.

También podemos usar la CPG para calcular la media y la mediana de una tabla de frecuencias.

Ingresar los datos:

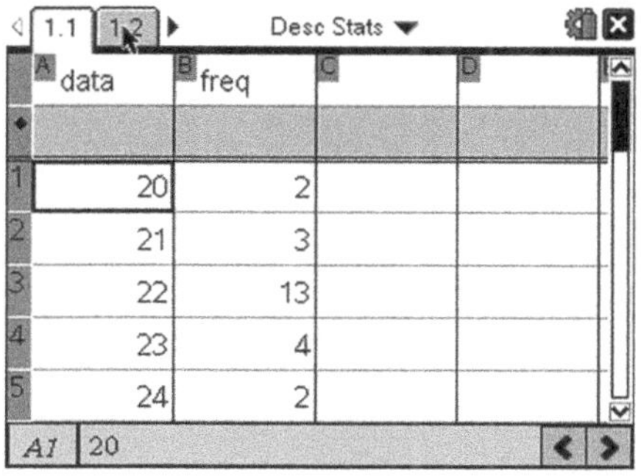

El valor de la media está dado por $\bar{x}$:

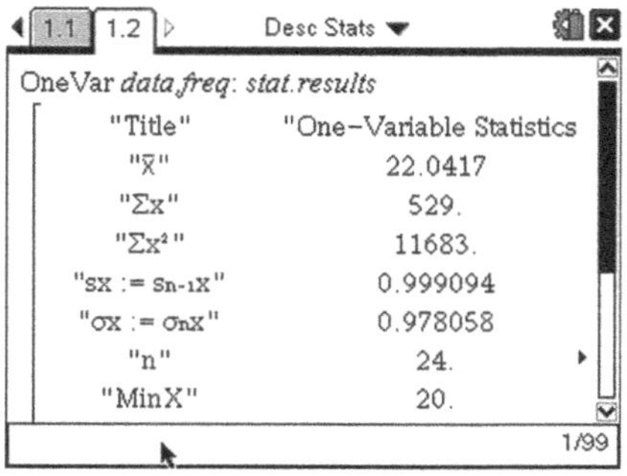

El valor de la mediana está dado por "MedianX":

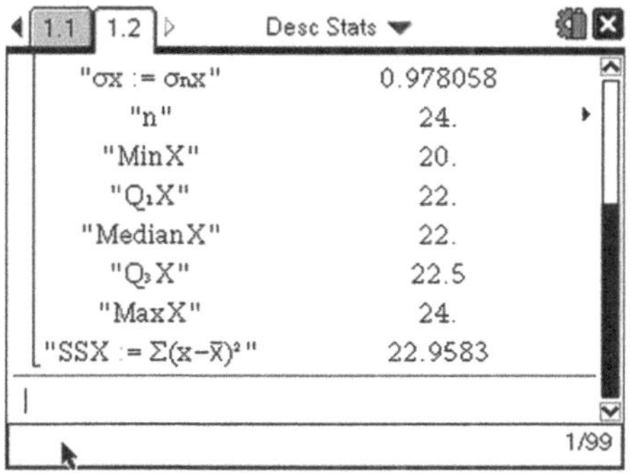

Ejercitación 2G

1 Se tira 29 veces un dado y se anota la puntuación. Los resultados se muestran en la tabla.

a Escriba la puntuación modal.

b Escriba la mediana de las puntuaciones.

c Calcule la puntuación media.

Puntuación	Frecuencia
1	4
2	7
3	3
4	8
5	5
6	2

PREGUNTA TIPO EXAMEN

2 La tabla muestra la frecuencia de la cantidad de visitas anuales al doctor de un grupo de niños.

a ¿Cuántos niños hay en el grupo?

b Escriba la moda de la cantidad de visitas.

c Calcule la cantidad media de visitas.

Cantidad de visitas	0	1	2	3	4	5
Frecuencia	4	3	8	5	4	1

PREGUNTAS TIPO EXAMEN

3 Una bolsa contiene 6 bolas numeradas del 1 al 6. Se extrae al azar una bola y se anota el número. La bola luego se vuelve a colocar en la bolsa. Los números de las primeras 30 extracciones son:

Número	1	2	3	4	5	6
Frecuencia	4	5	3	n	6	5

a Escriba el valor de n.
b Calcule la media de los números.
c Escriba el número modal.

4 La tabla muestra la frecuencia de calificaciones obtenidas por un grupo de alumnos en un Colegio del Mundo del IB.
a Calcule la calificación media.
b ¿Qué porcentaje de alumnos obtuvieron una calificación de 4 o 5?
c Escriba la calificación modal.

Calificación	Frecuencia
1	1
2	6
3	19
4	34
5	32
6	18
7	10

Media, mediana y moda para datos agrupados

Cuando los datos están agrupados, podemos hallar la clase modal y una **estimación de la media**.

→ Para datos agrupados, la **clase modal** es el grupo o intervalo de clase que tiene la frecuencia más alta.

El ejemplo siguiente muestra cómo calcular una estimación de la media.

Ejemplo 9

Los tiempos, en segundos, que lleva completar 200 peleas de sumo se muestran en esta tabla:

Tiempo (t segundos)	Frecuencia
$0 \leq t < 20$	37
$20 \leq t < 40$	62
$40 \leq t < 60$	46
$60 \leq t < 80$	25
$80 \leq t < 100$	11
$100 \leq t < 120$	9
$120 \leq t < 140$	6
$140 \leq t < 160$	4
TOTAL	200

Como no conocemos los valores exactos de los datos de cada grupo, usamos el punto medio de cada intervalo de clase como una estimación de los valores de cada grupo.

Calcule **a** la clase modal y **b** una estimación de la media.

▶ Continúa en la página siguiente.

Respuesta

Clase modal = $20 \le t < 40$

Este intervalo de clase tiene la frecuencia más alta (62).

Tiempo (t segundos)	Frecuencia, f_i	Punto medio, x_i	$f_i\, x_i$
$0 \le t < 20$	37	10	370
$20 \le t < 40$	62	30	1860
$40 \le t < 60$	46	50	2300
$60 \le t < 80$	25	70	1750
$80 \le t < 100$	11	90	990
$100 \le t < 120$	9	110	990
$120 \le t < 140$	6	130	780
$140 \le t < 160$	4	150	600
TOTAL	200		9640

Media = $\frac{9640}{200}$ = 48,2 (3 cs)

Para calcular una estimación de la media, primero tenemos que hallar el **punto medio** *de cada intervalo de clase. Agregar una tercera columna y rotularla "punto medio, x_i". Calcular cada punto medio:*

Punto medio de $0 \le t < 20$: $\frac{0+20}{2} = 10$

Punto medio de $20 \le t < 40$: $\frac{20+40}{2} = 30$

Punto medio de $40 \le t < 60$: $\frac{40+60}{2} = 50$

Después agregar una cuarta columna y rotularla "$f_i x_i$"

Después calcular para cada fila $f_i \times x_i$:

$9 \times 110 = 990$

$6 \times 130 = 780$

Calcular el total de la columna f_i y el total de la columna $f_i x_i$

Media = $\frac{\text{total de } f_i x_i}{\text{total de } f_i}$

➔ Para calcular una estimación de la **media** de una tabla de frecuencias de datos agrupados, usar $\frac{\text{total de } f_i\ x_i}{\text{frecuencia total}}$, donde f_i es la frecuencia y x_i es el punto medio correspondiente a cada clase.

Para hallar el punto medio del intervalo de clase, hallar la media de los límites de la clase.

Punto medio = $\frac{\text{límite inferior} + \text{límite superior}}{2}$

¿Por qué se obtiene una estimación de la media y no el valor exacto?

Podemos también usar la CPG para calcular una estimación de la media de una tabla de frecuencias de datos agrupados.

Ingresar los datos:

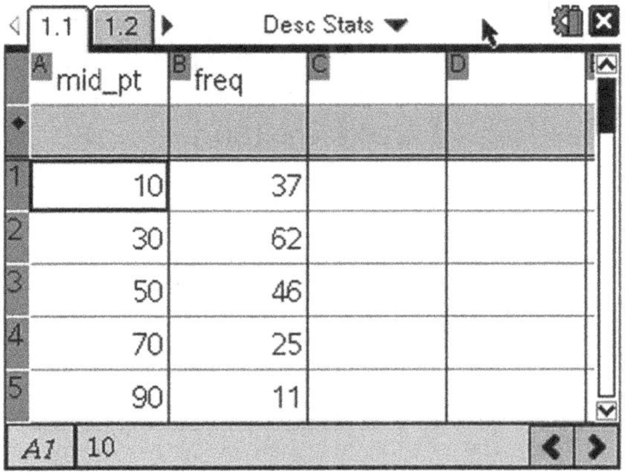

En el capítulo 12, sección 2.2, se muestra cómo ingresar los datos.

El valor de la media está dado por $\bar{x}$:

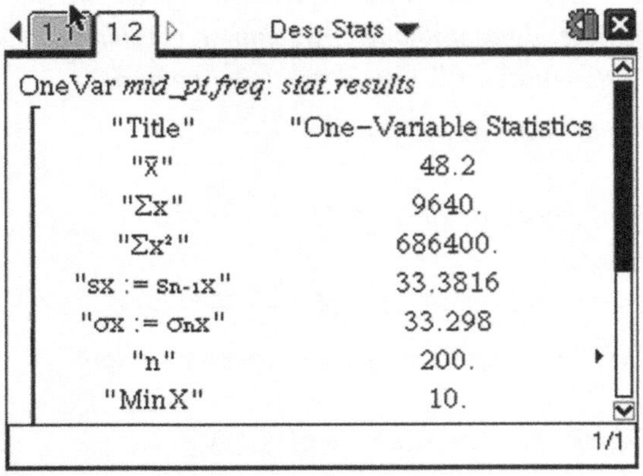

En el ejemplo no se pide la mediana, pero la CPG la calcula y la muestra en la pantalla de cálculos (este valor también es una estimación, ya que no conocemos los valores de cada uno de los datos):

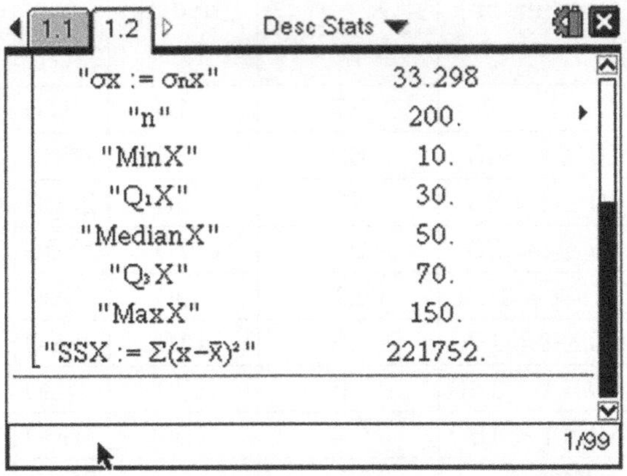

Ejercitación 2H

PREGUNTAS TIPO EXAMEN

1 La tabla muestra los tiempos que tardaron 25 guepardos en cubrir una distancia de 50 km.

a Escriba la clase modal.

b Calcule una estimación de la media del tiempo que tardaron.

Tiempo tardado (t minutos)	Frecuencia
$20 \le t < 22$	2
$22 \le t < 24$	5
$24 \le t < 26$	8
$26 \le t < 28$	4
$28 \le t < 30$	3
$30 \le t < 32$	2
$32 \le t < 34$	1

2 La tabla muestra las velocidades de vehículos que pasan por debajo de un puente.

a Escriba la clase modal.

b Calcule una estimación de la velocidad media de los vehículos.

Velocidad (v km h^{-1})	Frecuencia
$60 \le v < 70$	8
$70 \le v < 80$	15
$80 \le v < 90$	12
$90 \le v < 100$	10
$100 \le v < 110$	8
$110 \le v < 120$	3
$120 \le v < 130$	4

3 Los resultados de una prueba de Geografía de 25 alumnos se muestran en el diagrama.

a Escriba la clase modal.

b Calcule una estimación de la calificación media.

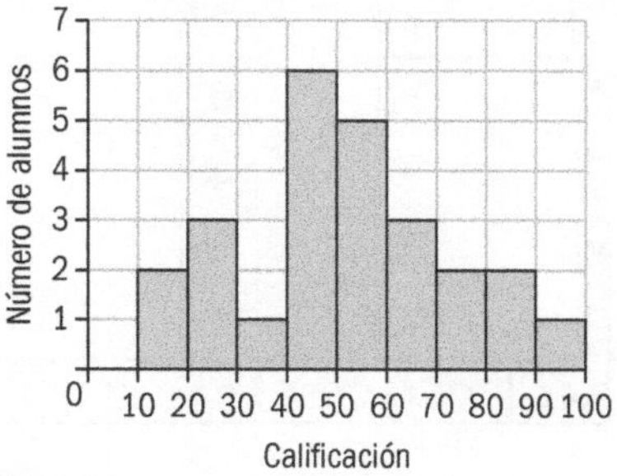

2.5 Curvas de frecuencias acumuladas

→ La **frecuencia acumulada** es la suma de todas las frecuencias hasta el nuevo valor inclusive. Para dibujar con precisión una **curva de frecuencias acumuladas**, tenemos que elaborar una tabla de frecuencias acumuladas, con el límite superior de cada intervalo de clase en una columna y la correspondiente frecuencia acumulada en otra. Luego situar el límite superior de cada clase sobre el eje x y la frecuencia acumulada sobre el eje y.

Ejemplo 10

Un supermercado está abierto las 24 horas del día y tiene un estacionamiento gratuito. Se controla, durante algunos días, la cantidad de automóviles estacionados por hora. Se muestran los resultados en la tabla. Organice esta información en una tabla de frecuencias acumuladas.
Dibuje con precisión un gráfico de frecuencias acumuladas.

Cantidad de automóviles estacionados por hora	Frecuencia
0–49	6
50–99	23
100–149	41
150–199	42
200–249	30
250–299	24
300–349	9
350–399	5

Respuesta

Cantidad de automóviles estacionados por hora	Frecuencia	Límite superior	Frecuencia acumulada
0–49	6	49,5	6
50–99	23	99,5	29
100–149	41	149,5	70
150–199	42	199,5	112
200–249	30	249,5	142
250–299	24	299,5	166
300–349	9	349,5	175
350–399	5	399,5	180

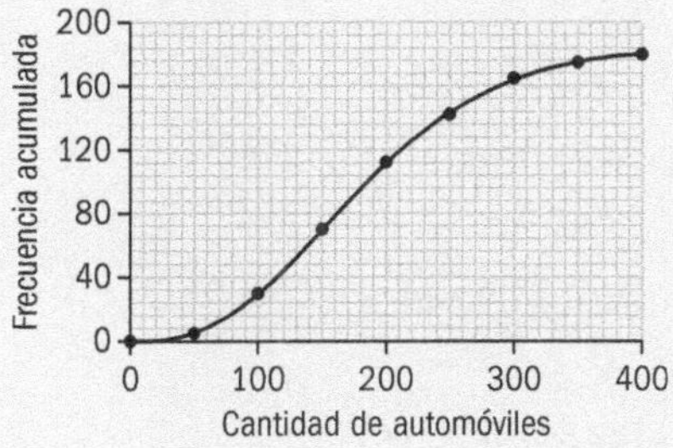

Agregar una tercera columna y rotularla "Límite superior"
Calcular el límite superior de cada clase:

$$\text{Límite superior} = \frac{49 + 50}{2} = 49{,}5$$

$$\text{Límite superior} = \frac{99 + 100}{2} = 99{,}5$$

$$\text{Límite superior} = \frac{149 + 150}{2} = 149{,}5$$

Ahora agregar una cuarta columna y rotularla "Frecuencia acumulada"
Calcular la frecuencia acumulada para cada fila:

$6 + 23 = 29$
$29 + 41 = 70$
$166 + 9 = 175$
$175 + 5 = 180$

La frecuencia acumulada final debe ser igual al valor de la frecuencia total. La frecuencia acumulada siempre se representa sobre el eje **vertical**.

Para dibujar la curva de frecuencias acumuladas, situar los puntos que tienen el valor del límite superior en la primera coordenada y la frecuencia acumulada en la segunda coordenada. Unir los puntos con una curva suave.

Interpretación de gráficos de frecuencias acumuladas

Podemos usar la curva de frecuencias acumuladas para hallar estimaciones de **percentiles** y **cuartiles**.

Los percentiles dividen en centésimos una gran cantidad de datos ordenados.

Los cuartiles dividen en cuartos una gran cantidad de datos ordenados.

Cuando los datos están ordenados por tamaño, el primer cuartil es el percentil 25, la mediana es el percentil 50 (valor del medio) y el tercer cuartil es el percentil 75.

A la curva de frecuencias acumuladas también se la conoce como "ojiva".

"Por ciento" significa sobre un total de 100.

$\frac{1}{4} = 25\%$

$\frac{1}{2} = 50\%$

$\frac{3}{4} = 75\%$

→ Para hallar el **primer cuartil**, Q_1, leer el valor de la curva correspondiente al valor $\frac{n+1}{4}$ sobre el eje de las frecuencias acumuladas, donde n es el total de frecuencias

Para hallar la **mediana**, leer el valor de la curva correspondiente al valor $\frac{n+1}{2}$ sobre el eje de las frecuencias acumuladas

Para hallar el **tercer cuartil**, Q_3, leer el valor de la curva correspondiente al valor $\frac{3(n+1)}{4}$ sobre el eje de las frecuencias acumuladas

Para hallar los **percentiles**, p %, leer el valor de la curva correspondiente al valor $\frac{p(n+1)}{100}$ sobre el eje de las frecuencias acumuladas

Para hallar el **rango intercuartil**, calcular la diferencia entre el tercer cuartil y el primer cuartil: RIC = $Q_3 - Q_1$

No hay fórmulas universalmente acordadas para los cuartiles. Para un valor grande de n y datos agrupados, se puede usar n en lugar de $n + 1$.

El RIC muestra la dispersión del 50% central de los datos.

Para cualquier conjunto de datos:

- 25% o un cuarto de los valores se encuentran entre el valor mínimo y el primer cuartil
- 25% de los valores se encuentran entre el primer cuartil y la mediana
- 25% de los valores se encuentran entre la mediana y el tercer cuartil
- 25% de los valores se encuentran entre el tercer cuartil y el valor máximo
- 50% de los datos se encuentran entre el primer y el tercer cuartil

En este diagrama de frecuencias acumuladas (de los datos del ejemplo 10), $n = 180$.

Primer cuartil ≈ 120

Este es el valor correspondiente a $\frac{180+1}{4} = 45{,}25$.

Mediana ≈ 173

Este es el valor correspondiente a $\frac{180+1}{2} = 90{,}5$.

Tercer cuartil ≈ 238

Este es el valor correspondiente a $\frac{3(180+1)}{4} = 135{,}75$.

Percentil 40 ≈ 153

Este es el valor correspondiente a $\frac{40(180+1)}{100} = 72{,}4$.

El rango intercuartil ≈ 238 – 120 = 118.

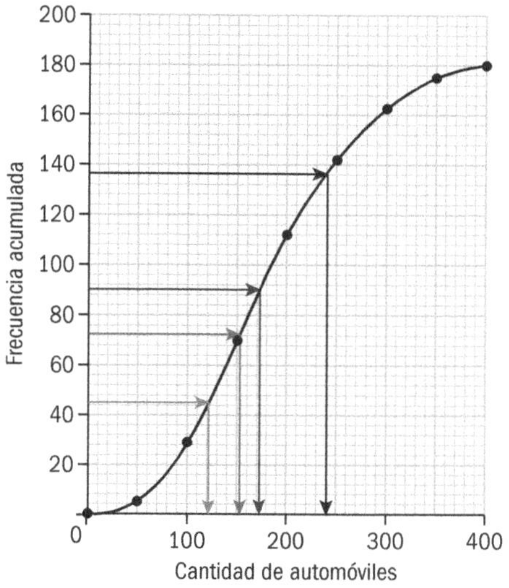

Ejemplo 11

50 concursantes juegan al Oware. Tienen que jugar un total de 49 partidas para consagrar al campeón. Los tiempos promedios de las 49 partidas se dan en la siguiente tabla:

Tiempo (t minutos)	Frecuencia
$3 \le t < 4$	4
$4 \le t < 5$	12
$5 \le t < 6$	18
$6 \le t < 7$	9
$7 \le t < 8$	3
$8 \le t < 9$	2
$9 \le t < 10$	1

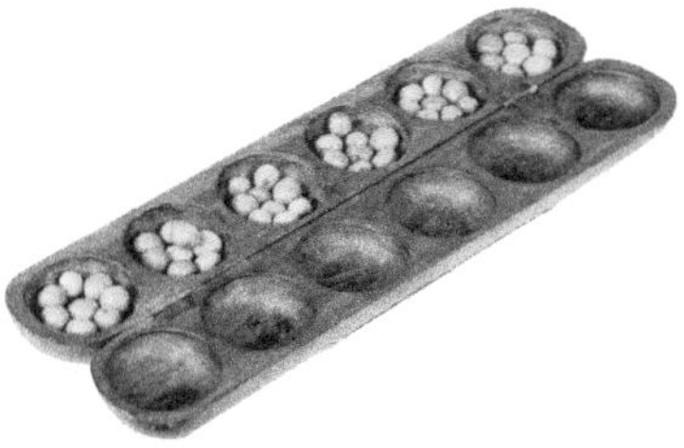

El Oware se juega en todo el mundo y además hay una sociedad de Oware (OWS).
¿Por qué 50 concursantes deben jugar 49 partidas para consagrar al campeón? ¿Lo puede probar?

a Elabore una tabla de frecuencias acumuladas para estos datos.

b Dibuje con precisión un gráfico de frecuencias acumuladas para estos datos.

c Utilice su gráfico para estimar:

i El primer cuartil **ii** La mediana

iii El tercer cuartil **iv** El rango intercuartil

v El percentil 30

Respuestas

a

Tiempo (t minutos)	Frecuencia	Límite superior	Frecuencia acumulada
$3 \le t < 4$	4	4	4
$4 \le t < 5$	12	5	16
$5 \le t < 6$	18	6	34
$6 \le t < 7$	9	7	43
$7 \le t < 8$	3	8	46
$8 \le t < 9$	2	9	48
$9 \le t < 10$	1	10	49

Comprobación:
Frecuencia total: 4 + 12 + 18 + 9 + 3 + 2 + 1 = 49
Frecuencia acumulada final = 49

▶ Continúa en la página siguiente.

b

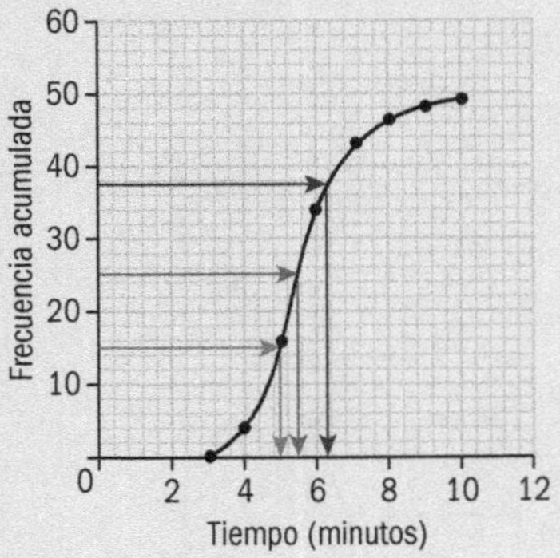

Situar los puntos que tienen en la primera coordenada el límite superior y en la segunda coordenada la frecuencia acumulada. Unir los puntos con una curva suave.

c i $n = 49$

$\frac{n+1}{4} = \frac{50}{4} = 12{,}5$

Primer cuartil ≈ 4,7 minutos

25% de las partidas duran 4,7 minutos o menos.

Leer el valor 12,5 en el eje vertical. Desde allí buscar el punto que le corresponde en la curva y desde ese punto bajar al eje horizontal.

ii $\frac{n+1}{2} = \frac{49+1}{2} = 25$

Mediana ≈ 5,5 minutos

50% de las partidas duran 5,5 minutos o menos.

Este es el valor en el eje horizontal correspondiente al 25 en el eje vertical.

iii $\frac{3(n+1)}{4} = \frac{3(49+1)}{4} = 37{,}5$

Tercer cuartil ≈ 6,4 minutos

75% de las partidas duran 6,4 minutos o menos.

Este es el valor en el eje horizontal correspondiente al 37,5 en el eje vertical.

iv Rango intercuartil = 6,4 − 4,7
= 1,7 minutos

El 50% central de las partidas dura entre 4,7 y 6,4 minutos.

v $\frac{30(n+1)}{100} = \frac{30(49+1)}{100} = 15$

Percentil 30 ≈ 4,9 minutos

30% de los juegos duran 4,9 minutos o menos.

Este es el valor en el eje horizontal correspondiente al 15 en el eje vertical.

Ejemplo 12

A partir del gráfico de frecuencias acumuladas siguiente, halle:

i La mediana

ii El rango intercuartil

iii El percentil 70

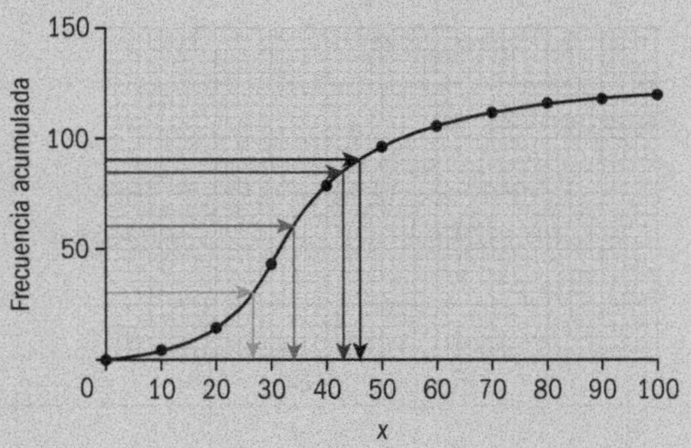

▶ Continúa en la página siguiente.

Respuestas	
i $n = 120$ $\frac{n+1}{2} = \frac{121}{2} = 60{,}5$ Mediana ≈ 35	*En el gráfico se lee que n =120. La mediana es el valor del eje horizontal correspondiente a 60,5 en el eje vertical.*
ii Primer cuartil es el valor $\frac{120+1}{4} = 30{,}25$ Primer cuartil = 26 Tercer cuartil es el valor $\frac{3(120+1)}{4} = 90{,}75$ Tercer cuartil = 46 Rango intercuartil $\approx 46 - 26 = 20$	*El primer cuartil es el valor en el eje horizontal correspondiente a 30,25 en el eje vertical.* *El tercer cuartil es el valor del eje horizontal correspondiente a 90,75 en el eje vertical.* *Rango intercuartil = tercer cuartil - primer cuartil*
iii Es el valor $= \frac{70(120+1)}{100} = 84{,}7$ Percentil 70 ≈ 43	*Este es el valor del eje horizontal correspondiente a 84,7 en el eje vertical.*

Ejercitación 2I

PREGUNTAS TIPO EXAMEN

1 Se tira un dado 50 veces. Se anota el número que sale cada vez y los resultados se resumen en la tabla.

a Escriba el valor de N.

b Halle los valores de a, b y c.

Número	Frecuencia	Frecuencia acumulada
1	6	6
2	a	14
3	10	24
4	b	c
5	5	43
6	7	50
	N	

2 La tabla muestra los porcentajes que obtuvieron un grupo de alumnos en una prueba.

Notas (%)	0–9	10–19	20–29	30–39	40–49	50–59	60–69	70–79	80–89	90–100
Frecuencia	1	5	7	11	19	43	36	15	2	1

Aquí se muestra la tabla de frecuencias acumuladas para estas notas:

a Calcule los valores de s y de t.

b Dibuje con precisión un gráfico de frecuencias acumuladas para estos datos.

c Utilice su gráfico para estimar:

i La nota mediana

ii El primer cuartil

iii La nota de aprobación, si se sabe que 40% de los alumnos aprobaron

Notas (%)	Frecuencia acumulada
< 9,5	1
< 19,5	6
< 29,5	s
< 39,5	24
< 49,5	43
< 59,5	86
< 69,5	t
< 79,5	137
< 89,5	139
≤ 100	140

PREGUNTA TIPO EXAMEN

3 Un parque safari está abierto para los visitantes diariamente durante todo el año. Durante un año completo, se registró la cantidad de automóviles que pasan por el parque diariamente. Los datos se muestran en la tabla.

a Dibuje con precisión un gráfico de frecuencias acumuladas para representar esta información.

b Halle la mediana y el rango intercuartil.

c ¿Qué porcentaje de los días hubo más de 800 automóviles en el parque?

Cantidad de automóviles (n)	Frecuencia
$0 < n \leq 150$	25
$150 < n \leq 300$	36
$300 < n \leq 450$	68
$450 < n \leq 600$	102
$600 < n \leq 750$	64
$750 < n \leq 900$	41
$900 < n \leq 1050$	19
$1050 < n \leq 1200$	10

4 Sofía estudió un artículo del *Helsingborgs Dagblad*. Anotó la cantidad de palabras por oración en una tabla de frecuencias.

a Dibuje con precisión un gráfico de frecuencias acumuladas para representar esta información.

b Calcule el primer cuartil, la mediana y el tercer cuartil de los datos.

Cantidad de palabras	Frecuencia
1–4	4
5–8	19
9–12	38
13–16	23
17–20	8
21–24	4
25–28	2
29–32	1
33–36	1

PREGUNTAS TIPO EXAMEN

5 Un piscicultor de salmones registra las longitudes de 100 salmones, medidas al cm más cercano. Los resultados se muestran en la tabla.

a Elabore una tabla de frecuencias acumuladas para estos datos.

b Dibuje con precisión una curva de frecuencias acumuladas.

c Utilice la curva de frecuencias acumuladas para hallar:

i La mediana de las longitudes de los salmones

ii El rango intercuartil de las longitudes de los salmones

Longitud del salmón (x cm)	Cantidad de salmones
$25 < x \leq 28$	3
$28 < x \leq 31$	4
$31 < x \leq 34$	11
$34 < x \leq 37$	23
$37 < x \leq 40$	28
$40 < x \leq 43$	15
$43 < x \leq 46$	12
$46 < x \leq 49$	4
TOTAL	100

6 La tabla muestra los tiempos que demoraron 100 alumnos en completar un rompecabezas.

Tiempo (t minutos)	11–15	16–20	21–25	26–30	31–35	36–40
Cantidad de alumnos	6	13	27	31	15	8

a Elabore una tabla de frecuencias acumuladas.

b Dibuje con precisión un gráfico de frecuencias acumuladas.

c Utilice su gráfico para estimar:

i La mediana de los tiempos

ii El rango intercuartil de los tiempos

iii El tiempo en el que 75% de los alumnos completaron el rompecabezas

2.6 Diagramas de caja y bigotes

Otra forma útil de representar datos es un **diagrama de caja y bigotes**.
Un diagrama de caja y bigotes luce de la siguiente forma:

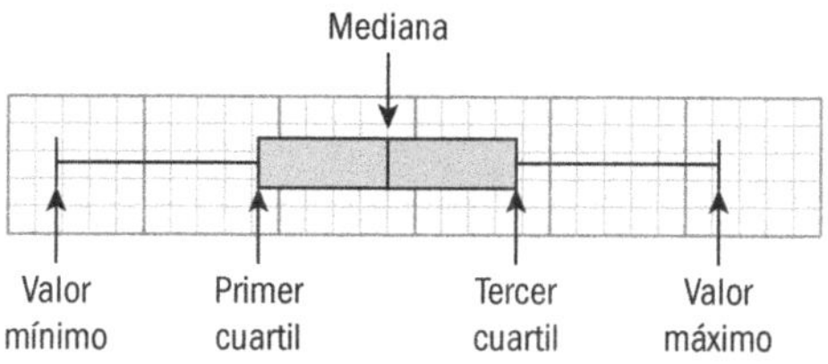

→ Para dibujar un diagrama de caja y bigotes, se necesitan cinco medidas: calcular el primer cuartil, la mediana y el tercer cuartil. Además, hallar el valor mínimo y el valor máximo de los datos.

Dibujar con precisión el diagrama de caja y bigotes a escala en papel milimetrado

Nota:
Un **valor no esperado** es aquel que es mucho más pequeño o mucho más grande que los demás valores.

En general, consideramos que un valor no esperado es:

- Menor que "el primer cuartil − 1,5 × el rango intercuartil"
- Mayor que "el tercer cuartil + 1,5 × el rango intercuartil"

Los valores no esperados no se evaluarán, pero podrían ser útiles para los proyectos.

Ejemplo 13

Un club de yates es el anfitrión de una carrera anual. Se anota en la tabla la cantidad de personas en cada yate.

a Halle la mediana de la cantidad de personas en un yate.
b Halle el primer y el tercer cuartil.
c Dibuje con precisión un diagrama de caja y bigotes para representar esta información.

Cantidad de personas	Frecuencia
4	1
5	8
6	16
7	25
8	28
9	16
10	5
TOTAL	99

▶ Continúa en la página siguiente.

Respuestas

a $n = 99$, entonces la mediana es la cantidad de personas en el yate número $\frac{99+1}{2} = \frac{100}{2} = 50$.

El yate número 50 se encuentra en el grupo correspondiente a 7 personas.

Cantidad de personas	Frecuencia	Frecuencia acumulada
4	1	1
5	8	9
6	16	25
7	25	50
8	28	78
9	16	94
10	5	99

La mediana de la cantidad de personas es 7.

b El primer cuartil es la cantidad de personas en el yate número $\frac{99+1}{4} = 25$.

El primer cuartil es 6.

El yate número 25 se encuentra en el grupo correspondiente a 6 personas.

El tercer cuartil es la cantidad de personas en el yate número $\frac{3(99+1)}{4} = 75$.

El tercer cuartil es 8.

El yate número 75 se encuentra en el grupo correspondiente a 8 personas.

c

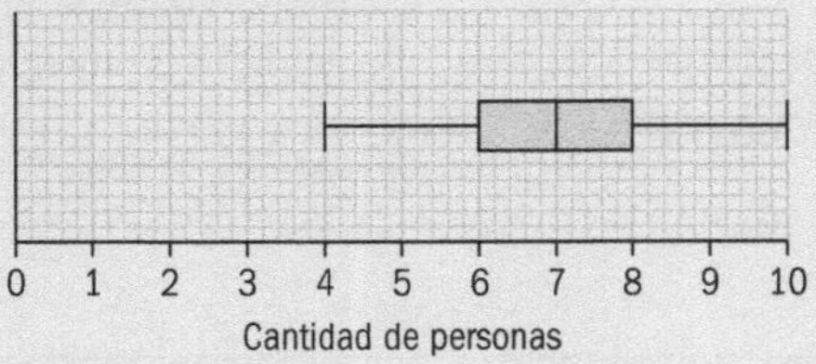

Se necesitan cinco medidas para dibujar con precisión un diagrama de caja y bigotes:
Valor mínimo de personas = 4
Primer cuartil = 6 (del apartado **b***)*
Mediana = 7 (del apartado **a***)*
Tercer cuartil = 8 (del apartado **b***)*
Valor máximo = 10

También podemos encontrar todos los datos para un diagrama de caja y bigotes usando la CPG.

Ingresar "Cantidad de personas" y "Frecuencia" en listas llamadas "Número" y "Frec" en una página de **Lists and Spreadsheets** (listas y hojas de cálculo). Agregar una página de **Data and Statistics** (datos y estadísticas) y presionar **MENU 2: Plot properties** (propiedades del diagrama) | **5: Add X Variable with Frequency** (agregar variable X con frecuencia) y seleccionar las dos listas. Para leer los valores, usar el *touchpad* (pantalla sensible al tacto) para mover la flecha. Estas capturas de pantalla de una CPG muestran la mediana y el tercer cuartil (Q_3).

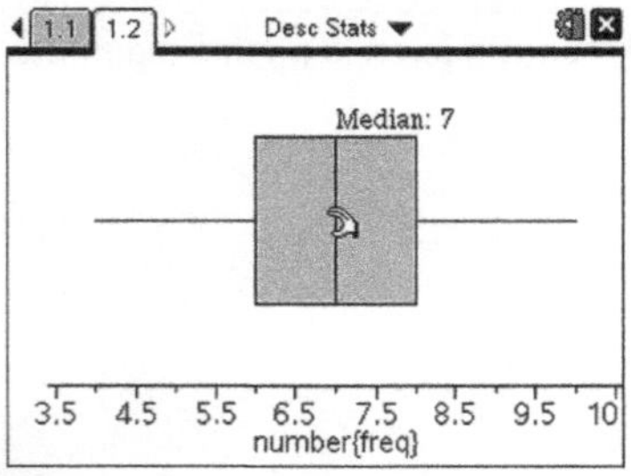

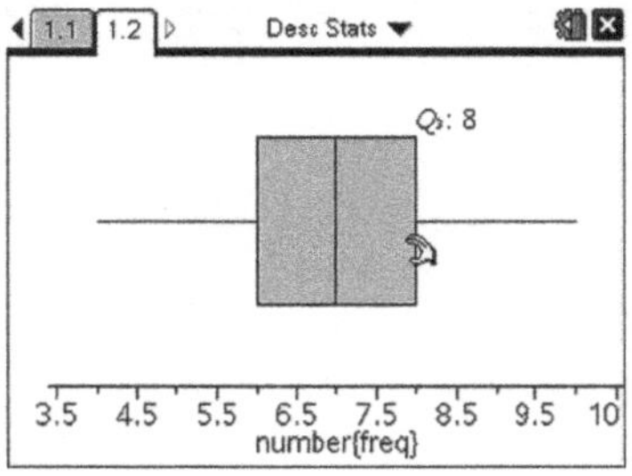

Ejemplo 14

Los pesos, en kilogramos, de 25 koalas son:
4,3; 7,2; 5,6; 4,8; 10,7; 9,7; 5,6; 7,8; 8,2; 11,4; 7,9; 12,6; 13,1;
5,7; 9,9; 11,3; 13,4; 8,8; 7,5; 5,8; 9,2; 10,3; 12,1; 6,5; 8,6
Dibuje con precisión un diagrama de caja y bigotes para representar la información.

Respuesta

Primero organice los datos en orden creciente:
4,3; 4,8; 5,6; 5,6; 5,7; 5,8; 6,5; 7,2; 7,5; 7,8; 7,9; 8,2; 8,6; 8,8; 9,2; 9,7; 9,9; 10,3; 10,7; 11,3; 11,4; 12,1; 12,6; 13,1; 13,4

$n = 25$

Valor mínimo = 4,3

Para hallar el primer cuartil: $\frac{25+1}{4} = 6{,}5$;
por lo tanto, el cuartil está entre las posiciones 6 y 7.
Dato que ocupa la posición 6 = 5,8

Dato que ocupa la posición 7 = 6,5
Dato que ocupa la posición 6,5:
$\frac{5{,}8+6{,}5}{2} = 6{,}15$

Para hallar el valor correspondiente a la posición 6,5, calcular la media de los valores correspondientes a las posiciones 6 y 7.

Mediana = 8,6
$\left(\text{Es la posicion } \frac{25+1}{2} = 13.\right)$

Para hallar el tercer cuartil: $\frac{3\times 26}{4} = 19{,}5$;
por lo tanto, el cuartil está entre las posiciones 19 y 20.
Dato que ocupa la posición 19 = 10,7
Dato que ocupa la posición 20 = 11,3

Dato que ocupa la posición 19,5:
$\frac{10{,}7+11{,}3}{2} = 11$

Valor máximo = 13,4

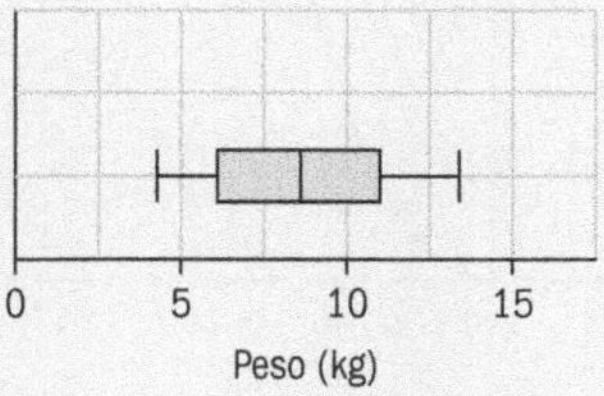

Se necesitan cinco medidas para dibujar el diagrama de caja y bigotes.

Usando una CPG:
Ingresar los datos en una lista. No necesitamos ingresar los datos en orden. Estas capturas de pantalla muestran la mediana y el tercer cuartil (Q_3).

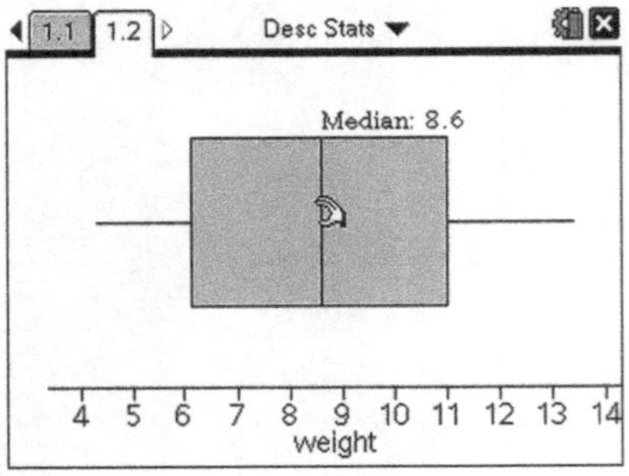

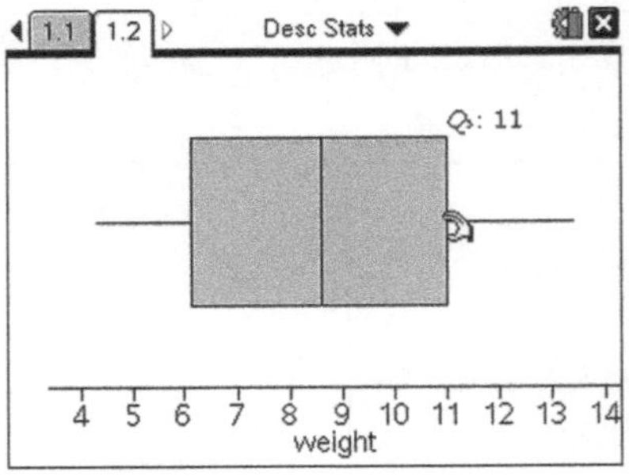

No podemos usar la CPG para dibujar diagramas de caja y bigotes a partir de tablas de frecuencias de datos agrupados.

Ejercitación 2J

1 Las cantidades de caramelos en 45 bolsas son:

34 33 35 33 32 33 34 34 32 35 33 32 36 31 33 34
33 34 33 32 35 31 33 32 32 34 33 36 33 30 33 32
34 35 32 33 33 32 33 31 34 33 32 33 34

a Elabore una tabla de frecuencias para representar esta información.

b Halle la mediana, el primer cuartil y el tercer cuartil.

c Dibuje con precisión un diagrama de caja y bigotes para representar esta información.

Utilice la CPG para verificar su respuesta.

2 Se realiza un experimento 60 veces. Las puntuaciones de cada experimento se registran en la tabla.

a Halle la mediana, el primer cuartil y el tercer cuartil.

b Dibuje con precisión un diagrama de caja y bigotes para representar esta información.

Utilice la CPG para verificar su respuesta.

Puntuación	Frecuencia
1	6
2	12
3	13
4	15
5	8
6	6

PREGUNTA TIPO EXAMEN

3 El gráfico de frecuencias acumuladas muestra los pesos, en kg, de 200 luchadores de sumo.

a Escriba:

i La mediana

ii El primer cuartil

iii El tercer cuartil

El luchador más liviano pesa 125 kg y el luchador más pesado pesa 188 kg.

b Dibuje con precisión un diagrama de caja y bigotes para representar esta información.

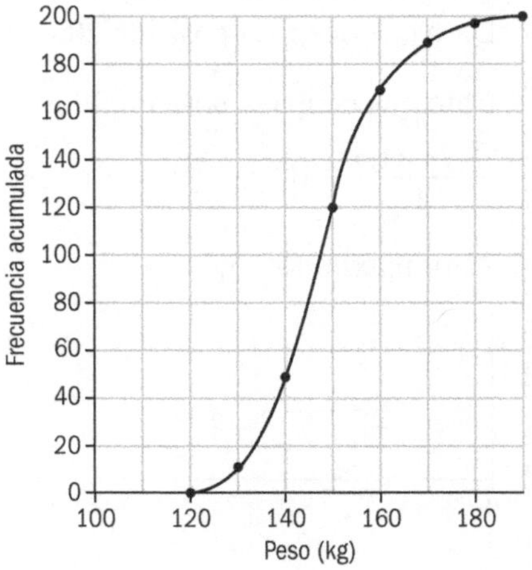

PREGUNTAS TIPO EXAMEN

4 Las alturas, en cm, de 180 alumnos se muestran en la tabla de frecuencias acumuladas.

a Dibuje con precisión una curva de frecuencias acumuladas para representar esta información.

b Escriba:

i La mediana

ii El primer cuartil y el tercer cuartil

c El alumno más bajo mide 146 cm y el más alto mide 183 cm. Represente esta información en un diagrama de caja y bigotes.

Altura (x cm)	Frecuencia acumulada
$x \le 145$	0
$x \le 150$	26
$x \le 155$	81
$x \le 160$	119
$x \le 165$	142
$x \le 170$	154
$x \le 175$	167
$x \le 180$	174
$x \le 185$	180

5 La tabla muestra las alturas, en cm, de 50 canguros.

a Elabore una tabla de frecuencias acumuladas y úsela para dibujar con precisión la curva de frecuencias acumuladas.

b Escriba la mediana.

c Halle el primer cuartil y el tercer cuartil.

El canguro más bajo mide 205 cm y el más alto 258 cm.

d Dibuje con precisión un diagrama de caja y bigotes para representar esta información.

Altura (x cm)	Frecuencia
$200 \le x < 210$	4
$210 \le x < 220$	6
$220 \le x < 230$	11
$230 \le x < 240$	22
$240 \le x < 250$	5
$250 \le x < 260$	2

Interpretación de diagramas de caja y bigotes

Para cualquier conjunto de datos:

- 25% o un cuarto de los datos se encuentran entre el valor mínimo y el primer cuartil
- 25% se encuentra entre el primer cuartil y la mediana
- 25% se encuentra entre la mediana y el tercer cuartil
- 25% se encuentra entre el tercer cuartil y el valor máximo
- 50% de los datos se encuentran entre el primer y el tercer cuartil

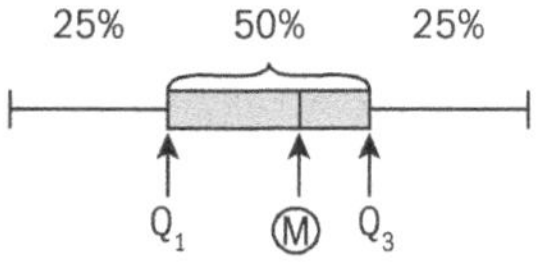

Ejemplo 15

El diagrama de caja y bigotes muestra cuánto tardan, en horas, algunas personas en construir un iglú.

a Escriba la mediana de los tiempos que tardan estas personas.

b Halle el rango intercuartil.

c Escriba el porcentaje de personas que tardaron menos de 5,2 horas en construir un iglú.

d Un x % de las personas tardaron más de 6,1 horas en construir el iglú. Escriba el valor de x.

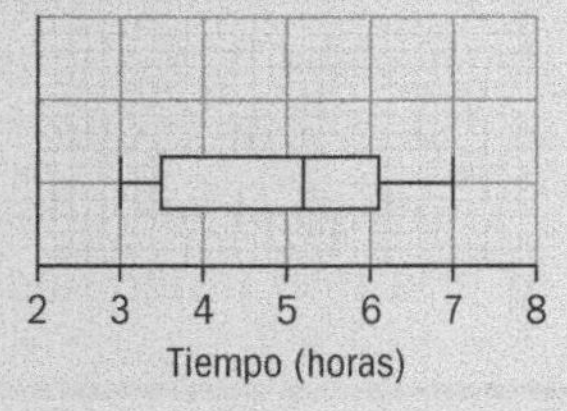

▶ Continúa en la página siguiente.

Respuestas	
a La mediana del tiempo es 5,2 horas.	
b El rango intercuartil es $= 6{,}1 - 3{,}5$ $= 2{,}6$ horas.	*Del diagrama, tercer cuartil = 6,1; primer cuartil = 3,5*
c 50% de las personas tardaron menos de 5,2 horas en construir un iglú.	*5,2 horas = mediana (del apartado* **a***)* *50% de los datos son iguales o menores que este valor.*
d 25% de las personas tardaron más de 6,1 horas en construir un iglú. Por lo tanto, $x = 25$.	*Tercer cuartil = 6,1* *75% de los datos son iguales o menores que este valor.*

Ejercitación 2K

1 El diagrama de caja y bigotes representa las puntuaciones de una prueba de Psicología que hicieron 40 niños y 40 niñas.

a Halle la mediana de las puntuaciones para los niños y para las niñas.

b Escriba el rango intercuartil para las puntuaciones de los niños y de las niñas.

c Escriba el porcentaje de niños que sacaron más de 55.

d Escriba el porcentaje de niñas que sacaron más de 68.

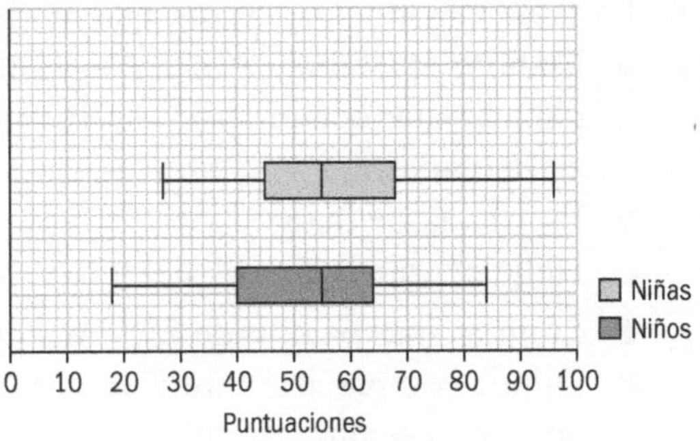

2 El diagrama de caja y bigotes representa la cantidad de faltas que cometieron los caballos en una competición de saltos. Escriba:

a La menor cantidad de faltas

b La mediana

c El rango intercuartil

d La mayor cantidad de faltas

e El porcentaje de caballos que cometieron menos de seis faltas

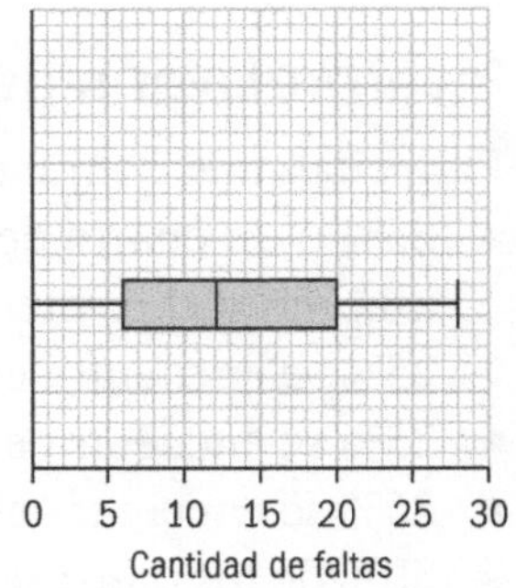

PREGUNTA TIPO EXAMEN

3 El diagrama de caja y bigotes representa las edades de los profesores del colegio Myschool High.

a Escriba la edad del profesor o profesora más joven.

b Escriba la mediana de las edades.

c Si 25% de los profesores son mayores que x, escriba el valor de x.

d Halle el rango intercuartil de las edades.

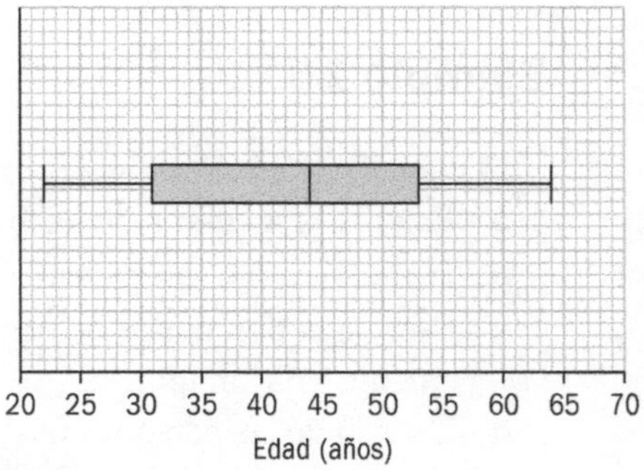

Material de ampliación disponible en línea: *Hoja de ejercicios 2: desviación típica, estandarización y valores no esperados*

2.7 Medidas de dispersión

Las medidas de dispersión nos muestran cuán esparcido se encuentra un conjunto de datos. La medida de dispersión más simple es el **rango**.

→ El **rango** se obtiene calculando la diferencia entre el valor máximo y el valor mínimo.

Ejemplo 16

La cantidad de crías que tiene un grupo de 10 cerdos es:

10 12 12 13 15 16 9 10 14 11

Halle el rango.

Respuesta Rango = 16 − 9 = 7	*Identificar el valor máximo (16) y el valor mínimo (9)*

El **rango intercuartil** se obtiene calculando la diferencia entre el tercer cuartil, Q_3, y el primer cuartil, Q_1: RIC = $Q_3 - Q_1$.

Para hallar el primer y el tercer cuartil, se deben ordenar los valores por tamaño.

Ejemplo 17

Halle el rango intercuartil de este conjunto de datos:

4 5 6 6 7 8 10 10 11 14 15

Respuesta Q_1 es el dato que ocupa la posición $\frac{11+1}{4} = 3$, entonces $Q_1 = 6$. Q_3 es el dato que ocupa la posición $\frac{3(11+1)}{4} = 9$, entonces $Q_3 = 11$. RIC = 11 − 6 = 5	*Hay 11 datos, por lo tanto n = 11.*

Podemos usar la CPG para dibujar gráficos a partir de tablas de frecuencias, excepto de aquellas que sean de datos agrupados.

Usando la CPG:

Ingrese el conjunto de datos en una lista. Luego use **One Variable Statistics** (estadísticas de una variable). Desplace hacia abajo para encontrar los cuartiles.

El valor de Q_1 se da como "Q_1X" y el de Q_3 como "Q_3X".

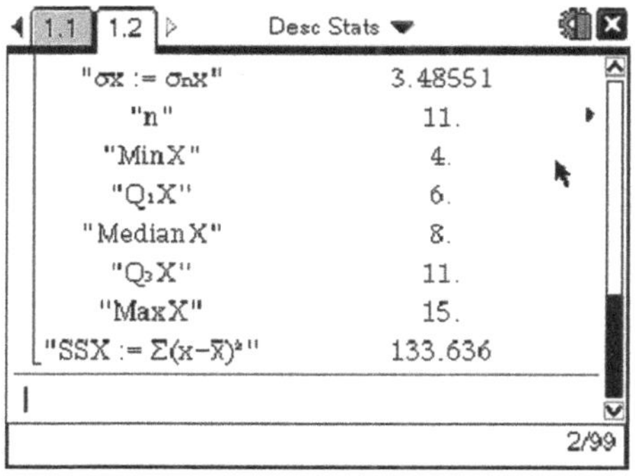

Para hallar el rango intercuartil a partir de un gráfico de frecuencias acumuladas, véanse las páginas 62 y 63. Para encontrar el rango intercuartil a partir de un diagrama de caja y bigotes, véase la página 71.

Ejercitación 2L

1 Para cada conjunto de datos calcule:

i El rango **ii** El rango intercuartil

a 6 3 8 5 2 9 11 21 15 8

b 5 3 6 8 9 12 10 9 8 13 16 12 9 11 8

c

Precio del plato principal en euros	Frecuencia
18	6
19	4
20	5
21	8
22	3
23	2
24	5
25	4

Desviación típica

La **desviación típica** es una medida de dispersión que da una idea de la posición de los datos con relación a la media.

¿Cuándo resulta pequeña la desviación típica de un conjunto de datos? ¿Puede ser que la desviación típica sea igual a cero?

Ejemplo 18

Halle la media y la desviación típica de este conjunto de datos:
4 5 6 8 12 13 2 5 6 9 10 9 8 3 5

Respuesta
Media = 7
Desviación típica = 3,10 (3 cs)

Usando la CPG:
Ingresar los datos
La media está indicada como $\bar{x}$.
La desviación típica está indicada como σ_x

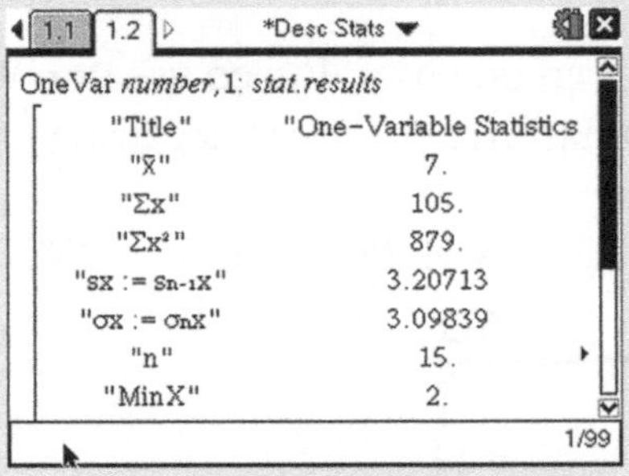

Se espera el uso de la CPG para el cálculo de las desviaciones típicas.

Ejemplo 19

A un grupo de 50 alumnos se les preguntó la cantidad total de puntos que obtuvieron al conseguir su diploma del IB. Los resultados se muestran en la tabla:

Puntos en el diploma del IB	Niños	Niñas
31	0	3
32	2	4
33	6	3
34	11	5
35	4	3
36	1	2
37	0	1
38	1	2
39	0	2

Utilice su CPG para calcular la media y la desviación típica para el grupo de niños y para el de niñas en forma separada, y comente sobre su respuesta.

Respuesta

Media de los niños = 34
Desviación típica de los niños = 1,23 (3 cs)
Media de las niñas = 34,3 (3 cs)
Desviación típica de las niñas = 2,41 (3 cs)
Tanto los niños como las niñas tienen una media cercana a 34 puntos. La desviación típica de los niños es pequeña, lo que significa que la mayoría de los niños tuvo resultados cercanos a 34 puntos. Sin embargo, la desviación típica de las niñas es mayor, lo que implica que algunas niñas obtuvieron mucho menos que 34 y otras mucho más.

Usando una CPG:

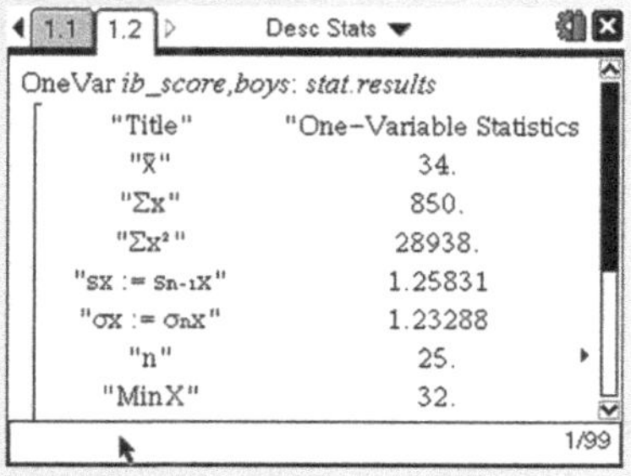

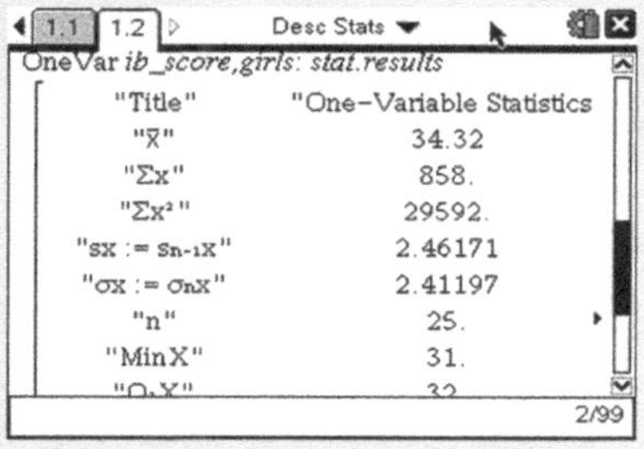

Para comentar sobre los resultados, comparar la media con su correspondiente desviación típica

¿Es la desviación típica un descubrimiento matemático o una invención?

En muchos casos es imposible hallar la media y la desviación típica de toda una población. Esto puede deberse a restricciones de tiempo, a restricciones financieras o a otras razones.

Si nosotros tenemos, por ejemplo, una muestra aleatoria de las alturas de 12 bebés del Reino Unido, entonces la desviación típica de las alturas de esos 12 bebés está dada en la CPG por "σ_x". Esta es la que usamos en Estudios Matemáticos.

Si quisiéramos estimar la desviación típica de todas las alturas de los bebés en el Reino Unido, basándonos en nuestra muestra aleatoria, entonces usaríamos la medida "s_x" dada en la CPG.

La notación del IB para desviación típica es "s_n". Cuando usamos la CPG, elegimos σ_x.

Ejercitación 2M

1 Para cada conjunto de datos, calcule la desviación típica:

a 5 3 6 8 9 12 10 9 8 13 16 12 9 11 8

b

Precio del plato principal en euros	Frecuencia
18	6
19	4
20	5
21	8
22	3
23	2
24	5
25	4

2 Calcule la media y la desviación típica de estos datos:
6 3 8 5 2 9 11 21 15 8

3 Se realizó un experimento 50 veces. Los resultados de los experimentos se anotaron en la tabla.

a Escriba el rango.

b Halle el rango intercuartil.

c Halle la media y la desviación típica.

Resultados	Frecuencia
1	4
2	12
3	11
4	15
5	6
6	2

4 Un club de botes organiza una carrera anual. La cantidad de personas en cada bote se anota en la tabla.

a Escriba el rango.

b Halle el rango intercuartil.

c Halle la media y la desviación típica.

Cantidad de personas	Frecuencia
4	2
5	7
6	25
7	15
8	30
9	16
10	5

5 El número de llamadas telefónicas a un centro de llamadas se monitorearon cada hora durante un mes. Los datos recopilados se muestran en la tabla. Utilice su CPG para calcular:

a La cantidad media de llamadas por hora

b La desviación típica

c El rango

d El rango intercuartil

Cantidad de llamadas telefónicas por hora	Frecuencia
60	18
62	45
64	40
66	55
68	31
70	32
72	15
74	13
76	14
78	16

PREGUNTAS TIPO EXAMEN

6 La media de estos números es 33:

16 41 24 x 62 18 25

a Halle el valor de x.

b Calcule la desviación típica.

c Halle el rango.

d Halle el rango intercuartil.

7 Se midieron 80 plantas y se anotaron sus alturas en la tabla.

a Escriba el valor de m.

b Halle la altura media.

c Halle la desviación típica de las alturas.

d Halle el rango intercuartil de las alturas.

Altura (cm)	Frecuencia
10	7
11	m
12	21
13	22
14	11
15	7
16	3

8 Los 60 alumnos del Programa del Diploma del IB de la Academia Globo Dorado completan un cuestionario acerca de la cantidad de pares de zapatos que tienen. Los resultados se muestran en la tabla.

a Halle el rango y el rango intercuartil.

b Halle la media y la desviación típica.

Pares de zapatos	Frecuencia
5	6
6	8
7	15
8	10
9	5
10	12
11	1
12	3

PREGUNTAS TIPO EXAMEN

9 Los tiempos que tardan 50 alumnos en completar un crucigrama se muestran en la tabla.

Tiempo (*m* minutos)	Frecuencia
$15 \le m < 20$	3
$20 \le m < 25$	7
$25 \le m < 30$	10
$30 \le m < 35$	11
$35 \le m < 40$	12
$40 \le m < 45$	5
$45 \le m < 50$	2

Usar el punto medio de cada intervalo de clase para estimar la media y la desviación típica de datos agrupados.

Halle una aproximación de la media y de la desviación típica.

10 Las notas, dadas en porcentaje, que sacaron un grupo de 25 niñas y 25 niños del colegio Bright High en una prueba de TISG (Tecnología de la Información en una Sociedad Global) se muestran en la tabla.

a Calcule una estimación para la media y para la desviación típica de las niñas y de los niños en forma separada.

b Comente sus resultados.

Frecuencia de las niñas	Nota en porcentaje	Frecuencia de los niños
0	$0 \le x < 10$	2
0	$10 \le x < 20$	1
0	$20 \le x < 30$	1
3	$30 \le x < 40$	1
5	$40 \le x < 50$	5
7	$50 \le x < 60$	9
8	$60 \le x < 70$	2
2	$70 \le x < 80$	0
0	$80 \le x < 90$	2
0	$90 \le x < 100$	2

Ejercicio de revisión

Preguntas del estilo de la prueba 1

PREGUNTAS TIPO EXAMEN

1 La media de los 12 números siguientes es 6:

3 4 a 8 3 5 9 5 8 6 7 5

a Halle el valor de a.

b Halle la mediana de estos números.

2 La media de los 10 números siguientes es 5:

4 3 a 6 8 4 6 6 7 5

a Halle el valor de a.

b Halle la mediana de estos números.

PREGUNTAS TIPO EXAMEN

3 Para el conjunto de datos:

3 4 1 7 6 2 9 11 13 6 8 10 6

a Calcule la media

b Halle la moda

c Halle la mediana

4 Las longitudes de 9 serpientes, en metros, son:

6,5 4,6 7,2 5,0 2,4 3,9 12,9 10,3 6,1

a **i** Halle la longitud media de estas serpientes.

ii Halle la desviación típica de las longitudes de estas serpientes.

b Halle la mediana de las longitudes de estas serpientes.

5 Se realizó una encuesta acerca de la cantidad de cuartos de baño en 150 hogares elegidos en forma aleatoria. Los resultados se muestran en la tabla.

Cantidad de cuartos de baño	1	2	3	4	5	6
Cantidad de hogares	79	31	22	10	5	13

a Indique si los datos son discretos o continuos.

b Escriba la cantidad media de cuartos de baño por hogar.

c Escriba la desviación típica de la cantidad de cuartos de baño por hogar.

6 La tabla muestra la distribución de edades de los miembros de un club de ajedrez.

Edad (años)	**Cantidad de miembros**
$20 \le x < 30$	15
$30 \le x < 40$	23
$40 \le x < 50$	34
$50 \le x < 60$	42
$60 \le x < 70$	13

a Calcule una estimación de la media de las edades.

b Dibuje con precisión un histograma para representar estos datos.

7 Usando el gráfico de frecuencias acumuladas, escriba el valor de

a La mediana

b El primer cuartil

c El tercer cuartil

d El rango intercuartil

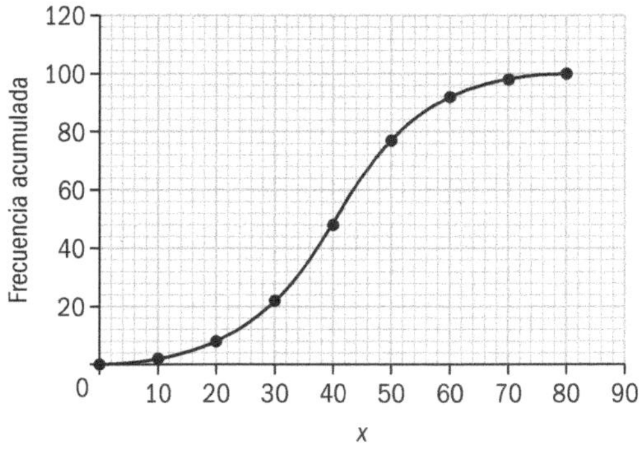

PREGUNTA TIPO EXAMEN

8 Las cantidades de caballos que se contaron en 35 campos se representan en la tabla.
Dibuje con precisión un diagrama de caja y bigotes para representar esta información.

Cantidad de caballos	Frecuencia
8	4
10	9
12	7
15	12
21	3

Preguntas del estilo de la prueba 2

PREGUNTAS TIPO EXAMEN

1 Un grupo de 19 alumnos llevaron a cabo un experimento para medir la aceleración gravitacional en cm s^{-2}.
Los resultados se muestran redondeados al entero más cercano:

96 97 101 99 100 98 99 94 96 100

97 98 101 98 99 96 96 100 97

a Use los resultados para hallar una estimación de:
- **i** El valor medio de la aceleración
- **ii** El valor modal de la aceleración

b **i** Elabore una tabla de frecuencias para los resultados.
- **ii** Utilice la tabla para hallar la mediana y el rango intercuartil.

2 Un jardinero quiso estimar la cantidad de malas hierbas en el campo de deportes.
Eligió al azar 100 parcelas, cada una de área 100 cm^2, y contó la cantidad de malas hierbas en cada una.

La tabla muestra los resultados.

Cantidad de malas hierbas	Frecuencia
0–4	18
5–9	25
10–14	32
15–19	14
20–24	7
25–29	4

a **i** Elabore una tabla de frecuencias acumuladas y úsela para dibujar con precisión una curva de frecuencias acumuladas.
- **ii** Escriba la mediana de la cantidad de malas hierbas.
- **iii** Halle el porcentaje de parcelas que tienen más de 19 malas hierbas.

b **i** Estime la cantidad media de malas hierbas por parcela.
- **ii** Estime la desviación típica de la cantidad de malas hierbas por parcela.

El área del campo es 8000 m^2.
- **iii** Estime la cantidad total de malas hierbas en el campo.

3 Las notas de una prueba se muestran en la tabla de frecuencias.

Nota, x	Frecuencia
$0 \le x < 10$	3
$10 \le x < 20$	14
$20 \le x < 30$	21
$30 \le x < 40$	35
$40 \le x < 50$	42
$50 \le x < 60$	55
$60 \le x < 70$	43
$70 \le x < 80$	32
$80 \le x < 90$	15
$90 \le x < 100$	10

a Complete una tabla de frecuencias acumuladas y úsela para dibujar con precisión la curva de frecuencias acumuladas.

b Halle la mediana de las notas.

c Halle el rango intercuartil.

Un 60% de los alumnos aprobaron la prueba.

d Halle la nota con la que se aprueba.

e Sabiendo que la nota más baja fue 9 y que la nota más alta fue 98, dibuje con precisión un diagrama de caja y bigotes para representar esta información.

PREGUNTAS TIPO EXAMEN

4 La curva de frecuencias acumuladas muestra los ingresos mensuales, en rands sudafricanos (ZAR), de 150 personas.

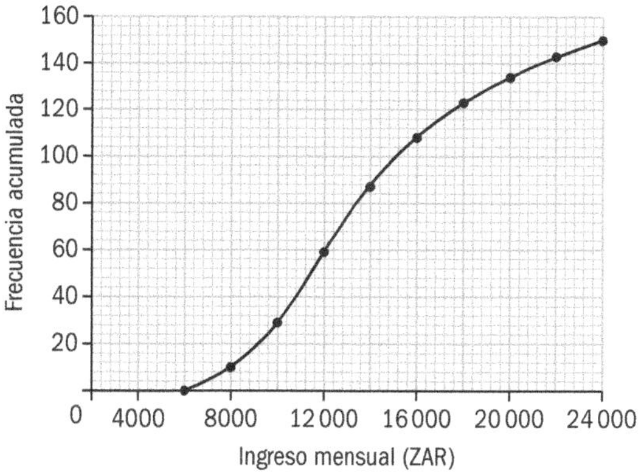

a Escriba el valor de la mediana y halle el rango intercuartil.

b Sabiendo que el salario más bajo es ZAR6000 y que el más alto es ZAR23 500, dibuje con precisión un diagrama de caja y bigotes para representar esta información.

c Elabore una tabla de frecuencias para los ingresos mensuales.

d Utilice su CPG para hallar una estimación de la media y de la desviación típica de los ingresos mensuales.

5 Los pesos de 200 mujeres atletas se anotan en la tabla.

a Escriba la clase modal.

b Calcule una estimación de la media y de la desviación típica.

c Elabore una tabla de frecuencias acumuladas y utilícela para dibujar con precisión un gráfico de frecuencias acumuladas.

d Escriba los valores de la mediana, el primer cuartil y el tercer cuartil.

e La atleta más liviana pesa 47 kg y la más pesada 76 kg. Utilice esta información para dibujar con precisión un diagrama de caja y bigotes.

Peso (kg)	Frecuencia
$45 \le w < 50$	4
$50 \le w < 55$	16
$55 \le w < 60$	45
$60 \le w < 65$	58
$65 \le w < 70$	43
$70 \le w < 75$	28
$75 \le w < 80$	6

6 A un grupo de 60 mujeres se les preguntó a qué edad tuvieron su primer hijo. La información se muestra en el histograma.

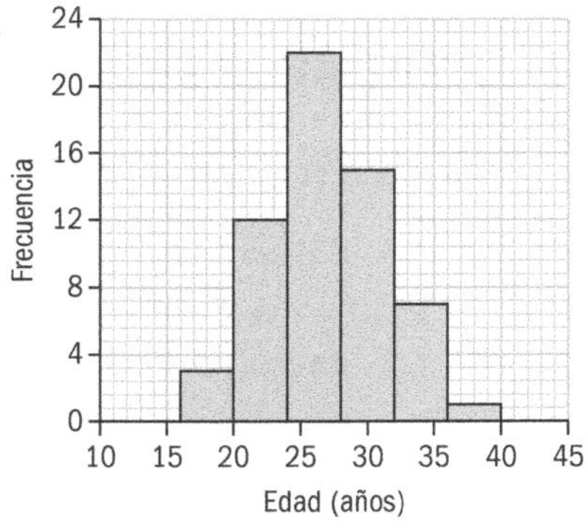

a Calcule una aproximación para la media y para la desviación típica.

b Escriba la clase modal.

c Elabore una tabla de frecuencias acumuladas para estos datos y dibuje con precisión una curva de frecuencias acumuladas.

d Utilice su gráfico para hallar la mediana y el rango intercuartil.

e Sabiendo que dentro del grupo la menor edad fue 16 y la mayor edad fue 39, dibuje con precisión un diagrama de caja y bigotes para representar la información.

7 Los tiempos promedio, redondeados al segundo más cercano, que estuvieron 100 personas esperando un ascensor se muestran en la tabla.

a Escriba la clase modal.

b Calcule una estimación de la media y de la desviación típica.

c Elabore una tabla de frecuencias acumuladas y utilícela para dibujar con precisión un gráfico de frecuencias acumuladas.

d Escriba la mediana y el rango intercuartil.

Tiempo (t segundos)	Frecuencia
$0 \le t < 10$	5
$10 \le t < 20$	19
$20 \le t < 30$	18
$30 \le t < 40$	22
$40 \le t < 50$	16
$50 \le t < 60$	12
$60 \le t < 70$	8

PREGUNTAS TIPO EXAMEN

8 El gráfico de frecuencias acumuladas muestra la cantidad diaria de visitantes al mausoleo de la plaza de Tiananmen en el mes de enero.

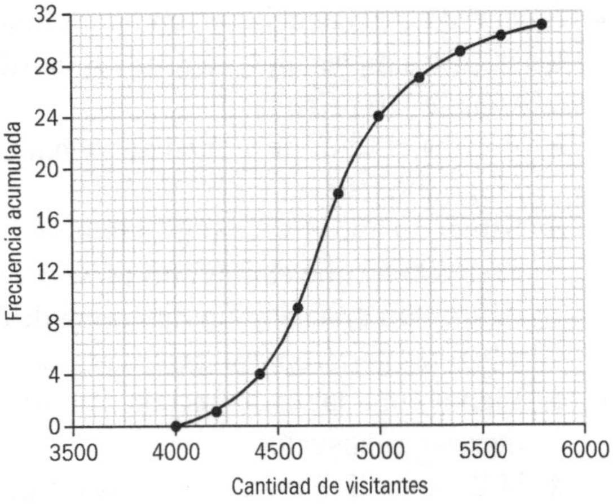

a Escriba la mediana, el primer cuartil y el tercer cuartil.

b Sabiendo que la menor cantidad de visitantes fue 4000 y la mayor fue 5700, dibuje con precisión un diagrama de caja y bigotes para representar esta información.

c Elabore una tabla de frecuencias para esta información.

d Escriba la clase modal.

e Calcule una estimación de la media y de la desviación típica.

9 El gráfico de frecuencias acumuladas muestra los pesos, en kg, de 200 luchadores profesionales.

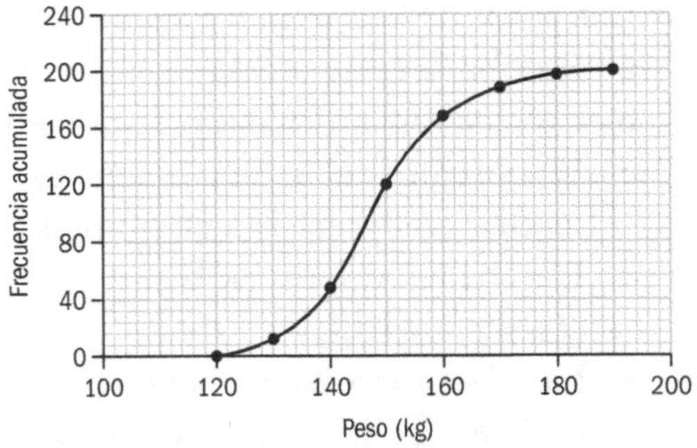

a Elabore una tabla de datos agrupados para esta información.

b Escriba la clase modal.

c Calcule una estimación del peso medio.

RESUMEN DEL CAPÍTULO 2

Clasificación de datos

- Los **datos discretos** son aquellos que o bien se pueden **contar** o bien pueden tomar solamente **determinados valores**.
- Los **datos continuos** son aquellos que se pueden medir. Pueden tomar cualquier valor dentro de un rango.

Datos discretos o continuos agrupados

- Para dibujar con precisión un **histograma de frecuencias**, hallar el límite inferior y el límite superior de los intervalos de clase y dibujar las barras entre estos límites. No debe haber espacios entre las barras.

Medidas de posición central

- La **moda** de un conjunto de datos es el valor que ocurre con mayor frecuencia.
- La **mediana** de un conjunto de datos es el valor que se encuentra en el medio, cuando los datos están ordenados por tamaño.
- La **media** de un conjunto de datos es la suma de todos los valores dividida por la cantidad de valores.

Continúa en la página siguiente.

- La **mediana**, en una tabla de frecuencias, es el valor del medio, dado que en la tabla los valores ya están en orden. Si hay n datos, la mediana es el valor que está en la posición $\frac{n+1}{2}$.
- La **media** de una tabla de frecuencias es:

$$\text{Media} = \frac{\text{suma de } f_i x_i}{\text{total de frecuencias}}$$

Donde f_i es la frecuencia de cada dato x_i, $i = 1,\ldots, k$, y k es la cantidad de datos.

- Para datos agrupados, la **clase modal** es el grupo o intervalo de clase que tiene la frecuencia más alta.
- Para calcular una estimación de la **media** de una tabla de frecuencias de datos agrupados, usar $\frac{\text{total de } f_i x_i}{\text{frecuencia total}}$, donde f_i es la frecuencia y x_i es el punto medio correspondiente a cada clase.

Curvas de frecuencias acumuladas

- La **frecuencia acumulada** es la suma de todas las frecuencias hasta el nuevo valor inclusive. Para dibujar con precisión una **curva de frecuencias acumuladas,** tenemos que elaborar una tabla de frecuencias acumuladas, con el límite superior de cada intervalo de clase en una columna y la correspondiente frecuencia acumulada en otra. Luego situar el límite superior de cada clase sobre el eje x y la frecuencia acumulada sobre el eje y.
- Para hallar el **primer cuartil**, Q_1, leer el valor de la curva correspondiente al valor $\frac{n+1}{4}$ sobre el eje de las frecuencias acumuladas, donde n es el total de frecuencias.
- Para hallar la **mediana**, leer el valor de la curva correspondiente al valor $\frac{n+1}{2}$ sobre el eje de las frecuencias acumuladas.
- Para hallar el **tercer cuartil**, Q_3, leer el valor de la curva correspondiente al valor $\frac{3(n+1)}{4}$ sobre el eje de las frecuencias acumuladas.
- Para hallar los **percentiles**, p %, leer el valor de la curva correspondiente al valor $\frac{p(n+1)}{100}$ sobre el eje de las frecuencias acumuladas.
- Para hallar el **rango intercuartil**, calcular la diferencia entre el tercer cuartil y el primer cuartil: RIC = $Q_3 - Q_1$.

Diagramas de caja y bigotes

- Para dibujar un diagrama de caja y bigotes, se necesitan cinco medidas: calcular el primer cuartil, la mediana y el tercer cuartil. Además, hallar el valor mínimo y el valor máximo de los datos.

Medidas de dispersión

- El **rango** se obtiene calculando la diferencia entre el valor máximo y el valor mínimo.
- El **rango intercuartil** se obtiene calculando la diferencia entre el tercer cuartil, Q_3, y el primer cuartil, Q_1: RIC = $Q_3 - Q_1$.
- La **desviación típica** es una medida de dispersión que da una idea de la posición de los datos con relación a la media.

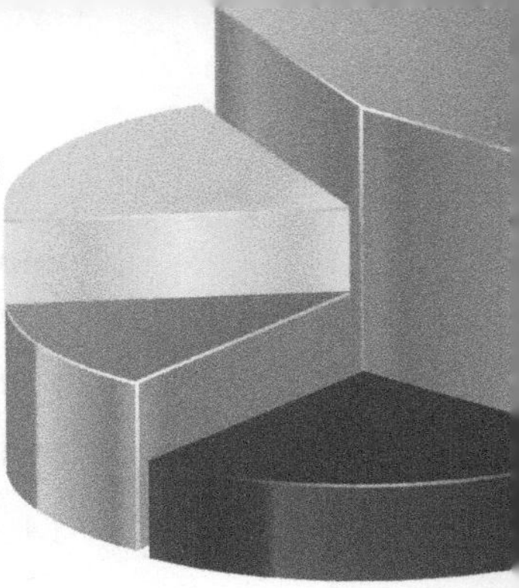

Hablando estadísticamente

La estadística descriptiva describe las características básicas de un conjunto de datos.

La estadística descriptiva reduce listas de datos en un resumen simple, como por ejemplo un promedio (un número) o una representación visual, como por ejemplo un gráfico o un diagrama.

Moral y estadística

Estudio de caso 1

Una compañía tiene tres empleados y un jefe.

Los empleados ganan 2500 euros por mes y el jefe 25 000 euros por mes.

Un informe del periódico local dice que el salario promedio mensual en la compañía es 8125 euros.

- ¿Qué promedio usó el periódico?
- ¿Es este salario una representación justa del salario promedio?
- ¿Cuál sería el promedio más apropiado para usar? ¿Por qué?

Estudio de caso 2

Se pusieron a prueba 10 aparatos y se anotó la cantidad de desperfectos:

0 0 0 0 0 0 15 19 25 31

La compañía anuncia que la cantidad promedio de desperfectos es 0.

- ¿Qué promedio usó la compañía?
- ¿Está la compañía engañando a la gente?
- ¿Es moralmente aceptable que la compañía anuncie "datos" de esta manera?

"Llegará el día en que, para ser un buen ciudadano, el razonamiento estadístico será tan necesario como saber leer y escribir."

H. G. Wells (1866–1946)

- ¿Qué piensa que quiso decir H. G. Wells?
- ¿Está de acuerdo con él?

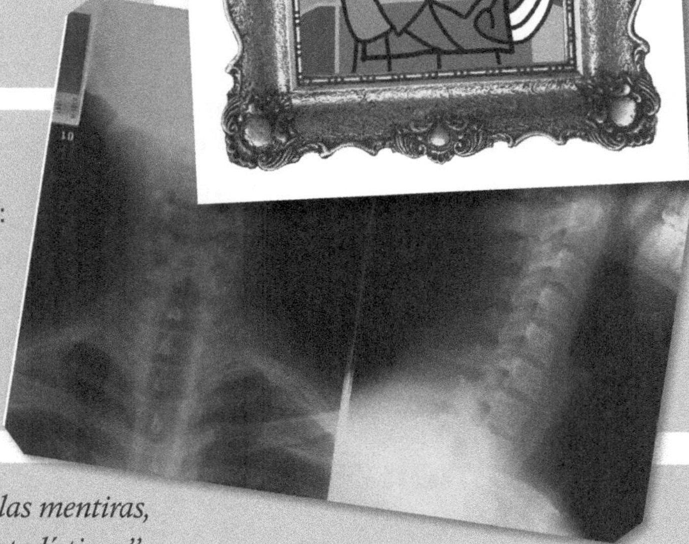

- ¿Cuán precisas son estas representaciones visuales?:
  - Rayos X
  - Fotos instantáneas
  - Cuadros

"Hay tres clases de mentiras: las mentiras, las malditas mentiras y las estadísticas."

Benjamin Disraeli (1804–1881)
La frase la popularizó Mark Twain (1835–1910).

- ¿"Mienten" las estadísticas?
- ¿Son "precisas" todas las estadísticas?

Gráficos engañosos

▼ ¿Qué es incorrecto en este gráfico?

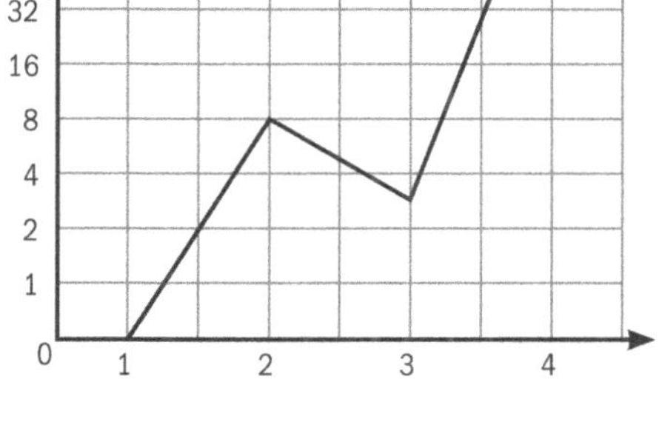

▼ ¿Qué es incorrecto en este histograma en 3D?

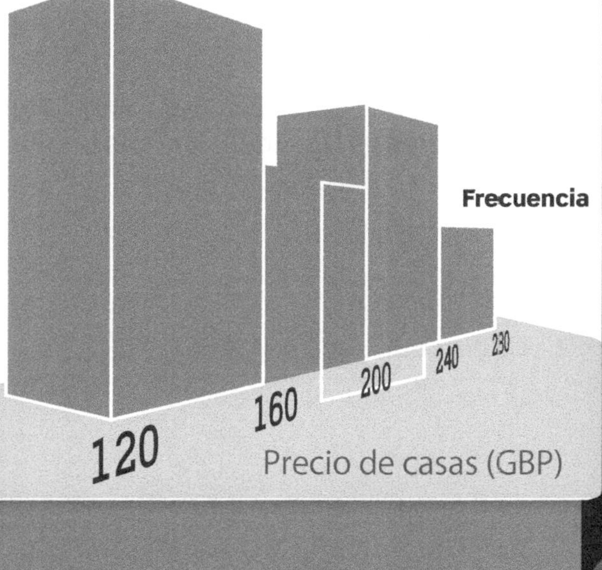

3 Geometría y trigonometría 1

OBJETIVOS DEL CAPÍTULO:

5.1 Pendiente, puntos de corte con los ejes, ecuación de una recta en el plano, punto de intersección entre dos rectas, rectas paralelas, rectas perpendiculares

5.2 Uso de las razones seno, coseno y tangente para calcular los lados y ángulos de un triángulo rectángulo; ángulos de depresión y elevación

5.3 Uso del teorema del seno y del teorema del coseno, uso del área de un triángulo, elaboración de diagramas rotulados a partir de enunciados verbales

Antes de comenzar

Qué necesitamos saber

1 Usar el teorema de Pitágoras. Por ejemplo: hallar la longitud del lado AC si AB = 2 cm y BC = 5 cm.

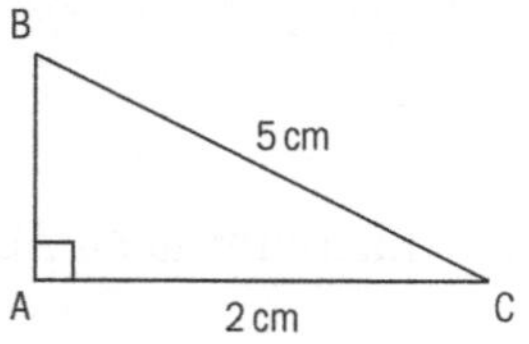

$$AB^2 + AC^2 = BC^2$$
$$2^2 + AC^2 = 5^2$$
$$AC^2 = 25 - 4$$
$$AC = \sqrt{21}\text{ cm}$$
$$= 4{,}58\text{ cm (3 cs)}$$

2 Hallar el punto medio de un segmento y la distancia entre dos puntos. Por ejemplo: si A es (–3,4) y B es (1,2):

a El punto medio de AB es $\left(\frac{-3+1}{2}, \frac{4+2}{2}\right)$ = (–1, 3)

b La distancia entre A y B es

$$\sqrt{(1-(-3))^2 + (2-4)^2} = \sqrt{4^2 + 2^2}$$
$$= \sqrt{20}$$
$$= 4{,}47\text{ (3 cs)}$$

Comprobemos nuestras habilidades

1 a Halle la altura *a* del triángulo ABC.

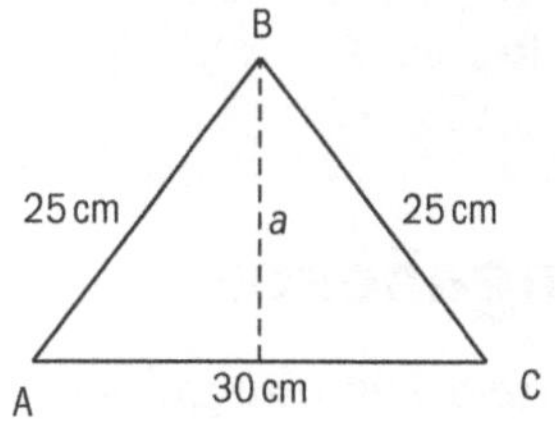

b Halle la longitud del lado de un cuadrado si su diagonal mide 10 cm.

2 a A es el punto (–3,5) y B es el punto (3,7).

i Halle el punto medio de AB.

ii Halle la distancia entre A y B.

b El punto medio entre C(2, *p*) y D(*q*, –4) es M(2,5; 1).
Halle los valores de *p* y de *q*.

Cuando se diseña un faro, se consideran distancias y ángulos. El faro debe ser lo suficientemente alto para poder ver la luz desde cierta distancia. Además, si un barco se acerca a la costa, ¿puede aún ver la luz?

Desde un faro, si el cuidador baja su mirada y ve un barco, podría usar este ángulo y la altura del faro para calcular cuán lejos está el barco. Problemas de este estilo pueden resolverse usando la **trigonometría**, la parte de la matemática que relaciona los ángulos y los lados de un triángulo. Usando la trigonometría, podemos calcular longitudes que no se pueden medir directamente, como la distancia de un barco a la base del faro, la altura de un árbol o de un edificio, la anchura de un río, etc.

Este capítulo nos mostrará cómo dibujar diagramas para representar este tipo de problemas y usar la trigonometría para resolverlos.

La **geometría** surgió antes que la trigonometría. En Egipto, después de las temporadas de inundaciones, nadie podía reconocer los límites de sus tierras, por lo que se inventó la "geo-metría", el arte de medir la tierra. La geometría y la trigonometría se complementan entre ellas y se usan ampliamente en un gran número de campos, como la astronomía, la física, la ingeniería, la mecánica y la navegación.

▲ El faro Les Éclaireurs, en Tierra del Fuego (Argentina), se encuentra cerca de Ushuaia, la ciudad más austral del mundo. Este faro ha guiado a navegantes desde 1920.

A este faro a veces se lo llama "El faro del fin del mundo", como en la novela de Julio Verne. Sin embargo, el escritor se inspiró en el faro de San Juan de Salvamento, que se encuentra en una isla cercana.

3.1 Pendiente de una recta

Una fábrica de pan tiene dos máquinas, la A y la B. Ambas máquinas producen 400 kg de pan por día **a un ritmo constante**.
La máquina A produce 400 kg en 10 horas.
La máquina B produce 400 kg en 8 horas.
Para cada máquina, estos gráficos muestran la cantidad de kilogramos de pan producido, *y*, en *x* horas. Por ejemplo, en 2 horas la máquina A produce 80 kilogramos de pan y la máquina B produce 100 kilogramos de pan.

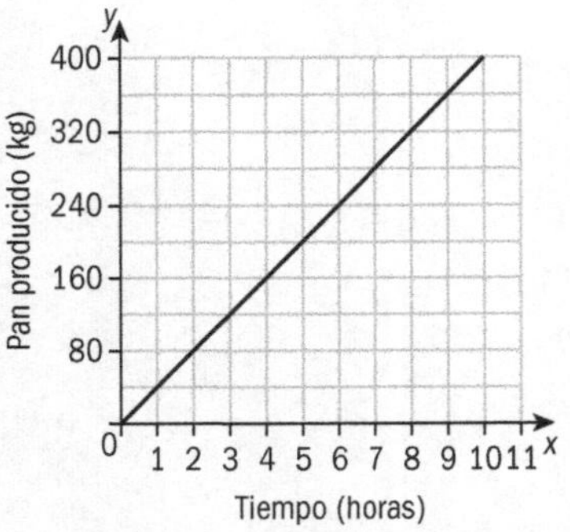

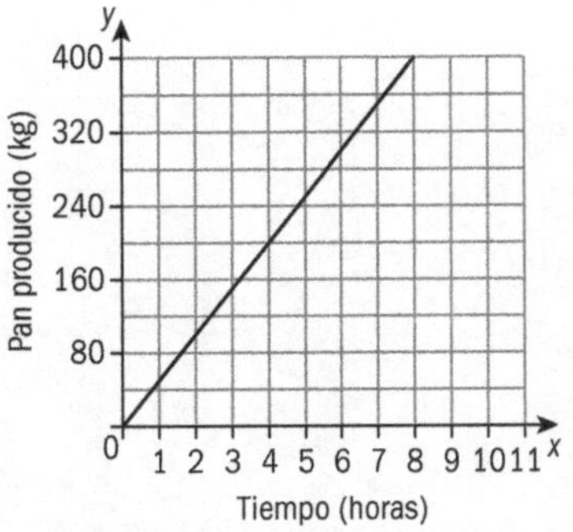

Este gráfico muestra que la máquina A produce **40** kg de pan por hora.

Este gráfico muestra que la máquina B produce **50** kg de pan por hora.

El próximo gráfico muestra el número de kilogramos de pan que producen ambas máquinas.

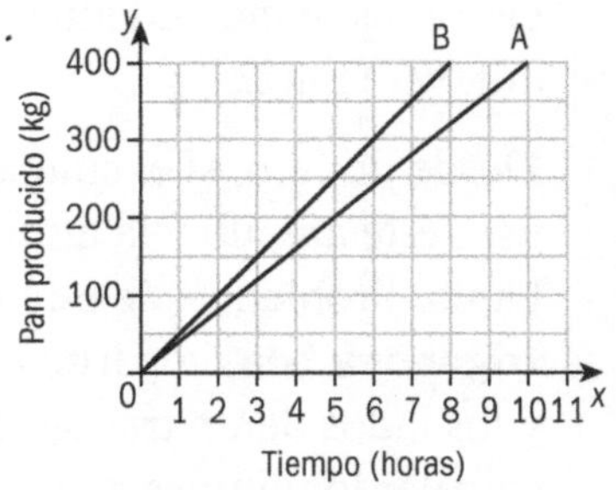

La recta para la máquina B está más inclinada que la recta para la máquina A. La **pendiente** de una recta nos dice cuán inclinada está esa recta. La pendiente de la recta B es mayor que la pendiente de la recta A.

La pendiente nos dice la razón a la que está trabajando la máquina.
Razón de A = 40 kg por hora
Razón de B = 50 kg por hora

$$\text{Pendiente de una recta} = \frac{\text{desplazamiento vertical}}{\text{desplazamiento horizontal}}$$

$$\text{Pendiente de la recta A} = \frac{\text{desplazamiento vertical}}{\text{desplazamiento horizontal}} = \frac{400}{10} = 40$$

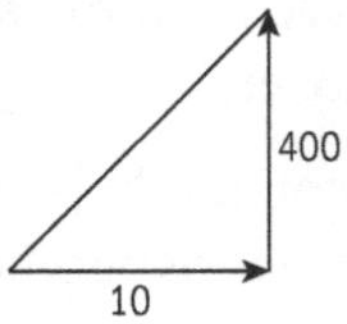

$$\text{Pendiente de la recta B} = \frac{\text{desplazamiento vertical}}{\text{desplazamiento horizontal}} = \frac{400}{8} = 50$$

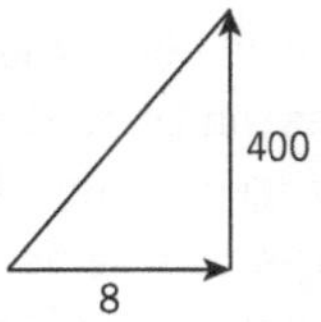

Este gráfico muestra el número de kilogramos de pan que falta que produzca la máquina A. Al comienzo del día, la máquina tiene 400 kg por producir, después de 1 hora, la máquina tiene 360 kg por producir, y así sucesivamente.

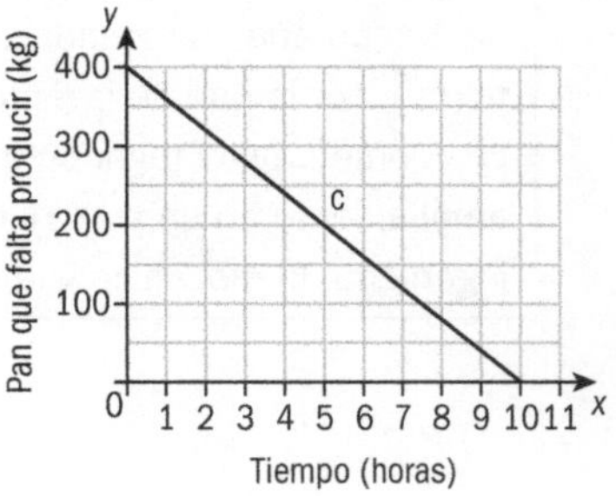

La recta C tiene una pendiente negativa, es descendiente de izquierda a derecha.

Cada hora hay 40 kg menos por producir.

$$\text{Pendiente de la recta C} = \frac{\text{desplazamiento vertical}}{\text{desplazamiento horizontal}} = \frac{-400}{10} = -40$$

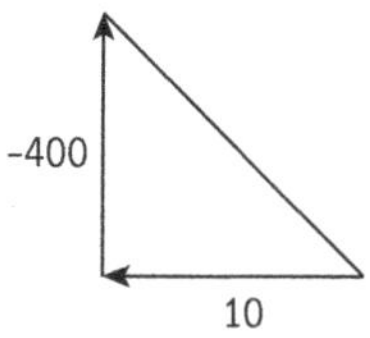

➔ Si A(x_1, y_1) y B(x_2, y_2) son dos puntos de una recta L, la pendiente de la recta L es $m = \dfrac{y_2 - y_1}{x_2 - x_1}$.

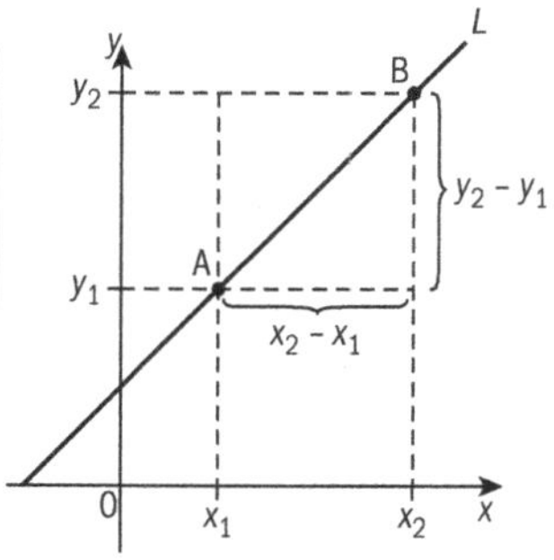

Observe que, en el numerador y en el denominador, el orden de los subíndices es el mismo, primero 2 y luego 1.

Ejemplo 1

Halle la pendiente de la recta L que pasa por los puntos:

a $A(1, 5)$ y $B(2, 8)$

b $A(0, 4)$ y $B(3, -2)$

c $A(2, 6)$ y $B(-1, 6)$

d $A(1, 5)$ y $B(1, -2)$

Respuestas

a

$$\left.\begin{array}{l} x_1 = 1 \\ y_1 = 5 \\ x_2 = 2 \\ y_2 = 8 \end{array}\right\} \Rightarrow m = \frac{y_2 - y_1}{x_2 - x_1}$$

$$= \frac{8-5}{2-1} = 3$$

Sustituir en la fórmula de la pendiente

Pendiente = 3

Por cada unidad que ***aumenta*** *x, la variable y* ***aumenta*** *3 unidades.*

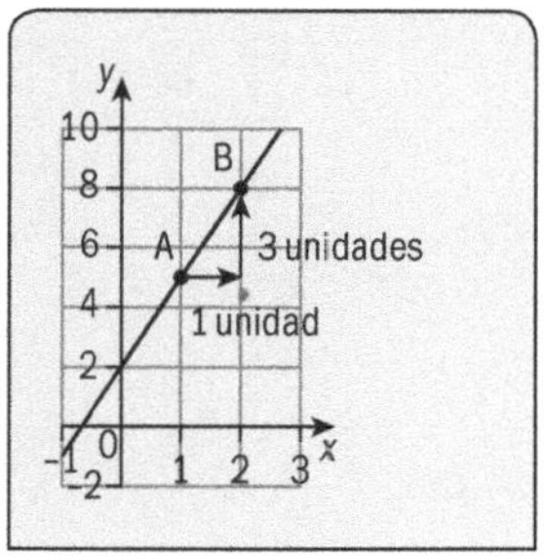

b

$$\left.\begin{array}{l} x_1 = 0 \\ y_1 = 4 \\ x_2 = 3 \\ y_2 = -2 \end{array}\right\} \Rightarrow m = \frac{y_2 - y_1}{x_2 - x_1}$$

$$= \frac{-2-4}{3-0} = -2$$

Sustituir en la fórmula de la pendiente

Pendiente = −2

Por cada unidad que ***aumenta*** *x, la variable y* ***disminuye*** *2 unidades.*

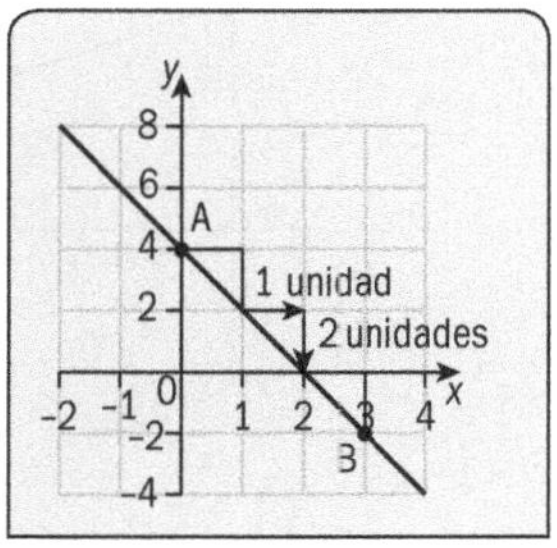

c

$$\left.\begin{array}{l} x_1 = 2 \\ y_1 = 6 \\ x_2 = -1 \\ y_2 = 6 \end{array}\right\} \Rightarrow m = \frac{y_2 - y_1}{x_2 - x_1}$$

$$= \frac{6-6}{-1-2} = 0$$

Sustituir en la fórmula de la pendiente

Pendiente = 0

Por cada unidad que ***aumenta*** *x, la variable y se* ***mantiene constante****.*

La recta es horizontal.

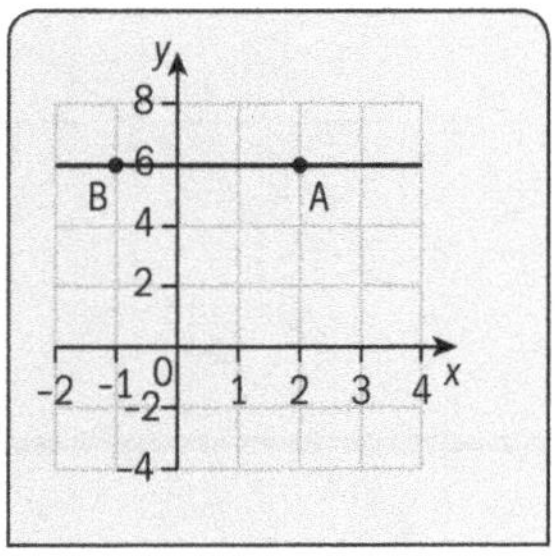

▶ Continúa en la página siguiente.

d $\left.\begin{array}{l} x_1 = 1 \\ y_1 = 5 \\ x_2 = 1 \\ y_2 = -2 \end{array}\right\} \Rightarrow m = \dfrac{y_2 - y_1}{x_2 - x_1}$ $= \dfrac{-2-5}{1-1} = \dfrac{-7}{0}$	*Sustituir en la fórmula de la pendiente* **Recordar** *que la división por cero no está definida, por lo tanto,* **la pendiente de esta recta no está definida***. La recta es vertical.*

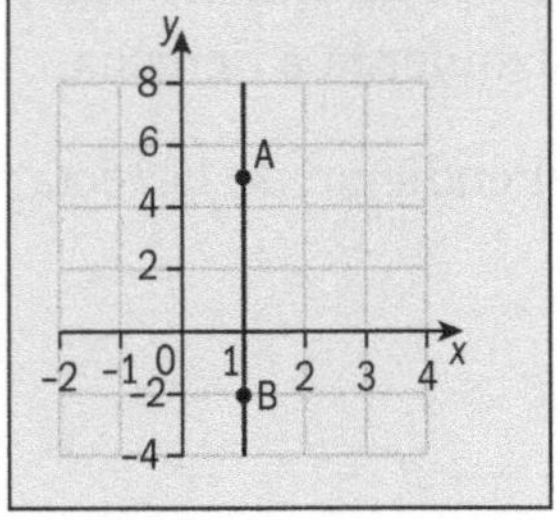

Ejercitación 3A

1 Sitúe los puntos A(2, 7), B(0, 9), C(0,–9) y D(2,–7) en un sistema de ejes coordenados. Halle las pendientes de estas rectas:

a AB **b** AC

c BD **d** CD

2 Para cada una de estas rectas:

i Escriba las coordenadas de los puntos A y B

ii Halle la pendiente

La escala utilizada en el eje *x* no siempre es igual a la utilizada en el eje *y*.

a

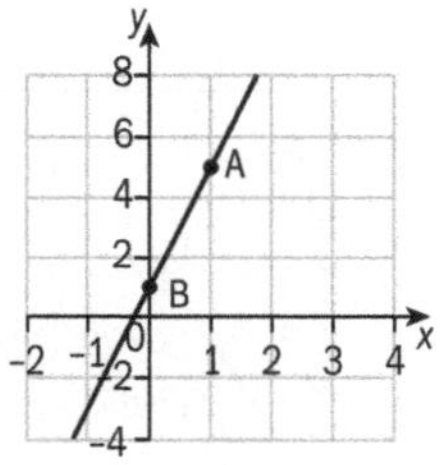

b

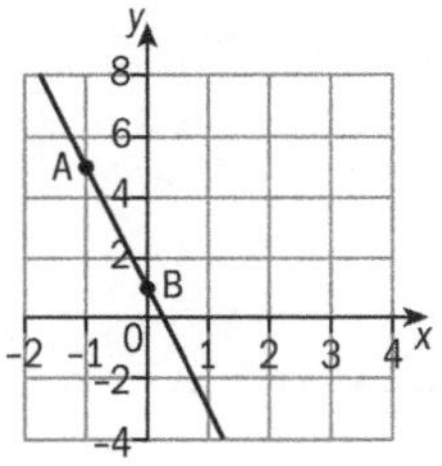

c

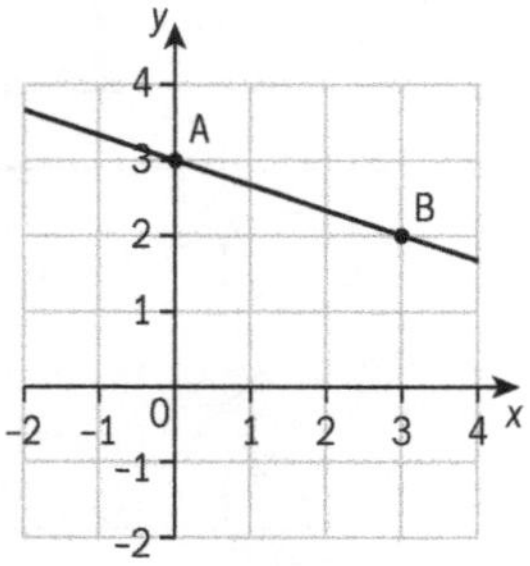

d

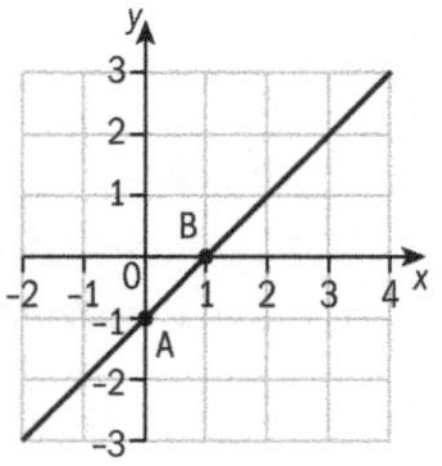

e

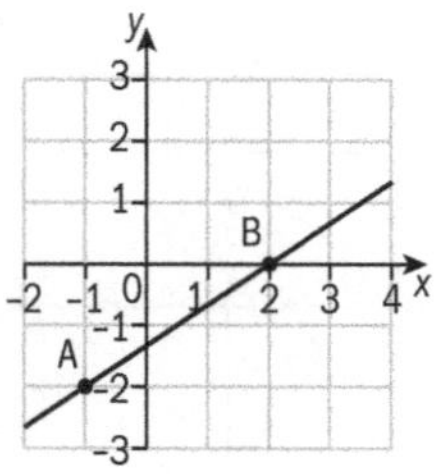

f

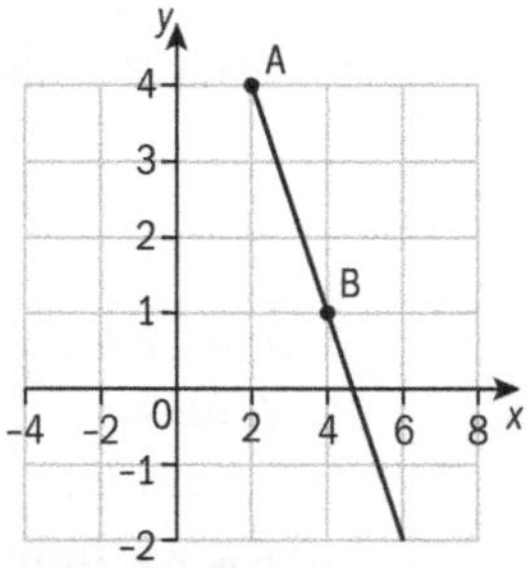

Ejemplo 2

a Dibuje con precisión una recta que pase por el punto A(1, 4) y tenga pendiente –1.

b Dibuje con precisión una recta que pase por el punto A(0, –2) y tenga pendiente $\frac{2}{3}$.

Respuestas

a

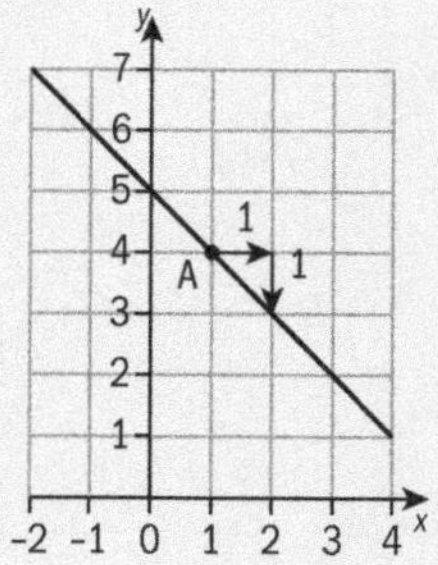

Situar el punto A(1, 4)

La pendiente es –1, por lo tanto,

$m = -1 = \frac{-1}{1} = \frac{\text{desplazamiento en } y}{\text{desplazamiento en } x}$,

entonces cada vez que x aumenta 1 unidad, y disminuye 1 unidad.

b

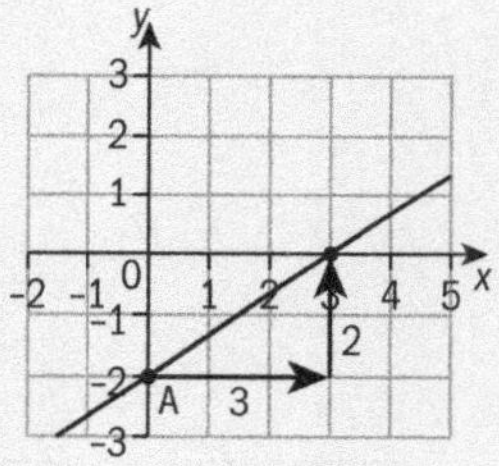

Situar el punto A(0, –2)

La pendiente es $\frac{2}{3}$, por lo tanto,

$m = \frac{2}{3} = \frac{\text{desplazamiento en } y}{\text{desplazamiento en } x}$,

entonces cada vez que x aumenta 3 unidades, y aumenta 2 unidades.

Las pendientes de las calles con frecuencia se dan como porcentajes o razones. ¿Cómo se muestran, en las señales de su país, las pendientes de las calles?

Ejercitación 3B

1 **a** Dibuje con precisión una recta con pendiente $\frac{1}{2}$ que pase por el punto A(0, 3).

b Dibuje con precisión una recta con pendiente –3 que pase por el punto B(1, 2).

c Dibuje con precisión una recta con pendiente 2 que pase por el punto C(3, –1).

2 En cada una de las siguientes rectas, los puntos A, B y C pertenecen a la misma recta.

i Halle la pendiente de la recta AB.

ii Halle la segunda coordenada del punto C.

a $A(2, 5)$, $B(3, 7)$ y $C(4, p)$ **b** $A(0, 2)$, $B(1, 6)$ y $C(2, t)$

c $A(0, 0)$, $B(1, -5)$ y $C(2, q)$ **d** $A(0, -1)$, $B(1, 0)$ y $C(4, s)$

e $A(-5, 1)$, $B(-6, 4)$ y $C(-4, r)$

Se puede usar un gráfico o la fórmula de la pendiente, $m = \frac{y_2 - y_1}{x_2 - x_1}$.

PREGUNTAS TIPO EXAMEN

3 La pendiente de la recta que pasa por los puntos P(–1, 5) y Q(a, 10) es 4.

a Escriba una expresión, en función de a, para la pendiente de PQ.

b Halle el valor de a.

4 En la recta MN, cada vez que x aumenta 1 unidad, y aumenta 0,5 unidades. El punto M es (2, 6) y el punto N es (–3, t).

a Escriba la pendiente de MN. →pendiente 0,5

b Escriba una expresión para la pendiente de MN en función de t.

c Halle el valor de t.

Rectas paralelas

→ Las **rectas paralelas** tienen la **misma pendiente**. Esto significa que:

- Si dos rectas son paralelas, entonces tienen la misma pendiente
- Si dos rectas tienen la misma pendiente, entonces son paralelas

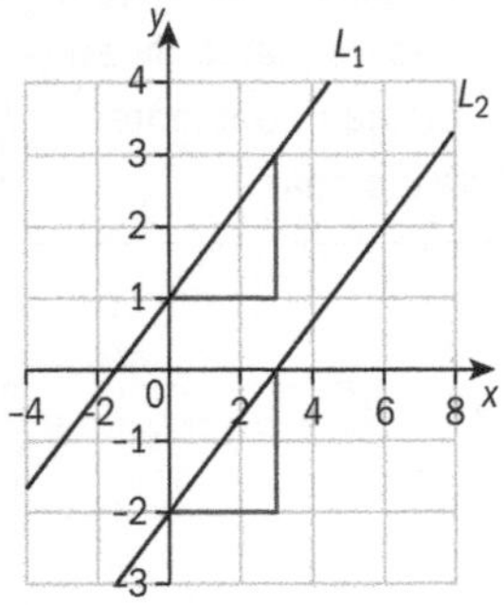

"L_1 es paralela a L_2" se escribe simbólicamente $L_1 \parallel L_2$.

Observe que, aunque la pendiente de una recta vertical no está definida, dos rectas verticales son paralelas.

Ejemplo 3

La recta L_1 pasa por los puntos A(0,−3) y B(−7,4).

a Halle la pendiente de L_1. **b** Dibuje con precisión y rotule L_1.

c Dibuje con precisión y rotule una segunda recta, L_2, que pase por el origen y sea paralela a L_1.

Respuestas

a $m = \frac{4-(-3)}{-7-0} = -1$

Sustituir en la fórmula de la pendiente

b y **c**

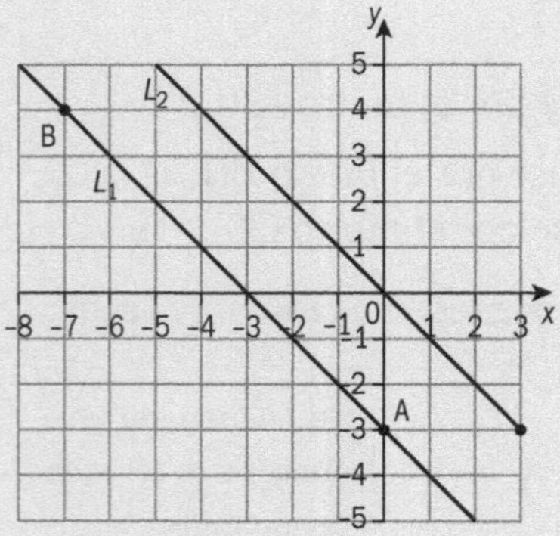

Para L_1, situar A y B, y luego unirlos. Para L_2, dibujar una recta que pase por el origen y que sea paralela a L_1.

Recuerde que el **origen** es el punto O(0, 0), el punto donde se cruzan el eje *x* y el eje *y*.

Ejercitación 3C

1 La recta L_1 pasa por los puntos A(2, 5) y B(0, −4).

a Halle la pendiente de L_1. **b** Dibuje con precisión la recta L_1.

c Dibuje con precisión y rotule una segunda recta L_2 que pasa por el punto C(0, 2) y es paralela a L_1.

2 Decida si las siguientes rectas son paralelas al eje *y*, al eje *x* o a ninguno de los dos:

a La recta que pasa por los puntos P(1, 7) y Q(12, 7)

b La recta que pasa por los puntos P(1, 7) y T(1, −3)

c La recta que pasa por los puntos P(1, 7) y M(2, 5)

3 Complete las siguientes oraciones de manera que resulten verdaderas:

a Toda recta horizontal es paralela al eje ______.

b Toda recta vertical es paralela al eje _______.

c La pendiente de toda recta horizontal es igual a ________.

4 La recta PQ es paralela al eje x. Las coordenadas de P y Q son, respectivamente, (5, 3) y (8, a). Escriba el valor de a.

5 La recta MN es paralela al eje y. Las coordenadas de M y de N son, respectivamente, (m, 24) y (–5, 2). Escriba el valor de m.

Rectas perpendiculares

→ Dos rectas son perpendiculares si y solo si forman un ángulo de 90°.
Esto significa que:

- Si dos rectas son perpendiculares, entonces forman un ángulo de 90°
- Si dos rectas forman un ángulo de 90°, entonces son perpendiculares

El eje x y el eje y son perpendiculares.

Cualquier recta vertical es perpendicular a cualquier recta horizontal.

El próximo ejemplo nos muestra la **relación numérica** entre las pendientes de dos rectas perpendiculares que no son una horizontal y la otra vertical.

Ejemplo 4

El diagrama muestra dos rectas perpendiculares, L_1 y L_2.

a Halle las pendientes de L_1 y L_2.

b Muestre que el producto de sus pendientes es igual a –1.

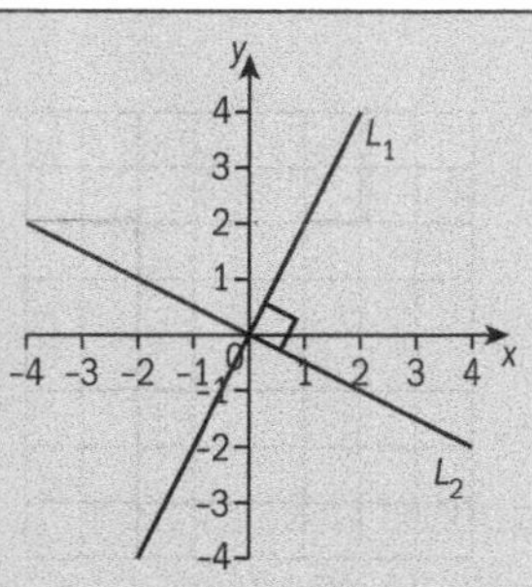

Observe que la pendiente de L_1 es positiva y la pendiente de L_2 es negativa.

Respuestas

a Sea m_1 la pendiente de L_1 y m_2 la pendiente de L_2,

$m_1 = 2$ y $m_2 = -\frac{1}{2}$.

b $2 \times -\frac{1}{2} = -1$.

Usar el diagrama para hallar m_1 y m_2

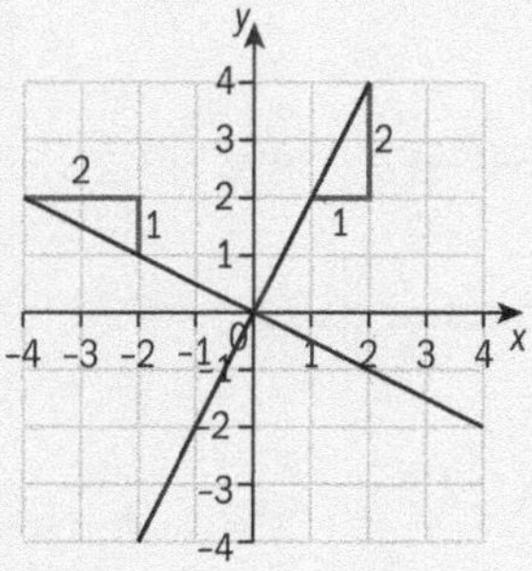

En general, si la pendiente de una recta es m, la pendiente de una recta perpendicular es $-\frac{1}{m}$.

Los números a y b son inversos si $a \times b = 1$ o $a = \frac{1}{b}$.
Por ejemplo:
2 y $\frac{1}{2}$, $\frac{4}{3}$ y $\frac{3}{4}$

→ Dos rectas son **perpendiculares** si el producto de sus pendientes es −1.

Ejercitación 3D

1 ¿Cuál de estos pares de números son inversos negativos?

a 2 y $-\frac{1}{2}$ **b** $-\frac{4}{3}$ y $\frac{3}{4}$ **c** 3 y $\frac{1}{3}$ **d** -1 y 1

2 ¿Cuáles de estos pares de pendientes corresponden a rectas perpendiculares?

a $\frac{2}{5}$ y $\frac{5}{2}$ **b** $\frac{4}{3}$ y $-\frac{3}{4}$ **c** -3 y $-\frac{1}{3}$ **d** 1 y -1

3 Halle la pendiente de rectas que son perpendiculares a una recta con pendiente:

a -3 **b** $\frac{2}{3}$ **c** $-\frac{1}{4}$ **d** 1 **e** -1

4 Halle la pendiente de una recta perpendicular a otra que pasa por los puntos:

a A(–2, 6) y B(1, –1) **b** A(5, 10) y B(0, –2)

5 Cada diagrama muestra una recta y un punto A.

i Escriba la pendiente de la recta.

ii Escriba la pendiente de cualquier recta que sea perpendicular a esta recta.

iii Copie el diagrama y dibuje con precisión una recta perpendicular a la que se muestra y que pase por el punto A.

a

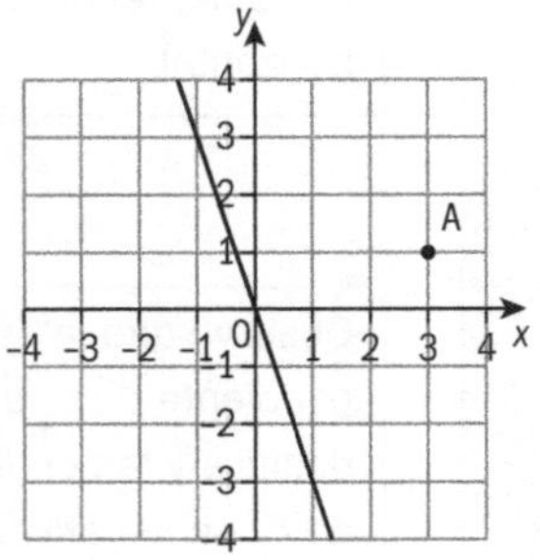

b

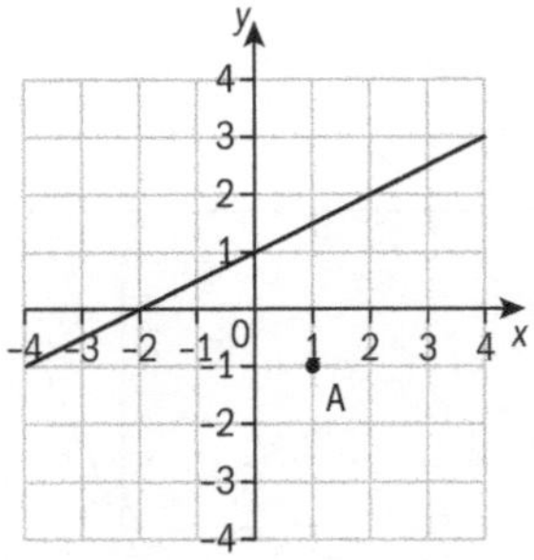

c

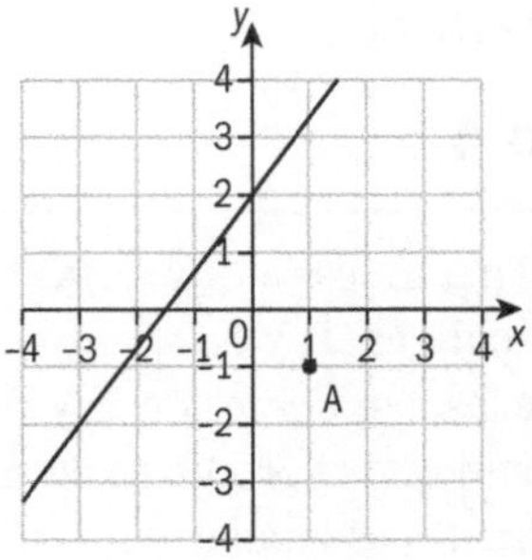

PREGUNTAS TIPO EXAMEN

6 La recta L_1 pasa por los puntos P(0, 3) y Q(–2, a).

a Halle una expresión para la pendiente de L_1 en función de a.

L_1 es perpendicular a la recta L_2. La pendiente de L_2 es 2.

b Escriba la pendiente de L_1.

c Halle el valor de a.

7 Los puntos A(3, 5) y B(5, –8) pertenecen a la recta L_1.

a Halle la pendiente de L_1.

Una segunda recta, L_2, es perpendicular a L_1.

b Escriba la pendiente de L_2.

L_2 pasa por los puntos P(5, 0) y Q(t, 2).

c Halle el valor de t.

3.2 Ecuaciones de rectas

Las coordenadas x e y de **cualquier** punto de una recta L se relacionan por medio de una ecuación llamada **ecuación de la recta**.

Esto significa que:

- Si un punto Q pertenece a una recta L, entonces las coordenadas de Q satisfacen la ecuación de L
- Si las coordenadas de cualquier punto Q satisfacen la ecuación de L, entonces el punto Q pertenece a L

Se dice que los valores de las variables x e y **satisfacen** la ecuación si, cuando las variables se reemplazan por sus respectivos valores, los dos lados de la ecuación son iguales.

→ La ecuación de una recta se puede escribir en la forma $y = mx + c$, donde:
- m es la **pendiente**
- c es la **ordenada al origen** (coordenada y del punto donde la recta corta al eje y)

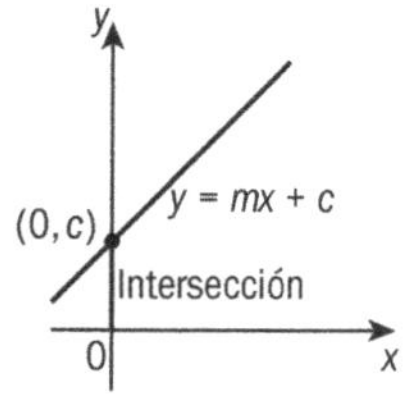

$y = mx + c$ es la forma **explícita** de la ecuación de una recta.

La ecuación $y = mx + c$ está en el cuadernillo de fórmulas. Repasaremos esta ecuación en el capítulo 4.

Ejemplo 5

La recta L pasa por el punto A(1, 7) y tiene pendiente 5.
Halle la ecuación de L.
Dé su respuesta en la forma $y = mx + c$.

Respuesta

Sea P(x, y) **cualquier** punto de L.
La pendiente de L es 5.

$$\left.\begin{array}{l} x_1 = 1 \\ y_1 = 7 \\ x_2 = x \\ y_2 = y \end{array}\right\} \Rightarrow \frac{y-7}{x-1} = 5$$

Usar la fórmula de la pendiente con A y P, e igualar a 5

$y - 7 = 5(x - 1)$ — *Multiplicar ambos lados por (x –1)*

$y - 7 = 5x - 5$ — *Desarrollar los paréntesis*

$y = 5x + 2$ — *Sumar 7 a ambos lados*

$y = mx + c$, donde $m = 5$ y $c = 2$

Use A(**7**, **1**) para verificar:

$\mathbf{7} = 5 \times \mathbf{1} + 2$

Verificar que:
- *Las coordenadas del punto A(1, 7) satisfacen la ecuación de la recta*

Además de "$y = mx + c$", algunos expresan la ecuación de la recta como "$y = ax + b$" o "$y = mx + b$".

Observe que en la ecuación $y = 5x + 2$:
- El 5 multiplica a la x, y la pendiente de la recta es $m = 5$
- Si se reemplaza x por 0 en la ecuación de la recta, $y = 5 \times 0 + 2 = 2$; por lo tanto, el punto (0, 2) pertenece a L

Ejemplo 6

La recta L tiene pendiente $\frac{1}{3}$ y pasa por el punto A(2, –1).

a Halle la ecuación de L. Dé su respuesta en la forma $y = mx + c$.

b Escriba el punto de intersección de L con el eje y.

c Halle el punto de intersección de L con el eje x.

d Dibuje con precisión la recta L mostrando en forma clara la información hallada en los apartados **b** y **c**.

Respuestas

a $y = \frac{1}{3}x + c$ — *Sustituir $m = \frac{1}{3}$ en la ecuación $y = mx + c$*

$-1 = \frac{1}{3} \times 2 + c$ — *Sustituir las coordenadas del punto A(2, –1) en la ecuación de la recta*

$-1 = \frac{2}{3} + c$

$c = -\frac{5}{3}$ — *Despejar c de la ecuación*

$y = \frac{1}{3}x - \frac{5}{3}$ — *Sustituir c en la ecuación de la recta*

b $\left(0, -\frac{5}{3}\right)$ — *La recta corta al eje y en el punto (0, c).*

c $0 = \frac{1}{3}x - \frac{5}{3}$ — *Cualquier punto sobre el eje x tiene la forma (k, 0). Sustituir y = 0 en la ecuación de L*

$\frac{1}{3}x = \frac{5}{3}$

$x = 5$

Por lo tanto, L corta al eje x en el punto (5, 0).

d

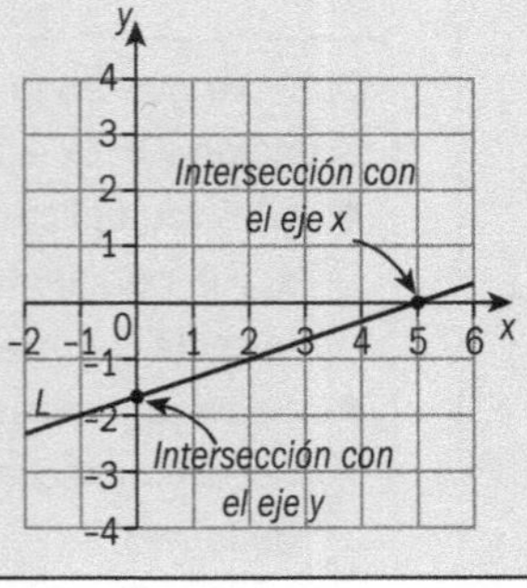

Observe que podríamos hallar la ecuación de L usando el mismo método que en el ejemplo 5.

Ejercitación 3E

1 Halle la ecuación de una recta con:

a Pendiente 3 y que pasa por el punto A(1, 4)

b Pendiente $\frac{5}{3}$ y que pasa por el punto A(4, 8)

c Pendiente −2 y que pasa por el punto A(−3, 0)

Dé sus respuestas en la forma $y = mx + c$.

2 Para cada una de estas rectas escriba:

- **i** La pendiente
- **ii** El punto de intersección con el eje y
- **iii** El punto de intersección con el eje x

a $y = 2x + 1$ **b** $y = -3x + 2$ **c** $y = -x + 3$ **d** $y = -\frac{2}{5}x - 1$

PREGUNTAS TIPO EXAMEN

3 La ecuación de una recta es $y = \frac{3(x-6)}{2}$.

- **a** Escriba la ecuación en la forma $y = mx + c$.
- **b** Escriba la pendiente de la recta.
- **c** Escriba la ordenada al origen.
- **d** Halle el punto de intersección de la recta con el eje x.

4 La recta AB une los puntos A(2, −4) y B(1, 1).

- **a** Halle la pendiente de AB.
- **b** Halle la ecuación de AB en la forma $y = mx + c$.

5 La recta PQ une los puntos P(1, 3) y Q(2, 5).

- **a** Halle la pendiente de PQ.
- **b** Halle la ecuación de PQ en la forma $y = mx + c$.
- **c** Halle la pendiente de todas las rectas que son perpendiculares a PQ.
- **d** Halle la ecuación de la recta perpendicular a PQ que pasa por el punto A(0, 2).

6 La recta L_1 tiene pendiente 3 y es perpendicular a la recta L_2.

- **a** Escriba la pendiente de L_2.

La recta L_2 pasa por el punto P(5, 1).

- **b** Halle la ecuación de L_2. Dé su respuesta en la forma $y = mx + c$.
- **c** Halle la coordenada x del punto donde L_2 corta al eje x.

7 Halle las ecuaciones de estas rectas en la forma $y = mx + c$:

a

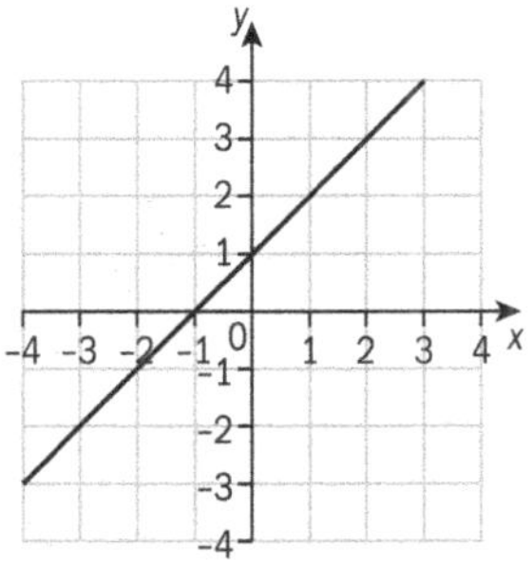

b

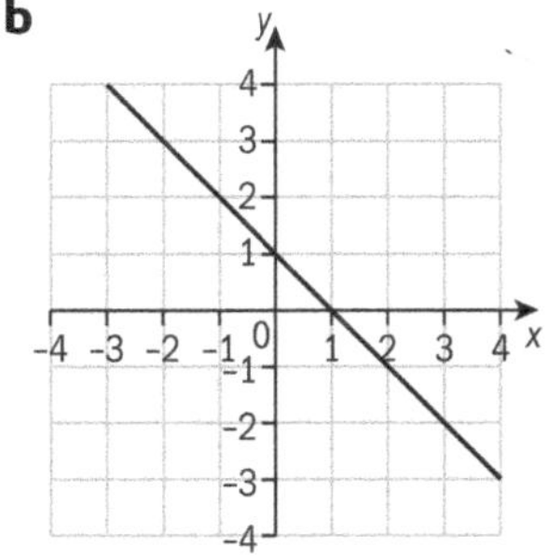

c

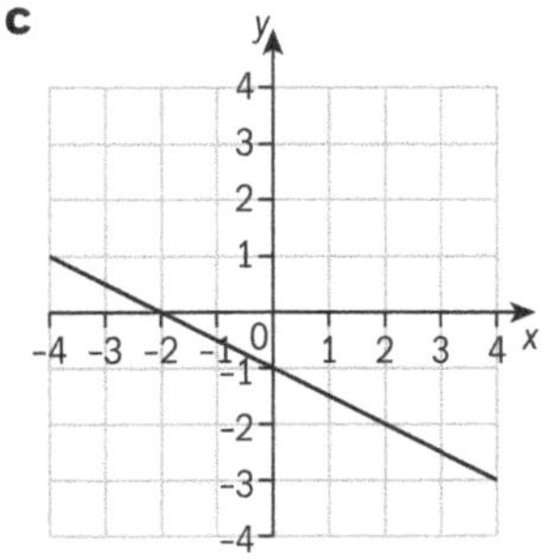

d

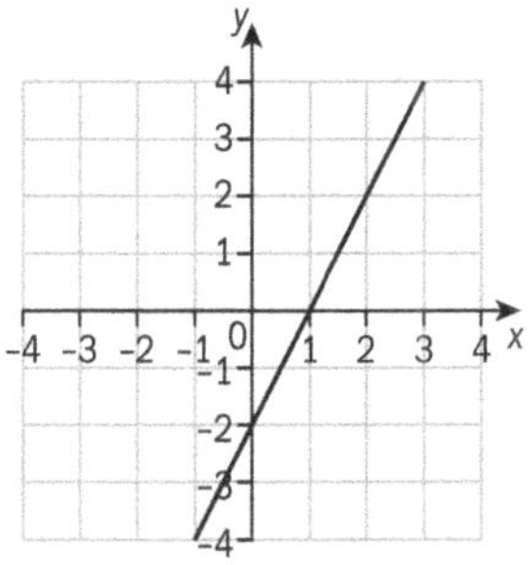

e

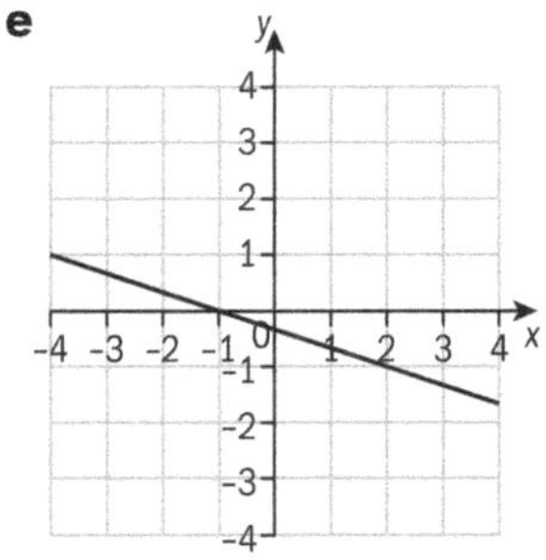

f

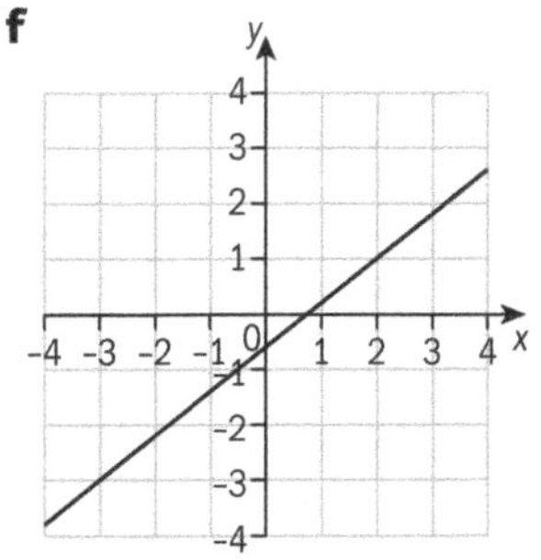

Ejemplo 7

a La recta L une los puntos A(−3, 5) y B(1, 2).
Halle la ecuación de la recta L.
Dé su respuesta en la forma $ax + by + d = 0$, donde $a, b, d \in \mathbb{Z}$.

b El punto $Q\left(\frac{5}{3}, t\right)$ pertenece a la recta L. Halle el valor de t.

A la ecuación $ax + by + d = 0$ se la llama **ecuación general** de la recta y también está en el cuadernillo de fórmulas.

Respuestas

a La pendiente de L es: $m=\frac{2-5}{1-(-3)}=-\frac{3}{4}$	*Utilizar la fórmula de la pendiente con las coordenadas de A y de B*
Sea P(x, y) **cualquier** punto de L. La pendiente de L también es:	*Utilizar la fórmula de la pendiente con A y P (o B y P)*
$\left.\begin{array}{l} x_1=-3 \\ y_1=5 \\ x_2=x \\ y_2=y \end{array}\right\} \Rightarrow m=\frac{y-5}{x-(-3)}$	
$\frac{y-5}{x-(-3)}=-\frac{3}{4}$	*Igualar las pendientes*
$4(y-5)=-3(x+3)$	*Producto cruzado* $\frac{a}{b}=\frac{c}{d} \Leftrightarrow a\times d=b\times c$
$4y-20=-3x-9$ $3x+4y-11=0$	*Desarrollar los paréntesis (o distribuir)* *Ordenar la ecuación para que tenga la forma:* $ax + by + d = 0$ $a = 3, b = 4, d = -11$ ***Verificar que** ambos puntos, A y B, satisfacen la ecuación de la recta*
b El punto $Q\left(\frac{5}{3}, t\right)$ pertenece a la recta L; por lo tanto, sus coordenadas satisfacen la ecuación de L.	*Sustituir las coordenadas de Q en la ecuación de L*
$3x+4y-11=0$ $3\times\frac{5}{3}+4\times t-11=0$ $5+4t-11=0$ $4t-6=0$ $4t=6$ $t=1{,}5$	*Hallar t*

Observe que cualquier múltiplo de esta ecuación también será correcto, siempre que $a, b, d \in \mathbb{Z}$.
Por ejemplo:
$-3x - 4y + 11 = 0$ o
$6x + 8y - 22 = 0$

Discutir: ¿Cuántos puntos necesitamos para determinar una recta?
Investigar el significado de la palabra "colineal". ¿Cuándo decimos que tres o más puntos son colineales?

→ La ecuación de una recta se puede escribir en la forma:

$$ax + by + d = 0$$

Donde a, b y $d \in \mathbb{Z}$

Ejercitación 3F

1 Halle las ecuaciones de estas rectas. Dé sus respuestas en la forma $ax + by + d = 0$, donde $a, b, d \in \mathbb{Z}$.

a Una recta con pendiente -4 que pasa por el punto A(5, 0)

b Una recta con pendiente $\frac{1}{2}$ que pasa por el punto A(2, 3)

c La recta que une los puntos A(3, –2) y B(–1, 3)

d La recta que une los puntos A(0, 5) y B(–5, 0)

2 Escriba cada una de estas ecuaciones en la forma $y = mx + c$.

Despejar *y*

a $3x + y = 0$ **b** $x + y + 1 = 0$ **c** $2x + y - 1 = 0$

d $2x - 4y = 0$ **e** $6x + 3y - 9 = 0$

3 La recta L tiene ecuación $3x - 6y + 6 = 0$.

a Escriba la ecuación de L en la forma $y = mx + c$.

b Escriba la coordenada x del punto de corte con el eje x.

c Escriba la ordenada al origen.

4 La ecuación de una recta es $y = 2x - 6$.

a ¿Cuáles de estos puntos pertenecen a esta recta?

A(3, 0), B(0, 3), C(1, –4), D(4, 2), E(10, 12), F(5, 4)

b El punto (a, 7) pertenece a esta recta. Halle el valor de a.

c El punto (7, t) pertenece a esta recta. Halle el valor de t.

5 La ecuación de una recta es $-6x + 2y - 2 = 0$.

a ¿Cuáles de estos puntos pertenecen a esta recta?

A(1, 4), B(0, 1), C(1, 0), D(2, 6), E($-\frac{1}{3}$, 0), F(–1, 2)

b El punto (a, 3) pertenece a esta recta. Halle el valor de a.

c El punto (10, t) pertenece a esta recta. Halle el valor de t.

6 La tabla tiene cuatro ecuaciones y cuatro pares de condiciones. Relacione la ecuación de cada recta con el par de condiciones que satisface esa recta.

Ecuación		Condiciones	
A	$6x - 3y + 15 = 0$	E	El punto de intersección con el eje x tiene coordenada x 2,5 y la ordenada al origen es 5.
B	$y = 2x - 5$	F	La pendiente es –2 y la recta pasa por el punto (1, –7).
C	$10x + 5y + 25 = 0$	G	La recta pasa por los puntos (0, –5) y (2,5; 0).
D	$y = -2x + 5$	H	La ordenada al origen es 5 y la pendiente es 2.

PREGUNTA TIPO EXAMEN

7 La recta L_1 tiene ecuación $2x - y + 6 = 0$.

a Escriba la pendiente de L_1.

b Escriba la ordenada al origen de L_1.

c El punto A(c; 1,5) pertenece a L_1. Halle el valor de c.

d El punto B(5, t) pertenece a L_1. Halle el valor de t.

La recta L_2 es paralela a L_1.

e Escriba la pendiente de L_2.

f Halle la ecuación de L_2 si esta pasa por el punto C(0, 4).

PREGUNTA TIPO EXAMEN

8 La recta L_1 une los puntos A(1, 2) y B(−1, 6).

a Halle la ecuación de L_1.

C es el punto (10, −16).

b Decida si A, B y C son colineales, dando una respuesta razonada.

Rectas verticales y horizontales

Las **rectas verticales** son paralelas al eje y.

Las **rectas horizontales** son paralelas al eje x.

Investigación: rectas verticales y horizontales

El diagrama muestra dos rectas **verticales**, L_1 y L_2.

1 **a** Escriba las coordenadas de al menos cinco puntos que pertenezcan a L_1.

b ¿Qué observa en las coordenadas de los puntos de **a**? ¿Qué tienen en común sus coordenadas?

c ¿Cuál es la condición para que un punto pertenezca a L_1? Escriba esta condición en la forma $x = k$, donde k toma un valor determinado.

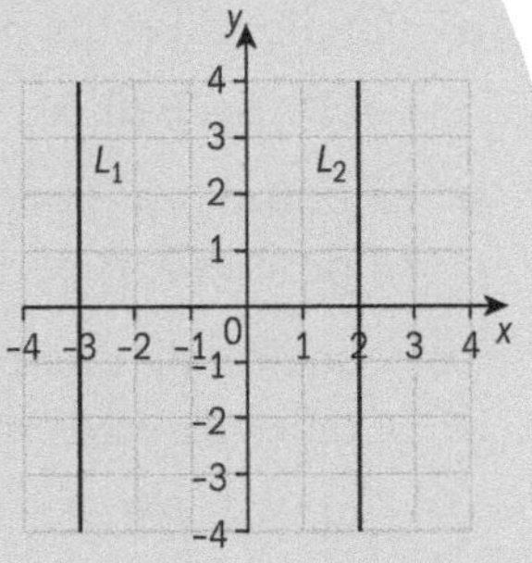

2 **a** Escriba las coordenadas de al menos cinco puntos que pertenezcan a L_2.

b ¿Qué observa en las coordenadas de los puntos de **a**? ¿Qué tienen en común sus coordenadas?

c ¿Cuál es la condición para que un punto pertenezca a L_2? Escriba esta condición en la forma $x = k$, donde k toma un valor determinado.

3 ¿Cuál es la ecuación de una recta vertical que pasa por el punto (1, −3)?

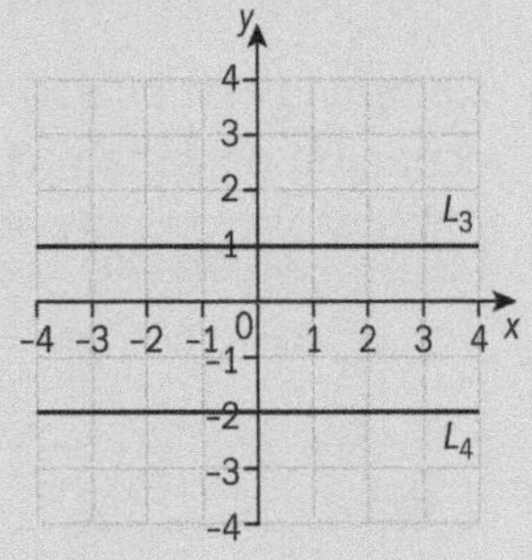

El diagrama muestra dos rectas **horizontales**, L_3 y L_4.

4 **a** Escriba las coordenadas de al menos cinco puntos que pertenezcan a L_3.

b ¿Qué observa en las coordenadas de los puntos de **a**? ¿Qué tienen en común sus coordenadas?

c ¿Cuál es la condición para que un punto pertenezca a L_3? Escriba esta condición en la forma $y = k$, donde k toma un valor determinado.

5 **a** Escriba las coordenadas de al menos cinco puntos que pertenezcan a L_4.

b ¿Qué observa en las coordenadas de los puntos de **a**? ¿Qué tienen en común sus coordenadas?

c ¿Cuál es la condición para que un punto pertenezca a L_4? Escriba esta condición en la forma $y = k$, donde k toma un valor determinado.

6 ¿Cuál es la ecuación de una recta horizontal que pasa por el punto (1, −3)?

➔ • La ecuación de toda recta vertical es de la forma $x = k$, donde k es una constante.
• La ecuación de toda recta horizontal es de la forma $y = k$, donde k es una constante.

Intersección de rectas en el plano

➔ Si dos rectas son paralelas, entonces tienen la misma pendiente y no se cortan.

Las rectas paralelas L_1 y L_2 pueden ser:

- *Rectas coincidentes (la misma recta)*

  Ejemplo: $2x + y = 3$ y
  $6x + 3y = 9$

  $L_1 = L_2$ por lo tanto tienen la misma pendiente y la misma ordenada al origen. Hay una cantidad infinita de puntos de intersección.

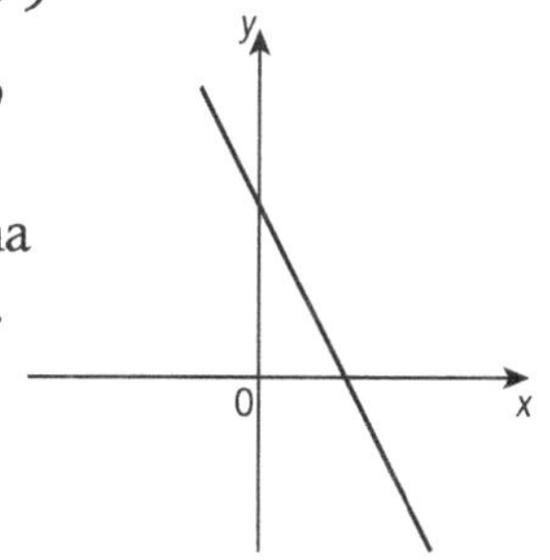

- *Rectas distintas*

  Ejemplo: $2x + y = 3$ y
  $2x + y = -1$

  L_1 y L_2 tienen la misma pendiente pero diferentes ordenadas al origen. No hay punto de intersección.

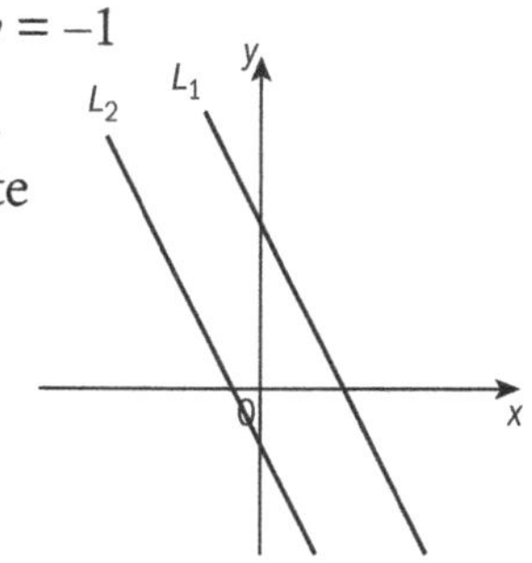

➔ Si dos rectas, L_1 y L_2, no son paralelas, entonces se cortan únicamente en un punto.

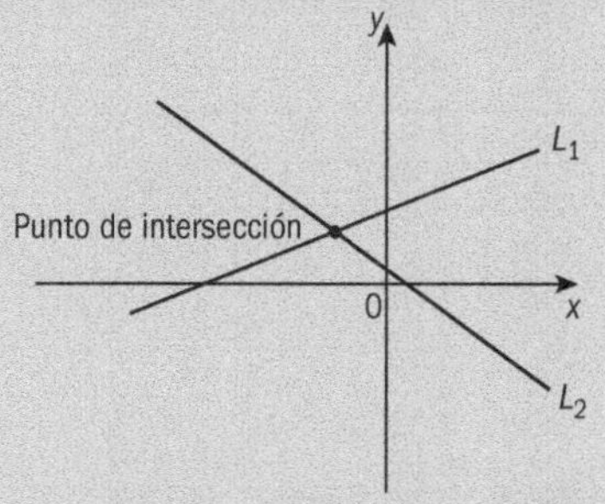

Para hallar el punto de intersección (punto de corte), escribir $m_1x + c_1 = m_2x + c_2$ y resolver en x

Ejemplo 8

Halle el punto de intersección de las rectas $y = 2x + 1$ y $-x - y + 4 = 0$.

Respuesta	
Analíticamente:	
$y = 2x + 1$ e $y = -x + 4$	*Escribir ambas ecuaciones en su forma explícita*
$2x + 1 = -x + 4$	*Igualar las expresiones halladas para y*
$3x = 3$	
$x = 1$	*Resolver en x*
Entonces, $y = 2 \times 1 + 1$	*Sustituir el valor de x en una de las expresiones para hallar y*
$= 3$	
El punto de intersección es (1, 3).	

▶ Continúa en la página siguiente.

Usando el método 1 de la CPG:

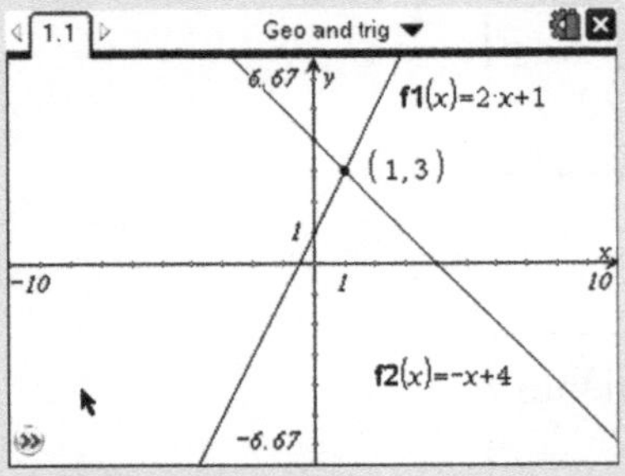

Ordenar las ecuaciones para escribirlas en su forma explícita

Usando el método 2 de la CPG:

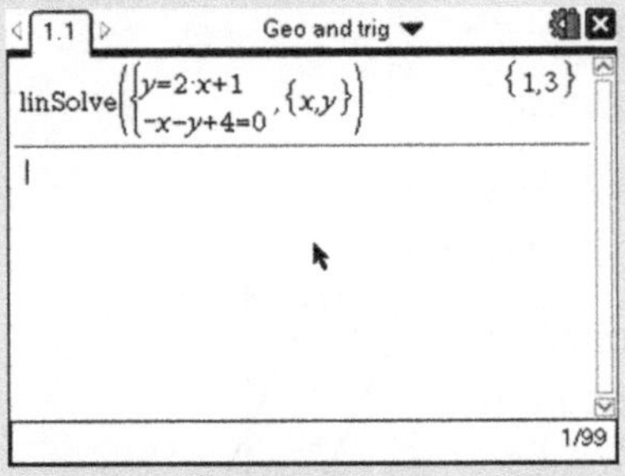

Resolver el sistema de dos ecuaciones:

$$\begin{cases} -2x + y = 1 \\ -x - y = -4 \end{cases}$$

En el ejemplo 18 de la sección 3.4 del capítulo 12, se muestra cómo dibujar gráficos en la calculadora de pantalla gráfica (en adelante, CPG).

En el ejemplo 1 de la sección 1.1 del capítulo 12, se muestra cómo resolver sistemas de ecuaciones en la CPG.

Ejercitación 3G

1 Escriba las ecuaciones de estas rectas:

a

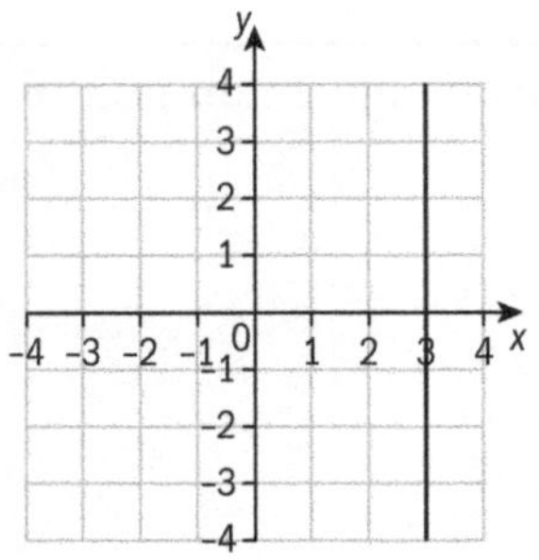

b

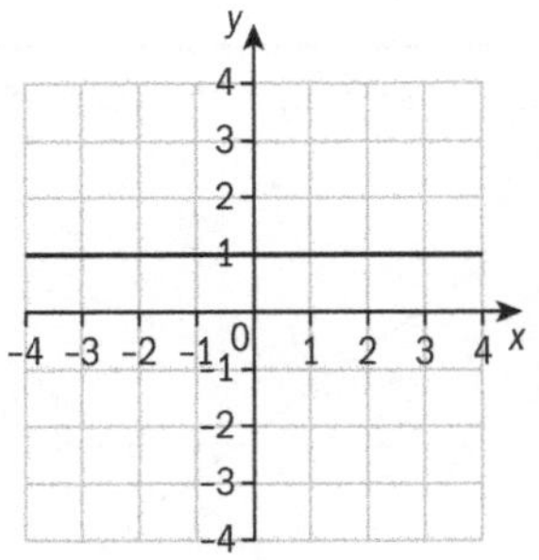

2 Halle el punto de intersección de cada par de rectas:

a $y = 3x - 6$ e $y = -x + 2$

b $-x + 5y = 0$ y $\frac{1}{5}x + y - 2 = 0$

c $y = 3$ y $x = -7$

d $y = 1{,}5x + 4$ e $y = 1$

e $-x + 2y + 6 = 0$ y $x + y - 3 = 0$

f Eje y e $y = 4$

3 Muestre que las rectas L_1 con ecuación $-5x + y + 1 = 0$ y L_2 con ecuación $10x - 2y + 4 = 0$ son paralelas.

4 Indique, dando razones, si las rectas de cada par coinciden:

i En un solo punto

ii En una cantidad infinita de puntos

iii En ningún punto

a $y = 3(x-5)$ y $x - \frac{1}{3}y + 6 = 0$

b $\frac{y+1}{x-2} = -1$ e $y = -x + 1$

c $y = 4x - 8$ y $4x - 2y = 0$

d $x - y + 3 = 0$ y $3x - 3y + 9 = 0$

PREGUNTA TIPO EXAMEN

5 La recta L_1 tiene pendiente 5 y corta a la recta L_2 en el punto A(1, 0).

a Halle la ecuación de L_1.

La recta L_2 es perpendicular a L_1.

b Halle la ecuación de L_2.

El punto A pertenece a ambas rectas.

3.3 Las razones seno, coseno y tangente

La trigonometría es el estudio de longitudes y ángulos en triángulos. Esta sección va a tratar sobre la trigonometría en triángulos *rectángulos*.

En un **triángulo rectángulo**, el lado opuesto al ángulo recto es la **hipotenusa**, que es el **lado más largo**.

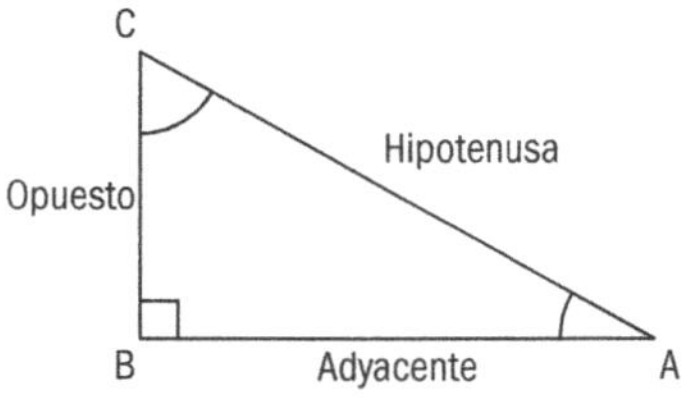

- AC es la hipotenusa.
- AB es el lado adyacente al ángulo A.
- BC es el lado opuesto al ángulo A.

Investigación: triángulos rectángulos

Dibuje con precisión un diagrama con dos triángulos, como el que se muestra.

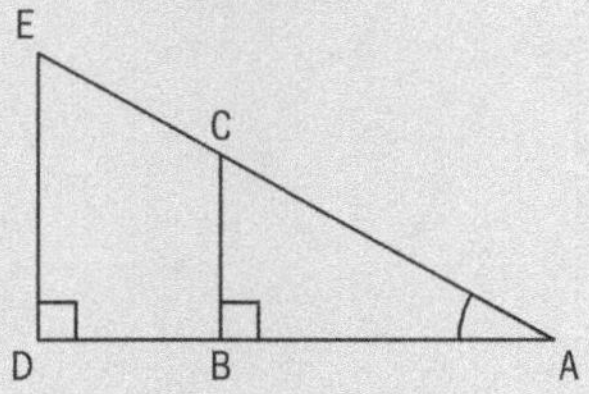

1 Mida los ángulos DEA y BCA. ¿Qué observa?

2 Mida las longitudes de AB y AD. Calcule la razón $\frac{AD}{AB}$.

3 Mida las longitudes de AE y AC. Calcule la razón $\frac{AE}{AC}$.

4 Mida las longitudes de DE y BC. Calcule la razón $\frac{DE}{BC}$.

¿Qué observa en sus respuestas de **2** a **4**?

En el diagrama, los triángulos rectángulos ABC y ADE tienen los mismos ángulos, y los lados correspondientes tienen la misma razón.

Las razones $\frac{AB}{AC}$, $\frac{BC}{AC}$ y $\frac{BC}{AB}$ en el triángulo ABC son iguales, respectivamente, a las razones $\frac{AD}{AE}$, $\frac{DE}{AE}$ y $\frac{DE}{AD}$ en el triángulo ADE.

Dos triángulos que tienen los mismos ángulos y cuyos lados correspondientes conservan la misma razón se dicen **triángulos semejantes**.

Por lo tanto:

$$\frac{AB}{AC} = \frac{AD}{AE} = \frac{\text{Adyacente a } \hat{A}}{\text{Hipotenusa}}$$

Observe que tanto AB como AD son adyacentes a Â, y tanto AC como AE son las hipotenusas.

$$\frac{BC}{AC} = \frac{DE}{AE} = \frac{\text{Opuesto a } \hat{A}}{\text{Hipotenusa}}$$

Observe que tanto BC como DE son lados opuestos a Â, y tanto AC como AE son las hipotenusas.

$$\frac{BC}{AB} = \frac{DE}{AD} = \frac{\text{Opuesto a } \hat{A}}{\text{Adyacente a } \hat{A}}$$

Observe que tanto BC como DE son opuestos a Â, y tanto AB como AD son adyacentes a Â.

En cualquier triángulo **semejante** al triángulo ABC, estas razones se mantendrán iguales.

→ En un triángulo rectángulo, se definen tres razones trigonométricas como:

$$\operatorname{sen} \alpha = \frac{\text{Cateto opuesto}}{\text{Hipotenusa}}$$

$$\cos \alpha = \frac{\text{Cateto adyacente}}{\text{Hipotenusa}}$$

$$\tan \alpha = \frac{\text{Cateto opuesto}}{\text{Cateto adyacente}}$$

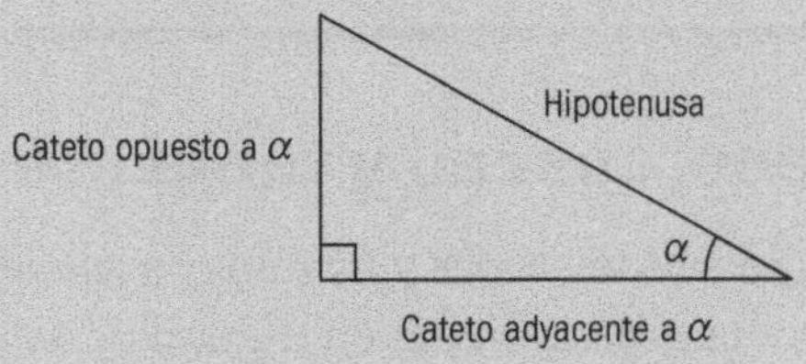

α es la letra griega "alfa".

- "sen α" se lee "seno de α".
- "cos α" se lee "coseno de α".
- "tan α" se lee "tangente de α".

Ejemplo 9

Para cada triángulo, escriba las tres razones trigonométricas para el ángulo θ en función de los lados del triángulo.

a

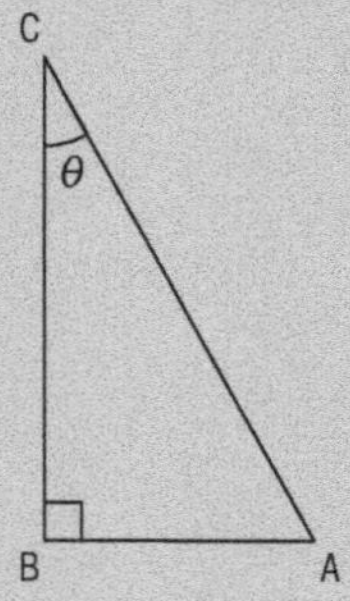

b

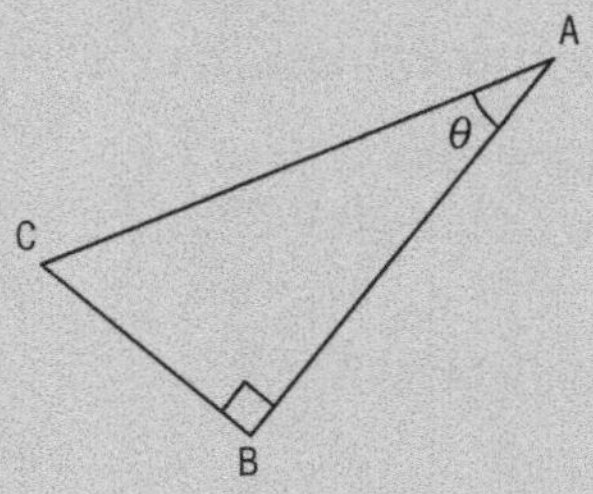

Respuestas

a $\operatorname{sen} \theta = \frac{AB}{AC}, \cos \theta = \frac{BC}{AC}, \tan \theta = \frac{AB}{BC}$

b $\operatorname{sen} \theta = \frac{BC}{AC}, \cos \theta = \frac{AB}{AC}, \tan \theta = \frac{BC}{AB}$

Podemos usar el acrónimo **SOHCAHTOA** para recordar cuál es cada razón.

SOH porque **S**en $\alpha = \frac{O}{H}$

CAH porque **C**os $\alpha = \frac{A}{H}$

TOA porque **T**an $\alpha = \frac{O}{A}$

Ejemplo 10

Para cada uno de estos triángulos rectángulos, halle el valor de:

i sen α **ii** cos α **iii** tan α

a

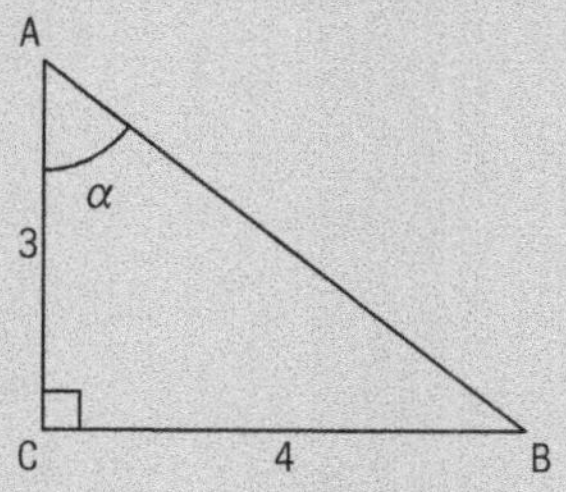

b

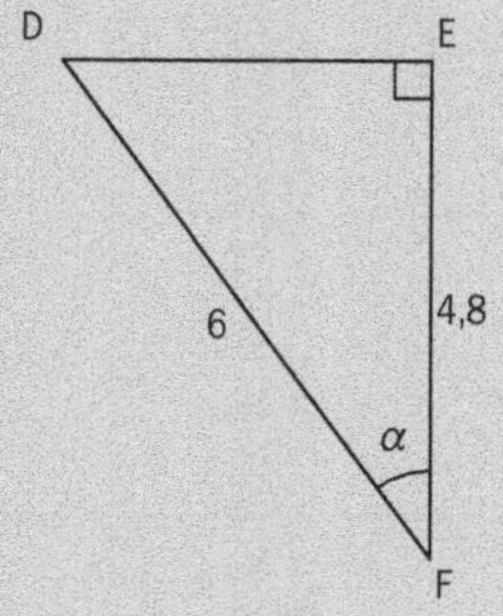

Respuestas

a $AB^2 = 3^2 + 4^2$ — *Primero hallar la hipotenusa*

$AB = 5$ — *Usar Pitágoras*

Entonces:

i $\text{sen}\,\alpha = \frac{BC}{AB}$ — *$\text{sen}\,\alpha = \frac{op}{hip}$*

$\text{sen}\,\alpha = \frac{4}{5}$

ii $\cos\alpha = \frac{AC}{AB}$ — *$\cos\alpha = \frac{ady}{hip}$*

$\cos\alpha = \frac{3}{5}$

iii $\tan\alpha = \frac{BC}{AC}$ — *$\tan\alpha = \frac{op}{ady}$*

$\tan\alpha = \frac{4}{3}$

b $DE^2 + 4{,}8^2 = 6^2$ — *Primero hallar DE*

$DE = 3{,}6$

i $\text{sen}\,\alpha = \frac{DE}{DF} = \frac{3{,}6}{6}$

$\text{sen}\,\alpha = 0{,}6$

ii $\cos\alpha = \frac{EF}{DF} = \frac{4{,}8}{6}$

$\cos\alpha = 0{,}8$

iii $\tan\alpha = \frac{DE}{EF} = \frac{3{,}6}{4{,}8}$

$\tan\alpha = 0{,}75$

Ejercitación 3H

1 Copie y complete esta tabla:

Triángulo	Hipotenusa	Cateto opuesto a α	Cateto adyacente a α
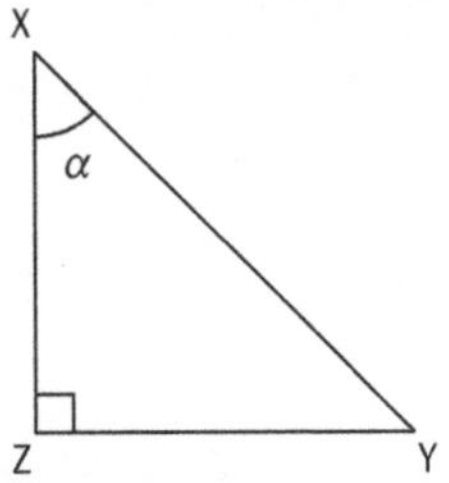			
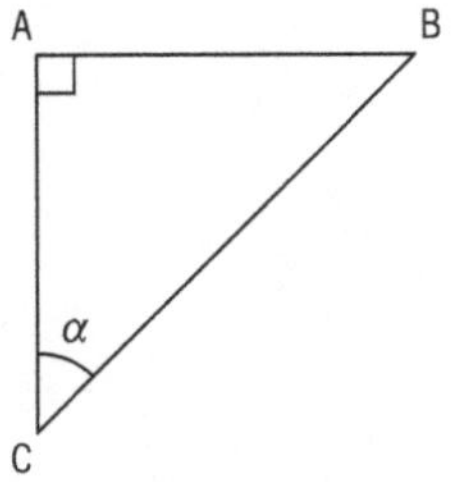			
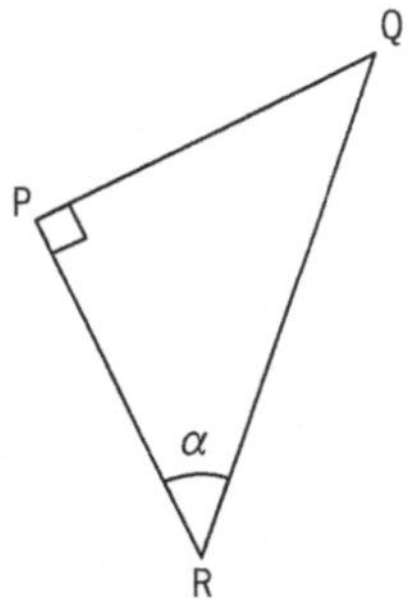			

2 Escriba las tres razones trigonométricas del ángulo δ en función de los lados del triángulo.

a

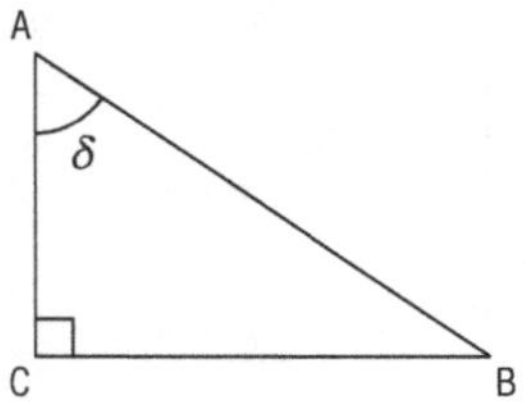

b

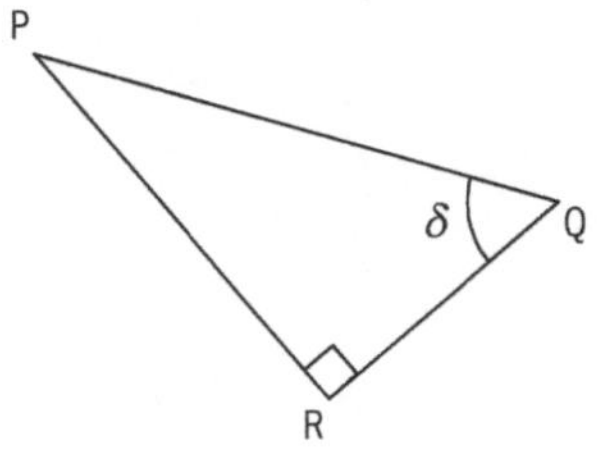

c

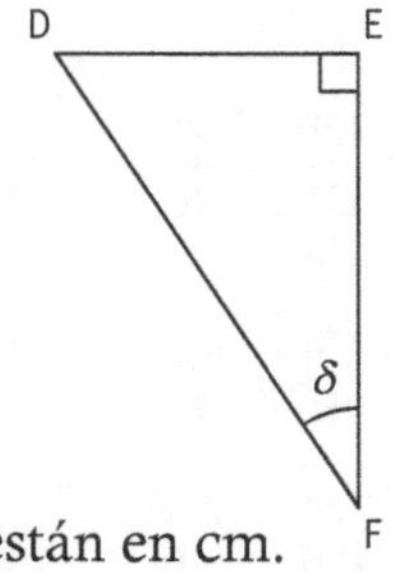

3 En cada uno de estos triángulos rectángulos, las longitudes están en cm.

a

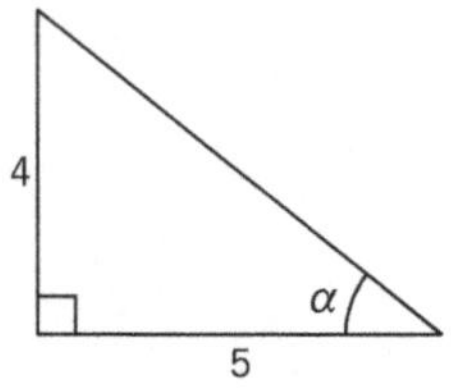

b

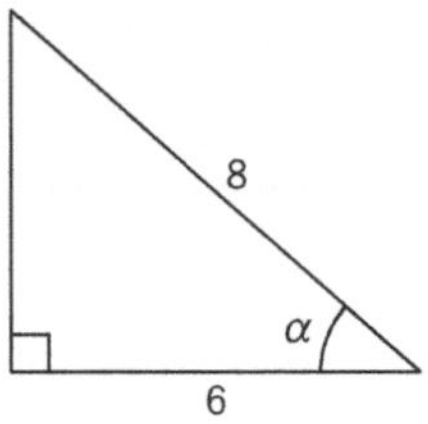

c

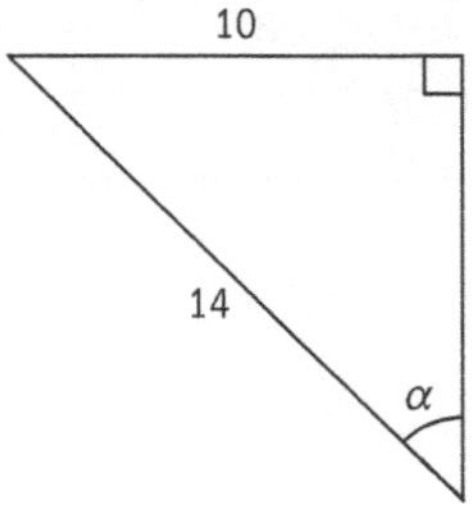

Halle el valor exacto de:

i sen α **ii** cos α **iii** tan α

4 Para cada triángulo, escriba una ecuación trigonométrica que relacione el ángulo β y el lado indicado con una x.

a

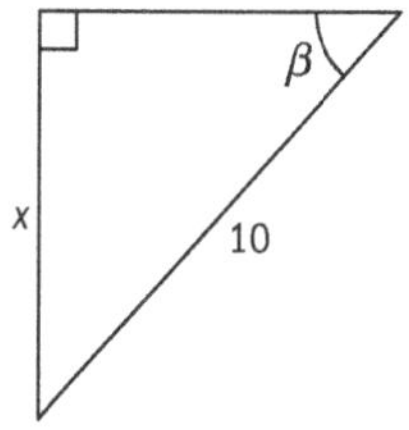

b

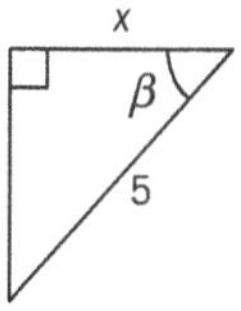

c

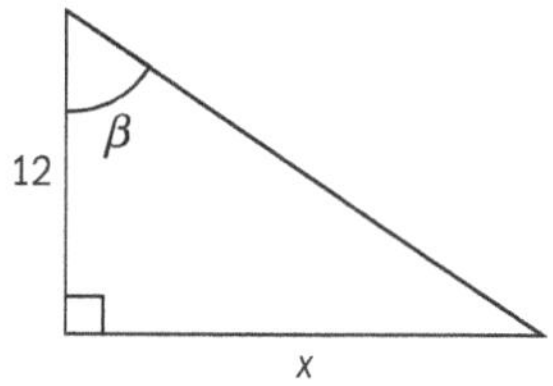

d

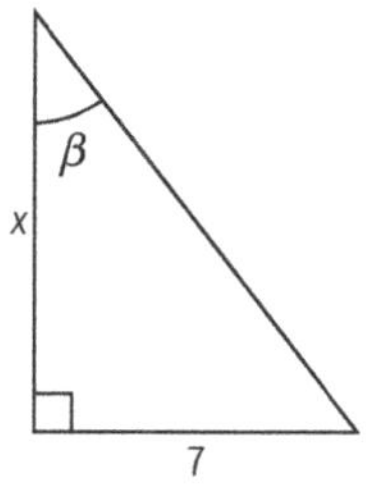

e

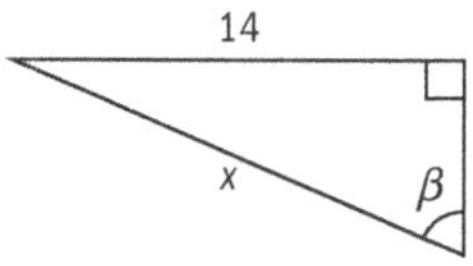

f

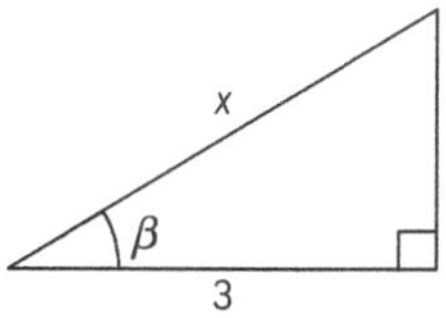

Cálculo de los lados de un triángulo rectángulo

Si en un triángulo rectángulo conocemos el valor de uno de los ángulos agudos y la longitud de un lado, podemos hallar:

- Las longitudes de los otros lados, usando razones trigonométricas
- El tercer ángulo, usando la suma de los ángulos internos de un triángulo

Rotule los lados como opuesto, adyacente e hipotenusa, para identificar los que conoce.

Ejemplo 11

Halle la longitud de los lados desconocidos en el triángulo ABC.
Dé su respuesta redondeada a tres cifras significativas.

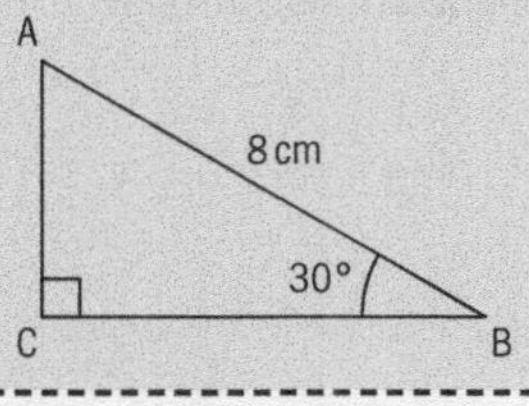

Respuesta

Para hallar BC:

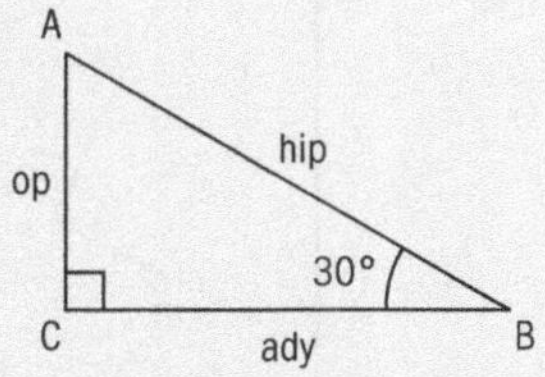

$\cos 30° = \dfrac{BC}{8}$

$BC = 8\cos 30°$

$BC = 6{,}93\text{ cm (3 cs)}$

El coseno relaciona el lado desconocido BC (adyacente al ángulo de 30°) con el lado AB (la hipotenusa) que se conoce. Usar la CPG para hallar BC

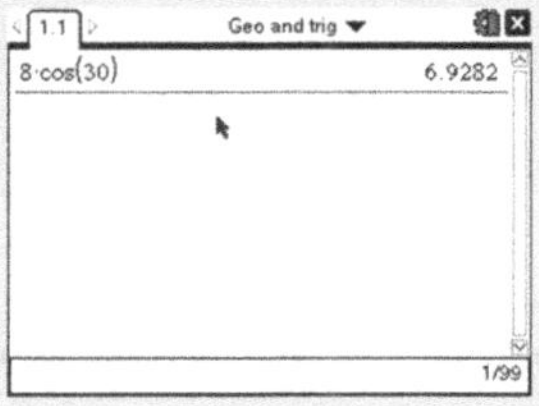

Hay que **recordar** configurar la CPG en **grados**. Para cambiar al **modo grados**, presionar On y elegir **5: Settings & Status** (configuración y estado) | **2: Settings** (configuración) | **1: General** (general).

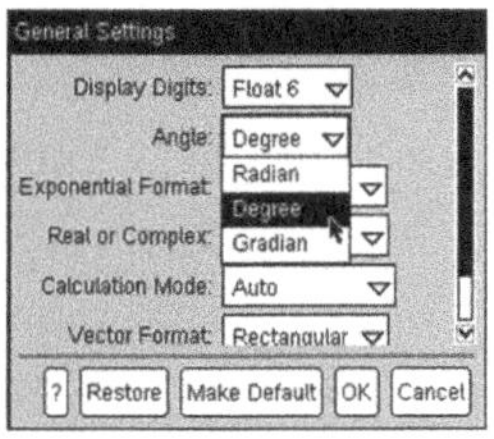

Usar la tecla tab para moverse a **Angle** (ángulo) y seleccionar **Degree** (grado). Presionar enter y luego seleccionar **4: Current** (actual) para volver al documento.

▶ Continúa en la página siguiente.

Para hallar AC:

Método 1

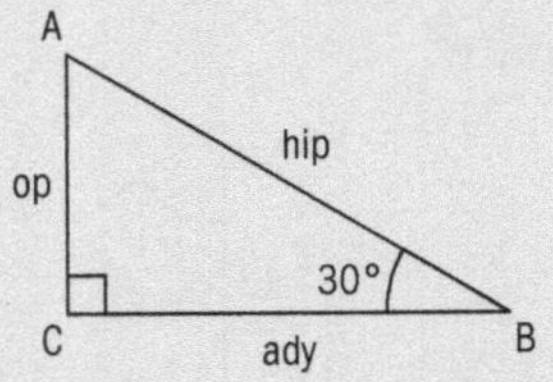

El seno relaciona el lado conocido y el desconocido.

$$\text{sen}\,30° = \frac{AC}{8}$$

Hallar AC. Usar la CPG:

$$AC = 8\text{sen}\,30°$$
$$= 4\,\text{cm}$$

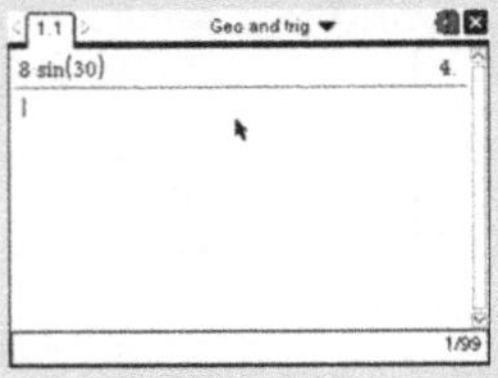

Método 2

Usar Pitágoras, pues ya se conocen dos lados del triángulo.

$$AC^2 + BC^2 = AB^2$$
$$AC^2 + (8\cos 30°)^2 = 8^2$$
$$AC = \sqrt{8^2 - (8\cos 30°)^2}$$
$$= 4\,\text{cm}$$

Hallar AC. Usar la CPG:

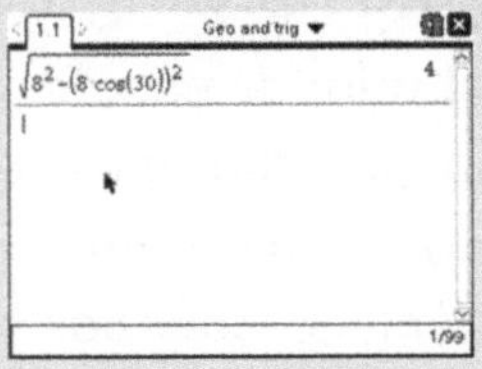

También se podría usar la tangente, pues se conocen el ángulo y el cateto adyacente.

Ejercitación 3I

Halle las longitudes de los lados que se indican con letras. Dé sus respuestas redondeadas a dos lugares decimales.

1

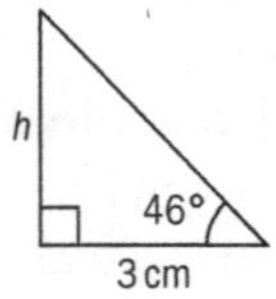

2

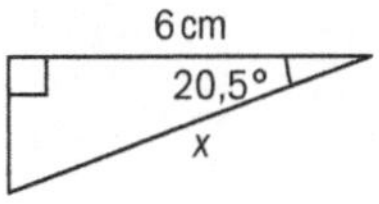

3

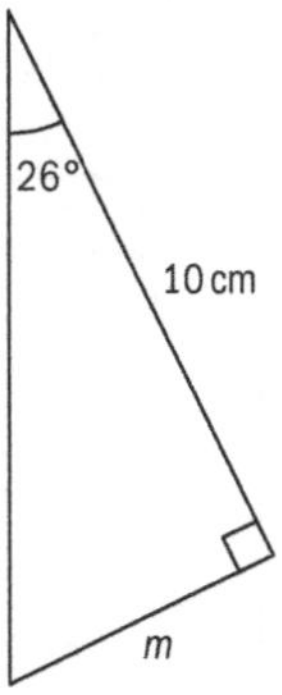

4

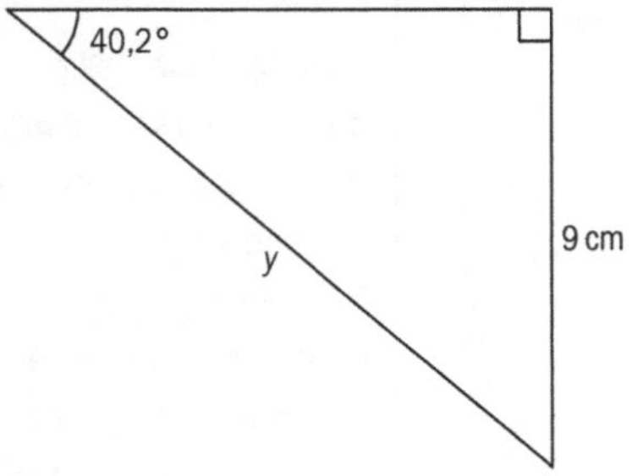

5

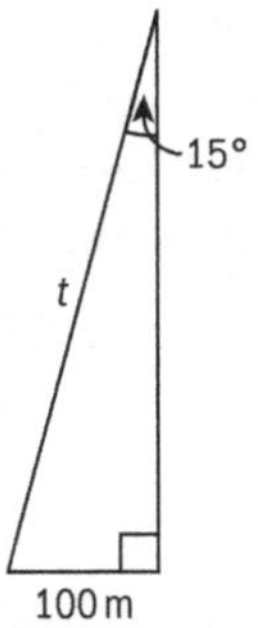

6

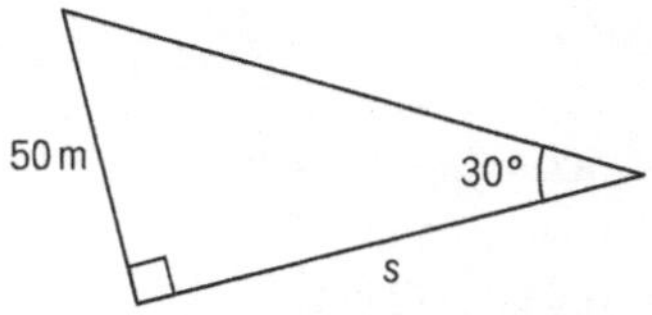

Ejemplo 12

En el triángulo DEF, $\hat{E} = 90°$, $\hat{F} = 50°$ y DE = 7 m.

a Represente esta información en un diagrama claro y **rotulado**.

b Halle el valor de $\hat{D}$.

c Halle EF.

d Halle DF.

Dé sus respuestas redondeadas a tres cifras significativas.

Respuestas

a

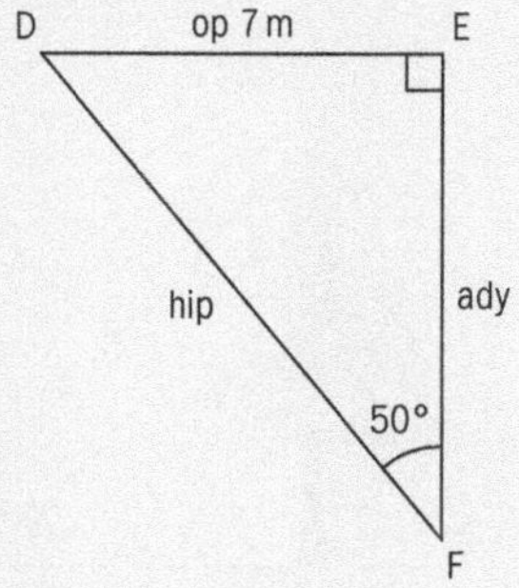

Dibujar un diagrama. Rotular el triángulo en orden alfabético, en el sentido de las agujas del reloj.

b $\hat{D} + 90° + 50° = 180°$

$\hat{D} = 40°$

La suma de los ángulos internos del triángulo es 180°.

c $\tan 50° = \frac{7}{EF}$

$EF = \frac{7}{\tan 50°}$

$= 5{,}87\,\text{m}$

La tangente relaciona el lado conocido y el desconocido.

Usar la CPG para hallar EF

d $\text{sen}\, 50° = \frac{7}{DF}$

El seno relaciona el lado conocido y el desconocido.

$DF = \frac{7}{\text{sen}\,50°} = 9{,}14\,\text{m}$

Usar la CPG para hallar DF

El astrónomo Aryabhata, nacido en India en el 476 de esta era, creía que el sol, los planetas y las estrellas giraban alrededor de la Tierra en diferentes órbitas. Comenzó a inventar la trigonometría para calcular las distancias de los planetas a la Tierra.

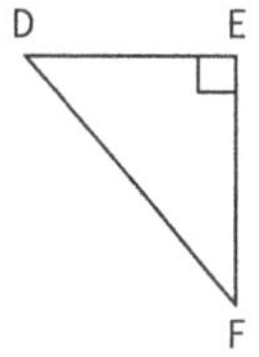

El ángulo D también se puede describir como $E\hat{D}F$ o ∠FDE. Tenemos que asegurarnos de comprender todas estas notaciones.

Ejercitación 3J

1 En el triángulo PQR, $\hat{R} = 90°$, $\hat{P} = 21°$, PR = 15 cm.

a Represente esta información en un diagrama claro y **rotulado**.

b Escriba el valor de $\hat{Q}$.

c Halle QR.

2 En el triángulo STU, $\hat{T} = 90°$, $\hat{U} = 55°$, SU = 35 cm.

a Represente esta información en un diagrama claro y **rotulado**.

b Escriba el valor de $\hat{S}$.

c Halle TU.

3 En el triángulo ZWV, $\hat{V} = 90°$, $\hat{W} = 15°$, WV = 30 cm.

a Represente esta información en un diagrama claro y **rotulado**.

b Escriba el valor de $\hat{Z}$.

c Halle VZ.

Rotule el triángulo en orden alfabético, en el sentido de las agujas del reloj.

PREGUNTAS TIPO EXAMEN

4 En el triángulo LMN, $\hat{N} = 90°$, $\hat{L} = 33°$, LN = 58 cm.

a Represente esta información en un diagrama claro y **rotulado**.

b Escriba el valor de $\hat{M}$.

c Halle LM.

5 En el rectángulo ABCD, DC = 12 cm y la diagonal BD forma un ángulo de 30° con DC.

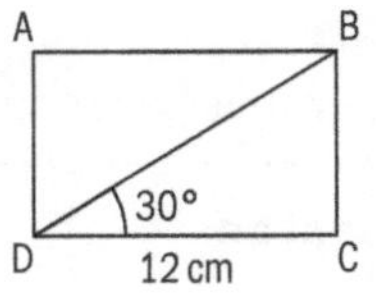

a Halle la longitud de BC.

b Halle el perímetro del rectángulo ABCD.

c Halle el área del rectángulo ABCD.

6 Cuando el sol forma un ángulo de 46° con el horizonte, la sombra de un árbol mide 7 m.
Halle la altura del árbol.

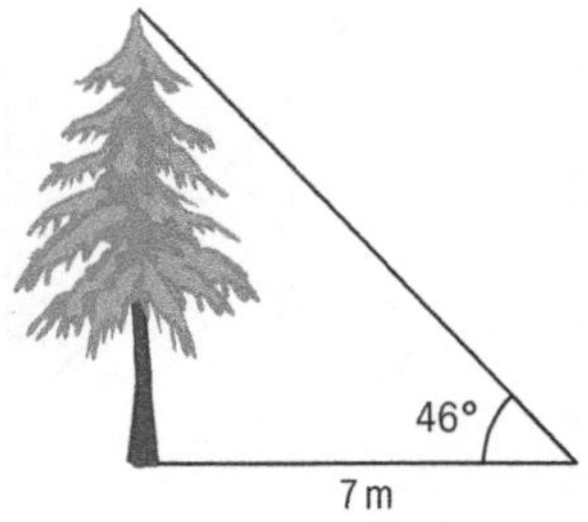

7 Una escalera de 7 m de longitud se apoya contra una pared tocando la repisa de una ventana y formando un ángulo de 50° con el piso.

a Represente esta información en un diagrama claro y **rotulado**.

b Halle a qué altura del piso se encuentra la repisa de la ventana.

c Halle la distancia entre la base de la escalera y la base de la pared.

Cálculo de los ángulos de un triángulo rectángulo

Si conocemos las longitudes de dos lados en un triángulo rectángulo, entonces podemos hallar:

- La longitud del otro lado, usando Pitágoras
- El valor de los dos ángulos agudos, usando la razón trigonométrica apropiada

Ejemplo 13

Halle el valor de los dos ángulos agudos de este triángulo:

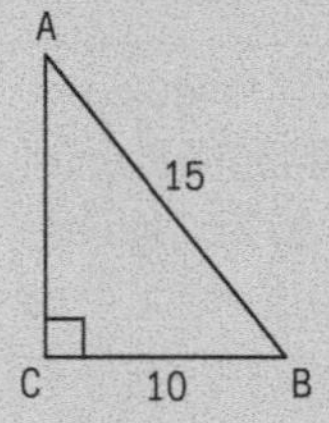

Respuesta

Ángulo B

$\cos\hat{B} = \frac{10}{15}$

$\hat{B} = \cos^{-1}\left(\frac{10}{15}\right)$

El coseno relaciona el cateto adyacente y la hipotenusa.

"$\cos^{-1}\left(\frac{10}{15}\right)$" significa "el ángulo cuyo coseno es $\frac{10}{15}$".

"$\cos^{-1}\left(\frac{10}{15}\right)$" se lee "coseno inverso de $\frac{10}{15}$" o "arco coseno de $\frac{10}{15}$".

▶ Continúa en la página siguiente.

Por lo tanto:
$\hat{B} = 48{,}2°$

Usar la CPG:

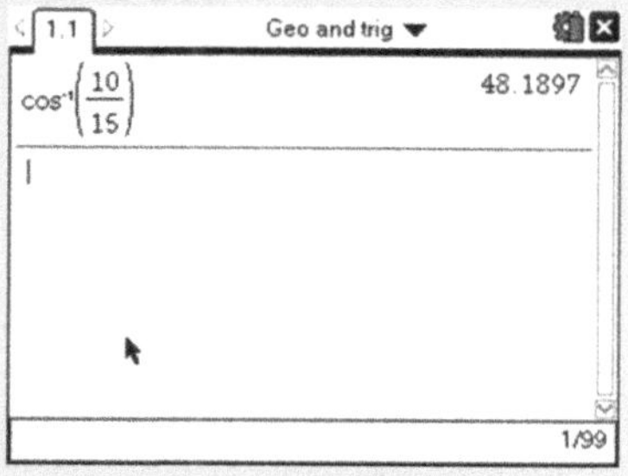

Ángulo A
$90° + \hat{B} + \hat{A} = 180°$
$90° + 48{,}18\ldots + \hat{A} = 180°$
$\hat{A} = 41{,}8°$

Usar la suma de los ángulos internos de un triángulo
Usando la CPG:

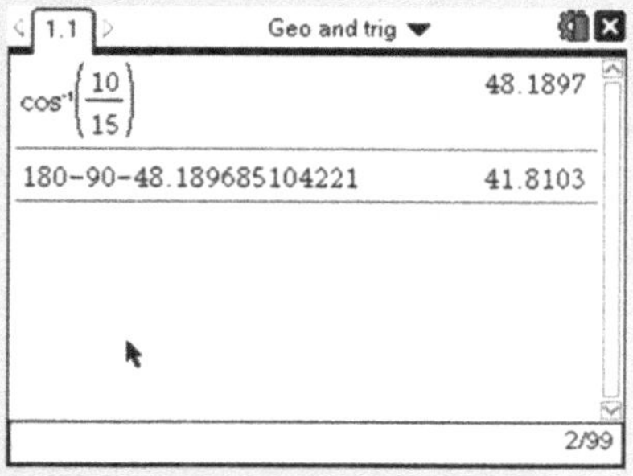

Ejemplo 14

Halle el ángulo θ en cada triángulo.
Dé sus respuestas redondeadas al grado más cercano.

a

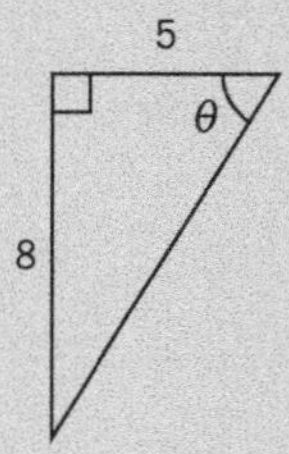

b

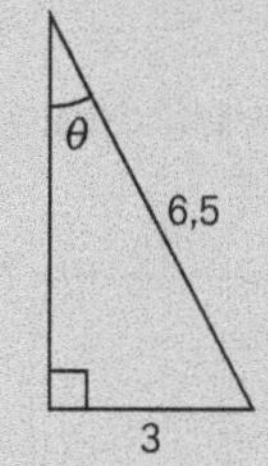

Respuestas

a $\tan\theta = \frac{8}{5}$

Usar tangente θ, pues relaciona el cateto adyacente con el opuesto.

$\theta = \tan^{-1}\left(\frac{8}{5}\right)$

"$\theta = \tan^{-1}\left(\frac{8}{5}\right)$" significa "el ángulo cuya tangente es $\frac{8}{5}$".

$\theta = 58°$

Usar la CPG:

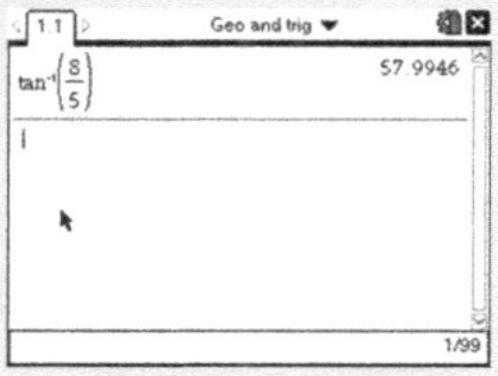

▶ Continúa en la página siguiente.

b $\operatorname{sen}\theta = \dfrac{3}{6{,}5}$

$\theta = \operatorname{sen}^{-1}\left(\dfrac{3}{6{,}5}\right)$

$\theta = 27°$

Usar seno, pues relaciona el cateto opuesto y la hipotenusa.

"$\theta = \operatorname{sen}^{-1}\left(\dfrac{3}{6{,}5}\right)$" significa "el ángulo cuyo seno es $\dfrac{3}{6{,}5}$".

Usar la CPG:

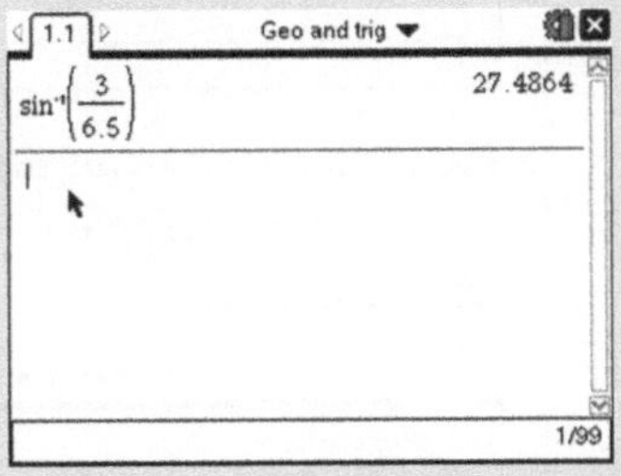

Ejercitación 3K

Dé sus respuestas redondeadas a tres cifras significativas.

1 Explique el significado de:

a $\operatorname{sen}^{-1}(0{,}6)$ **b** $\tan^{-1}\left(\dfrac{1}{2}\right)$ **c** $\cos^{-1}\left(\dfrac{2}{3}\right)$

2 Calcule:

a $\operatorname{sen}^{-1}(0{,}6)$ **b** $\tan^{-1}\left(\dfrac{1}{2}\right)$ **c** $\cos^{-1}\left(\dfrac{2}{3}\right)$

3 Halle la medida del ángulo **agudo** α si:

a $\operatorname{sen}\alpha = 0{,}2$ **b** $\cos\alpha = \dfrac{2}{3}$ **c** $\tan\alpha = 1$

4 Halle las medidas de los dos ángulos agudos en estos triángulos:

a

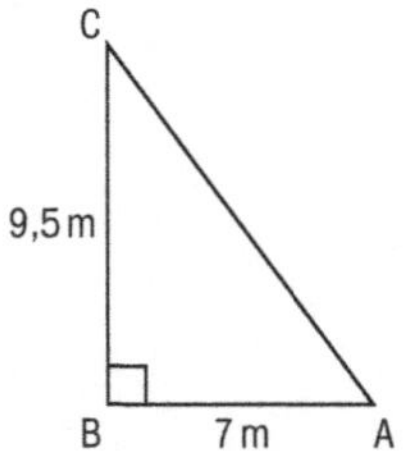

b

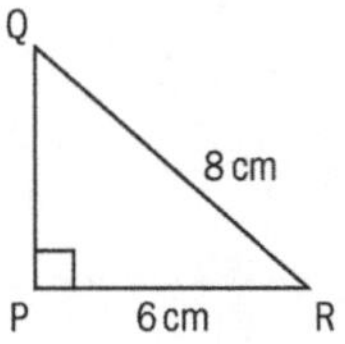

c

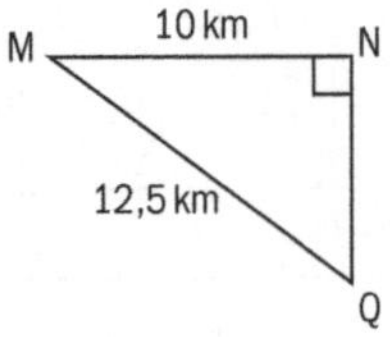

d

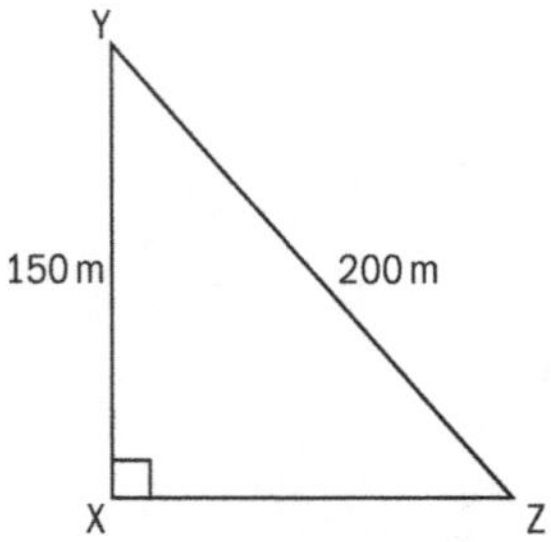

e

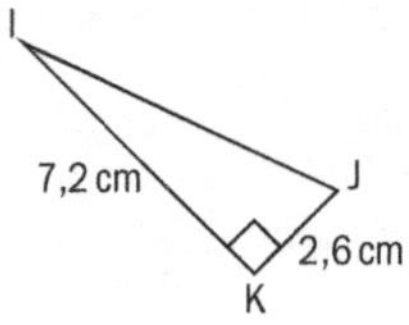

f

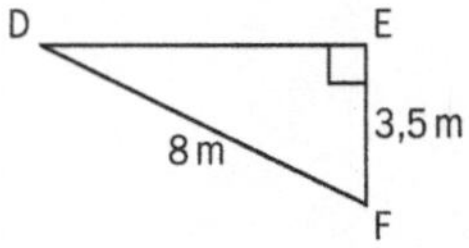

5 En el triángulo BCD, $\hat{D} = 90°$, BD = 54 cm, DC = 42 cm.

a Represente esta información en un diagrama claro y **rotulado**.

b Halle la medida del ángulo C.

6 En el triángulo EFG, $\hat{G} = 90°$, FG = 56 m, EF = 82 m.

a Represente esta información en un diagrama claro y **rotulado**.

b Halle la medida del ángulo F.

7 En el triángulo HIJ, $\hat{J} = 90°$, IJ = 18 m, HI = 25 m.

a Represente esta información en un diagrama claro y **rotulado**.

b Halle la medida del ángulo H.

8 En el rectángulo ABCD, BC = 5 cm y DC = 10 cm.

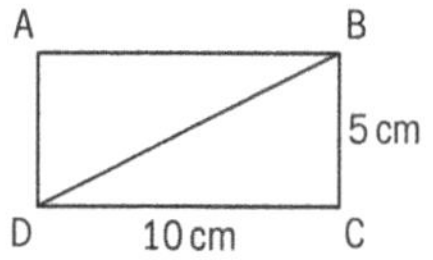

Halle la medida del ángulo que la diagonal BD forma con el lado DC.

9 El largo y el ancho de un rectángulo son 20 cm y 13 cm, respectivamente.
Halle la medida del ángulo que forman una diagonal y el lado más corto del rectángulo.

10 Una escalera de 8 m de largo se apoya contra una pared vertical.
La base de la escalera está a 3 m de la pared.
Calcule la medida del ángulo que se forma entre la pared y la escalera.

PREGUNTAS TIPO EXAMEN

11 a En un par de ejes cartesianos, sitúe los puntos A(3, 0) y B(0, 4). Utilice la misma escala en ambos ejes.

b Dibuje con precisión la recta AB.

c Halle la medida del ángulo **agudo** que la recta AB forma con el eje x.

12 a En un par de ejes cartesianos, sitúe los puntos A(–1, 0) y B(1, 4). Utilice la misma escala en ambos ejes.

b Dibuje con precisión la recta AB.

c Halle la medida del ángulo **agudo** que la recta AB forma con el eje x.

Identificación de triángulos rectángulos en otras figuras

Hasta ahora hemos hallado lados y ángulos desconocidos de triángulos rectángulos. Ahora veremos cómo hallar lados y ángulos desconocidos en triángulos que no son rectángulos y en figuras tales como rectángulos, rombos y trapecios.

La técnica es dividir las figuras en otras más pequeñas que contengan triángulos rectángulos.

Nombre de la figura	Figura	¿Dónde están los triángulos rectángulos?
Triángulos isósceles o equiláteros	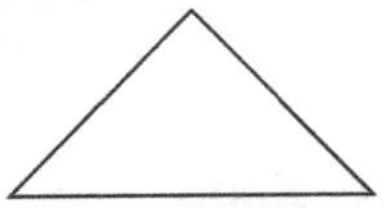	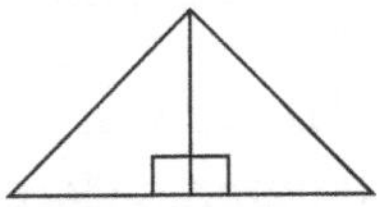
Rectángulos o cuadrados	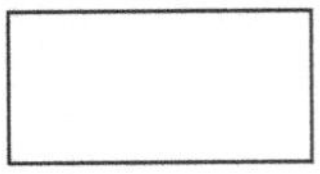	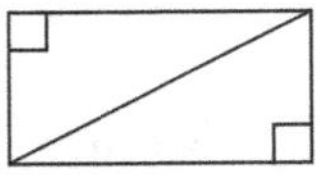
Círculo	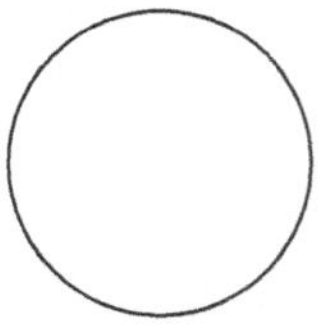	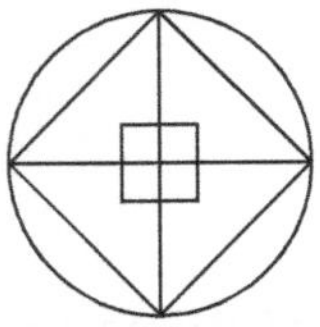 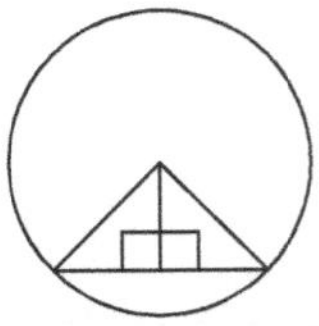

Investigación: figuras en el plano

¿Cómo podemos dividir estas figuras en otras más pequeñas de manera que al menos una de ellas sea un triángulo rectángulo?

Para hacerlo, necesitamos conocer las propiedades de las figuras en el plano.

1 *Rombo*
¿Cuál es la propiedad de las diagonales de un rombo?
Realice un dibujo con precisión de un rombo en una hoja cuadriculada. Dibuje sus diagonales. ¿Cuántos triángulos rectángulos obtiene? ¿Son congruentes? ¿Por qué?
Comente acerca de sus hallazgos.

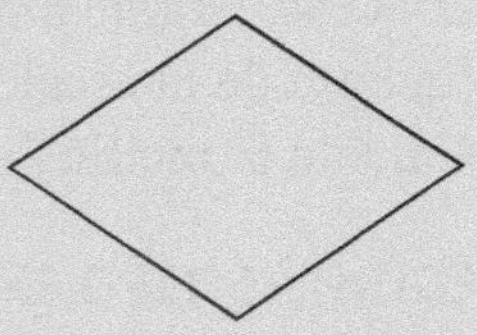

2 *Cometa*
¿Cuál es la propiedad de las diagonales de un cometa?
Realice un dibujo con precisión de un cometa en una hoja cuadriculada.
Dibuje sus diagonales. ¿Cuántos triángulos rectángulos obtiene?
¿Son congruentes? ¿Por qué? Comente acerca de sus hallazgos.

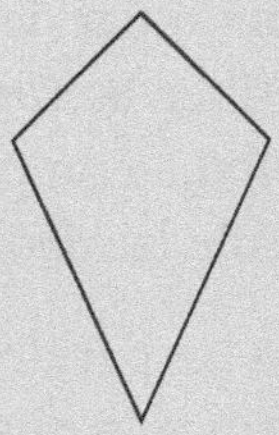

3 *Paralelogramo*
Dibuje con precisión un paralelogramo como este en una hoja cuadriculada. Hay un rectángulo que tiene la misma base y la misma altura que este paralelogramo. Dibuje líneas punteadas por donde cortaría el paralelogramo para reubicar las partes y formar un rectángulo. ¿Cuántas figuras se obtienen? ¿Cuántas de ellas son triángulos rectángulos? Comente acerca de sus hallazgos.

4 *Triángulo*
Dibuje con precisión un triángulo como este.
Cada triángulo tiene tres alturas, una para cada base (o lado).
Dibuje la altura correspondiente a AC (es el segmento perpendicular a AC, dibujado desde B hasta el lado AC). Se obtienen dos triángulos rectángulos que juntos forman el triángulo ABC. ¿Cuáles son las condiciones para que estos dos triángulos sean congruentes?
Comente acerca de sus hallazgos.

Continúa en la página siguiente.

5 *Trapecio*

Dibuje con precisión un trapecio como este.

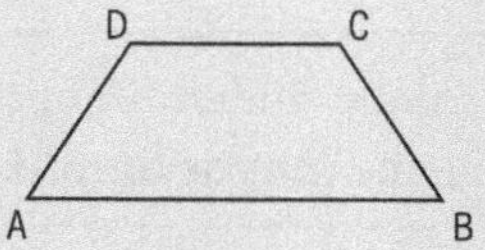

Dibuje un segmento desde D que sea perpendicular a AB y un segmento desde C que sea perpendicular a AB. Se obtienen dos triángulos rectángulos. ¿Cuál es la condición para que estos triángulos sean congruentes?

6 *Polígono regular*

Aquí se muestran un hexágono regular y un pentágono regular:

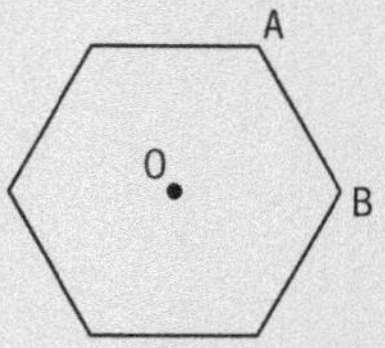

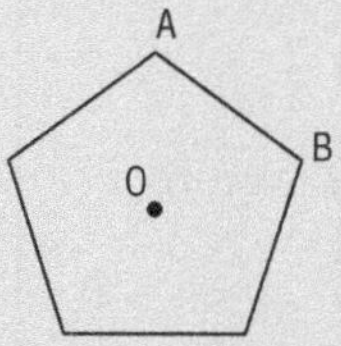

Un **polígono regular** tiene todos sus lados iguales y todos sus ángulos iguales.

El centro de cada polígono es O.

Para **cada** polígono:

¿Qué tipo de triángulo es ABO? ¿Por qué? Dibuje un segmento desde O que sea perpendicular al lado AB para formar dos triángulos rectángulos. Estos dos triángulos son congruentes. Explique por qué.

Ejemplo 15

El triángulo ABC es isósceles. Los lados AB y BC son iguales y miden 10 cm. Cada uno de ellos forma un ángulo de 40° con AC.

a Represente esta información en un diagrama claro y **rotulado**.

b Halle la longitud de AC.

c Halle el perímetro del triángulo ABC.

Respuestas

a

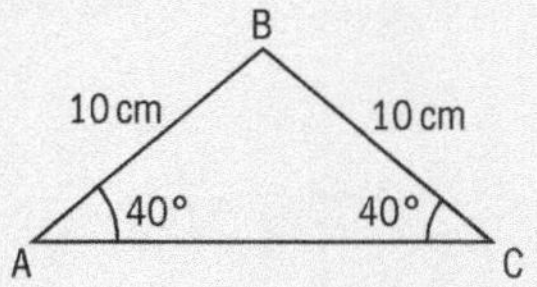

b

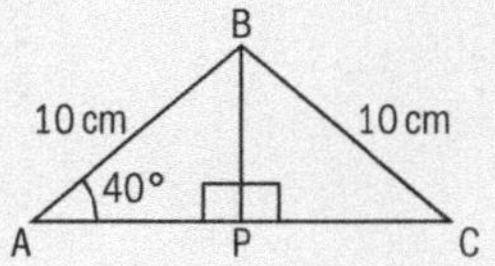

En un triángulo isósceles, la altura correspondiente a la base divide la base en **dos partes iguales***, y quedan determinados dos triángulos rectángulos.*

$$\cos 40° = \frac{AP}{10}$$

$$\cos = \frac{ady}{hip}$$

$AP = 10 \cos 40°$

Despejar el valor de AP

$AC = 2 \times 10 \cos 40°$

Usar que $AC = 2 \times AP$

$AC = 15{,}3\text{ cm}$

c $\text{Perímetro} = AB + BC + CA$

$= 15{,}32\ldots + 2 \times 10$

$= 35{,}3\text{ cm (3 cs)}$

Ejemplo 16

Las diagonales de un rombo miden 10 cm y 5 cm. Halle la medida del ángulo del rombo que tiene **mayor amplitud**.

Respuesta

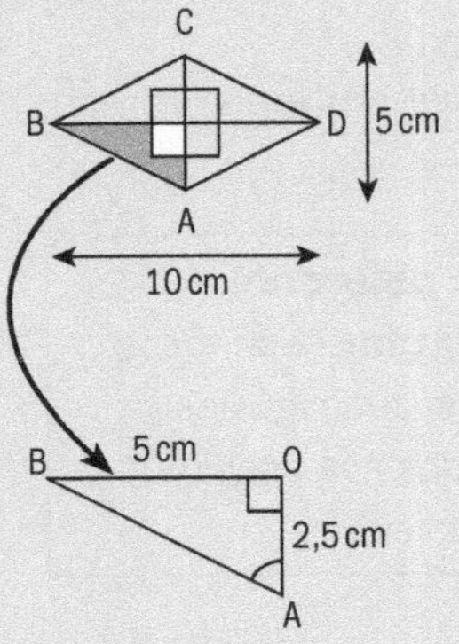

Dibujar un diagrama mostrando las diagonales

Llamar O al punto donde se cortan las diagonales

$\tan O\hat{A}B = \frac{5}{2,5}$

En el triángulo ABO, el ángulo OAB es mayor que el ángulo OBA (dado que está opuesto a un lado más largo). Por lo tanto, hallar el ángulo OAB.

$O\hat{A}B = \tan^{-1}\left(\frac{5}{2,5}\right)$

$\tan = \frac{op}{ady}$

$B\hat{A}D = 2\,O\hat{A}B$

$= 2 \times \tan^{-1}\left(\frac{5}{2,5}\right)$

$B\hat{A}D = 127°$ (3 cs)

$B\hat{A}D$ (o $B\hat{C}D$) es el ángulo de mayor amplitud del rombo.

Las diagonales de un rombo se cortan en su punto medio y son perpendiculares entre sí.

"Ángulo" OAB" y $O\hat{A}B$ son notaciones alternativas equivalentes a $\hat{A}$.

Investigación: rombo

1 Utilice una regla y un compás para dibujar con precisión un rombo cuyo lado mida 6 cm.

2 Dibuje con precisión otro rombo cuyo lado mida 6 cm y que no sea congruente al que dibujó en **1**.

3 ¿Cuántos rombos diferentes cuyos lados midan 6 cm se pueden dibujar? ¿En qué se diferencian?

Ejercitación 3L

1 El triángulo ABC es isósceles. Los dos lados iguales, AC y BC, miden 7 cm y forman un ángulo de 65° con AB.

- **a** Represente esta información en un diagrama claro y rotulado.
- **b** Halle la longitud de AB.
- **c** Halle el perímetro del triángulo ABC. Dé su respuesta redondeada al centímetro más cercano.

2 Las diagonales de un rombo miden 12 cm y 7 cm. Halle la medida del ángulo de **menor** amplitud del rombo.

3 La medida del ángulo de mayor amplitud de un rombo es 120° y la diagonal más larga mide 7 cm.

a Represente esta información en un diagrama claro y rotulado.

b Halle la longitud de la diagonal más corta.

PREGUNTAS TIPO EXAMEN

4 En el diagrama, ABCD es un trapecio donde AD∥BC, CD = BA = 6 m, BC = 12 m y DA = 16 m.

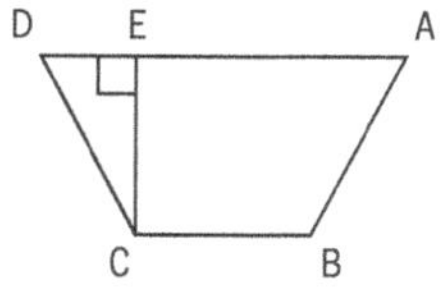

a Muestre que DE = 2 m.

b Halle la medida de $\hat{D}$.

5 En el diagrama, PQRS es un trapecio, PQ∥SR, PQ = 7 cm, RS = 10 cm, QR = 5 cm y $\hat{S}$ = 90°.

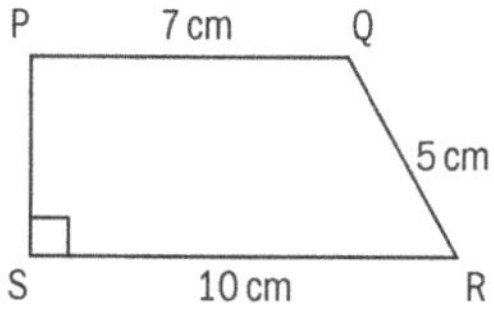

a Halle la altura del trapecio, PS.

b Halle el área del trapecio.

c Halle la medida del ángulo SRQ.

6 La longitud del lado más corto de un parque rectangular es 400 m. El parque tiene un camino recto de 600 m de longitud que une dos esquinas opuestas.

a Represente esta información en un diagrama claro y rotulado.

b Halle la medida del ángulo que el camino forma con el lado más largo del parque.

7 **a** En un par de ejes cartesianos, sitúe los puntos A(3, 2), C(–1, –4) y D (–1, 2). Utilice la misma escala en ambos ejes. B es un punto tal que ABCD es un rectángulo.

b **i** Sitúe el punto B en su diagrama.

ii Escriba las coordenadas del punto B.

c Escriba la longitud de:

i AB **ii** BC

d A partir de lo anterior, halle la medida del ángulo que la diagonal del rectángulo forma con uno de los lados más cortos.

Ángulos de elevación y depresión

→ El **ángulo de elevación** es el que se forma entre la horizontal del observador y el lugar observado cuando este está situado arriba del observador.

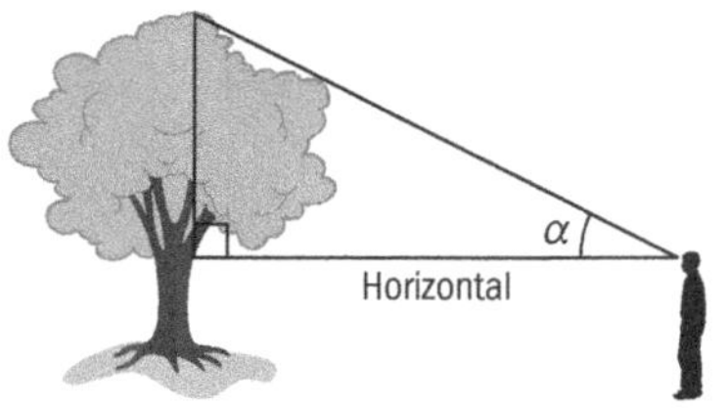

α es el ángulo de elevación.

→ El **ángulo de depresión** es el que se forma entre la horizontal del observador y el lugar observado cuando este está situado debajo del observador.

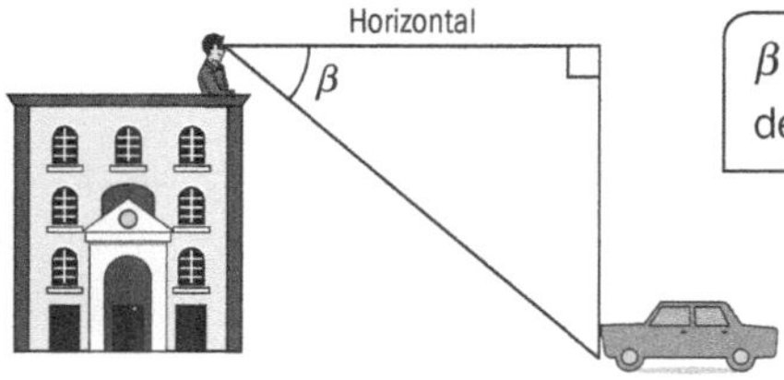

β es el ángulo de depresión.

Observe que tanto el ángulo de elevación como el de depresión se miden desde la **horizontal**.

Ejemplo 17

Desde un yate, que está 150 metros mar adentro, el ángulo de elevación de la cima de un acantilado es 17°. El ángulo de elevación a la parte superior de un faro que se encuentra sobre el acantilado es 20°.
Esta información se muestra en el diagrama.

a Halle la altura del acantilado.

b A partir de lo anterior, halle la altura del faro.

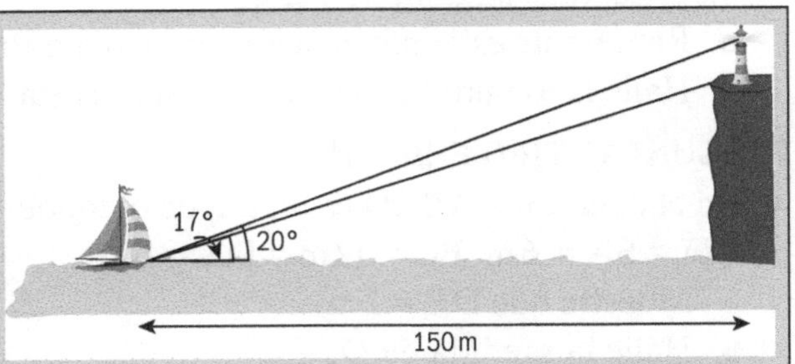

Respuestas

a Sea x la altura del acantilado.

$\tan 17° = \dfrac{x}{150}$

$x = 45{,}9\,\text{m}$ (3 cs)

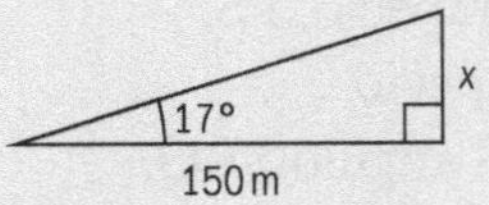

b Sea y la distancia desde la parte superior del faro a la base del acantilado.

$\tan 20° = \dfrac{y}{150}$

$y = 54{,}5955\ldots\ \text{m}$

Altura del faro $= y - x$

$= 8{,}74\ \text{m}$ (3 cs)

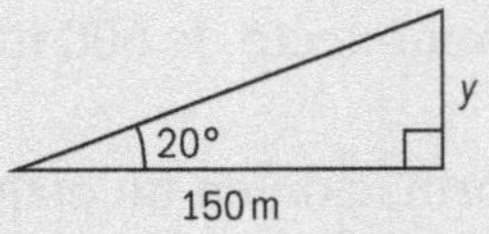

Usar el valor de x sin redondear para hallar y − x

Ejemplo 18

Un niño que está parado en una colina, representado con X, puede ver un bote en un lago, representado por Y, tal y como se muestra en el diagrama. La distancia vertical desde X hasta Y es 60 m y la distancia horizontal es 100 m.
Halle:

a La distancia más corta entre el niño y el bote

b El ángulo de depresión del bote desde el niño

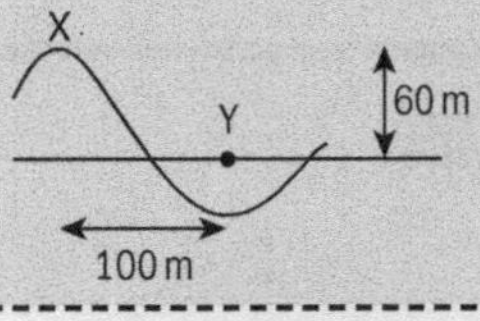

Respuestas

a $XY^2 = 100^2 + 60^2$

$XY = 117\,\text{m}$ (3 cs)

Usar Pitágoras

b $\tan \beta = \dfrac{60}{100}$

El ángulo de depresión $= 31{,}0°$ (3 cs)

Usar $\tan = \dfrac{op}{ady}$

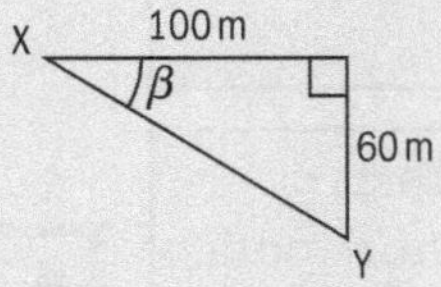

La **distancia más corta** es la longitud de *XY*.

Ejercitación 3M

1 Halle el ángulo de elevación de la parte superior de un árbol de 13 m de altura desde un punto que está a 25 m sobre la horizontal.

Dibuje un diagrama para cada pregunta.

2 La torre de una iglesia mide 81 metros de altura y produce una sombra de 63 metros de longitud. Halle el ángulo de elevación del sol.

3 El ángulo de depresión desde la cima de un acantilado a un barco que se encuentra en el mar a 500 metros de la orilla es de 14°. Halle la altura del acantilado.

4 Halle el ángulo de depresión desde la cima de un acantilado de 145 m de altura a un barco que se encuentra en el mar a 1,2 kilómetros de la orilla.

5 Un hombre, cuyos ojos se encuentran a 1,5 metros de la horizontal, se encuentra a 20 metros del pie de un árbol.
El ángulo de elevación a la cima del árbol es 45°. Calcule la altura del árbol.

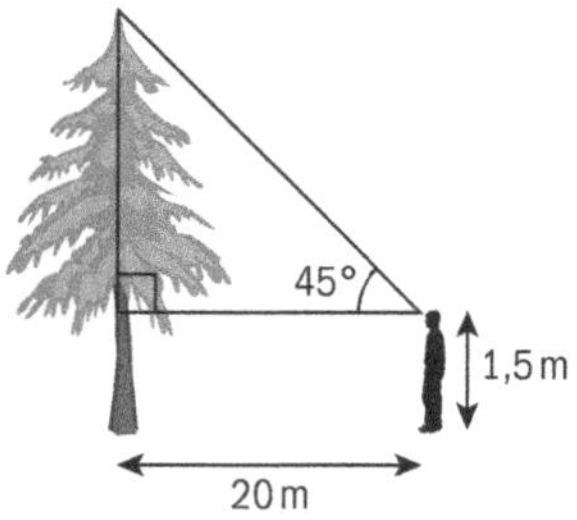

6 La altura de un árbol es 61,7 metros y el ángulo de elevación desde cierto punto de la horizontal a la cima del árbol es 62,4°. Calcule la distancia que hay desde el árbol hasta el punto desde el cual se midió el ángulo.

PREGUNTA TIPO EXAMEN

7 El ángulo de depresión desde la ciudad A hasta la ciudad B es 12°.

a Halle el ángulo de elevación desde la ciudad B hasta la ciudad A.

La distancia horizontal entre las ciudades es 2 km.

b Halle la distancia vertical entre las ciudades.
Dé su respuesta redondeada al metro más cercano.

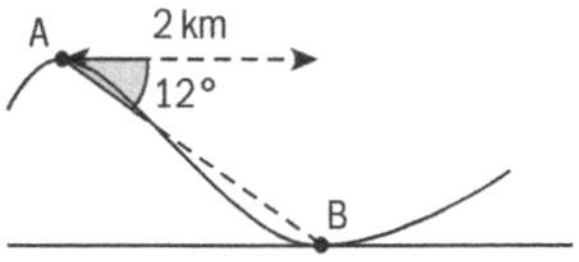

3.4 El teorema del seno y el del coseno

El teorema del seno y el del coseno son fórmulas que nos ayudarán a hallar lados y ángulos desconocidos en un triángulo. Nos permiten usar la trigonometría en triángulos que **no** son rectángulos.

La fórmula y la notación son más simples si rotulamos los triángulos así.

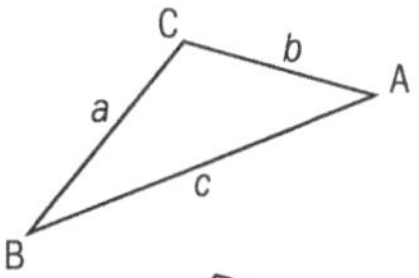

El teorema del seno

Si tenemos esta información acerca de un triángulo:

- Dos ángulos y un lado
- Dos lados y un ángulo no incluido entre esos dos lados

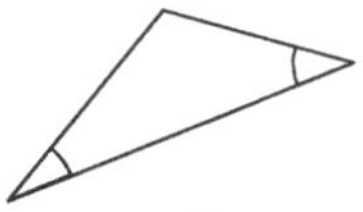

Entonces podemos hallar los otros lados y ángulos del triángulo

- El lado opuesto a $\hat{A}$ es a.
- El lado opuesto a $\hat{B}$ es b.
- El lado opuesto a $\hat{C}$ es c.

Además, observe que:

- $\hat{A}$ se encuentra entre los lados b y c
- $\hat{B}$ se encuentra entre los lados a y c
- $\hat{C}$ se encuentra entre los lados a y b

→ Teorema del seno

En un triángulo ABC, con ángulos *A*, *B* y *C*, y lados opuestos *a*, *b* y *c*, respectivamente:

$$\frac{a}{\text{sen}\,\hat{A}} = \frac{b}{\text{sen}\,\hat{B}} = \frac{c}{\text{sen}\,\hat{C}}$$

o bien $\dfrac{\text{sen}\,\hat{A}}{a} = \dfrac{\text{sen}\,\hat{B}}{b} = \dfrac{\text{sen}\,\hat{C}}{c}$

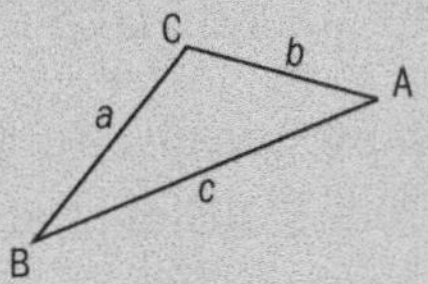

El teorema del seno está en el cuadernillo de fórmulas.

Ejemplo 19

En el triángulo ABC, $b = 16\,\text{cm}$, $c = 10\,\text{cm}$ y $\hat{B} = 135°$.

a Represente esta información en un diagrama rotulado.

b Halle la medida del ángulo C.

c A partir de lo anterior, halle la medida del ángulo A.

Respuestas

a

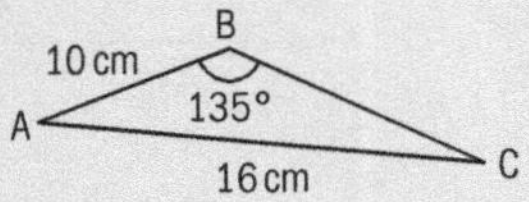

b $\dfrac{16}{\text{sen}\,135°} = \dfrac{10}{\text{sen}\,\hat{C}}$	*Sustituir en el teorema del seno*
$16\,\text{sen}\,\hat{C} = 10\,\text{sen}\,135°$	*Producto cruzado*
$\text{sen}\,\hat{C} = \dfrac{10\ \text{sen}\,135°}{16}$	*Despejar sen Ĉ* *Usar la CPG*
$\hat{C} = 26{,}2°$ (3 cs)	
c $\hat{A} + \hat{B} + \hat{C} = 180°$ $\hat{A} + 135° + 26{,}227... = 180°$ $\hat{A} = 18{,}8°$ (3 cs)	*Usar la CPG*

Producto cruzado:
$\dfrac{a}{b} = \dfrac{c}{d} \Leftrightarrow ad = bc$

Ejemplo 20

En el triángulo PQR, halle la longitud de RQ. Dé su respuesta redondeada a dos cifras significativas.

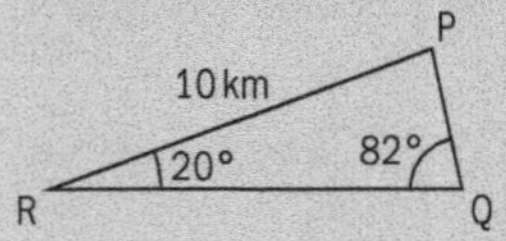

Respuesta

$\hat{P} = 78°$	*RQ es el lado opuesto al ángulo P; por lo tanto, primero hay que hallar el valor del ángulo P.*
$\dfrac{RQ}{\text{sen}\,78°} = \dfrac{10}{\text{sen}\,82°}$	*Sustituir en el teorema del seno*
$RQ = \dfrac{10\ \text{sen}\,78°}{\text{sen}\,82°}$	*Despejar RQ*
$= 9{,}9\,\text{km}$ (2 cs)	*Usar la CPG*

Ptolomeo (c. 90–168 e. c.), en su obra *Almagesto*, que consta de 13 volúmenes, escribió valores del seno para ángulos desde 0° hasta 90°. También incluyó teoremas similares al teorema del seno.

Ejercitación 3N

1 Halle las longitudes de los lados indicados con letras.

a 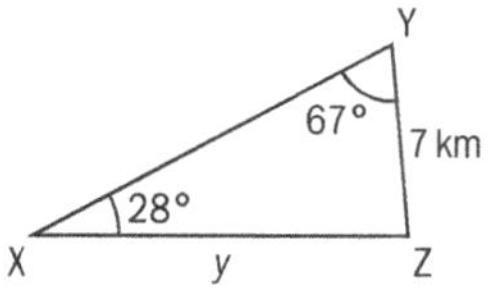

b 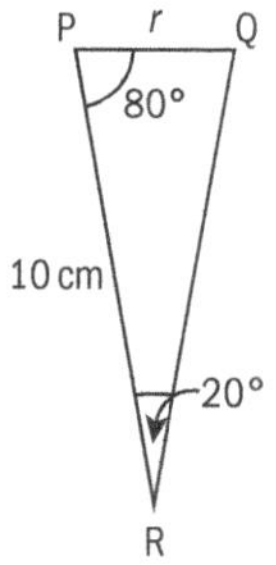

c 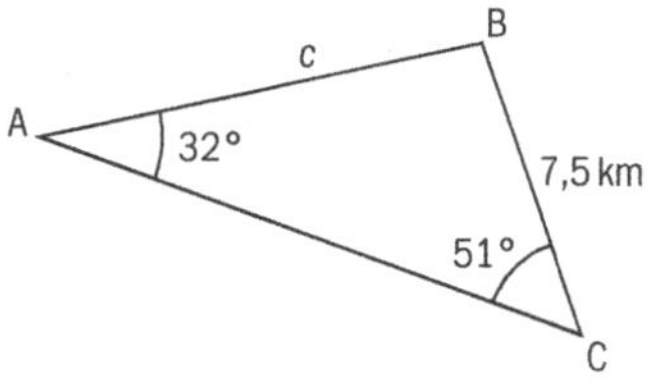

2 En el triángulo ABC, AC = 12 cm, $\hat{A} = 30°$ y $\hat{B} = 46°$. Halle la longitud de BC.

3 En el triángulo ABC, $\hat{A} = 15°$, $\hat{B} = 63°$ y AB = 10 cm. Halle la longitud de BC.

4 En el triángulo PQR, PR = 15 km, $\hat{P} = 25°$ y $\hat{Q} = 60°$. Halle la longitud de QR.

5 En cada triángulo, halle la medida del ángulo indicado.

a $\hat{C}$ 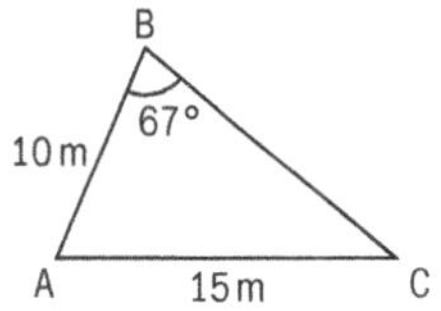

b $\hat{R}$ 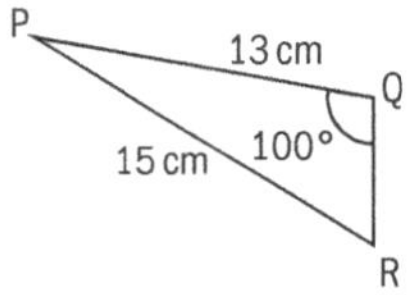

c $\hat{Y}$ 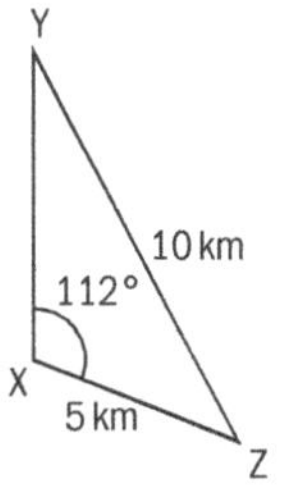

6 En el triángulo ABC, BC = 98 m, AB = 67 m y $\hat{A} = 85°$. Halle la medida de $\hat{C}$.

7 En el triángulo PQR, PQ = 5 cm, QR = 6,5 cm y $\hat{P} = 70°$. Halle la medida de $\hat{R}$.

PREGUNTA TIPO EXAMEN

8 En el diagrama, $\hat{A} = 90°$, CX = 10 m, $A\hat{C}B = 30°$ y $\hat{X} = 10°$.

a Escriba la medida del ángulo BCX.

b Halle la longitud de BC.

c Halle la longitud de AB.

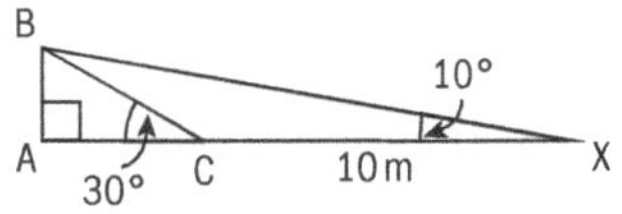

El teorema del coseno

Si tenemos esta información acerca de un triángulo:

- Dos lados y el ángulo incluido
- Los tres lados

Entonces podemos hallar el otro lado y los otros ángulos del triángulo

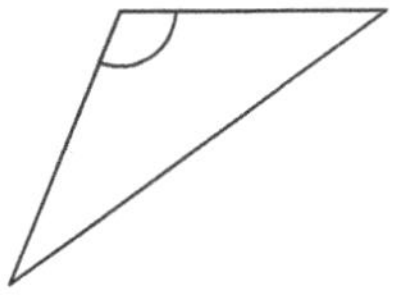

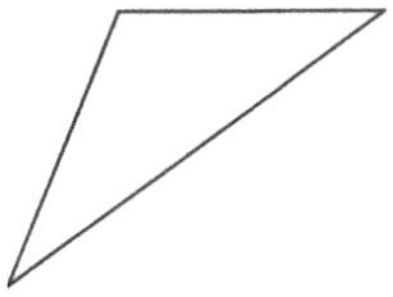

→ Teorema del coseno

En un triángulo ABC, con ángulos *A, B* y *C*, y lados opuestos *a*, *b* y *c*, respectivamente:

$$a^2 = b^2 + c^2 - 2bc\cos \hat{A}$$

Esta fórmula puede reescribirse como:

$$\cos \hat{A} = \frac{b^2 + c^2 - a^2}{2bc}$$

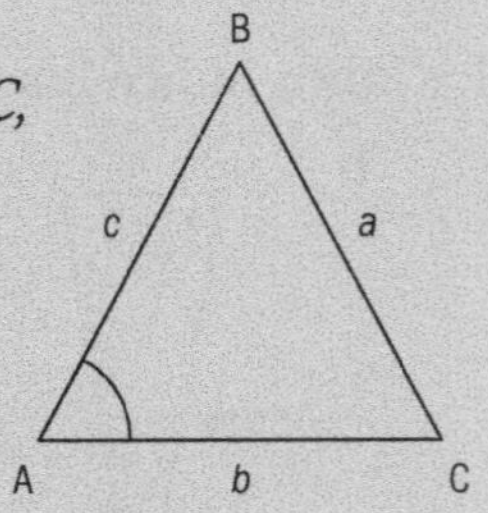

Estas fórmulas están en el cuadernillo de fórmulas. La primera versión de la fórmula es útil cuando tenemos que hallar un lado. La segunda versión de la fórmula es útil cuando necesitamos hallar un ángulo.

Ejemplo 21

En el triángulo ABC, AC = 8,6 m, AB = 6,3 m y $\hat{A}$ = 50°.
Halle la longitud de BC.

Respuesta

$BC^2 = 8{,}6^2 + 6{,}3^2 - 2 \times 8{,}6 \times 6{,}3 \times \cos 50°$

$BC^2 = 43{,}9975\ldots$

BC = 6,63 m (3 cs)

Dibujar aproximadamente el triángulo

Usar $a^2 = b^2 + c^2 - 2bc\cos \hat{A}$

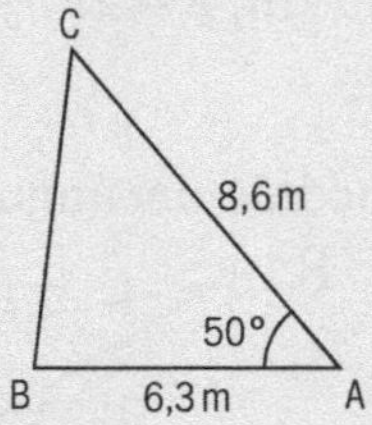

El teorema del coseno se puede aplicar a **cualquier** triángulo. Cuando el triángulo es rectángulo y $\hat{A}$ = 90°, ¿cómo luce la fórmula? ¿La reconoce? ¿Es el teorema del coseno una generalización del teorema de Pitágoras?

Ejemplo 22

X, Y, Z representan tres ciudades. X está a 20 km al norte de Z. Y está al este de la recta XZ. La distancia de Y hasta X es 16 km y la distancia de Z hasta Y es 8 km.

a Represente esta información en un diagrama claro y rotulado.

b Halle la medida del ángulo X.

Respuestas

a

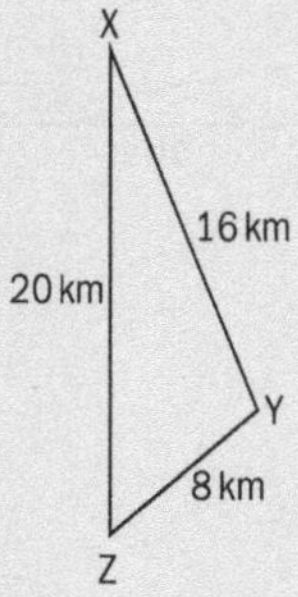

b $\cos \hat{X} = \frac{20^2 + 16^2 - 8^2}{2 \times 20 \times 16}$

$\hat{X} = \cos^{-1}\left(\frac{20^2 + 16^2 - 8^2}{2 \times 20 \times 16}\right)$

$= 22{,}3°$ (3 cs)

Recordar:

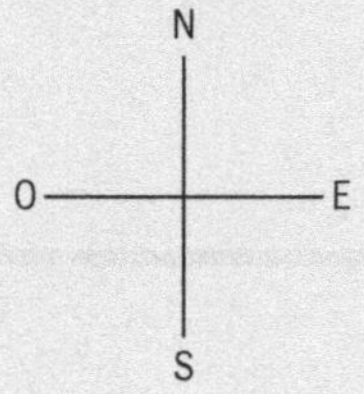

Usar $\cos \hat{X} = \frac{y^2 + z^2 - x^2}{2yz}$

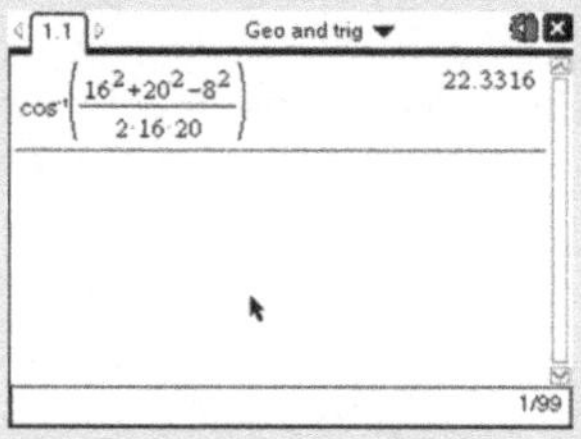

Ejercitación 30

1 Halle la longitud de los lados indicados con letras.

a 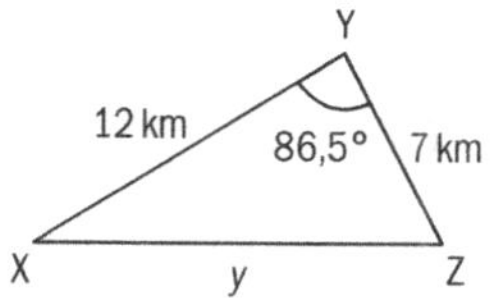

b 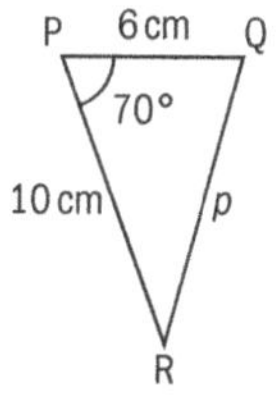

c 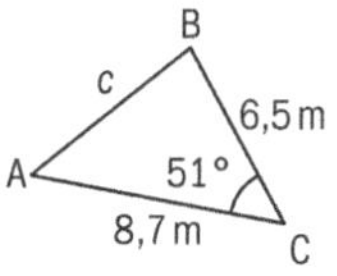

2 Halle la medida de los ángulos indicados con letras.

a 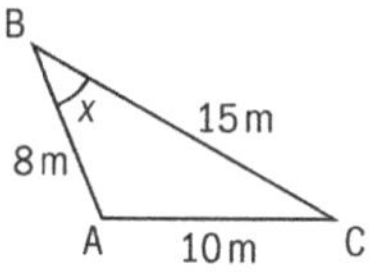

b 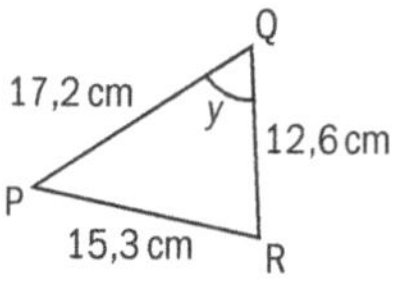

c 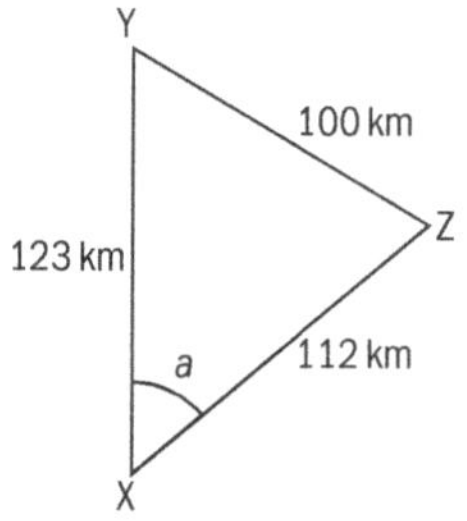

3 En el triángulo ABC, CB = 120 m, AB = 115 m y $\hat{B} = 110°$.
Halle la longitud del lado AC.

4 En el triángulo PQR, RQ = 6,9 cm, PR = 8,7 cm y $\hat{R} = 53°$.
Halle la longitud del lado PQ.

5 En el triángulo XYZ, XZ = 12 m, XY = 8 m, YZ = 10 m.
Halle la medida del ángulo X.

PREGUNTAS TIPO EXAMEN

6 X, Y, Z son tres ciudades. X está a 30 km al sur de Y. Z está al este de la recta que une X e Y.
La distancia desde Y a Z es 25 km y la distancia desde X a Z es 18 km.

a Represente esta información en un diagrama claro y rotulado.
b Halle la medida del ángulo Z.

7 Andrea, Juana y Santiago se encuentran en el punto A. Juana camina 12 m al sur de A y alcanza el punto J. Santiago mira a Juana, rota un ángulo de 110° y camina 8 m desde A hasta el punto S.

a Represente esta información en un diagrama claro y rotulado.
b Halle la distancia entre Santiago y Juana.
c Halle cuántos metros al **norte** de Andrea está Santiago.

8 El diagrama muestra un círculo de radio 3 cm y centro O.
A y B son dos puntos que pertenecen a la circunferencia.
La longitud de AB es 5 cm.
El triángulo AOB se dibuja dentro del círculo.
Calcule la medida del ángulo AOB.

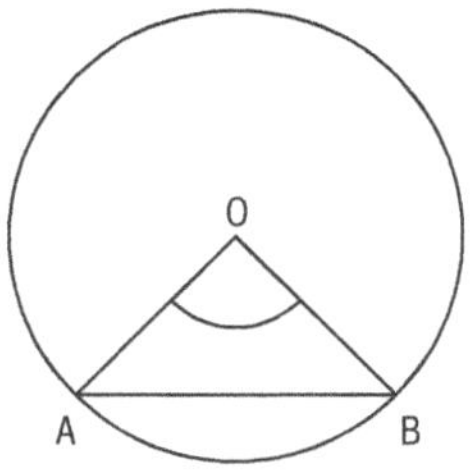

PREGUNTA TIPO EXAMEN

9 El diagrama muestra una grúa, PQR, que transporta una lámina de metal, W. PQ es vertical y el piso PM es horizontal. Sabiendo que PQ = 8,2 m, QR = 12,3 m, $P\hat{Q}R = 100°$ y RW = 7,8 m, calcule:

a PR

b La medida del ángulo PRQ

c La altura, *a*, a la que está W del piso, PM

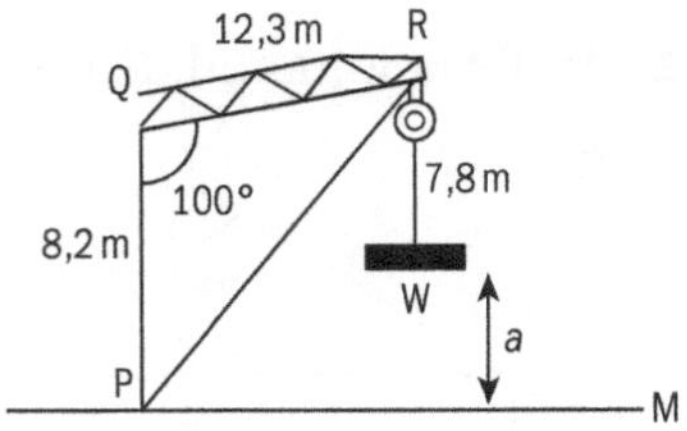

Material de ampliación disponible en línea: *Hoja de ejercicios 3: demostraciones de los teoremas del seno y del coseno*

Área de un triángulo

Si conocemos un lado de un triángulo (la base *b*), y su altura correspondiente, *a*, podemos calcular el área del triángulo usando la fórmula:

$$A = \frac{1}{2}(b \times a)$$

Si no conocemos la altura, igual podemos calcular el área del triángulo, tal y como se muestra en el siguiente ejemplo.

Recuerde que un triángulo tiene tres alturas, una altura por lado.

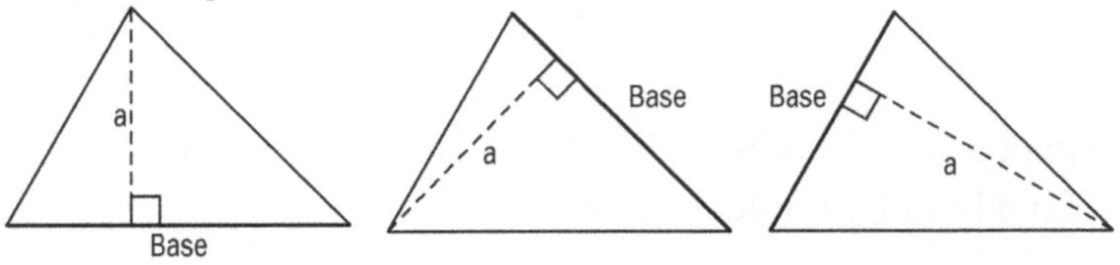

Ejemplo 23

Calcule el área del triángulo ABC.

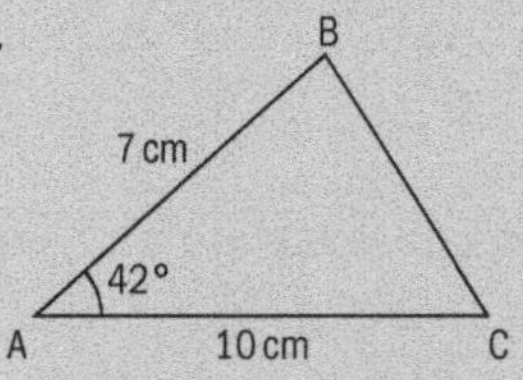

Respuesta

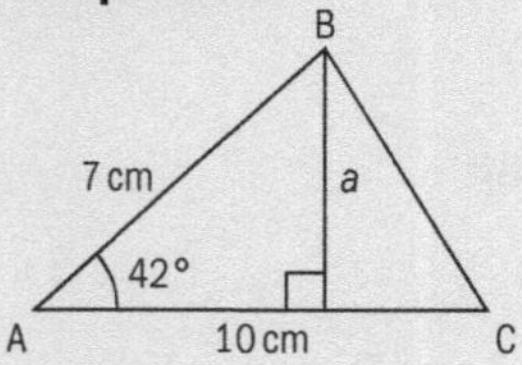

Utilizar la fórmula:

$A = \frac{1}{2}(b \times a)$, siendo AC la base, $b = 10$

Dibujar la altura, a, el segmento perpendicular a AC desde B

$\text{sen } 42° = \frac{a}{7} \Rightarrow a = 7\text{sen } 42°$

Sustituir en la fórmula del área de un triángulo

$$\text{Área} = \frac{1}{2} \times b \times a$$

$$= \frac{1}{2}(10 \times 7\text{sen } 42°)$$

$$= 23{,}4 \text{ cm}^2 \text{ (3 cs)}$$

Podemos usar el mismo método para cualquier triángulo.

→ En cualquier triángulo ABC, con ángulos A, B y C, y lados opuestos a, b y c, respectivamente, se verifica:

Área del triángulo $= \frac{1}{2}ab\,\text{sen}\,\hat{C}$

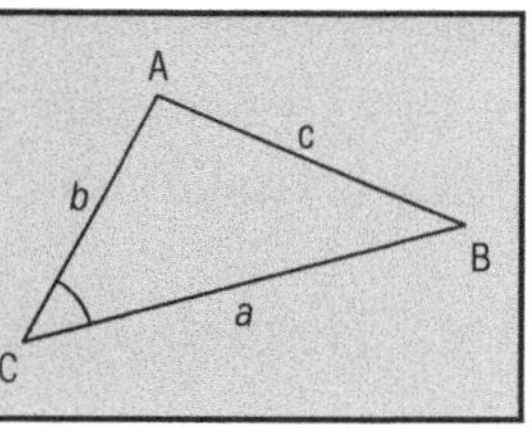

Esta fórmula está en el cuadernillo de fórmulas.

Ejemplo 24

Calcule el área del triángulo ABC.

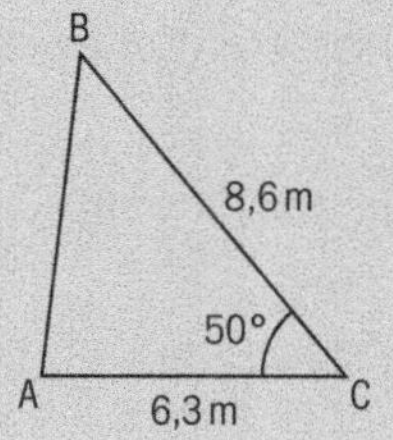

Respuesta

Área del triángulo ABC =

$\frac{1}{2} \times 8{,}6 \times 6{,}3 \times \text{sen}\,50°$

$= 20{,}8\,\text{m}^2$ (3 cs)

Sustituir en la fórmula:

Área $= \frac{1}{2}ab\,\text{sen}\hat{C}$

Ejercitación 3P

1 Calcule el área de cada triángulo.

a

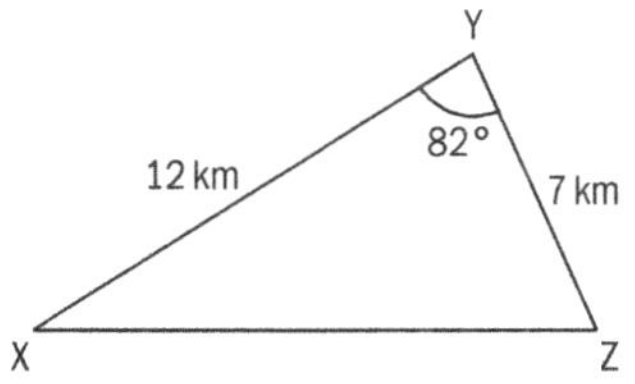

b

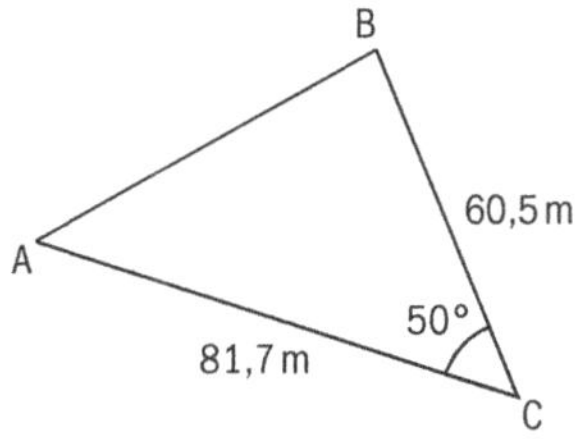

Herón de Alejandría, en el primer siglo de nuestra era, desarrolló un método diferente para hallar el área de un triángulo, usando las longitudes de los lados de dicho triángulo.

2 Aquí se muestra un triángulo ABC.
 a Halle la medida del ángulo B.
 b Calcule el área del triángulo ABC.

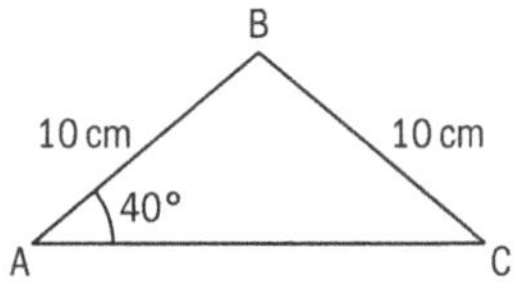

3 Aquí se muestra un triángulo ABC.
 a Escriba la medida del ángulo C.
 b Halle el área del triángulo ABC.

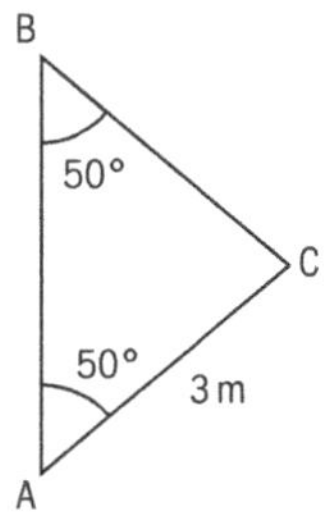

4 Calcule el área del triángulo XYZ.

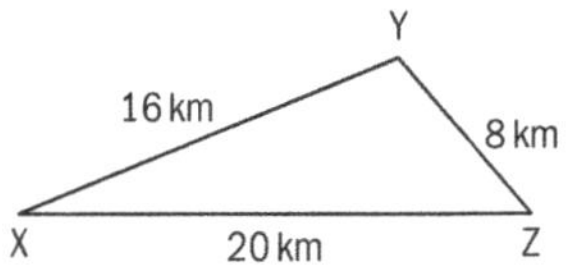

Primero halle la medida de uno de los ángulos.

PREGUNTAS TIPO EXAMEN

5 El diagrama muestra un terreno triangular XYZ. XZ mide 50 m, YZ mide 100 m y la medida del ángulo X es 100°.

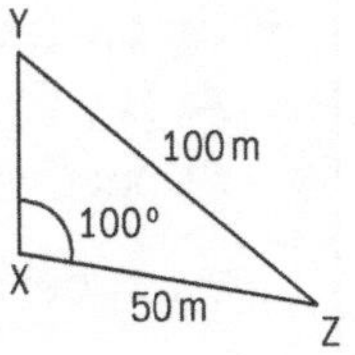

a Halle el ángulo Z.

b Halle el área del terreno. Dé su respuesta redondeada a la decena de m^2 más cercana.

6 El área de un triángulo isósceles ABC es 4 cm^2. La medida del ángulo B es 30° y AB = BC = x cm.

a Escriba, en función de x, una expresión para el área del triángulo.

b Halle el valor de x.

7 En el diagrama, AB = 5 cm, AD = 6 cm, $B\hat{A}D = 90°$, $B\hat{C}D = 30°$, $B\hat{D}C = 70°$.

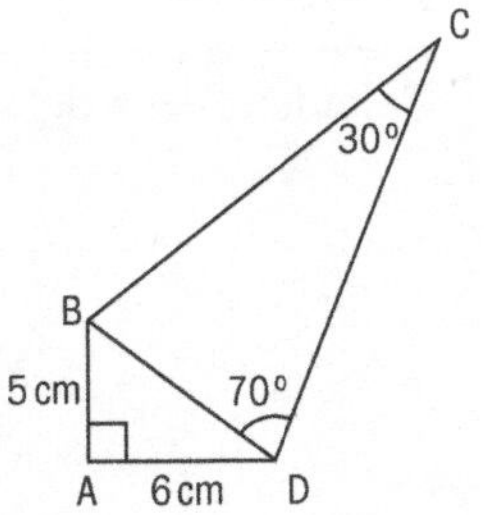

a Halle la longitud de DB. **b** Halle la longitud de DC.

c Halle el área del triángulo BCD.

d Halle el área del cuadrilátero ABCD.

Ejercicio de revisión

Preguntas del estilo de la prueba 1

PREGUNTAS TIPO EXAMEN

Dé sus respuestas redondeadas a tres cifras significativas.

1 La recta L_1 pasa por los puntos A(1, 3) y B(5, 1).

a Halle la pendiente de la recta AB.

La recta L_2 es paralela a la recta L_1 y pasa por el punto (0, 4).

b Halle la ecuación de la recta L_2.

2 La recta L_1 pasa por los puntos A(0, 6) y B(6, 0).

a Halle la pendiente de la recta L_1.

b Escriba la pendiente de todas las rectas que son perpendiculares a L_1.

c Halle la ecuación de una recta L_2 perpendicular a L_1 y que pasa por O(0, 0).

3 Considere la recta L, cuya ecuación es $y = 2x + 3$.

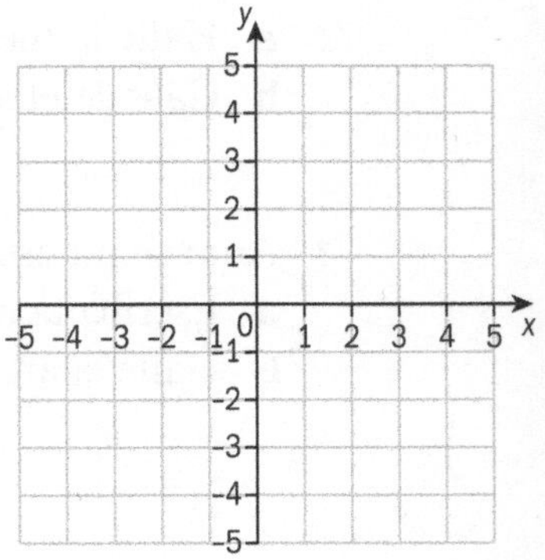

a Escriba las coordenadas del punto donde:

i L corta al eje x **ii** L corta al eje y

b Dibuje con precisión la recta L en un sistema de ejes como el que se muestra.

c Halle la medida del ángulo agudo que la recta L forma con el eje x.

4 Considere la recta L_1, cuya ecuación es $y = -2x + 6$.

a El punto $(a, 4)$ pertenece a L_1. Halle el valor de a.

b El punto $(12{,}5;\ b)$ pertenece a L_1. Halle el valor de b.

La recta L_2 tiene ecuación $3x - y + 1 = 0$.

c Halle el punto de intersección entre L_1 y L_2.

5 La altura de un acantilado vertical es 450 m. El ángulo de elevación de la cima del acantilado desde un barco es 31°. El barco está a x metros de la base del acantilado.

a Dibuje un diagrama para representar esta información.

b Calcule el valor de x.

PREGUNTAS TIPO EXAMEN

6 En el diagrama, el triángulo ABC es isósceles.
AB = AC, CB = 20 cm y el ángulo ACB mide 32°.
Halle: **a** La medida del ángulo CAB
b La longitud de AB
c El área del triángulo ABC

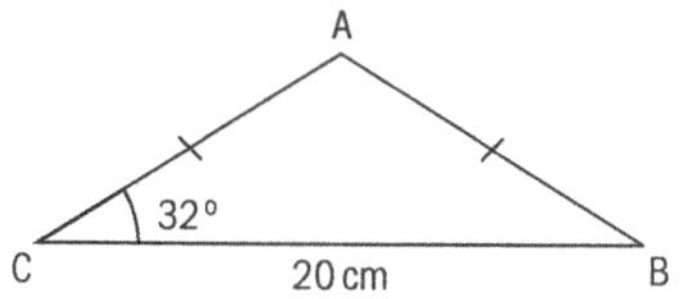

7 Un jardinero sujeta una soga de 20 metros de largo para formar un cantero, como se muestra en la figura.
a Escriba la longitud de AC.
b Halle la medida del ángulo BAC.
c Halle el área del cantero.

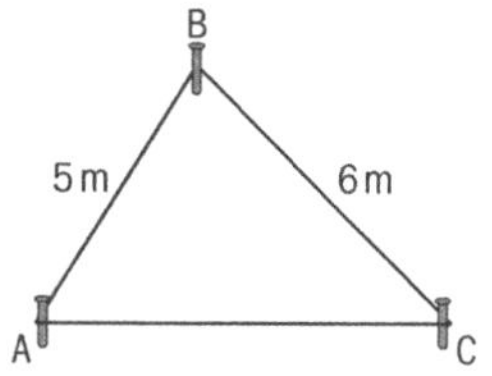

8 El diagrama muestra un círculo de diámetro 10 cm y centro O. Los puntos A y B pertenecen a la circunferencia, y la longitud de AB es 7,5 cm. Se dibuja un triángulo AOB dentro del círculo.
a Halle la medida del ángulo AOB.
b Halle el área del triángulo AOB.
c Halle el área sombreada.

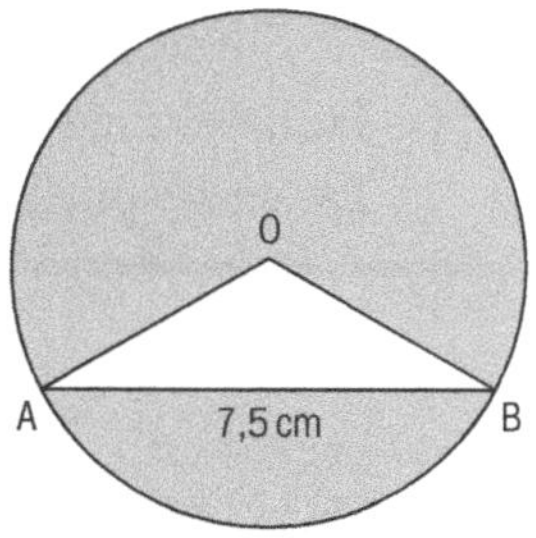

Preguntas del estilo de la prueba 2

PREGUNTAS TIPO EXAMEN

1 **a** En un par de ejes coordenados, sitúe los puntos A(−2, 5), B(2, 2) y C(8, 10). Utilice la misma escala en ambos ejes.
El cuadrilátero ABCD es un rectángulo.
b **i** Sitúe el punto D en el sistema de ejes que usó en el apartado **a**.
ii Escriba las coordenadas de D.
c Halle la pendiente de la recta BC.
d A partir de lo anterior, escriba la pendiente de la recta DC.
e Halle la ecuación de la recta DC en la forma $ax + by + d = 0$, donde $a, b, d \in \mathbb{Z}$.
f Halle la longitud de: **i** DC **ii** BC.
g Halle la medida del ángulo DBC.

2 La figura muestra una escalera AB. La escalera está apoyada en un suelo horizontal, AC, y está tocando la parte superior de un poste telefónico, CB. El ángulo de elevación de la parte superior del poste desde el pie de la escalera es 60°. La distancia entre el pie de la escalera y el pie del poste es 2 m.
a Calcule la longitud de la escalera.
b Calcule la altura del poste.

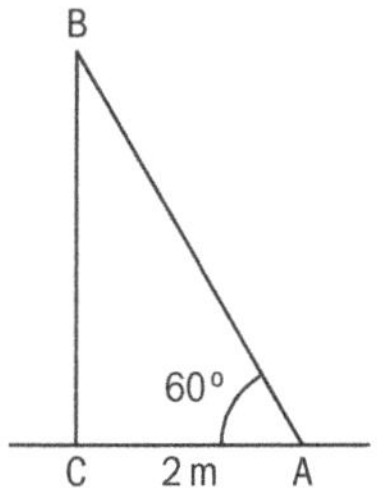

La escalera se mueve en el mismo plano vertical, de manera que su pie se mantiene en el piso y el extremo superior toca el poste en un punto P, que está 1,5 m debajo de la parte superior del poste.
c Escriba la longitud de CP.
d Halle la nueva distancia que hay entre el pie de la escalera y el pie del poste.
e Halle la medida del nuevo ángulo de elevación de la parte superior del poste desde el pie de la escalera.

PREGUNTA TIPO EXAMEN

3 La figura muestra la trayectoria de una carrera de *cross country*. Los corredores comienzan y finalizan en el punto A.

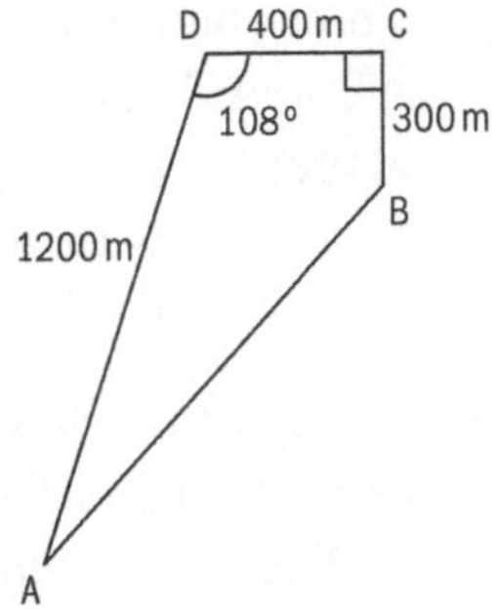

a Halle la longitud de BD.

b Halle la medida del ángulo BDC, dando su respuesta con dos lugares decimales.

c Escriba la medida del ángulo ADB.

d Halle la longitud de AB.

e **i** Halle la longitud total de la trayectoria.

ii Rafael corre a una velocidad constante de 3,8 $m\,s^{-1}$. Halle el tiempo que tarda Rafael en terminar la carrera. Dé su respuesta redondeada al minuto más cercano.

f Halle el área del cuadrilátero ABCD que encierra la trayectoria. Dé su respuesta en km^2.

RESUMEN DEL CAPÍTULO 3

Pendiente de una recta

- Si $A(x_1, y_1)$ y $B(x_2, y_2)$ son dos puntos de una recta L, la pendiente de la recta L es $m = \frac{y_2 - y_1}{x_2 - x_1}$.

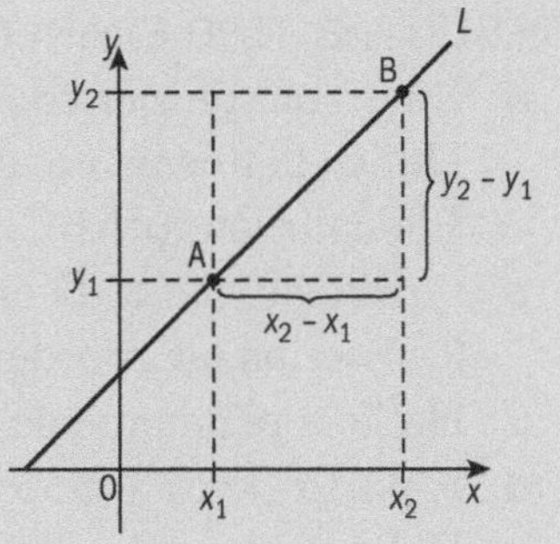

- Las **rectas paralelas** tienen la **misma pendiente**. Esto significa que:
  - Si dos rectas son paralelas, entonces tienen la misma pendiente
  - Si dos rectas tienen la misma pendiente, entonces son paralelas
- Dos rectas son perpendiculares si y solo si forman un ángulo de 90°. Esto significa que:
  - Si dos rectas son perpendiculares, entonces forman un ángulo de 90°
  - Si dos rectas forman un ángulo de 90°, entonces son perpendiculares
- Dos rectas son **perpendiculares** si el producto de sus pendientes es –1.

Ecuaciones de rectas

- La ecuación de una recta se puede escribir en la forma:

  i $y = mx + c$, donde m es la **pendiente** y c es la **ordenada al origen** (coordenada y del punto donde la recta corta al eje y)

  ii $ax + by + d = 0$, donde $a, b, d \in \mathbb{Z}$
- La ecuación de toda recta vertical es de la forma $x = k$, donde k es una constante.
- La ecuación de toda recta horizontal es de la forma $y = k$, donde k es una constante.

Continúa en la página siguiente.

- Si dos rectas son paralelas, entonces tienen la misma pendiente y no se cortan.
- Si dos rectas, L_1 y L_2, no son paralelas, entonces se cortan únicamente en un punto. Para hallar el punto de intersección (punto de corte), escribir $m_1x + c_1 = m_2x + c_2$ y resolver en x.

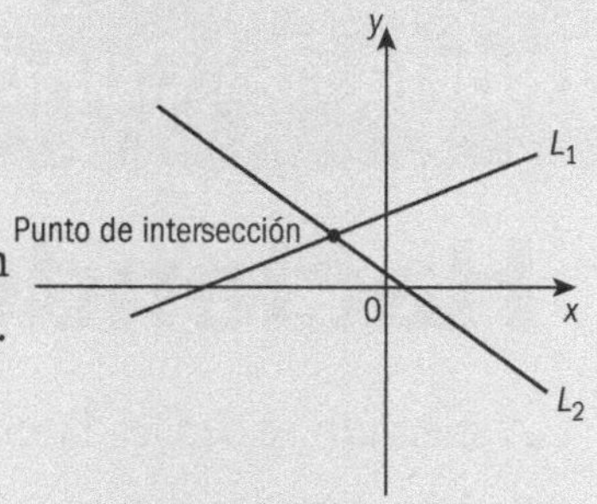

Las razones seno, coseno y tangente

- En un triángulo rectángulo, se definen tres razones trigonométricas como:

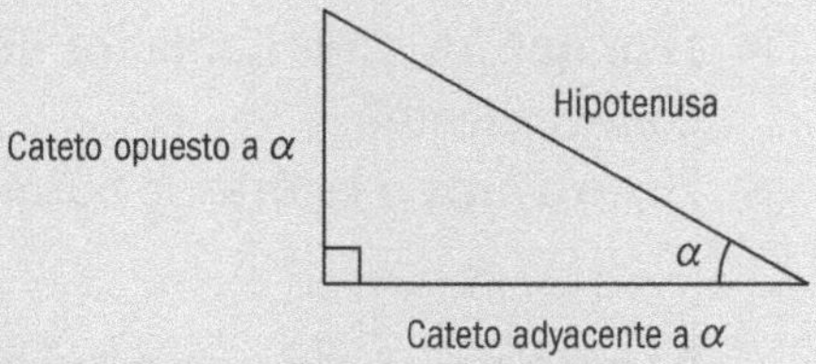

$$\operatorname{sen}\alpha = \frac{\text{Cateto opuesto}}{\text{Hipotenusa}}$$

$$\cos\alpha = \frac{\text{Cateto adyacente}}{\text{Hipotenusa}}$$

$$\tan\alpha = \frac{\text{Cateto opuesto}}{\text{Cateto adyacente}}$$

- El **ángulo de elevación** es el que se forma entre la horizontal del observador y el lugar observado cuando este está situado arriba del observador.
- El **ángulo de depresión** es el que se forma entre la horizontal del observador y el lugar observado cuando este está situado debajo del observador.

El teorema del seno y del coseno

- En un triángulo ABC, con ángulos A, B y C, y lados opuestos a, b y c, respectivamente:

$$\frac{a}{\operatorname{sen}\hat{A}} = \frac{b}{\operatorname{sen}\hat{B}} = \frac{c}{\operatorname{sen}\hat{C}}$$

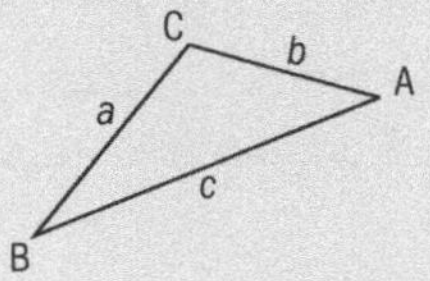

- En un triángulo ABC, con ángulos A, B y C, y lados opuestos a, b y c, respectivamente:

$$a^2 = b^2 + c^2 - 2bc\cos\hat{A}$$

Esta fórmula puede reescribirse como:

$$\cos\hat{A} = \frac{b^2 + c^2 - a^2}{2bc}$$

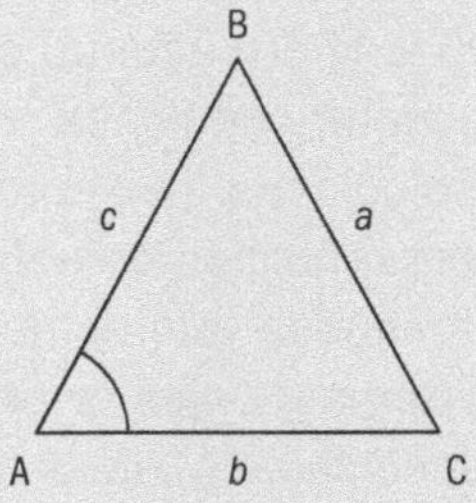

- En cualquier triángulo ABC, con ángulos A, B y C, y lados opuestos a, b y c, respectivamente, se verifica:

$$\text{Área del triángulo} = \frac{1}{2}ab\operatorname{sen}\hat{C}$$

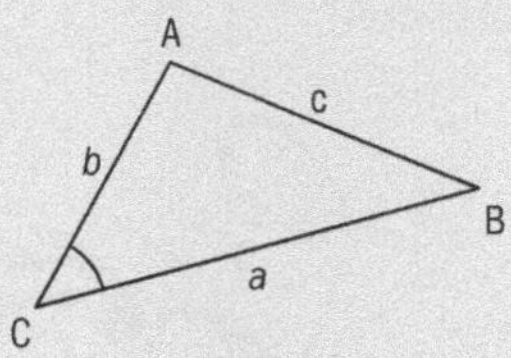

Haciendo conexiones

A menudo se separa la matemática en diferentes temas o campos del conocimiento.

- Enumere los distintos campos de la matemática que conoce.
- ¿Por qué los seres humanos tienen la necesidad de categorizar y compartimentar el conocimiento?
- ¿Esto ayuda o estorba la búsqueda de más conocimiento?

Álgebra y geometría

El álgebra y la geometría son ambas disciplinas matemáticas que tienen una larga historia.

Álgebra: generaliza operaciones matemáticas y relaciones utilizando letras para representar incógnitas o elementos de un conjunto de números determinado. Posiblemente se haya originado en la resolución de ecuaciones, lo cual se remonta (al menos) a la matemática de los babilonios.

Geometría: estudia las propiedades, medidas y relaciones de puntos, rectas, planos, superficies, ángulos y sólidos. Se origina al comienzo de la matemática.

El álgebra y la geometría son centrales para la matemática y para los currículos escolares de Matemáticas en todo el mundo. Algunos colegios ofrecen cursos completamente separados de Geometría y Álgebra, mientras que otros alternan los temas a lo largo del curso.

No hubo un área común entre el álgebra y la geometría hasta que René Descartes, filósofo y matemático francés (1596 – 1650), mostró que las ecuaciones se podían representar con líneas en un gráfico, dándole así significado a sus soluciones. La geometría cartesiana, la representación de ecuaciones para determinados valores de las variables en un sistema de ejes ortogonales (perpendiculares), lleva ese nombre por Descartes.

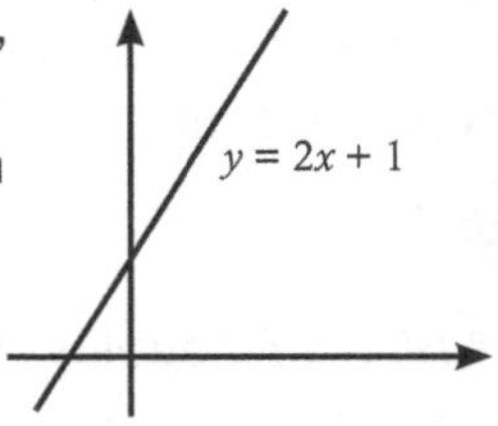

Se dice (aunque sea probablemente un mito) que a Descartes se le ocurrió la idea de un sistema de ejes coordenados cuando estaba acostado en su cama, mirando una mosca que caminaba por el techo de su habitación.

El álgebra y la geometría son ambas útiles por sí mismas, pero históricamente ha sido la interacción de estas dos áreas lo que ha conducido a muchos de los mayores desarrollos matemáticos y conocimientos en las ciencias naturales, la economía y, por supuesto, en otras áreas de las matemáticas.

"Mientras el álgebra y la geometría estaban separadas, su progreso fue lento y sus aplicaciones limitadas, pero desde que estas dos ciencias fueron vinculadas, se han prestado su fuerza mutuamente y han caminado juntas hasta la perfección."

Joseph Louis Lagrange (1736–1813), matemático francés (traducción libre de la cita)

El último teorema de Fermat

El último teorema de Fermat establece que no existen 3 enteros positivos a, b y c que satisfagan la ecuación $a^n + b^n = c^n$ para cualquier valor de n mayor que 2. Pierre Fermat fue el primero que conjeturó este teorema en 1637, en una nota escrita en una copia del libro *Arithmetica*, donde afirmó que tenía una demostración que era demasiado larga para que quepa en el margen. Su demostración, si existió, nunca se encontró. En 1995 Andrew Wiles, quien había estado trabajando en secreto en la conjetura durante siete años, pudo demostrar el teorema.

▼ Andrew Wiles (1953–), matemático británico

La compleja demostración de Wiles utiliza lo que se pensaba que eran dos áreas separadas de la matemática, formas modulares y curvas elípticas. No se preocupe, estos temas no forman parte del programa de Estudios Matemáticos.

Muchas de las demostraciones más famosas han necesitado aportes de varias áreas de la matemática.

Teoría del Conocimiento

4 Modelos matemáticos

OBJETIVOS DEL CAPÍTULO

6.1 Concepto de función, dominio, recorrido y gráfico; notación de funciones; concepto de función como modelo matemático
6.2 Modelos lineales: funciones lineales y sus gráficos
6.3 Modelos cuadráticos: funciones cuadráticas y sus gráficos (parábolas); propiedades de la parábola: simetría, vértice, intersecciones con el eje x y con el eje y; ecuación del eje de simetría
6.4 Modelos exponenciales: funciones exponenciales y sus gráficos; concepto y ecuación de una asíntota horizontal
6.5 Modelos que utilizan funciones de la forma $f(x) = ax^m + bx^n + \ldots$, $m, n \in \mathbb{Z}$; funciones de este tipo y sus gráficos; el eje y como asíntota vertical
6.6 Precisión en la representación gráfica y creación de un dibujo aproximado; transferencia de un gráfico de la calculadora de pantalla gráfica al papel; leer, interpretar y hacer predicciones utilizando los gráficos
6.7 Uso de la calculadora de pantalla gráfica para la resolución de ecuaciones que incluyan combinaciones de las funciones mencionadas

Antes de comenzar

Qué necesitamos saber

1 Sustituir valores en una fórmula. Por ejemplo: sabiendo que $x = -1$, hallar el valor de $y = 3x^2 + 2x$.
$y = 3(-1)^2 + 2(-1) \Rightarrow y = 1$

2 Usar la calculadora de pantalla gráfica (en adelante, CPG) para resolver ecuaciones cuadráticas y sistemas de dos ecuaciones lineales con dos incógnitas. Por ejemplo: resolver:

a $3x^2 + 9x - 30 = 0 \Rightarrow x = 2, x = -5$

b $\begin{cases} x + y = 4 \\ -2x + y = 1 \end{cases} \Rightarrow x = 1, y = 3$

3 Hallar la pendiente de una recta, m, que pasa por dos puntos. Por ejemplo: A(3, 5) y B(1, 4)
$m = \dfrac{y_2 - y_1}{x_2 - x_1}$ $m = \dfrac{5-4}{3-1}$ $m = \dfrac{1}{2}$

Comprobemos nuestras habilidades

1 **a** Halle el valor de $y = 2{,}5x^2 + x - 1$ cuando $x = -3$.
b Halle el valor de $h = 3 \times 2^t - 1$ cuando $t = 0$.
c Halle el valor de $d = 2t^3 - 5t^{-1} + 2$ cuando $t = \dfrac{1}{2}$.

2 Usando su CPG, resuelva:
a $x^2 + x - 3 = 0$
b $2t^2 - t = 2$
c $\begin{cases} x - 2y = 3 \\ 3x - 5y = -2 \end{cases}$

En el capítulo 12, secciones 1.1 y 1.2, se muestra cómo ingresar los datos.

3 Halle la pendiente de la recta, m, que pasa por los puntos:
a A(7, –2) y B(–1, 4)
b A(–3, –2) y B(1, 8)

La foto que se muestra arriba muestra las posiciones de un clavadista durante distintos instantes hasta que llega al mar. Inicialmente, el clavadista se encuentra a 40 m sobre el nivel del mar y tarda 4,5 segundos en llegar al mar. Podemos usar la matemática para hallar una relación numérica entre el tiempo en segundos, t, y la altura del clavadista, a, en metros, sobre el nivel del mar. La relación que vincula el tiempo, t, y la altura, a, es un modelo matemático. Puede describirse usando una fórmula, un gráfico o una tabla de valores.

Para elaborar un modelo matemático frecuentemente comenzamos asumiendo algunas cosas. Aquí, asumimos que el clavadista está a 40 m sobre el nivel del mar y que tarda 4,5 segundos en llegar al mar. La fórmula que relaciona las variables t y a es:

$$a = -1{,}97\,(t^2 - 20{,}25), \quad \text{donde } t \geq 0$$

Podemos usar este modelo para calcular la altura del clavadista, a, sobre el nivel del mar en distintos instantes, t. Hay que sustituir el valor de t en la fórmula para obtener el valor de a que le corresponde. La tabla muestra tres pares de valores de t y de a.

t (segundos)	a (metros)
0	40,0
1	38,0
4	8,37

Aquí se muestra el gráfico de $a = -1{,}97(t^2 - 20{,}25)$, $t \geq 0$.

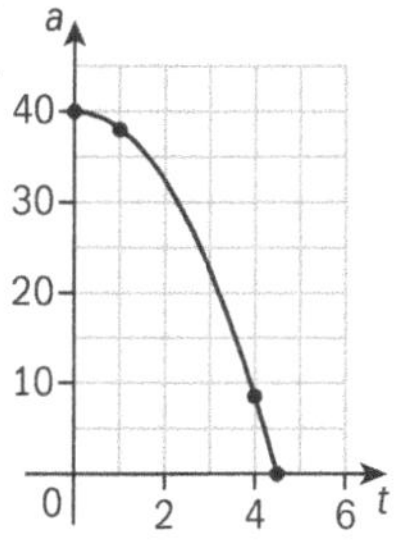

Los tres pares de valores de la tabla se indican en el gráfico con un •.

Podemos usar la fórmula o el gráfico para responder preguntas como:

¿Cuál es la altura a la que se encuentra el clavadista después de 2 segundos?

¿Cuánto tarda el clavadista en alcanzar una altura de 20 m sobre el nivel del mar?

En este capítulo trabajaremos con diferentes tipos de modelos matemáticos llamados **funciones**, para representar una variedad de situaciones prácticas. Estas funciones nos ayudan a comprender y predecir el comportamiento de las variables.

4.1 Funciones

Los modelos matemáticos que relacionan dos variables se llaman funciones.

→ Una **función** es una relación entre dos conjuntos: un **primer** conjunto y un **segundo** conjunto. Cada elemento "x" del primer conjunto se relaciona con **uno y solo un** elemento "y" del segundo conjunto.

Ejemplo 1

Antonio y Lola son dos alumnos del colegio secundario Barrio Verde (BV).
Mirna es una alumna del Japan High School (JHS).
El conjunto de alumnos A = {Antonio, Lola, Mirna}.
El conjunto de colegios B = {BV, JHS}.
Decida si estas relaciones son funciones. Justifique su respuesta.

a La relación entre el primer conjunto A y el segundo conjunto B es "x es un alumno del colegio y".

b La relación entre el primer conjunto B y el segundo conjunto A es "x es el colegio en el que y es alumno".

Respuestas

a Esta relación es una función, porque cada elemento del primer conjunto, A, se relaciona con solo un elemento del segundo conjunto, B. Esto significa que cada alumno estudia en un solo colegio.

Dibujar un diagrama de flechas para mostrar cómo los elementos del conjunto A, Antonio, Lola y Mirna, se relacionan con los elementos del conjunto B, BV y JHS.

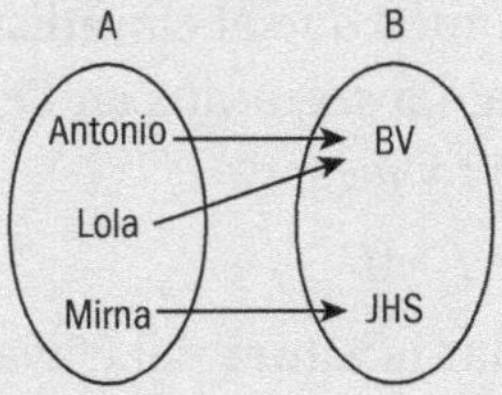

b Esta relación no es una función, porque un elemento del primer conjunto B, BV, se relaciona con más de un elemento en el segundo conjunto A, Antonio y Lola.

Dibujar un diagrama de flechas para mostrar cómo los elementos del conjunto B se relacionan con los elementos del conjunto A.

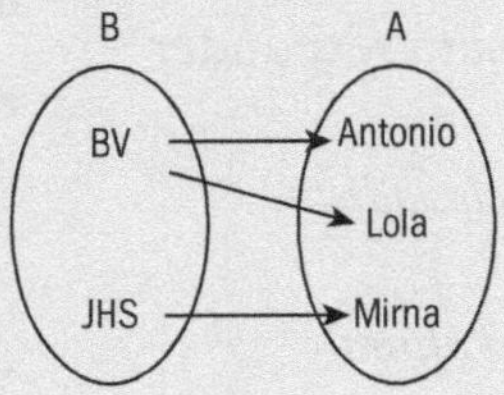

En el capítulo 1, estudiamos conjuntos en los que los elementos eran números. Sin embargo, los elementos de un conjunto pueden ser cualquier tipo de objeto.

Los diagramas de flechas se utilizan para representar cómo los elementos del primer conjunto se relacionan con los elementos del segundo conjunto.

Ejemplo 2

Sean A = {1, −1, 0, 2, 4}, B = {1, 0, 4} y C = {1, 0, 4, 16}.
Decida si las siguientes relaciones son funciones. Justifique su respuesta.

a La relación entre el primer conjunto A y el segundo conjunto B: "el cuadrado de x es y" o simbólicamente "$y = x^2$"

b La relación entre el primer conjunto A y el segundo conjunto C: "el cuadrado de x es y" o simbólicamente "$y = x^2$"

c La relación entre el primer conjunto C y el segundo conjunto A: "la raíz cuadrada de x es y" o simbólicamente "$y = \sqrt{x}$"

Respuestas

a No es una función, porque un elemento del primer conjunto A, el 4, no se relaciona con ningún elemento del segundo conjunto B.

Elaborar una tabla de valores
Los elementos del conjunto A son los valores de x. Usar estos valores para hallar los valores de y que le corresponden usando $y = x^2$.
Comprobar que los valores de y son los del conjunto B.

A x	**B** $y = x^2$
1	1
−1	1
0	0
2	4
4	

$4^2 = 16$; 16 no es un elemento del conjunto B.

b Es una función, porque cada elemento del primer conjunto A se relaciona con uno y solo un elemento del segundo conjunto C.

A x	**C** $y = x^2$
1	1
−1	1
0	0
2	4
4	16

c Es una función, porque cada elemento del primer conjunto C se relaciona con uno y solo un elemento del segundo conjunto A.

C x	**A** $y = \sqrt{x}$
1	1
0	0
4	2
16	4

Como en el ejemplo 2 los elementos del conjunto son números, las relaciones son **numéricas**. En Estudios Matemáticos trabajamos con relaciones numéricas que se pueden describir usando **ecuaciones**.

Piense en situaciones cotidianas en las que podemos definir funciones entre dos conjuntos. Por ejemplo, la relación entre un grupo de personas y sus nombres, la relación entre un árbol y sus ramas, la relación entre los días y la temperatura media de cada uno de esos días, etc.

Ejercitación 4A

1 La profesora Urquiza y el profesor Genzer enseñan Matemáticas. Miguel y Lucía están en la clase de la profesora Urquiza. Lidia y Diana están en la clase del profesor Genzer.
Considere el conjunto de alumnos A = {Miguel, Lucía, Lidia, Diana} y el conjunto de profesores B = {profesora Urquiza, profesor Genzer}.
Decida si las siguientes relaciones son funciones. Justifique sus decisiones.

a La relación entre el primer conjunto A y el segundo conjunto B: "x está en la clase de Matemáticas de y"

b La relación entre el primer conjunto B y el segundo conjunto A: "x es el profesor de Matemáticas de y"

2 Sean A = {3, 7, 50}, B = {12, 16, 49, 100} y C = {49, 100}.
Decida si las siguientes relaciones son funciones. Justifique sus decisiones.

a El primer conjunto es A, el segundo conjunto es B y la relación es "x es divisor de y".

b El primer conjunto es B, el segundo conjunto es A y la relación es "x es múltiplo de y".

c El primer conjunto es C, el segundo conjunto es A y la relación es "x es múltiplo de y".

3 Sean A = {1, 2, 3, 4}, B = {2, 4, 6} y C = {1, 2, 4, 6}.

a Decida si las siguientes relaciones son funciones. Justifique sus decisiones.

i El primer conjunto es A, el segundo conjunto es B y la relación es "x es la mitad de y".

ii El primer conjunto es A, el segundo conjunto es C y la relación es "x es la mitad de y".

iii El primer conjunto es C, el segundo conjunto es A y la relación es "x es el doble de y".

iv El primer conjunto es B, el segundo conjunto es C y la relación es "x es igual a y".

v El primer conjunto es C, el segundo conjunto es A y la relación es "x es igual a y".

b Dibuje un diagrama para representar las relaciones del apartado **a** que son funciones.

4 Describa las siguientes relaciones entre x e y usando ecuaciones.

a y es el doble de x.

b La mitad de x es y.

c La raíz cúbica de x es y.

d La mitad del cubo de x es y.

La ecuación "$y = x^2$" describe la relación "y es el cuadrado de x".

5 Decida si estas relaciones son funciones. Explique sus decisiones en los casos en que no son funciones.

- **a** El primer conjunto es $\mathbb{R}$, el segundo conjunto es $\mathbb{R}$ y la relación se define a través de la ecuación $y = 3x + 1$.
- **b** El primer conjunto es $\mathbb{R}$, el segundo conjunto es $\mathbb{R}$ y la relación se define a través de la ecuación $y = x^2$.
- **c** El primer conjunto es $\mathbb{R}$, el segundo conjunto es $\mathbb{R}$ y la relación se define a través de la ecuación $y = \sqrt{x}$.
- **d** El primer conjunto es $A = \{x \geq 0, x \in \mathbb{R}\}$, el segundo conjunto es $\mathbb{R}$ y la relación se define a través de la ecuación $y = \sqrt{x}$.

$\mathbb{R}$ es el conjunto de números reales.

Dominio y recorrido de una función

Una función es una relación entre dos conjuntos: un primer y un segundo conjunto.

→
- El primer conjunto se denomina **dominio** de la función. Los elementos del dominio, a menudo considerados "valores de x", representan la **variable independiente**.
- Para cada valor de "x" (entrada), hay uno y solo un valor de "y" (salida). Este valor se denomina **imagen** de "x". El conjunto de todas las imágenes (todas las salidas) se denomina **recorrido** de la función. Los elementos del recorrido, a menudo considerados "valores de y", representan la **variable dependiente**.

Entrada Salida
$x \xrightarrow{\text{Ecuación}} y$
Dominio Recorrido

En Estudios Matemáticos el dominio siempre será el conjunto de números reales, a menos que se indique lo contrario.

Escribimos el dominio y el recorrido como conjuntos, usando llaves:
Dominio = {entradas}
Recorrido = {imágenes o salidas}

Ejemplo 3

Considere la función $y = x^2$.

- **a** Halle la imagen de: **i** $x = 1$ **ii** $x = -2$.
- **b** Escriba el dominio.
- **c** Escriba el recorrido.

Respuestas	
a **i** $y = 1$	***i*** *Sustituir $x = 1$ en $y = x^2$* $y = (-1)^2 \Rightarrow y = 1$
ii $y = 4$	***ii*** *Sustituir $x = -2$ en $y = x^2$* $y = (-2)^2 \Rightarrow y = 4$
b El dominio es el conjunto de números reales, $\mathbb{R}$.	*Al calcular el cuadrado de un número real se obtiene otro número real. Por lo tanto, el dominio es el conjunto de todos los números reales.*
c El recorrido es $y \geq 0$.	*El cuadrado de un número positivo o negativo es un número positivo y el cuadrado de cero es cero. Por lo tanto, el recorrido es el conjunto de todos los números reales mayores o iguales que cero.*

Se asume que el dominio es $\mathbb{R}$, a menos que haya valores que x no pueda tomar.

Ejemplo 4

Considere la función $y = \frac{1}{x}$, $x \neq 0$.

a Halle la imagen de:

i $x = 2$ **ii** $x = -\frac{1}{2}$

b Escriba el dominio.

c i Decida si $y = 0$ es un elemento del recorrido. Justifique su decisión.

ii Decida si $y = -5$ es un elemento del recorrido. Justifique su decisión.

Respuestas

a i $y = \frac{1}{2}$ **ii** $y = \frac{1}{-\frac{1}{2}} = -2$	*Sustituir* ***i*** $x = 2$ ***ii*** $x = -\frac{1}{2}$ *en* $y = \frac{1}{x}$
b El dominio es el conjunto de todos los números reales menos el 0.	*Dado que no está definida la división por 0, el dominio es el conjunto de todos los números reales menos el 0 (*$x \neq 0$*).*
c i $0 = \frac{1}{x}$ Esta ecuación no tiene solución. Por lo tanto, $y = 0$ no es un elemento del recorrido.	*Sustituir* ***i*** $y = 0$ ***ii*** $y = -5$ *en* $y = \frac{1}{x}$ *¿Hay algún valor de x (entrada) que dé un valor de y (salida) igual a 0?*
ii $-5 = \frac{1}{x}$ $x = -\frac{1}{5}$ Por lo tanto, $y = -5$ es un elemento del recorrido, ya que es la imagen de $x = -\frac{1}{5}$.	*¿Hay algún valor de x (entrada) que dé un valor de y (salida) igual a −5?*

El primero en usar el término matemático "función" fue Gottfried Leibniz en 1673.

Ejercitación 4B

1 Para cada una de las funciones dadas desde **a** hasta **d**:

- **i** Copie y complete la tabla. Marque con una × las celdas que no se pueden completar.
- **ii** Escriba el dominio.
- **iii** Decida si $y = 0$ pertenece al recorrido de la función. Justifique su decisión.

a $y = 2x$

x	$-\frac{1}{2}$	0	1	3,5	
y = 2x					12

b $y = x^2 + 1$

x	−3	0	2	$\frac{1}{4}$		
$\mathbf{y = x^2 + 1}$					5	5

c $y = \dfrac{1}{x+1}, x \neq -1$

x	−2	−1	0	$\frac{1}{2}$	3	
$\mathbf{y = \frac{1}{x+1}}$						$\frac{1}{6}$

d $y = \sqrt{x}, x \geq 0$

x	−3	0	$\frac{1}{4}$		9	
$\mathbf{y = \sqrt{x}}$				1		10

2 Decida si las siguientes afirmaciones son verdaderas o falsas. Justifique cada una de sus decisiones.

- **a** $y = 0$ es un elemento del recorrido de la función $y = \dfrac{2}{x}$.
- **b** En la ecuación $y = x^2$, la variable y no puede tomar el valor −1.
- **c** En la ecuación $y = x^2 + 3$, la variable y no puede tomar el valor 2.
- **d** En la función $y = x^2 - 1$, hay dos valores de x cuando $y = 3$.
- **e** En la función $y = \dfrac{x}{3} - 1$, la imagen de $x = -3$ es −2.
- **f** En la función $y = 2(-x + 1)$, la imagen de $x = -1$ es $y = 0$.

Gráfico de una función

Un gráfico puede representar una función.

→ El **gráfico de una función** f es el conjunto de puntos (x, y) sobre el plano cartesiano, donde y es la imagen de x a través de la función f.

Usamos distintas letras para nombrar a las funciones: *f*, *g*, *h*, etc.

Dibujo con precisión de gráficos

- Elaborar una tabla de valores para hallar algunos puntos del gráfico
- En un papel milimetrado, dibujar con precisión los ejes y rotularlos, usando escalas apropiadas
- Situar los puntos
- Unir los puntos con una línea recta o con una curva suave

Las coordenadas cartesianas y el plano cartesiano tienen este nombre por el francés René Descartes (1596–1650).

Ejemplo 5

a Dibuje con precisión el gráfico de la función $y = -x + 1$.

b Escriba las coordenadas del punto donde el gráfico de la función corta al:

i Eje x **ii** Eje y

c Decida si el punto A(200, –199) pertenece al gráfico de la función.

d El punto B(6, y) pertenece al gráfico de la función. Halle el valor de y.

"Dibujar con precisión" significa representar un gráfico preciso y en papel milimetrado.

Respuestas

a

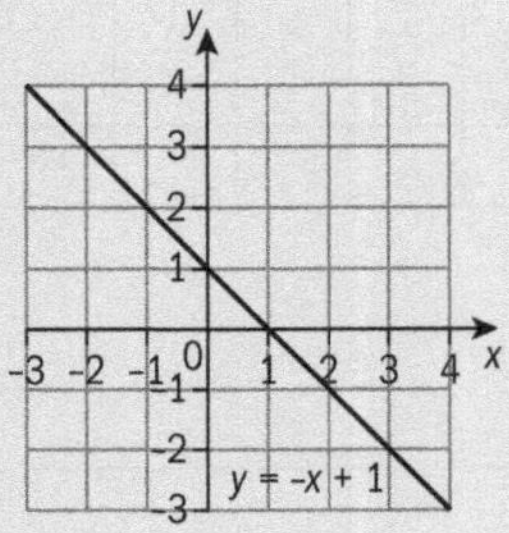

Elaborar una tabla de valores. Usar valores positivos y negativos para x. Usar estos valores para hallar los valores correspondientes de y.

Cuando $x = -3$, $y = -(-3) + 1 = 4$.

x	−3	−1	0	1	3
y	4	2	1	0	−2

Usar papel milimetrado

Considerar 1 cm = 1 unidad

Rotular los ejes x e y

Situar los puntos (−3, 4), (−1, 2), (0, 1), (1, 0) y (3, −2)

Unir los puntos con una línea recta

b **i** Intersección con el eje x es (1, 0).

ii Intersección con el eje y es (0, 1).

i *Para hallar la intersección con el eje x, leer en el gráfico de f el punto donde corta al eje x*

ii *Para hallar la intersección con el eje y, leer en el gráfico de f el punto donde corta al eje y*

c $-199 = -200 + 1$

Por lo tanto, A(200, 199) pertenece al gráfico.

A(200, −199)

Sustituir los valores de x y de y en la ecuación de la recta para ver si la verifican

d B(6, y) pertenece al gráfico, entonces:

$y = -6 + 1 = -5 \Rightarrow y = -5$

B(6, y)

Sustituir x = 6 en la ecuación de la recta para hallar el valor de y en ese punto

Un punto P pertenece al gráfico de una función si y solo si las coordenadas del punto satisfacen la ecuación de la función.

En la solución del próximo ejemplo, se utiliza la notación $\{x \mid x \leq 3\}$. Esto se lee: "el conjunto de todos los x tales que x es un número real menor o igual que 3".

Ejemplo 6

Aquí se muestra el gráfico de una función f.
Utilice el gráfico para hallar:

a El dominio de f
b El recorrido de f
c Los puntos donde el gráfico de f corta al:
i Eje x **ii** Eje y

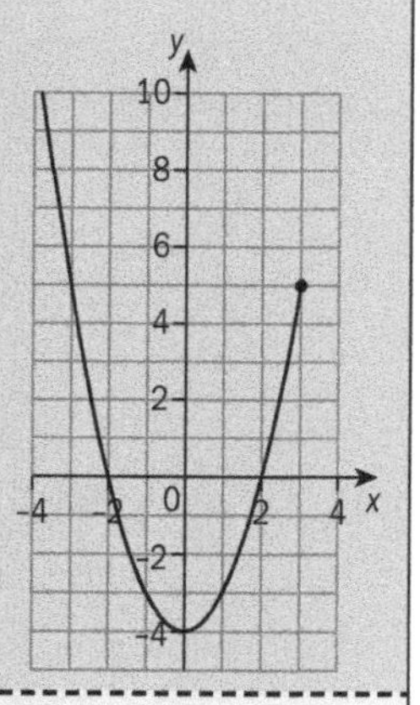

Para indicar que el extremo pertenece al gráfico de la función, usamos •. En el ejemplo 6, el punto (3, 5) es un punto del gráfico. Para indicar que un punto no pertenece al gráfico, usamos ○.

Respuestas

a Dominio de $f = \{x \mid x \leq 3\}$

Para hallar el dominio a partir del gráfico de una función, "aplastar" o proyectar el gráfico sobre el eje x.

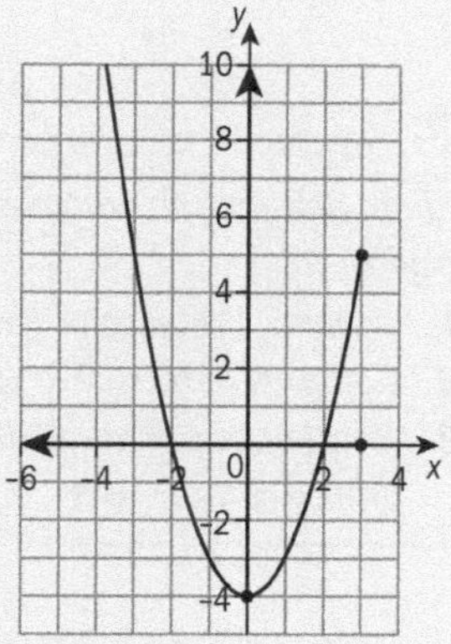

En el gráfico de arriba, el dominio se muestra con la flecha que comienza en (3, 0) y va hacia la izquierda.

b Recorrido de $f = \{y \mid y \geq -4\}$

Para hallar el recorrido a partir del gráfico de la función, "aplastar" el gráfico sobre el eje y.
En el gráfico del apartado **a**, *el recorrido se muestra con la flecha que comienza en (0, −4) y va hacia arriba.*

c i Intersecciones con el eje x: $(-2, 0)$ y $(2, 0)$

i En el eje x la coordenada y es cero.

ii Intersección con el eje y: $(0, -4)$

ii En el eje y la coordenada x es cero.

¿Es posible que el gráfico de una función corte al eje y más de una vez?

Dibujo aproximado de una función lineal

- Dibujar y rotular los ejes
- Situar los puntos en los que el gráfico cruza al eje x y al eje y

Ejemplo 7

Dibuje aproximadamente el gráfico de la función $y = 3x - 1$.

Respuesta

La intersección con el eje x es: $\left(\frac{1}{3}, 0\right)$

Cuando $y = 0,\ x = \frac{1}{3}$

La intersección con el eje y es: $(0, -1)$

Cuando $x = 0,\ y = -1$

Dibujar el gráfico en la CPG

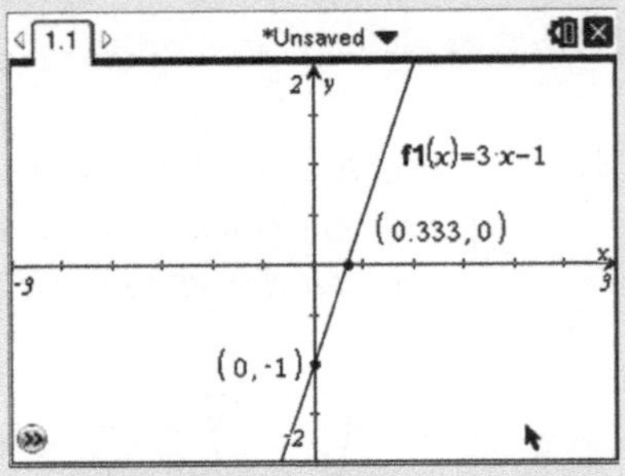

Ahora dibujar aproximadamente el gráfico:

1. *Dibujar y rotular los ejes*
2. *Copiar el gráfico de la CPG*
3. *Rotular los puntos donde el gráfico corta los ejes*

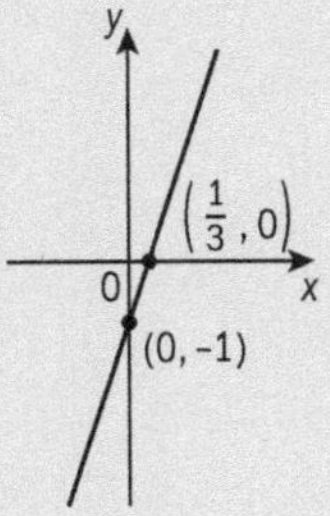

"Dibujar aproximadamente" significa dar una idea general del gráfico.

Ejercitación 4C

PREGUNTA TIPO EXAMEN

1 **a** Dibuje con precisión el gráfico de la función $y = 2x - 4$.

b Escriba las coordenadas del punto donde el gráfico de esta función corta al:

i Eje x **ii** Eje y

c Decida si el punto A(250, 490) pertenece al gráfico de la función. Justifique su decisión.

d El punto B(−3, y) pertenece al gráfico de la función. Halle el valor de y.

2 Para cada uno de los gráficos de funciones dados desde **a** hasta **d**, escriba:

i El dominio **ii** El recorrido

iii Los puntos en los que el gráfico corta al eje x (si es posible)

iv El punto en el que el gráfico corta al eje y (si es posible)

a

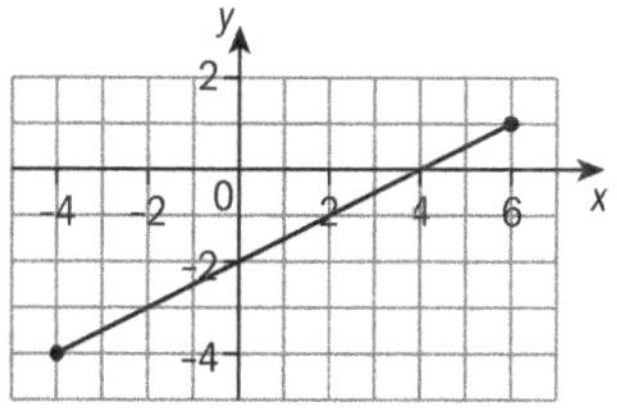

b

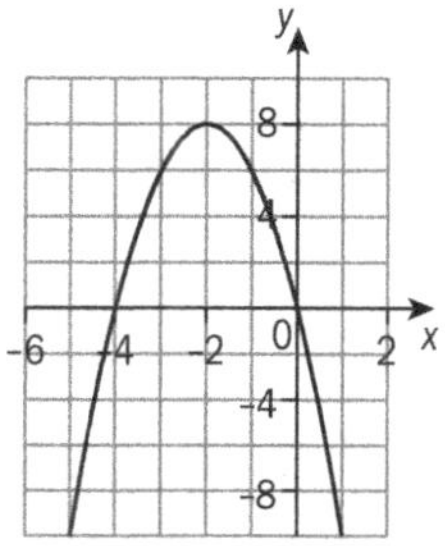

c

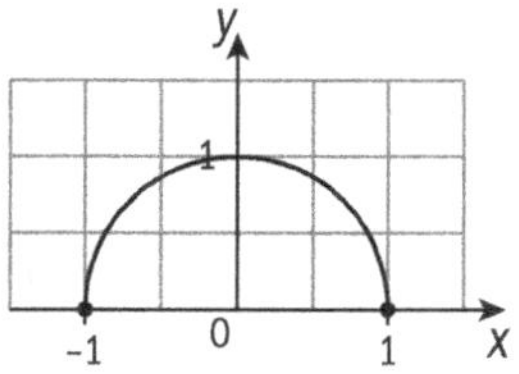

d

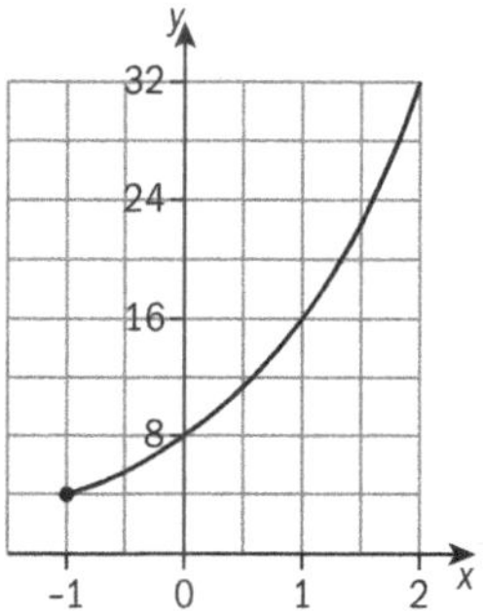

3 Decida si las afirmaciones sobre las funciones dadas en la pregunta 2 son verdaderas o falsas.

Función **a**

i El punto (1, −1) pertenece al gráfico.

ii La imagen de $x = -2$ es 0.

iii Cuando $x = 6$, $y = 1$.

Función **b**

i Hay 2 valores de x para los cuales $y = 8$.

ii Hay 2 valores de x para los cuales $y = 4$.

iii Hay 1 valor de x para el cual $y = 9$.

Función **c**

i La recta $x = 0{,}5$ corta al gráfico de esta función 2 veces.

ii La recta $y = 0{,}5$ corta al gráfico de esta función 2 veces.

iii La imagen de $x = 0{,}2$ es igual a la imagen de $x = -0{,}8$.

Función **d**

i La recta $y = 1$ corta al gráfico de esta función 1 vez.

ii Cuando $x = 16$, $y = 1$.

iii A medida que los valores de x aumentan, sus valores correspondientes de y también aumentan.

4 Dibuje aproximadamente cada una de estas funciones:

a $y = 2x + 3$ **b** $y = -x + 2$ **c** $y = 3x - 4$

Notación de funciones

> → $y = f(x)$ significa que la imagen de x a través de la función f es y. La variable independiente es x y la variable dependiente es y.

Por ejemplo, si $f(x) = 2x - 5$:

- $f(3)$ representa la imagen de $x = 3$. Para hallar el valor de $f(3)$ hay que sustituir $x = 3$: $f(3) = 2 \times 3 - 5 = 1$.
- $f(-1)$ representa la imagen de $x = -1$. Para hallar el valor de $f(-1)$ hay que sustituir $x = -1$: $f(-1) = 2 \times -1 - 5 = -7$.

Usamos diferentes variables y diferentes letras para las funciones. Por ejemplo: $d = v(t)$, $m = C(n)$, etc.

"$f(3)=1$" se lee "f en 3 es 1" o "f de 3 es 1".

Ejemplo 8

Considere la función $f(x) = -x^2 + 3x$.

a Halle la imagen de $x = -2$. **b** Halle $f(1)$.

c Muestre que el punto (4, −4) pertenece al gráfico de f.

Respuestas

a $f(-2) = -(-2)^2 + 3 \times -2 = -10$	*Sustituir $x = -2$ en $f(x) = -x^2 + 3x$*
b $f(1) = -1^2 + 3 \times 1 = 2$	*Sustituir $x = 1$ en $f(x)$*
c $f(4) = -4^2 + 3 \times 4 = -4$ Por lo tanto, (4, −4) pertenece al gráfico de f.	*Si (4, −4) pertenece al gráfico de f, entonces $f(4) = -4$. Sustituir $x = 4$.*

Uno de los primeros matemáticos en estudiar el concepto de función fue el francés y filósofo Nicolás de Oresme (1323–1382), quien trabajó con cantidades representadas por variables dependientes e independientes.

Ejercitación 4D

1 Considere la función $f(x) = x(x - 1)(x + 3)$.

a Calcule $f(2)$. **b** Halle la imagen de $x = \frac{1}{2}$.

c Muestre que $f(-3) = 0$.

d Decida si el punto (−1, −4) pertenece al gráfico de f. Justifique su decisión.

2 Considere la función $d(t) = 5t - t^2$.

a Escriba la variable independiente de esta función.

b Calcule $d(2{,}5)$.

c Calcule la imagen de $t = 1$.

d Muestre que $d(1)$ y $d(4)$ toman el mismo valor.

3 Considere la función $C(n) = 100 - 10n$.

a Calcule $C(2)$.

b El punto (3, b) pertenece al gráfico de la función C. Halle el valor de b.

c El punto (a, 0) pertenece al gráfico de la función C. Halle el valor de a.

PREGUNTA TIPO EXAMEN

4 Este es el gráfico de la función $v(t) = -3t + 6$.

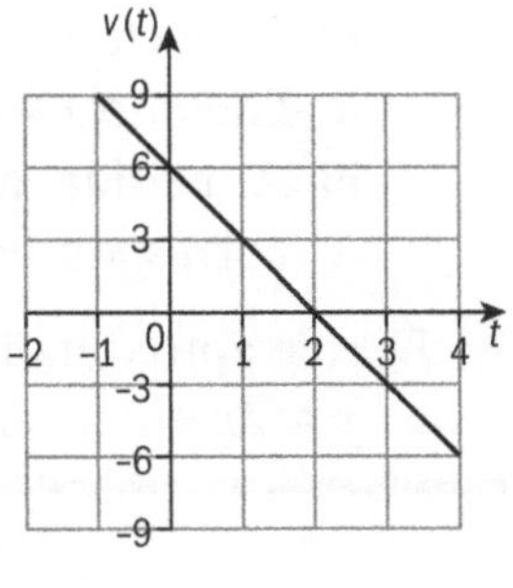

a Escriba el valor de: **i** $v(1)$ **ii** $v(3)$.

b El punto (m, 9) pertenece al gráfico. Halle el valor de m.

c Halle el valor de t para el cual $v(t) = 0$.

d Halle el conjunto de valores de t para los que $v(t) < 0$.

PREGUNTA TIPO EXAMEN

5 Considere la función $f(x) = 0{,}5(3 - x)$.

a Dibuje con precisión el gráfico de f.

b Halle el punto A, donde el gráfico de f corta al eje x.

c Halle el punto B, donde el gráfico de f corta al eje y.

d Resuelva la ecuación $f(x) = 2$.

6 Considere la función $h(x) = 3 \times 2^{-x}$.

a Calcule: **i** $h(0)$ **ii** $h(-1)$. **b** Halle x si $h(x) = 24$.

> $h(x) = 3 \times 2^{-x}$ es una función exponencial. Estudiaremos más sobre ellas en la sección 4.4.

Las funciones como modelos matemáticos

Podemos usar las funciones para describir situaciones de la vida real.

Traducir la situación al lenguaje matemático y símbolos → Hallar la solución usando matemática → Interpretar la solución en el contexto del problema

Ejemplo 9

Una plancha de cartón rectangular mide 20 cm por 10 cm. En cada una de las esquinas se cortan cuadrados de x cm de lado. El cartón que queda se dobla para formar una caja abierta. Escriba una función que modelice el volumen de la caja.

Respuesta

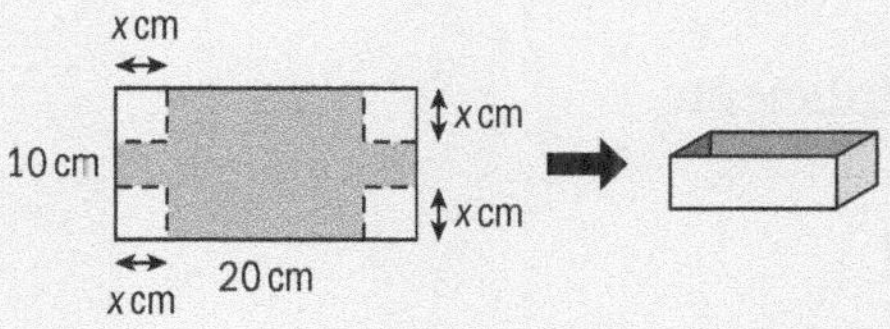

$V(x) = (20 - 2x)(10 - 2x)x$

Primero hay que dibujar un diagrama para representar la información dada en la pregunta.
Rotular cuidadosamente las dimensiones de la caja abierta:
Largo (20 – 2x) cm
Ancho (10 – 2x) cm
Altura x cm
El volumen de la caja, V, dependerá del valor de x.
Volumen del ortoedro = largo × ancho × altura.

> Observe el ejemplo 9.
> **1** ¿Cuál es el dominio de la función $V(x)$? ¿Puede la variable x tomar cualquier valor? ¿Por qué? Pruebe con diferentes valores y saque una conclusión.
> **2** ¿Cómo puede la función ayudarnos a hallar el volumen máximo posible?

Ejercitación 4E

PREGUNTA TIPO EXAMEN

1 Una plancha rectangular de cartón mide 30 cm por 15 cm. En cada una de las esquinas se cortan cuadrados de x cm de lado. El cartón que queda se dobla para formar una caja abierta de l cm de largo y a cm de ancho.

a Escriba expresiones, en función de x, para:

i La longitud, l **ii** El ancho, a

b Halle una expresión para el volumen de la caja, V, en función de x.

i Explique con palabras el significado de $V(3)$.

ii Halle el valor de $V(3)$. **iii** Halle el valor de $V(3{,}4)$.

iv ¿Pertenece $x = 8$ al dominio de la función $V(x)$? Justifique su decisión.

PREGUNTAS TIPO EXAMEN

2 El perímetro de un rectángulo es 24 cm y su longitud es x cm.

a Halle el ancho del rectángulo en función de la longitud, x.

b Halle una expresión para el área del rectángulo, A, en función de x.

c **i** Explique el significado de $A(2)$.

ii Calcule $A(2)$.

d ¿Pertenece $x = 12$ al dominio de la función $A(x)$? Justifique su decisión.

Podemos usar funciones matemáticas para representar situaciones de nuestra propia vida. Por ejemplo, suponga que la cantidad de pizzas que come su familia depende del número de partidos de fútbol que miran. Si "f" es la cantidad de partidos de fútbol, "p" es la cantidad de pizzas y comen 3 pizzas durante cada partido de fútbol, entonces la función sería $p = 3f$. ¿Puede pensar en otra función de la vida real? Quizás podría ser sobre la cantidad de dinero que gasta o la cantidad de minutos que habla por teléfono.

3 Los Simpson alquilan una casa para sus vacaciones y les cuesta USD150 por día más USD300 en concepto del depósito de garantía.

Sea n el número de días que se quedan en la casa y C el costo de alquilar la casa:

a Escriba una fórmula para C en función de n.

b ¿Cuánto cuesta alquilar la casa por 30 días?

Los Simpson tienen USD2300 para gastar en el alquiler de la casa.

i Usando su respuesta al apartado **a**, escriba una inecuación que represente esta condición.

ii A partir de lo anterior, decida si tienen dinero suficiente para alquilar la casa por 2 semanas.

iii Escriba el número máximo de días que pueden alquilar la casa.

4 Una compañía australiana produce y vende libros.
El **costo** mensual, en dólares australianos, de producir x libros se puede modelizar con $C(x) = 0{,}4x^2 + 1500$.
El **ingreso** mensual, en dólares australianos, por vender x libros se puede modelizar con $I(x) = -0{,}6x^2 + 160x$.

a Muestre que la ganancia mensual de la compañía se puede calcular usando la función:
$G(x) = -x^2 + 160x - 1500$

Ganancia = ingreso − costo

b ¿Cuál es la ganancia de la compañía si produce y vende 6 libros? Comente acerca de respuesta.

c **i** ¿Cuál es la ganancia de la compañía si produce y vende 40 libros?

ii Halle el precio de venta de 1 libro cuando se producen y venden 40 libros. (Suponga que todos los libros tienen el mismo precio.)

d Usando su CPG, halle el número de libros para los que $G(x) = 0$.

4.2 Modelos lineales

Modelos lineales de la forma f (x) = mx

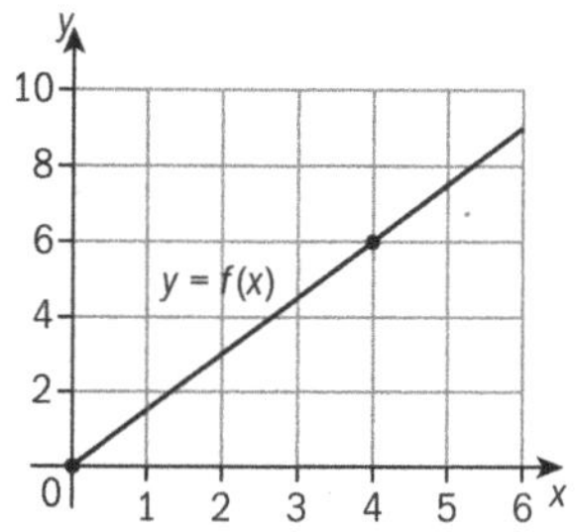

La recta que se muestra tiene una pendiente positiva y la función $y = f(x)$ es creciente.

$f(0) = 0$ y la recta pasa por el origen (0, 0).

La pendiente de la recta está dada por $m = \frac{y_2 - y_1}{x_2 - x_1}$.

Usando dos puntos de la recta, (4, 6) y (0, 0), la pendiente es $m = \frac{6-0}{4-0} = \frac{3}{2} = 1{,}5$.

Por lo tanto, $f(x) = 1{,}5x$.

Este tipo de modelo lineal se utiliza en **gráficos de conversión**. Hay una relación fija entre las dos variables, que son directamente proporcionales. Sus gráficos son líneas rectas que tienen una pendiente positiva y que pasan por el origen.

Los gráficos de conversión se pueden usar para convertir de una divisa a otra o de una unidad a otra, como por ejemplo, de kilómetros a millas o de kilogramos a libras.

Ejemplo 10

Una milla es equivalente a 1,6 km.

a Dibuje con precisión un gráfico de conversión de millas a kilómetros.

b Halle la pendiente de la recta.

c A partir de lo anterior, escriba el modelo para $k(x)$, donde $k(x)$ es la distancia en km y x es la distancia en millas.

Respuestas

a

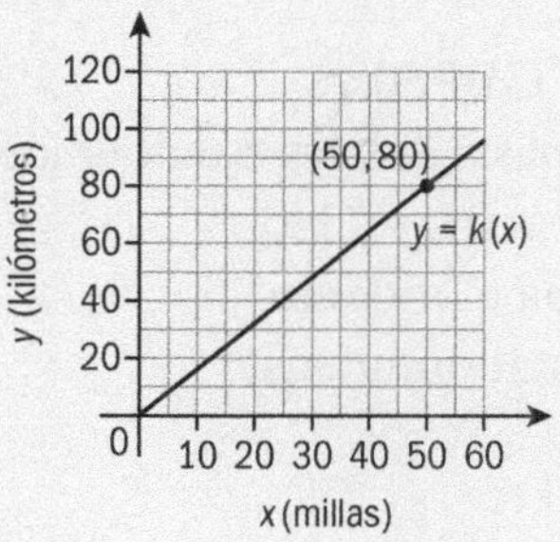

Usar papel milimetrado. Ubicar las millas en el eje x.
Ubicar los kilómetros en el eje y
Hallar dos puntos para dibujar la recta:
0 millas = 0 km; por lo tanto, el punto (0, 0) pertenece a la recta.
50 millas son equivalentes a 1,6 × 50 = 80 km; por lo tanto, (50, 80) pertenece a la recta.
Situar los dos puntos y unirlos con una línea recta

b Pendiente, $m = \frac{80-0}{50-0} = 1{,}6$.

Usar los puntos del apartado **a** *para hallar la pendiente,* $m = \frac{y_2 - y_1}{x_2 - x_1}$

c La ecuación de la recta es $y = 1{,}6x$.
Por lo tanto, $k(x) = 1{,}6x$, donde $k(x)$ es la distancia en km y x es la distancia en millas.

Una función lineal que pasa por el origen tiene la fórmula $f(x) = mx$.
Aquí la función es $k(x) = mx$.

De la ecuación $y = 1{,}6x$ podemos despejar x: $x = \frac{y}{1{,}6}$ o $x = \frac{1}{1{,}6}y = 0{,}625y$. Luego, podemos usar estas fórmulas para convertir de km a millas.

Ejercitación 4F

1 1 kg es equivalente a 2,2 libras.

a Convierta 50 kg a libras.

b Dibuje con precisión un gráfico de conversión de libras a kilogramos. Utilice valores de x desde 0 kg a 100 kg, y valores de y desde 0 libras a 250 libras.

Sitúe el punto hallado en el apartado **a**.

c Halle la pendiente de la recta. A partir de lo anterior, escriba el modelo para $l(x)$, donde $l(x)$ es el peso en libras y x es el peso en kg.

d Halle $l(75)$ y $l(125)$.

e Halle el modelo para $k(x)$, donde $k(x)$ es el peso en kg y x es el peso en libras.

Escriba la fórmula en la forma $y = \ldots$, y despeje x.

f Calcule $k(75)$ y $k(100)$.

2 El tipo de cambio de libras esterlinas (GBP) al dólar de Singapur (SGD) es GBP1 = SGD2,05.

a Halle la cantidad de dólares de Singapur equivalente a GBP50.

b Dibuje con precisión un gráfico de conversión de GBP a SGD. Utilice valores de x desde GBP0 hasta GBP100, y valores de y desde SGD0 a SGD250.

c Halle la pendiente de la recta. A partir de lo anterior, escriba el modelo para $s(x)$, donde $s(x)$ es la cantidad de dinero en dólares de Singapur y x es la cantidad de dinero en libras esterlinas.

d Halle $s(80)$ y $s(140)$.

e Halle el modelo para $l(x)$, donde $l(x)$ es la cantidad de dinero en libras esterlinas y x es la cantidad de dinero en dólares de Singapur.

f Calcule $l(180)$.

3 El tipo de cambio de libras esterlinas (GBP) a dólares estadounidenses (USD) es GBP1 = USD1,55.

a Halle la cantidad de dólares estadounidenses equivalente a GBP60.

b Dibuje con precisión un gráfico de conversión de libras esterlinas a dólares estadounidenses. Utilice el eje x para GBP con $0 \le x \le 80$, y el eje y para USD con $0 \le y \le 140$.

c Halle la pendiente de la recta. A partir de lo anterior, escriba el modelo para $d(x)$, donde $d(x)$ es la cantidad de dinero en dólares estadounidenses y x es la cantidad de dinero en libras esterlinas.

d Halle $d(300)$ y $d(184)$.

e Halle el modelo para $l(x)$, donde $l(x)$ es la cantidad de dinero en libras esterlinas y x es la cantidad de dinero en dólares estadounidenses.

f Calcule $l(250)$ y $l(7750)$.

Modelos lineales de la forma $f(x) = mx + c$

Cuando dos variables que describen un modelo lineal no son directamente proporcionales, el gráfico que representa la relación es una recta que no pasa por el origen. Se trata de una **función lineal**.

→ Una **función lineal** tiene la forma general:

$$f(x) = mx + c$$

Donde m (la pendiente) y c son constantes

Hemos visto la ecuación de la recta en el capítulo 3, sección 3.2.

Ejemplo 11

En un experimento de química, se calienta un líquido y se registran las temperaturas en diferentes momentos.
A continuación se muestra la tabla de resultados de un alumno.

Tiempo (*x* minutos)	2	4	6	9
Temperatura (*y* °C)	30	40	50	65

a Dibuje con precisión un gráfico para estos datos.

b Halle un modelo para $T(x)$, la temperatura del líquido en función del tiempo, para estos datos.

c Utilice el modelo para predecir:

i La temperatura del líquido después de 8 minutos

ii El tiempo que tarda el líquido en alcanzar 57 °C

En el capítulo 12, sección 5.4, se muestra cómo hacer un gráfico en la CPG y hallar el modelo para $T(x)$.

Respuestas

a

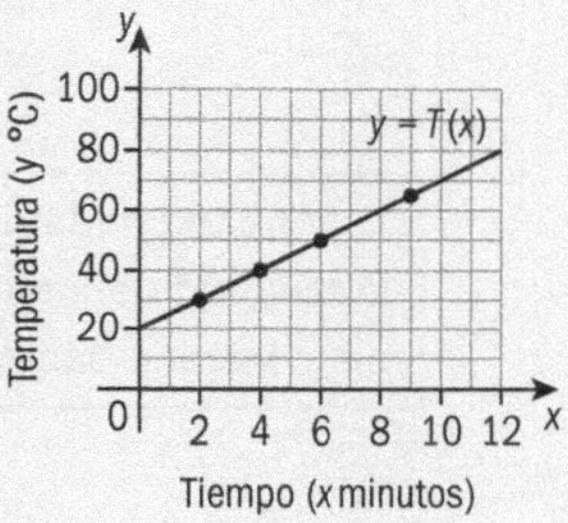

Usar papel milimetrado
Ubicar el tiempo en el eje x
Ubicar la temperatura en el eje y
Situar los puntos de la tabla, como por ejemplo (2, 30), y unirlos con una línea recta

b Pendiente, $m = \dfrac{65-40}{9-4}$

$= \dfrac{25}{5} = 5$

$T(x) = mx + c$

$T(x) = 5x + c$

$T(2) = 5 \times 2 + c = 30$

$10 + c = 30$

$c = 20$

Por lo tanto, el modelo para la temperatura es $T(x) = 5x + 20$.

El modelo tendrá la forma $T(x) = mx + c$. Debemos hallar las constantes m y c.
Usar cualquier par de puntos, por ejemplo (4, 40) y (9, 65), para hallar la pendiente con la fórmula $m = \dfrac{y_2 - y_1}{x_2 - x_1}$

Para hallar el valor de c, usar cualquier punto de la tabla, por ejemplo, (2, 30), que significa que $T(2) = 30$.

c i A los 8 minutos:

$T(8) = 5 \times 8 + 20 = 60$

Por lo tanto, la temperatura del líquido después de 8 minutos es 60 °C.

*i Si el tiempo es 8 minutos significa que $x = 8$. Sustituir $x = 8$ en la función hallada en el apartado **b**.*

ii Cuando $T(x) = 57$ °C:

$57 = 5x + 20$

$5x = 37$

$x = \dfrac{37}{5} = 7{,}4$

Por lo tanto, el líquido tarda 7,4 minutos en alcanzar 57 °C.

ii Una temperatura de 57 °C significa que $T(x) = 57$. Sustituir $T(x) = 57$ y hallar el valor de x.

En el ejemplo 11, la ecuación del modelo fue $T(x) = 5x + 20$.
Comparemos la ecuación del modelo con:

a La temperatura inicial

b El valor promedio del aumento de la temperatura por minuto

¿Qué conclusiones podemos sacar?

Ejercitación 4G

1 En un experimento de química, se calienta un líquido y se registran las temperaturas en diferentes momentos. A continuación se muestra la tabla de resultados.

Tiempo (*x* minutos)	3	5	7	9
Temperatura (*y* °C)	130	210	290	410

Use una escala que llegue hasta 420 sobre el eje *y*.

a Dibuje con precisión un gráfico para estos datos.

b ¿Cuál fue la temperatura inicial del líquido?

c Halle el modelo lineal, $T(x)$, para la temperatura del líquido en función del tiempo.

2 En un experimento de física, se estira un resorte colocándole cargas de diferentes pesos, en gramos. Los resultados se muestran en esta tabla.

Peso (*x* g)	40	50	75	90
Longitud del resorte (*y* mm)	38	43	55,5	63

a Dibuje con precisión un gráfico para estos datos.

b Halle la longitud natural del resorte.

La longitud natural es la longitud del resorte sin colocarle carga.

c ¿Cuántos mm se estira el resorte cuando el peso aumenta de 50 g a 90 g?

d Utilice su respuesta al apartado **c** para hallar el promedio de extensión del resorte en mm por cada gramo extra que se carga.

e Halle la ecuación del modelo lineal, $L(x)$, para la longitud del resorte en función de la carga.

3 Se registra la temperatura del agua en un tanque de agua caliente durante intervalos de 15 minutos, después de que se conecta el calentador.

Tiempo (*x* minutos)	15	30	45	60	75	90
Temperatura (*y* °C)	20	30	40	50	60	70

a Represente el gráfico para estos datos en su CPG.

b Halle el modelo lineal, $T(x)$, para la temperatura del agua en función del tiempo.

c Halle la temperatura del agua después de 85 minutos.

Obtenga el valor leyendo el gráfico.

4 Se cuelgan diferentes pesos de un resorte. La longitud del resorte con cada una de las cargas se registra en la tabla.

Peso (*x* g)	125	250	375	500
Longitud del resorte (*y* cm)	30	40	50	60

a Represente el gráfico para estos datos en su CPG.

b Halle la longitud natural del resorte.

c ¿Cuántos cm se estira el resorte cuando el peso aumenta de 125 g a 375 g?

d Halle el peso que estirará el resorte hasta una longitud de 48 cm.

e Halle la ecuación del modelo lineal, $L(x)$, para la longitud del resorte en función de la carga.

Modelos lineales definidos por sistemas de ecuaciones

Algunas veces no podemos hallar el modelo a partir de los datos que nos dan. Podríamos necesitar escribir ecuaciones para representar la situación y resolver un sistema de ecuaciones.

Para recordar cómo resolver sistemas de ecuaciones, referirse al capítulo 13, sección 2.4.

Ejemplo 12

Un carpintero hace mesas y sillas de madera.
Tarda 10 horas en hacer una mesa y 4 horas en hacer una silla.
La madera cuesta \$120 para una mesa y \$40 para una silla.
Halle un modelo para:

a El tiempo necesario para hacer las mesas y las sillas

b El costo de producir las mesas y las sillas

Los valores que se dan para un modelo se denominan **restricciones**.

Respuestas

a Sea t el tiempo que se necesita para hacer las mesas y las sillas.
El modelo para el tiempo necesario es $t = 10x + 4y$.

Sea x la cantidad de mesas e y la cantidad de sillas.
Cantidad total de horas para las mesas:
10 horas por mesa, x mesas $\Rightarrow 10 \times x$
Cantidad total de horas para las sillas:
4 horas por silla, y sillas $\Rightarrow 4 \times y$

b Sea c el costo de hacer las mesas y las sillas.
El modelo para el costo es $c = 120x + 40y$.

Costo total (\$) para las mesas:
\$120 por mesa, x mesas $\Rightarrow 120 \times x$
Costo total (\$) para las sillas:
\$40 por silla, y sillas $\Rightarrow 40 \times y$

El sistema de ecuaciones surge cuando nos dan valores que el modelo debe satisfacer.

Ejemplo 13

El carpintero del ejemplo 12 trabaja 70 horas en una semana y gasta \$760 en madera.
¿Cuántas mesas y cuántas sillas puede hacer?

Respuesta

Del ejemplo 12:
$t = 10x + 4y$
$c = 120x + 40y$
$10x + 4y = 70$
$120x + 40y = 760$
Usando la CPG: $x = 3$ e $y = 10$.
El carpintero puede hacer 3 mesas y 7 sillas.

El modelo debe funcionar para los valores: (tiempo) $t = 70$ *y (costo)* $c = 760$.
Escribir un par de ecuaciones
Resolverlas o bien analíticamente o bien usando la CPG

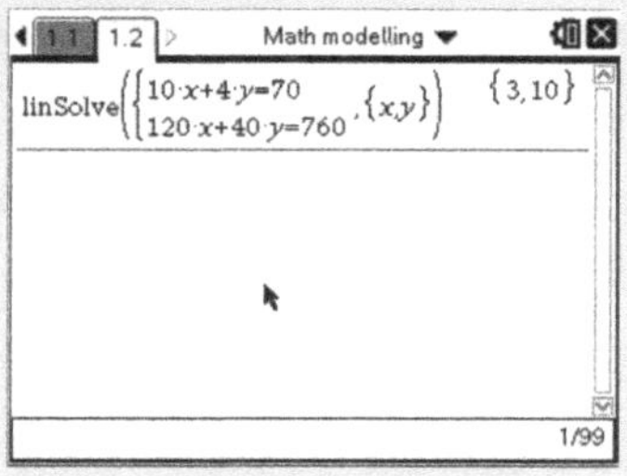

En el capítulo 12, secciones 1.1 y 3.4, se muestra cómo usar la CPG para resolver sistemas de ecuaciones.

Ejercitación 4H

1 Para hacer un bizcocho de vainilla se necesitan 80 g de harina y 50 g de manteca. Para hacer un bizcocho de fruta se necesitan 60 g de harina y 90 g de manteca. Halle un modelo para:

a La cantidad de harina que se necesita para hacer ambos bizcochos

b La cantidad de manteca que se necesita para hacer ambos bizcochos

Pedro tiene 820 g de harina y 880 g de manteca.

c ¿Cuántos bizcochos de cada tipo puede hacer?

2 Hacer una mesa demora 8 horas y hacer una silla demora 3 horas. La madera para una mesa cuesta \$100. La madera para una silla cuesta \$30. Una carpintera trabaja 51 horas y gasta \$570 en madera. ¿Cuántas mesas y cuántas sillas puede hacer?

3 Una camioneta lleva hasta 3 personas y 7 valijas.
Un automóvil lleva hasta 5 personas y 3 valijas.
¿Cuántas camionetas y cuántos automóviles se necesitan para llevar 59 personas y 70 valijas?

4 Un avión de pasajeros lleva 80 personas y 10 toneladas de provisiones.
Un avión de transporte lleva 50 personas y 25 toneladas de provisiones.
¿Cuántos aviones de cada tipo se necesitan para llevar 620 personas y 190 toneladas de provisiones?

5 El departamento de Matemáticas de un colegio tiene EUR1440 para comprar libros de texto.
El volumen 1 del libro *Matemáticas para todos* cuesta EUR70.
El volumen 2 del libro *Matemáticas para todos* cuesta EUR40.
El departamento quiere el doble de copias del volumen 1 que del volumen 2.
¿Cuántas copias de cada volumen puede comprar?

Material de ampliación disponible en línea: *Hoja de ejercicios 4: ecuaciones*

4.3 Modelos cuadráticos

Las funciones cuadráticas y sus gráficos

➔ Una **función cuadrática** tiene la forma:
$f(x) = ax^2 + bx + c$, donde $a, b, c \in \mathbb{R}$ y $a \neq 0$

¿Por qué $a \neq 0$?
¿Qué tipo de función obtendríamos si $a = 0$?

El dominio de una función cuadrática puede ser el conjunto completo de números reales ($\mathbb{R}$) o cualquier subconjunto de este.

Aquí se muestran ejemplos de algunas funciones cuadráticas:

$f(x) = x^2 + 3x + 2$	$f(x) = x - 3x^2$	$f(x) = 3x^2 + 12$
$(a = 1, b = 3, c = 2)$	$(a = -3, b = 1, c = 0)$	$(a = 3, b = 0, c = 12)$

La función cuadrática más simple es $f(x) = x^2$.

Aquí hay una tabla de valores para $f(x) = x^2$.

x	−3	−2	−1	0	1	2	3
f (x)	9	4	1	0	1	4	9

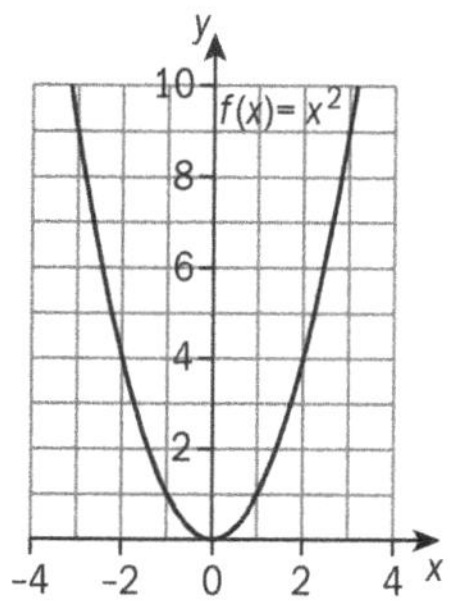

Si situamos estos valores en un sistema de ejes obtenemos este gráfico.

1 El gráfico se llama **parábola**.

2 La parábola tiene un **eje de simetría** (el eje y).

3 La parábola tiene un **punto mínimo** en (0, 0). El punto mínimo se denomina **vértice** (o extremo) de la parábola.

4 El recorrido de $f(x) = x^2$ es $y \geq 0$.

"Aplaste" el gráfico de $f(x) = x^2$ sobre el eje y para confirmar que el recorrido es $y \geq 0$.

→ El gráfico de una función cuadrática se denomina **parábola**. Es una curva con la forma ∪ (o con la forma ∩). Tiene un **eje de simetría** y un punto **mínimo** o un punto **máximo**, llamado **vértice** de la parábola.

El griego Apolonio de Perge (*c.* 262 - *c.* 190 *a. C.*), en su trabajo sobre secciones cónicas, fue quien introdujo el nombre "parábola".

Investigación: la curva $y = ax^2$

1 Dibuje estas curvas en su CPG: $y = x^2$ e $y = -x^2$.
¿Cómo se relacionan estas dos curvas?

2 Ahora dibuje: $y = 2x^2$ $y = 3x^2$ $y = 0{,}5x^2$
$y = -2x^2$ $y = -3x^2$ $y = -0{,}5x^2$
Compare cada uno de estos seis gráficos con $y = x^2$.
Considere:
- **a** ¿La curva sigue siendo una parábola? ¿La curva tiene la forma ∪ o la forma ∩?
- **b** ¿Tiene un eje de simetría vertical?
- **c** ¿Cuál es su vértice? ¿El vértice es un mínimo o un máximo?

3 ¿Qué efecto produce cambiar el valor de a?
Dibuje algunos gráficos más y compruebe su conjetura.
(Recuerde utilizar valores positivos y negativos para a, y también fracciones.)

En el capítulo 12, sección 4.1, se muestra cómo dibujar un gráfico con la CPG.

Sin dibujar el gráfico, ¿cómo sabemos que este va a tener la forma ∩?

Investigación: la curva $y = x^2 + c$

Dibuje estas curvas en su CPG: $y = x^2$ $y = x^2 + 2$ $y = x^2 - 4$
$y = x^2 + 3$ $y = x^2 - 2$

Compare cada gráfico con la parábola $y = x^2$. (Utilice la lista de consideraciones dada en la investigación anterior como guía.)
¿Qué efecto produce cambiar el valor de c?

Dibujo aproximado del gráfico de una función cuadrática (1)

- Dibujar y rotular los ejes.
- Situar las intersecciones del gráfico con los ejes (la intersección con el eje x y la intersección con el eje y). Rotular estos puntos con sus coordenadas.
- Situar y rotular las coordenadas del punto máximo o del punto mínimo.
- Mostrar uno o dos valores en cada eje para dar una idea de la escala.

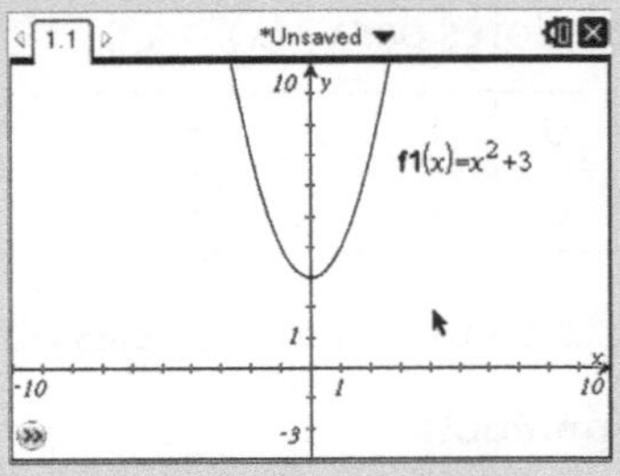

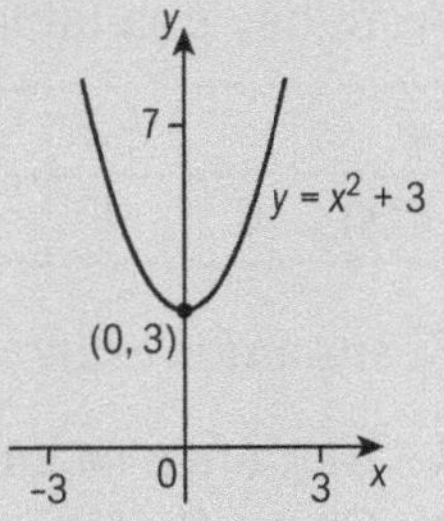

Ejercitación 4I

Utilice los resultados de las investigaciones anteriores como ayuda para dibujar aproximadamente estos gráficos:

1 $y = 2x^2 + 1$

2 $y = -x^2 + 3$

3 $y = 3x^2 - 2$

4 $y = -2x^2 + 7$

Utilice este dibujo aproximado de $f(x) = x^2$ como ayuda.

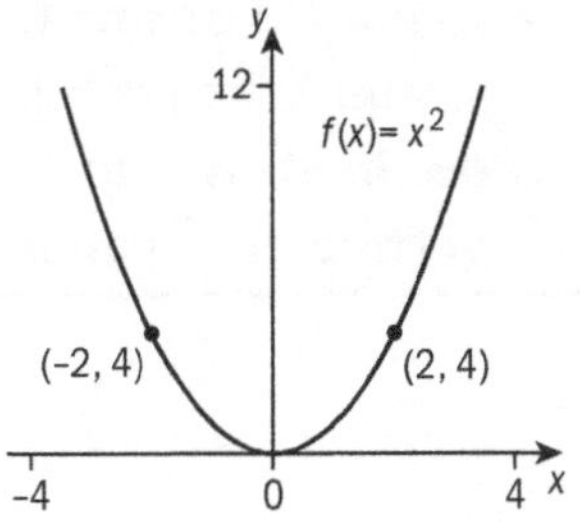

Investigación: las curvas $y = (x + p)^2$ e $y = (x + p)^2 + q$

1 Utilice su CPG para dibujar estos gráficos:
$y = x^2$, $y = (x + 2)^2$, $y = (x + 3)^2$, $y = (x - 1)^2$, $y = (x - 0{,}5)^2$
Compare cada gráfico con el gráfico de $y = x^2$.
¿Qué efecto produce cambiar el valor de p?

2 Utilice su CPG para dibujar estos gráficos:
$y = (x + 2)^2 - 3$, $y = (x - 4)^2 + 2$, $y = (x - 1)^2 - 5$
¿Cuál es el eje de simetría de $y = (x + p)^2 + q$?
¿Cuáles son las coordenadas del vértice de $y = (x + p)^2 + q$?

Ejercitación 4J

Para cada gráfico, escriba las coordenadas del vértice y la ecuación del eje de simetría.

1 $y = (x + 3)^2 - 2$

2 $y = (x + 5)^2 + 4$

3 $y = (x - 4)^2 - 1$

4 $y = (x - 5)^2 + 7$

5 $y = -(x + 3)^2 + 4$

La ecuación del eje de simetría debe darse como "$x = \ldots$".

Investigación: las curvas $y = kx - x^2$ e $y = x^2 - kx$

Parte A

1 Utilice su CPG para dibujar el gráfico de $y = 4x - x^2$.
¿Cuál es la ecuación del eje de simetría?
¿Cuáles son las coordenadas del vértice?
¿Cuáles son las coordenadas de los puntos en los que la curva corta al eje x?

2 Dibuje estas curvas: $y = 2x - x^2$, $y = 6x - x^2$, $y = x - x^2$, $y = 5x - x^2$.

3 ¿Qué efecto produce cambiar el valor de k?
¿Cuál es la ecuación del eje de simetría de la curva $y = kx - x^2$?
¿Cuáles son las coordenadas de los puntos en los que la curva $y = kx - x^2$ corta al eje x?

Parte B

Dibuje estas curvas: $y = x^2 - 2x$, $y = x^2 - 4x$, $y = x^2 - 6x$.
Responda las mismas preguntas para estas curvas que las que contestó para las curvas de la parte **A**.

Investigación: curvas de la forma $y = (x - p)(x - q)$

1 Utilice su CPG para dibujar el gráfico de $y = (x - 1)(x - 3)$.
¿Dónde corta el eje x?
¿Cuál es la ecuación del eje de simetría?
¿Cuáles son las coordenadas del vértice?

2 Responda las preguntas anteriores para la curva general $y = (x - p)(x - q)$.
(Podría necesitar dibujar más gráficos de funciones de esta forma.)

Ejercitación 4K

Para cada función, escriba:

a La ecuación del eje de simetría
b Las coordenadas de los puntos donde la curva corta al eje x
c Las coordenadas del vértice

No dibuje los gráficos.

1 $y = x(x - 4)$ **2** $y = x(x + 6)$

3 $y = 8x - x^2$ **4** $y = 3x - x^2$

5 $y = x^2 - 2x$ **6** $y = x^2 - x$

7 $y = x^2 + 4x$ **8** $y = x^2 + x$

9 $y = (x + 1)(x - 3)$ **10** $y = (x - 5)(x + 3)$

11 $y = (x - 2)(x - 6)$ **12** $y = (x + 2)(x - 4)$

Factorice y luego use el mismo método que el usado en las preguntas 1 y 2.

Investigación: la forma general de la cuadrática $y = ax^2 + bx + c$

Parte A: $a = 1$

1 Utilice su CPG para dibujar el gráfico de $y = x^2 - 4x + 3$.
¿Dónde corta al eje x?
¿Cuál es la ecuación del eje de simetría?
¿Cuáles son las coordenadas del vértice?

2 Responda las preguntas anteriores para la forma general $y = ax^2 + bx + c$.
(Podría necesitar dibujar más gráficos de funciones de esta forma.)

Parte B: variando *a*

Utilice su CPG para dibujar el gráfico de $y = 2x^2 - 4x + 3$ como un punto de partida.
Considere gráficos de esta forma y responda las preguntas de la parte **A**.

Ejercitación 4L

Para cada función, escriba:

a La ecuación del eje de simetría
b Las coordenadas de los puntos donde la curva corta al eje x
c Las coordenadas del vértice

1 $y = x^2 - 2x + 3$
2 $y = x^2 + 4x - 5$
3 $y = x^2 + 6x + 4$
4 $y = 3x^2 - 6x + 2$
5 $y = 2x^2 - 8x - 1$
6 $y = 2x^2 + 6x - 7$
7 $y = 0{,}5x^2 - x + 2$
8 $y = 0{,}5x^2 + 3x - 4$

→ La forma general de una función cuadrática es $f(x) = ax^2 + bx + c$.

- Si $a > 0$, entonces el gráfico tiene la forma ∪; si $a < 0$, entonces la forma del gráfico es ∩.
- La curva corta al eje y en $(0, c)$.
- La ecuación del eje de simetría es $x = -\frac{b}{2a}$, $a \neq 0$.
- La coordenada x del vértice es $x = -\frac{b}{2a}$.

Un gráfico con la forma de ∪ es convexo.
Un gráfico con la forma de ∩ es cóncavo.

La fórmula del eje de simetría está en el cuadernillo de fórmulas. Debería haberla hallado en la investigación anterior.

→ La forma factorizada de una función cuadrática es:

$f(x) = a(x - k)(x - l)$

- Si $a > 0$, entonces la forma del gráfico es ∪; si $a < 0$, entonces la forma del gráfico es ∩.
- La curva corta al eje x en $(k, 0)$ y en $(l, 0)$.
- La ecuación del eje de simetría es $x = \frac{k+l}{2}$.
- La coordenada x del vértice es también $x = \frac{k+l}{2}$.

En una parábola, el eje de simetría pasa por el vértice.

→ Cálculo de las intersecciones con el eje x

La función $f(x) = ax^2 + bx + c$ corta al eje x donde $f(x) = 0$. Los valores de x de los puntos de intersección son las dos soluciones (o **raíces**) de la ecuación $ax^2 + bx + c = 0$. (El valor de y en estos puntos de intersección es cero.)

Ejemplo 14

Considere la función $f(x) = x^2 + 6x + 8$.

a Halle:

- **i** El punto en el que el gráfico de f corta al eje y
- **ii** La ecuación del eje de simetría del gráfico de f
- **iii** Las coordenadas del vértice del gráfico de f
- **iv** Las coordenadas del punto (o los puntos) de intersección del gráfico de f con el eje x

b Utilice la información del apartado **a** para dibujar aproximadamente esta parábola.

Se cree que el matemático indio Sridhara vivió en los siglos IX y X. Fue uno de los primeros matemáticos en proponer una regla para resolver una ecuación cuadrática. Investigue por qué hay controversia sobre la época en la que vivió.

Respuestas

a i El gráfico corta al eje y en el punto (0, 8).

Forma general: $f(x) = ax^2 + bx + c$
En este caso: $f(x) = x^2 + 6x + 8$
Por lo tanto: $a = 1, b = 6, c = 8$
La curva corta al eje y en (0, c).

ii La ecuación del eje de simetría es $x = -\frac{6}{2(1)} = -3$.

Usar $x = -\frac{b}{2a}$, con $a = 1$ y $b = 6$

iii La coordenada x del vértice es $x = -3$.
La coordenada y del vértice es:
$f(-3) = (-3)^2 + 6(-3) + 8$
$= -1$
Por lo tanto, las coordenadas del vértice son $(-3, -1)$.

*La primera coordenada del vértice es $x = -\frac{b}{2a}$, que hallamos en el apartado **ii**; por lo tanto, $x = -3$.*

Sustituir $x = -3$ en la ecuación de la función para hallar la segunda coordenada

iv $x^2 + 6x + 8 = 0$
$f(x) = 0$ cuando
$x = -2$ o $x = -4$
El gráfico de f corta al eje x en $(-2, 0)$ y en $(-4, 0)$.

La curva corta al eje x donde $f(x) = 0$, entonces escribir $x^2 + 6x + 8 = 0$ y resolver usando la CPG.

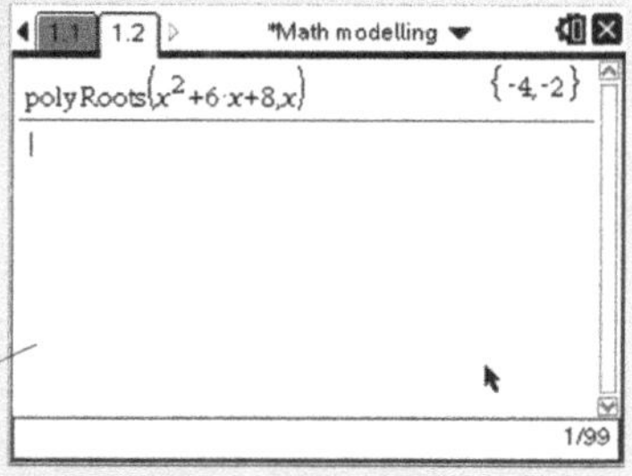

▶ Continúa en la página siguiente.

b

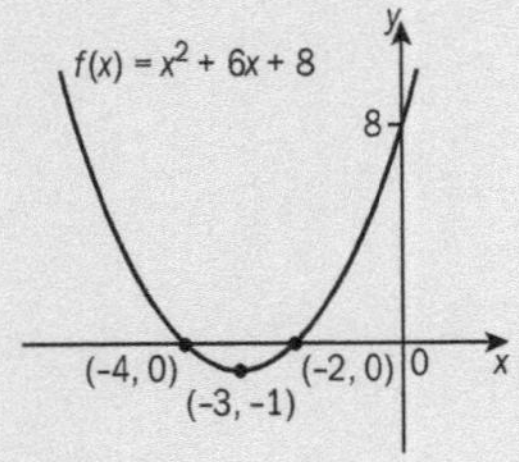

$a > 0$ ($a = 1$); por lo tanto, la curva tiene la forma ∪.
*El vértice es $(-3, -1)$ (apartado **a iii**).*
*La curva corta al eje y en $(0, 8)$ (apartado **a i**).*
*$x = -3$ es el eje de simetría (apartado **a ii**).*

Para $f(x) = x^2 + 6x + 8$:
- El vértice es $(-3, -1)$
- El recorrido es $y \geq -1$

Ejercitación 4M

Para cada función $f(x)$ desde 1 hasta 8:

a Halle:
- **i** Las coordenadas del punto de intersección del gráfico de f con el eje y
- **ii** La ecuación del eje de simetría del gráfico de f
- **iii** Las coordenadas del vértice del gráfico de f
- **iv** Las coordenadas del punto (o los puntos) de intersección del gráfico de f con el eje x
- **v** El recorrido de f

b Dibuje aproximadamente el gráfico de la función.

c Utilice su CPG para dibujar el gráfico y comprobar sus resultados.

1 $f(x) = x^2 + 2x - 3$ **2** $f(x) = x^2 + 8x + 7$
3 $f(x) = x^2 - 6x - 7$ **4** $f(x) = x^2 - 3x - 4$
5 $f(x) = x^2 - 3x - 10$ **6** $f(x) = 2x^2 + x - 3$
7 $f(x) = 2x^2 + 5x - 3$ **8** $f(x) = 3x^2 - x - 4$

Dibujo aproximado de gráficos de funciones cuadráticas

Ejemplo 15

a Dibuje aproximadamente una parábola con vértice en $(1, 2)$ y recorrido $y \geq 2$.

b Dibuje aproximadamente una parábola que corta al eje x en $x = -2$ y $x = 3$, y corta al eje y en $y = -1$.

Respuestas

a

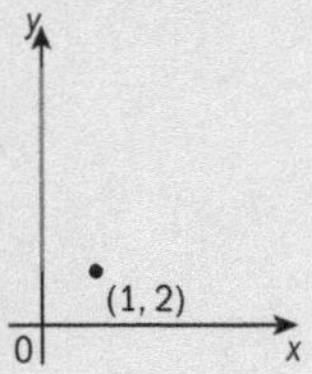

Dibujar y rotular los ejes
Usar una recta vertical para mostrar el recorrido ($y \geq 2$) de la función sobre el eje y (marcado aquí en gris)
Situar y rotular el vértice $(1, 2)$

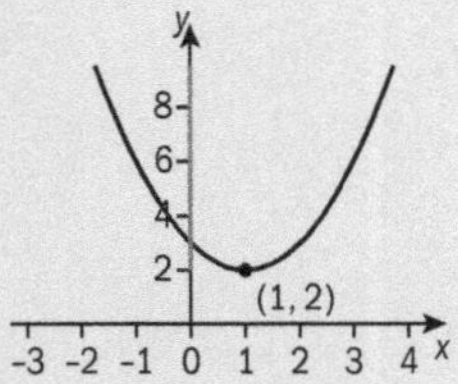

Dibujar una curva suave que pasa por el punto $(1, 2)$. La curva es simétrica con respecto a la recta vertical que pasa por el vértice, es decir, $x = 1$.

La parábola que se muestra en el apartado **a**, ¿es la única que satisface la información dada? Si no fuera así, ¿cuántas hay?

▶ Continúa en la página siguiente.

b

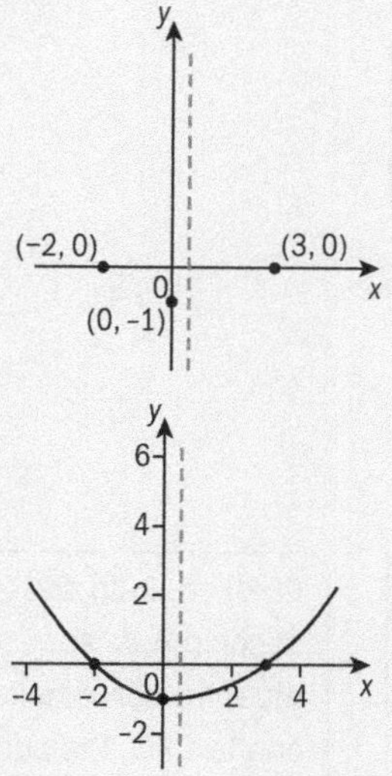

Dibujar y rotular los ejes

Situar las intersecciones con el eje x en (−2, 0) y (3, 0). El eje de simetría está a mitad de camino entre las dos intersecciones con el eje x, $x = \frac{1}{2}$.

Dibujar esta recta con una línea punteada (como se muestra aquí)

Situar la intersección con el eje y en (0, −1)

Dibujar una curva suave que pasa por los puntos marcados

La curva es simétrica respecto de $x = \frac{1}{2}$, y el eje de simetría pasa por el vértice.

Las intersecciones con el eje *x* son los puntos donde el gráfico corta al eje *x*. El valor de *y* en estos puntos es cero. Los valores de *x* en estos puntos se denominan los "ceros" de la función.
La intersección con el eje *y* es el punto donde el gráfico cruza el eje *y*. El valor de *x* en este punto es cero.

Dibujo aproximado del gráfico de una función cuadrática (2)

- Si nos dan la función, tenemos que usar la CPG para dibujar el gráfico y copiar la información a un gráfico aproximado.
- Si no nos dan la función, usar la información que nos dan y lo que sabemos acerca de los gráficos de las funciones cuadráticas, esto es:
  - Tienen la forma ∪ o la forma ∩.
  - Tienen un eje de simetría que pasa por el vértice.

Si una función cuadrática solo toma valores negativos entre $x = m$ y $x = n$, ¿qué podemos decir acerca de $x = m$ y $x = n$? ¿Qué pasa en los puntos donde *y* toma esos valores negativos? ¿Tiene la parábola la forma ∪ o la forma ∩?
¿Qué podemos decir acerca de una función cuadrática que solo toma valores positivos entre $x = m$ y $x = n$?

Ejercitación 4N

Dibuje aproximadamente el gráfico de:

1 Una parábola con vértice (1, −3) e intersecciones con el eje x en −1 y 3

2 Una parábola con vértice (−1, 2) y recorrido $y \le 2$

3 Una parábola con eje de simetría $x = 0$ y recorrido $y \le -1$

4 Una parábola con intersecciones con el eje x cuando $x = 3$ y $x = 0$, y cuyo recorrido es $y \le 1$

5 Una parábola que pasa por los puntos (0, −2) y (4, −2), y con un valor máximo en $y = 2$

6 Una función cuadrática f que toma valores negativos entre $x = 2$ y $x = 5$, y que verifica $f(0) = 4$.

Intersección de dos funciones

→ Dos funciones $f(x)$ y $g(x)$ se cortan en los puntos en los que $f(x) = g(x)$.

Para hallar las coordenadas de los puntos de intersección:

- Usar la CPG
- Igualar ambas funciones algebraicamente, reescribir la ecuación para igualar a cero y luego resolver usando la CPG

Ejemplo 16

Halle los puntos de intersección de los gráficos de $f(x) = x^2 + x - 4$ y $g(x) = 3 - 4x - x^2$.

Respuestas

Método 1: gráfico

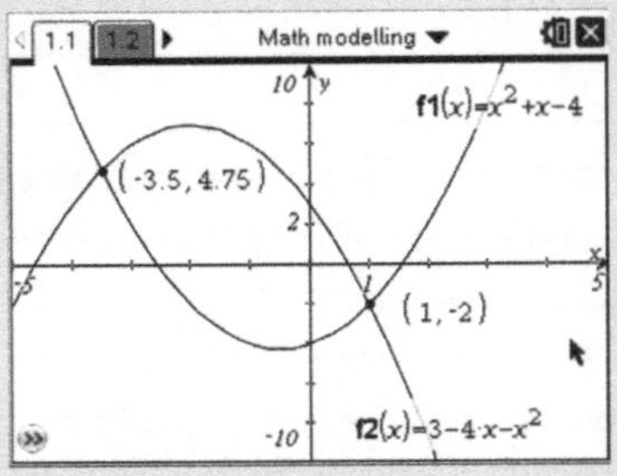

Los puntos de intersección son (–3,5; 4,75) y (1, –2).

Método 2: algebraico

$f(x) = g(x)$ — *Igualar f (x) y g (x)*

$x^2 + x - 4 = 3 - 4x - x^2$

$2x^2 + 5x - 7 = 0$ — *Reescribir para igualar a cero*

$x = 1,\ x = -\dfrac{7}{2}$ — *Resolver usando la CPG*

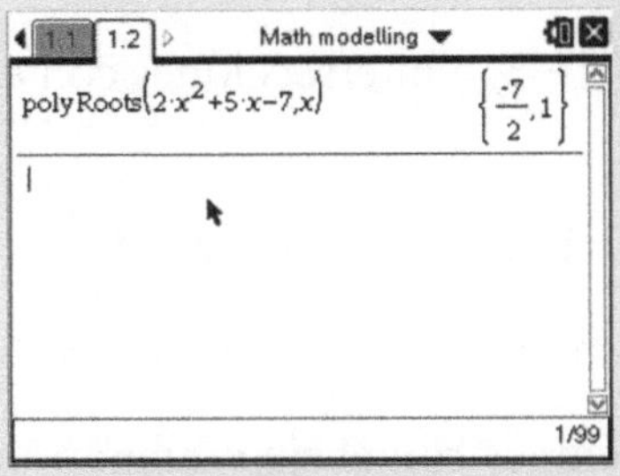

$f(1) = (1)^2 + (1) - 4 = -2$

$f\left(-\dfrac{7}{2}\right) = \left(-\dfrac{7}{2}\right)^2 + \left(-\dfrac{7}{2}\right) - 4 = \dfrac{19}{4}$

Sustituir los valores de x en la función f (x) para hallar la coordenada y de cada punto

Por lo tanto, los puntos de intersección son (1, –2) y $\left(-\dfrac{7}{2}, \dfrac{19}{4}\right)$.

Escribir como pares de coordenadas

En el capítulo 12, sección 4.5, se muestra cómo hallar, con la CPG, los puntos de intersección entre dos curvas.

En el capítulo 12, sección 1.2, se muestra cómo resolver, con la CPG, una ecuación cuadrática.

Ejercitación 40

1 Aquí se dan dos funciones $f(x) = x^2 + 3x - 5$ y $g(x) = x - 2$ en el dominio $-5 \leq x \leq 2$, $x \in \mathbb{R}$.

  a Usando una CPG, dibuje los gráficos de estas dos funciones y halle las coordenadas de sus puntos de intersección.

  b Escriba $f(x) = g(x)$ y halle el valor de x. ¿Encuentra las mismas respuestas que en el apartado **a**?

  La función $h(x) = 2x - 3$ tiene el mismo dominio.

  c Halle los puntos de intersección de $f(x)$ y $h(x)$:

    i Algebraicamente   ii Gráficamente

Hallar los puntos "gráficamente" significa dibujar los gráficos en la CPG y usarlos para hallar las coordenadas de los puntos de intersección.

2 Halle las coordenadas de los puntos de intersección del gráfico de $f(x) = x^2 + 3x - 5$ en el dominio $-5 \leq x \leq 2$, $x \in \mathbb{R}$, y la recta $x + y + 5 = 0$.

Primero despeje la variable y de la ecuación lineal.

3 Halle los puntos de intersección de los gráficos de:

  a $f(x) = 5 + 3x - x^2$ y $g(x) = 1$

  b $f(x) = 5 + 3x - x^2$ y $h(x) = 2x + 3$

4 a Utilice la CPG para dibujar los gráficos de las funciones $f(x) = 2x^2 - x - 3$ y $g(x) = x + 1$ en el dominio $-3 \leq x \leq 3$, $x \in \mathbb{R}$.

  b Indique los recorridos de f y de g en este dominio.

  c Halle las coordenadas x de los puntos de intersección de las dos funciones.

  d En el mismo sistema de ejes, y en el mismo dominio, dibuje el gráfico de la función $h(x) = 2x + 2$.

  e Resuelva la ecuación $f(x) = h(x)$ gráfica y algebraicamente.

  f Halle las coordenadas de los puntos de intersección del gráfico de $y = f(x)$ y la recta $x + y = 5$.

PREGUNTA TIPO EXAMEN

5 El diagrama muestra los gráficos de las funciones $f(x) = x^2 - 3$ y $g(x) = 6 - x^2$ para valores de x entre –4 y 4.

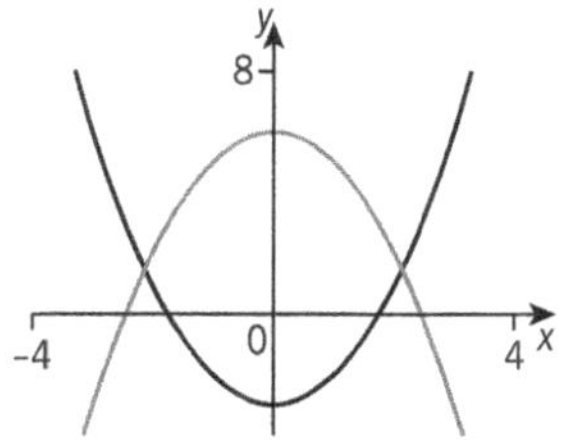

  a Halle las coordenadas de los puntos de intersección.

  b Escriba el conjunto de valores de x para los cuales $f(x) < g(x)$.

Ecuación de una función cuadrática a partir de su gráfico

Para hallar la ecuación de una función cuadrática con ecuación $f(x) = ax^2 + bx + c$, utilizar que:

- El punto de intersección del gráfico con el eje y es $(0, c)$
- La ecuación del eje de simetría es $x = -\frac{b}{2a}$

En el capítulo 12, sección 4.6, se muestra cómo podemos usar la CPG para hallar la ecuación de una función cuadrática a partir de su gráfico.

Ejemplo 17

Halle la ecuación de la función cuadrática que se muestra en el diagrama.

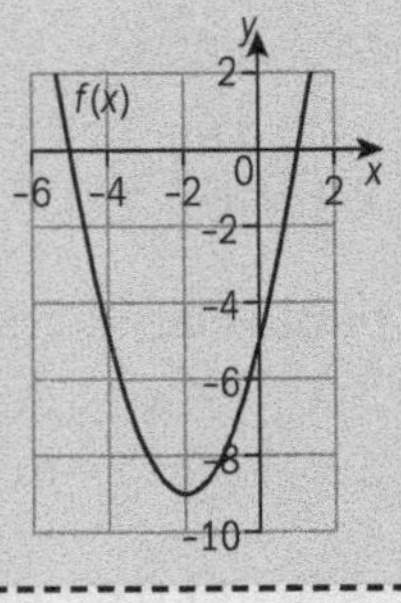

Respuesta

La forma general de una función cuadrática está dada por $f(x) = ax^2 + bx + c$.

La función corta al eje y en el punto $(0, -5)$; por lo tanto, $c = -5$

$\Rightarrow f(x) = ax^2 + bx - 5$

La función corta al eje y en el punto (0, c). A partir del gráfico se puede deducir el valor de c.

La ecuación del eje de simetría es $x = -2$.

Por lo tanto: $-2 = -\frac{b}{2a}$

$$-b = -4a$$
$$b = 4a$$

La ecuación del eje de simetría está dada por $x = -\frac{b}{2a}$. *Sustituir el valor de x.*

En el vértice, $x = -2$, $y = -9$.

Por lo tanto: $f(-2) = a(-2)^2 + b(-2) - 5 = -9$

$$4a - 2b - 5 = -9$$
$$4a - 2b = -4$$

A partir del gráfico se pueden leer las coordenadas del vértice: (−2, −9).
Sustituir los valores de x y de y en $f(x) = ax^2 + bx - 5$

$$\left.\begin{array}{r} b = 4a \\ 4a - 2b = -4 \end{array}\right\} \Rightarrow$$

Resolver el sistema de ecuaciones

$$4a - 2(4a) = -4$$
$$4a - 8a = -4$$
$$-4a = -4 \Rightarrow a = 1$$

$b = 4a \Rightarrow b = 4$

Entonces la ecuación de la función cuadrática es:

$f(x) = x^2 + 4x - 5$

Sustituir los valores $a = 1$, $b = 4$ *y* $c = -5$ *en* $f(x) = ax^2 + bx + c$

Ejercitación 4P

Halle la ecuación de cada una de estas funciones cuadráticas:

1

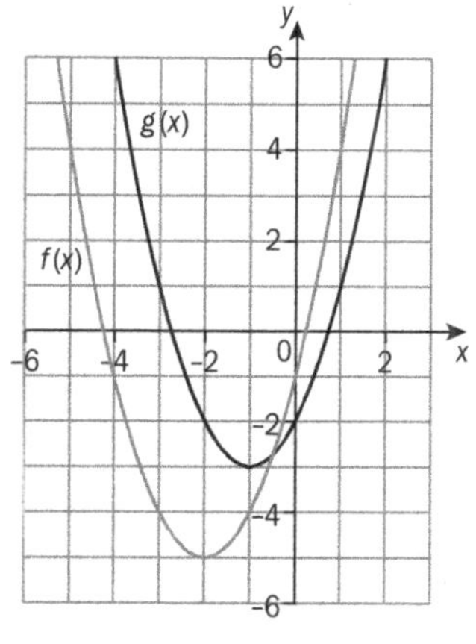

2

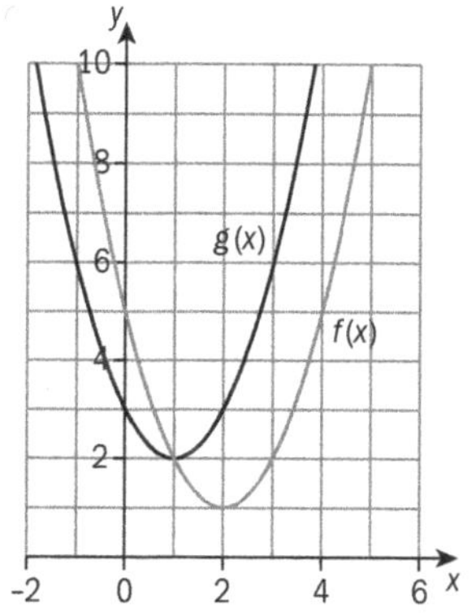

3

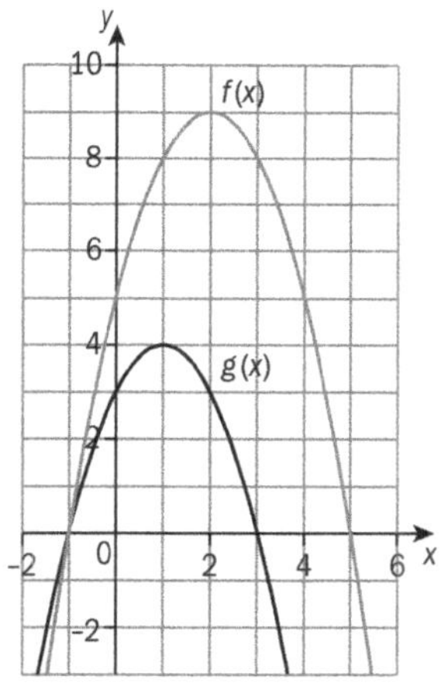

4

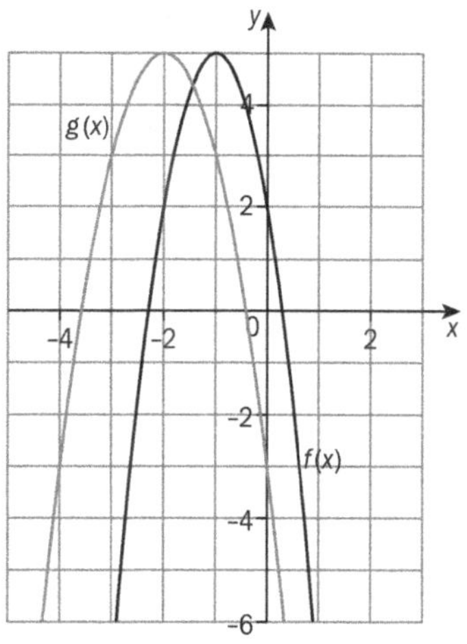

5

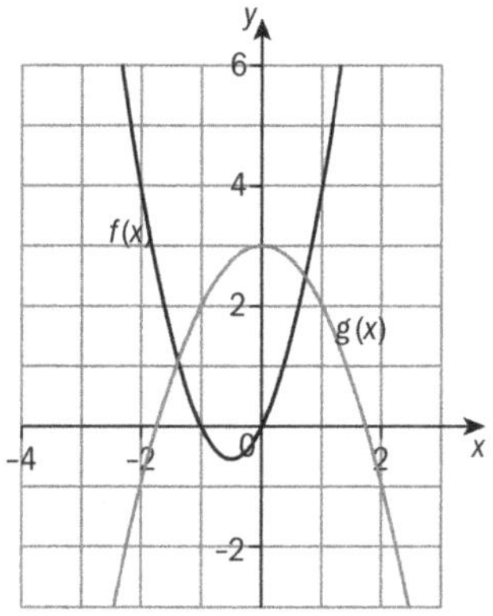

Modelos cuadráticos

Muchas situaciones de la vida real se pueden modelizar usando funciones cuadráticas.

Ejemplo 18

Un granjero desea cercar un terreno rectangular, de modo que su área sea máxima. Tiene 150 metros de cerco. Uno de los lados del terreno está bordeado por un canal. Halle el área máxima del terreno.

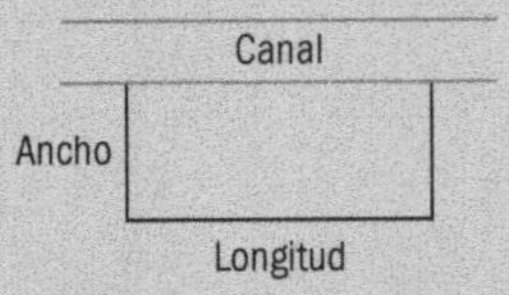

Respuestas

Hay tres variables:

- La longitud del rectángulo, l
- El ancho del rectángulo, a
- El área del rectángulo, A

Comenzar nombrando las variables del problema

El área del rectángulo $A = la$.

Área = longitud × ancho

Como la longitud total del cerco es 150 m:

$$l + 2a = 150$$
$$l = 150 - 2a$$

Escribir una ecuación para el perímetro del terreno. Despejar la variable l.

Entonces:

$$A = la$$
$$A = (150 - 2a)a$$
$$A = 150a - 2a^2$$

Sustituir la expresión encontrada para l en la fórmula del área

Método 1: usando una CPG

El ancho, a, es 37,5 m.

$l = 150 - 2a = 150 - 75 = 75$ m

Área máxima:

$$A = la = 75 \times 37{,}5$$
$$= 2812{,}5 \text{ m}^2$$

Graficar $A(x) = 150x - 2x^2$ en la CPG y leer la coordenada x del vértice: 37,5. Este es el valor del ancho, a, que produce el valor máximo para A.

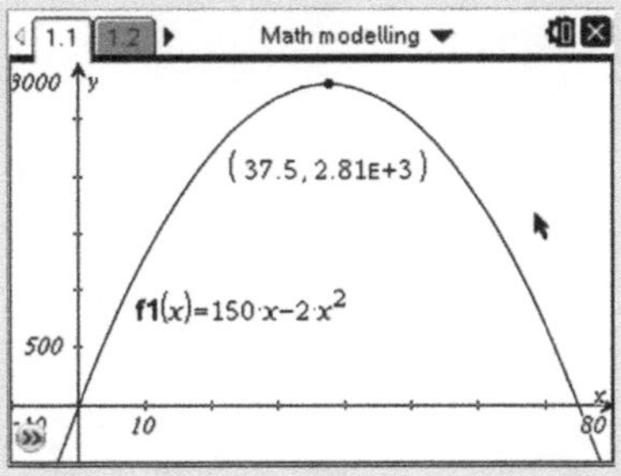

Método 2: algebraico

$$a = -\frac{150}{2(-2)} = 37{,}5$$

$$A = 150 \times 37{,}5 - 2 \times 37{,}5^2$$
$$= 2812{,}5 \text{ m}^2$$

En la función cuadrática $f(x) = ax^2 + bx + c$, la coordenada x del vértice está dada por $x = -\frac{b}{2a}$. La coordenada x nos da el ancho, a. Aquí la función es $150a - 2a^2$, por lo que $a = -2$ y $b = 150$.

Los antiguos babilonios y egipcios estudiaron ecuaciones cuadráticas como estas hace miles de años, para hallar soluciones a problemas relacionados con áreas de rectángulos.

2,81E3 significa $2{,}81 \times 10^3 = 2810$.

Podemos usar $A = la$ o $A = 150a - 2a^2$ para hallar el área.

Ejercitación 4Q

1 **a** Un granjero tiene 170 metros de cerco para cercar un área rectangular.

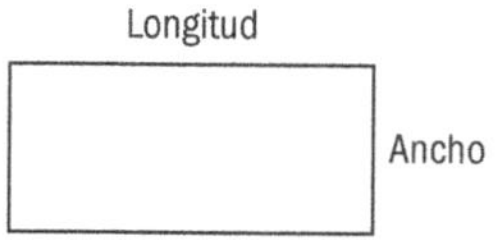

Halle la longitud y el ancho que dan el área máxima del terreno.

> **1** Identificar y nombrar las variables
> **2** Usar la restricción para hallar el modelo para la longitud (este modelo será lineal)
> **3** Hallar un modelo para el área (este modelo será cuadrático)

b Un granjero tiene 110 metros de cerco para cercar un terreno rectangular. Parte de un lado del terreno está formado por una pared de 15 m de longitud.

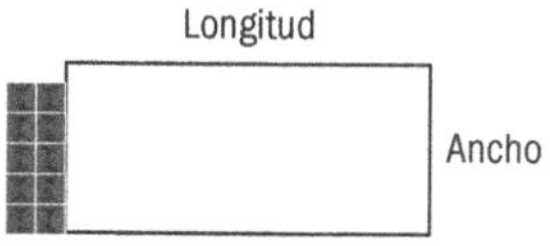

Halle las dimensiones del terreno que dan el área máxima.

2 La ganancia semanal de una compañía, en riales, se modeliza con la función:

$G(u) = -0{,}032u^2 + 46u - 3000$

Donde u es el número de unidades vendidas cada semana

Halle:

a La máxima ganancia semanal
b La pérdida que hubo una semana de vacaciones, cuando no se vendió ninguna unidad
c La cantidad de unidades que se vendieron cada semana en los puntos de equilibrio de la compañía

> En punto de equilibrio no hay ganancia ni pérdida, por lo tanto $G(u) = 0$.

PREGUNTA TIPO EXAMEN

3 Un cohete tiene una trayectoria parabólica. Después de t segundos, la altura vertical del cohete arriba de la tierra, en metros, está dada por:

$A(t) = 37t - t^2$

a Halle la altura del cohete arriba de la tierra después de 10 segundos.
b Halle la altura máxima del cohete arriba de la tierra.
c Halle el tiempo que el cohete está en el aire.

> Una trayectoria es un camino descrito por un cuerpo.

4.4 Modelos exponenciales

Funciones exponenciales y sus gráficos

→ En una **función exponencial**, la variable independiente es el **exponente**.

Aquí se muestran algunos ejemplos de **funciones exponenciales**:

$f(x) = 2^x, \quad f(x) = 5(3)^x + 2, \quad g(x) = 5^{-x} - 3, \quad h(x) = \left(\frac{1}{3}\right)^x + 1$

Investigación: gráficos exponenciales

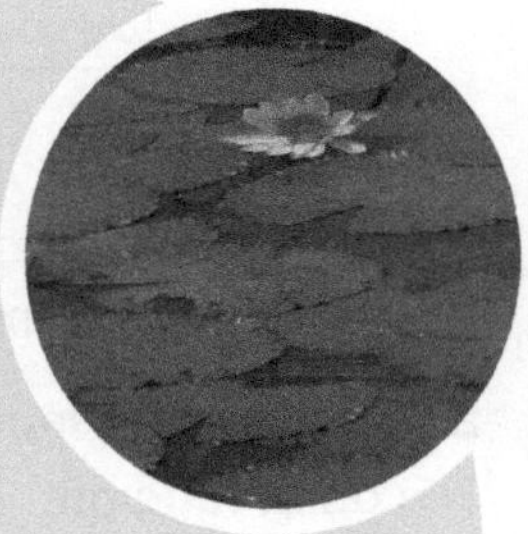

1 La cantidad de flores ninfeáceas en un estanque se duplica semanalmente.
La primera semana hay 4 de estas flores en el estanque. Elabore una tabla y escriba la cantidad de estas flores que hay en el estanque cada semana hasta la semana 12.
Sitúe los puntos de la tabla en un gráfico para representar la cantidad de flores en función del tiempo.
Dibuje una curva suave uniendo todos los puntos.

El tiempo es la variable independiente, entonces lo representamos en el eje horizontal.

Este gráfico es un ejemplo de una función exponencial creciente.

2 Una sustancia radioactiva tiene una vida media de 2 horas.
Esto significa que cada 2 horas su radioactividad se reduce a la mitad.
Se utiliza un contador Geiger para tomar una lectura de la cantidad de sustancia radioactiva en el instante $t = 0$.
La lectura es 6000 cuentas por segundo.
2 horas después ($t = 2$), la lectura es 3000 cuentas por segundo.
¿Cuál será la lectura en el contador cuando $t = 4$, $t = 6$, $t = 8$ y $t = 10$?
Sitúe los puntos en un gráfico en donde se represente cuentas por segundo en función del tiempo, y únalos para formar una curva suave.

¿Podría suceder que la cantidad de flores ninfeáceas del estanque siga duplicándose para siempre? ¿La radioactividad de la sustancia llegará a cero alguna vez?

Este gráfico es un ejemplo de un gráfico exponencial decreciente.

¿La forma de una pista de esquí forma una función exponencial? Investigue acerca de pistas de esquí en Internet para averiguar qué función es.

Gráficos de funciones exponenciales de la forma $f(x) = a^x$, donde $a \in \mathbb{Q}^+$, $a \neq 1$

$\mathbb{Q}^+$ es el conjunto de números racionales positivos.

Ejemplo 19

Dibuje con precisión el gráfico de la función $f(x) = 3^x$ para $-2 \le x \le 2$.

Respuestas

Método 1: a mano

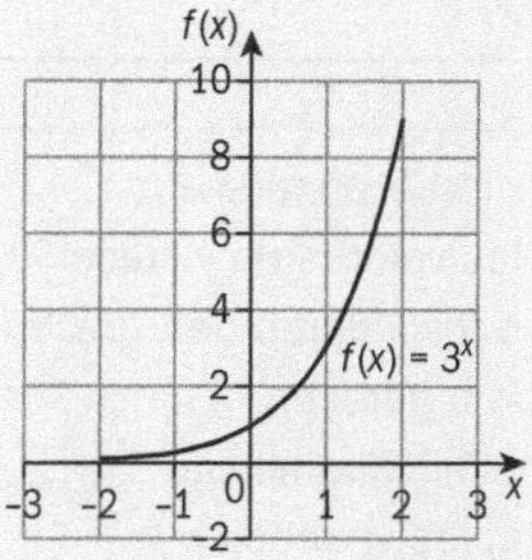

Elaborar una tabla de valores

x	−2	−1	0	1	2
f(x)	$\frac{1}{9}$	$\frac{1}{3}$	1	3	9

Situar los puntos

Dibujar una curva suave que pase por todos los puntos

Esta es una función exponencial creciente.

Método 2: usando una CPG

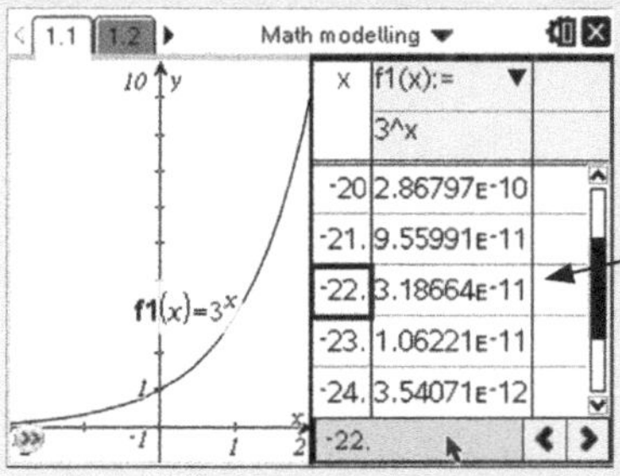

En el capítulo 12, sección 4.3, se muestra cómo dibujar funciones exponenciales en la CPG.

3,1866E−11
= 0,000 000 000 031 866

¿Por qué se impone la condición $a \neq 1$? ¿Qué tipo de función se obtendría si $a = 1$?

Usando la tabla de valores en la CPG, podemos estudiar qué ocurre cuando los valores de x se hacen muy pequeños o muy grandes.

Observe el gráfico del ejemplo 19. A medida que los valores de x se hacen muy pequeños, la curva se acerca cada vez más al eje x. El eje x ($y = 0$) es una **asíntota** horizontal del gráfico. En $x = 0$, $f(x) = 1$. A medida que los valores de x se hacen muy grandes, $f(x)$ se hace más grande muy rápidamente. Decimos que $f(x)$ tiende a infinito. La función es una función exponencial **creciente**.

Una asíntota es una recta a la cual la curva se acerca pero nunca toca.

Aquí se muestran más gráficos de funciones exponenciales **crecientes**.

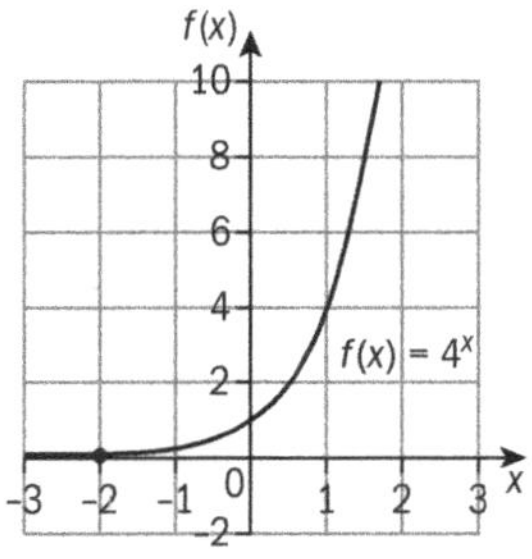

▲ $f(x) = 4^x$

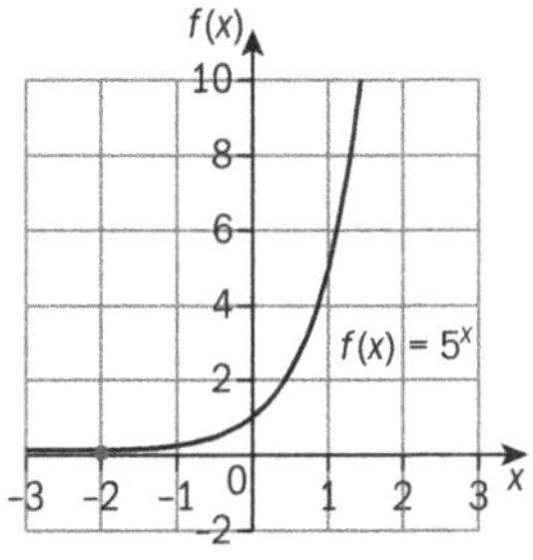

▲ $f(x) = 5^x$

Todos estos gráficos pasan por el punto (0, 1) y tienen a $y = 0$ (el eje x) como asíntota horizontal.

Gráficos de funciones exponenciales de la forma $f(x) = a^x$, donde $0 < a < 1$

¿Qué sucede si a es una fracción propia positiva?

Aquí se muestra el gráfico de $y = \left(\frac{1}{2}\right)^x$:

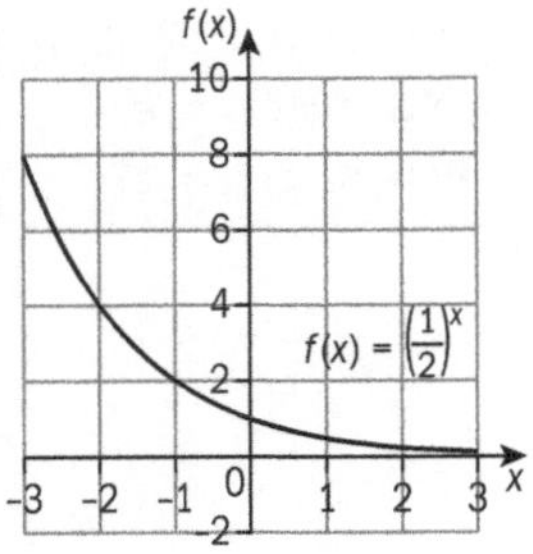

Una **fracción propia** es una fracción en la que el numerador es menor que el denominador.

- En una función exponencial creciente, los valores de y crecen a medida que los valores de x crecen de izquierda a derecha.
- En una función exponencial decreciente, los valores de y decrecen a medida que los valores de x crecen de izquierda a derecha.

Este gráfico también pasa por el punto (0, 1) y tiene a $y = 0$ (el eje x) como asíntota horizontal. Sin embargo, este es un ejemplo de función exponencial **decreciente**.

Ejercitación 4R

Dibuje los gráficos de estas funciones usando la CPG. Para cada uno, escriba las coordenadas del punto en el que la curva corta al eje y y la ecuación de la asíntota horizontal.

1 $f(x) = 2^x$ **2** $f(x) = 6^x$ **3** $f(x) = 8^x$

4 $f(x) = \left(\frac{1}{3}\right)^x$ **5** $f(x) = \left(\frac{1}{5}\right)^x$

Investigación: gráficos de $f(x) = ka^x$, donde $a \in \mathbb{Q}^+$ y $k \neq 0$ y $a \neq 1$

Utilice la CPG para dibujar los gráficos de:

1 $f(x) = 2(3)^x$ **2** $f(x) = 3\left(\frac{1}{2}\right)^x$ **3** $f(x) = -3(2)^x$

Para cada gráfico, escriba:

a El valor de k en la ecuación $f(x) = ka^x$

b El punto en el que el gráfico corta al eje y

c La ecuación de la asíntota horizontal

¿Qué observa?

Investigación: gráficos de $f(x) = ka^x + c$, donde $a \in \mathbb{Q}^+$ y $k \neq 0$ y $a \neq 1$

Utilice la CPG para dibujar los gráficos de:

1 $f(x) = 2^x + 3$ **2** $f(x) = 3\left(\frac{1}{2}\right)^x - 4$ **3** $f(x) = -2(3)^x + 5$

para $-3 \leq x \leq 3$

Para cada gráfico, escriba:

a El valor de k y de c en la ecuación $f(x) = ka^x + c$

b El punto en el que el gráfico corta al eje y

c La ecuación de la asíntota horizontal

Para cada gráfico, calcule $k + c$. ¿Qué observa?

→ En general, para el gráfico de $f(x) = ka^x + c$, donde $a \in \mathbb{Q}^+$ y $k \neq 0$ y $a \neq 1$:

- La recta $y = c$ es la **asíntota horizontal**
- La curva pasa por el punto $(0, k + c)$

Dibujo aproximado del gráfico de una función exponencial

- Dibujar y rotular los ejes
- Rotular el punto en el que el gráfico corta al eje y
- Dibujar las asíntotas

Ejemplo 20

Dibuje aproximadamente el gráfico de la función $f(x) = 3(2)^x - 1$.

Respuesta

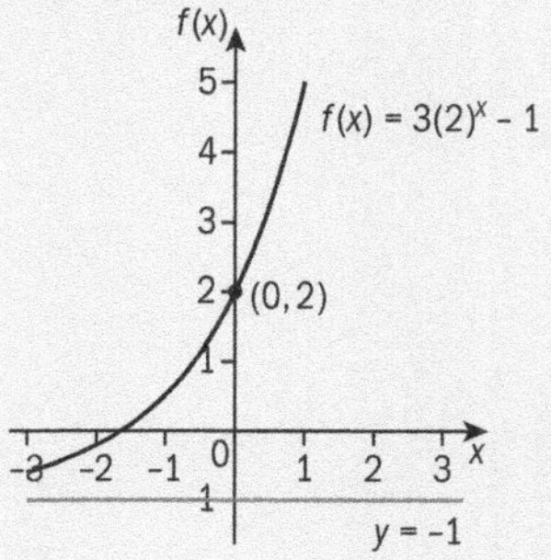

Comparar $f(x) = 3(2)^x - 1$ *con*
$f(x) = ka^x + c$:
$k = 3$
$a = 2$
$c = -1$
$y = c$ es una asíntota horizontal $\Rightarrow$
el gráfico tiene una asíntota horizontal en $y = -1$.
La curva pasa por el punto $(0, k + c)$ $\Rightarrow$
el gráfico corta al eje y en $(0, 3 - 1)$ o $(0, 2)$.

Ejercitación 4S

Para cada función, escriba:

a Las coordenadas del punto en el que la curva corta al eje y

b La ecuación de la asíntota horizontal

A partir de lo anterior, dibuje aproximadamente el gráfico de la función.

1 $f(x) = 2^x$ **2** $f(x) = 6^x$

3 $f(x) = \left(\frac{1}{3}\right)^x$ **4** $f(x) = \left(\frac{1}{5}\right)^x$

5 $f(x) = 3(2)^x + 4$ **6** $f(x) = -2(4)^x - 1$

7 $f(x) = -1(2)^x + 3$ **8** $f(x) = 4(3)^x - 2$

9 $f(x) = 0{,}5(2)^x + 3$ **10** $f(x) = 2(0{,}5)^x + 1$

11 $f(x) = 0{,}4^x + 1$ **12** $f(x) = 2(0{,}1)^x - 1$

Gráficos de $f(x) = a^{-x} + c$, donde $a \in \mathbb{Q}^+$ y $a \neq 1$

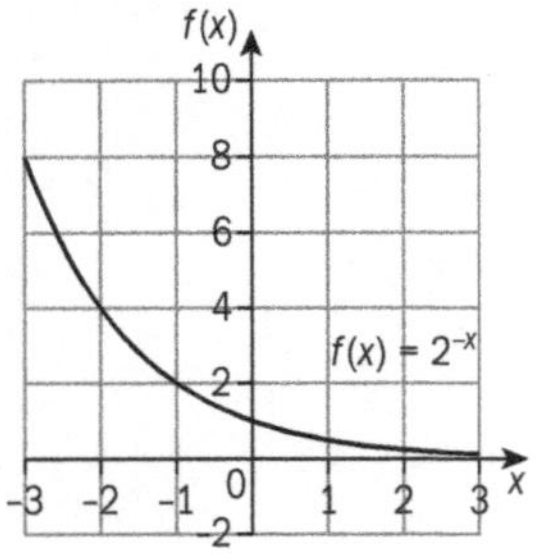

▲ Gráfico de $f(x) = 2^{-x}$

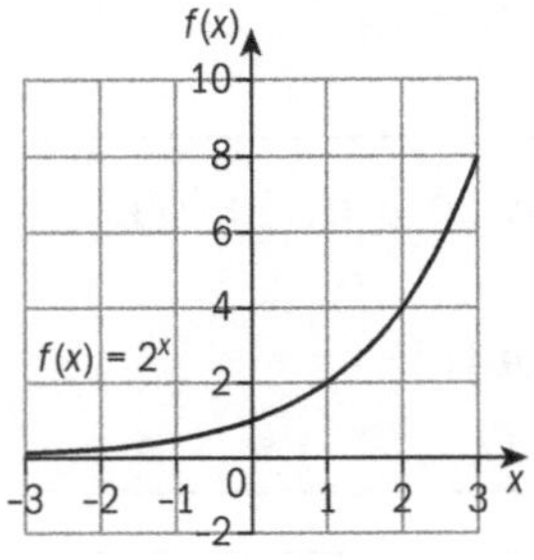

▲ Gráfico de $f(x) = 2^x$

El gráfico de $f(x) = 2^{-x}$ es simétrico al gráfico de $f(x) = 2^x$ respecto del eje y.

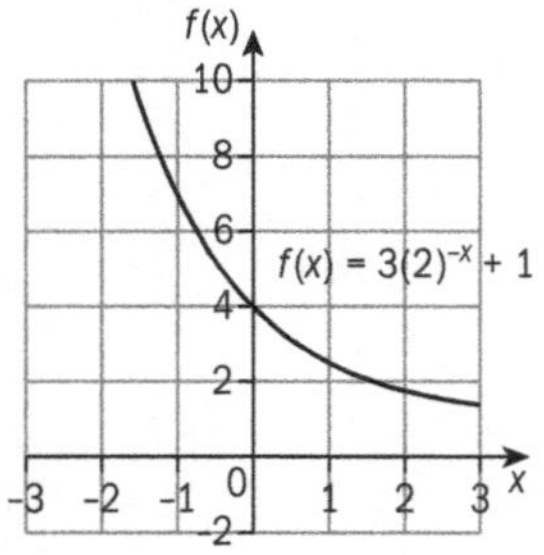

▲ Gráfico de $f(x) = 3(2)^{-x} + 1$

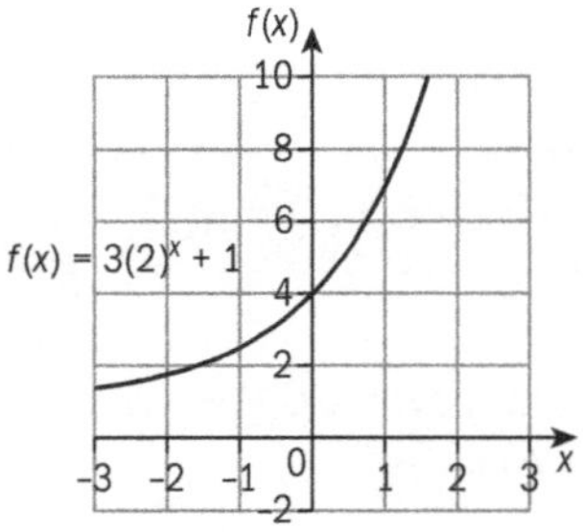

▲ Gráfico de $f(x) = 3(2)^x + 1$

$k = 3$ y $c = 1$. Observe que $3 + 1 = 4$.

Las curvas pasan por el punto (0, 4) y la asíntota horizontal es $y = 1$.

→ En general, para el gráfico de $f(x) = ka^{-x} + c$, donde $a \in \mathbb{Q}^+$ y $k \neq 0$ y $a \neq 1$:

- La recta $y = c$ es la asíntota horizontal
- La curva pasa por el punto $(0, k + c)$
- El gráfico es simétrico al gráfico de $g(x) = ka^x + c$ respecto del eje y

Ejercitación 4T

Para cada función, escriba:

a Las coordenadas del punto en el que la curva corta al eje y

b La ecuación de la asíntota horizontal

A partir de lo anterior, dibuje aproximadamente el gráfico de la función.

1 $f(x) = 4(2)^{-x} + 2$

2 $f(x) = -4^{-x} + 1$

3 $f(x) = -2(2)^{-x} + 3$

4 $f(x) = 3(2)^{-x} - 2$

5 $f(x) = 0{,}5(3)^{-x} + 2$

6 $f(x) = 0{,}5^{-x} + 1$

7 $f(x) = 2(0{,}1)^{-x} - 1$

8 $f(x) = 0{,}4^{-x} + 2$

9 $f(x) = 3(0{,}2)^{-x} + 4$

10 $f(x) = 5(3)^{-x} - 2$

Aplicaciones de las funciones exponenciales

Muchas situaciones de la vida real que involucran crecimiento y deterioro se pueden modelizar con funciones exponenciales.

Ejemplo 21

La longitud, l cm, de una planta de calabaza crece de acuerdo a la ecuación:

$$l = 4(1{,}2)^t$$

Donde t es el tiempo en días

a Copie y complete la tabla. Dé sus respuestas redondeadas a tres cifras significativas.

t	0	2	4	6	8	10	12	14	16
l									

b Dibuje con precisión el gráfico de la función l en función de t, para $0 \le t \le 20$ y $0 \le l \le 100$.

c ¿Cuál es la longitud de la planta de calabaza cuando $t = 0$?

d ¿Cuál será la longitud de la planta de calabaza después de 3 semanas?

Respuestas

a

t	0	2	4	6	8	10	12	14	16
l	4,00	5,76	8,29	11,9	17,2	24,8	35,7	51,4	74,0

Sustituir cada valor de t en la ecuación para hallar el valor correspondiente de l

b

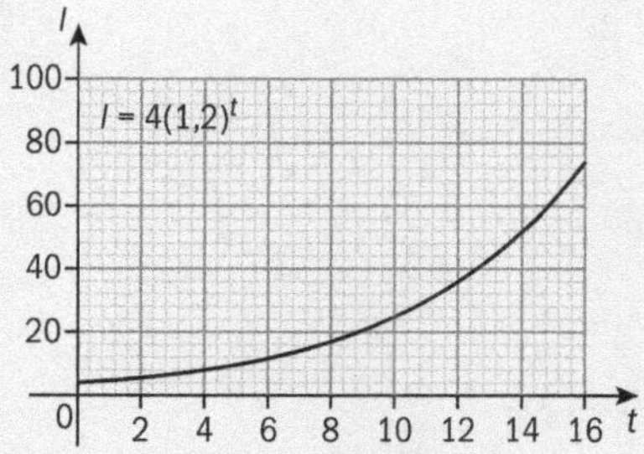

Dibujar con precisión y rotular los ejes
Ubicar t en el eje horizontal
Ubicar l en el eje vertical
Situar los puntos de la tabla y unirlos con una curva suave

c Cuando $t = 0$, $l = 4{,}00$ cm.

Leer en la tabla el valor que toma l cuando t = 0

d 3 semanas = 21 días

Entonces, $l = 4(1{,}2)^{21} = 184$ cm (3 cs)

En la ecuación, el tiempo se da en días, por lo tanto, hay que convertir las semanas a días.
Sustituir t = 21 en la ecuación

Ejemplo 22

Huberto invierte EUR3000 en un banco con una tasa de interés del 5% anual compuesto anualmente.

Sea y la cantidad de dinero que Huberto tiene en el banco después de x años.

a Dibuje con precisión un gráfico para representar la cantidad de dinero que Huberto tiene en el banco después de x años. Utilice una escala de 0 a 10 años en el eje x y de EUR2500 a 5000 en el eje y.

b ¿Cuánto dinero tiene después de 4 años?

c ¿Cuántos años pasan hasta que Huberto tiene EUR4000 en el banco?

Respuestas

a La fórmula de interés compuesto es:

$$y = 3000\left(1+\frac{5}{100}\right)^x$$

$y = 3000(1,05)^x$

Donde x = cantidad de años

Este problema se puede representar mediante una función de interés compuesto.

Tiempo (x años)	Cantidad de dinero *(y euros)*
0	3000
2	3307,50
4	3646,52
6	4020,29
8	4432,37
10	4886,68

Elaborar una tabla de valores

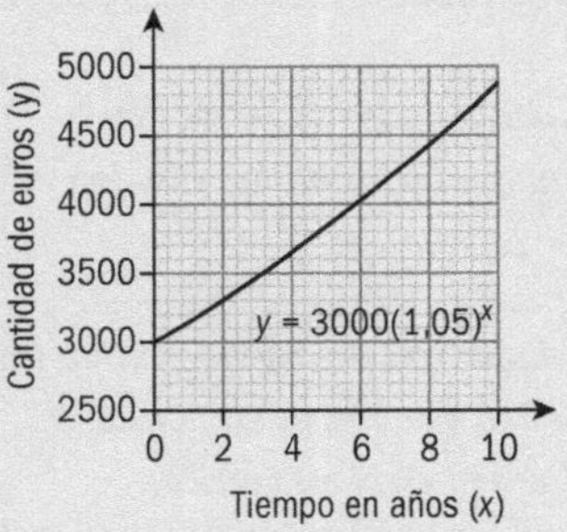

Dibujar con precisión y rotular los ejes
Situar los puntos y unirlos con una curva suave

b Después de 4 años, Huberto tiene $3000(1,05)^4 = 3646,52$ euros.

Sustituir x = 4 en la fórmula

c Después de 6 años, Huberto tiene EUR4000 euros en el banco.

Necesitamos hallar el valor de x para y = 4000 euros.
Podemos ver, en la tabla de valores del apartado **a**, *que después de 6 años la cantidad de dinero es 4020,29.*
Comprobar la cantidad de dinero después de 5 años:
$y = 3000(1,05)^5 = 3828,84$
Esta cantidad es menor que EUR4000.

La fórmula del **interés compuesto** es una función exponencial (de crecimiento).

En el capítulo 7, veremos más acerca de interés compuesto.

Ejercitación 4U

PREGUNTAS TIPO EXAMEN

1 Dibuje aproximadamente los gráficos de: $f(x) = 2^x + 0{,}5$ y $g(x) = 2^{-x} + 0{,}5$ para $-3 \leq x \leq 3$.

a Escriba las coordenadas del punto de intersección de las dos curvas.

b Escriba la ecuación de la asíntota horizontal de ambos gráficos.

2 El valor de un automóvil decrece cada año de acuerdo a la función:

$V(t) = 26\,000x^t$

Donde V es el valor del automóvil en euros, t es la cantidad de años después de que se compró el automóvil por primera vez y x es una constante

a Escriba el valor que tenía el automóvil cuando se compró por primera vez.

b Después de un año, el valor del automóvil es EUR22 100. Halle el valor de x.

c Calcule la cantidad de años que pasarán hasta que el valor del automóvil sea menor que EUR6000.

3 La ecuación $M(t) = 150(0{,}9)^t$ representa la cantidad, en gramos, de un material radioactivo que se conserva en un laboratorio durante t años.

a Dibuje aproximadamente el gráfico de la función $M(t)$ para $0 \leq t \leq 100$.

b Escriba la ecuación de la asíntota horizontal del gráfico de $M(t)$.

c Halle la masa del material radioactivo después de 20 años.

d Calcule la cantidad de años que se necesitan para que el material radioactivo tenga una masa de 75 gramos.

4 El área, $A\,\text{m}^2$, cubierta por maleza se mide a las 6.00 cada día.

El 1 de junio el área era $50\,\text{m}^2$.

Cada día el área cubierta por la maleza crece de acuerdo a la fórmula:

$A(t) = 50(1{,}06)^t$

Donde t es la cantidad de días después del 1 de junio

a Dibuje aproximadamente el gráfico de: $A(t)$ para $-4 \leq t \leq 20$

b Explique qué representan los valores negativos de t.

c Calcule el área cubierta por maleza a las 6.00 del 15 de junio.

d Halle el valor de t cuando el área es $80\,\text{m}^2$.

PREGUNTAS TIPO EXAMEN

5 El gráfico muestra la función:
$f(x) = k(2)^x + c$.
Halle los valores de c y de k.

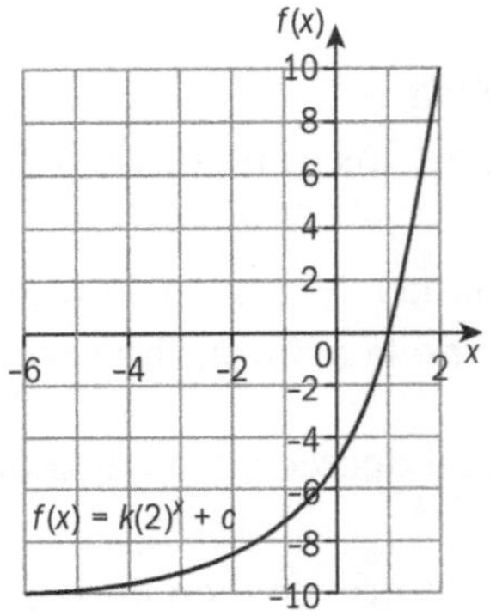

6 La temperatura, T, de una taza de café está dada por la función:

$T(t) = 18 + 60(2)^{-t}$

Donde T se mide en °C y t en minutos

a Dibuje aproximadamente el gráfico de $T(t)$ para $0 \leq t \leq 10$.

b Escriba la temperatura del café en el momento en que se sirve.

c Halle la temperatura del café 5 minutos después de servirse.

d Calcule la cantidad de minutos que tarda el café en alcanzar una temperatura de 40 °C.

e Escriba la temperatura de la sala donde se sirve el café. Dé una razón para su respuesta.

7 El valor, en dólares estadounidenses, de una máquina de granja se devalúa de acuerdo a la fórmula:

$D(t) = 18\,000(0{,}9)^t$ donde t es el tiempo en años

a Escriba el costo inicial de la máquina.

b Halle el valor de la máquina después de 5 años.

c Calcule la cantidad de años que tarda la máquina en valer menos de USD9000.

8 El gráfico de la función $f(x) = \dfrac{2^x}{a}$ pasa por los puntos $(0, b)$ y $(2; 0{,}8)$. Calcule los valores de a y de b.

9 El diagrama muestra el gráfico de $y = 2^x + 3$. La curva pasa por los puntos A$(0, a)$ y B$(1, b)$.

a Halle el valor de a y el valor de b.

b Escriba la ecuación de la asíntota de la curva.

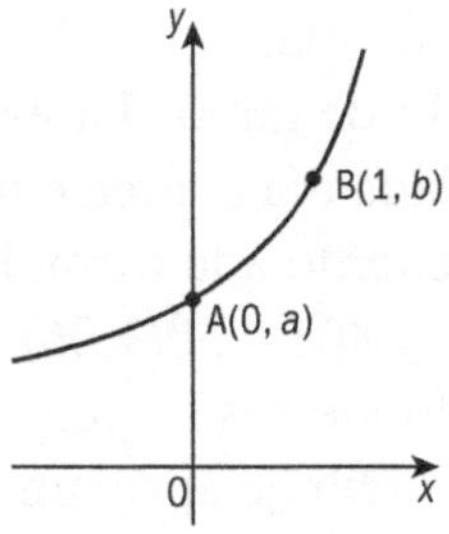

10 Se representa una función por medio de la ecuación $f(x) = 2(3)^x + 1$.
La siguiente es una tabla de valores de $f(x)$ para $-2 \leq x \leq 2$.

x	−2	−1	0	1	2
f(x)	1,222	a	3	7	b

a Calcule el valor de a y el valor de b.

b Dibuje con precisión un gráfico de $f(x)$ para $-2 \leq x \leq 2$.

c El dominio de $f(x)$ es el conjunto de números reales. ¿Cuál es el recorrido?

4.5 Gráficos de funciones de la forma $f(x) = ax^m + bx^n + ..., m, n \in \mathbb{Z}$

En las secciones 4.2 y 4.3, hemos visto ejemplos de funciones lineales y cuadráticas. ¿Qué sucede cuando el exponente de x es un entero mayor que 2 o menor que 0?

Funciones cúbicas

Cuando el mayor exponente de x es 3, entonces la función se denomina "función **cúbica**".

→ Una función cúbica tiene la forma $f(x) = ax^3 + bx^2 + cx + d$, donde $a \neq 0$. El dominio es $\mathbb{R}$, a menos que se indique lo contrario.

Aquí se muestran dos ejemplos de gráficos de funciones cúbicas:

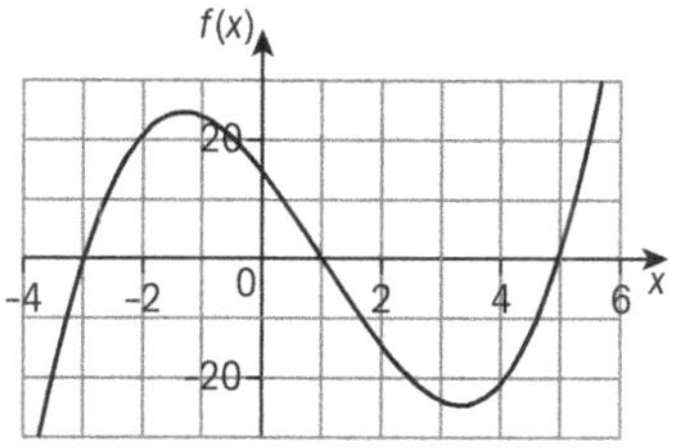

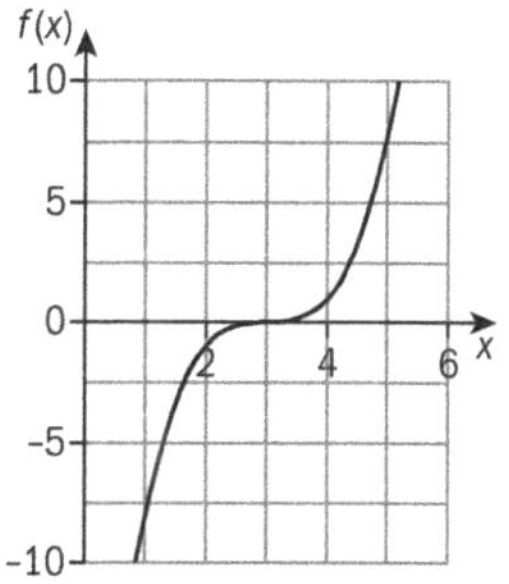

Ejemplo 23

La cantidad de peces, P, en un estanque, en el período 1995 a 2010, se modeliza usando la fórmula:

$P(x) = -0{,}030x^3 + 0{,}86x^2 - 6{,}9x + 67$

Donde x es la cantidad de años después de 1995

a Utilice la CPG para hacer un dibujo aproximado del gráfico de la función para $0 \leq x \leq 18$.

b Halle la cantidad de peces en el estanque después de 6 años.

c Halle la cantidad de peces en el estanque después de 13 años.

Respuestas

a

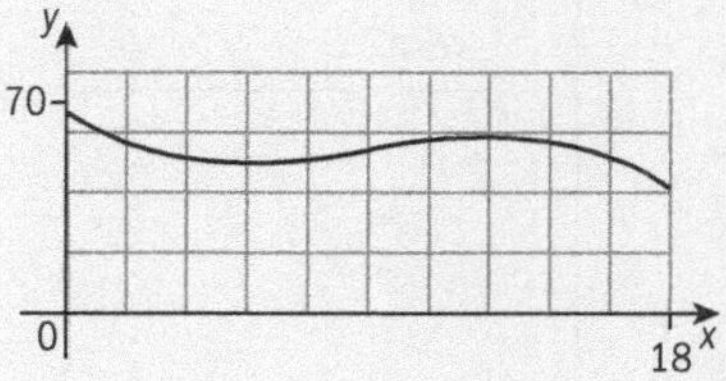

Dibujar el gráfico en la CPG

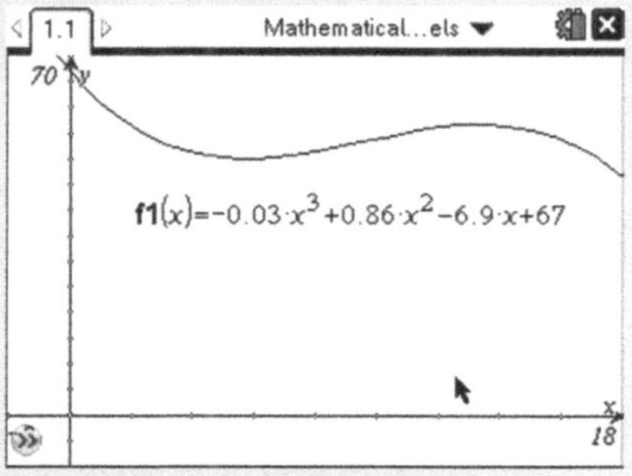

Transferir los detalles a un dibujo aproximado en papel

▶ Continúa en la página siguiente.

b $P(6) = -0{,}030(6)^3 + 0{,}86(6)^2 - 6{,}9(6) + 67$ $= -6{,}48 + 30{,}96 - 41{,}4 + 67$ $= 50{,}08$ Entonces, después de 6 años, hay 50 peces en el estanque.	*Sustituir x = 6 en la ecuación. O usar la tabla de la CPG, o la función* **Trace** *(trazado).*
c $P(13)$ $= -0{,}030(13)^3 + 0{,}86(13)^2 - 6{,}9(13) + 67$ $= -65{,}91 + 145{,}34 - 89{,}7 + 67$ $= 56{,}73$ Entonces, después de 13 años, hay 56 peces en el estanque.	*Sustituir x = 13 en la ecuación O usar la tabla de valores de la CPG*

Ejemplo 24

Una pandemia se modeliza utilizando la ecuación:

$y = (x - 20)^3 + 5000$

Donde x es la cantidad de semanas después del comienzo del brote e y es la cantidad de casos registrados

a Utilice la CPG para hacer un dibujo aproximado de la función para $0 \le x \le 30$.

b Halle la cantidad de casos después de 10 semanas.

c Halle la cantidad de casos después de 20 semanas.

d ¿Es este un buen modelo para representar la cantidad de casos de una pandemia?

Una pandemia es una epidemia de una enfermedad infecciosa que se extiende a varios continentes.

Respuestas

a

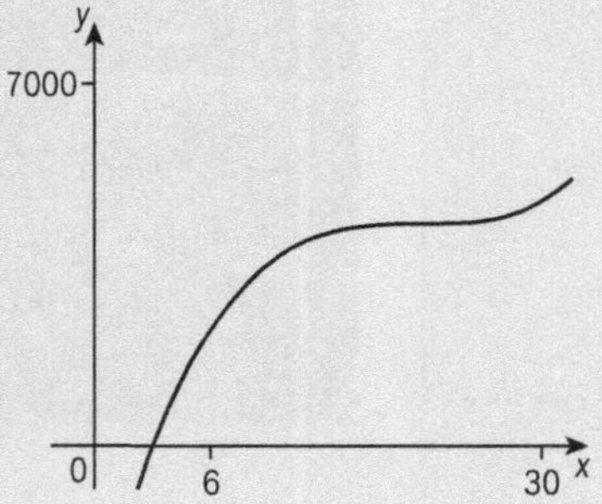

Dibujar el gráfico en la CPG

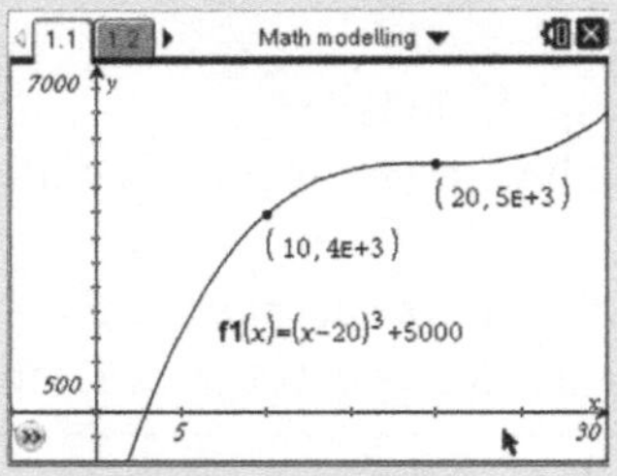

Transferir los detalles a un dibujo aproximado en papel

b $y = (10 - 20)^3 + 5000 = 4000$ Entonces, después de 10 semanas, hay 4000 casos.	*Sustituir x = 10 en la ecuación*
c $y = (20 - 20)^3 + 5000 = 5000$ Entonces, después de 20 semanas, hay 5000 casos.	*Sustituir x = 20 en la ecuación*
d No, porque la cantidad de casos comienza a aumentar de nuevo después de las 20 semanas y seguirá creciendo.	*Considerar:* *¿Sigue creciendo el gráfico? ¿Es de esperar que la pandemia siga creciendo para siempre?*

¿Pueden los modelos matemáticos modelizar con precisión las situaciones de la vida real?

Investigación: funciones cuárticas

Cuando el mayor exponente de x es 4, entonces la función se denomina “función **cuártica**”.

Una función cuártica tiene la forma:
$f(x) = ax^4 + bx^3 + cx^2 + dx + e$, donde $a \neq 0$. El dominio es $\mathbb{R}$, excepto que se indique otra cosa.

Sustituya varios valores de a, b, c, d y e en la ecuación:

$$f(x) = ax^4 + bx^3 + cx^2 + dx + e$$

Utilice la CPG para dibujar las funciones.
¿Qué puede decir acerca de la forma del gráfico de una función cuártica?

Ejercitación 4V

1 La altura de la marea, en cierta playa, se puede modelizar con la función:

$$f(x) = -0{,}0015x^4 + 0{,}056x^3 - 0{,}60x^2 + 1{,}65x + 4$$

Donde x es el tiempo, en horas, después de medianoche

a Utilice la CPG para hacer un gráfico aproximado de la función para $0 \leq x \leq 20$.

b Halle el horario en que se producen las mareas bajas.

c Halle los horarios en que se producen las mareas altas. máx y min

2 A continuación se muestra el gráfico de la función $f(x) = (x - 2)^4 + 6$:

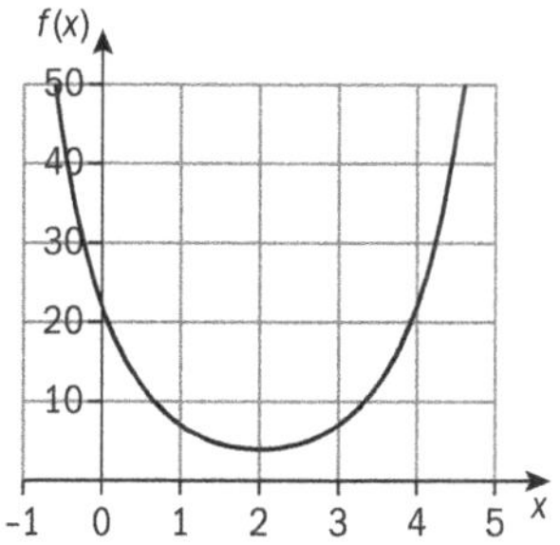

a Halle el valor de $f(x)$ cuando $x = 2$.

b Halle los valores de x cuando $y = 6$.

c Escriba el recorrido de esta función.

Gráficos de funciones en las que el exponente de x es un entero negativo

Este es el gráfico de $y = x^{-1}$, $x \neq 0$, para $-10 \leq x \leq 10$.

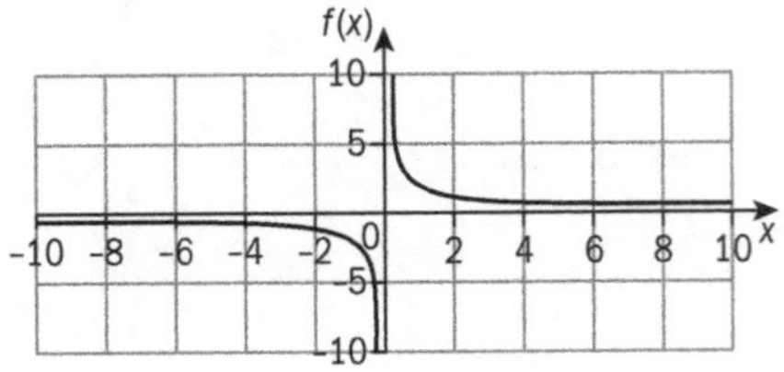

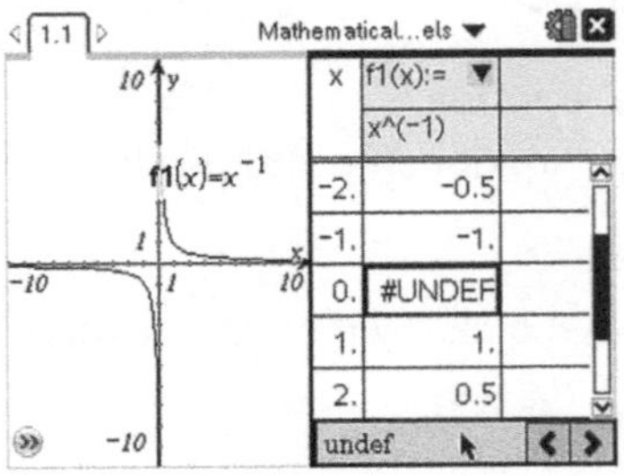

El gráfico tiene dos ramas que no se superponen y que no cortan al eje y.

No hay valor de y cuando $x = 0$. Decimos que $x = 0$ es una **asíntota vertical**.

Cuando miramos la tabla de valores en la CPG, frecuentemente vemos "UNDEF" en la columna de las y, cuando hay una asíntota vertical.

Hay una asíntota vertical si ocurre que el valor de y tiende a infinito cuando el valor de x tiende a cero. Esto significa que cuando x se acerca a cero, tanto desde la derecha como desde la izquierda, entonces y toma valores o bien muy grandes y positivos, o bien muy grandes y negativos.

Este es el gráfico de $y = x^{-2}$, $x \neq 0$, para $-10 \leq x \leq 10$.

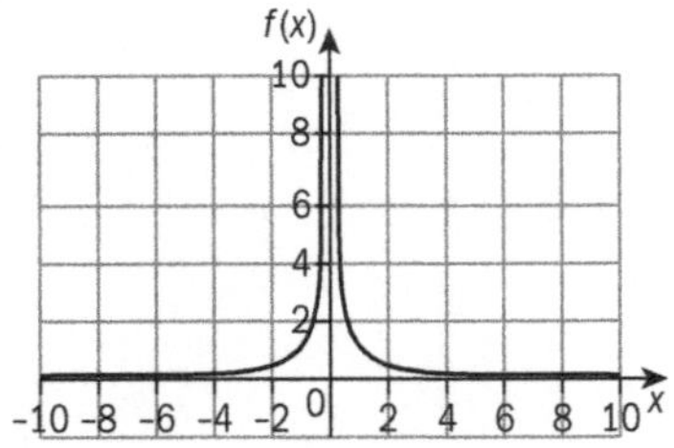

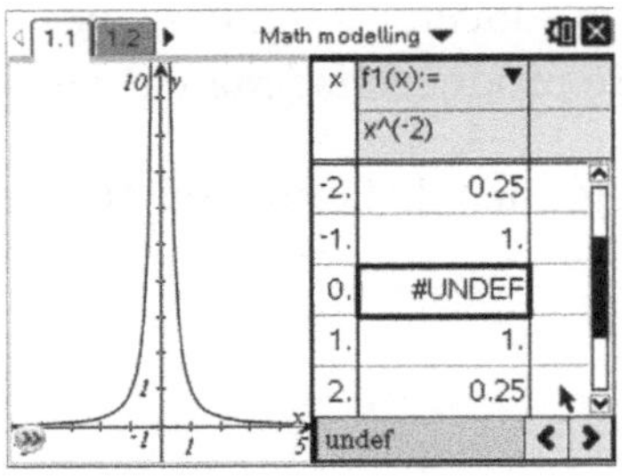

No hay valor de y cuando $x = 0$, entonces $x = 0$ es una asíntota vertical. Sin embargo, en este gráfico, cuando x tiende a cero tanto por valores positivos como negativos, y tiende a un valor muy grande y positivo.

Investigación: gráficos de $y = ax^{-n}$

1 Utilice la CPG para dibujar los gráficos de:

- $y = x^{-3}$ para $-10 \leq x \leq 10$
- $y = x^{-4}$ para $-10 \leq x \leq 10$

Compare ambos gráficos con los gráficos de $y = x^{-1}$ y de $y = x^{-2}$.
¿Qué observa?

2 Dibuje los gráficos de:

- $y = 2x^{-3}$ para $-10 \leq x \leq 10$
- $y = 3x^{-4}$ para $-10 \leq x \leq 10$

Compare estos gráficos con los otros.
¿Qué observa?

Ejemplo 25

Un rectángulo tiene un área de $1{,}5\,m^2$.
Sea y la longitud del rectángulo y x el ancho del rectángulo.

a Muestre que $y = \frac{1{,}5}{x}$.
b Utilice la CPG para dibujar el gráfico de $y = \frac{1{,}5}{x}$ para $0 < x \leq 10$.
c ¿Qué sucede cuando x se acerca a cero?
d ¿Qué sucede cuando x se acerca a 10?
e Escriba las ecuaciones de la asíntota vertical y la asíntota horizontal.

¿Cuántos rectángulos distintos de área $1{,}5\,m^2$ se pueden dibujar?

Respuestas

a $x \times y = 1{,}5 \Rightarrow y = \frac{1{,}5}{x}$

Área = longitud × ancho
Despejar y de la fórmula

b

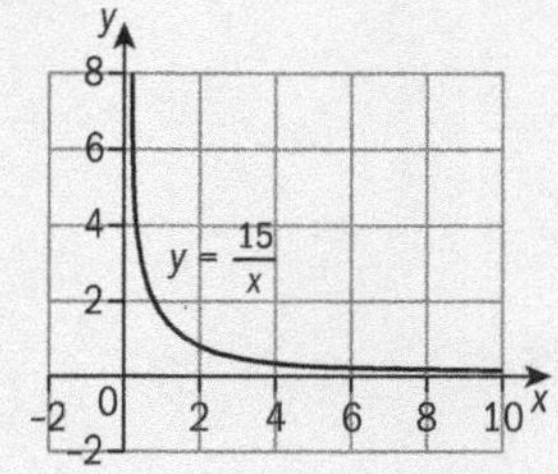

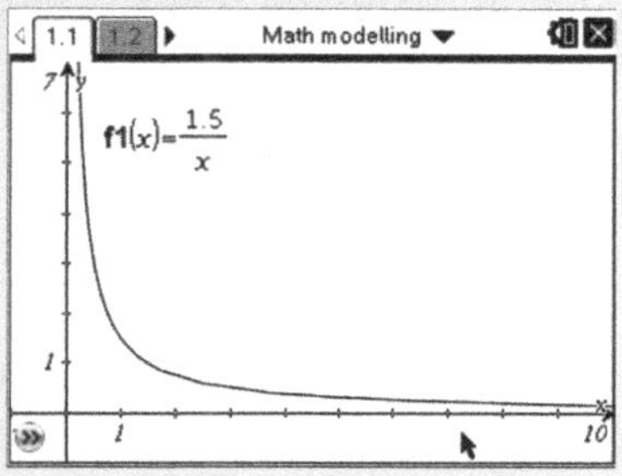

c Cuando x se acerca a cero, los valores de y son positivos y se hacen muy grandes.
d Cuando x se acerca a 10, los valores de y son positivos y se hacen muy pequeños.
e La asíntota vertical es $x = 0$ y la asíntota horizontal es $y = 0$.

¿A qué rectas se acerca la curva sin tocarlas?

Ejercitación 4W

1 La siguiente función modeliza la temperatura del agua al enfriarse hasta llegar a la temperatura ambiente:

$$f(x) = 21 + \frac{79}{x},\ x \neq 0$$

Donde x es el tiempo en minutos y $f(x)$ representa la temperatura en °C

a Utilice la CPG para hacer un gráfico aproximado de la función para $0 < x \leq 15$.
b Calcule la temperatura del agua después de 10 minutos.
c ¿Cuánto tarda el agua en bajar su temperatura a 50 °C?
d Escriba la ecuación de la asíntota vertical del gráfico.
e Escriba la ecuación de la asíntota horizontal del gráfico.
f Escriba la temperatura ambiente.

2 Se calienta aceite en una cocina. La temperatura se modeliza con la función:

$$f(x) = 100 - \frac{100}{x},\ x \neq 0$$

Donde x es el tiempo en minutos desde que el aceite comenzó a calentarse y $f(x)$ representa la temperatura en °C

a Utilice la CPG para dibujar aproximadamente el gráfico de la función para $0 < x \leq 50$.

b Halle la temperatura del aceite después de 10 minutos.

c Halle la cantidad de minutos que tarda la temperatura en alcanzar 30 °C.

d Escriba la temperatura máxima que puede alcanzar el aceite.

3 **a** Utilice la CPG para dibujar aproximadamente el gráfico de $f(x) = \frac{5}{x^2},\ x \neq 0$.

b Escriba los valores de x cuando $y = 8$.

c Escriba las ecuaciones de las asíntotas vertical y horizontal del gráfico.

d Sabiendo que el dominio de f es el conjunto de números reales, $x \neq 0$, escriba el recorrido de f.

4 **a** Utilice su CPG para dibujar aproximadamente el gráfico de $f(x) = 3 + \frac{6}{x}, x \neq 0$, para $-10 \leq x \leq 10$.

b Halle el valor de $f(x)$ cuando $x = 8$.

c Halle el valor de x cuando $y = 5$.

d Escriba las ecuaciones de las asíntotas vertical y horizontal del gráfico.

e Sabiendo que el dominio de f es el conjunto de los números reales, $x \neq 0$, escriba el recorrido de f.

Gráficos de funciones más complejas

Este es el gráfico de $f(x) = 3x^2 + \frac{2}{x},\ x \neq 0$, para $-4 \leq x \leq 4$.

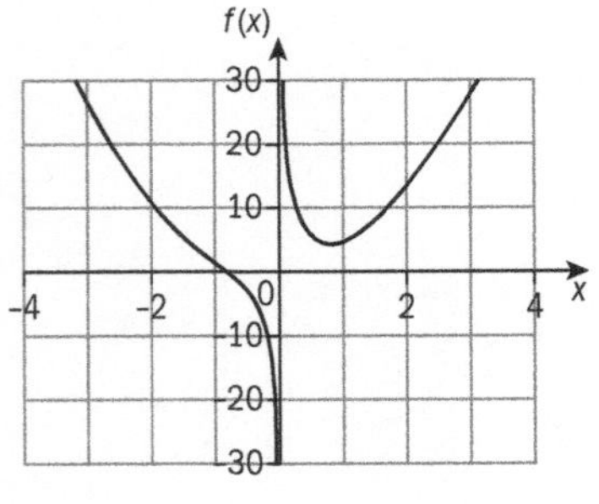

El gráfico tiene dos ramas separadas.
La recta $x = 0$ es una asíntota vertical.
El dominio es $-\infty \leq x < 0,\ 0 < x \leq +\infty$.

El matemático inglés John Wallis (1616–1703) fue el primero en usar el símbolo ∞ para denotar "infinito".

Ejemplo 26

La tarifa de una compañía de taxis depende de la distancia recorrida en kilómetros.
Las tarifas se calculan usando la fórmula:

$$f(x) = 2x + \frac{50}{x^2}$$

Donde x es la distancia recorrida en kilómetros ($x \neq 0$) y $f(x)$ es la tarifa en euros

a Dibuje aproximadamente el gráfico de la función para $0 < x \leq 20$.
b Halle el costo de un viaje de 10 kilómetros.
c Halle la distancia recorrida en un viaje por el que se paga la tarifa más barata.

Respuestas

a

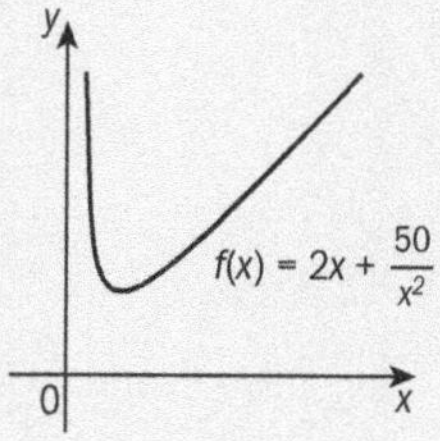

Dibujar el gráfico en la CPG

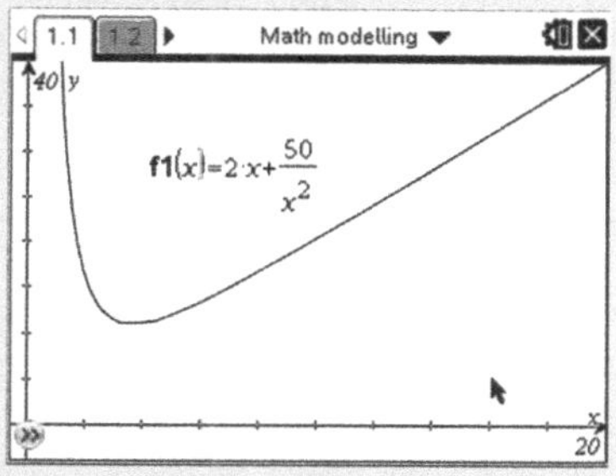

Transferir los detalles a un dibujo aproximado en papel

b El costo de un viaje de 10 kilómetros es EUR20,50.

Usar la CPG:

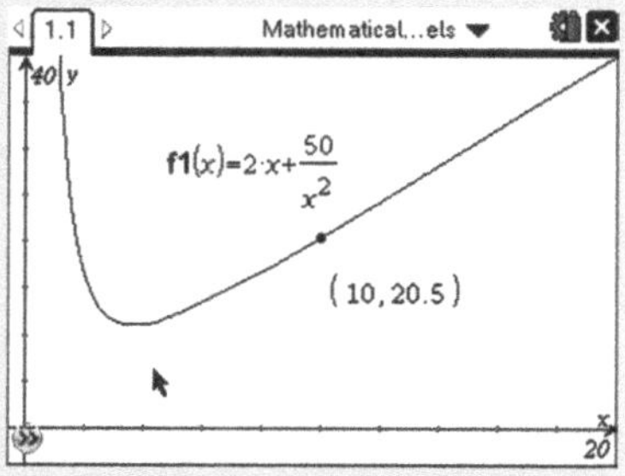

Usar **Trace** *(trazado) o la tabla para hallar el valor de $f(x)$ cuando $x = 10$*

c La tarifa más barata se obtiene con un viaje de 3,68 kilómetros.

Usar la CPG:

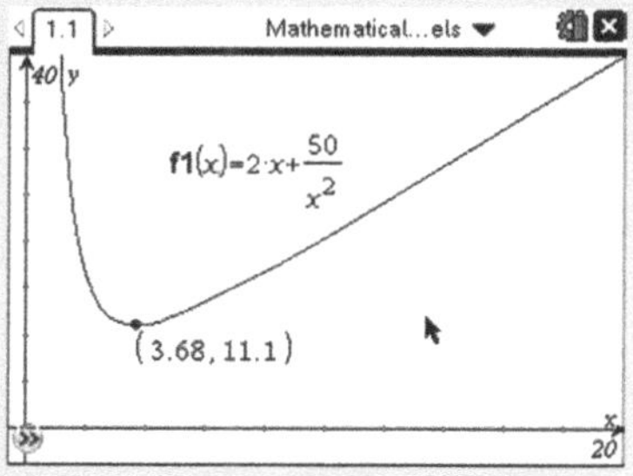

En el capítulo 12, sección 4.2, ejemplo 20, se muestra cómo hallar el valor mínimo usando la CPG.

Ejemplo 27

Un ortoedro cerrado de altura y cm tiene una base cuadrada de longitud x cm.
El volumen del ortoedro es $500\,\text{cm}^3$.

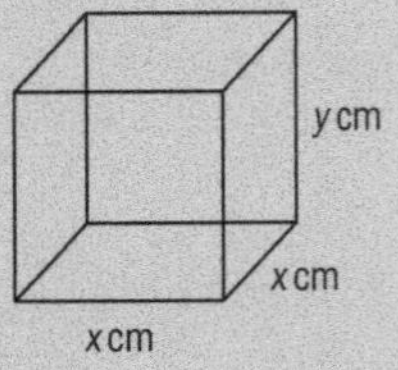

a Escriba una expresión para el volumen del ortoedro.

b A partir de lo anterior, halle una expresión para el área, A, del ortoedro en función de x.
Simplifique su respuesta tanto como sea posible.

c Utilice la CPG para dibujar el gráfico de la función área para $0 < x \le 30$.

d Utilice la CPG para hallar las dimensiones que hacen que el área sea mínima.

Respuestas

a Volumen $= x^2 y$

Volumen = largo × ancho × altura

b $A = 2x^2 + 4xy$

$= 2x^2 + 4x \times \dfrac{500}{x^2}$

$= 2x^2 + \dfrac{2000}{x}$

2 caras cuadradas, cada una tiene área $x^2 \Rightarrow$ el área de las 2 caras es $2x^2$
4 caras rectangulares, cada una tiene área $xy \Rightarrow$ el área de las 4 caras es $4xy$
Del apartado **a**:
Volumen $= x^2 y$

$500 = x^2 y \Rightarrow y = \dfrac{500}{x^2}$

Sustituir la expresión de y en la fórmula de A

c

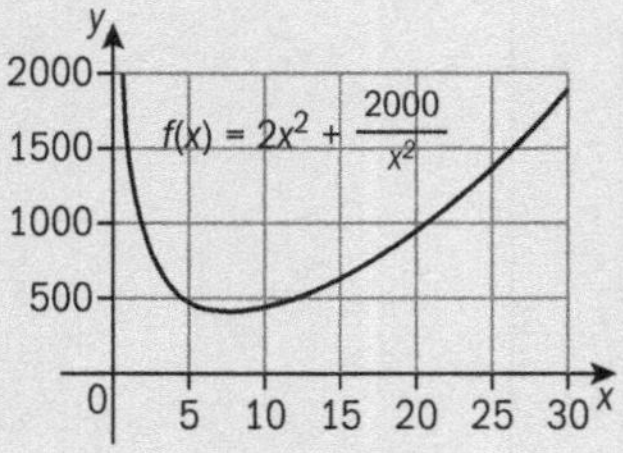

La función área es:

$f(x) = 2x^2 + \dfrac{2000}{x}$

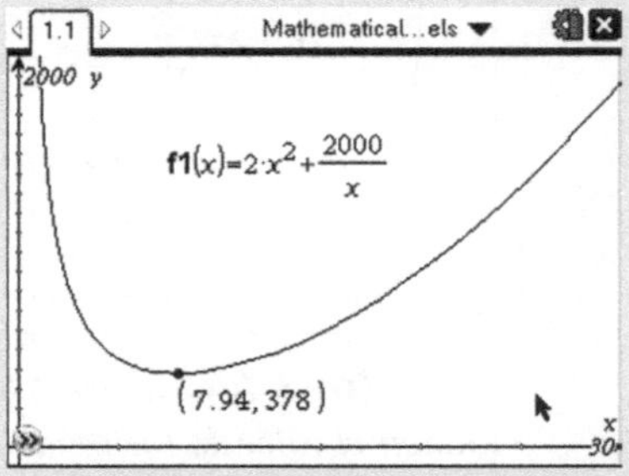

d El área mínima se obtiene cuando $x = 7{,}937$ e

$y = \dfrac{500}{7{,}937^2} = 7{,}937.$

Usando la CPG, el valor mínimo de la longitud de la base es $x = 7{,}937$.
Sustituir el valor de x en la expresión hallada para y

En el capítulo 12, sección 4.2, ejemplo 20, se muestra cómo hallar el valor mínimo usando la CPG.

Ejercitación 4X

1 Una sección de la montaña rusa se puede modelizar con la ecuación:

$$f(x) = \frac{20}{x} + 2x^2,\ x \neq 0$$

Donde x es el tiempo en segundos desde el principio de la vuelta y $f(x)$ es la velocidad en m s^{-1}

a Utilice la CPG para dibujar aproximadamente el gráfico de la función para $0 < x \leq 10$.

b Halle el valor mínimo del gráfico.

c Halle la velocidad cuando $x = 6$.

d Halle en qué momentos la velocidad es $50\,\text{m s}^{-1}$.

2 Una caja abierta tiene las siguientes dimensiones:
Longitud = x cm, ancho = $2x$ cm y altura = y cm
El volumen de la caja es $300\,\text{cm}^3$.

a Escriba una expresión para el volumen de la caja.

b Halle una expresión para el área de la caja abierta, solo en función de x.

c Utilice la CPG para dibujar aproximadamente la función área para $0 < x \leq 20$.

d Halle las dimensiones que hacen que el área de la caja sea mínima.

3 Una pirámide tiene una base cuadrada cuyos lados miden x metros. La altura perpendicular de la pirámide es a metros. El volumen de la pirámide es $1500\,\text{m}^3$.

a Halle una expresión para el volumen de la pirámide usando la información dada.

b Muestre que la altura de cada una de las caras triangulares es:

$$\sqrt{\left(a^2 + \left(\frac{x}{2}\right)^2\right)}$$

c A partir de lo anterior, halle una ecuación para el área total de la pirámide.

d Escriba la ecuación del apartado **c** en función de x únicamente.

e Utilice la CPG para dibujar aproximadamente el gráfico de esta ecuación para $0 < x \leq 30$.

f Halle las dimensiones que producen el área mínima.

4 Una pecera tiene forma de ortoedro. La longitud total de las 12 piezas de metal que se requieren para hacer el armazón es igual a 320 cm. La longitud de la pecera es el doble que su ancho. Para mejorar la visual, se debe maximizar el área de las cuatro caras verticales.
Halle el "área de visual" óptima si la pecera se fija a una pared y únicamente se debe considerar el área de tres caras.

Ejemplo 28

Considere la función $f(x) = \dfrac{3x - 12}{x}$, $x \neq 0$.

a Escriba el dominio de $f(x)$.

b Copie y complete la tabla de valores de $f(x)$. Dé sus respuestas redondeadas a dos cifras significativas.

x	–24	–12	–4	–1	0	1	2	4	8	12	24
***f*(*x*)**											

c Dibuje con precisión el gráfico de $f(x)$ para $-24 \leq x \leq 24$. Utilice una escala de 1 cm para representar 4 unidades en el eje horizontal y 1 cm para representar 2 unidades en el eje vertical.

d Escriba la ecuación de la asíntota vertical al gráfico de $f(x)$.

Respuestas

a El dominio de f es el conjunto de números reales, $x \neq 0$.

El único valor excluido es $x = 0$ (ya que la división por 0 no está definida).

b

x	***f*(*x*)**
–24	3,5
–12	4
–4	6
–1	15
0	
1	–9
2	–3
4	0
8	1,5
12	2
24	2,5

Sustituir cada valor de x en $f(x)$ para hallar el valor correspondiente de $f(x)$. $x = 0$ no tiene imagen.

c

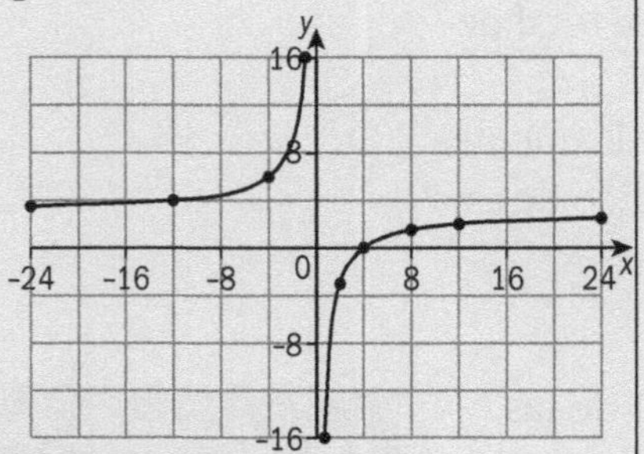

Dibujar con precisión y rotular los ejes

Situar los puntos de la tabla del apartado **b**

El gráfico tiene **dos** *ramas.*

Unir los puntos que se encuentran a la derecha de $x = 0$ con una curva suave

Unir los puntos que se encuentran a la izquierda de $x = 0$ con otra curva suave

d $x = 0$

¿A qué recta vertical se acerca la curva sin tocarla?

A medida que *x* se hace muy grande en valor absoluto, el gráfico de *f*(*x*) se acerca cada vez más a una recta horizontal. ¿Cuál es la ecuación de esta recta?

Valores muy grandes en valor absoluto significa o bien valores positivos muy grandes (1000, 10 000, etc.) o bien valores negativos muy grandes (–1000, –10 000, etc.).

En el capítulo 13, sección 2.7, hay más sobre valor absoluto.

Ejercitación 4Y

1 Considere la función $f(x)=1+\frac{2}{x}$, $x \neq 0$.

a Escriba el dominio de $f(x)$.

b Copie y complete la siguiente tabla.

x	−10	−5	−4	−2	−1	−0,5	−0,2	0	0,2	0,5	1	2	4	5	10
f(x)	0'8	0'6	0'5	0	-1	-3	-9	-	11	5	3	2	1'5	1'4	1'2

c Dibuje con precisión el gráfico de $f(x)$ para $-10 \leq x \leq 10$. Utilice una escala de 1 cm para representar 1 unidad en cada uno de los ejes.

d **i** Dibuje con precisión la asíntota vertical.

ii Escriba la ecuación de la asíntota vertical.

e **i** Dibuje con precisión la asíntota horizontal.

ii Escriba la ecuación de la asíntota horizontal.

2 Considere la función $f(x) = 8x^{-1} + 3$, $x \neq 0$.

a Escriba el dominio de $f(x)$.

b Copie y complete la siguiente tabla.

x	−10	−8	−5	−4	−2	−1	0	1	2	4	5	8	10
f(x)													

c Dibuje con precisión el gráfico de $f(x)$ para $-10 \leq x \leq 10$. Utilice una escala de 1 cm para representar 2 unidades en cada uno de los ejes.

d **i** Dibuje con precisión la asíntota vertical.

ii Escriba la ecuación de la asíntota vertical.

e **i** Dibuje con precisión la asíntota horizontal.

ii Escriba la ecuación de la asíntota horizontal.

Dibujo aproximado de gráficos más complejos

Ejemplo 29

Dibuje aproximadamente el gráfico de la función $f(x) = 2x - (x + 1)^2 + 13$ para $-5 \leq x \leq 5$.

Respuesta

Usar la CPG:
Ingresar la función y ajustar la configuración de la ventana para x

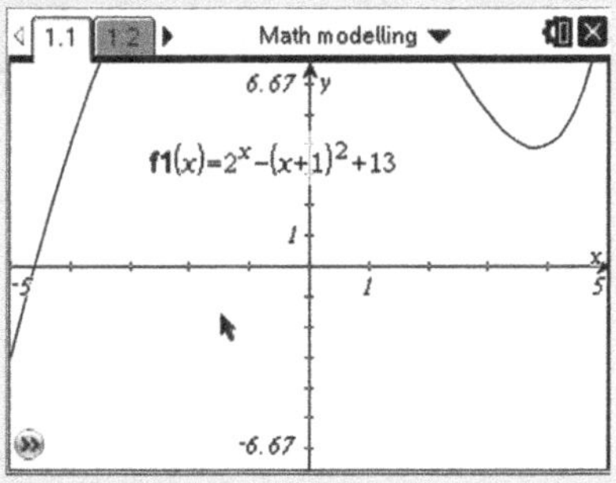

▶ Continúa en la página siguiente.

Usar **Zoom-Fit** *(ajuste de zoom) para ajustar el eje y con el fin de incluir los puntos en el gráfico*

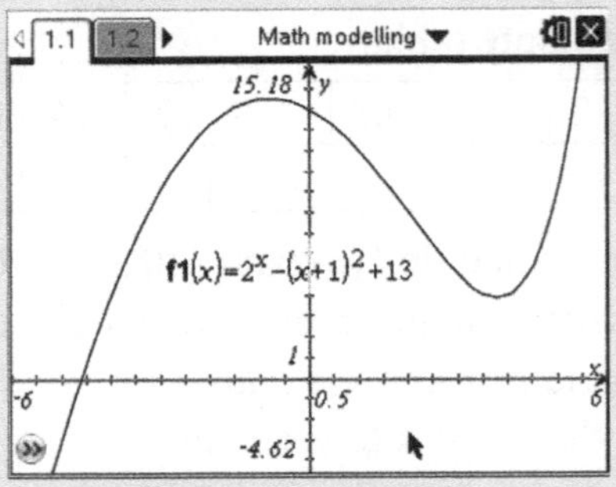

Elegir algunos valores enteros para definir la ventana
Para x:
Mínimo: −5, máximo: 5
Para y:
Mínimo: −5, máximo: 15

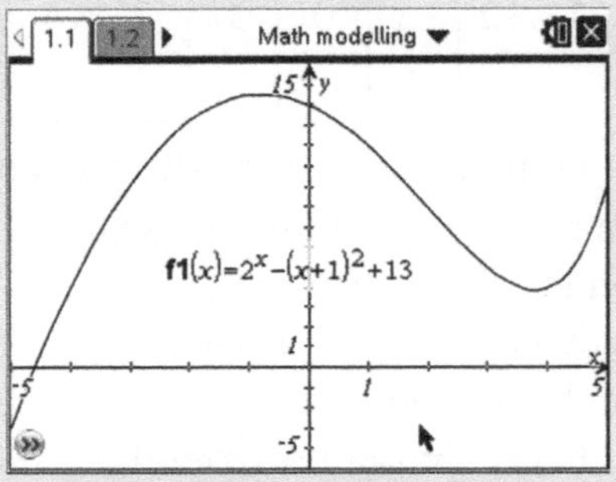

Transferir los detalles a un dibujo aproximado en papel

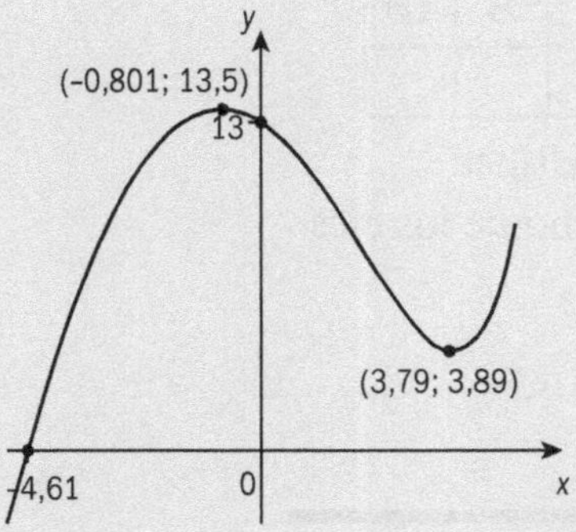

El recorrido de la función del ejemplo 29 es $\mathbb{R}$.
Podemos usar una tabla en la CPG para tener una idea del recorrido de la función.

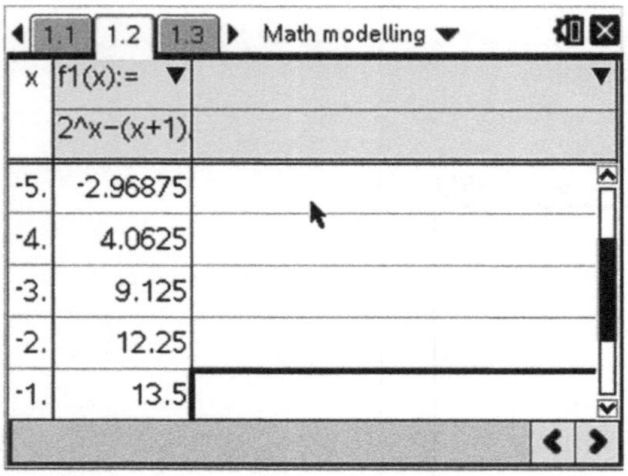

x	f1(x):= 2^x−(x+1)
-5.	-2.96875
-4.	4.0625
-3.	9.125
-2.	12.25
-1.	13.5

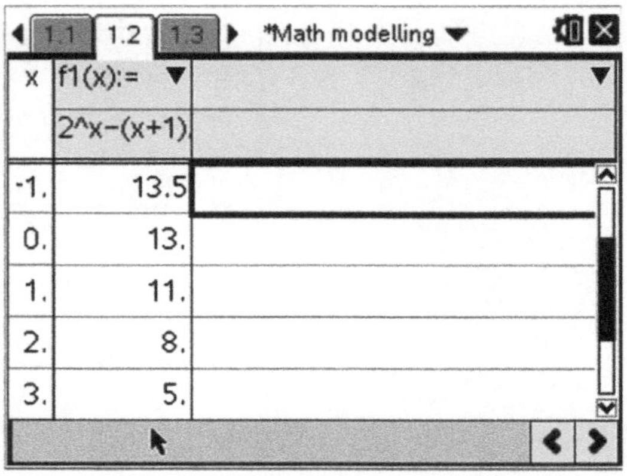

x	f1(x):= 2^x−(x+1)
-1.	13.5
0.	13.
1.	11.
2.	8.
3.	5.

Ejercitación 4Z

Utilice la CPG como ayuda para dibujar aproximadamente el gráfico de estas funciones. Escriba el recorrido de cada función.

1 $f(x) = -0{,}5x + 1 + 3^x$

2 $f(x) = 2^x - x^2$

3 $f(x) = x\,(x - 1)\,(x + 3)$

4 $f(x) = x^4 - 3x^2 + 1$

5 $f(x) = 0{,}5^x - x^{-1},\ x \neq 0$

4.6 Utilización de la CPG para la resolución de ecuaciones

Ejemplo 30

a Utilice la CPG para dibujar aproximadamente los gráficos de $f(x) = 2^x$ y $g(x) = -x^2 + 3x + 2$.

b A partir de lo anterior, resuelva la ecuación $2^x + x^2 - 3x - 2 = 0$.

Respuestas

a

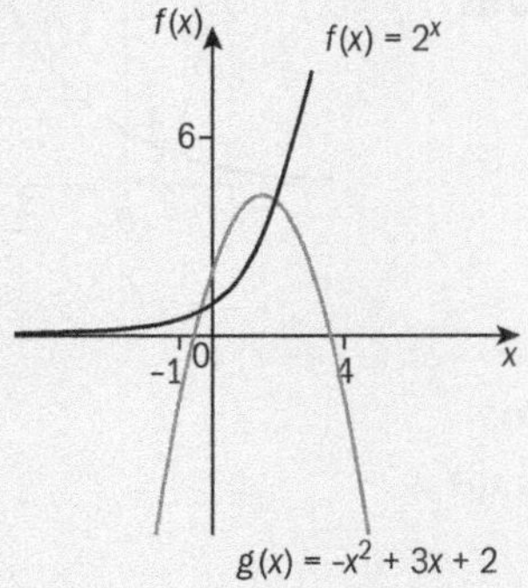

Ingresar $Y_1 = 2^x$ e $Y_2 = -x^2 + 3x + 2$

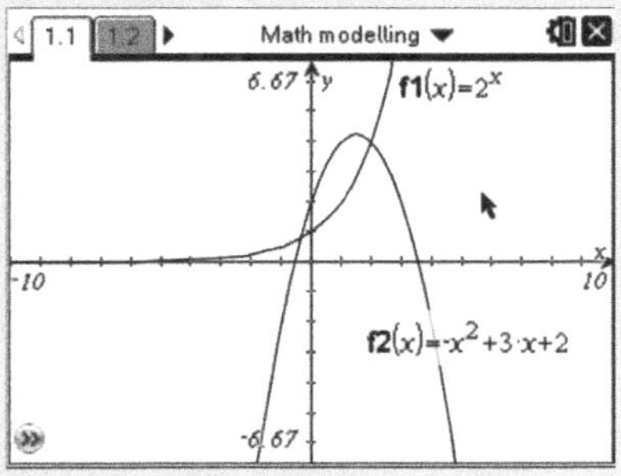

b Las soluciones son $x = -0{,}364$ o $x = 2$.

La ecuación $2^x + x^2 - 3x - 2 = 0$ es la misma que $2^x = -x^2 + 3x + 2$. Hay dos puntos de intersección y hay que hallar ambos.

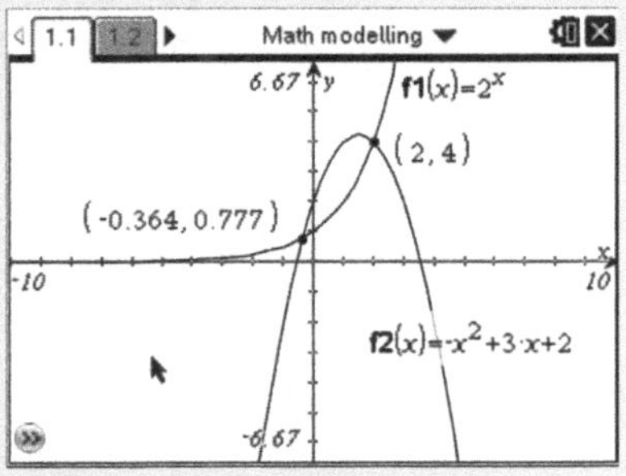

"A partir de anterior" significa que hay que utilizar los resultados obtenidos en el apartado anterior para responder este apartado de la pregunta.

En este caso se ha utilizado una ventana estándar.

Ejercitación 4AA

1 **a** En el mismo sistema de ejes, dibuje aproximadamente las curvas $y = x^2$ e $y = 4 - \frac{1}{x}$ para los valores de x desde −8 a 8 y los valores de y desde −2 a 8.
Muestre escalas en los ejes.

b Halle las coordenadas de los puntos de intersección de estas curvas.

PREGUNTAS TIPO EXAMEN

2 Las funciones f y g se definen por:

$f(x) = 1 + \frac{4}{x}$, $x \in \mathbb{R}$, $x \neq 0$

$g(x) = 3x$, $x \in \mathbb{R}$

a Dibuje aproximadamente el gráfico de f para $-8 \leq x \leq 8$.

b Escriba las ecuaciones de la asíntota vertical y de la asíntota horizontal de la función f.

c Dibuje aproximadamente el gráfico de g en el mismo sistema de ejes.

d A partir de lo anterior o de cualquier otro modo, halle las soluciones de $1 + \frac{4}{x} - 3x = 0$.

e Escriba el recorrido de la función f.

3 El diagrama muestra los gráficos de las funciones $y = 5x^2$ e $y = 3^x$ para valores de x entre −2 y 2.

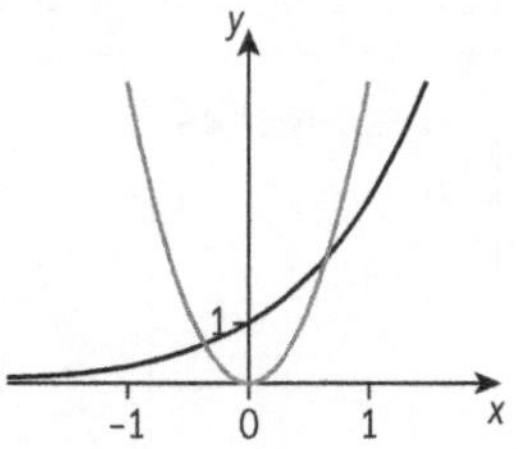

a Halle las coordenadas de los puntos de intersección de las dos curvas.

b Escriba la ecuación de la asíntota horizontal de la función exponencial.

4 Dos funciones $f(x)$ y $g(x)$ están dadas por $f(x) = \frac{3}{x}$, $x \in \mathbb{R}$, $x \neq 0$ y $g(x) = x^3$, $x \in \mathbb{R}$.

a En el mismo diagrama, dibuje aproximadamente los gráficos de $f(x)$ y de $g(x)$ usando valores de x entre −4 y 4, y valores de y entre −4 y 4. Rotule cada curva.

b Indique la cantidad de soluciones que tiene la ecuación $\frac{3}{x} - x^3 = 0$.

c Halle una solución de la ecuación del apartado **b**.

5 Dibuje aproximadamente los gráficos de $y = 3x - 4$ e $y = x^3 - 3x^2 + 2x$.
Halle todos los puntos de intersección de estos gráficos.

6 Dibuje aproximadamente los gráficos de $y = 2^x$ e $y = x^3 + x^2 - 6x$.
Halle las coordenadas de todos los puntos de intersección.

7 Dibuje aproximadamente los gráficos de $y = x + 2$ e $y = \frac{5}{x}$, $x \neq 0$.

a Halle las soluciones de la ecuación $\frac{5}{x} = x + 2$.

b Escriba la ecuación de la asíntota horizontal de $y = \frac{5}{x}$.

c Escriba la ecuación de la asíntota vertical de $y = \frac{5}{x}$.

4.7 Gráficos de situaciones de la vida real

Podemos usar gráficos lineales o de otro tipo para representar una variedad de situaciones de la vida real.

Ejemplo 31

El gráfico que se muestra debajo muestra la producción y el consumo de petróleo en China desde 1990 a 2010.

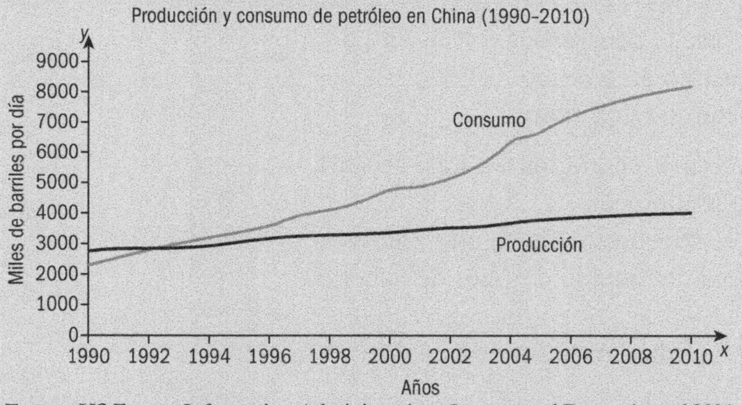

Fuente: US Energy Information Administration, *International Energy Annual 2006*, "Short term energy outlook (July 2009)"

a ¿Cuáles son las dos variables que se representan en este gráfico?
b ¿Qué representa la curva más clara?
c ¿Qué representa la curva más oscura?
d Explique el significado del punto en el que ambas curvas se cruzan. ¿Cuál es el año en ese punto?
e Explique qué sucede antes y después de 1992.
f ¿Cuál es la tendencia del consumo de petróleo en China?

Respuestas

a Las variables son "año" y "cantidad de miles de barriles por día".
b Esta curva representa el consumo de petróleo por día en China desde 1990 a 2010.
c Esta curva representa la producción de petróleo por día en China desde 1990 a 2010.
d En el punto en que se cruzan las dos curvas, la producción y el consumo de petróleo en China eran iguales. Esto ocurrió en 1992.
e Antes de 1992, el consumo de petróleo era menor que su producción.
Después de 1992, el consumo de petróleo era mayor que su producción.
f El consumo de petróleo en China tiende a seguir aumentando.

¿Puede deducir alguna otra información de este gráfico?

Ejercitación 4AB

1 El consumo de agua en el colegio secundario Sedientos se representa en el gráfico.

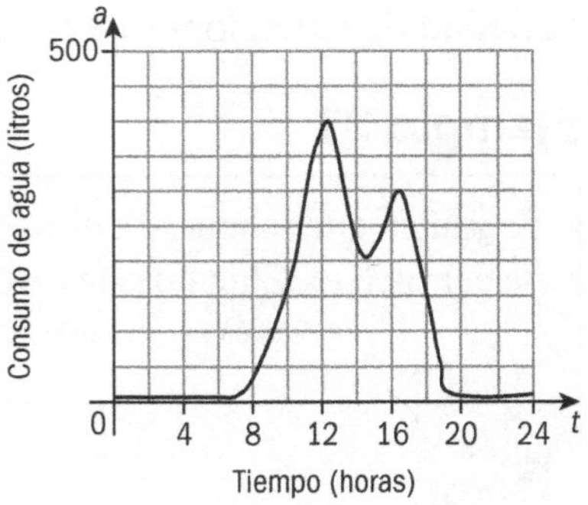

a Escriba las dos variables que se representan en este gráfico.

b ¿En qué período de tiempo está abierto el colegio secundario Sedientos?

c ¿Durante qué intervalos de tiempo crece el consumo?

d ¿Durante qué períodos decrece el consumo?

e Halle la hora en que el consumo es máximo.

f Halle la hora en que el consumo es mínimo.

2 El gráfico representa la temperatura, en grados Celsius, del café después de que Manuela lo calienta.

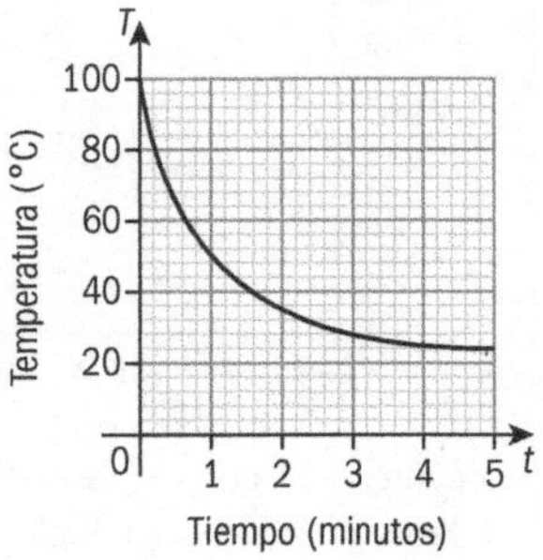

a Escriba las dos variables que se representan en este gráfico.

b Escriba la temperatura inicial del líquido después de haberlo calentado.

c Escriba la temperatura del líquido 2 minutos después de haberlo calentado.

d Halle el tiempo que tarda la temperatura en llegar a 68 °C.

e Decida si el líquido alcanza los 22 °C durante el período de 5 minutos que se muestra en el gráfico.

f Escriba la temperatura ambiente.

PREGUNTA TIPO EXAMEN

3 Bajo ciertas condiciones, el número de bacterias en un cultivo particular se duplica cada 5 segundos, tal y como se muestra en el gráfico.

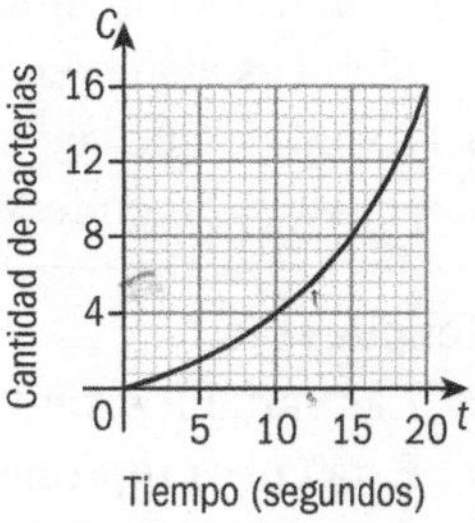

a Copie y complete la siguiente tabla:

Tiempo (*t* segundos)	0	5	10	15	20
Cantidad de bacterias (*C*)	1	2	4	8	16

b Escriba cuánto tarda el cultivo en llegar a 6 bacterias. 13 s

c Calcule el número de bacterias en el cultivo después de 1 minuto si las condiciones se mantienen constantes.

4 En un experimento de física, se lanza una pelota verticalmente desde el suelo.

El diagrama representa la altura de la pelota en diferentes momentos.

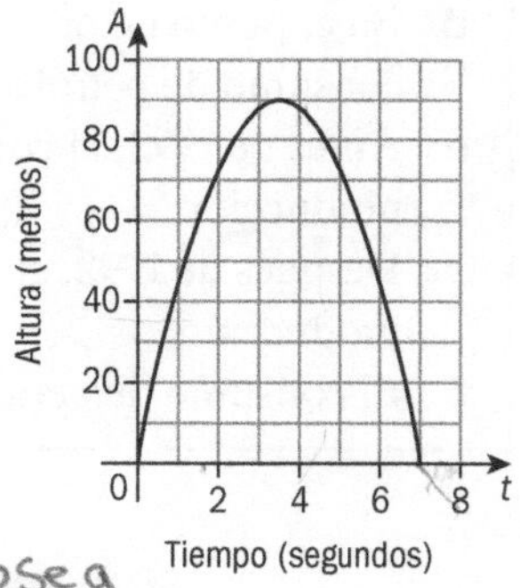

a Escriba la altura de la pelota después de 1 segundo. 40m

b Averigüe cuántos segundos después de ser lanzada la pelota alcanza los 60 metros. 1'5 seg, 5'5 seg

c Escriba el intervalo de tiempo en el que la pelota sube. 0 – 3'5 seg

d Escriba el intervalo de tiempo en el que la pelota baja. 3'5 - 7 seg

e Escriba la altura máxima que alcanza la pelota y el tiempo que tarda en alcanzar dicha altura. 90 m

f Explique qué sucede cuando $t = 7$. La pelota está en el suelo

PREGUNTAS TIPO EXAMEN

5 El gráfico muestra las alturas de la marea, *a* metros, *t* horas después de la medianoche en el Puerto Costa Azul.

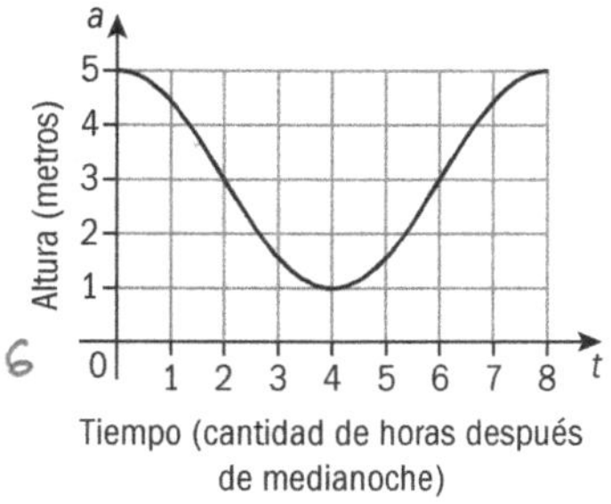

a Utilice el gráfico para hallar:

i La altura de la marea a la 1.30

ii La altura de la marea a las 5.30

iii Los horarios en que la altura de la marea es 3 metros

El mejor horario para pescar en Puerto Costa Azul es cuando la marea está debajo de los 3 metros.

b Halle este horario, dando su respuesta como una inecuación en *t*.

6 La temperatura (°C) durante un período de 24 horas en una ciudad se representa en el gráfico.

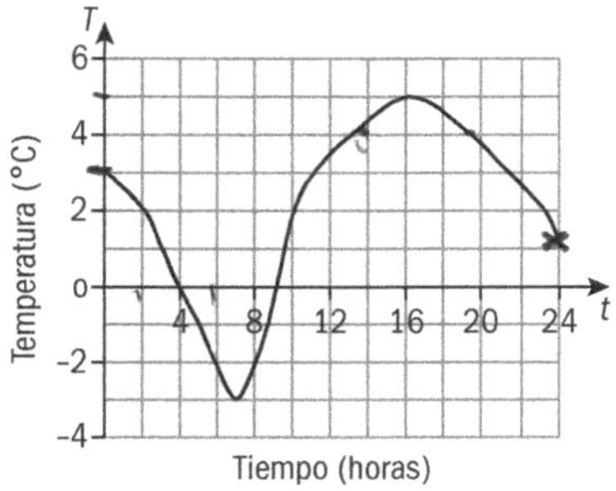

a Determine cuántas veces la temperatura es exactamente 0 °C durante este período de 24 horas.

b Escriba el intervalo de tiempo en el que la temperatura es menor que 0 °C.

c Escriba el horario en el que la temperatura alcanza su valor máximo.

d Escriba la temperatura máxima que se registró durante este período de 24 horas.

e Escriba el intervalo en el que la temperatura crece de 3 °C a 5 °C.

f Escriba los horarios en los que la temperatura es 4 °C.

g ¿Puede deducir de este gráfico si el comportamiento de la temperatura del día siguiente será exactamente igual al de este día? ¿Por qué?

7 El diagrama representa una caja con volumen 16 cm^3.
La base de la caja es un cuadrado de *x* cm de lado. La altura de la caja es *y* cm.

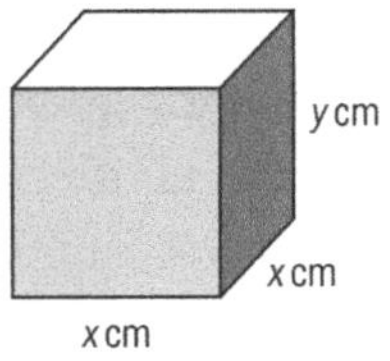

Para el apartado **a** utilice la fórmula: volumen = largo × ancho × altura.

a Escriba una expresión para la altura, *y*, en función de *x*.

b Copie y complete la siguiente tabla para la función $y = f(x)$ del apartado **a**. Dé sus respuestas redondeadas a dos cifras significativas.

x	0,5	1	2	4	8	10
y = f(x)						

c Dibuje con precisión el gráfico de *f* para $0 < x \leq 10$. Utilice una escala de 1 cm para representar 1 unidad en el eje horizontal y 1 cm para representar 10 unidades en el eje vertical.

d ¿Qué le sucede a la altura de la caja a medida que los valores de *x* tienden a infinito?

PREGUNTA TIPO EXAMEN

8 El diagrama representa un contenedor abierto con una capacidad de 3 litros.

La base del contenedor es un cuadrado de x cm de lado. La altura del contenedor es y cm.

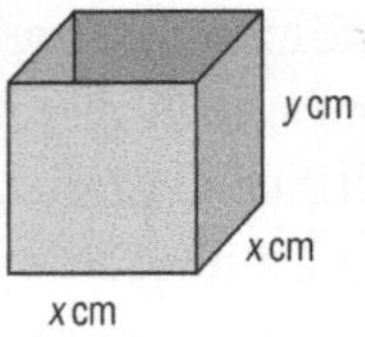

a Escriba el volumen del contenedor en cm^3.

b Halle una expresión para la altura, y, en función de x.

c Halle una expresión para el área del contenedor, A, en función de x.

d Copie y complete la siguiente tabla. Dé sus respuestas redondeadas a dos cifras significativas.

x (cm)	5	10	15	20	25	30	35
$A(x)$ (cm^2)							

e Dibuje con precisión el gráfico de A para $0 < x \leq 35$. Utilice una escala de 2 cm para representar 5 unidades en el eje horizontal y 1 cm para representar 400 unidades en el eje vertical.

f Utilice su gráfico para decidir si existe un valor de x para el cual el área del contenedor es mínima. En caso afirmativo, escriba este valor de x.

Ejercicio de revisión

Preguntas del estilo de la prueba 1

PREGUNTAS TIPO EXAMEN

1 El gráfico representa la temperatura en °C en una ciudad el martes pasado.

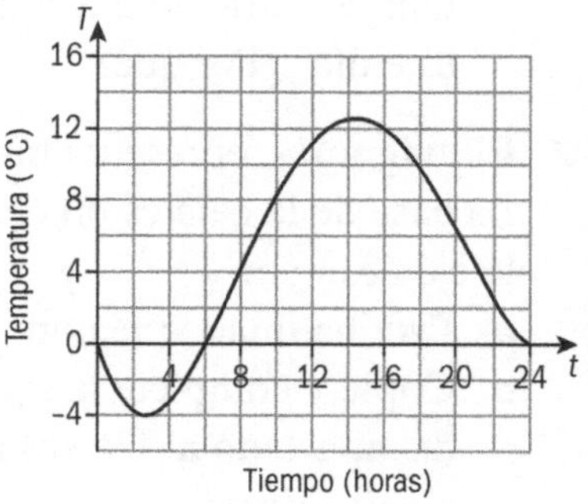

a Escriba el intervalo de tiempo en el que la temperatura fue menor que 0 °C.

b Escriba el intervalo de tiempo en el que la temperatura fue mayor que 11 °C.

c Escriba la temperatura máxima del martes pasado. Dé su respuesta redondeada a la unidad más cercana.

2 El costo, c, en dólares de Singapur (SGD), de alquilar un apartamento por n meses es un modelo lineal:

$c = na + d$

Donde d es el depósito de garantía y a es el monto mensual del alquiler

Wan Ning alquiló el apartamento por 6 meses y pagó un total de SGD35 000.

Tanushree alquiló el mismo apartamento durante 2 años y pagó un total de SGD116 000.

Calcule el valor de:

a a, el alquiler mensual **b** d, el depósito de garantía

PREGUNTAS TIPO EXAMEN

3 Sabiendo que $f(x) = x^2 + 5x$:

a Factorice $x^2 + 5x$.

b Dibuje aproximadamente el gráfico de $y = f(x)$. Muestre en su gráfico:

i Las coordenadas de los puntos de intersección con los ejes

ii La ecuación del eje de simetría

iii Las coordenadas del vértice de la parábola

4 Un rifle dispara una bengala verticalmente desde el suelo. La altura de la bengala desde el suelo, en metros, es una función del tiempo t, en segundos, y se define por:

$a(t) = 30t - 5t^2, 0 \leq t \leq 6$

a Halle la altura de la bengala desde el suelo después de 4 segundos.

b Halle la máxima altura de la bengala desde el suelo.

c Utilice la CPG para hallar el intervalo de tiempo, en segundos, que la bengala está a una altura del suelo de 25 m o más.

5 El gráfico de la función $f(x) = \frac{2^x}{m}$ pasa por los puntos (3; 1,6) y (0, n).

a Calcule el valor de m.

b Calcule el valor de n.

Halle $f(2)$.

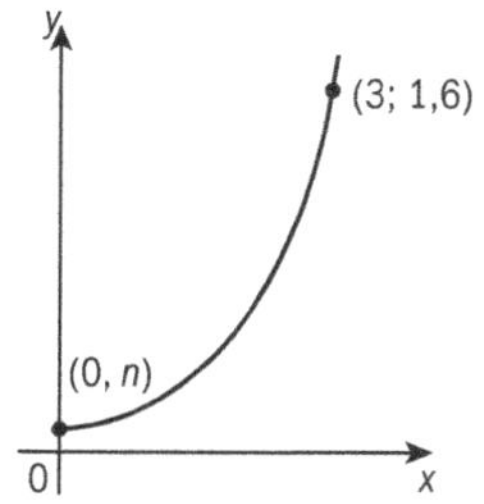

6 El diagrama muestra el gráfico de $y = x^2 - 2x - 15$.
El gráfico corta al eje x en el punto A, y tiene vértice en B.

a Factorice $x^2 - 2x - 15$.

b Halle las coordenadas del punto:

i A **ii** B

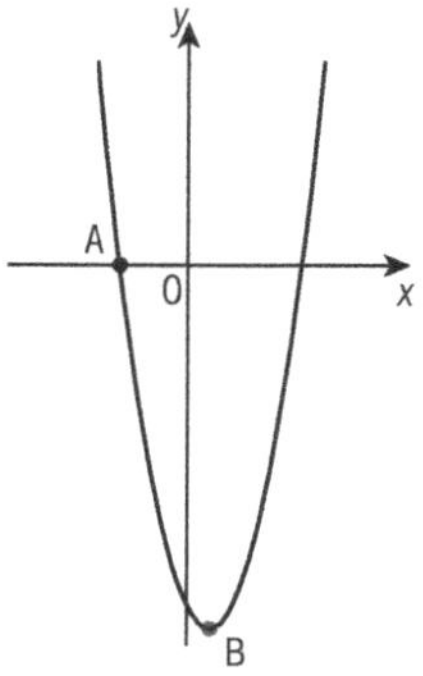

7 Considere los gráficos de las siguientes funciones:

i $y = 8x + x^2$

ii $y = (x - 3)(x + 4)$

iii $y = x^2 - 2x + 5$

iv $y = 5 - 4x - 3x^2$

¿Cuál de estos gráficos tiene las siguientes características?:

a Corta al eje y debajo del eje x. ii

b Pasa por el origen. i

c No corta al eje x. iii

d Puede representarse con este diagrama. IV

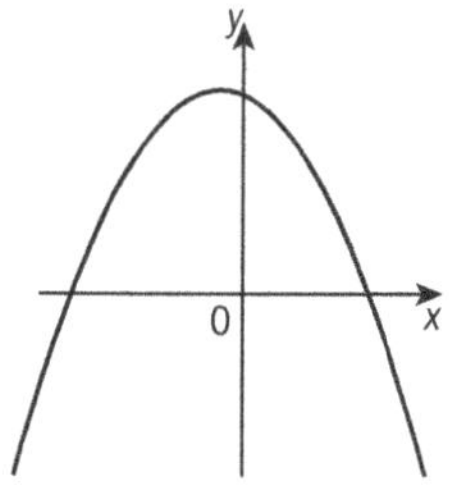

PREGUNTAS TIPO EXAMEN

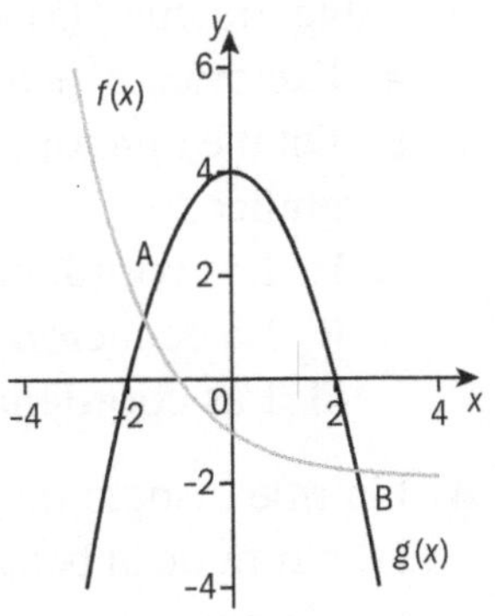

8 La figura muestra los gráficos de las funciones:

$$f(x) = (0,5)^x - 2 \quad \text{y} \quad g(x) = -x^2 + 4$$

Para valores de x entre -3 y 3. Los dos gráficos se cortan en los puntos A y B.

a Halle las coordenadas de:

i A **ii** B

b Escriba el conjunto de valores de x para los cuales $f(x) < g(x)$.

c Escriba la ecuación de la asíntota horizontal del gráfico de $f(x)$.

9 Gabriel está diseñando una ventana rectangular con un perímetro de 4,40 m. La longitud de la ventana es x m.

a Halle una expresión para el ancho de la ventana en función de x.

b Halle una expresión para el área de la ventana, A, en función de x.

Gabriel quiere que pase la máxima cantidad de luz a través de la ventana.

c Halle el valor de x que cumple esta condición.

10 a En el mismo sistema de ejes, dibuje aproximadamente las curvas $y = 3x^2$ e $y = \frac{1}{x}$ para valores de x entre -4 y 4, y valores de y entre -4 y 4.

b Escriba las ecuaciones de las asíntotas vertical y horizontal de $y = \frac{1}{x}$.

c Resuelva la ecuación $3x^2 - \frac{1}{x} = 0$.

Preguntas del estilo de la prueba 2

PREGUNTAS TIPO EXAMEN

1 La cantidad de bacterias (c) en un cultivo después de t horas está dada por la fórmula $c = 1500(1{,}32)^t$.

a Copie y complete la siguiente tabla de valores para c y t.

Tiempo (t horas)	0	1	2	3	4
Cantidad de bacterias (c)	1500		2613	3450	

b En papel milimetrado, dibuje con precisión el gráfico de $c = 1500(1{,}32)^t$. Utilice una escala de 2 cm para representar 1 hora en el eje horizontal y 2 cm para representar 1000 bacterias en el eje vertical. Rotule el gráfico claramente.

c Halle:

i La cantidad de bacterias después de 2 horas y 30 minutos. Dé su respuesta redondeada a la decena de bacterias más cercana.

ii El tiempo que se tardará en alcanzar 5000 bacterias. Dé su respuesta redondeada a la decena de minutos más cercana.

2 Las funciones f y g se definen por:

$f(x) = \frac{4}{x}$, $x \in \mathbb{R}$, $x \neq 0$

$g(x) = 2x$, $x \in \mathbb{R}$

a Dibuje aproximadamente el gráfico de $f(x)$ para $-8 \leq x \leq 8$.

b Escriba las ecuaciones de las asíntotas horizontal y vertical de la función f.

c Dibuje aproximadamente el gráfico de g en el mismo sistema de ejes.

d Halle las soluciones de $\frac{4}{x} = 2x$.

e Escriba el recorrido de la función f.

3 Una función se representa con la ecuación $f(x) = 2(1{,}5)^x + 3$. La tabla muestra los valores de $f(x)$ para $-3 \leq x \leq 2$.

x	−3	−2	−1	0	1	2
$f(x)$	3,59	3,89	a	5	6	b

a Calcule los valores de a y de b.

b En papel milimetrado, dibuje con precisión el gráfico de $f(x)$ para $-3 \leq x \leq 2$, usando 1 cm para representar 1 unidad en ambos ejes.

El dominio de la función $f(x)$ es el conjunto de números reales, $\mathbb{R}$.

c Escriba el recorrido de $f(x)$.

d Halle el valor aproximado de x cuando $f(x) = 10$.

e Escriba la ecuación de la asíntota horizontal de $f(x) = 2(1{,}5)^x + 3$.

PREGUNTAS TIPO EXAMEN

4 El gráfico muestra la temperatura, en grados Celsius, de la taza de chocolate caliente de Lionel, t minutos después de servirla. La ecuación del gráfico es $f(t) = 21 + 77(0{,}8)^t$, donde $f(t)$ es la temperatura y t es el tiempo en minutos después de servir el chocolate caliente.

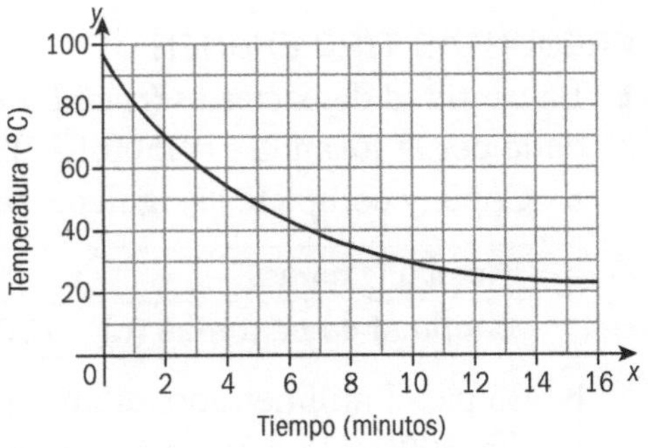

a Halle la temperatura inicial del chocolate caliente.

b Escriba la ecuación de la asíntota horizontal.

c Escriba la temperatura ambiente.

d Halle la temperatura del chocolate caliente después de 8 minutos.

5 Considere las funciones:

$f(x) = x^2 - x - 6$ y $g(x) = -2x + 1$

a En el mismo diagrama, dibuje con precisión los gráficos de $f(x)$ y de $g(x)$ para $-10 \leq x \leq 10$.

b Halle las coordenadas del mínimo local del gráfico de $f(x)$.

c Escriba la pendiente de la recta $g(x)$.

d Escriba las coordenadas del punto en el que el gráfico de $g(x)$ corta el eje y.

e Halle las coordenadas del punto de intersección de los gráficos de $f(x)$ y de $g(x)$.

f A partir de lo anterior o de cualquier otro modo, resuelva la ecuación $x^2 + x - 7 = 0$.

6 **a** Dibuje aproximadamente el gráfico de $f(x) = x^2 - \frac{3}{x}$, para $-4 \leq x \leq 4$.

b Escriba la ecuación de la asíntota vertical de $f(x)$.

c En el mismo diagrama, dibuje aproximadamente el gráfico de $g(x) = -3(2)^x + 9$, para $-4 \leq x \leq 4$.

d Escriba la ecuación de la asíntota horizontal de $g(x)$.

e Halle las coordenadas de los puntos de intersección de $f(x)$ y $g(x)$.

PREGUNTAS TIPO EXAMEN

7 La ganancia (G) en euros proveniente de la venta de limonada casera se puede modelizar con la fórmula:

$$G(x) = -\frac{x^2}{10} + 10x - 60$$

Donde x es la cantidad de vasos vendidos de limonada

a Copie y complete esta tabla:

x	0	10	20	30	40	50	60	70	80	90
G		30			180			150	100	

b En papel milimetrado, dibuje con precisión ejes para x y $G(x)$, ubicando la x en el eje horizontal y $G(x)$ en el eje vertical.
Dibuje con precisión el gráfico de $G(x)$ situando los puntos de la tabla.

c **Utilice su gráfico** para hallar:

i La ganancia máxima posible

ii La cantidad de vasos que hay que vender para alcanzar la máxima ganancia

iii La cantidad de vasos que hay que vender para ganar EUR160

iv La cantidad de dinero que se invirtió inicialmente

8 **a** Dibuje aproximadamente el gráfico de la función $f(x) = x^2 - 7, x \in \mathbb{R}, -4 \le x \le 4$. Escriba las coordenadas de los puntos donde el gráfico de $y = f(x)$ corta los ejes.

b En el mismo diagrama, dibuje aproximadamente el gráfico de la función $g(x) = 7 - x^2, x \in \mathbb{R}, -4 \le x \le 4$.

c Resuelva la ecuación $f(x) = g(x)$ en el dominio dado.

d El gráfico de la función $h(x) = x + c, x \in \mathbb{R}, -4 \le x \le 4$, donde c es un entero positivo, corta dos veces a cada una de las funciones $f(x)$ y $g(x)$ en el dominio dado.
Halle los valores posibles de c.

9 Las funciones f y g se definen como $f(x) = \frac{x^2}{2}$ y $g(x) = -\frac{x^2}{2} + 2x, x \in \mathbb{R}$.

a Calcule las coordenadas de los puntos de intersección de los gráficos de $f(x)$ y $g(x)$.

b Halle la ecuación del eje de simetría del gráfico de $y = g(x)$.

c La recta de ecuación $y = k, k \in \mathbb{R}$, es tangente al gráfico de g. Halle el valor de k.

d Dibuje aproximadamente el gráfico de $f(x)$ y el gráfico de $g(x)$, usando un sistema de ejes cartesianos en el que 1 unidad se represente con 1 cm. Muestre las coordenadas de los puntos de intersección con los ejes.

e Halle los valores de x que verifican $f(x) < g(x)$.

RESUMEN DEL CAPÍTULO 4

Funciones

- Una **función** es una relación entre dos conjuntos: un **primer** conjunto y un **segundo** conjunto. Cada elemento "x" del primer conjunto se relaciona con **uno y solo un** elemento "y" del segundo conjunto.
- El primer conjunto se denomina **dominio** de la función. Los elementos del dominio, a menudo considerados "valores de x", representan la **variable independiente**.
- Para cada valor de "x" (entrada), hay uno y solo un valor de "y" (salida). Este valor se denomina **imagen** de "x". El conjunto de todas las imágenes (todas las salidas) se denomina **recorrido** de la función. Los elementos del recorrido, a menudo considerados "valores de y", representan la **variable dependiente**.
- El **gráfico de una función** f es el conjunto de puntos (x, y) sobre el plano cartesiano, donde y es la imagen de x a través de la función f.
- $y = f(x)$ significa que la imagen de x a través de la función f es y. La variable independiente es x y la variable dependiente es y.

Modelos lineales

- Una **función lineal** tiene la forma $f(x) = mx + c$, donde m (la pendiente) y c son constantes.
- Cuando $f(x) = mx$, el gráfico pasa por el origen, (0, 0).

Modelos cuadráticos

- Una **función cuadrática** tiene la forma $f(x) = ax^2 + bx + c$, donde $a, b, c \in \mathbb{R}$ y $a \neq 0$.
- El gráfico de una función cuadrática se denomina **parábola**. Es una curva con la forma $\cup$ (o con la forma $\cap$). Tiene un **eje de simetría** y un punto **mínimo** o un punto **máximo**, llamado **vértice** de la parábola.
- Si $a > 0$, entonces el gráfico tiene la forma $\cup$; si $a < 0$, entonces la forma del gráfico es $\cap$.
- La curva corta al eje y en $(0, c)$.
- La ecuación del eje de simetría es $x = -\frac{b}{2a}$, $a \neq 0$.
- La coordenada x del vértice es $x = -\frac{b}{2a}$.
- La forma factorizada de una función cuadrática es $f(x) = a(x - k)(x - l)$.
- Un gráfico que tiene la forma $\cup$ es "cóncavo hacia arriba"; un gráfico que tiene la forma $\cap$ es "cóncavo hacia abajo".
- La curva corta al eje x en $(k, 0)$ y en $(l, 0)$.
- La ecuación del eje de simetría es $x = \frac{k+l}{2}$.
- La coordenada x del vértice es también $x = \frac{k+l}{2}$.

Continúa en la página siguiente.

- La función $f(x) = ax^2 + bx + c$ corta al eje x donde $f(x) = 0$. Los valores de x de los puntos de intersección son las dos soluciones (o **raíces**) de la ecuación $ax^2 + bx + c = 0$. (El valor de y en estos puntos de intersección es cero.)
- Dos funciones $f(x)$ y $g(x)$ se cortan en los puntos en los que $f(x) = g(x)$.

Modelos exponenciales

- En una **función exponencial**, la variable independiente es el **exponente**.
- En general, para el gráfico de $f(x) = ka^x + c$, donde $a \in \mathbb{Q}^+$ y $k \neq 0$ y $a \neq 1$:
  - La recta $y = c$ es la **asíntota horizontal**
  - La curva pasa por el punto $(0, k + c)$
- En general, para el gráfico de $f(x) = ka^{-x} + c$, donde $a \in \mathbb{Q}^+$ y $k \neq 0$ y $a \neq 1$:
  - La recta $y = c$ es la asíntota horizontal
  - La curva pasa por el punto $(0, k + c)$
  - El gráfico es simétrico al gráfico de $g(x) = ka^x + c$ respecto del eje y

Funciones cúbicas

- Una función cúbica tiene la forma $f(x) = ax^3 + bx^2 + cx + d$, donde $a \neq 0$.
  El dominio es $\mathbb{R}$, a menos que se indique lo contrario.

El lenguaje de la matemática

La matemática se describe como un lenguaje. Tiene vocabulario (símbolos matemáticos con significados precisos) y gramática (un orden en el que combinamos estos símbolos para darles sentido).

- La matemática muchas veces se considera un "lenguaje universal". ¿Puede un lenguaje ser verdaderamente universal?

Preciso y conciso

El lenguaje matemático es preciso y explícito, sin ambigüedades. Utiliza su propio conjunto de reglas para manipular sus proposiciones, por lo que es completamente abstracto.

$3 \leq x < 7$

$k = t^3 - 6t^2 + 12t + 2$

$2 + 2 = 4$

$6 \times 9 = 54$

$\frac{d}{dx} \cdot \frac{dy}{dx} \cdot = 6x + 18$

$D = \{(x, y) \mid x + y = 5\}$

La matemática puede describir y representar ideas que no se pueden expresar fácilmente con las palabras convencionales escritas o habladas.

Estas dos proposiciones son equivalentes:

Si se corta al azar una línea recta, el cuadrado de la recta entera es igual a los cuadrados de los segmentos y dos veces el rectángulo comprendido por los segmentos.
(Euclides, *Los elementos*, II.4, c. 300 a. C.)

<=>

$(a + b)^2 = a^2 + b^2 + 2ab$

La matemática lo dice en forma mucho más simple.

- Dibuje y rotule un diagrama para mostrar que estas dos proposiciones son equivalentes.

El lenguaje corriente es completamente inapropiado para expresar lo que realmente afirma la física, ya que las palabras de la vida cotidiana no son lo suficientemente abstractas. Solo la matemática y la lógica matemática pueden decir tan poco como los físicos intentan decir.

Bertrand Russell, *La perspectiva científica* (1931, traducción libre de la cita)

"La matemática es la llave abstracta que abre la cerradura del universo físico."

John Polkinghorne, *One world: The interaction of Science and Theology* (2007, traducción libre de la cita)

Lenguaje abstracto

- ¿Qué significa "1"?

Probablemente podamos responder esto con seguridad. "1" es una parte de nuestro lenguaje, lo usamos todos los días. Su significado nos resulta claro. Podemos imaginarnos fácilmente "1" banana.

Pero el lenguaje matemático se ha seguido expandiendo para incluir conceptos más abstractos. Los matemáticos llaman a la raíz cuadrada de −1"*i*".

- ¿Qué significa? ¿Podemos usar "*i*" en nuestra vida cotidiana? ¿Qué sucede con pi (π)? Mucha gente conoce este número. Es la razón $\frac{\text{circunferencia del círculo}}{\text{diámetro del círculo}}$.
- ¿Qué significa? ¿Podemos imaginarnos "π" bananas?
- ¿Existen π e *i*?

El "1" es un concepto abstracto de las matemáticas que también se ha convertido en parte de nuestro lenguaje cotidiano, el español. Los números "*i*" o "π" también son conceptos abstractos de la matemática, pero no se han convertido en parte de nuestro lenguaje cotidiano. Los matemáticos necesitan y usan estos números. No son más abstractos que el número 1. Ellos aparecen en contextos matemáticos y nos permiten pensar matemáticamente y comunicar estas ideas, para llevar a cabo manipulaciones, para expresar resultados y modelizar casos de la vida real de una forma simple.

Ecuaciones simples y bellas que modelizan el mundo

Aquí se muestran algunas ecuaciones famosas:

La ecuación de Einstein: $E = mc^2$

La segunda ley de Newton: $F = ma$

La ley de Boyle: $V = \frac{k}{P}$

La ecuación de Schrödinger: $\hat{H}\,\psi = E(\psi)$

La ley de Newton de la gravitación universal: $F = G\,\frac{m_1 m_2}{r^2}$

Estas son ecuaciones simples (aunque no fue simple deducirlas). ¿No es sorprendente que mucho de lo que sucede en el universo pueda describirse usando ecuaciones como estas?

Estas ecuaciones han ayudado a llevar al hombre a la luna y traerlo de vuelta, desarrollar Internet inalámbrica y comprender el funcionamiento del cuerpo humano.

- ¿Piensa que la matemática y las ciencias descubrirán algún día la última "teoría de todo"? ¿Una teoría que explique completamente y relacione todos los fenómenos físicos? ¿Una teoría que pueda predecir el resultado de cualquier experimento que se lleve a cabo?
- ¿Qué harán entonces los matemáticos y los científicos?

5 Aplicaciones estadísticas

OBJETIVOS DEL CAPÍTULO:

4.1 La distribución normal, variables aleatorias, los parámetros μ y σ, representación mediante diagramas, cálculos de probabilidades en una distribución normal, valor esperado, cálculos con la inversa de la distribución normal

4.2 Variables bidimensionales: el concepto de correlación; diagramas de dispersión, recta de ajuste óptimo; coeficiente de correlación momento-producto de Pearson, *r*

4.3 Recta de regresión de *y* sobre *x*

4.4 La prueba χ^2 para la independencia: la hipótesis nula y la alternativa, niveles de significación, tablas de contingencia, frecuencias esperadas, grados de libertad, valores del parámetro *p*

Antes de comenzar

Qué necesitamos saber

1 Hallar la media y la desviación típica de un conjunto de datos, y comentar acerca de la relación entre ellos.

Por ejemplo, para el conjunto:

4, 5, 6, 8, 12, 13, 2, 5, 6, 9, 10, 9, 8, 3, 5:

Media =

$$\frac{(4+5+6+8+12+13+2+5+6+9+10+9+8+3+5)}{15}$$

$$=\frac{105}{15}=7$$

En la calculadora de pantalla gráfica (en adelante, CPG), la media está indicada como $\bar{x}$.

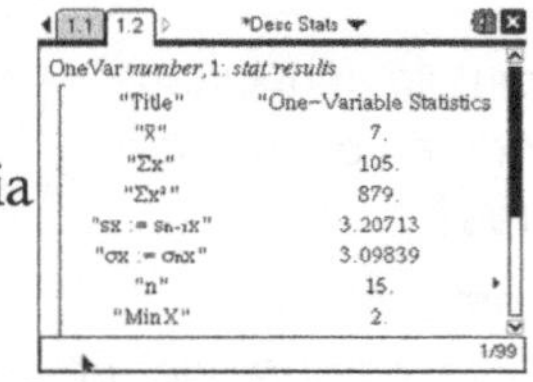

Usando la CPG, la desviación típica (σ_x) = 3,10 (3 cs).

Una desviación típica pequeña indica que los datos están cerca de la media.

2 Dibujar aproximadamente el gráfico de una recta. Por ejemplo, la recta $y = 2x + 1$ que pasa por el punto (0, 1) y tiene pendiente 2.

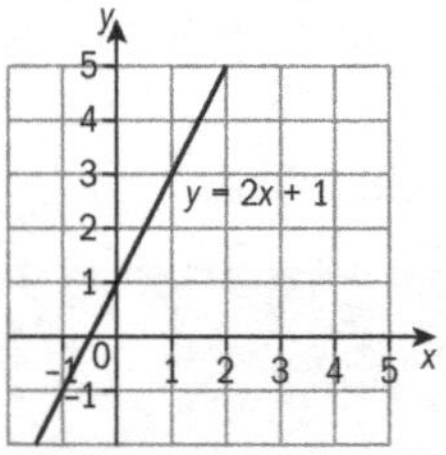

Comprobemos nuestras habilidades

1 Halle la media y la desviación típica de estos conjuntos de datos. Comente sobre sus respuestas.

a 2, 4, 3, 6, 3, 2, 5, 3, 2, 5, 4, 4, 3, 5, 2, 3, 4, 5

b

x	Frecuencia
12	1
13	2
14	23
15	2
16	1

En el capítulo 2, secciones 2.4 y 2.7, encontrará ayuda.

2 Dibuje aproximadamente los gráficos de:

a $y = -3x + 4$

b $y = 2x - 6$

La gente de esta fotografía conforma una muestra de una población y una fuente de datos valiosa. Como muchos datos en los fenómenos naturales, las alturas de las personas y sus pesos se ajustan a una "distribución normal", que estudiaremos en este capítulo. En las estadísticas médicas, se utilizan estos datos para representar gráficos de altura y peso, y establecer reglas generales acerca de un peso saludable.

La información también se puede usar para registrar los cambios de la población a lo largo del tiempo. Por ejemplo, los datos pueden analizarse para determinar si la gente, en general, está tendiendo a ser más alta o más pesada. Estos resultados podrían afectar y hasta definir la política de un gobierno en términos de salud. Más aún, la manufactura y otras industrias podrían usar esta información para decidir, por ejemplo, si producir o no marcos de puertas más altos o asientos de avión más amplios.

Podríamos pensar que algunos datos podrían están relacionados; por ejemplo, la altura de una persona y su talle de zapato, o quizás la altura de un niño y la altura que este tendrá cuando sea adulto. Este capítulo nos muestra cómo investigar la correlación y la fuerza de las relaciones entre conjuntos de datos.

Investigación: ¿datos relacionados?

¿Piensa que la altura y el talle de zapato están relacionados? Recopile la altura y el talle de zapato de al menos 60 alumnos en su colegio. Sitúe este conjunto de puntos en un gráfico. Utilice el eje *x* para "altura" y el eje *y* para "talle de zapato".
No una los puntos.
¿Los datos respaldan su hipótesis original acerca de la altura y el talle de zapato?

El gráfico que dibujará en esta investigación se denomina **diagrama de dispersión**. Encontrará más sobre diagramas de dispersión y correlación entre conjunto de datos en la sección 5.2 de este capítulo.

5.1 La distribución normal

Para su proyecto de Estudios Matemáticos, Pedro mide las alturas de todos los árboles del manzanar de su padre. Hay 150 árboles.

Si Pedro dibujara un diagrama para representar la frecuencia de alturas de los 150 árboles, ¿cómo sería ese diagrama?

Luego Pedro mide las alturas de los árboles del manzanar de su tío. Si dibujara un diagrama con las frecuencias de estas alturas, ¿este diagrama lucirá diferente al diagrama anterior?

En ambos manzanares habrá probablemente algunos árboles muy bajos y algunos muy altos, pero estos serán la excepción. La mayoría de los árboles estarán dentro de un cierto rango de alturas. Se ajustarán aproximadamente a una curva acampanada que es simétrica respecto de la media. A esto lo llamamos **distribución normal**.

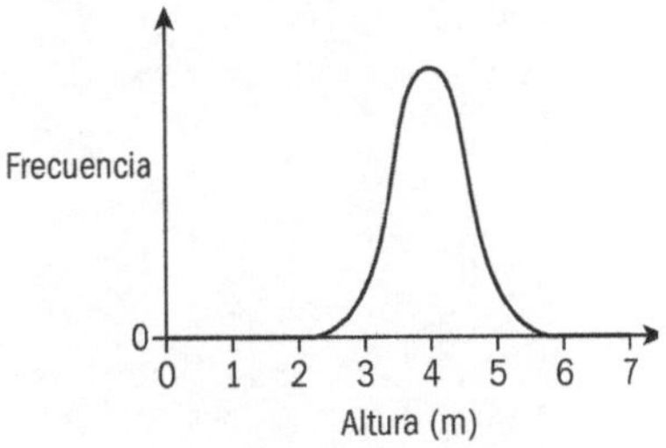

▲ Diagrama de distribución normal de las alturas de los árboles que midió Pedro

Muchos sucesos se ajustan a este tipo de distribución; por ejemplo, las alturas de los hombres de 21 años, los resultados de un examen nacional de matemáticas, los pesos de bebés recién nacidos, etc.

Las propiedades de una distribución normal

→ La **distribución normal** es la distribución continua más importante en estadística. La curva que representa esta distribución tiene estas propiedades:

- Es una curva acampanada.
- Es simétrica respecto de la media, μ. (La media, la moda y la mediana tienen todas el mismo valor.)
- El eje x es una asíntota de la curva.
- El área total bajo la curva es 1 (o 100%).
- 50% del área se encuentra a la izquierda de la media y 50% a la derecha.
- Aproximadamente 68% del área se encuentra a menos de 1 desviación típica, σ, de la media.
- Aproximadamente 95% del área se encuentra a menos de 2 desviaciones típicas de la media.
- Aproximadamente 99% del área se encuentra a menos de 3 desviaciones típicas de la media.

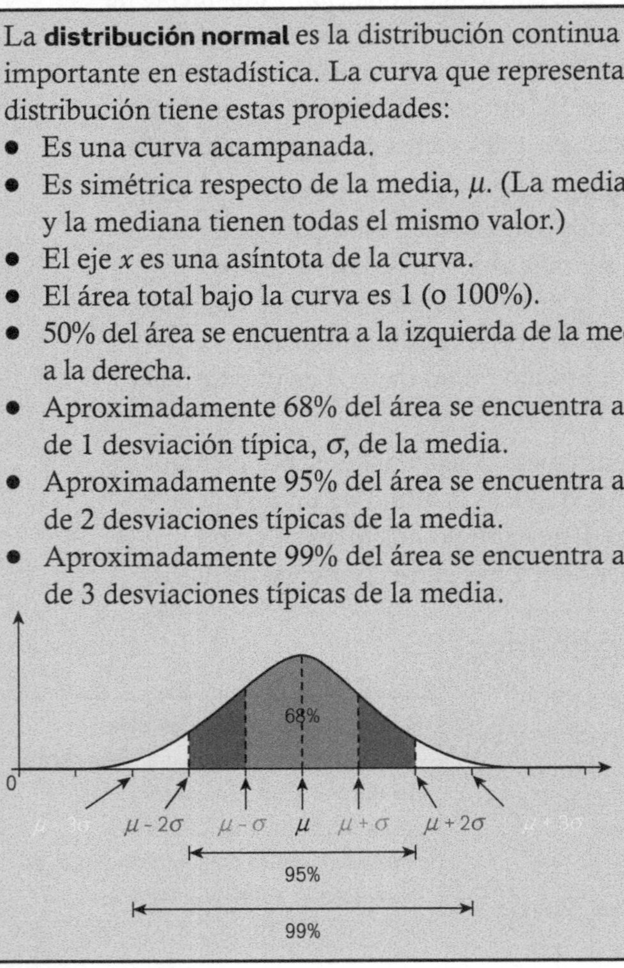

A la curva normal frecuentemente se la llama "curva de Gauss", en honor al matemático alemán Carl Friedrich Gauss (1777–1855). Gauss usó la curva normal para analizar datos astronómicos en 1809. En un viejo billete alemán de 10 marcos, había un retrato de Gauss y la curva normal.

Podemos calcular las probabilidades de sucesos que siguen una distribución normal.
Volviendo a Pedro y los manzanos, imaginemos que la altura media de estos árboles es 4 m y la desviación típica es 0,5 m.
Sea x la altura del manzano.

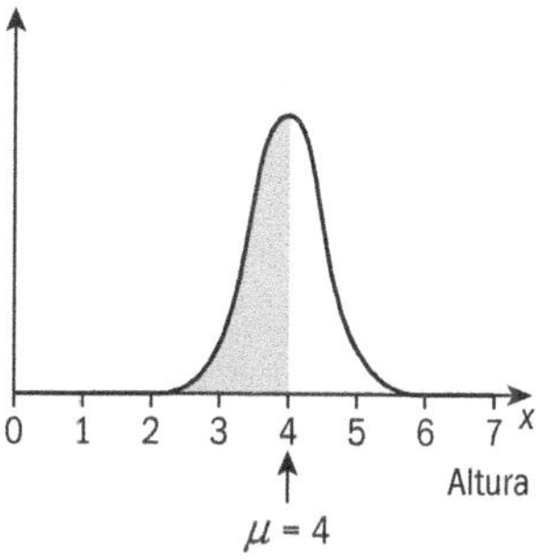

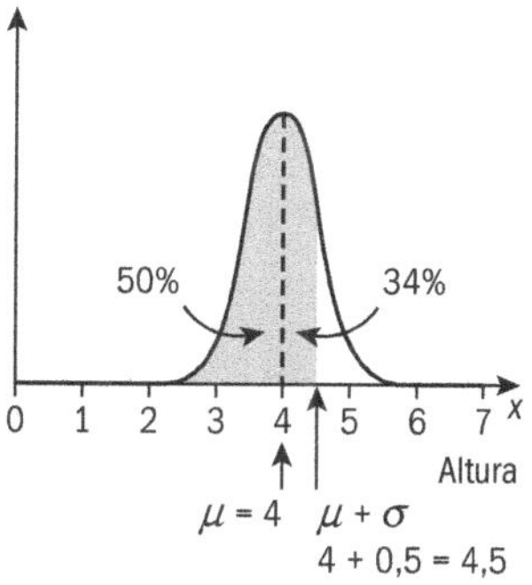

Por las propiedades de la distribución normal: Área a la izquierda de μ = 50%. Área entre μ y $\mu + \sigma$ = 34% (68% ÷ 2).

La probabilidad de que un manzano mida menos de 4 m es $P(x < 4) = 50\%$ o 0,5. Además, $P(x < 4{,}5) = 50\% + 34\% = 84\%$ o 0,84.

→ El **valor esperado** se halla multiplicando la cantidad de elementos de la muestra por la probabilidad.

Por ejemplo, si eligiéramos 100 manzanos aleatoriamente, el valor esperado de árboles que medirán menos de 4 m = 100 × 0,5 = 50.

Ejemplo 1

El tiempo que se aguarda un ascensor sigue una distribución normal, con media 1,5 minutos y desviación típica 20 segundos.

a Dibuje aproximadamente una curva normal para ilustrar esta información, indicando claramente la media y los tiempos que se encuentran a menos de una, dos y tres desviaciones típicas de la media.

b Halle la probabilidad de que una persona aguarde el ascensor más de 2 minutos 10 segundos.

c Halle la probabilidad de que una persona aguarde el ascensor menos de 1 minuto 10 segundos.

Se observan 200 personas y se anota el tiempo que aguardan el ascensor.

d Halle el número esperado de personas que aguardan el ascensor menos de 50 segundos.

Respuestas

a

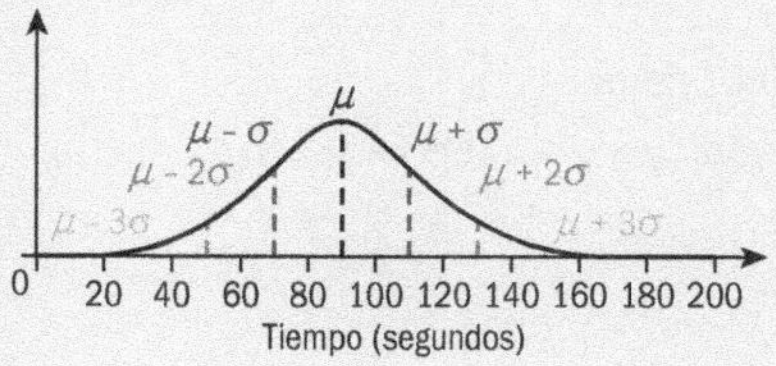

1,5 minutos = 90 segundos
μ = media = 90 segundos
σ = desviación típica = 20 segundos

▶ Continúa en la página siguiente.

b

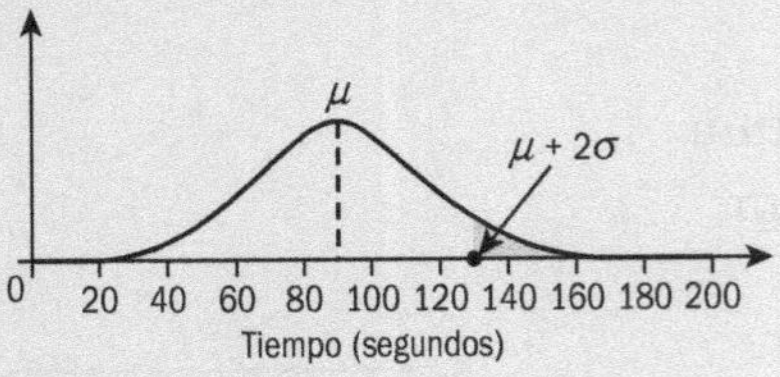

P(aguardar más de 2 minutos 10 segundos) = 2,5%, o 0,025

2 minutos 10 segundos = 130 segundos

Usando la simetría respecto de μ:

Área a la derecha de μ = 50%

Área entre μ y $\mu + 2\sigma$ = 47,5% (95% ÷ 2)

Área a la derecha de $\mu + 2\sigma$ = 50% − 47,5% = 2,5%

c

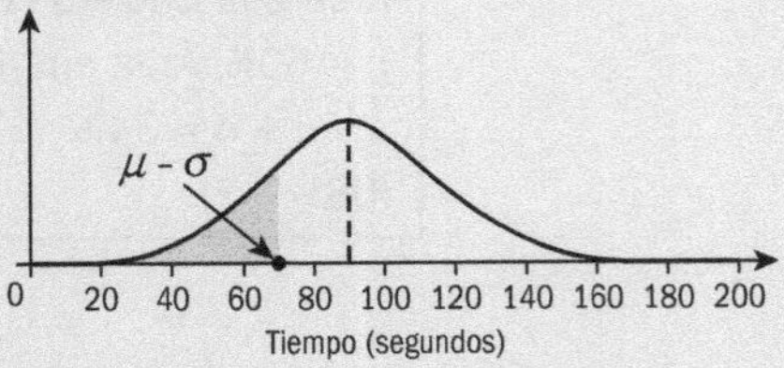

P(aguardar menos de 1 minuto 10 segundos) = 16%, o 0,16

1 minuto 10 segundos = 70 segundos

Usando la simetría respecto de μ:

Área a la izquierda de μ = 50%

Área entre μ y $\mu - \sigma$ = 34% (68% ÷ 2)

Área a la izquierda de $\mu - \sigma$ = 50% − 34% = 16%

d

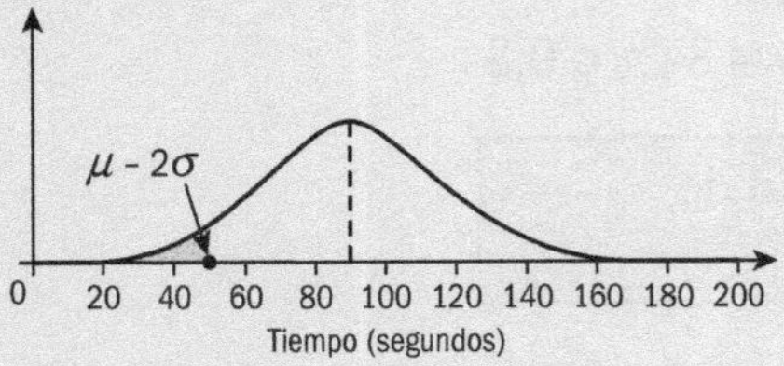

P(aguardar menos de 50 segundos) = 2,5% o 0,025

Por lo tanto, el número esperado de personas = 200 × 0,025 = 5.

Primero hallar la probabilidad de aguardar el ascensor menos de 50 segundos

Usando la simetría respecto de μ:

Área a la izquierda de μ = 50%

Área entre μ y $\mu - 2\sigma$ = 47,5% (95% ÷ 2)

Área a la izquierda de $\mu - 2\sigma$ = 50% − 47,5% = 2,5%

Hay 200 personas en la muestra.

Ejemplo 2

Las alturas de 250 mujeres de 20 años de edad se distribuyen normalmente, con media 1,68 m y desviación típica 0,06 m.

a Dibuje aproximadamente un diagrama de distribución normal para ilustrar esta información, indicando claramente la media y las alturas que se encuentran a menos de una, dos y tres desviaciones típicas de la media.

b Halle la probabilidad de que la altura de una mujer se encuentre entre 1,56 m y 1,74 m.

c Halle el número esperado de mujeres con una altura mayor de 1,8 m.

Respuestas

a

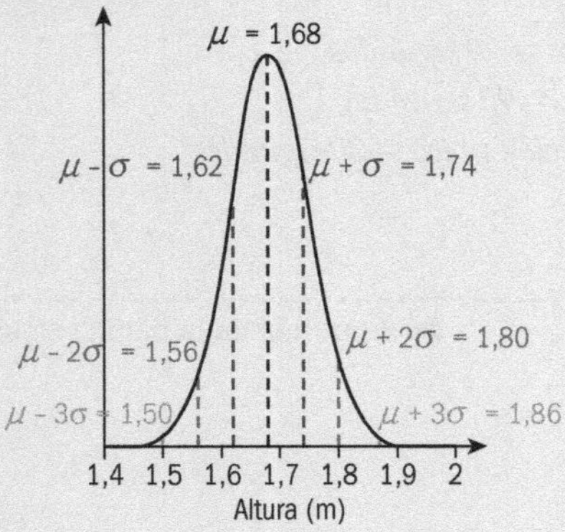

Sean:

μ = media = 1,68 m

σ = desviación típica = 0,06 m

▶ Continúa en la página siguiente.

b 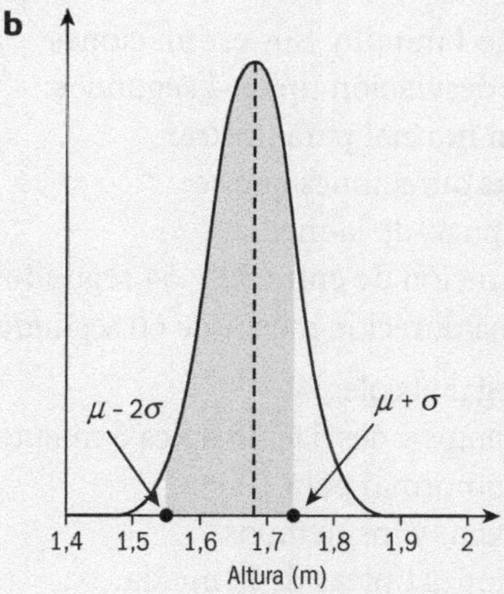 P(altura entre 1,56 m y 1,74 m) = 81,5% o 0,815	*Usando la simetría respecto de μ:* *Área entre μ y μ + σ = 34% (68% ÷ 2)* *Área entre μ y μ − 2σ = 47,5% (95% ÷ 2)* *Área entre 1,56 m y 1,74 m = 34% + 47,5%* *= 81,5%*
c 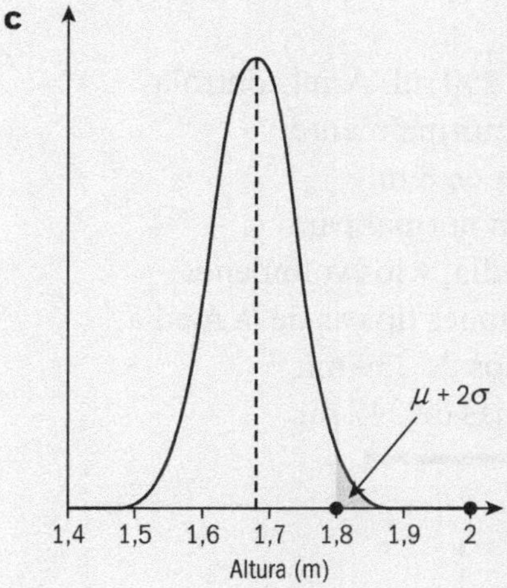 P(altura mayor de 1,8 m) = 2,5% o 0,025 Por lo tanto, el número esperado de mujeres = 250 × 0,025 = 6,25 o 6 mujeres.	*Primero hallar la probabilidad de que una mujer mida más de 1,8 m* *Usando la simetría respecto de μ:* *Área a la derecha de μ = 50%* *Área entre μ y μ + 2σ = 47,5% (95% ÷ 2)* *Área a la derecha de μ + 2σ = 50% − 47,5% = 2,5%* *Hay 250 mujeres en la muestra.*

Ejercitación 5A

PREGUNTA TIPO EXAMEN

1 Las alturas de 200 azucenas se distribuyen normalmente, con media 40 cm y desviación típica 3 cm.

- **a** Dibuje aproximadamente un diagrama de distribución normal para ilustrar esta información, indicando claramente la media, y las alturas que se encuentran a menos de una, dos y tres desviaciones típicas de la media.
- **b** Halle la probabilidad de que una azucena tenga una altura menor de 37 cm.
- **c** Halle la probabilidad de que una azucena tenga una altura de entre 37 cm y 46 cm.
- **d** Halle el número esperado de azucenas con una altura mayor de 43 cm.

PREGUNTAS TIPO EXAMEN

2 Se les solicitó a 100 personas que estimaran la duración de 1 minuto. Sus estimaciones se distribuyeron normalmente, con media 60 segundos y desviación típica 4 segundos.

a Dibuje aproximadamente un diagrama de distribución normal para ilustrar esta información, indicando claramente la media, y las duraciones que se encuentran a menos de una, dos y tres desviaciones típicas de la media.

b Halle el porcentaje de personas que estimaron una duración de entre 52 y 64 segundos.

c Halle el número esperado de personas que estimaron una duración menor de 60 segundos.

3 Se les preguntó a 60 alumnos cuánto tiempo tardaron en llegar al colegio. Los tiempos se distribuyen normalmente, con media 20 minutos y desviación típica 5 minutos.

a Dibuje aproximadamente un diagrama de distribución normal para ilustrar esta información, indicando claramente la media, y los tiempos que se encuentran a menos de una, dos y tres desviaciones típicas de la media.

b Halle el porcentaje de alumnos que tardaron más de 25 minutos en llegar al colegio.

c Halle el número esperado de alumnos que tardaron entre 15 y 25 minutos en llegar al colegio.

4 Se anuncia que unos envases de leche de coco contienen 250 ml. Ariel controla 75 envases. Encuentra que sus contenidos se distribuyen normalmente, con un volumen medio de 255 ml y una desviación típica de 8 ml.

a Dibuje aproximadamente un diagrama de distribución normal para ilustrar esta información, indicando claramente la media, y los volúmenes que se encuentran a menos de una, dos y tres desviaciones típicas de la media.

b Halle la probabilidad de que un envase contenga menos de 239 ml.

c Halle el número esperado de envases que contienen más de 247 ml.

Podemos usar la CPG para calcular valores que no son múltiplos enteros de la desviación típica.

Por ejemplo, en la pregunta **4** de la ejercitación **5A**, supongamos que queremos hallar la probabilidad de que un envase contenga más de 250 ml.
Primero hay que hacer un dibujo aproximado de un diagrama de distribución normal.

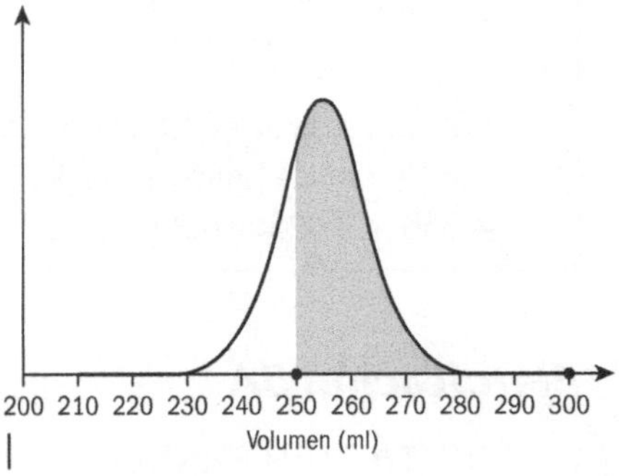

En una página de **Calculator** (calculadora), pulsar **MENU 5: Probability** (probabilidad) | **5: Distributions** (distribuciones) | **2: Normal Cdf** (dpA normal) e ingresar el límite inferior (250), el límite superior (9×10^{999}, un número *muy* grande), la media (255) y la desviación típica (8).

Para ingresar 9×10^{999}, hay que escribir 9E999, pero no se puede usar la tecla **E**. Hay que usar, en su lugar, la tecla **EE**.

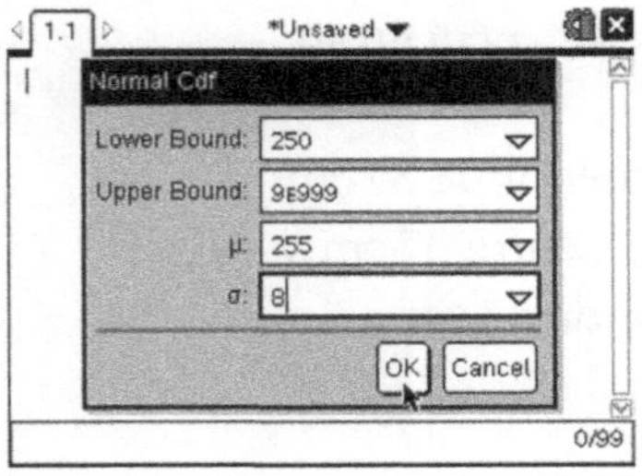

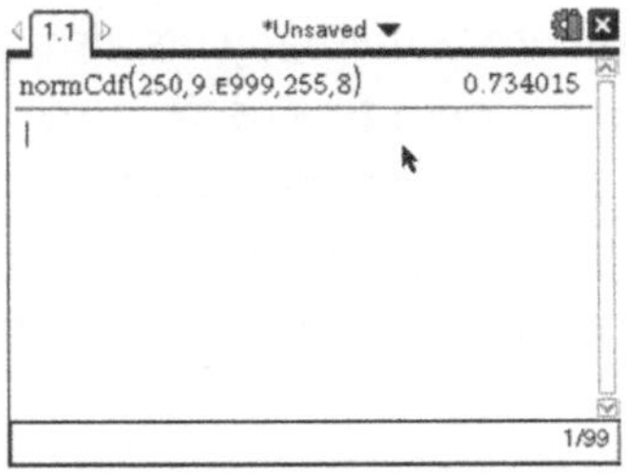

Por lo tanto, 73,4% de los envases contienen más de 250 ml de leche de coco. Alternativamente, ingresar **normCdf** (dpA normal), el límite inferior, el límite superior, la media y la desviación típica directamente en la pantalla de la calculadora.

Para un valor muy pequeño, ingresar: -9×10^{999}.

Ejemplo 3

La vida útil de una bombilla de luz se distribuye normalmente, con media 2800 horas y desviación típica 450 horas.

a Halle el porcentaje de bombillas que tienen una vida útil de menos de 1950 horas.
b Halle el porcentaje de bombillas que tienen una vida útil de entre 2300 y 3500 horas.
c Halle la probabilidad de que una bombilla tenga una vida útil de más de 3800 horas.

Se prueban 120 bombillas.

d Halle el número esperado de bombillas con una vida útil de menos de 2000 horas.

Respuestas

a

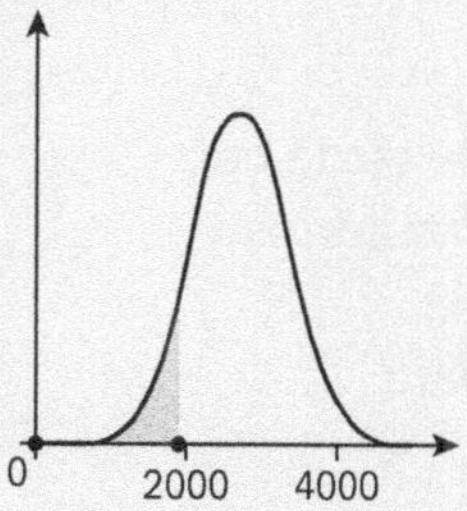

2,95% de las bombillas tienen una vida útil de menos de 1950 horas.

μ = media = 2800 horas
σ = desviación típica = 450 horas

Vida útil de menos de 1950 horas:
Límite inferior = -9×10^{999}
Límite superior = 1950

Usando la CPG:
normCdf*(−9E999, 1950, 2800, 450) = 0,02945*
= 2,95%

b

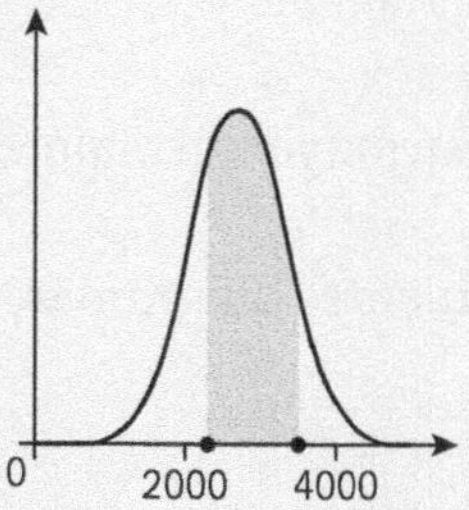

80,7% de las bombillas tienen una vida útil de entre 2300 y 3500 horas.

Vida útil de entre 2300 y 3500 horas:
Límite inferior = 2300
Límite superior = 3500

Recuerde que no se deben usar notaciones del tipo "−9e999" en los exámenes.

Usando la CPG:
normCdf*(2300, 3500, 2800, 450) = 0,8068 = 80,7%*

c

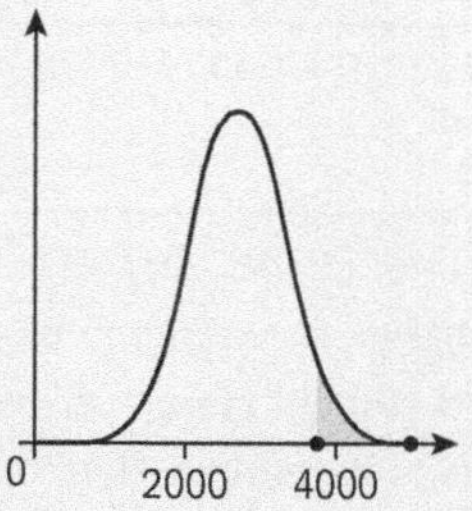

Solo 1,31% de las bombillas tienen una vida útil de más de 3800 horas.

Vida útil de más de 3800 horas:
Límite inferior = 3800
Límite superior = 9×10^{999}

Usando la CPG:
normCdf*(3800, 9E999, 2800, 450) = 0,0131 = 1,31%*

▶ Continúa en la página siguiente.

d 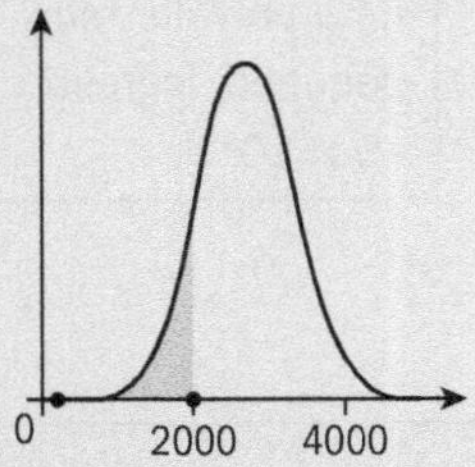 P(vida útil de menos de 2000 horas) = 3,77% Valor esperado = 120 × 0,0377 = 4,524 Por lo tanto, se espera que haya 4 o 5 bombillas con una vida útil de menos de 2000 horas.	*Primero hallar P(vida útil de menos de 2000 horas):* *Límite inferior* = -9×10^{999} *Límite superior = 2000* *Usando la CPG:* **normCdf**(*−9E999, 2000, 2800, 450) = 0,0377 = 3,77%* *Se prueban 120 bombillas.*

Ejercitación 5B

PREGUNTA TIPO EXAMEN

1 Jordi reparte periódicos a varias familias de un barrio. El tiempo que tarda en repartir los periódicos sigue una distribución normal, con media 80 minutos y desviación típica 7 minutos.

a Dibuje aproximadamente un diagrama de distribución normal para ilustrar esta información.

b Halle la probabilidad de que Jordi tarde más de 90 minutos en repartir los periódicos.

Jordi reparte los periódicos todos los días del año (365 días).

c Calcule el número esperado de días en los que Jordi tardará más de 90 minutos en repartir los periódicos.

2 Un conjunto de 2000 resultados de CI (coeficiente intelectual) se distribuye normalmente, con media 100 y desviación típica 10.

a Calcule la probabilidad que se representa en cada uno de los siguientes diagramas:

i

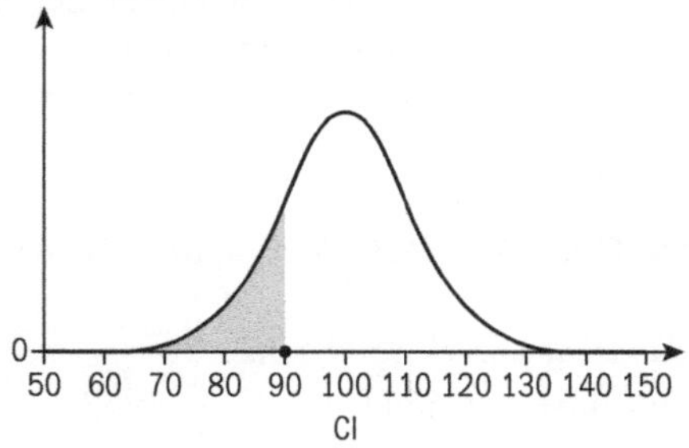

ii

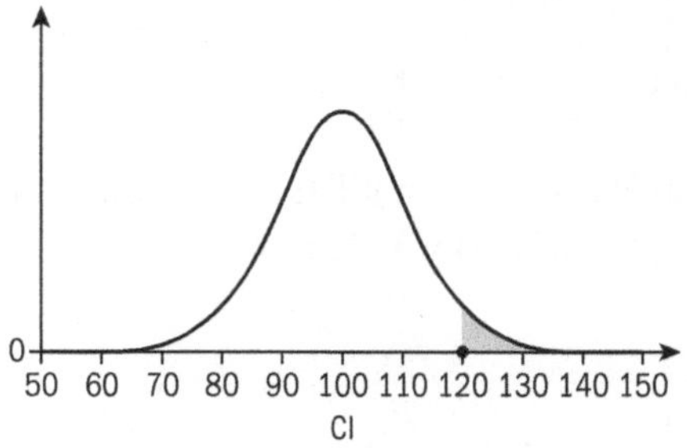

iii

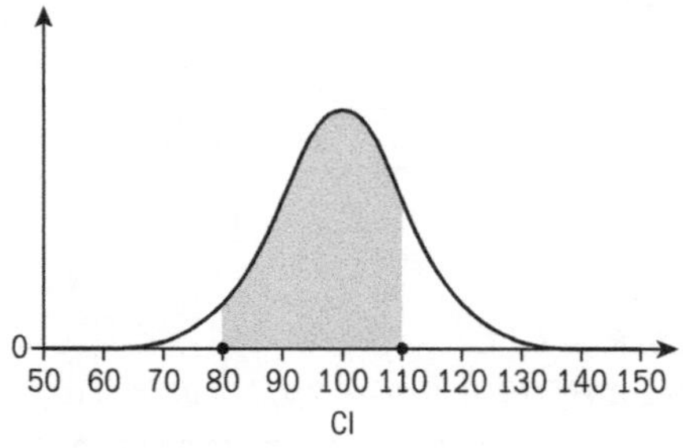

Lambert Quételet (1796–1874), un científico belga, fue el primero en aplicar la distribución normal a características humanas. Notó que medidas como la altura, el peso y el CI se distribuyen normalmente.

b Halle el número esperado de personas con un CI de más de 115.

3 Una máquina produce arandelas cuyos diámetros se distribuyen normalmente, con media 40 mm y desviación típica 2 mm.

a Halle la probabilidad de que una arandela tenga un diámetro menor de 37 mm.

b Halle la probabilidad de que una arandela tenga un diámetro mayor de 45 mm.

Cada semana se prueban 300 arandelas.

c Calcule el número esperado de arandelas que tienen un diámetro de entre 35 mm y 43 mm.

PREGUNTAS TIPO EXAMEN

4 En un colegio determinado, los ingresos mensuales del profesorado se distribuyen normalmente, con media EUR2500 y desviación típica EUR400.

a Dibuje aproximadamente un diagrama de distribución normal para ilustrar esta información.

b Halle la probabilidad de que un profesor gane menos de EUR1800 por mes.

El colegio tiene 80 profesores.

c Calcule el número esperado de profesores que ganan más de EUR3400.

5 Las longitudes de unos calabacines se distribuyen normalmente, con media 16 cm y desviación típica 0,8 cm.

a Halle el porcentaje de calabacines que tienen una longitud de entre 15 cm y 17 cm.

b Halle la probabilidad que un calabacín mida más de 18 cm.

Se mide la longitud de 100 calabacines.

c Calcule el número esperado de calabacines que miden menos de 14,5 cm.

6 En un mercado, las bolsas de kiwis tienen un peso que se distribuye normalmente, con media 500 g y desviación típica 8 g.
Un hombre elige una bolsa de kiwis al azar.
Halle la probabilidad de que la bolsa pese más de 510 g.

PREGUNTAS TIPO EXAMEN

7 Las calificaciones de una prueba de Física siguen una distribución normal, con media 70% y desviación típica 8%.

a Halle el porcentaje de alumnos que obtuvieron calificaciones de entre 55% y 80%.

La prueba de Física la realizaron 30 alumnos.

b Calcule el número esperado de alumnos que obtuvieron una calificación mayor de 85%.

8 Una máquina produce mangueras cuyas longitudes se distribuyen normalmente, con media 1,78 m y desviación típica 2 cm.
Se rechazan aquellas mangueras que miden más de 1,83 m.

a Halle la probabilidad de que se rechace una manguera.

Se prueban 500 mangueras.

b Calcule el número esperado de mangueras que serán rechazadas.

Cálculos con la inversa de la distribución normal

En algunos casos nos dan el porcentaje de área bajo la curva, o sea, la probabilidad o la proporción, y nos piden hallar el valor que le corresponde. A esto se lo denomina un cálculo con la inversa de la normal.

Siempre hay que hacer un dibujo aproximado para representar la información dada. Cuando se usa la CPG, hay que recordar usar el área que se encuentra a la **izquierda**. Si nos dan el área que está a la **derecha** del valor, hay que restarla de 1 (o 100%) antes de usar la CPG. Por ejemplo, un área de 5% a la derecha de un valor determinado significa un área de 95% a la izquierda de este.

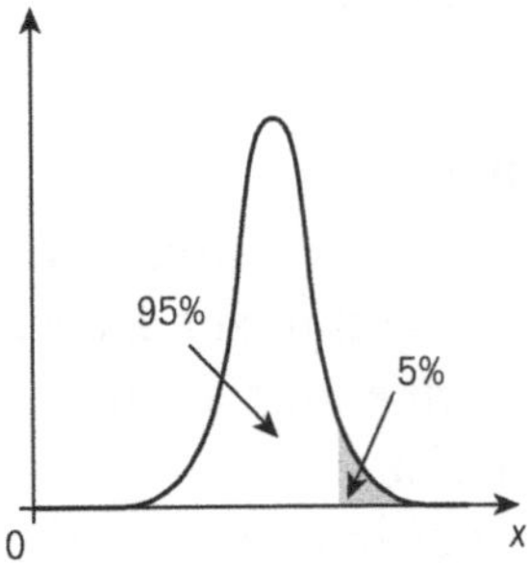

En los exámenes, las preguntas sobre la inversa de la distribución normal no incluirán hallar la media ni la desviación típica.

Ejemplo 4

El volumen de ciertos envases de leche se distribuye normalmente, con media 995 ml y desviación típica 5 ml.
Se sabe que 10% de los envases tienen un volumen menor de x ml.
Halle el valor de x.

Respuesta

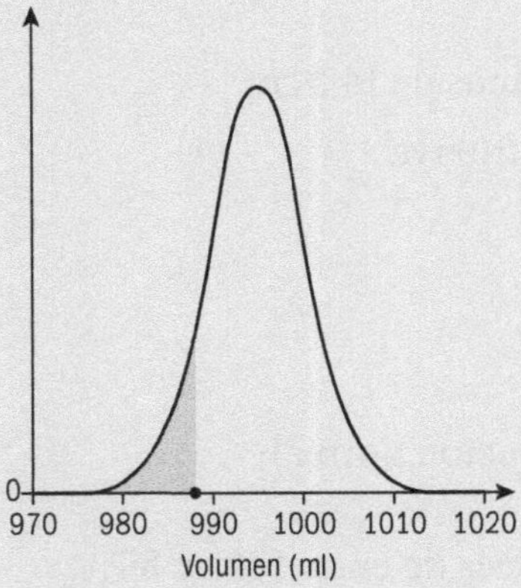

$x = 989$ (3 cs)

Primero dibujar aproximadamente un diagrama. El área sombreada representa 10% de los envases.
Usando la CPG:
En una página de **Calculator** *(calculadora)*, *pulsar* **MENU 5: Probability** *(probabilidad)* | **5: Distributions** *(distribuciones)* | **3: Inverse Normal** *(normal inversa)*
Ingresar el porcentaje dado (como un decimal, 0,1), la media (995) y la desviación típica (5)

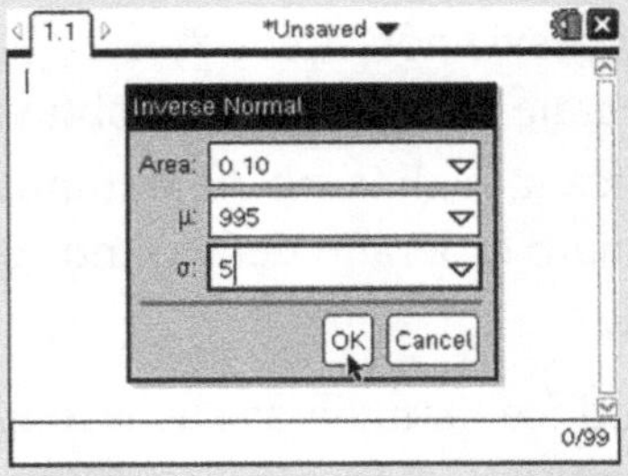

$x = 989$ (3 cs)
$x = 989$ significa que 10% de los envases tienen un volumen menor de 989 ml.

Ejemplo 5

Los pesos de unas peras se distribuyen normalmente, con media 110 g y desviación típica 8 g.

a Halle el porcentaje de peras que pesan entre 100 g y 130 g.

Se sabe que 8% de las peras pesan más de m g.

b Halle el valor de m.

Se pesan 250 peras.

c Calcule el número esperado de peras que pesan menos de 105 g.

Respuestas

a

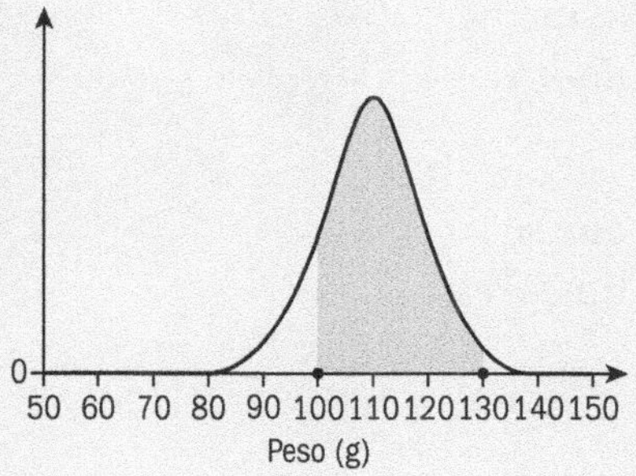

Hacer un dibujo aproximado
μ = media = 110 g
σ = desviación típica = 8 g

Peso entre 100 g y 130 g:
Límite inferior = 100
Límite superior = 130

88,8% de las peras pesan entre 100 g y 130 g.

Usando la CPG:
***normCdf**(100, 130, 110, 8) = 0,888 = 88,8%*

b

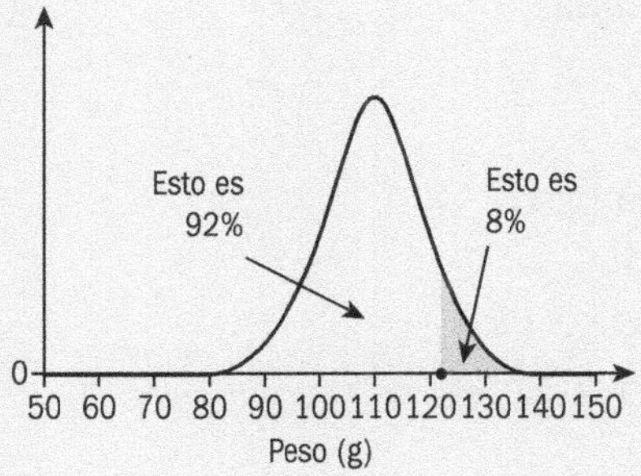

Decir que 8% pesa más de m g es lo mismo que decir que 92% pesa menos de m g.

Usando la CPG:
***invNorm**(0,92; 110, 8) = 121*

$m = 121$

m = 121 significa que 8% de las peras pesan más de 121 g.

c

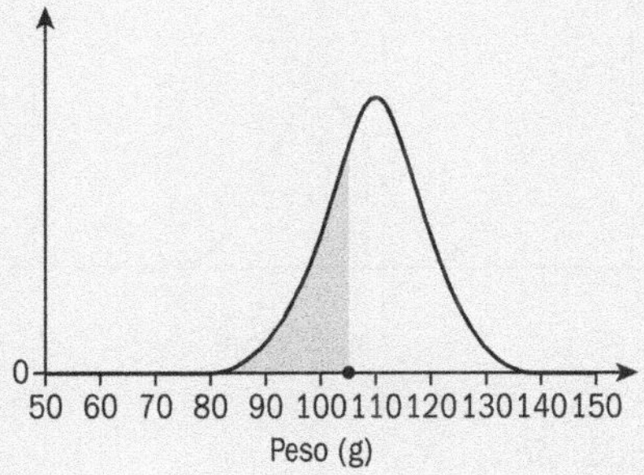

Peso menor de 105 g:
Límite inferior = -9×10^{999}
Límite superior = 105

Usando la CPG:
***normCdf**(−9E999, 105, 110, 8) = 0,266*
Se pesan 250 peras.

P(peso menor de 105 g) = 0,266
Número esperado = 250 × 0,266 = 66,5
Por lo tanto, esperamos que 66 o 67 peras pesen menos de 105 g.

Ejercitación 5C

1 La masa de café molido en las bolsas de café Super-fuerte se distribuye normalmente, con media 5 g y desviación típica 0,1 g. Se sabe que 25% de las bolsas de café pesan menos de p gramos. Halle el valor de p.

2 Las alturas de los hombres holandeses se distribuyen normalmente, con media 181 cm y desviación típica 5 cm. Se sabe que 35% de los hombres holandeses tienen una altura menor de a cm. Halle el valor de a.

3 El peso de unos quinotos se distribuye normalmente, con media 20 g y desviación típica 0,8 g. Se sabe que 15% de los quinotos pesan más de k gramos. Halle el valor de k.

4 Las latas de choclo de una cierta marca tienen un peso que se distribuye normalmente, con media 220 g y desviación típica 4 g. Se sabe que 30% de las latas pesan más de p gramos. Halle el valor de p.

PREGUNTAS TIPO EXAMEN

5 Los pesos de unos gatos se distribuyen normalmente, con media 4,23 kg y desviación típica 0,76 kg.

a Escriba los pesos de los gatos que están a menos de una desviación típica de la media.

Un veterinario pesa 180 gatos.

b Halle cuántos de estos gatos se espera que tengan un peso que esté a menos de una desviación típica de la media.

c Calcule la probabilidad de que un gato pese menos de 3,1 kg.

d Calcule el porcentaje de gatos que pesan entre 3 kg y 5,35 kg.

Se sabe que 5% de los gatos pesan más de p kg.

e Halle el valor de p.

6 Un fabricante produce palillos con una longitud media igual a 32 cm. Las longitudes se distribuyen normalmente, con desviación típica 1 cm.

a Calcule los valores de a, b y c que se muestran en el gráfico.

b Halle la probabilidad de que un palillo tenga una longitud mayor de 30,6 cm.

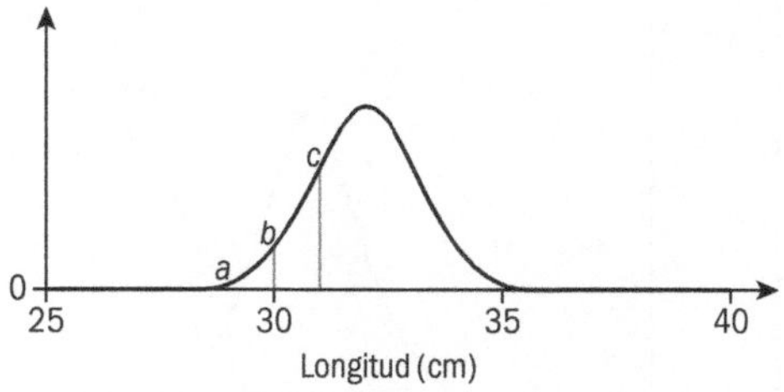

Se sabe que 80% de los palillos tienen una longitud menor de d cm.

c Halle el valor de d.

Una semana se controlan 5000 palillos.

d Calcule el número esperado de palillos que tienen una longitud de entre 30,5 cm y 32,5 cm.

7 La vida útil promedio de un televisor se distribuye normalmente, con media 8000 horas y desviación típica 1800 horas.

a Halle la probabilidad de que un televisor se rompa antes de las 2000 horas.

b Halle la probabilidad de que un televisor dure entre 6000 y 12 000 horas.

c Se sabe que 12% de los televisores se rompen antes de las t horas.
Halle el valor de t.

PREGUNTAS TIPO EXAMEN

8 La velocidad de los automóviles en una autopista se distribuye normalmente, con media 120 km h^{-1} y desviación típica 10 km h^{-1}.

a Dibuje un diagrama de distribución normal para ilustrar esta información.

b Halle el porcentaje de automóviles que viajan a una velocidad de entre 105 km h^{-1} y 125 km h^{-1}.

Se sabe que 8% de los automóviles viajan a una velocidad menor de p km h^{-1}.

c Halle el valor de p.

Un día se controla la velocidad de 800 automóviles.

d Calcule el número esperado de automóviles que estarán viajando a una velocidad de entre 96 km h^{-1} y 134 km h^{-1}.

El límite de velocidad es 130 km h^{-1}.

e Halle el número esperado de automóviles que excederán el límite de velocidad.

9 El peso de unas bolsas de arroz se distribuye normalmente, con media 1003 g y desviación típica 2 g.

a Dibuje un diagrama de distribución normal para ilustrar esta información.

b Halle la probabilidad de que una bolsa de arroz pese menos de 999 g.

El productor afirma que las bolsas de arroz pesan 1 kg.

c Halle la probabilidad de que una bolsa de arroz esté por debajo de este peso.

Se pesan 400 bolsas de arroz.

d Calcule el número esperado de bolsas de arroz que están por debajo del peso estipulado por el productor.

5% de las bolsas de arroz pesan más de p g.

e Halle el valor de p.

PREGUNTA TIPO EXAMEN

10 Los pesos de bebés se distribuyen normalmente, con media 3,8 kg y desviación típica 0,5 kg.

a Halle el porcentaje de bebés que pesan menos de 2,5 kg.

Dentro de un intervalo de 15 minutos, nacen 2 bebés. Uno pesa 2,34 kg y el otro pesa 5,5 kg.

b Calcule cuál de los dos sucesos es más probable.

En un mes se pesa a 300 bebés.

c Calcule la cantidad de bebés que se espera que pesen más de 4,5 kg.

Se halló que 10% de los bebés pesan menos de p kg.

d Halle el valor de p.

5.2 Correlación

Cuando dos conjuntos de datos parecen estar conectados, es decir, un conjunto de datos depende del otro, entonces hay varios métodos que se pueden usar para comprobar si hay o no alguna **correlación**. Uno de estos métodos es el diagrama de dispersión.

Los datos se pueden representar en un diagrama de dispersión con la **variable independiente** en el eje horizontal y la **variable dependiente** en el eje vertical. El patrón de los puntos dará una imagen visual de cuán estrechamente están relacionadas las variables, en caso de que sea así.

Tipos de correlación

→ En una correlación **positiva**, la variable dependiente crece a medida que crece la variable independiente.

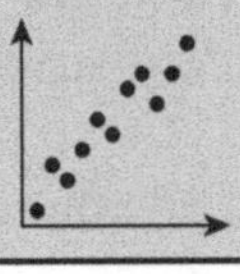

Por ejemplo, el nivel de estado físico (variable dependiente) crece a medida que crece la cantidad de horas en que se hace ejercicio (variable independiente):

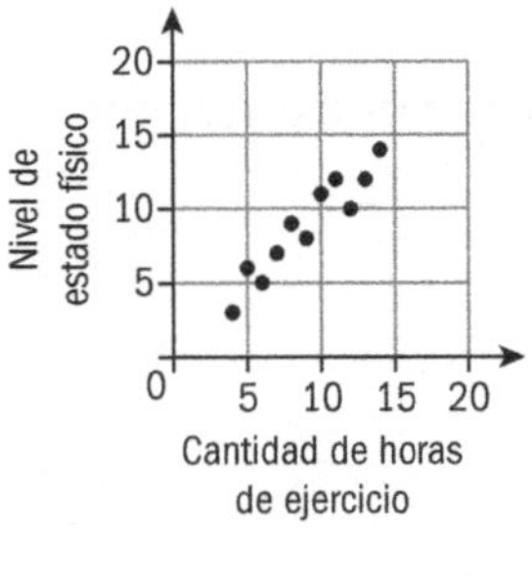

→ En una correlación **negativa**, la variable dependiente decrece a medida que crece la variable independiente.

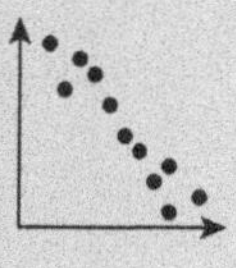

Por ejemplo, el tiempo que se tarda en correr una carrera (variable dependiente) decrece a medida que crece el tiempo de entrenamiento (variable independiente):

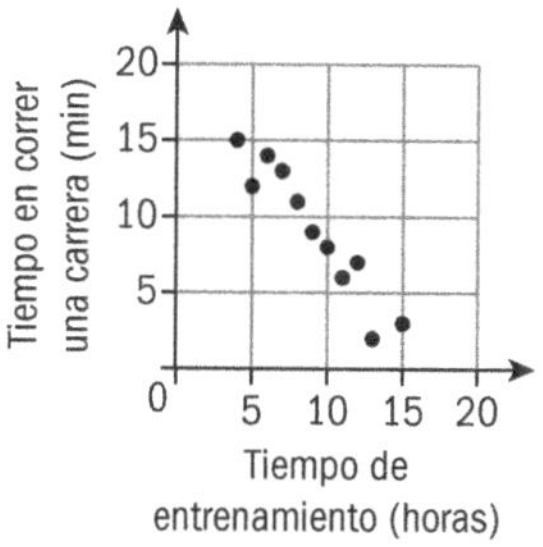

→ Cuando los puntos están dispersos en forma aleatoria en el diagrama, **no** hay correlación.

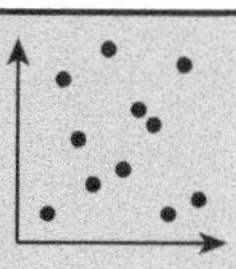

Por ejemplo, la cantidad de pares de zapatos que tiene una persona no está relacionada con su edad:

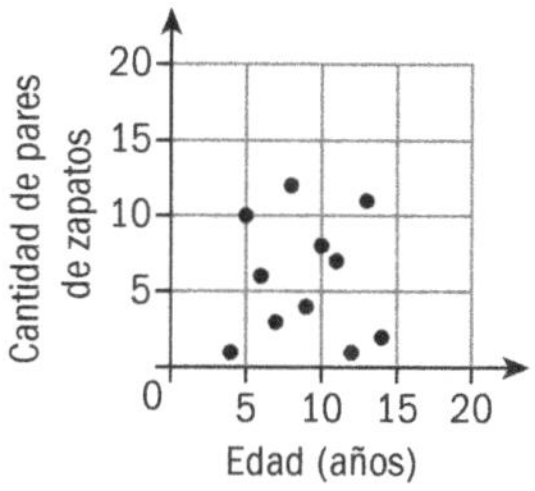

→ La correlación también se puede describir como fuerte, moderada o débil.

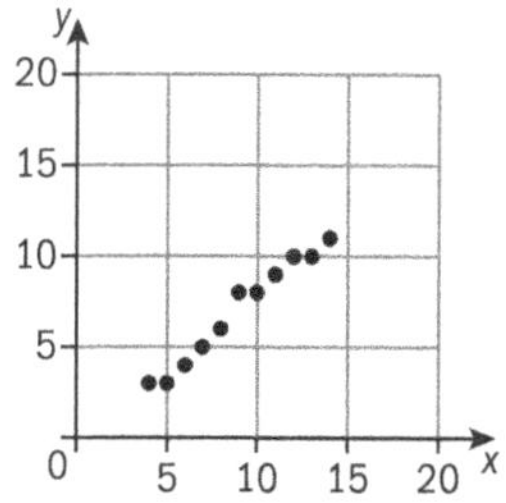

Este es un ejemplo de correlación **positiva fuerte**.

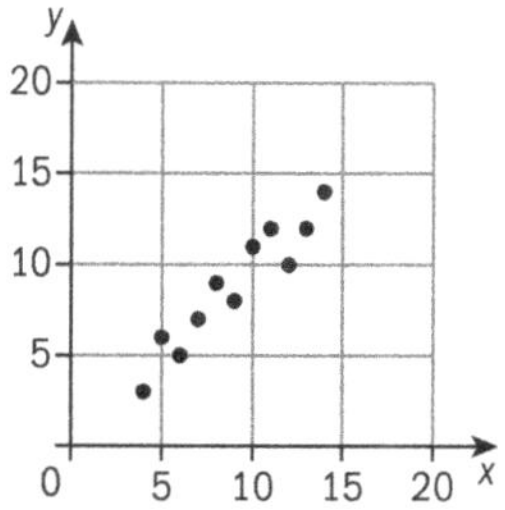

Este es un ejemplo de correlación **positiva moderada**.

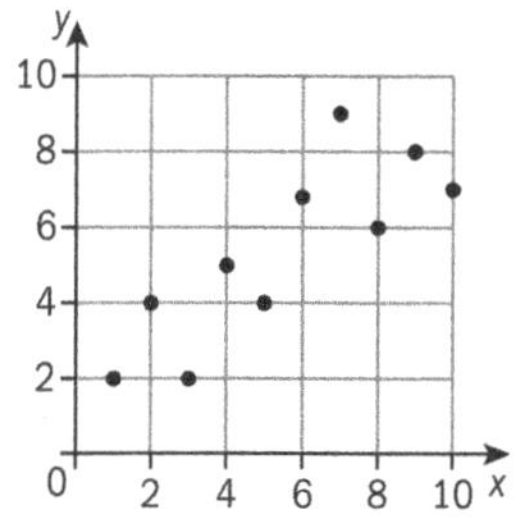

Este es un ejemplo de correlación **positiva débil**.

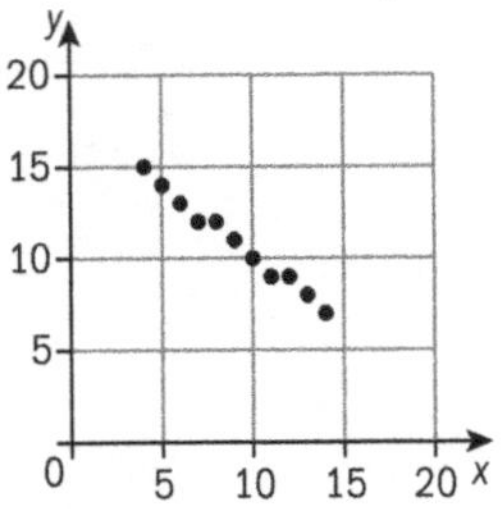

Este es un ejemplo de correlación **negativa fuerte**.

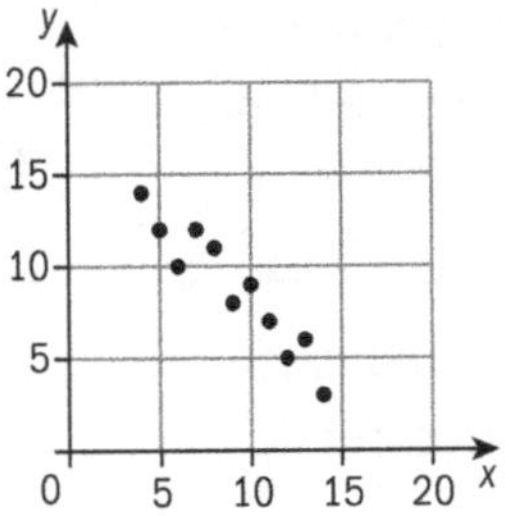

Este es un ejemplo de correlación **negativa moderada**.

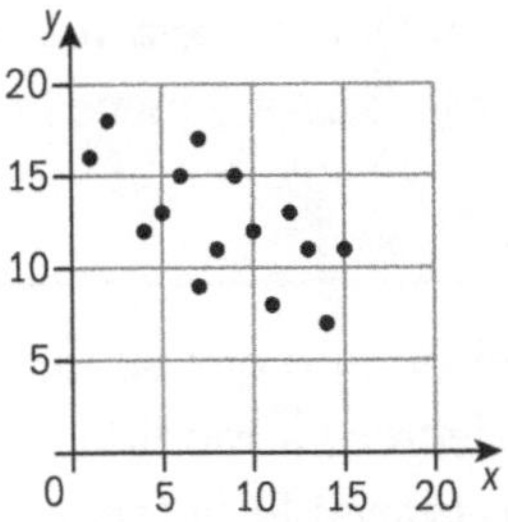

Este es un ejemplo de correlación **negativa débil**.

Las correlaciones se pueden clasificar como lineales o no lineales.

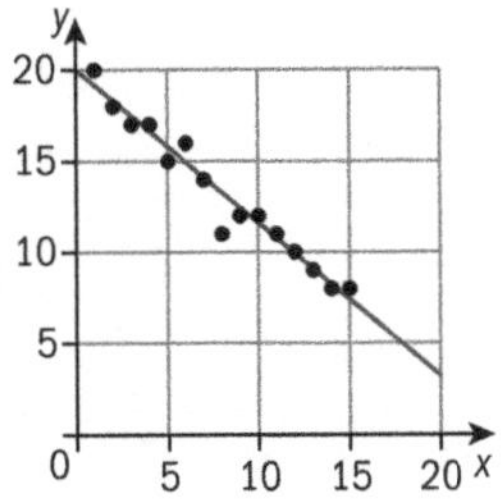

Este es un ejemplo de correlación **lineal**.

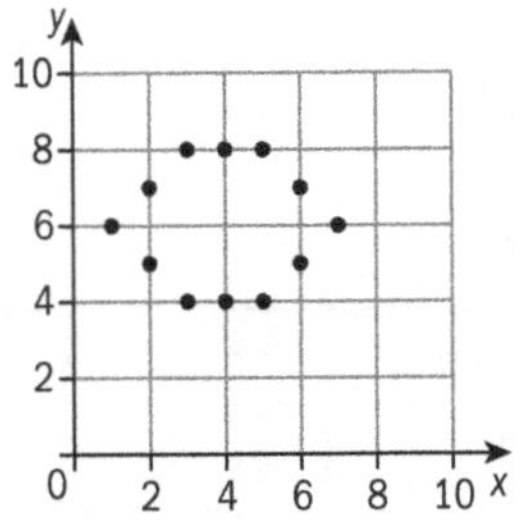

Este es un ejemplo de correlación **no lineal**.

Para Estudios Matemáticos solo habrá que estudiar correlaciones **lineales**. Sin embargo, en los proyectos se pueden usar otros tipos de correlaciones.

Ejemplo 6

El gerente de un parque de recreación pensó que la cantidad de visitantes al parque dependía de la temperatura.
Anotó la temperatura y la cantidad de visitantes durante un período de dos semanas.
Sitúe estos puntos en un diagrama de dispersión y comente acerca del tipo de correlación.

Temperatura (°C)	16	22	31	19	23	26	21	17	24	29	21	25	23	29
Cantidad de visitantes	205	248	298	223	252	280	233	211	258	295	229	252	248	284

Respuesta

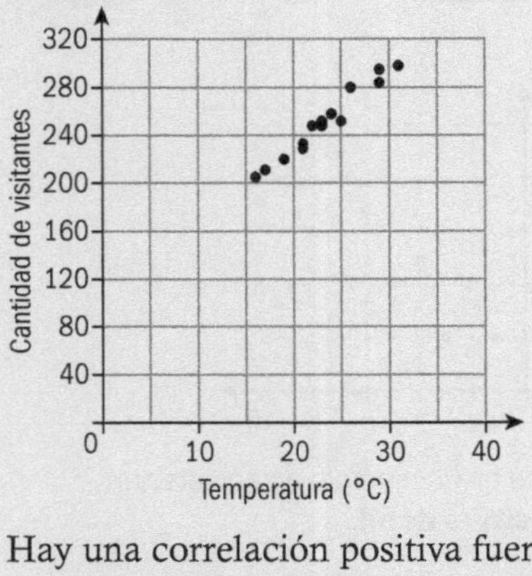

Dibujar con precisión el eje x, "Temperatura (°C)", desde 0 hasta 40, y el eje y, "Cantidad de visitantes", desde 0 hasta 320

Situar los puntos

Hay una correlación positiva fuerte entre la temperatura y la cantidad de visitantes al parque.

Describir la correlación

Ejemplo 7

Un alumno de Estudios Matemáticos quiere comprobar si hay una correlación entre las alturas previstas de un grupo de margaritas y sus alturas reales.
Dibuje con precisión un diagrama de dispersión para ilustrar los datos y comente acerca de la correlación.

Altura prevista (cm)	5,3	6,2	4,9	5,0	4,8	6,6	7,3	7,5	6,8	5,5	4,7	6,8	5,9	7,1
Altura real (cm)	4,7	7,0	5,3	4,5	5,6	5,9	7,2	6,5	7,2	5,8	5,3	5,9	6,8	7,6

Respuesta

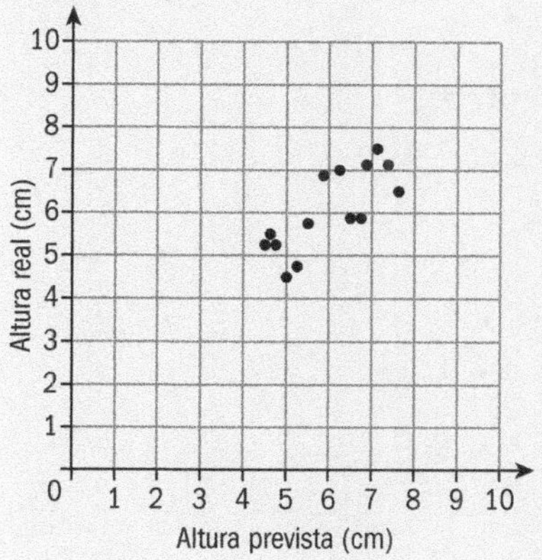

Dibujar con precisión los ejes x e y, desde 0 hasta 10
Situar "Altura prevista (cm)" en el eje horizontal y "Altura real (cm)" en el eje vertical

Hay una correlación positiva moderada entre la altura prevista y la altura real.

Describir la correlación

También podemos usar la CPG para dibujar un diagrama de dispersión.
En el ejemplo 7:

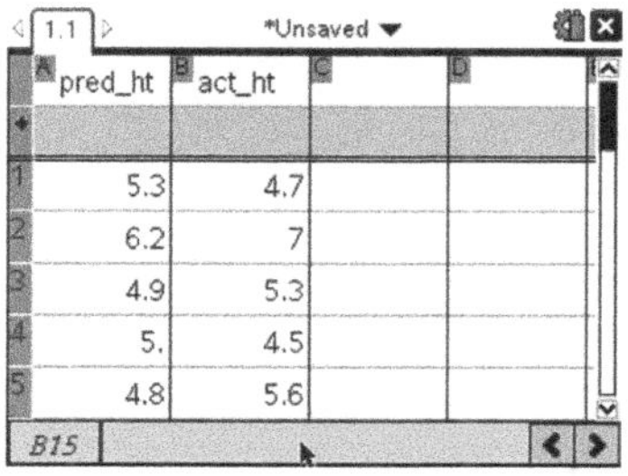

Primero, ingresar los datos en dos listas en una página de **Lists and Spreadsheet** (listas y hoja de cálculo).

Luego, ingresar las variables en los ejes, en una página de **Data and Statistics** (datos y estadística), para dibujar el diagrama de dispersión.

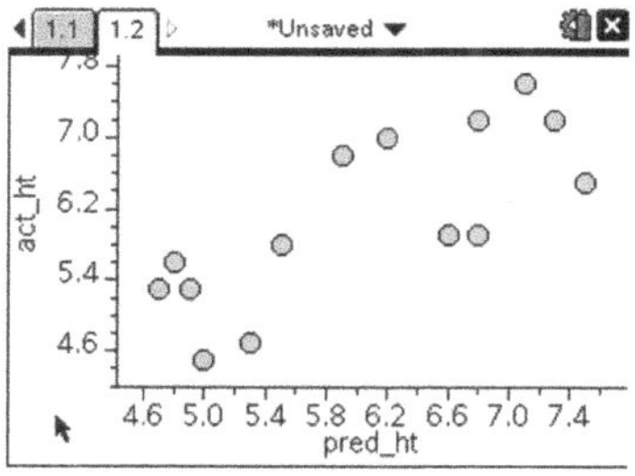

Ejercitación 5D

1 Para cada diagrama, indique el tipo de correlación (positiva/negativa y lineal/no lineal) y la fuerza de la relación (perfecta/fuerte/moderada/débil/ninguna).

a

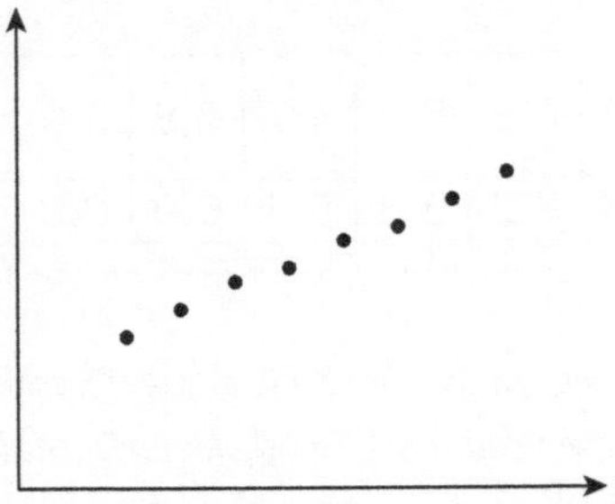

b

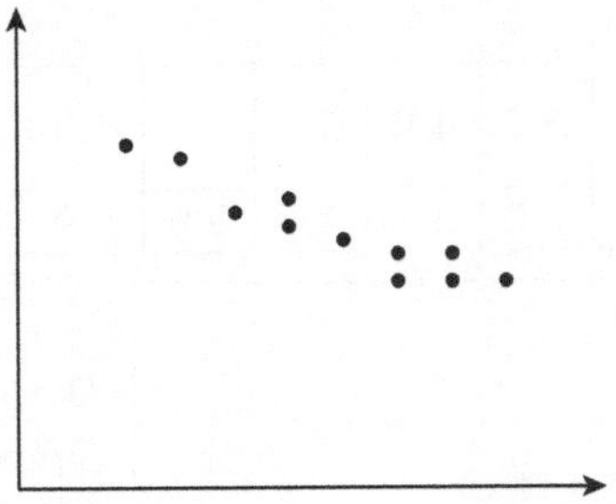

c

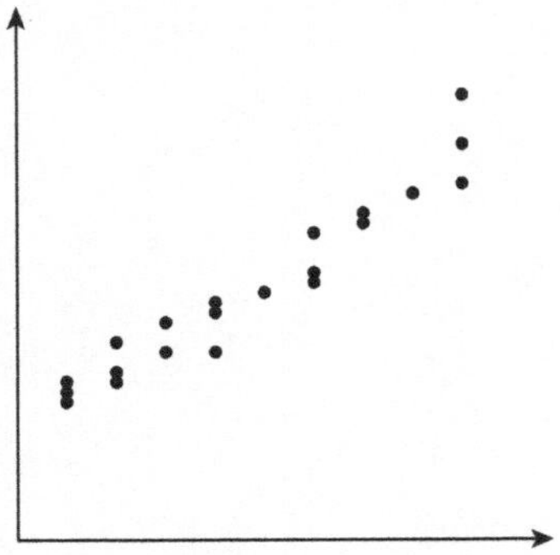

d

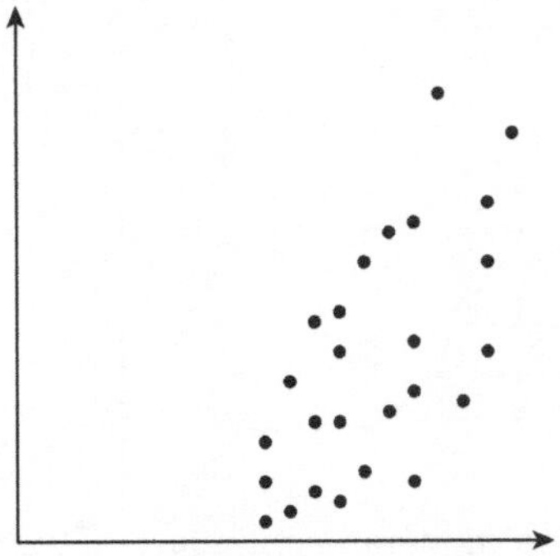

e

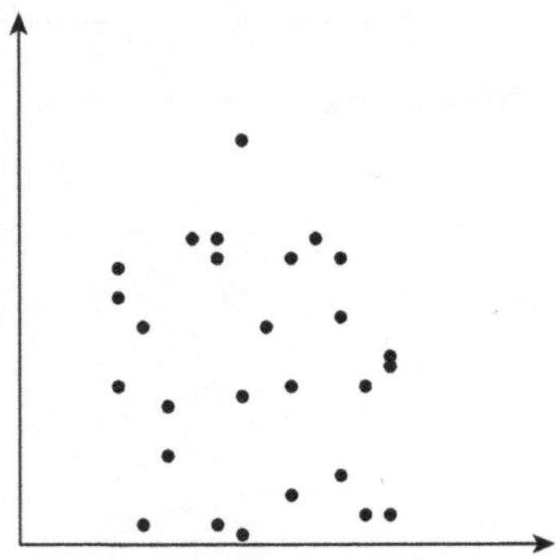

f

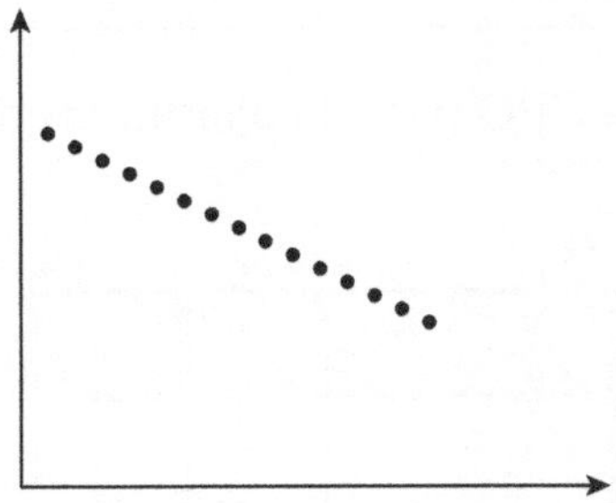

Una **correlación perfecta** es aquella en la que todos los puntos se encuentran sobre una recta.

g

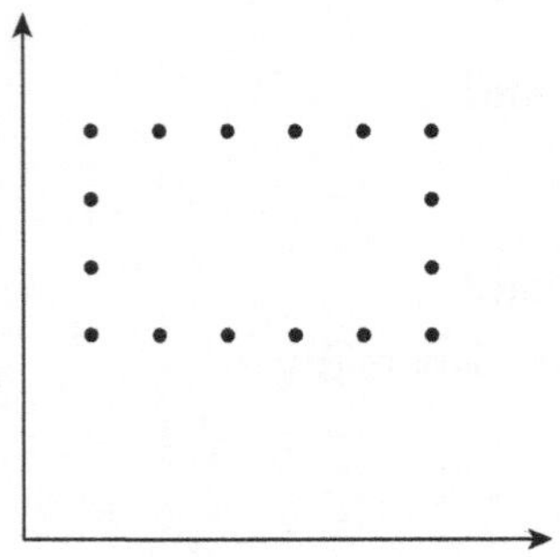

h

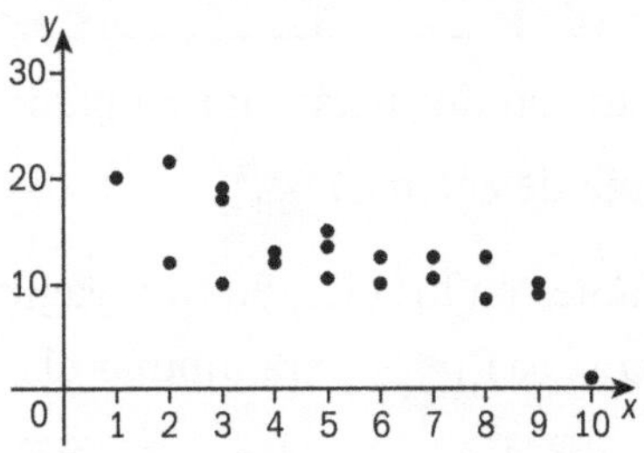

2 Para cada conjunto de datos, sitúe los puntos en un diagrama de dispersión y describa el tipo de correlación.

a

x	28	30	25	35	19	38	25	33	41	22	35	44
y	24	36	30	40	15	34	28	34	44	23	37	45

b

x	3	7	7	11	16	15	17	17	18	20
y	16	11	12	9	6	7	3	9	5	6

Recta de ajuste óptimo

La **recta de ajuste óptimo** es una recta que se dibuja en un diagrama de dispersión, de manera que la cantidad de puntos que se encuentran por arriba de la recta es aproximadamente la misma que la cantidad de los que se encuentran debajo.

→ Para dibujar la **recta de ajuste óptimo** por aproximación:

- Hallar la media de cada conjunto de datos y sitúe este punto en su diagrama de dispersión.
- Dibujar una recta que pase por este punto y esté cerca de todos los demás puntos. Debe quedar aproximadamente la misma cantidad de puntos arriba y debajo de la recta.

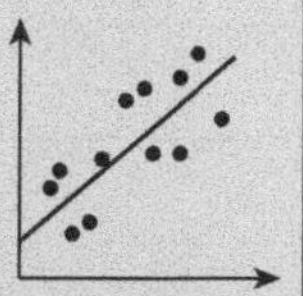

La recta de ajuste óptimo no necesariamente pasa por el origen y, de hecho, en la mayoría de los casos no pasará por el origen.

Ejemplo 8

a En el ejemplo 6, dibuje la recta de ajuste óptimo en el diagrama.
b En el ejemplo 7, dibuje la recta de ajuste óptimo en el diagrama.

Respuestas

a

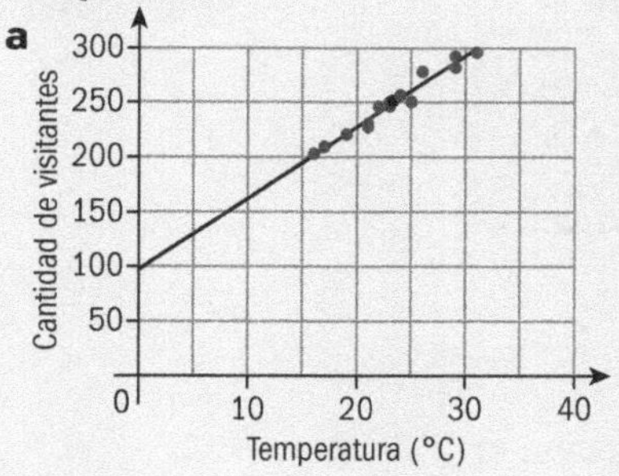

Calcular las medias usando su CPG. La temperatura media es 23,3 y la cantidad media de visitantes es 251. Situar el punto medio (23,3; 251) en el diagrama de dispersión. Dibujar la recta de ajuste óptimo que pase por este punto y de manera que haya aproximadamente el mismo número de puntos arriba y debajo de la recta.

b

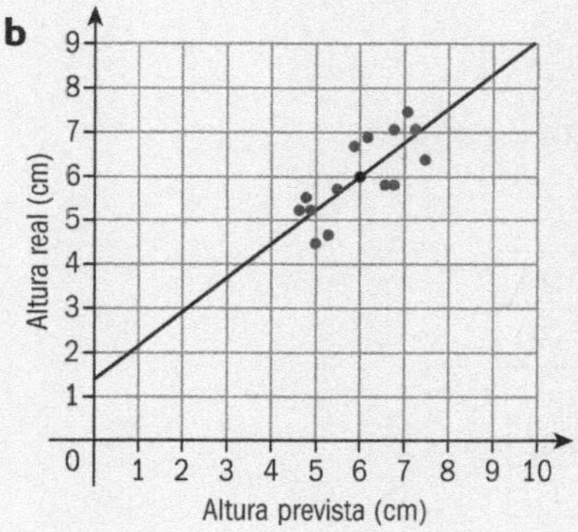

La media de las alturas previstas es 6,03 y la media de las alturas reales es 6,09. Situar el punto medio (6,03; 6,09) en el diagrama de dispersión. Dibujar una línea recta que pase por este punto, de manera que haya aproximadamente la misma cantidad de puntos arriba y debajo de la recta.

Las geociencias usan las rectas de ajuste óptimo en:

- Curvas de frecuencias de inundaciones
- Pronóstico de terremotos
- Predicción del impacto de meteoritos
- Cambio climático

También podemos usar la CPG para dibujar la recta de ajuste óptimo. En el ejemplo 7:
Elegir **MENU 4: Analyze** (analizar) | **6: Regression** (regresión) | **2: Show Linear** (mostrar lineal) ($ax + b$)

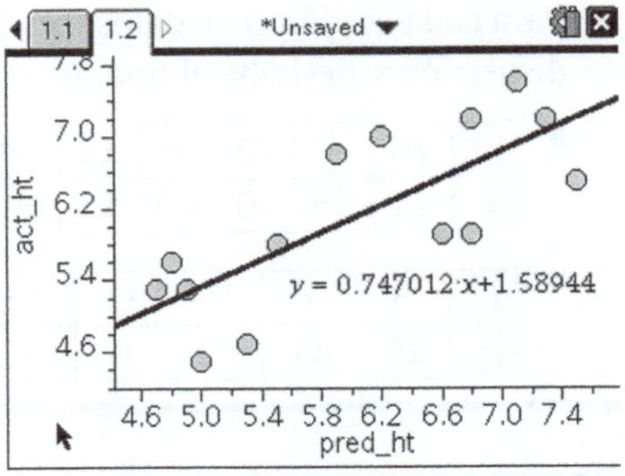

Dada una altura prevista, para hallar una altura real se puede usar **MENU 4: Analyze** (analizar) | **A: Graph Trace** (trazado de gráfico).

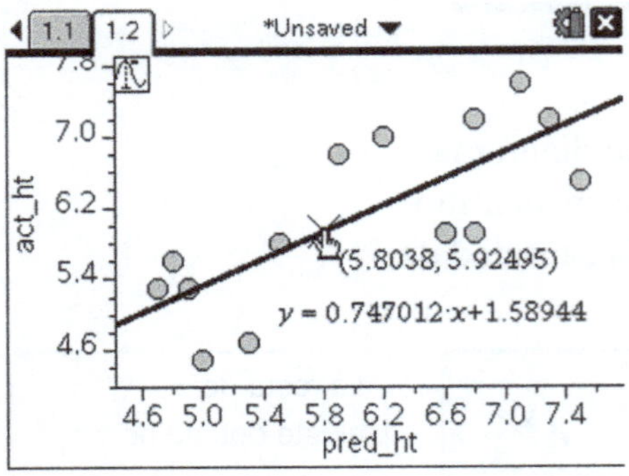

En el modo **Data and Statistics** (datos y estadística), no es posible hallar valores *exactos* cuando se utiliza la herramienta **Graph Trace** (trazado de gráfico).

A menudo hay mucha confusión entre los conceptos de *causalidad* y *correlación*. Sin embargo, debería ser sencillo distinguirlos.
Una acción puede *causar* otra (como por ejemplo, fumar puede causar cáncer de pulmón) o una acción puede *correlacionarse* con otra (por ejemplo, tener ojos azules está correlacionado con tener cabello rubio).

Si una acción *causa* otra, entonces estas también están *correlacionadas*. Pero si dos acciones están *correlacionadas*, esto *no* significa que una *cause* la otra. Por ejemplo, podría haber una fuerte *correlación* entre las calificaciones previstas que los profesores dan y las calificaciones reales que el alumno obtiene. Sin embargo, las calificaciones obtenidas no son *causadas* por las calificaciones previstas.
¿Puede pensar en otros ejemplos?
¿Puede encontrar artículos de periódicos, revistas o virtuales en los que *causa* se utilice incorrectamente?

Ejercitación 5E

1 Para cada conjunto de datos:

- **i** Sitúe los puntos en un diagrama de dispersión y describa el tipo de correlación
- **ii** Halle la media de x y la media de y
- **iii** Sitúe el punto medio en su diagrama y dibuje la recta de ajuste óptimo por aproximación

a

x	2	4	6	8	10	12	14	16	18	20	22	24
y	14	15	18	21	24	25	27	29	30	32	35	39

b

x	12	13	14	15	16	17	18	19	20	21
y	32	29	30	25	22	22	15	10	10	7

PREGUNTAS TIPO EXAMEN

2 En la siguiente tabla, se dan las alturas y los pesos de 12 jirafas:

Altura (*x* m)	4,8	4,1	4,2	4,7	5,0	5,0	4,8	5,2	5,3	4,3	5,5	4,5
Peso (*y* kg)	900	600	650	750	1100	950	850	1150	1100	650	1250	800

a Sitúe los puntos en un diagrama de dispersión y describa la correlación.
b Halle la altura media y el peso medio.
c Sitúe el punto medio en su diagrama de dispersión y dibuje la recta de ajuste óptimo por aproximación.
d Utilice su diagrama para estimar el peso de una jirafa cuya altura es 4,6 m.

3 Un grupo de 14 alumnos realizó una prueba de Química y otra de TISG (Tecnología de la Información en una Sociedad Global). Los resultados se muestran en la siguiente tabla:

Química (%)	45	67	72	34	88	91	56	39	77	59	66	82	96	42
TISG (%)	42	76	59	44	76	88	55	45	69	62	58	94	85	58

a Sitúe los puntos en un diagrama de dispersión y describa la correlación.
b Halle la puntuación media para cada prueba.
c Sitúe el punto medio en su diagrama de dispersión y dibuje la recta de ajuste óptimo por aproximación.
d Utilice su diagrama para estimar el resultado en la prueba de TISG cuando la puntuación en Química fue 50%.

4 Se les preguntó a 12 madres cuántas horas por día, en promedio, tienen a sus bebés alzados en sus brazos y cuántas horas por día, en promedio, sus bebés lloran. Los resultados se muestran en la siguiente tabla:

Bebé alzado en brazos (horas)	1	2	3	3	4	4	5	6	6	7	8	9
Bebé llorando (horas)	6	6	5	5,5	4	3	3,5	2	2,5	2	1,5	1

a Sitúe los puntos en un diagrama de dispersión y describa la correlación.
b Halle la media de la cantidad de horas que los bebés están alzados y la media de la cantidad de horas que lloran.
c Sitúe el punto medio en su diagrama y dibuje la recta de ajuste óptimo por aproximación.
d Utilice su diagrama para estimar la cantidad de horas que llora un bebé, si este está alzado en brazos 3,5 horas.

PREGUNTA TIPO EXAMEN

5 La tabla muestra el tamaño de la pantalla de un televisor y el costo de ese televisor.

Tamaño (pulgadas)	32	37	40	46	50	55	59
Costo ($)	450	550	700	1000	1200	1800	2000

a Sitúe los puntos en un diagrama de dispersión y describa la correlación.

b Halle la media del tamaño de pantalla y el costo medio.

c Sitúe el punto medio en su diagrama y dibuje la recta de ajuste óptimo por aproximación.

d Utilice su diagrama para estimar el costo de un televisor de 52 pulgadas.

Coeficiente de correlación momento-producto de Pearson

Karl Pearson (1857–1936) fue un abogado, matemático y estadístico inglés.

Sus contribuciones al campo de la estadística incluyen el coeficiente de correlación momento-producto y la prueba de chi-cuadrado.

Pearson dedicó la mayor parte de su carrera a la aplicación de la estadística al campo de la biología.

Fundó en 1911, en la University College London, el primer departamento de estadística de una universidad del mundo.

▶ Karl Pearson

Es útil conocer la **fuerza** de la relación entre dos conjuntos de datos que se cree que están relacionados.

El **coeficiente de correlación momento-producto de Pearson, *r*,** es una forma de hallar un valor numérico que se puede usar para determinar la fuerza de una correlación lineal entre dos conjuntos de datos.

En los exámenes solo se espera que se use la CPG para hallar el valor de r.

→ El **coeficiente de correlación momento-producto de Pearson**, r, puede tomar cualquier valor entre -1 y $+1$ inclusive.

- Cuando $r = -1$, hay una correlación **negativa perfecta** entre los conjuntos de datos.
- Cuando $r = 0$, **no** hay correlación.
- Cuando $r = +1$, hay una correlación **positiva perfecta** entre los conjuntos de datos.
- Una **correlación perfecta** es aquella en la que **todos** los puntos están situados sobre una recta.

Cuando r está entre:

- 0 y 0,25, la correlación es muy débil
- 0,25 y 0,5, la correlación es débil
- 0,5 y 0,75, hay una correlación moderada
- 0,75 y 1, la correlación es fuerte

La fórmula del coeficiente de correlación momento-producto de Pearson para dos conjuntos de datos, x e y, es: $r = \frac{s_{xy}}{s_x s_y}$, donde s_{xy} es la covarianza (más allá del alcance de este curso), y s_x y s_y son las desviaciones típicas de x e y, respectivamente.

Se espera que se utilice esta fórmula para mejorar los proyectos.

Otras fórmulas que se necesitarán son:

$$s_{xy} = \sum \frac{(x-\bar{x})(y-\bar{y})}{n} \text{ o } \frac{\sum xy}{n} - \frac{\sum x}{n}\frac{\sum y}{n}$$

$$s_x = \sqrt{\frac{\sum (x-\bar{x})^2}{n}} \text{ o } \sqrt{\left(\frac{\sum x^2}{n} - \bar{x}^2\right)} \qquad s_y = \sqrt{\frac{\sum (y-\bar{y})^2}{n}} \text{ o } \sqrt{\left(\frac{\sum y^2}{n} - \bar{y}^2\right)}$$

Ejemplo 9

Los datos que se dan a continuación, relativos a la primera división de una liga de fútbol, muestran la posición del equipo y la cantidad de goles anotados.

Halle el coeficiente de correlación, r, y comente acerca de este valor.

Posición	1	2	3	4	5	6	7	8	9	10	11	12	13	14	15	16	17	18	19	20
Goles	75	68	60	49	59	50	55	46	57	49	48	39	44	56	54	37	42	37	40	27

Respuesta

$r = -0{,}816$ (3 cs)

Por lo tanto, hay una correlación **negativa fuerte** entre la posición del equipo y la cantidad de goles anotados.

Usando la CPG:

Primero ingresar los números de la "posición" y los "goles" en dos listas (X e Y, respectivamente)

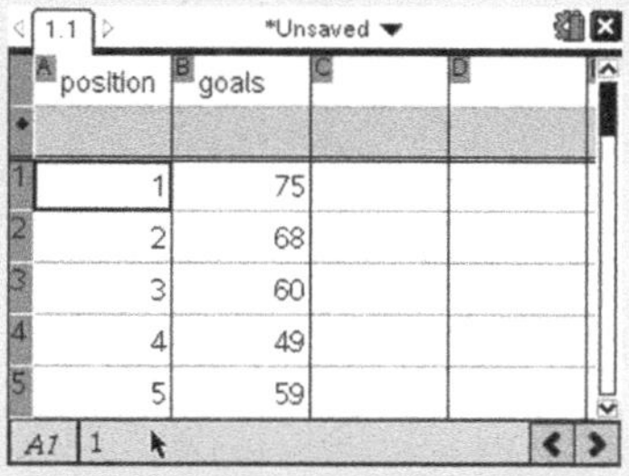

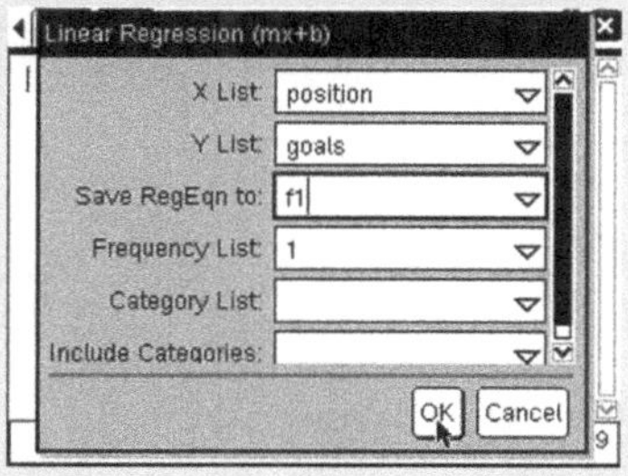

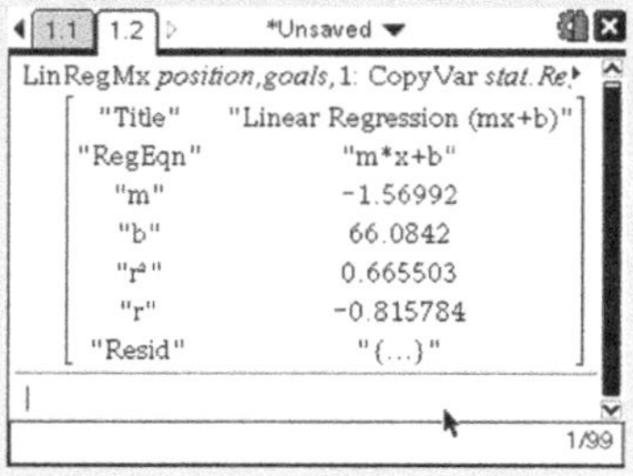

La CPG también da el valor de r^2, el **coeficiente de determinación**. Este es una indicación de cuánto de la variación de un conjunto de datos, *y*, se puede explicar a través de la variación en el otro conjunto de datos, *x*. Por ejemplo, si $r^2 = 0{,}821$, significa que 82,1% de la variación en el conjunto *y* es causado por la variación en el conjunto *x*. Aquí, o bien $r = 0{,}906$, que muestra una correlación lineal positiva fuerte, o bien $r = -0{,}906$, que muestra una correlación lineal negativa fuerte.

Ejemplo 10

En la tabla siguiente se muestran las alturas y el tamaño de zapatos de los alumnos de la Academia Aprender Bien. Halle el coeficiente de correlación, *r*, y comente acerca de su resultado.

Altura (*x* cm)	145	151	154	162	167	173	178	181	183	189	193	198
Tamaño de zapato	35	36	38	37	38	39	41	43	42	45	44	46

Respuesta

$r = 0{,}964$ (3 cs)

Esto significa que hay una correlación **positiva fuerte** entre la altura y el tamaño de zapato.

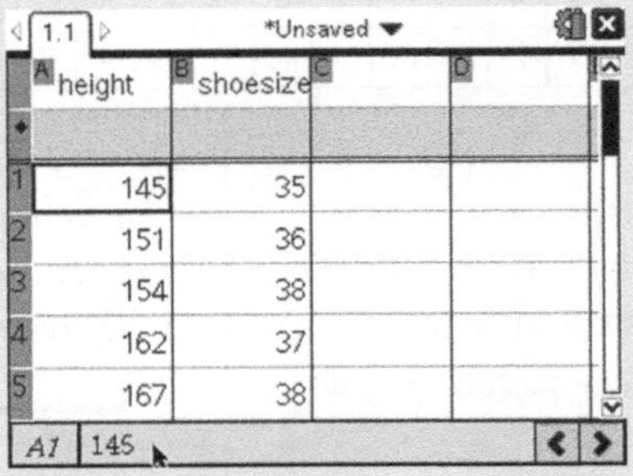

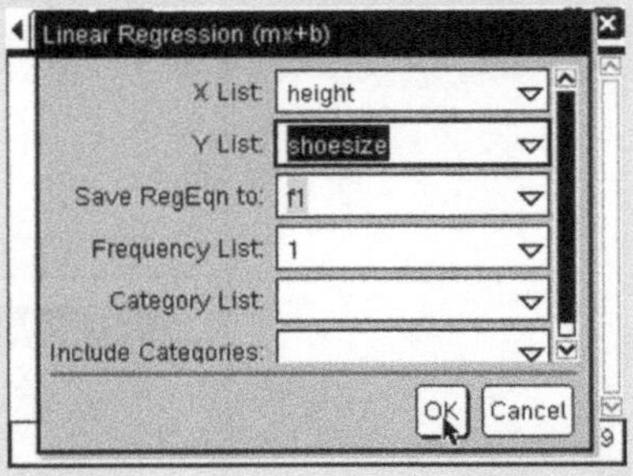

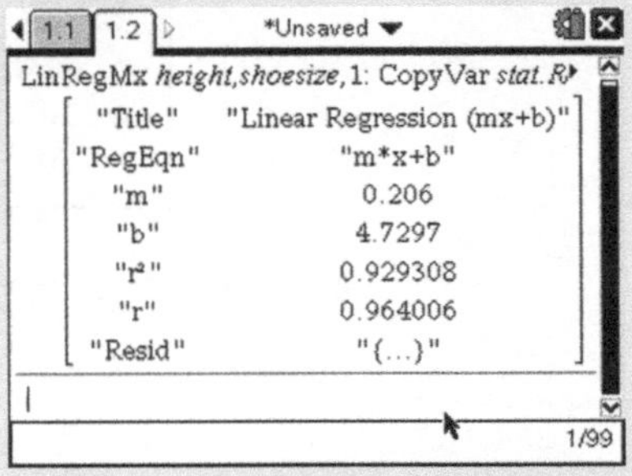

Ejercitación 5F

1 La tabla muestra la temperatura (°C) al mediodía y la cantidad de helados vendidos en un período de 21 días.

Temperatura (°C)	22	23	22	19	20	25	23	20	17	18	23	24	22	26	19	19	20	22	23	22	20
Cantidad de helados vendidos	59	61	55	40	51	72	55	45	39	35	59	72	63	77	37	41	44	50	59	48	38

Halle el coeficiente de correlación, r, y comente acerca de este valor.

2 Un granjero de pollos eligió una muestra de 12 gallinas. Durante un período de dos semanas, anotó la cantidad de huevos que produjo cada gallina y la cantidad de alimento que ingirió cada gallina. Los resultados se muestran en la tabla.

a Halle el coeficiente de correlación, r.

b Comente acerca del valor del coeficiente de correlación.

Cantidad de huevos	Unidades de alimento ingerido
11	6,2
10	4,9
13	7,1
10	6,2
11	5,0
15	7,9
9	4,8
12	6,9
11	5,3
12	5,9
13	6,5
9	4,5

3 La tabla muestra la temperatura promedio de cada semana en diciembre, enero y febrero y la cantidad de horas correspondientes que una familia promedio usó su central de calefacción.

Temperatura promedio (°C)	4	1	3	−2	−9	−12	−8	−9	−2	1	3	5
Horas de calefacción	43	45	51	52	58	64	57	60	55	43	40	30

Halle el coeficiente de correlación, r, y comente acerca de su valor.

4 Ocho alumnos completan sus exámenes de Economía y Biología. Los resultados se muestran en la tabla.

Alumno	A	B	C	D	E	F	G	H
Economía	64	55	43	84	67	49	92	31
Biología	53	42	44	79	75	52	84	29

Halle el coeficiente de correlación, r, y comente acerca de su resultado.

5 La tabla muestra la edad de un bebé, medida en días, y el peso, en kilogramos, a las 8.00 del día correspondiente.

Edad (días)	0	7	14	21	28	35	42
Peso (kg)	3,50	3,75	3,89	4,15	4,42	4,55	5,02

Halle el coeficiente de correlación, *r*, y comente acerca de su resultado.

6 En la tabla se muestran las alturas y los pesos de 10 alumnos elegidos al azar.

Altura (*x* cm)	155	161	173	150	182	165	170	185	175	145
Peso (*y* kg)	50	75	80	46	81	79	64	92	74	108

Halle el coeficiente de correlación, *r*, y comente acerca de su respuesta.

7 La tabla muestra los resultados de los simulacros de examen y los resultados de los exámenes reales de 15 alumnos del colegio Top High.

Simulacro	32	35	28	24	19	39	44	41	23	29	28	35	38	43	21
Real	33	34	30	25	18	36	43	42	24	27	29	36	39	44	22

Halle el coeficiente de correlación, *r*, y comente acerca de su resultado.

8 La tabla muestra las edades de 14 personas y el tiempo que tardaron en correr 1 km.

Edad (años)	9	12	13	15	16	19	21	29	32	43	48	55	61	66
Tiempo (minutos)	7,5	6,8	7,2	5,3	5,1	4,9	5,2	4,6	4,9	6,8	6,2	7,5	8,9	9,2

Halle el coeficiente de correlación, *r*, y comente acerca de su resultado.

5.3 La recta de regresión

→ La **recta de regresión de *y* sobre *x*** es una versión más precisa de la recta de ajuste óptimo, comparada con la hallada por aproximación.

La recta de regresión de *y* sobre *x*, donde *y* es la variable dependiente, también se conoce como "recta de regresión de mínimos cuadrados". Es la recta que se dibuja a través de un conjunto de puntos, tal que la suma de los cuadrados de las distancias verticales de cada punto a la recta es un mínimo.

→ Si hay una correlación fuerte o moderada, podemos usar la recta de regresión de *y* sobre *x* para predecir valores de *y*, cuando los valores de *x* se encuentran dentro del rango de los datos.

Se debe calcular la ecuación de la recta de regresión solo cuando el coeficiente de correlación muestra una correlación moderada o fuerte.
En el proyecto podemos hallar la ecuación de la recta de regresión de y sobre x usando la fórmula:

$$(y - \bar{y}) = \frac{s_{xy}}{(s_x)^2}(x - \bar{x})$$

Donde $\bar{x}$ e $\bar{y}$ son las medias de los valores de x y de y, respectivamente, s_x es la desviación típica de los valores de x, y s_{xy} es la covarianza

En los exámenes se espera que se utilice solo la CPG para hallar la ecuación de la recta de regresión.

Ejemplo 11

Diez alumnos entrenan para una caminata de beneficencia.
La tabla muestra la cantidad promedio de horas por semana que cada integrante entrena y el tiempo que tardan en completar la caminata.

Tiempo de entrenamiento (horas)	9	8	12	3	25	6	10	5	6	21
Tiempo en completar la caminata (minutos)	15,9	14,8	15,3	18,4	13,8	16,2	14,1	16,1	16	14,2

a Halle el coeficiente de correlación, r.
b Halle la ecuación de la recta de regresión.
c Utilizando su ecuación, estime cuántos minutos tardará en completar la caminata un alumno que entrena 18 horas por semana.

El término "regresión" fue aplicado por primera vez a la estadística por el científico y matemático británico Francis Galton (1822–1911).

Respuestas

a $r = -0,767$ (3 cs)

Primero ingresar los datos en dos listas y calcular los resultados

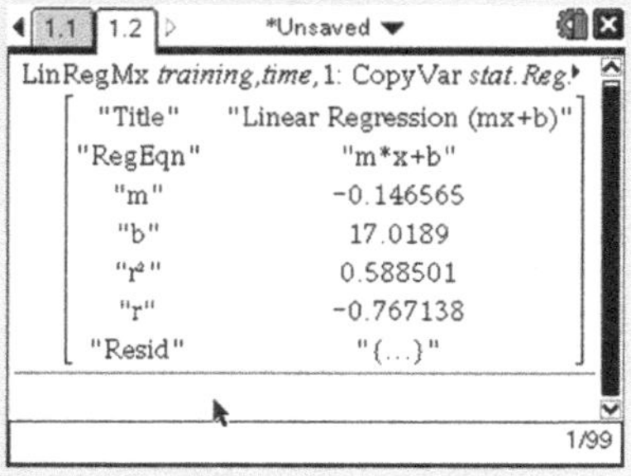

b La ecuación de la recta de regresión es:
$y = -0,147x + 17,0$

La forma general de la ecuación es:
$y = mx + c$
A partir de la CPG:
$m = -0,147$ *(3 cs)*
$c = 17,0$ *(3 cs)*

c $y = -0,147(18) + 17,0 = 14,4$ (3 cs)
Por lo tanto, el tiempo que tarda es aproximadamente 14,4 minutos.

Reemplazar x por 18 (horas) en la ecuación del apartado ***b****.*

En este libro usamos $y = mx + c$ para la forma general de la ecuación lineal. La CPG utiliza $y = mx + b$ como la forma general. Algunas personas utilizan $y = ax + b$.

Ejemplo 12

La tabla muestra la cantidad de ratones que están a la venta en una veterinaria después de una cantidad determinada de semanas.

Tiempo (x semanas)	3	5	6	9	11	13
Cantidad de ratones (y)	41	57	61	73	80	91

a Halle el coeficiente de correlación, r.

b Halle la ecuación de la recta de regresión de y sobre x.

c Utilice su recta de regresión para predecir la cantidad de ratones a la venta después de 10 semanas.

d ¿Podría predecir en forma precisa la cantidad de ratones que habrá después de 20 semanas?

¿Cómo sabemos lo que sabemos? ¿Cuán seguros podemos estar de nuestras predicciones? ¿Qué predicciones se hacen sobre la población o sobre el clima?

Respuestas

a $r = 0{,}990$ (3 cs)

Primero ingresar los datos en dos listas

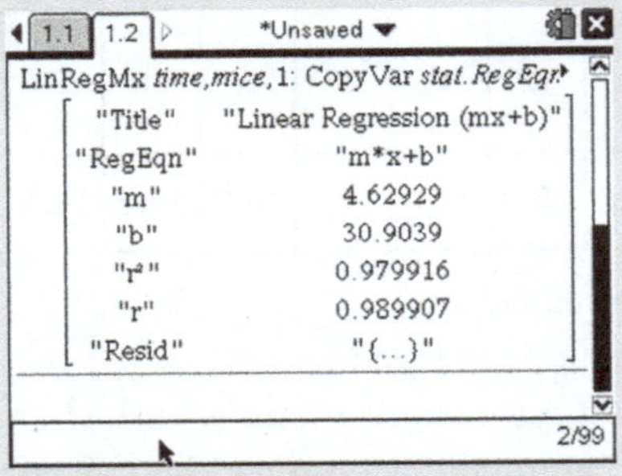

b La ecuación de la recta de regresión es:
$y = 4{,}63x + 30{,}9$

La forma general de la ecuación es:
$y = mx + c$
A partir de la CPG:
$m = 4{,}63$ (3 cs)
$c = 30{,}9$ (3 cs)

c $y = 4{,}63(10) + 30{,}9 = 77{,}2$
$= 77$
Después de 10 semanas, la cantidad de ratones es 77.

Reemplazar x por 10 (semanas) en la ecuación del apartado **b**

d No, porque 20 está demasiado alejado de los datos de la tabla.

Recuerde que no se puede usar la recta de regresión para predecir valores que están más allá de la región en la que se encuentran los datos dados.

Ejercitación 5G

PREGUNTA TIPO EXAMEN

1 La tabla muestra la distancia que recorre un tren entre varios sitios en India y el costo del viaje.

Distancia (km)	204	1407	1461	793	1542	343	663	780
Costo (rupias)	390	2200	2270	1390	2280	490	1200	1272

a Halle el coeficiente de correlación, r, y comente acerca de su resultado.

b Halle la ecuación de la recta de regresión.

c Utilice su ecuación para estimar el costo de un viaje de 1000 km.

PREGUNTAS TIPO EXAMEN

2 Se ataron diferentes pesos a un resorte vertical y se midió la longitud del resorte. Los resultados se muestran en la tabla.

Carga (*x* kg)	0	2	3	5	6	7	9	11
Longitud (*y* cm)	15	16,5	17,5	18,5	18,8	19,2	20	20,4

a Halle el coeficiente de correlación, r.

b Halle la ecuación de la recta de regresión.

c Utilice su ecuación para estimar la longitud del resorte cuando la carga tiene un peso de 8 kg.

3 Luis es un nadador entusiasta. Para su proyecto de Estudios Matemáticos, quiere investigar si hay una correlación entre la longitud del brazo de un nadador y el tiempo que este tarda en nadar 200 m.
Elige 15 socios del club de natación para que naden 200 m.
Sus tiempos (y segundos) y las longitudes de sus brazos (x cm) se muestran en la siguiente tabla.

Longitud del brazo (*x* cm)	78	72	74	67	79	58	62	67	71	69	75	65	73	59	60
Tiempo (*y* segundos)	130	135	132	143	133	148	140	139	135	145	129	140	130	145	142

a Calcule la media y la desviación típica de x y de y.

b Calcule el coeficiente de correlación, r.

c Comente acerca de su valor de r.

d Calcule la ecuación de la recta de regresión de y sobre x.

e Utilizando su ecuación, estime cuántos segundos tardará en nadar 200 m un nadador que tiene una longitud de brazo igual a 70 cm.

4 Silvio les preguntó a sus compañeros de clase cuántos minutos tardaron en llegar al colegio y el nivel de estrés, sobre 10, que les causó el viaje. Se muestran los resultados en la tabla.

Tiempo de viaje (*x* minutos)	14	28	19	22	24	8	16	5	18	20	25	10
Nivel de estrés (*y*)	3	7	5	6	6	2	3	2	4	5	6	6

a Halle el coeficiente de correlación, r.

b Halle la ecuación de la recta de regresión.

c Utilice su ecuación para estimar el nivel de estrés de un alumno que tardó 15 minutos en llegar al colegio.

PREGUNTA TIPO EXAMEN

5 La tabla muestra el peso (g) y el costo (dólares australianos) de algunas golosinas en barra.

Peso (x g)	62	84	79	65	96	58	99	48	73	66
Costo (y AUD)	1,45	1,83	1,78	1,65	1,87	1,42	1,82	1,15	1,64	1,55

a Calcule la ecuación de la recta de regresión de y sobre x.

b Utilice su ecuación para estimar el costo de una golosina en barra que pesa 70 g.

6 En la clase de Educación Física del profesor Craven, 10 alumnos hicieron flexiones de brazos y abdominales. En la siguiente tabla se muestran los resultados.

Cantidad de flexiones de brazos (x)	23	19	31	53	34	46	45	22	39	27
Cantidad de abdominales (y)	31	26	35	51	36	48	45	28	41	30

a Halle la ecuación de la recta de regresión.

Un alumno puede hacer 50 flexiones de brazos.

b Utilice su ecuación para estimar la cantidad de abdominales que puede hacer este alumno.

7 Se les preguntó a 15 alumnos el promedio de sus calificaciones al final del último año de secundaria y el promedio de sus calificaciones al final del primer año de universidad. Se muestran los resultados en la siguiente tabla.

Calificación de la secundaria (x)	44	49	53	47	52	58	67	73	75	79	82	86	88	91	97
Calificación de la universidad (y)	33	52	55	48	51	60	71	72	69	83	84	89	96	92	89

a Halle la ecuación de la recta de regresión.

Un alumno obtiene un promedio de 60 en su último año de secundaria.

b Utilice su ecuación para estimar el promedio de sus calificaciones al final del primer año de universidad.

8 Una agencia secretarial tiene un nuevo paquete de *software* para computadores. La agencia anota la cantidad de horas que tardan personas de distintas edades en dominar el paquete. Los resultados se muestran en la tabla.

Edad (x)	32	40	21	45	24	19	17	21	27	54	33	37	23	45
Tiempo (y horas)	10	12	8	15	7	8	6	9	11	16	12	13	9	17

a Halle la ecuación de la recta de regresión.

b Utilizando su ecuación, estime el tiempo que tardaría una persona de 40 años en dominar el paquete.

5.4 La prueba de chi-cuadrado

Podríamos estar interesados en averiguar si ciertos conjuntos de datos son independientes. Supongamos que recopilamos datos acerca del color favorito de camiseta para hombres y mujeres. Podríamos querer averiguar si el color y el sexo son independientes o no. Una forma de hacerlo es llevando a cabo una **prueba de chi-cuadrado (χ^2)** para la independencia.

Cuando dos variables son independientes, una no afecta a la otra. Aquí, estamos averiguando si el sexo de una persona influye en su elección del color. Aprenderemos más sobre independencia matemática en el capítulo 8.

Para llevar a cabo una prueba de chi-cuadrado (χ^2), hay cuatro pasos principales:

Paso 1: Escribir la **hipótesis nula (H_0)** y la **alternativa (H_1)**

H_0 indica que los conjuntos son independientes.
H_1 indica que los conjuntos no son independientes.

Por ejemplo, las hipótesis para el color de la camiseta y el sexo podrían ser:
H_0: el color de la camiseta es independiente del sexo.
H_1: el color de la camiseta no es independiente del sexo.

Paso 2: Calcular el estadístico chi-cuadrado

Primero, necesitaremos colocar los datos en una **tabla de contingencia**, que muestra las frecuencias de dos variables. Los elementos en la tabla son los datos **observados**. Los elementos deben ser frecuencias (no porcentajes).

Las celdas principales de esta tabla (todas menos las de los totales) forman una **matriz** (arreglo de números) de 2 × 4.

Para el ejemplo dado más arriba, la tabla de contingencia podría ser:

	Negro	Blanco	Rojo	Azul	Totales
Hombres	48	12	33	57	150
Mujeres	35	46	42	27	150
Totales	83	58	75	84	300

Si nos dan la tabla de contingencia, podríamos necesitar extenderla para incluir una fila y una columna adicionales para los "totales".

En los exámenes, la tabla de contingencia más grande será de 4 × 4.

A partir de los datos observados, podemos calcular las **frecuencias esperadas**. Dado que estamos haciendo la prueba de independencia, podemos usar la fórmula de la probabilidad de sucesos independientes para calcular los valores esperados. Por lo tanto:

El número esperado de hombres a los que les gustan las camisetas negras es: $\frac{150}{300} \times \frac{83}{300} \times 300 = 41{,}5$.

El número esperado de hombres a los que les gustan las camisetas blancas es: $\frac{150}{300} \times \frac{58}{300} \times 300 = 29$, y así sucesivamente. La tabla de valores esperados entonces sería:

	Negro	Blanco	Rojo	Azul	Totales
Hombres	41,5	29	37,5	42	150
Mujeres	41,5	29	37,5	42	150
Totales	83	58	75	84	300

Nota:

- Los valores esperados **nunca** pueden ser menores que 1.
- Los valores esperados deben ser mayores o iguales que 5.
- Si hay celdas con valores entre 1 y 5, se pueden combinar columnas o filas de la tabla.

Para los cálculos hechos a mano, necesitamos las frecuencias esperadas, para hallar el valor de χ^2.

➔ Para calcular el valor de χ^2, usar la fórmula $\chi^2_{calc} = \sum \frac{(f_o - f_e)^2}{f_e}$, donde f_o son las frecuencias observadas y f_e son las frecuencias esperadas.

En nuestro ejemplo:

$$\chi^2_{calc} = \frac{(48-41,5)^2}{41,5} + \frac{(12-29)^2}{29} + \frac{(33-37,5)^2}{37,5} + \frac{(57-42)^2}{42} + \frac{(35-41,5)^2}{41,5}$$

$$+ \frac{(46-29)^2}{29} + \frac{(42-37,5)^2}{37,5} + \frac{(27-42)^2}{42}$$

$$= 33,8$$

En los exámenes se espera que se utilice solo la CPG para hallar el valor de χ^2.

Para hallar el valor de χ^2 usando la CPG, ingrese la tabla de contingencia como una matriz (arreglo) y luego use la matriz con el **χ^2 2-way test** (χ^2 prueba bilateral)

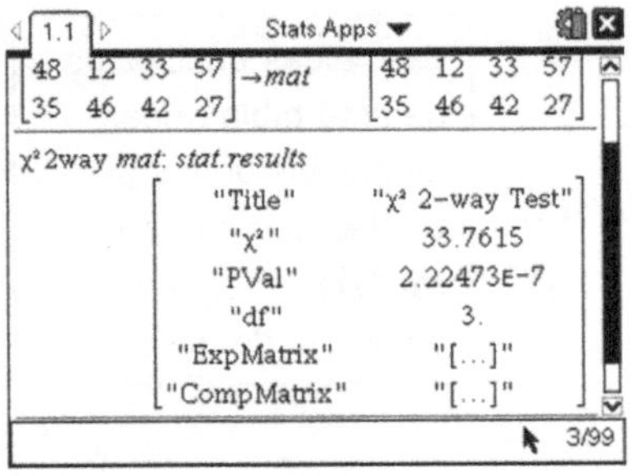

La CPG calcula los valores esperados, pero hay que saber cómo hallarlos a mano, en caso de que se pida mostrar uno o dos cálculos en una pregunta del examen. Para ver la matriz de los valores esperados, hay que escribir en la CPG "stat." y luego elegir **ExpMatrix** en el menú que aparece en la pantalla.

A partir de la imagen de la pantalla, podemos ver que $\chi^2_{calc} = 33,8$ (3 cs). Esto confirma el cálculo que hicimos anteriormente.

Paso 3: Calcular el valor crítico

Primero hay que mencionar el **nivel de significación**. Este está dado en las preguntas de los exámenes, pero en los proyectos hay que decidir qué nivel usar. Los niveles más comunes son 1%, 5% y 10%.

Ahora debemos calcular el número de **grados de libertad**.

➔ Para hallar los grados de libertad de la prueba de chi-cuadrado para la independencia, se debe usar esta fórmula que está basada en la tabla de contingencia:

Grados de libertad = (cantidad de filas − 1)(cantidad de columnas − 1)

Si el número de grados de libertad es 1, entonces se debe aplicar la **corrección de Yates a la continuidad** para calcular el valor de chi-cuadrado. (En los exámenes el número de grados de libertad siempre será mayor que 1.)

Por lo tanto, en el ejemplo que estamos desarrollando, el número de grados de libertad es: $(2 - 1) \times (4 - 1) = 3$.

El nivel de significación y los grados de libertad se pueden usar para hallar el valor crítico. Sin embargo, en los exámenes, el **valor crítico** siempre estará dado.

En nuestro ejemplo, a un nivel de significación del 1%, el valor crítico es 11,345. A un nivel de significación del 5%, el valor crítico es 7,815. A un nivel de significación del 10%, el valor crítico es 6,251.

Paso 4: Comparar χ^2_{calc} con el valor crítico

> → Si χ^2_{calc} es **menor que** el valor crítico, entonces **no se rechaza** la hipótesis nula.
> Si χ^2_{calc} es **mayor que** el valor crítico, entonces **se rechaza** la hipótesis nula.

En nuestro ejemplo, a un nivel de significación del 5%, 33,8 > 7,815. Por lo tanto, rechazamos la hipótesis nula que dice que el color de la camiseta es independiente del sexo.

Usando una CPG, podemos comparar el valor *p* con el nivel de significación.

> → Si el valor *p* es **menor** que el nivel de significación, entonces **se rechaza** la hipótesis nula.
> Si el valor *p* es **mayor** que el nivel de significación, entonces **no se rechaza** la hipótesis nula.

El valor *p* es el valor de la probabilidad. Es la probabilidad de la evidencia en contra de la hipótesis nula.

Usamos el nivel de significación como un decimal, por lo tanto 1% = 0,01, 5% = 0,05 y 10% = 0,1.

En nuestro ejemplo tenemos que valor $p = 0{,}0000002$ (se ve en la imagen de la pantalla de la página 234, como "PVal").

0,0000002 < 0,05; por lo tanto, rechazamos la hipótesis nula.

> → **Para llevar a cabo una prueba de χ^2:**
> 1. Escribir la hipótesis nula (H_0) y la hipótesis alternativa (H_1)
> 2. Calcular χ^2_{calc}:
>   - a Usando su CPG (exámenes)
>   - b Usando la fórmula de χ^2_{calc} (trabajo del proyecto)
> 3. Determinar:
>   - a El valor *p* usando la CPG
>   - b El valor crítico (dado en los exámenes)
> 4. Comparar:
>   - a El valor *p* con el valor de significación
>   - b χ^2_{calc} con el valor crítico

Investigación: tamaño de zapato y sexo

Utilice la información que recopiló al comienzo de este capítulo para verificar si el tamaño de zapato es independiente del sexo.

Ejemplo 13

Se entrevistó a 100 personas fuera de una tienda de chocolate para averiguar qué gusto de crema de chocolate prefieren. Los resultados se muestran en la tabla, clasificados por sexo.

	Frutilla	Café	Naranja	Vainilla	Totales
Hombres	23	18	8	8	57
Mujeres	15	6	12	10	43
Totales	38	24	20	18	100

Lleve a cabo una prueba de χ^2, a un nivel de significación del 5%, para determinar si el gusto de crema de chocolate es independiente del sexo.

a Indique la hipótesis nula y la hipótesis alternativa.

b Muestre que la frecuencia esperada de mujeres que prefieren el gusto de frutilla es aproximadamente 16,3.

c Escriba el número de grados de libertad.

d Escriba el valor de χ^2_{calc} para estos datos.

El valor crítico es igual a 7,815.

e Utilizando el valor crítico o el valor *p*, comente acerca de su resultado.

Respuestas

a H_0: el gusto de crema de chocolate es independiente del sexo.
H_1: el gusto de crema de chocolate no es independiente del sexo.

Escribir H_0 usando "independiente de"
Escribir H_1 usando "no es independiente de"

b $\frac{43}{100} \times \frac{38}{100} \times 100 = 16{,}34$

Por lo tanto, la frecuencia esperada de mujeres que prefieren el gusto de frutilla es aproximadamente igual a 16,3.

A partir de la tabla de contingencia:
Total de la fila "Mujeres" = 43
Total de la columna "Frutilla" = 38
Total de entrevistados = 100

c Grados de libertad = $(2 - 1)(4 - 1) = 3$

Grados de libertad = (cantidad de filas − 1) (cantidad de columnas − 1)
Aquí, hay 2 filas y 4 columnas en la tabla de contingencia de valores observados.

d $\chi^2_{\text{calc}} = 6{,}88$

Usando la CPG:
Ingresar la tabla de contingencia como una matriz.
Utilizar la matriz con **χ^2 2-way-test**. *Leer el valor de χ^2. El valor p es igual a 0,0758.*

e $6{,}88 < 7{,}815$; por lo tanto, no rechazamos la hipótesis nula. Hay evidencia suficiente para concluir que el gusto de crema de chocolate es independiente del sexo.

Usando el valor crítico dado, comprobar:
χ^2_{calc} < valor crítico → no rechazar
χ^2_{calc} > valor crítico → rechazar

O bien, usando el valor p, comprobar:
Valor p < valor de significación → rechazar
Valor p > valor de significación → no rechazar
Nivel de significación = 5% = 0,05. Por lo tanto, 0,0758 > 0,05 y no rechazamos la hipótesis nula.

Ejemplo 14

Se les solicita a los socios de un club que se anoten en uno de tres juegos: billar, *snooker* o dardos.
En la siguiente tabla, se muestra la cantidad de socios, por sexo, que elige cada juego en un año determinado.

	Billar	***Snooker***	**Dardos**
Hombres	39	16	8
Mujeres	21	14	17

Lleve a cabo una prueba de χ^2, a un nivel de significación del 10%, para determinar si el juego elegido es independiente del sexo.

a Indique la hipótesis nula y la hipótesis alternativa.

b Muestre que la frecuencia esperada de mujeres que eligen el billar es aproximadamente 27,1.

c Escriba el número de grados de libertad.

d Escriba el valor de χ^2_{calc} para estos datos.

El valor crítico es igual a 4,605.

e Utilizando el valor crítico o el valor *p*, comente acerca de su resultado.

Respuestas

a H_0: la elección del juego es independiente del sexo.
H_1: la elección del juego no es independiente del sexo.

b $\left(\frac{52}{115}\right)\left(\frac{60}{115}\right)(115) = 27{,}130$

$\approx 27{,}1$

Por lo tanto, la frecuencia esperada de mujeres que eligen el billar es aproximadamente 27,1.

La tabla de valores esperados usando la CPG es:

	Billar	***Snooker***	**Dardos**
Hombres	32,9	16,4	13,7
Mujeres	27,1	13,6	11,3

c Grados de libertad = $(2 - 1)(3 - 1) = 2$

d $\chi^2_{\text{calc}} = 7{,}79$

e $7{,}79 > 4{,}605$. Por lo tanto, rechazamos la hipótesis nula. Hay evidencia suficiente para concluir que la elección del juego no es independiente del sexo.

El valor p es igual a 0,0203. Usando el valor p, 0,0203 < 0,10. Por lo tanto, rechazamos la hipótesis nula.

Ejercitación 5H

PREGUNTAS TIPO EXAMEN

1 Se entrevistó a 300 personas y se les preguntó qué género de libro leen más. Se dan los resultados en una tabla de valores observados, clasificados por edad.

		Género			
		Ficción	**No ficción**	**Ciencia ficción**	**Totales**
Edad	**0–25 años**	23	16	41	80
	26–50 años	54	38	38	130
	51+ años	29	43	18	90
	Totales	106	97	97	300

Lleve a cabo una prueba de χ^2, a un nivel de significación del 5%, para determinar si el género del libro es independiente de la edad.

a Indique la hipótesis nula y la hipótesis alternativa.

b Muestre que la frecuencia esperada de personas del grupo de edad 26-50 que leen ciencia ficción es igual a 42.

c Escriba el número de grados de libertad.

d Escriba el valor de χ^2_{calc} para estos datos.

El valor crítico es igual a 9,488.

e Utilizando el valor crítico o el valor p, comente acerca de su resultado.

2 Tomás estaba interesado en averiguar si el color natural del cabello está relacionado con el color de los ojos. Encuestó a todos los alumnos de su colegio. Los datos observados se muestran en la siguiente tabla.

		Color de cabello			
		Negro	**Marrón**	**Rubio**	**Totales**
Color de ojos	**Marrón/negro**	35	43	12	90
	Azul	8	27	48	83
	Verde	9	20	25	54
	Totales	52	90	85	227

Lleve a cabo una prueba de χ^2, a un nivel de significación del 10%, para determinar si el color natural del cabello es independiente del color de los ojos.

a Indique la hipótesis nula y la hipótesis alternativa.

b Halle la frecuencia esperada de personas que tienen cabello rubio y ojos marrones.

c Escriba el número de grados de libertad.

d Escriba el valor de chi-cuadrado para estos datos.

El valor crítico es igual a 7,779.

e Utilizando el valor crítico o el valor p, comente acerca de su resultado.

PREGUNTAS TIPO EXAMEN

3 Se pusieron a prueba tres tipos diferentes de gusto de comida para perros con diferentes razas de perro, para averiguar si había alguna conexión entre el gusto preferido y la raza. Se muestran los resultados en la tabla.

	Carne	Pollo	Pescado	Totales
Caniche	13	11	8	32
Bóxer	15	10	10	35
Terrier	16	12	9	37
Gran danés	17	11	8	36
Totales	61	44	35	140

Se lleva a cabo una prueba de χ^2, a un nivel de significación del 5 %, para investigar los resultados.

a Indique la hipótesis nula y la hipótesis alternativa.

b Muestre que la frecuencia esperada de bóxers que prefieren pollo es igual a 11.

c Muestre que el número de grados de libertad es 6.

d Escriba el valor de χ^2_{calc} para estos datos.

El valor crítico es igual a 12,59.

e Utilizando el valor crítico o el valor p, comente acerca de su resultado.

4 Se solicitó a 80 personas que identifiquen su género preferido de películas. En la siguiente tabla se dan los resultados, clasificados por sexo.

	Aventura	Policial	Romántico	Ciencia ficción	Totales
Hombres	15	12	2	12	41
Mujeres	7	9	18	5	39
Totales	22	21	20	17	80

Se lleva a cabo una prueba de χ^2, a un nivel de significación del 1%, para decidir si el género preferido de película es independiente del sexo.

a Indique la hipótesis nula y la hipótesis alternativa.

b Muestre que la frecuencia esperada de mujeres que prefieren películas policiales es igual a 10,2.

c Escriba el número de grados de libertad.

d Escriba el valor de chi-cuadrado para estos datos.

El valor crítico es igual a 11,345.

e Utilizando el valor crítico o el valor p, comente acerca de su resultado.

PREGUNTAS TIPO EXAMEN

5 Lorenzo estaba interesado en averiguar si la cantidad de horas semanales que se juega con el computador tiene influencia en las calificaciones del colegio. Recopiló la siguiente información:

	Calificaciones bajas	Calificaciones promedio	Calificaciones altas	Totales
0–9 horas	6	33	57	96
10–19 horas	11	35	22	68
> 20 horas	23	22	11	56
Totales	40	90	90	220

Lleve a cabo una prueba de χ^2, a un nivel de significación del 5%, para decidir si la calificación es independiente de la cantidad de horas semanales que se juega con el computador.

a Indique la hipótesis nula y la hipótesis alternativa.

b Muestre que la frecuencia esperada de alumnos que tienen una calificación alta y juegan 0–9 horas con el computador es igual a 39,3.

c Muestre que el número de grados de libertad es 4.

d Escriba el valor de χ^2_{calc} para estos datos.

El valor crítico es igual a 9,488.

e Utilizando el valor crítico o el valor *p*, comente acerca de su resultado.

6 La autoridad local de Róterdam condujo una encuesta en los colegios para decidir si el tipo de empleo en el colegio es independiente del sexo. Los resultados de la encuesta se muestran en la tabla.

	Directores	Gerencia	Profesores	Totales
Hombres	26	148	448	622
Mujeres	6	51	1051	1108
Totales	32	199	1499	1730

Lleve a cabo una prueba de χ^2, a un nivel de significación del 10%, para decidir si el tipo de empleo es independiente del sexo.

a Indique la hipótesis nula y la hipótesis alternativa.

b Escriba la tabla de frecuencias esperadas.

c Escriba el número de grados de libertad.

d Escriba el valor de chi-cuadrado para estos datos.

El valor crítico es igual a 4,605.

e Utilizando el valor crítico o el valor *p*, comente acerca de su resultado.

PREGUNTAS TIPO EXAMEN

7 Analía tenía un empleo de tiempo parcial en un restaurant de sushi. Calculó que la cantidad promedio de sushi vendida por semana es 2000. Decidió averiguar si había una relación entre el día de la semana y la cantidad de sushi vendida. En la siguiente tabla se muestran sus observaciones.

	< 1700	1700–2300	> 2300	Totales
Lunes–miércoles	38	55	52	145
Jueves–viernes	39	65	55	159
Sábado–domingo	43	60	63	166
Totales	120	180	170	470

Lleve a cabo una prueba de χ^2, a un nivel de significación del 5%, para decidir si la cantidad vendida de sushi es independiente del día de la semana.

a Indique la hipótesis nula y la hipótesis alternativa.

b Muestre que la frecuencia esperada de ventas de más de 2300 sushi de lunes a miércoles es igual a 52,4.

c Escriba el número de grados de libertad.

d Escriba el valor de χ^2_{calc} para estos datos.

El valor crítico es igual a 9,488.

e Utilizando el valor crítico o el valor p, comente acerca de su resultado.

8 Carola quería investigar la conexión entre el peso de unos perros y el peso de sus cachorros. Los resultados que observó se dan en la tabla.

		Cachorro			
		Pesado	**Mediano**	**Liviano**	**Totales**
Perro	**Pesado**	23	16	11	50
	Mediano	10	20	16	46
	Liviano	8	15	22	45
	Totales	41	51	49	141

Lleve a cabo una prueba de χ^2, a un nivel de significación del 1%, para decidir si el peso del cachorro es independiente del peso de su progenitor.

a Indique la hipótesis nula y la hipótesis alternativa.

b Muestre que la frecuencia esperada de perros medianos que tienen cachorros pesados es igual a 13,4.

c Escriba el número de grados de libertad.

d Escriba el valor de χ^2_{calc} para estos datos.
El valor crítico es igual a 13,277.

e Utilizando el valor crítico o el valor p, comente acerca de su resultado.

Material de ampliación disponible en línea: *Hoja de ejercicios 5: técnicas estadísticas útiles para el proyecto*

Ejercicio de revisión

Preguntas del estilo de la prueba 1

PREGUNTAS TIPO EXAMEN

1 Se indica que el contenido de una lata de bebida es 350 ml. Se corrobora el contenido de miles de latas y se halla que sigue una distribución normal, con media 354 ml y desviación típica 2,5 ml.

a Dibuje aproximadamente un diagrama de distribución normal para ilustrar esta información.

b Halle la probabilidad de que una lata contenga menos de 350 ml.

Se eligen 100 latas aleatoriamente.

c Halle el número esperado de latas que contienen menos de 350 ml.

2 Se preguntó a 6000 personas cuán lejos viven de su trabajo. Las distancias siguen una distribución normal, con media 4,5 km y desviación típica 1,5 km.

a Halle el porcentaje de personas que viven a una distancia de su trabajo de entre 2 km y 4 km.

b Halle el número esperado de personas que viven a menos de 1 km de su trabajo.

3 Unas bolsas de tomates tienen un peso que sigue una distribución normal, con media 1,03 kg y desviación típica 0,02 kg.

a Halle el porcentaje de bolsas con un peso superior a 1 kg.

Se sabe que 15% de las bolsas tienen un peso inferior a p kg.

b Halle el valor de p.

4 Para cada diagrama, indique el tipo de correlación.

a

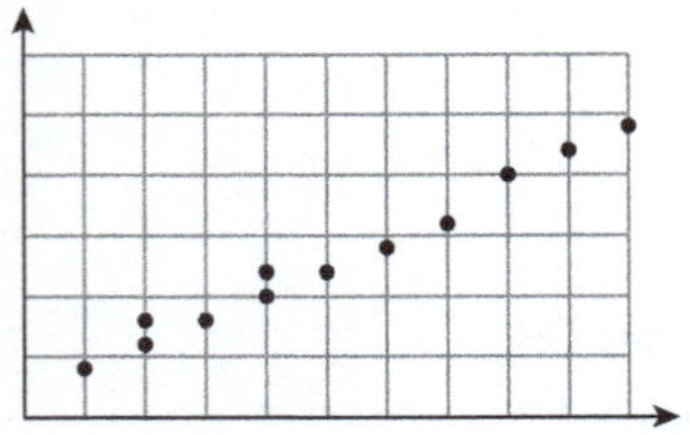

b

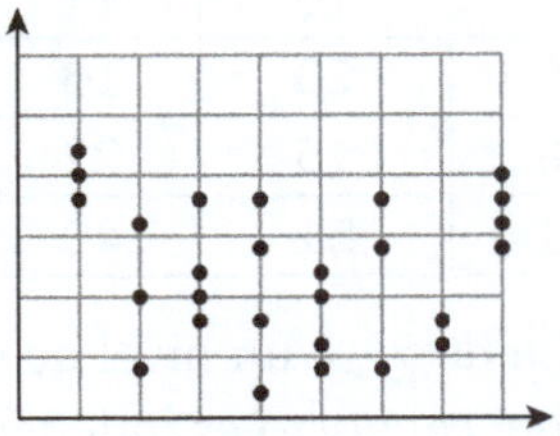

c

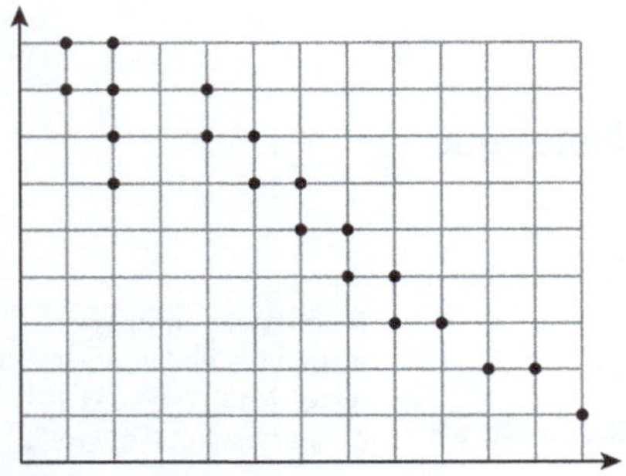

PREGUNTAS TIPO EXAMEN

5 Sitúe estos puntos en un diagrama.

x	6	8	10	12	14	16
y	20	21	24	27	28	30

a Indique la naturaleza de la correlación.

b Halle la media de los valores de x y la media de los valores de y.

Sitúe este punto medio en su diagrama.

c Dibuje la recta de ajuste óptimo por aproximación.

d Halle el valor esperado para y cuando $x = 9$.

6 En la tabla se muestran las alturas y las longitudes de los brazos de 10 personas.

Altura (cm)	145	152	155	158	160	166	172	179	183	185
Longitud de brazo (cm)	38	42	45	53	50	59	61	64	70	69

a Halle el coeficiente de correlación, r, y comente acerca de su resultado.

b Escriba la ecuación de la recta de regresión.

c Utilice su ecuación para estimar la longitud de brazo de una persona cuya altura es 170 cm.

7 El tiempo que se tarda en comer tres rosquillas y la edad de las personas aparecen en la tabla.

Edad (años)	8	12	15	18	21	30	33	35	44	52	63	78
Tiempo (segundos)	23	21	17	14	15	18	20	21	23	25	27	35

a Halle el coeficiente de correlación, r, y comente acerca de su resultado.

b Escriba la ecuación de la recta de regresión.

c Utilice su ecuación para estimar el tiempo que tarda una persona de 40 años en comer 3 rosquillas.

8 Se solicita a 100 personas que identifiquen su gusto preferido de helado. Los resultados se dan en una tabla de contingencia, clasificados por edad (x).

	$x < 25$	$25 \le x < 45$	$x \ge 45$	**Totales**
Vainilla	14	13	10	37
Frutilla	11	9	8	28
Chocolate	13	10	12	35
Totales	38	32	30	100

Lleve a cabo una prueba de chi-cuadrado, a un nivel de significación del 5%, para determinar si el gusto de helado es independiente de la edad. Indique claramente la hipótesis nula y la hipótesis alternativa, los valores esperados y el número de grados de libertad.

PREGUNTAS TIPO EXAMEN

9 Un grupo de 60 alumnos va a un juego de bolos. Cada uno realiza un tiro con su mano derecha y un tiro con su mano izquierda. Cada vez se anota la cantidad de bolos volteados. Los resultados están recopilados en la tabla.

	0–3	4–7	8–10	Totales
Mano derecha	8	28	24	60
Mano izquierda	12	30	18	60
Totales	20	58	42	120

Se lleva a cabo una prueba de χ^2, a un nivel de significación del 10%.

a Indique la hipótesis nula.

b Escriba el número de grados de libertad.

c Muestre que la frecuencia esperada de alumnos que voltean 0-3 bolos con su mano derecha es igual a 10.

El valor p es igual a 0,422.

d Escriba la conclusión a la que llega a un nivel de significación del 10%. Justifique su respuesta.

10 Emilio lleva a cabo una prueba de chi-cuadrado para ver si hay alguna asociación entre el tiempo de preparación para una prueba (poco tiempo, tiempo medio, mucho tiempo) y el resultado (aprobar, no aprobar). Emilio lleva a cabo esta prueba a un nivel de significación del 5%.

a Escriba la hipótesis nula.

b Escriba el número de grados de libertad.

El valor p de esta prueba es 0,069.

c ¿Qué conclusión puede sacar Emilio? Justifique su respuesta.

Preguntas del estilo de la prueba 2

PREGUNTA TIPO EXAMEN

1 Las alturas de los hombres holandeses se distribuyen normalmente, con media 181 cm y desviación típica 9 cm.

a Dibuje aproximadamente un diagrama de distribución normal para ilustrar esta información.

b Halle la probabilidad de que un hombre elegido al azar tenga una altura menor de 175 cm.

c Halle la probabilidad de que un hombre elegido al azar tenga una altura de entre 172 cm y 192 cm.

Se mide a 60 hombres.

d Halle el número esperado de hombres que tienen una altura mayor de 195 cm.

Se sabe que 5% de los hombres tienen una altura menor de k cm.

e Halle el valor de k.

PREGUNTAS TIPO EXAMEN

2 Unas bolsas de dulces tienen pesos que se distribuyen normalmente, con media 253 g y desviación típica 3 g.

a Dibuje aproximadamente un diagrama para ilustrar esta información.

b Halle el porcentaje de bolsas que se espera que pesen menos de 250 g.

Se pesan 300 bolsas.

c Halle el número esperado de bolsas que pesan más de 255 g.

3 En la siguiente tabla se muestran las alturas y los pesos de 10 alumnos elegidos aleatoriamente.

Altura (x cm)	158	167	178	160	152	160	173	181	185	155
Peso (y kg)	50	75	80	46	61	69	64	86	74	68

a Sitúe la información en un diagrama de dispersión. Utilice una escala de 1 cm para representar 25 cm en el eje x, y 1 cm para representar 10 kg en el eje y.

b Calcule la altura media.

c Calcule el peso medio.

d **i** Halle la ecuación de la recta de regresión.

ii Dibuje la recta de regresión en su gráfico.

e Utilice su recta para estimar el peso de un alumno cuya altura es 170 cm.

4 Una agencia de empleo tiene un paquete nuevo de *software* para computadores. La agencia investiga la cantidad de horas que tardan personas de distintas edades en alcanzar un nivel satisfactorio al usar el paquete. Se evalúa el rendimiento de 15 personas. Los resultados se muestran en la tabla.

Edad (x)	33	41	22	46	25	18	16	23	26	55	37	34	25	48	17
Tiempo (y horas)	8	10	7	16	8	9	7	10	12	15	11	14	10	16	7

a Halle el coeficiente de correlación momento-producto, r, para estos datos.

b ¿Qué sugiere el valor del coeficiente de correlación acerca de la relación entre estas dos variables?

c Escriba la ecuación de la recta de regresión de y sobre x en la forma $y = mx + c$.

d Utilice su ecuación de la recta de regresión para predecir el tiempo que tardaría una persona de 35 años en alcanzar un nivel satisfactorio. Dé su respuesta redondeada a la hora más cercana.

PREGUNTAS TIPO EXAMEN

5 Se les preguntó a 10 alumnos el promedio de sus calificaciones al final del último año de secundaria y el promedio de sus calificaciones al final del primer año de universidad. Los resultados se ubicaron en una tabla, como se muestra a continuación.

Alumno	Calificación de la secundaria, *x*	Calificación de la universidad, *y*
1	92	3,8
2	76	2,9
3	83	3,4
4	71	1,8
5	93	3,9
6	84	3,2
7	96	3,5
8	77	2,9
9	91	3,7
10	86	3,8

a Halle el coeficiente de correlación, r. Dé su respuesta redondeada a una cifra decimal.

b Describa la correlación entre las calificaciones de la secundaria y las calificaciones de la universidad.

c Halle la ecuación de la recta de regresión de y sobre x en la forma $y = mx + c$.

6 Se compraron varias barras de chocolate y la siguiente tabla muestra el peso y el costo de cada barra.

	Yum	Choc	Marl	Twil	Chuns	Lyte	BigM	Bit
Peso (*x* gramos)	58	75	70	68	85	52	94	43
Costo (*y* euros)	1,18	1,45	1,32	1,05	1,70	0,90	1,53	0,95

a Halle el coeficiente de correlación, r. Dé su respuesta redondeada a dos cifras decimales.

b Describa la correlación entre el peso del chocolate y su costo.

c Calcule la ecuación de la recta de regresión de y sobre x.

d Utilice su ecuación para estimar el costo de una barra de chocolate que pesa 80 g.

7 En la siguiente tabla se muestra la altura y el talle de vestido de 10 alumnas que fueron elegidas al azar.

Altura (*x* cm)	175	160	180	155	178	159	166	185	189	173
Talle de vestido (*y*)	12	14	14	8	12	10	14	16	16	14

a Escriba la ecuación de la recta de regresión del talle de vestido (y) sobre la altura (x), dando su respuesta en la forma $y = ax + b$.

b Utilice su ecuación para estimar el talle de vestido de una alumna cuya altura es 170 cm.

c Escriba el valor del coeficiente de correlación.

d Describa la correlación entre la altura y el talle de vestido.

PREGUNTAS TIPO EXAMEN

8 Se solicita a los socios de un club que se anoten en uno de tres juegos: bádminton, tenis de mesa o dardos.
En la siguiente tabla se muestra, por sexo, la cantidad de socios que elige cada juego en un año determinado.

	Bádminton	Tenis de mesa	Dardos
Hombres	37	16	28
Mujeres	32	10	19

Utilice una prueba de chi-cuadrado, a un nivel de significación del 5%, para determinar si la elección del juego es independiente del sexo. Indique claramente la hipótesis nula y la hipótesis alternativa, los valores esperados y el número de grados de libertad.

9 Para su proyecto de Estudios Matemáticos, un alumno les dio a sus compañeros de clase un cuestionario para averiguar qué actividad extracurricular es la más popular. Los resultados se dan en la siguiente tabla, clasificados por sexo.

	Lectura	Surf	Patinaje	
Mujeres	22	16	22	(60)
Hombres	14	18	8	(40)
	(36)	(34)	(30)	

La tabla dada a continuación muestra los valores esperados.

	Lectura	Surf	Patinaje
Mujeres	p	20,4	18
Hombres	q	r	12

a Calcule los valores de p, q y r.

Se usa una prueba de chi-cuadrado, a un nivel de significación del 10%, para determinar si la actividad extracurricular es independiente del sexo.

b **i** Indique una hipótesis nula apropiada.

ii Muestre que el número de grados de libertad es igual a 2.

El valor crítico es igual a 4,605.

c Escriba el estadístico chi-cuadrado.

d ¿Acepta la hipótesis nula? Explique su respuesta.

PREGUNTAS TIPO EXAMEN

10 Una compañía llevó a cabo una encuesta para determinar si la posición en puestos gerenciales es independiente del sexo. Los resultados de la encuesta se muestran tabulados a continuación.

	Gerentes	Ejecutivos de menor rango	Ejecutivos de mayor rango	Totales
Hombres	135	90	75	300
Mujeres	45	130	25	200
Totales	180	220	100	500

La tabla que se da a continuación muestra el número esperado de hombres y mujeres en cada nivel, si estuvieran representados en forma proporcional al total de empleados hombres y mujeres de la compañía.

	Gerentes	Ejecutivos de menor rango	Ejecutivos de mayor rango	Totales
Hombres	*a*	*c*	60	300
Mujeres	*b*	*d*	40	200
Totales	180	220	100	500

a **i** Muestre que el número esperado de gerentes que son hombres (a) es igual a 108.

ii A partir de lo anterior, escriba los valores de b, c y d.

b Escriba una hipótesis nula y una hipótesis alternativa que sean apropiadas para estos datos.

c **i** Halle el valor de chi-cuadrado.

ii Escriba el número de grados de libertad.

iii Sabiendo que el valor crítico es igual a 5,991, ¿qué conclusiones puede sacar respecto al sexo y la posición en puestos gerenciales?

11 En la pequeña ciudad de Schiedam, cuya población es de 8000 habitantes, se celebró una elección. Los resultados fueron como se muestra a continuación:

	Votos urbanos	Votos rurales
Candidato A	1950	1730
Candidato B	1830	1360
Candidato C	500	630

En los apartados **a** hasta **d**, utilice una prueba de chi-cuadrado, a un nivel de significación del 1%, para decidir si la elección del candidato depende del lugar donde vive el votante.

H_0= la elección del candidato es independiente de donde vive el votante.

a Escriba la hipótesis alternativa.

b Muestre que el número esperado de votantes rurales para el candidato A es igual a 1711.

c **i** Calcule el valor de chi-cuadrado.

ii Escriba el número de grados de libertad.

El valor crítico es igual a 9,21.

d **i** Indique su conclusión.

ii Explique por qué ha sacado esta conclusión.

PREGUNTA TIPO EXAMEN

12 Esta tabla de valores observados muestra el número de alumnos que rinden un examen de Matemáticas, clasificados por sexo y calificación obtenida.

	6 o 7	4 o 5	1, 2 o 3	Totales
Hombres	34	50	6	90
Mujeres	40	60	10	110
Totales	74	110	16	200

La pregunta planteada es si el sexo y la calificación obtenida son independientes.

a Muestre que el número esperado de hombres que obtienen una calificación de 4 o 5 es igual a 49,5.

Se lleva a cabo una prueba de chi-cuadrado, a un nivel de significación del 5%.

b **i** Indique la hipótesis nula.

ii Indique el número de grados de libertad.

iii Escriba el valor de chi-cuadrado.

El valor crítico es igual a 5,991.

c ¿Qué puede decir acerca del sexo y la calificación obtenida?

RESUMEN DEL CAPÍTULO 5
La distribución normal

- La **distribución normal** es la distribución continua más importante en estadística. La curva que representa esta distribución tiene estas propiedades:
  - Es una curva acampanada.
  - Es simétrica respecto de la media, μ. (La media, la moda y la mediana tienen todas el mismo valor.)
  - El eje x es una asíntota de la curva.
  - El área total bajo la curva es 1 (o 100%).
  - 50% del área se encuentra a la izquierda de la media y 50% a la derecha.
  - Aproximadamente 68% del área se encuentra a menos de 1 desviación típica, σ, de la media.
  - Aproximadamente 95% del área se encuentra a menos de 2 desviaciones típicas de la media.
  - Aproximadamente 99% del área se encuentra a menos de 3 desviaciones típicas de la media.

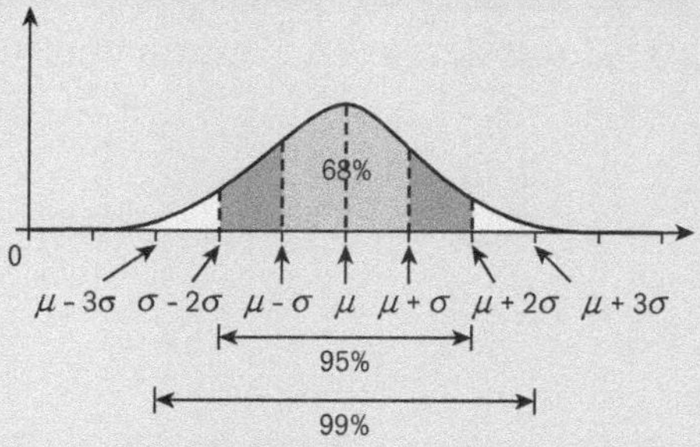

- El **valor esperado** se halla multiplicando la cantidad de elementos de la muestra por la probabilidad.

Continúa en la página siguiente.

Correlación

- En una correlación **positiva**, la variable dependiente crece a medida que crece la variable independiente.

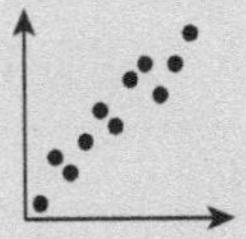

- En una correlación **negativa**, la variable dependiente decrece a medida que crece la variable independiente.

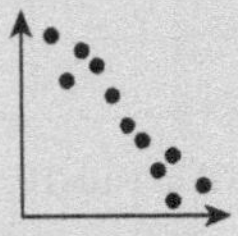

- Cuando los puntos están dispersos en forma aleatoria en el diagrama, **no** hay correlación.

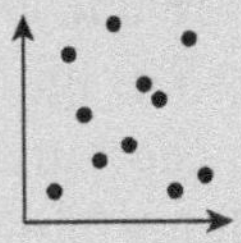

- La correlación también se puede describir como fuerte, moderada o débil.
- Para dibujar la **recta de ajuste óptimo** por aproximación:
  - Hallar la media de cada conjunto de datos y situar este punto en su diagrama de dispersión.
  - Dibujar una recta que pase por el punto medio y esté cerca de todos los demás puntos. Debe quedar aproximadamente la misma cantidad de puntos arriba y debajo de la recta.

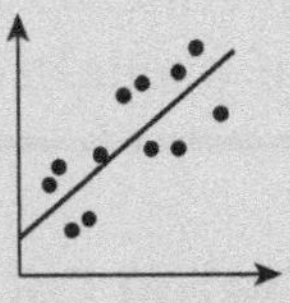

- El **coeficiente de correlación momento-producto de Pearson**, r, puede tomar cualquier valor entre -1 y $+1$ inclusive.
  - Cuando $r = -1$, hay una correlación **negativa perfecta** entre los conjuntos de datos.
  - Cuando $r = 0$, **no** hay correlación.
  - Cuando $r = +1$, hay una correlación **positiva perfecta** entre los conjuntos de datos.
  - Una **correlación perfecta** es aquella en la que **todos** los puntos están situados sobre una recta.

La recta de regresión

- La **recta de regresión de *y* sobre x** es una versión más precisa de la recta de ajuste óptimo, comparada con la hallada por aproximación.
- Si hay una correlación fuerte o moderada, podemos usar la recta de regresión de y sobre x para predecir valores de y, cuando los valores de x se encuentran dentro del rango de los datos.

Continúa en la página siguiente.

La prueba de chi-cuadrado

- Para calcular el valor de χ^2, usar la fórmula $\chi^2_{calc} = \sum \frac{(f_o - f_e)^2}{f_e}$, donde f_o son las frecuencias observadas y f_e son las frecuencias esperadas.
- Para hallar los grados de libertad de la prueba de chi-cuadrado para la independencia, se debe usar esta fórmula que está basada en la tabla de contingencia:

  Grados de libertad = (cantidad de filas – 1)(cantidad de columnas – 1)
- Si χ^2_{calc} es **menor que** el valor crítico, entonces **no se rechaza** la hipótesis nula.

  Si χ^2_{calc} es **mayor que** el valor crítico, entonces **se rechaza** la hipótesis nula.
- Si el valor p es **menor que** el nivel de significación, entonces **se rechaza** la hipótesis nula.

  Si el valor p es **mayor que** el nivel de significación, entonces **no se rechaza** la hipótesis nula.
- Para llevar a cabo una prueba de χ^2:
  1. Escribir la hipótesis nula (H_0) y la hipótesis alternativa (H_1)
  2. Calcular χ^2_{calc}: **a** usando su CPG (exámenes), o **b** usando la fórmula de χ^2_{calc} (trabajo del proyecto)
  3. Determinar: **a** el valor p usando la CPG, o **b** el valor crítico (dado en los exámenes)
  4. Comparar: **a** el valor p con el valor de significación, o **b** χ^2_{calc} con el valor crítico

¿Correlación o causalidad?

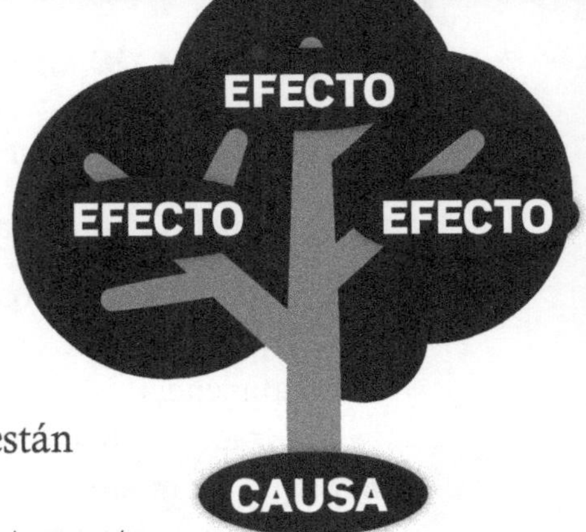

La **correlación** muestra cuán estrechamente relacionadas están dos variables.
La **causalidad** ocurre cuando dos variables se afectan directamente.

¡Afeitarse menos de una vez por día aumenta en un 70% el riesgo de derrame cerebral!

En el año 2003, investigadores británicos hallaron que había una correlación entre los hábitos de afeitado de los hombres y su riesgo de derrame cerebral. Esta correlación surgió de un estudio hecho durante 20 años a más de 2000 hombres con edades entre 45 y 59 años en Caerphilly (sur de Gales).

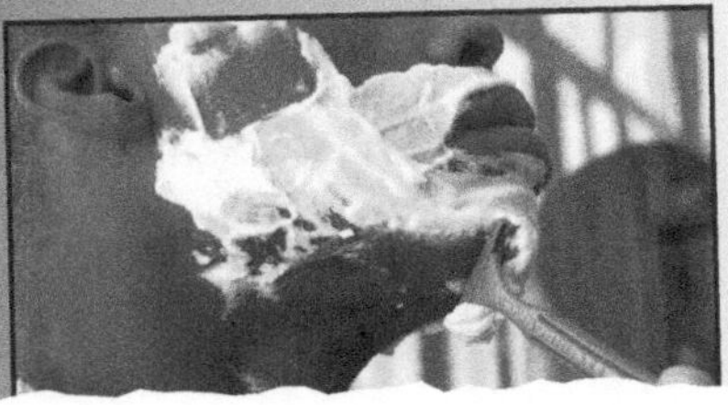

Una **correlación** fuerte entre dos variables no significa que una **causa** la otra. Podría haber una relación de causa y efecto entre las dos variables, pero no podemos afirmar esto si solo están correlacionadas. Esta es la **falacia de la correlación**, una de las falacias lógicas más comunes.

¿Puede un hombre disminuir la posibilidad de tener un derrame cerebral si se afeita más? Esto suena tonto y sugiere que puede haber una variable intermedia oculta que interviene.

En este caso, los investigadores piensan que el afeitado y el riesgo de derrame cerebral están relacionados por otra variable, los niveles hormonales. Por ejemplo, la testosterona ya se ha usado para explicar la relación entre la calvicie y un alto riesgo de enfermedades cardíacas.

Si hay una correlación entre dos variables, hay que ser cuidadoso al suponer que hay una relación entre ellas. Podría no haber ni una conexión lógica ni una conexión científica entre ellas.

Analice estos ejemplos en los que se supone correlación o causalidad. ¿Cuáles ilustran la falacia de la correlación?

- Ingresar en las fuerzas armadas me hizo una persona disciplinada y fuerte.

- Hoy tenía puesto un sombrero cuando iba hacia el colegio y me involucré en un accidente automovilístico. Nunca volveré a ponerme ese sombrero rojo.
- Las personas que tienen máquinas lavadoras tienen más posibilidades de morir en un accidente automovilístico.

Cuarteto de Anscombe

▶ Francis Anscombe (1918–2001), estadístico británico

El cuarteto de Anscombe es un grupo de cuatro conjuntos de datos que aportan una útil advertencia respecto de la aplicación de métodos estadísticos particulares a conjuntos de datos, sin graficarlos primero. Estos conjuntos de datos tienen idénticas propiedades estadísticas simples (media, varianza, etc.), pero lucen completamente distintos cuando se grafican.

- Halle la media de *x*, la media de *y*, la varianza de *x* y la varianza de *y*, y el valor de *r* para cada conjunto de datos.

Conjunto 1		Conjunto 2		Conjunto 3		Conjunto 4	
x	*y*	*x*	*y*	*x*	*y*	*x*	*y*
4	4,26	4	3,1	4	5,39	8	6,58
5	5,68	5	4,74	5	5,73	8	5,76
6	7,24	6	6,13	6	6,08	8	7,71
7	4,82	7	7,26	7	6,42	8	8,84
8	6,95	8	8,14	8	6,77	8	8,47
9	8,81	9	8,77	9	7,11	8	7,04
10	8,04	10	9,14	10	7,46	8	5,25
11	8,33	11	9,26	11	7,81	8	5,56
12	10,84	12	9,13	12	8,15	8	7,91
13	7,58	13	8,74	13	12,74	8	6,89
14	9,96	14	8,1	14	8,84	19	12,5

1 Escriba cómo cree que se verán los gráficos y las rectas de regresión.

2 Usando su CPG, dibuje aproximadamente el gráfico de cada conjunto de puntos en un diagrama diferente.

3 Dibuje la recta de regresión en cada diagrama.

4 Explique lo que nota.

6 Introducción al cálculo diferencial

OBJETIVOS DEL CAPÍTULO:

7.1 Concepto de derivada como razón de cambio, tangente a una curva

7.2 Reglas de derivación: $f(x) = ax^n \Rightarrow f'(x) = anx^{n-1}$; derivada de las funciones de la forma $f(x) = ax^n + bx^{n-1} + \ldots$, donde todos los exponentes son enteros

7.3 Pendiente de una curva para un valor dado de x, valores de x dado el valor de $f'(x)$, ecuación de la tangente a una curva en un punto dado, ecuación de la recta que es perpendicular a la tangente a una curva en un punto dado (normal)

7.5 Valores de x donde la pendiente de la curva es cero, resolución de $f'(x) = 0$, puntos estacionarios, puntos máximos y mínimos locales

7.6 Problemas de optimización

Antes de comenzar

Qué necesitamos saber

1 Usar notación de función. Por ejemplo:
Si $f(x) = 3x + 7$, ¿qué es $f(2)$?
$f(2) = 3 \times 2 + 7 = 13$

2 Reordenar fórmulas. Por ejemplo: despejar x de la fórmula:
$$y = 3x + 7$$
$$y - 7 = 3x \Rightarrow \frac{y-7}{3} = x$$

3 Usar notación de potenciación. Por ejemplo: escribir sin potencias:
$$5^{-2} = \frac{1}{5^2} = \frac{1}{25}$$

4 Usar las reglas de la potenciación. Por ejemplo: simplificar:
$$5^2 \times 5^4 = 5^{2+4} = 5^6$$
$$5^4 \div 5^6 = 5^{4-6} = 5^{-2}$$

5 Hallar la ecuación de una recta si se conocen la pendiente y un punto de la misma. Por ejemplo: la recta que pasa por el punto (2, 13) y tiene pendiente 3:
$$(y - 13) = 3(x - 2)$$
$$y - 13 = 3x - 6$$
$$y = 3x + 7$$

Comprobemos nuestras habilidades

1 **a** $f(z) = 3 - 2z$, halle $f(5)$ y $f(-5)$.
b $f(t) = 3t + 5$, halle $f(2)$ y $f(-3)$.
c $g(y) = y^2$, halle $g(5)$ y $g\left(\frac{1}{2}\right)$.
d $g(z) = \frac{3}{z}$, halle $g(2)$ y $g(15)$.
e $f(z) = \frac{z^2}{z+1}$, halle $f(4)$ y $f(-3)$.

2 Despeje r de la fórmula:
a $C = 2\pi r$ **b** $A = \pi r^2$ **c** $A = 4\pi r^2$
d $V = \frac{\pi r^2 h}{3}$ **e** $V = \frac{2\pi r^3}{3}$ **f** $C = \frac{2A}{r}$

3 Escriba estas expresiones sin potencias:
a 4^2 **b** 2^{-3} **c** $\left(\frac{1}{2}\right)^4$

4 Escriba cada expresión en la forma x^n:
a $\frac{1}{x}$ **b** $\frac{1}{x^4}$ **c** $\frac{x^3}{x}$ **d** $\frac{x^2}{x^5}$ **e** $\frac{(x^2)^3}{x^5}$

5 Halle la ecuación de la recta que pasa por:
a El punto (5, −3) y tiene pendiente 2
b El punto (4, 2) y tiene pendiente −3

La invención del cálculo diferencial, en el siglo XVII, fue un hito en el desarrollo de las matemáticas.

En su expresión más sencilla, el cálculo diferencial es un método para hallar la pendiente de una **tangente** a una curva. La pendiente de la tangente es una medida de cuán rápido cambia la función a medida que cambian los valores de x.

Todas las cosas se mueven. Por ejemplo, las agujas de un reloj, un velocista en una carrera de 100 m, las moléculas en una reacción química, los valores en el mercado de acciones. La matemática se puede usar para modelizar todas estas situaciones. Dado que cada situación es dinámica, los modelos aplicarán el cálculo diferencial.

Para saber más sobre la historia del cálculo, véanse las páginas 292 y 293.

En este capítulo, investigaremos ciertas funciones para poder descubrir nosotros mismos el método para encontrar la pendiente de la tangente a una curva y comprobar que este método puede aplicarse a todas las curvas que sean similares. Aplicaremos esta técnica en una variedad de situaciones, para resolver problemas sobre gráficos y usar modelos matemáticos en problemas de la "vida real".

En la fotografía, todas las latas tienen la misma forma cilíndrica básica. Sin embargo, todas son de tamaños diferentes. Al final de este capítulo, podremos determinar el diseño óptimo de una lata cilíndrica, es decir, uno que use la menor cantidad de metal para contener una capacidad determinada.

6.1 Introducción al cálculo de derivadas

Ya hemos estudiado el concepto de pendiente de una recta. El **cálculo de derivadas** forma parte de una rama de la matemática que trata sobre **funciones** que sirven para calcular **pendientes** de curvas.

La pendiente mide cuán rápido crece y comparado con la razón de crecimiento de x.

La pendiente de una recta es constante, lo que significa que su dirección nunca cambia. Los valores de y crecen a una razón constante.

→ Si P es el punto (a, b) y Q es (c, d), entonces la pendiente, m, de la recta PQ es $m = \frac{d-b}{c-a}$.

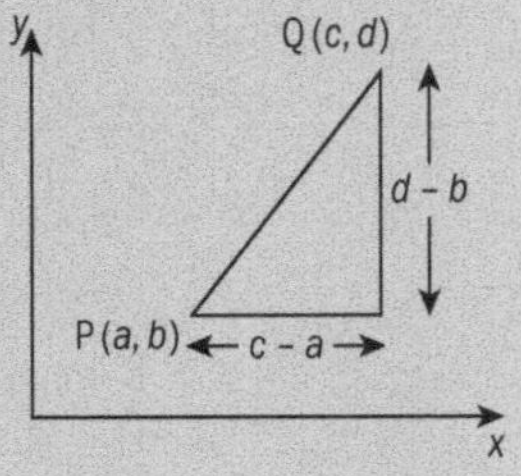

Para calcular la pendiente de una curva en un punto determinado, necesitamos dibujar la tangente en ese punto. Una tangente es una recta que apenas toca la curva.

Aquí se muestra la curva $y = x^2 - 4x + 7$.
Es una función **cuadrática**. Su **vértice** está en el punto $(2, 3)$.

Se muestran las tres tangentes a la curva, en gris.

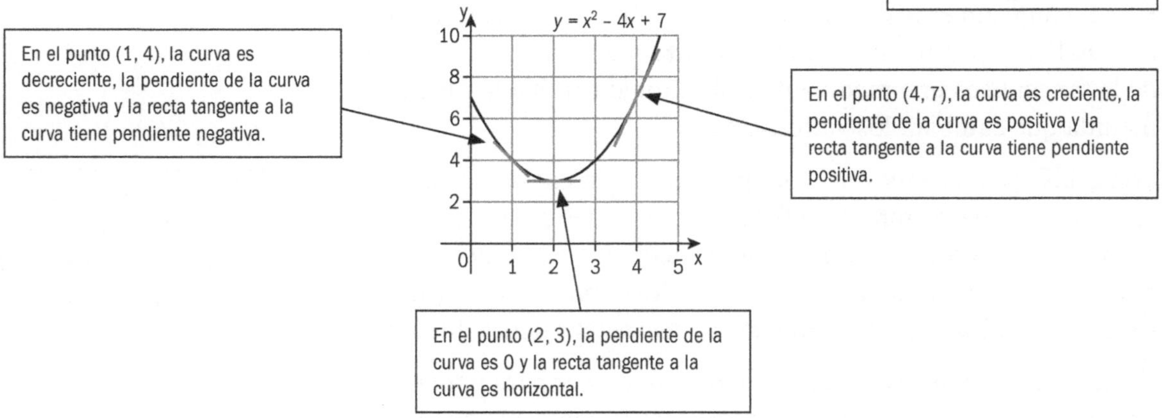

La dirección de la recta tangente a la curva cambia a medida que cambia la coordenada x. Por lo tanto, la pendiente de la curva no es constante.

Así, para cualquier curva $y = f(x)$ que no sea una recta, la pendiente cambia para distintos valores de x. La pendiente puede expresarse como una función de x, la **función derivada**.

→ La derivación es un método que se usa para hallar la ecuación de la función derivada de una función dada, $y = f(x)$.

Material de ampliación disponible en línea: *Hoja de ejercicios 6: más sobre funciones*

Investigación: rectas tangentes y función derivada

La tangente a una curva en un punto dado es la recta cuya pendiente es igual a la pendiente de la curva **en ese punto**. Si hallamos la pendiente de la tangente, entonces también hemos hallado la pendiente de la curva en ese punto. Si repetimos este proceso en distintos puntos, podemos usar los datos obtenidos para determinar la función derivada de la curva.

1 Dibujar la curva $y = x^2$ en la calculadora de pantalla gráfica (en adelante, CPG)

Abrir un documento nuevo y añadir una página de **Graphs** (gráficos)

Guardar el documento como "Cálculo"

Escribir "x^2" en la función $f1(x)$

Presionar enter del

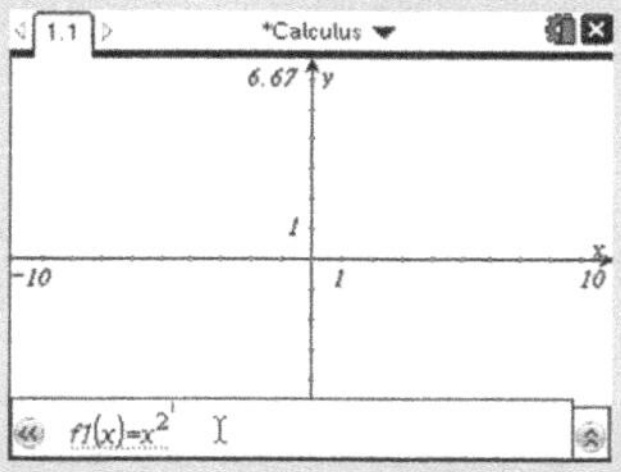

Para ver mejor la curva, podemos desplazar los ejes.

Hacer clic y presionar el *touchpad* en un área alejada de los ejes, la función o cualquier rótulo, hasta que cambie a

Mover la "mano que agarra" con el *touchpad*. La vista de la ventana se desplazará siguiendo el movimiento de la mano.

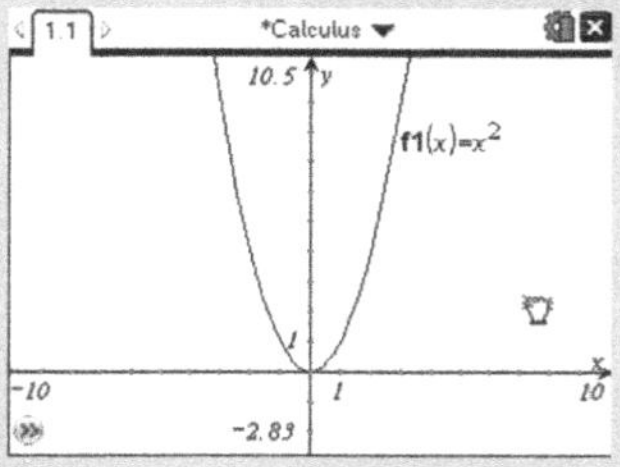

Hacer clic en el *touchpad* cuando la ventana esté en la posición requerida

2 Añadir una tangente a la curva

Presionar menu **7: Points and Lines** (puntos y líneas) | **7: Tangent** (tangente)

Presionar enter

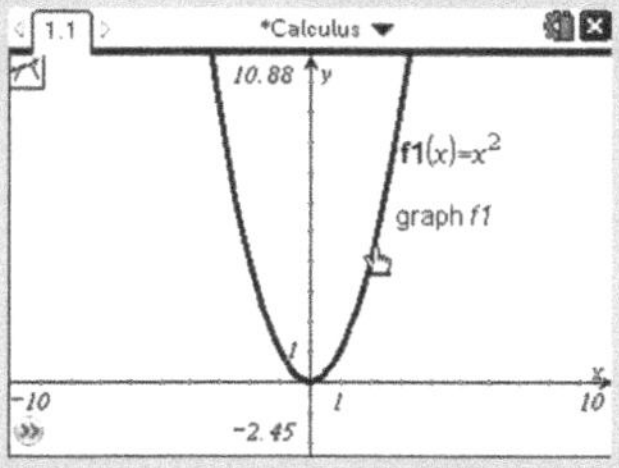

Mover el con el *touchpad* hacia la curva. Cambiará a una y se resaltará la curva.

Hacer clic en el *touchpad*

Seleccionar un punto sobre la curva haciendo clic en el *touchpad*

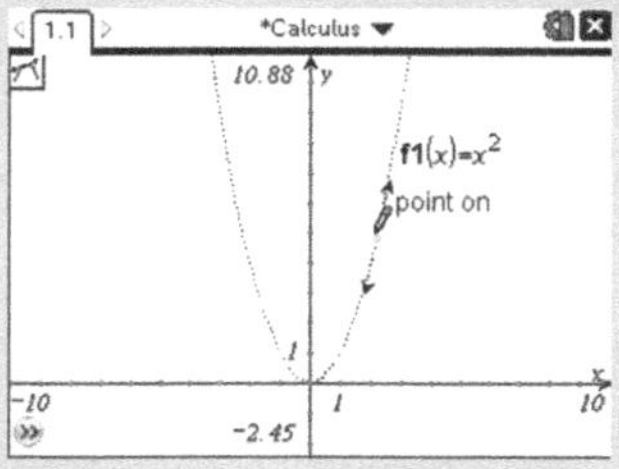

Ahora tenemos dibujada una tangente a la curva en un punto y podemos movernos a cualquier otro punto sobre la curva. Para obtener más información sobre la tangente, necesitamos las coordenadas del punto y la ecuación de la tangente.

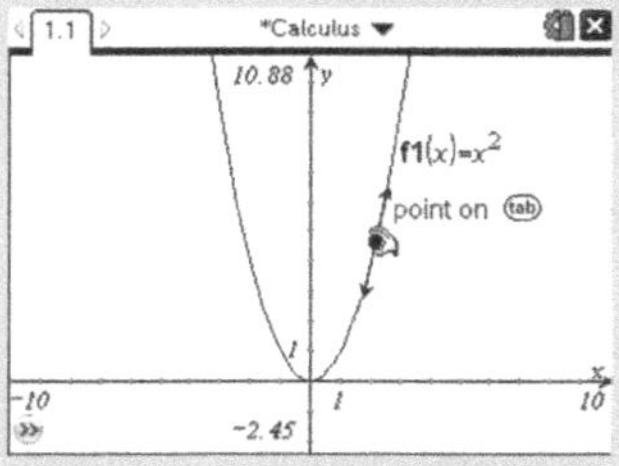

Continúa en la página siguiente.

Mover el ➘ con el *touchpad* hacia el punto.
Cambiará a ☝ y se verá "punto en tab".
Presionar ctrl menu y seleccionar **7: Coordinates and Equations** (coordenadas y ecuaciones). Presionar enter.

3 Hallar la ecuación de la tangente

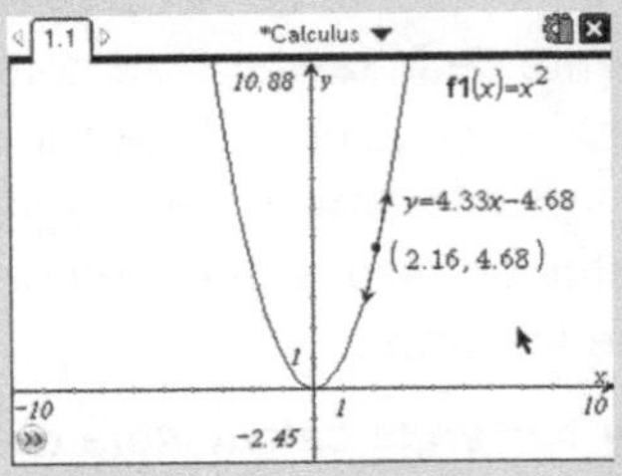

Mover el ➘ con el *touchpad* hacia la flecha, al final de la tangente. Cambiará a una ☝ y se verá "recta tab".

Presionar ctrl menu y seleccionar **7: Coordinates and Equations** (coordenadas y ecuaciones). Presionar enter.
Ahora deberíamos ver escritas las coordenadas del punto y la ecuación de la recta tangente.

4 Editar la coordenada *x* de manera que el punto se mueva al (1, 1)

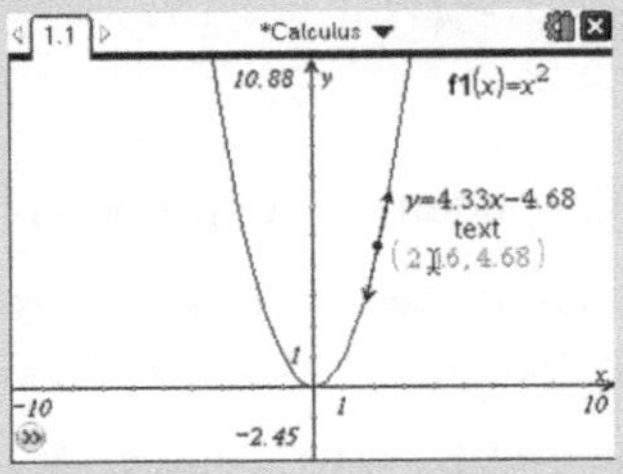

Mover el ➘ con el *touchpad* hacia la flecha en la coordenada *x* del punto. Cambiará a una ☝. Veremos los números resaltados y aparecerá la palabra "text" (texto).

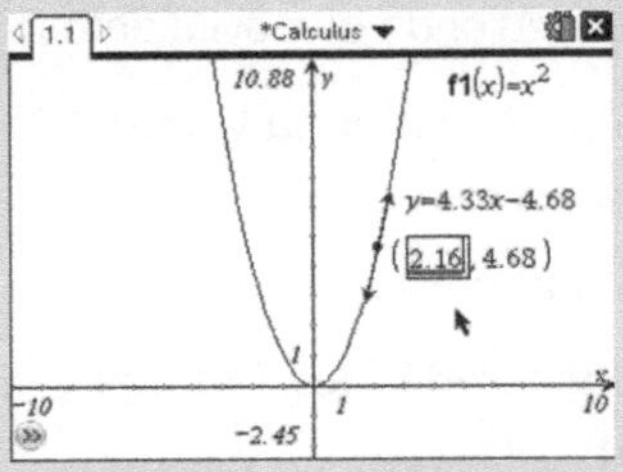

Si movemos el ➘ delicadamente con el *touchpad,* cambiará a un I. Cuando suceda, hacer clic en el *touchpad.*

La coordenada *x* está lista para ser editada.

Usar la tecla del para borrar el valor actual y escribir 1. Presionar enter.

Esto es bastante complicado y requiere algo de práctica. Si no funciona, presionar esc y comenzar de nuevo.

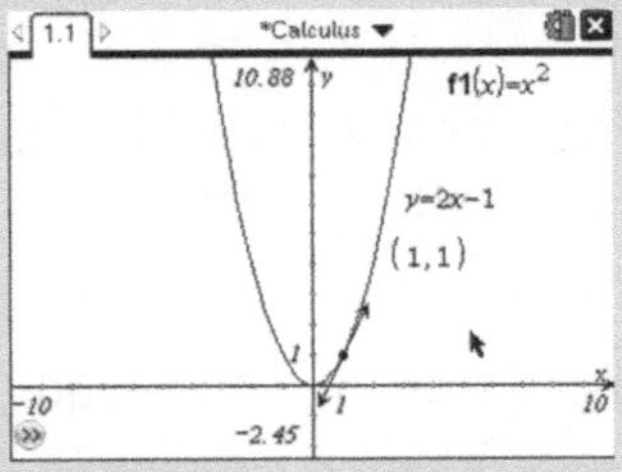

Hemos dibujado la tangente a la curva $y = x^2$ en el punto (1, 1).

Su ecuación es $y = 2x - 1$, así que la pendiente de la tangente es igual a 2.

Recuerde:
En la ecuación de una recta, $y = mx + c$, m es la pendiente.

5 Anotar esta información en una tabla

$y = x^2$

Coordenada x	−3	−2	−1	0	1	2	3	4	x
Pendiente de la tangente					2				

Hoja de ejercicios en línea: *esta tabla es la hoja de ejercicios 6.1 en línea.*

6 Completar la tabla

Volver al gráfico y editar nuevamente la coordenada *x*. Cambiarla al valor 2. Escribir la pendiente de la tangente en el punto donde la coordenada *x* es igual a 2. Repetir este proceso hasta haber completado la tabla para todos los valores de x entre −3 y 4.

Continúa en la página siguiente.

7 Buscar una fórmula sencilla que dé la pendiente de la tangente para cualquier valor de *x*

Escribir esta fórmula en la última celda de la segunda fila de la copia de la tabla. ¿Es esta fórmula válida para todos los valores de *x*? Probar con valores positivos, negativos y racionales.

8 Repetir los pasos desde el 1 hasta el 7 con la curva $y = 2x^2$

Dibujar la curva, luego las tangentes y completar esta tabla:

$y = 2x^2$

Coordenada *x*	−3	−2	−1	0	1	2	3	4	x
Pendiente de la tangente									

Hoja de ejercicios en línea: *esta tabla es la hoja de ejercicios 6.1 en línea.*

Nuevamente, buscar una fórmula sencilla que dé la pendiente de la tangente para cualquier valor de x. Escribirla.

Podemos repetir este proceso utilizando otras curvas, pero hay un método alternativo que nos permitirá ahorrar tiempo. Las fórmulas que hemos hallado en la investigación se llaman **funciones derivadas** de estas curvas. La función derivada se puede escribir de varias maneras:

$$\frac{\mathrm{d}y}{\mathrm{d}x}, \quad \frac{\mathrm{d}}{\mathrm{d}x}(f(x)), \quad \text{o}\ f'(x)$$

Podemos usar la CPG para dibujar las funciones derivadas de cualquier curva.

Investigación: la CPG y la función derivada

1 Usar la CPG para dibujar la función derivada de $y = 4x$

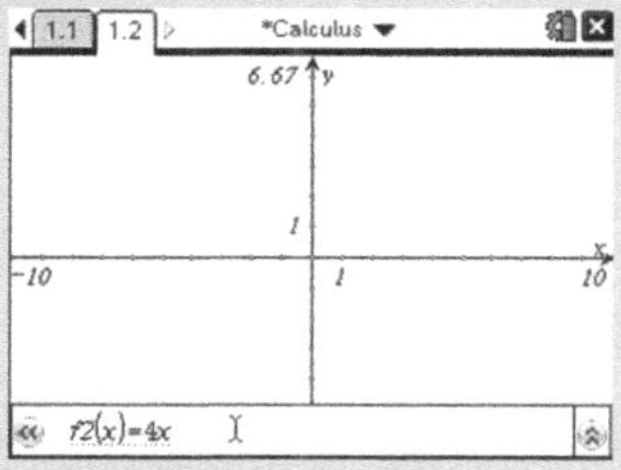

Añadir una página nueva de **Graphs** (gráficos) a nuestro documento

Escribir "4*x*" en la función *f*2(*x*)

Presionar enter

2 Ingresar la función derivada en *f*3(*x*)

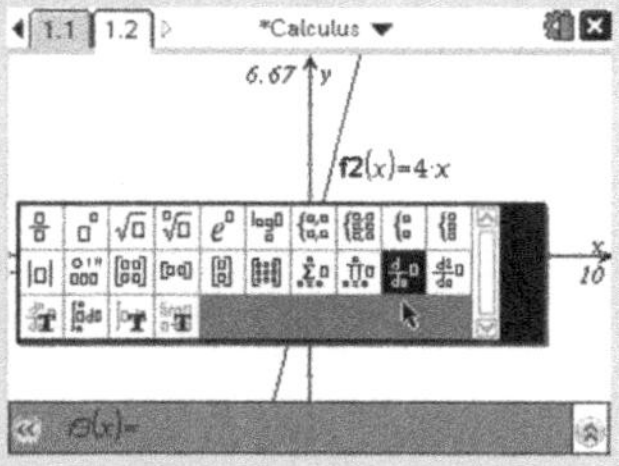

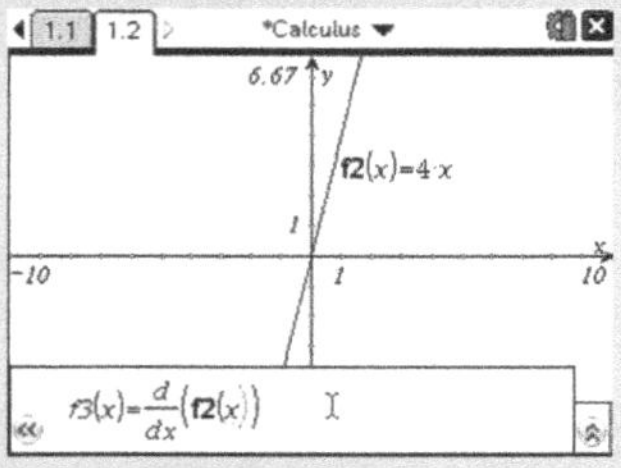

Hacer clic en » usando el *touchpad* para habilitar la línea de ingreso en la parte inferior del área de trabajo

Presionar y usar las teclas ◀▶▲▼ para seleccionar la plantilla $\frac{d}{d\square}\square$

Presionar enter

Ingresar "*x*" y "*f*2(*x*)" en la plantilla, como se muestra

Presionar enter

Continúa en la página siguiente.

Deberíamos obtener este diagrama con una línea horizontal que cruza el gráfico.

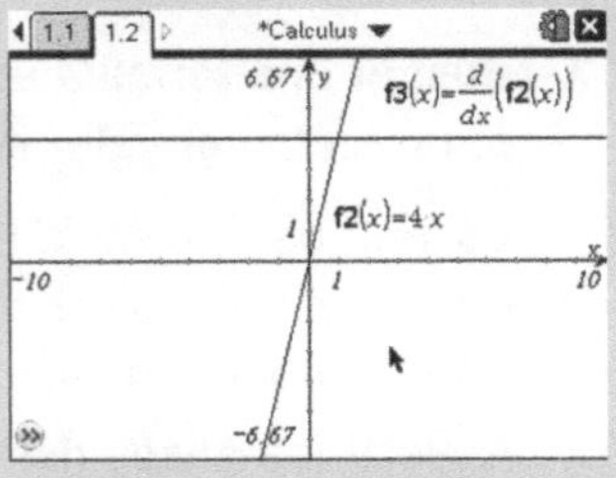

La aplicación **Graphs** (gráficos) nos muestra la función derivada, pero nosotros tenemos que hallar la ecuación de esta función.

La CPG dibujó la recta $y = 4$.

La función derivada de la recta $y = 4x$ es $y = 4$.

3 Repetir con otras funciones

Hacer clic en el símbolo » usando el *touchpad* para abrir la línea de ingreso en la parte inferior del área de trabajo

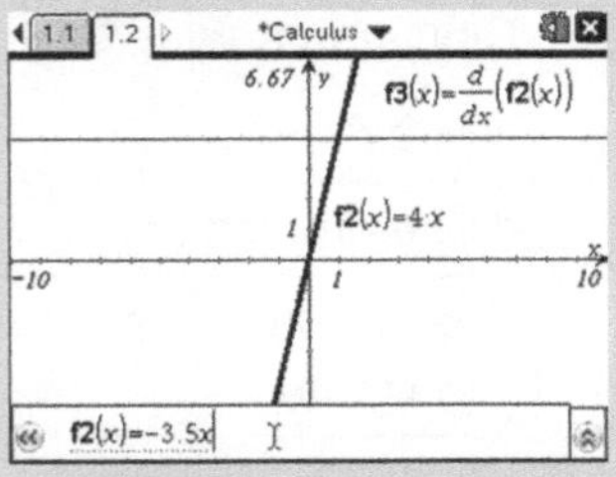

Usar la tecla ▲ para seleccionar $f2(x)$

Ingresar una nueva función en lugar de $4x$

De esta manera, hallar la función derivada de las siguientes funciones lineales:

a $y = -3{,}5x$

b $y = 2x + 4$

c $y = 5$

d $y = 3 - x$

e $y = -3{,}5$

f $y = 2 - \frac{1}{2}x$

Hay que tener cuidado: debemos usar la tecla (-) para ingresar el "– " en $-3{,}5x$ y la tecla – para ingresar el "–" en $y = 3 - x$.

4 Cambiar la función a $y = x^2$

Aparecerá una recta en la pantalla, como se muestra en el diagrama de la derecha.

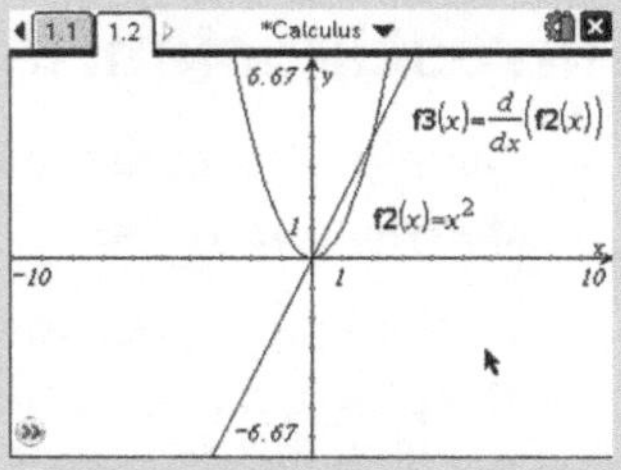

Escribir la ecuación de esta nueva recta

La CPG dibujó la recta $y = 2x$.

La función derivada de la curva $y = x^2$ es $y = 2x$.

Este es el mismo resultado que hemos hallado por observación en la investigación anterior.

Repetir para las curvas $y = 2x^2$ e $y = 3x^2$, y escribir sus funciones derivadas

5 Tabular los resultados

Estamos construyendo un conjunto de resultados que podemos usar para hacer generalizaciones. Para ayudar en este proceso, resumiremos nuestros hallazgos en una tabla. Debemos poder hallar patrones en los resultados.

Continúa en la página siguiente.

Curva	$y = 4x$	$y = -3{,}5x$	$y = 2x + 4$	$y = 5$	$y = 3 - x$	$y = -3{,}5$	$y = 2 - \frac{1}{2}x$
Función derivada	4						

Curva	$y = x^2$	$y = 2x^2$	$y = 3x^2$	$y = 4x^2$	$y = -x^2$	$y = -2x^2$	$y = \frac{1}{2}x^2$
Función derivada	$2x$						

6 Ampliar los resultados

Completar esta tabla para la curva $y = x^2 + 3x$, usando el método de la primera investigación, en la página 257.

Hoja de ejercicios en línea: *esta tabla es la hoja de ejercicios 6.2 en línea.*

$\mathbf{y = x^2 + 3x}$

Coordenada x	−3	−2	−1	0	1	2	3	4
Pendiente de la tangente								

¿Cuál es la regla algebraica que conecta los valores de las pendientes con los valores de la coordenada x?

Verificar que la respuesta es correcta, ingresando $x^2 + 3x$ en $f2(x)$ en la página de gráfico (paso 2 de esta investigación), de manera que la CPG dibuje la función derivada.

¿Cuál es la ecuación de esta recta?
¿Responde esta ecuación a la regla que hallamos?

Deberían ser iguales. Si no fuera así, consultar con el profesor o la profesora.

Utilizar la CPG para hallar la función derivada de las siguientes curvas. Buscar el patrón que va apareciendo.

a $y = x^2 + 3x$ **b** $y = x^2 - 5x$ **c** $y = 2x^2 - 3x$ **d** $y = 3x^2 - x$

e $y = 5x - 2x^2$ **f** $y = 2x - x^2$ **g** $y = x^2 + 4$ **h** $y = x^2 - 2$

i $y = 3 - x^2$ **j** $y = x^2 + x - 2$ **k** $y = 2x^2 - x + 3$ **l** $y = 3x - x^2 + 1$

Comparar cada curva con su función derivada y luego determinar la fórmula de la función derivada de la función cuadrática general

$$y = ax^2 + bx + c$$

Escribir la función derivada de las siguientes curvas **sin usar la CPG:**

1 $y = 5x^2 + 7x + 3$

2 $y = 5x + 7x^2 - 4$

3 $y = 3 + 0{,}5x^2 - 6x$

4 $y = 4 - 1{,}5x^2 + 8x$

No hay que avanzar hasta haber respondido estas preguntas correctamente.

Investigación: la función derivada de una curva cúbica

Ahora consideremos la curva cúbica más simple, $y = x^3$.

Cambiar la función a $y = x^3$ usando la CPG

Para ingresar "x^3", presionar × ^ 3 ▶

(Tendremos que usar la tecla ▶ para volver desde el exponente a la línea de base.)

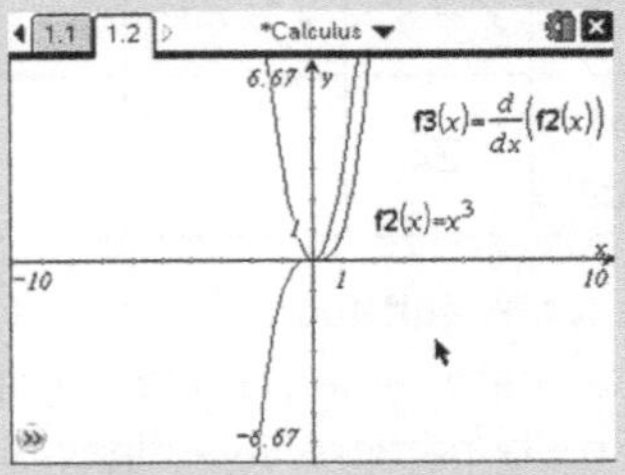

Esta vez, aparece una curva en lugar de una línea recta.

Hallar la ecuación de la curva

Esta es la función derivada de $y = x^3$.

Una vez hallada la ecuación de la curva, hallar la función derivada de $y = 2x^3$, $y = 3x^3$, …
Escribir las respuestas en la copia de la tabla de la hoja de trabajo

Intente adivinar la ecuación de la curva. Ingrese esa ecuación como función derivada. Ajuste su ecuación hasta que se acomode. Luego bórrela.

Curva	$y = x^3$	$y = 2x^3$	$y = 3x^3$	$y = 4x^3$	$y = -x^3$	$y = -2x^3$	$y = \frac{1}{2}x^3$
Función derivada							

Ampliar la investigación de manera de poder hallar la función derivada de **cualquier** cúbica. Debemos ser metódicos, así que ingresaremos primero curvas cúbicas que sean simples.

Hoja de ejercicios en línea: *esta tabla es la hoja de ejercicios 6.3 en línea.*

Curva	$y = x^3 + 4$	$y = 2x^3 - 3$	$y = x^3 + 5x$	$y = x^3 - 2x$	$y = x^3 + 2x^2$	$y = 2x^3 + \frac{1}{2}x^2$
Función derivada						

Luego seguiremos con curvas cúbicas un poco más complicadas.

Curva	$y = x^3 + 3x^2 + 2$	$y = x^3 + 4x^2 + 3x$	$y = x^3 + 5x^2 - 4x + 1$	$y = x^3 - x^2 - 5x - 4$
Función derivada				

Generalizar los resultados para determinar la fórmula para la función derivada de una curva cúbica general, $y = ax^3 + bx^2 + cx + d$

Ahora tenemos los resultados de funciones derivadas de funciones lineales, funciones cuadráticas y funciones cúbicas. Complete la copia de la tabla de la hoja de trabajo.

Función	Fórmula	Función derivada
Constante	$y = a$	
Lineal	$y = ax + b$	
Cuadrática	$y = ax^2 + bx + c$	
Cúbica	$y = ax^3 + bx^2 + cx + d$	

Continúa en la página siguiente.

Investigación: la función derivada de cualquier curva

En esta investigación hallaremos la función derivada de **cualquier** curva.

Nuevamente, nos aproximaremos a la respuesta en forma metódica.

1 Hallar la función derivada de la función $y = x^4$

2 Hallar la función derivada de la función $y = x^5$

3 Generalizar estos resultados para hallar la función derivada de $y = x^n$

Hasta aquí, todos los exponentes de las curvas estudiadas han sido **positivos**. Consideremos también las curvas:

$y = \frac{1}{x}, y = \frac{1}{x^2}, y = \frac{1}{x^3}, \dots$

Para ingresar $\frac{1}{x}$ en la CPG, usar la tecla ▫ y seleccionar ▫ del menú de plantillas

El resultado final

Función	Función derivada
$y = ax^n$	

El proceso de hallar la función derivada de una curva se denomina **derivación**. En estas investigaciones hemos aprendido a derivar.

Recuerde que $\frac{1}{x} = x^{-1}$.

Consulte este resultado con el profesor o la profesora. No avance hasta haberlo hecho.

Hallar este resultado a través de la investigación no es lo mismo que haber *probado* que es verdadero. ¿Cómo sabemos, sin una demostración, que un resultado al que hemos llegado construyendo patrones es **siempre** verdadero?

6.2 La función derivada

El método de **derivación** es el proceso algebraico utilizado para hallar la función derivada de una función dada.

Se usan dos formas de notación para las derivadas. La notación que usaremos dependerá de la notación utilizada en cada pregunta.

El cálculo diferencial fue descubierto casi al mismo tiempo por dos matemáticos, el británico Isaac Newton (1642–1727) y el alemán Gottfried Leibniz (1646–1716). La controversia entre estos dos matemáticos duró décadas.

→ Para derivar una función, hallar la función derivada:

Función	Función derivada
$y = ax^n$	$\frac{dy}{dx} = nax^{n-1}$
$f(x) = ax^n$	$f'(x) = nax^{n-1}$

El proceso es válido para **todos** los valores de n, positivos y negativos.

La notación $\frac{dy}{dx}$ fue desarrollada por Leibniz. La notación de Newton hoy solo se usa en física. ¿Cuán importante es la notación matemática para mejorar nuestra comprensión de un tema?

Ejemplo 1

Dada $y = 4x^7$, halle $\frac{dy}{dx}$.	
Respuesta $\frac{dy}{dx} = 7 \times 4x^{7-1}$ $\frac{dy}{dx} = 28x^6$	$y = ax^n$ $\frac{dy}{dx} = nax^{n-1}$ $a = 4, n = 7$

Ejemplo 2

Dada $f(x) = 3x^5$, halle $f'(x)$.	
Respuesta $f'(x) = 5 \times 3x^{5-1}$ $f'(x) = 15x^4$	$f(x) = ax^n$ $f'(x) = nax^{n-1}$ $a=3, n=5$

La notación $f'(x)$ es de Euler (1707–1783), quien fue posiblemente el más grande matemático de todos los tiempos.

Ejemplo 3

Dada $f(x) = 3x - 4x^2 + x^3$, halle $f'(x)$.	
Respuesta $f'(x) = 3x^{1-1} - 2 \times 4x^{2-1} + 3 \times x^{3-1}$ $f'(x) = 3 - 8x + 3x^2$	*Derivar cada término por separado*

Recuerde que $x^1 = x$ y que $x^0 = 1$.

Ejercitación 6A

1 Halle $\frac{dy}{dx}$.

a $y = 4x^2$ **b** $y = 6x^3$ **c** $y = 7x^4$ **d** $y = 5x^3$
e $y = x^4$ **f** $y = 5x$ **g** $y = x$ **h** $y = 12x$
i $y = 9x^2$ **j** $y = \frac{1}{2}x^3$ **k** $y = \frac{1}{2}x^2$ **l** $y = \frac{3}{4}x^4$

2 Derive:

a $y = 7$ **b** $y = -3x^3$ **c** $y = -\frac{1}{4}x^4$ **d** $y = -\frac{2}{3}x^3$
e $y = -x$ **f** $y = -3$ **g** $y = 5x^6$ **h** $y = -7x^9$
i $y = \frac{1}{2}x^8$ **j** $y = \frac{3}{4}x^{12}$ **k** $y = -\frac{2}{3}x^9$ **l** $y = \frac{3}{4}$

3 Halle $f'(x)$.

a $f(x) = 3x^2 + 5x^3$ **b** $f(x) = 5x^4 - 4x$
c $f(x) = 9x - 11x^3$ **d** $f(x) = x^4 + 3x + 2$

4 Halle y'.

a $y = 8 - 5x + 4x^6$ **b** $y = 9x^2 - 5x + \frac{1}{2}$
c $y = 7x + 4x^5 - 101$ **d** $y = x(2x + 3)$

y' es una forma alternativa de escribir $\frac{dy}{dx}$.

Podemos usar para las variables letras diferentes a x e y. Esto cambia la notación pero no el proceso.

Ejemplo 4

Dada $v = 3{,}5t^8$, halle $\frac{dv}{dt}$.	
Respuesta $\frac{dv}{dt} = 8 \times 3{,}5t^{8-1}$ $\frac{dv}{dt} = 28t^7$	$v = at^n$ $\frac{dv}{dt} = nat^{n-1}$ $a = 3{,}5,\ n = 8$

Ejemplo 5

Dada $f(z) = \frac{3z^4}{2}$, halle $f'(z)$.	
Respuesta $f(z) = \frac{3z^4}{2} = \frac{3}{2} \times z^4$ $f'(z) = 4 \times \frac{3}{2} z^{4-1}$ $f'(z) = 6z^3$	$f(z) = az^n$ $f'(z) = naz^{n-1}$ $a = \frac{3}{2},\ n = 4$

Ejemplo 6

Dada $f(t) = (3t-1)(t+4)$, halle $f'(t)$.	
Respuesta $f(t) = 3t^2 + 12t - t - 4$ $f(t) = 3t^2 + 11t - 4$ $f'(t) = 6t + 11$	*Desarrollar la expresión* *Derivar cada término por separado*

Ejercitación 6B

1 Halle $\frac{dA}{dt}$.

a $A = 4t(9 - t^2)$

b $A = 6(2t + 5)$

c $A = t^2(t - 5)$

d $A = (t + 2)(2t - 3)$

e $A = (5 - t)(3 + 2t)$

f $A = (6t + 7)(3t - 5)$

g $A = (t^2 + 3)(t - 1)$

h $A = 3(t + 3)(t - 4)$

2 Halle $f'(r)$.

a $f(r) = \frac{1}{2}(r + 3)(2r - 6)$

b $f(r) = (r + 3)^2$

c $f(r) = (2r - 3)^2$

d $f(r) = (5 - 2r)^2$

e $f(r) = 3(r + 5)^2$

f $f(r) = 5(7 - r)^2$

Podemos derivar funciones en las que hay potencias de x en el denominador de una fracción. Primero tenemos que escribir estos términos usando exponentes negativos.

Ejemplo 7

Dada $y=\frac{4}{x^2}$, halle $\frac{dy}{dx}$.

Respuesta	
$y=4\times\frac{1}{x^2}=4x^{-2}$	*Escribir la expresión como una potencia:* $\frac{1}{x^2}=x^{-2}$
$\frac{dy}{dx}=-2\times 4x^{-2-1}$	$a=4$ *y* $n=-2$
$\frac{dy}{dx}=-8x^{-3}$	*Recordar las reglas de multiplicación de números negativos*
$\frac{dy}{dx}=\frac{-8}{x^3}$	*Reescribir en la forma original*

Ejemplo 8

Dada $f(x)=\frac{12}{5x^3}$, halle $f'(x)$.

Respuesta	*Escribir la expresión como una potencia*
$f(x)=\frac{12}{5}\times\frac{1}{x^3}=\frac{12}{5}x^{-3}$	$a=\frac{12}{5}$ *y* $n=-3$
$f'(x)=-3\times\frac{12}{5}\times x^{-3-1}$	*Hay que ser* **muy** *cuidadosos con el signo menos.*
$f'(x)=\frac{-36}{5}\times x^{-4}$	*Simplificar*
$f(x)=\frac{-36}{5x^4}$	*Reescribir en la forma original*

Ejercitación 6C

Derive las siguientes con respecto a x:

Recuerde utilizar la misma notación que en la pregunta.

1 $y=\frac{3}{x^2}$
2 $f(x)=\frac{2}{x^4}$
3 $y=\frac{7}{x}$
4 $f(x)=\frac{2}{x^8}$
5 $y=\frac{5}{x^7}$
6 $y=9+\frac{2}{x}$
7 $f(x)=7x^2+\frac{4}{x^5}$
8 $y=7-4x+\frac{5}{2x^2}$
9 $g(x)=x^3+\frac{3}{x^2}$
10 $y=4x-\frac{3}{x}$
11 $g(x)=5x^3-\frac{1}{x^4}$
12 $y=\frac{x^4}{2}-\frac{3}{4x^8}$
13 $y=\frac{x^4}{8}+3x^2+\frac{5}{6x^4}$
14 $g(x)=2x^3-x^2+2-\frac{3}{2x^2}$
15 $A(x)=x^2-\frac{5}{2x}+\frac{3}{4x^2}$

6.3 Cálculo de la pendiente de la curva en un punto dado

→ Podemos usar la función derivada para determinar el valor exacto de la pendiente de una curva en un punto particular de la misma.

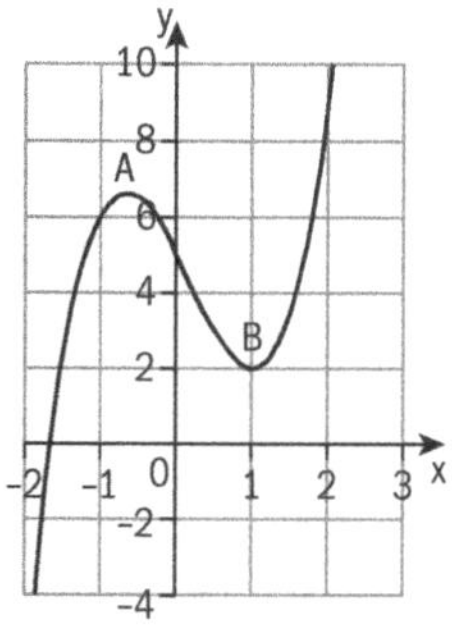

En el diagrama se muestra la curva $y = 2x^3 - x^2 - 4x + 5$, con **dominio** $-2 \leq x \leq 2$. La curva corta al eje y en $(0, 5)$.

Cuando $x = -2$, la función toma un valor negativo.
Crece hasta un punto A, luego decrece hasta un punto B y, después de $x = 1$, comienza a crecer nuevamente.

La función derivada de esta curva será negativa entre las coordenadas x de los puntos A y B, y positiva en otros valores.

La función derivada, ¿será positiva o negativa en los puntos A y B?

Aplicando las reglas de derivación, la función derivada es
$\frac{dy}{dx} = 6x^2 - 2x - 4$.

En el corte con el eje y, $(0, 5)$, la coordenada x es igual a 0.
Reemplazamos este valor en $\frac{dy}{dx}$: en $x = 0$, $\frac{dy}{dx} = 6(0)^2 - 2(0) - 4 = -4$.

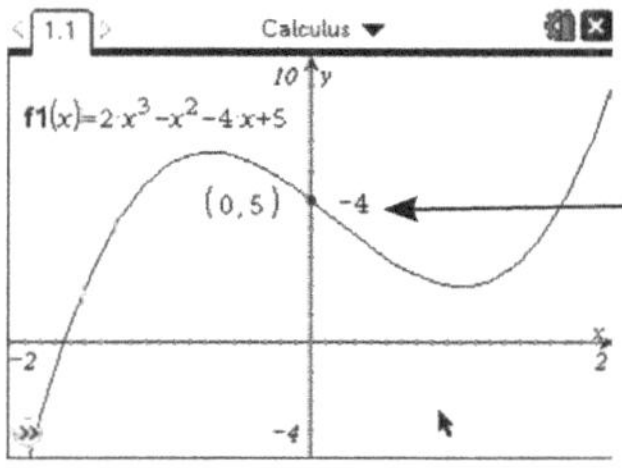

La pendiente en el punto (0, 5) es igual a –4. Mueva el punto a lo largo de la curva para hallar la pendiente en otros puntos.

Se puede comprobar esto con la CPG. Véase el capítulo 12, sección 6.1, ejemplo 33.

Podemos usar este método algebraico para hallar la pendiente de la curva en otros puntos. Por ejemplo:

En $x = -1$, $\frac{dy}{dx} = 6(-1)^2 - 2(-1) - 4$

$\frac{dy}{dx} = 4$

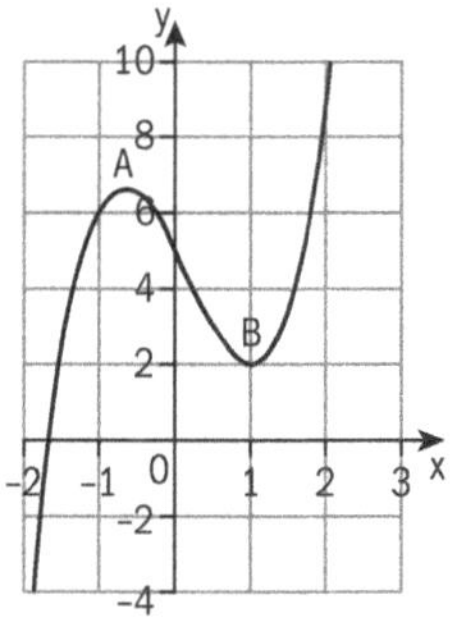

Este resultado es coherente con lo que se puede observar en el gráfico.

La pendiente de la curva en $x = -1$ es igual a 4 y en $x = 0$ es igual a –4.

Ejercitación 6D

Estas preguntas se pueden responder usando el método algebraico o usando la CPG. Asegúrese de que puede hacer ambos.

1 Si $y = x^2 - 3x$, halle $\frac{dy}{dx}$ cuando $x = 4$.

2 Si $y = 6x - x^3 + 4$, halle $\frac{dy}{dx}$ cuando $x = 0$.

3 Si $y = 11 - 2x^4 - 3x^3$, halle $\frac{dy}{dx}$ cuando $x = -3$.

4 Si $y = 2x(5x + 4)$, halle el valor de $\frac{dy}{dx}$ cuando $x = -1$.

5 Halle la pendiente de la curva $y = x^3 - 5x$ en el punto donde $x = 6$.

6 Halle la pendiente de la curva $y = 10 - \frac{1}{2}x^4$ en el punto donde $x = -2$.

7 Halle la pendiente de la curva $y = 3x(7 - 4x^2)$ en el punto (1, 9).

8 Halle la pendiente de la curva $y = 3x^2 - 5x + 6$ en el punto (–2, 28).

9 $s = 40t - 5t^2$

Halle $\frac{ds}{dt}$ cuando $t = 0$.

10 $s = t(35 + 6t)$

Halle $\frac{ds}{dt}$ cuando $t = 3$.

11 $v = 80t + 7$

Halle $\frac{dv}{dt}$ cuando $t = -4$.

12 $v = 0{,}7t - 11{,}9$

Halle $\frac{dv}{dt}$ cuando $t = 0{,}7$.

13 $A = 14h^3$

Halle $\frac{dA}{dh}$ cuando $h = \frac{2}{3}$.

14 $W = 7{,}25p^3$

Halle $\frac{dW}{dp}$ en $p = -2$.

15 $V = 4r^2 + \frac{18}{r}$

Halle $\frac{dV}{dr}$ en $r = 3$.

16 $A = 5r + \frac{8}{r^2}$

Halle $\frac{dA}{dr}$ en $r = 4$.

17 $V = 7r^3 - \frac{8}{r}$

Halle $\frac{dV}{dr}$ en $r = 2$.

18 $A = \pi r^2 - \frac{2\pi}{r}$

Halle $\frac{dA}{dr}$ en $r = 1$.

19 $V = 6r + \frac{15}{2r}$

Halle $\frac{dV}{dr}$ en $r = 5$.

20 $C = 45r + \frac{12}{r^3}$

Halle $\frac{dC}{dr}$ en $r = 1$.

Haciendo el proceso inverso, podemos hallar las coordenadas de un punto específico de la curva que tenga una pendiente determinada.

Ejemplo 9

El punto A pertenece a la curva $y = 5x - x^2$ y la pendiente de la curva en A es igual a 1. Halle las coordenadas de A.

Respuesta	
$\frac{dy}{dx} = 5 - 2x$	*Primero hallar* $\frac{dy}{dx}$
En A, $\frac{dy}{dx} = 1$; así que $5 - 2x = 1$ $x = 2$	*Resolver la ecuación para hallar x*
$y = 5(2) - (2)^2 = 6$ El punto A es (2, 6).	*Reemplazar x = 2 en la ecuación de la curva para hallar el valor de y*

Ejercitación 6E

1 El punto P pertenece a la curva $y = x^2 + 3x - 4$. La pendiente de la curva en P es igual a 7.

a Halle la función derivada de la curva.

b Halle la coordenada x de P.

c Halle la coordenada y de P.

2 El punto Q pertenece a la curva $y = 2x^2 - x + 1$. La pendiente de la curva en el punto Q es igual a -9.

a Halle la función derivada de la curva.

b Halle la coordenada x de Q.

c Halle la coordenada y de Q.

3 El punto R pertenece a la curva $y = 4 + 3x - x^2$. La pendiente de la curva en R es igual a -3.

a Halle la función derivada de la curva.

b Las coordenadas de R son (a, b). Halle el valor de a y de b.

PREGUNTAS TIPO EXAMEN

4 El punto R pertenece a la curva $y = x^2 - 6x$. La pendiente de la curva en R es igual a 6.
Halle la función derivada de la curva.
Las coordenadas de R son (a, b).
Halle los valores de a y de b.

5 Halle las coordenadas del punto de la curva $y = 3x^2 + x - 5$ en el que la pendiente de la curva es igual a 4.

6 Halle las coordenadas del punto de la curva $y = 5x - 2x^2 - 3$ en el que la pendiente de la curva es igual a 9.

7 Hay **2** puntos en la curva $y = x^3 + 3x + 4$ en los que la pendiente de la curva es igual a 6.
Halle las coordenadas de estos dos puntos.

8 Hay **2** puntos en la curva $y = x^3 - 6x + 1$ en los que la pendiente de la curva es igual a -3.
Halle las coordenadas de estos dos puntos.
Halle la ecuación de la recta que pasa por estos dos puntos.

PREGUNTA TIPO EXAMEN

9 Hay **2** puntos en la curva $y = x^3 - 12x + 5$ en los que la pendiente de la curva es igual a 0.
Halle las coordenadas de estos dos puntos.
Halle la ecuación de la recta que pasa por estos dos puntos.

PREGUNTAS TIPO EXAMEN

10 El punto P(1, b) pertenece a la curva $y = x^2 - 4x + 1$.

a Halle el valor de b.

b Halle la función derivada de la curva.

c Muestre que en P la pendiente de la curva también es igual a b.

d El punto Q(c, d) pertenece a la curva y la pendiente de la curva en este punto es igual a -2. Muestre que $d = -2$.

11 El punto P(5, b) pertenece a la curva $y = x^2 - 3x - 3$.

a Halle el valor de b.

b Halle la función derivada de la curva.

c Muestre que en P la pendiente de la curva también es igual a b.

d El punto Q(c, d) pertenece a la curva y la pendiente de la curva en este punto es igual a -3.
Muestre que d también es igual a -3.

12 Considere la función $f(x) = 4x - x^2 - 1$.

a Escriba $f'(x)$.

b Muestre que cuando $x = 5$, $f(x) = f'(x)$.

c Halle las coordenadas de un segundo punto de la curva $y = f(x)$ para el cual $f(x) = f'(x)$.

13 Considere la función $f(x) = 2x^2 - x + 1$.

a Escriba $f'(x)$.

b Muestre que en $x = 2$, $f(x) = f'(x)$.

c Halle las coordenadas de un segundo punto de la curva $y = f(x)$ para el cual $f(x) = f'(x)$.

14 Considere la función $f(x) = 3x - x^2 - 1$.

a Escriba $f'(x)$.

b Muestre que en $x = 1$, $f(x) = f'(x)$.

c Halle las coordenadas de un segundo punto de la curva $y = f(x)$ para el cual $f(x) = f'(x)$.

15 Considere la función $f(x) = 2x^2 - x - 1$.

a Escriba $f'(x)$.

b Halle las coordenadas de los puntos de la curva $y = f(x)$ para los que $f(x) = f'(x)$.

16 Considere la función $f(x) = x^2 + 5x - 5$.

a Escriba $f'(x)$.

b Halle las coordenadas de los puntos de la curva $y = f(x)$ para los que $f(x) = f'(x)$.

17 Considere la función $f(x) = x^2 + 4x + 5$.
Halle las coordenadas del punto de la curva $y = f(x)$ para el que $f(x) = f'(x)$.

6.4 La tangente y la normal a una curva

Aquí se muestra una curva $y = f(x)$ y un punto P que pertenece a la curva.

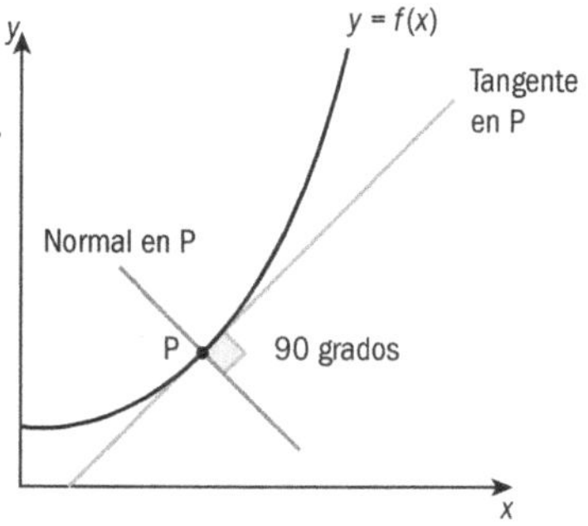

> ➔ La tangente a una curva en un punto P es la recta que pasa por P y tiene la misma pendiente que la curva en el punto P.

La **normal** a una curva en P es la recta que pasa por P y es **perpendicular** a la tangente.

La tangente y la curva están estrechamente relacionadas porque en P:

- La coordenada x de la tangente es igual a la coordenada x de la curva
- La coordenada y de la tangente es igual a la coordenada y de la curva
- La pendiente de la tangente es igual a la pendiente de la curva

Podemos usar derivadas para hallar la ecuación de la tangente a una curva en un punto P(a, b), siempre y cuando conozcamos la ecuación de la curva y la coordenada x del punto P, a.

> ➔ Para hallar la ecuación de la tangente a una curva en P(a, b):
>
> **1** Calcular la coordenada y de P, b, usando la ecuación de la curva
>
> **2** Hallar la función derivada $\frac{dy}{dx}$
>
> **3** Reemplazar la coordenada x de P, a, en $\frac{dy}{dx}$ para calcular el valor de la pendiente en P, m
>
> **4** Usar la ecuación de la recta $(y - b) = m\,(x - a)$

Para obtener más información sobre ecuaciones de rectas, véase el capítulo 3.

Ejemplo 10

La coordenada x del punto P es igual a 2. Halle la ecuación de la tangente a la curva $y = x^3 - 3$ en P.
Dé su respuesta en la forma $y = mx + c$.

Respuesta

En $x = 2$, $y = (2)^3 - 3 = 5$	*Usar $y = x^3 - 3$ para calcular la coordenada y de P*
$\frac{dy}{dx} = 3x^2$	*Hallar la función derivada $\frac{dy}{dx}$*
En $x = 2$, $\frac{dy}{dx} = 3(2)^2 = 12$ $m = 12$	*Reemplazar 2, la coordenada x de P, en $\frac{dy}{dx}$ para calcular m, el valor de la pendiente en P*
En P(2, 5) $(y - 5) = 12(x - 2)$ $y - 5 = 12x - 24$ $y = 12x - 19$	*Usar la ecuación:* *$(y - b) = m(x - a)$* *Con $a = 2$, $b = 5$, $m = 12$* *Simplificar*

Se puede verificar la ecuación de la tangente con la CPG.

Ejercitación 6F

1 Halle la ecuación de la tangente a la curva dada, en el punto P indicado. Dé sus respuestas en la forma $y = mx + c$.

a $y = x^2$; P(3, 9)
b $y = 2x^3$; P(1, 2)
c $y = 6x - x^2$; P(2, 8)
d $y = 3x^2 - 10$; P(1, −7)
e $y = 2x^2 - 5x + 4$; P(3, 7)
f $y = 10x - x^3 + 5$; P(2, 17)
g $y = 11 - 2x^2$; P(3, −7)
h $y = 5 - x^2 + 6x$; P(2, 13)
i $y = 4x^2 - x^3$; P(4, 0)
j $y = 5x - 3x^2$; P(−1, −8)
k $y = 6x^2 - 2x^3$; P(2, 8)
l $y = 60x - 5x^2 + 7$; P(2, 107)
m $y = \frac{1}{2}x^4 - 7$; P(4,121)
n $y = 17 - 3x + 5x^2$; P(0, 17)
o $y = 2x(5 - x)$; P(0, 0)
p $y = \frac{1}{4}x^3 - 4x$; P(2, −6)
q $y = \frac{3}{4}x^2 + 3$; P(−2, 6)
r $y = \frac{2}{3}x^3 + \frac{1}{3}$; $P\left(-1, -\frac{1}{3}\right)$
s $y = \frac{1}{4}x^3 - 7x^2 + 5$; P(−2, −25)

2 Halle la ecuación de la tangente a la curva dada, en el punto indicado. Dé sus respuestas en la forma $ax + by + c = 0$.

a $y = \frac{12}{x^2}$; (2, 3)
b $y = 5 + \frac{6}{x^3}$; (1, 11)
c $y = 6x - \frac{8}{x^2}$; (−2, −14)
d $y = x^3 + \frac{6}{x^2}$; (−1, 5)
e $y = 5x - \frac{8}{x}$; (4, 18)

Para hallar la ecuación de la normal a una curva en un punto dado, necesitamos hacer un paso adicional.

→ La normal es perpendicular a la tangente, así que su pendiente, m', se halla usando la fórmula $m' = \frac{-1}{m}$, donde m es la pendiente de la tangente.

Ejemplo 11

La coordenada x del punto P es igual a −4.
Halle la ecuación de la normal a la curva $y = \frac{12}{x}$ en P.
Dé su respuesta en la forma:
$ax + by + c = 0$, donde $a, b, c \in \mathbb{Z}$

Hemos aprendido acerca de la pendiente de la recta perpendicular en el capítulo 3.

Respuesta

En $x = -4$, $y = \frac{12}{(-4)} = -3$	*Usar $y = \frac{12}{x}$ para calcular la coordenada y de P*
$\frac{dy}{dx} = -\frac{12}{x^2}$	*Hallar la función derivada $\frac{dy}{dx}$ (Recordar que $y = 12x^{-1}$)*

▶ Continúa en la página siguiente.

En $x = -4$, $\frac{dy}{dx} = -\frac{12}{(-4)^2} = -\frac{3}{4}$. La pendiente de la **tangente** es $m = -\frac{3}{4}$.	*Reemplazar el valor de x en $\frac{dy}{dx}$ para calcular m, el valor de la pendiente en P*
A partir de lo anterior, la pendiente de la normal es $m' = \frac{4}{3}$.	*La normal es perpendicular a la tangente.*
La ecuación de la normal a $y = \frac{12}{x}$ en P(−4, −3) es: $(y-(-3)) = \frac{4}{3}(x-(-4))$ $3(y + 3) = 4(x + 4)$ $3y + 9 = 4x + 16$ $4x - 3y + 7 = 0$	*Usar la ecuación de la recta $(y - b) = m(x - a)$ con $a = -4$, $b = -3$, $m = \frac{4}{3}$* *Simplificar* *Reordenar en la forma $ax + bx + c = 0$, donde $a, b, c \in \mathbb{Z}$*

La pendiente de una recta perpendicular a otra recta con pendiente m es $-\frac{1}{m}$.

No se puede hallar la ecuación de la normal directamente de la CPG.

Ejercitación 6G

Halle la ecuación de la normal a la curva dada, en el punto P indicado. Dé sus respuestas en la forma $ax + by + c = 0$.

1 $y = 2x^2$; P(1, 2)

2 $y = 3 + 4x^3$; P(0,5; 3,5)

3 $y = \frac{x}{2} - x^2$; P(2,−3)

4 $y = \frac{3x^2}{2} + x$; P(−2,4)

5 $y = (x + 2)(5 - x)$; P(0, 10)

6 $y = (x + 2)^2$; P(0,4)

7 $y = \frac{4}{x}$; P(2, 2)

8 $y = \frac{6}{x^2}$; P(−1,6)

9 $y = 6x + \frac{8}{x}$; P(1,14)

10 $y = x^4 - \frac{3}{x^3}$; P(−1,4)

11 $y = 4 - 2x - \frac{1}{x}$; P(0,5;1)

12 $y = 5x - \frac{9}{2x}$; P(3;13,5)

Ejemplo 12

La pendiente de la tangente a la curva $y = ax^2$ en el punto P(3, b) es igual a 30. Halle los valores de a y de b.

Respuesta $\frac{dy}{dx} = 2ax$ $2a(3) = 30$ $\Rightarrow a = 5$	*Como la pendiente de la tangente está dada, hallar $\frac{dy}{dx}$.* *Cuando $x = 3$, $\frac{dy}{dx} = 30$.*
La ecuación de la curva es $y = 5x^2$. $b = 5(3)^2 \Rightarrow b = 45$	*Reemplazar $x = 3$ para hallar b*

Ejercitación 6H

1 Halle la ecuación de la tangente a la curva $y = (x - 4)^2$ en el punto donde $x = 5$.

PREGUNTAS TIPO EXAMEN

2 Halle la ecuación de la tangente a la curva $y = x(x^2 - 3)$ en el punto donde $x = -2$.

3 Halle la ecuación de la normal a la curva $y = x + \frac{6}{x}$ en el punto donde $x = 4$.

4 Halle la ecuación de la normal a la curva $y = x^2 - \frac{1}{x^2}$ en el punto donde $x = -1$.

5 Halle las ecuaciones de las tangentes a la curva $y = 3x^2 - 2x$ en los puntos donde $y = 8$.

6 Halle las ecuaciones de las tangentes a la curva $y = 2x(3 - x)$ en los puntos donde $y = -20$.

7 Halle la ecuación de la normal a la curva $y = 7 - 5x - 2x^3$ en el punto donde esta corta al eje x.

8 Halle la ecuación de la normal a la curva $y = x^3 + 3x - 2$ en el punto donde $y = -6$.

9 **a** Halle el valor de x para el cual la pendiente de la tangente a la curva $y = (4x - 3)^2$ es igual a 0.

b Halle la ecuación de la tangente en este punto.

PREGUNTA TIPO EXAMEN

10 **a** Halle el valor de x para el cual la pendiente de la tangente a la curva $y = x^2 + \frac{16}{x}$ es igual a 0.

b Halle la ecuación de la tangente en este punto.

11 **a** Halle el valor de x para el cual la pendiente de la tangente a la curva $y = \frac{x^2}{2} + x - 3$ es igual a 5.

b Halle la ecuación de la tangente en este punto.

12 **a** Halle el valor de x para el cual la pendiente de la tangente a la curva $y = x^4 + 3x - 3$ es igual a 3.

b Halle la ecuación de la tangente en este punto.

c Halle la ecuación de la normal en este punto.

13 **a** Halle el valor de x para el cual la pendiente de la tangente a la curva $y = 4x + \frac{3}{x^4}$ es igual a 16.

b Halle la ecuación de la tangente en este punto.

c Halle la ecuación de la normal en este punto.

14 Hay 2 puntos en la curva $y = 2x^3 + 9x^2 - 24x + 5$ en los que la pendiente de la curva es igual a 36. Halle las ecuaciones de las tangentes a la curva en esos puntos.

PREGUNTA TIPO EXAMEN

15 La pendiente de la tangente a la curva $y = x^2 + kx$ en el punto P(3, b) es igual a 7.
Halle el valor de k y el valor de b.

16 La pendiente de la tangente a la curva $y = x^2 + kx$ en el punto P(–2, b) es igual a 1.
Halle el valor de k y el valor de b.

17 La pendiente de la tangente a la curva $y = kx^2 - 2x + 3$ en el punto P(4, b) es igual a 2.
Halle el valor de k y el valor de b.

18 La pendiente de la tangente a la curva $y = 4 + kx - x^3$ en el punto P(–2, b) es igual a –5.
Halle el valor de k y el valor de b.

19 La pendiente de la tangente a la curva $y = px^2 + qx$ en el punto P(2, 5) es igual a 7.
Halle el valor de p y el valor de q.

20 La pendiente de la tangente a la curva $y = px^2 + qx - 5$ en el punto P(–3, 13) es igual a 6.
Halle el valor de p y el valor de q.

6.5 Razón de cambio

La función derivada, $f'(x)$, de una función $f(x)$ es una medida de cómo cambia $f(x)$ a medida que crece x. Decimos que $f'(x)$ mide la **razón de cambio de *f* con respecto a *x***.

> → Para la función $y = f(x)$, la función derivada $\frac{dy}{dx} = f'(x)$ es la razón de cambio de y con respecto a x.

En general, la **razón de cambio** de una variable con respecto a otra es la función derivada.

Se pueden usar también otras variables. Por ejemplo:

Si $A = f(t)$, entonces $\frac{dA}{dt} = f'(t)$ es la **razón de cambio de *A* con respecto a *t***.

Si la variable t representa tiempo, entonces la función derivada mide la razón de cambio con respecto al *tiempo* que pasa.

Este es un concepto importante. Si medimos cómo una variable cambia cuando pasa el tiempo, entonces estamos aplicando la matemática a situaciones que son **dinámicas**, situaciones en las que hay movimiento.

Por ejemplo, si C representa el valor de un automóvil (medido diariamente), podemos decir que C es una función del tiempo: $C = f(t)$.

Entonces, $\frac{dC}{dt} = f'(t)$ representa la razón a la que el valor del automóvil está cambiando; es decir, la razón de cambio de C con respecto a t, la razón de inflación o deflación del precio del automóvil.

De manera similar, si s representa la distancia medida desde un punto fijo a un objeto en movimiento, entonces s es una función del tiempo: $s = g(t)$ y $\frac{ds}{dt} = g'(t)$ mide la razón de cambio de esta distancia, s, con respecto a t.

Si v es la velocidad de un objeto, ¿qué representa $\frac{dV}{dt}$?

$\frac{ds}{dt}$ mide la **velocidad** del objeto en el momento t.

Ejemplo 13

El volumen de agua en un contenedor, V cm³, está dado por la fórmula $V = 300 + 2t - t^2$, donde t se mide en segundos.

a ¿Qué representa $\frac{dV}{dt}$? derivada de v respecto del tiempo

b ¿Qué unidades se usan para $\frac{dV}{dt}$?

c Halle el valor de $\frac{dV}{dt}$ cuando $t = 3$.

d Interprete la respuesta del apartado **c**.

Respuestas	
a $\frac{dV}{dt}$ representa la razón de cambio del volumen de agua en el contenedor.	*La razón a la que el agua está entrando (o saliendo) del contenedor*
b $\frac{dV}{dt}$ se mide en cm^3 por segundo ($cm^3\ s^{-1}$).	*El volumen se mide en cm³ y el tiempo en segundos.*
c $\frac{dV}{dt} = 2 - 2t$ En $t = 3$, $\frac{dV}{dt} = 2 - 2(3) = -4$	$\frac{dV}{dt}$ *es negativo, así que el volumen está disminuyendo.*
d Dado que este valor es **negativo**, el agua está **saliendo** del contenedor a 4 cm³ por segundo.	

¿Cómo decidimos, usando $\frac{dV}{dt}$, si el agua está **entrando** o **saliendo** del contenedor?

Ejemplo 14

Una compañía extrae cobre, donde la masa de cobre, x, se mide en miles de toneladas. La ganancia de la compañía, G, medida en millones de dólares, depende de la cantidad de cobre extraída. La ganancia está dada por la función $G(x) = 2{,}3x - 0{,}05x^2 - 12$.

a Halle $G(0)$ y $G(6)$ e interprete estos resultados.

b Halle $\frac{dG}{dx}$. ¿Qué representa $\frac{dG}{dx}$?

c Halle el valor de G y el de $\frac{dG}{dx}$ cuando $x = 20$ y cuando $x = 25$.

d Interprete su respuesta al apartado **c**.

e Halle el valor de x para el que $\frac{dG}{dx} = 0$.

f Determine G para este valor de x. Interprete este valor.

Se puede graficar cualquier función en la CPG. Esto podría ofrecer un mejor entendimiento del problema.

Respuestas

a $G(0) = -12$; una pérdida de 12 millones de dólares. $G(6) = 0$; no hay ganancia ni pérdida, este es el punto de equilibrio.	*Reemplazar $x = 0$ en $G(x)$*
b $\frac{dG}{dx} = -0{,}1x + 2{,}3$ $\frac{dG}{dx}$ representa la razón de cambio de la ganancia a medida que crece la cantidad de cobre extraída.	*$\frac{dG}{dx}$ representa la razón de cambio de G con respecto a x.*
c En $x = 20$, $G = 14$ y $\frac{dG}{dx} = 0{,}3$ En $x = 25$, $G = 14{,}25$ y $\frac{dG}{dx} = -0{,}2$	*Reemplazar $x = 20$ y $x = 25$ en $G(x)$ y $\frac{dG}{dx}$*
d En ambos puntos la compañía es rentable. En $x = 20$, $\frac{dG}{dx} > 0$, así que un mayor crecimiento de la producción hará que la compañía sea **más rentable**.	*En $x = 20$, $G(x)$ está creciendo.*
En $x = 25$, $\frac{dG}{dx} < 0$, así que un mayor crecimiento de la producción hará que la compañía sea **menos rentable**.	*En $x = 25$, $G(x)$ está decreciendo.*
e $\frac{dG}{dx} = -0{,}1x + 2{,}3 = 0$ $0{,}1x = 2{,}3$ $x = \frac{2{,}3}{0{,}1} = 23$	*Igualar $\frac{dG}{dx}$ a 0* *Despejar x*
Se necesita extraer 23 000 toneladas de cobre para maximizar la ganancia de la compañía.	*x se mide en miles de toneladas.*
f $G(23) = 14{,}45$ La **máxima** ganancia que puede obtener la compañía es 14,45 millones de dólares.	*Reemplazar $x = 23$ en $G(x)$*

Ejercitación 6I

PREGUNTA TIPO EXAMEN

1 El volumen de agua en un contenedor, V cm^3, está dado por la fórmula $V = 100 + 2t + t^3$, donde t se mide en segundos.

a ¿Cuánta agua hay en el contenedor, inicialmente?

b ¿Cuánta agua hay en el contenedor cuando $t = 3$?

c ¿Qué representa $\frac{dV}{dt}$?

d Halle el valor de $\frac{dV}{dt}$ cuando $t = 3$.

e Utilice sus respuestas a los apartados **b** y **d** para explicar qué le está sucediendo al volumen de agua del contenedor.

Inicialmente: $t = 0$

2 El área, A, de un charco de agua debajo de un caño que gotea es $A = 4t + t^2$ cm^2 después de t segundos.

a ¿Cuál es el área del charco, inicialmente?

b ¿Cuál es el área del charco cuando $t = 5$?

c ¿Qué representa $\frac{dA}{dt}$?

d Halle el valor de $\frac{dA}{dt}$ cuando $t = 5$.

e Utilice sus respuestas a los apartados **b** y **d** para explicar qué está sucediendo con el área del charco.

3 El peso del petróleo en un tanque de almacenamiento, P, varía de acuerdo a la fórmula $P = 5t^2 + \frac{640}{t} + 40$, donde P se mide en toneladas y t es el tiempo en horas, $1 \le t \le 10$.

a Halle el peso del petróleo en el tanque cuando $t = 1$.

b Halle $\frac{dP}{dt}$.

c Halle la razón de cambio del peso del petróleo en el tanque cuando:

i $t = 3$ **ii** $t = 5$

d ¿Qué significa la respuesta al apartado **c**?

e Halle el valor de t para el que $\frac{dP}{dt} = 0$.

f Interprete su respuesta al apartado **e**.

4 El volumen de agua de una piscina, V, medido en m^3, después de t minutos, donde $t > 0$, es $V = 10 + 6t + t^2$.

a Halle la razón a la que el volumen está creciendo cuando $t = 1$.

b Halle la razón a la que el volumen está creciendo cuando hay 65 m^3 de agua en la piscina.

5 Está manando agua de un tanque. La profundidad del agua, y cm, a los t segundos, está dada por $y = 500 - 4t - t^3$.

a Halle la razón a la que la profundidad está decreciendo a los 2 segundos y a los 3 segundos.

b Halle el instante en el que se vacía el tanque.

6 El área, A cm^2, de una mancha de tinta está creciendo de manera que, después de t segundos, $A = \frac{3t^2}{4} + \frac{t}{2}$.

a Halle la razón a la que el área está creciendo después de 2 segundos.

b Halle la razón a la que el área está creciendo cuando el área de la mancha es 30 cm^2.

7 El peso del petróleo en un tanque de almacenamiento, P, varía de acuerdo a la fórmula $P = 10t + \frac{135}{t^2} + 4$, donde P se mide en toneladas y t es el tiempo medido en horas, $1 \le t \le 10$.

a Halle la razón a la que el peso está cambiando después de 2 horas.

b Halle el valor de t para el que $\frac{dP}{dt} = 0$.

8 El ángulo que gira un cuerpo rotatorio, θ grados, en t segundos, está dado por la relación $\theta = 4t^3 - t^2$.

a Halle la razón de crecimiento de θ cuando $t = 2$.

b Halle el valor de t en el que el cuerpo cambia de dirección.

9 La ganancia de una pequeña compañía, G, depende de la cantidad de "producto" que fabrica, x. Esta ganancia puede modelizarse mediante la función $G(x) = -10x^3 + 40x^2 + 10x - 15$, donde G se mide en miles de dólares y x en toneladas.

a Halle $G(0)$ y $G(5)$ e inteprete estos resultados.

b Halle $\frac{dG}{dx}$.

c Halle el valor de G y de $\frac{dG}{dx}$ cuando: **i** $x = 2$ **ii** $x = 3$.

d Interprete sus respuestas al apartado **c**.

e Halle el valor de x y de G para los que $\frac{dG}{dx} = 0$. ¿Cuál es la importancia de este punto?

6.6 Puntos máximos y mínimos locales

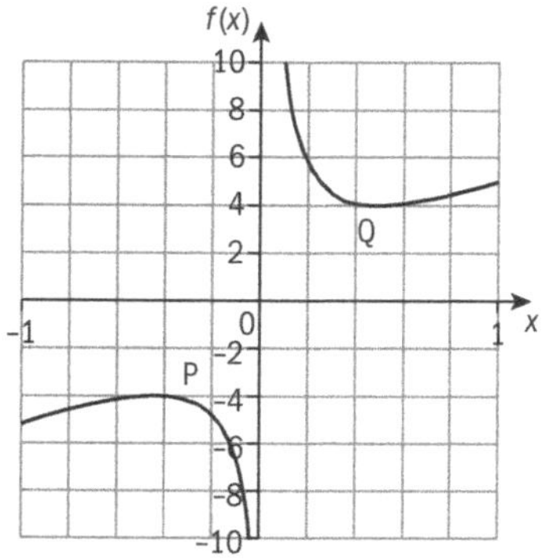

Aquí se muestra el gráfico de la función:

$$f(x) = 4x + \frac{1}{x}, \quad x \neq 0$$

El gráfico tiene dos ramas porque la función **no está definida** en el punto $x = 0$.

Primero, miremos la rama izquierda del gráfico, en el **dominio** $x < 0$.

Cuando x crece, la curva crece hasta el punto P. Después del punto P, la curva decrece. Decimos que P es un **punto máximo** local.

$\frac{1}{0}$ no está definido. No tiene valor.

Podemos determinar que P es un punto máximo porque, justo antes de P (por ejemplo, en A), la pendiente de la curva es positiva y, justo después de P (por ejemplo, en B), la pendiente de la curva es negativa.

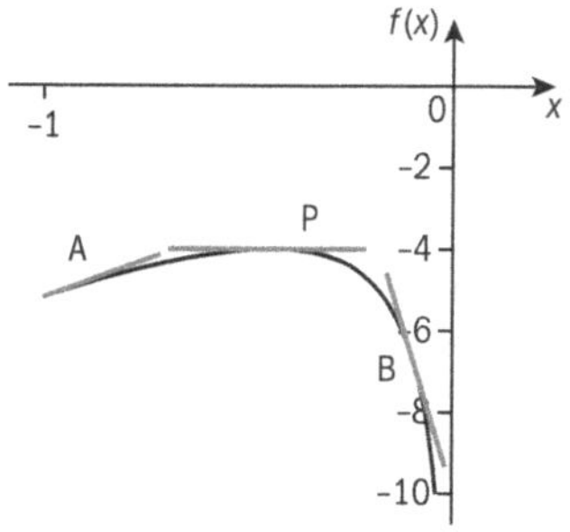

Lo más importante es que, en P, la pendiente de la curva es cero.

→ En un máximo local, la curva deja de crecer y cambia de dirección, es decir, que "gira" y comienza a decrecer. Por lo tanto, a medida que x crece, ocurren tres tipos de pendiente, en este orden: positivo, cero, negativo. El punto donde la pendiente es cero es el punto máximo.

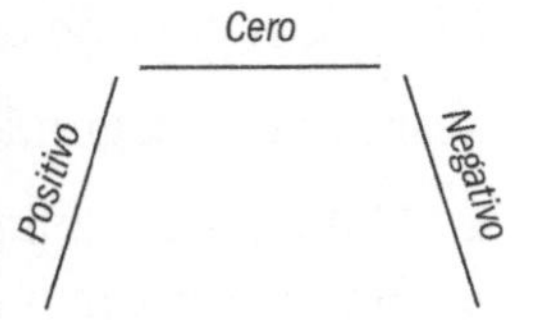

Ahora miremos la rama derecha del gráfico, en el dominio $x > 0$.

Cuando x crece, la curva decrece hasta el punto Q. Después de Q, la curva crece. Decimos que Q es un **punto mínimo** local.

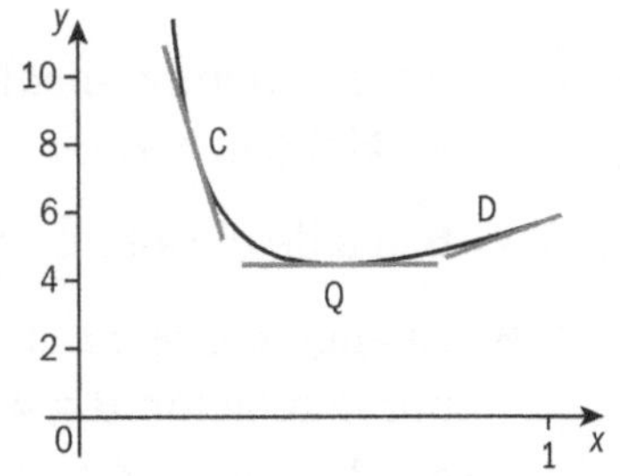

Podemos determinar que Q es un punto mínimo local porque, justo antes de Q (por ejemplo, en C), la pendiente de la curva es negativa y, justo después de Q (por ejemplo, en D), la pendiente de la curva es positiva.

En Q, la pendiente de la curva es cero.

→ En un mínimo local, la curva deja de decrecer y cambia de dirección, es decir "gira" y comienza a crecer. Por lo tanto, a medida que x crece, ocurren tres tipos de pendiente, en este orden: negativo, cero, positivo. El punto donde la pendiente es cero es el punto mínimo.

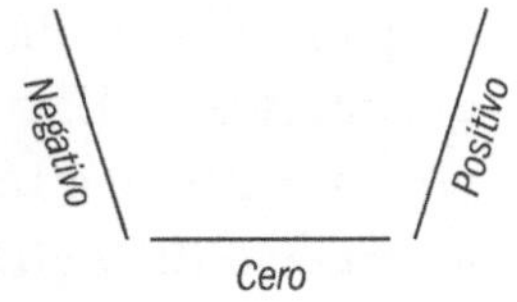

Los puntos máximos y mínimos locales se conocen como **puntos estacionarios**.

→ En un punto estacionario, ya sea un máximo o un mínimo local, $f'(x)$ es igual a cero.

En un punto estacionario, si $y = f(x)$, entonces $\frac{dy}{dx} = 0$.

Para hallar las coordenadas de P (el máximo local) y de Q (el mínimo local) de la función $f(x) = 4x + \frac{1}{x}$, usamos el hecho de que, en cada uno de estos puntos, $f'(x)$ es igual a 0.

Recuerde que $\frac{1}{x} = x^{-1}$.

$f(x) = 4x + \frac{1}{x}$, así que $f'(x) = 4 - \frac{1}{x^2}$

Plantear $f'(x) = 0$, que es lo mismo que $4 - \frac{1}{x^2} = 0$

Sumar $\frac{1}{x^2}$: $\quad 4 = \frac{1}{x^2}$

Multiplicar por x^2: $\quad 4x^2 = 1$

Dividir por 4: $\quad x^2 = \frac{1}{4}$

Aplicar raíz cuadrada: $x = \frac{1}{2}$ o $x = -\frac{1}{2}$

Reemplazar cada valor de x en $f(x)$ para hallar la coordenada y de cada punto estacionario

En $x = \frac{1}{2}$, $f\left(\frac{1}{2}\right) = 4\left(\frac{1}{2}\right) + \frac{1}{\left(\frac{1}{2}\right)} = 4$

En $x = -\frac{1}{2}$, $f\left(-\frac{1}{2}\right) = 4\left(-\frac{1}{2}\right) + \frac{1}{\left(-\frac{1}{2}\right)} = -4$

Podemos hallar máximos y mínimos locales usando la CPG, sin usar derivadas. Véase el capítulo 12, sección 6.3.

Así que las coordenadas de los puntos estacionarios son $\left(\frac{1}{2}, 4\right)$ y $\left(-\frac{1}{2}, -4\right)$. Para determinar cuál es el máximo local y cuál es el mínimo local, hay que mirar el gráfico de la función: $\left(\frac{1}{2}, 4\right)$ es de mínimo local y $\left(-\frac{1}{2}, -4\right)$ es el máximo local.

No podemos decidir cuál es el máximo y cuál es el mínimo simplemente observando las coordenadas.

→ Para hallar los puntos estacionarios, primero hay que igualar la función derivada a cero y resolver esta ecuación. Las soluciones de esta ecuación son las coordenadas x de los puntos estacionarios.

Ejercitación 6J

Halle los valores de x para los cuales $\frac{dy}{dx} = 0$. Verifique sus respuestas usando su CPG.

1 $y = x^2 - 6x$

2 $y = 12x - 2x^2$

3 $y = x^2 + 10x$

4 $y = 3x^2 + 15x$

5 $y = x^3 - 27x$

6 $y = 24x - 2x^3$

7 $y = 4x^3 - 3x$

8 $y = 3x - 16x^3$

9 $y = 2x^3 - 9x^2 + 12x - 7$

10 $y = 5 + 9x + 6x^2 + x^3$

11 $y = x^3 - 3x^2 - 45x + 11$

12 $y = 12x^2 + x^3 + 36x - 8$

13 $y = 2x^3 - 6x^2 + 7$

14 $y = 17 + 30x^2 - 5x^3$

15 $f(x) = x + \frac{1}{x}$

16 $y = x + \frac{4}{x}$

17 $y = 4x + \frac{9}{x}$

18 $y = 8x + \frac{1}{2x}$

19 $y = 27x + \frac{4}{x^2}$

20 $y = x + \frac{1}{2x^2}$

Una vez que hemos hallado la coordenada x de un punto estacionario, podemos calcular la coordenada y del punto y decidir si es un máximo o un mínimo.

Ejemplo 15

Halle las coordenadas de los puntos estacionarios de la curva $y = 3x^4 - 8x^3 - 30x^2 + 72x + 5$. Determine la naturaleza de estos puntos.

"Determinar la naturaleza" significa decidir si el punto es un máximo local o un mínimo local.

Respuestas

$y = 3x^4 - 8x^3 - 30x^2 + 72x + 5$

$\frac{dy}{dx} = 12x^3 - 24x^2 - 60x + 72$ — *Derivar*

$\frac{dy}{dx} = 12x^3 - 24x^2 - 60x + 72 = 0$ — *En cada punto estacionario $\frac{dy}{dx} = 0$.*

▶ Continúa en la página siguiente.

$x = -2, x = 1, x = 3$

Resolver la ecuación con la CPG

En $x = -2$,
$y = 3(-2)^4 - 8(-2)^3 - 30(-2)^2 + 72(-2) + 5 = -147$
Así que $(-2, -147)$ es un punto estacionario.
En $x = 1$, $y = 3(1)^4 - 8(1)^3 - 30(1)^2 + 72(1) + 5 = 42$
Así que $(1, 42)$ es un punto estacionario.
En $x = 3$, $y = 3(3)^4 - 8(3)^3 - 30(3)^2 + 72(3) + 5 = -22$
Así que $(3, -22)$ es un punto estacionario.

Reemplazar los tres valores de x para hallar las coordenadas y

Coordenada x		–2		1		3	
Pendiente		0		0		0	

Para decidir si los puntos son máximos o mínimos (sin usar la CPG), hallar la pendiente de la curva en puntos que estén a ambos lados de los puntos estacionarios. Primero, completar la información de los puntos estacionarios.

$x = -10$	para $x < -2$	$f'(-10) = -13\,728$
$x = 0$	para $-2 < x < 1$	$f'(0) = 72$
$x = 2$	para $1 < x < 3$	$f'(2) = -48$
$x = 5$	para $x > 3$	$f'(5) = 672$

Ahora seleccionar coordenadas x de puntos a cada lado de los puntos estacionarios. Calcular la pendiente en cada punto e ingresar estos valores en la tabla.

Coordenada x	–10	–2	0	1	2	3	5
Pendiente	–13 728	0	72	0	–48	0	672

Seleccione puntos que estén cerca de los puntos estacionarios.

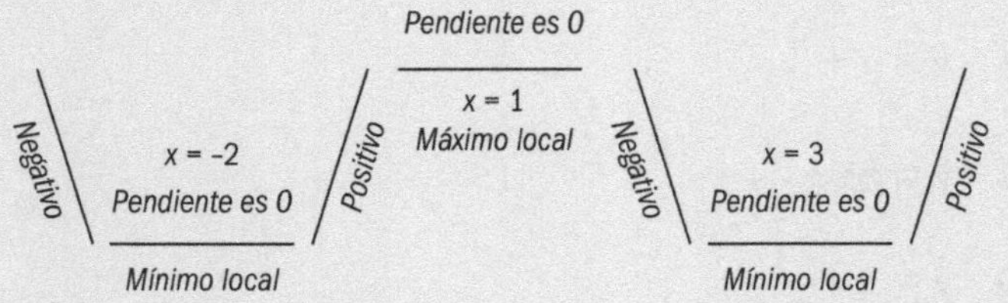

Usando los resultados de la tabla, hacer un dibujo aproximado del patrón que siguen las pendientes

$(-2, -147)$ es un **mínimo** local.

A medida que los valores de x crecen, pasando por el punto (−2, −147), la pendiente de la curva cambia así: negativo → 0 → positivo.

$(1, 42)$ es un **máximo** local.

A medida que los valores de x crecen, pasando por el punto (1, 42), la pendiente de la curva cambia así: positivo → 0 → negativo.

$(3, -22)$ es un **mínimo** local.

A medida que los valores de x crecen, pasando por el punto (3, –22), la pendiente de la curva cambia así: negativo → 0 → positivo.

Ejercitación 6K

Determine las coordenadas de los puntos estacionarios de las siguientes curvas. En cada caso, decida si son máximos o mínimos. Verifique sus respuestas usando su CPG.

1 $y = x^3 - 9x^2 + 24x - 20$ **2** $y = x^3 + 6x^2 + 9x + 5$

3 $y = x(9 + 3x - x^2)$ **4** $y = x^3 - 3x^2 + 5$

5 $y = x(27 - x^2)$

6 $y = x^2(9 - x)$

7 $f(x) = x + \dfrac{1}{x}$

8 $f(x) = x + \dfrac{9}{x}$

9 $f(x) = \dfrac{x}{2} + \dfrac{8}{x}$

10 $f(x) = \dfrac{9}{x} + \dfrac{x}{4}$

11 $f : x \to x^2 - \dfrac{16}{x}$

12 $f : x \to 9x + \dfrac{1}{6x^2}$

"$f : x \to$" se lee "f es la función que asigna a cada elemento x" y significa lo mismo que "$f(x) =$".

A veces podemos determinar la naturaleza del punto estacionario sin estudiar el signo de las pendientes a ambos lados.

Ejemplo 16

Halle las coordenadas de los puntos estacionarios de la curva $y = 9x - 3x^2 + 8$ y determine su naturaleza.

Respuesta En un punto estacionario:	
$\dfrac{dy}{dx} = 9 - 6x = 0$ $x = 1{,}5$	*Hallar x*
$y = 9(1{,}5) - 3(1{,}5)^2 + 8$ $= 14{,}75$	*Reemplazar $x = 1{,}5$ en $y = 9x - 3x^2 + 8$*
El punto estacionario es (1,5; 14,75). El punto estacionario es un máximo local.	*Las funciones cuadráticas en las que x^2 tiene un coeficiente negativo tienen la forma:*

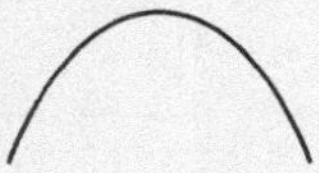

Las funciones cuadráticas en las que x^2 tiene un coeficiente positivo tienen la forma:

Ejercitación 6L

Halle las coordenadas del punto máximo local o del punto mínimo local en cada una de estas funciones cuadráticas.
Indique la naturaleza de este punto.

1 $y = x^2 - 4x + 10$

2 $y = 18x - 3x^2 + 2$

3 $y = x^2 + x - 3$

4 $y = 8 - 5x + x^2$

5 $y = 3x + 11 - x^2$

6 $y = 20 - 6x^2 - 15x$

7 $y = (x - 3)(x - 7)$

8 $y = x(x - 18)$

9 $y = x(x + 4)$

6.7 Uso de derivadas en la elaboración de modelos matemáticos: optimización

Un problema introductorio

En el capítulo 4, usamos funciones cuadráticas para modelizar varias situaciones. Uno de los problemas de optimización trataba de maximizar el área de un terreno rectangular en el que un lado estaba limitado por un canal y los otros tres por un cerco de 120 m.

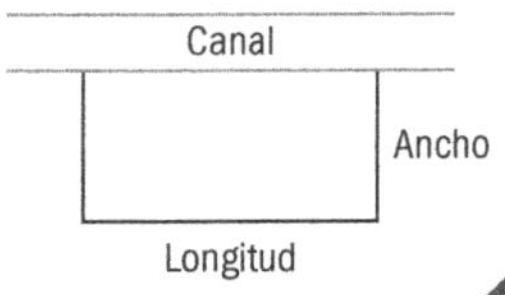

Un modelo es una función matemática que describe una situación. En este caso, necesitamos un modelo para el área del terreno (el rectángulo), para distintos anchos.

Primero, hay que identificar las **variables** del problema. Estas son:

- El ancho del terreno
- La longitud del terreno
- El área del terreno

Segundo, identificar las **restricciones** del problema. La restricción en este problema es que se usan 120 m de cerco para 3 lados.

En muchas ocasiones resulta útil probar con algunos ejemplos numéricos, para poner el problema en contexto y para indicar el método. Por ejemplo:

1 Si el ancho fuera 20 m, entonces la longitud sería $120 - 2(20) = 80\,\text{m}$.

El área sería $20 \times 80 = 1600\,\text{m}^2$.

2 Si el ancho fuera 50 m, entonces la longitud sería $120 - 2(50) = 20\,\text{m}$.

El área sería $50 \times 20 = 1000\,\text{m}^2$.

Observe que, aunque la longitud del cerco es constante, el tamaño del área encerrada varía.

Elaboración del modelo

El modelo es para el área del terreno y es una función tanto del *ancho* como de la *longitud*.

1 Definir las variables
Sea A el área del terreno, x el ancho del terreno e y la longitud del terreno:
Entonces, $A = xy$

2 Escribir la restricción algebraicamente:
$120 = 2x + y$

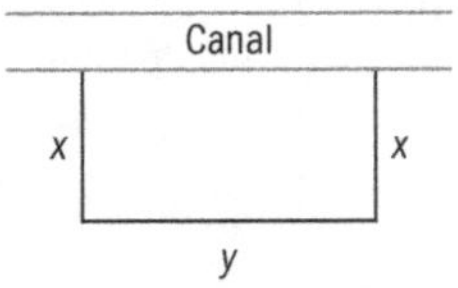

$x + x + y = 2x + y = 120$

Si definimos las variables en una forma diferente, obtenemos una función diferente. En este ejemplo podríamos haber definido la **longitud** como x y el ancho como y. Entonces la función $A(x)$ hubiera sido una función distinta, pero correcta.

3 Usar la fórmula de la restricción para escribir la función del área utilizando solo una variable independiente
Reescribir la restricción: $y = 120 - 2x$
Reemplazar en la función del área: $A = xy = x(120 - 2x)$

Por lo tanto, un modelo para el área del terreno es $A(x) = x(120 - 2x)$, donde x es el ancho del terreno.

Para determinar el área máxima (la solución óptima), igualar la función derivada a cero

La fórmula para el área es: $A(x) = x(120 - 2x)$

Desarrollar los paréntesis: $A(x) = 120x - 2x^2$

Derivar: $\frac{\mathrm{d}A}{\mathrm{d}x} = A'(x) = 120 - 4x$

Igualar $\frac{\mathrm{d}A}{\mathrm{d}x}$ a cero: $120 - 4x = 0$

Resolver: $4x = 120 \Rightarrow x = 30$

En la función cuadrática $A(x)$, x^2 tiene un coeficiente negativo; por lo tanto, el punto estacionario es un máximo.

El ancho del rectángulo óptimo es 30 m. Para hallar la longitud, reemplazar $x = 30$ en $y = 120 - 2x$.

$120 - 2(30) = 60\,\text{m}$

Las dimensiones del rectángulo son el ancho de 30 m y la longitud de 60 m.

Para hallar el área máxima, reemplazar $x = 30$ en $A(x) = x(120 - 2x)$

El área máxima es $A(30) = (30)(120 - 2(30)) = 1800\,\text{m}^2$.

➔ En problemas de optimización, usar derivadas para hallar el valor óptimo (o bien el máximo o bien el mínimo) de una función en la que interactúan dos variables

Necesitamos hallar una fórmula para esta función que esté escrita en función de estas dos variables y una fórmula para la restricción del problema que relacione estas dos variables. Usamos la fórmula de la restricción para eliminar una de las variables.

En este curso solo usamos derivadas de funciones que tienen una variable.

Ejemplo 17

Optimice la función $A = 3xy$ sujeto a la restricción $x + y = 20$.

Respuesta	
$y = 20 - x$	*Despejar y de la restricción*
$A = 3xy = 3x(20 - x)$	*Reemplazar y en la función*
$A(x) = 60x - 3x^2$	*Simplificar*
$\frac{dA}{dx} = 60 - 6x$	*Derivar*
$60 - 6x = 0 \Rightarrow x = 10$	*Igualar a cero* $\frac{dA}{dx}$ *y hallar x*
$A(10) = 60(10) - 3(10)^2 = 300$	*Reemplazar el valor de x en A(x) para hallar el valor óptimo de A*
El valor óptimo de A es 300.	

$A(x)$ es una función cuadrática. El valor 300, ¿es un máximo o un mínimo?

Ejercitación 6M

1 $A = bh$, sujeto a la restricción $b - h = 7$.

a Utilice la restricción para expresar b en función de h.

b Exprese A en función de h.

2 $V = 3xt$ sujeto a la restricción $x + t = 10$.

a Utilice la restricción para expresar x en función de t.

b Exprese V en función de t.

3 $p = x^2y$ sujeto a la restricción $2x + y = 5$.

a Utilice la restricción para expresar y en función de x.

b Exprese p en función de x.

4 $R = \frac{1}{2}nr^2$ sujeto a la restricción $n - r = 25$.

a Exprese R en función de r. **b** Exprese R en función de n.

Una habilidad importante es saber seleccionar qué variable eliminar. Una mala elección podría hacer que la función sea más complicada.

5 $L = 2m(m + x)$ sujeto a la restricción $\frac{1}{2}(x + 5m) = 50$.

a Exprese L en función de m. **b** Exprese L en función de x.

6 $V = \pi r^2 h$ y $2r + h = 17$.

a Exprese V en función de r. **b** Exprese V en función de h.

7 $y = 5x^2 + c$ y $12x - 2c = 3$.

a Exprese y en función de x.

b Halle $\frac{dy}{dx}$.

c A partir de lo anterior, halle el valor mínimo de y.

d Halle el valor de c que le corresponde a este valor mínimo.

¿Cómo sabemos, sin estudiar la pendiente, que este es un mínimo?

8 $N = 2n(5 - x)$ y $12n + 10x = 15$.

a Exprese N en función de n.

b Halle $\frac{dN}{dn}$.

c A partir de lo anterior, halle el valor mínimo de N.

d Halle el valor de x que le corresponde a este valor mínimo.

9 Dados $A = \frac{1}{2}LB$ y $3L - 5B = 18$, exprese A en función de L.
A partir de lo anterior, halle el valor mínimo de A y el valor de B que le corresponde a este valor mínimo.

10 Dados $C = \pi fr$ y $r = 30 - 3f$, exprese C en función de f o de r.
A partir de lo anterior, halle el valor máximo de C y los valores de f y de r que corresponden a este valor máximo.

11 Dados $a - b = 10$ y $X = 2ab$, halle el valor mínimo de X.

12 Dado $x + 2t = 12$, halle el valor máximo/mínimo de tx y determine la naturaleza de este valor óptimo.

Plantear $A = tx$

13 Dado $3y + x = 30$, halle el valor máximo/mínimo de $2xy$ y determine su naturaleza.

14 Dado $2M - L = 28$, halle los valores de L y de M que hacen que $3LM$ sea un valor máximo/mínimo. Halle este valor óptimo y determine su naturaleza.

15 Dado $c + g = 8$, exprese $c^2 + g^2$ solo en función de g. A partir de lo anterior, halle el valor mínimo de $c^2 + g^2$ sujeto a la restricción $c + g = 8$.

Plantear $A = c^2 + g^2$

16 La suma de 2 números es igual a 6. Halle los valores de estos números, si se sabe que la suma de sus cuadrados es un mínimo.

17 Dado $r + h = 6$, exprese r^2h solo en función de r. A partir de lo anterior, halle el valor máximo de r^2h sujeto a la restricción $r + h = 6$.

18 Sabiendo que $m + n = 9$, halle los valores máximos/mínimos de m^2n e identifíquelos.

Al comienzo de este capítulo, mencionamos el diseño óptimo de una lata como aquel que usa la menor cantidad de metal para contener una capacidad determinada. En el ejemplo 18, se calcula el área mínima para una lata que contiene 330 cm³.

Ejemplo 18

Halle el área mínima de un cilindro cuyo volumen es igual a 330 cm³.

Respuesta Sean: A el área total del cilindro r el radio de la base del cilindro a la altura del cilindro	*Definir las variables*
Entonces $A = 2\pi r^2 + 2\pi ra$ $\pi r^2 a = 330$	*La restricción es que el volumen del cilindro es 330 cm³*
$a = \frac{330}{\pi r^2}$	*Despejar a*
$A = 2\pi r^2 + 2\pi ra$ $= 2\pi r^2 + 2\pi r\left(\frac{330}{\pi r^2}\right)$	*Reemplazar la expresión de a en la función del área para reducirla a una sola variable*
$= 2\pi r^2 + \frac{660}{r}$	*Simplificar*
$A = 2\pi r^2 + 660r^{-1}$	*Reescribir usando potencias*
$\frac{dA}{dr} = 4\pi r + (-1)660r^{-2}$	*Derivar*
$\frac{dA}{dr} = 4\pi r - \frac{660}{r^2}$	*Simplificar*
$4\pi r - \frac{660}{r^2} = 0$	*Igualar $\frac{dA}{dx}$ a cero para hallar el mínimo*
$4\pi r = \frac{660}{r^2}$ $4\pi r^3 = 660$ $r^3 = \frac{660}{4\pi}$ $r^3 = \frac{165}{\pi} \Rightarrow r = \sqrt[3]{\frac{165}{\pi}}$ $r = 3{,}74$ cm (3 cs)	*Resolver* *Podríamos resolverlo usando la CPG.*

▶ Continúa en la página siguiente.

¿Es una lata de refresco perfectamente cilíndrica? ¿Qué suposiciones debemos hacer al modelizar?

El área de un cilindro es $A = 2\pi r^2 + 2\pi ra$.

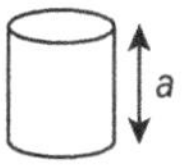

El volumen de un cilindro es $V = \pi r^2 a$.

En $r = 1$, $\frac{\mathrm{d}A}{\mathrm{d}r} = 4\pi(1) - \frac{660}{(1)^2} < 0$

En $r = 10$, $\frac{\mathrm{d}A}{\mathrm{d}r} = 4\pi(10) - \frac{660}{(10)^2} > 0$

Así que el área mínima es:

$A = 2\pi(3{,}74)^2 + \frac{660}{(3{,}74)} = 264\,\text{cm}^2$

Verificar que el valor de r da un punto mínimo local, analizando las pendientes a ambos lados de r = 3,74

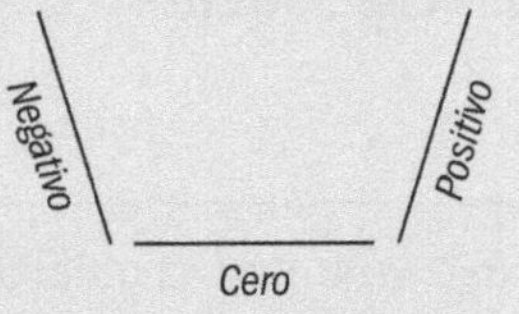

r = 3,74 da un mínimo.

Podemos, con esta área, hallar la altura del cilindro reemplazando $r = 3{,}74$ en $a = \frac{330}{\pi r^2}$.

Ejercitación 6N

1 Un jardinero desea cercar una parcela rectangular de tierra usando un rollo de alambrado que tiene 40 m de longitud. Un lado de la parcela es la pared del jardín.
¿Cómo debería el jardinero doblar el alambrado para cercar el área máxima?

Dibuje primero un diagrama.

2 La suma de 2 números es igual a 20. Sea x el primer número. Escriba una expresión para el segundo número en función de x. Halle el valor de x sabiendo que el doble del cuadrado del primer número sumado al triple del cuadrado del segundo número es un mínimo.

PREGUNTAS TIPO EXAMEN

3 Una caja rectangular **abierta** tiene una longitud igual al doble de su ancho. El área total de la caja es igual a $150\,\text{cm}^2$.
El ancho de la caja es x cm, y su altura es a cm. Exprese el área total de la caja en función de x y de a.
Utilice esta expresión (restricción) para hallar el volumen de la caja solo en función de x.
A partir de lo anterior, halle el máximo valor posible para el volumen de la caja, y el ancho, la longitud y la altura que se necesitan para obtener este volumen.

4 Un trozo de cable de 24 cm de longitud se dobla para formar un rectángulo con un único lado duplicado, para lograr mayor resistencia. Halle las dimensiones del rectángulo para las que se obtiene el área máxima.

5 Una larga tira de metal de 120 cm de ancho se dobla para formar la base y los dos lados de un conducto que tiene una sección transversal rectangular. Halle el ancho de la base que hace que el área de la sección transversal sea máxima.

6 La suma de la altura y el radio de la base de un cono es igual a 12 cm. Halle el máximo volumen del cono, y los valores de la altura y del radio que se necesitan para obtener este volumen.

7 Una caja cerrada con una base cuadrada se construye con $600\,\text{cm}^2$ de metal. Halle las dimensiones de la caja para que su volumen sea máximo. Halle el valor de este volumen máximo.

8 El área total de una lata cilíndrica cerrada ha de ser $600\,\text{cm}^2$. Halle las dimensiones de la lata, si el volumen de la lata ha de ser un máximo.

9 De una lámina cuadrada de metal de 24 cm de lado se construye una bandeja abierta de x cm de profundidad, cortando de cada esquina un cuadrado de x cm y doblando a lo largo de la línea punteada, como se muestra en el diagrama.

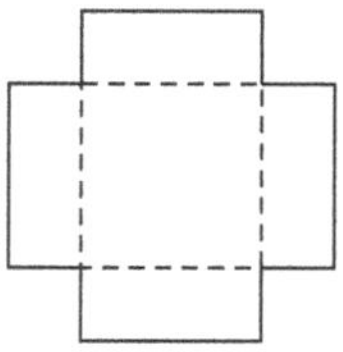

Muestre que el volumen de la bandeja es $4x\,(144 - 24x + x^2)\,\text{cm}^3$.
Halle el valor de x que hace que este volumen sea un máximo.

10 Una lámina rectangular de metal mide 16 cm por 10 cm. Se cortan, de cada una de las esquinas, cuadrados iguales de x cm de lado y lo que queda se dobla para formar una bandeja de x cm de profundidad. Muestre que el volumen de la bandeja es $4x(8 - x)(5 - x)\,\text{cm}^3$, y halle el máximo volumen.

11 Un envase para sopa está hecho con forma cilíndrica, de manera que la cantidad de metal utilizada para hacer el envase es mínima. El volumen del envase es igual a $350\,\text{cm}^3$.

a Si el radio de la base del envase es igual a 5 cm, halle la altura del envase.

b Si el radio de la base del envase es igual a 2 cm, halle la altura del envase.

c **i** Utilice el volumen del envase para escribir la restricción que relaciona el radio del envase y su altura.

ii Muestre que la restricción se puede escribir como $a = \dfrac{350}{\pi r^2}$.

iii Halle una expresión para A, el área total de la superficie del cilindro, únicamente en función de r.

iv Halle las dimensiones del envase que minimizan su área total.

v Halle el valor de esta área mínima.

> El área del cilindro es igual al área del metal utilizado al formar el envase.

12 El diagrama muestra un terreno rectangular cuya área es $50\,000\,\text{m}^2$. Debe ser dividido por la mitad y también cercado.
La forma más eficiente de encerrar el área es construyendo el cerco de manera que su longitud total sea mínima.

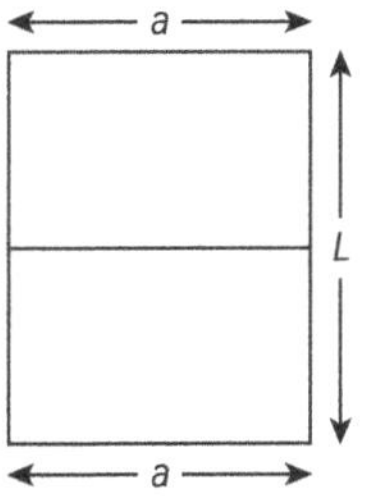

a Si la longitud (L) del terreno es igual a 200 m, ¿cuál es el ancho?

b Halle la longitud total del cerco en este caso.

c Utilice el área fija dada para escribir la restricción del problema algebraicamente.

d Halle las dimensiones del terreno que hacen que la longitud del cerco sea mínima. Halle el perímetro del terreno en este caso.

13 Un segundo terreno rectangular es idéntico al de la pregunta **12**. El costo del cerco alrededor de su perímetro es \$3 por metro. El costo del cerco divisorio es \$5 por metro. La forma más eficiente de encerrar el área minimiza el **costo** total del cerco.

a Halle el costo total del cerco cuando la longitud (L) es igual a 200 m.

b Utilice el área fija para escribir la restricción del problema algebraicamente.

c Halle las dimensiones del terreno que hacen que el **costo** del cerco sea mínimo. Halle el costo en este caso.

14 La página de un libro de matemática se diseña para tener un área de impresión de 144 cm², más márgenes de 2 cm de cada lado y de 3 cm en la parte superior y en la parte inferior. En el diagrama se muestra la página con el área de impresión sombreada.

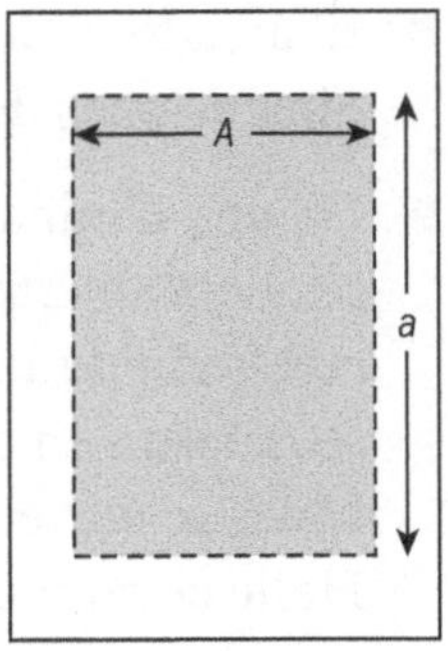

a Si el ancho del área de impresión (A) es igual a 9 cm, halle su altura (a).
Utilizando estos valores, halle el área de la página.

b Si el ancho del área de impresión es 14 cm, calcule el área de la página.

c Escriba una expresión para el área de impresión en función de A y de a.

d Escriba una expresión para P, el área **de la página** en función de A y de a.

e Utilice los resultados de los apartados **c** y **d** para mostrar que $P = 168 + 4a + \frac{864}{a}$.

f Halle las dimensiones de la página que minimizan su área.

15 Una pecera ha de construirse en forma de ortoedro con una base rectangular, cuya longitud es el doble del ancho. El volumen de la pecera se fija en 225 litros. La pecera ha de construirse de manera que la longitud total de acero utilizado para el marco sea mínima.

a **i** Si la longitud de la base es 100 cm, ¿cuál es el ancho?

ii Muestre que, en este caso, la altura de la pecera es 45 cm.

iii Halle la longitud total del marco de acero.

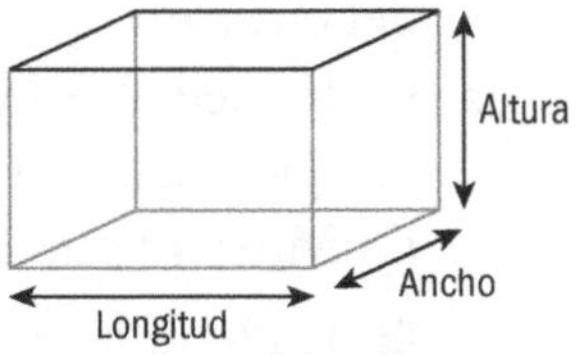

b Si el ancho de la pecera es x, halle una expresión para el volumen de la pecera en función de x y de a, la altura de la pecera.

c Muestre que L, la longitud total del marco de acero, se puede escribir como $L = 6x + \frac{450\,000}{x^2}$.

d Halle las dimensiones de la pecera que minimizan la longitud del marco de acero. También halle la longitud del marco en este caso.

RESUMEN DEL CAPÍTULO 6

Introducción al cálculo de derivadas

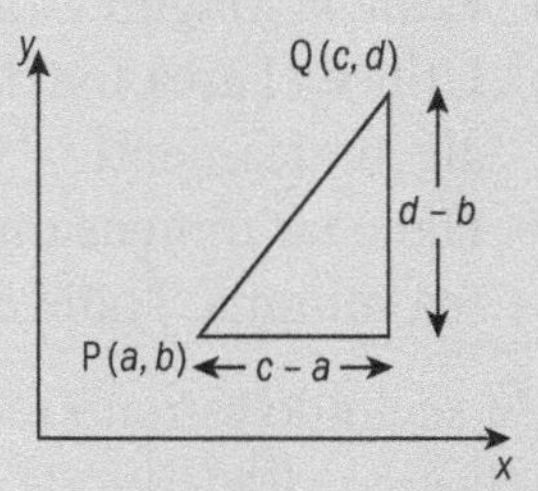

- Si P es el punto (a, b) y Q es (c, d), entonces la pendiente, m, de la recta PQ es $m = \frac{d-b}{c-a}$.

La función derivada

- Para derivar una función, hallar la función derivada:

Función	Función derivada
$y = ax^n$	$\frac{dy}{dx} = nax^{n-1}$
$f(x) = ax^n$	$f'(x) = nax^{n-1}$

El proceso es válido para **todos** los valores de n, positivos y negativos.

Continúa en la página siguiente.

Cálculo de la pendiente de la curva en un punto dado

- Podemos usar la función derivada para determinar el valor exacto de la pendiente de una curva en un punto particular de la misma.
- En un punto máximo o mínimo local, $f'(x) = 0 \left(\frac{dy}{dx} = 0\right)$.

La tangente y la normal a una curva

- La tangente a una curva en un punto P es la recta que pasa por P y tiene la misma pendiente que la curva en el punto P.
- Para hallar la ecuación de la tangente a una curva en P(a, b):
  1. Calcular la coordenada y de P, b, usando la ecuación de la curva
  2. Hallar la función derivada, $\frac{dy}{dx}$
  3. Reemplazar la coordenada x de P, a, en $\frac{dy}{dx}$ para calcular el valor de la pendiente en P, m
  4. Usar la ecuación de la recta $(y - b) = m\,(x - a)$
- La normal es perpendicular a la tangente, así que su pendiente, m', se halla usando la fórmula $m' = \frac{-1}{m}$, donde m es la pendiente de la tangente.

Razón de cambio

- Para la función $y = f(x)$, la función derivada $\frac{dy}{dx} = f'(x)$ es la razón de cambio de y con respecto a x.

Puntos máximos y mínimos locales

- En un máximo local, la curva deja de crecer y cambia de dirección, es decir, que "gira" y comienza a decrecer. Por lo tanto, a medida que x crece, ocurren tres tipos de pendiente, en este orden: positivo, cero, negativo. El punto donde la pendiente es cero es el punto máximo.
- En un mínimo local, la curva deja de decrecer y cambia de dirección, es decir, que "gira" y comienza a crecer. Por lo tanto, a medida que x crece, ocurren tres tipos de pendiente, en este orden: negativo, cero, positivo. El punto donde la pendiente es cero es el punto mínimo.
- En un punto estacionario, ya sea un máximo o un mínimo local, $f'(x)$ es igual a cero.

Uso de derivadas en la elaboración de modelos matemáticos: optimización

- En problemas de optimización, usar derivadas para hallar el valor óptimo (o bien el máximo o bien el mínimo) de una función en la que interactúan dos variables

Matemática: ¿invención o descubrimiento?

▶ El invento del telescopio espacial Hubble, que ha estado orbitando la Tierra desde 1990, ha permitido a los astrónomos descubrir quásares, la existencia de energía oscura y la edad del universo.

- Escribir:
  - Tres "cosas" que han sido **inventadas**
  - Tres "cosas" que han sido **descubiertas**

Quizás en "invenciones" haya incluido cosas como la rueda, el motor eléctrico y el reproductor de mp3. En "descubrimientos" puede haber incluido el rozamiento, la electricidad, el magnetismo, una especie de rana y el nacimiento del río Nilo.

A partir de estas listas, pareciera que las invenciones son objetos que pueden tocarse y sentirse, mientras que los descubrimientos son generalmente fenómenos que ocurren naturalmente. La gente crea los inventos con sus manos y con maquinaria, y busca nuevos descubrimientos (a menudo, utilizando para ello nuevos inventos).

Las leyes de la naturaleza son los pensamientos matemáticos de Dios.
Euclides

Esto nos lleva a una de nuestras grandes preguntas en TdC sobre la matemática:

- ¿La **matemática** se inventa, y se acuerda con convenciones, o es algo que, de alguna manera, los seres humanos descubren acerca del mundo externo?

Podemos usar la matemática con éxito para modelizar procesos del mundo real.

Si la matemática es simplemente un invento de la mente humana, ¿cómo puede haber tales aplicaciones maravillosas en el mundo externo?

- ¿Esto ocurre porque creamos la matemática para reflejar el mundo?
- ¿O es el mundo intrínsecamente matemático?

▼ En la sección de TdC del capítulo 7, podemos ver cómo la cámara de una concha de Nautilus se relaciona con los espirales de Fibonacci.

De la geometría euclidiana a la geometría no euclidiana

Euclides formalizó las reglas de las figuras geométricas en dos dimensiones. Comenzó con un conjunto de suposiciones básicas (sus axiomas y postulados), que parecían surgir naturalmente del mundo observable. Por ejemplo: "Se puede dibujar una recta entre cualquier par de puntos". Construyendo sobre estos fundamentos, probó propiedades de figuras, como por ejemplo, el teorema de Pitágoras y que la suma de los ángulos interiores de un triángulo es igual a 180°.

Otras propiedades geométricas importantes son incognoscibles a través de la geometría euclidiana. Por ejemplo, los ángulos de un triángulo dibujados con rectas en la superficie plana, bidimensional de una esfera suman más de 180°. Así nació la geometría no euclidiana, con sistemas diferentes, que dependen de axiomas nuevos.

- ¿Esto sugiere que la matemática es una invención?
- ¿Puede cualquiera empezar con cualquier conjunto (no contradictorio) de axiomas que quiera y crear su propio sistema matemático de reglas, leyes y teoremas?

Sistemas axiomáticos

Podemos crear un sistema de axiomas, pero si estos se corresponden con las verdades fundamentales del universo natural, entonces las reglas y leyes que surgen de ellos también están ligadas a estos principios fundamentales. Las conclusiones (como el teorema de Pitágoras) ya existen, ya sea que las descubramos o no. Además, si nuestro sistema es coherente, no hay otras conclusiones posibles.

- ¿Esto sugiere que la matemática es un descubrimiento?

Los sistemas axiomáticos se pueden pensar como invenciones, pero también revelan verdades nuevas acerca de los números, y esa parte es un descubrimiento.

▶ Una invención como el motor de combustión interna está sujeta a la ley de conservación de energía.

Newton frente a Leibniz

El desarrollo del cálculo fue realmente la culminación de siglos de trabajo de matemáticos alrededor de todo el mundo.

A los matemáticos del siglo XVII Isaac Newton (inglés) y Gottfried Wilhelm Leibniz (alemán) se les atribuye el desarrollo real del cálculo. Uno de los conflictos más famosos en la historia de la matemática es la discusión sobre cuál de ellos inventó o descubrió el cálculo primero, y si es que hubo o no plagio.

Hoy en día se cree, en general, que Newton y Leibniz sí desarrollaron el cálculo cada uno por su lado. El cálculo moderno surgió en el siglo XIX, gracias al esfuerzo de matemáticos como Augustin-Louis Cauchy (francés), Bernhard Riemann (alemán), Karl Weierstrass (alemán), y otros.

- Cuando la gente busca aclamación personal por su trabajo, ¿cuáles son algunas de las consecuencias?
- Supongamos que es verdad que Newton y Leibniz desarrollaron el cálculo en forma independiente uno del otro. ¿Le agregaría esto respaldo a la idea de que el cálculo fue descubierto?
- El trabajo de estos matemáticos, ¿surgió de la necesidad de resolver ciertos problemas de la vida real o puramente a partir de la curiosidad intelectual?

7 Número y álgebra 2

OBJETIVOS DEL CAPÍTULO:

1.5 Conversión de divisas que incluyan comisión

1.7 El primer término y la diferencia de una progresión aritmética, las fórmulas del término *n*-ésimo y de la suma de los *n* primeros términos

1.8 El primer término y la razón de una progresión geométrica, las fórmulas del término *n*-ésimo y de la suma de los *n* primeros términos

1.9 Interés compuesto, depreciación anual e inflación

Antes de comenzar

Qué necesitamos saber

1 Usar y reordenar fórmulas. Por ejemplo: dada la fórmula $A = \pi r^2 + 2\pi rh$, hallar A cuando $r = 3$ y $h = 2$.

$A = \pi(3)^2 + 2\pi(3)(2) = 66{,}0$

Reordenar la fórmula para despejar h.

$A - \pi r^2 = 2\pi rh \qquad h = \dfrac{A - \pi r^2}{2\pi r}$

2 Hallar porcentajes. Por ejemplo: aumentar \$4100 un 3%.

$\dfrac{3}{100} \times 4100 = \$123$

\$4100 + \$123 = \$4223 o

\$4100 + 3% de \$4100 = \$4100(100% + 3%)
= \$4100(1,03) = \$4223

3 Resolver sistemas de ecuaciones lineales a mano o usando la calculadora de pantalla gráfica (en adelante, CPG).

Por ejemplo:

$3x + 2y = 13$ ①

$x + 5y = 13$ ②

Ecuación ② × 3: $3x + 15y = 39$ ③

Ecuación ③ − ①: $13y = 26$

$y = 2$

Reemplazar $y = 2$ en ① para obtener $x = 3$

Comprobemos nuestras habilidades

1 Dada la fórmula:

$A = \pi r^2 + \pi rs$

a Halle A cuando $r = 4$ y $s = 3$

b Reordene la fórmula para despejar s

2 **a** Aumente GBP630 un 4%.

b Aumente 652 un 12%.

c Una zapatería hace descuentos del 20% por liquidación de su mercadería.
Halle el precio de oferta de un par de zapatos que originalmente costaba EUR120.

3 Resuelva el sistema de ecuaciones:

$x - 2y = 11$

$3x + y = -2$

En el capítulo 12, sección 1.1, se muestra cómo resolver sistemas de ecuaciones usando la CPG.

Alrededor nuestro existen patrones; algunos son naturales y otros los construimos nosotros mismos. Este cerco está formado por secciones. La primera sección tiene ocho piezas verticales y dos barandas horizontales; la segunda sección utiliza, de la primera sección, la pieza vertical que está más a la derecha, así que solo tiene siete piezas verticales y dos barandas horizontales, y así sucesivamente.

Así que las piezas verticales dan origen a la progresión 8, 15, 22, 29, 36, . . . y las horizontales forman la progresión 2, 4, 6, 8, 10, . . .

El del cerco no es el único patrón que forma una progresión en el jardín. Diferentes variedades de flores tienen diferente cantidad de pétalos y estos números muchas veces aparecen en la progresión de Fibonacci: 1, 1, 2, 3, 5, 8, 13, . . .

Una progresión numérica es cualquier patrón de números que sigue una regla.

A un nivel microscópico, en la tierra las bacterias crecen y se reproducen, de manera que la masa total se duplica cada 8 horas. Una masa inicial de 0,2 gramos nos da la progresión 0,2; 0,4; 0,8; 1,6; 3,2; . . .

En este capítulo aprenderemos acerca de diferentes tipos de progresiones, y cómo usar y definir sus reglas, antes de explorar de qué manera estas técnicas son útiles en una gran variedad de situaciones, incluidos el cambio de divisas y los cálculos de intereses bancarios.

¿Cuál es la regla para generar el próximo término de la progresión de Fibonacci?

→ Una **progresión de números** es una lista de números (finita o infinita) presentada en un orden que obedece a una determinada regla.

Cada número de la progresión se denomina **término**.

El triángulo de Pascal debe su nombre al matemático francés Blaise Pascal (1623–1662). Sin embargo, el patrón se estudió aun antes de que Pascal naciera. ¿Por qué este patrón numérico lleva el nombre de Pascal? ¿Quién más sabía acerca de este patrón?

Investigación: progresiones numéricas

Aquí hay tres progresiones numéricas:

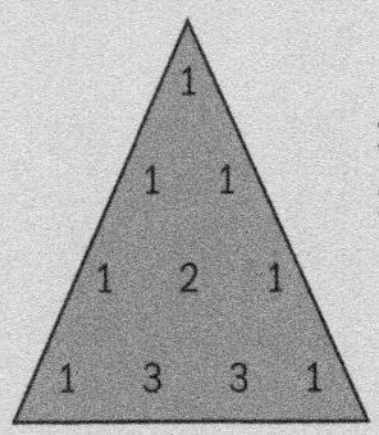

1 2 3 4 5 6 7 ...

1 8 27 64 125 216 343 ...

Los puntos indican que la progresión continúa indefinidamente.

Utilice Internet para averiguar qué progresiones son.
Escriba los dos términos siguientes en cada progresión.
Busque más progresiones y vea si los demás compañeros pueden continuar los patrones.

Investigación: mesadas

Nos dan las dos opciones siguientes, de las cuales hay que elegir una. Calcule cuánto dinero en total recibiremos de nuestros padres en cada caso (usar 1 año = 52 semanas). ¿Qué opción nos conviene y por qué?

A Nos dan una mesada de EUR5 por semana cuando tenemos 5 años de edad. Cada año la mesada se incrementa EUR1. Recibimos una mesada cada semana hasta que cumplimos 21 años.

B Nos dan una mesada de EUR5 por semana cuando tenemos 5 años de edad. Cada año la mesada se incrementa un 12%. Recibimos una mesada cada semana hasta que cumplimos 21 años.

7.1 Progresiones aritméticas

En una **progresión aritmética,** podemos hallar cada término sumando (o restando) el mismo número al término anterior.

Aquí se muestran algunas progresiones aritméticas:

2	4	6	8	10	12	...	Cada vez, sumar 2
3	3,5	4	4,5	5	5,5		
1	−2	−5	−8	−11	−14	...	Cada vez, sumar −3 (sumar −3 es lo mismo que restar 3)
−5	−5,1	−5,2	−5,3	−5,4	−5,5		

Aquí no hay puntos, así que la progresión tiene solo seis términos.

Una progresión aritmética aumenta, o disminuye, con pasos del mismo tamaño. El número que se suma cada vez se denomina **diferencia de la progresión**.

El primer término se escribe u_1, el segundo término es u_2, el tercer término es u_3, etc.

La diferencia se escribe d.

2	4	6	8	10	12	…	$u_1 = 2, d = 2$
3	3,5	4	4,5	5	5,5	…	$u_1 = 3, d = 0{,}5$
1	–2	–5	–8	–11	–14	…	$u_1 = 1, d = -3$
–5	–5,1	–5,2	–5,3	–5,4	–5,5	…	$u_1 = -5, d = -0{,}1$

d puede ser positiva o negativa.

Cualquier progresión aritmética se puede escribir como:

u_1

$u_2 = u_1 + 1d$ ← Observe que 1 = (2 – 1).

$u_3 = u_2 + d = u_1 + 2d$ ← Observe que 2 = (3 – 1).

$u_4 = u_3 + d = u_1 + 3d$ ← Observe que 3 = (4 – 1).

…

El número que multiplica a *d* es siempre igual al número de términos menos uno.

Siguiendo el patrón:

→ La fórmula para el término *n*-ésimo de una progresión aritmética es $u_n = u_1 + (n - 1)d$.

Siempre podemos hallar *d* calculando la diferencia entre cualquier término y el término anterior.

$$d = (u_2 - u_1) = (u_3 - u_2) = (u_4 - u_3), \text{ etc.}$$

Ejemplo 1

Para esta progresión de números:

2 5 8 11 14 17 …

a Muestre que la progresión es aritmética

b Escriba la diferencia de la progresión

c Halle el término 10.°

d Halle el término 25.°

Respuestas

a 2 5 8 11 14 17 … La progresión aumenta de 3 en 3. Por lo tanto, es una progresión aritmética.	*Calcular las diferencias entre los términos*
b $d = 3$	
c $u_{10} = 2 + (10 - 1) \times 3$ $= 2 + 27 = 29$	*Usar la fórmula del término n-ésimo con n = 10 y d = 3*
d $u_{25} = 2 + (25 - 1) \times 3$ $= 2 + 72 = 74$	*Aquí n = 25.*

Ejemplo 2

El segundo término de una progresión aritmética es 1 y el séptimo término es 26.

a Halle el primer término y la diferencia de la progresión.

b Halle el término 100.°.

Respuestas

a $u_2 = u_1 + d = 1$

$u_7 = u_1 + 6d = 26$

$u_7 - u_2 = 6d - d = 26 - 1$

$5d = 25$

$d = 5$

$u_1 + d = 1$

$u_1 + 5 = 1$

$u_1 = -4$

El primer término es −4 y la diferencia es 5.

Aquí tenemos un sistema de ecuaciones. Resolver usando álgebra o la CPG.

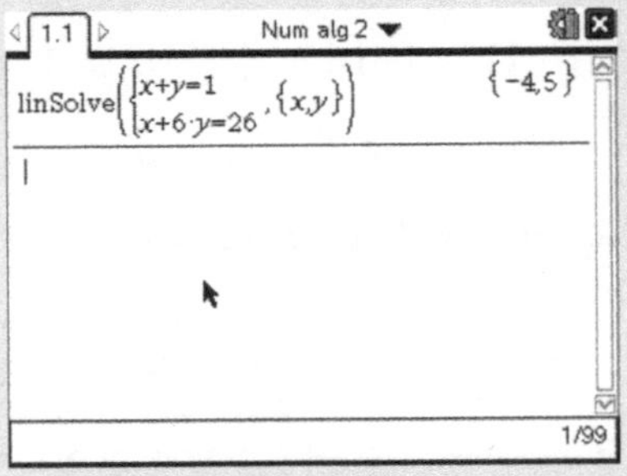

b $u_{100} = u_1 + 99d$

$= -4 + 99 \times 5$

$= 491$

Usar la fórmula para el término n-ésimo con $n = 100$, $u_1 = -4$, $d = 5$

En el capítulo 12, sección 1.1, se muestra cómo resolver sistemas de ecuaciones usando la CPG.

Ejemplo 3

Dada la progresión numérica: 6 10 14 ... 50

a Escriba el valor de la diferencia de la progresión

b Halle la cantidad de términos de la progresión

Respuestas

a $d = 4$

b $u_n = 50 \Rightarrow u_1 + (n - 1)4 = 50$

$6 + (n - 1)4 = 50$

$(n - 1)4 = 44$

$(n - 1) = 11$

$n = 12$

Así que la progresión tiene 12 términos.

Usar la fórmula del término n-ésimo con $u_1 = 6$, $d = 4$. Hallar n.

El último término es 50; o sea, $50 = u_n$.

Ejercitación 7A

PREGUNTAS TIPO EXAMEN

1 Los primeros cuatro términos de una progresión aritmética son: 3 7 11 15.

a Escriba el octavo término de la progresión.

b Halle el término 150.°.

2 El tercer término de una progresión aritmética es 8 y el noveno es 26.

a Escriba dos ecuaciones en u_1 y d para mostrar esta información.

b Halle los valores de u_1 y d.

PREGUNTAS TIPO EXAMEN

3 El primer término de una progresión aritmética es −12 y el noveno es 16.
Calcule el valor de la diferencia de la progresión.

4 Los primeros cuatro términos de una progresión aritmética son:
3, 7, 11, 15.
a Escriba el término n-ésimo de esta progresión.
b Calcule el término 50.° de esta progresión.

5 El término n-ésimo de una progresión aritmética es $u_n = 42 - 3n$.
a Calcule los valores de los primeros dos términos de esta progresión.
b ¿Qué término de la progresión es −9?
c La suma de 2 términos consecutivos de esta progresión, u_k y u_{k+1}, es 33. Halle k.

Dos términos son consecutivos cuando uno le sigue inmediatamente al otro.

6 El sexto término de una progresión aritmética es 34.
La diferencia es 6.
a Calcule el primer término de la progresión.

El término n-ésimo es 316.
b Calcule el valor de n.

7 El primer término de una progresión aritmética es 8 y la diferencia es 7. El término n-ésimo es 393. Halle el valor de n.

8 Dada la progresión finita:
−5 −1 3 7 11 ... 75
a Escriba el valor de la diferencia de la progresión
b Halle el término 13.°
c Halle el número de términos de la progresión

9 Dada la progresión finita:
8 10,5 13 15,5 ... 188
a Escriba el valor de la diferencia
b Halle el término 12.°
c Halle el número de términos que tiene esta progresión

10 El término n-ésimo de una progresión está dado por la fórmula $u_n = 12 + 7d$.
a Escriba los dos primeros términos.
b Escriba el valor de la diferencia de la progresión.
c Halle el término 25.°.

La suma de los *n* primeros términos de una progresión aritmética

La suma de los n primeros términos de una progresión aritmética se denomina **serie aritmética** y se escribe S_n.

$$S_n = u_1 + u_2 + u_3 + u_4 + \ldots + u_n$$

A menudo se dice que **Carl Friedrich Gauss** (1777–1855) fue el más grande matemático del siglo XIX. Averigüe cómo calculó Gauss la suma de los 100 primeros enteros.

Usando la fórmula para el término n-ésimo, podemos también escribir S_n como:

$$S_n = u_1 + (u_1 + d) + (u_1 + 2d) + (u_1 + 3d) + \dots + (u_1 + (n-1)d)$$

Escribiendo la serie de atrás hacia adelante, obtenemos:

$$S_n = (u_1 + (n-1)d) + (u_1 + (n-2)d) + (u_1 + (n-3)d) + (u_1 + (n-4)d) + \dots + u_1$$

Sumando estas dos series resulta:

$$2S_n = (2u_1 + (n-1)d) + (2u_1 + (n-1)d) + (2u_1 + (n-1)d) + (2u_1 + (n-1)d) + \dots + (2u_1 + (n-1)d)$$

Dado que hay n términos:

$$2S_n = n(2u_1 + (n-1)d)$$

→ La suma de los n primeros términos de una progresión aritmética está dada por la fórmula:

$$S_n = \frac{n}{2}(2u_1 + (n-1)d)$$

Hay que usar esta forma cuando conocemos el primer término y la diferencia de una progresión.

Podemos reescribir esto como:

$$S_n = \frac{n}{2}(u_1 + u_1 + (n-1)d)$$

Así que, dado que $u_n = u_1 + (n-1)d$, esto nos da otra fórmula equivalente.

→ Otra fórmula para la suma de los n primeros términos de una progresión aritmética es:

$$S_n = \frac{n}{2}(u_1 + u_n)$$

Hay que usar esta forma cuando conocemos el primer término y el último término.

Ejemplo 4

Los primeros cuatro términos de una progresión aritmética son:

5 8 11 14.

Calcule la suma de los primeros 80 términos.

Respuesta

$$S_{80} = \frac{80}{2}(2 \times 5 + (80-1) \times 3)$$
$$= 9880$$

$n = 80$, $u_1 = 5$, $d = 3$

Usar $S_n = \frac{n}{2}(2u_1 + (n-1)d)$

Solución usando la CPG:

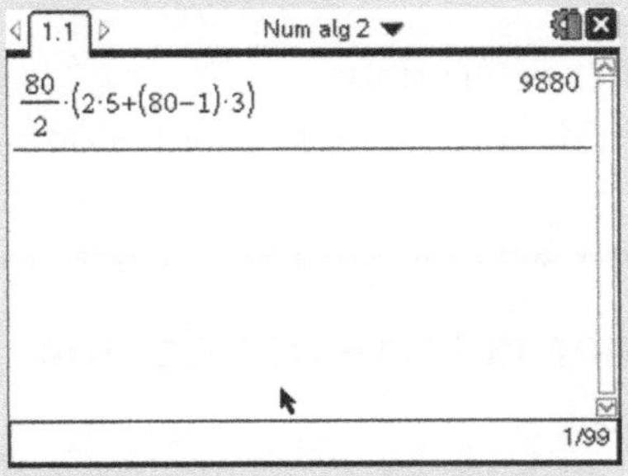

Ejemplo 5

Halle la suma de esta serie aritmética:
$-3 + 1 + 5 + 9 + \ldots + 81$

Respuesta

$u_n = 81 \Rightarrow u_1 + (n-1)d = 81$
$-3 + (n-1) \times 4 = 81$
$(n-1) \times 4 = 84$
$(n-1) = 21$
$n = 22$

Primero averiguar cuántos términos tiene la serie. El último término es $81 = u_n$.

Así que hay 22 términos.

$S_{22} = \frac{22}{2}(-3 + 81) = 11 \times 78$
$= 858$

Usar $S_n = \frac{n}{2}(u_1 + u_n)$

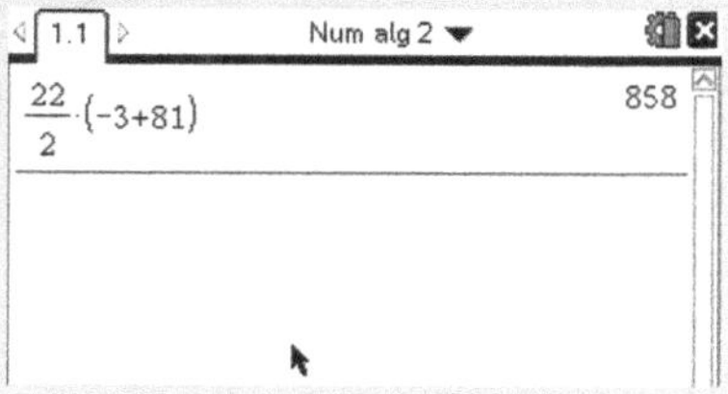

Ejercitación 7B

PREGUNTAS TIPO EXAMEN

1 Los primeros cinco términos de una progresión aritmética son:
1, 6, 11, 16, 21.

a Escriba el sexto término de la progresión.
b Calcule el término 50.°.
c Calcule la suma de los primeros 50 términos de la progresión.

2 Los primeros tres términos de una progresión aritmética son:
$k + 4$, $5k + 2$ y $10k - 2$.

a Muestre que $k = 2$.
b Halle los valores de los primeros tres términos de la progresión.
c Escriba el valor de la diferencia de la progresión.
d Calcule el término 25.° de la progresión.
e Halle la suma de los primeros 25 términos de la progresión.

3 El 6.° término de una progresión aritmética es 20 y el 11.° término es 50.

a **i** Halle la diferencia de la progresión.
ii Halle el primer término de la progresión.
b Calcule la suma de los primeros 100 términos.

4 Los primeros cuatro términos de una progresión aritmética son: 12, 8, 4, 0.

a Escriba el término n-ésimo de esta progresión.
b Halle la suma de los primeros 80 términos de esta progresión.

5 El segundo término de una progresión aritmética es 2 y el noveno término es –19.

a **i** Halle la diferencia de la progresión.
ii Halle el primer término de esta progresión.
b Calcule la suma de los primeros 60 términos.

PREGUNTAS TIPO EXAMEN

6 Halle la suma de esta serie aritmética:

$-7 + -2 + 3 + 8 + \ldots + 238$

7 Halle la suma de esta serie aritmética:

$26 + 24{,}5 + 23 + 21{,}5 + \ldots - 17{,}5$

8 Los primeros tres términos de una progresión aritmética son: $4k - 2$, $3k + 4$ y $6k$.

a Muestre que $k = 2{,}5$.

b Halle los valores de los primeros tres términos de la progresión.

c Escriba el valor de la diferencia de la progresión.

d Calcule el término 15.° de la progresión.

e Halle la suma de los primeros 15 términos de la progresión.

Aplicaciones de las progresiones aritméticas

Podemos usar progresiones y series aritméticas para resolver problemas de la vida cotidiana.

Ejemplo 6

Susana quiere comprar un apartamento.
Tiene que pagar el apartamento en **20** cuotas anuales.
La primera cuota es EUR5500. Cada cuota es de EUR500 más que la anterior.

a Escriba los valores de la segunda y de la tercera cuota.

b Calcule el valor de la cuota final.

c Muestre que el valor total que Susana pagaría por el apartamento es EUR205 000.

Respuestas

a Segunda cuota = EUR6000 Tercera cuota = EUR6500	*d = 500*
b $u_{20} = 5500 + (20 - 1) \times 500$ $= \text{EUR}15\,000$	*La cuota final es* u_{20}.
c $S_{20} = \frac{20}{2}(5500 + 15\,000)$ $= \text{EUR}205\,000$	*El total que tiene que pagar es* S_{20}. *Usar la CPG para hacer el cálculo.*

Ejemplo 7

Las ventas de teléfonos inteligentes crecen todos los años. La cantidad vendida en 2006 fue 25 000 000. La cantidad vendida en 2010 fue 35 800 000. Suponiendo que los números de las ventas siguen una progresión aritmética, calcule:

a La cantidad de teléfonos inteligentes vendidos en 2008

b La cantidad de teléfonos inteligentes que se espera vender en el año 2015

¿Por qué en la realidad estos valores podrían **no** formar una progresión aritmética?

▶ Continúa en la página siguiente.

Respuestas	
a $u_1 = 25\,000\,000$	u_1 = *ventas en 2006*
$u_5 = u_1 + 4d = 35\,800\,000$	*Así que* u_5 = *ventas en 2010*
$25\,000\,000 + 4d = 35\,800\,000$	
$4d = 10\,800\,000$	
$d = 2\,700\,000$	*Hallar d*
Así que en 2008:	
$u_3 = 25\,000\,000 + 2 \times 2\,700\,000$	u_3 = *ventas en 2008*
$= 30\,400\,000$	
b En 2015:	
$u_{10} = 25\,000\,000 + 9 \times 2\,700\,000$	u_{10} = *ventas en 2015*
$= 49\,300\,000$	

u_1	2006
u_2	2007
u_3	2008
u_4	2009
u_5	2010
⋮	

Ejercitación 7C

PREGUNTAS TIPO EXAMEN

1 Una mujer deposita \$50 en la cuenta de ahorro de su hija el día de su primer cumpleaños. En el segundo cumpleaños, deposita \$75, en el tercero \$100, y así sucesivamente.

a ¿Cuánto dinero depositará en la cuenta de ahorro de su hija el día que cumpla 18 años?

b ¿Cuánto dinero habrá en total después de que haya hecho el depósito el día en que su hija cumpla 18 años?

2 Matías se va a nadar. Nada el primer largo de la piscina en 2,5 minutos. El tiempo que demora en nadar cada largo es de 10 segundos más de lo que tardó en nadar el largo anterior.

a Halle el tiempo que tarda Matías en nadar el tercer largo.

b Halle el tiempo que tarda Matías en nadar un total de 10 largos de la piscina.

3 El señor Rodríguez decide aumentar en p yenes (JPY) por año la cantidad de dinero que da para beneficencia. El primer año da a yenes. En el sexto año, da el doble de lo que dio en el tercer año. En el 10.° año da para beneficencia JPY4000. Halle los valores de p y de a.

4 Una lotería está ofreciendo premios en una nueva competencia. El ganador puede elegir una de dos opciones:

Opción 1: \$1200 cada semana durante 10 semanas

Opción 2: \$150 en la primera semana, \$400 en la segunda semana, \$650 en la tercera semana, aumentando \$250 cada semana durante un total de 10 semanas

a Calcule la cantidad que usted recibiría en la 10.ª semana, si eligiera la opción 2.

b ¿Cuál es la cantidad total de dinero que usted recibiría si eligiera la opción 2?

c ¿Qué opción permite obtener la mayor cantidad total de dinero?

PREGUNTAS TIPO EXAMEN

5 Jaime está jugando a un juego. La primera vez que pasa el casillero "Cobrar", recibe $100. La segunda vez que pasa el casillero "Cobrar", recibe $110. Cada vez que pasa por el casillero "Cobrar", recibe $10 más que la vez anterior.

a Halle la cantidad de dinero que recibe cuando pasa el casillero "Cobrar" la 10.ª vez.

b Calcule cuánto recibe en total si pasa el casillero "Cobrar" 15 veces.

6 Un pequeño cine tiene 25 filas de asientos. La primera fila tiene 18 asientos. Cada fila tiene 2 asientos más que la fila anterior.

a Halle la cantidad de asientos que hay en la 10.ª fila.

b Halle la cantidad total de asientos que hay en el cine.

7.2 Progresiones geométricas

Una progresión numérica en la que cada término se puede hallar **multiplicando** el término anterior por una **razón** se denomina **progresión geométrica**.

El primer término se representa con u_1 y la razón con r.

Ejemplos de progresiones geométricas:

2	4	8	16	32	…	$u_1 = 2$ y $r = 2$
6	3	1,5	0,75	0,375	…	$u_1 = 6$ y $r = 0{,}5$
3	–9	27	–81	243	…	$u_1 = 3$ y $r = -3$

r puede ser positiva o negativa.

Para hallar r, podemos dividir cualquier término por el término anterior. A saber:

$r = \frac{u_2}{u_1} = \frac{u_3}{u_2} = \frac{u_4}{u_3}$, etc.

Cálculo del término *n*-ésimo de una progresión geométrica

El primer término de una progresión geométrica es u_1.

El segundo término, $u_2 = u_1 \times r = u_1 r^1$ ← $1 = 2 - 1$

El tercer término, $u_3 = u_1 \times r \times r = u_1 r^2$ ← $2 = 3 - 1$

El cuarto término, $u_4 = u_1 r^3$ ← $3 = 4 - 1$

…

El término *n*-ésimo es: $u_n = u_1 r^{n-1}$

El exponente de r es siempre 1 menos que el número de término.

→ La fórmula para el término *n*-ésimo de una progresión geométrica es $u_n = u_1 r^{n-1}$.

Ejemplo 8

Halle el octavo término de esta progresión geométrica: 24 12 6 3 …	
Respuesta $u_1 = 24$ y $r = \frac{12}{24} = \frac{1}{2} = 0,5$	*Hallar r usando* $\frac{u_2}{u_1}$
Así que $u_8 = 24(0,5)^7$ $= 0,1875$	*Usar* $u_n = u_1 r^{n-1}$ *con* $n = 8$ *Usar la CPG para calcular esto*

Ejemplo 9

El segundo término de una progresión geométrica es –15 y el quinto término es 405. Halle el primer término y la razón de la progresión.	
Respuesta $u_2 = u_1 \times r^1 = -15$ $u_5 = u_1 \times r^4 = 405$	*Usar* $u_n = u_1 r^{n-1}$ *para escribir ecuaciones para* u_1 *y* u_5
$\frac{u_1 \times r^4}{u_1 \times r^1} = \frac{405}{-15}$ $r^3 = -27$ $r = -3$	*Dividir* $\frac{u_5}{u_2}$ *para eliminar* u_1
$u_2 = u_1 \times r$ $-15 = u_1 \times -3$ $\frac{-15}{-3} = u_1$ $u_1 = 5$	*Usar r para hallar* u_1

Ejercitación 7D

PREGUNTAS TIPO EXAMEN

1 Una progresión geométrica tiene la forma 4, 8, 16, …

a Indique la razón de esta progresión.

b Calcule el término 20.° de esta progresión.

2 Una progresión geométrica tiene la forma 6, 2, $\frac{2}{3}$, …

a Indique la razón de esta progresión.

b Calcule el término 10.° de esta progresión.

3 Una progresión geométrica tiene la forma 1280, –640, 320, –160, …

a Indique la razón de esta progresión.

b Halle el octavo término de esta progresión.

4 Todos los términos de determinada progresión geométrica son positivos. El primer término es 5 y el tercer término es 20.

a Halle la razón.

b Halle el séptimo término de esta progresión.

PREGUNTAS TIPO EXAMEN

5 El segundo término de una progresión geométrica es 18 y el cuarto término es $\frac{81}{2}$.

Todos los términos de la progresión son positivos.

a Calcule el valor de la razón.

b Halle el octavo término de la progresión.

6 Considere la progresión geométrica $-16, a, -4, \ldots,$ en la cual la razón es $\frac{1}{2}$.

a Halle el valor de a.

b Halle el valor del octavo término.

7 El segundo término de una progresión geométrica es 18 y el cuarto término es 8.

Todos los términos son positivos.

Halle el valor de la razón de la progresión.

8 Todos los términos de determinada progresión geométrica son positivos. El primer término es 12 y el tercer término es 48.

a Halle la razón.

b Halle el término 12.°.

La suma de los *n* primeros términos de una progresión geométrica, S_n

La suma de los términos de una progresión geométrica se denomina **serie geométrica**.

Investigación: granos de arroz

Una vieja fábula india ilustra cómo crecen los términos de una progresión geométrica. Un príncipe quedó tan maravillado con el nuevo juego de ajedrez, que le pidió a su inventor que eligiera su recompensa. El hombre dijo que le gustaría un grano de arroz en el primer casillero del tablero de ajedrez, dos granos en el segundo, cuatro en el tercero, etc., duplicando cada vez la cantidad.

Esto pareció ser un pedido tan sencillo que el príncipe aceptó inmediatamente. Los sirvientes empezaron a traer el arroz y, para sorpresa del príncipe, los granos enseguida desbordaron el tablero de ajedrez y llenaron el palacio.

¿Cuántos granos de arroz tuvo que darle el príncipe al hombre?

Este es un cuento clásico y es posible que encuentre diferentes versiones del mismo en Internet o en libros.

Investigación: hacerse millonario

Supongamos que nuestros padres nos dan \$0,01 el primer mes y después, cada mes, duplican el monto.

¿Cuántos meses tardaremos en hacernos millonarios?

La fórmula para la suma de n términos de una progresión geométrica es:

$S_n = u_1 + u_1 \times r^1 + u_1 \times r^2 + u_1 \times r^3 + \ldots + u_1 \times r^{n-1}$

$rS_n = u_1 \times r^1 + u_1 \times r^2 + u_1 \times r^3 + \ldots + u_1 \times r^{n-1} + u_1 \times r^n$

$rS_n - S_n = u_1 \times r^n - u_1$, debido a que todos los demás términos se eliminan

$S_n(r-1) = u_1 (r^n - 1)$

Multiplique cada término por r.

Reste el primer renglón del segundo.

→ Una fórmula para la suma de los n términos de una progresión geométrica es:

$$S_n = \frac{u_1(r^n - 1)}{(r-1)}, \quad \text{donde } r \neq 1$$

También podemos escribir esto como:

$$S_n = \frac{u_1(1 - r^n)}{(1-r)}, \quad \text{donde } r \neq 1$$

Si $r = 1$, entonces el denominador sería 0 y no se puede dividir por 0.

Ejemplo 10

Una sucesión geométrica tiene la forma 6, 2, $\frac{2}{3}$, …

a Indique la razón de esta progresión.

b Calcule la suma de los primeros 10 términos de esta progresión.

Otro nombre para progresión geométrica es "sucesión geométrica".

Respuestas

a $r = \frac{2}{6} = \frac{1}{3}$

$r = \frac{u_2}{u_1}$

b $S_{10} = \frac{6\left(1-\left(\frac{1}{3}\right)^{10}\right)}{\left(1-\left(\frac{1}{3}\right)\right)} = 9{,}00\ (3\ \text{cs})$

Usar $S_n = \frac{u_1(1-r^n)}{(1-r)}$

Con $u_1 = 6$, $r = \frac{1}{3}$, $n = 10$

Usar la CPG para calcular esto

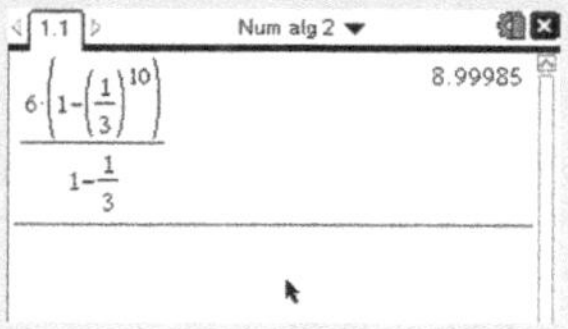

Ejercitación 7E

PREGUNTAS TIPO EXAMEN

1 La progresión geométrica 16, 8, p, … tiene razón 0,5.

a Halle el valor de p. **b** Halle el valor del séptimo término.

c Halle la suma de los primeros 15 términos.

2 El primer término de una progresión geométrica es 2 y el tercero es 32.

a Halle la razón de la progresión.

b Halle la suma de los primeros 12 términos.

3 Los primeros 3 términos de una progresión geométrica son –2, 6, –18.

a Indique la razón de esta progresión.

b Calcule la suma de los primeros 10 términos de esta progresión.

4 El segundo término de una progresión geométrica es 21 y el cuarto es 5,25.

a Halle la razón de la progresión.

b Halle la suma de los primeros 10 términos.

PREGUNTAS TIPO EXAMEN

5 Halle la suma de esta serie geométrica:
$2 + 4 + 8 + 16 + \dots + 8192$

6 Halle la suma de esta serie geométrica:
$-96 + 48 - 24 + 12 - \dots - \frac{3}{8}$

Aplicaciones de las progresiones geométricas

Podemos usar progresiones y series geométricas para resolver problemas de la vida cotidiana.

El caso del arroz y el tablero de ajedrez en la investigación es un buen ejemplo. ¿Ha calculado la cantidad total de granos de arroz?

Ejemplo 11

Penélope está comenzando su primer trabajo. Ganará \$24 000 el primer año y el sueldo aumentará un 4% cada año.
Calcule cuánto ganará Penélope en su cuarto año de trabajo.

Respuesta

$u_1 = \$24\,000$ y $r = 1{,}04$	*Cada año su sueldo aumentará 4%, así que:*
El sueldo en el cuarto año será:	$r = 100\% + 4\%$
$u_4 = 24\,000 \times 1{,}04^3$	$= 104\%$
$= \$26\,996{,}74$	$= 1{,}04$

Ejemplo 12

Se lanza una pelota verticalmente. Alcanza una altura de 1,6 m en el primer rebote. Cada rebote subsiguiente tiene una altura que es el 80% del rebote anterior.
a Halle la altura que alcanza la pelota en el sexto rebote.
b Halle la suma de los primeros siete términos de esta progresión.

Respuestas

a $u_1 = 1{,}6\,\text{m}$ y $r = 0{,}80$ — *80% = 0,80*

$u_6 = 1{,}6 \times 0{,}80^5$
$= 0{,}524\,\text{m}$

b $S_7 = \frac{1{,}6((0{,}80)^7 - 1)}{0{,}80 - 1}$
$= 6{,}32$ (3 cs)

Zenón de Elea (nacido alrededor del 490 a. C.) es famoso por la paradoja de Zenón. Investigue sobre esto.

Ejercitación 7F

1 Una planta mide 0,8 m. Crece un 2% cada semana.
Halle la altura de la planta después de 10 semanas.

2 Un automóvil deportivo cuesta GBP75 000. Cada año pierde 8% de su valor.
Halle el costo del automóvil después de 5 años.

Recuerde que una pérdida del 8% significa que el nuevo valor es 100% – 8% = 92% (o 0,92) del valor original.

PREGUNTAS TIPO EXAMEN

3 El premio de una lotería es 10 levas búlgaras (BGN) en la primera semana, BGN20 en la segunda semana, BGN40 en la tercera semana, y sigue duplicándose durante un total de 10 semanas. Halle el total del dinero que se da en premios.

4 El día que cumplió 21 años, Isabel recibió la siguiente mesada de sus padres: 80 dinares jordanos el primer mes y un aumento de 5% cada mes, durante un año completo.

a Halle cuánto recibió Isabel en el octavo mes.

b Calcule cuánto recibió Isabel en total.

5 La población de Pueblo Creciente aumenta a un ritmo del 4% anual. En 2010, la población era de 210 000.
Calcule la población de Pueblo Creciente en 2013.

PREGUNTAS TIPO EXAMEN

6 La población de Tomigu crece cada año. Al final de 2006, la población era de 140 000. Al final de 2008, la población era de 145 656. Suponiendo que estos valores anuales siguen una progresión geométrica, calcule:

a La población de Tomigu al final de 2007

b La población de Tomigu al final de 2012

7 El valor de la matrícula para los primeros tres años de secundaria está dado en la tabla:

Año	Valor de matrícula (en dólares)
1	6000
2	6300
3	6615

Estos valores de matrícula forman una progresión geométrica.

a Halle la razón, r, de esta progresión.

b Si estos valores continúan aumentando al mismo ritmo, calcule (redondeando al dólar más cercano) el costo total que hay que pagar por matrícula en los primeros 6 años de secundaria.

8 Una enfermedad misteriosa está afectando a los residentes de Gezonddorp. El primer día contraen la enfermedad 8 personas, el segundo día contraen la enfermedad 24 personas y el tercer día contraen la enfermedad 72 personas.

a Muestre que la cantidad de personas que contraen la enfermedad forma una progresión geométrica.

b Halle la cantidad de personas que contraen la enfermedad el quinto día.

c Halle la cantidad total de personas que contraen la enfermedad en la primera semana.

Material de ampliación disponible en línea: *Hoja de ejercicios 7: progresiones geométricas infinitas*

7.3 Conversión de divisas

Cuando vamos de vacaciones de un país a otro, frecuentemente tenemos que cambiar la divisa que usamos en nuestro país por la divisa del país de destino. Por supuesto, distintos países tienen distintos nombres para sus divisas.

Podemos cambiar dinero en el aeropuerto, en un banco o en una casa de cambio. Todos estos lugares tendrán exhibidos sus **tipos de cambio**.

Algunas veces nos cobrarán **comisión** por cambiar de una divisa a otra. La comisión o bien será un monto fijo o bien un porcentaje del dinero que estamos cambiando.

Algunas veces habrá dos tipos de cambio para cambiar divisas: uno de **compra** y otro de **venta**. Por ejemplo, si vivimos en Europa y estamos yendo de vacaciones a Estados Unidos, entonces el banco nos **venderá** dólares estadounidenses (USD) a cierto valor. Cuando volvemos, el banco nos **comprará** los dólares que nos sobraron y nos dará euros (EUR) en reemplazo. Pero tenemos que ser conscientes de que el banco siempre gana, cualquiera sea la transacción que se haga.

Antes de que se inventaran las monedas y los billetes, la gente usaba para comerciar otras cosas, como dientes de tiburón, frijoles, ovejas, tabaco, etc.
Intente encontrar otros ejemplos de divisas inusuales.

→ Para cambiar de una divisa a otra, o bien hay que multiplicar el monto por el tipo de cambio apropiado (si el banco está comprando) o bien hay que dividir el monto por el tipo de cambio apropiado (si el banco está vendiendo). Si el banco cobra comisión, hay que calcularla y restarla del monto antes de cambiar de divisa.

Ejemplo 13

Soledad quiere cambiar 200 dólares de Singapur (SGD) a euros (EUR). El tipo de cambio es SGD1 = EUR0,588. El banco cobra 2% de comisión. Calcule cuántos euros recibe Soledad.

Respuesta

2% de 200 = $0{,}02 \times 200$ = SGD4	*Calcular la comisión*
Así que Soledad cambia $200 - 4$ = SGD196 a euros.	*Restar la comisión del monto original*
SGD196 = $196 \times 0{,}588$ euros = EUR115,25 Soledad recibe EUR115,25.	*Usar SGD1 = EUR0,588*

Ejemplo 14

Un banco francés anuncia los siguientes tipos de cambio para la compra y venta de libras esterlinas (GBP) y dólares estadounidenses (USD).

COMPRA	VENTA
USD1 = EUR0,761	USD1 = EUR0,843
GBP1 = EUR1,174	GBP1 = EUR1,181

a Escriba el precio de venta de USD1.

b Pedro acaba de volver de Estados Unidos y quiere cambiar USD250 a euros. Calcule cuántos euros recibe.

c Jaime se va de vacaciones al Reino Unido y quiere cambiar EUR500 a libras esterlinas. Halle cuántas libras esterlinas recibe.

Un tipo de cambio menos conveniente puede no cobrar comisión. El banco puede ganar dinero a través del tipo de cambio y/o la comisión.

▶ Continúa en la página siguiente.

Respuestas	
a USD1 = EUR0,843	
b USD1 = EUR0,761 Así que USD250 = $250 \times 0,761$ = EUR190,25 Pedro recibe EUR190,25.	*Pedro quiere que el banco le* **compre** *sus dólares estadounidenses.* *Usar aquí el tipo de cambio de compra*
c GBP1 = EUR1,181 Así que EUR1 = $\frac{1}{1,181}$ libras EUR500 = $500 \times \frac{1}{1,181}$ libras = GBP423,37	*Jaime quiere libras esterlinas, así que el banco le* **venderá** *libras esterlinas.*

¿Por qué tenemos distintas divisas? ¿Qué efecto tienen en el comercio las fluctuaciones de los tipos de cambio?

Ejercitación 7G

PREGUNTAS TIPO EXAMEN

1 Una familia en Malasia recibió un regalo de USD3500 de una prima que vive en Estados Unidos.
El dinero se convirtió a dólares malayos. Un dólar malayo se cambia por USD0,3236.
Calcule cuántos dólares malayos recibió la familia.

2 Joseph pasa un año viajando desde Estados Unidos a Francia y al Reino Unido.
Los tipos de cambio son estos:

1 dólar estadounidense (USD) = 0,783 euros (EUR)
1 libra esterlina (GBP) = 1,172 euros (EUR)

Joseph cambia USD500 a euros.
a Calcule cuántos euros recibe.
Gasta EUR328 en Francia y cambia el resto a libras esterlinas.
b Calcule cuántas libras esterlinas recibe.

3 Un banco en Canadá ofrece el siguiente tipo de cambio entre dólares canadienses (CAD) y euros (EUR). El banco vende CAD1 a EUR0,821 y compra CAD1 a EUR0,758.
Un cliente desea cambiar 800 dólares canadienses a euros.
a Halle cuántos euros recibirá el cliente.
b El cliente tiene que cancelar su viaje y cambia su dinero más tarde, cuando los tipos de cambio son: venta: CAD1 = EUR0,835; compra: CAD1 = EUR0,769. Use la información de venta para hallar cuántos dólares canadienses recibe.
c ¿Cuántos dólares canadienses ha perdido en la transacción?

El banco **comprará** los dólares canadienses.

PREGUNTAS TIPO EXAMEN

4 Sjors viaja a Europa. Retira 8000 coronas suecas (SEK) de sus ahorros y las convierte a euros. El banco local compra coronas suecas a SEK1 = EUR0,111 y las vende a SEK1 = EUR0,121.

a Utilice el tipo de conversión apropiado para calcular el monto de euros que recibe Sjors.

b El viaje se cancela. ¿Cuánto recibirá Sjors si los euros del apartado **a** se cambian de nuevo a coronas suecas?

c ¿Cuánto ha perdido Sjors después de las dos transacciones?

5 1 real brasileño (BRL) = 3,984 rands sudafricanos (ZAR). Dando sus respuestas **redondeadas a dos cifras decimales**:

a Convierta BRL500 a rands sudafricanos

b Halle cuántos reales brasileños hacen falta para comprar ZAR500

6 Jerónimo, quien vive en el Reino Unido, viaja a Bélgica. El tipo de cambio es 1,173 euros (EUR) por 1 libra esterlina (GBP), con una comisión de GBP4, que se descuenta antes de realizar el cambio de divisas. Jerónimo le da al banco GBP250.

a Calcule la cantidad de euros que recibe, **redondeada a dos cifras decimales**.

Jerónimo compra 1 kilogramo de chocolates belgas y paga EUR2,25 cada 100 gramos.

b Calcule el costo de sus chocolates en libras esterlinas, **redondeando a dos cifras decimales**.

7 Jazmín planea viajar desde Róterdam hasta Los Ángeles. Cambia 2500 euros (EUR) a dólares estadounidenses (USD) con el tipo de cambio: EUR1 = USD1,319. Dé todas sus respuestas **redondeando a dos cifras decimales**.

a Calcule la cantidad de dólares estadounidenses que recibe Jazmín.

Jazmín gasta USD2050 y luego decide convertir lo que le sobra de nuevo a euros, al tipo de cambio: EUR1 = USD1,328.

b Calcule la cantidad de euros que recibe Jazmín.

Si Jazmín hubiera esperado hasta volver a Róterdam, podría haber cambiado sus dólares estadounidenses al tipo de cambio: EUR1 = USD1,261, pero el banco le hubiera cobrado una comisión de 0,6%.

c Calcule la cantidad de euros que Jazmín ganó o perdió al cambiar su dinero en Los Ángeles.

PREGUNTAS TIPO EXAMEN

8 La tabla muestra algunos tipos de cambio para el yen japonés (JPY).

Divisa	JPY1
Dólar canadiense	0,01231
Yuan chino	0,08086
Euro	0,009261
Libra esterlina	0,007897

Ayako tiene JPY2550 y los desea cambiar a yuanes chinos.

a Calcule cuántos yuanes recibirá. Dé su respuesta redondeada al yuan más cercano.

Ross tiene CAD2150 que desea cambiar a yenes japoneses.

b Calcule cuántos yenes recibirá. Dé su respuesta redondeada al yen más cercano.

c Halle cuántas libras esterlinas equivalen a EUR1. Dé su respuesta redondeando a dos cifras decimales.

9 Eleonora viaja a Inglaterra para comprar ropa. Cambia EUR3000 a libras esterlinas (GBP) y el tipo de cambio es EUR1 = GBP0,8524.
El banco le cobra 1,5% de comisión.

a Halle cuántos euros le cobra el banco por comisión.

b Halle cuánto dinero recibe Eleonora por sus EUR3000.

Eleonora gasta GBP2100 en ropa y cambia el resto del dinero nuevamente a euros, con el tipo de cambio GBP1 = EUR1,161. Esta vez el banco no le cobra comisión.

c Halle cuántos euros recibe Eleonora.

10 Se entrega un premio de USD500 a 2 alumnos internacionales. Irma convierte su premio a rupias indias (IDR) con el tipo de cambio USD1 = IDR44,95.

a Calcule cuántas rupias indias recibe Irma.

José convierte su premio a pesos chilenos (CLP) con el tipo de cambio USD1 = CLP468,9. Su banco cobra 2% de comisión.

b Calcule cuántos pesos chilenos recibe José.

PREGUNTAS TIPO EXAMEN

11 Esta es una tabla de conversión de divisas:

	EUR	**USD**	**JPY**	**GBP**
Euros (EUR)	1	p	q	0,852
Dólares estadounidenses (USD)	0,759	1	81,92	0,647
Yenes japoneses (JPY)	0,00926	0,0122	1	0,0079
Libras esterlinas (GBP)	1,174	1,546	126,65	1

Por ejemplo, de la tabla, USD1 = GBP0,647. Utilice la tabla para responder estas preguntas:

a Halle los valores de p y q.

b Muriel quiere cambiar dinero en un banco de Bristol.

i ¿Cuántos euros tendrá que cambiar para recibir GBP150?

ii El banco cobra 2,4% de comisión en cualquier transacción. Si Muriel realiza esta transacción, ¿cuántas libras esterlinas recibirá, efectivamente, del banco?

12 Minni visita el Reino Unido desde Estados Unidos y cambia 3000 dólares estadounidenses (USD) a libras esterlinas (GBP) con el tipo de cambio USD1 = GBP0,652. El banco le cobra 2,5% de comisión.

a Calcule cuántas libras esterlinas recibe Minni.

Después del Reino Unido, Minni viaja a Italia. Cambia GBP550 a euros con el tipo de cambio GBP1 = EUR1,18.

El banco le cobra comisión y después le da a Minni EUR629.

b Halle el monto de la comisión en libras esterlinas.

7.4 Interés compuesto

Cuando abrimos una cuenta de ahorro en un banco, el banco nos paga un **interés**, que depende de la cantidad de dinero que tenemos en la cuenta.

La cantidad de dinero que ponemos inicialmente en el banco se denomina **valor actual** (o **capital**).

El porcentaje que el banco ofrece se denomina **tipo de interés**. Usamos el tipo de interés para calcular el interés sobre nuestro capital en un cierto período de tiempo. El interés puede ser compuesto (agregado) anualmente, semestralmente, trimestralmente o mensualmente.

No cualquiera puede pedir prestado dinero. Investigue el significado de "solvencia financiera".

"Trimestralmente" significa en cada trimestre del año; es decir, cada tres meses.

En el **interés compuesto**, el interés ganado en un período de tiempo dado es agregado al capital y luego este nuevo capital se usa para calcular el interés del período siguiente.

Sean VA = valor actual, VF = valor futuro, r = tipo de interés y n = número de años

Si el interés se compone anualmente:

Comienzo: VA

Después de 1 año: $VA + r\%$ de $VA = VA\left(1+\frac{r}{100}\right)$

$r\%$ de $VA = \frac{r}{100} \times VA$

Después de 2 años: $VA\left(1+\frac{r}{100}\right) + r\%$ de $VA\left(1+\frac{r}{100}\right)$

$$= VA\left(1+\frac{r}{100}\right) + \frac{r}{100}VA\left(1+\frac{r}{100}\right)$$

$$= VA\left(1+\frac{r}{100}\right)\left(1+\frac{r}{100}\right)$$

$$= VA\left(1+\frac{r}{100}\right)^2$$

Y así sucesivamente

Después de n años, el **total** que tenemos en el banco es:

$$VF = VA\left(1+\frac{r}{100}\right)^n$$

Si el interés se calcula **semestralmente**, entonces la fórmula es:

$$VF = VA\left(1+\frac{r}{2(100)}\right)^{2n}$$

Si el interés se calcula **trimestralmente**, entonces la fórmula es:

$$VF = VA\left(1+\frac{r}{4(100)}\right)^{4n}$$

Si el interés se calcula **mensualmente**, entonces la fórmula es:

$$VF = VA\left(1+\frac{r}{12(100)}\right)^{12n}$$

➔ La fórmula para calcular el valor futuro de una inversión con interés compuesto es:

$$VF = VA\left(1+\frac{r}{k(100)}\right)^{kn}$$

Donde VF es el valor futuro, VA es el valor actual, r es el tipo de interés, n es el número de años y k es el número de períodos al año

En algunos países, en lugar de "tipo de interés" se usa la expresión "tasa de interés".

Podemos usar la opción **Finance Solver** (solucionador financiero) de la CPG para calcular número de años, tipo de interés, valor futuro, etc. En el capítulo 12, sección 7.1, se muestra cómo hacerlo.

Ejemplo 15

Petra invierte 6000 colones costarricenses (CRC) en un banco que ofrece 4% de interés, compuesto anualmente.

a Calcule la cantidad de dinero que tendrá al cabo de 8 años.

Petra luego retira todo su dinero y lo deposita en otro banco que ofrece 4% de interés anual, compuesto mensualmente.

b Calcule la cantidad de dinero que tendrá al cabo de 5 años.

Respuestas

a Después de 8 años:

Ella tiene $6000 \times \left(1+\frac{4}{100}\right)^{8} = 8211{,}41$ colones.

O, usando la opción **Finance Solver** (solucionador financiero) de la CPG:

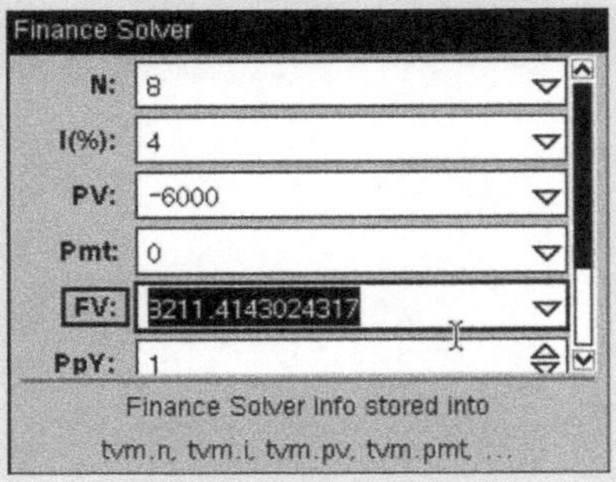

Usar la fórmula de interés compuesto anual

$$VF = VA\left(1+\frac{r}{100}\right)^{n}$$

Con VA = 6000, r = 4, n = 8

Redondear a dos cifras decimales

Recordar que se deberá ingresar el capital como un ***número negativo*** *al usar la aplicación financiera*

b $8211{,}41\left(1+\frac{4}{12(100)}\right)^{12\times 5}$

$= 10\,026{,}10$ colones

O, usando la opción **Finance Solver** (solucionador financiero):

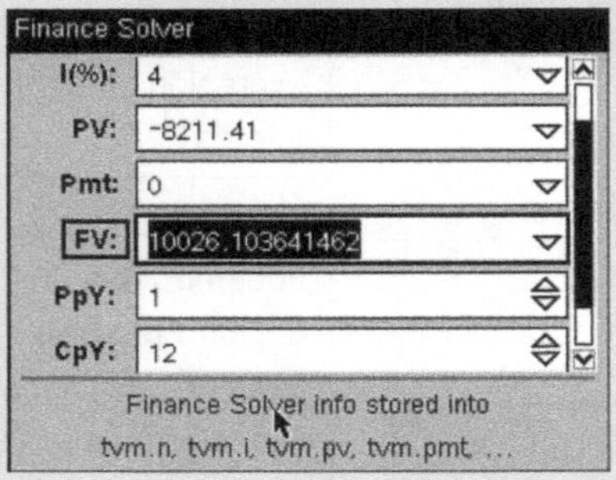

Usar la fórmula de interés compuesto mensual

$$VF = VA\left(1+\frac{r}{k(100)}\right)^{kn}$$

Donde k = 12, r = 4, n = 5, VA = 8211,41

Ejemplo 16

Adrián invirtió 4000 dólares malayos (MYR) en un banco que ofrece un tipo de interés del 5% anual, compuesto trimestralmente.

a Calcule la cantidad de dinero que Adrián tendrá en el banco al cabo de 6 años.

b ¿Cuánto tiempo tendrá que pasar para que su dinero se duplique?

Respuestas

a Adrián tendrá $4000\left(1+\frac{5}{4(100)}\right)^{4\times 6} = 5389{,}40$ dólares malayos al cabo de 6 años.

Usar la fórmula de interés compuesto trimestralmente, con $k = 4$, $r = 5$, $n = 6$, $VA = 4000$

O, usando la CPG:

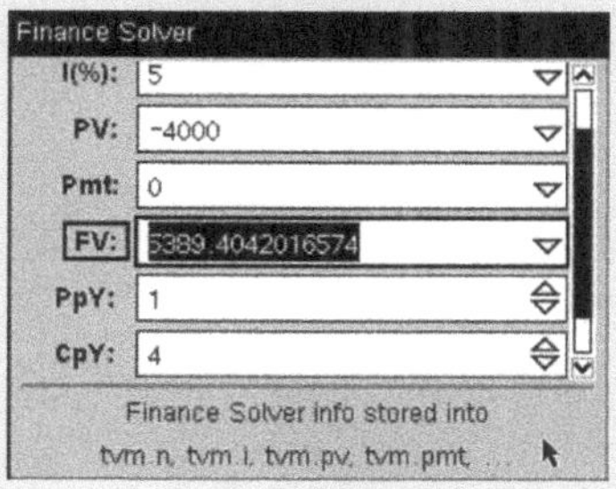

b Ingresando los números en la fórmula de interés compuesto trimestralmente:

Usar la fórmula de interés compuesto trimestralmente, con $k = 4$, $r = 5$, $VA = 4000$ y $VF = 2 \times 4000 = 8000$

$$4000\left(1+\frac{5}{4(100)}\right)^{4\times n} = 8000$$

Para resolver esto, se puede usar el solucionador financiero.

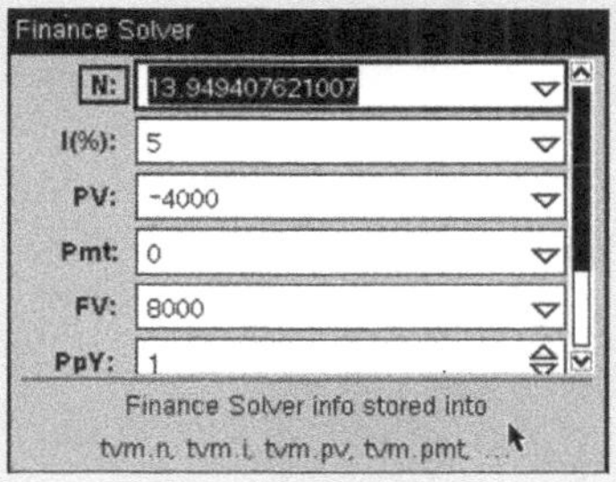

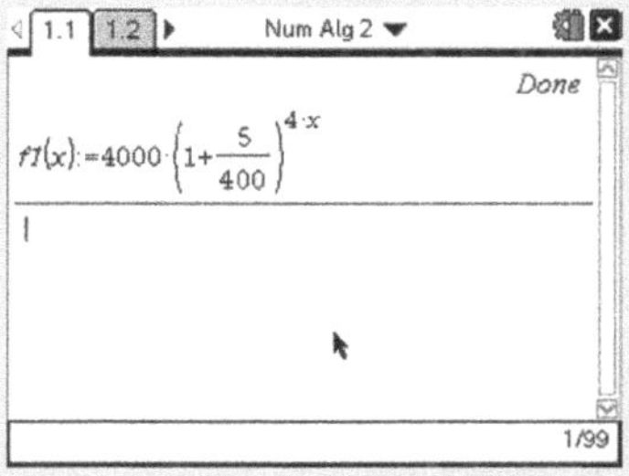

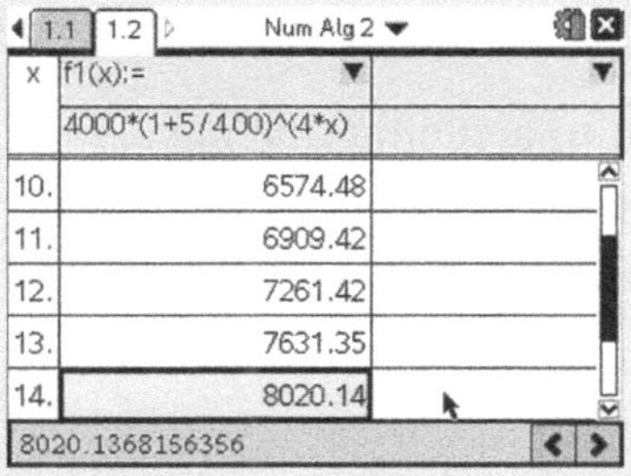

O ingresar la fórmula en $f_1(x)$, usando x en lugar de n. Luego podremos hallar el valor de n buscando en una tabla.

Se obtiene la misma respuesta utilizando ambos métodos.

Así que tendrán que pasar 14 años para que se duplique su dinero.

Ejercitación 7H

PREGUNTAS TIPO EXAMEN

1 Shunsuki invierte JPY3000 a un interés de 6,5%, compuesto anualmente, por 15 años.

a Calcule la cantidad de dinero que tiene Shunsuki al cabo de 15 años.

b Halle cuánto tiempo tendrá que pasar para que su dinero se duplique.

2 Andrés, Bruno y Carlos tienen para invertir, cada uno, EUR2000.
Andrés invierte sus EUR2000 en un banco que ofrece un interés anual de 4,5%, compuesto anualmente.
Bruno invierte sus EUR2000 en un banco que ofrece un interés anual de 4,4%, compuesto semestralmente.
Carlos invierte sus EUR2000 en un banco que ofrece un interés anual de 4,3%, compuesto trimestralmente.

a Calcule cuánto tiene cada uno de los tres en su cuenta al cabo de 10 años.

b Halle cuántos años tendrán que pasar para que Andrés tenga EUR3000.

c Halle cuántos años tendrán que pasar para que Carlos duplique su dinero.

3 Brenda invierte $5000 en una cuenta que ofrece un interés anual de 3,4%, compuesto anualmente.

a Calcule la cantidad de dinero que Brenda tendrá en su cuenta después de 6 años.

Lucas también invirtió $5000 en una cuenta que ofrecía un interés anual de r%, compuesto anualmente. Después de 6 años, tenía $6250 en su cuenta.

b Calcule el valor de r.

4 Hussein invierte 20 000 libras egipcias (EGP) en un banco que ofrece un tipo de interés del 3,1% anual, compuesto mensualmente.

a Calcule la cantidad de dinero que tiene en el banco Hussein al cabo de 5 años.

b Halle cuántos años tendrán que pasar para que su dinero se duplique.

5 Mirta invierte SGD50 000 en una cuenta que paga 7% de interés por año, compuesto anualmente.

a Calcule cuánto dinero tendrá en su cuenta al cabo de 3 años.

El banco luego cambia el tipo de interés a 6,8% anual, compuesto mensualmente.

b Calcule cuánto dinero tendrá en la cuenta al cabo de 3 años más.

6 El señor Lin deposita CNY10 000 en el banco A, que ofrece 8% de interés anual, compuesto semestralmente.
El señor Lee deposita CNY10 000 en el banco B, que ofrece 8,2% de interés anual, compuesto anualmente.
Calcule quién ha ganado más intereses al cabo de 2 años.

7 Un banco ofrece un tipo de interés del 6% anual, compuesto mensualmente.
La señora Alcott invierte GBP1000 en este banco.

a Calcule la cantidad de dinero que tiene en la cuenta después de 5 años.

El señor Bunt invierte x libras esterlinas en este banco y la cantidad de dinero que hay en su cuenta, al cabo de 5 años, es GBP4000.

b Calcule el valor de x, redondeado a la libra más cercana.

c Calcule el número de años que tardará en duplicarse el dinero de la señora Alcott.

8 Karina tiene EUR8000 para invertir. Invierte a euros en el banco A, que ofrece un tipo de interés de 6%, compuesto anualmente. El resto de su dinero lo invierte en el banco B, que ofrece un tipo de interés de 5%, compuesto anualmente. Karina recibe, al final del año, un total de EUR430 de interés.

a Escriba una ecuación para representar esta información.

b Halle la cantidad de dinero que Karina invirtió en cada banco.

Depreciación e inflación anual

Un **aumento** generalizado de los precios se denomina **inflación**.

Una **disminución** generalizada de los precios se denomina **depreciación**.

Para calcular la inflación, podemos usar la fórmula de interés compuesto. Para hallar la depreciación, podemos usar la misma fórmula que para interés compuesto, pero **el tipo de interés será negativo** en lugar de positivo.

Ejemplo 17

Se estima que una inversión de suma global vale 5% más que lo que valía el año anterior.
Estime la cantidad de años que tardará esta inversión en duplicarse.

Respuesta

Sea a el valor inicial de la suma global.

$$a\left(1+\frac{5}{100}\right)^n = 2a$$

$$\left(1+\frac{5}{100}\right)^n = 2$$

Usando el solucionador financiero, $n = 14{,}2$ años.

$$VA\left(1+\frac{r}{100}\right)^n = VF$$

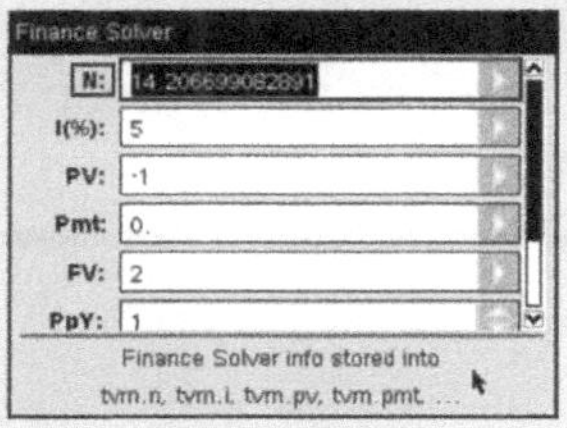

Ejemplo 18

Lenny pagó USD32 000 por un automóvil nuevo. El valor del automóvil está disminuyendo a razón del 10% anual.
Halle el valor del automóvil después de 5 años.

Respuesta

$32\,000\left(1-\frac{10}{100}\right)^5 = 18\,895{,}68$ dólares

Así que, después de 5 años, su automóvil valdrá USD18 895,68.

Ejercitación 7I

1 El ritmo de inflación es del 2,3% anual. Una bolsa de patatas costaba EUR3,45 en 2010.
Halle el costo de una bolsa de patatas en 2013.

2 Pedro compra una casa por 3 200 000 pesos mexicanos (MXN). El valor de la casa aumenta 3,2% cada año.
Halle el costo de la casa después de 5 años.

3 Mauricio compra un automóvil por USD12 300. El valor del automóvil se deprecia 8% por año. Halle el valor del automóvil después de 4 años.

4 Tomás compró un gramo de oro por CAD45. El precio del oro aumenta 2,03% cada año.
Halle el valor del oro después de 6 años.

5 Samuel compra acciones en una compañía de computación a 18,95 wons surcoreanos (KRW) por acción. El precio de las acciones se deprecia 15% por año durante los 2 años siguientes. Halle el precio de sus acciones después de esos 2 años.

6 El señor Brash tiene un valioso y antiguo jarrón que vale GBP24 000. El precio del jarrón aumenta cada año 1,8%.
Halle cuánto vale el jarrón después de 10 años.

7 Minna compra un yate nuevo a USD85 000. Cada año el precio del yate se deprecia 4,2%.
Halle el valor del yate al cabo de 8 años.

8 Josefina ha asegurado su casa por EUR103 000. El ritmo de inflación es de 3,1% anual.
¿Por cuánto dinero debería Josefina asegurar su casa dentro de 5 años?

Ejercicio de revisión

Preguntas del estilo de la prueba 1

PREGUNTAS TIPO EXAMEN

1 **a** ¿Cuál es el tipo de interés, compuesto anualmente, al que usted tendría que invertir \$500 para tener \$625 al cabo de 2 años?

b Con este tipo de interés, ¿cuánto tiempo tardarán sus \$500 en duplicarse?

2 **a** En una ciudad, los precios de las casas han aumentado durante los últimos 3 años, 2,3% por año. Si una casa costaba USD240 000 3 años atrás, calcule su valor actual, redondeando al dólar más cercano.

b En otra ciudad, una casa que valía, 3 años atrás, USD200 000, el día de hoy vale USD214 245. Calcule el porcentaje de aumento anual del valor de la casa.

3 Joseph decide invertir GBP1200 de su dinero en una cuenta de ahorro que paga 4,3% de interés, compuesto anualmente.

a ¿Cuánto interés habrán rendido las GBP1200 después de 4 años?

b ¿Cuántos años Joseph tendrá que invertir sus GBP1200 para ganar al menos GBP250 de interés?

c ¿Cuánto tiempo pasará hasta que su dinero se duplique?

4 El tipo de cambio de dólares estadounidenses (USD) a euros (EUR) es USD1 = EUR0,753. Dé las siguientes respuestas redondeadas a **dos** cifras decimales.

a Convierta USD125 a euros.

b Ricardo recibe 800 dólares australianos (AUD) por EUR610. Calcule el valor del dólar estadounidense en dólares australianos.

5 En 2010, Heidi se asoció a un club de golf. La cuota era de GBP1500 por año. Cada año la cuota aumenta 3,5%.

a Calcule, **redondeando a la libra más cercana**, la cuota en 2012.

b Calcule el **total** que pagó Heidi en cuotas, si se asoció al club de golf en 2010 y fue socia durante 5 años.

6 Emma deposita EUR18 000 en una cuenta bancaria que paga un tipo de interés nominal de 4,5% anual, compuesto trimestralmente.

a Calcule la cantidad de dinero que Emma tendría en su cuenta después de 15 años. Dé su respuesta redondeando al euro más cercano.

b Después de un período de tiempo, decide retirar su dinero de este banco. Hay EUR19 862,21 en su cuenta. Halle el número de meses que Emma había dejado su dinero en la cuenta.

PREGUNTAS TIPO EXAMEN

7 El 4.° término de una progresión aritmética es 15 y el 10.° término es 33.

a Halle el primer término y la diferencia de la progresión.

b Halle el término 50.°.

c Halle la suma de los primeros 50 términos.

8 Halle la suma de esta serie aritmética:

$-15 - 13 - 11 - \ldots + 27$

9 En una progresión geométrica, el segundo término es 30 y el cuarto término es 120.

a Halle el primer término y la razón de la progresión.

b Halle el sexto término.

c Halle la suma de los primeros ocho términos.

10 Esta es una progresión geométrica:

54 18 6 2 ...

a Halle la razón de la progresión.

b Halle el séptimo término.

c Halle la suma de los primeros 10 términos.

11 En una progresión geométrica, el segundo término es –4 y el cuarto término es –1.

a Halle el primer término y la razón de la progresión.

b Halle el sexto término.

c Halle la suma de los primeros seis términos.

12 Dos alumnos, María y Juan, juegan un juego de mesa. Cada vez que María pasa por "Comienzo", ella recibe $25. Cada vez que Juan pasa por "Comienzo", él recibe 15% de la cantidad que ya tiene. Ambos alumnos comienzan con $200.

a ¿Cuánto dinero tendrá María después de haber pasado por "Comienzo" 10 veces?

b ¿Cuánto dinero tendrá Juan después de haber pasado por "Comienzo" 10 veces?

c ¿Cuántas veces tendrán los dos alumnos que pasar por "Comienzo" hasta que Juan tenga más dinero que María?

13 El primer término de una progresión aritmética es 8 y la diferencia es 8.

a Halle el valor del 36.° término de la progresión.

El primer término de una progresión geométrica es 3. El 6.° término de la progresión geométrica es igual al 12.° término de la progresión aritmética mencionada anteriormente.

b Escriba una ecuación usando esta información.

c Calcule la razón de la progresión geométrica.

Preguntas del estilo de la prueba 2

PREGUNTAS TIPO EXAMEN

1 Una lotería ofrece premios en una nueva competencia. El ganador puede elegir una de tres opciones:

Opción 1: \$2000 cada semana durante 10 semanas

Opción 2: \$1000 en la primera semana, \$1250 en la segunda semana, \$1500 en la tercera semana, aumentando \$250 cada semana durante un total de 10 semanas

Opción 3: \$15 en la primera semana, \$30 en la segunda semana, \$60 en la tercera semana, duplicando cada semana durante un total de 10 semanas

a Calcule la cantidad que recibiría en la octava semana, si eligiera:

i **Opción 2**

ii **Opción 3**

b ¿Cuál es la cantidad total que recibiría si eligiera la **opción 2**?

c ¿Qué opción tiene el mayor valor total?

2 Los padres de Betty, en su cumpleaños 16.°, le dieron una mesada. Le ofrecieron cuatro opciones:

Opción A: \$150 cada mes del año

Opción B: Un monto fijo de \$1600 al comienzo del año, para invertirlo con un interés de 10% anual, compuesto mensualmente

Opción C: \$105 el primer mes y un aumento de \$10 cada mes subsiguiente

Opción D: \$120 el primer mes y un aumento de 5% cada mes

a Suponiendo que Betty no gasta nada de su mesada durante el año, calcule, para cada una de las opciones, cuánto dinero tendría al final del año.

b ¿Cuál de las opciones piensa que debería elegir Betty? Justifique su respuesta.

c En su cumpleaños 17.°, Betty invierte \$1500 en un banco que paga r% de interés anual, compuesto anualmente. Betty quisiera comprar un automóvil que cuesta \$1800 en su cumpleaños 20.°. ¿Qué tipo de interés le tendrá que ofrecer el banco para que pueda comprar el automóvil?

PREGUNTAS TIPO EXAMEN

Dé todas sus respuestas redondeadas al dólar **más cercano**.

3 Cynthia quiere comprar una casa. Puede elegir entre dos opciones de pago diferentes. Ambas opciones requieren que pague la casa en **20** cuotas anuales.

Opción 1: La primera cuota es de \$2000. Cada cuota vale \$250 más que la anterior.

Opción 2: La primera cuota es de \$2800. Cada cuota vale 5% más que la anterior.

a Si Cynthia elige la **opción 1:**

i Escriba los valores de la segunda y la tercera cuota

ii Calcule el valor de la última cuota

iii Muestre que el **monto total** que Cynthia pagaría por la casa es \$87 500

b Si Cynthia elige la **opción 2:**

i Halle el valor de la segunda cuota

ii Muestre que el valor de la quinta cuota es \$3403,42

c Cynthia sabe que el **monto total** que pagaría por la casa no es igual en ambas opciones. Quiere gastar la menor cantidad de dinero. Halle cuánto se ahorrará eligiendo la opción más económica.

4 Los primeros tres términos de una progresión aritmética son: $3k + 1$, $5k$ y $6k + 4$.

a Muestre que $k = 5$.

b Halle los valores de los primeros tres términos de esta progresión.

c Escriba el valor de la diferencia de la progresión.

d Calcule el término 15.° de esta progresión.

e Halle la suma de los primeros 20 términos de esta progresión.

5 Arturo está comenzando su primer trabajo. Ganará un salario de GBP28 000 en el primer año y el salario aumentará 4% por año.

a Calcule cuánto ganará Arturo en su cuarto año de trabajo.

Durante el primer año de trabajo, Arturo gasta GBP24 000 de sus ingresos. En los años siguientes, la inflación hará que los gastos de Arturo aumenten 5% por año.

b **i** Calcule el número de años que pasarán hasta que los gastos de Arturo superen su salario.

ii El primer año que los gastos de Arturo superen su salario, ¿cuál será la diferencia?

6 En una progresión geométrica G_1, el primer término es 2 y la razón es 4.

a La suma de los primeros n términos de G_1 es 11 184 810. Halle n.

Una segunda progresión geométrica, G_2, tiene la forma $2, \frac{2}{5}, \frac{2}{25}, \frac{2}{125}, \ldots$

b Indique la razón de G_2.

c Calcule la suma de los primeros 10 términos de G_2.

RESUMEN DEL CAPÍTULO 7

- Una **progresión de números** es una lista de números (finita o infinita) presentada en un orden que obedece a una determinada regla.
- Cada número de la progresión se denomina **término**.

Progresiones aritméticas

- La fórmula para el término n-ésimo de una progresión aritmética es
  $u_n = u_1 + (n-1)d.$
- La suma de los n primeros términos de una progresión aritmética está dada por la fórmula:
  $$S_n = \frac{n}{2}(2u_1 + (n-1)d)$$
- Otra fórmula para la suma de los n primeros términos de una progresión aritmética es:
  $$S_n = \frac{n}{2}(u_1 + u_n)$$

Progresiones geométricas

- La fórmula para el término n-ésimo de una progresión geométrica es:
  $u_n = u_1 r^{n-1}$
- Una fórmula para la suma de los n términos de una progresión geométrica es:
  $$S_n = \frac{u_1(r^n - 1)}{(r-1)}, \quad \text{donde } r \neq 1$$
  También podemos escribir esto como:
  $$S_n = \frac{u_1(1-r^n)}{(1-r)}, \quad \text{donde } r \neq 1$$

Conversión de divisas

- Para cambiar de una divisa a otra o bien hay que multiplicar el monto por el tipo de cambio apropiado (si el banco está comprando) o bien hay que dividir el monto por el tipo de cambio apropiado (si el banco está vendiendo). Si el banco cobra comisión, hay que calcularla y restarla del monto antes de cambiar de divisa.

Interés compuesto

- La fórmula para calcular el valor futuro de una inversión con interés compuesto es:
  $$VF = VA\left(1 + \frac{r}{k(100)}\right)^{kn}$$
  Donde VF es el valor futuro, VA es el valor actual, r es el tipo de interés, n es el número de años y k es el número de períodos al año

La naturaleza de la matemática

Fibonacci: patrones en la naturaleza

El matemático italiano Fibonacci, Leonardo de Pisa, presentó la progresión de Fibonacci en su libro *Liber Abaci* (o *Libro del ábaco),* publicado en 1202.

En el libro, planteó este problema: →

Si comenzamos con una única pareja de conejos, y cada mes cada pareja engendra una nueva pareja que se vuelve productiva a partir del segundo mes, ¿cuántos conejos se producirán en un año?

El diagrama muestra cómo crece la progresión:

1.er mes: 1 pareja de conejos (la original)

2.° mes: aún 1 pareja de conejos ya que todavía los conejos no son productivos

3.er mes: 2 parejas: la original y la pareja nueva que producen

4.° mes: 3 parejas: la original, la pareja que produjeron en el tercer mes y la pareja que produjeron en el cuarto mes

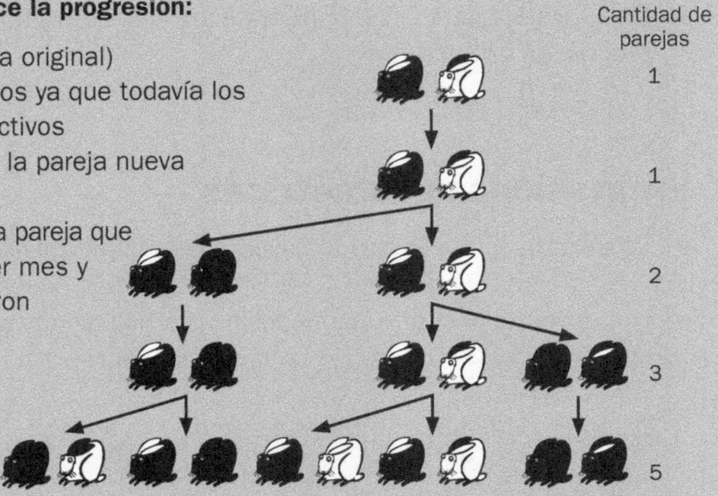

La cantidad de parejas forma la progresión de Fibonacci:

1, 1, 2, 3, 5, 8, 13, 21, 34, 55, 89, 144, 233, ...

En la que cada término, a partir del tercero, es la suma de sus dos términos anteriores

Este es un modelo idealizado e hipotético de una situación.

- Critique el modelo. ¿Qué suposiciones se han hecho? ¿Son estas suposiciones razonables?
- ¿Piensa que Fibonacci en realidad estaba intentando modelizar una población de conejos? Si no fuera así, ¿cómo ayuda este escenario para entender cómo se desarrolla el patrón numérico?

Fibonacci no fue el único matemático que trabajó con este patrón.

Flower power

El número de pétalos en las plantas a menudo son números que aparecen en la progresión de Fibonacci:

1 Cala blanca
2 Euphorbia
3 Lirio, iris
5 Botón de oro, rosa silvestre, consuelda, aguileña
8 Delphinium
13 Caléndula, hierba de Santiago, cineraria, algunas margaritas
21 Áster, achicoria
34 Plátano, piretro

Algunas margaritas y flores de la familia de las asteráceas a menudo tienen 34, 55 u 89 pétalos.

Espirales

Una **espiral de Fibonacci** se forma dibujando una serie de cuartos de círculo dentro de cuadrados cuyos lados siguen la progresión de Fibonacci, comenzando por un cuadrado de lado 1.

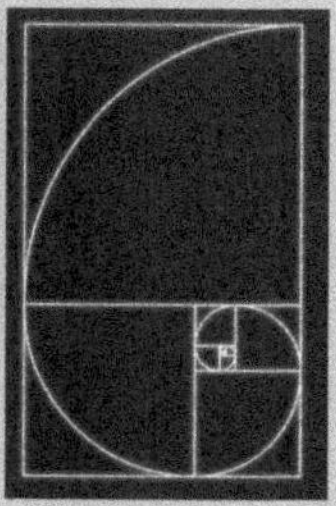

La espiral resultante es similar a la sección transversal de una concha de Nautilus.

Los números y las espirales de Fibonacci se han visto también en:

- La disposición de las hojas alrededor de un tallo
- La disposición de las semillas en una flor
- La cantidad de escamas en las diagonales de una piña/ananá
- El patrón que siguen las semillas del girasol
- La cantidad de espirales en una piña de pino
- La espiral de la cola de un camaleón

■ Investigue otros ejemplos de Fibonacci en la naturaleza.

Es claro que las plantas y los animales no saben nada acerca de esta progresión, pero simplemente crecen, quizás, en las formas más eficientes.

Datos del cuerpo

El cuerpo humano tiene 2 manos y cada una de estas tiene 5 dedos, cada uno de los cuales tiene 3 partes separadas por 2 nudillos.

Todos estos números están en la progresión de Fibonacci.

■ ¿Es esto una coincidencia?

■ ¿Se nos podría acusar de buscar algo donde no hay nada?

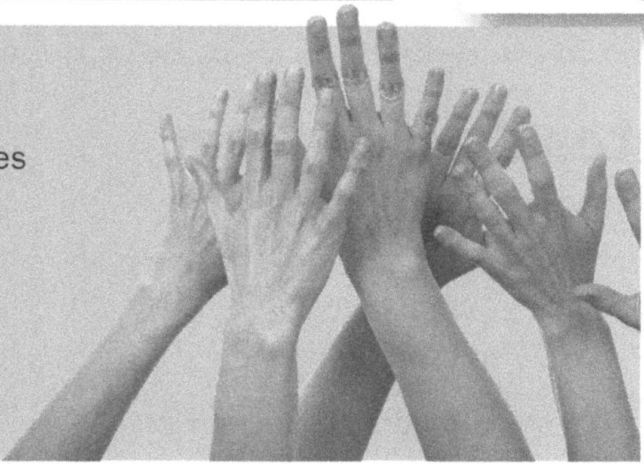

¿Una ley de la naturaleza?

Los patrones de los números de Fibonacci ocurren tan a menudo en la naturaleza que al fenómeno se lo denomina a veces una "ley de la naturaleza".

Pero hay desviaciones, y algunas veces grandes, de los patrones de Fibonacci.

- Hay muchas flores con 4 pétalos (por ejemplo, la prímula), 6 pétalos (jacinto), 7 pétalos (flor estrella).
- Las conchas de Nautilus frecuentemente no son espirales de Fibonacci exactas.

■ ¿Cuán fácil es encontrar en la naturaleza ejemplos de patrones de relaciones matemáticas?

■ Encontrar algunos ejemplos de un patrón en la naturaleza, ¿revela alguna regla mística que la gobierna?

■ ¿Por qué la gente ignora algunos casos importantes que no se adaptan al patrón?

■ ¿Los casos que no se adaptan se racionalizan como "casos especiales"?

8 Conjuntos y probabilidad

OBJETIVOS DEL CAPÍTULO:

3.5 Conceptos básicos de la teoría de conjuntos: elementos, subconjuntos, intersección, unión, complementario; diagramas de Venn

3.6 Espacio muestral, suceso *A* y suceso complementario *A′*; probabilidad de un suceso; probabilidad del suceso complementario; valor esperado (de un juego justo)

3.7 Probabilidad de sucesos compuestos, sucesos incompatibles y sucesos independientes; uso de diagramas de árbol, diagramas de Venn, diagramas de espacios muestrales y tablas de resultados; probabilidad en situaciones "con reposición" y "sin reposición"; probabilidad condicionada

Antes de comenzar

Qué necesitamos saber

1 Usar los términos "entero", "número racional" y "número real":

–2, 5 y 127 son enteros.

$\frac{1}{5}$ y $0,\dot{6} = \frac{2}{3}$ son números racionales.

$\sqrt{44}$ y 1,356724967… son números reales.

2 Usar e interpretar inecuaciones como $3 \leq x \leq 7$, $3 < x < 7$ o $3 \leq x < 7$

Por ejemplo: si x es un entero y $3 \leq x \leq 7$, los posibles valores para x son 3, 4, 5, 6, 7.

3 Identificar divisores y divisores primos

Por ejemplo:

Enumerar los divisores de 18:

1, 2, 3, 6, 9, 18

Enumerar los divisores primos de 18:

2, 3

Comprobemos nuestras habilidades

1 Determine cuál de los siguientes es un entero, un número racional o un número real. Si es racional, escríbalo como fracción.

a 5 **b** 1,875 **c** 0,333

d 0,3030030003… **e** $\sqrt{0,5625}$

f $\sqrt[3]{2,744}$ **g** π^2

2 x es un entero. Para cada inecuación, escriba los posibles valores de x.

a $-2 \leq x \leq 3$ **b** $-3 < x \leq 3$

c $-2 \leq x < 4$ **d** $-3 < x < 4$

3 **a** Enumere los divisores de:

i 12 **ii** 8 **iii** 17 **iv** 25 **v** 24

b Enumere los divisores primos de:

i 12 **ii** 8 **iii** 17 **iv** 25 **v** 24

c Uno de los números del apartado **b** es primo. ¿Cuál es?

d ¿Cuántos divisores tiene el cero? ¿Es cero un entero? ¿Racional? ¿Real? ¿Primo?

En la foto se muestra uno de los dos "complejos integrados" que se han construido en Singapur. También son conocidos como casinos, grandes negocios que contribuyen más de USD1 000 000 000 a los ingresos fiscales del país. Imaginémonos los ingresos que tienen estas compañías, si pagan mil millones de dólares en **impuestos**.

Su negocio son las apuestas, y las apuestas tienen que ver con la probabilidad de ganar y de perder, así como asegurarse de que, **en general**, el casino siempre gane. Los gerentes de los casinos necesitan entender las leyes de la probabilidad y ser capaces de manipularlas en su favor, para que el casino tenga ganancias.

Pero, si el casino **siempre** gana, entonces los apostadores **siempre** pierden, y esto no parece ser "justo".

En este capítulo, investigaremos juegos "justos" y cómo esta idea de ser justo se relaciona con la probabilidad de ganar y de perder. Para hacerlo necesitamos comprender los fundamentos de la teoría de probabilidades. Veremos que, aunque un enfoque intuitivo siempre es útil, algunas veces la intuición no funciona y necesitamos la teoría para comprender plenamente la probabilidad de un suceso.

Las raíces de la probabilidad se hallan en la teoría de conjuntos, que puede ayudar a visualizar el problema, por lo que este capítulo comienza con la teoría de conjuntos, para luego aplicarla a la teoría de probabilidades.

Investigación: ¿una contradicción?

Una profesora pregunta a sus alumnos cuántos estudian Química. Encuentra que hay 15. Luego pregunta cuántos estudian Biología y encuentra que hay 13.
Después, recuerda que hay 26 alumnos en la clase.
Sin embargo, 15 + 13 = 28.
¿Contó mal?

¿Cuál es la contradicción aparente en este problema?
¿Cómo la podemos resolver?

> ¿Cómo puede ser posible que los dos totales sean diferentes?

Una vez que hayamos resuelto la contradicción, intentemos contestar estas preguntas:

1 ¿Cuántas personas estudian Química y Biología?
2 ¿Cuántas personas estudian Química pero no estudian Biología?
3 ¿Cuántas no estudian ninguna de las dos asignaturas?

Investigación: intuición

Todos tenemos una sensación acerca de si algo es justo o no.

Por ejemplo, en un partido de fútbol, el referí lanza una moneda para decidir qué equipo comienza con la posesión de la pelota. El capitán de un equipo elige cara y, si la moneda cae con la cara hacia arriba, entonces ese equipo tiene la posesión. Esto, creemos, es justo. Pero, ¿por qué?

> Escriba *por qué* cree que esta es una manera justa de decidir.

1 ¿Son "justas" estas situaciones?

a Para determinar la posesión inicial en un partido entre el equipo A y el equipo B, el capitán del equipo A lanza una moneda, luego el capitán del equipo B lanza la misma moneda. El equipo cuyo capitán es el primero en obtener "cara" tendrá la posesión.
b Para determinar la posesión inicial en un partido entre el equipo A y el equipo B, el capitán del equipo A elige un número del 1 al 6. Se tira un dado normal y si sale ese número, el equipo A tiene la posesión. De lo contrario, el equipo B tiene la posesión.
c Para determinar la posesión inicial en un partido entre el equipo A y el equipo B, los capitanes de ambos equipos lanzan un dado normal una vez. El equipo cuyo capitán obtiene la mayor puntuación tiene la posesión.

> ¿Se puede **garantizar** que habrá una "puntuación mayor"? ¿Qué ocurre si no la hay?

2 La idea de lo que es justo cambia cuando hay dinero de por medio. Estas situaciones involucran a dos jugadores, Pablo y Julio. ¿Son justas? ¿Qué es lo que determina que una situación sea o no justa?

> Al lanzar una moneda **equilibrada**, la **probabilidad** de que salga "cara" o "cruz" es **la misma**.

a Pablo y Julio apuestan cada uno $1. Luego se lanza una moneda equilibrada (no cargada). Si la moneda muestra "cara", Pablo gana $2. Si la moneda muestra "cruz", Julio gana $2.

Continúa en la página siguiente.

b Pablo y Julio apuestan cada uno \$1. Luego, comenzando por Pablo, se turnan para lanzar una moneda equilibrada. El primer jugador en obtener "cara" gana los \$2.

c Comenzando por Pablo, Pablo y Julio se turnan para lanzar una moneda equilibrada. Cada uno apuesta \$1, inmediatamente antes de su turno. El primer jugador en obtener "cara" gana la suma acumulada de dinero.

d Pablo y Julio apuestan cada uno \$1. Luego se tira un dado equilibrado. Si sale un 6, Pablo gana \$2. Si no sale un 6, Julio gana los \$2.

e Pablo y Julio hacen cada uno una apuesta. Pablo apuesta \$1 y Julio apuesta \$5. Luego lanzan un dado cúbico equilibrado. Si sale un 6, Pablo gana los \$6. Si no sale un 6, Julio gana los \$6.

Los casinos analizan todos los juegos de apuestas y se aseguran de que **no** sean justos. La teoría de probabilidades es la clave en esto. Al final de este capítulo, podremos juzgar el mérito de la frase: "Apostar es un impuesto que se le cobra al que es matemáticamente ignorante".

8.1 Teoría básica de conjuntos

→ Un **conjunto** es simplemente una colección de objetos. Los objetos se denominan **elementos** del conjunto.

Normalmente, consideramos conjuntos cuyos elementos son números. Sin embargo, un conjunto puede ser una colección de **cualquier** tipo de objeto.

Algunos conjuntos se utilizan tanto que tienen sus propios símbolos:

$\mathbb{Z}$ el conjunto de los enteros $\{..., -3, -2, -1, 0, 1, 2, 3, ...\}$
$\mathbb{Z}^+$ el conjunto de los enteros positivos $\{1, 2, 3, ...\}$
$\mathbb{N}$ el conjunto de los números naturales $\{0, 1, 2, 3, ...\}$
$\mathbb{Q}$ el conjunto de los números racionales (fracciones)
$\mathbb{R}$ el conjunto de los números reales

¿Es el 5 un número racional? ¿Y el -5? ¿Es 0 un número racional?

Generalmente usamos letras mayúsculas para representar conjuntos y minúsculas para sus elementos.

Hay varias formas de describir qué objetos pertenecen a un conjunto:

Podemos enumerar explícitamente los elementos de un conjunto.

$A = \{1, 2, 3, 4, 5\}$
$B = \{4, 5, 6, 7\}$
$C = \{\text{nombres de los alumnos ausentes hoy en su colegio}\}$

Podemos describir las propiedades de los elementos del conjunto.

Podemos usar **notación de conjuntos por comprensión**:

$D = \{x \mid 0 \le x \le 5\}$	El conjunto de todos los números entre 0 y 5, inclusive
$E = \{(x, y) \mid x + y = 5\}$	El conjunto de los pares de números que suman 5
$F = \{p \mid p$ es un número primo y es múltiplo de 10$\}$	El conjunto de números primos que son múltiplos de 10

La **notación de conjuntos por comprensión** describe las propiedades de los elementos de un conjunto usando notación matemática. El símbolo "|" significa "tales que". Por ejemplo, la definición del conjunto *D* se lee: "el conjunto de todos los *x* tales que *x* es mayor o igual que 0 y menor o igual que 5".

$G = \{x \mid x$ es un número cuadrado menor que $50\}$ — El conjunto de los números cuadrados menores que 50

$H = \{x \mid x \leq 200\}$ — El conjunto de todos los números menores o iguales que 200

Como podemos ver, las expresiones usadas para los conjuntos D a H no son lo suficientemente precisas, ya que no se especifica qué tipo de números deben ser los elementos del conjunto. Por ejemplo, si en D el elemento x es un entero, entonces D tiene seis elementos. Si x es real, ¿cuántos elementos tiene D?

> → El número de elementos del conjunto finito A se denota con $n(A)$.

El conjunto G tiene siete elementos (suponiendo que x es un entero).

Escribimos $n(G) = 7$, que se lee "el número de elementos de G es siete".

De manera similar, $n(A) = 5$ y $n(B) = 4$.
El conjunto F no tiene elementos, entonces $n(F) = 0$ y F se denomina **conjunto vacío**.
El conjunto vacío se escribe como $\varnothing$ (o a veces { }).

Observe que el conjunto $\{0\}$ **no** es el conjunto vacío, ya que tiene **1** elemento, el número 0.

Los conjuntos A, B y G son ejemplos de **conjuntos finitos**: cada uno contiene una cantidad finita de elementos.

Sin embargo, $n(\mathbb{Z}^+) = \infty$, así que $\mathbb{Z}^+$ es un ejemplo de **conjunto infinito**.

Ahora consideremos el conjunto $D = \{x \mid 0 \leq x \leq 5\}$. Se lee: "$x$ es cualquier número que se encuentra entre 0 y 5, inclusive".

En este caso, es imposible enumerar los elementos de D, ya que x no ha sido definido apropiadamente: no se ha indicado si x es un entero, un entero positivo, un número real o un número racional.

1 Si x es un **entero**, entonces $D = \{0, 1, 2, 3, 4, 5\}$ y $n(D) = 6$.
En la notación de conjuntos por comprensión, la definición correcta de D es: $D = \{x \mid 0 \leq x \leq 5, x$ es un entero$\}$.

2 Suponiendo que x es un **entero positivo**, entonces $D = \{1, 2, 3, 4, 5\}$ y $n(D) = 5$.
En la notación de conjuntos por comprensión, la definición correcta de D es: $D = \{x \mid 0 \leq x \leq 5, x$ es un entero positivo$\}$.

3 Suponiendo que x es un **número racional**, entonces no se pueden enumerar los elementos de D; este es un conjunto infinito, $n(D) = \infty$.

> Escriba los elementos de G para verificar cuántos son.

> ¿Por qué el conjunto F está vacío? Porque, por definición, un número primo *no puede* ser un múltiplo de 10.

> ¿Es $\{\varnothing\}$ el conjunto vacío?

> Cero es un entero, pero cero **no es positivo**.

Podemos usar notación matemática para reemplazar proposiciones como "x es un entero positivo" o, más precisamente, "x es un elemento del conjunto de enteros positivos".

$\in$ significa "es un elemento de".
$\notin$ significa "no es un elemento de".

Así que $x \in \mathbb{Z}^+$ significa "x es un entero positivo".

$1 \in A, \quad 49 \in G, \quad 8 \notin B, \quad (3,5) \notin E, \quad \pi \notin G$

Usando los conjuntos de las páginas 331–332

Ejemplo 1

Decida si cada uno de estos conjuntos está bien definido. Dé una respuesta razonada.

a $E = \{(x, y) \mid x + y = 5\}$
b $F = \{p \mid p$ es un número primo y es múltiplo de $10\}$
c $H = \{x \mid x \leq 200\}$

Respuestas

a E **no** está bien definido, ya que no sabemos a qué conjuntos pertenecen x e y.	*E estaría bien definido si, por ejemplo, se especificara que $x \in \mathbb{Z}^+$, $y \in \mathbb{Z}^+$, de manera que $E = \{(x, y) \mid x + y = 5, x \in \mathbb{Z}^+, y \in \mathbb{Z}^+\}$. Entonces $n(E) = 4$, ya que $E = \{(1,4), (2,3), (3,2), (4,1)\}$.*
b $F = \{p \mid p$ es un número primo y es múltiplo de $10\}$ **está** bien definido, ya que todos los múltiplos de 10 son enteros y todos los números primos son enteros positivos.	*Sin embargo, $n(F) = 0$, ya que no hay múltiplos de 10 que sean primos.*
c H **no** está bien definido, ya que no se ha especificado a qué conjunto pertenece x.	*$H = \{x \mid x \leq 200, x \in \mathbb{N}\}$ sí está bien definido, y $n(H) = 201$.*

Ejemplo 2

Escriba el conjunto $\{5, 6, 7, 8, 9\}$ usando notación por comprensión.

Respuestas

Hay muchas respuestas correctas, incluidas:

$\{x \mid 5 \leq x \leq 9, x \in \mathbb{Z}\}$ o $\{x \mid 5 \leq x \leq 9, x \in \mathbb{Z}^+\}$

$\{x \mid 5 \leq x < 10, x \in \mathbb{Z}\}$ o $\{x \mid 5 \leq x < 10, x \in \mathbb{Z}^+\}$

$\{x \mid 4 < x \leq 9, x \in \mathbb{Z}\}$ o $\{x \mid 4 < x \leq 9, x \in \mathbb{Z}^+\}$

$\{x \mid 4 < x < 10, x \in \mathbb{Z}\}$ o $\{x \mid 4 < x < 10, x \in \mathbb{Z}^+\}$

Ejercitación 8A

1 Para cada conjunto dado a continuación:

a Enumere, si es posible, sus elementos

b Indique el número de elementos en el conjunto

$M = \{x \mid 2 \le x < 5, x \in \mathbb{Z}\}$

$N = \{x \mid 0 < x \le 5, x \in \mathbb{Z}\}$

$P = \{x \mid -2 \le x < 6, x \in \mathbb{Z}^+\}$

$S = \{(x, y) \mid x + y = 5, x \in \mathbb{Z}^+, y \in \mathbb{Z}^+\}$

$T = \{(x, y) \mid x + y = 5, x \in \mathbb{N}, y \in \mathbb{N}\}$

$V = \{p \mid p$ es un número primo y es múltiplo de $4\}$

$W = \{x \mid x$ es un divisor de $20\}$

$X = \{x \mid x < 200, x \in \mathbb{R}\}$

2 Aquí hay tres conjuntos:

$A = \{1, 2, 3, 4, 5, 6\}$, $B = \{2, 4, 6, 8, 10\}$, $C = \{3, 5, 7, 9, 11\}$

Enumere los elementos de los siguientes conjuntos:

a $\{x \mid x > 3, x \in A\}$ **b** $\{x \mid x \le 6, x \in B\}$

c $\{x \mid 5 < x < 12, x \in C\}$ **d** $\{x \mid x = 2y + 1, y \in B\}$

e $\{(x, y) \mid x = y, x, y \in B\}$ **f** $\{(x, y) \mid x = 2y, x \in B, y \in C\}$

3 Escriba los siguientes conjuntos usando notación por comprensión:

a $\{2, 4, 6, 8, \ldots\}$ **b** $\{2, 3, 5, 7, 11, 13, \ldots\}$

c $\{-2, -1, 0, 1, 2\}$ **d** $\{2, 3, 4, 5, 6, 7, 8\}$

e $\{-2, 0, 2, 4, 6, 8\}$ **f** $\{3, 6, 9, 12, 15, 18\}$

8.2 Diagramas de Venn

Conjunto universal

Es importante saber qué tipos de elementos están contenidos en un conjunto.

En otras palabras, para definir un conjunto apropiadamente, necesitamos definir el **conjunto universal**, los elementos que están en consideración.

→ El **conjunto universal** (simbólicamente, U), debe estar indicado para que un conjunto esté bien definido.

El conjunto universal se muestra en forma esquemática con un rectángulo:

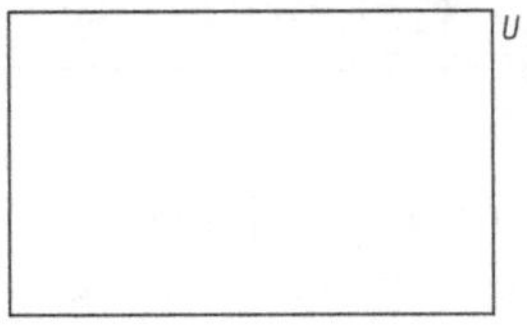

Este tipo de diagrama de conjunto se denomina **diagrama de Venn**. Cualquier conjunto que estemos considerando se muestra con un círculo dentro del conjunto universal.

El diagrama tiene este nombre por el matemático inglés John Venn, quien fue el primero en usarlo.

Supongamos que, como parte de un problema, estamos considerando los meses del año que tienen en sus nombres una “a”. El conjunto universal, U, sería {marzo, abril, mayo, agosto}.

El conjunto A se define como el conjunto de todos los meses que tienen una "t" en sus nombres.

Si representamos esto en un diagrama de Venn, el conjunto A es un **subconjunto** de U y se dibuja dentro del rectángulo. Esto se escribe como $A \subset U$.

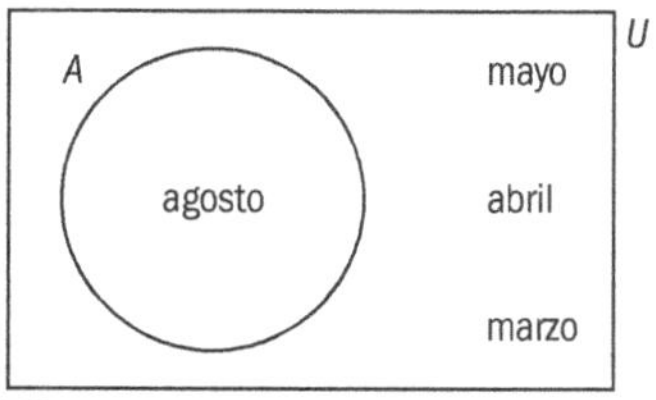

Dado que agosto $\in A$, se escribe dentro de A. Dado que marzo, abril, mayo $\notin A$, pero marzo, abril, mayo $\in U$, se escriben dentro del rectángulo (U), pero fuera del círculo (A).

Por la definición del conjunto A, uno de sus elementos podría ser "octubre", pero "octubre" **no está en el conjunto universal**, por lo que **no puede** ser un elemento de A.

En el conjunto $D = \{x \mid 0 \leq x \leq 5\}$ de la página 331, los elementos solo pueden definirse apropiadamente si definimos U. Los tres casos que consideramos fueron $U = \mathbb{Z}$, $U = \mathbb{Z}^+$, y $U = \mathbb{Q}$.

$\mathbb{Q}$, el conjunto de números racionales, se define correctamente como $\left\{\frac{p}{q} \middle| p, q \in \mathbb{Z}, q \neq 0\right\}$.

Subconjuntos

→ Si cada elemento de un conjunto dado, M, también es un elemento de otro conjunto, N, entonces M es un **subconjunto** de N; esto se escribe simbólicamente $M \subseteq N$.

→ Un **subconjunto propio** de un conjunto dado es aquel que **no es idéntico** al conjunto original.

Si M es un subconjunto propio de N (simbólicamente, $M \subset N$), entonces:

1. **Cada** elemento de M también está en N
2. Hay uno o más elementos en N que no están en M

Si M es un subconjunto propio de N, entonces escribimos $M \subset N$. En el caso en que M pudiera ser igual a N, entonces escribimos $M \subseteq N$. Claramente, tanto M como N son subconjuntos del conjunto universal U.
El diagrama de Venn de la derecha muestra que $M \subset N \subset U$.

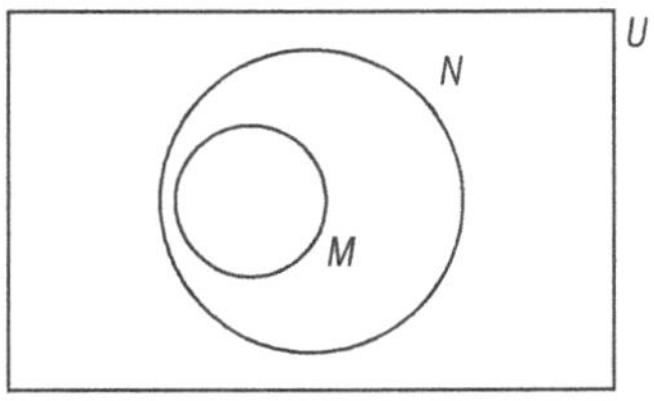

Ejemplo 3

Sea U = {meses del año que terminan con "bre"}
Sea A = {meses del año que comienzan con una consonante}
Sea B = {meses del año que tienen exactamente 30 días}
Dibuje un diagrama de Venn para mostrar:

a Los conjuntos U y A
b Los conjuntos U y B
c Los conjuntos U, A y B

▶ Continúa en la página siguiente.

Respuestas

a

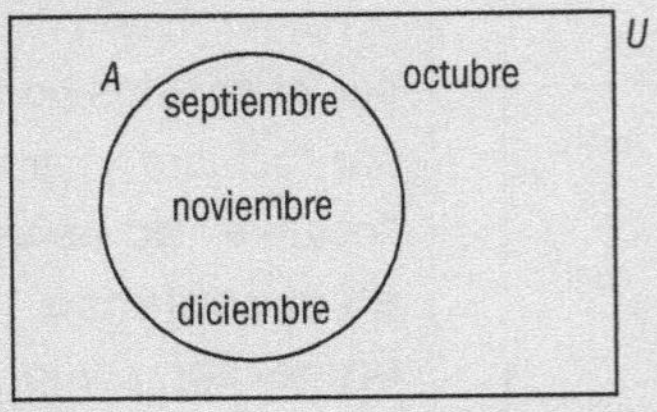

Primero, escribir los conjuntos
U = {septiembre, octubre, noviembre, diciembre}
A = {septiembre, noviembre, diciembre}
B = {septiembre, noviembre}
Observar que, dado que A no es idéntico a U, escribimos $A \subset U$

b

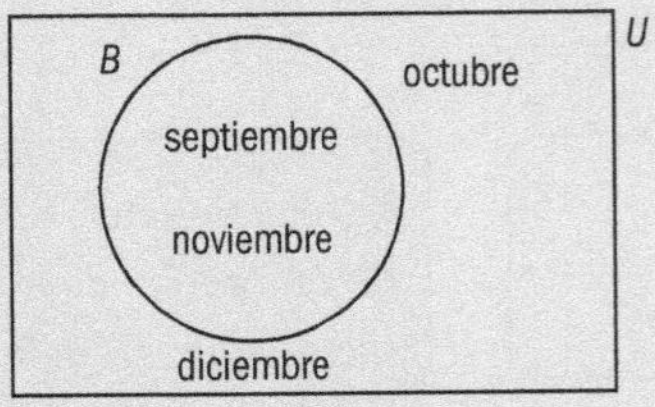

$B \subset U$

Cada elemento de *B* es también un elemento de *A*; por lo tanto, *B* es un subconjunto de *A*, $B \subseteq A$.

c

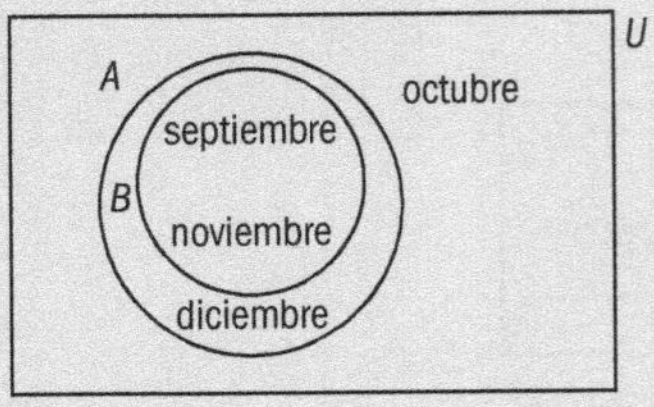

$B \subset A$

Hay un elemento de *A* (diciembre) que no es elemento de *B*, así que *A* y *B* no son idénticos: *B* es un subconjunto **propio** de *A*, $B \subset A$.

Ejercitación 8B

Considere los conjuntos:

$M = \{x \mid 2 \leq x < 5, x \in \mathbb{Z}\}$
$N = \{x \mid 0 < x \leq 5, x \in \mathbb{Z}\}$
$P = \{x \mid -2 \leq x < 6, x \in \mathbb{Z}^+\}$
$S = \{(x, y) \mid x + y = 5, x \in \mathbb{Z}^+, y \in \mathbb{Z}^+\}$
$T = \{(x, y) \mid x + y = 5, x \in \mathbb{Z}, y \in \mathbb{Z}\}$
$V = \{p \mid p$ es un número primo y es múltiplo de $4\}$
$W = \{x \mid x$ es un divisor de $20\}$
$X = \{x \mid x < 200, x \in \mathbb{R}\}$

Indique si estas proposiciones son verdaderas o falsas:

a $N \subseteq M$ **b** $S \subseteq T$ **c** $P \subseteq M$ **d** $W \subseteq X$
e $N \subseteq P$ **f** $P \subseteq N$ **g** $\varnothing \subseteq W$ **h** $W \subseteq W$

En la ejercitación 8B, deberíamos haber hallado que los dos últimos ejemplos son verdaderos:

En el apartado **g**, $\varnothing \subseteq W$, dado que cada elemento de $\varnothing$ está en W. El hecho de que no haya elementos en $\varnothing$ hace que esto sea cierto.

Además, no hay elementos en $\varnothing$ que **no** estén en W; por lo tanto, W debe contener a $\varnothing$. A partir de lo anterior, $\varnothing$ es un subconjunto de W.

Este razonamiento también es válido para los conjuntos M, N, P y S. De hecho, es válido para todos los conjuntos.

→ El conjunto vacío $\varnothing$ es subconjunto de cualquier conjunto.

En el apartado **h**, dado que cada elemento de W está en W, $W \subseteq W$. Y el mismo razonamiento es válido para todos los conjuntos.

→ Todo conjunto es un subconjunto de sí mismo.

Cuando consideramos subconjuntos, generalmente no necesitamos incluir ni el conjunto vacío ni el mismo conjunto original. El conjunto vacío y el mismo conjunto no son subconjuntos propios de ningún conjunto.

Ejercitación 8C

1 Considere los conjuntos:

$M = \{x \mid 2 \le x < 5, x \in \mathbb{Z}\}$

$N = \{x \mid 0 < x \le 5, x \in \mathbb{Z}\}$

$P = \{x \mid -2 \le x < 6, x \in \mathbb{Z}^+\}$

$S = \{(x, y) \mid x + y = 5, x \in \mathbb{Z}^+, y \in \mathbb{Z}^+\}$

$T = \{(x, y) \mid x + y = 5, x \in \mathbb{Z}, y \in \mathbb{Z}\}$

$V = \{p \mid p$ es un número primo y es múltiplo de $4\}$

$W = \{x \mid x$ es un divisor de $20\}$

$X = \{x \mid x < 200, x \in \mathbb{R}\}$

Indique si las siguientes proposiciones son verdaderas o falsas:

a $N \subset M$ **b** $S \subset T$ **c** $P \subset M$ **d** $W \subset X$
e $M \subset P$ **f** $P \subset N$ **g** $\varnothing \subset T$ **h** $V \subset W$

2 **a** Enumere todos los subconjuntos de:
i $\{a\}$ **ii** $\{a, b\}$ **iii** $\{a, b, c\}$ **iv** $\{a, b, c, d\}$
b ¿Cuántos subconjuntos tiene un conjunto con n elementos?
c ¿Cuántos subconjuntos tiene $\{a, b, c, d, e, f\}$?
d Un conjunto tiene 128 subconjuntos. ¿Cuántos elementos tiene este conjunto?

3 **a** Enumere todos los subconjuntos propios de:
i $\{a\}$ **ii** $\{a, b\}$ **iii** $\{a, b, c\}$ **iv** $\{a, b, c, d\}$
b ¿Cuántos subconjuntos propios tiene un conjunto con n elementos?
c ¿Cuántos subconjuntos propios tiene $\{a, b, c, d, e, f\}$?
d Un conjunto tiene 254 subconjuntos propios. ¿Cuántos elementos tiene este conjunto?

Intersección

→ La **intersección** del conjunto M y el conjunto N (simbólicamente, $M \cap N$) es el conjunto de todos los elementos que están en M **y** en N.

$M \cap N$ es la región sombreada del diagrama de Venn:

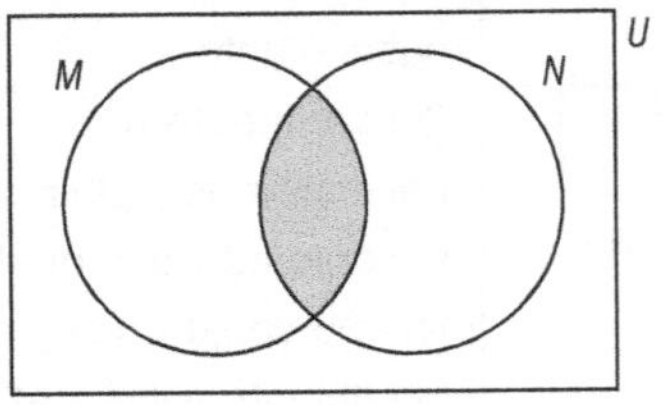

Ejemplo 4

Dados los conjuntos:
$A = \{1, 2, 3, 4, 5\}$
$B = \{x \mid 0 < x \leq 5, x \in \mathbb{Z}\}$
$C = \{p \mid p$ es un número primo y es múltiplo de $10\}$
$D = \{4, 5, 6, 7\}$
$E = \{x \mid x$ es un número cuadrado menor que $50\}$
Escriba los conjuntos:
a $A \cap D$ **b** $A \cap B$ **c** $D \cap E$ **d** $C \cap D$

Respuestas	*Primero, enumerar los elementos de cada conjunto:*
	$A = \{1, 2, 3, 4, 5\}$ $B = \{1, 2, 3, 4, 5\}$ $C = \varnothing$ $D = \{4, 5, 6, 7\}$ $E = \{1, 4, 9, 16, 25, 36, 49\}$
a $A \cap D = \{4, 5\}$	*Comparar los conjuntos:* $A = \{1, 2, 3, 4, 5\}$ $D = \{4, 5, 6, 7\}$
b $A \cap B = \{1, 2, 3, 4, 5\}$	*Los conjuntos A y B son idénticos.*
c El elemento 4 está en ambos conjuntos; por lo tanto, $D \cap E = \{4\}$.	$D = \{4, 5, 6, 7\}$ *y* $E = \{1, 4, 9, 16, 25, 36, 49\}$.
d $C \cap D = \varnothing$	*C no tiene ningún elemento; por lo tanto, no existe elemento que esté en ambos conjuntos.*

¿Es siempre verdadero que para cualquier conjunto X se da lo siguiente?:
$\varnothing \cap X = \varnothing$
$X \cap X = X$

Unión

→ La **unión** del conjunto M y el conjunto N (simbólicamente, $M \cup N$) es el conjunto de todos los elementos que están en M **o** en N **o** en **ambos**.

$M \cup N$ es la región sombreada del diagrama de Venn:

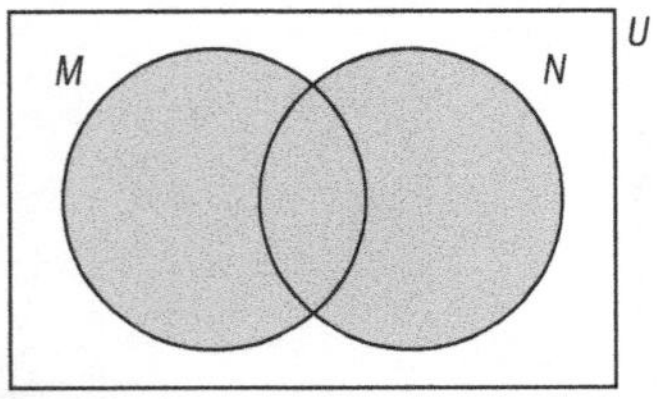

$M \cup N$ incluye aquellos elementos que están en **ambos** conjuntos, *M* y *N*. Esto es importante.

Ejemplo 5

Dados los conjuntos:
$A = \{1, 2, 3, 4, 5\}$
$B = \{1, 2, 3, 4, 5\}$
$C = \varnothing$
$D = \{4, 5, 6, 7\}$
$E = \{1, 4, 9, 16, 25, 36, 49\}$
Escriba los conjuntos: **a** $A \cup D$ **b** $A \cup B$ **c** $C \cup D$

Respuestas

a $A \cup D = \{1, 2, 3, 4, 5, 6, 7\}$

$A = \{1, 2, 3, 4, 5\}$ y $D = \{4, 5, 6, 7\}$. Para escribir $A \cup D$, enumerar ***cada*** *elemento de cada conjunto, pero* ***solo una vez***

b $A \cup B = \{1, 2, 3, 4, 5\}$

A y B son idénticos.

c $C \cup D = \{4, 5, 6, 7\}$

$C = \varnothing$ y $D = \{4, 5, 6, 7\}$. $C \cup D = D$, dado que no hay elementos adicionales para enumerar de C.

¿Es siempre verdadero que para cualquier conjunto X se da lo siguiente?:
$\varnothing \cup X = X$
$X \cup X = X$

Complementario

➔ El **complementario** de un conjunto M, simbólicamente M', es el conjunto de todos los elementos del conjunto universal que **no** están en M.

M' es la región sombreada de este diagrama de Venn.

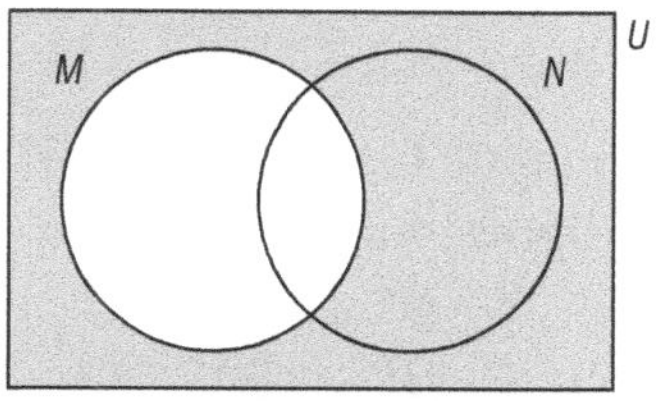

➔ El complementario del conjunto universal, U', es el conjunto vacío, $\varnothing$.

Podemos usar diagramas de Venn para representar diferentes combinaciones de complementarios, intersecciones y uniones de conjuntos. Por ejemplo, aquí se muestra $M \cap N'$:

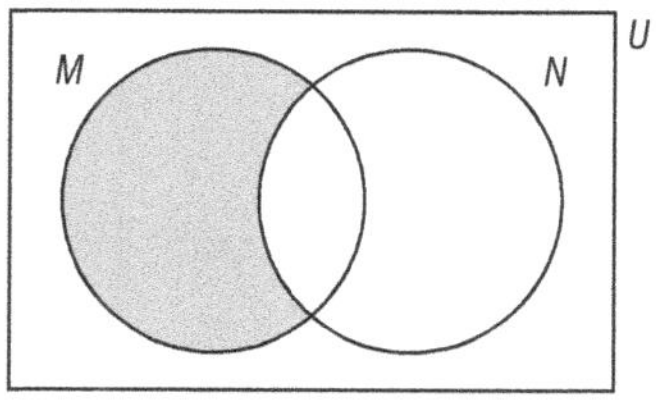

Para verlo con mayor detalle, observemos los diagramas separados de M y de N':

M

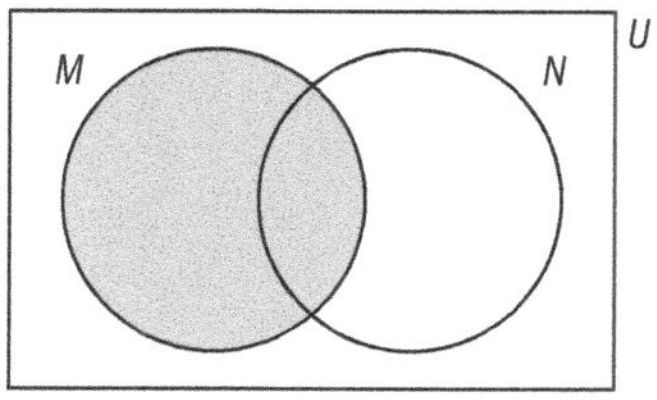

N'

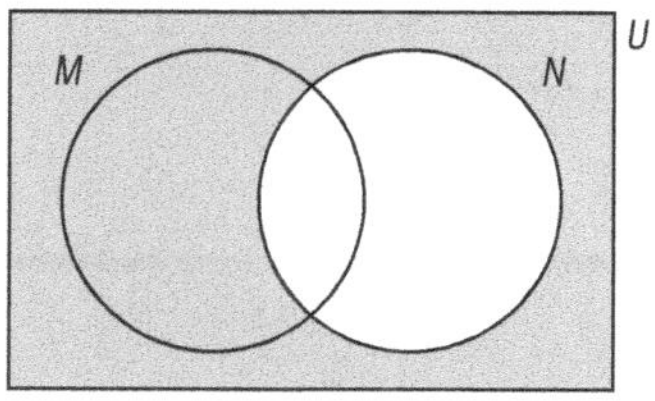

Combinándolos para obtener la intersección $M \cap N'$, se sombrea solo el área común a los dos diagramas.

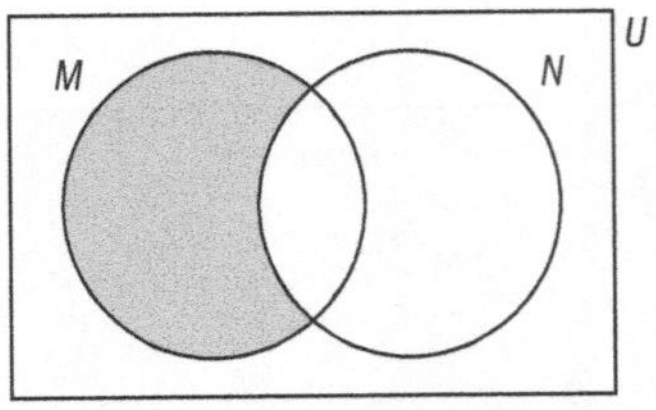

Este diagrama muestra el conjunto $M \cup N'$. Dado que esta es la región que satisface M **o** N', incluye el sombreado de ambos diagramas.

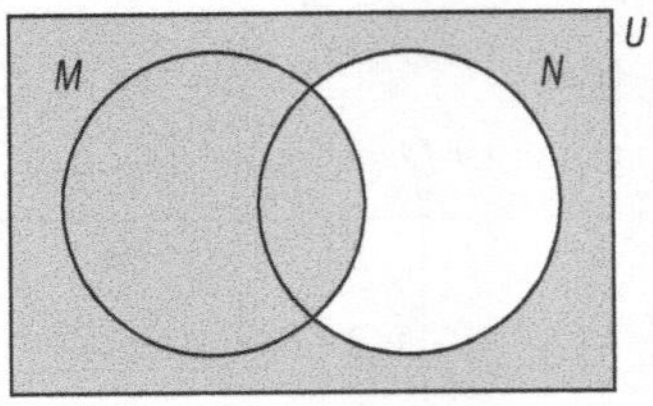

Ejercitación 8D

1 Copie el diagrama de Venn de los conjuntos P y Q.
Sombree la región que representa a:

a $P \cup Q'$ **b** $P \cap Q'$ **c** $P' \cup Q'$
d $P' \cap Q'$ **e** $(P \cup Q)'$ **f** $(P \cap Q)'$

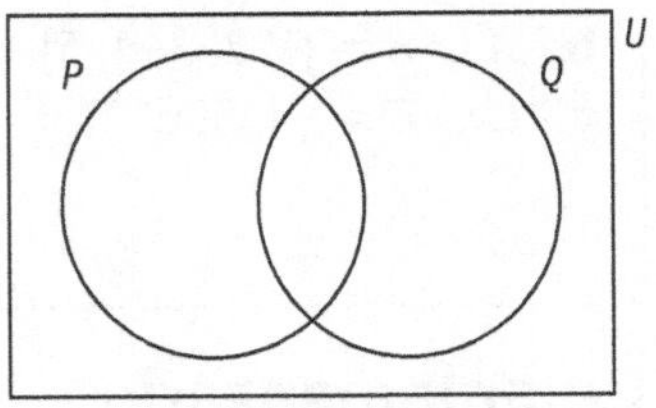

2 Copie el diagrama de Venn de los conjuntos H y N.
Sombree la región que representa a:

a H' **b** $H \cap N'$ **c** N'
d $H' \cup N'$ **e** $H' \cap N'$ **f** $H \cup N'$

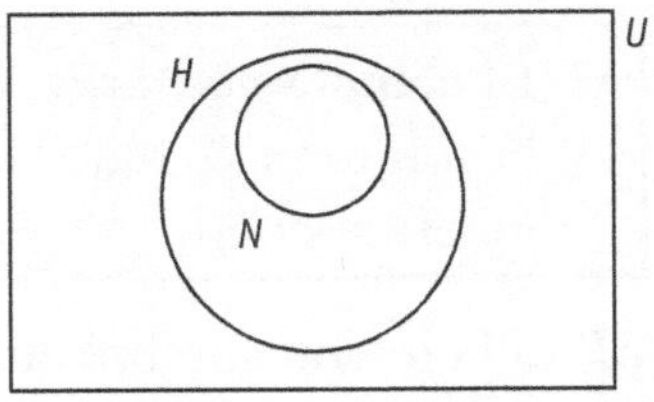

3 Copie el diagrama de Venn de los conjuntos W y R.
Sombree la región que representa a:

a W' **b** $W' \cap R'$ **c** $W' \cap R$
d $W' \cup R'$ **e** $(W \cup R)'$ **f** $(W' \cap R)'$

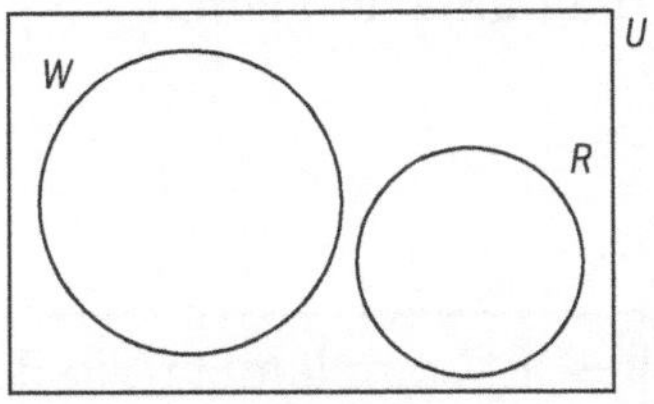

4 U se define como el conjunto de todos los enteros.
Considere los siguientes conjuntos:

$A = \{1, 2, 3, 4, 5\}$
$B = \{x \mid 0 \le x < 5, x \in \mathbb{Z}\}$
$C = \{p \mid p$ es un número primo que es par$\}$
$D = \{4, 5, 6, 7\}$
$E = \{x \mid x$ es un número cuadrado menor que $50\}$

Escriba los siguientes conjuntos:

a $A \cap B$ **b** $B \cap E$ **c** $C \cap D$ **d** $C \cap E$ **e** $B \cap D$
f $A \cup B$ **g** $B \cup A$ **h** $C \cup D$ **i** $C \cup A$ **j** $B \cup D$

Decida si cada proposición es verdadera o falsa.

k $A \subset B$ **l** $B \subset A$ **m** $C \subset A$ **n** $C \subset D$ **o** $(C \cap D) \subset E$

Los diagramas de Venn también pueden mostrar los elementos individuales de los conjuntos.

Ejemplo 6

$U = \{4, 5, 6, 7, 8, 9, 10\}$, $F = \{4, 5, 6, 7\}$ y $G = \{6, 7, 8, 9\}$.

a Dibuje un diagrama de Venn para F, G y U.

b Escriba estos conjuntos:

i F' **ii** $F \cap G'$ **iii** $(F \cap G)'$

Respuestas

Dibujar un diagrama de Venn vacío

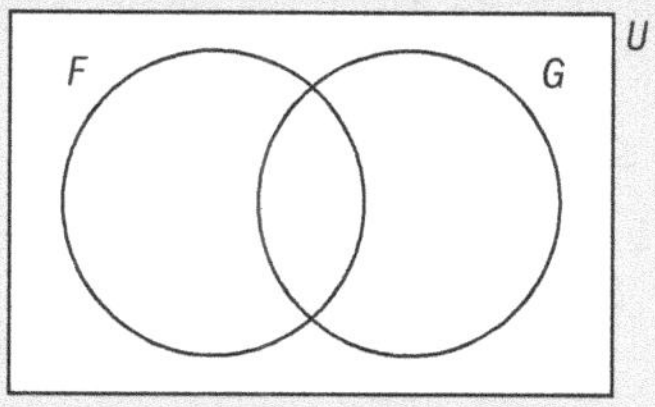

$F \cap G = \{6, 7\}$. *Agregar 6 y 7 al diagrama.*

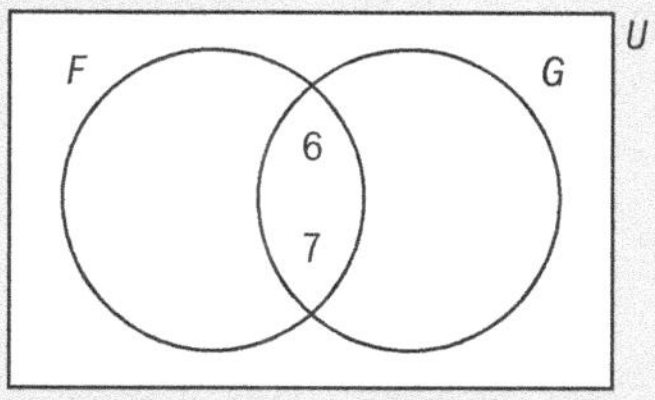

Agregar el resto de los elementos de F y de G

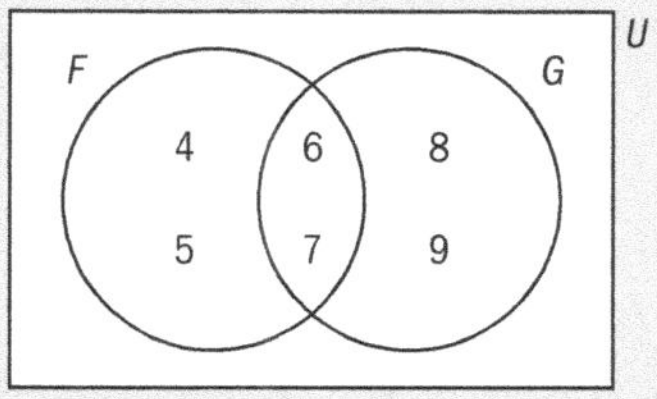

a

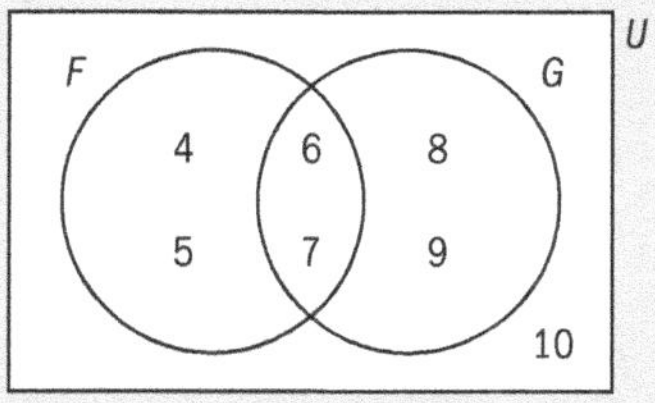

Agregar el resto de los elementos de U

b **i** $F' = \{8, 9, 10\}$

ii $F \cap G' = \{4, 5\}$

iii $(F \cap G)' = \{4, 5, 8, 9, 10\}$

Usar el diagrama para escribir los elementos de estos conjuntos

Observe que $F \cap G' \neq (F \cap G)'$. Debemos ser muy precisos en el uso de los paréntesis.

Podemos usar los diagramas de Venn para calcular el **número de elementos** en cada conjunto, sin necesidad de escribirlos todos.

Ejemplo 7

En este diagrama de Venn, cada punto representa un elemento.

Escriba:

a $n(G)$
b $n(F)$
c $n(G \cap F)$
d $n(H')$
e $n(F \cap H)$
f $n(G \cap H)$

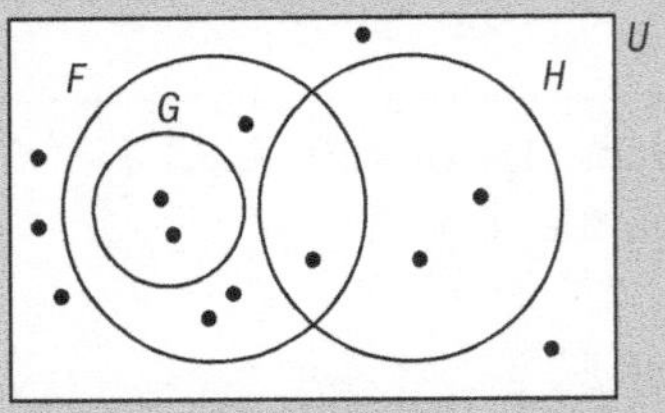

¿Estas proposiciones son verdaderas o falsas?

g $n(F \cup H) = n(F) + n(H)$
h $n(G \cup H) = n(G) + n(H)$

Respuestas

a $n(G) = 2$
b $n(F) = 6$
c $n(G \cap F) = 2$
d $n(H') = 10$
e $n(F \cap H) = 1$
f $n(G \cap H) = 0$
g La proposición es falsa.
h La proposición es verdadera.

Contar los puntos que tiene cada conjunto

$n(F \cup H) = 8$, $n(F) = 6$, $n(H) = 3$
$n(G \cup H) = 5$, $n(G) = 2$, $n(H) = 3$

Las proposiciones de **e** y **f** nos ayudan a decidir si las proposiciones de **g** y **h** son verdaderas o falsas.

Ejercitación 8E

1 ¿Son estas proposiciones verdaderas o falsas?

a $F \subset G$ **b** $n(F \cup G) = 6$
c $n(G') = 8$ **d** $n(F \cup H) = 6$
e $H \cup F = G'$ **f** $F' \subset H$
g $n(G' \cap H) = 5$ **h** $n(F' \cap G) = 5$

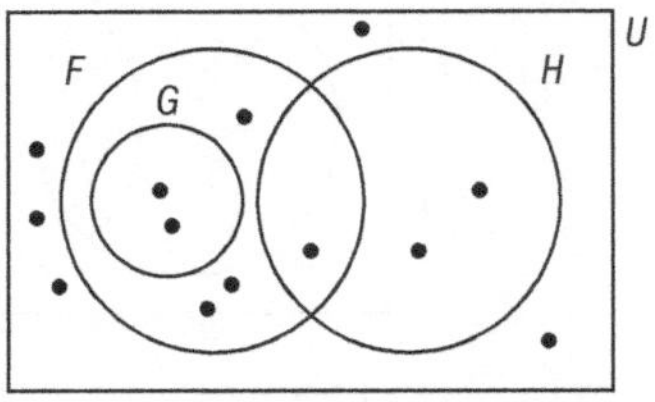

2 Enumere los elementos de:

a U
b R
c R'
d T
e T'

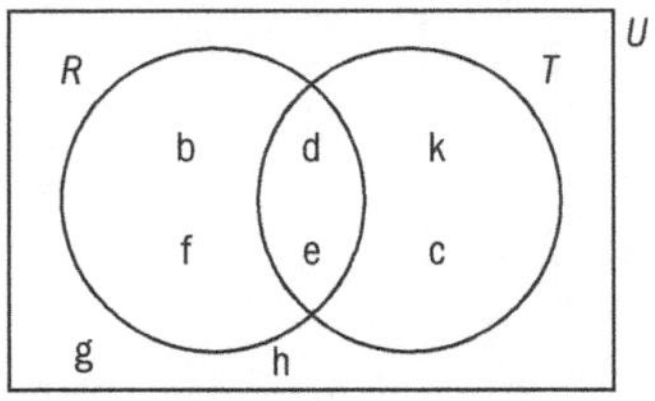

3 Enumere los elementos de:

a A
b A'
c $A \cup B'$
d $A \cap B'$
e $A' \cup B'$

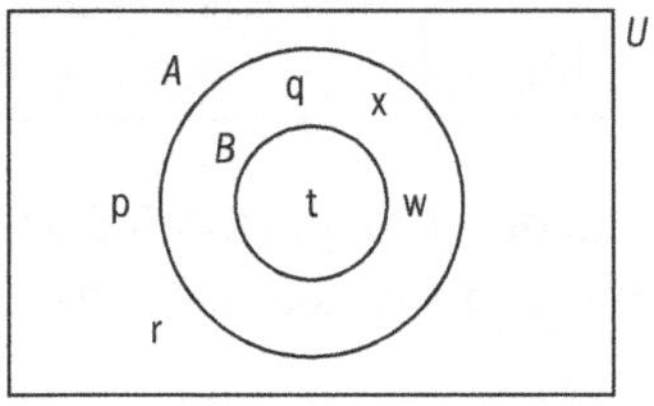

8.3 Extensión a tres conjuntos

Este diagrama de Venn muestra un problema general de tres conjuntos.

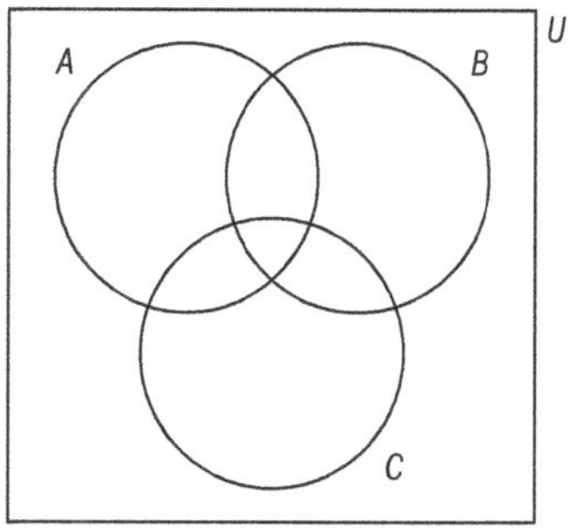

Para tres conjuntos, hay que usar la misma notación. Pero hay que tener mucho cuidado en el uso de los paréntesis cuando describimos los conjuntos.

Ejemplo 8

Sombree la región del diagrama de Venn que representa a los conjuntos:

a $(A \cup B) \cap C$ **b** $A \cup (B \cap C)$

Respuestas

a $(A \cup B) \cap C$

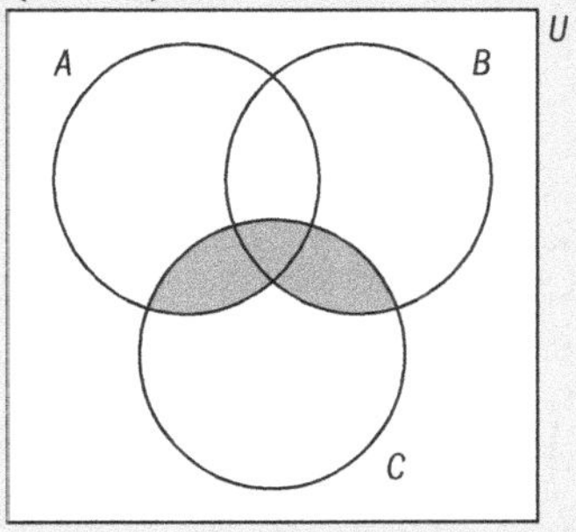

b $A \cup (B \cap C)$

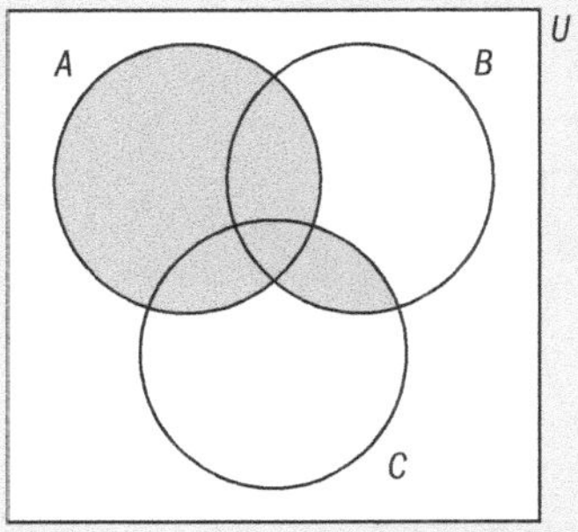

Primero sombrear la región que está dentro de los paréntesis, $(A \cup B)$:

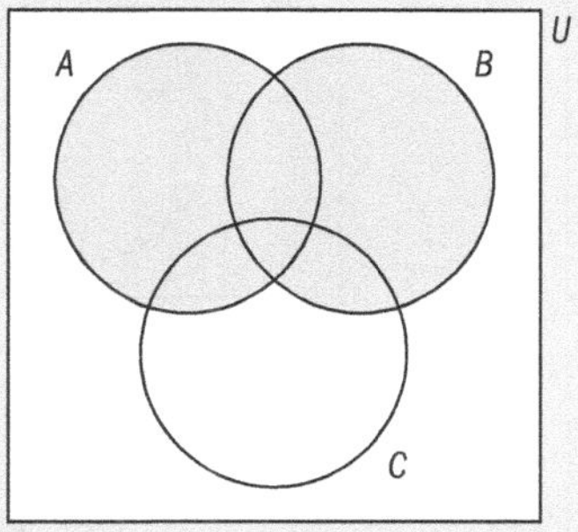

Luego sombrear la otra región, C:

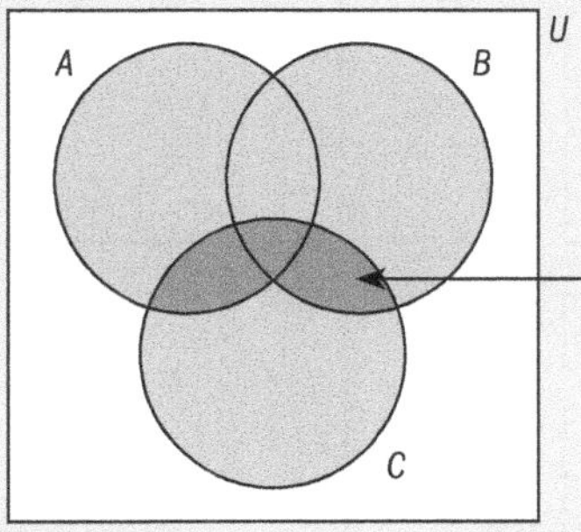

La región oscura es la intersección.

La unión se forma con *todas* las regiones sombreadas.

Primero sombrear la región que está dentro de los paréntesis, $(B \cap C)$:

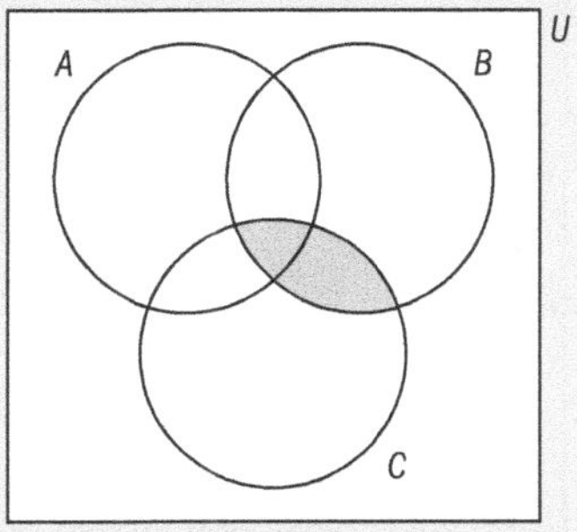

Luego sombrear la otra región, A

Observe que la expresión $A \cup B \cap C$ no tiene significado matemático. Se necesitan paréntesis para que la expresión deje de ser ambigua.

Ejercitación 8F

1 Sombree, en un diagrama de tres conjuntos, la región que representa a cada conjunto:

a **i** $(A \cup B) \cup C$ **ii** $A \cup (B \cup C)$

b **i** $(A \cap B) \cap C$ **ii** $A \cap (B \cap C)$

c **i** $(A \cup C) \cap B$ **ii** $A \cup (C \cap B)$

d **i** $C \cap (A \cup B)$ **ii** $B \cup (C \cap A)$

e **i** $(A \cup B) \cup C'$ **ii** $A \cup (B \cup C')$

f **i** $(A \cap B') \cap C$ **ii** $A \cap (B' \cap C)$

g **i** $(A \cup C) \cap B'$ **ii** $A \cup (C \cap B')$

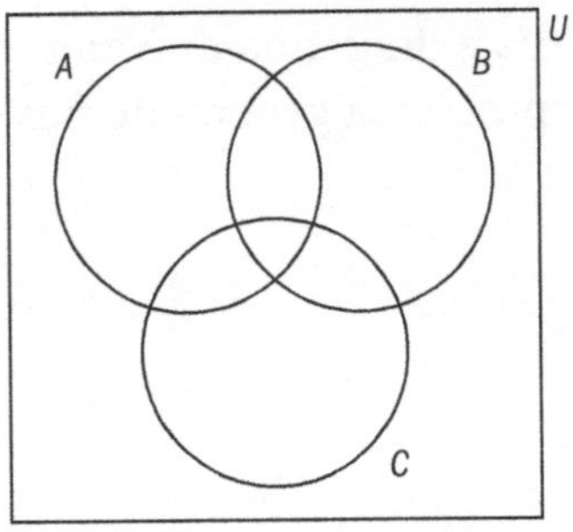

2 Utilice notación de conjuntos para nombrar la región sombreada en cada diagrama de Venn.

a

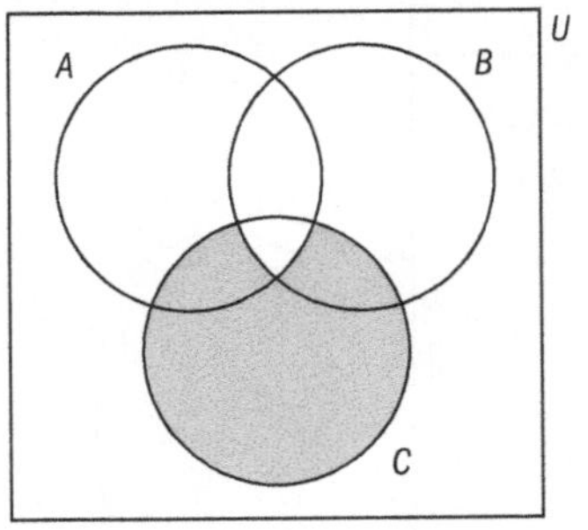

b

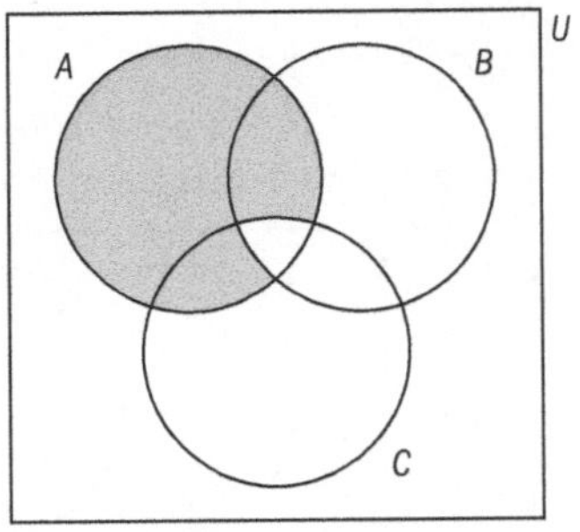

c

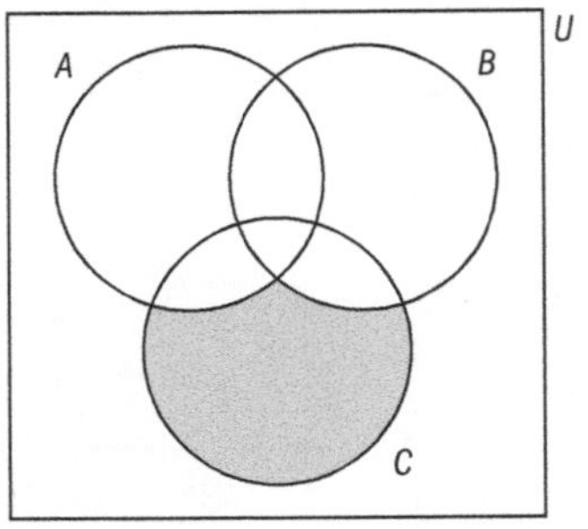

d

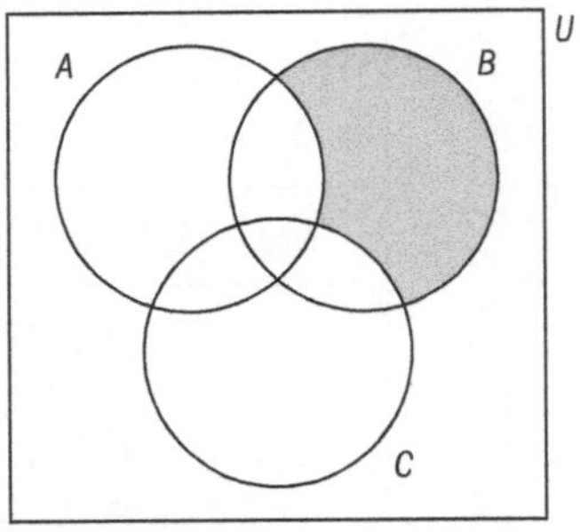

e

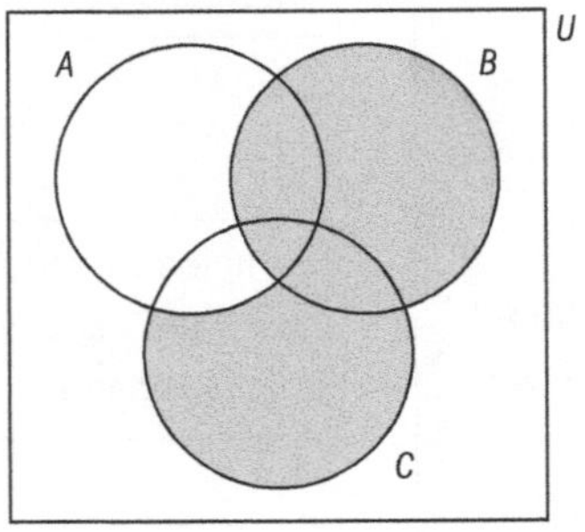

f

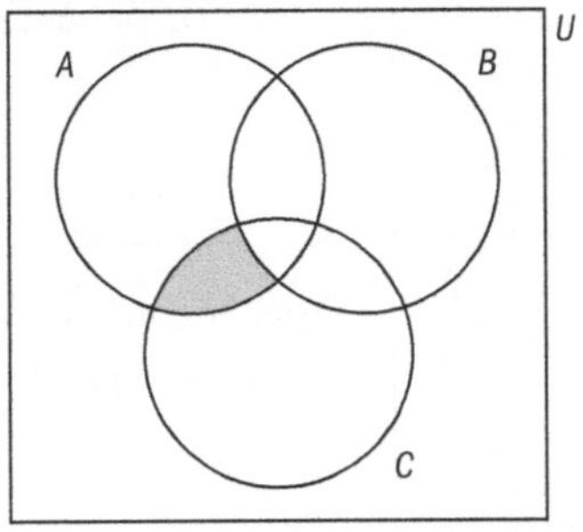

g

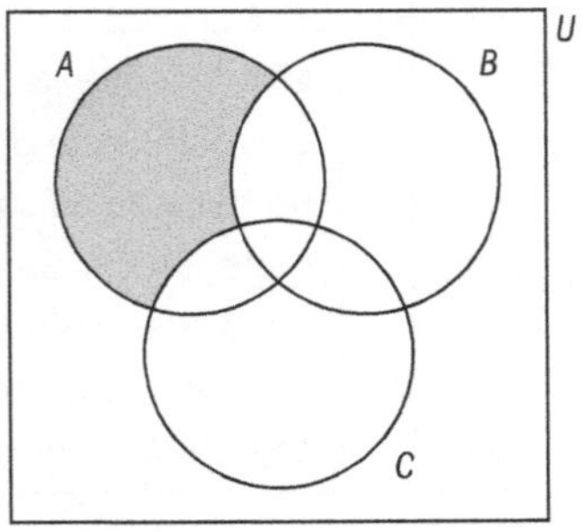

h

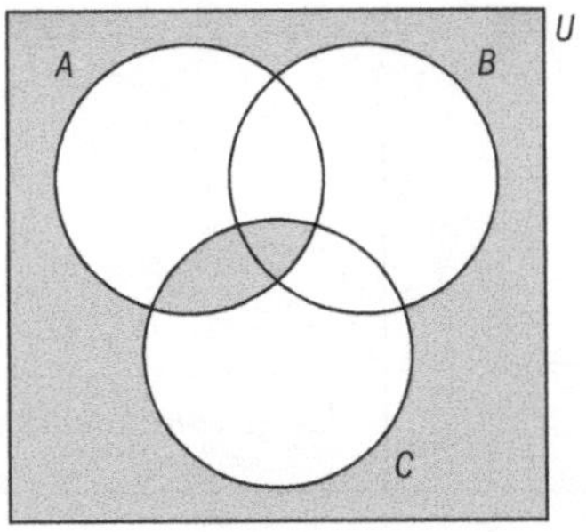

i

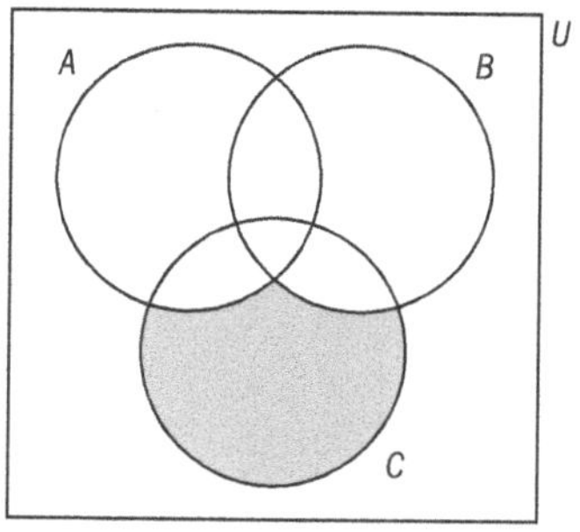

j

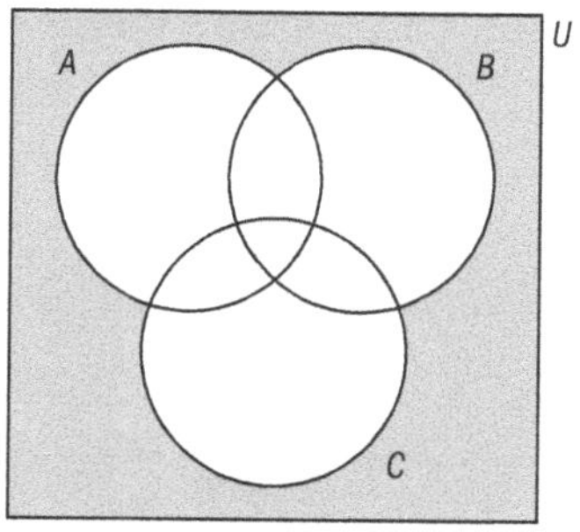

3 En este diagrama de Venn, $U = \{1, 2, 3, 4, 5, 6, 7, 8\}$.
Enumere los elementos de:

a $A \cap B \cap C$
b $A' \cap B \cap C$
c $A \cap B' \cap C$
d $A \cap B \cap C'$
e $A' \cap B' \cap C$
f $A' \cap B \cap C'$
g $A \cap B' \cap C'$
h $A' \cap B' \cap C'$

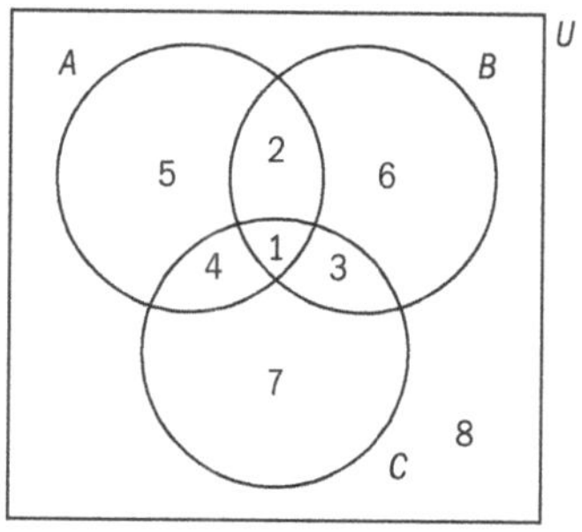

4 Para el diagrama de Venn dado en la pregunta 3, enumere los elementos de:

a $A \cap (B \cup C)$ **b** $A' \cap (B \cup C)$
c $(A \cup B') \cap C$ **d** $(A \cup B) \cap C'$
e $(A' \cup B') \cap C$ **f** $(A' \cup B) \cap C'$
g $B \cap (A' \cup C')$ **h** $B' \cap (A' \cup C)$

8.4 Resolución de problemas usando diagramas de Venn

Este es el problema que nos planteamos en la primera investigación de este capítulo:

Investigación: ¿una contradicción?

Una profesora pregunta a sus alumnos cuántos estudian Química. Encuentra que hay 15. Luego pregunta cuántos estudian Biología y encuentra que hay 13.
Después, recuerda que hay 26 alumnos en la clase.
Sin embargo, 15 + 13 = 28. ¿Contó mal?

Podemos representar este problema en un diagrama de Venn. Sea B el conjunto de los alumnos que estudian Biología, y Q el conjunto de los alumnos que estudian Química. Entonces, $n(B) = 13$, $n(Q) = 15$ y $n(U) = 26$.

La profesora hace una pregunta más y encuentra que 5 de los alumnos no estudian ninguna de las 2 asignaturas, así que $n(B' \cap Q') = 5$.

Podemos poner lo que sabemos, y lo que no sabemos, en un diagrama de Venn:

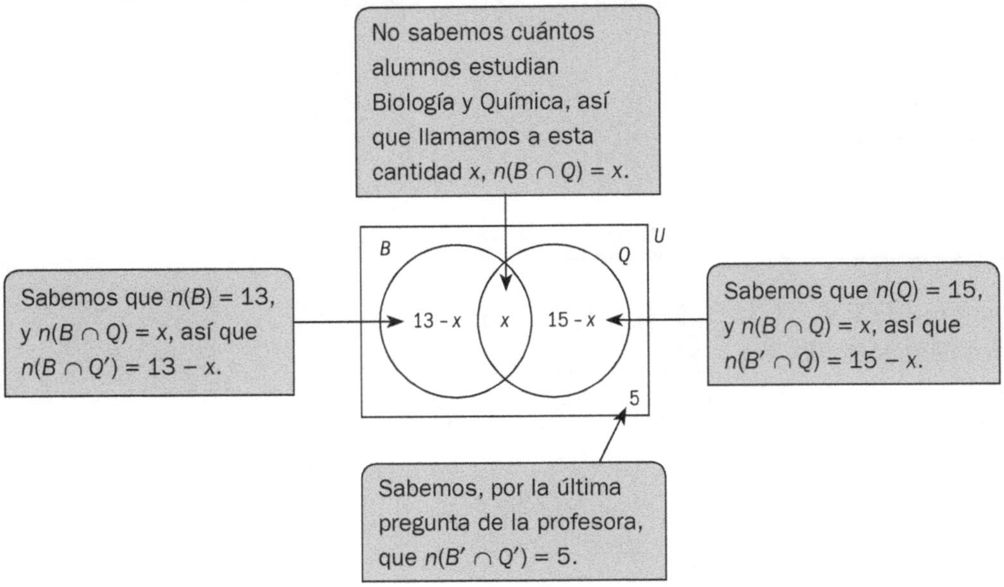

También sabemos que $n(U) = 26$. A partir del diagrama de Venn, podemos escribir:

$$\begin{aligned}(13-x)+x+(15-x)+5&=26\\ 33-x&=26\\ x&=7\end{aligned}$$

Entonces ahora reemplazamos el valor de x en el diagrama de Venn y podemos responder preguntas como: ¿Cuántos alumnos estudian Química pero no estudian Biología?'

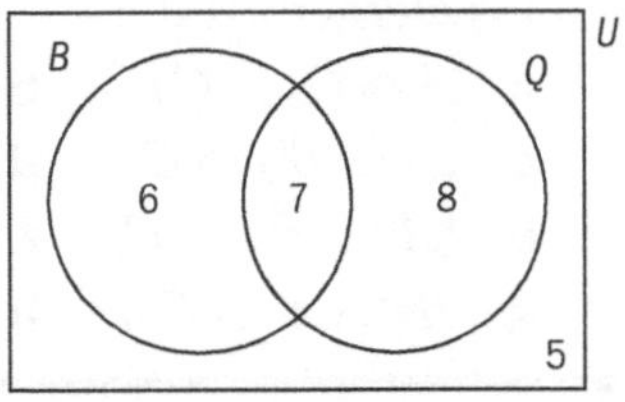

Ejercitación 8G

Utilice el diagrama de Venn para responder estas preguntas:

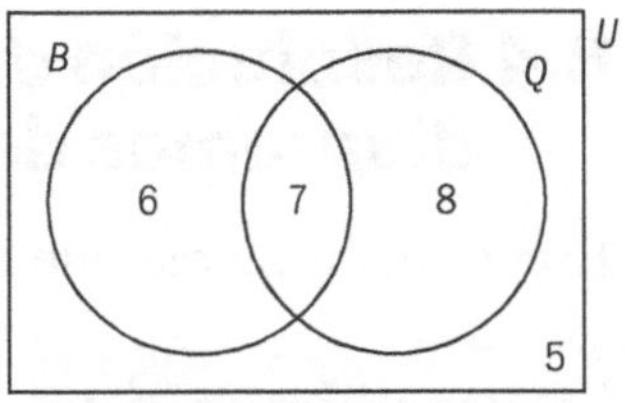

1 ¿Cuántos alumnos estudian **solo** Biología? (Esto es, "Biología pero no Química".)

2 ¿Cuántos alumnos estudian **exactamente** una ciencia? (Esto es, "Biología o Química, pero **no ambas**".)

3 ¿Cuántos alumnos estudian **al menos** una ciencia? (Esto es, "Biología o Química, o **ambas**".)

4 ¿Cuántos alumnos estudian una ciencia? (Esto es, "Biología o Química, o **ambas**".)

Si estudiamos dos ciencias, entonces necesariamente estudiamos una.

5 ¿Cuántos alumnos no estudian Biología?

6 ¿Cuántos alumnos no estudian Química?

7 ¿Cuántos alumnos que estudian Química estudian también Biología?

8 ¿Cuántos alumnos que estudian Biología no estudian Química?

9 ¿Cuántos alumnos que estudian ciencias no estudian ambas, Biología y Química?

Ejemplo 9

En una clase de 29 alumnos, 19 estudian alemán, 14 estudian hindi y 5 estudian ambas lenguas. Calcule el número de alumnos que no estudian ninguna de las dos lenguas.

Respuesta

Sea A el conjunto de alumnos que estudian alemán y H es el conjunto de alumnos que estudian hindi.

La información que nos da la pregunta es:

$n(U) = 29$ $\quad n(A) = 19$ $\quad n(H) = 14$ $\quad n(A \cap H) = 5$

Dibujar un diagrama de Venn:

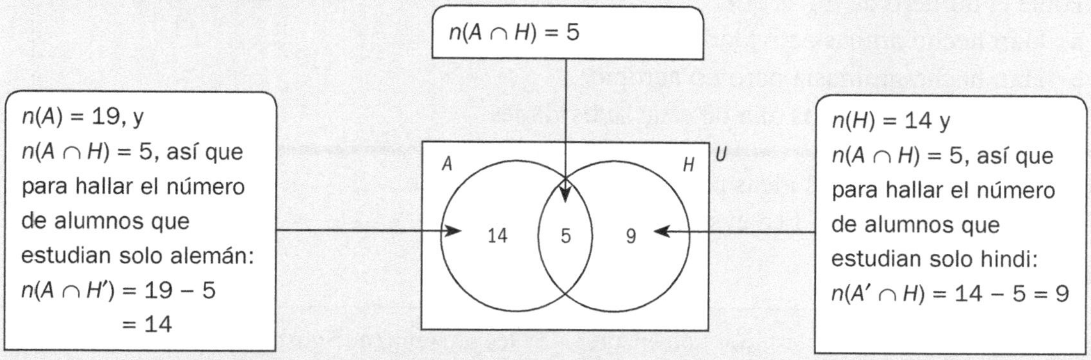

El número de alumnos que no estudian ninguna de las dos lenguas es $n(A' \cap H')$.

$n(A' \cap H') = 29 - 14 - 5 - 9 = 1$

Por lo tanto, hay 1 alumno que no estudia ninguna de las dos lenguas.

$n(U) = 29$

Ejercitación 8H

1 Hay 25 alumnos es una clase. 17 estudian francés, 12 estudian malayo y 10 estudian ambas lenguas.
Muestre esta información en un diagrama de Venn.
Halle el número de alumnos que:

a Estudian solo francés **b** Estudian malayo o francés, o ambas
c No estudian ninguna de las dos lenguas **d** No estudian ambas lenguas

2 En una clase, 20 personas cursan Geografía, 17 cursan Historia, 10 cursan ambas asignaturas y 1 persona no cursa ninguna de las 2 asignaturas.
Dibuje un diagrama de Venn para mostrar esta información.
Halle el número de alumnos que:

a Hay en la clase **b** No cursan Historia
c Cursan Geografía pero no Historia
d Cursan Geografía o Historia, pero no ambas

3 De los 32 alumnos de una clase, 18 tocan el violín, 16 tocan el piano y 7 no tocan ninguno de los 2 instrumentos. Halle el número de alumnos que:

a Tocan el violín pero no el piano **b** No tocan el violín
c Tocan el piano pero no el violín
d Tocan el piano o el violín, pero no ambos

4 Hay 30 alumnos en una clase de Matemáticas. De ellos, 20 alumnos han estudiado probabilidades, 14 alumnos han estudiado teoría de conjuntos y 2 alumnos no han estudiado ninguno de los 2 temas. Halle el número de alumnos que:
  a Han estudiado ambos temas
  b Han estudiado exactamente uno de los dos temas
  c Han estudiado teoría de conjuntos, pero no probabilidades

5 Hay 25 niñas en un grupo de Educación Física. De ellas, 13 han hecho antes aeróbic y 17 han hecho gimnasia. Una niña no ha hecho antes ninguna de las dos actividades. Halle el número de niñas que:
  a Han hecho ambas actividades
  b Han hecho gimnasia pero no aeróbic
  c Han hecho al menos una de estas actividades

Podemos usar las mismas ideas para dibujar diagramas de Venn con más conjuntos. Lea el siguiente ejemplo.

Ejemplo 10

Hay 145 personas que contestaron una encuesta. Se les preguntó qué gusto de jugo de frutas preferían entre naranja, manzana o pera.
Los resultados de las respuestas fueron:

15 no preferían ninguno de los 3
55 preferían pera
80 preferían manzana
75 preferían naranja
35 preferían naranja y manzana
20 preferían naranja y pera
30 preferían manzana y pera

Halle el número de personas que preferían los tres tipos de jugo.

Respuesta

El número de personas que preferían los tres gustos de jugo es $n(N \cap M \cap P) = x$.

35 personas preferían naranja y manzana, así que $n(N \cap M \cap P') = 35 - x$.

20 personas preferían naranja y pera, así que $n(N \cap M' \cap P) = 20 - x$.

30 personas preferían manzana y pera, así que $n(N' \cap M \cap P) = 30 - x$.

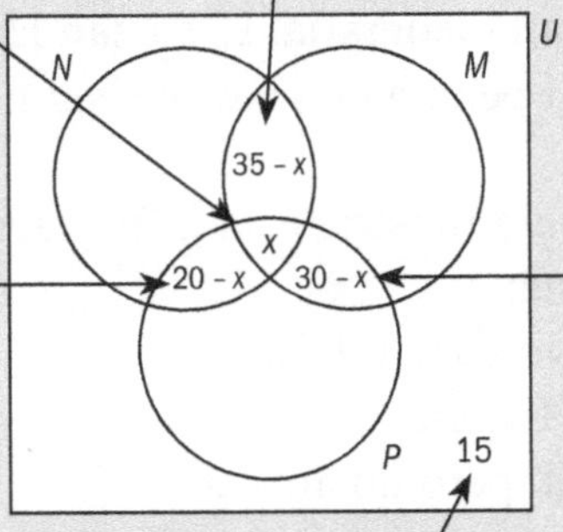

15 personas no preferían ninguno de los jugos, así que $n(N' \cap M' \cap P') = 15$.

▶ Continúa en la página siguiente.

75 personas preferían naranja, así que $n(N \cap M' \cap P')$ $= 75 - ((35 - x) + x + (20 - x)) = 20 + x$.

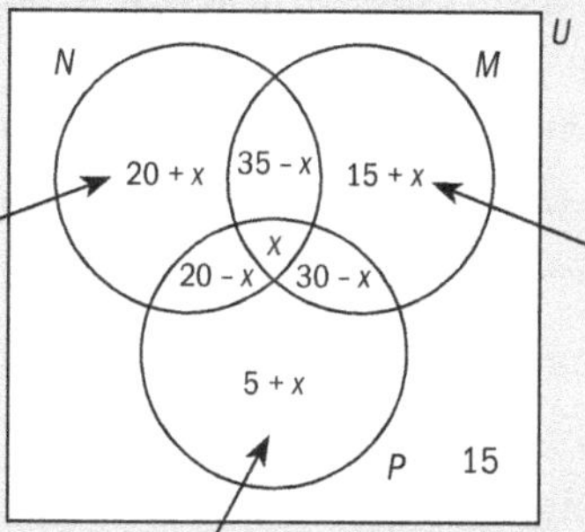

80 personas preferían manzana, así que $n(N' \cap M \cap P')$ $= 80 - ((35 - x) + x + 30 - x)) = 15 + x$.

55 personas preferían pera, así que $n(N' \cap M' \cap P)$ $= 55 - ((20 - x) + x + (30 - x)) = 5 + x$.

Para hallar x, usar $n(U) = 145$

$145 = n(N) + (15 + x) + (30 - x) + (5 + x) + 15$

Sabemos que $n(N) = 75$, así que:

$$145 = 75 + (15 + x) + (30 - x) + (5 + x) + 15$$
$$145 = 140 + x$$
$$x = 5$$

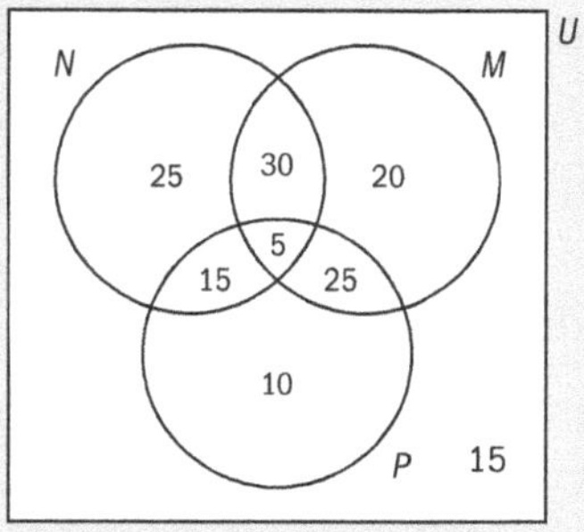

Hay varias formas de combinar las distintas partes del diagrama de Venn para formar U. Todas darán la misma respuesta.

En los exámenes del IB, no se le pedirá dibujar diagramas de Venn con más de tres conjuntos.

Ejercitación 8I

Use la información del ejemplo 10 para responder estas preguntas.

1 Halle el número de personas que, en la encuesta hecha más arriba:

- **a** Preferían exactamente dos de los tres tipos de jugo
- **b** No preferían jugo de naranja
- **c** Preferían únicamente un gusto de jugo
- **d** No preferían ni jugo de naranja ni de manzana
- **e** No preferían jugo de naranja y no preferían jugo de manzana
- **f** Preferían al menos dos de los tres gustos de jugo
- **g** Preferían menos que dos de los tres gustos de jugo

Entre los que preferían jugo de naranja, halle el número de personas que:

- **h** Preferían jugo de manzana
- **i** No preferían jugo de pera
- **j** No preferían otro gusto de jugo
- **k** Preferían exactamente un gusto más de jugo

2 En un grupo de 105 alumnos, 70 alumnos aprobaron Matemáticas, 60 alumnos aprobaron Historia y 45 alumnos aprobaron Geografía; 30 alumnos aprobaron Matemáticas e Historia, 35 alumnos aprobaron Historia y Geografía, 25 aprobaron Matemáticas y Geografía; y 15 alumnos aprobaron las 3 asignaturas.

Dibuje un diagrama de Venn para ilustrar esta información.

Halle el número de alumnos que:

a Aprobaron al menos una asignatura
b Aprobaron exactamente dos asignaturas
c Aprobaron Geografía y reprobaron Matemáticas
d Aprobaron las tres asignaturas, sabiendo que aprobaron dos
e Reprobaron Matemáticas, sabiendo que aprobaron Historia

3 En un campamento para jóvenes, cada integrante debe participar en al menos una de las siguientes actividades: ajedrez, *backgammon* o dominó. De un total de 55 en el campamento, 25 integrantes participaron en ajedrez, 24 en *backgammon* y 30 en dominó; 15 participaron en ajedrez y *backgammon*, 10 en *backgammon* y dominó, 5 en ajedrez y dominó; y 2 en las 3 actividades.

Dibuje un diagrama de Venn para mostrar esta información.

¿Cuántos de los integrantes del campamento no están participando en al menos una actividad?

Halle el número de integrantes que:

a Participan únicamente en una actividad
b Participan en exactamente dos actividades
c No participan en al menos dos actividades
d Participan en ajedrez, sabiendo que participan en dominó
e Participan en *backgammon*, sabiendo que no participan en dominó

4 En Fatty´s Delight venden arroz con pollo, arroz con pato y arroz con cerdo. Un día, de los 160 clientes, 57 pidieron arroz con pollo, 60 pidieron arroz con pato y 48 pidieron arroz con cerdo; 30 pidieron arroz con pollo y arroz con pato, 25 pidieron arroz con pato y arroz con cerdo, 35 pidieron arroz con pollo y arroz con cerdo; y 20 los 3 tipos de arroz.
Dibuje un diagrama de Venn para representar estos datos.

Halle el número de clientes que:

a Pidieron más de un tipo de arroz
b No pidieron ningún tipo de arroz en Fatty´s Delight
c No pidieron arroz con pollo
d Pidieron arroz con pato y otro plato con arroz

5 En un centro comunitario de Buona Vista, hay 170 jóvenes. De estos, 65 hacen montañismo, 65 hacen escalada en bloque y 50 natación; 15 hacen montañismo y escalada en bloque, 10 hacen escalada en bloque y natación, 5 natación y montañismo; y 17 jóvenes hacen otras actividades.

Sea x el número de jóvenes que hacen las tres actividades.
Muestre la información anterior en un diagrama de Venn.
Muestre claramente, en función de x, el número en cada región separada.
Forme una ecuación que satisface x y, a partir de lo anterior, halle su valor.

Halle el número de jóvenes que:

a Hacen únicamente una actividad
b Hacen al menos dos actividades
c Hacen menos de dos actividades
d Hacen escalada en bloque, sabiendo que ya han hecho montañismo
e Hacen una actividad más, sabiendo que ya han hecho natación

6 Un grupo de 65 personas mayores no pasaron una revisión médica debido a defectos en al menos 1 de los siguientes órganos: el corazón, los pulmones o los riñones.
De estas personas, 29 tenían una enfermedad de corazón, 28 de pulmón y 31 de riñón; 8 de ellas tenían enfermedades de pulmón y corazón, 11 tenían enfermedades de pulmón y riñón, mientras que 12 tenían enfermedades de riñón y de corazón.

Dibuje un diagrama de Venn para mostrar esta información.
Necesitará introducir una variable.

Halle el número de personas mayores que:

a Sufren las tres enfermedades
b Sufren al menos dos enfermedades
c Sufren una enfermedad de pulmón y exactamente una enfermedad más
d Sufren una enfermedad del corazón y una de pulmón, pero no del riñón
e Sufren únicamente una enfermedad del pulmón

7 Cada uno de los 116 alumnos del cuarto año de un colegio estudia al menos 1 de las asignaturas Historia, Inglés y Artes.

De los 50 alumnos que estudian Artes:

15 estudian también Historia e Inglés
12 no estudian ni Historia ni Inglés
17 estudian Inglés pero no Historia

De los 66 alumnos que no estudian Artes:

39 estudian Historia e Inglés
x estudian Historia únicamente
$2x$ estudian únicamente Inglés

Dibuje un diagrama de Venn que muestre el número de alumnos en cada subconjunto.
A partir de lo anterior, halle:

a El valor de x **b** El número total de alumnos que estudian Inglés

8.5 Conceptos básicos de la teoría de probabilidades

La **probabilidad** es la rama de la matemática que analiza experimentos aleatorios. Un **experimento aleatorio** es aquel en que no podemos predecir el resultado preciso. Ejemplos de experimentos aleatorios son "lanzar una moneda", "tirar un dado" o "predecir los medallistas de oro, plata y bronce en una carrera de 100 m".

Se hacen algunas suposiciones:

1 La moneda es equilibrada.

2 El dado es equilibrado.

3 Todos los correderos son parejos.

Es imposible predecir el resultado en un experimento aleatorio en forma **precisa**, pero es posible:

a Enumerar el conjunto de todos los resultados posibles del experimento

b Decidir cuán probable es un resultado determinado

Cuando se lanza una moneda, hay dos resultados posibles: **cara** (C) y **cruz** (X).

Además, la probabilidad de obtener cara es igual a la de obtener cruz, así que la probabilidad de obtener cara es una posibilidad sobre dos. La probabilidad de obtener cruz es la misma.

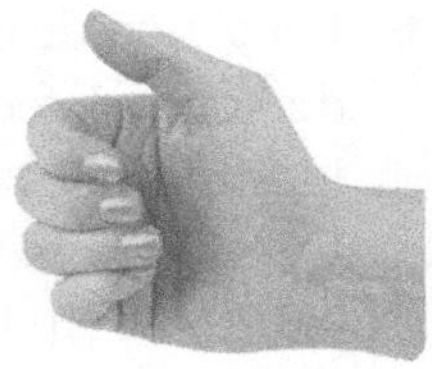

En otras palabras, el conjunto de resultados equiprobables (que tienen la misma probabilidad) es $\{C, X\}$ y

$P(C) = P(X) = \frac{1}{2}$.

Cuando se tira un dado, el conjunto de resultados equiprobables tiene 6 elementos y es $\{1, 2, 3, 4, 5, 6\}$.

Como todos los resultados son equiprobables, $P(1) = P(2) = \ldots = P(6) = \frac{1}{6}$.

Sea A el suceso "sale un número par".

Para hallar $P(A)$, consideremos el conjunto de resultados equiprobables $\{1, 2, 3, 4, 5, 6\}$.

Hay 6 resultados equiprobables y 3 de estos son números pares, así que $P(A) = \frac{3}{6}$.

Sea B el suceso "sale un número primo".

Para hallar $P(B)$, observamos de nuevo el conjunto de resultados.

Hay 3 números primos: 2, 3 y 5, así que $P(B) = \frac{3}{6}$.

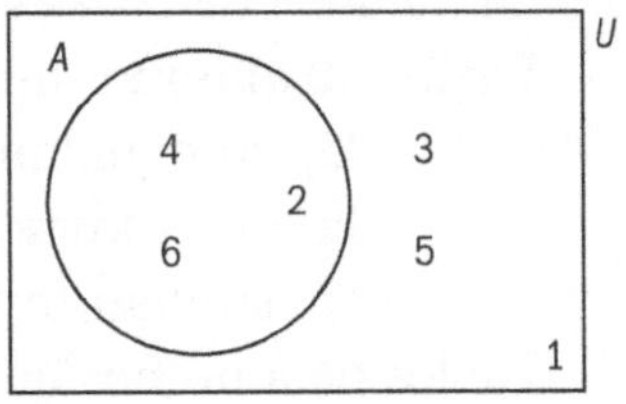

Podemos mostrar, en un diagrama de Venn, los resultados equiprobables que se obtienen al tirar un dado, con $U = \{1, 2, 3, 4, 5, 6\}$ y $A = \{\text{números pares}\}$.

$$P(A) = \frac{n(A)}{n(U)} = \frac{3}{6}$$

El conjunto B puede añadirse al diagrama de Venn para representar el suceso B.

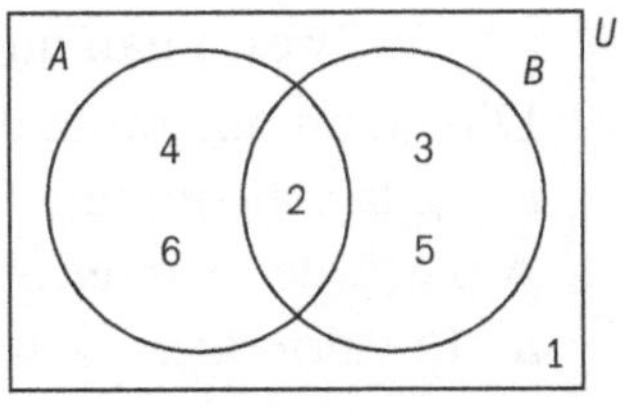

$$P(B) = \frac{n(B)}{n(U)} = \frac{3}{6}$$

➔ Si todos los resultados equiprobables de un experimento aleatorio se pueden enumerar y forman U, el conjunto universal, y se define el suceso A representado con el conjunto A, entonces:

$$P(A) = \frac{n(A)}{n(U)}$$

Hay tres consecuencias de esta ley:

1 $P(U) = \frac{n(U)}{n(U)} = 1$ (La probabilidad de un suceso **seguro** es 1.)

2 $P(\varnothing) = \frac{n(\varnothing)}{n(U)} = 0$ (La probabilidad de un suceso **imposible** es 0.)

3 $0 \le P(A) \le 1$ (La probabilidad de un suceso **siempre** está entre 0 y 1.)

Ejemplo 11

Halle la probabilidad de que ocurran estos sucesos para el experimento aleatorio "tirar un dado".

a Sale un número impar.
b Sale un número primo que es par.
c Sale un número primo que es impar.
d Sale un número que es primo o es par.

Salvo que se indique lo contrario, hablaremos siempre de un dado cúbico con sus caras numeradas del 1 al 6.

Respuestas

Usar el diagrama de Venn dibujado anteriormente, donde A es el suceso "sale un número par" y B es el suceso "sale un número primo"

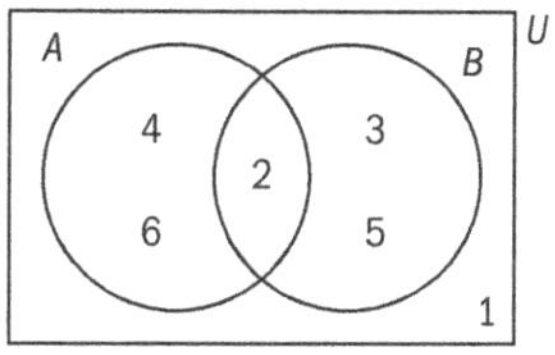

a $P(A') = \frac{n(A')}{n(U)} = \frac{3}{6}$

A es el suceso "sale un número par", así que la probabilidad de que salga un número impar es P(A'). Del diagrama de Venn, A' = {1, 3, 5}.

b $P(A \cap B) = \frac{n(A \cap B)}{n(U)} = \frac{1}{6}$

A es el suceso "sale un número par" y B es el suceso "sale un número primo", así que la probabilidad de que salga un número primo que sea par es P(A ∩ B).

c $P(A' \cap B) = \frac{n(A' \cap B)}{n(U)} = \frac{2}{6}$

La probabilidad de que salga un número primo que sea impar es P(A' ∩ B).

d $P(A \cup B) = \frac{n(A \cup B)}{n(U)} = \frac{5}{6}$

La probabilidad de que salga un número primo o un número par es P(A ∪ B).

Este ejemplo ilustra los conceptos básicos de la teoría de probabilidades: enumera todos los resultados equiprobables de un experimento aleatorio y los cuenta. Dibujar un diagrama de Venn puede aclarar la situación.

Dos leyes más de probabilidad:

> → • Para sucesos complementarios, $P(A') = 1 - P(A)$.
> • Para sucesos combinados,
> $P(A \cup B) = P(A) + P(B) - P(A \cap B)$.

Utilice un diagrama de Venn para ilustrar estas leyes.

Ejercitación 8J

1 Un experimento aleatorio consiste en tirar un dado equilibrado de seis caras.
Sea A el suceso "sale un número cuadrado" y sea B el suceso "sale un divisor de 6".

- **a** Enumere los elementos del conjunto A.
- **b** Enumere los elementos del conjunto B.
- **c** Muestre los conjuntos A y B en un diagrama de Venn.
- **d** Escriba $P(A)$.
- **e** Escriba $P(B)$.
- **f** Halle la probabilidad de que el número que sale no sea un número cuadrado.
- **g** Halle la probabilidad de que el número que sale sea un número cuadrado y un divisor de 6.
- **h** Halle la probabilidad de que el número que sale sea un número cuadrado o un divisor de 6, o ambos.
- **i** Verifique que se cumplen $P(A') = 1 - P(A)$ y $P(A \cup B) = P(A) + P(B) - P(A \cap B)$.

2 Los números 3, 4, 5, 6, 7, 8, 9, 10 se escriben en trozos idénticos de cartón y se ponen en una bolsa. El experimento aleatorio consiste en sacar aleatoriamente de la bolsa un cartón.
Sea A el suceso "se elige un número primo" y sea B el suceso "se elige un número par".

- **a** Enumere los elementos del conjunto A.
- **b** Enumere los elementos del conjunto B.
- **c** Muestre los conjuntos A y B en un diagrama de Venn.
- **d** Escriba $P(A)$.
- **e** Escriba $P(B)$.
- **f** Halle la probabilidad de que el número elegido sea compuesto (no primo).
- **g** Halle la probabilidad de que el número elegido sea impar.
- **h** Halle la probabilidad de que el número elegido sea par y primo.
- **i** Halle la probabilidad de que el número elegido sea par o primo, o ambos.
- **j** Verifique que se cumplen $P(A') = 1 - P(A)$ y $P(B') = 1 - P(B)$.
- **k** Verifique que se cumple $P(A \cup B) = P(A) + P(B) - P(A \cap B)$.
- **l** Halle la probabilidad de que el número elegido sea impar y compuesto.
- **m** Halle la probabilidad de que el número elegido sea impar o compuesto, o ambos.
- **n** Verifique que se cumple $P(A' \cup B') = P(A') + P(B') - P(A' \cap B')$.

3 Los números 2, 3, 4, 5, 6, 7, 8, 9 se escriben en trozos idénticos de cartón y se ponen en una bolsa. El experimento aleatorio consiste en sacar aleatoriamente de la bolsa un cartón.
Sea A el suceso "se elige un número impar" y sea B el suceso "se elige un número cuadrado".

a Enumere los elementos del conjunto A.
b Enumere los elementos del conjunto B.
c Muestre los conjuntos A y B en un diagrama de Venn.
d Escriba $P(A)$.
e Escriba $P(B)$.
f Halle la probabilidad de que se elija un número cuadrado que es impar.
g Halle la probabilidad de que se elija un número impar o un número cuadrado.
h Verifique que se cumple $P(A \cup B) = P(A) + P(B) - P(A \cap B)$.

El primer libro que se escribió sobre probabilidades fue *Liber de ludo aleae*, de Girolamo Cardano (1501–1576), un filósofo y matemático italiano. En él se explicaban técnicas para hacer trampa y para atrapar a otros cuando hacen trampa.

4 Un experimento aleatorio consiste en lanzar dos monedas equilibradas.
a Enumere los cuatro resultados equiprobables posibles.
b Halle P(dos caras), P(una cara), P(ninguna cara).

5 Un experimento aleatorio consiste en lanzar tres monedas equilibradas.
a Enumere los ocho resultados equiprobables posibles.
b Halle P(ninguna cara), P(una cara), P(dos caras), P(tres caras).

6 Un experimento aleatorio consiste en lanzar cuatro monedas equilibradas.
a Halle P(ninguna cara).
b Halle P(cuatro caras).
c Halle P(una cara).
d Halle P(tres caras).
e Utilice las respuestas de los apartados **a** hasta **d** para deducir P(dos caras).
f Enumere los resultados equiprobables posibles.

8.6 Probabilidad condicionada

En una clase de 25 alumnos, 16 estudian francés, 11 estudian malayo y 4 no estudian ninguna de las 2 lenguas. Esta información se puede mostrar en un diagrama de Venn.

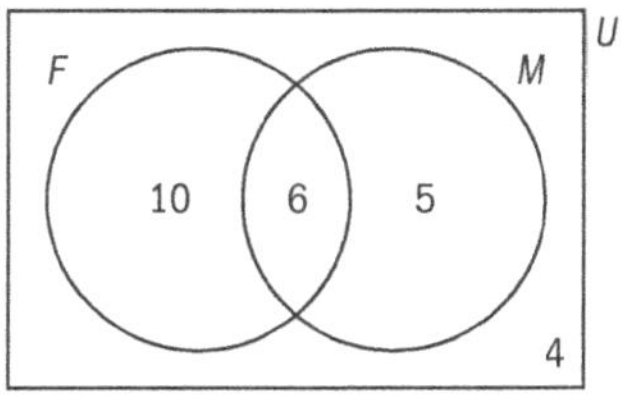

Supongamos que se elige al azar un alumno de la clase. Podemos usar las técnicas que ya hemos visto para hallar la probabilidad de que:

a El alumno estudie francés y malayo
b El alumno estudie exactamente una lengua
c El alumno no estudie dos lenguas
d El alumno no estudie francés

Usando el diagrama de Venn de la derecha:

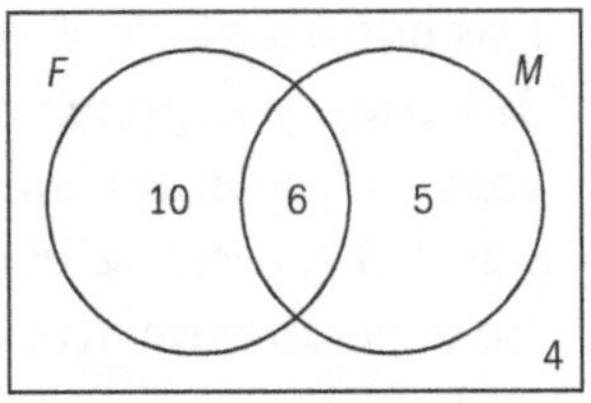

a $\frac{6}{25}$

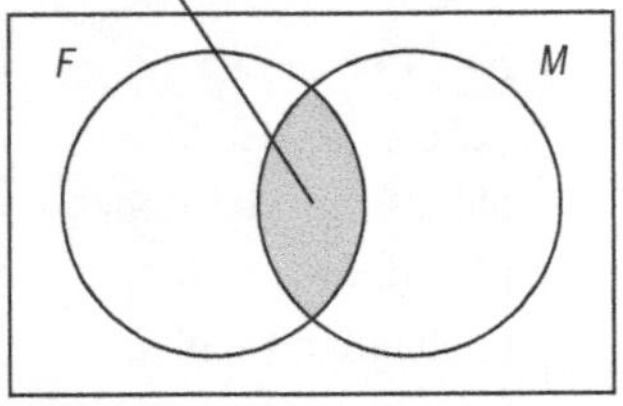

b $\frac{10}{25}+\frac{5}{25}=\frac{15}{25}$

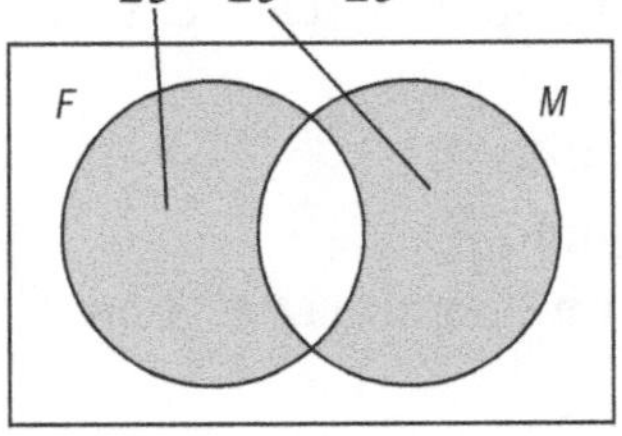

c $1-\frac{6}{25}=\frac{19}{25}$

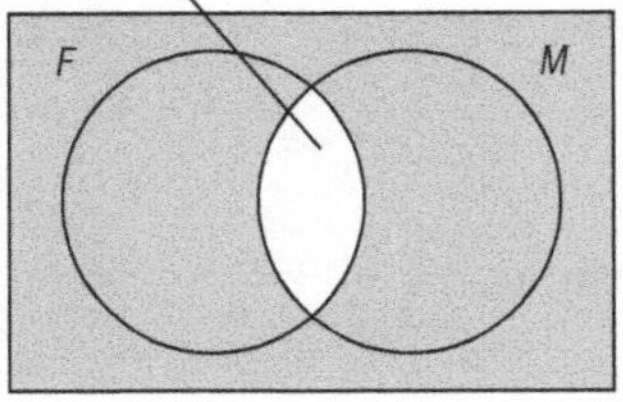

d $1-\frac{16}{25}=\frac{9}{25}$

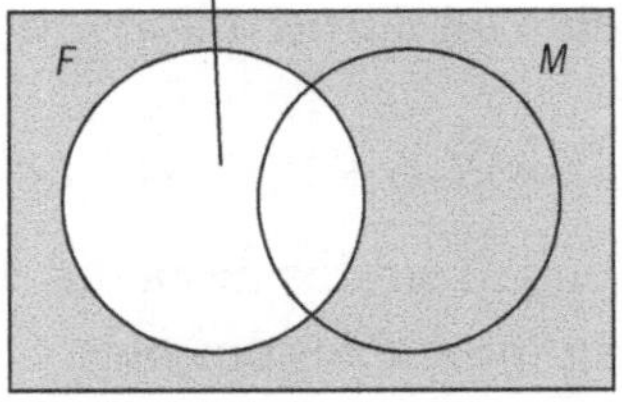

¿Cuál es la probabilidad de que un alumno elegido al azar estudie francés, **sabiendo que** el alumno estudia malayo?

Esto requiere ser abordado de una forma diferente, porque hay una condición adicional: el alumno estudia malayo.

La probabilidad de que un alumno estudie francés, sabiendo que el alumno estudia malayo, es un ejemplo de **probabilidad condicionada**. Se escribe $P(F \mid M)$.

Dado que *M* ha sucedido indudablemente, en lugar de elegir elementos del conjunto universal (el rectángulo), podremos elegir solamente elementos del conjunto M (el área sombreada).

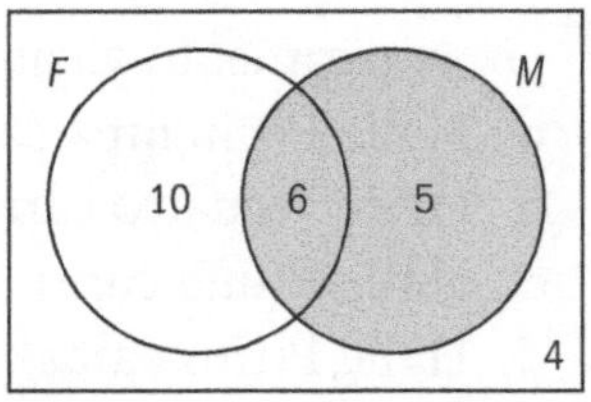

Si ahora queremos determinar la probabilidad de que F también haya ocurrido, entonces consideramos la parte de F que también se encuentra en M, es decir, la intersección de F y M (sombreado más oscuro).

La probabilidad condicionada, la probabilidad de que un alumno estudie francés, sabiendo que el alumno estudia malayo, es:

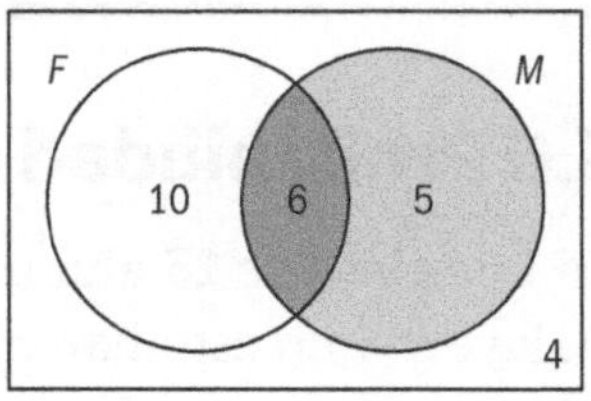

$$P(F \mid M) = \frac{n(F \cap M)}{n(M)} = \frac{6}{11}$$

→ La probabilidad condicionada de que ocurra A, sabiendo que B ha ocurrido, se escribe $P(A \mid B)$ y se define como:

$$P(A \mid B) = \frac{P(A \cap B)}{P(B)}$$

Ejemplo 12

En una clase de 29 alumnos, 20 alumnos estudian francés, 15 alumnos estudian malayo y 8 alumnos estudian ambas lenguas. Se elige al azar un alumno de la clase.

Halle la probabilidad de que el alumno:

a Estudie francés

b No estudie ninguna de las dos lenguas

c Estudie al menos una lengua

d Estudie ambas lenguas

e Estudie malayo, sabiendo que estudia francés

f Estudie francés, sabiendo que estudia malayo

g Estudie ambas lenguas, sabiendo que estudia al menos una de las lenguas

Respuestas

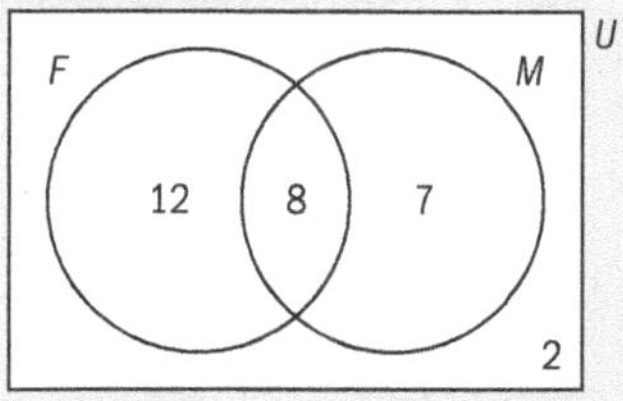

Primero dibujar un diagrama de Venn para mostrar la información

a P(estudie francés) $= \frac{20}{29}$

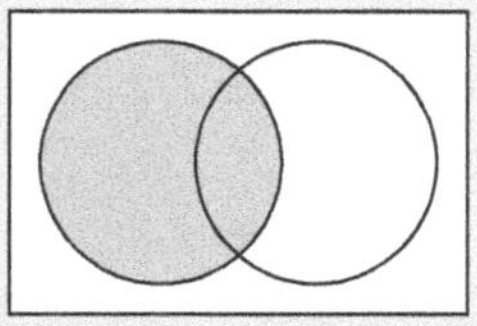

b P(no estudie ninguna lengua) $= \frac{2}{29}$

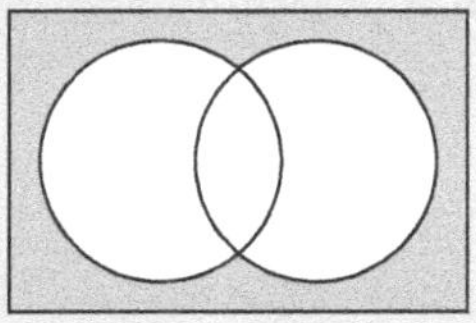

c P(estudie al menos una lengua) $= \frac{27}{29}$

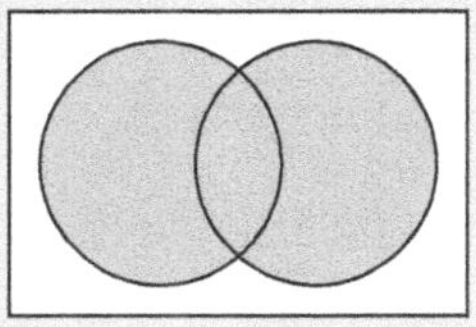

d P(estudie ambas lenguas) $= \frac{8}{29}$

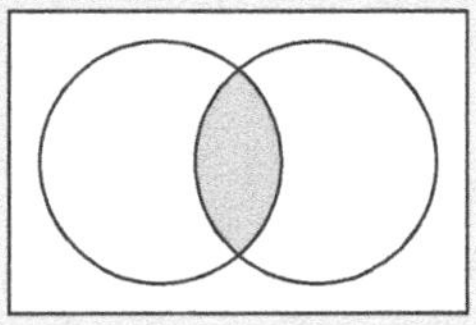

e P(estudie malayo, sabiendo que estudia francés)

$$= \mathrm{P}(M \mid F) = \frac{n(M \cap F)}{n(F)} = \frac{8}{20}$$

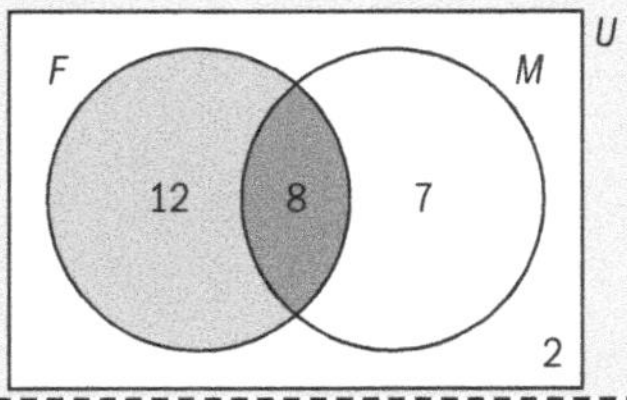

Las probabilidades de la **e** a la **g** son condicionadas y requieren más atención.

▶ Continúa en la página siguiente.

f P(estudia francés, sabiendo que estudia malayo)

$= \mathrm{P}(F \mid M) = \dfrac{n(F \cap M)}{n(M)} = \dfrac{8}{15}$

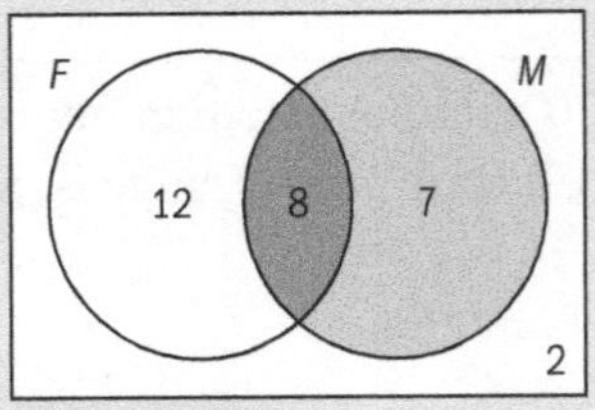

g P(estudie ambas lenguas, sabiendo que estudia al menos una lengua)

$= \mathrm{P}(F \cap M \mid F \cup M)$

$= \dfrac{n([F \cap M] \cap [F \cup M])}{n(F \cup M)} = \dfrac{8}{27}$

Mirando el diagrama de Venn, podemos ver que $(F \cap M) \cap (F \cup M) = (F \cap M)$.

Ejercitación 8K

En los diagramas de Venn se muestra el número de elementos de cada conjunto.

1 Halle la probabilidad de que una persona elegida al azar:

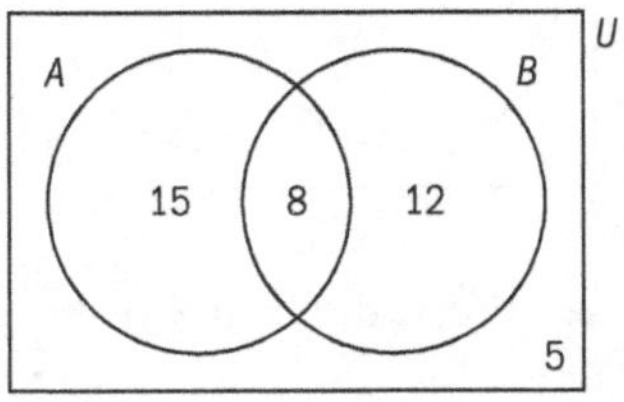

- **a** Esté en A
- **b** No esté ni en A ni en B
- **c** No esté en A y no esté en B
- **d** Esté en A, sabiendo que no está en B
- **e** Esté en B, sabiendo que está en A
- **f** Esté en A y en B, sabiendo que está en A

2 Halle la probabilidad de que una persona elegida al azar:

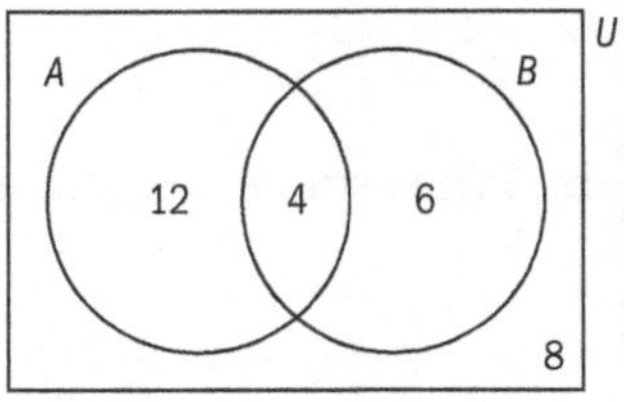

- **a** No esté en A
- **b** No esté ni en A ni en B
- **c** No esté en A y en B, sabiendo que está en B
- **d** No esté en A, sabiendo que no está en B
- **e** Esté en B, sabiendo que está en A
- **f** Esté en A y en B, sabiendo que no está en A

3 Halle la probabilidad de que una persona elegida al azar:

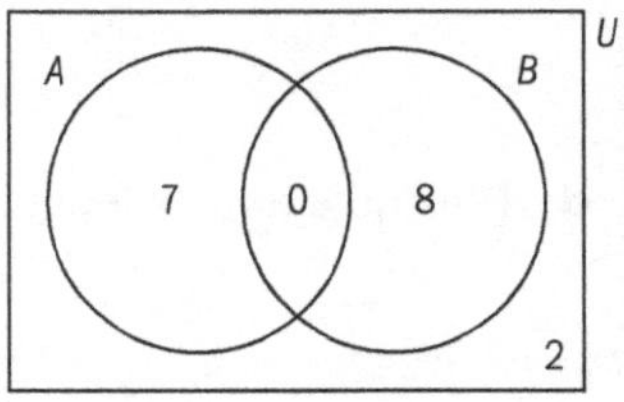

- **a** Esté en B, pero no en A
- **b** No esté en A ni en B
- **c** Esté en B y no en A
- **d** Esté en A, sabiendo que no está en B
- **e** Esté en B, sabiendo que está en A
- **f** No esté en A y en B, sabiendo que está en A

4 Halle la probabilidad de que una persona elegida al azar:

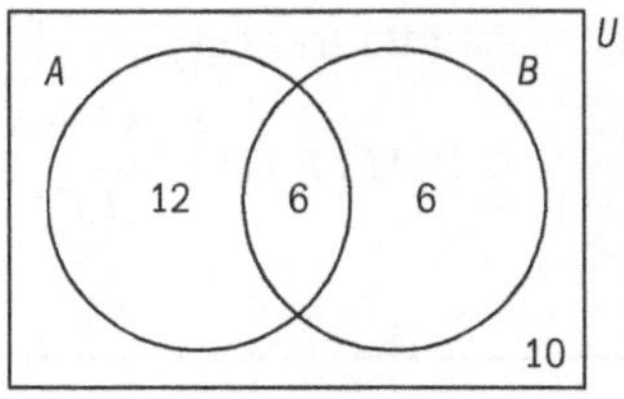

- **a** Esté en A, pero no en A y en B
- **b** No esté en A y no esté en ambos
- **c** No esté en A y en B
- **d** Esté en A, sabiendo que no está en B
- **e** Esté en B, sabiendo que está en A
- **f** No esté en A, sabiendo que no está en B

5 El diagrama de Venn muestra el número de alumnos de una clase que cursan Artes y/o Biología.

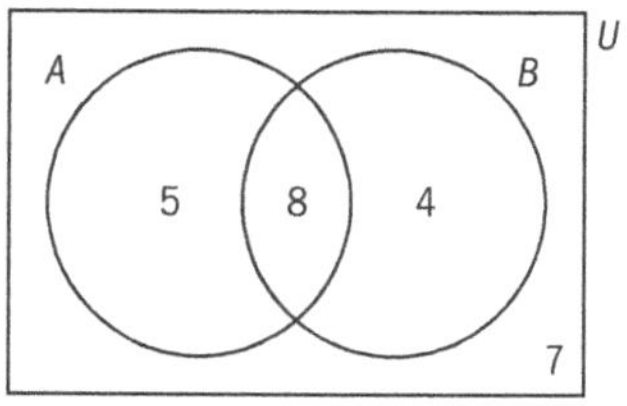

Utilice el diagrama de Venn para hallar la probabilidad de que un alumno de la clase elegido al azar:

a Curse Artes
b Curse Biología, pero no Artes
c Curse Artes y Biología
d Curse al menos una de las dos asignaturas
e No curse ninguna de las dos asignaturas
f Curse Biología
g Curse exactamente una de las dos asignaturas

6 El diagrama de Venn muestra el número de alumnos de una clase que cursan Física y/o Química.

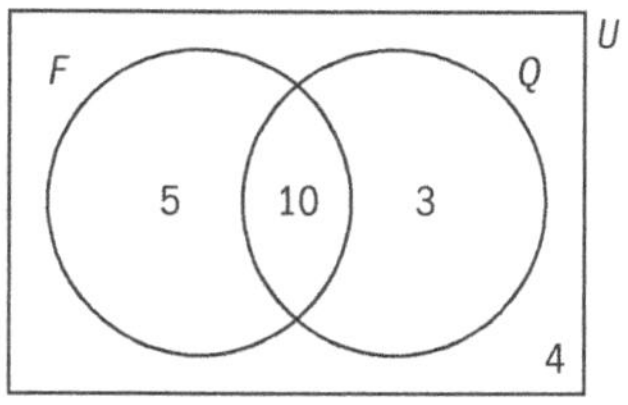

Utilice el diagrama de Venn para hallar la probabilidad de que un alumno de la clase elegido al azar:

a Curse Física pero no Química
b Curse al menos una de las dos asignaturas
c Curse Química, sabiendo que el alumno cursa Física
d Curse Química, sabiendo que el alumno cursa exactamente una de las dos asignaturas

7 El diagrama de Venn muestra el número de alumnos de una clase que cursan Artes y/o Teatro.

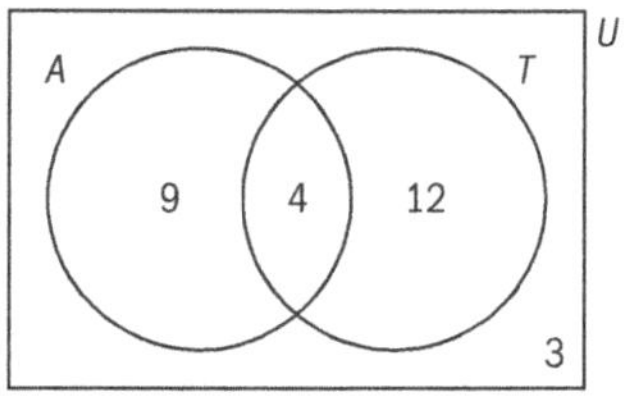

Utilice el diagrama de Venn para hallar la probabilidad de que un alumno de la clase elegido al azar:

a Curse Teatro, pero no Artes
b Curse Teatro, sabiendo que cursa Artes
c Curse ambas asignaturas, sabiendo que cursa Teatro
d No curse ninguna de las dos asignaturas
e Curse Teatro, sabiendo que cursa exactamente una de las dos asignaturas

8 El diagrama de Venn muestra el número de alumnos de una clase que cursan Geografía y/o Historia.

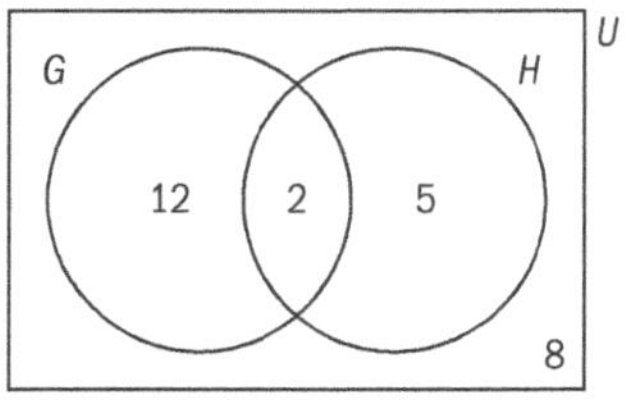

Utilice el diagrama de Venn para hallar la probabilidad de que un alumno de la clase elegido al azar:

a Curse Geografía, pero no Historia
b Curse Geografía, sabiendo que no cursa Historia
c Curse Historia, sabiendo que cursa al menos una de las dos asignaturas
d Curse Geografía, sabiendo que cursa Historia
e Curse Geografía, sabiendo que cursa exactamente una de las dos asignaturas

8.7 Dos casos especiales: sucesos incompatibles y sucesos independientes

Dos sucesos, A y B, son **incompatibles** si, cuando ocurre A, es imposible que ocurra B y, cuando ocurre B, es imposible que ocurra A.

Por ejemplo, cuando se lanza una moneda, los sucesos "sale cara" y "sale cruz" son sucesos incompatibles.

Los sucesos A y A' brindan el ejemplo más obvio de sucesos incompatibles, ya que ocurre uno o el otro, pero A y A' no pueden ocurrir al mismo tiempo.

Aquí hay un diagrama de Venn que representa sucesos incompatibles A y B.
Como los dos conjuntos no se superponen, $A \cap B = \varnothing$.

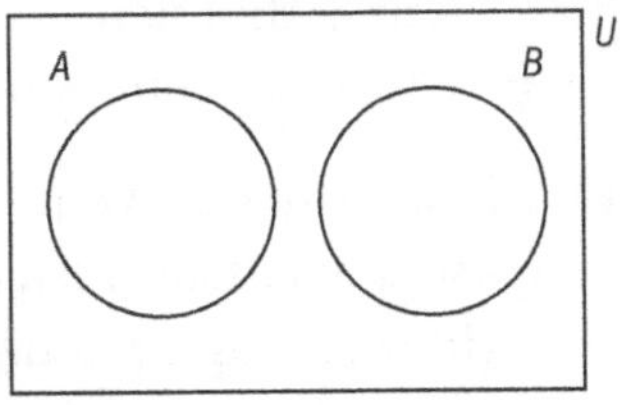

→ Los sucesos A y B son incompatibles si y solo si $P(A \cap B) = 0$.

Ejemplo 13

Los números 3, 4, 5, 6, 7, 8, 9, 10 se escriben, cada uno, en trozos idénticos de cartón y se ponen en una bolsa. El experimento aleatorio consiste en sacar de la bolsa un cartón aleatoriamente.
Sea A el suceso "se elige un número primo" y sea B el suceso "se elige un número par".

a Dibuje un diagrama de Venn que describa este experimento aleatorio.

b Determine si los sucesos A y B son incompatibles.

Respuestas

a

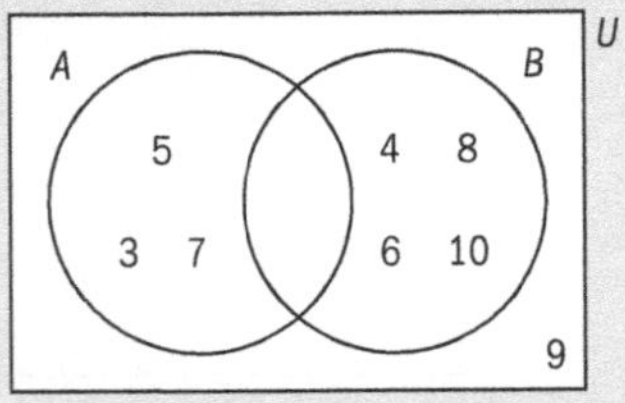

Dibujar un diagrama de Venn para mostrar los conjuntos A y B

$A \cap B = \varnothing$, así que $P(A \cap B) = 0$.

b A y B son incompatibles.

La intersección $A \cap B$ está vacía.

En 1933, el matemático ruso Andrey Nikolaevich Kolmogorov (1903–1987) definió la probabilidad a través de estos axiomas:

- La probabilidad de todos los sucesos es 1.
- La probabilidad de un suceso es mayor o igual que 0.
- Cuando dos sucesos no pueden coincidir, entonces sus probabilidades se pueden sumar.

Las propiedades matemáticas de la probabilidad pueden deducirse a partir de estos axiomas. Kolmogorov usó su trabajo sobre probabilidad para estudiar el movimiento de los planetas y las turbulencias del aire producidas por el motor a reacción.

¿Qué es un axioma? Averigüe más acerca de los axiomas de Euclides para la geometría, escritos 2000 años atrás.

Ejercitación 8L

En cada experimento, determine si los sucesos A y B son incompatibles.

1 Se tira un dado equilibrado de seis caras.
Sea A el suceso "sale un número cuadrado" y sea B el suceso "sale un divisor de 6".

2 Se tira un dado equilibrado de seis caras.
Sea A el suceso "sale un cuatro" y sea B el suceso "sale un seis".

3 Se tira un dado equilibrado de seis caras.
Sea A el suceso "sale un número primo" y sea B el suceso "sale un número par".

4 Se tira un dado equilibrado de seis caras.
Sea A el suceso "sale un número cuadrado" y sea B el suceso "sale un número primo".

5 Los números 3, 4, 5, 6, 7, 8, 9, 10 se escriben, cada uno, en trozos idénticos de cartón y se ponen en una bolsa. Se saca aleatoriamente un cartón de la bolsa.
Sea A el suceso "sale un número cuadrado" y sea B el suceso "sale un número impar".

6 Los números 5, 6, 7, 8, 9, 10 se escriben, cada uno, en trozos idénticos de cartón y se ponen en una bolsa.
Se saca aleatoriamente un cartón de la bolsa. Sea A el suceso "sale un número cuadrado" y sea B el suceso "sale un número par".

7 Los números 2, 3, 4, 5, 6, 7, 8, 9 se escriben, cada uno, en trozos idénticos de cartón y se ponen en una bolsa.
Se saca aleatoriamente un cartón de la bolsa. Sea A el suceso "sale un número par" y sea B el suceso "sale un múltiplo de 3".

8 Se lanzan dos monedas equilibradas.
Sea A el suceso "salen dos caras" y sea B el suceso "sale una cara".

Si dos sucesos, A y B, son incompatibles, entonces el efecto del suceso A en el suceso B no podría ser más contundente: si ocurre A, entonces no es posible que ocurra B (y viceversa). El hecho de que ocurra uno de los sucesos impide por completo que ocurra el otro.

El otro extremo se da cuando el hecho de que ocurra un suceso no afecta de ninguna manera el hecho de que ocurra el otro. Entonces los dos sucesos son **matemáticamente independientes** uno del otro.

Otra forma de expresar esto es decir que la probabilidad de que ocurra A, $P(A)$, se mantiene igual, una vez que ha ocurrido B. Para escribir esto como una ecuación: A y B son independientes si $P(A) = P(A \mid B)$.

La definición de $P(A \mid B)$ es:

$$P(A \mid B) = \frac{P(A \cap B)}{P(B)}$$

Entonces, si A y B son independientes:

$$\frac{P(A \cap B)}{P(B)} = P(A)$$

Reordenando, $P(A \cap B) = P(A) \times P(B)$

→ A y B son independientes si y solo si $P(A \cap B) = P(A) \times P(B)$.

Por ejemplo, si se lanza una moneda de un euro y luego una moneda de un dólar, el hecho de que la moneda de un euro muestre "cara" no afecta de ninguna manera que la moneda de un dólar muestre "cara" o "cruz". Los dos sucesos son independientes uno del otro.

Si nos piden determinar si dos sucesos son independientes, esta es la fórmula que hay que usar.

Ejemplo 14

Los números 2, 3, 4, 5, 6, 7, 8, 9 se escriben, cada uno, en trozos idénticos de cartón y se ponen en una bolsa.
Se saca aleatoriamente un cartón de la bolsa. Sea A el suceso "sale un número impar" y sea B el suceso "sale un número cuadrado".

a Dibuje un diagrama de Venn que describa este experimento.

b Determine si los sucesos A y B son independientes.

Respuestas

a

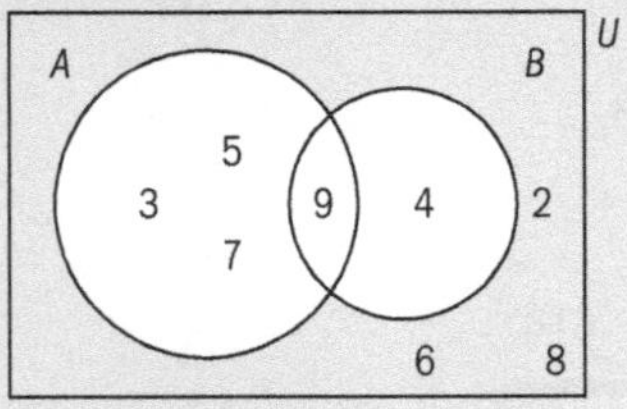

*El suceso $A \cap B$ es "sale un número impar **y** sale un número cuadrado" o "sale un número impar que es cuadrado".*

b $P(A) \times P(B) = \frac{1}{2} \times \frac{1}{4} = \frac{1}{8}$

Del diagrama de Venn,

$P(A) = \frac{4}{8} = \frac{1}{2} \quad P(B) = \frac{2}{8} = \frac{1}{4}$

$P(A \cap B) = \frac{1}{8}$

$A \cap B = \{9\}$, por lo tanto

$P(A \cap B) = \frac{1}{8}$

Así que A y B son sucesos independientes.

Ahora, considerar la definición de independencia (matemática):

$P(A \cap B) = P(A) \times P(B)$

Este trabajo se conecta con la prueba de chi-cuadrado que estudiamos en el capítulo 5. Recordemos que, para calcular las frecuencias esperadas, el total de la fila se multiplica por el total de la columna y luego el resultado se divide por el total de las frecuencias. Esta es una consecuencia directa de la definición de independencia matemática.

Ejercitación 8M

Para cada experimento, determine si los sucesos A y B son independientes.

1 Los números 1, 2, 3, 4, 5, 6, 7, 8, 9 se escriben, cada uno, en trozos idénticos de cartón y se ponen en una bolsa.
Se saca aleatoriamente un cartón de la bolsa.

Sea A el suceso "sale un número impar" y sea B el suceso "sale un número cuadrado".

2 Los números 1, 2, 3, 4, 5, 6 se escriben, cada uno, en trozos idénticos de cartón y se ponen en una bolsa.
Se saca aleatoriamente un cartón de la bolsa.

Sea A el suceso "sale un número par" y sea B el suceso "sale un número cuadrado".

3 Los números 2, 3, 4, 5, 6, 7, 8, 9, 10 se escriben, cada uno, en trozos idénticos de cartón y se ponen en una bolsa.
Se saca aleatoriamente un cartón de la bolsa.

Sea A el suceso "sale un número primo" y sea B el suceso "sale un múltiplo de 3".

4 El diagrama de Venn muestra el número de alumnos que cursan Artes y/o Biología en una clase.
Utilice el diagrama de Venn para determinar si cursar Artes y cursar Biología son sucesos independientes.

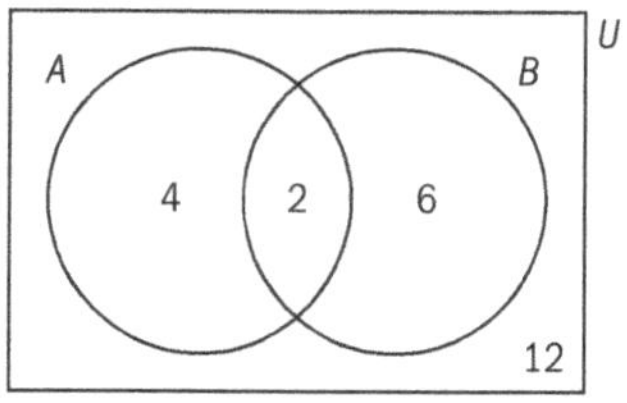

5 El diagrama de Venn muestra el número de alumnos que cursan Química y/o Biología en una clase.
Utilice el diagrama de Venn para determinar si cursar Química y cursar Biología son sucesos independientes.

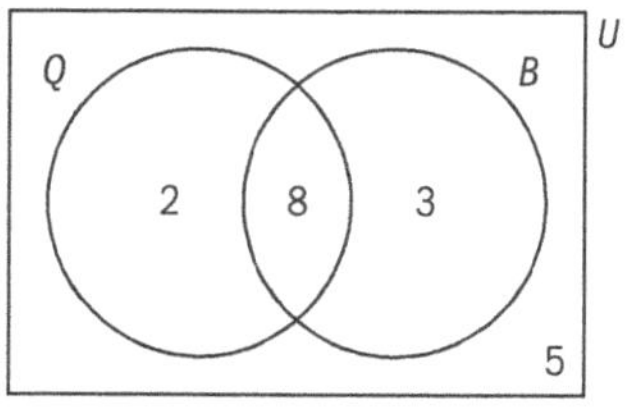

6 El diagrama de Venn muestra el número de alumnos que cursan Química y/o Física en una clase.
Utilice el diagrama de Venn para determinar si cursar Química y cursar Física son sucesos independientes.

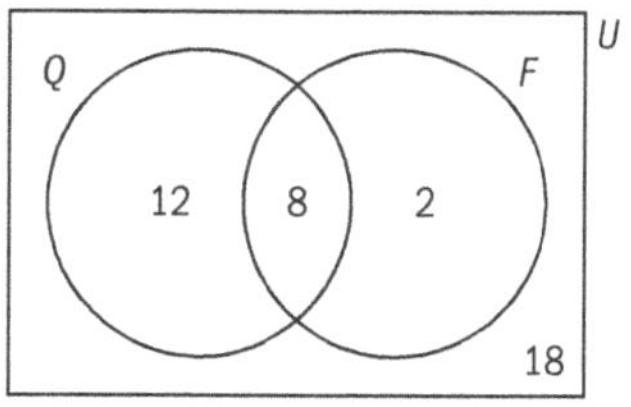

8.8 Diagramas de espacios muestrales

Un diagrama de espacio muestral es una forma gráfica de mostrar los resultados equiprobables de un experimento, en lugar de enumerarlos.

Se tiran dos dados equilibrados: uno rojo y uno azul.

Podemos mostrar todos los resultados posibles en una grilla.

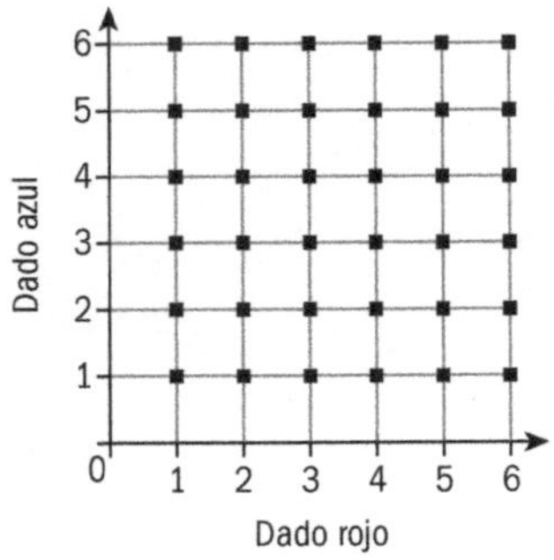

Hay 36 resultados posibles, $n(U) = 36$. Podemos usar el diagrama muestral para calcular probabilidades.

Ejemplo 15

Se tiran juntos un dado rojo y otro azul. Calcule la probabilidad de que:

a El puntaje total sea 7

b Salga el mismo número en ambos dados

c La diferencia entre los números que salen sea 1

d El número que sale en el dado rojo sea menor que el que sale en el dado azul

e El puntaje total sea un número primo

Respuestas

a P(el puntaje total sea 7) $= \frac{6}{36}$

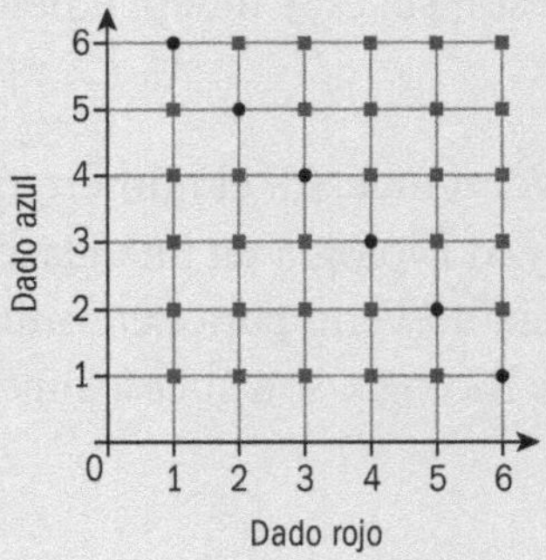

Los círculos muestran los resultados para los que el puntaje total es 7.

b P(salga el mismo número en ambos dados) $= \frac{6}{36}$

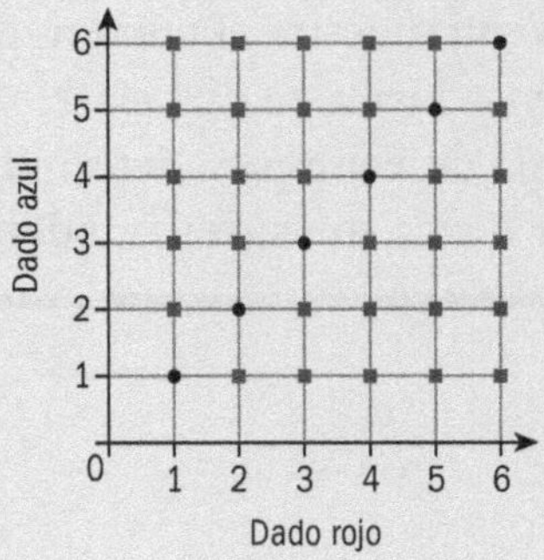

Los círculos muestran los resultados en los que ambos números son iguales.

▶ Continúa en la página siguiente.

c P(la diferencia entre los 2 números que salen sea 1) $= \frac{10}{36}$

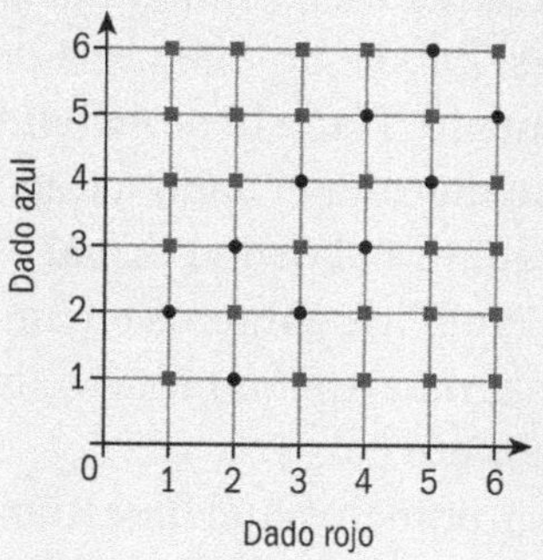

Los círculos muestran los resultados que hay que considerar.

d P(el número que sale en el dado rojo sea menor que el que sale en el dado azul) $= \frac{15}{36}$

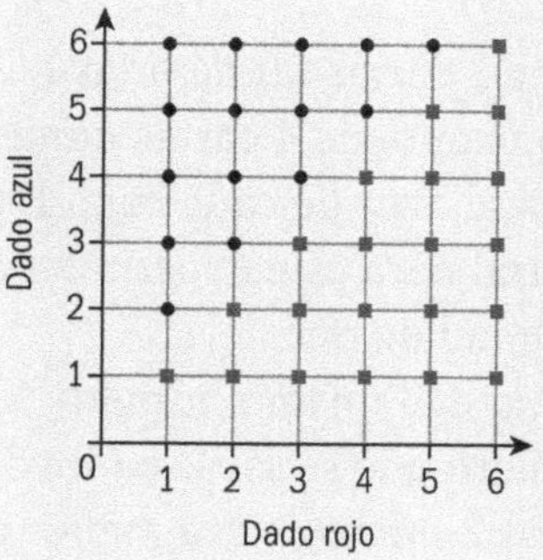

e P(el puntaje total sea un número primo) $= \frac{15}{36}$

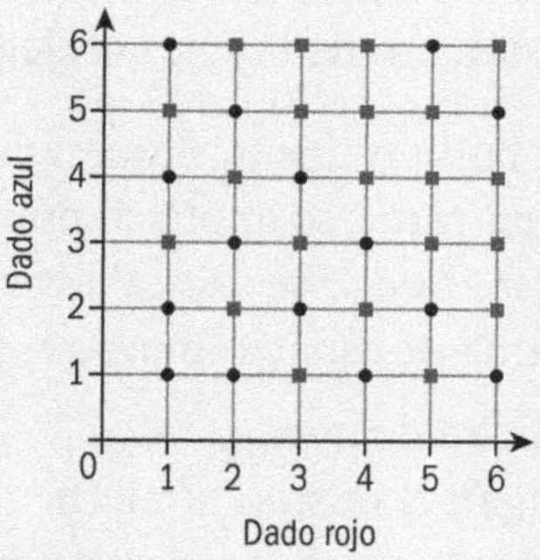

Ejercitación 8N

1 Dibuje un diagrama de espacio muestral para este experimento: Se tiran dos dados tetraédricos (de cuatro caras), uno azul y otro rojo, numerados del 1 al 4. Halle la probabilidad de que:

a El número que muestra el dado rojo sea mayor que el que muestra el dado azul

b La diferencia entre los números que muestran ambos dados sea 1

c El dado rojo muestre un número impar y el dado azul muestre un número par

d La suma de los números que muestran los dados sea un número primo

2 Se tiran un dado tetraédrico (numerado del 1 al 4) y un dado normal de 6 caras. Dibuje un diagrama de espacio muestral para este experimento. Halle la probabilidad de que:

a El número que muestra el dado tetraédrico sea mayor que el número que muestra el dado normal

b La diferencia entre los números en ambos dados sea mayor que 1

c El dado normal muestre un número impar y el tetraédrico muestre un número par

d La suma de los números que muestran los dados sea un número primo

e Los dos dados muestren el mismo número

3 Una caja contiene 3 cartas numeradas 1, 2, 3.
Una segunda caja contiene 4 cartas numeradas 2, 3, 4, 5.
Se elige una carta al azar de cada caja. Dibuje un diagrama de espacio muestral para este experimento.
Halle la probabilidad de que:

a Las cartas tengan el mismo número

b El mayor número que se saca sea un 3

c La suma de los 2 números sea menor que 7

d El producto de los números sea al menos 8

e Al menos un número de las cartas elegidas sea par

4 Se ponen en una bolsa 6 cartas, numeradas 0, 1, 2, 3, 4 y 5.
Se saca al azar una carta, se anota su número y luego se vuelve a poner en la bolsa. Luego se saca al azar una segunda carta.
Dibuje un diagrama de espacio muestral para este experimento.

Halle la probabilidad de que:

a Las cartas tengan el mismo número

b El mayor número que se saca sea primo

c La suma de los 2 números sea menor que 7

d El producto de los números sea al menos 8

e Al menos un número de las cartas elegidas sea par

5 Se ponen en una bolsa 6 cartas, numeradas 0, 1, 2, 3, 4 y 5. Se saca al azar una carta y **no** se vuelve a poner en la bolsa. Luego se saca al azar una segunda carta.
Dibuje un diagrama de espacio muestral para este experimento.

Halle la probabilidad de que:

a Las cartas tengan el mismo número

b El mayor número que se saca sea primo

c La suma de los 2 números sea menor que 7

d El producto de los números sea al menos 8

e Al menos un número de las cartas elegidas sea par

> Tenga cuidado: este **no** es el mismo espacio muestral que el de la pregunta 4.

8.9 Diagramas de árbol

Los diagramas de árbol son otra forma de representar y calcular probabilidades.

Ejemplo 16

Se tiran dos dados equilibrados, uno rojo y otro azul.
Usando un diagrama de árbol, halle la probabilidad de que:

a Salga doble seis **b** No salga ningún seis
c Salga exactamente un seis **d** Salga al menos un seis

Respuestas

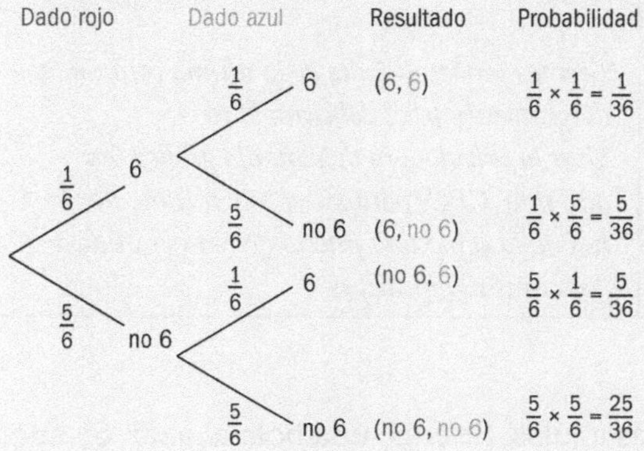

Primero, partir el experimento en dos experimentos simples:
Uno: *tirar el dado rojo y anotar si sale un seis o no*
Dos: *luego tirar el dado azul y anotar si sale un seis o no*
Dibujar un diagrama de árbol para mostrar los resultados
Añadir las probabilidades a las ramas
Para el dado rojo:
$P(6) = \frac{1}{6},\ P(no\ 6) = \frac{5}{6}$
Para el dado azul:
$P(6) = \frac{1}{6},\ P(no\ 6) = \frac{5}{6}$

a P(doble 6) = P(6, 6)

$= \frac{1}{6} \times \frac{1}{6} = \frac{1}{36}$

Que salga un seis en un dado y en el otro son sucesos independientes, así que hay que multiplicar las probabilidades.

b P(ningún 6) = P(no 6, no 6)

$= \frac{5}{6} \times \frac{5}{6} = \frac{25}{36}$

Que no salga un seis en un dado y en el otro son sucesos independientes.

c P(exactamente un 6)

$P(6, no\ 6) = \frac{5}{36}$

$P(no\ 6, 6) = \frac{5}{36}$

Hay dos formas en que esto puede suceder:
(6, no 6) ***o*** *(no 6, 6)*

En lugar de escribir P(6, no 6), podemos escribir P(6, 6′).

$P(\text{exactamente un } 6) = \frac{5}{36} + \frac{5}{36} = \frac{10}{36}$

Sumar las probabilidades

d P(al menos un 6)

$= \frac{5}{36} + \frac{1}{36} + \frac{5}{36} = \frac{11}{36}$

P(al menos un 6) =
P(6, no 6) + P(6, 6) + P(no 6, 6)

Observe que P(al menos un 6) = 1 − P(ningún 6).

También podemos usar diagramas de árbol para calcular probabilidades condicionadas.

Ejemplo 17

Para el experimento del ejemplo 16, halle la probabilidad de que, sabiendo que salió al menos un seis, el dado rojo haya salido seis.

Respuesta

P(seis en el dado rojo | salió al menos un seis)

$$= \frac{P(\text{seis en el dado rojo y salió al menos un seis})}{P(\text{salió al menos un seis})}$$

Usar la definición de probabilidad condicionada

$$= \frac{P(6,\ 6)+P(6,\ \text{no}\ 6)}{P(6,\ 6)+P(6,\ \text{no}\ 6)+P(\text{no}\ 6,\ 6)}$$

Leer las probabilidades de la última columna del diagrama de árbol del ejemplo 16

$$= \frac{\left(\frac{1}{36}+\frac{5}{36}\right)}{\left(\frac{1}{36}+\frac{5}{36}+\frac{5}{36}\right)} = \frac{6}{11} = 0{,}545$$

Usar la calculadora de pantalla gráfica (en adelante, CPG) para hacer este cálculo: dar la respuesta como una fracción o redondeando a tres cifras significativas

Ejercitación 80

1 Una bolsa contiene seis bolas rojas y cinco bolas azules. Se elige una bola al azar. Se anota su color y luego se pone de vuelta en la bolsa. Luego se elige una segunda bola al azar.

- **a** Halle la probabilidad de que se elija exactamente una bola roja.
- **b** Halle la probabilidad de que se elija al menos una bola azul.
- **c** Halle la probabilidad de que se elija una bola de cada color.
- **d** Si se eligió una bola de cada color, ¿cuál es la probabilidad de que la segunda sea una bola azul?
- **e** Si al menos una de las dos bolas fue azul, ¿cuál es la probabilidad de que la primera haya sido una bola azul?

Estas son probabilidades condicionadas.

2 En un dado de 5 caras estas se numeran 1, 2, 3, 4, 5. Se tira dos veces.

- **a** Halle la probabilidad de que salga exactamente un número primo.
- **b** Halle la probabilidad de que salga al menos un número primo.
- **c** Sabiendo que ha salido al menos un número primo, halle la probabilidad de que hayan salido dos números primos.
- **d** Sabiendo que ha salido al menos un número primo, halle la probabilidad de que en el primer dado haya salido un número primo.

3 Para llegar al trabajo debo atravesar dos semáforos, primero en la Avenida Sexta y luego en la calle Larga. La probabilidad de demorarme en la avenida Sexta es $\frac{7}{10}$ y la probabilidad de demorarme en la calle Larga es $\frac{3}{5}$.

Dibuje un diagrama de árbol para mostrar las posibles demoras en mi trayecto al trabajo.

- **a** Halle la probabilidad de que me demore solo una vez.
- **b** Halle la probabilidad de que no me demore.
- **c** Sabiendo que me he demorado exactamente una vez, ¿cuál es la probabilidad de que haya sido en la Avenida Sexta?
- **d** Sabiendo que me he demorado, ¿cuál es la probabilidad de que haya sido en la Avenida Sexta?

4 Una profesora, en su viaje al colegio, tiene que pasar por dos semáforos (A y B). Las probabilidades de que pare en estos son $\frac{2}{7}$ y $\frac{1}{3}$ respectivamente. Las demoras correspondientes son de 1 minuto y 3 minutos. Sin estas demoras su viaje dura 30 minutos. Dibuje un diagrama de árbol para ilustrar estas posibles demoras.

a Halle la probabilidad de que el viaje no dure más de 30 minutos.

b Halle la probabilidad de que la profesora tenga solo una demora.

c Sabiendo que la profesora se ha demorado, ¿cuál es la probabilidad de que haya sucedido en A?

d Un día determinado, la profesora tiene solo 32 minutos para llegar al colegio a tiempo. Halle la probabilidad de que llegue tarde.

5 La probabilidad de que llueva el día de hoy es 0,2. Si hoy llueve, la probabilidad de que llueva mañana es 0,15. Si hoy no llueve, entonces la probabilidad de que no llueva mañana es 0,9.

Material de ampliación disponible en línea: *Hoja de ejercicios 8: un juego*

a Halle la probabilidad de que al menos uno de los dos días no llueva.

b Sabiendo que al menos uno de los dos días no ha llovido, ¿cuál es la probabilidad de que haya sido hoy?

c Sabiendo que al menos uno de los dos días no ha llovido, ¿cuál es la probabilidad de que no haya llovido en ninguno de los dos días?

Problemas "sin reposición"

Un problema clásico de probabilidad involucra elegir una bola de una bolsa, anotar su color y *no* reponerla, y luego elegir otra bola.

Esto significa que la probabilidad de elegir la siguiente bola de la bolsa será diferente de la probabilidad de elegir la primera.

Podemos usar un diagrama de árbol para este tipo de problema.

Ejemplo 18

En una bolsa hay seis caramelos de menta (M) y dos caramelos de licor (L). Se escoge un caramelo al azar **y no se repone en la bolsa**. Luego se escoge un segundo caramelo al azar.

a Halle la probabilidad de que se haya escogido uno de cada tipo.

b **Sabiendo que** se ha escogido uno de cada tipo, halle la probabilidad de que el primer caramelo escogido haya sido de menta.

Este problema del tipo "sin reposición" utiliza caramelos en lugar de bolas.

Respuestas

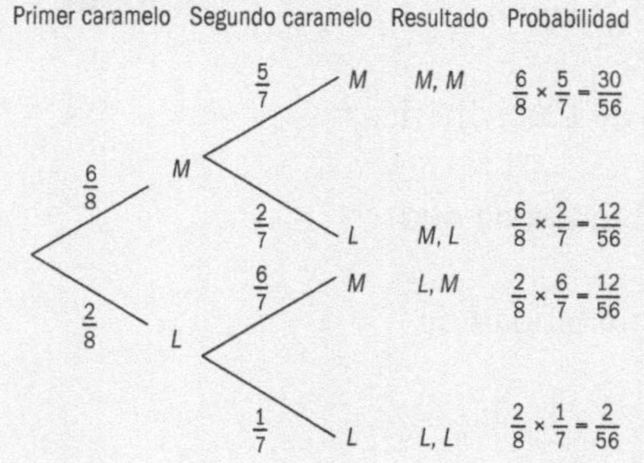

Dibujar un diagrama de árbol. Partir el experimento en:

1 *Escoger el primer caramelo*

2 *Escoger el segundo caramelo*

En la segunda elección, solo quedan siete caramelos. Si la primera vez se escoge uno de menta, solo quedan cinco de menta.

Continúa en la página siguiente.

a P(uno de cada tipo) = P(M, L) + P(L, M) $= \frac{12}{56} + \frac{12}{56} = \frac{24}{56} = \frac{3}{7}$	*Los resultados que corresponden a "se escoge uno de cada tipo" son (M, L) y (L, M).*
b $P(A \mid B) = \frac{P(A \cap B)}{P(B)}$ $P(A \cap B) = P(M, L) = \frac{12}{56} = \frac{3}{14}$ y $P(B) = \frac{3}{7}$ Así que, $P(A \mid B) = \frac{\frac{3}{14}}{\frac{3}{7}} = \frac{1}{2}$	*Sea A el suceso "el primer caramelo que se escoge es de menta" y sea B el suceso "se escoge uno de cada tipo". Entonces necesitamos P(A | B).* *P(B) es la probabilidad del apartado* **a***.*

Ejercitación 8P

1 Una bolsa contiene seis bolas rojas y cinco bolas azules. Se escoge una al azar. Se anota su color **y no se repone en la bolsa**. Luego se escoge al azar una segunda bola.

a Halle la probabilidad de que se escoja exactamente una bola roja.
b Halle la probabilidad de que se escoja al menos una bola azul.
c Halle la probabilidad de que se escoja una de cada color.
d Si se ha escogido una de cada color, ¿cuál es la probabilidad de que la azul se haya elegido en segundo lugar?
e Si se ha escogido al menos una azul, ¿cuál es la probabilidad de que la azul se haya elegido en primer lugar?

2 Una bolsa contiene cinco bolígrafos defectuosos y siete que funcionan. Un niño y luego una niña escogen un bolígrafo cada uno.
a ¿Cuál es la probabilidad de que ambos escojan un bolígrafo defectuoso?
b Halle la probabilidad de que al menos uno de los dos escoja un bolígrafo defectuoso.
c Sabiendo que se ha escogido exactamente un bolígrafo defectuoso, ¿cuál es la probabilidad de que lo haya escogido la niña?

3 Para llegar al colegio puedo tomar una de dos rutas, por la Avenida Simón Bolívar o por la Avenida de Las Américas. Tomo la Avenida Simón Bolívar en promedio tres veces por semana, en una semana de cinco días. Si tomo esta ruta, la probabilidad de que me demore es 0,25. Si tomo la Avenida de Las Américas, la probabilidad de que me demore es 0,5.
Dibuje un diagrama de árbol que muestre mi viaje al colegio.
a Halle la probabilidad de que me demore.
b Halle la probabilidad de que vaya por la Avenida de Las Américas y no me demore.
c Sabiendo que me he demorado, ¿cuál es la probabilidad de que haya ido por la Avenida Simón Bolívar?
d Sabiendo que no me he demorado, ¿cuál es la probabilidad de que haya ido por la Avenida de Las Américas?

4 La probabilidad de que nieve el día de hoy es 0,9. Si hoy nieva, entonces la probabilidad de que nieve mañana es 0,7. Sin embargo, si hoy no nieva, entonces la probabilidad de que nieve mañana es 0,6. Dibuje un diagrama de árbol que muestre las posibles condiciones del tiempo en estos dos días.

a Halle la probabilidad de que nieve los dos días.

b Halle la probabilidad de que nieve exactamente un día.

c Sabiendo que nieva exactamente un día, ¿cuál es la probabilidad de que sea hoy?

d Sabiendo que nieva al menos un día, ¿cuál es la probabilidad de que sea hoy?

5 Hay ocho discos idénticos en una bolsa, de los cuales cinco son negros y los otros tres son rojos. El experimento aleatorio consiste en escoger de la bolsa un disco al azar, no reponerlo en la bolsa, luego escoger un **segundo** disco de la bolsa. Halle la probabilidad de que el segundo disco escogido sea rojo.

Ejercicio de revisión

Preguntas del estilo de la prueba 1

PREGUNTAS TIPO EXAMEN

1 Las actividades que ofrece un colegio son golf (G), tenis (T) y natación (N). El diagrama de Venn muestra el número de personas que participan en cada una de las actividades.

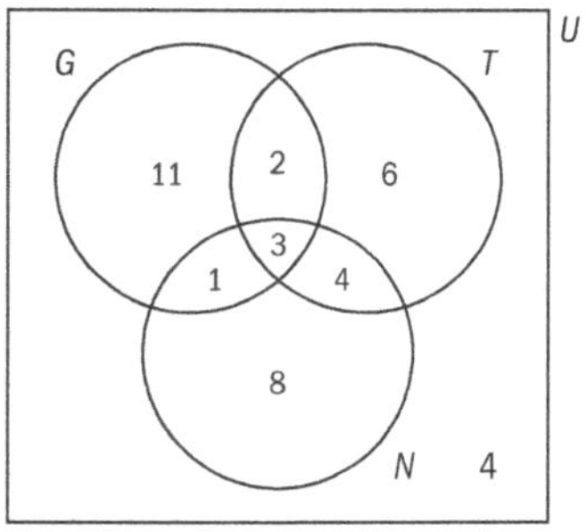

a Escriba el número de personas que:

i Juegan solo tenis **ii** Juegan al tenis y al golf

iii Juegan al menos dos deportes **iv** No juegan tenis

b Copie el diagrama y sombree la parte del diagrama de Venn que representa $G' \cap N$.

2 Se hace una encuesta a un grupo de 40 niños para averiguar qué deporte practican entre los siguientes 3: voleibol (V), básquetbol (B) o *cricket* (C). Los resultados fueron los siguientes:

7 niños no practican ninguno de estos deportes.

2 practican los 3 deportes.

5 practican voleibol y básquetbol.

3 practican *cricket* y básquetbol.

10 practican *cricket* y voleibol.

15 practican básquetbol.

20 practican voleibol.

a Dibuje un diagrama de Venn para ilustrar la relación entre los tres deportes practicados.

b En su diagrama de Venn, indique el número de niños que pertenece a cada región **disjunta**.

c Halle el número de niños que practican únicamente *cricket*.

PREGUNTAS TIPO EXAMEN

3 El siguiente diagrama de Venn muestra los conjuntos *U, A, B* y *C*.

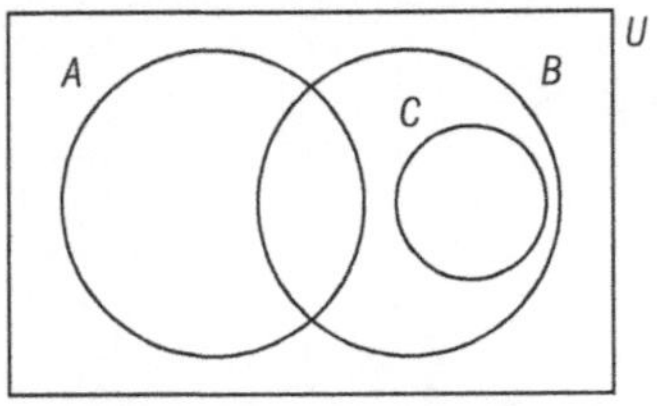

Indique si las siguientes proposiciones son verdaderas o falsas, basándose en la información provista en el diagrama de Venn.

a $A \cup C = \varnothing$ **b** $C \subset (C \cup B)$

c $C \cap (A \cup B) = \varnothing$ **d** $C \subset A'$

e $C \cap B = C$ **f** $(A \cup B)' = A' \cap B'$

4 **a** Copie este diagrama de Venn y sombree $A \cup (B \cap C')$.

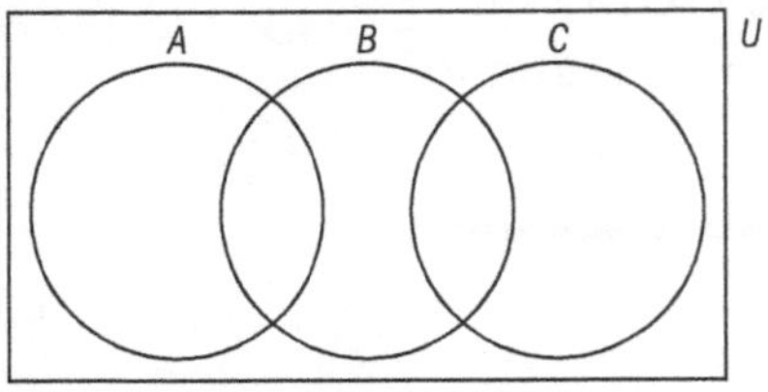

b En el diagrama de Venn de la derecha, está dado el número de elementos de cada región.
Halle $n((P \cup Q) \cap R)$.

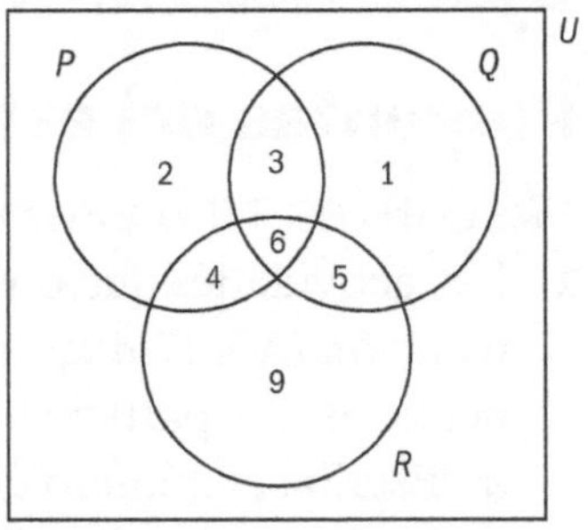

c U es el conjunto de enteros positivos, $\mathbb{Z}^+$.
I es el conjunto de números impares.
M es el conjunto de múltiplos de 5.

i Enumere los primeros cuatro elementos del conjunto M.

ii Enumere los primeros tres elementos del conjunto $I' \cap M$.

5 $\mathbb{Z}$ es el conjunto de los números enteros, $\mathbb{Q}$ es el conjunto de los números racionales, $\mathbb{R}$ es el conjunto de los números reales.

a Escriba un elemento de $\mathbb{Z}$. **b** Escriba un elemento de $\mathbb{R} \cap \mathbb{Z}'$.

c Escriba un elemento de $\mathbb{Q}$. **d** Escriba un elemento de $\mathbb{Q} \cup \mathbb{Z}'$.

e Escriba un elemento de $\mathbb{Q}'$. **f** Escriba un elemento de $\mathbb{Q}' \cap \mathbb{Z}'$.

6 La siguiente tabla muestra el número de jugadores de tenis zurdos y diestros, en una muestra de 60 hombres y mujeres.

	Zurdos	Diestros	Total
Hombres	8	32	40
Mujeres	4	16	20
Total	12	48	60

Si se elige al azar un jugador de tenis de este grupo, halle la probabilidad de que sea:

a Mujer y zurda **b** Hombre o diestro

c Diestra, sabiendo que es una mujer

PREGUNTAS TIPO EXAMEN

7 Una bolsa contiene caramelos: tres rojos, cuatro amarillos y ocho verdes. Marcela escoge al azar un caramelo de la bolsa y lo come. Luego escoge al azar un segundo caramelo.

a Escriba la probabilidad de que el primer caramelo escogido sea rojo.

b Sabiendo que el primer caramelo no fue rojo, halle la probabilidad de que el segundo haya sido rojo.

c Halle la probabilidad de que tanto el primer caramelo escogido como el segundo sean amarillos.

8 Ernesto tira dos dados cúbicos. Uno de los dados tiene tres caras rojas y tres caras negras. El otro dado tiene sus caras numeradas del 1 al 6.
Usando un diagrama de espacio muestral o de otra manera, halle:

a El número de todas las combinaciones posibles que pueden salir

b La probabilidad de que obtenga una cara negra y un número par

c La probabilidad de que obtenga un número mayor que 4

9 La siguiente tabla muestra el número de palabras en las monografías de una clase del IB.

Número de palabras	$3100 \le p < 3400$	$3400 \le p < 3700$	$3700 \le p < 4000$	$4000 \le p < 4300$
Frecuencia	7	20	18	5

a Escriba el grupo modal.

b Escriba la probabilidad de que un alumno de la clase elegido al azar escriba una monografía con un número de palabras en el rango: $4000 \le p < 4300$.

El límite máximo de palabras en una monografía es 4000.
Se elige un alumno de la clase al azar. Halle la probabilidad de que:

c No escriba una monografía con un número de palabras que sea igual o superior al límite máximo

d Escriba una monografía con un número de palabras en el rango $3400 \le p < 3700$, sabiendo que el número de palabras no es igual o superior al límite máximo

Preguntas del estilo de la prueba 2

PREGUNTA TIPO EXAMEN

1 Sea $U = \{x \mid 8 \le x < 13, x \in \mathbb{N}\}$.
P, Q y R son subconjuntos de U tales que:
$P = \{\text{múltiplos de } 4\}$
$Q = \{\text{divisores de } 24\}$
$R = \{\text{números cuadrados}\}$

a Enumere los elementos de U.

b **i** Dibuje un diagrama de Venn para mostrar la relación entre los conjuntos P, Q y R.
ii Escriba los elementos de U en lugares apropiados del diagrama de Venn.

c Enumere los elementos de:
i $P \cap R$ **ii** $P' \cap Q \cap R$

d Describa en palabras el conjunto $P \cup Q$.

e Sombree la región de su diagrama de Venn que representa a $(P \cup R) \cap Q'$.

PREGUNTAS TIPO EXAMEN

2 En un club que tiene 70 socios, cada uno participa o bien los martes en teatro (T), o bien los jueves en deportes (D), o bien ambos días en teatro y deportes.

Se encuentra que una semana 48 socios participaron en teatro, 44 participaron en deportes y x socios participaron en teatro y deportes.

a **i** Dibuje y **rotule completamente** un diagrama de Venn para ilustrar esta información.

ii Halle el número de socios que participaron en teatro y deportes.

iii Describa, en palabras, el conjunto que representa $(T \cap D)'$.

iv ¿Cuál es la probabilidad de que un socio elegido al azar participe únicamente en teatro o únicamente en deportes?

El club tiene 40 socias, 10 de las cuales participan en teatro y en deportes.

b Halle la probabilidad de que un socio del club elegido al azar:

i Sea mujer y participe únicamente en teatro o únicamente en deportes

ii Sea hombre y participe en teatro y deportes

3 Un día determinado, se les pregunta a 50 niños qué tomaron ese día. Se les dan tres opciones: agua (P), jugo de frutas (Q) o café (R).

2 niños tomaron únicamente agua.
4 niños tomaron únicamente café.
12 niños tomaron únicamente jugo de frutas.
3 niños tomaron las tres bebidas.
4 niños tomaron agua y café únicamente.
5 niños tomaron café y jugo de frutas únicamente.
15 niños tomaron agua y jugo de frutas únicamente.

a Represente la información anterior en un diagrama de Venn.

b ¿Cuántos niños no tomaron ninguna de las tres bebidas?

c Se elige un niño al azar. Halle la probabilidad de que el niño:

i Haya tomado jugo de frutas

ii Haya tomado agua o jugo de frutas, pero no café

iii No haya tomado jugo de frutas, sabiendo que el niño ha tomado agua

d Dos niños se eligen al azar. Halle la probabilidad de que ambos hayan tomado las tres bebidas.

PREGUNTAS TIPO EXAMEN

4 Los conjuntos P, Q y R son subconjuntos de U. Están definidos de la siguiente forma:

U = {enteros positivos menores que 13}

P = {números primos}

Q = {divisores de 18}

R = {múltiplos de 3}

a Enumere los elementos (si existen) de:

i P **ii** Q **iii** R **iv** $P \cap Q \cap R$

b **i** Dibuje un diagrama de Venn, mostrando la relación entre los conjuntos U, P, Q y R.

ii Escriba los elementos de los conjuntos U, P, Q y R en los lugares apropiados del diagrama de Venn.

c Usando el diagrama de Venn, enumere los elementos de:

i $P \cup (Q \cap R)$ **ii** $(P \cup R)'$ **iii** $(P \cup Q)' \cap R'$

d Halle la probabilidad de que un número del conjunto universal U elegido al azar sea:

i Un número primo

ii Un número primo, pero **no** un divisor de 18

iii Un divisor de 18 o un múltiplo de 3, pero **no** un número primo

iv Un número primo, sabiendo que el número es un divisor de 18

5 Hay dos latas de galletas en una repisa. La lata **roja** contiene cuatro galletas de chocolate y seis galletas de vainilla. La lata **azul** contiene una galleta de chocolate y nueve galletas de vainilla.

Un niño alcanza la lata **roja** y aleatoriamente elige una galleta.

El niño pone esa galleta nuevamente en la lata, la agita y luego elige otra galleta aleatoriamente.

a Dibuje un diagrama de árbol que muestre los posibles resultados. Ubique las probabilidades adecuadas en cada rama del diagrama de árbol.

b Halle la probabilidad de que:

i Las dos galletas elegidas sean de chocolate

ii Una de las galletas sea de vainilla y la otra de chocolate

c Un segundo niño elige una galleta de la lata **azul**. El niño come la galleta y elige otra de la lata **azul**. El diagrama de árbol de la derecha representa los posibles resultados para este experimento.

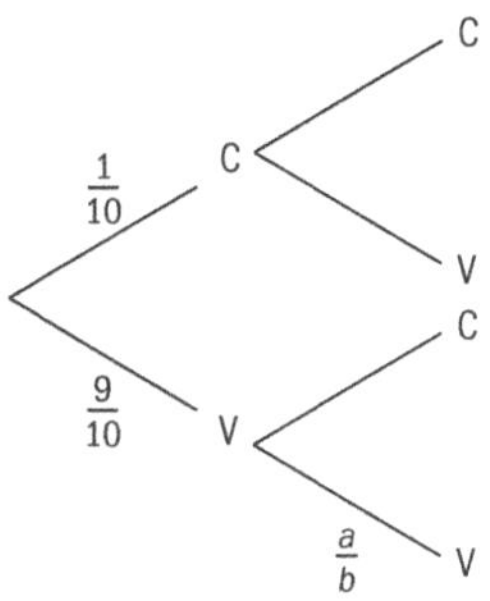

i Escriba los valores de a y de b.

ii Halle la probabilidad de que ambas galletas sean de chocolate.

iii ¿Cuál es la probabilidad de que *al menos* una de las galletas sea de vainilla?

d Suponga que, antes de que los dos niños llegaran, su hermano hubiera elegido al azar una de las latas de galletas y hubiera sacado de ella una galleta. Calcule la probabilidad de que esta galleta haya sido de chocolate.

PREGUNTA TIPO EXAMEN

6 Los datos de la siguiente tabla se refieren a 60 plantas elegidas al azar.

Ritmo de crecimiento	**Clasificación por ambiente**			
	Desértico	Templado	Inundado	Total
Alto	4	7	13	24
Bajo	9	11	16	36
Total	13	18	29	60

a **i** Halle la probabilidad de que una planta sea de un ambiente desértico.

ii Halle la probabilidad de que una planta tenga un ritmo de crecimiento bajo y su ambiente esté inundado.

iii Halle la probabilidad de que una planta no sea de un ambiente templado.

b Se elige al azar una planta del grupo anterior.
Halle la probabilidad de que la planta elegida tenga:

i Un ritmo de crecimiento alto o sea de un ambiente inundado, pero no ambos

ii Un ritmo de crecimiento bajo, sabiendo que es de un ambiente desértico

c Las 60 plantas del grupo anterior se clasificaron de acuerdo al tipo de hoja. Se encontró que 15 de las plantas tienen hojas del tipo A, 36 de las plantas tienen hojas del tipo B y 9 tienen hojas del tipo C.
Se eligieron al azar dos plantas de este grupo. Halle la probabilidad de que:

i Ambas plantas hayan tenido hojas del tipo B

ii Ninguna de las dos plantas haya tenido hojas del tipo A

RESUMEN DEL CAPÍTULO 8

Teoría básica de conjuntos

- Un **conjunto** es simplemente una colección de objetos. Los objetos se denominan **elementos** del conjunto.
- El número de elementos del conjunto finito A se denota con $n(A)$.

Diagramas de Venn

- El **conjunto universal** (simbólicamente, U), debe estar indicado para que un conjunto esté bien definido.
- Si cada elemento de un conjunto dado, M, también es un elemento de otro conjunto, N, entonces M es un **subconjunto** de N; esto se escribe simbólicamente $M \subseteq N$.
- Un **subconjunto propio** de un conjunto dado es aquel que **no es idéntico** al conjunto original.
  Si M es un subconjunto propio de N (simbólicamente, $M \subset N$), entonces:
  1 **Cada** elemento de M también está en N
  2 Hay uno o más elementos en N que no están en M
- El conjunto vacío $\varnothing$ es subconjunto de cualquier conjunto.
- Todo conjunto es un subconjunto de sí mismo.

Continúa en la página siguiente.

- La **intersección** del conjunto M y el conjunto N (simbólicamente, $M \cap N$) es el conjunto de todos los elementos que están en M **y** en N.
- La **unión** del conjunto M y el conjunto N (simbólicamente, $M \cup N$) es el conjunto de todos los elementos que están en M **o** en N **o** en **ambos**.
- El **complementario** de un conjunto M, simbólicamente M', es el conjunto de todos los elementos del conjunto universal que **no** están en M.
- El complementario del conjunto universal, U', es el conjunto vacío, $\varnothing$.

Conceptos básicos de la teoría de probabilidades

- Si todos los resultados equiprobables de un experimento aleatorio se pueden enumerar y forman U, el conjunto universal, y se define el suceso A representado con el conjunto A, entonces:

$$\mathrm{P}(A) = \frac{n(A)}{n(U)}$$

Hay tres consecuencias de esta ley:

1 $\mathrm{P}(U) = \frac{n(U)}{n(U)} = 1$ (La probabilidad de un suceso **seguro** es 1.)

2 $\mathrm{P}(\varnothing) = \frac{n(\varnothing)}{n(U)} = 0$ (La probabilidad de un suceso **imposible** es 0.)

3 $0 \le \mathrm{P}(A) \le 1$ (La probabilidad de un suceso **siempre** está entre 0 y 1.)

- Para sucesos complementarios, $\mathrm{P}(A') = 1 - \mathrm{P}(A)$.
- Para sucesos combinados, $\mathrm{P}(A \cup B) = \mathrm{P}(A) + \mathrm{P}(B) - \mathrm{P}(A \cap B)$.

Probabilidad condicionada

- La probabilidad condicionada de que ocurra A, sabiendo que B ha ocurrido, se escribe $\mathrm{P}(A \mid B)$ y se define como:

$$\mathrm{P}(A \mid B) = \frac{\mathrm{P}(A \cap B)}{\mathrm{P}(B)}$$

Dos casos especiales: sucesos incompatibles y sucesos independientes

- Los sucesos A y B son incompatibles si y solo si $\mathrm{P}(A \cap B) = 0$.
- A y B son independientes si y solo si $\mathrm{P}(A \cap B) = \mathrm{P}(A) \times \mathrm{P}(B)$.

No es justo

Un grado seguro de incertidumbre

En matemáticas podemos estar seguros de que tenemos la respuesta correcta, seguros acerca de lo que sabemos. La probabilidad trata con situaciones que no son seguras.

- ¿Cómo se puede cuantificar una teoría que tiene que ver con la incertidumbre?
- La matemática es una ciencia exacta.
  Así que, ¿cómo puede la probabilidad ser considerada parte de la matemática?

Juego de dados

La teoría de la probabilidad comenzó a desarrollarse en Francia en el siglo XVII, cuando los matemáticos Blaise Pascal, Antoine Gombaud (también conocido como Caballero de Méré) y Pierre de Fermat discutían acerca de cómo apostar en un juego de dados.

El Caballero de Méré preguntó: ¿Qué es más probable: que salga un 6 en 4 lanzamientos de 1 dado o que salga un doble 6 en 24 lanzamientos de 2 dados?

- ¿Qué opción parece intuitivamente correcta?
- ¿Podemos siempre confiar en nuestra intuición?

En esa época se pensaba que la mejor opción era apostar al doble seis, porque se permitían muchos más lanzamientos. Los matemáticos analizaron las probabilidades y probaron que es más probable obtener un seis en cuatro lanzamientos.

- ¿Puede probarlo?

Una pregunta moral

Mientras que los matemáticos franceses estaban desarrollando la teoría de probabilidades, la visión inglesa era que "como apostar es inmoral, la probabilidad no se debe estudiar".

- ¿Cuán válida es esta visión?
- Discuta la afirmación: "La matemática trasciende la moralidad; no puede ser inmoral".
- ¿Por qué apuesta la gente? ¿Por qué la gente hace cosas que sabe que pueden ser autodestructivas?

Juegos justos

En un juego, X e Y tiran una moneda. Si la moneda muestra "cara", entonces gana X. Si la moneda muestra "cruz", entonces gana Y.

- ¿Es justo este juego?
- ¿Qué queremos decir con "juego justo"?

- ¿Son justos estos juegos?

1. Dos personas, X e Y, tiran una moneda. Si la moneda muestra "cara", entonces X paga \$5 a Y. Si la moneda muestra "cruz", entonces Y paga \$1 a X.
2. X e Y tiran un dado. Si sale 1, entonces X paga \$1 a Y. Si no sale 1, entonces Y paga \$1 a X.
3. X e Y tiran un dado. Si sale 1, entonces X paga \$5 a Y. Si no sale 1, entonces Y paga \$1 a X.

Todas las monedas y dados en esta sección son equilibrados.

"Apostar es un impuesto que se le cobra al que es matemáticamente ignorante."

- ¿Está de acuerdo o en desacuerdo?

Lo "justo" en matemática

La definición matemática de un juego justo es un juego en el que la ganancia esperada de cada jugador es cero.

En el casino, **no hay juego que sea justo**, desde un punto de vista matemático. El casino tiene que ganar el dinero suficiente para pagar por el edificio, la electricidad, los empleados y los impuestos, además de obtener una ganancia.

¿Quién gana en la ruleta?

En la ruleta se puede apostar a un solo número, a grupos de números, a filas, a columnas, a si el número que sale es par o impar, a rojo o negro, o a "pasa" o "falta".

"Pasa" significa que el número está comprendido entre los números 19 a 36 inclusive. "Falta" significa que el número está comprendido entre los números 1 a 18 inclusive.

El jugador X hace una apuesta de \$1 en "falta". Si la bola cae entre 1 y 18 inclusive, el casino le paga \$1 a X (y X se queda con el \$1 original). Si la bola cae fuera de estos números, X pierde \$1 y se lo queda el casino. ¿Es justo el juego?

Intuitivamente podemos pensar que la bola tiene la misma probabilidad de caer en "pasa" que en "falta", así que el juego es justo. Pero miremos la foto de la rueda de la ruleta: hay dos resultados identificados como 0 y 00.

Por lo tanto hay $36 + 2 = 38$ resultados posibles equiprobables.

X esperaría perder $\$\frac{2}{38}$ por jugada (pagando \$1 en 20 de cada 38 jugadas y ganando \$1 en 18 de cada 38 jugadas).

El juego no es justo. Los $\$\frac{2}{38}$ se denominan **ventaja de la casa** (*o house edge*) y es el margen de ganancia del casino. Como un porcentaje esto es $\frac{2}{38} \times 100 = 5{,}26\%$.

La ventaja de la casa asegura que el casino pueda funcionar como cualquier otro negocio, es decir, para ganar dinero.

◀ Una mesa de ruleta

9 Lógica

OBJETIVOS DEL CAPÍTULO:

3.1 Conceptos básicos de la lógica simbólica: definición de proposición y notación simbólica de las proposiciones

3.2 Proposiciones compuestas: implicación, $\Rightarrow$; equivalencia, $\Leftrightarrow$; negación, $\neg$; conjunción, $\wedge$; disyunción, $\vee$; disyunción exclusiva, $\underline{\vee}$; traducción entre las proposiciones verbales y la forma simbólica

3.3 Tablas de verdad: conceptos de contradicción lógica y tautología

3.4 Recíproca, contraria y contrarrecíproca; equivalencia lógica; comprobación de la validez de argumentos sencillos a través del uso de tablas de verdad

Antes de comenzar

Qué necesitamos saber

1 Dibujar diagramas de Venn para mostrar la intersección de conjuntos. Por ejemplo: dibujar un diagrama de Venn para mostrar $A \cap B$.

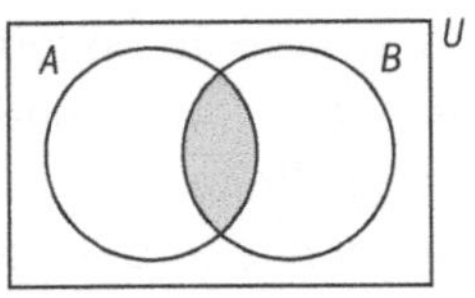

2 Dibujar diagramas de Venn para mostrar la unión de conjuntos. Por ejemplo: dibujar un diagrama de Venn para mostrar $A \cup B$.

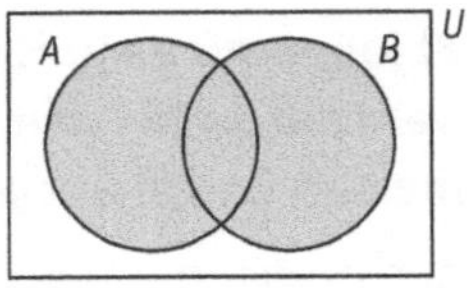

3 Dibujar diagramas de Venn para mostrar complementarios de conjuntos. Por ejemplo: dibujar un diagrama de Venn para mostrar A'.

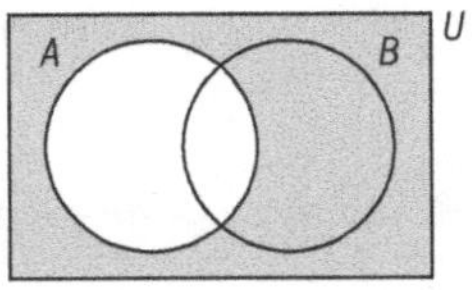

Comprobemos nuestras habilidades

1 Dado el diagrama de Venn con los conjuntos A y B, dibuje diagramas de Venn para mostrar:

a $A \cap B$ **b** $A \cup B$

c $A' \cup B$ **d** $(A \cup B)'$

e $(A \cap B') \cup (A' \cap B)$

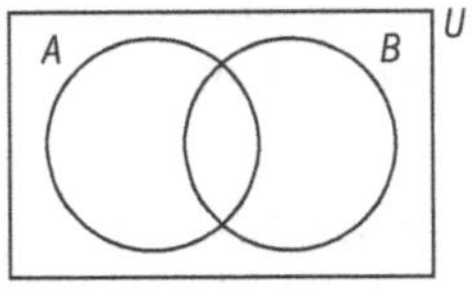

2 Dado el diagrama de Venn con los conjuntos A, B y C, dibuje diagramas de Venn para mostrar:

a $A \cap B \cap C$ **b** $(A \cup B) \cap C$

c $A \cup (B \cap C)$ **d** $(A \cup B) \cap C'$

e $(A \cap B') \cup (A' \cap B)$

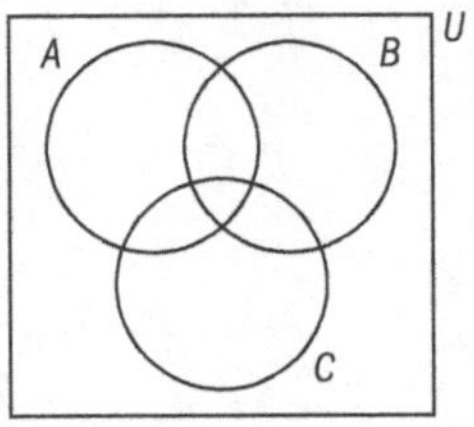

La habilidad de pensar lógicamente es una importante ventaja que es valorada en gran medida por todos los profesionales. Se cree que el estudio de las matemáticas promueve esta habilidad, y el éxito en matemáticas se utiliza, en muchas ocasiones, para hacer diferencias entre candidatos en el contexto de situaciones que no son matemáticas, como por ejemplo, la abogacía.

La lógica matemática se puede usar para analizar declaraciones escritas en contratos legales, por ejemplo, para determinar si los argumentos expuestos son válidos y precisos, o no.

En este capítulo estudiaremos la lógica matemática y su lenguaje. Su estructura tiene muchas similitudes con la teoría de conjuntos:

> "Si comprendemos la teoría de conjuntos, entonces comprenderemos la lógica."

Sin embargo, ¿qué sucede si **no** comprendemos la teoría de conjuntos? ¿Comprenderemos la lógica o no?

Analizar este tipo de proposiciones (o argumentos) y ser capaces de comprender lo que realmente significan, en contraposición a lo que intentan decir, es el objetivo de la lógica matemática.

Los siguientes argumentos se relacionan con esta proposición:
"Si no comprendemos la teoría de conjuntos, entonces no comprenderemos la lógica."
"Si comprendemos la lógica, entonces comprenderemos la teoría de conjuntos."
"Si no comprendemos la lógica, entonces no comprenderemos la teoría de conjuntos."

Investigación: pensamiento lógico

En un cartel en la puerta del salón de deportes dice:

> **No se permite comida y bebida.**

1 ¿Qué piensa el que escribió este cartel (el director de deportes) que significa el cartel?
¿Está permitido ingresar al salón de deportes con comida?
¿Está permitido ingresar al salón de deportes con bebida?

2 ¿Está permitido ingresar al salón de deportes con comida, pero sin bebida?

3 ¿Está permitido ingresar al salón de deportes con bebida, pero sin comida?

4 ¿Dice el cartel lo que el director de deportes piensa que dice?

5 ¿Qué debería decir el cartel si el director de deportes desea que la gente no ingrese al salón de deportes con comida y que tampoco ingrese al salón de deportes con bebida?

9.1 Introducción a la lógica

La lógica matemática se enseña como parte de dos cursos del IB: Estudios Matemáticos NM y Ampliación de Matemáticas. No se enseña ni en Matemáticas NS ni en Matemáticas NM.

Si nos encontramos con alguien que nos dice que estudia lógica matemática como parte de un curso del IB, ¿es cierto que

estudia Ampliación de Matemáticas?

Parte del análisis que emprenderemos consiste en determinar si una proposición es **necesariamente** verdadera o falsa.
Las proposiciones forman los fundamentos de la lógica.

> ¿Es verdadera esta proposición?
> ¿Es **necesariamente** verdadera?

Proposiciones y conectores

Una **proposición** es una oración o frase, y debe tener un significado matemático preciso.

"Genial" y "guay" no son proposiciones.

> → Una **proposición** (simple) tiene valor de verdad, o bien **verdadero** o bien **falso** (pero no ambos).

Aquí hay algunas proposiciones:

- Rafael Correa es el presidente de Chile.
- $2 + 2 = 5$.
- Cualquier cuadrado también es un rectángulo.
- Cualquier rectángulo también es un cuadrado.
- Si usted no hace la tarea, le informaré al director del colegio.
- No sé nadar.
- Nado y juego al fútbol.
- No nado o juego al fútbol.

- No nado y no juego al fútbol.
- Para participar de la carrera, usted debe ser mujer o tener más de 45 años de edad.

Todas las frases anteriores se pueden verificar de alguna forma y, por lo tanto, son proposiciones. Algunas de estas proposiciones son **simples** (y puede determinarse fácilmente si son verdaderas [V] o falsas [F]).

Por ejemplo, Rafael Correa **no** es el presidente de Chile y, por lo tanto, el **valor de verdad** de la proposición "Rafael Correa es el presidente de Chile" es falso (F).

Ejercitación 9A

¿Cuáles de las siguientes son proposiciones?

1 Romina estudia malayo.

2 ¿Está nevando?

3 Haga el té.

4 El aire acondicionado está encendido.

5 $5 > 2$.

6 $7 < 3$.

7 $2 \leq 2$.

8 ¡Que tengas un buen día!

9 No hay sol.

10 La copa está llena.

11 La luna está hecha de queso verde.

12 Una semana tiene siete días.

13 Una semana tiene cinco días.

14 Un mes tiene 30 días.

9.2 Proposiciones compuestas y notación simbólica

→ Una **proposición compuesta** está formada por proposiciones simples unidas por **conectores**.

Los **cinco** conectores que usaremos más comúnmente son:

NO
Y
O
O
SI... ENTONCES...

SI... ENTONCES... es un conector. Hay cinco conectores en esta lista.

El conector "O" tiene dos versiones en el lenguaje cotidiano y debemos ser muy específicos acerca de qué versión estamos usando cuando analizamos lógicamente los argumentos.

Estos dos ejemplos muestran las dos versiones de "O":

1 Puede estudiar matemáticas de Nivel Superior o de Nivel Medio en el Programa del Diploma del IB.

2 Puede estudiar Español o Inglés como parte el Programa del Diploma del IB.

En **1**: Matemáticas puede estudiarse o en el Nivel Superior o en el Nivel Medio, pero **no** en **ambos**.

La versión de "O" donde el significado implícito es "uno o el otro, pero no ambos" se denomina **o exclusivo**.

En **2**: Español puede estudiarse como parte del Programa del Diploma del IB e Inglés también. Un alumno puede estudiar **ambas** lenguas como parte del Programa del Diploma del IB.

Esta versión de "O", donde el significado implícito es "uno o el otro, o ambos", se denomina **o inclusivo**.

Ejercitación 9B

Decida a cuál de las dos versiones de "o" (exclusivo/inclusivo) se refieren las siguientes proposiciones compuestas:

1 Tu madre es argentina o chilena.

2 ¿Quieres café o té con tu comida?

3 ¿Quieres leche o azúcar en tu café?

4 ¿Puedes hablar japonés o coreano?

5 Él tiene permitido comer o beber después de los ejercicios.

6 Me he lastimado la rodilla o el tobillo.

7 Bajo los términos del contrato, puede usar la tierra con fines residenciales o fines comerciales.

8 Puede usar una o dos almohadas cuando duerme.

9 Él es capitán en la armada o en la marina.

10 x es impar o x es par.

11 Sabiendo que $(x - 2)(x + 1) = 0$, sabemos que x es igual a 2 o x es igual a -1.

12 $x \leq 5$.

$\leq$ significa "menor o igual que".

→ Los **cinco** conectores tienen estos nombres y esta notación simbólica:

NO	**Negación**	$\neg$
Y	**Conjunción**	$\wedge$
O	**Disyunción inclusiva**	$\vee$
O	**Disyunción exclusiva**	$\veebar$
SI... ENTONCES...	**Implicación**	$\Rightarrow$

El apartado 7 de la ejercitación 9B dice:

"Bajo los términos del contrato, puede usar la tierra con fines residenciales o fines comerciales."

Este es un "o" inclusivo.

En un contrato legal, ambas partes necesitan saber exactamente qué significa el contrato. No hay lugar para ambigüedades. El "o" debe usarse en forma precisa, ya sea en el sentido inclusivo o exclusivo.

De manera similar, en la lógica matemática, necesitamos tener claro si en una proposición estamos usando el "o" inclusivo ($\vee$) o el "o" exclusivo ($\veebar$).

El sistema que se usa en matemática y en lógica es:

1. Si usamos la palabra **o** en una proposición, **siempre** se considerará que es **inclusivo**.
2. Para usar la versión exclusiva de "o", hay que agregar la frase "**pero no ambos (as)**".

Así que la proposición:

"Puede usar la tierra con fines residenciales o fines comerciales."

Significa que se puede usar la tierra para un desarrollo residencial, para un desarrollo comercial o para un desarrollo que combine **ambos** tipos

Para excluir la combinación de ambos desarrollos, la proposición tendría que ser:

"Puede usar la tierra con fines residenciales o fines comerciales, **pero no ambos**."

9.3 Tablas de verdad: negación

Los matemáticos prefieren los símbolos a las palabras. Necesitamos aprender los símbolos que se usan en lógica.

Se utilizan letras (generalmente p, q, r) para representar proposiciones simples y estas se combinan con los conectores para formar proposiciones compuestas.

Cada proposición simple tienen un valor de verdad asociado a ella (V o F, pero no ambos) y estos se tabulan en una **tabla de verdad**.

Cada conector influye en el valor de verdad total de la proposición compuesta y tiene asociada su propia tabla de verdad.

Sea p la proposición: "Puede usar la tierra con fines residenciales."

→ La **negación** de una proposición p se escribe $\neg p$ (se lee "no p"). La relación entre una proposición p y su negación, $\neg p$, se muestra en la siguiente **tabla de verdad**:

p	$\neg p$
V	F
F	V

Hay que tener cuidado al escribir la negación de una proposición. Un error común es decir que la negación de una proposición como: "Juan es el más alto de la clase" es "Juan es el más bajo de la clase". Esto no es (necesariamente) cierto. ¿Bajo qué condiciones la segunda proposición sería la negación de la primera?

Recordemos que una proposición debe tomar uno de los dos **valores de verdad**, o bien V (verdadero) o bien F (falso).

La tabla muestra que $\neg p$ es falsa cuando p es verdadera, y $\neg p$ es verdadera cuando p es falsa.

No es posible tener una proposición que sea verdadera y falsa al mismo tiempo; esto sería una contradicción lógica.

Para la proposición p dada arriba, $\neg p$ es: "**no** puede usar la tierra con fines residenciales" o "puede usar la tierra para cualquier fin excepto para un fin residencial".

La tabla de verdad anterior se puede usar como definición de negación. En lógica, la **negación** es una operación. En teoría de conjuntos, la operación que le corresponde es el **complementario**.

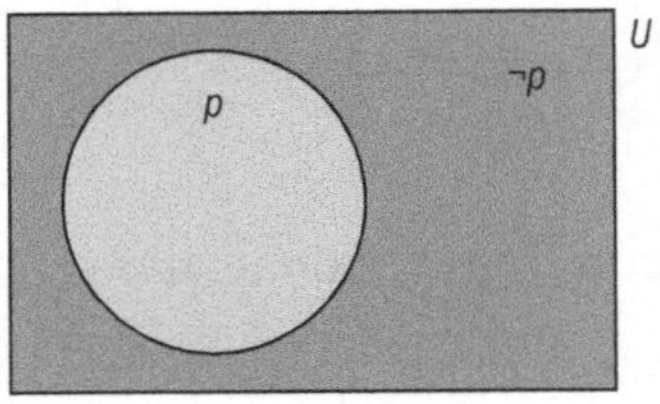

Ejercitación 9C

1 Escriba negaciones de estas proposiciones:

a El alumno está en el consejo escolar.
b Ella tiene un teléfono móvil.
c n es un número primo.
d ABCD es un paralelogramo.
e Surabaya es la capital de Indonesia.

2 Escriba las negaciones de estas proposiciones sin usar la palabra "no":

a Esta palabra comienza con una vocal.
b Hay un número de páginas par en este libro.
c Este precio incluye el impuesto de ventas.
d Esta figura es un cuadrilátero.
e Caminó a una velocidad constante.

3 **a** En estas proposiciones, ¿es q la negación de p? Si no lo fuera, explique por qué no es la negación.

i p: Ciro obtuvo la nota más alta en la evaluación.
q: Ciro obtuvo la nota más baja en la evaluación.

ii p: Esta evaluación es difícil.
q: Esta evaluación es fácil.

iii p: Sandra obtuvo más de 50% en la evaluación.
q: Sandra obtuvo menos de 50% en la evaluación.

iv p: Ricardo está dentro del aula.
q: Ricardo está fuera del aula.

v p: Nicolás obtuvo en la evaluación una nota por encima del promedio.
q: Nicolás obtuvo en la evaluación una nota por debajo del promedio.

b En todos los casos anteriores, q se obtuvo a partir de p, usando la palabra opuesta. ¿Este método siempre da la negación correcta?

c En **i**, reemplace "obtuvo" en p por "no obtuvo". ¿La proposición que resulta es la negación de p? ¿Este método siempre da la negación correcta?

4 Escriba negaciones de estas proposiciones:

a x es mayor que cinco.

b y es menor que siete.

c z es al menos 10.

d b es a lo sumo 19.

5 Las definiciones de "positivo" y "negativo" son:

x es positivo si $x > 0$.

x es negativo si $x < 0$.

a ¿Es cero positivo o negativo?

b Escriba la negación de la proposición "x es negativo", sabiendo que $x \in$ {números reales}.

6 Escriba $\neg p$ para cada proposición p. Si puede, evite usar la palabra "no".

a p: Carolina faltó al colegio el viernes.

b p: Esta silla está rota.

c p: El equipo de hockey perdió el partido.

d p: El equipo de fútbol ganó el torneo.

e p: El hotel no tiene agua corriente.

7 Escriba negaciones de estas proposiciones. Si puede, evite usar la palabra "no".

a p: Su firma es ilegible.

b q: José Manuel es mayor que yo.

c r: La clase tiene menos de ocho alumnos varones.

d s: Su apellido comienza con P.

e t: Él tiene al menos dos hermanas.

8 El enunciado de una negación puede depender del conjunto universal que se ha dado.
Si fuera posible, escriba las negaciones de estas proposiciones en los dominios dados, sin usar la palabra "no".

a X es una doctora, sabiendo que $U = \{\text{doctores}\}$.

b X es una doctora, sabiendo que $U = \{\text{mujeres}\}$.

c X es un hombre casado, sabiendo que $U = \{\text{gente casada}\}$.

d X es un hombre casado, sabiendo que $U = \{\text{hombres}\}$.

e R es una rotación positiva de más de 90°, sabiendo que $U = \{\text{rotaciones positivas}\}$.

f R es una rotación positiva de más de 90°, sabiendo que $U = \{\text{todas las rotaciones}\}$.

9.4 Tablas de verdad: conjunción (y)

→ La **conjunción** de dos proposiciones cualesquiera p y q se escribe $p \wedge q$. Esta **proposición compuesta** se define mediante esta tabla de verdad:

p	q	$p \wedge q$
V	V	**V**
V	F	**F**
F	V	**F**
F	F	**F**

Así que $p \wedge q$ es verdadera solo cuando p y q son **ambas** verdaderas. La **conjunción** se corresponde con la **intersección** en la teoría de conjuntos.

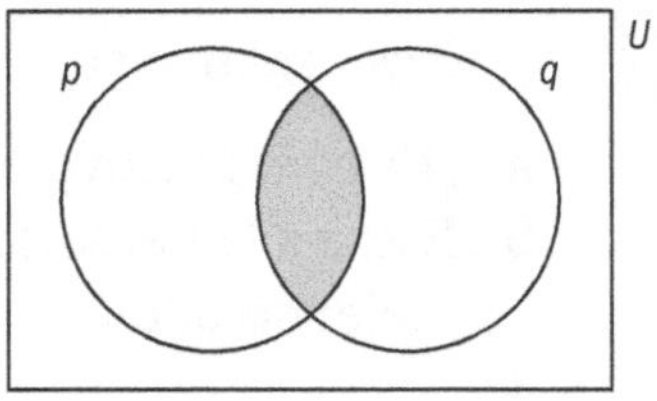

$p \wedge q$

Ejemplo 1

Si p representa: "Hoy la mínima será de 35° Celsius", y q representa: "Hoy es viernes". ¿Qué representa $p \wedge q$?

Respuesta

$p \wedge q$ representa: "Hoy la mínima será de 35° Celsius y es viernes".

La proposición compuesta es verdadera solo cuando ambas proposiciones son verdaderas; es decir, únicamente cuando es viernes **y** la temperatura mínima es de 35° Celsius. La proposición es falsa cualquier otro día de la semana y es falsa también un día en que la temperatura es de menos de 35°.

Ejemplo 2

Si p representa: "Diana sacó un 7 en Matemáticas NS" y q representa: "Julia sacó un 5 en Matemáticas NS". ¿Qué representa $p \wedge q$?

Respuesta

$p \wedge q$ representa: "Diana sacó un 7 en Matemáticas NS y Julia sacó un 5 en Matemáticas NS".

Hay otras proposiciones compuestas relacionadas con $p \wedge q$ que pueden representarse en función de p y q. Por ejemplo:

$\neg p \wedge q$ representa: "Diana no sacó un 7 en Matemáticas NS y Julia sacó un 5 en Matemáticas NS".

$p \wedge \neg q$ representa: "Diana sacó un 7 en Matemáticas NS y Julia no sacó un 5 en Matemáticas NS".

¿Qué representa $\neg p \wedge \neg q$?
¿Qué representa $\neg(p \wedge q)$?
¿Significan lo mismo? Utilice un diagrama de Venn para investigar.

Ejercitación 9D

Para los apartados del 1 al 9, exprese con palabras cada una de estas proposiciones compuestas:

a $p \wedge q$ **b** $\neg p \wedge q$ **c** $p \wedge \neg q$ **d** $\neg p \wedge \neg q$ **e** $\neg(p \wedge q)$

Frecuentemente usamos la palabra "pero" en lugar de "y" en una proposición que combina conjunción con negación. Es mejor usar "y".

1 p: Susan habla francés. q: Susan habla español.

2 p: Jorge habla portugués. q: Mei Ling habla malayo.

3 p: Todos los perros ladran. q: Todas las flores son amarillas.

4 p: China está en África. q: Ruanda está en Asia.

5 p: Chicago es la ciudad más grande de Canadá. q: Jakarta es la ciudad más grande de Indonesia.

6 p: $x \leq 5$. q: $x \geq 5$.
¿Es posible que p y q sean **ambas** verdaderas?

7 p: ABCD es un paralelogramo. q: ABCD es un rectángulo.
¿Cuál(es) de las proposiciones desde **a** hasta **e** no puede(n) ser verdadera(s) en este caso?

8 p: El triángulo ABC es rectángulo, con el ángulo recto en C.
q: $AB^2 = AC^2 + BC^2 + 1$.
¿Cuál(es) de las proposiciones desde **a** hasta **e** no puede(n) ser verdadera(s) en este caso?
¿Cuál(es) de las proposiciones desde **a** hasta **e** debe(n) ser verdadera(s) en este caso?

Las proposiciones compuestas pueden combinar proposiciones que están relacionadas (como en el apartado **1**) o proposiciones que no están relacionadas (como en el apartado **3**).

9 p: n es un número impar. q: n es un número par.
¿Cuál(es) de las proposiciones desde **a** hasta **e** no puede(n) ser verdadera(s) en este caso?
¿Cuál(es) de las proposiciones desde **a** hasta **e** debe(n) ser verdadera(s) en este caso?

10 Complete la tabla de verdad de $p \wedge \neg p$.

p	$\neg p$	$p \wedge \neg p$

a Primero, escriba las alternativas V/F en la columna de p.

b Luego, use la definición de negación para completar la columna de $\neg p$.

c Finalmente, use la definición de conjunción para completar la columna de $p \wedge \neg p$.

Si ha hecho esto correctamente, podrá deducir, a partir de la tabla de verdad, que $p \wedge \neg p$ es una **contradicción lógica**.

¿Qué sucede en la última columna, que le permite hacer esta deducción?

11 Considere las proposiciones:

p: Manuel salió primero en Matemáticas.

q: Manuel salió primero en Inglés.

Escriba, en función de p y q, la proposición:

r: Manuel salió primero en Matemáticas pero no en Inglés.

Elabore una tabla de verdad que muestre cómo el valor de verdad de r depende de los valores de verdad de p y q.

12 Considere las proposiciones:

p: n es divisible por 2. q: n es divisible por 5.

Escriba, en función de p y q, la proposición:

r: n es divisible por 10.

Elabore una tabla de verdad para r. En cada fila de la tabla, escriba un valor de n que resulte en esa combinación de valores de verdad.

9.5 Tablas de verdad: resolución de una ambigüedad, el conector "o"

Hay dos versiones del conector "o": **inclusivo** y **exclusivo**.

Disyunción

→ La **disyunción** de dos proposiciones cualesquiera p y q se escribe $p \vee q$. Este es el **o inclusivo** y se define mediante esta tabla de verdad:

p	q	p ∨ q
V	V	**V**
V	F	**V**
F	V	**V**
F	F	**F**

$p \vee q$ es verdadera si o p o q, o posiblemente ambas, son verdaderas.

La **disyunción** se corresponde con la **unión** en la teoría de conjuntos, donde si x es un elemento de $p \cup q$, entonces x puede ubicarse en el conjunto p o en el conjunto q, o en la intersección de p y q.

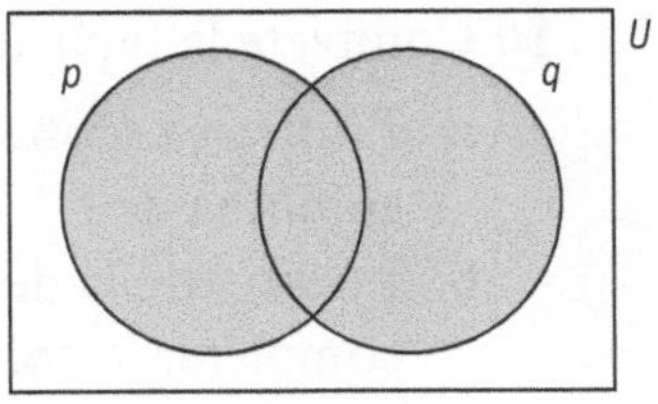

$p \vee q$

Ejemplo 3

Si p representa: "Hoy la mínima será de 35° Celsius", y q representa: "Hoy es viernes"
¿Qué representa $p \vee q$?

Respuesta
$p \vee q$ representa: "Hoy la mínima será de 35° Celsius o es viernes, o ambos".

Observemos que, para que la proposición compuesta sea verdadera, solo es necesario que una de las proposiciones simples sea verdadera. Es decir, si es viernes, entonces podemos decir **cualquier** cosa acerca de la temperatura. Si no es viernes, entonces para que la proposición compuesta sea verdadera, la proposición simple acerca de la temperatura debe ser verdadera.

Ejemplo 4

Si p representa: "Diana sacó un 7 en Matemáticas NS", y q representa: "Julia sacó un 5 en Matemáticas NS"
¿Qué representa $p \vee q$?

Respuesta
$p \vee q$ representa: "Diana sacó un 7 en Matemáticas NS o Julia sacó un 5 en Matemáticas NS, o ambos".

Disyunción exclusiva

→ La **disyunción exclusiva** se escribe $p \veebar q$ y se define mediante esta tabla de verdad:

p	q	$p \veebar q$
V	V	**F**
V	F	**V**
F	V	**V**
F	F	**F**

Así que excluimos la posibilidad de que las dos proposiciones simples sean simultáneamente verdaderas.

El equivalente en teoría de conjuntos del "o" exclusivo es la **diferencia simétrica** y se muestra en un diagrama de Venn como:

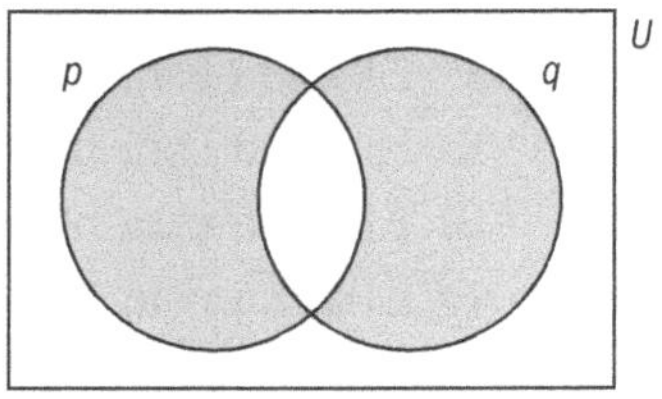

$p \veebar q$

Ejemplo 5

El castigo para los culpables de asesinato es pena de muerte o cadena perpetua.
Explique por qué este es un ejemplo de "o" exclusivo.

Respuesta
Los castigos son alternativos. No hay posibilidad de imponer ambas sentencias y, por lo tanto, está claro que estamos usando el "o" exclusivo.

Si hubiera alguna duda acerca de cuál de los dos "o" se está queriendo significar, exclusivo o inclusivo, siempre asumimos que se está usando el **"o" inclusivo**. Para dejar claro que se requiere el **"o" exclusivo**, se debe agregar al final la frase "**pero no ambos (as)**".

Ejemplo 6

¿Cuál es la diferencia entre estas dos proposiciones?

a La sanción para los culpables de exceso de velocidad es una multa de \$500 o 3 meses de prisión, pero no ambas.

b La sanción para los culpables de exceso de velocidad es una multa de \$500 o 3 meses de prisión.

Respuestas
En **a**, la persona culpable o tendrá que pagar la multa o tendrá que ir a prisión, pero no ambos.
En **b**, es posible que la persona culpable de exceso de velocidad reciba ambas sanciones, una multa y un período de prisión.

Ejercitación 9E

1 Sean p y q las proposiciones: p: $x < 36$ q: $x = 36$

a Exprese con palabras: **i** $p \vee q$ **ii** $p \veebar q$

b La proposición $x \leq 36$ es **equivalente** a una del apartado **a**, **i** o **ii**. ¿A cuál?

2 Se definen tres proposiciones, p, q y r, como:

p: El agua está fría.
q: El agua está hirviendo.
r: El agua está tibia.

a Exprese en función de p, q y r (según corresponda):

i El agua está fría o el agua está tibia.
ii El agua está fría o el agua está tibia, pero no ambos.
iii El agua está hirviendo o el agua está tibia.
iv El agua está hirviendo o el agua está tibia, pero (**y**) el agua no está fría.

b En el caso **iv**, ¿es apropiado usar como conector al "o" inclusivo?

3 Sean p, q y r proposiciones acerca del conjunto de números enteros positivos menores o iguales que 36.

p: x es un múltiplo de 6.
q: x es un divisor de 36.
r: x es un número cuadrado.

a Exprese en función de p, q y r (según corresponda):
  i x es un múltiplo de 6 o x es un divisor de 36.
  ii x es un múltiplo de 6 o x es un divisor de 36, pero no ambos.
  iii x es un múltiplo de 6 o x es un número cuadrado.
  iv x es un divisor de 36 o x es un número cuadrado, pero no ambos.
  v x es un múltiplo de 6 o x es un divisor de 36 o x es un número cuadrado.
  vi x es un múltiplo de 6 o x es un divisor de 36, pero **(y)** x no es un número cuadrado.

b Enumere los enteros, x, que satisfacen las proposiciones del apartado **a** (es decir, que hacen que las proposiciones acerca de x sean verdaderas).

4 Se definen las proposiciones p, q y r como:

p: Matías llega a su casa antes de las 6 en punto.
q: Ana prepara la cena.
r: Matías lava los platos.

Exprese en función de p, q y r (según corresponda):

a Matías llega a casa antes de las 6 en punto o Ana prepara la cena.
b Matías lava los platos o Ana prepara la cena, pero no ambos.
c Matías llega a casa antes de las 6 en punto o Matías lava los platos.
d Matías lava los platos y Ana prepara la cena.

5 Las proposiciones p y q se definen de la siguiente forma:

p: Usted ha comprendido este tema.
q: Usted podrá contestar este ejercicio.

Exprese en función de p y q:

a Usted ha comprendido este tema o usted no podrá contestar este ejercicio.
b Usted no ha comprendido este tema y usted no podrá contestar este ejercicio.

6 Las proposiciones p y q se definen de la siguiente forma, donde x es un elemento del conjunto de los enteros:

p: x termina en 0.
q: x no es divisible por 5.

Exprese con palabras:

a $p \vee q$
b $p \veebar q$
c $p \wedge q$
d $p \wedge \neg q$
e $\neg p \wedge q$

Escriba un valor de x que satisface cada una de las proposiciones desde **a** hasta **e**. A partir de lo anterior, determine cuál de las proposiciones es necesariamente falsa.

7 Considere estas proposiciones lógicas:

p: Estoy estudiando francés.
q: Estoy estudiando chino.

a Exprese en función de p y q:
i Estoy estudiando francés y estoy estudiando chino.
ii Estoy estudiando francés o estoy estudiando chino, pero no ambos.
iii Estoy estudiando francés o estoy estudiando chino.
iv No estoy estudiando francés o no estoy estudiando chino.
v No estoy estudiando francés o chino.
vi No estoy estudiando francés y chino.
vii No estoy estudiando francés y no estoy estudiando chino.

b ¿De cuál de las proposiciones de **a** puede deducirse lo siguiente?:
i Es **necesariamente verdadero** que estoy estudiando ambas lenguas.
ii **Puede ser verdadero** que esté estudiando ambas lenguas.
iii Es **necesariamente verdadero** que no estoy estudiando ninguna de las dos lenguas.
iv **Puede ser verdadero** que no esté estudiando ninguna de las dos lenguas.

Originalmente se estudió lógica en las civilizaciones antiguas de China, Grecia e India. Al principio, Aristóteles definió que las tres materias esenciales para el estudio eran lógica, gramática y retórica, y estas tres materias, conocidas como *trívium*, formaron los fundamentos de la educación universitaria en Europa hasta el final del período medieval. Hoy en día, se estudia lógica principalmente en los contextos de filosofía, informática, matemáticas y semántica.

9.6 Equivalencia lógica, tautología y contradicciones

En lógica, tenemos que tener cuidado y deducir de las proposiciones únicamente lo que es **necesariamente** verdadero. La mejor forma de hacerlo es elaborar una tabla de verdad.

Ejemplo 7

Elabore la tabla de verdad de la proposición:

$\neg p \wedge \neg q$: No estoy estudiando francés y no estoy estudiando chino.

Donde p representa: "Estoy estudiando francés", y q: "Estoy estudiando chino"

Respuesta

p	**q**	**¬p**	**¬q**
V	V	**F**	**F**
V	F	**F**	**V**
F	V	**V**	**F**
F	F	**V**	**V**

Usar la tabla de verdad de la negación

p	**¬p**
V	F
F	V

Agregar una columna para $\neg p \wedge \neg q$. Usar la tabla de verdad de la conjunción.

p	**q**	**¬p**	**¬q**	**¬p ∧ ¬q**
V	V	F	F	**F**
V	F	F	V	**F**
F	V	V	F	**F**
F	F	V	V	**V**

p	**q**	**p ∧ q**
V	V	V
V	F	F
F	V	F
F	F	F

Ejemplo 8

Elabore la tabla de verdad de la proposición:

$\neg(p \vee q)$: No estoy estudiando francés o chino.

Donde p representa: "Estoy estudiando francés", y q: "Estoy estudiando chino"

Respuesta

Los paréntesis en la proposición significan que primero hay que hallar p ∨ q, luego su negación.

Usar la tabla de verdad de la disyunción

p	**q**	**(p ∨ q)**
V	V	**V**
V	F	**V**
F	V	**V**
F	F	**F**

p	**q**	**(p ∨ q)**
V	V	V
V	F	V
F	V	V
F	F	F

Usar la tabla de verdad de la negación

p	**q**	**(p ∨ q)**	**¬(p ∨ q)**
V	V	V	**F**
V	F	V	**F**
F	V	V	**F**
F	F	F	**V**

p	**¬q**
V	F
F	V

Los valores de las últimas columnas de las dos tablas de verdad de los ejemplos 7 y 8 son exactamente los mismos. Estos valores idénticos nos indican que, **cualquiera sea el valor de verdad de** p y q, las proposiciones compuestas $\neg p \wedge \neg q$ y $\neg(p \vee q)$ tienen los mismos valores de verdad. No hay diferencia *lógica* entre ellas.

La equivalencia depende solo de la **estructura** de las dos proposiciones compuestas.
No depende del significado de las proposiciones originales p y q.

→ Se dice que las proposiciones $\neg p \wedge \neg q$ y $\neg(p \vee q)$ son **(lógicamente) equivalentes**. La equivalencia se muestra con el símbolo $\Leftrightarrow$, así que escribimos $\neg p \wedge \neg q \Leftrightarrow \neg(p \vee q)$.

Ejemplo 9

Elabore la tabla de verdad para la proposición:

$\neg p \vee \neg q$: No estoy estudiando francés o no estoy estudiando chino.

Donde p representa: "Estoy estudiando francés", y q: "Estoy estudiando chino"

Respuesta

p	q	$\neg p$	$\neg q$	$\neg p \vee \neg q$
V	V	F	F	**F**
V	F	F	V	**V**
F	V	V	F	**V**
F	F	V	V	**V**

Primero usar la tabla de verdad de la negación, luego la tabla de verdad de la disyunción

Observe que la columna final en este ejemplo **no** es la misma que la de $\neg(p \vee q)$ del ejemplo 8. Por lo tanto:

→ $\neg p \vee \neg q$ **no** es equivalente a $\neg(p \vee q)$.

Tautologías y contradicciones

→
- Una **tautología** es una proposición compuesta que es **verdadera para todos** los valores de verdad que se asignen a las proposiciones simples que la componen.
- Una **contradicción** (lógica) es una proposición compuesta que es **falsa para todos** los valores de verdad que se asignen a sus proposiciones simples.

$[\neg(p \wedge q)] \vee q$ es una tautología, porque todos los valores de la columna asociada con esta proposición son "verdadero".

Aquí se muestra la tabla de verdad para las proposiciones:

a $[\neg(p \wedge q)] \vee q$ y **b** $[\neg(p \vee q)] \wedge p$

p	q	$p \wedge q$	$\neg(p \wedge q)$	$(p \vee q)$	$\neg(p \vee q)$	$[\neg(p \wedge q)] \vee q$	$[\neg(p \vee q)] \wedge p$
V	V	V	F	V	F	**V**	**F**
V	F	F	V	V	F	**V**	**F**
F	V	F	V	V	F	**V**	**F**
F	F	F	V	F	V	**V**	**F**

$[\neg(p \vee q)] \wedge p$ es una contradicción lógica (o contradicción), porque todos los valores de la columna asociada con esta proposición son "falso".

Si en una columna hay una combinación de verdaderos y falsos, entonces la proposición asociada con esa columna no es ni una tautología ni una contradicción.

Así que, por ejemplo, $p \wedge q$ no es ni una tautología ni una contradicción, y $p \vee q$ no es ni una tautología ni una contradicción.

Si se analiza una proposición compuesta y se encuentra que es una tautología, entonces la lógica detrás de la proposición es válida. En un contrato legal, todas las proposiciones que forman el contrato deben ser tautologías. Si el contrato está redactado con algunas proposiciones que no son tautologías, entonces en el contrato habrá fisuras que podrían ser aprovechadas o cuestionadas.

Ejercitación 9F

1 **a** Escriba las tablas de verdad de las proposiciones de la pregunta 7 del ejercicio 9E de la página 394.

b Determine cuál de las proposiciones es equivalente a: "No estoy estudiando francés o no estoy estudiando chino".

2 Utilice tablas de verdad para demostrar estas equivalencias lógicas:

a $\neg(\neg p) \Leftrightarrow p$

b $p \wedge p \Leftrightarrow p$

c $p \vee (p \wedge q) \Leftrightarrow p$

d $p \vee (\neg p \wedge q) \Leftrightarrow p \vee q$

3 Elabore una tabla de verdad para la proposición:

$(p \wedge \neg q) \vee (\neg p \wedge q)$

Esta expresión define una operación lógica entre p y q que es similar a la conjunción y a la disyunción. ¿Qué operación es esta?

4 Determine cuáles de estas son tautologías, cuáles de estas son contradicciones y cuáles ninguna de las anteriores:

a $p \vee \neg p$

b $p \wedge \neg p$

c $p \wedge (p \wedge p)$

d $(p \vee q) \vee (\neg p \wedge \neg q)$

e $(p \vee \neg q) \vee (\neg p \wedge q)$

f $(p \vee \neg q) \wedge (\neg p \wedge \neg q)$

g $(\neg p \vee q) \wedge (p \wedge q)$

h $(p \wedge q) \wedge (\neg p \wedge \neg q)$

9.7 Proposiciones compuestas formadas por tres proposiciones simples

Las proposiciones compuestas formadas por tres proposiciones simples necesitan ocho filas en la tabla de verdad.

La tabla de verdad para cualquier proposición compuesta formada por p, q y r comienza así:

p	*q*	*r*	
V	V	V	
V	V	F	
V	F	V	
V	F	F	
F	V	V	
F	V	F	
F	F	V	
F	F	F	

Las otras columnas se agregan de acuerdo a las reglas dadas. La única complicación es que hay más valores.

¿Cuántas filas se necesitan en la tabla de verdad de una proposición compuesta formada por cuatro proposiciones simples? ¿Cuántas se necesitan para cinco?

En este curso, no es necesario trabajar con proposiciones compuestas formadas por más de tres proposiciones simples.

Valen las mismas definiciones:

- La equivalencia se determina mirando la última columna de cada una de las proposiciones.
- Una tautología se determina únicamente si **todos** los valores de la última columna son V.
- Una contradicción se determina únicamente si **todos** los valores de la última columna son F.

Ejercitación 9G

Elabore tablas de verdad para estas proposiciones compuestas. Determine si cada proposición es:

a Una tautología **b** Una contradicción **c** Ninguna

1 $p \vee (q \wedge r)$

p	q	r	$(q \wedge r)$	$p \vee (q \wedge r)$

2 $(p \vee \neg q) \vee r$

p	q	r	$\neg q$	$(p \vee \neg q)$	$(p \vee \neg q) \vee r$

3 $(p \wedge q) \vee (p \wedge \neg r)$

p	q	r	$\neg r$	$p \wedge q$	$p \wedge \neg r$	$(p \wedge q) \vee (p \wedge \neg r)$

4 $(p \vee q) \vee (r \wedge \neg q)$

5 $(p \wedge r) \wedge (q \wedge \neg r)$

6 $(\neg p \vee q) \vee (p \wedge r)$

7 $(\neg p \vee q) \wedge (p \vee r)$

8 $(p \vee q) \wedge (p \vee r)$ ¿A cuál de las proposiciones dadas desde el 1 hasta el 7 es equivalente esta proposición?

Uso de paréntesis en las proposiciones

Las proposiciones $\neg p \wedge q$ y $\neg(p \wedge q)$ no son equivalentes. Sus significados no son los mismos.

Debemos tener cuidado al escribir proposiciones usando notación lógica y asegurarnos de usar paréntesis cuando sean necesarios.

En general, debemos usar paréntesis cada vez que combinamos dos proposiciones simples con un conector.

Algunas veces, sin embargo, los paréntesis no son necesarios.

Escriba las tablas de verdad para $\neg p \wedge q$ y $\neg(p \wedge q)$.

En general, es mejor usar los paréntesis antes de arriesgarse a cometer un error por omitirlos.

Ejemplo 10

¿Se necesitan los paréntesis en las proposiciones $(p \vee q) \vee r$ y $p \vee (q \vee r)$?

Respuesta

En $(p \vee q) \vee r$

p	**q**	**r**	**(p ∨ q)**
V	V	V	V
V	V	F	V
V	F	V	V
V	F	F	V
F	V	V	V
F	V	F	V
F	F	V	F
F	F	F	F

Elaborar la tabla de verdad de $(p \vee q)$

p	**q**	**r**	**(p ∨ q)**	**(p ∨ q) ∨ r**
V	V	V	V	**V**
V	V	F	V	**V**
V	F	V	V	**V**
V	F	F	V	**V**
F	V	V	V	**V**
F	V	F	V	**V**
F	F	V	F	**V**
F	F	F	F	**F**

Agregar la columna $(p \vee q) \vee r$

▶ Continúa en la página siguiente.

En $p \vee (q \vee r)$

p	q	r	$(q \vee r)$
V	V	V	V
V	V	F	V
V	F	V	V
V	F	F	F
F	V	V	V
F	V	F	V
F	F	V	V
F	F	F	F

Elaborar la tabla de verdad de $(q \vee r)$

p	q	r	$(q \vee r)$	$p \vee (q \vee r)$
V	V	V	V	**V**
V	V	F	V	**V**
V	F	V	V	**V**
V	F	F	F	**V**
F	V	V	V	**V**
F	V	F	V	**V**
F	F	V	V	**V**
F	F	F	F	**F**

Agregar la columna $p \vee (q \vee r)$

$(p \vee q) \vee r$ y $p \vee (q \vee r)$ son equivalentes, así que no se necesitan los paréntesis.

Comparar las últimas columnas de las dos tablas de verdad

→ $(p \vee q) \vee r \Leftrightarrow p \vee (q \vee r)$

Podemos omitir los paréntesis y escribir: $p \vee q \vee r$.

Ejercitación 9H

1 Use tablas de verdad para determinar si $(p \wedge q) \wedge r \Leftrightarrow p \wedge (q \wedge r)$ y, por consiguiente, si son necesarios los paréntesis.

2 Utilice diagramas de Venn y los conjuntos P, Q, R para mostrar que $(P \cap Q) \cap R$ y $P \cap (Q \cap R)$ son equivalentes.

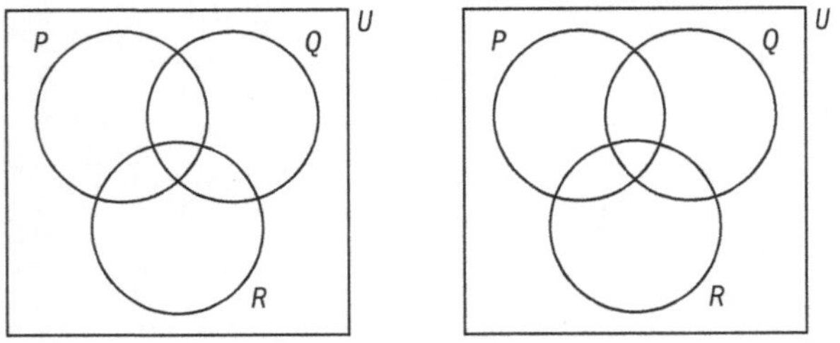

3 Utilice diagramas de Venn y los conjuntos P, Q, R para mostrar que $(P \cup Q) \cup R$ y $P \cup (Q \cup R)$ son equivalentes.

4 Use tablas de verdad para determinar si $p \wedge (q \vee r) \Leftrightarrow (p \wedge q) \vee r$ y, por consiguiente, si hay necesidad de utilizar los paréntesis.

5 Utilice diagramas de Venn y los conjuntos P, Q, R para determinar si $P \cap (Q \cup R)$ y $(P \cap Q) \cup R$ son equivalentes.

6 Use tablas de verdad para determinar si $p \vee (q \wedge r) \Leftrightarrow (p \vee q) \wedge r$ y, por consiguiente, si hay necesidad de utilizar los paréntesis.

7 Utilice diagramas de Venn y los conjuntos P, Q, R para determinar si $P \cup (Q \cap R)$ y $(P \cup Q) \cap R$ son equivalentes.

8 ¿Son equivalentes $(\neg p \wedge q) \vee (\neg q \wedge r) \vee (\neg r \wedge p)$ y $(\neg p \vee q) \wedge (\neg q \vee r) \wedge (\neg r \vee p)$?

9.8 Argumentos

→ Una proposición compuesta que incluye una **implicación** se denomina **argumento**.

El análisis de un argumento es quizás la aplicación más importante de la lógica. Una implicación involucra situaciones de "causa y efecto" y puede ser resumida con la frase: "si... entonces... ". Este es probablemente el más importante de todos los conectores.

Consideremos la proposición: "Si usted hace eso de nuevo, le informaré a sus padres". Esta proposición compuesta usa:

El conector Si... entonces...
Y las proposiciones simples p: Usted hace eso de nuevo.
q: Le informaré a sus padres.

Esto se escribe $p \Rightarrow q$, donde p es el **antecedente** y q es el **consecuente** (la causa y el efecto).

→ La tabla de verdad de una implicación es:

p	q	$p \Rightarrow q$
V	V	**V**
V	F	**F**
F	V	**V**
F	F	**V**

La tabla de verdad para la implicación es un poco extraña, ya que las dos últimas filas tienen valores de verdad que no son obvios.

La tabla de verdad tiene esta forma porque la única manera de **saber** que la implicación es **definitivamente** falsa (necesariamente falsa) es si:

- Usted hace "eso" de nuevo (no importa qué sea "eso") y
- Como consecuencia, **no** le informo a sus padres

La tabla de verdad de la implicación tiende a confundir. La mejor forma de recordar la implicación es recordar que la única forma de que $p \Rightarrow q$ sea FALSA es que p sea VERDADERA y q sea FALSA. En los otros casos, es verdadera.

¿Cómo es posible que a partir de una premisa falsa se pueda establecer una implicación verdadera?

Por consiguiente, en la segunda fila de la tabla de verdad, la implicación es falsa; en la primera fila, la implicación es obviamente verdadera; y, en los otros casos, dado que el antecedente es falso (usted no hizo eso de nuevo), no se puede probar que el consecuente (y por lo tanto toda la proposición) tenga valor de verdad falso.

Por lo tanto, consideramos toda la proposición como verdadera.

Las tablas de verdad se usan para analizar un argumento y determinar si tiene sentido (es válido) o no tiene sentido (es una contradicción), o si podría ser aplicado en algunas circunstancias, pero no en otras. Analizar un argumento de esta forma se denomina **comprobar su validez**.

Cuando la gente hace afirmaciones como por ejemplo: "Si usted hace eso de nuevo, le informaré a sus padres", consideran únicamente las consecuencias del caso en que "usted hace eso de nuevo". Sin embargo, en la tabla de verdad, se deben considerar todas las posibilidades.

→ Si la proposición compuesta que representa un argumento es una **tautología**, entonces el argumento es **válido**.

Si la proposición compuesta que representa un argumento no es una tautología, entonces el argumento es **inválido**. Así que no solo las **contradicciones** son argumentos **inválidos**, sino que también lo son todas las proposiciones que contienen un valor de verdad **falso** en cualquier posición.

Ejemplo 11

Analice el argumento: $p \Rightarrow p$.

Respuesta

p	p	$p \Rightarrow p$
V	V	
F	F	

La tabla de verdad tiene dos filas.

p	p	$p \Rightarrow p$
V	V	**V**
F	F	**V**

Usar la tabla de verdad de la implicación

Por lo tanto, $p \Rightarrow p$ es una tautología.

¿Resulta obvio que se trata de una tautología?

Ejemplo 12

Analice el argumento: $p \Rightarrow \neg p$.

Respuesta

p	$\neg p$	$p \Rightarrow \neg p$
V	F	
F	V	

La tabla de verdad tiene dos filas.

¿Resulta obvio si se trata de una tautología, de una contradicción o de ninguna de las dos?

▶ Continúa en la página siguiente.

p	$\neg p$	$p \Rightarrow \neg p$
V	F	**F**
F	V	**V**

Por lo tanto, $p \Rightarrow \neg p$ no es una contradicción ni una tautología, pero es un argumento inválido.

Usar la tabla de verdad de la implicación

¿Resulta sorprendente este resultado?

Ejemplo 13

Analice el argumento: $(p \Rightarrow \neg p) \wedge (\neg p \Rightarrow p)$.

Respuesta

p	$\neg p$	$p \Rightarrow \neg p$	$\neg p \Rightarrow p$	$(p \Rightarrow \neg p) \wedge (\neg p \Rightarrow p)$
V	F	**F**		
F	V	**V**		

$\neg p$	p	$\neg p \Rightarrow p$
F	V	**V**
V	F	**F**

Intercambiar las columnas y usar la tabla de verdad de la implicación

Por lo tanto:

p	$\neg p$	$p \Rightarrow \neg p$	$\neg p \Rightarrow p$	$(p \Rightarrow \neg p) \wedge (\neg p \Rightarrow p)$
V	F	F	**V**	
F	V	V	**F**	

Hay que tener sumo cuidado al completar la siguiente columna, porque el orden de las columnas iniciales está invertido.

p	$\neg p$	$p \Rightarrow \neg p$	$\neg p \Rightarrow p$	$(p \Rightarrow \neg p) \wedge (\neg p \Rightarrow p)$
V	F	F	V	**F**
F	V	V	F	**F**

Usar la tabla de verdad de la conjunción

Por lo tanto, $(p \Rightarrow \neg p) \wedge (\neg p \Rightarrow p)$ es tanto una contradicción como un argumento inválido.

Ejercitación 9I

1 Utilice tablas de verdad para analizar los argumentos $p \Rightarrow p \wedge q$ y $p \Rightarrow p \vee q$.

2 Utilice tablas de verdad para analizar los argumentos $p \wedge q \Rightarrow p$ y $p \vee q \Rightarrow p$.

3 Utilice una tabla de verdad para analizar el argumento $(p \vee q \Rightarrow p) \wedge (p \Rightarrow p \wedge q)$.

4 Utilice una tabla de verdad para analizar el argumento $(p \wedge q \Rightarrow p) \wedge (p \Rightarrow p \wedge q)$.

5 Utilice una tabla de verdad para analizar el argumento $(p \wedge q \Rightarrow p) \vee (p \Rightarrow p \wedge q)$.

6 Utilice una tabla de verdad para analizar el argumento $\neg(p \wedge q) \Rightarrow \neg p \vee \neg q$.

7 Utilice una tabla de verdad para analizar el argumento $\neg(p \vee q) \Rightarrow \neg p \vee \neg q$.

8 Utilice una tabla de verdad para analizar el argumento $\neg p \vee \neg q \Rightarrow \neg(p \wedge q)$.

9 Utilice una tabla de verdad para analizar el argumento $\neg(p \vee q) \Rightarrow \neg p \wedge \neg q$.

Ejemplo 14

Analice el argumento:
"Si los comunistas ganan la votación, abandono el país. No estoy abandonando el país. Por lo tanto, los comunistas no ganaron la votación."

Los tiempos verbales (futuro, presente, pasado), en general, no se toman en cuenta al analizar las proposiciones.

Respuesta

p: Los comunistas ganan la votación.
q: Abandono el país.

Asignar variables a las distintas proposiciones simples

Si los comunistas ganan la votación, abandono el país: $p \Rightarrow q$
No estoy abandonando el país: $\neg q$
Los comunistas no ganaron la votación: $\neg p$

Analizar las oraciones por separado

Así que el argumento se escribe simbólicamente:
$[(p \Rightarrow q) \wedge (\neg q)] \Rightarrow (\neg p)$

Conectar las dos proposiciones que conforman el ***antecedente*** *con "y" (conjunción). Usar "si... entonces..." (implicación) para conectar el antecedente con el* ***consecuente****.*

Elaborar la tabla de verdad

p	q	$(p \Rightarrow q)$	$\neg q$	$(p \Rightarrow q) \wedge (\neg q)$	$\neg p$	$[(p \Rightarrow q) \wedge (\neg q)] \Rightarrow (\neg p)$
V	V	V	F	F	F	**V**
V	F	F	V	F	F	**V**
F	V	V	F	F	V	**V**
F	F	V	V	V	V	**V**

Si miramos la columna final, $[(p \Rightarrow q) \wedge (\neg q)] \Rightarrow (\neg p)$ es una **tautología**, así que el argumento es **válido**.

Observe que, cuando analizamos el argumento, estamos considerando solo su forma. No estamos considerando el significado de cada proposición. Cuando el argumento es una tautología, concluimos que la **estructura** del argumento es perfecta.

Ejemplo 15

Analice el argumento:
"Si la lección de TdC es demasiado larga, Antonia tiene dolor de cabeza. Antonia tiene dolor de cabeza. Por lo tanto, la lección de TdC es demasiado larga."

▶ Continúa en la página siguiente.

Respuesta

p: La lección de TdC es demasiado larga.
q: Antonia tiene dolor de cabeza.

Asignar variables a las distintas proposiciones simples

Si la lección de TdC es demasiado larga, Antonia tiene dolor de cabeza: $p \Rightarrow q$
Antonia tiene dolor de cabeza: q

Analizar las oraciones por separado

Por lo tanto, la lección de TdC es demasiado larga: $\Rightarrow p$

$[(p \Rightarrow q) \wedge q] \Rightarrow p$

*Conectar las dos proposiciones que conforman el **antecedente** con "y" (conjunción). Usar "si... entonces..." (implicación) para conectar el antecedente con el **consecuente**.*

Elaborar la tabla de verdad

p	q	$(p \Rightarrow q)$	$(p \Rightarrow q) \wedge q$	$[(p \Rightarrow q) \wedge q] \Rightarrow p$
V	**V**	V	V	**V**
V	**F**	F	F	**V**
F	**V**	V	V	**F**
F	**F**	V	F	**V**

Esta no es una tautología, así que el argumento no es válido (la lección de TdC no fue causa, **con certeza**, del dolor de cabeza de Antonia). No es una contradicción, así que la lección de TdC **puede o no** haber sido la causa del dolor de cabeza de Antonia.

La columna final es VVFV.

→ Hay cuatro tipos importantes de argumentos:

- Una **contradicción** es siempre falsa. (En la última columna de la tabla de verdad, todos los valores son F.)
- Una **tautología** es siempre verdadera. (En la última columna de la tabla de verdad, todos los valores son V.)
- Un argumento **válido** es siempre verdadero. (En la última columna de la tabla de verdad, todos los valores son V.)
- Un argumento **inválido** no siempre es verdadero. (En la última columna de la tabla de verdad, hay al menos una F.)

Estas definiciones significan que un argumento inválido puede (o no) ser una contradicción. Una contradicción, sin embargo, siempre es un argumento inválido.

Ejemplo 16

Analice este argumento. ¿Es válido?
"Si beso a ese sapo, se convertirá en un apuesto príncipe. Si ese sapo se convierte en un apuesto príncipe, me casaré con él. Por lo tanto, si beso a ese sapo, me casaré con él."

▶ Continúa en la página siguiente.

Respuesta

p: Beso a ese sapo.

q: El sapo se convierte en un apuesto príncipe.

r: Me caso con esto/él (el sapo/el apuesto príncipe).

Asignar variables a las proposiciones simples

El argumento es: $[(p \Rightarrow q) \wedge (q \Rightarrow r)] \Rightarrow (p \Rightarrow r)$.

Las tres proposiciones formarán una tabla de verdad de ocho filas. Escribir el argumento en forma simbólica

La tabla de verdad es:

Elaborar la tabla de verdad

p	q	r	$p \Rightarrow q$	$q \Rightarrow r$	$(p \Rightarrow q) \wedge (q \Rightarrow r)$	$p \Rightarrow r$	$[(p \Rightarrow q) \wedge (q \Rightarrow r)] \Rightarrow (p \Rightarrow r)$
V	V	V	V	V	V	V	**V**
V	V	F	V	F	F	F	**V**
V	F	V	F	V	F	V	**V**
V	F	F	F	V	F	F	**V**
F	V	V	V	V	V	V	**V**
F	V	F	V	F	F	V	**V**
F	F	V	V	V	V	V	**V**
F	F	F	V	V	V	V	**V**

Esta es una tautología, así que el argumento es válido.

La columna final tiene todas V.

Ejercitación 9J

Escriba cada uno de estos argumentos en forma simbólica y luego compruebe su validez:

1 Si Esteban conecta su reproductor de DVD, entonces se quemará un fusible. No conecta el reproductor de DVD. Por lo tanto, no se quemará un fusible.

2 Si Miranda utiliza herbicida en su jardín, entonces las plantas crecerán. Las plantas crecen. Por lo tanto, Miranda utilizó herbicida.

3 Isa aprobará la prueba de Matemáticas o abandonará el Programa del Diploma del IB. No abandona el Programa del Diploma del IB. Por lo tanto, Isa pasó la prueba de Matemáticas.

4 Si a usted le gusta la música, entonces esta noche irá al concierto. Si va esta noche al concierto, entonces comprará algunos CD. Usted no compra ningún CD. Por lo tanto, a usted no le gusta la música.

5 Si una persona tiene un control médico anual, entonces se pueden detectar muchas enfermedades en forma temprana. Si se detectan las enfermedades en forma temprana, entonces se pueden salvar muchas vidas. Por lo tanto, si la gente no tiene un control médico anual, no se salvarán muchas vidas.

6 Si usted está involucrado en un accidente automovilístico, sus primas de seguro aumentarán. Si sus primas de seguro aumentan, entonces usted tendrá que vender su automóvil. Por lo tanto, si usted no está involucrado en un accidente automovilístico, no tendrá que vender su automóvil.

7 Si el Dr. García toma pruebas difíciles, entonces los alumnos desaprobarán. Si los alumnos desaprueban, entonces se quejarán con la Sra. Giménez. Si se quejan con la Sra. Giménez, entonces el Dr. García será despedido. Por lo tanto, como el Dr. García no fue despedido, debe tomar pruebas fáciles.

Un condicional relacionado

La proposición $(p \Rightarrow q) \wedge (q \Rightarrow p)$ es una proposición importante. Tiene su propio símbolo ($\Leftrightarrow$) y su propio nombre, **equivalencia** o **bicondicional**.

Describe los casos en los cuales dos proposiciones o bien son ambas verdaderas o bien son ambas falsas, es decir cada una de las proposiciones es equivalente a la otra.

→ La tabla de verdad de la **equivalencia** ($p \Leftrightarrow q$) es:

p	q	$p \Leftrightarrow q$
V	V	**V**
V	F	**F**
F	V	**F**
F	F	**V**

Recuerde la diferencia entre $\wedge$ y $\Leftrightarrow$.
$a \wedge b$ es VERDADERA únicamente cuando a Y b son VERDADERAS.
$a \Leftrightarrow b$ es VERDADERA cuando tienen el mismo valor de verdad (ambos verdaderos o ambos falsos). Podemos pensar en $\Leftrightarrow$ como "si y solo si" o quizás como "es lo mismo que".
En particular: cuando a Y b son FALSAS, $a \wedge b$ es FALSA.
Cuando a Y b son FALSAS, $a \Leftrightarrow b$ es VERDADERA.
Converse esto con el profesor en el caso de que aún exista alguna confusión.

Un ejemplo de bicondicional podría ser:
"Un paralelogramo es un cuadrilátero con dos pares de lados paralelos."

En esta proposición, p representa: "La figura es un paralelogramo", y q representa: "La figura tiene dos pares de lados paralelos".

Podemos decir: "La figura es un paralelogramo **si y solo si** tiene dos pares de lados paralelos".

Las dos proposiciones por separado son equivalentes entre sí.

Hay dos formas posibles de determinar si dos proposiciones son equivalentes entre sí:

1 a Escribir la tabla de verdad para cada una de las dos proposiciones.
b Comparar las últimas columnas de ambas tablas.
c Si son iguales, entonces las proposiciones son equivalentes.

2 a Escribir una tabla de verdad para ambas proposiciones con una columna adicional para el bicondicional.
b Completar la tabla de verdad, incluida la columna correspondiente al bicondicional.
c Si la columna del bicondicional muestra una tautología, entonces las proposiciones son equivalentes.

Ejemplo 17

Determine si las proposiciones $(p \wedge \neg q) \vee (\neg p \wedge q)$ y $p \veebar q$ son equivalentes.

Respuestas

Método 1

p	q	$\neg p$	$\neg q$	$p \wedge \neg q$	$\neg p \wedge q$	$(p \wedge \neg q) \vee (\neg p \wedge q)$
V	V	F	F	F	F	**F**
V	F	F	V	V	F	**V**
F	V	V	F	F	V	**V**
F	F	V	V	F	F	**F**

Completar la tabla de verdad para $(p \wedge \neg q) \vee (\neg p \wedge q)$

p	q	$p \veebar q$
V	V	**F**
V	F	**V**
F	V	**V**
F	F	**F**

Completar la tabla de verdad para $p \veebar q$

Las últimas columnas son ambas **FVVF**, por lo tanto las dos proposiciones son equivalentes.

Método 2

p	q	$(p \wedge \neg q) \vee (\neg p \wedge q)$	$p \veebar q$	$[(p \wedge \neg q) \vee (\neg p \wedge q)] \Leftrightarrow (p \veebar q)$
V	V	F	F	**V**
V	F	V	V	**V**
F	V	V	V	**V**
F	F	F	F	**V**

Completar una tabla de verdad para $(p \wedge \neg q) \vee (\neg p \wedge q)$ y $p \veebar q$, con una columna adicional para el bicondicional $\Leftrightarrow$

La última columna muestra una tautología (todos los valores de verdad son V); por lo tanto, las dos proposiciones son equivalentes.

Ejercitación 9K

1 Use una tabla de verdad para determinar si la proposición $\neg(p \wedge q) \Leftrightarrow (\neg p \vee \neg q)$ es una tautología.

2 Use una tabla de verdad para determinar si la proposición $\neg(p \vee q) \Leftrightarrow (\neg p \wedge \neg q)$ es una tautología.

3 Use tablas de verdad para analizar las proposiciones $(p \wedge q) \Leftrightarrow p$ y $(p \vee q) \Leftrightarrow p$. ¿Son equivalentes estas proposiciones?

4 Determine si las proposiciones $\neg(p \wedge \neg q)$ y $\neg p \vee q$ son equivalentes.

5 Determine si las proposiciones $\neg(p \vee \neg q)$ y $\neg p \wedge q$ son equivalentes.

6 Determine la naturaleza de la proposición: $(p \vee \neg q) \Leftrightarrow (\neg p \wedge q)$.

7 Determine la naturaleza de la proposición: $\neg(p \vee q) \Leftrightarrow (p \wedge q)$.

8 Determine la naturaleza de la proposición: $(p \wedge \neg q) \Leftrightarrow (\neg p \vee q)$.

Otras tres proposiciones condicionales

Cuando la gente intenta formular un argumento, frecuentemente utiliza un lenguaje impreciso. Los antecedentes y los consecuentes se mezclan y, por lo tanto, se invierte el orden de la implicación.

Si nuestro lenguaje es impreciso, podría suceder que, creyendo que estamos argumentando la validez de la proposición directa $p \Rightarrow q$, estemos en realidad argumentando que $q \Rightarrow p$.

→ Hay tres proposiciones que se forman a partir de la proposición directa $p \Rightarrow q$ y que se usan comúnmente:

$q \Rightarrow p$	La **recíproca** de la proposición original
$\neg p \Rightarrow \neg q$	La **contraria** de la proposición original
$\neg q \Rightarrow \neg p$	La **contrarrecíproca** de la proposición original

¿Importa? ¿Es lo mismo $p \Rightarrow q$ que $q \Rightarrow p$?

Ejemplo 18

Halle la recíproca, la contraria y la contrarrecíproca de la proposición directa:
"*Si está soleado, entonces voy a nadar.*"

Respuesta

p: Está soleado. q: Voy a nadar.

Escribir las proposiciones en forma simbólica

Tenemos la proposición: $p \Rightarrow q$

La proposición recíproca, $q \Rightarrow p$, es el argumento:

"*Si voy a nadar, entonces está soleado.*"

La proposición contraria, $\neg p \Rightarrow \neg q$, es el argumento:

"*Si no está soleado, entonces no voy a nadar.*"

La contrarrecíproca, $\neg q \Rightarrow \neg p$, es el argumento:

"*Si no voy a nadar, entonces no está soleado.*"

Ejercitación 9L

1 Copie y complete la tabla de verdad de la recíproca, $q \Rightarrow p$.

Recíproca

p	q	p	$q \Rightarrow p$

Hay que asegurarse de elaborar la implicación $q \Rightarrow p$.

2 Copie y complete la tabla de verdad de la contraria, $\neg p \Rightarrow \neg q$.

Contraria

p	q	$\neg p$	$\neg q$	$\neg p \Rightarrow \neg q$

3 Copie y complete la tabla de verdad de la contrarrecíproca, $\neg q \Rightarrow \neg p$.

Contrarrecíproca

p	q	$\neg q$	$\neg p$	$\neg q \Rightarrow \neg p$

Las columnas de $\neg p$ y $\neg q$ se han intercambiado.

→ Esta tabla resume los valores de verdad de la proposición directa, $p \Rightarrow q$, y los condicionales relacionados.

p	q	Proposición $p \Rightarrow q$	Recíproca $q \Rightarrow p$	Contraria $\neg p \Rightarrow \neg q$	Contrarrecíproca $\neg q \Rightarrow \neg p$
V	V	V	V	V	V
V	F	F	V	V	F
F	V	V	F	F	V
F	F	V	V	V	V

Recuerde que dos proposiciones son **lógicamente equivalentes** si tienen los mismos valores de verdad. Esto significa que podemos reemplazar una proposición por la otra sin cambiar el argumento o su validez.

De la tabla anterior, queda claro que la proposición directa y su **contrarrecíproca** son lógicamente equivalentes.

Ambas tienen VFVV en la última columna.

A partir de lo anterior, $(p \Rightarrow q) \Leftrightarrow (\neg q \Rightarrow \neg p)$ y la tabla de verdad de esta proposición tiene VVVV en su última columna.

$(p \Rightarrow q) \Leftrightarrow (\neg q \Rightarrow \neg p)$ es una tautología. Así que el argumento $p \Rightarrow q$ y el argumento $\neg q \Rightarrow \neg p$ tienen la misma validez.

Ejemplo 19

Halle la recíproca, la contraria y la contrarrecíproca de la proposición directa: "Si está lloviendo, entonces las calles están húmedas."

Respuesta

Directa:	*"Si está lloviendo, entonces las calles están húmedas."*	$p \Rightarrow q$
Recíproca:	*"Si las calles están húmedas, entonces está lloviendo."*	$q \Rightarrow p$
Contraria:	*"Si no está lloviendo, entonces las calles no están húmedas."*	$\neg p \Rightarrow \neg q$
Contrarrecíproca:	*"Si las calles no están húmedas, entonces no está lloviendo."*	$\neg q \Rightarrow \neg p$

Ejemplo 20

Considere el argumento:

"Si el último dígito de un entero es 0, entonces el entero es divisible por 5."

Halle las proposiciones contrarrecíproca, recíproca y contraria.

Respuesta

Contrarrecíproca:

"Si un entero no es divisible por 5, entonces su último dígito no es 0."

Esta es equivalente a la proposición original. Aunque se expresa de manera diferente, es el mismo argumento.

Recíproca: "Si un entero es divisible por 5, entonces el último dígito del entero es 0."

Contraria: "Si el último dígito de un entero no es 0, entonces el entero no es divisible por 5."

Queda claro que ni la proposición recíproca ni la proposición contraria son **necesariamente** verdaderas.

Este argumento es válido, no importa cómo se lo exprese.

Halle un entero que haga que la recíproca sea una proposición falsa. Esto se denomina un **contraejemplo**.

En muchos casos, dado un argumento válido, su recíproca **no** es válida. Esto se conoce como la **falacia del recíproco**.

Exprese, en función de p y de q, la frase: "Un entero es divisible por 5 solo si su último dígito es 0".

Ejercitación 9M

Para cada uno de los argumentos desde **a** hasta **s**:

1 Determine si es un argumento válido. Si es inválido, dé un contraejemplo.

2 Escriba las proposiciones recíproca, contraria y contrarrecíproca.

3 Determine cuáles son argumentos válidos de entre la recíproca, la contraria y la contrarrecíproca. Para cada argumento inválido, dé un contraejemplo.

a Si ABCD es un cuadrado, entonces ABCD es un cuadrilátero.
b Si ABCD es un rectángulo, entonces ABCD es un paralelogramo.
c Si un entero es divisible por 4, entonces es divisible por 2.
d Si un entero es divisible por 3, entonces es un entero impar.
e Si un entero es divisible por 2, entonces es un entero par.
f Si un entero es divisible por 4 y por 3, entonces es divisible por 12.
g Si un entero es divisible por 4 y por 2, entonces es divisible por 8.
h Si la suma de dos enteros es par, entonces los dos enteros son pares.
i Si el producto de dos enteros es par, entonces los dos enteros son pares.
j Si la suma de dos enteros es impar, entonces uno de los enteros es impar y el otro es par.
k Si el producto de dos enteros es impar, entonces ambos enteros son impares.
l Si el triángulo ABC es rectángulo, entonces $a^2 + b^2 = c^2$.
m El cuadrado de un entero impar es impar.
n Si el triángulo ABC tiene tres ángulos iguales, entonces el triángulo ABC tiene tres lados iguales.
o Si el cuadrilátero ABCD tiene cuatro lados iguales, entonces ABCD tiene cuatro ángulos iguales.
p Si $x^2 = 25$, entonces $x = 5$.
q Si $x^3 = 27$, entonces $x = 3$.
r Si $x^2 > 25$, entonces $x > 5$.
s Si $x^3 < 27$, entonces $x < 3$.

Material de ampliación disponible en línea: *Hoja de ejercicios 9: las leyes de de Morgan*

Ejercicio de revisión

Preguntas del estilo de la prueba 1

PREGUNTA TIPO EXAMEN

1 a Copie y complete la tabla de verdad para mostrar que $\neg(p \vee q) \Rightarrow \neg p \wedge \neg q$ es un argumento válido.

p	q	$p \vee q$	$\neg(p \vee q)$	$\neg p$	$\neg q$	$\neg p \wedge \neg q$	$\neg(p \vee q) \Rightarrow \neg p \wedge \neg q$
V	V			F	F		
V	F			F	V		
F	V			V	F		
F	F			V	V		

b Usando los resultados del apartado **a**, reescriba la siguiente proposición sin usar la frase: "No es verdad...".

"No es verdad que ella baila bien o canta maravillosamente."

PREGUNTAS TIPO EXAMEN

2 Se dan las siguientes proposiciones:

p: El tren sale del andén 2.

q: El tren sale del andén 8.

r: El tren hoy no sale.

a Escriba una oración, en palabras, para la siguiente proposición lógica:

$$p \Rightarrow (\neg r \wedge \neg q)$$

b Escriba la siguiente oración como una proposición lógica, usando p, q, r y notación lógica:

"El tren sale hoy si y solo si sale del andén 2 o del andén 8."

3 **a** Copie y complete la tabla de verdad.

p	q	$p \Rightarrow q$	$\neg p$	$\neg q$	$\neg q \vee p$	$\neg p \vee q$
V	V					
V	F					
F	V					
F	F					

b ¿Qué identidad se muestra en la tabla de verdad?

4 **a** Copie y complete la siguiente tabla de verdad para:

p: $x > 3$

q: $x^2 > 9$

p	q	$\neg p$	$\neg p \vee q$
V	V		
V	F		
F	V		
F	F		

b Usando los resultados del apartado **a**, y explicando su razonamiento, ¿ $\neg p \vee q$ es verdadero o falso cuando se da lo siguiente?:

i $x > 3$ y $x^2 \not> 9$

ii $x \not> 3$ y $x^2 > 9$

[Nota: El símbolo $\not>$ significa "**no** es mayor que".]

5 p y q son dos proposiciones:

p: Los helados son de vainilla.

q: Los helados están llenos de pasas de uva.

a Dibuje un diagrama de Venn para representar las proposiciones anteriores, rotulando con cuidado todos los conjuntos, incluido el conjunto universal.

Sombree la región que representa $p \vee q$.

b En el diagrama de Venn, muestre:

i Un punto x, que represente un helado de vainilla que está lleno de pasas de uva

ii Un punto y, que represente un helado de vainilla que no está lleno de pasas de uva

PREGUNTAS TIPO EXAMEN

c Escriba cada una de las siguientes proposiciones usando símbolos lógicos:

i Si los helados no están llenos de pasas de uva, no son de vainilla.

ii Los helados no son de vainilla o están llenos de pasas de uva.

iii Si los helados no están llenos de pasas de uva, son de vainilla.

iv Los helados son de vainilla y no están llenos de pasas de uva.

d Indique cuál de las proposiciones del apartado **c** es lógicamente equivalente a:

"Si los helados son de vainilla, están llenos de pasas de uva."
Justifique.

6 Se dan las siguientes proposiciones:

p: Picasso pintó el cuadro A.

q: Van Gogh pintó el cuadro A.

a Escriba una oración, en palabras, que defina las siguientes proposiciones lógicas:

i $p \vee \neg q$ **ii** $\neg p \wedge q$

b Copie y complete la siguiente tabla de verdad:

p	q	$\neg p$	$\neg q$	$p \vee \neg q$	$\neg p \wedge q$
V	V				
V	F				
F	V				
F	F				

c Dibuje dos diagramas de Venn, y sombree el área que representa $p \vee \neg q$ en el primer diagrama y $\neg p \wedge q$ en el segundo diagrama.

d Deduzca las tablas de verdad de la proposición lógica:

$(p \vee \neg q) \Leftrightarrow (\neg p \wedge q)$

i Usando la tabla de verdad

ii Usando los diagramas de Venn

Explique sus respuestas con palabras y en forma clara.

e Escriba el nombre que recibe una proposición lógica como $(p \vee \neg q) \Leftrightarrow (\neg p \wedge q)$.

7 A continuación se dan tres proposiciones:

p: x es un múltiplo de 5.

q: x es un múltiplo de 3.

r: x es un divisor de 90.

a Escriba una oración, en palabras, para la proposición: $(q \vee r) \wedge \neg p$.

b Escriba la siguiente oración como una proposición lógica, usando p, q, r y notación lógica:

"Si x es un divisor de 90, entonces x es un múltiplo de 5 o x no es un múltiplo de 3."

c Utilice tablas de verdad para determinar los valores de verdad de cada una de las siguientes proposiciones:

$(q \vee r) \wedge \neg p$ y $r \Rightarrow (p \vee \neg q)$

PREGUNTA TIPO EXAMEN

d Enumere las combinaciones de valores de verdad de p, q y r que hacen que sea verdadera la proposición $(q \vee r) \wedge \neg p$. Escriba un valor posible de x para cada una de estas combinaciones de valores de verdad.

e Elabore una tabla de verdad para determinar las condiciones de equivalencia entre las dos proposiciones $(q \vee r) \wedge \neg p$ y $r \Rightarrow (p \vee \neg q)$.
Cuando la equivalencia es verdadera, describa con palabras las condiciones sobre el valor de x.

RESUMEN DEL CAPÍTULO 9

Introducción a la lógica

- Una **proposición** (simple) tiene valor de verdad, o bien **verdadero** o bien **falso** (pero no ambos).

Proposiciones compuestas y notación simbólica

- Una **proposición compuesta** está formada por proposiciones simples unidas por **conectores**.
- Los **cinco** conectores tienen estos nombres y esta notación simbólica:

NO	**Negación**	$\neg$
Y	**Conjunción**	$\wedge$
O	**Disyunción inclusiva**	$\vee$
O	**Disyunción exclusiva**	$\veebar$
SI… ENTONCES…	**Implicación**	$\Rightarrow$

Tablas de verdad: negación

- La **negación** de una proposición p se escribe $\neg p$ (se lee "no p"). La relación entre una proposición p y su negación, $\neg p$, se muestra en la siguiente **tabla de verdad**:

p	$\neg p$
V	F
F	V

Tablas de verdad: conjunción (y)

- La **conjunción** de dos proposiciones cualesquiera p y q se escribe $p \wedge q$. Esta **proposición compuesta** se define mediante esta tabla de verdad:

p	q	$p \wedge q$
V	V	**V**
V	F	**F**
F	V	**F**
F	F	**F**

Continúa en la página siguiente.

Tablas de verdad: resolución de una ambigüedad, el conector "o"

- La **disyunción** de dos proposiciones cualesquiera p y q se escribe $p \vee q$. Este es el **o inclusivo** y se define mediante esta tabla de verdad:

p	q	$p \vee q$
V	V	**V**
V	F	**V**
F	V	**V**
F	F	**F**

$p \vee q$ es verdadera si o p o q, o posiblemente ambas, son verdaderas.

Disyunción exclusiva

- La **disyunción exclusiva** se escribe $p \veebar q$ y se define mediante esta tabla de verdad:

p	q	$p \veebar q$
V	V	**F**
V	F	**V**
F	V	**V**
F	F	**F**

Equivalencia lógica, tautología y contradicciones

- Se dice que las proposiciones $\neg p \wedge \neg q$ y $\neg(p \vee q)$ son **(lógicamente) equivalentes**. La equivalencia se muestra con el símbolo $\Leftrightarrow$, así que escribimos:
  $\neg p \wedge \neg q \Leftrightarrow \neg(p \vee q)$
- $\neg p \vee \neg q$ **no** es equivalente a $\neg(p \vee q)$.
- Una **tautología** es una proposición compuesta que es **verdadera para todos** los valores de verdad que se asignen a las proposiciones simples que la componen.
- Una **contradicción** (lógica) es una proposición compuesta que es **falsa para todos** los valores de verdad que se asignen a sus proposiciones simples.

Proposiciones compuestas formadas por tres proposiciones simples: uso de paréntesis en las proposiciones

- $(p \vee q) \vee r \Leftrightarrow p \vee (q \vee r)$

Argumentos

- Una proposición compuesta que incluye una **implicación** se denomina **argumento**.
- La tabla de verdad de una implicación es:

p	q	$p \Rightarrow q$
V	V	**V**
V	F	**F**
F	V	**V**
F	F	**V**

Continúa en la página siguiente.

- Si la proposición compuesta que representa un argumento es una **tautología**, entonces el argumento es **válido.**
- Hay cuatro tipos importantes de argumentos:
  - Una **contradicción** es siempre falsa. (En la última columna de la tabla de verdad, todos los valores son F.)
  - Una **tautología** es siempre verdadera. (En la última columna de la tabla de verdad, todos los valores son V.)
  - Un argumento **válido** es siempre verdadero. (En la última columna de la tabla de verdad, todos los valores son V.)
  - Un argumento **inválido** no siempre es verdadero. (En la última columna de la tabla de verdad, hay al menos una F.)

  Estas definiciones significan que un argumento inválido puede (o no) ser una contradicción. Una contradicción, sin embargo, siempre es un argumento inválido.
- La tabla de verdad de la **equivalencia** ($p \Leftrightarrow q$) es:

p	q	$p \Leftrightarrow q$
V	V	**V**
V	F	**F**
F	V	**F**
F	F	**V**

- Hay tres proposiciones que se forman a partir de la proposición directa $p \Rightarrow q$ y que se usan comúnmente:

$q \Rightarrow p$ La **recíproca** de la proposición original
$\neg p \Rightarrow \neg q$ La **contraria** de la proposición original
$\neg q \Rightarrow \neg p$ La **contrarrecíproca** de la proposición original

- Esta tabla resume los valores de verdad de la proposición directa $p \Rightarrow q$ y los condicionales relacionados.

p	*q*	Proposición $p \Rightarrow q$	Recíproca $q \Rightarrow p$	Contraria $\neg p \Rightarrow \neg q$	Contrarrecíproca $\neg q \Rightarrow \neg p$
V	V	V	V	V	V
V	F	F	V	V	F
F	V	V	F	F	V
F	F	V	V	V	V

Conclusiones lógicas

Discuta las tres proposiciones del rectángulo.

Proposición 1:
$2 + 2 = 4$

Proposición 2:
$2 \times 2 = 4$

Proposición 3:
Hay **exactamente dos** proposiciones verdaderas dentro de este rectángulo.

¿Afeitado al ras?

En un pueblo hay (exactamente) un barbero, y cada hombre del pueblo está bien afeitado. Algunos siempre se afeitan solos. A otros siempre los afeita el barbero.

El barbero sigue esta regla: él afeita a todos aquellos hombres que no se afeitan solos, y solamente a ellos.

- ¿Se afeita solo el barbero?

Lágrimas de cocodrilo

Un cocodrilo que habla y que siempre miente ha robado la niña de un hombre. Le dice al hombre:

- ¿Qué debería contestar el padre para asegurarse de que le devolverá a su niña?

"Esta proposición es falsa." ¿Lo es?

Comprobando la lógica

Una profesora le dice a su clase de Estudios Matemáticos que les tomará una prueba un día de clases (lunes a viernes) de esta semana, pero que no les dirá qué día: será una sorpresa.

Los alumnos consideran la proposición y razonan así: si la prueba sorpresa fuera el viernes, entonces al final del jueves sabríamos que la prueba será el día siguiente y, por lo tanto, no sería una sorpresa. Por lo tanto, la prueba no puede ser el viernes.

El mismo razonamiento sirve para los demás días de la semana (lunes a jueves): si al finalizar el miércoles la prueba sorpresa no se tomó, entonces debería ser el jueves y no sería sorpresa. Por lo tanto, la prueba no puede ser el jueves.

De manera similar, no puede ser el miércoles o el martes, por lo que debe ser el lunes, pero no sería sorpresa, así que no hay prueba sorpresa posible.

La profesora entonces dice: "Cierren los libros, aquí está su prueba sorpresa".

Los dos guardias

Este es un problema antiguo de lógica que data de al menos 2000 años atrás.

En una caminata, usted llega a una bifurcación del camino. Un camino conduce al paraíso, el otro a la muerte. Ambos caminos lucen iguales y cada camino tiene un guardia. Si comienza por un camino, no puede volver atrás, así que tiene que elegir el camino correcto la primera vez.

Uno de los guardias siempre dice la verdad y el otro siempre miente, pero no sabe cuál es cuál.

Tiene permitido hacerle una pregunta a uno de los guardias.

- ¿Qué debería preguntar para asegurarse de que puede identificar el camino al paraíso?

"Ya sé lo que estás pensando", dijo Tweedledum, "pero no es como tú crees. ¡De ninguna manera! ¡Por el contrario!", continuó Tweedledee. "Si hubiese sido así, entonces lo sería; y siéndolo, quizá lo fuera; pero como no fue así tampoco lo es asá. ¡Es lógico!"

Extracto de *Alicia a través del espejo*, de Lewis Carroll

El problema de los dos guardias es una versión más simple de los problemas de caballeros y escuderos, que transcurren en una isla ficticia en la que los caballeros siempre dicen la verdad y los escuderos siempre mienten.

- Investigue acerca de algunos de estos problemas e intente resolverlos.

10 Geometría y trigonometría 2

OBJETIVOS DEL CAPÍTULO:

5.4 Geometría de los sólidos en el espacio; la distancia entre dos puntos; el tamaño de un ángulo entre dos rectas, o entre una recta y un plano

5.5 Volumen y superficie de los sólidos en el espacio

Antes de comenzar

Qué necesitamos saber

1 Usar trigonometría de triángulos rectángulos. Por ejemplo:

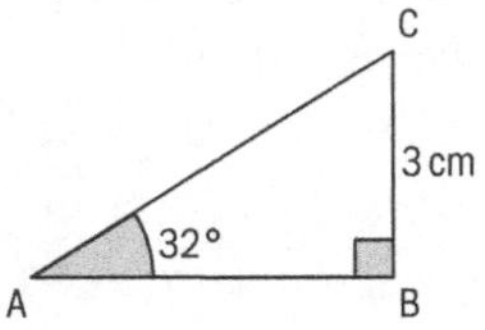

$$\text{sen}\,32° = \frac{3}{AC}$$

$$AC = \frac{3}{\text{sen}32°}$$

$$AC = 5{,}66\,\text{cm (3 cs)}$$

2 Hallar el valor de un ángulo, un lado o el área de cualquier triángulo. Por ejemplo:

a Usando el teorema del coseno $c^2 = a^2 + b^2 - 2ab\cos C$:

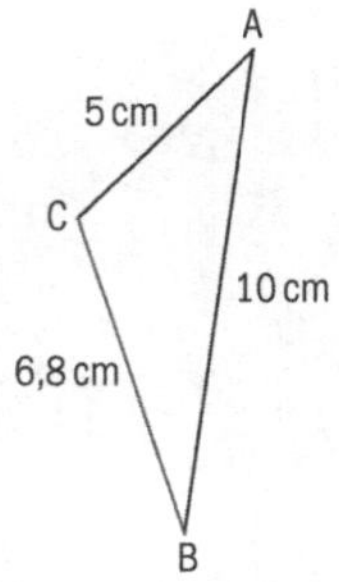

$$\cos\hat{C} = \frac{6{,}8^2 + 5^2 - 10^2}{2 \times 6{,}8 \times 5}$$

$$\cos\hat{C} = -0{,}4229...$$

$$\hat{C} = 115°\ (3\ \text{cs})$$

b Usando la fórmula:

$$A = \frac{1}{2}ab\,\text{sen C}$$

$$A = \frac{1}{2} \times 6{,}8 \times 5 \times \text{sen}\,115°$$

$$= 15{,}4\,\text{cm}^2\ (3\ \text{cs})$$

Comprobemos nuestras habilidades

1 a Halle el valor de x en este triángulo:

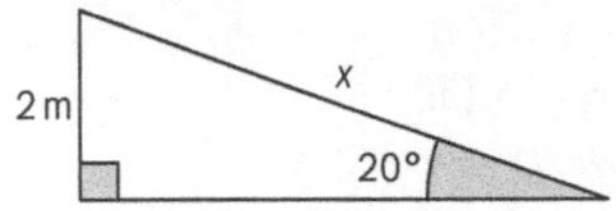

b Halle el ángulo y.

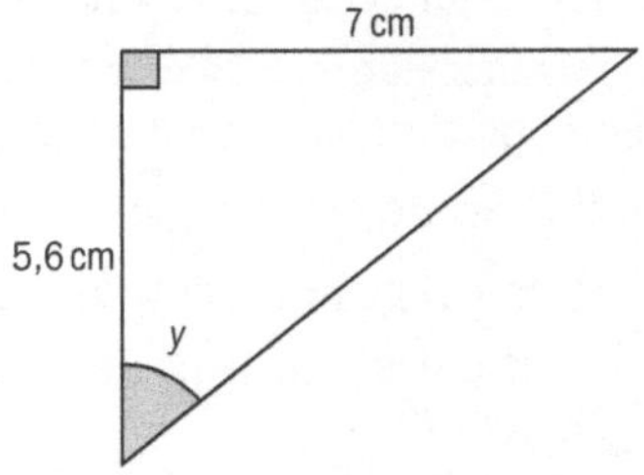

2 En este triángulo:

a Halle el ángulo x

b Halle el área

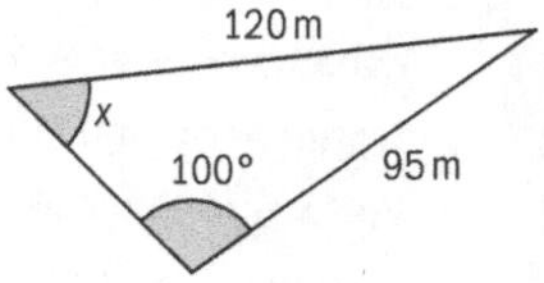

Los bienes se transportan alrededor del mundo en contenedores como estos. Estas cajas de metal en forma de ortoedro vienen en tamaños uniformes, lo cual permite que puedan ser movidas desde los camiones a los trenes y luego a los barcos usando equipos estándar.

Una compañía que usa contenedores para transportar productos necesita saber cuántos de sus productos entran en un contenedor y, por lo tanto, cuántos contenedores necesitarán. Podrían necesitar calcular cuál es la máxima longitud de una tubería que entra en un contenedor, en la diagonal.

Una compañía que fabrica contenedores necesita saber cuántos metros cuadrados de metal se necesitan para hacer cada contenedor.

En el capítulo 3, usamos la geometría y la trigonometría para resolver problemas en dos dimensiones. En este capítulo, aprenderemos a calcular longitudes y ángulos, y a resolver problemas en tres dimensiones.

10.1 Geometría de los sólidos en el espacio

La geometría es el estudio de puntos, rectas, planos, superficies y sólidos.

Sin dimensión	Una dimensión	Dos dimensiones	Tres dimensiones
Punto	Recta	Plano	Sólido
•			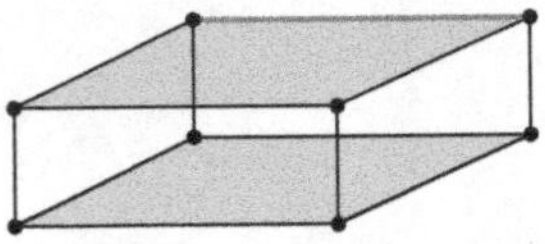

¿Se puede dibujar un punto si no tiene dimensión?

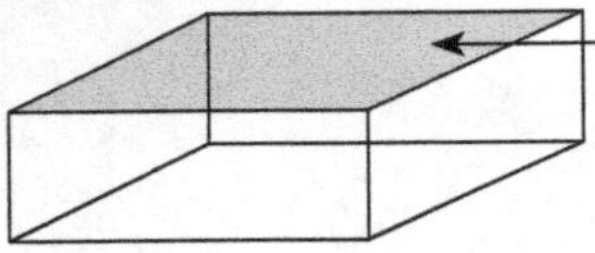

Si se juntan todas las **caras** de un sólido, se forma la **superficie** del sólido. La cara de un sólido puede ser **plana** o curva. Un ortoedro tiene seis caras planas.

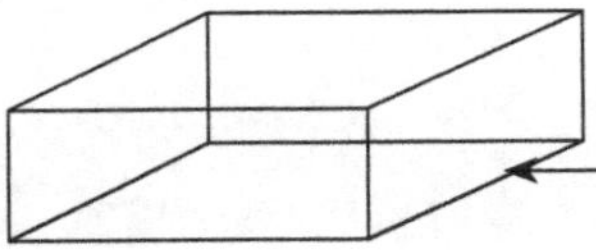

Una **arista** es un segmento en el que se juntan dos caras de un sólido. Un ortoedro tiene 12 aristas. Las aristas forman el armazón del sólido.

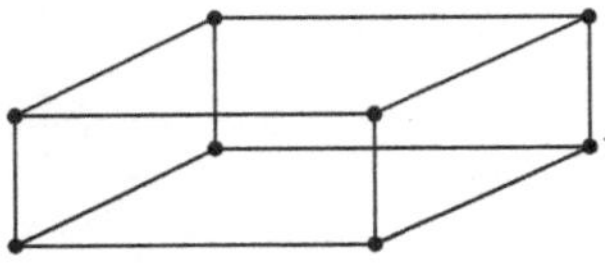

Un **vértice** es un punto en el que se juntan tres o más aristas. Un ortoedro tiene ocho vértices.

Un **plano** es una superficie llana.

Euclides, "el Padre de la geometría"
Euclides (c. 325–c. 265 a. C.) fundó una escuela de matemática en Alejandría (Egipto) y escribió 13 volúmenes de *Los elementos*. Estos fueron los libros de texto de matemática habituales durante más de 2000 años.

Hay dos grupos de sólidos:

- Sólidos cuyas caras son todas **planas**:
  - Prismas
  - Pirámides
- Sólidos que tienen al menos una cara **curva**; por ejemplo, el cilindro, el cono, la esfera

Prismas rectos

→ En un **prisma recto**, las bases tienen la misma forma y tamaño, y son paralelas. Las demás caras son rectangulares y son **perpendiculares** a las bases.

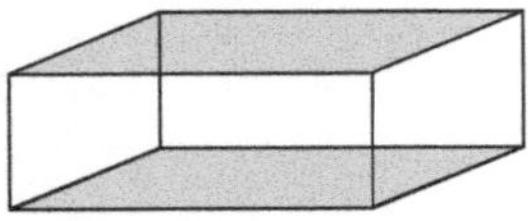

Este es un prisma recto.

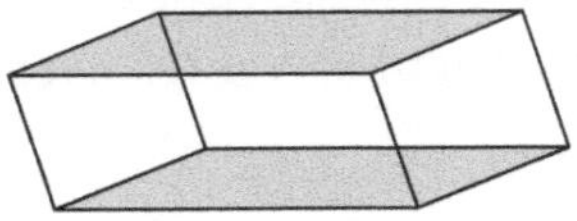

Este **no** es un prisma recto. Las bases no son perpendiculares a las otras caras.

Recuerde que dos figuras que tienen la misma forma y tamaño se dice que son **congruentes**. En un prisma, las bases son congruentes.

En Estudios Matemáticos solo estudiaremos prismas rectos.

→ Si hacemos un corte paralelo a las bases de un prisma recto, la **sección transversal** tendrá siempre la misma forma y tamaño.

Prisma recto | **Sección transversal**

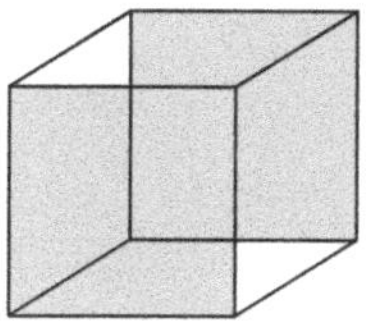

Cubo

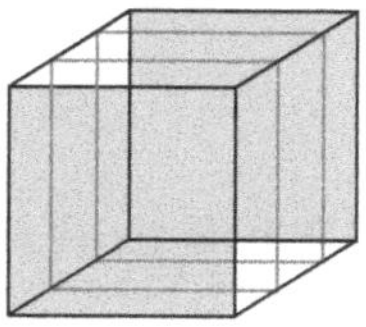

Cuadrado

¿Puede cualquier cubo ser un ortoedro?
¿Puede cualquier ortoedro ser un cubo?

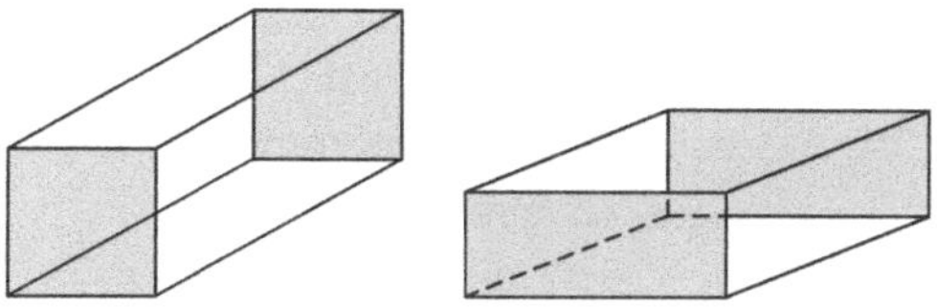

Ortoedro

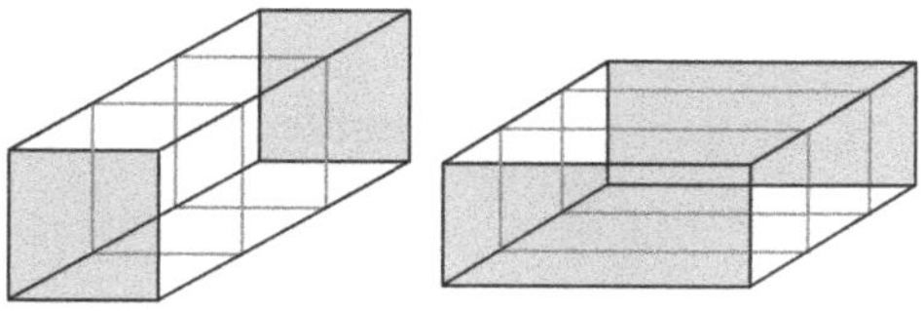

Cuadrado o rectángulo

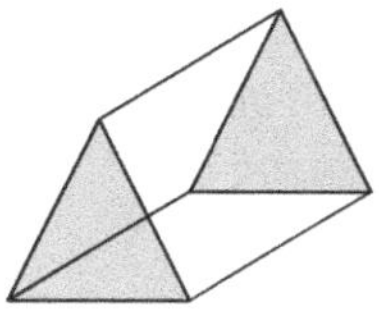

Prisma triangular

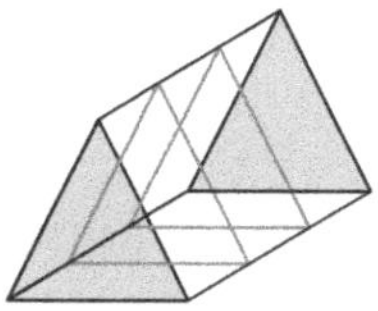

Triángulo

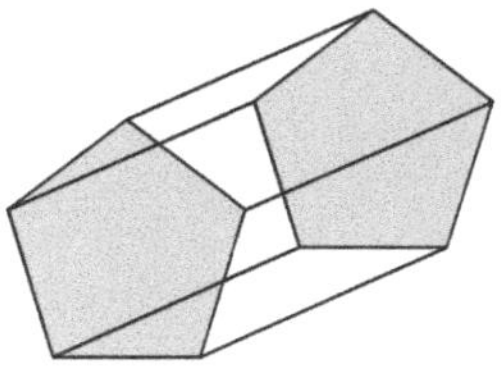

Prisma pentagonal

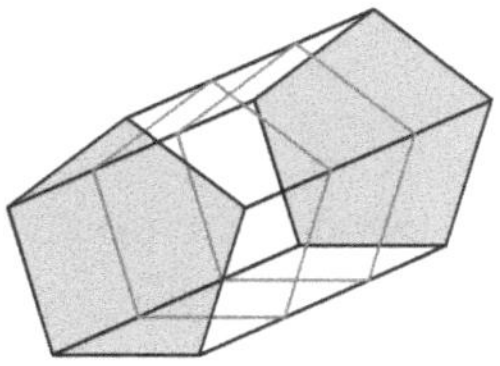

Pentágono

Pirámides

→ La base de una **pirámide** es un polígono. Las otras caras son triángulos que se juntan en un punto denominado **ápice** (o **vértice**) de la pirámide. En una **pirámide recta**, el ápice está directamente arriba del centro de la base.

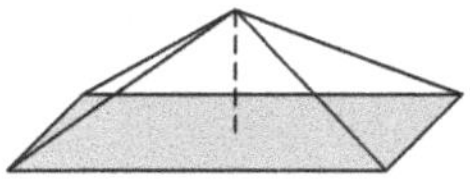

Pirámide de base rectangular
La base es un rectángulo.

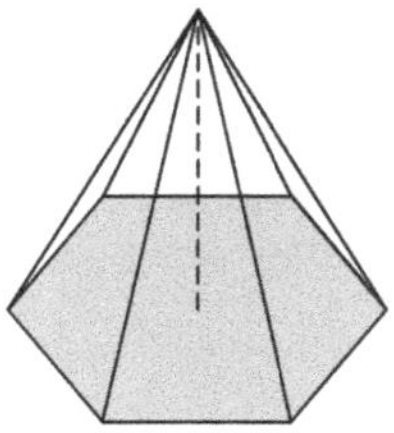

Pirámide de base hexagonal
La base es un hexágono.

La pirámide de Guiza en Egipto es la más antigua de las siete maravillas del mundo antiguo. Fue la estructura construida más alta por más de 3800 años. ¿Cuál es la estructura más alta hoy en día? ¿Cómo se utilizó la matemática en su diseño?

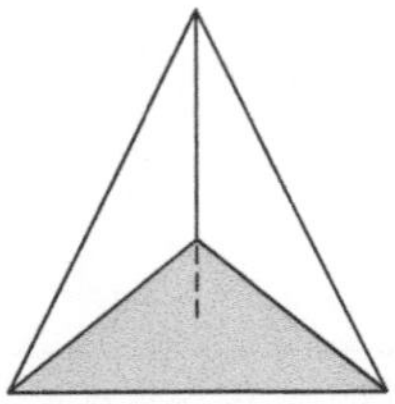

Pirámide de base triangular
La base es un triángulo.

Las **secciones transversales** paralelas a la base de la pirámide tienen la misma forma de la base, pero tamaños diferentes.

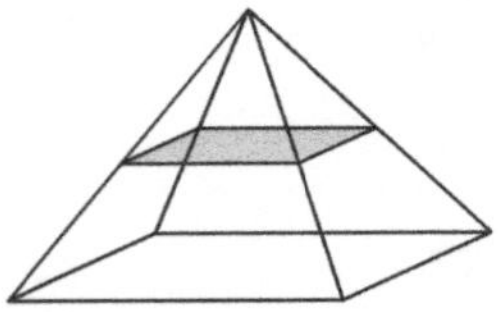

Sólidos que tienen al menos una cara curva

En estos sólidos las caras planas están sombreadas.

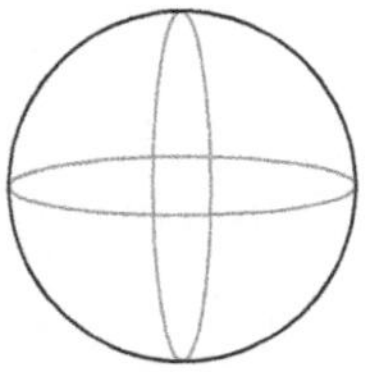

La **esfera** tiene una cara curva.

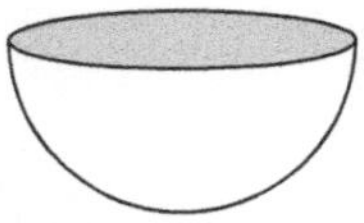

La **semiesfera** tiene dos caras, una plana y otra curva.

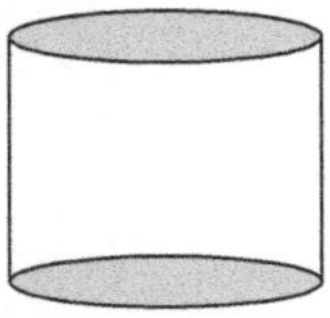

El **cilindro** tiene tres caras, dos planas y una curva.

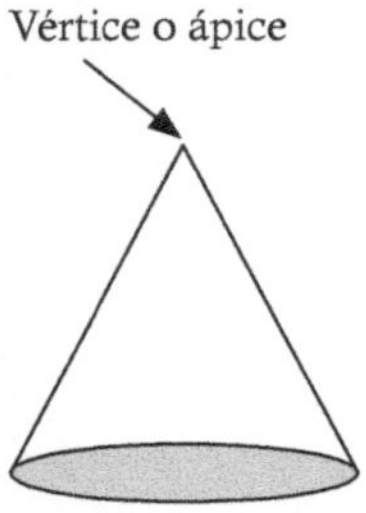

El **cono** tiene dos caras, una plana y una curva.

En Estudios Matemáticos solo estudiamos **conos rectos**.
En un cono recto, el ápice está directamente arriba del centro de la base.
En un cono recto:

- La **altura vertical**, *a*, es la distancia desde el ápice hasta el centro de la base.
- La **generatriz**, *l*, es el segmento que une el vértice del cono con cualquier punto de la circunferencia de la base.

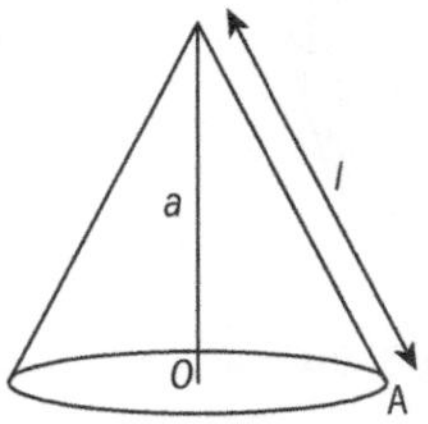

Ejemplo 1

Para cada uno de estos sólidos:

a **b** **c**

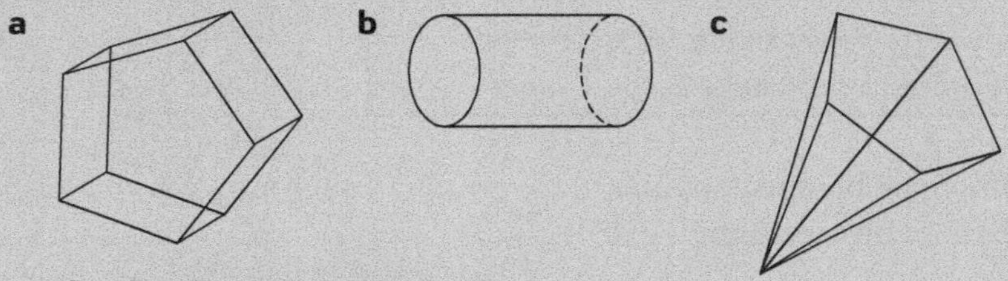

i Escriba su nombre.
ii Escriba el número de caras, el número de aristas y el número de vértices.
iii Escriba el número de caras planas y el número de caras curvas.

▶ Continúa en la página siguiente.

Respuestas

i	a Prisma pentagonal	b Cilindro	c Pirámide de base pentagonal
ii Caras	7	3	6
Aristas	15	2	10
Vértices	10	0	6
iii Caras planas	7	2	6
Caras curvas	0	1	0

Investigación: ¿cómo dibujar un prisma?

Paso 1. Dibuje una de las bases.

Paso 2. Dibuje la otra base. Recuerde que las bases son congruentes.

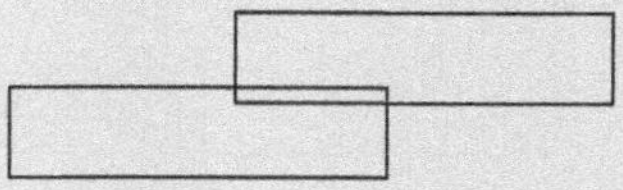

Paso 3. Una los vértices correspondientes con segmentos paralelos.

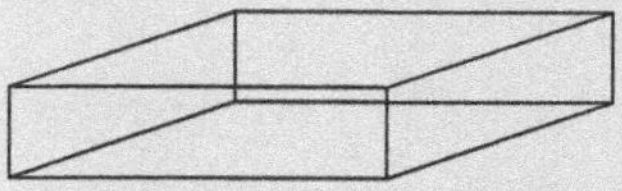

Ahora utilice este método para dibujar un prisma de base triangular.

Ejercitación 10A

1 Para cada uno de estos sólidos:

a

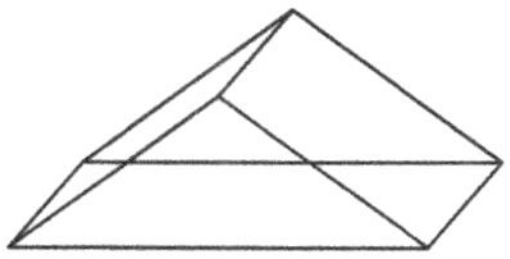

b

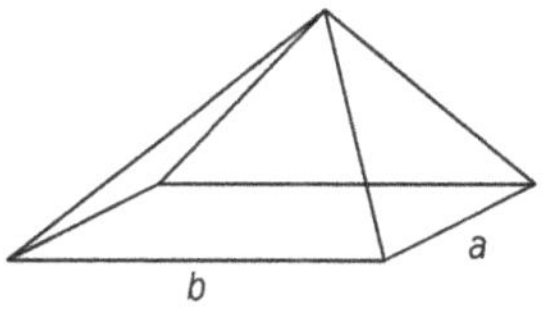

c

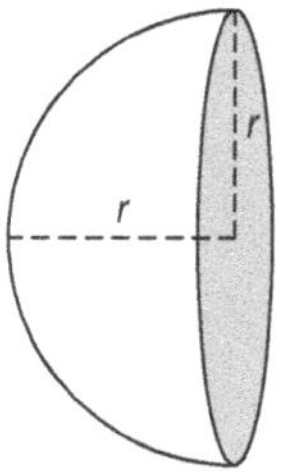

i Escriba su nombre.

ii Escriba el número de caras, el número de aristas y el número de vértices.

iii Escriba el número de caras planas y el número de caras curvas.

2 Dibuje prismas que tengan estas bases:

a

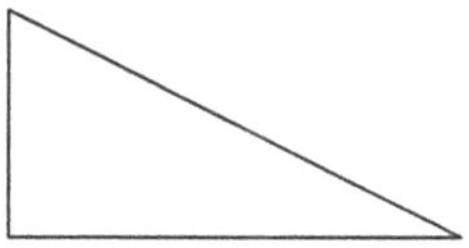

b

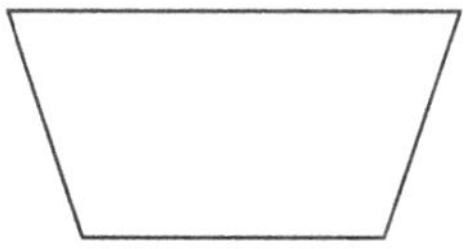

c

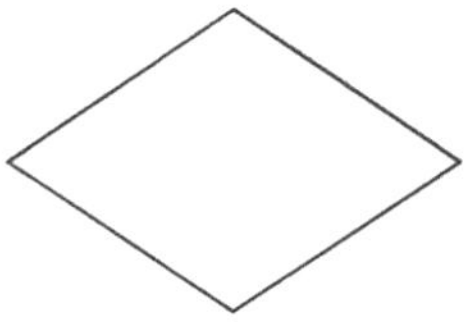

10.2 Distancia entre puntos en un sólido

Podríamos necesitar calcular la distancia entre dos vértices de un sólido, o la distancia entre un vértice y el punto medio de una arista, o la distancia entre los puntos medios de dos aristas. Para hacerlo, primero necesitamos identificar triángulos rectángulos y luego utilizar el teorema de Pitágoras.

Ejemplo 2

El diagrama muestra un ortoedro ABCDEFGH, donde AD = 7 cm, DC = 4 cm y CG = 3 cm.

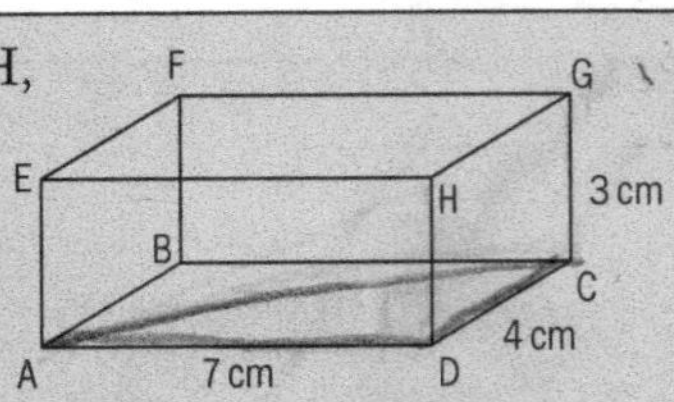

a Halle la longitud de:

i AH **ii** AC **iii** DG **iv** AG

b Halle la distancia entre:

i El punto medio de CG y A

ii El punto medio de AD y el punto medio de CG

El teorema de Pitágoras:

$c^2 = a^2 + b^2$

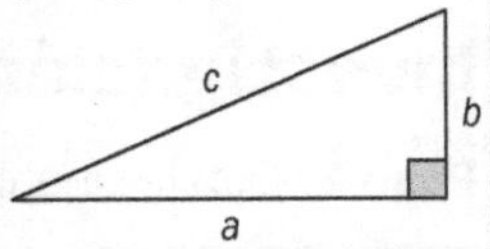

Respuestas

a i $AH^2 = 7^2 + 3^2$

$AH = \sqrt{58}\,\text{cm} = 7{,}62\,\text{cm (3 cs)}$

En el triángulo rectángulo ADH, AH es la hipotenusa.

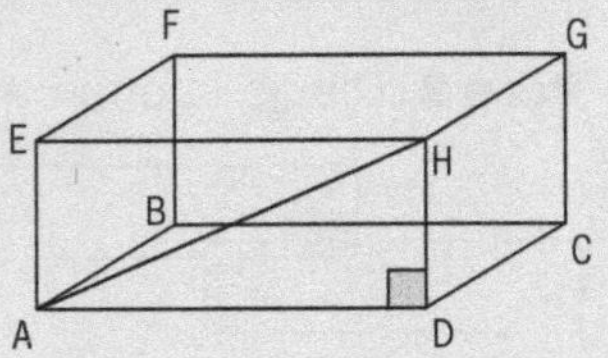

ii $AC^2 = 7^2 + 4^2$

$AC = \sqrt{65}\,\text{cm} = 8{,}06\,\text{cm (3 cs)}$

En el triángulo rectángulo ABC, AC es la hipotenusa.

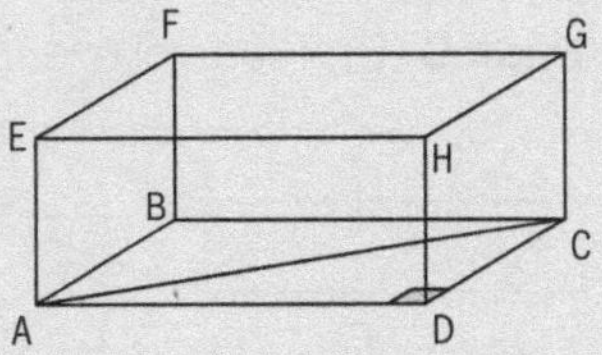

Ingrese la fórmula directamente en su calculadora de pantalla gráfica (en adelante, CPG). Utilice las funciones "cortar" y "pegar" para los valores intermedios.

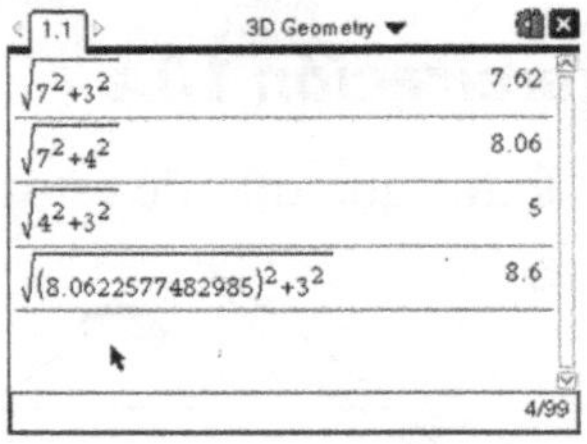

iii $DG^2 = 4^2 + 3^2$

$DG = 5\,\text{cm}$

En el triángulo rectángulo DCG, DG es la hipotenusa.

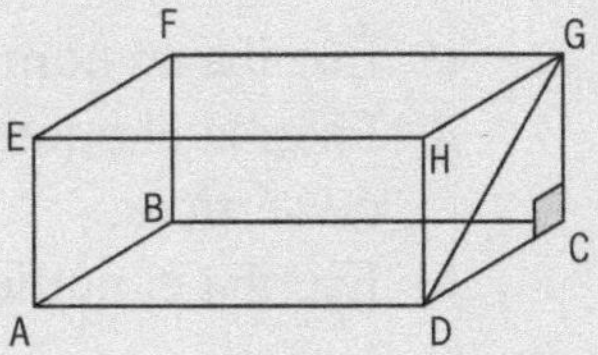

iv $AG^2 = AC^2 + CG^2$

$= \left(\sqrt{65}\right)^2 + 3^2$

$AG = \sqrt{74} = 8{,}60\,\text{cm (3 cs)}$

En el triángulo rectángulo ACG, AG es la hipotenusa.

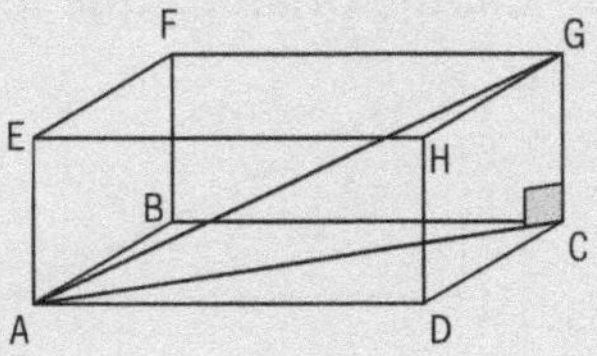

▶ Continúa en la página siguiente.

b i $AM^2 = AC^2 + CM^2$

$= \left(\sqrt{65}\right)^2 + 1{,}5^2$

$AM = 8{,}20\,\text{cm}$ (3 cs)

Sea M el punto medio de CG. En el triángulo rectángulo ACM, AM es la hipotenusa.

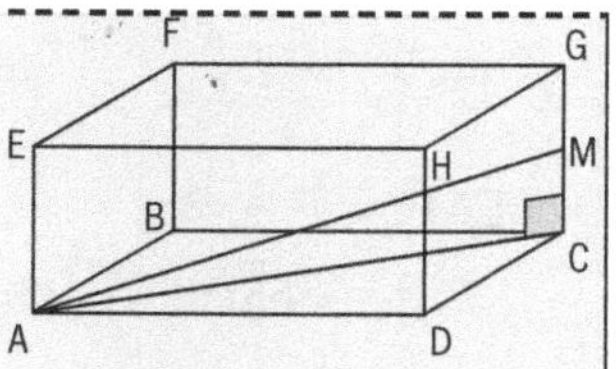

ii $MN^2 = MC^2 + CN^2$

$CN^2 = CD^2 + DN^2$

$CN^2 = 4^2 + 3{,}5^2$

$CN = \sqrt{28{,}25}\,\text{cm}$

$MN^2 = 1{,}5^2 + \left(\sqrt{28{,}25}\right)^2$

$MN = 5{,}52\,\text{cm}$ (3 cs)

Sea N el punto medio de AD. En el triángulo rectángulo MCN, MN es la hipotenusa.

Para hallar CN:

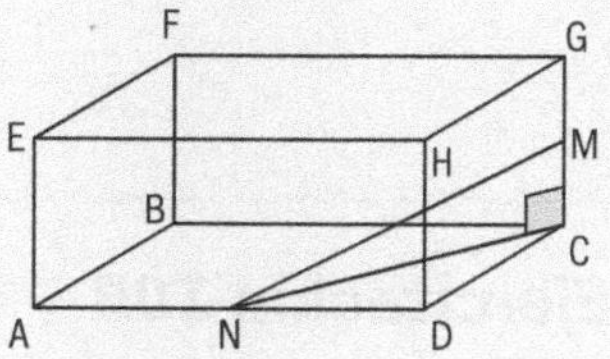

Utilice las funciones "cortar" y "pegar" para ingresar el valor intermedio, CN.

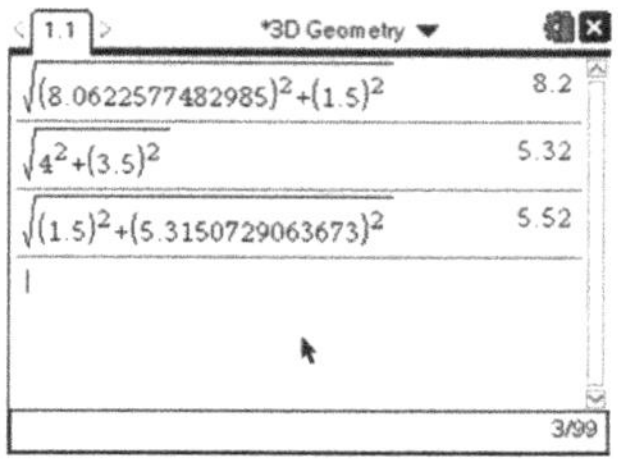

Ejemplo 3

En el diagrama, ABCD es la base rectangular de una pirámide recta con ápice en E. Los lados de la base miden 8 cm y 5 cm, y la altura de la pirámide, OE, mide 7 cm. Halle la longitud de:

a AC

b EC

c EM, donde M es el punto medio de CD

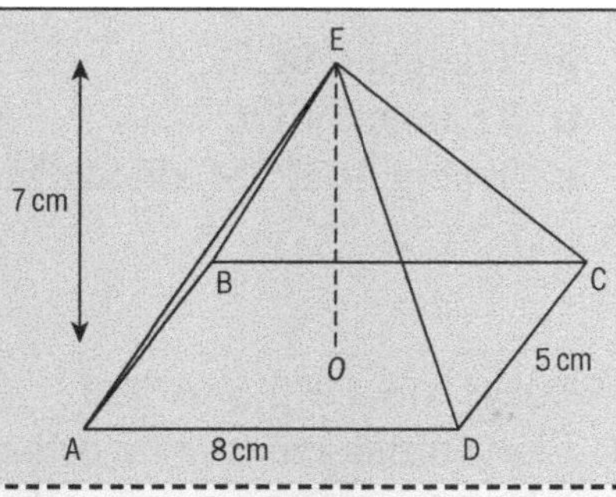

Respuestas

a $AC^2 = 8^2 + 5^2$

$AC = \sqrt{89}\text{ cm} = 9{,}43\,\text{cm}$ (3 cs)

En el triángulo rectángulo ADC, AC es la hipotenusa.

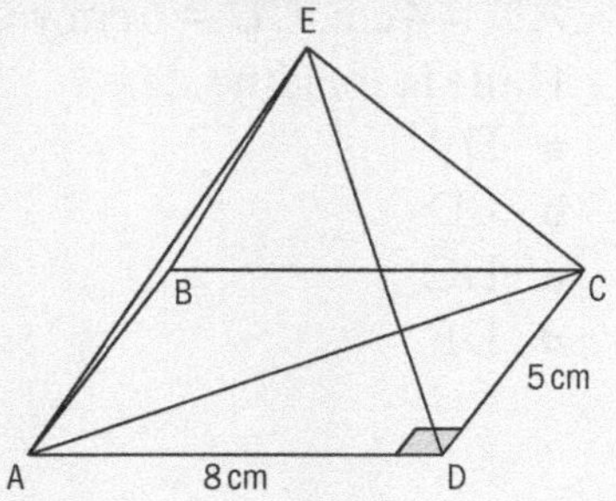

b $OC = \dfrac{AC}{2} = \dfrac{\sqrt{89}}{2}$

$EC^2 = OC^2 + OE^2$

$= \left(\dfrac{\sqrt{89}}{2}\right)^2 + 7^2$

$EC = 8{,}44\text{ cm}$ (3cs)

O es el centro de la base, el punto donde se cruzan las diagonales. OC es la mitad de AC. OE es perpendicular a la base; por lo tanto, el triángulo EOC es rectángulo. EC es la hipotenusa.

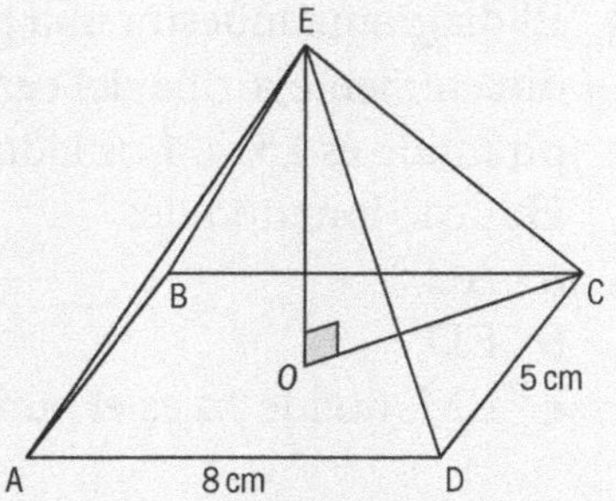

▶ Continúa en la página siguiente.

c $OM = \dfrac{AD}{2} = 4$

$EM^2 = 7^2 + 4^2$

$EM = \sqrt{65}\,cm = 8{,}06\,cm\ (3cs)$

EOM es un triángulo rectángulo.
EM es la hipotenusa.

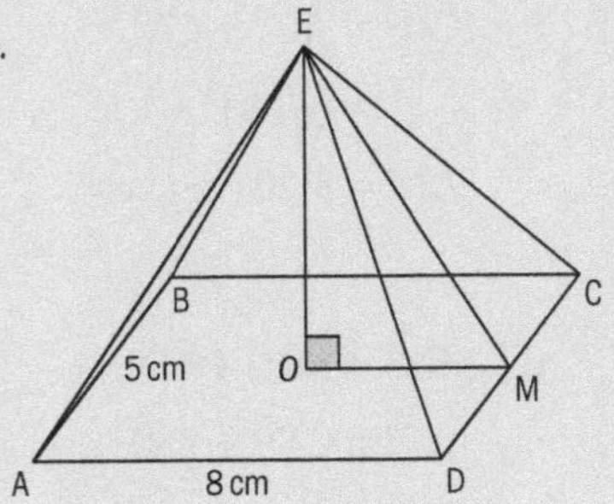

Ejercitación 10B

1 Copie el ortoedro que se muestra en el diagrama.
En distintos dibujos aproximados, marque claramente estos triángulos rectángulos:

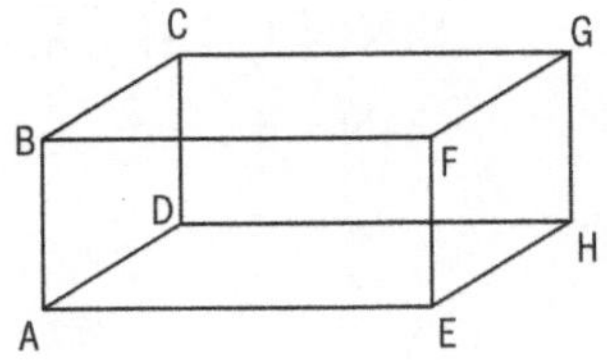

a Triángulo ACD
b Triángulo AGH
c Triángulo HBA
d Triángulo MCD, donde M es el punto medio de EH

2 Copie la pirámide recta que se muestra en el diagrama.
En distintos dibujos aproximados, marque claramente:

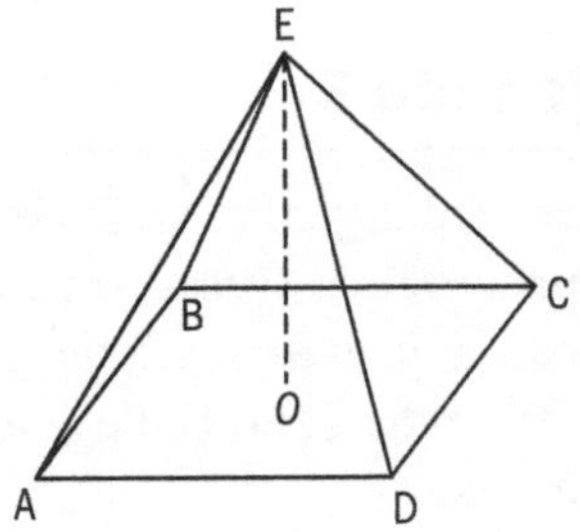

a Triángulo BCD
b Triángulo EOC
c Triángulo EOM, donde M es el punto medio de CD

PREGUNTAS TIPO EXAMEN

3 El diagrama muestra un ortoedro ABCDEFGH, donde AD = 4 cm, CD = 6 cm y CG = 9 cm.
Halle la longitud de:

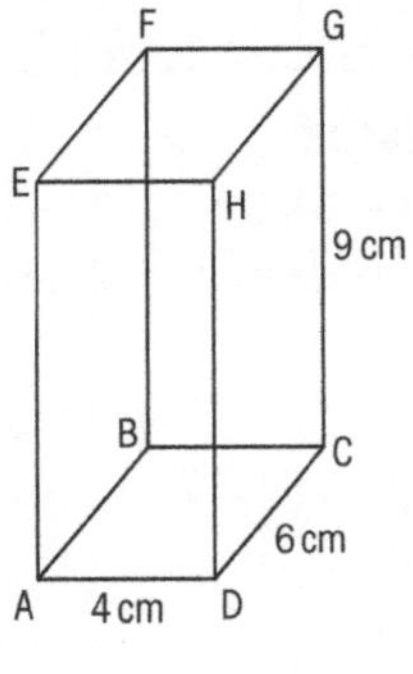

a DB
b ED
c DG
d DF

4 El diagrama muestra una pirámide de base cuadrada. E está directamente arriba del centro de la base, O. La altura de la pirámide es 1,5 m. Los lados de la base miden 0,6 m.
Halle la longitud de:

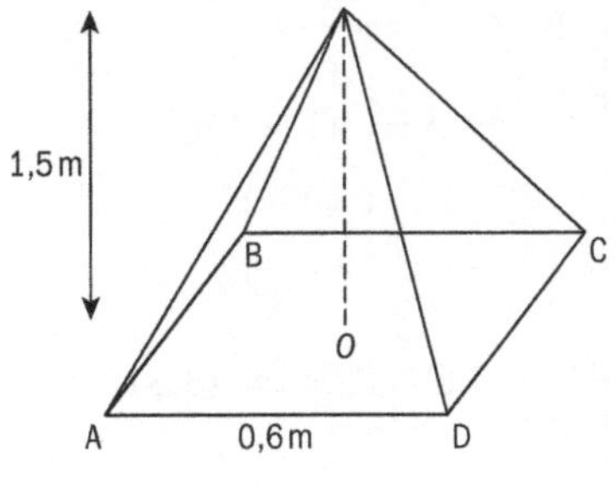

a AC
b ED
c EM, donde M es el punto medio de CD

5 El diagrama muestra un cono cuya base tiene centro en O y radio 4 cm. La generatriz del cono mide 9 cm. Halle la longitud de OV, la altura del cono.

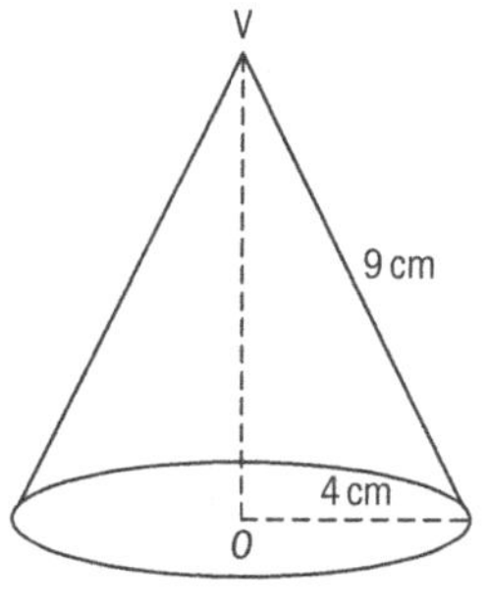

PREGUNTAS TIPO EXAMEN

6 El diagrama representa un armario de un gimnasio. Se muestran sus dimensiones.

a Calcule la longitud de AC.

b Halle la longitud de la barra de entrenamiento más larga que puede guardar el armario.

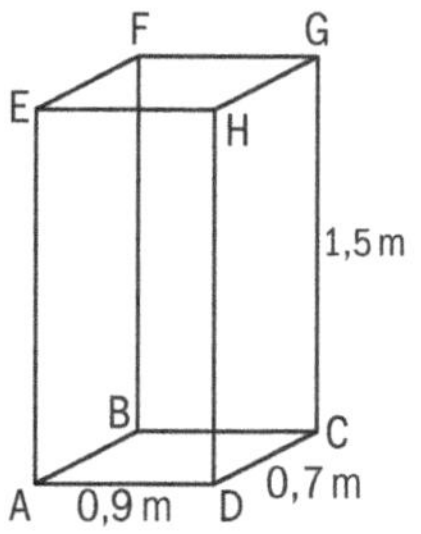

La longitud más larga en un ortoedro es la de la diagonal.

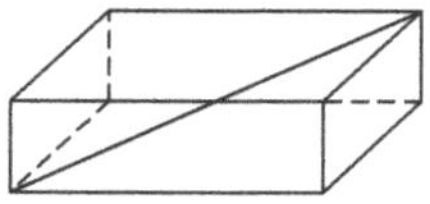

Dibuje aproximadamente la pirámide, rotulando las longitudes que conoce.

7 La gran pirámide de Guiza tiene una base cuadrada. Hoy en día, la longitud de un lado de la base es 230,4 m y la altura es 138,8 m.

En la pirámide hay aristas laterales y aristas básicas (lados de la base).

a Calcule la longitud de la diagonal de la base.

b Calcule la distancia que hay desde el ápice hasta el punto medio de un lado de la base.

c Calcule la longitud de una arista lateral de la pirámide.

10.3 Ángulos entre dos rectas, o entre una recta y un plano

Para calcular ángulos tenemos que empezar por identificar triángulos rectángulos. Luego usar trigonometría.

En el diagrama, ABCD es un plano y AG es parte de una recta. Para hallar el ángulo α que forma AG con el plano ABCD:

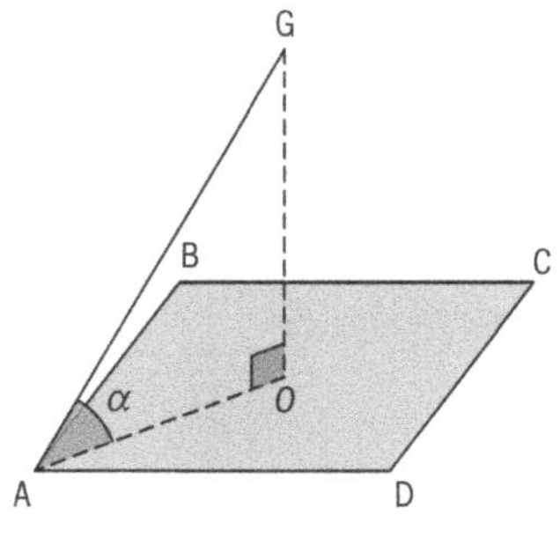

1 Trazar una perpendicular al plano desde G.

2 Rotular el punto en el que la perpendicular corta al plano.

3 Dibujar el triángulo rectángulo AOG. El ángulo opuesto al lado GO es α.

4 Usar trigonometría para hallar α.

El ángulo entre el plano ABCD y la recta AG también es el ángulo entre las rectas OA y AG.

Ejemplo 4

Copie el ortoedro que se muestra en el diagrama. Marque los ángulos que se describen. Use un diagrama distinto para cada ángulo:

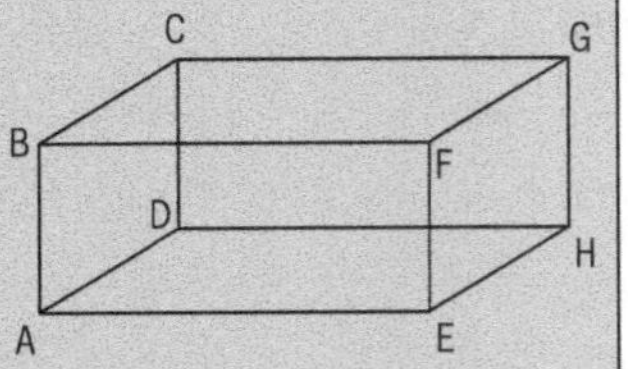

a El ángulo que forma el plano ADHE con la recta AG

b El ángulo que forma el plano ADHE con la recta AC

c El ángulo que forma el plano ABCD con la recta CE

d El ángulo entre las rectas BH y HA

Respuestas

a

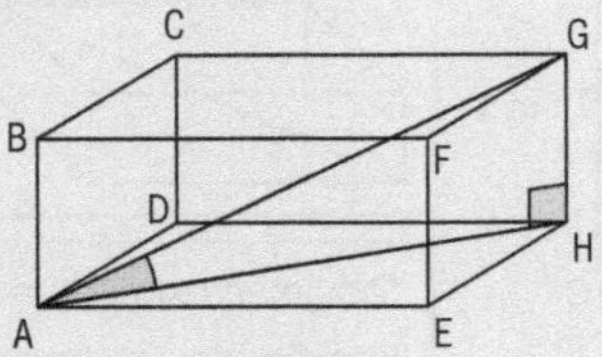

La arista GH es perpendicular a la cara ADHE. El ángulo buscado es el opuesto a GH.

b

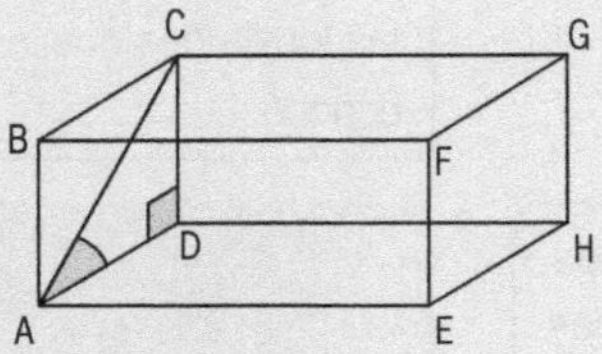

La arista CD es perpendicular a la cara ADHE. El ángulo buscado es el opuesto a CD.

c

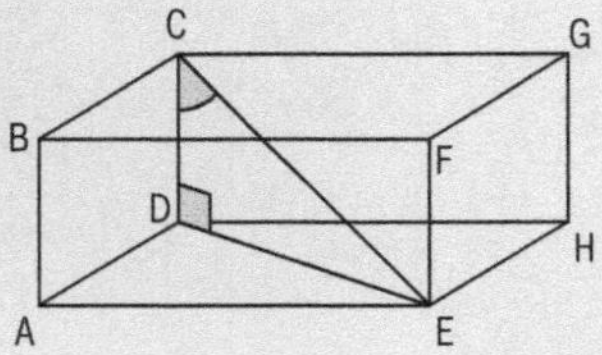

DE es perpendicular a la cara ABCD. El ángulo buscado es el opuesto a DE.

d

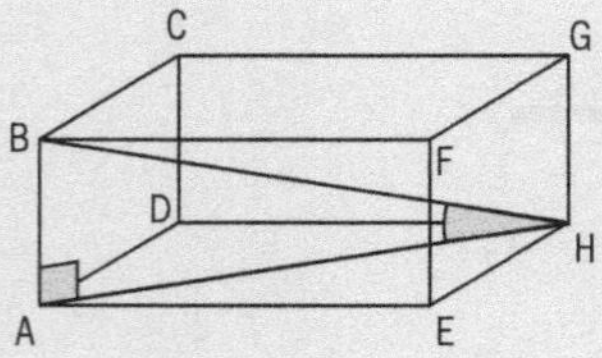

Dibujar BH y HA para obtener el ángulo AHB

Ejemplo 5

Copie el diagrama de la pirámide de base rectangular. E está directamente arriba del centro de la base, O. Marque los ángulos que se describen. Use un diagrama distinto para cada ángulo:

a El ángulo que forma la base ABCD con la arista DE

b El ángulo que forma la base ABCD con ME, donde M es el punto medio de CD

c El ángulo entre las rectas BE y ED

d El ángulo entre las rectas DE y EC

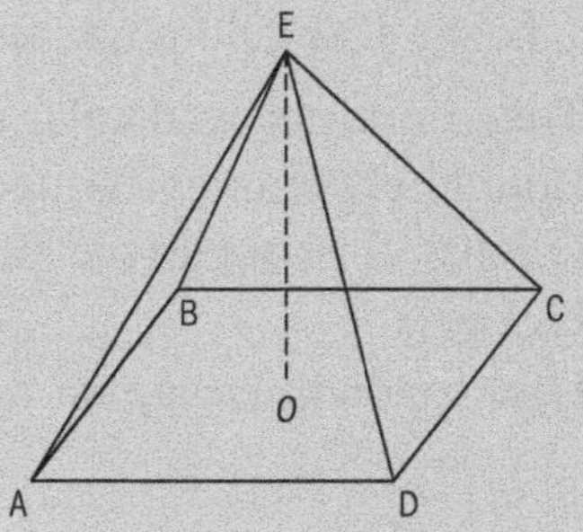

▶ Continúa en la página siguiente.

Respuestas

a

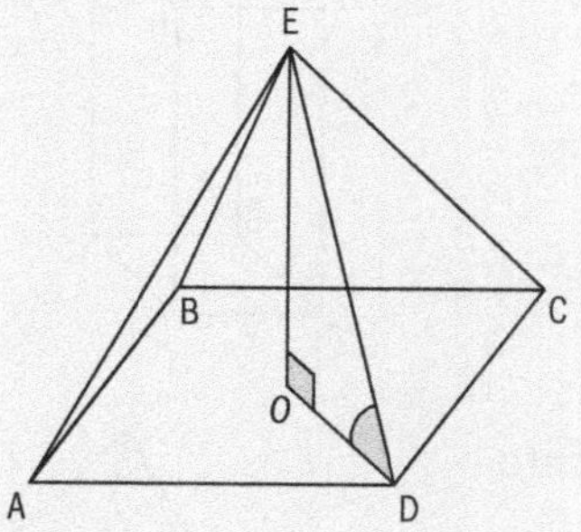

Trazar una perpendicular desde E hasta O. El ángulo buscado es ODE.

b

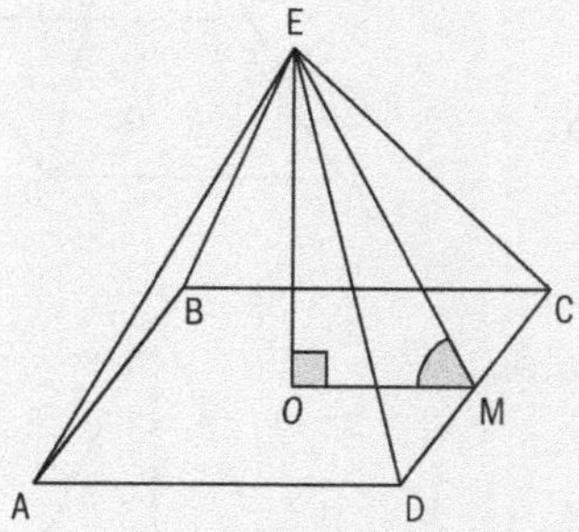

Trazar una perpendicular desde E hasta O. El ángulo buscado es OME.

c

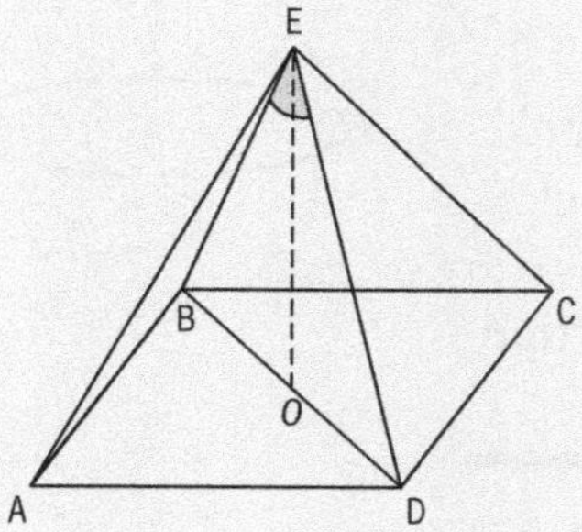

El ángulo buscado es BED.

Observe que BED es un triángulo isósceles.

d

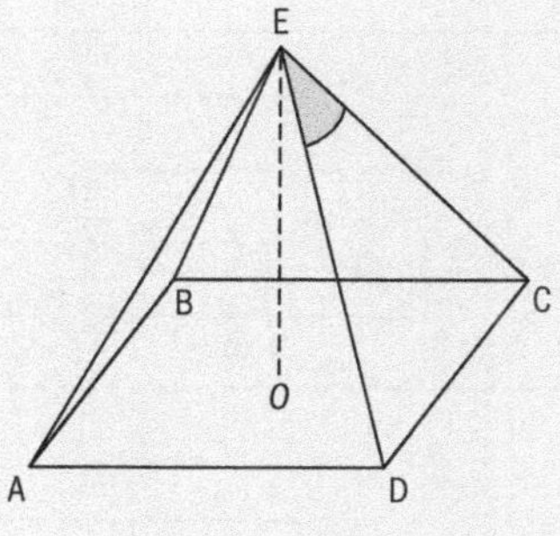

El ángulo buscado es DEC.

Observe que DEC es un triángulo isósceles.

Ejercitación 10C

1 Copie el ortoedro y marque los ángulos que se describen. Use un diagrama distinto para cada ángulo:

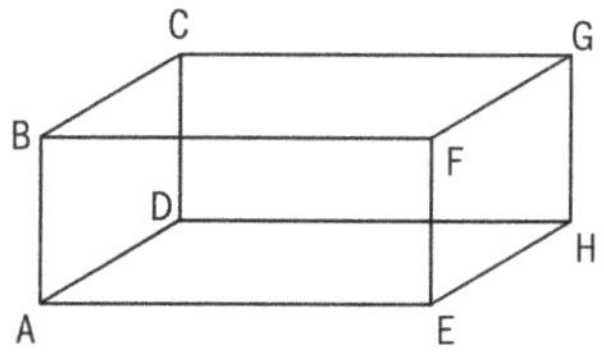

a El ángulo que forma la cara ADHE con la recta EG

b El ángulo que forma la cara ADHE con la recta EC

c El ángulo que forma la cara EFGH con la recta CE

d El ángulo entre las rectas CE y CF

e El ángulo entre las rectas CE y EA

2 Copie el ortoedro y marque los ángulos que se describen. Use un diagrama distinto para cada ángulo:

a El ángulo entre la cara AEHD y DG

b El ángulo entre la cara AEHD y DF

c El ángulo entre las rectas CF y CA

d El ángulo entre las rectas AH y HG

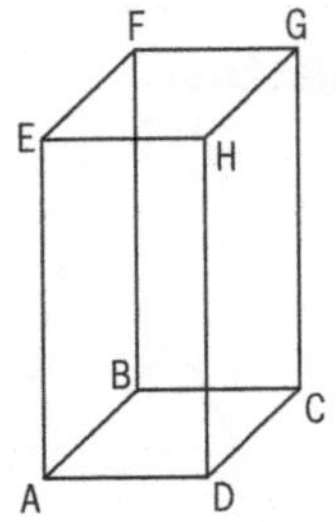

3 Copie el diagrama de la pirámide de base cuadrada. Marque los ángulos que se describen. Use un diagrama distinto para cada ángulo:

a El ángulo entre la base de la pirámide y la arista EC

b El ángulo entre las aristas EC y AE

c El ángulo entre la recta ME y la base, donde M es el punto medio de CD

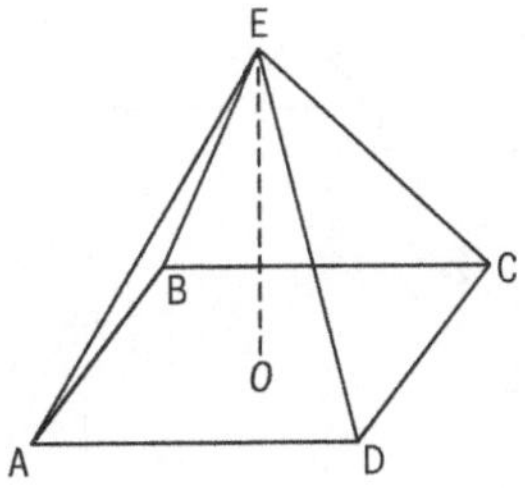

4 El diagrama muestra un cono recto, siendo O el centro de la base. A es el vértice del cono. T y P están en la circunferencia de la base y O es el punto medio de PT.
Copie el diagrama y marque estos ángulos. Use un diagrama distinto para cada ángulo:

a El ángulo que la generatriz, AT, forma con la base.

b El ángulo que la generatriz, AT, forma con PT. ¿Cuál es la relación entre este ángulo y el ángulo que se describió en el apartado **a**?

c El ángulo entre la generatriz AT y la generatriz AP. ¿Qué tipo de triángulo es PAT?

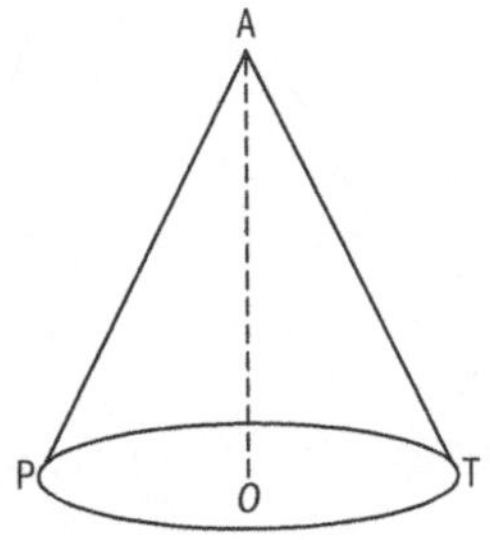

Ejemplo 6

El diagrama muestra el ortoedro ABCDEFGH. AE mide 9 cm, AB mide 2 cm y EH mide 5 cm.
Calcule el ángulo:

a Que forma el plano ADHE con la recta AG

b Entre las rectas BH y HE

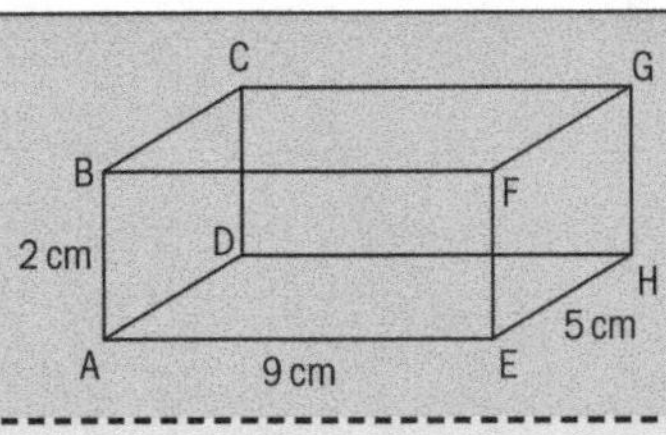

Respuestas

a $\tan G\hat{A}H = \frac{GH}{HA}$

AGH es un triángulo rectángulo, siendo $G\hat{H}A = 90°$ y GH = 2 cm. Calcular $G\hat{A}H$

$HA^2 = 9^2 + 5^2$

$HA = \sqrt{106}$ cm

$\tan G\hat{A}H = \frac{2}{\sqrt{106}}$

$G\hat{A}H = 11{,}0°$ (3 cs)

La tangente relaciona los lados GH y HA. Hallar HA usando Pitágoras. Mantener el valor exacto $\sqrt{106}$ para el próximo cálculo, de manera de poder hallar la respuesta final con la mayor precisión posible.

Reemplazar el valor de HA en la tangente. Redondear a tres cifras significativas en el último paso.

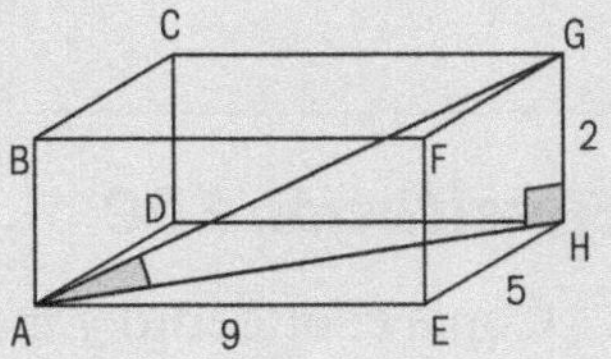

$\tan = \frac{\text{opuesto}}{\text{adyacente}}$

▶ Continúa en la página siguiente.

b $\tan B\hat{H}E = \dfrac{BE}{EH}$

Como BCHE es un rectángulo, el triángulo BEH es rectángulo, siendo $B\hat{E}H = 90°$. Calcular el ángulo BHE. La tangente relaciona los lados BE y EH.

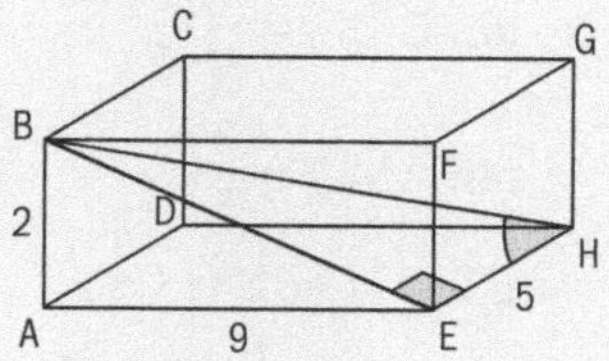

$BE^2 = 2^2 + 9^2$

Hallar BE usando Pitágoras

$BE = \sqrt{85}$ cm

$\tan B\hat{H}E = \dfrac{\sqrt{85}}{5}$

Reemplazar el valor de BE en la tangente

$B\hat{H}E = 61{,}5°$ (3 cs)

Ejemplo 7

El diagrama muestra una pirámide recta ABCDE.
La base es un rectángulo, AD = 6 cm y CD = 4 cm.
La altura de la pirámide mide 7 cm.

a **i** Calcule el ángulo AEO.

ii Calcule el ángulo AEC.

b Calcule el ángulo EMO, donde M es el punto medio de CD.

c **i** Calcule la longitud de ED.

ii A partir de lo anterior, calcule el ángulo DEC.

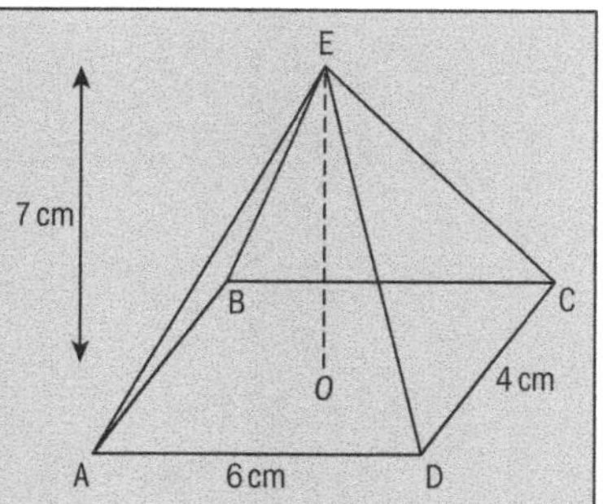

Respuestas

a **i** $\tan A\hat{E}O = \dfrac{AO}{EO}$

AOE es un triángulo rectángulo, siendo $\hat{O} = 90°$. Tenemos que hallar el ángulo AEO. La tangente relaciona AO (la mitad de AC) con EO, la altura. Hallar AC usando Pitágoras y dividirlo por dos.

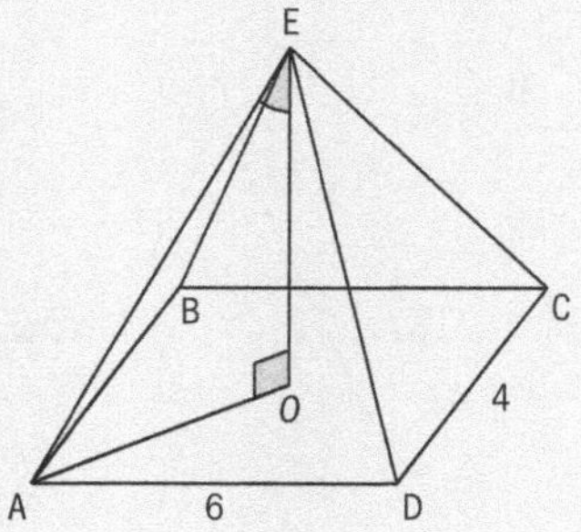

$AC^2 = 6^2 + 4^2$

$AC = \sqrt{52}$ cm

$AO = \dfrac{\sqrt{52}}{2}$ cm

$\tan A\hat{E}O = \dfrac{\frac{\sqrt{52}}{2}}{7}$

Reemplazar los valores de AO y de EO en la tangente

$A\hat{E}O = 27{,}3°$ (3 cs)

ii $A\hat{E}C = 2 \times A\hat{E}O$
$= 2 \times 27{,}252\ldots$

$A\hat{E}C = 54{,}5°$ (3 cs)

El triángulo AEC es isósceles, así que EO es un eje de simetría. EO divide en dos partes iguales al ángulo AEC. Así que $A\hat{E}C$ es el doble de $A\hat{E}O$.

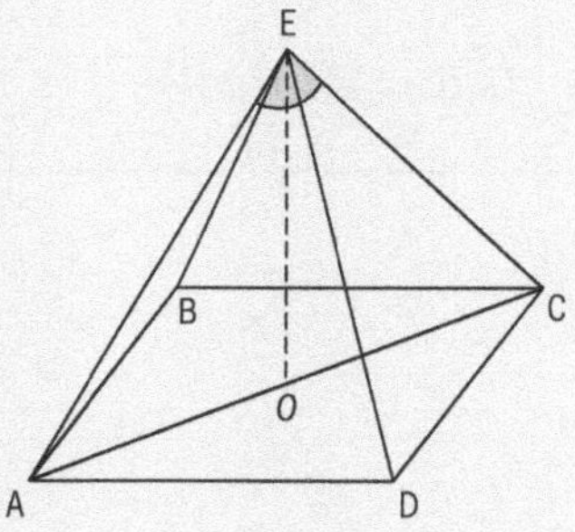

▶ Continúa en la página siguiente.

b $\tan E\hat{M}O = \dfrac{EO}{OM}$

$\tan E\hat{M}O = \dfrac{7}{3}$

$E\hat{M}O = 66{,}8°$ (3 cs)

EMO es un triángulo rectángulo, siendo $\hat{O} = 90°$.
La tangente relaciona EO con OM.
OM es la mitad de AD = $\frac{6}{2} = 3$.

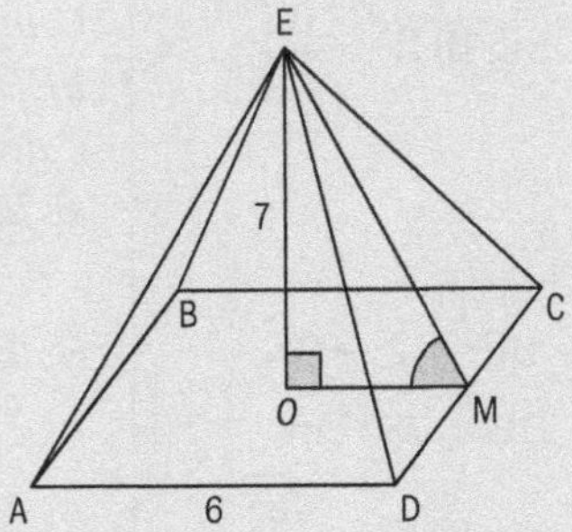

c i $ED^2 = OD^2 + OE^2$

$OD = \dfrac{BD}{2}$

$BD = AC = \sqrt{52}$ cm

Entonces $OD = \dfrac{\sqrt{52}}{2}$ cm

En el triángulo rectángulo EOD, siendo $\hat{O} = 90°$, ED es la hipotenusa.
Aplicar Pitágoras en el triángulo EOD. Necesitamos hallar OD.
OD es la mitad de BD, que tiene la misma longitud que AC, que hemos hallado en el apartado **a i**.

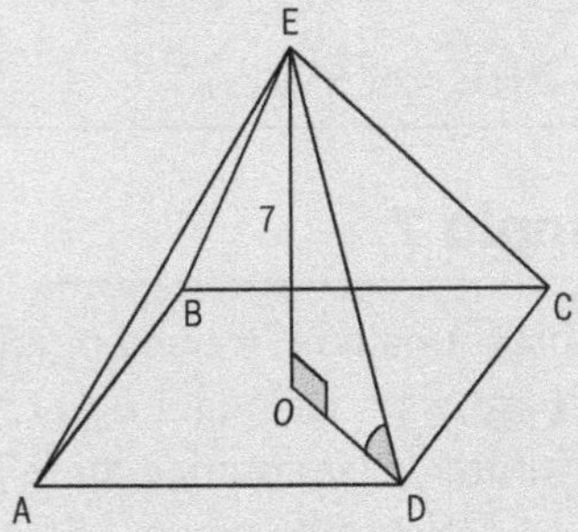

$ED^2 = \left(\dfrac{\sqrt{52}}{2}\right)^2 + 7^2$

$ED = \sqrt{62}$ cm
$= 7{,}87$ cm (3 cs)

Reemplazar los valores de ED y de OE en la fórmula de Pitágoras

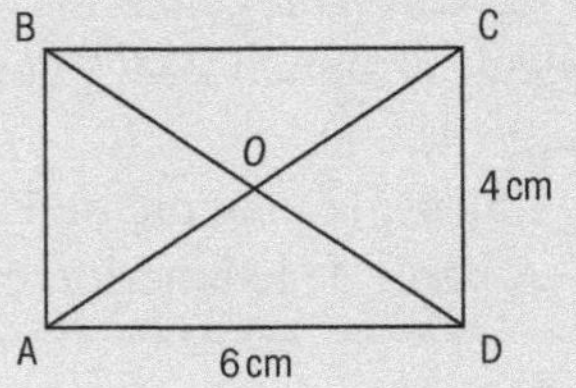

ii

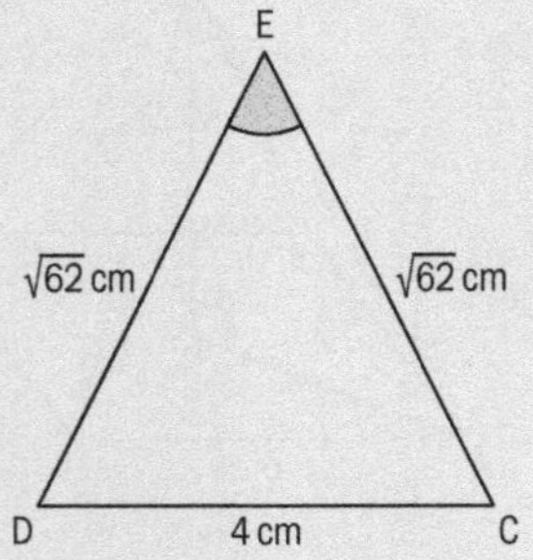

Este es el ángulo DEC. El triángulo DEC es isósceles y conocemos las longitudes de los tres lados (ED = EC = $\sqrt{62}$cm, del apartado **c i**).

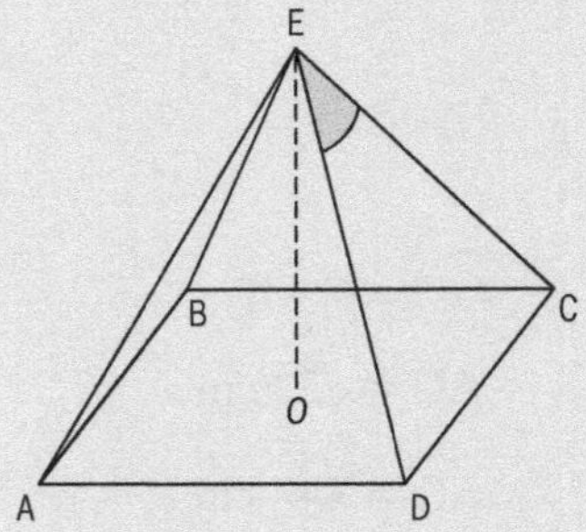

$\cos D\hat{E}C = \dfrac{(\sqrt{62})^2 + (\sqrt{62})^2 - 4^2}{2 \times (\sqrt{62}) \times (\sqrt{62})}$

$D\hat{E}C = 29{,}4°$ (3 cs)

Usar el teorema del coseno en el triángulo DEC

$$\cos C = \frac{a^2 + b^2 - c^2}{2ab}$$

Ejercitación 10D

PREGUNTAS TIPO EXAMEN

1 En el ortoedro ABCDEFGH, AD = 10 cm, CD = 4 cm y AE = 3 cm.

a **i** Calcule la longitud de AC.

ii Calcule el ángulo que forma AG con la cara ABCD.

b **i** Calcule la longitud de AF.

ii Halle el ángulo que forma la cara AEFB con la recta AG.

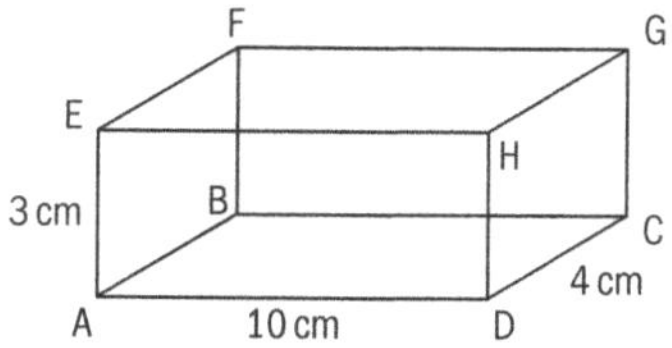

2 El diagrama muestra el cubo ABCDEFGH, de 2 m de lado.

a Calcule la longitud de BD.

b Halle el ángulo que forma DF con la cara ABCD.

Sea M el punto medio de BF.

c Halle el ángulo que forma MD con la cara ABCD.

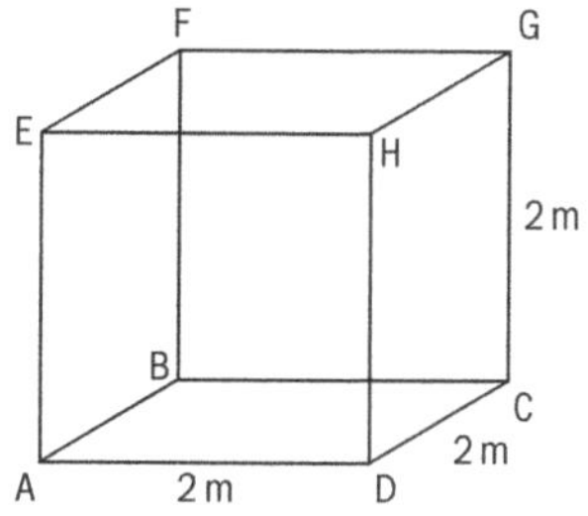

3 El diagrama muestra el ortoedro ABCDEFGH, donde AD = 4 cm, CD = 6 cm y CG = 9 cm.

a **i** Calcule la longitud de BD.

ii Halle el ángulo que forma AF con la cara BFGC.

b Halle el ángulo que forma AF con la cara ABCD.

c **i** Calcule la longitud de AC.

ii Calcule la longitud de FC.

iii Halle el ángulo entre las rectas AF y FC.

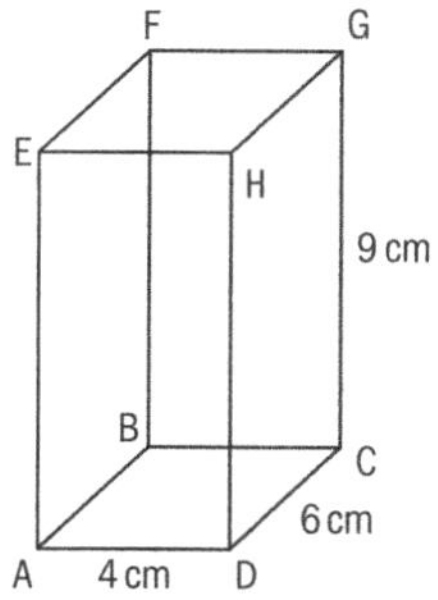

4 El diagrama muestra la pirámide recta de base rectangular ABCDE, con AD = 4 cm, CD = 3 cm y EO = 7 cm.

a Halle la longitud de AC.

b Halle la longitud de AE.

c Halle el ángulo AEC.

d Halle el ángulo que forma AE con la base de la pirámide.

e Halle el ángulo que forma la base de la pirámide con EM, donde M es el punto medio de CD.

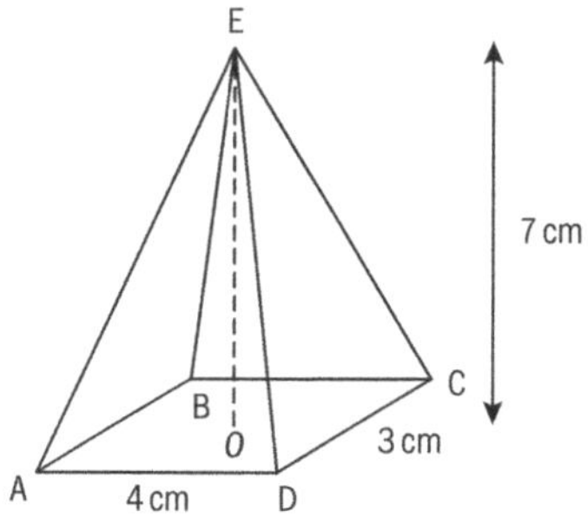

5 El diagrama muestra un cono; su base tiene centro en O y radio igual a 3 cm. El punto A está 5 cm directamente arriba de O. Los puntos T y P están en la circunferencia de la base, y O es el punto medio de PT.

a Halle la longitud de la generatriz del cono, AT.

b Halle el ángulo que forma AT con la base del cono.

c Halle el ángulo PAT.

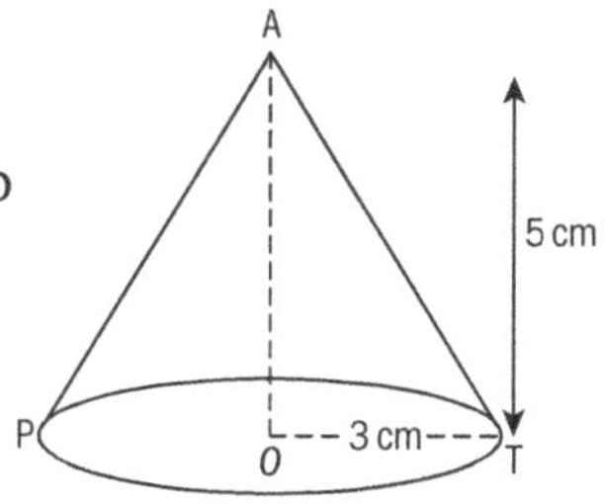

PREGUNTA TIPO EXAMEN

6 Una tienda de playa tiene forma de cono recto. El centro de la base está en O y el área de la base es igual a 5 m². La tienda mide 2 m de altura. Se amarra a la arena en los puntos P y T, y O es el punto medio de PT.

a Halle el radio de la base.

b Halle el ángulo PAT.

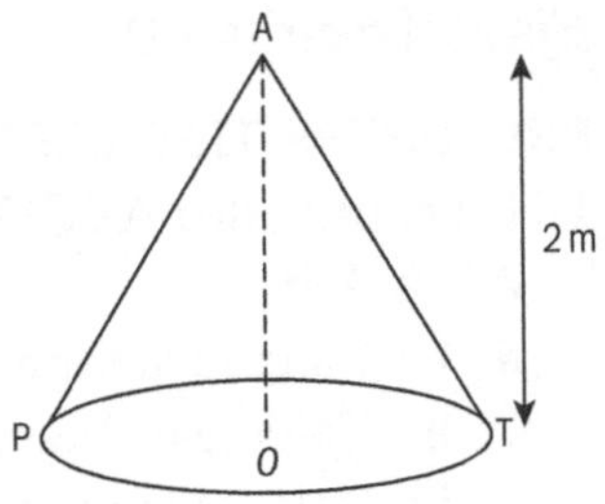

10.4 Superficie de los sólidos en el espacio

Para calcular superficies, primero haga un dibujo aproximado del sólido.

→ La **superficie** de un sólido es la suma de las áreas de todas sus caras. La superficie se mide en unidades cuadradas, como p. ej., cm^2, m^2.

Hay dos tipos de sólidos:

- Sólidos cuyas caras son todas planas. Por ejemplo: prismas (sin incluir a los cilindros), pirámides (sin incluir a los conos), o combinaciones de estos.
- Sólidos que tienen al menos una cara curva. Por ejemplo: cilindros, esferas, semiesferas, conos o combinaciones de estos.

Superficie de sólidos cuyas caras son todas planas

Ejemplo 8

Calcule la superficie de estos sólidos:

a

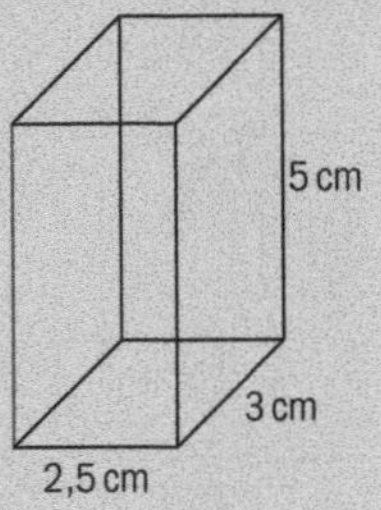

b

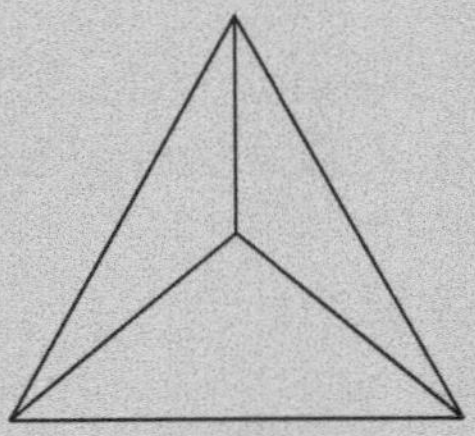

Una pirámide de base triangular con todas las aristas de 5 cm

Este sólido se denomina **tetraedro regular**.

Respuestas

a Superficie del ortoedro
$= 2 \times 2{,}5 \times 3 + 2 \times 3 \times 5 + 2 \times 2{,}5 \times 5$
$= 70\,cm^2$

Hay seis caras rectangulares:

- *2 caras de 2,5 × 3*

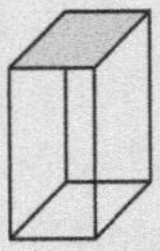

- *2 caras de 3 × 5*

- *2 caras de 2,5 × 5*

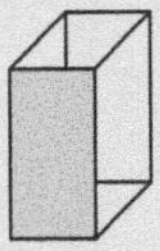

▶ Continúa en la página siguiente.

b Superficie del tetraedro $= 4 \times$ área del triángulo Área de un triángulo $= \frac{1}{2} \times 5 \times 5 \text{ sen} 60°$ $= 10{,}825\ldots \text{cm}^2$ Superficie $= 4 \times 10{,}825\ldots$ $= 43{,}3 \text{ cm}^2$ (3 cs)	*Hay cuatro caras idénticas.* *Cada cara es un triángulo equilátero.* *Usar la fórmula del área de un triángulo* $A = \frac{1}{2} ab \text{ sen} C$ *Recordar que hay que redondear solo en el último paso del cálculo* 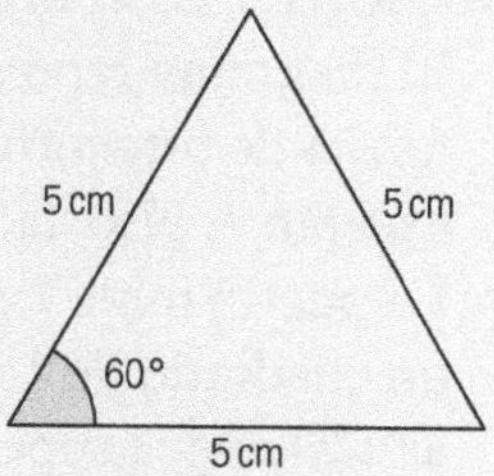

Ejercitación 10E

1 Calcule la superficie de estos sólidos:

a

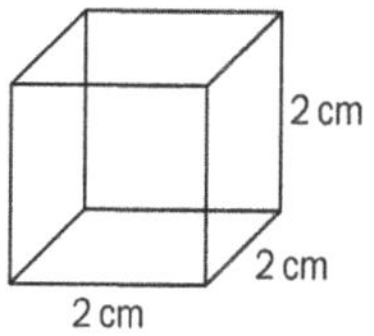

b

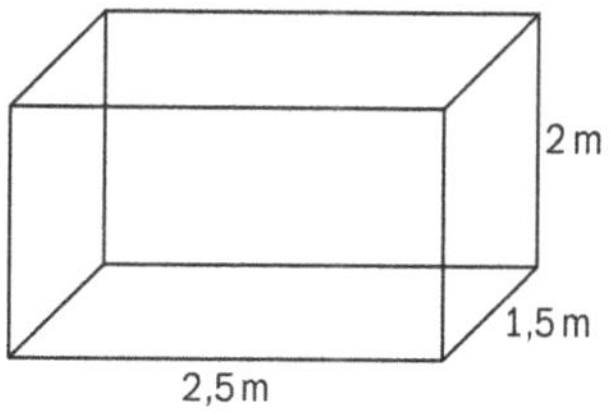

c ABCDEF es un prisma. CF mide 5 cm y el triángulo ABC es equilátero, de lado 4 cm.

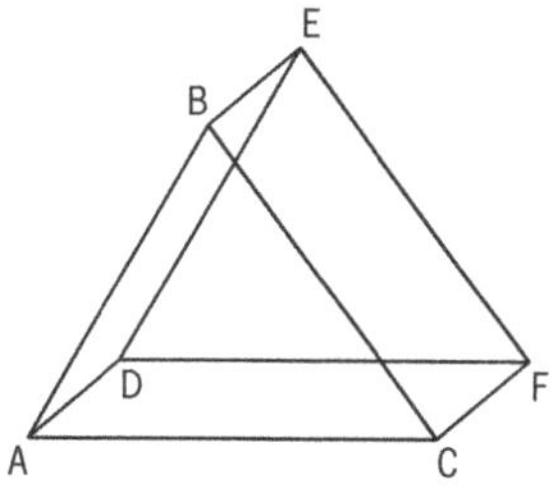

PREGUNTAS TIPO EXAMEN

2 ABCDEF es un prisma recto. BE mide 4 cm y el triángulo ABC es isósceles, donde AC = CB = 3 cm y el ángulo BCA = 120°.

a Halle el área del triángulo ABC.

b Halle la longitud de la arista AB.

c Halle la superficie del prisma.

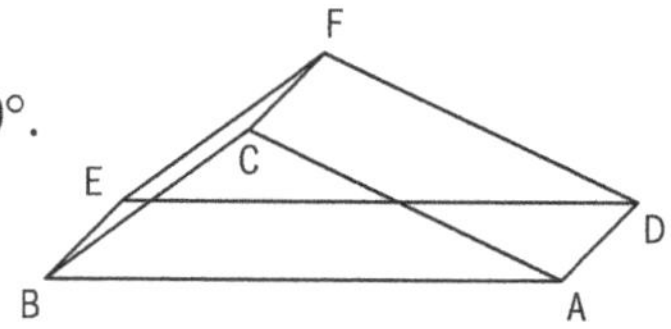

3 ABCDE es una pirámide recta de base cuadrada y O es el centro de la base. La longitud del lado de la base es 5 cm. La altura de la pirámide es 6 cm.

a Calcule la longitud de EM, donde M es el punto medio de BC.

b Calcule el área del triángulo CDE.

c Calcule la superficie de la pirámide.

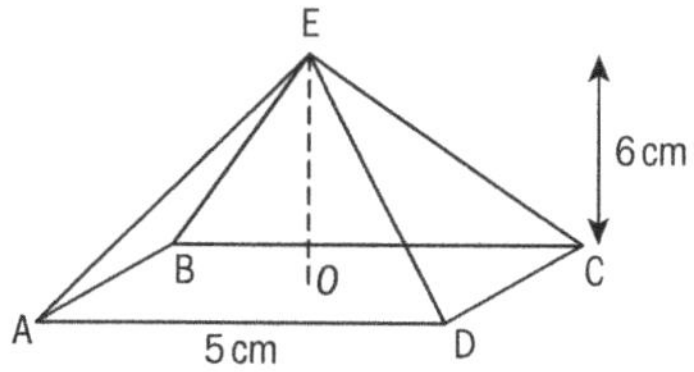

4 La superficie de un cubo es 600 m². Calcule la longitud de sus aristas. Dé su respuesta en cm.

PREGUNTA TIPO EXAMEN

5 La arista de un cubo mide 5,4 m.

a Calcule la superficie del cubo.

b Dé su respuesta al apartado **a** en la forma $a \times 10^k$, donde $1 \leq a < 10$, $k \in \mathbb{Z}$.

PREGUNTA TIPO EXAMEN

6 El diagrama representa la habitación de Jerónimo, que tiene forma de ortoedro. Está planeando pintar toda la superficie, excepto el piso, la puerta y la ventana.

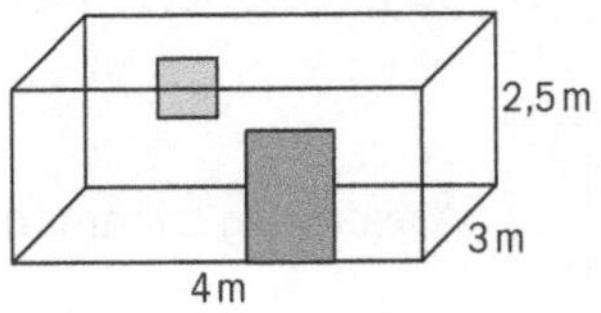

La puerta mide 2 m de altura y 1,3 m de ancho, y la ventana es un cuadrado de 1 metro de lado.

a Calcule la superficie que Jerónimo planea pintar.

Jerónimo necesita 1,2 litros de pintura para cubrir 1 m^2.

b Calcule el número de litros de pintura que necesita. Redondee su respuesta **hacia arriba** y al litro más cercano.

Un litro de pintura cuesta USD4,60.

c Calcule cuánto gastará Jerónimo en pintura. Dé su respuesta redondeando a dos cifras decimales.

Hay que redondear hacia arriba al próximo entero, ya que la pintura se compra por litro.

Superficie de sólidos que tienen al menos una cara curva

- **Cilindro**

Un cilindro tiene tres caras: una curva (que también llamaremos **cara lateral**) y dos planas. Si cortamos la cara curva (como muestra la figura) y la abrimos, obtenemos un rectángulo. La longitud del rectángulo es igual a la circunferencia de la base del cilindro.

$C = 2\pi r$

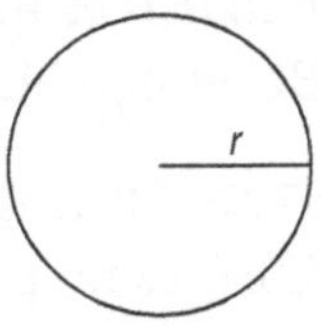

Si a es la altura y r es el radio de la base:

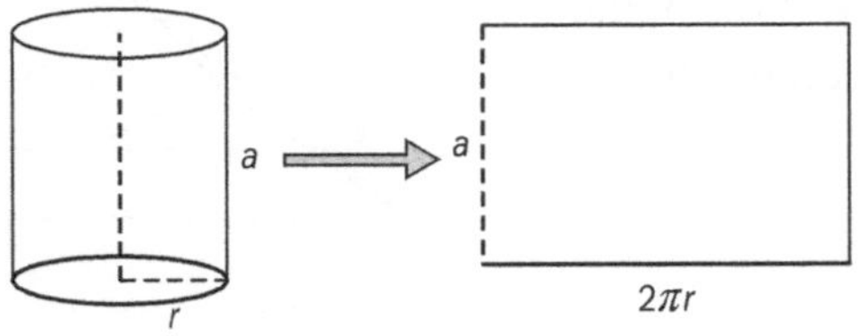

→ Área lateral del cilindro $= 2\pi ra$

Esta fórmula está en el cuadernillo de fórmulas. (Nota: Es posible que algunas variables no estén traducidas al español en el cuadernillo de fórmulas.)

Área de un círculo $= \pi r^2$

El cilindro tiene dos caras iguales que son circulares.

Área de dos círculos $= 2\pi r^2$

Por lo tanto:

→ Superficie del cilindro $= 2\pi ra + 2\pi r^2$

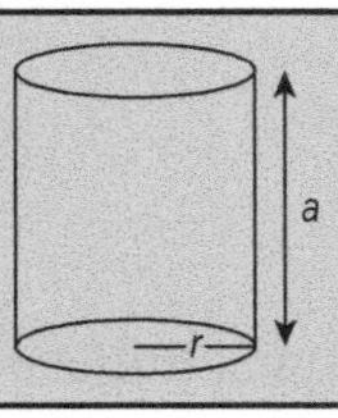

¿El número π se inventó o se descubrió? ¿Cuándo se usó por primera vez? ¿Por qué se denota con una letra griega?

- **Esfera**

Una esfera tiene una cara curva.

Sea r el radio de la esfera; entonces:

→ Área de la esfera = $4\pi r^2$

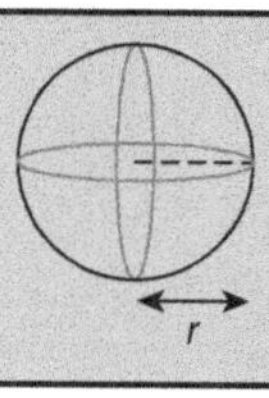

Esta fórmula está en el cuadernillo de fórmulas.

- **Cono**

Un cono tiene dos caras: una plana y otra curva (que también llamaremos **cara lateral**).

Sea r el radio y l la longitud de la generatriz del cono; entonces:

→ Área lateral del cono = πrl

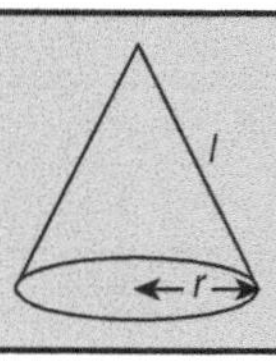

Esta fórmula está en el cuadernillo de fórmulas.

La base del cono es un círculo, por lo tanto:

→ Superficie del cono = $\pi rl + \pi r^2$

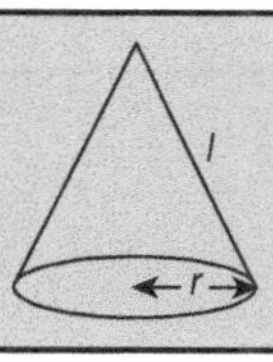

Ejemplo 9

Para cada uno de estos sólidos, calcule:

i El área lateral

ii La superficie

a

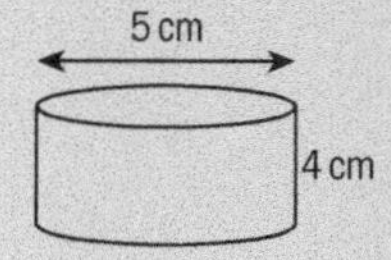

b

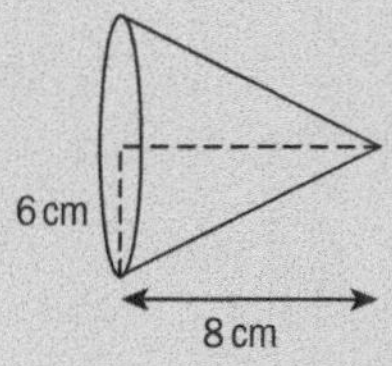

Respuestas

a i Área lateral

$= 2\pi \times 2{,}5 \times 4$

$= 20\pi = 62{,}8$ cm² (3 cs)

Área lateral del cilindro

$= 2\pi ra$

Radio de la base = 2,5 cm

Superficie = $2\pi ra + 2\pi r^2$

ii Área de las dos bases circulares

$= 2\pi \times 2{,}5^2$

$= 39{,}26...$ cm²

Superficie del cilindro

$= 62{,}8... + 39{,}26...$

$= 102$ cm² (3 cs)

▶ Continúa en la página siguiente.

b i $l^2 = 6^2 + 8^2$

$l = 10$ cm

Usar el teorema de Pitágoras para hallar la longitud de la generatriz del cono, l

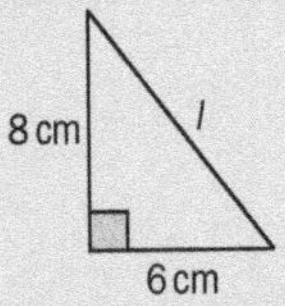

Área lateral del cono

$= \pi \times 6 \times 10 = 60\pi$

$= 188$ cm^2 (3 cs)

Área lateral del cono $= \pi rl$

ii Superficie del cono

$= 60\pi + \pi \times 6^2$

$= 96\pi$ cm^2

$= 302$ cm^2 (3 cs)

Superficie del cono

$= \pi rl + \pi r^2$

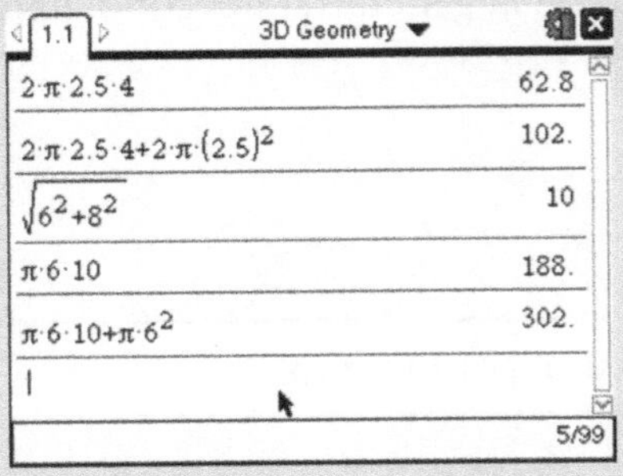

Ejercitación 10F

PREGUNTAS TIPO EXAMEN

1 Calcule la superficie de cada sólido:

a

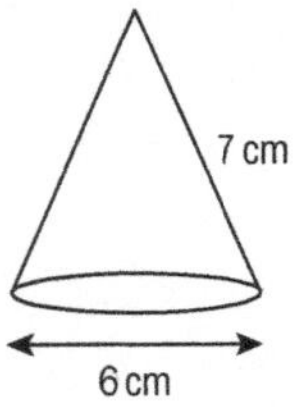

b

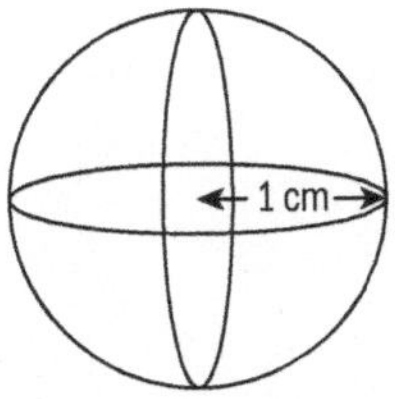

c

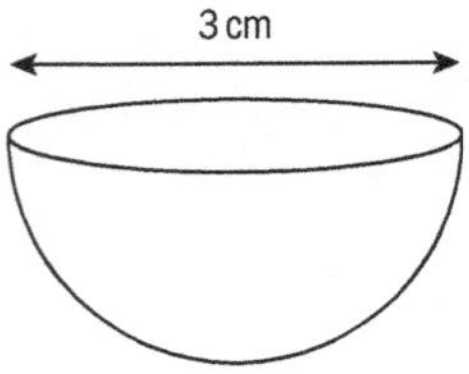

d

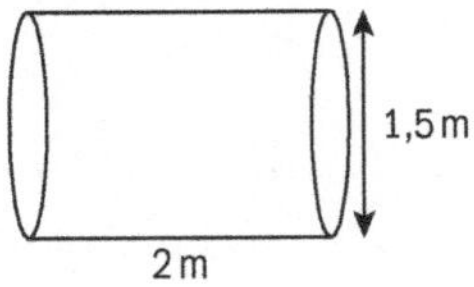

2 Calcule la superficie de estos sólidos:

Divida cada sólido en dos sólidos.

a

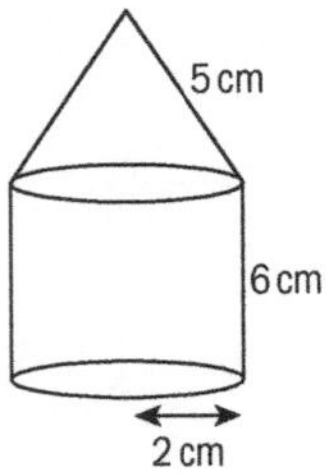

b

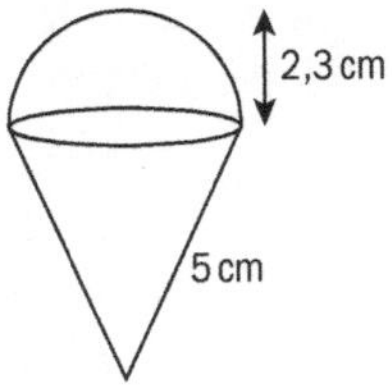

3 La superficie de una esfera es 1000 cm^2. Halle su radio.

PREGUNTA TIPO EXAMEN

4 El primer diagrama muestra un portalápiz cilíndrico hecho con cuero. El diámetro de la base mide 8 cm y la altura mide 13 cm.

a Calcule el área de cuero que se necesita para hacer este portalápiz.

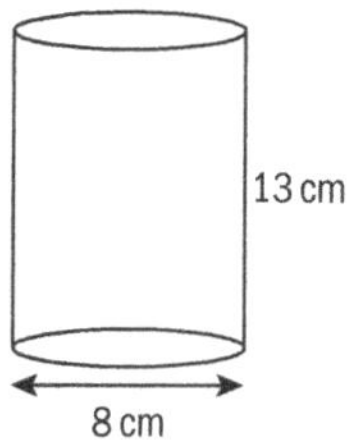

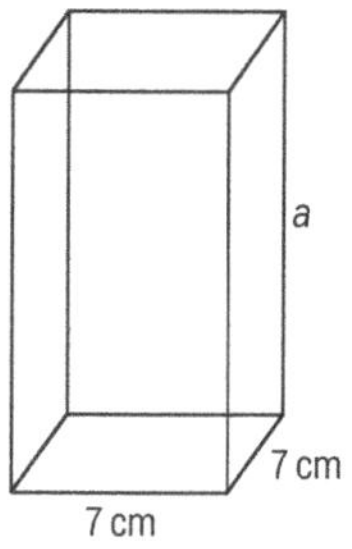

Se hace otro portalápiz en forma de ortoedro, como muestra el segundo diagrama. Los lados de la base cuadrada miden 7 cm. Este portalápiz utiliza la misma cantidad de cuero que el cilíndrico.

b Halle la altura, *a*, del ortoedro. Dé su respuesta redondeando a dos cifras significativas.

10.5 Volumen de los sólidos en el espacio

→ El volumen de un sólido es la cantidad de espacio que ocupa y se mide en unidades cúbicas, como p. ej., cm^3, m^3, etc.

Recuerde que 1 centímetro cúbico es el espacio que ocupa un cubo de 1 cm de arista.

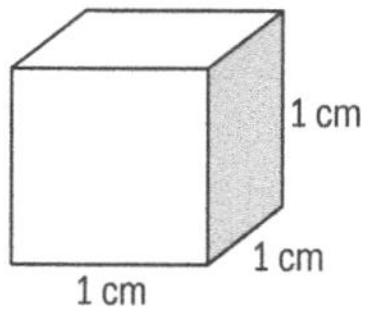

Volumen de un prisma

Para calcular el volumen de un prisma necesitamos conocer:

- El área de la **sección transversal** del prisma (el área de la base)
- La **altura** (la distancia entre las dos bases)

En cada uno de los prismas que se muestran a continuación, se sombreó una de las bases y se rotuló la altura.

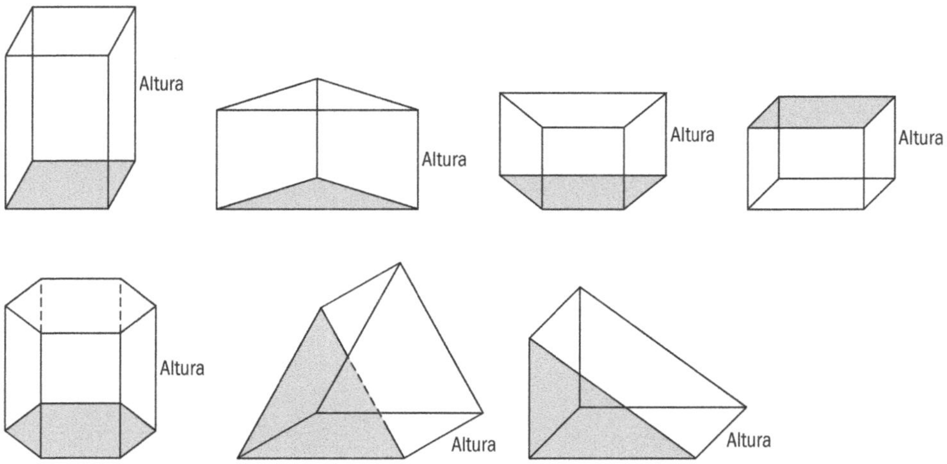

→ El volumen de un prisma es:
V = área de la base × altura

Esta fórmula está en el cuadernillo de fórmulas.

Un ortoedro es un prisma cuya base es un rectángulo.

Volumen del ortoedro = área de la base × altura

Área de la base = largo × ancho

Volumen del ortoedro = largo × ancho × altura

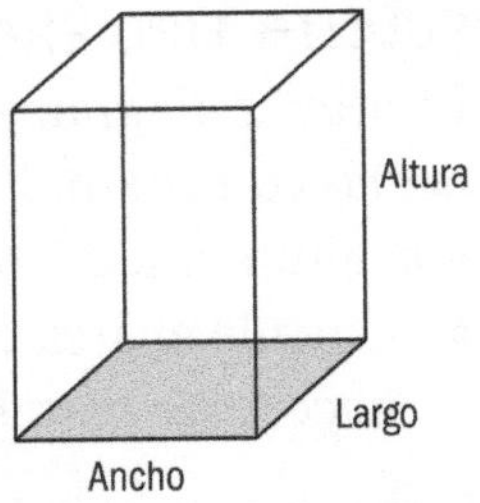

> ➔ El volumen del ortoedro es:
>
> $V = l \times A \times a$
>
> Donde l es el largo, A el ancho y a la altura

Esta fórmula está en el cuadernillo de fórmulas. (Nota: Es posible que algunas variables no estén traducidas al español en el cuadernillo de fórmulas.)

Ejemplo 10

Calcule el volumen de estos prismas:

a

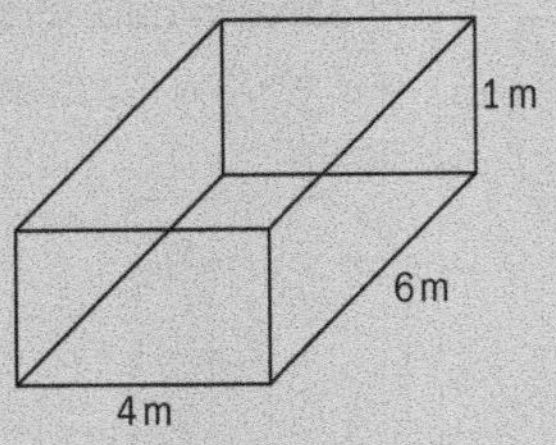

b

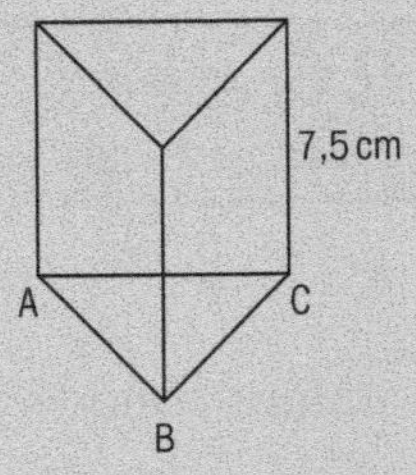

El área de ABC es 12 cm².

c

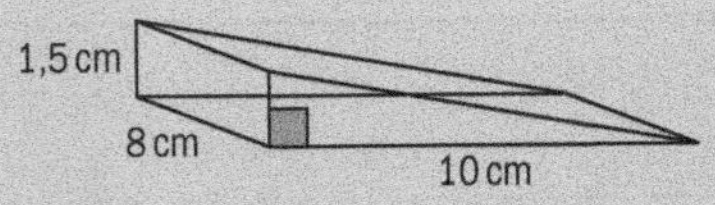

Respuestas

a Volumen $= l \times A \times a$
$= 6 \times 4 \times 1$
$= 24\,\text{m}^3$

b Volumen = área de la base × altura
$= 12 \times 7{,}5 = 90\,\text{cm}^3$

c Área de la base $= \frac{1}{2}(b \times a)$
$= \frac{1}{2}(10 \times 1{,}5) = 7{,}5\,\text{cm}^2$
Volumen = área de la base × altura
$= 7{,}5 \times 8 = 60\,\text{cm}^3$

Primero calcular el área de la base

Área de un triángulo $= \frac{1}{2}(b \times a)$

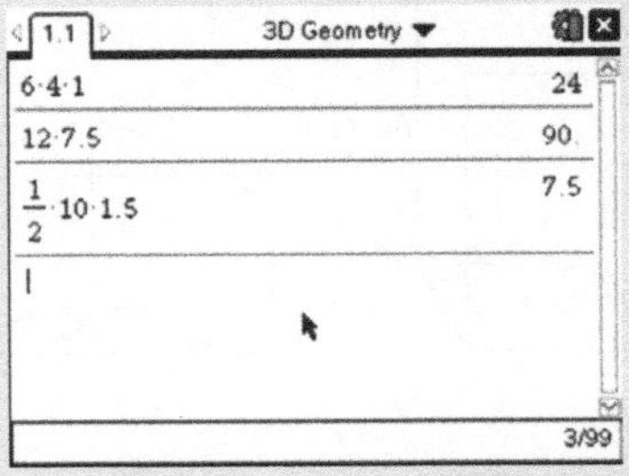

Ejercitación 10G

1 Calcule el volumen de cada prisma:

a

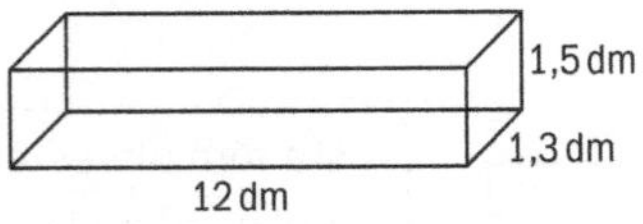

b

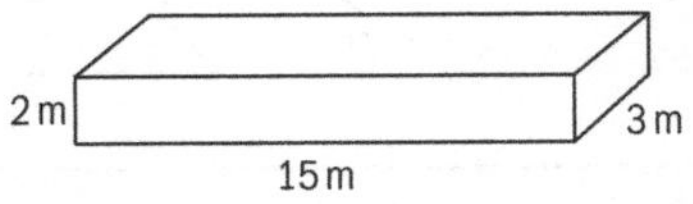

En el apartado **a**, el volumen estará expresado en dm³.

c

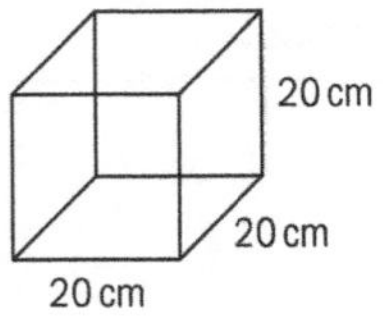

d

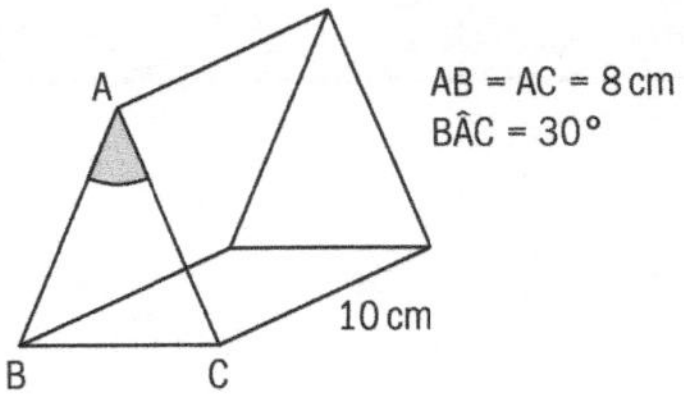

e

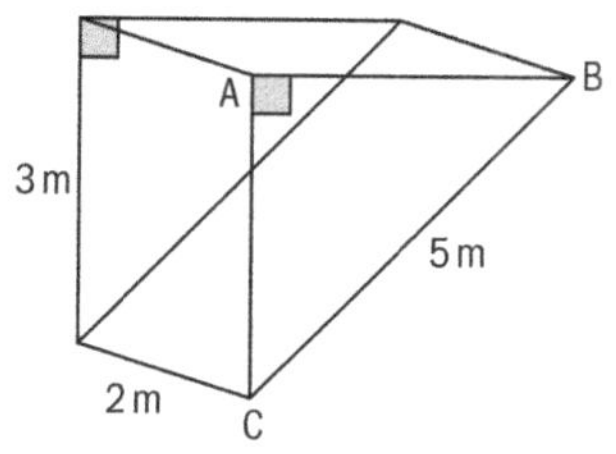

f

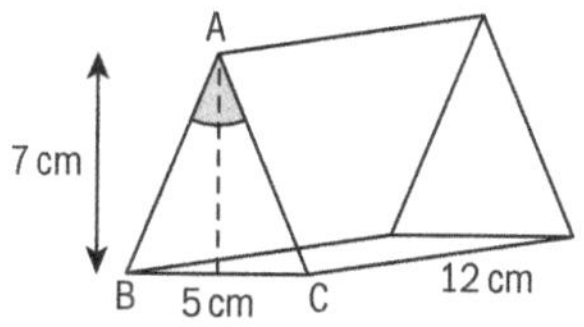

PREGUNTAS TIPO EXAMEN

2 El diagrama muestra un prisma de base triangular. Ángulo CAB = 90°.

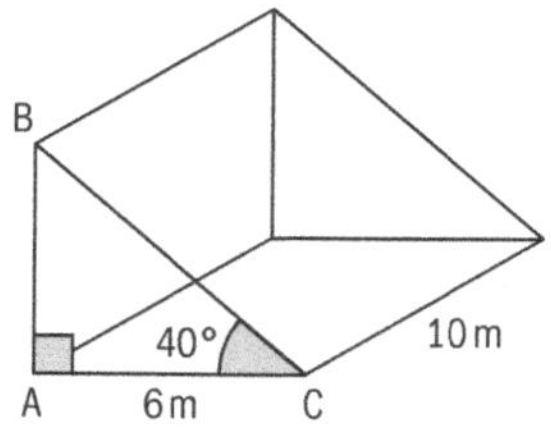

a Calcule la longitud de AB.

b Calcule el área del triángulo ABC.

c Calcule el volumen del prisma.

3 El diagrama muestra un prisma, donde ABCDEF un hexágono regular. Cada lado del hexágono mide 5 cm y la altura del prisma es 13,5 cm.

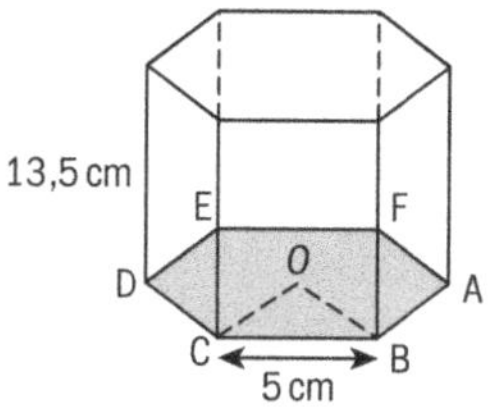

¿Qué tipo de triángulo es OCB?

a ¿Cuál es el valor del ángulo COB?

b Halle el área del triángulo COB.

c Halle el área del hexágono regular ABCDEF.

d Halle el volumen del prisma.

4 Halle expresiones para el volumen, V, de cada uno de estos prismas. Simplifique las respuestas. (Todas las dimensiones están en cm.)

a

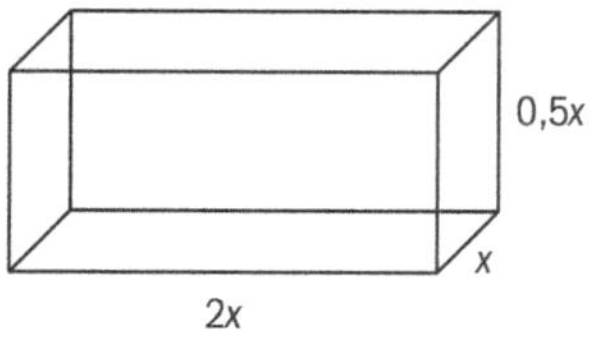

b

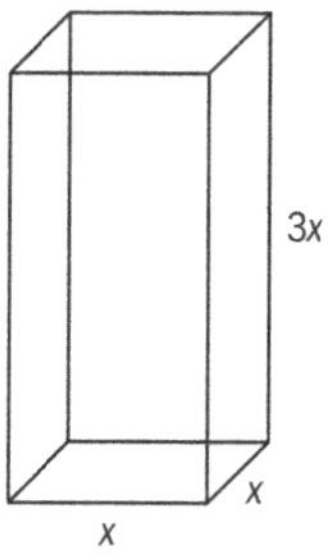

c

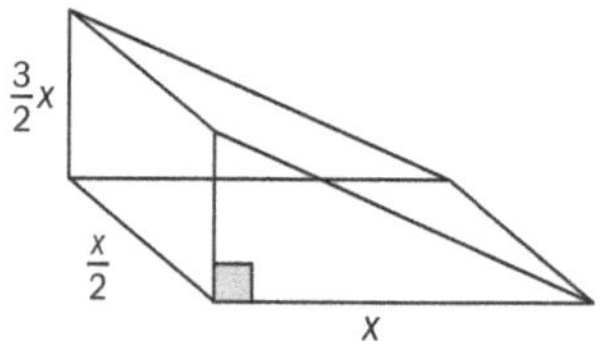

d

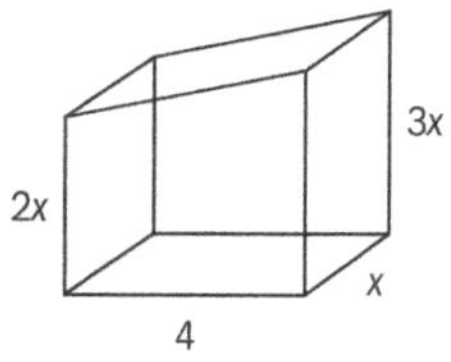

PREGUNTA TIPO EXAMEN

5 Una caja de base cuadrada tiene un volumen igual a 11 025 cm^3 y una altura igual a 25 cm. Cada lado de la base mide x cm.

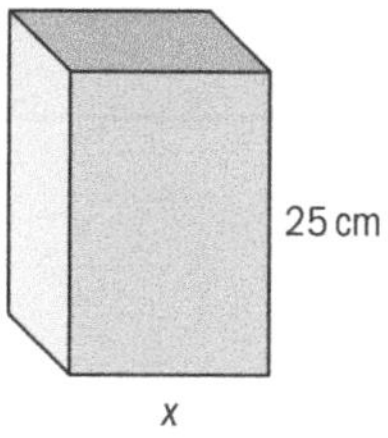

a Escriba una expresión en función de x para el volumen de la caja.

b A partir de lo anterior, escriba una ecuación en x.

c Halle el valor de x.

PREGUNTA TIPO EXAMEN

6 El volumen de una caja cúbica sin tapa es 9261 cm^3.

a Halle la longitud de las aristas de la caja.

b Halle la superficie externa total de la caja.

Material de ampliación disponible en línea: *Hoja de ejercicios 10: volumen de un cono truncado*

Volumen del cilindro

Un cilindro es un prisma con base circular.

Volumen del cilindro = área de la base × altura

Esta fórmula está en el cuadernillo de fórmulas. (Nota: Es posible que algunas variables no estén traducidas al español en el cuadernillo de fórmulas.)

→ El volumen del cilindro es:

$V = \pi r^2 a$

Donde r es el radio y a la altura

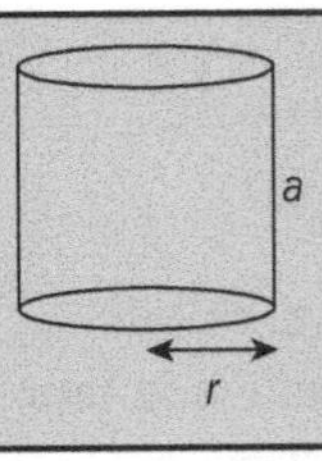

Volumen de la pirámide

→ Volumen de la pirámide = $\frac{1}{3}$(área de la base × altura)

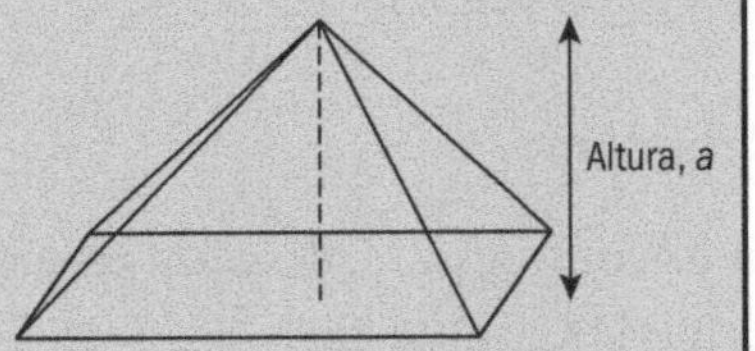

Esta fórmula está en el cuadernillo de fórmulas.

Volumen del cono

→ Volumen del cono = $\frac{1}{3}\pi r^2 a$

Donde r es el radio y a la altura

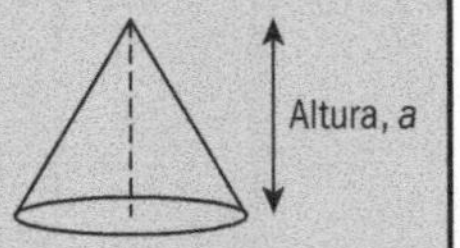

Esta fórmula está en el cuadernillo de fórmulas. (Nota: Es posible que algunas variables no estén traducidas al español en el cuadernillo de fórmulas.)

Volumen de la esfera

→ Volumen de la esfera = $\frac{4}{3}\pi r^3$

Donde r es el radio

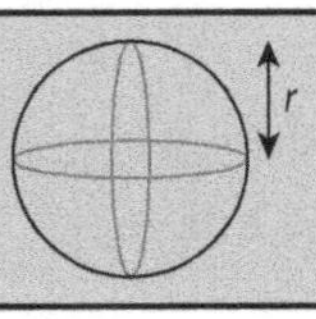

Esta fórmula está en el cuadernillo de fórmulas.

Investigación: relación entre volúmenes

Escriba una expresión para el volumen de cada sólido.
¿Qué observa?

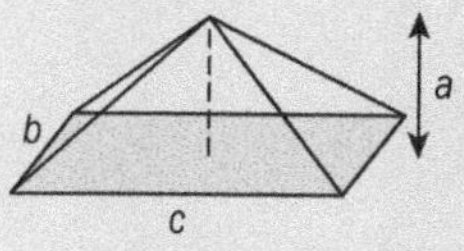

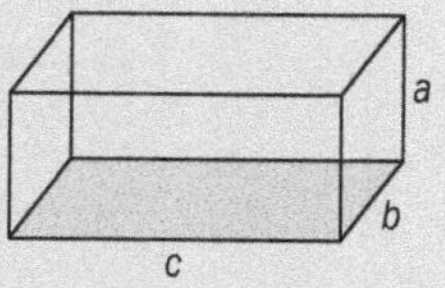

¿Qué puede decir acerca del volumen del ortoedro y el volumen de la pirámide, cuando ambos tienen la misma base y la misma altura?

¿Cuál es la relación entre los volúmenes de estos dos sólidos?

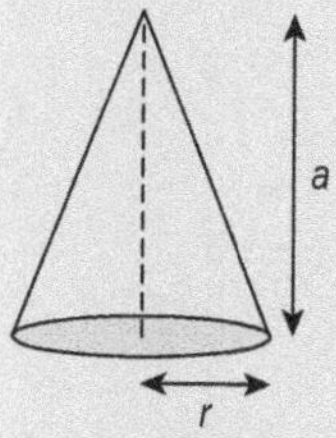

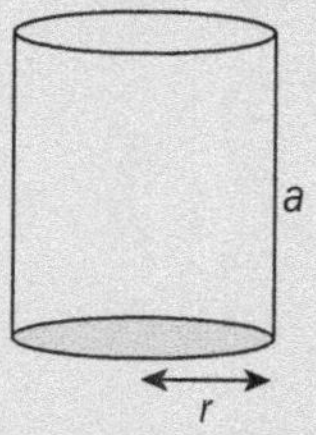

Construya un cono y un cilindro que tengan la misma altura y el mismo radio. Llene el cono con arroz. Vierta el arroz en el cilindro. ¿Cuántas veces tiene que hacer esto para llenar el cilindro?

Ejemplo 11

Calcule el volumen de cada sólido:

a

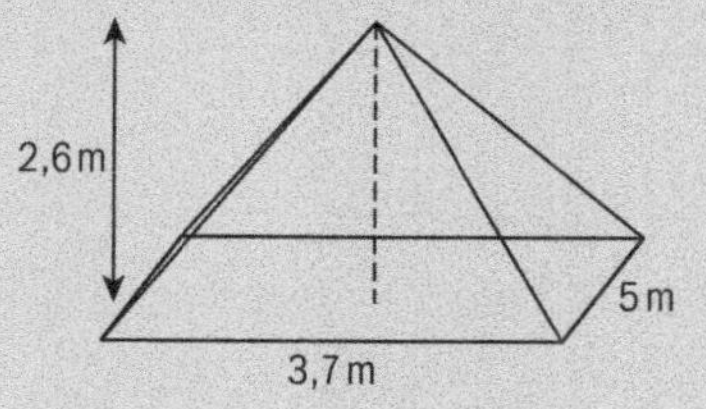

b

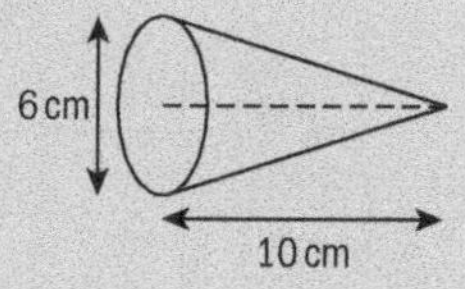

c

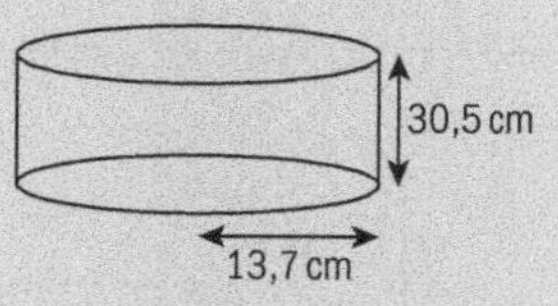

Respuestas

a Volumen de la pirámide

$= \frac{1}{3}(3{,}7 \times 5 \times 2{,}6)$

$= 16{,}0 \text{ m}^3$ (3 cs)

b Volumen del cono

$= \frac{1}{3}\pi \times 3^2 \times 10 = 30\pi$

$= 94{,}2 \text{ cm}^3$ (3 cs)

c Volumen del cilindro

$= \pi \times 13{,}7^2 \times 30{,}5$

$= 18\,000 \text{ cm}^3$ (3 cs)

Volumen de la pirámide

$= \frac{1}{3}$*(área de la base × altura)*

Área de la base $= 3{,}7 \times 5$

Volumen del cono $= \frac{1}{3}\pi r^2 a$

Volumen del cilindro $= \pi r^2 a$

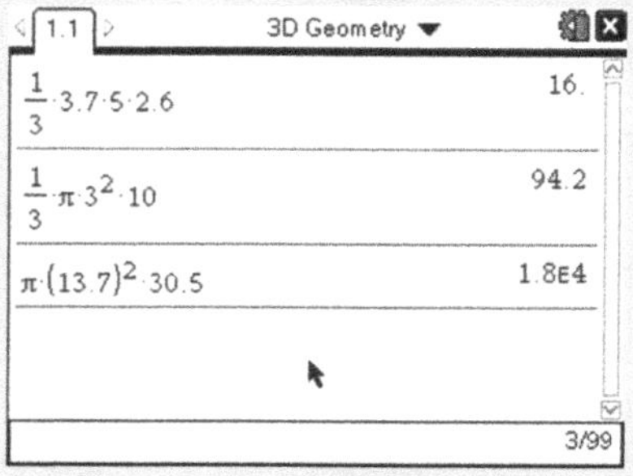

Ejercitación 10H

1 Calcule el volumen de cada sólido:

a

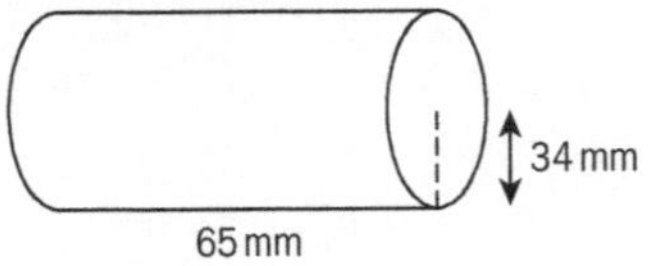

b

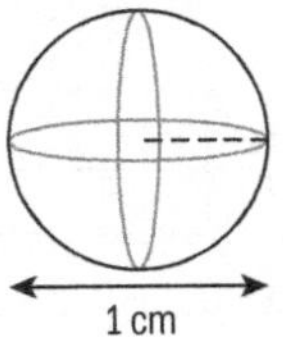

c

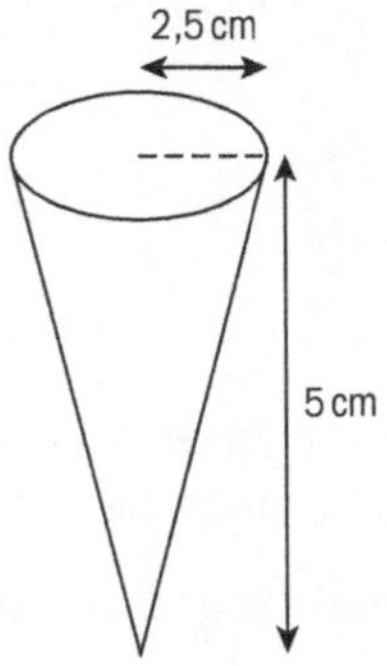

d

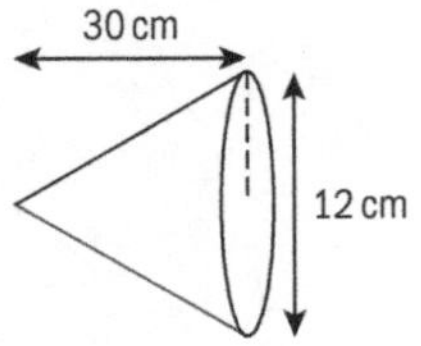

e

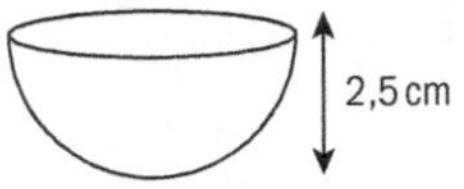

f

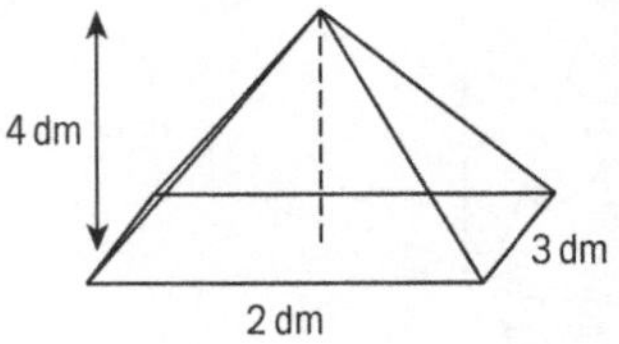

PREGUNTA TIPO EXAMEN

2 Un tanque de agua con forma cilíndrica tiene una altura de 3 m y su base tiene un radio de 1,2 m.

a Calcule el volumen del tanque en m^3.

b Dé su respuesta al apartado **a** en dm^3.

c A partir de lo anterior, halle la capacidad del tanque, en litros.

La capacidad es la cantidad máxima de líquido que puede contener un recipiente.

3 Halle una expresión para el volumen, V, de cada sólido. Simplifique sus respuestas.

a

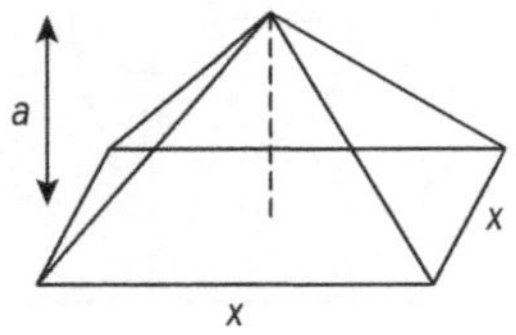

b

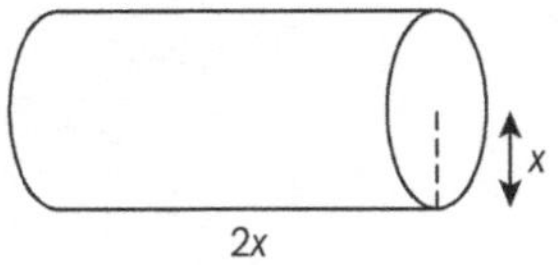

c

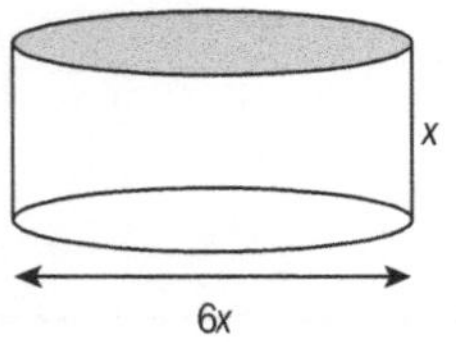

d

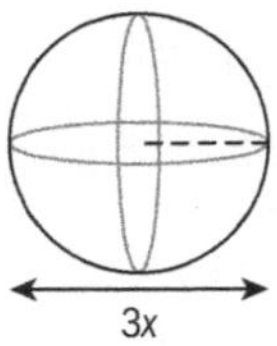

PREGUNTA TIPO EXAMEN

4 El diagrama muestra una pirámide recta. Su base es un hexágono regular. El volumen de la pirámide es $84\,cm^3$ y la altura es 7 cm. O es el centro de la base.

a Calcule el área de la base.

b Calcule el área del triángulo AOB.

c ¿Cuál es el valor del ángulo AOB?

d Calcule la longitud de AB.

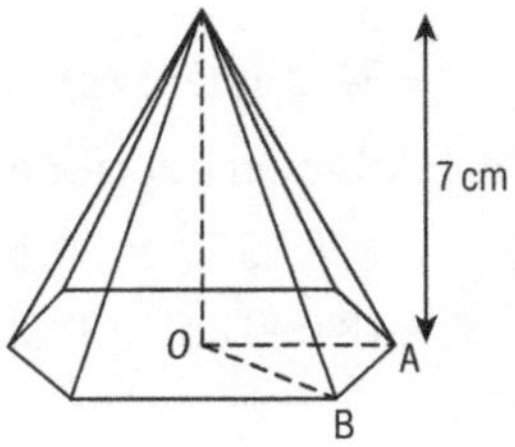

5 Una pelota esférica tiene un volumen igual a 200 cm³.

a Halle el radio de la pelota.

b Dé su respuesta al apartado **a** redondeando al mm más cercano.

PREGUNTAS TIPO EXAMEN

6 Un recipiente cilíndrico tiene una base de radio 15 cm y una altura de 30 cm. Está lleno de arena.

a Calcule el volumen de arena en el recipiente.

La arena se vierte en un segundo recipiente con forma de ortoedro. La longitud del ortoedro es 60 cm, el ancho es 20 cm y la altura es 17 cm.

b ¿Es lo suficientemente grande este segundo recipiente como para contener toda la arena? Justifique su decisión.

7 Un lápiz tiene forma cilíndrica. Su longitud es igual a 13,5 cm y su diámetro es igual a 0,7 cm. Se saca punta hasta obtener un cono, como se muestra en el diagrama.

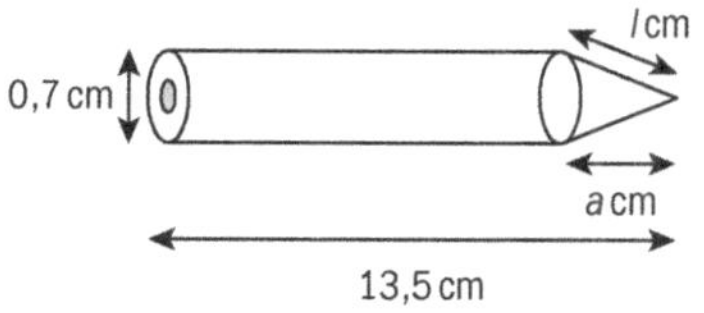

La longitud de la parte cilíndrica es ahora 12,3 cm.
La altura del cono mide *a* cm y su generatriz mide *l* cm.

Haga un dibujo aproximado del cono. Utilice Pitágoras para hallar *l*.

a **i** Escriba el valor de *a*.

ii Halle el valor de *l*.

b A partir de lo anterior, halle:

i La superficie del lápiz

ii El volumen del lápiz

Dé sus respuestas redondeando a tres cifras significativas.

Los lápices se empaquetan en cajas. Las cajas son ortoedros de 5,6 cm de ancho, 1,4 cm de altura y 13,5 cm de largo.

Haga un dibujo aproximado de la caja.

c Muestre que el máximo número de lápices que entran en una de estas cajas es 16.

d Halle el espacio que **no** ocupan los lápices en una caja cuando está llena.

e Escriba su respuesta al apartado **d** como un porcentaje del volumen de la caja. Dé su respuesta redondeando a dos cifras significativas.

Ejercicio de revisión

Preguntas del estilo de la prueba 1

PREGUNTAS TIPO EXAMEN

1 En el diagrama se muestra el ortoedro ABCDEFGH.
AB = 20 cm, BC = 42 cm y AE = 34 cm.

a Calcule la superficie del ortoedro.

b Calcule el volumen del ortoedro, dando su respuesta en dm^3.

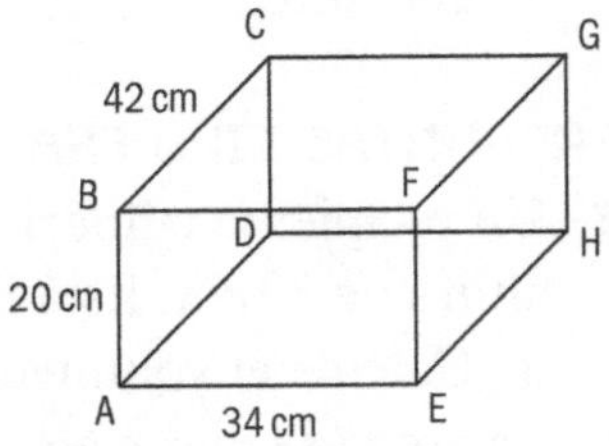

2 En el diagrama se muestra el ortoedro ABCDEFGH.
AB = 5 cm, BC = 4 cm y AE = 10 cm.

a Calcule la longitud de AH.

b Calcule el ángulo que forma AG con la cara ADHE.

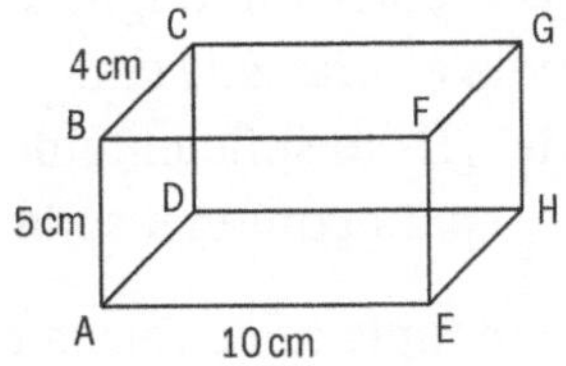

3 En el diagrama se muestra una pirámide recta de base rectangular, ABCDE. La altura de la pirámide es 8 cm. La base tiene una longitud de 5 cm y un ancho de 4 cm.
Calcule:

a La longitud de AC

b La longitud de EC

c El ángulo AEC

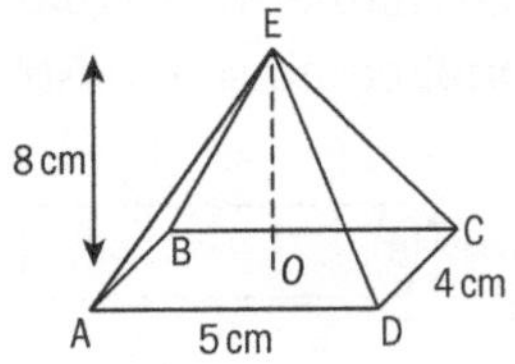

4 En el diagrama se muestra una pirámide recta de base cuadrada, ABCDE. La altura de la pirámide es 9 cm. Los lados de la base miden 6 cm.
Calcule:

a La distancia entre el punto medio de DC y E

b El área del triángulo DCE

c La superficie de la pirámide

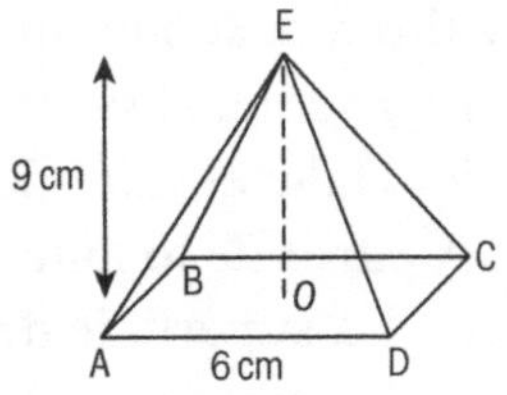

5 En el diagrama se muestra un cubo hueco, ABCDEFGH.
Su volumen es $512 cm^3$.

a Escriba la longitud de una arista del cubo.

b Halle la distancia AC.

Rosaura pone un lápiz en el cubo. El lápiz tiene una longitud de 13,5 cm.

c ¿Entra el lápiz en el cubo? Justifique su decisión.

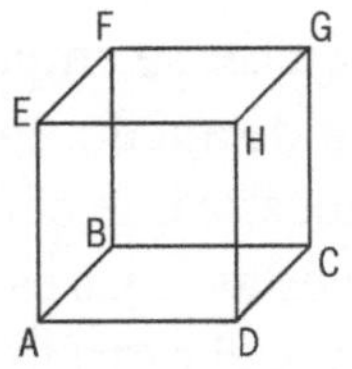

6 Un cono tiene las dimensiones que se muestran en el diagrama. El punto B está en la circunferencia de la base, el punto O es el centro de la base y el punto A es el ápice del cono.

a Calcule el valor del ángulo que forma AB con la base del cono.

b **i** Calcule la altura del cono.

ii Calcule el volumen del cono.

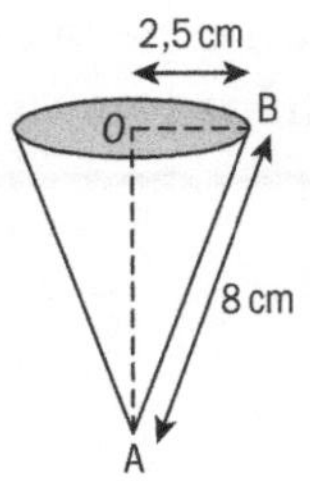

PREGUNTA TIPO EXAMEN

7 El diagrama representa una tienda con forma de prisma.
El frente de la tienda, ABC, es un triángulo isósceles, siendo AB = BC = 2,4 m y $A\hat{B}C = 110°$.
La tienda mide 3,5 m de largo.

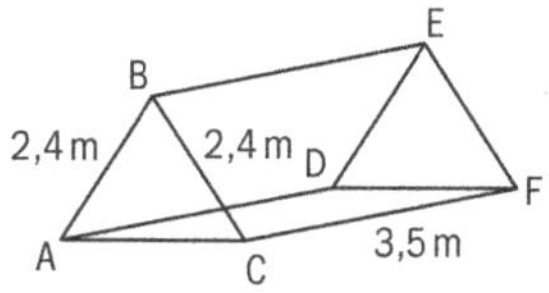

a Calcule el área del frente de la tienda, ABC.
b Calcule el espacio que hay dentro de la tienda.

Preguntas del estilo de la prueba 2

PREGUNTAS TIPO EXAMEN

1 En el diagrama se muestra un edificio de oficinas. Consiste en un ortoedro de base cuadrada y una pirámide de base cuadrada.

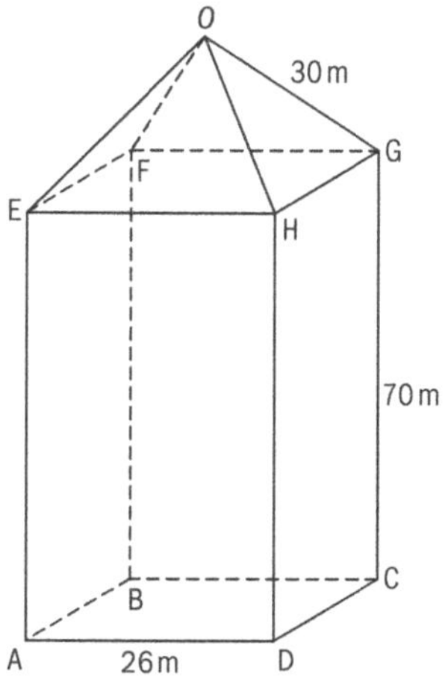

a Calcule la distancia desde O hasta M, el punto medio de HG.
b Calcule la altura del edificio.
c Halle el ángulo que forma OM con el plano EFGH.

Una compañía de limpieza cobra USD78 por m^2 para limpiar el exterior del edificio.

d Calcule cuánto cuesta limpiar la torre, dando su respuesta al dólar más cercano.

2 Un escultura sólida consiste en una semiesfera de radio 3 cm y un cono recto cuya generatriz mide l, como se muestra en el diagrama.

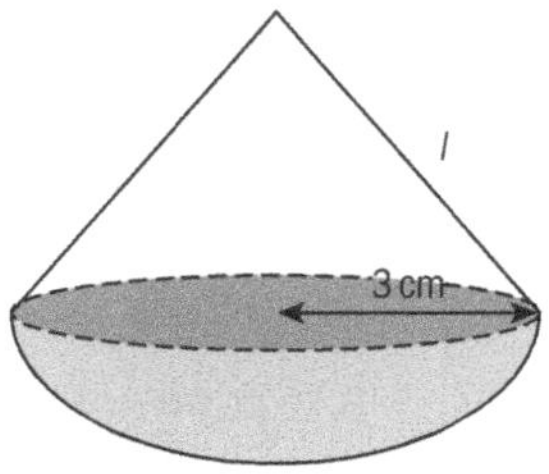

a Muestre que el volumen de la semiesfera es $18\pi \text{cm}^3$.

El volumen de la semiesfera es igual a dos tercios del volumen del cono.

b Halle la altura del cono.
c Calcule la longitud de la generatriz del cono.
d Calcule el ángulo que forman la generatriz del cono y la cara plana de la semiesfera.

La escultura está hecha de un material que pesa 10,8 g por cm^3.

e Calcule el peso de la escultura, dando la respuesta en kg.

3 ABCDE es una pirámide recta que es sólida y de vidrio.
La base de la pirámide es un cuadrado de lado 5 cm y centro en O.
La altura de la pirámide es 7 cm.

a Calcule el volumen de la pirámide.

El vidrio pesa 8,7 gramos por cm^3.

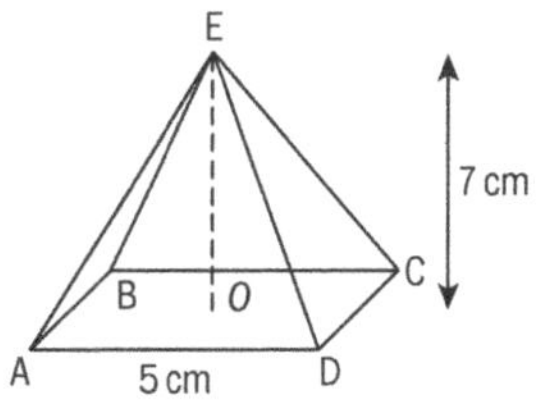

b Calcule el peso de la pirámide, dando su respuesta redondeada al gramo más cercano.
c Halle la longitud de la arista lateral de la pirámide, dando su respuesta redondeada a cuatro cifras significativas.
d Calcule el ángulo que forman la arista ED y la base de la pirámide.
e Calcule el valor del ángulo AED.
f Calcule la superficie total de la pirámide.

PREGUNTA TIPO EXAMEN

4 El diagrama muestra una pirámide recta de base cuadrada, ABCDV. El punto medio de DC es M y VM forma un ángulo de 65° con la base de la pirámide. Los lados de la base miden 8 cm y O es su centro.

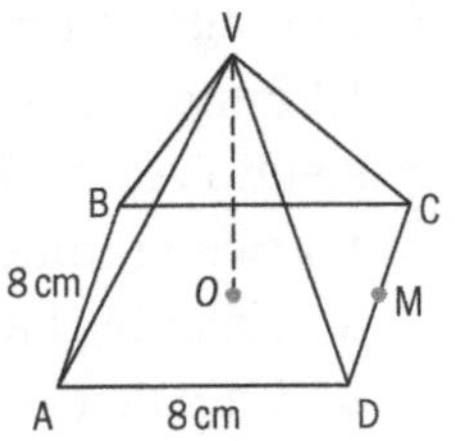

a Halle la altura de la pirámide, dando su respuesta redondeada a tres cifras significativas.

b Calcule:

i La longitud de VM

ii El valor del ángulo DVC

c Halle la superficie de la pirámide.

d Halle el volumen de la pirámide, dando su respuesta redondeada al cm^3 más cercano.

RESUMEN DEL CAPÍTULO 10

Geometría de los sólidos en el espacio

- En un **prisma recto**, las bases tienen la misma forma y tamaño, y son paralelas. Las demás caras son rectangulares y son **perpendiculares** a las bases.
- Si hacemos un corte paralelo a las bases de un prisma recto, la **sección transversal** tendrá siempre la misma forma y tamaño.
- La base de una **pirámide** es un polígono. Las otras caras son triángulos que se juntan en un punto denominado **ápice** (o **vértice**) de la pirámide. En una **pirámide recta**, el ápice está directamente arriba del centro de la base.

Ángulo entre una recta y un plano

- Para hallar el ángulo α que forma AG con el plano ABCD:
  - Trazar una perpendicular al plano desde G.
  - Rotular el punto en el que la perpendicular corta al plano.
  - Dibujar el triángulo rectángulo AOG. El ángulo opuesto al lado GO es α.
  - Usar trigonometría para hallar α.

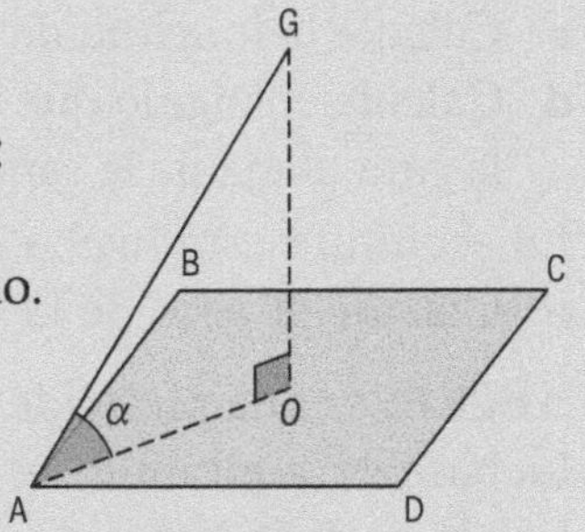

Superficie de los sólidos en el espacio

- La **superficie** de un sólido es la suma de las áreas de todas sus caras. La superficie se mide en unidades cuadradas, como p. ej., cm^2, m^2.

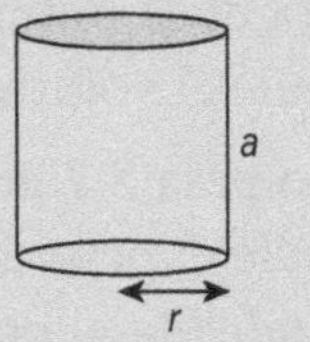

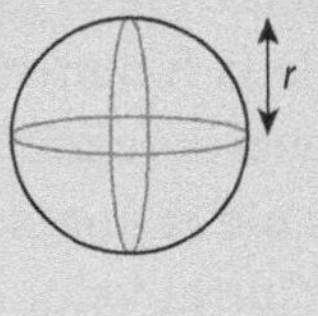

- Área lateral del cilindro = $2\pi ra$
  Superficie del cilindro = $2\pi ra + 2\pi r^2$
- Superficie de la esfera = $4\pi r^2$

Continúa en la página siguiente.

- Área lateral del cono = πrl
  Superficie del cono = $\pi rl + \pi r^2$

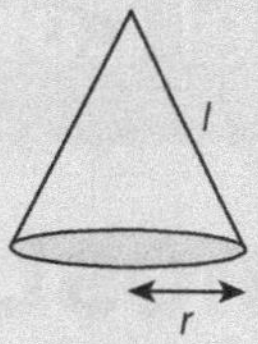

Volumen de los sólidos en el espacio

- El volumen de un sólido es la cantidad de espacio que ocupa y se mide en unidades cúbicas, como p. ej., cm^3, m^3, etc.
- El volumen de un prisma es:
  V = área de la base × altura

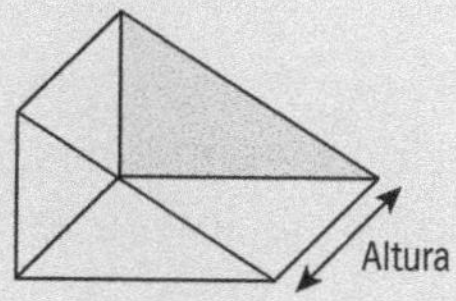

- El volumen del ortoedro es:
  $V = l \times A \times a$
  Donde l es el largo, A el ancho y a la altura

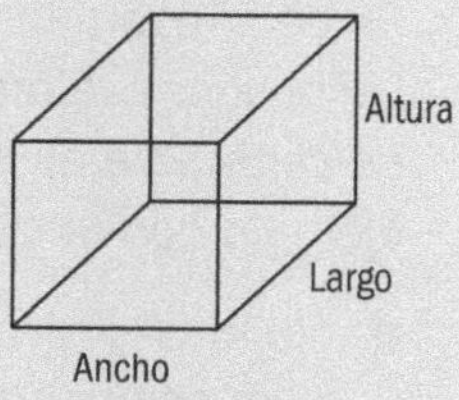

- El volumen del cilindro es:
  $V = \pi r^2 a$
  Donde r es el radio y a la altura

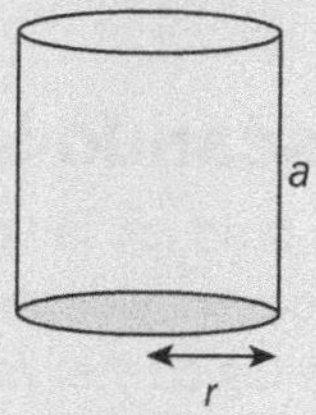

- Volumen de la pirámide
  $= \frac{1}{3}(\text{área de la base} \times \text{altura})$

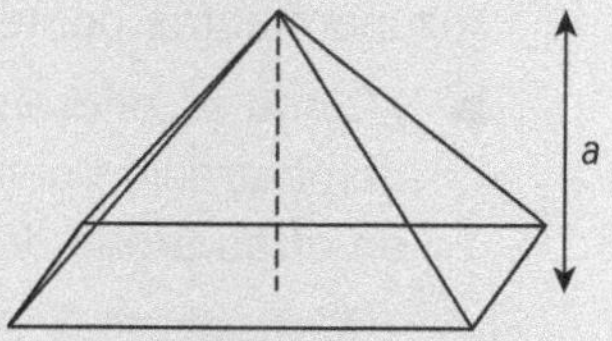

- Volumen del cono $= \frac{1}{3}\pi r^2 a$
  Donde r es el radio y a la altura

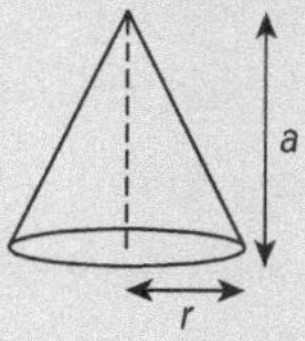

- Volumen de la esfera $= \frac{4}{3}\pi r^3$
  Donde r es el radio

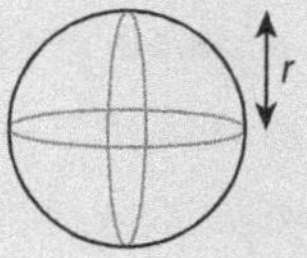

Demostración matemática

▲ La hierba negra (*Ophiopogon planiscapus nigrescens*) es originaria de Corea.

En matemáticas, no podemos decir simplemente que una afirmación es verdadera; tenemos que demostrarlo.

Una demostración matemática tiene que ser rigurosa. Es decir que tiene que ser verdadera en todos los casos. De hecho, una manera de probar que una afirmación no es verdadera es encontrando un contraejemplo: solo un ejemplo donde la afirmación no sea verdadera.

- Halle un contraejemplo que pruebe la falsedad de esta afirmación: **Todos los números primos son impares.**

Buscando la verdad

Para producir la verdad, los matemáticos empiezan por suposiciones básicas y evidentes que se denominan "axiomas" Luego usan las reglas de la lógica y el razonamiento deductivo para demostrar un nuevo teorema. Este nuevo teorema provee los fundamentos para razonamientos posteriores.

- ¿Cómo se diferencia una demostración matemática de otra demostración que usa "buenas razones" y "suficiente evidencia" en otras áreas de conocimiento?

El matemático griego Euclides (c. 300 a. C.) introdujo el método axiomático de la demostración. En occidente, su libro Los elementos *fue uno de los textos de geometría estándar que usaban los estudiantes hasta mediados del siglo XX y forma los fundamentos de lo que aprendemos hoy en día en geometría.*

En la época medieval, los matemáticos islámicos desarrollaron más las ideas sobre aritmética y álgebra. Estas se transformaron en los fundamentos de más demostraciones generales. En el siglo X, el matemático iraquí Al-Hashimi aportó demostraciones generales sobre números y demostró la existencia de los números irracionales.

"Un matemático es una máquina para transformar café en teoremas."

Atribuido tanto a Paul Erdos (1913–1986) como a Alfréd Rényi (1921–1970), ambos matemáticos húngaros.

Problema en la demostración

Complete esta tabla de valores usando la ecuación $y = x^5 - 10x^4 + 35x^3 - 50x^2 + 5x$.

x	0	1	2	3	4
y					

- Prediga el valor de y cuando $x = 5$.
- Ahora calcule el valor de y cuando $x = 5$. ¿Fue correcta su predicción?

Una demostración que utiliza la inducción matemática muestra que si, en un caso particular, la afirmación es verdadera, entonces lo es en el siguiente. También muestra que para un caso base particular la afirmación es verdadera.

- ¿Cómo usó el razonamiento inductivo para predecir el valor de y cuando $x = 5$?
- ¿Cuáles fueron los inconvenientes del razonamiento inductivo?

Una demostración matemática

Demuestre el teorema:

La suma de 3 números pares consecutivos es divisible por 6.

Demostración: escriba los 3 números pares consecutivos como $2m$, $2m + 2$, $2m + 4$, siendo m un número entero.

- ¿Qué axiomas hemos usado?

Halle su suma, S:

$$S = 2m + 2m + 2 + 2m + 4$$
$$= 6m + 6$$
$$= 6(m + 1)$$

Así que S es un múltiplo de 6, y S **siempre** es divisible por 6.

- Utilice un método similar para demostrar que el producto de 3 números pares consecutivos siempre es divisible por 8.

Una demostración económica y elegante

Aquí hay dos soluciones al problema:

Demuestre que $(x + y + z)(x - y - z) = x^2 - (y + z)^2$.

Solución 1

$(x + y + z)(x - y - z)$

$= x^2 - xy - xz + xy - y^2 - yz + xz - yz - z^2$

$= x^2 - y^2 - 2yz - z^2$

$= x^2 - (y^2 + 2yz + z^2)$

$= x^2 - (y + z)^2$

Solución 2

$(x + y + z)(x - y - z)$

$= (x + (y + z))(x - (y + z))$

$= x^2 - (y + z)^2$

- ¿Cuál es la mejor solución?

Ambas soluciones, la 1 y la 2, ofrecen la misma respuesta, así que ninguna de las 2 es mejor. Sin embargo, la solución 2 es más elegante y perspicaz.

"Las matemáticas se distinguen por un privilegio particular: con el paso del tiempo, siempre avanzan y nunca pueden retroceder."

Edward Gibbon, *Historia de la decadencia y caída del Imperio romano* (traducción libre de la cita)

Un matemático buscará una demostración que sea:
* Económica: lo más corta posible
* Elegante: con una sorpresa o momento de perspicacia

11 El proyecto

OBJETIVOS DEL CAPÍTULO:

Como parte del curso de Estudios Matemáticos, es necesario escribir un proyecto que se evalúa y cuenta como parte de la calificación final.

Este capítulo da consejos sobre la forma de planear el proyecto, así como pistas y consejos para ayudar a obtener una buena calificación, asegurando que el proyecto satisfaga los criterios de evaluación. Asimismo, se proporcionan sugerencias de temas para los proyectos y una útil lista de verificación, para garantizar que el proyecto final esté completo.

11.1 El proyecto

El proyecto es una oportunidad para aplicar la matemática en un área que nos interesa.

Los alumnos que no presenten un proyecto no recibirán una calificación final para Estudios Matemáticos NM.

El proyecto contribuye un 20% a la calificación final, así que vale la pena dedicarle tiempo.

Se debería dedicar aproximadamente:

25 horas lectivas a:	25 horas del tiempo del alumno a:
• Discutir el proyecto y los criterios de evaluación • Mirar y "corregir" proyectos anteriores • Discutir títulos adecuados • Discutir métodos de recopilación de datos y muestreo • Discutir el progreso del proyecto con los profesores	• Planificar el proyecto • Recopilar y organizar datos • Aplicar procedimientos matemáticos • Discutir los resultados y la validez • Asegurarse de que el proyecto esté bien estructurado y que resulte fácil de leer • Verificar que las matemáticas, la notación y la terminología sean correctas

El colegio definirá las fechas límite para entregar los borradores y la versión final del trabajo.

Si un alumno no entrega un proyecto, recibirá una "N" en Estudios Matemáticos NM, que significa que quedará, automáticamente, sin posibilidades de obtener el diploma.

Cada alumno que cursa Estudios Matemáticos NM debe presentar un proyecto. Hay que asegurarse de conocer las fechas límite establecidas por el colegio y cumplirlas.

11.2 Los criterios de evaluación interna

El proyecto es corregido por el profesor, utilizando criterios establecidos. Luego es moderado externamente por el IB, usando los mismos criterios de evaluación.
La puntuación final de cada proyecto es la suma de los puntos obtenidos en cada criterio.
La puntuación final máxima posible es 20.
Esto representa un 20% de la calificación final de Estudios Matemáticos NM.

Los criterios se dividen en siete áreas, de la A a la G:

Criterio A	Introducción
Criterio B	Información/mediciones
Criterio C	Procedimientos matemáticos
Criterio D	Interpretación de resultados
Criterio E	Validez
Criterio F	Estructura y comunicación
Criterio G	Notación y terminología

Hay que asegurarse de comprender estos criterios y consultarlos con frecuencia al escribir el proyecto. Corregir el proyecto de otro alumno, utilizando los criterios, ayuda a comprenderlos.

Criterio A: Introducción

En este contexto:

- La palabra "tarea" significa "lo que el alumno se dispone a hacer"
- La palabra "plan" significa "la manera en que se dispone a hacerlo"

Un buen proyecto debe ser claro y una persona que no es matemática debe poder comprenderlo fácilmente. Debe además explicarse por sí mismo desde el principio hasta el final.

Cada proyecto debe empezar con un enunciado claro de la tarea y tener un título claro.

Nivel	Descriptor de nivel
0	El proyecto no contiene un enunciado claro de la tarea. *En el proyecto no se indica lo que el alumno se propone realizar o ha realizado.*
1	El proyecto contiene un enunciado claro de la tarea. *Para alcanzar este nivel se debe indicar de forma explícita en qué consiste la tarea.*
2	El proyecto contiene un título, un enunciado claro de la tarea y una descripción del plan. *No es necesario exponer el plan con todo detalle, pero se debe describir cómo se va a ejecutar la tarea. Este nivel de logro no se puede alcanzar si el proyecto no tiene un título.*
3	El proyecto contiene un título, un enunciado claro de la tarea y una descripción detallada del plan. *El plan debe especificar las técnicas que se van a utilizar en cada etapa y el propósito de su uso, destacando así la tarea.*

En el proyecto

Para obtener una buena puntuación en el criterio A (Introducción):

Asegúrese de tener:

Una página para el título

Esta debe incluir un título claro, el nombre y el número del alumno, la fecha, la asignatura y el nombre del profesor.

Una introducción

✓ Esta debe indicar claramente **qué** se dispone a hacer y por qué.

✓ Además se debe indicar **cómo** se logrará este objetivo, qué procedimientos matemáticos se usarán y por qué se los ha elegido.

✓ Recuerde que si no se hace todo lo que se menciona en la introducción, no se recibirá la puntuación máxima en este criterio.

Criterio B: Información/mediciones

En este contexto:

- La información o las mediciones realizadas incluyen información o mediciones obtenidas por medio de un computador, la observación, la investigación, la predicción a partir de un modelo matemático, o la experimentación.
- La información de carácter matemático incluye las figuras geométricas y los datos obtenidos de forma empírica o a partir de fuentes externas. Esto no se reduce únicamente a datos para análisis estadísticos. Si se realiza un cuestionario o una encuesta, se debe incluir una copia de los mismos junto con los datos primarios.

Nivel	Descriptor de nivel
0	El proyecto no contiene información ni mediciones pertinentes obtenidas por el alumno. *No se ha hecho ninguna tentativa de recopilar información o realizar mediciones pertinentes.*
1	El proyecto contiene información o mediciones pertinentes obtenidas por el alumno. *Se puede otorgar este nivel incluso si existe un defecto grave en los medios utilizados para obtener la información, por ejemplo, un cuestionario incorrecto o una encuesta mal realizada.*
2	La información o las mediciones pertinentes obtenidas están organizadas de forma apropiada para su análisis **o** son suficientes tanto en cantidad como en calidad. *Se ha realizado una tentativa satisfactoria de estructurar la información o las mediciones de modo que queden preparadas para el proceso de análisis, o se ha descrito detalladamente el proceso de obtención de las mismas y se ha justificado la cantidad de información. Para alcanzar este nivel de logro, es necesario incluir los datos primarios.*

▶ Continúa en la página siguiente.

Nivel	Descriptor de nivel
3	La información o las mediciones pertinentes obtenidas están organizadas de forma apropiada para su análisis **y** son suficientes tanto en cantidad como en calidad. *Se han estructurado correctamente la información y las mediciones de modo que queden preparadas para su análisis,* y *se ha descrito detalladamente el proceso de obtención de las mismas y se ha justificado la cantidad de información. Este nivel no se puede alcanzar si la información o las mediciones son insuficientes en cantidad o demasiado simples. Si la información o las mediciones provienen de una fuente* secundaria, *entonces se deben presentar pruebas de que se ha realizado un muestreo cuando corresponda. Todos los procesos de muestreo se deben describir de forma completa.*

En el proyecto

Para obtener una buena puntuación en el criterio B (Información/mediciones):

- ✓ Reunir la información y las mediciones por medio de una encuesta, un cuestionario, operaciones, Internet, etc.
- ✓ Asegurarse de recopilar suficiente información o mediciones para realizar los procedimientos matemáticos que se han mencionado en el criterio A.
- ✓ Incluir toda la información y las mediciones primarias en el proyecto. Se las puede poner, si se desea, en un apéndice.
- ✓ Asegurarse de que la información y las mediciones que se recopilan son pertinentes y están organizadas y listas para ser usadas.
- ✓ Reorganizar la información y las mediciones cada vez que sea necesario, según las operaciones que se realicen.
- ✓ Incluir una copia de la encuesta o del cuestionario, si se ha usado una(o) para recopilar la información o las mediciones.
- ✓ Si la información o las mediciones se toman de una fuente **secundaria**, es necesario describir cualquier proceso de muestreo que se haya usado.
- ✓ Se pueden realizar procedimientos matemáticos que no estén incluidos en el programa de Estudios Matemáticos NM.

Criterio C: Procedimientos matemáticos

Cuando se presenten los datos mediante diagramas:

- Hay que utilizar una regla y no bosquejar, simplemente. Un dibujo aproximado hecho a mano alzada no se considerará un procedimiento matemático correcto.
- Si se utilizan medios tecnológicos, hay que mostrar una comprensión clara de los procedimientos matemáticos utilizados.
- Los gráficos deben incluir toda la información pertinente.

Nivel	Descriptor de nivel
0	El proyecto no contiene ningún procedimiento matemático. *Por ejemplo, cuando el alumno ha copiado los procedimientos de un libro sin ningún intento de utilizar información que haya recopilado o generado él mismo.* *A los proyectos que se limitan a presentar hechos históricos les corresponde este nivel.*
1	Se han desarrollado al menos dos procedimientos matemáticos simples. *Se consideran procedimientos simples aquellos que un alumno de Estudios Matemáticos NM podría llevar a cabo fácilmente, por ejemplo, porcentajes, áreas de figuras planas, gráficos, trigonometría, gráficos de barras, gráficos de sectores, media y desviación típica, sustitución en una fórmula, y cualquier cálculo o gráfico realizado a través de medios tecnológicos únicamente.*
2	Se han desarrollado al menos dos procedimientos matemáticos simples de forma correcta. *Un pequeño número de errores aislados no debe descalificar al alumno para obtener este nivel. Sin embargo, si existe un uso incorrecto de fórmulas o errores sistemáticos en la utilización de los datos, no se puede alcanzar este nivel de logro.*
3	Se han desarrollado al menos dos procedimientos matemáticos simples de forma correcta. Todos los procedimientos utilizados son pertinentes. *Los procedimientos matemáticos simples deben ser pertinentes con respecto al objetivo general establecido para el proyecto.*
4	Los procedimientos matemáticos simples y pertinentes se han desarrollado de forma correcta. Además, se ha desarrollado al menos un procedimiento avanzado pertinente. *Ejemplos de procedimientos avanzados son cálculo diferencial, utilización de modelos matemáticos, optimización, análisis de funciones exponenciales, pruebas y distribuciones estadísticas y probabilidad compuesta. Para alcanzar este nivel de logro no es necesario que los cálculos del procedimiento avanzado estén libres de error. Al menos un procedimiento avanzado debe ser desarrollado mostrando todos los cálculos.*
5	Los procedimientos matemáticos simples y pertinentes se han desarrollado de forma correcta. Además, se ha desarrollado al menos un procedimiento avanzado pertinente. Todos los procedimientos que se han llevado a cabo, tanto los simples como los avanzados, están libres de error. *No se podrá alcanzar este nivel de logro si las mediciones, la información o los datos tienen un alcance limitado.*

Si un proyecto no contiene procedimientos matemáticos simples, entonces los dos primeros procedimientos avanzados se valorarán como simples.

Es responsabilidad del profesor determinar la precisión de las matemáticas utilizadas e indicar cualquier error que exista en el proyecto final.

En el proyecto

Para obtener una buena puntuación en el criterio C (Procedimientos matemáticos):

✓ Siempre incluir al menos dos procedimientos matemáticos simples que sean **pertinentes**.

✓ Siempre incluir escalas y rótulos en los gráficos.

✓ Indicar qué procedimientos se van a usar y por qué.

✓ Discutir la validez de estos procedimientos.

✓ Verificar que los resultados sean precisos.

✓ Verificar que los resultados sean razonables.

✓ Hacer comentarios sobre los resultados.

✓ Realizar al menos un procedimiento matemático avanzado que sea **pertinente**.

✓ Indicar por qué se está usando este procedimiento avanzado y asegurarse de que sea pertinente y válido.

✓ Tanto para los procedimientos simples como para los avanzados, es importante realizar un cálculo de cada procedimiento a mano. Después se puede usar la calculadora de pantalla gráfica para realizar operaciones similares.

✓ Si se halla la desviación típica, hacer comentarios sobre la misma.

✓ Para que la prueba de chi-cuadrado sea válida, los valores observados deben ser frecuencias y no datos primarios o porcentajes, y, si el número de grados de libertad es 1, se debe aplicar la corrección de Yates para la continuidad. Los valores esperados deben ser mayores que 5.

✓ En la correlación lineal, carece de sentido hallar la ecuación de la recta de regresión si la correlación es débil o si se ve en el diagrama de dispersión que no hay correlación.

Criterio D: Interpretación de resultados

Nivel	Descriptor de nivel
0	El proyecto no contiene ninguna interpretación ni conclusión. *Se otorga este nivel cuando claramente no existen interpretaciones ni conclusiones en ninguna parte del proyecto, o cuando se ofrece una interpretación completamente errónea sin referencia a ninguno de los resultados obtenidos.*
1	El proyecto contiene al menos una interpretación o una conclusión. *Para este nivel solo es necesario que exista un mínimo indicio de interpretaciones o conclusiones. Se puede alcanzar este nivel si se plantea la necesidad de interpretar los resultados y existe una tentativa de hacerlo, aunque solo se llegue a conclusiones falsas o contradictorias.*
2	El proyecto contiene interpretaciones o conclusiones que son coherentes con los procedimientos matemáticos utilizados. *Se debe utilizar un procedimiento de coherencia y, en consecuencia, no se trata de ver aquí si los procedimientos son correctos o pertinentes: el único requisito es la coherencia.*

▶ Continúa en la página siguiente.

3	El proyecto contiene un análisis significativo de interpretaciones y conclusiones que son coherentes con los procedimientos matemáticos utilizados. *Para alcanzar este nivel, el alumno ha de presentar un análisis de los resultados obtenidos y de las conclusiones extraídas basado en el nivel de comprensión que razonablemente se puede esperar de un alumno de Estudios Matemáticos NM. Esto puede llevar a un análisis sobre las razones subyacentes para los resultados obtenidos.* *Este nivel de logro no se puede otorgar si el proyecto es demasiado sencillo y ofrece pocas posibilidades de realizar una interpretación sustancial.*

En el proyecto

Para obtener una buena puntuación en el criterio D (Interpretación de resultados):

✓ Después de cada gráfico o cálculo, realizar un comentario: ¿son estos resultados los esperados? ¿Son significativos?

✓ Siempre dar un análisis exhaustivo y detallado de **todos** los resultados.

✓ Asegurarse de que los comentarios sean coherentes con los resultados de los procedimientos matemáticos. Aun cuando el proyecto tenga errores matemáticos, si las interpretaciones o conclusiones son coherentes con esa respuesta incorrecta, se otorgarán los puntos.

✓ Asegurarse de que el proyecto no resulte demasiado sencillo, por presentar solamente unos pocos procedimientos matemáticos simples. Si se realizan pocos procedimientos, habrá muy poco sobre lo cual comentar. Lo mismo sucederá cuando el proyecto es muy corto.

Criterio E: Validez

Este criterio se refiere a si se han utilizado las técnicas adecuadas para recopilar la información, si las matemáticas utilizadas han sido adecuadas para el tratamiento de la información y si contienen alguna limitación que restrinja su aplicación al proyecto. También se debe juzgar con este criterio cualquier limitación o reserva formulada por el alumno sobre las conclusiones e interpretaciones.

Nivel	Descriptor de nivel
0	No se muestra conciencia de que la validez juega un papel en el proyecto.
1	Existe una indicación justificada sobre si la validez juega un papel en el proyecto y en qué parte de este. *Existe un análisis sobre la validez de las técnicas utilizadas o el reconocimiento de alguna limitación que pudiera existir. Un simple enunciado tal como "tendría que haber utilizado más información o más mediciones" no es suficiente para alcanzar este nivel. Si el alumno considera que la validez no tiene importancia, debe justificarlo plenamente.*

En el proyecto

Para obtener una buena puntuación en el criterio E (Validez):

✓ Discutir acerca de la validez de las técnicas usadas: ¿son apropiadas para la situación?

✓ Discutir acerca de cualquier problema relacionado con la recopilación de datos o muestras que podría afectar la validez.

✓ Discutir la validez de los resultados: ¿se pueden interpretar en forma significativa?

✓ Si se considera que la validez no tiene importancia en el proyecto, hay que justificarlo.

Criterio F: Estructura y comunicación

En este contexto, el término "estructura" se refiere a la organización de la información, operaciones e interpretaciones. El proyecto debe presentar una secuencia lógica de razonamientos y actividades, comenzando con la descripción de la tarea y el plan, y terminando con las conclusiones y limitaciones.

Hay que evitar un gran número de procedimientos repetitivos.

Es importante asegurarse de que todos los gráficos estén rotulados y presenten una escala adecuada.

Los proyectos que no reflejen la dedicación de tiempo requerida no alcanzarán un nivel alto en este criterio de evaluación.

No se pretende que la ortografía, la gramática y la sintaxis sean perfectas. Los profesores alentarán a los alumnos a que corrijan los errores lingüísticos.

Nivel	Descriptor de nivel
0	No se ha realizado ningún intento de estructurar el proyecto. *Es de esperar que no haya muchos alumnos que merezcan este nivel.*
1	Se ha realizado algún intento de estructurar el proyecto. *Los proyectos incompletos y los proyectos muy sencillos solo obtendrán este nivel.*
2	Se ha estructurado el proyecto de manera lógica, de modo que se puede seguir fácilmente. *Debe existir un desarrollo lógico del proyecto. El proyecto debe reflejar la dedicación adecuada para obtener este nivel de logro.*
3	Se ha estructurado bien el proyecto, de acuerdo con el plan establecido, **y** su exposición es coherente. *Para obtener este nivel, el proyecto debe estar bien redactado y contener notas a pie de página y una bibliografía, cuando corresponda. El proyecto debe estar bien enfocado y contener únicamente análisis pertinentes.*

En el proyecto

Para obtener una buena puntuación en el criterio F (Estructura y comunicación):

- ✓ El proyecto debe estar estructurado de una forma lógica.
- ✓ Incluir la tabla de los datos que se usarán, antes de cada procedimiento.
- ✓ Indicar las escalas utilizadas en los gráficos y rotular los ejes.
- ✓ El proyecto debe resultar fácil de leer.
- ✓ El proyecto debe contener notas a pie de página, si corresponde. Por ejemplo, si se está usando una cita de una publicación, una fórmula de un libro de matemáticas, etc., hay que poner la fuente de la cita en una nota a pie de página.
- ✓ El proyecto debe contener una bibliografía, si corresponde, que puede estar en un apéndice, al final. Enumerar los libros que se han usado (incluido el propio libro de matemáticas), cualquier sitio web que se haya consultado, etc.
- ✓ El proyecto debe estar enfocado y contener únicamente discusiones pertinentes.
- ✓ Se debería poder darle a leer el proyecto a cualquier persona y que esta persona lo entendiera sin necesidad de hacerle ninguna pregunta al autor.

Criterio G: Notación y terminología

Es necesario utilizar terminología y notación matemática correctas. No se acepta el uso de la notación de las calculadoras o de las hojas de cálculo.

Nivel	Descriptor de nivel
0	El proyecto no contiene notación matemática o terminología correctas. *Es de esperar que no haya muchos alumnos que merezcan este nivel.*
1	El proyecto contiene alguna notación matemática correcta **o** alguna terminología correcta.
2	El proyecto contiene en su totalidad notación matemática **y** terminología correctas. *Las variables deben estar definidas explícitamente. Un desliz aislado en la notación no impedirá a un alumno alcanzar este nivel. Este nivel de logro no se puede otorgar a un proyecto sencillo que requiera poca o ninguna notación matemática o terminología.*

En el proyecto

Para obtener una buena puntuación en el criterio G (Notación y terminología)

- ✓ El proyecto debe contener terminología y notacíon matemática que sean correctas.
- ✓ No usar notación de calculadora. Por ejemplo, usar 2^x y no 2^x; usar χ^2 y no X^2; usar 0,028 y no 2,8E-2.

11.3 Moderación del proyecto

Una vez que se ha entregado la versión final del proyecto, es el profesor quien lo corrige. El profesor mira cada criterio, comenzando por el nivel más bajo. Cuando llega a un nivel de logro cuya descripción no cumple el proyecto, queda determinado que la puntuación que recibirá en ese criterio será la del nivel inmediatamente anterior.

El profesor entrega estas notas al Bachillerato Internacional, a través de un sitio web especial. Se selecciona una muestra de los proyectos de cada colegio, automáticamente, a partir de las notas que se han ingresado y se la envía a un moderador externo para verificarla. Esta persona modera los proyectos de acuerdo a los criterios de evaluación y verifica que el profesor haya corregido los proyectos en forma precisa.

Si el profesor ha corregido los proyectos en forma demasiado severa, entonces todas las notas de los proyectos podrían subir.

Si el profesor ha corregido los proyectos en forma demasiado benévola, entonces todas las notas de los proyectos podrían bajar.

11.4 Probidad académica

Esto es extremadamente importante en todo su trabajo. Asegúrese de haber leído y estar familiarizado con el documento *Probidad académica* del IB.

El profesor o el coordinador del Programa del Diploma del IB podrán facilitarle este documento.

La **probidad académica** significa que:

- El trabajo del alumno es original
- El trabajo del alumno es de su propiedad intelectual
- El alumno se comporta en forma apropiada durante los exámenes escritos
- Todo trabajo tomado de otra fuente está citado apropiadamente

Trabajo **original**:

- Está basado en las ideas propias del alumno.
- Puede inspirarse en las ideas y el trabajo de otras personas, pero esto se debe mencionar debidamente (por ejemplo: en notas a pie de página y bibliografía).
- Debe emplear únicamente lenguaje y expresiones propias del alumno, tanto en tareas orales como escritas.
- Debe citar completa y correctamente todas las fuentes (por ejemplo, en una bibliografía).

Conducta improcedente

El IB define la **conducta improcedente** como "toda acción de un alumno por la cual este u otro alumno salga o pueda salir beneficiado injustamente en uno o varios componentes de la evaluación".

La **conducta improcedente** incluye:

- Plagio: copiar el trabajo de otra persona, esté o no publicado.
- Colusión: trabajar en secreto con al menos una persona más para obtener una ventaja indebida. Esto incluye el caso en que otra persona escribe el trabajo del alumno y este lo presenta como si fuera propio.
- El doble uso de un trabajo.
- Cualquier otra acción que permita a un alumno salir beneficiado injustamente.

La palabra "plagio" deriva del latín y significa "secuestrar".

Consejo para los colegios:

- El colegio debe disponer de una política institucional para fomentar la probidad académica.
- Todos los alumnos deben comprender claramente esta política.
- Todas las áreas disciplinarias deben fomentar esta política.
- Los alumnos deben estar informados acerca de las sanciones relacionadas con la falta de probidad académica.
- Los colegios deben hacer cumplir las sanciones, en el caso de que haya infracciones.

Citar las fuentes

Hay que recordar citar todas las fuentes. Generalmente, tanto los profesores como los moderadores pueden darse cuenta cuando un proyecto ha sido plagiado. Muchos colegios utilizan programas de *software* para comprobar si existe plagio. Si se encuentra al alumno culpable, no recibirá el diploma del IB. No vale la pena arriesgarse.

Se puede encontrar una definición de plagio en el documento *Probidad académica*.

11.5 Tener registro de lo hecho

Hay que tomar nota de los libros y sitios web que se usan, a medida que se avanza en el trabajo, para poder luego incluirlos en la bibliografía.

- Existen muchas formas de citar libros, sitios web, etc. Hay que asegurarse de utilizar el estilo aconsejado por el colegio y **ser coherente**.
- Es conveniente llevar un registro de las acciones realizadas, para así poder mostrarle al profesor cuánto tiempo se está trabajando en el proyecto.
- Hay que recordar seguir el consejo de los profesores y cumplir con las fechas límite establecidas por el colegio.
- El profesor está ahí para ayudar al alumno, así que este no debe dudar en pedirle orientación.

11.6 Elección de un tema

Es necesario elegir un tema en el que uno esté interesado, porque de esta manera se pondrá más esfuerzo en el proyecto. Hay que discutir el tema con el profesor, para asegurarse de que se puedan generar suficientes datos para llevar a cabo procedimientos simples y avanzados.

Muchos alumnos eligen proyectos basados en la estadística. Hay otros temas que también son apropiados, como optimización en análisis, ecuaciones en modelos matemáticos, ecuaciones cuadráticas o exponenciales, trigonometría, teoría de conjuntos y matemática financiera.

Si no resulta fácil elegir un tema por cuenta propia, entonces el profesor puede facilitar la lista de temas del material de ayuda al profesor o una lista de temas del Centro pedagógico en línea. A continuación se proponen algunas ideas y quizás aquí mismo se pueda encontrar algo que resulte interesante.

SUGERENCIAS PARA PROYECTOS

- Comparación de estaturas a partir de datos deportivos.
- El patinaje sobre ruedas y las matemáticas subyacentes.
- Estudio de tráfico del aeropuerto internacional de Schiphol.
- ¿Hay alguna conexión entre el tiempo que se demora en llegar al colegio y la distancia entre este y donde vive un alumno?
- ¿Influye el sexo de una persona en la elección de un animal favorito?
- El efecto del deporte en el promedio general de calificaciones.
- ¿Afecta el desayuno las calificaciones obtenidas?
- ¿Hay alguna relación entre el IMC (índice de masa corporal) y la cantidad de horas que se dedican al deporte?
- El efecto de la normativa sobre el índice de alcoholemia en el número de accidentes de tránsito.
- M. C. Escher: la simetría y el infinito en el arte.
- Investigación estadística sobre las hojas.
- Juegos Olímpicos: marcas en atletismo.
- Análisis de las acciones en el mercado bursátil estadounidense.
- Buscar un modelo para la caída en los tiempos de natación desde que comenzaron los Juegos Olímpicos.
- Investigación de las relaciones entre la capacidad pulmonar, el fumar y los deportes.
- Relaciones entre alumnos internacionales y bilingües: empleos, mesada y hábitos de consumo.
- Inversión en un hotel de Costa Rica.
- Comparación estadística del número de palabras de una oración en diferentes lenguas.

- La bebida en los adolescentes y su efecto en el promedio general de calificaciones.
- Relación entre desempleo y criminalidad en Suecia.
- ¿Cuántos guisantes hay en una lata de 500 gramos?
- Correlación entre la participación de las mujeres en la educación superior y la política de 1955 a 2000.
- Investigación sobre las tendencias de alimentación de los jóvenes de hoy.
- Estudios de correlación entre la televisión y las horas de sueño.
- ¿Qué tipos de películas prefieren los hombres y las mujeres?
- Razón fuerza/peso.
- La noria o rueda de la fortuna.
- El efecto que las distintas temperaturas tienen sobre el nivel de proliferación de bacterias en el agua de un estanque de jardín.
- La música y el cerebro.
- La presión sanguínea y los niveles de estrés.
- Los ciclos de las manchas solares.
- Costos del transporte público y uso del automóvil: comparación personal.
- La geometría en el billar.
- Investigación sobre diferentes marcas de pilas.
- Costos de los productos comprados por Internet en comparación con los costos en las tiendas locales.
- Investigación del empaquetado más económico para envases de bebidas de 1 litro.
- Buscar un modelo semanal para la temperatura en distintas ciudades del mundo.
- Buscar un modelo para la trayectoria de una flecha que se dispara desde distintos ángulos.
- Buscar un modelo para la razón de enfriamiento de bebidas calientes ubicadas en distintos lugares.
- Investigación de cómo llegar desde A hasta B en Nueva York.
- Verificar si los pesos de las bolsas de 1 kg de azúcar se distribuyen normalmente.

Lista de verificación para el proyecto de Estudios Matemáticos NM	Marcar con un ✓
¿Tiene su proyecto una portada con el título del proyecto?	
¿La portada incluye su nombre, su número de alumno y la convocatoria de examen?	
¿Ha enunciado claramente lo que va a hacer?	
¿Ha explicado cómo lo va a hacer?	
¿Ha explicado qué procedimientos matemáticos usará y por qué?	
¿Hizo todo lo que dijo que iba a hacer?	
¿Ha recopilado datos o información, o realizado mediciones?	
¿Ha incluido los datos primarios en el proyecto o en un apéndice?	
¿Son pertinentes los datos?	
¿Son los datos suficientes en cantidad?	
¿Son los datos suficientes en calidad?	
¿Están los datos organizados para su uso?	
¿Ha descrito el proceso de muestreo en forma clara?	
¿Ha realizado al menos dos procedimientos matemáticos simples?	
¿Son correctos estos procedimientos matemáticos simples?	
¿Son pertinentes los procedimientos matemáticos simples?	
¿Ha realizado un procedimiento matemático avanzado?	
¿Es pertinente este procedimiento avanzado?	
¿Es correcto el procedimiento avanzado?	
¿Ha comentado acerca de los resultados?	
¿Son sus comentarios coherentes con su análisis?	
¿Ha comentado en forma exhaustiva sobre todo lo que ha hecho?	
¿Ha incluido comentarios sobre la validez?	
¿Contiene el proyecto únicamente notación correcta?	
¿Contiene el proyecto únicamente terminología correcta?	
¿Está su proyecto presentado en una forma lógica?	
¿Ha incluido un apéndice, si fuera necesario?	
¿Ha incluido una bibliografía?	

12 Cómo aprovechar al máximo la calculadora de pantalla gráfica

OBJETIVOS DEL CAPÍTULO:

Este capítulo nos muestra cómo usar la calculadora de pantalla gráfica (en adelante, CPG) para resolver los distintos tipos de problemas que encontraremos en el curso de Estudios Matemáticos. No es necesario leer el capítulo completo, ya que ha sido incluido en este libro a modo de referencia. Cuando estemos trabajando en los problemas de los capítulos de matemática, podremos referirnos a este capítulo para obtener ayuda adicional con la CPG, en caso de necesitarla.

Contenidos del capítulo

Use esta lista para encontrar el tema que necesita.

Antes de comenzar

Qué necesitamos saber

- Cuáles son las teclas importantes: On, menu, esc, tab, ctrl, shift, enter, del
- Cómo es la pantalla de inicio
- Cómo abrir un nuevo documento, agregar páginas nuevas y cambiar configuraciones
- Cómo pasar de una página a otra en un documento
- Cómo agarrar y desplazar los ejes para cambiar la ventana en una página de gráficos
- Cómo cambiar la configuración en una página de gráficos
- Cómo usar las herramientas de zoom en una página de gráficos
- Cómo trazar un gráfico en una página de gráficos

Para recordar cómo realizar las operaciones básicas, se recomienda leer el manual de la CPG.

1 Número y álgebra 1

1.1 Resolución de sistemas de ecuaciones lineales

Al resolver sistemas de ecuaciones en un examen, no es necesario mostrar ningún método de resolución. Simplemente se deben escribir las ecuaciones en la forma correcta y luego dar las soluciones. La CPG hará todo el trabajo por nosotros.

No es necesario escribir las ecuaciones de ninguna forma en particular cuando se utiliza la CPG para resolver un sistema de ecuaciones lineales, siempre que ambas sean *lineales*; es decir, que ninguna de las ecuaciones contenga x^2 o términos de mayor grado.

Ejemplo 1

Resuelva el sistema de ecuaciones:

$2x + y = 10$

$x - y = 2$

Abrir un nuevo documento y agregar una página de **Calculator** (calculadora)

Presionar menu **3: Algebra** (álgebra) | **2: Solve System of Linear Equations** (resolver un sistema de ecuaciones lineales)

Presionar enter

Se verá este cuadro de diálogo, que muestra dos ecuaciones y las dos variables, x e y.

Nota: Esta es la forma en que se usa la CPG para resolver ecuaciones lineales en los exámenes. En el proyecto, quizá necesite resolver un sistema más complejo, con más ecuaciones y más variables.

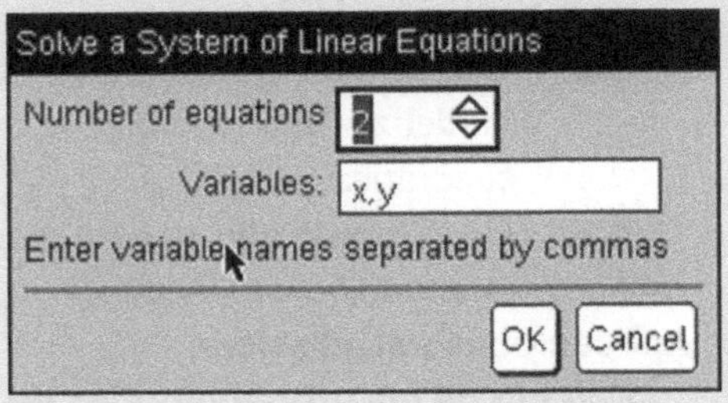

Al presionar enter, se verá la plantilla de la derecha. Ingresar las dos ecuaciones en la plantilla, usando las teclas ▼▲ para moverse dentro de la plantilla

Al presionar enter, la CPG resolverá el sistema, dando las soluciones en la forma $\{x, y\}$.

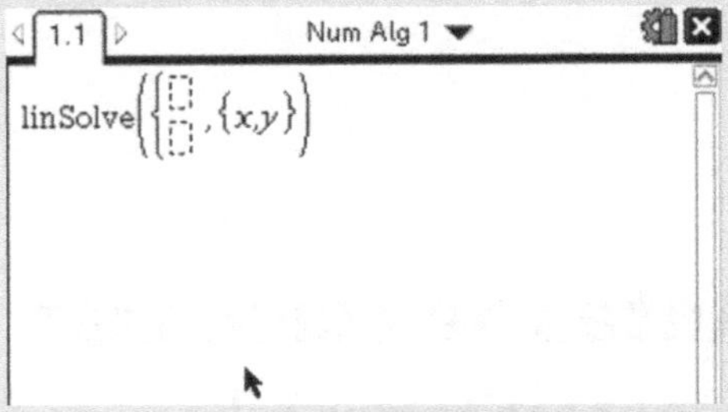

Las soluciones son $x = 4$, $y = 2$.

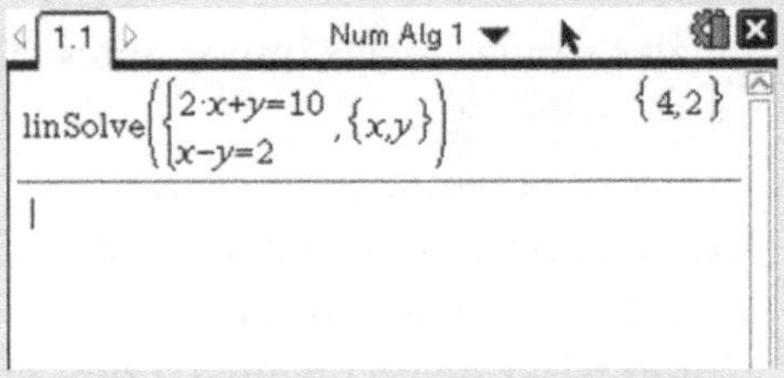

1.2 Resolución de ecuaciones cuadráticas

Al resolver ecuaciones cuadráticas en un examen, no es necesario mostrar ningún método de resolución. Simplemente se deben escribir las ecuaciones en la forma correcta y luego dar las soluciones. La CPG hará todo el trabajo por nosotros.

Ejemplo 2

Resuelva $3x^2 - 4x - 2 = 0$.

Presionar menu **3: Algebra** (álgebra) | **3: Polynomial Tools** (herramientas para polinomios) | **1: Find Roots of a Polynomial** (encontrar raíces del polinomio)

Presionar enter

Se verá este cuadro de diálogo, que muestra un polinomio de grado 2 (expresión cuadrática) con raíces reales. No es necesario cambiar nada.

Presionar enter

▶ Continúa en la página siguiente.

Se abre otro cuadro de diálogo para ingresar la ecuación. La forma general de una ecuación cuadrática es $a_2x^2 + a_1x + a_0 = 0$, así que debemos ingresar el valor de los coeficientes a_0, a_1 **y** a_2.
Aquí, $a_2 = 3$, $a_1 = -4$ y $a_0 = -2$. Hay que asegurarse de usar la tecla (-) al ingresar los valores negativos. Usar la tecla tab para moverse alrededor del cuadro de diálogo.

Al presionar enter, la CPG resolverá la ecuación, dando las raíces en la forma $\{x, y\}$.

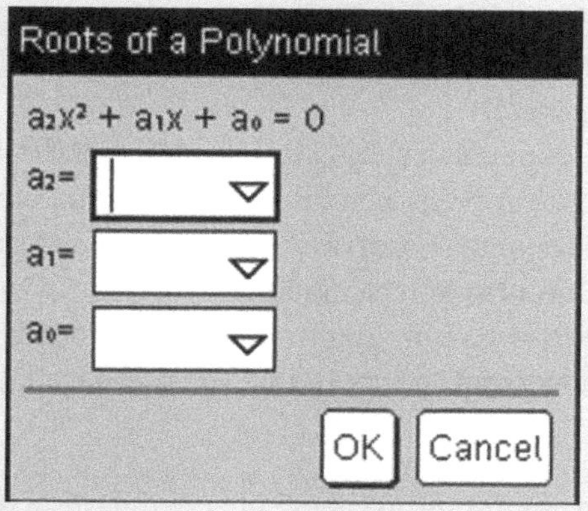

Las soluciones son $x = -0{,}387$ o $x = 1{,}72$ (3 cs).

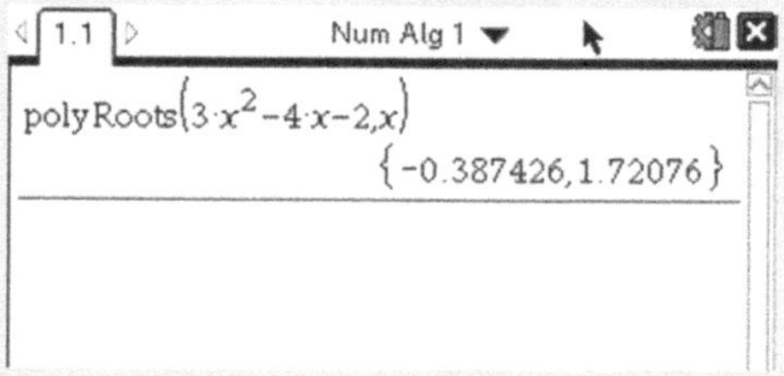

1.3 Notación científica

Cuando los números están escritos en notación científica, se expresan en la forma $a \times 10^n$, donde $1 \leq a < 10$ y $n \in \mathbb{Z}$.

Hay tres formas distintas de ingresar números en notación científica.
Por ejemplo, para ingresar $2{,}4 \times 10^4$, presionar las teclas:

2 . 4 × 1 0 ^ 4 o

2 . 4 × 10ˣ 4 o

2 . 4 EE 4

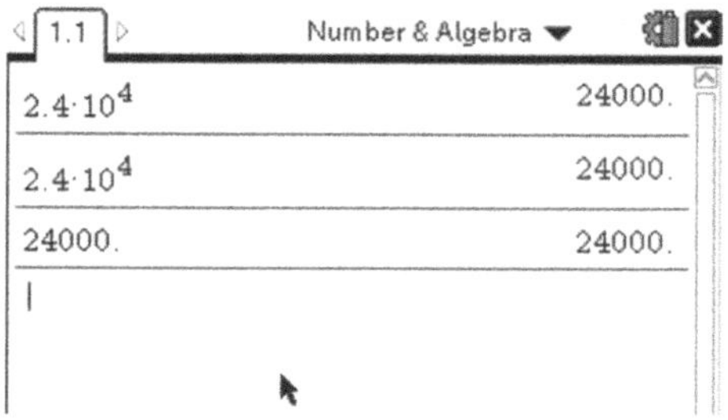

La CPG cambia la apariencia del número a medida que se lo va ingresando.

Ejemplo 3

Sabiendo que $x = 2{,}4 \times 10^4$ e $y = 3{,}6 \times 10^3$, halle el valor de:

a $2x + 3y$ **b** xy^2

Ingresar los valores usando uno de los tres métodos mostrados anteriormente
En el modo normal, la CPG muestra el resultado como un número normal o, si es un número muy grande, en notación científica.
Escribir la respuesta en notación científica
En el caso de 3,11E11, escribir $3{,}11 \times 10^{11}$

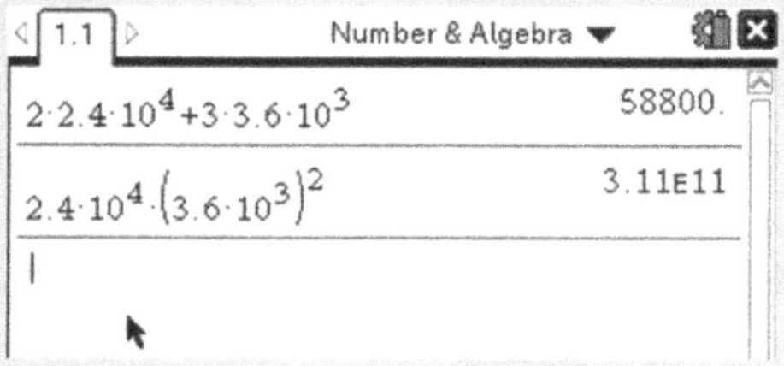

▶ Continúa en la página siguiente.

Para cambiar la respuesta a notación científica, presionar On | **Settings** (configuraciones) | **1: General** (general)
Del menú desplegable, elegir **Scientific** (científico) en la opción "Exponential Format" (formato exponencial)
Presionar **4: Current** (actual) para volver a la página de **Calculator** (calculadora)
Nota: Es importante volver nuevamente la configuración a **Normal** (normal), una vez que haya finalizado.

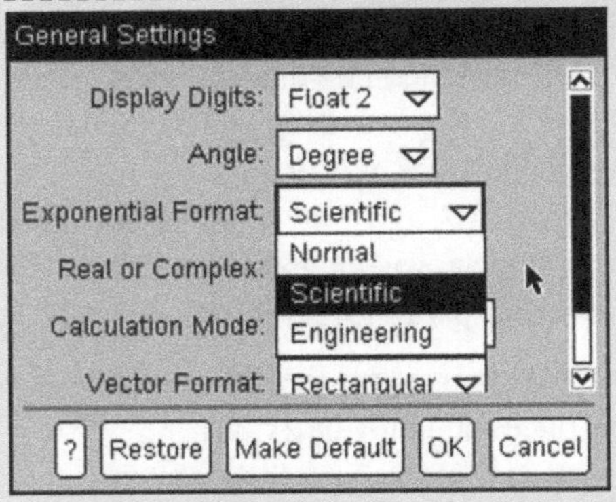

Ahora todos los resultados se muestran en notación científica:

a $5{,}88 \times 10^4$
b $3{,}11 \times 10^{11}$

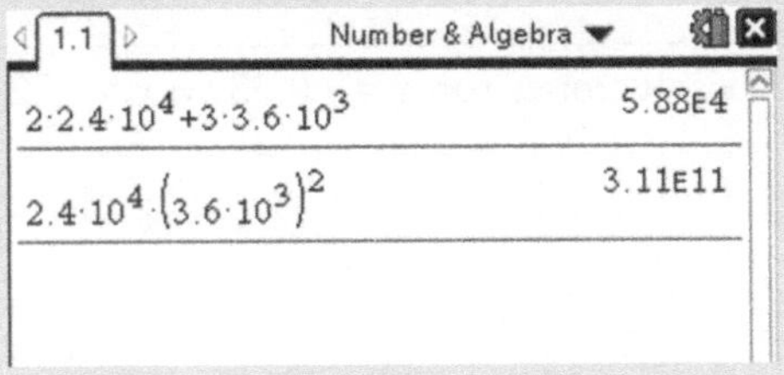

1.4 Cifras significativas

Limitación de la CPG: redondeo

Se puede usar la CPG para redondear números a tres cifras significativas, pero hay que recordar que: (i) la CPG omitirá los ceros que están al final del número, después de la coma decimal, y (ii) la CPG no redondeará números que tengan más de tres dígitos antes de la coma decimal.

Ejemplo 4

Realice estos cálculos. Dé cada una de sus respuestas redondeada a tres cifras significativas (3 cs):

a $4 \times \pi$ **b** $3{,}629 \times 2{,}76$ **c** 123×12

Para cambiar una respuesta a tres cifras significativas, presionar On | **Settings** (configuraciones) | **1: General** (general)
Del menú desplegable, elegir **Float 3** (flotante 3) en la opción "Display Digits" (mostrar dígitos)
Presionar **4: current** (actual) para volver a la página de **Calculator** (calculadora)
Nota: Es importante cambiar nuevamente la configuración a **Normal** (normal), una vez que haya finalizado.

En Estudios Matemáticos las respuestas numéricas deben redondearse a tres cifras significativas (3cs), salvo que se indique lo contrario.

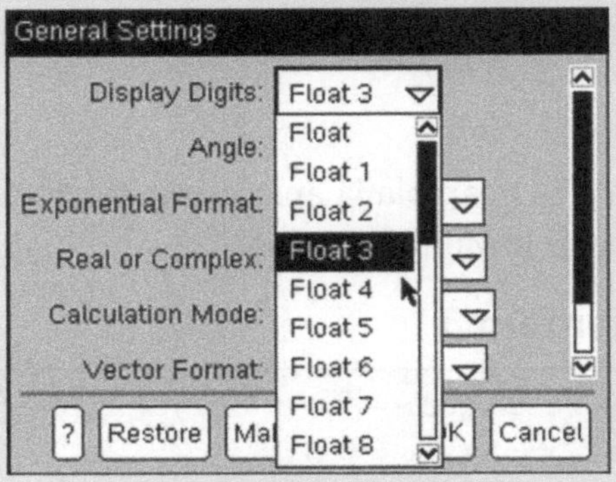

Ahora todos los resultados están redondeados:

a 12,6 está redondeado a 3 cs.
b 10 es 10,0 a 3 cs. La CPG ha omitido el último cero después de la coma decimal.
c 1476 es 1480 a 3 cs. Los dígitos anteriores a la coma decimal están todos incluidos y no han sido redondeados.

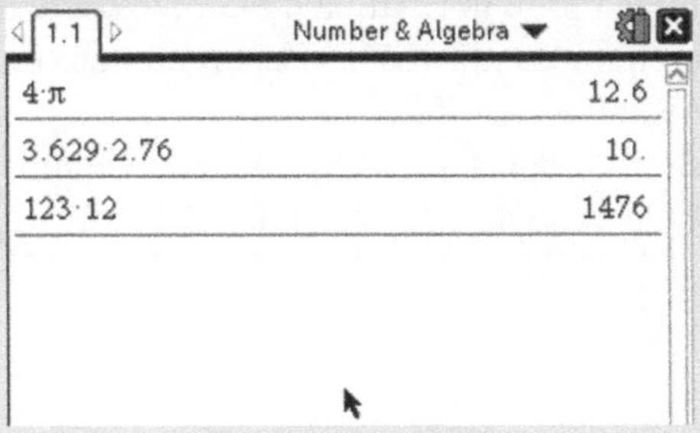

2 Estadística descriptiva

Se puede usar la CPG tanto para dibujar gráficos que representen datos como para calcular valores estadísticos básicos como medias, medianas, etc. Antes de poder hacerlo, es necesario ingresar los datos en una lista o en una hoja de cálculo. Esto se hace agregando una página de **Lists and Spreadsheet** (listas y hoja de cálculo) al documento.

Ingreso de datos

Hay dos formas de ingresar datos: en una lista o en una tabla de frecuencias.

2.1 Ingreso de listas de datos

Ejemplo 5

Ingrese los datos de la lista 1, 1, 3, 9, 2.

Abrir un nuevo documento y agregar una página de **Lists and Spreadsheet** (listas y hoja de cálculo)
Ingresar la palabra "datos" en la primera celda
Ingresar los números de la lista en la primera columna
Presionar enter o ▼ después de cada número para pasar a la celda siguiente
Nota: La palabra "datos" es un rótulo que se usará más adelante para crear un gráfico o para hacer algunos cálculos con los datos. Se puede usar cualquier letra o nombre para rotular la lista.

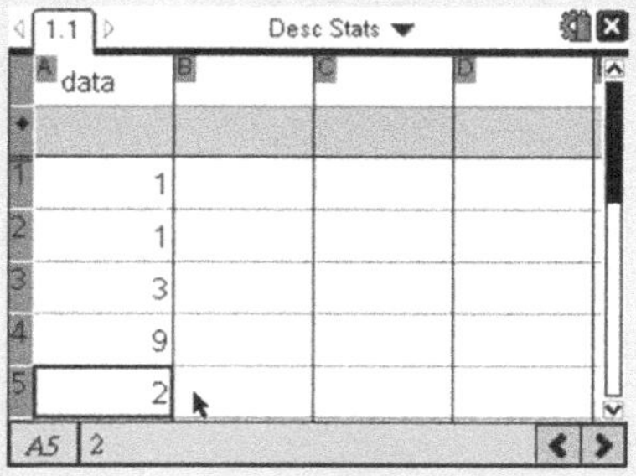

2.2 Ingreso de los datos en una tabla de frecuencias

Ejemplo 6

Ingrese los datos en la tabla:

Número	1	2	3	4	5
Frecuencia	3	4	6	5	2

Agregar al documento una nueva página de **Lists and Spreadsheet** (listas y hoja de cálculo)
Para rotular las columnas, escribir "número" en la primera celda y "frec" en la celda de su derecha
Ingresar los números en la primera columna y las frecuencias en la segunda
Usar ▼ ▲ ◀ ▶ para navegar por la hoja de cálculo

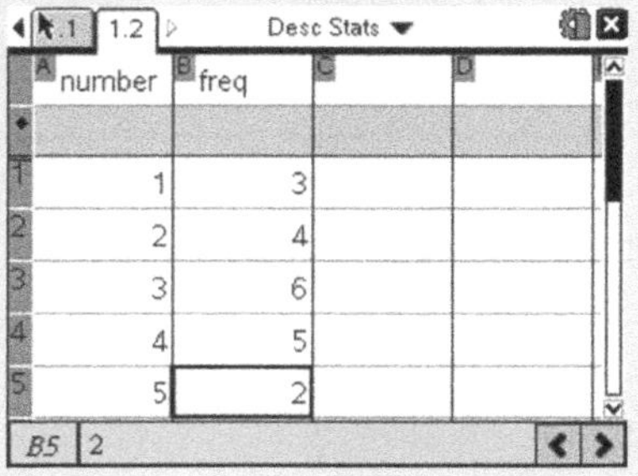

Dibujo de diagramas

Se pueden dibujar diagramas a partir de una lista o de una tabla de frecuencias.

2.3 Dibujo de un histograma de frecuencias a partir de una lista

Ejemplo 7

<table>
<tr><td colspan="2">Dibuje un histograma de frecuencias para estos datos:
1, 1, 3, 9, 2</td></tr>
<tr><td>Ingresar los datos en una lista llamada “datos” (véase el ejemplo 5)
Agregar una nueva página de Data and Statistics (datos y estadística) al documento
Nota: No es necesario preocuparse por lo que muestra esta pantalla.</td><td>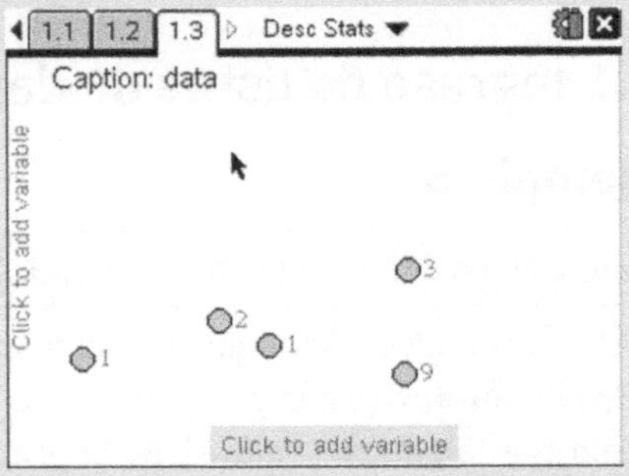
</td></tr>
<tr><td>Hacer clic en la parte inferior de la pantalla, donde dice “Click to add variable” (hacer clic para ingresar la variable), seleccionar datos de la lista y presionar enter</td><td>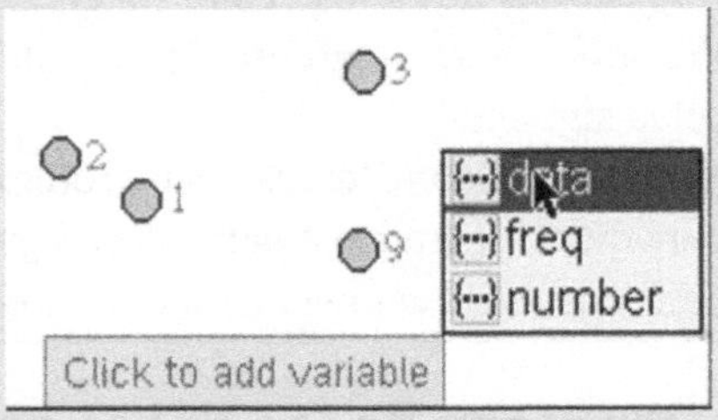
</td></tr>
<tr><td>El primer diagrama que aparece es un gráfico de puntos para los datos ingresados.</td><td>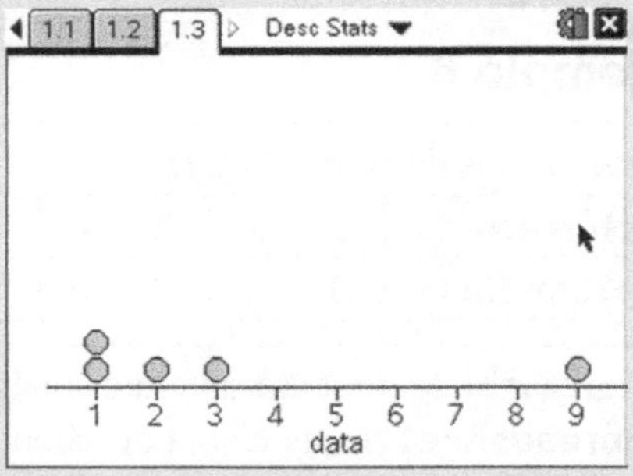
</td></tr>
<tr><td>Presionar menu 1: Plot Type (tipo de diagrama) |
3: Histogram (histograma)
Presionar enter
Ahora se debería ver un histograma de frecuencias para los datos de la lista.</td><td>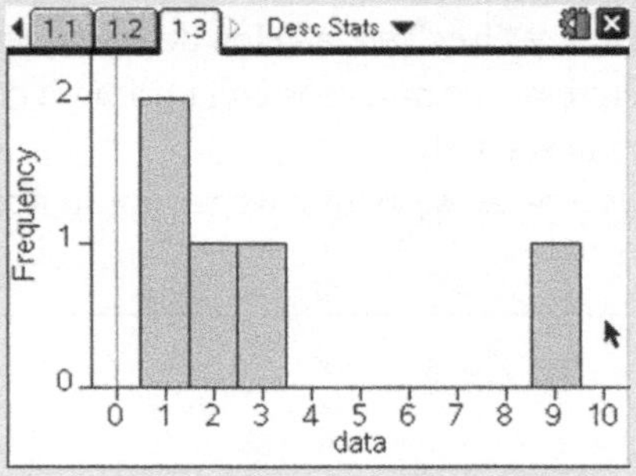
</td></tr>
</table>

2.4 Dibujo de un histograma de frecuencias a partir de una tabla de frecuencias

Ejemplo 8

Dibuje un histograma de frecuencias para estos datos:

Número	1	2	3	4	5
Frecuencia	3	4	6	5	2

Ingresar los datos en listas llamadas "número" y "frec" (véase el ejemplo 6)
Agregar una nueva página de **Data and Statistics** (datos y estadística) al documento
Nota: No es necesario preocuparse por lo que muestra esta pantalla.

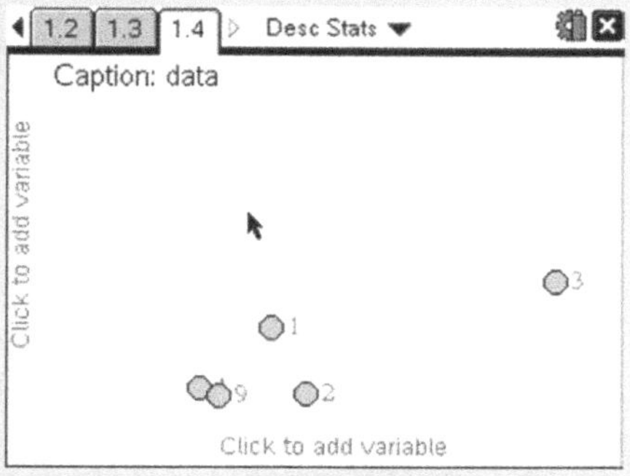

Presionar menu **2: Plot Properties** (propiedades del diagrama) | **5: Add *X* Variable with Frequency** (agregar variable *X* con frecuencia)
Presionar enter
Aparecerá este cuadro de diálogo.
Del menú desplegable, seleccionar **número** en la opción "Data List" (lista de datos) y **frec** en la opción "Frequency List" (lista de frecuencias)
Presionar enter

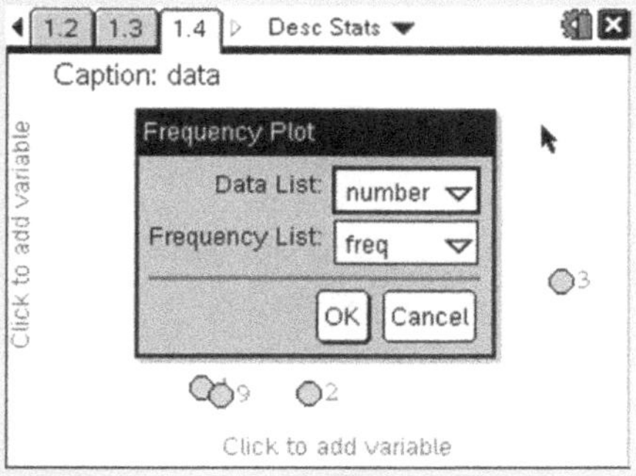

Ahora se debería ver un histograma de frecuencias para los datos de la tabla.

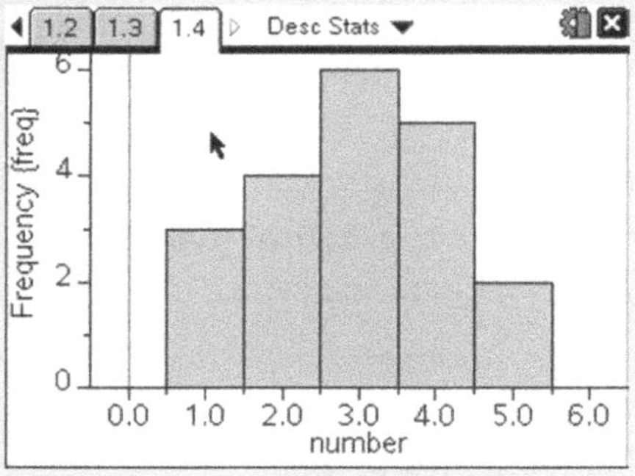

2.5 Dibujo de un diagrama de caja y bigotes a partir de una lista

Ejemplo 9

Dibuje un diagrama de caja y bigotes para estos datos:
1, 1, 3, 9, 2

Ingresar los datos en una lista llamada "datos" (véase el ejemplo 5)
Agregar una nueva página de **Data and Statistics** (datos y estadística) al documento
Nota: No es necesario preocuparse por lo que muestra esta pantalla.

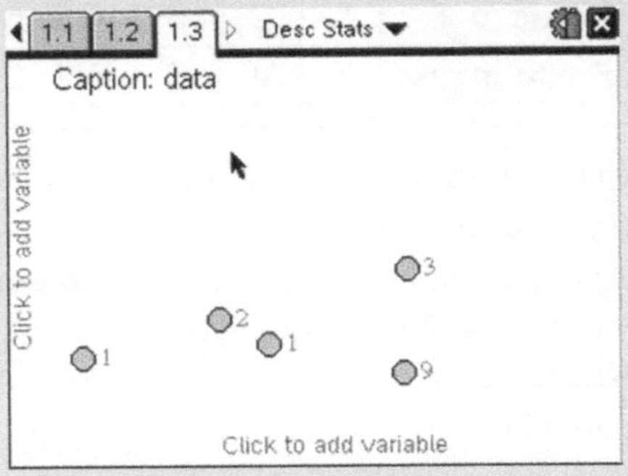

Hacer clic en la parte inferior de la pantalla, donde dice "Click to add variable" (hacer clic para ingresar la variable), seleccionar **datos** de la lista y presionar enter

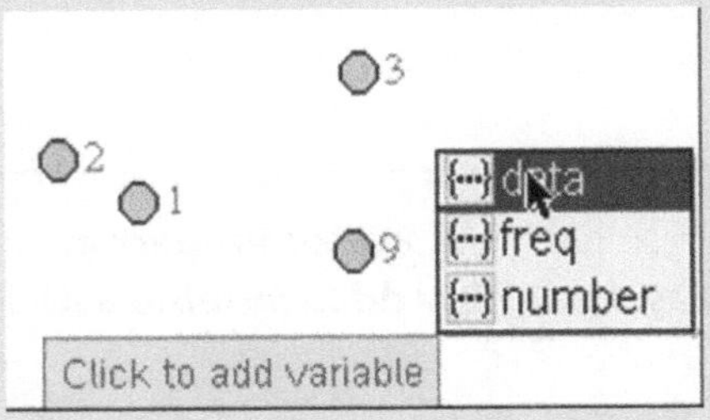

El primer diagrama que aparece es un gráfico de puntos para los datos ingresados.

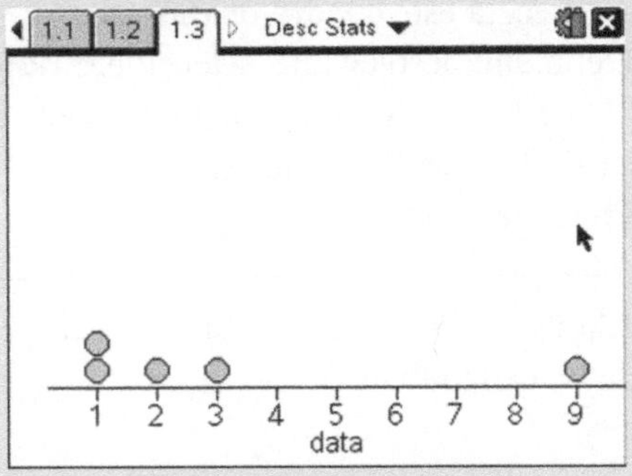

Presionar menu **1: Plot Type** (tipo de diagrama) | **3: Box Plot** (diagrama de cajas)

Presionar enter

Ahora se debería ver un diagrama de caja y bigotes para los datos de esta lista.

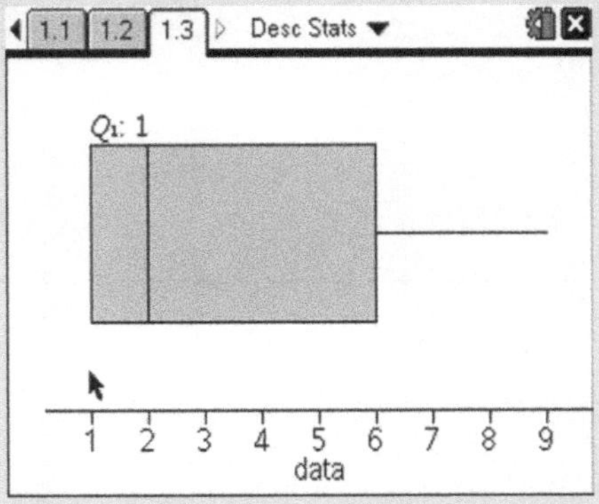

▶ Continúa en la página siguiente.

Al mover el cursor por encima del diagrama, se verán los cuartiles, Q_1 y Q_3, la mediana, y los valores máximo y mínimo.

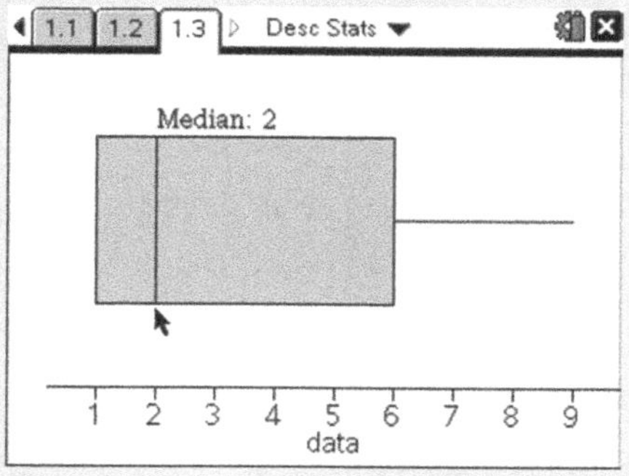

2.6 Dibujo de un diagrama de caja y bigotes a partir de una tabla de frecuencias

Ejemplo 10

Dibuje un diagrama de caja y bigotes para estos datos:

Número	1	2	3	4	5
Frecuencia	3	4	6	5	2

Ingresar los datos en listas llamadas "número" y "frec" (véase el ejemplo 6)
Agregar una nueva página de **Data and Statistics** (datos y estadística) al documento
Nota: No es necesario preocuparse por lo que muestra esta pantalla.

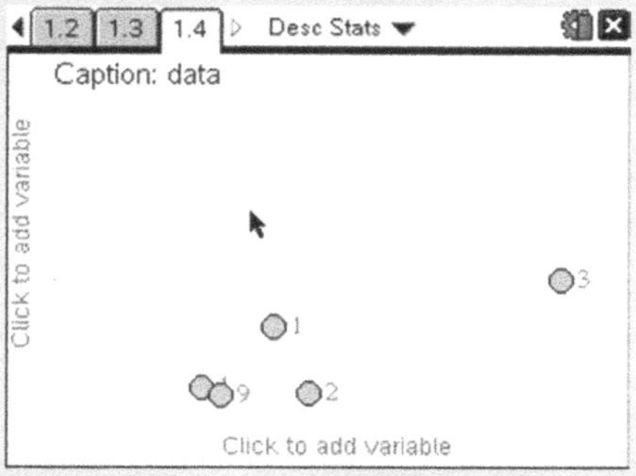

Presionar menu **2: Plot Properties** (propiedades del diagrama) | **5: Add *X* Variable with Frequency** (agregar variable *X* con frecuencia)
Presionar enter
Aparecerá este cuadro de diálogo.

En el menú desplegable, seleccionar **número** en la opción "Data List" (lista de datos) y **frec** en la opción "Frequency List" (lista de frecuencias)
Presionar enter

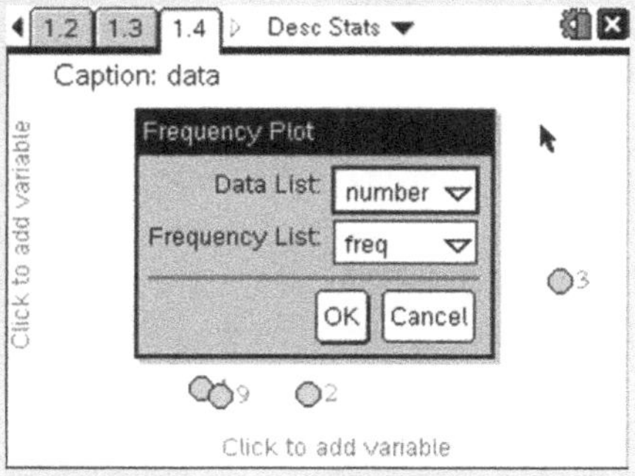

Ahora se debería ver un histograma de frecuencias.

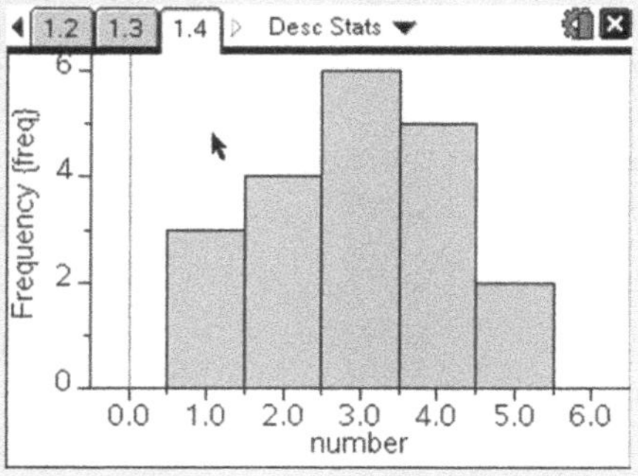

▶ Continúa en la página siguiente.

Presionar menu **1: Plot Type** (tipo de diagrama) | **2: Box Plot** (diagrama de cajas)

Presionar enter

Ahora se debería ver un diagrama de caja y bigotes para los datos de la tabla.

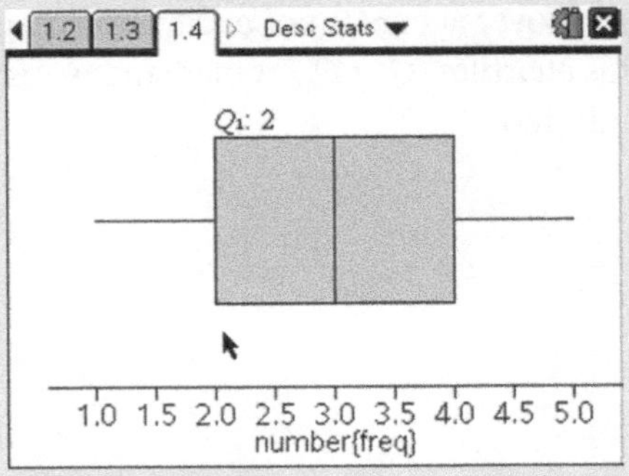

Al mover el cursor por encima del diagrama, se verán los cuartiles, Q_1 y Q_3, la mediana, y los valores máximo y mínimo.

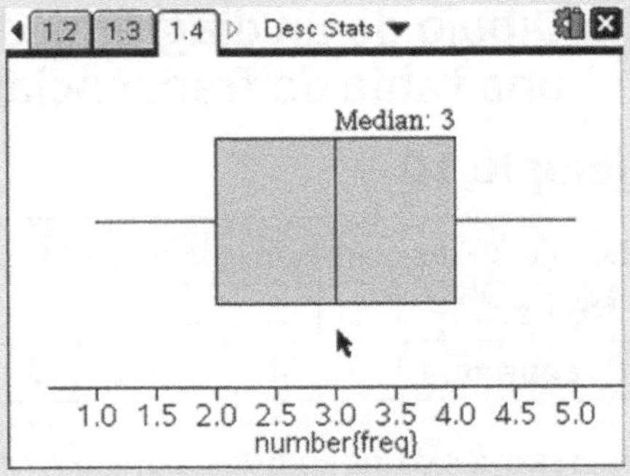

Cálculo de parámetros estadísticos

Se pueden calcular parámetros estadísticos como la media, la mediana, etc., a partir de una lista o de una tabla de frecuencias.

La media, la mediana, el rango, los cuartiles, la desviación típica, etc., se denominan en conjunto **resumen estadístico**.

2.7 Cálculo de parámetros estadísticos a partir de una lista

Ejemplo 11

Calcule un resumen estadístico para estos datos: 1, 1, 3, 9, 2.

Ingresar los datos en una lista llamada "datos" (véase el ejemplo 5)

Agregar una página de **Calculator** (calculadora) al documento

Presionar menu **6: Statistics** (estadística) | **1: Stat Calculations** (cálculos estadísticos) | **1: One-Variable Statistics** (estadísticas de una variable)

Presionar enter

Esto abre un cuadro de diálogo.

Dejar la opción "Num of Lists" (número de listas) en 1 y presionar enter

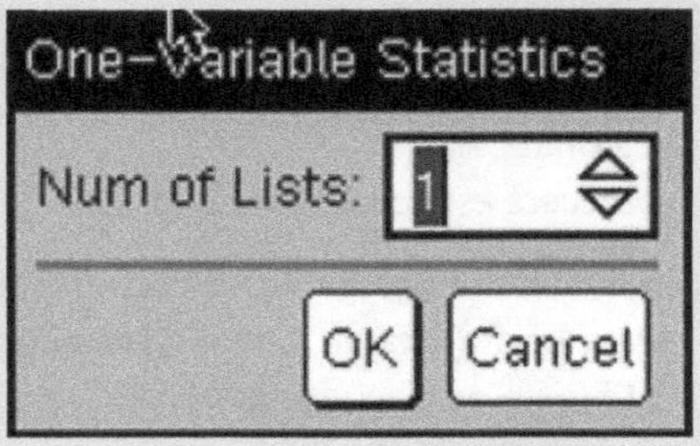

Se abrirá otro cuadro de diálogo.

Seleccionar del menú desplegable **datos** en la opción "X1 List" (lista X1) y dejar "Frequency List" (lista de frecuencias) en 1

Presionar enter

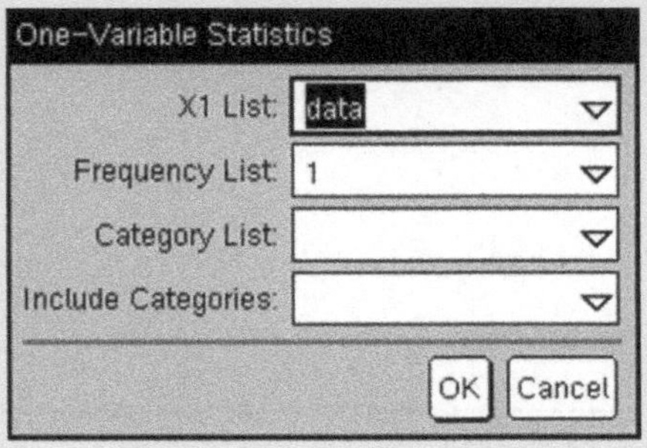

▶ Continúa en la página siguiente.

La información que se muestra no entra en una sola pantalla. Hay que desplazarse hacia arriba y hacia abajo para verla toda. Los valores estadísticos para estos datos son:

Media	$\bar{x}$
Suma	$\sum x$
Suma de cuadrados	$\sum x^2$
Desviación típica muestral	s_x
Desviación típica poblacional	σ_x
Número	n
Valor mínimo	Min$X$
Cuartil inferior	Q_1X
Mediana	Median$X$
Cuartil superior	Q_3X
Valor máximo	Max$X$
Suma de los cuadrados de las desviaciones desde la media	SSX

Nota: En Estudios Matemáticos siempre hay que usar la desviación típica poblacional (σ_x). (Referirse a la página 76 para obtener más información.)

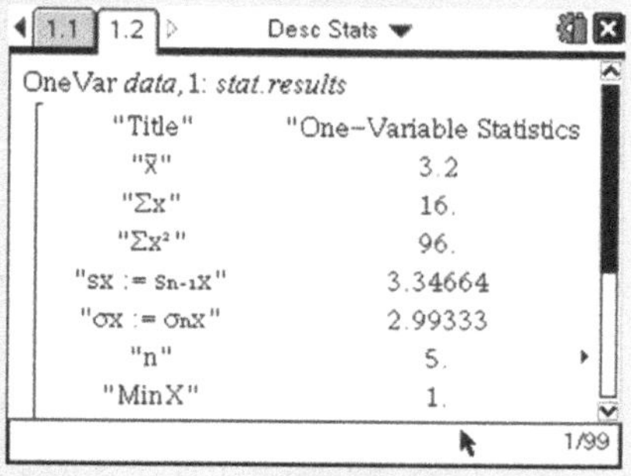

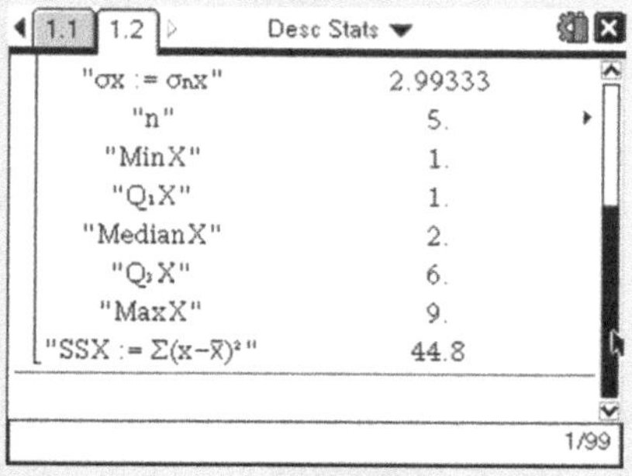

2.8 Cálculo de parámetros estadísticos a partir de una tabla de frecuencias

Ejemplo 12

Calcule un resumen estadístico para estos datos:

Número	1	2	3	4	5
Frecuencia	3	4	6	5	2

Ingresar los datos en listas llamadas "número" y "frec" (véase el ejemplo 6)
Agregar una página de **Calculator** (calculadora) al documento
Presionar menu **6: Statistics** (estadística) | **1: Stat Calculations** (cálculos estadísticos) | **1: One-Variable Statistics** (estadísticas de una variable)
Presionar enter
Esto abre un cuadro de diálogo.
Dejar la opción "Num of Lists" (número de listas) en 1 y presionar enter

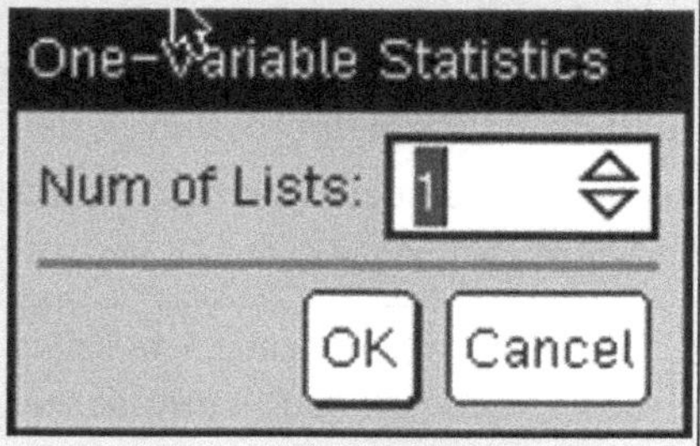

Se abrirá otro cuadro de diálogo.
Seleccionar del menú desplegable **número** en la opción "X1 List" (lista X1) y **frec** en la opción "Frequency List" (lista de frecuencias)
Presionar enter

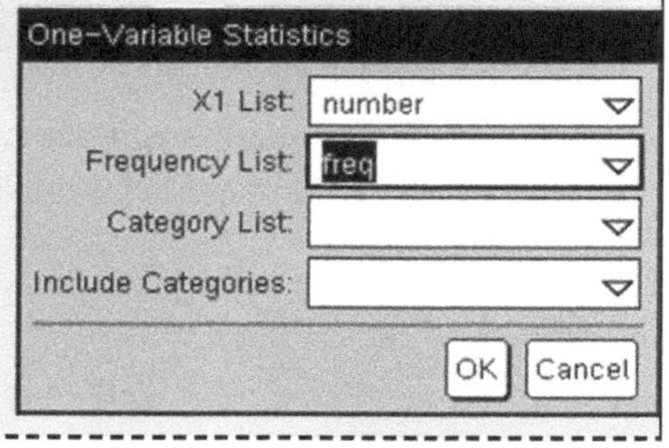

▶ Continúa en la página siguiente.

La información que se muestra no entra en una sola pantalla. Hay que desplazarse hacia arriba y hacia abajo para verla toda.
Los valores estadísticos para estos datos son:

Media	$\bar{x}$
Suma	$\sum x$
Suma de cuadrados	$\sum x^2$
Desviación típica muestral	s_x
Desviación típica poblacional	σ_x
Número	n
Valor mínimo	Min$X$
Cuartil inferior	Q_1X
Mediana	Median$X$
Cuartil superior	Q_3X
Valor máximo	Max$X$
Suma de los cuadrados de las desviaciones desde la media	SSX

Nota: En Estudios Matemáticos siempre hay que usar la desviación típica poblacional (σ_x). (Referirse a la página 76 para obtener más información.)

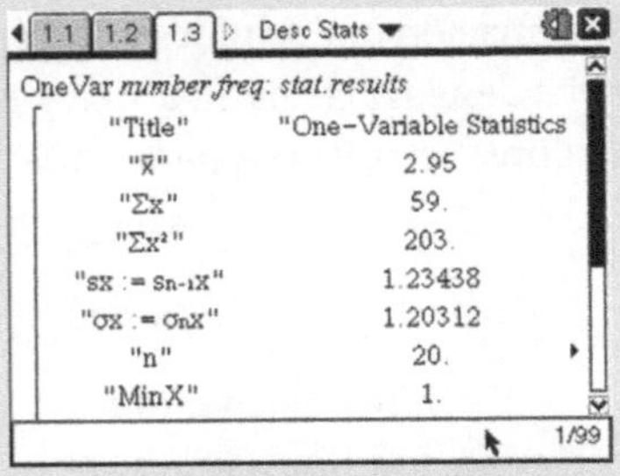

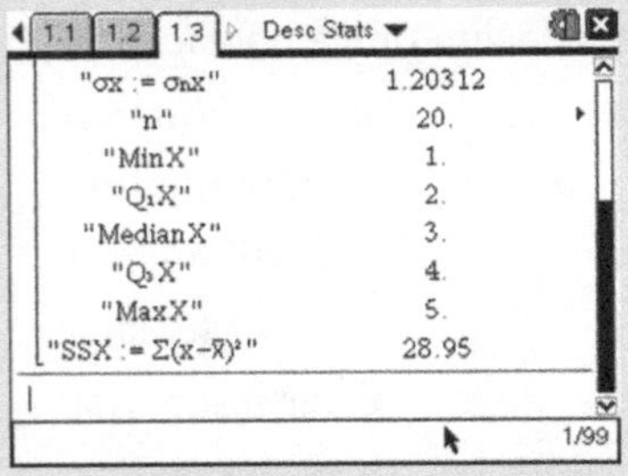

2.9 Cálculo del rango intercuartil

El rango intercuartil es la diferencia entre el cuartil superior y el cuartil inferior, $Q_3 - Q_1$.

Ejemplo 13

Calcule el rango intercuartil para estos datos:

Número	1	2	3	4	5
Frecuencia	3	4	6	5	2

Primero calcular el resumen estadístico para estos datos (véase el ejemplo 12)
Agregar una nueva página de **Calculator** (calculadora) al documento

Los valores del resumen estadístico se almacenan luego de haberlos calculado y permanecen almacenados hasta la próxima vez que se calculen.

Presionar var
Se abrirá un cuadro de diálogo con los nombres de las variables estadísticas.
Desplazarse hacia abajo hasta **stat.q$_3$x**, usando el *touchpad* (pantalla sensible al tacto) o las teclas ▼▲, y luego presionar enter

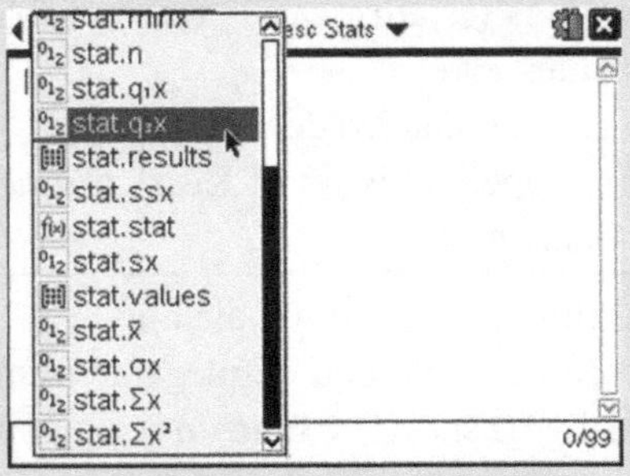

▶ Continúa en la página siguiente.

Ingresar (-) y presionar var nuevamente. Desplazarse hacia abajo hasta **stat.q$_1$x**, usando el *touchpad* o las teclas ▼▲, y luego presionar enter.

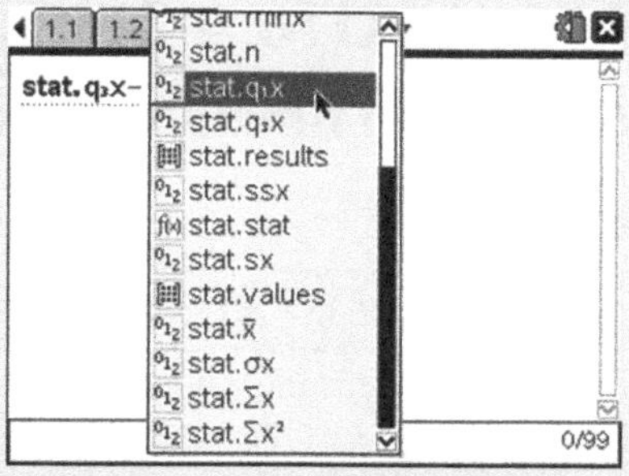

Presionar enter nuevamente
La calculadora ahora muestra el resultado:
Rango intercuartil = $Q_3 - Q_1 = 3$

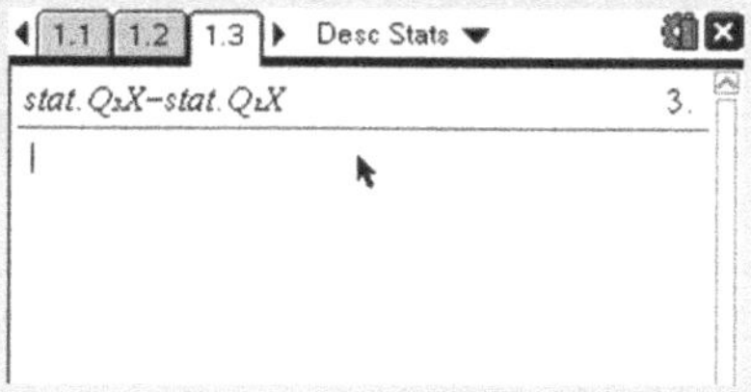

2.10 Uso de parámetros estadísticos

Ejemplo 14

Calcule el valor $\bar{x} + \sigma_x$ para estos datos:

Número	1	2	3	4	5
Frecuencia	3	4	6	5	2

La calculadora almacena los valores de los estadísticos calculados, para que se pueda acceder a ellos en otras operaciones. Los valores permanecen almacenados hasta la próxima vez que se haga un cálculo utilizando la opción **One-Variable Statistics** (estadísticas de una variable).

Primero calcular el resumen estadístico para estos datos (véase el ejemplo 12)
Agregar una nueva página de **Calculator** (calculadora) al documento
Presionar var
Se verá un cuadro de diálogo con los nombres de las variables estadísticas.
Desplazarse hacia abajo hasta **stat.x̄** usando el *touchpad* o las teclas ▼▲, y luego presionar enter

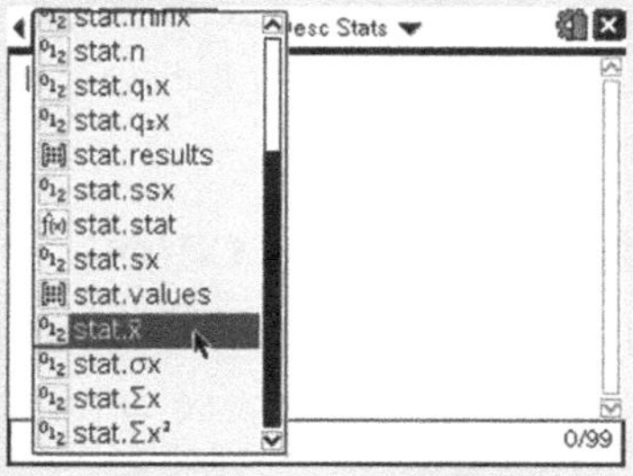

Ingresar + y presionar var nuevamente
Desplazarse hacia abajo hasta **stat.σx**, usando el *touchpad* o las teclas ▼▲, y luego presionar enter

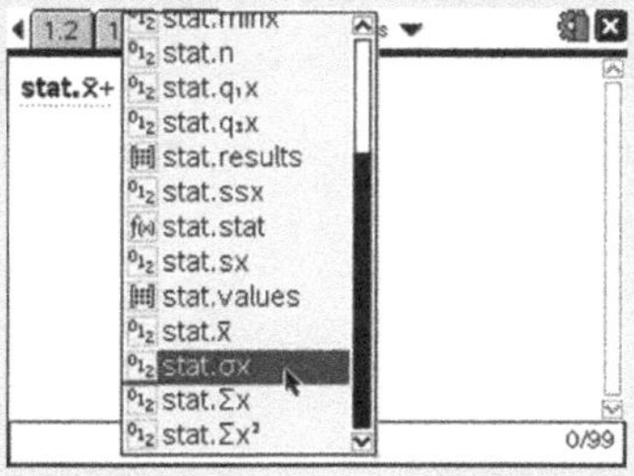

Presionar enter nuevamente
La calculadora ahora muestra el resultado:
$\bar{x} + \sigma_x = 4{,}15$ (3 cs)

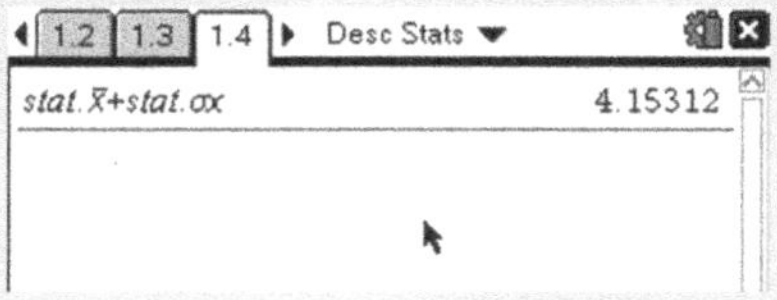

3 Geometría y trigonometría 1

3.1 Gráfico de funciones lineales

Ejemplo 15

Dibuje el gráfico de la función $y = 2x + 1$.	
Abrir un nuevo documento y agregar una página de **Graphs** (gráficos) La línea de ingreso aparece en la parte inferior del área de trabajo. El tipo de gráfico predeterminado es **Function** (función), así que aparece la forma "$f1(x)=$". Los ejes predeterminados son $-10 \leq x \leq 10$ y $-6{,}67 \leq y \leq 6{,}67$. Ingresar $2x + 1$ y presionar enter	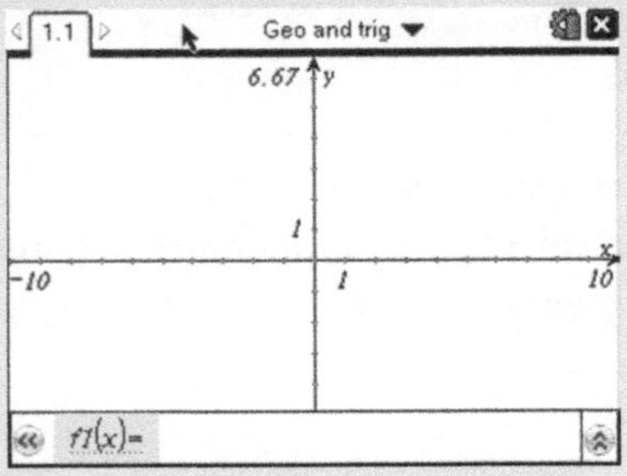
El gráfico de $y = 2x + 1$ se visualiza en la pantalla y aparece rotulado.	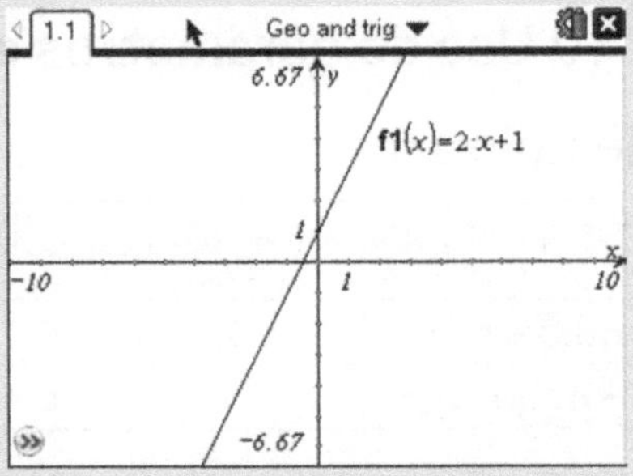

Información del gráfico

La CPG puede ofrecer mucha información acerca del gráfico de una función, como por ejemplo, las coordenadas de puntos de interés y la pendiente.

3.2 Cómo hallar los ceros

La coordenada x de un punto de intersección del gráfico de una función con el eje x se denomina **cero** de la función.

> En el punto de intersección con el eje x, $y = 0$.

Ejemplo 16

Halle el cero de $y = 2x + 1$.	
Primero dibujar el gráfico de $y = 2x + 1$ (véase el ejemplo 15)	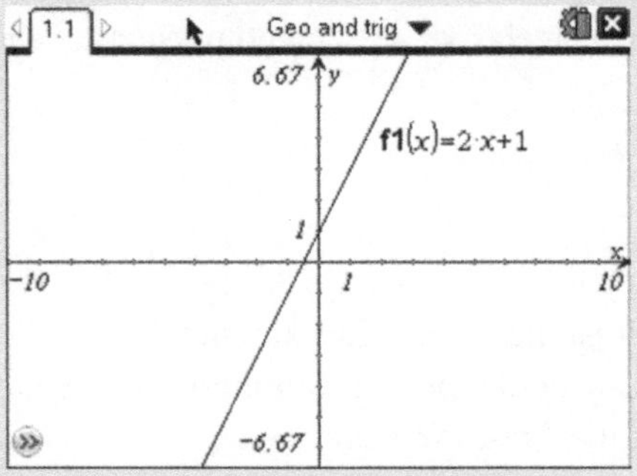

▶ Continúa en la página siguiente.

Presionar menu **6: Analyze Graph** (analizar gráfico) | **1: Zero** (cero)

Presionar enter

Para hallar el cero, es necesario marcar el límite inferior y el límite superior de una región de búsqueda que lo contenga.
La CPG muestra una línea punteada y pide un límite inferior ("lower bound?").
Mover la línea usando el *touchpad* y elegir una posición a la izquierda del cero
Hacer clic en el *touchpad*

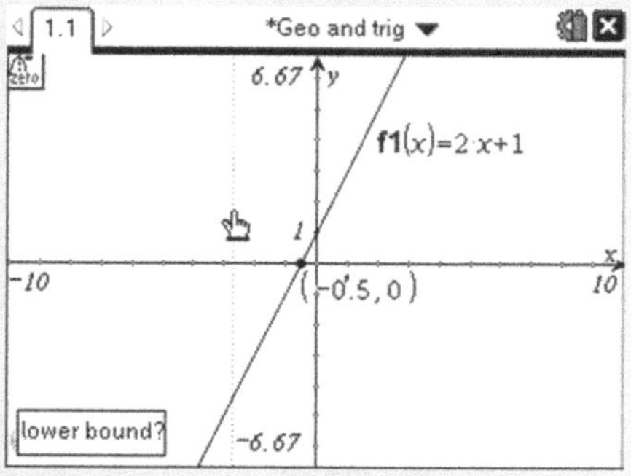

La CPG muestra otra línea y pide el límite superior ("upper bound?").
Utilizar el *touchpad* para mover la línea, de manera que la región entre el límite inferior y el superior contenga al cero.
Cuando esto suceda, aparecerá la palabra "zero" (cero) en una etiqueta.
Hacer clic en el *touchpad*

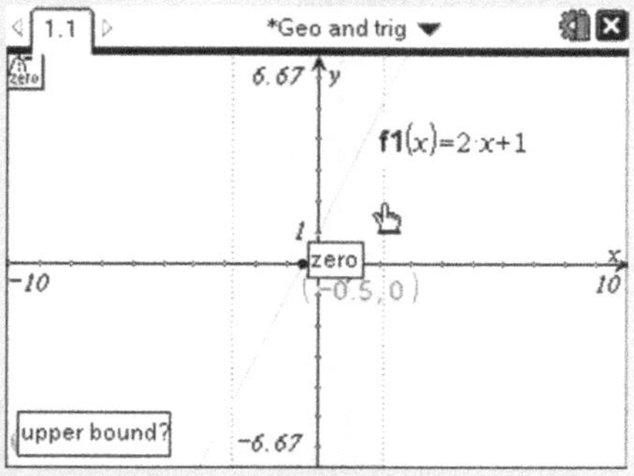

En la CPG se visualiza el cero de la función $y = 2x + 1$ en el punto $(-0,5; 0)$.
El cero de la función es $-0,5$.

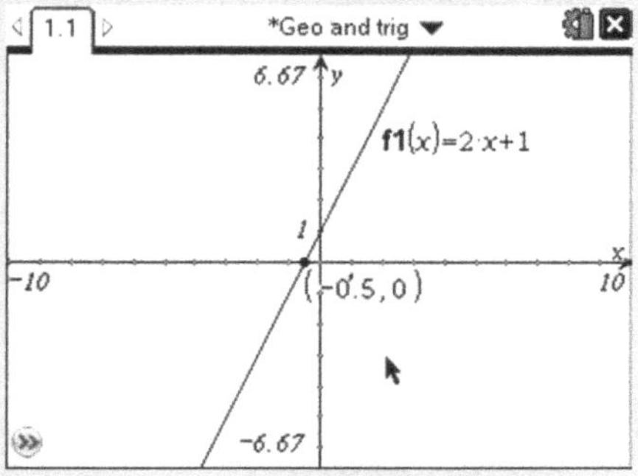

3.3 Cómo hallar la pendiente de una recta

La expresión matemática correcta para la pendiente es $\frac{dy}{dx}$, y esta es la notación que utiliza la CPG.

Ejemplo 17

Halle la pendiente de $y = 2x + 1$.

Primero dibujar el gráfico de $y = 2x + 1$ (véase el ejemplo 15)

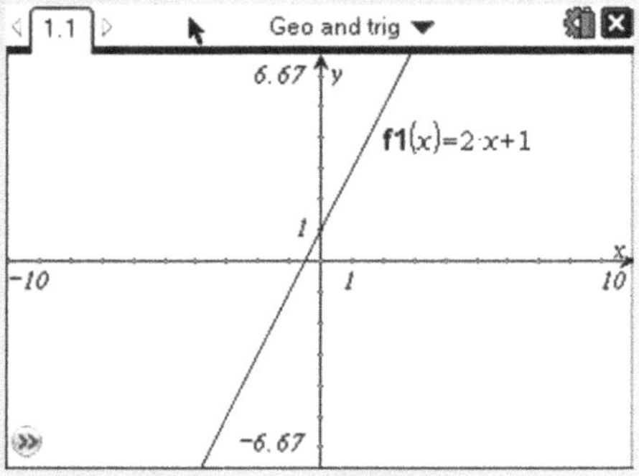

▶ Continúa en la página siguiente.

Presionar menu **6: Analyze Graph** (analizar gráfico) | **5 : dy/dx** Presionar enter Usar el *touchpad* para seleccionar un punto que esté sobre la recta Hacer clic en el *touchpad*	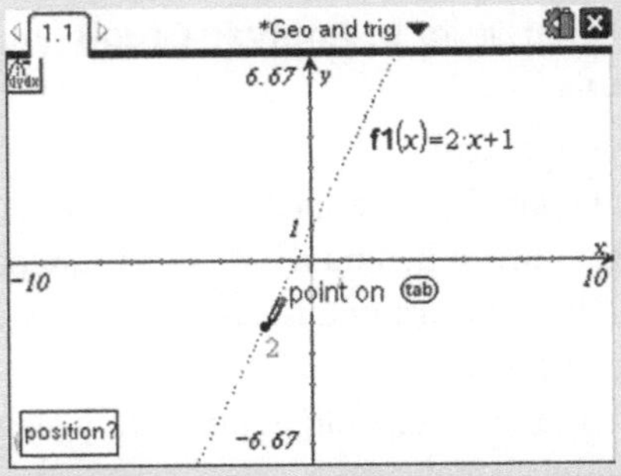
El punto seleccionado se visualiza junto con la pendiente de la recta en ese punto. La pendiente es 2.	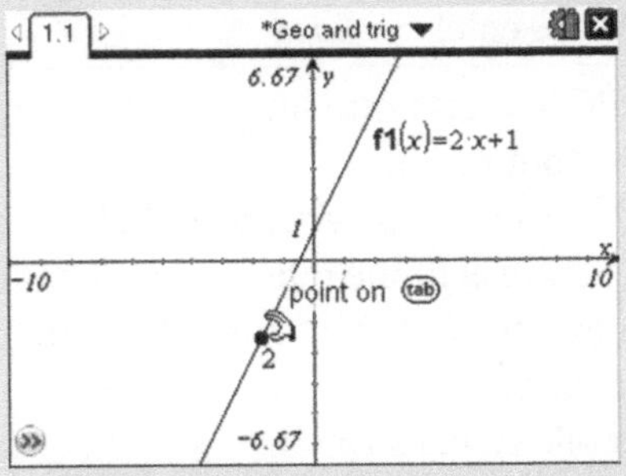
Con el símbolo de la mano abierta, hacer clic en el *touchpad* nuevamente. Ahora la mano está agarrando el punto. Mover el punto a lo largo de la recta usando el *touchpad*. Esto confirma que la pendiente de $y = 2x + 1$ en cualquier punto es 2.	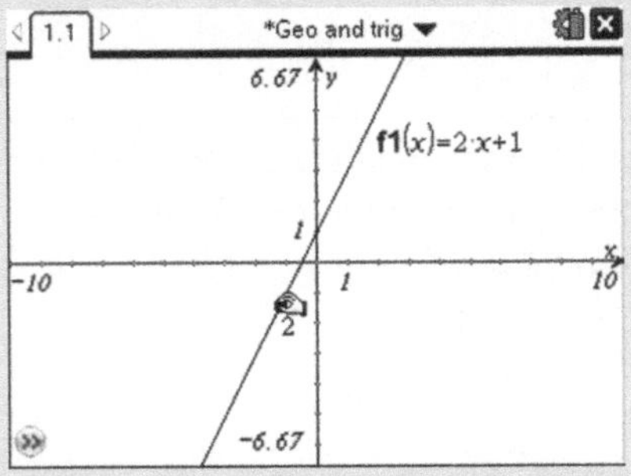

3.4 Resolución de sistemas de ecuaciones en forma gráfica

Para resolver sistemas de ecuaciones en forma gráfica, se dibujan las rectas y luego se halla el punto de intersección. Las coordenadas del punto de intersección son los valores de las incógnitas del sistema, x e y.

Para resolver sistemas de ecuaciones utilizando un método que no sea gráfico, véase la sección 1.1 de este capítulo.

Ejemplo 18

Utilice un método gráfico para resolver el sistema de ecuaciones:

$2x + y = 10$

$x - y = 2$

Primero reescribir las ecuaciones en la forma "$y =$"

$2x + y = 10$	$x - y = 2$
$y = 10 - 2x$	$-y = 2 - x$
	$y = x - 2$

La CPG solo dibujará los gráficos de funciones definidas explícitamente, es decir, como "y = una función de x". Si la ecuación está escrita en una forma diferente, primero habrá que reordenarla.

▶ Continúa en la página siguiente.

Para dibujar los gráficos $y = 10 - 2x$ e $y = x - 2$:
Abrir un nuevo documento y agregar una página de **Graphs** (gráficos)
La línea de ingreso aparece en la parte inferior del área de trabajo.
El tipo de gráfico predeterminado es **Function** (función), así que aparece la forma "*f1*(*x*)=".
Los ejes predeterminados son $-10 \leq x \leq 10$ y $-6{,}67 \leq y \leq 6{,}67$.
Ingresar $10 - 2x$ y presionar enter

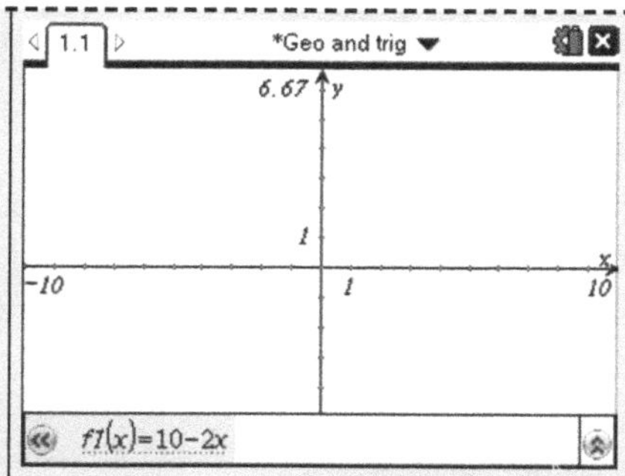

La CPG muestra la primera recta:
$f1(x) = 10 - 2x$

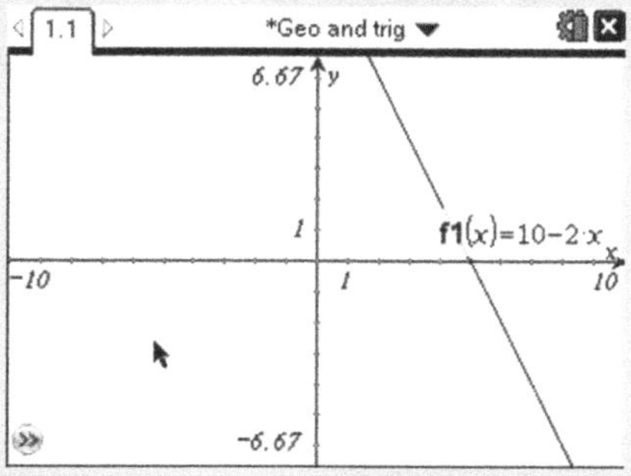

Usar el *touchpad* para hacer clic en las flechas que se encuentran en la parte inferior izquierda de la pantalla
Esto abrirá de nuevo la línea de ingreso. Esta vez se visualiza "*f2*(*x*)=".
Ingresar $x - 2$ y presionar enter

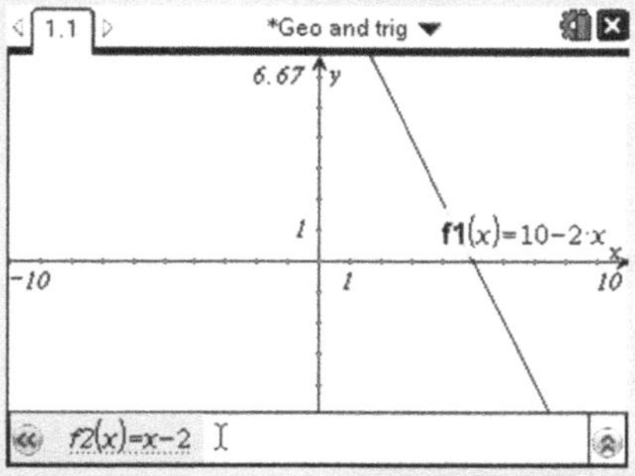

La CPG ahora muestra ambas rectas:
$f1(x) = 10 - 2x$
$f2(x) = x - 2$

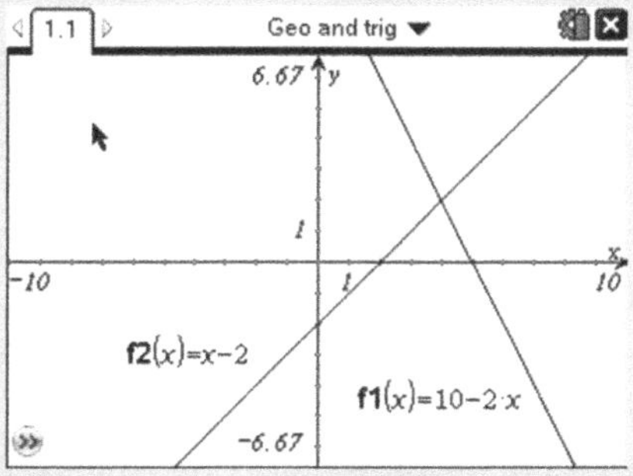

Presionar menu **6: Analyze Graph** (analizar gráfico) | **4: Intersection Point(s)** (punto[s] de intersección)
Presionar enter
Para hallar el punto de intersección, es necesario marcar el límite inferior y el límite superior de una región de búsqueda que contenga al punto.
La CPG muestra una línea punteada y pide un límite inferior ("lower bound?").
Mover la línea usando el *touchpad* y elegir una posición a la izquierda del punto de intersección
Hacer clic en el *touchpad*

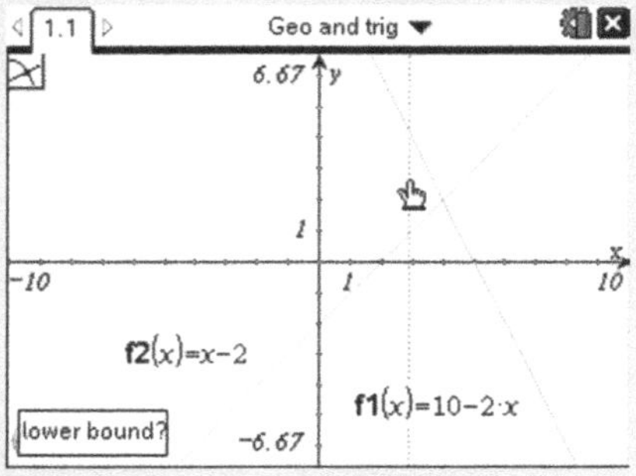

▶ Continúa en la página siguiente.

La CPG muestra otra línea y pide el límite superior ("upper bound?").
Utilizar el *touchpad* para mover la línea, de manera que la región entre el límite inferior y el superior contenga al punto de intersección
Cuando esto suceda, aparecerá la palabra "intersection" (intersección) en una etiqueta.
Hacer clic en el *touchpad*
Presionar enter

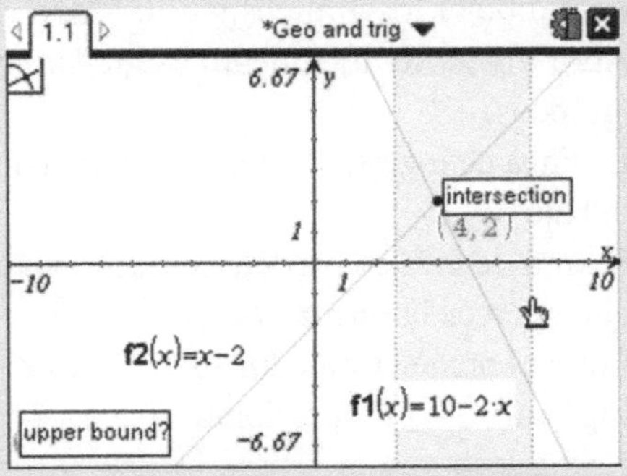

La CPG muestra la intersección de ambas rectas en el punto (4, 2).
La solución es $x = 4$, $y = 2$.

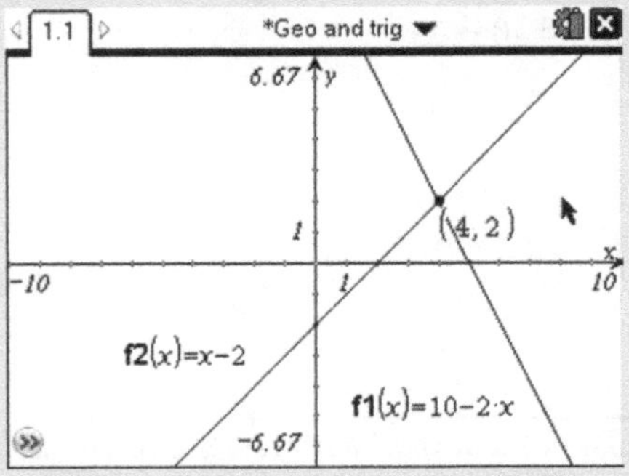

4 Modelos matemáticos

Funciones cuadráticas

4.1 Dibujo del gráfico de una cuadrática

Ejemplo 19

Dibuje el gráfico de $y = x^2 - 2x + 3$, usando escalas apropiadas en los ejes.

Abrir un nuevo documento y agregar una página de **Graphs** (gráficos)
La línea de ingreso aparece en la parte inferior del área de trabajo.
El tipo de gráfico predeterminado es **Function** (función), así que aparece la forma "*f1*(x)=".
Los ejes predeterminados son $-10 \leq x \leq 10$ y $-6{,}67 \leq y \leq 6{,}67$.
Ingresar $x^2 - 2x + 3$ y presionar enter

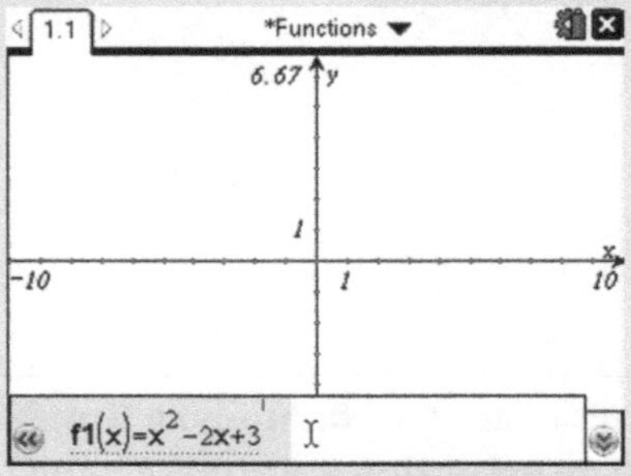

La CPG muestra la curva con los ejes predeterminados.

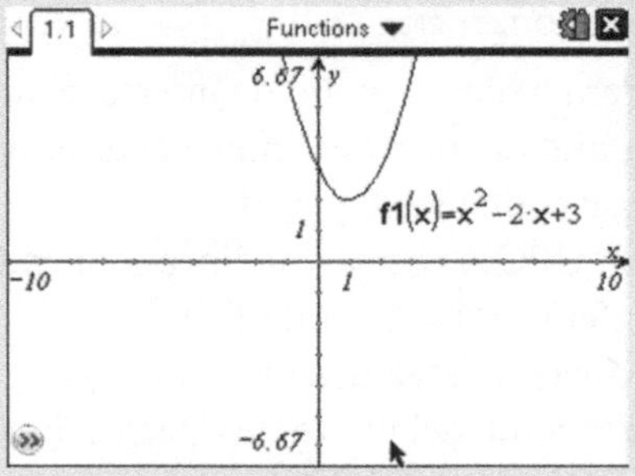

▶ Continúa en la página siguiente.

Desplazar los ejes para obtener una mejor vista de la curva

> Para obtener ayuda con el desplazamiento de los ejes, véase el manual de la CPG.

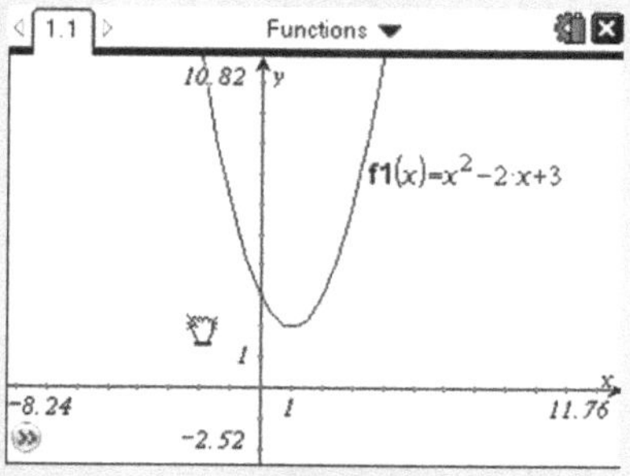

Agarrar el eje x y cambiarlo para que la curva cuadrática se ajuste mejor a la pantalla.

> Para obtener ayuda sobre cómo cambiar los ejes, véase el manual de la CPG.

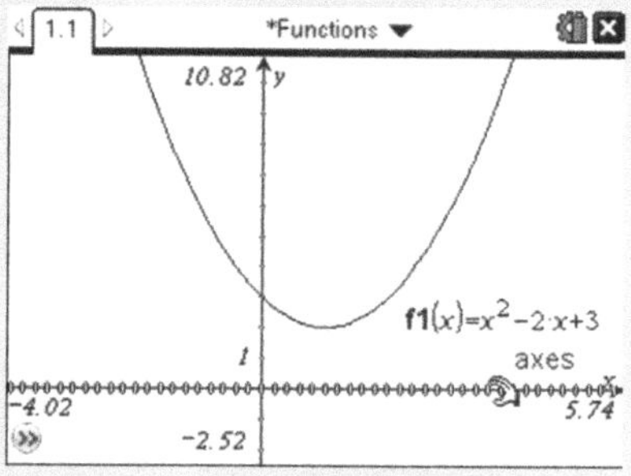

4.2 Cómo hallar el mínimo local o el máximo local

Ejemplo 20

Halle el punto mínimo del gráfico de $y = x^2 - 2x + 3$.

Primero dibujar el gráfico de $y = x^2 - 2x + 3$ (véase el ejemplo 19)

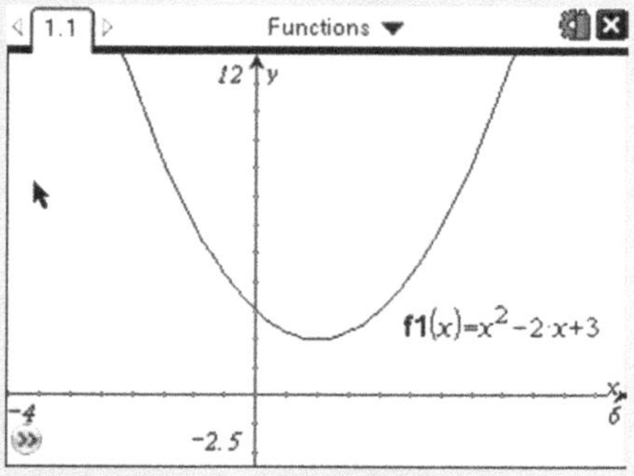

Método 1: usar una tabla

Se puede ver el gráfico **y** una tabla de valores del gráfico, usando una pantalla dividida.

Presionar menu **2: View** (ver) | **9: Show Table** (mostrar tabla), o simplemente ctrl T

El valor mínimo que se ve en la tabla es 2, cuando $x = 1$.

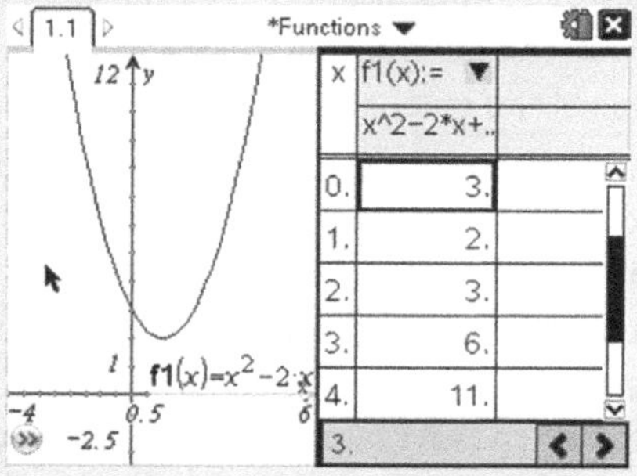

▶ Continúa en la página siguiente.

Se deben mirar más de cerca los valores de la función alrededor de $x = 1$.
Cambiar la configuración de la tabla
Seleccionar cualquiera de las celdas y presionar menu
5: Table (tabla) | **5: Edit Table Settings** (editar configuración de tabla)
Definir "Table Start" (inicio de tabla) en 0.98 y "Table Step" (paso de tabla) en 0.01
Presionar enter

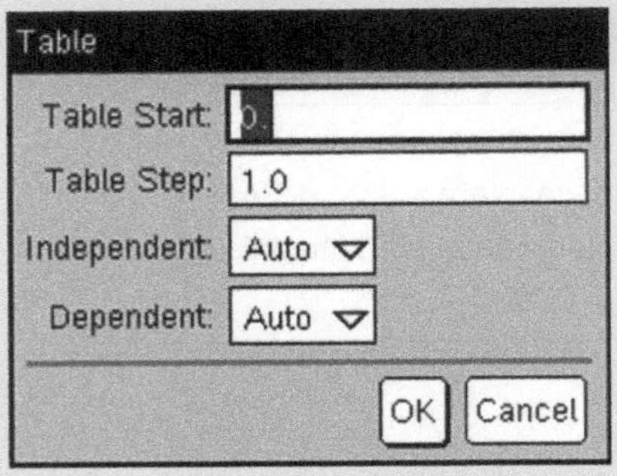

La tabla muestra que la función toma valores más grandes en puntos que están alrededor del (1, 2). Podemos concluir entonces que el punto (1, 2) es un mínimo local de la curva.

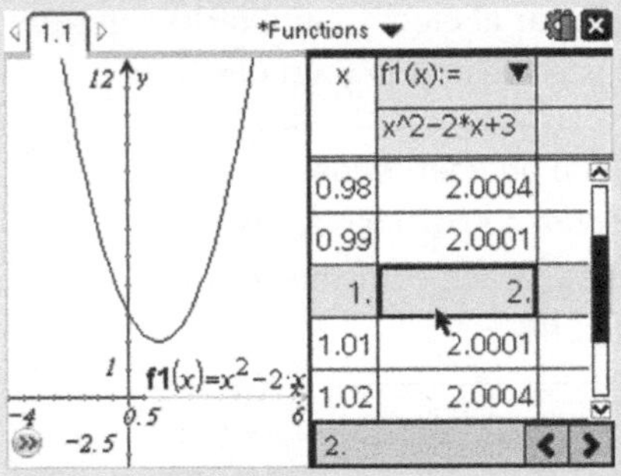

Método 2: usar la herramienta "Minimum" (mínimo)

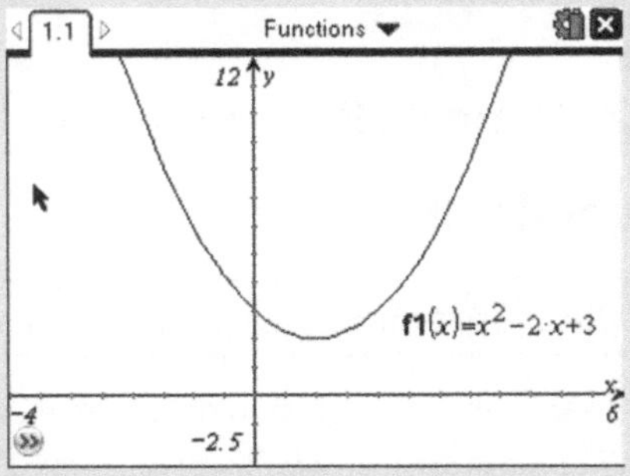

Presionar menu **6: Analyze Graph** (analizar gráfico) | **2: Minimum** (mínimo)

Presionar enter

Para hallar el mínimo, es necesario marcar el límite inferior y el límite superior de una región de búsqueda que lo contenga. La CPG muestra una línea punteada y pide un límite inferior ("lower bound?").
Mover la línea usando el *touchpad* y elegir una posición a la izquierda del mínimo
Hacer clic en el *touchpad*

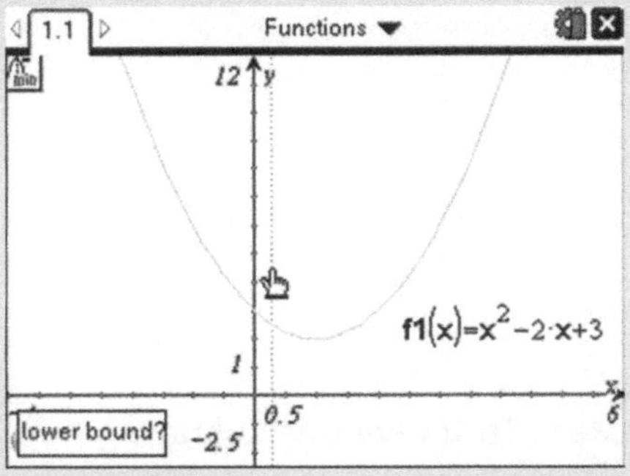

La CPG muestra otra línea y pide el límite superior ("upper bound?").
Utilizar el *touchpad* para mover la línea, de manera que la región entre el límite inferior y el superior contenga al mínimo.
Nota: En cada región que se define, la CPG muestra el mínimo. En esta captura de pantalla, el punto que se muestra no es el mínimo local de la curva. Hay que asegurarse de definir las líneas de manera que la región definida contenga al punto mínimo que se está buscando.

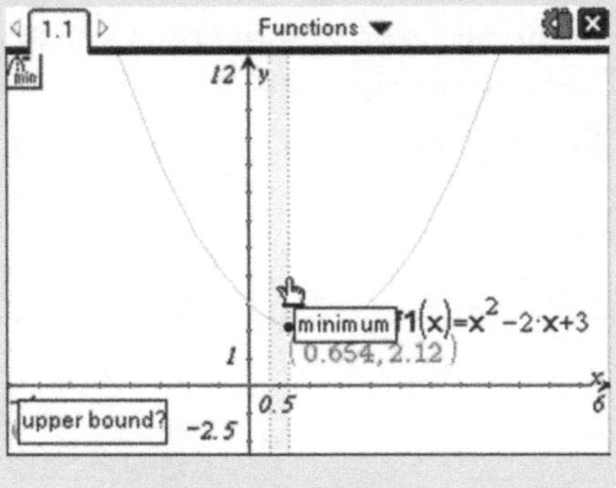

▶ Continúa en la página siguiente.

Cuando la región contiene al mínimo, aparecerá una etiqueta con la palabra "minimum" (mínimo) y un punto que se encuentra entre el límite inferior y el superior. El punto que se muestra está claramente entre esos límites. Hacer clic en el *touchpad*

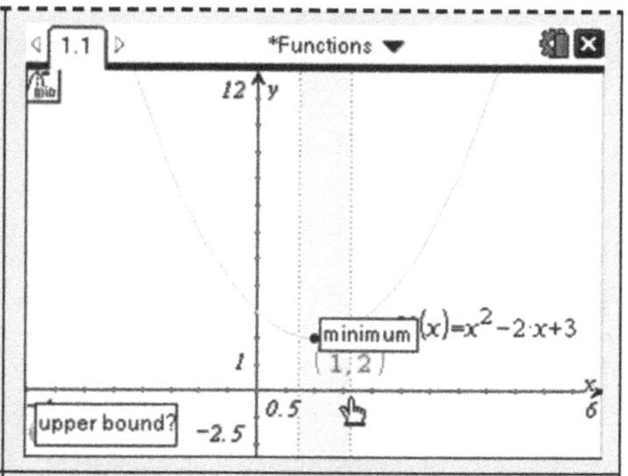

La CPG muestra el punto mínimo de la curva en (1, 2).

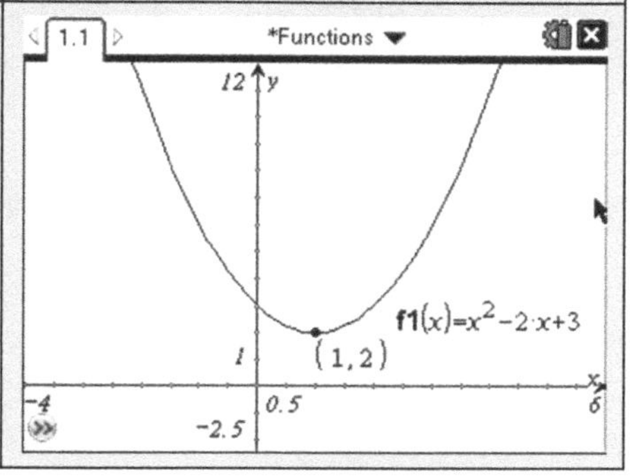

Ejemplo 21

Halle el punto máximo del gráfico de $y = -x^2 + 3x - 4$.

Primero dibujar el gráfico de $y = -x^2 + 3x - 4$:
Abrir un nuevo documento y agregar una página de **Graphs** (gráficos)
La línea de ingreso aparece en la parte inferior del área de trabajo.
El tipo de gráfico predeterminado es **Function** (función), así que aparece la forma "*f1*(*x*)=".
Los ejes predeterminados son $-10 \leq x \leq 10$ y $-6{,}67 \leq y \leq 6{,}67$.
Ingresar $-x^2 + 3x - 4$ y presionar enter

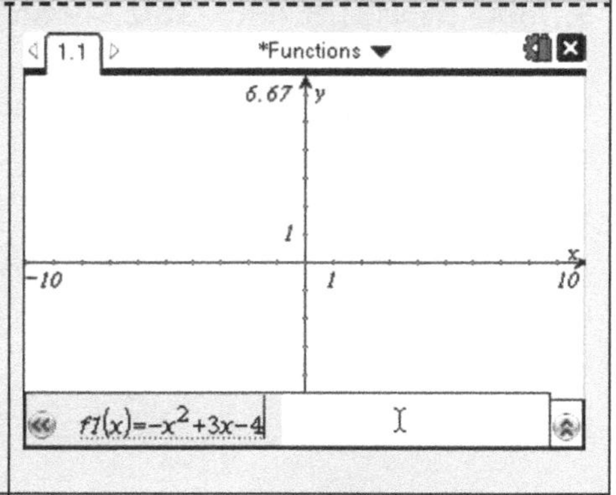

La CPG muestra la curva con los ejes predeterminados.

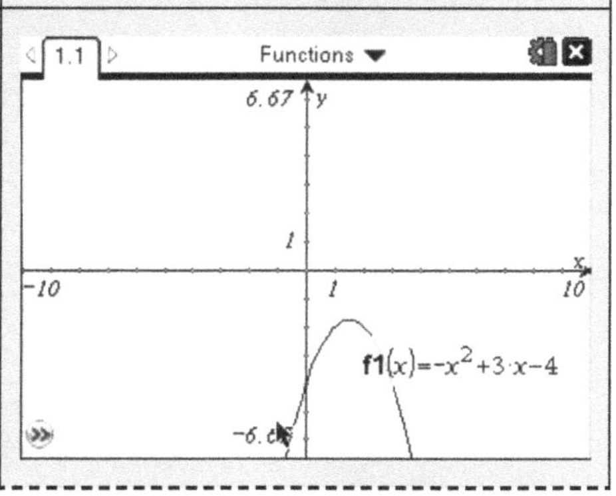

▶ Continúa en la página siguiente.

Desplazar los ejes para obtener una mejor vista de la curva
Agarrar el eje x y cambiarlo para que la curva cuadrática se ajuste mejor a la pantalla

> Para obtener ayuda con el desplazamiento de los ejes o para cambiarlos, véase el manual de la CPG.

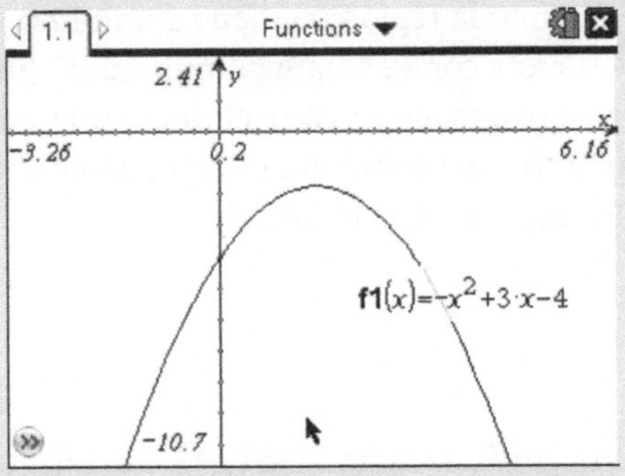

Método 1: usar una tabla
Se puede ver el gráfico **y** una tabla de valores del gráfico, usando una pantalla dividida.
Presionar menu **2: View** (ver) | **9: Show Table** (mostrar tabla), o simplemente ctrl T
El valor máximo que se ve en la tabla es −2, cuando $x = 1$ y cuando $x = 2$.

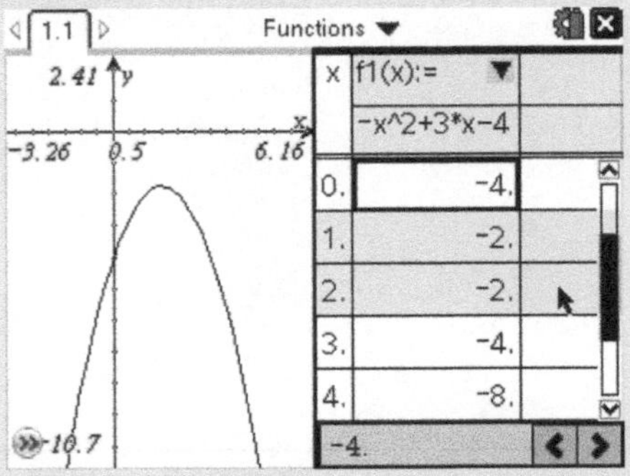

Se deben mirar más de cerca los valores de la función entre $x = 1$ y $x = 2$.
Cambiar la configuración de la tabla
Seleccionar cualquiera de las celdas y presionar menu **5: Table** (tabla) | **5: Edit Table Settings** (editar configuración de tabla)
Definir "Table Start" (inicio de tabla) en 1.0 y "Table Step" (paso de tabla) en 0.1
Presionar enter

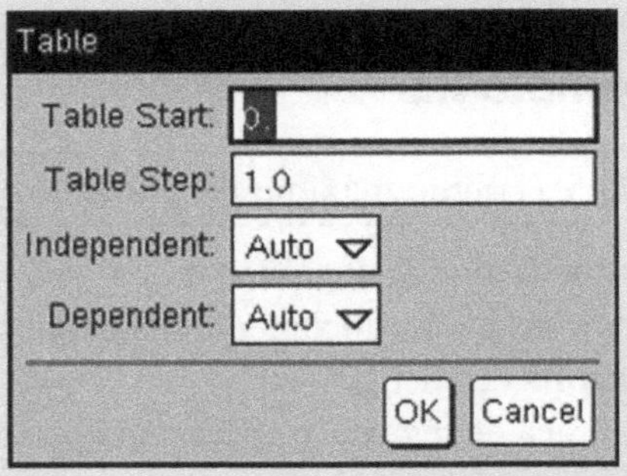

Desplazarse hacia abajo en la tabla. Observar que la función toma su mayor valor en (1,5; −1,75). Por lo tanto, el punto (1,5; −1,75) es un máximo local de la curva.

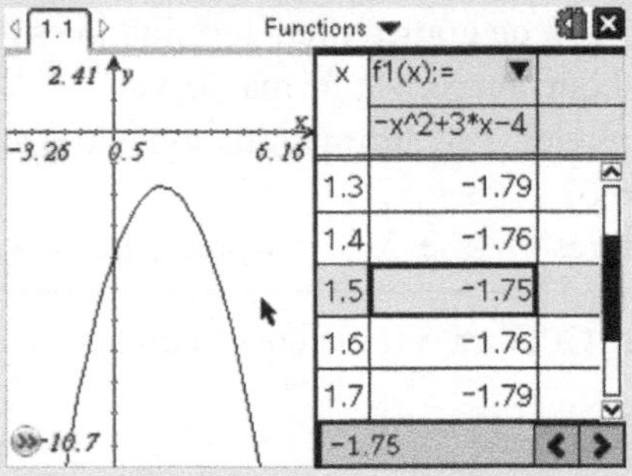

▶ Continúa en la página siguiente.

Método 2: usar la herramienta "Maximum" (máximo)

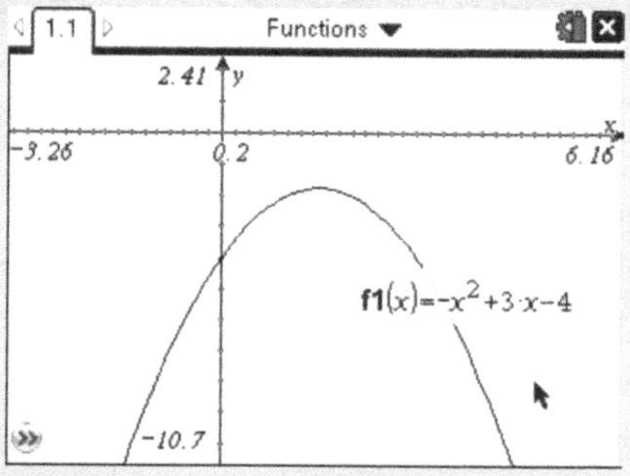

Presionar menu **6: Analyze Graph** (analizar gráfico) | **3: Maximum** (máximo)

Presionar enter

Para hallar el máximo, es necesario marcar el límite inferior y el límite superior de una región de búsqueda que lo contenga. La CPG muestra una línea punteada y pide un límite inferior ("lower bound?").

Mover la línea usando el *touchpad* y elegir una posición a la izquierda del máximo

Hacer clic en el *touchpad*

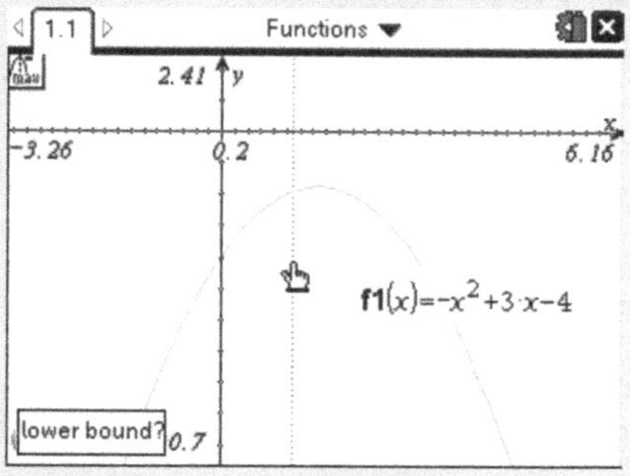

La CPG muestra otra línea y pide el límite superior ("upper bound?").

Utilizar el *touchpad* para mover la línea, de manera que la región entre el límite inferior y el superior contenga al punto máximo

Nota: En cada región que se define, la CPG muestra el máximo. En esta captura de pantalla, el punto que se muestra no es el máximo local de la curva. Hay que asegurarse de definir las líneas de manera que la región definida contenga al punto máximo que se está buscando.

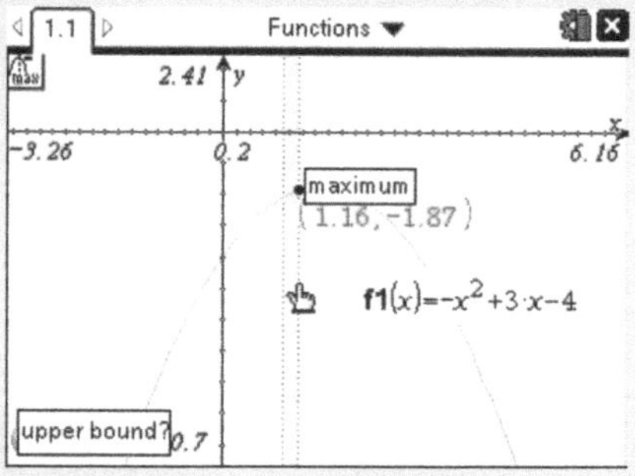

Cuando la región contiene al máximo, aparecerá una etiqueta con la palabra "maximum" (máximo) y un punto que se encuentra entre el límite inferior y el superior. El punto que se muestra está claramente entre esos límites.

Hacer clic en el *touchpad*

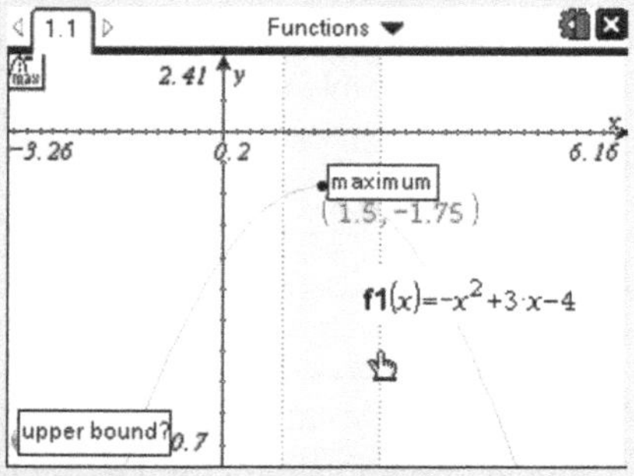

La CPG muestra el punto máximo de la curva en (1,5; −1,75).

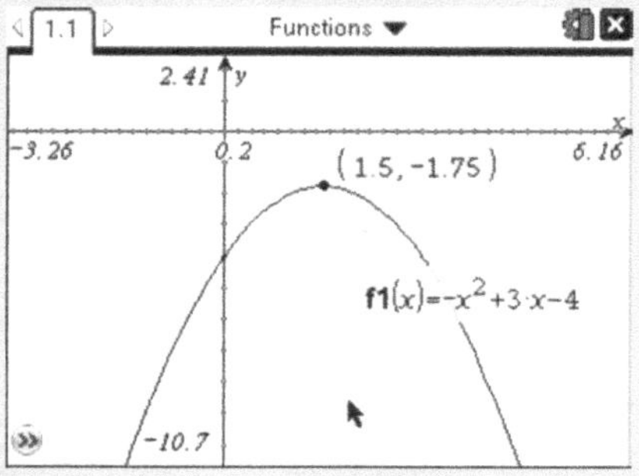

Funciones exponenciales

4.3 Dibujo del gráfico de una exponencial

Ejemplo 22

Dibuje el gráfico de $y = 3^x + 2$.

Abrir un nuevo documento y agregar una página de **Graphs** (gráficos)
La línea de ingreso aparece en la parte inferior del área de trabajo.
El tipo de gráfico predeterminado es **Function** (función), así que aparece la forma "*fl*(*x*)=".
Los ejes predeterminados son $-10 \leq x \leq 10$ y $-6{,}67 \leq y \leq 6{,}67$.
Ingresar $3^x + 2$ y presionar enter

(**Nota:** Ingresar 3 ^ X ▶ para ingresar 3^x. La ▶ permite volver a la línea base desde el exponente.)

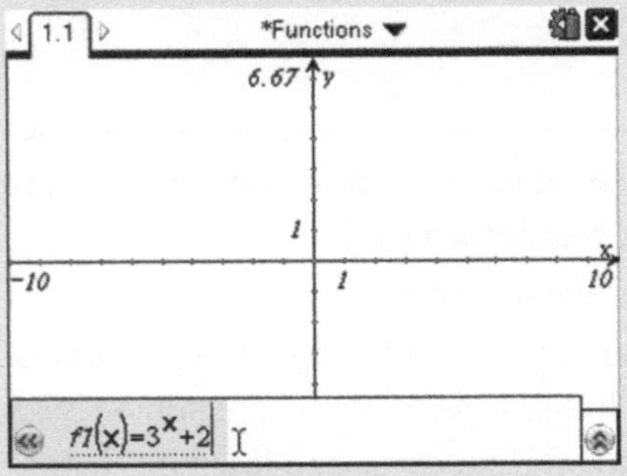

La CPG muestra la curva con los ejes predeterminados.

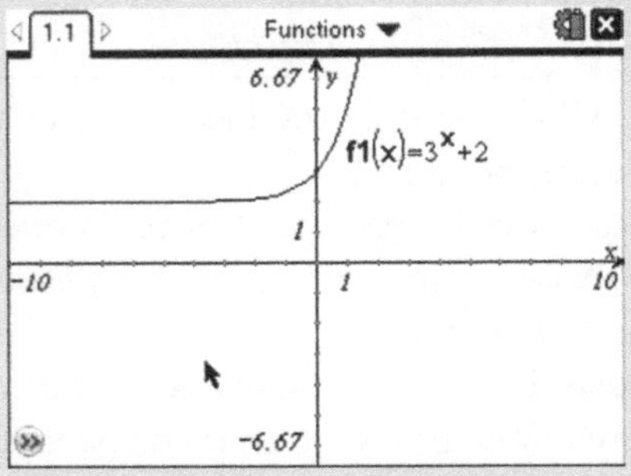

Desplazar los ejes para obtener una mejor vista de la curva

> Para obtener ayuda con el desplazamiento de los ejes, véase el manual de la CPG.

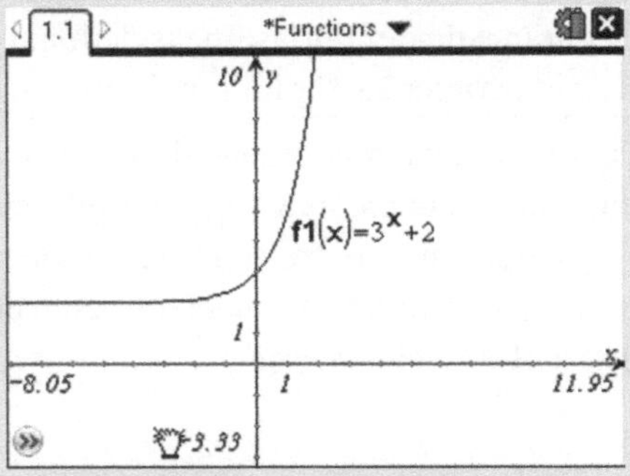

Agarrar el eje x y cambiarlo, para que la curva exponencial se ajuste mejor a la pantalla.

> Para obtener ayuda sobre cómo cambiar los ejes, véase el manual de la CPG.

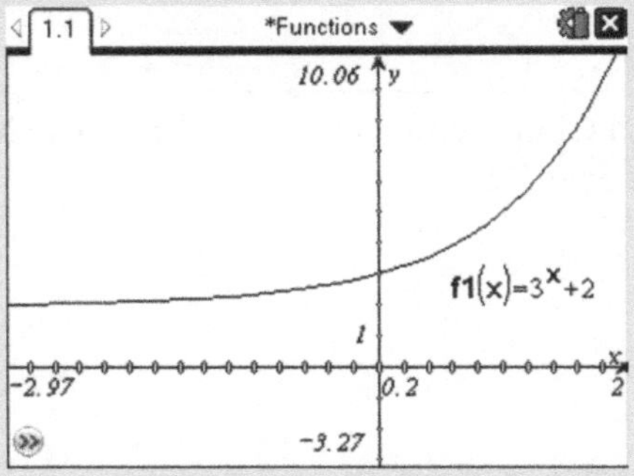

4.4 Cómo hallar la asíntota horizontal

Ejemplo 23

Halle la asíntota horizontal al gráfico de $y = 3^x + 2$.	
Primero dibujar el gráfico de $y = 3^x + 2$ (véase el ejemplo 22)	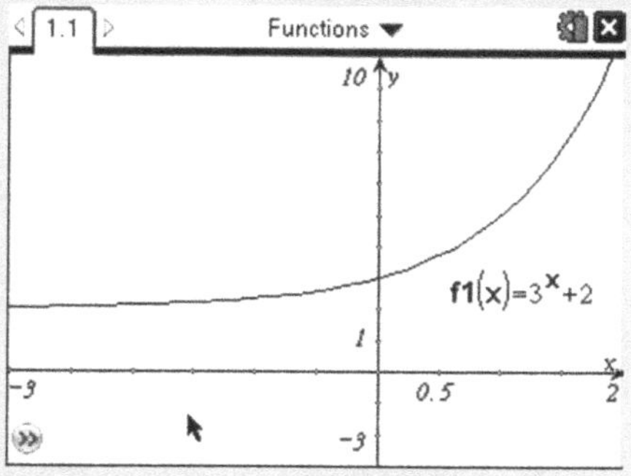
Se puede ver el gráfico **y** una tabla de valores del gráfico, usando una pantalla dividida. Presionar menu **2: View** (ver) | **9: Show Table** (mostrar tabla), o simplemente ctrl T Está claro que los valores de la función decrecen cuando $x \to 0$.	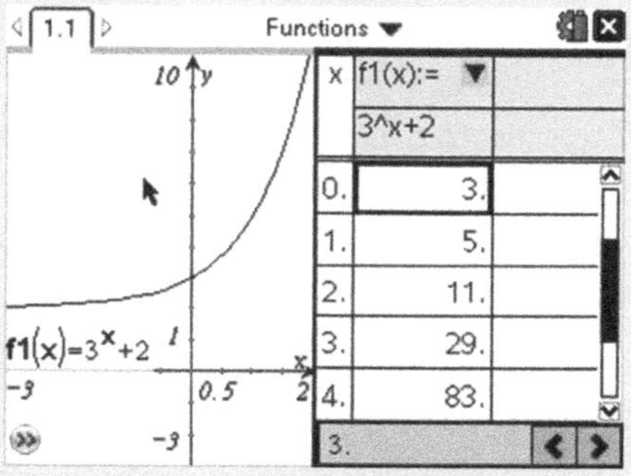
Presionar y mantener presionado ▲ para desplazarse hacia arriba en la tabla La tabla muestra que, a medida que los valores de x se hacen más pequeños, $f1(x)$ se acerca a 2.	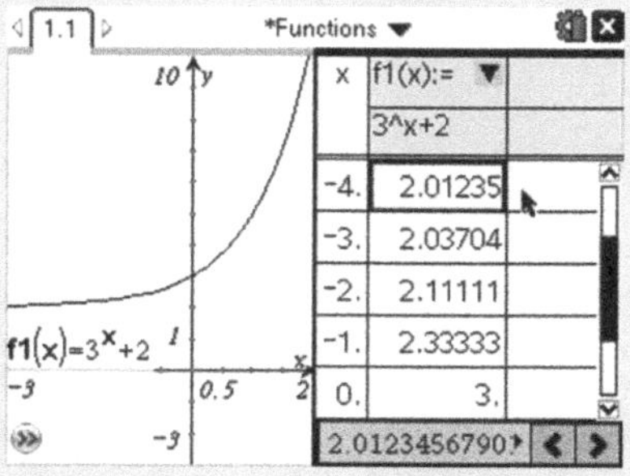
A partir de determinado valor (12), el valor de $f1(x)$ es 2. Mirando más minuciosamente, se puede ver, en la parte inferior de la pantalla, que el valor real de $f1(x)$ cuando $x = -12$ es 2,0000018816…. Podemos decir que $f1(x) \to 2$ a medida que $x \to -\infty$. La recta $y = 2$ es una asíntota horizontal de la curva $y = 3^x + 2$.	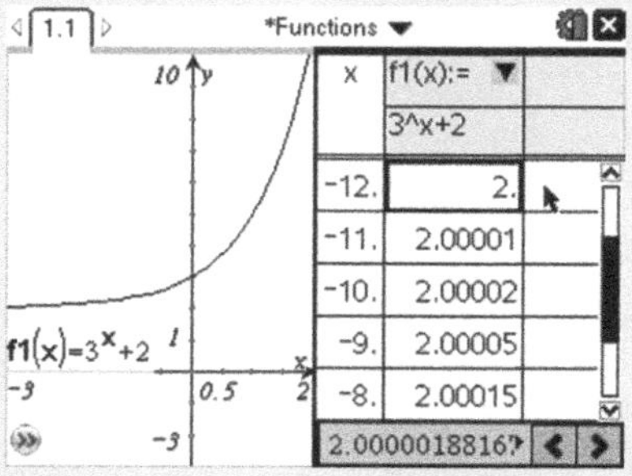

Funciones más complejas

4.5 Resolución de una ecuación que combina cuadrática y exponencial

> En este caso se debe seguir el mismo procedimiento con la CPG que se usó para resolver sistemas de ecuaciones gráficamente (véase el ejemplo 18).

Ejemplo 24

Resuelva la ecuación $x^2 - 2x + 3 = 3 \times 2^{-x} + 4$.

> Para resolver la ecuación, halle el punto de intersección del gráfico de la función cuadrática $f1(x) = x^2 - 2x + 3$ con el gráfico de la función exponencial $f2(x) = 3 \times 2^{-x} + 4$.

Para dibujar los gráficos de $f1(x) = x^2 - 2x + 3$ y $f2(x) = 3 \times 2^{-x} + 4$:
Abrir un nuevo documento y agregar una página de **Graphs** (gráficos). La línea de ingreso aparece en la parte inferior del área de trabajo.
El tipo de gráfico predeterminado es **Function** (función), así que aparece la forma "$f1(x)=$".
Los ejes predeterminados son $-10 \leq x \leq 10$ y $-6{,}67 \leq y \leq 6{,}67$.
Ingresar $x^2 - 2x + 3$ y presionar enter

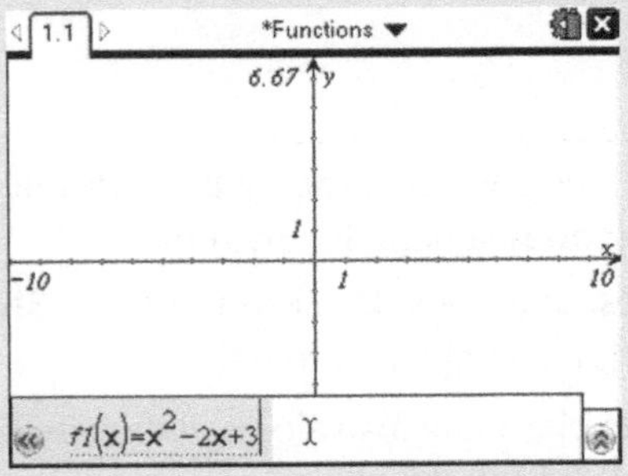

La CPG muestra la primera curva:
$f1(x) = x^2 - 2x + 3$

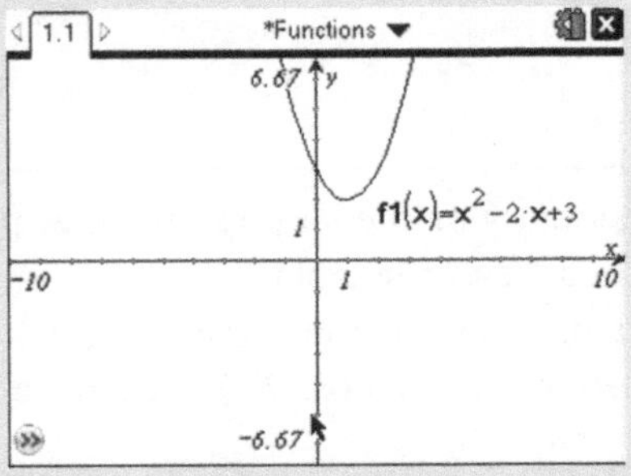

Usar el *touchpad* para hacer clic en las flechas que se encuentran en la parte inferior izquierda de la pantalla
Esto abrirá de nuevo la línea de ingreso. Esta vez se visualiza "$f2(x) =$".
Ingresar $3 \times 2^{-x} + 4$ y presionar enter

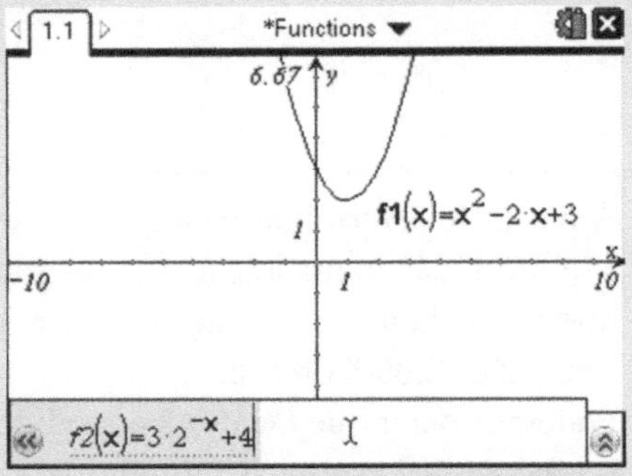

La CPG muestra ambas curvas:
$f1(x) = x^2 - 2x + 3$
$f2(x) = 3 \times 2^{-x} + 4$

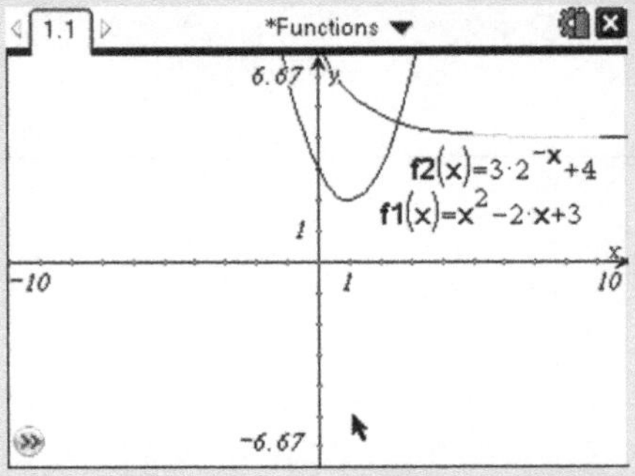

▶ Continúa en la página siguiente.

Desplazar los ejes para obtener una mejor vista de las curvas

Para obtener ayuda con el desplazamiento de los ejes, véase el manual de la CPG.

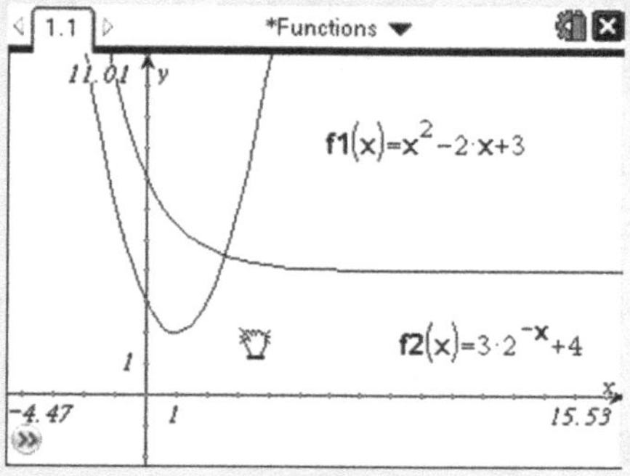

Presionar menu **6: Analyze Graph** (analizar gráfico) | **4: Intersection** (intersección)

Presionar enter

Para hallar el punto de intersección, es necesario marcar el límite inferior y el límite superior de una región de búsqueda que lo contenga.

La CPG muestra una línea punteada y pide un límite inferior (“lower bound?”).

Mover la línea usando el *touchpad* y elegir una posición a la izquierda del punto de intersección

Hacer clic en el *touchpad*

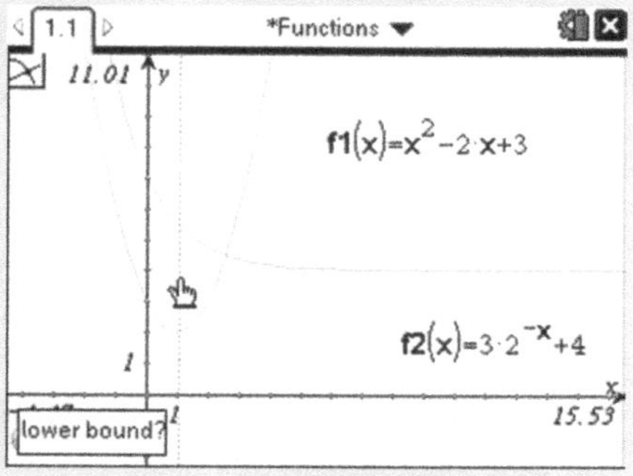

La CPG muestra otra línea y pide el límite superior (“upper bound?”).

Utilizar el *touchpad* para mover la línea, de manera que la región entre el límite inferior y el superior contenga al punto de intersección

Cuando esto suceda, aparecerá la palabra “intersection” (intersección) en una etiqueta.

Hacer clic en el *touchpad*

Presionar enter

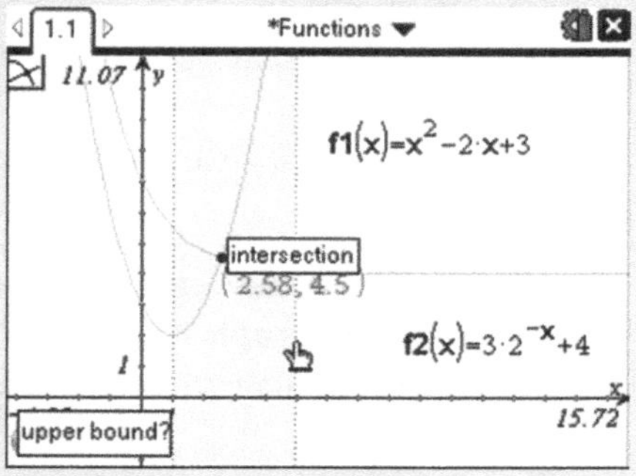

La CPG muestra la intersección de ambas curvas en el punto (2,58; 4,5).

La solución es $x = 2,58$.

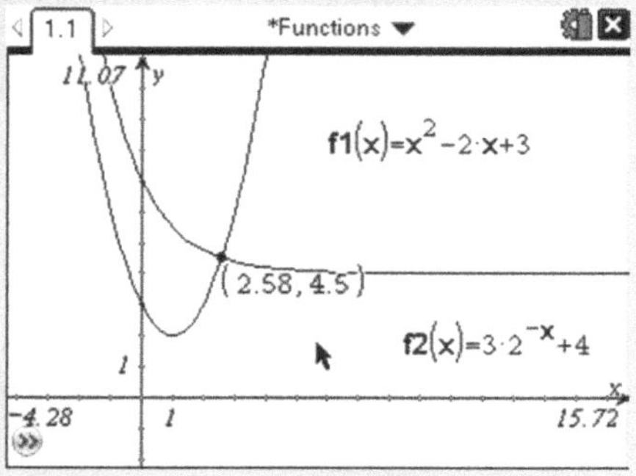

Búsqueda de un modelo que se ajuste a un conjunto de datos

Se puede encontrar una función para modelizar un conjunto de datos, transformando una curva o usando deslizadores.

> También se puede modelizar una función lineal con la recta de regresión (véase la sección 5.3 de este capítulo).

4.6 Uso de transformaciones para modelizar una función cuadrática

Ejemplo 25

Estos datos están conectados aproximadamente por una función cuadrática.

x	−2	−1	0	1	2	3	4
y	9,1	0,2	−4,8	−5,9	−3,1	4,0	15,0

Halle una función que se ajuste a estos datos.

> Transforme una curva cuadrática simple para hallar una ecuación que se ajuste a datos que se aproximan a una cuadrática.

Abrir un nuevo documento y agregar una página de **Lists and Spreadsheet** (listas y hoja de cálculo)
Ingresar los datos en dos listas:
Ingresar "x" en la primera celda e "y" en la celda que está a su derecha
Ingresar los valores de x en la primera columna y los de y en la segunda. Recordar que se debe utilizar (-) para los valores negativos.
Usar las teclas ▼▲◀▶ para navegar por la hoja de cálculo

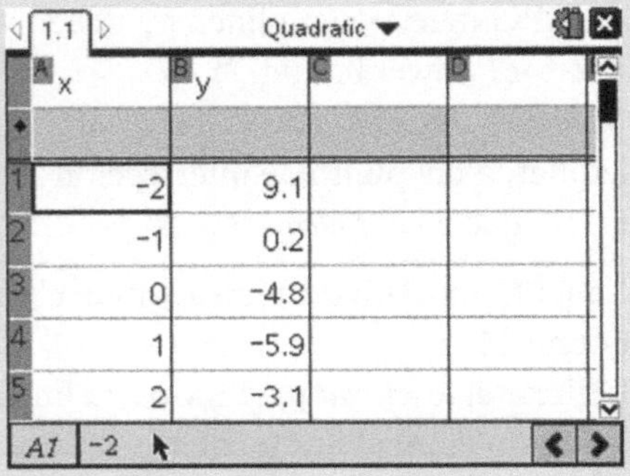

Agregar una página de **Graphs** (gráficos) al documento
Presionar menu **3: Graph Type** (tipo de gráfico) |
4: Scatter Plot (diagrama de dispersión)
Presionar enter
La línea de ingreso aparece en la parte inferior del área de trabajo.
Se visualiza el formato de diagrama de dispersión.
Ingresar los nombres de las listas, x e y, en la función del diagrama de dispersión
Usar tab para moverse de x a y
Presionar enter

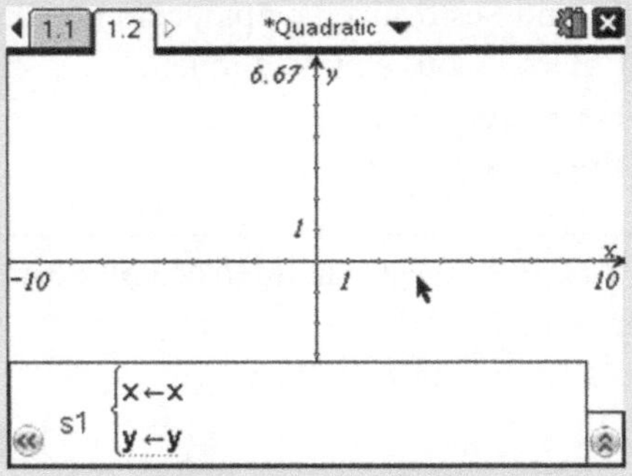

Presionar menu **4: Zoom Fit** (ajuste de zoom) del menú **Window/Zoom** (ventana/zoom)
Este es un método rápido para elegir una escala apropiada que permita ver todos los puntos.
Se debería reconocer que los puntos están dispuestos en forma de parábola.

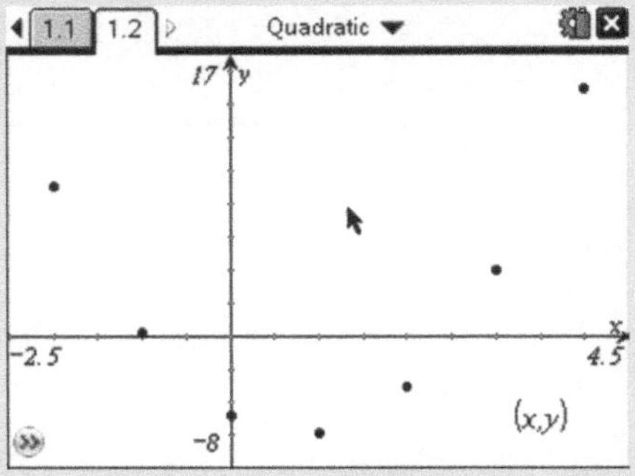

▶ Continúa en la página siguiente.

El próximo paso es ingresar una función cuadrática simple, $y = x^2$, y manipularla para que se ajuste a los puntos. Presionar `menu` **3: Graph Type** (tipo de gráfico) | **1: Function** (función) Presionar `enter` Esto cambia el tipo de gráfico de diagrama de dispersión a función. Ingresar x^2 como la función $f1(x)$ Está claro que la curva no se ajusta a los puntos, pero tiene la forma general correcta para poder hacerlo.	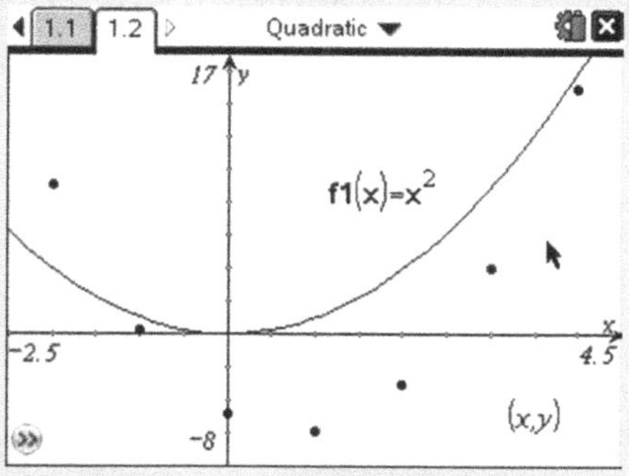
Usar el *touchpad* para mover el cursor y que este se aproxime a la curva. Se verá uno de los dos íconos que se muestran a la derecha. El primero permite arrastrar la parábola por la pantalla, tomándola del vértice. El segundo permite estirar la función verticalmente u horizontalmente.	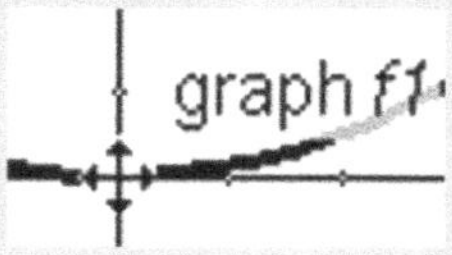 O bien: 
Usar ✥ para posicionar el vértice en el lugar donde pareciera que debería estar, de acuerdo a los puntos representados	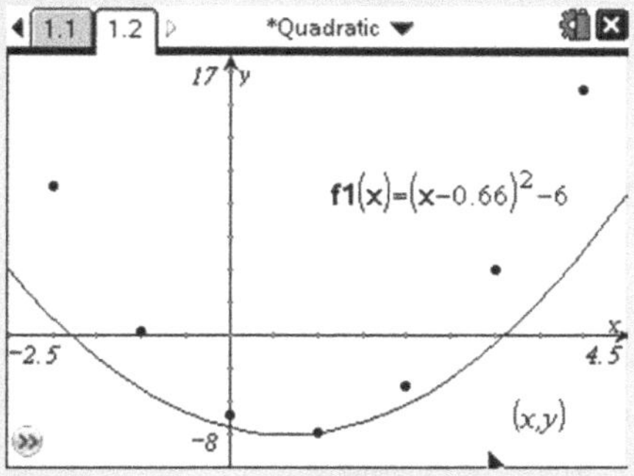
Usar ⤫ para ajustar la amplitud de la curva Hacer los ajustes finales usando ambas herramientas, hasta tener un buen ajuste a los puntos La ecuación de una función que se ajusta a los datos es: $f1(x) = 2(x - 0{,}75)^2 - 6{,}11$	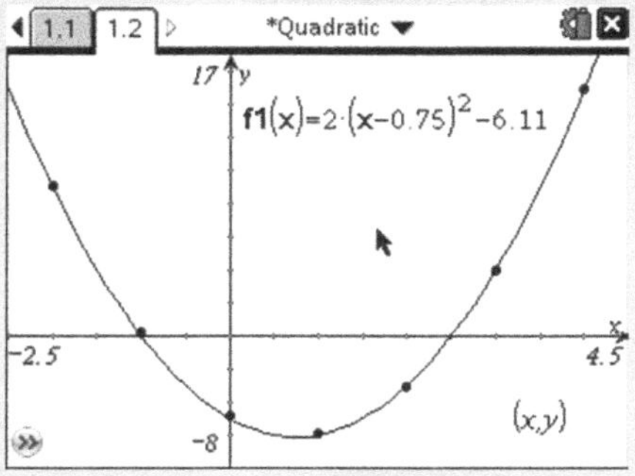

4.7 Uso de deslizadores para modelizar una función exponencial

Ejemplo 26

En general, la ecuación de una función exponencial tiene la forma $y = ka^x + c$.

Para estos datos, se sabe que $a = 1{,}5$ así que $y = k(1{,}5)^x + c$.

x	−3	−2	−1	0	1	2	3	4	5	6	7	8
y	3,1	3,2	3,3	3,5	3,8	4,1	4,7	5,5	6,8	8,7	11,5	15,8

Halle los valores de las constantes k y c.

Abrir un nuevo documento y agregar una página de **Lists and Spreadsheet** (listas y hoja de cálculo)

Ingresar los datos en dos listas:

Ingresar "x" en la primera celda e "y" en la celda que está a su derecha

Ingresar los valores de x en la primera columna y los de y en la segunda. Recordar que se debe utilizar (-) para los valores negativos.

Usar las teclas ▼▲◀▶ para navegar por la hoja de cálculo

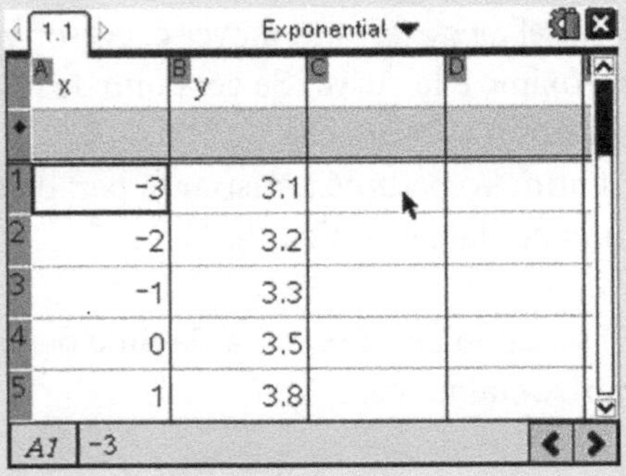

Agregar una página de **Graphs** (gráficos) al documento

Presionar menu **3: Graph Type** (tipo de gráfico) | **4: Scatter Plot** (diagrama de dispersión)

Presionar enter

La línea de ingreso aparece en la parte inferior del área de trabajo.

Se visualiza el formato de diagrama de dispersión.

Ingresar los nombres de las listas, x e y, en la función del diagrama de dispersión

Usar tab para moverse de x a y

Presionar enter

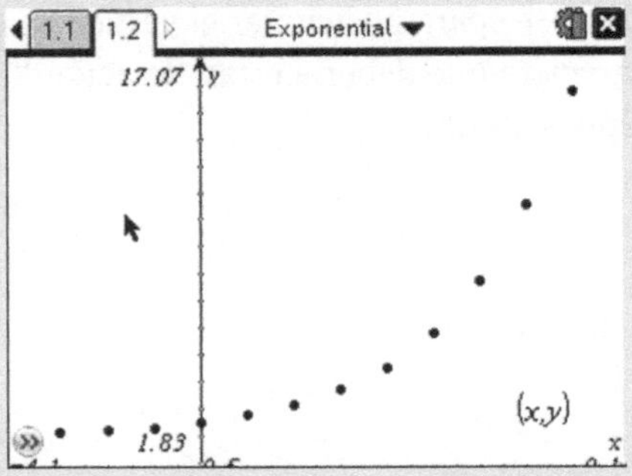

Modificar la configuración de la ventana para que se ajuste a los datos y para mostrar claramente los ejes

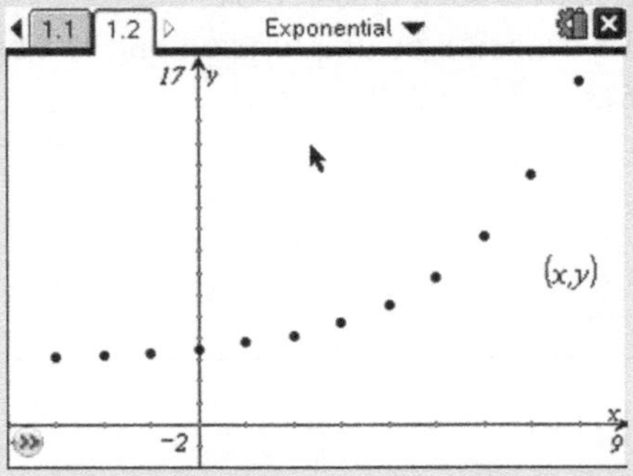

▶ Continúa en la página siguiente.

Presionar menu **1: Actions** (acciones) | **A: Insert Slider** (insertar deslizador)
Ubicar el deslizador en algún lugar en el que no impida la visual y cambiar el nombre de la constante a *k*
Repetir y agregar un segundo deslizador para *c*

> Para obtener ayuda con los deslizadores, véase el manual de la CPG.

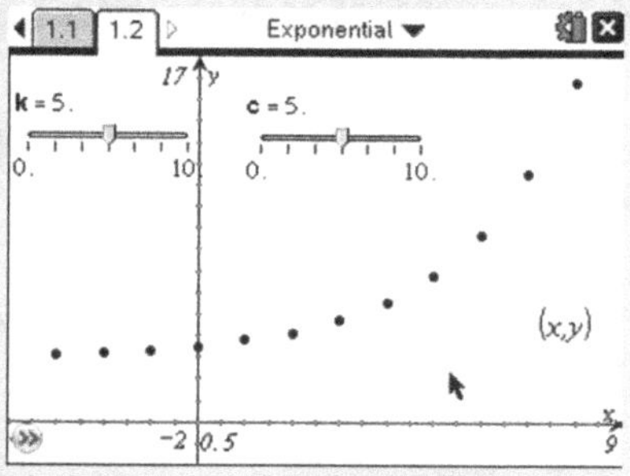

Presionar menu **3: Graph Type** (tipo de gráfico) | **1: Function** (función)
Presionar enter
Esto cambia el tipo de gráfico de diagrama de dispersión a función.
Ingresar $k \cdot (1.5)^x + c$ como la función *f1*(*x*)

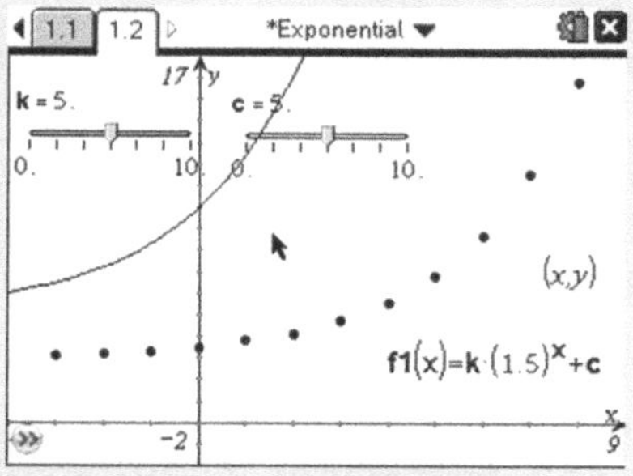

Intentar ajustar los deslizadores
Es posible acercar la curva a los puntos, pero no lo suficiente como para obtener un buen ajuste.

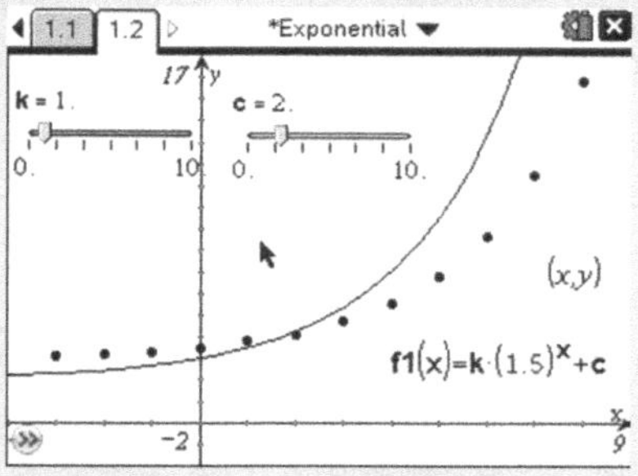

Se puede cambiar la configuración de los deslizadores seleccionando uno de ellos, presionando ctrl menu y seleccionando **1: Settings** (configuraciones).
Cambiar los valores predeterminados de *k* a:

- "Minimum" (mínimo) 0
- "Maximum" (máximo) 2
- "Step Size" (tamaño de paso) 0.1

Cambiar los valores predeterminados de *c* a:

- "Minimum" (mínimo) 0
- "Maximum" (máximo) 4
- "Step Size" (tamaño de paso) 0.1

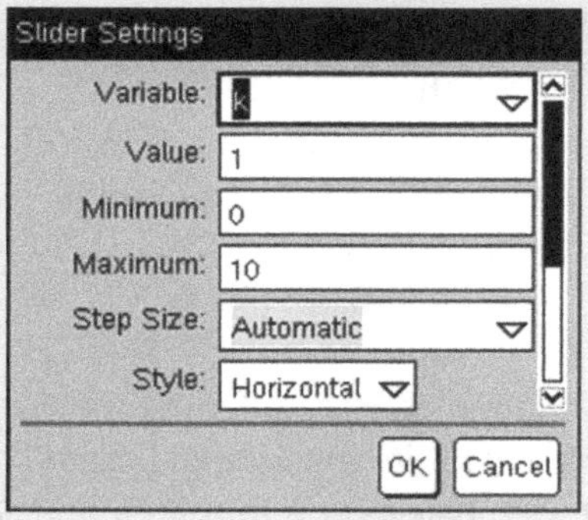

Ahora se pueden adaptar los deslizadores para obtener un mejor ajuste a la curva.
La pantalla muestra que *k* es 0,5 y *c* es 3.
Así que el mejor ajuste para la fórmula de esta función es aproximadamente $y = 0{,}5(1{,}5)^x + 3$.

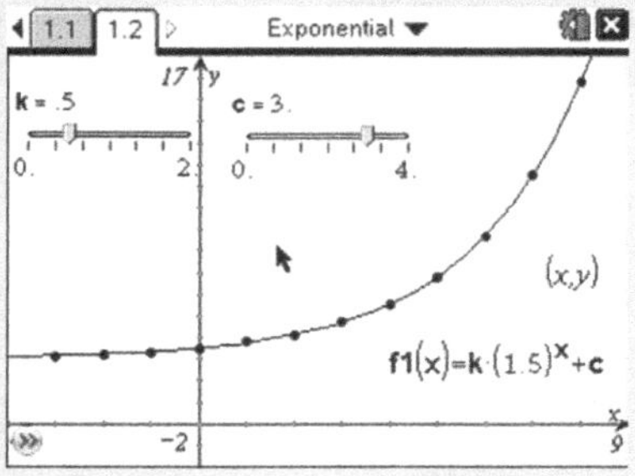

5 Aplicaciones estadísticas

Cálculo de las probabilidades de la distribución normal

5.1 Cálculo de probabilidades conociendo los valores de *X*

Ejemplo 27

Una variable aleatoria X se distribuye normalmente, con media 195 y desviación típica 20, o $X \sim N(195, 20^2)$. Calcule:

a La probabilidad de que X sea menor que 190

b La probabilidad de que X sea mayor que 194

c La probabilidad de que X esté entre 187 y 196

Abrir un nuevo documento y agregar una página de **Calculator** (calculadora)

Presionar menu **5: Probability** (probabilidad) | **5: Distributions** (distribuciones) | **2: Normal Cdf** (dpA normal)

Presionar enter

Se deben ingresar, en el cuadro de diálogo, los valores de “Lower Bound” (límite inferior), “Upper Bound” (límite superior), μ y σ.

Para el límite inferior, ingresar -9×10^{999} en la forma −9E999. Este es el menor valor que se puede ingresar en la CPG, y se usa en lugar de $-\infty$. Para ingresar E, hay que presionar la tecla EE.

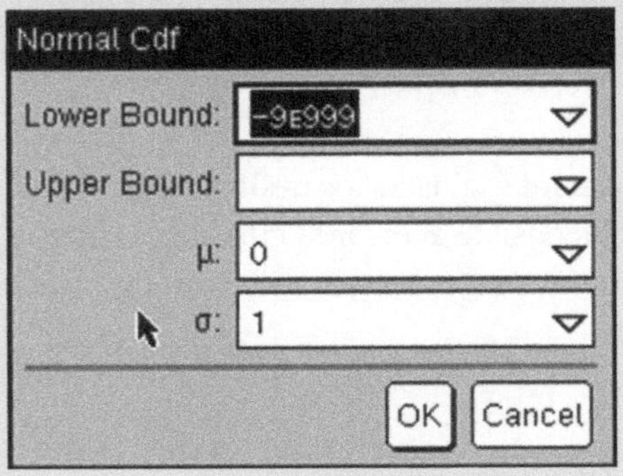

a $P(X < 190)$

Dejar el límite inferior en −9E999

Cambiar el límite superior a 190

Cambiar μ a 195 y σ a 20

$P(X < 190) = 0{,}401$ (3 cs)

b $P(X > 194)$

Cambiar el límite inferior a 194

Para el límite superior, ingresar 9×10^{999} en la forma 9E999. Este es el valor más grande que se puede ingresar en la CPG, y se usa en lugar de $+\infty$. Dejar μ en 195 y σ en 20.

$P(X > 194) = 0{,}520$ (3 cs)

c $P(187 < X < 196)$

Cambiar el límite inferior a 187 y el límite superior a 196. Dejar μ en 195 y σ en 20.

$P(187 < X < 196) = 0{,}175$ (3 cs)

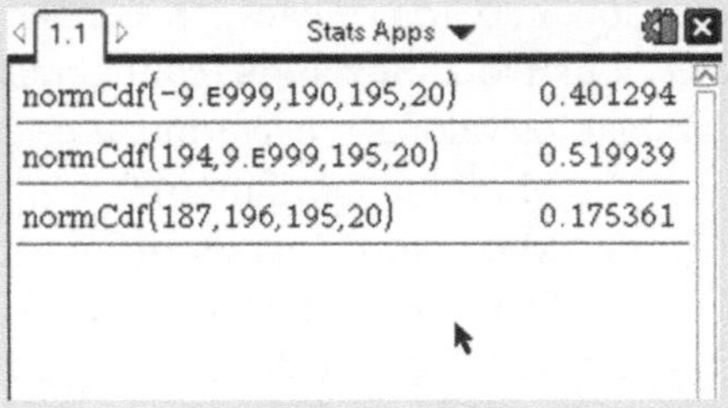

Puede ser más rápido ingresar la función directamente en la calculadora, sin usar los menús y las aplicaciones, pero hay muchos parámetros que recordar en la función **Normal Cdf** (dpA normal).

En el caso de hacerlo, es importante recordar que la función a escribir es “Normal Cdf” (y no “dpA normal”).

5.2 Cálculo de valores de *X* conociendo las probabilidades

En algunos problemas se dan las probabilidades y hay que calcular los valores asociados de X. Para hacer esto, se debe usar la función **invNorm** (normal inversa).

Al usar la función normal inversa, hay que asegurarse de hallar la probabilidad del lado correcto de la curva normal. El área que se ingresará como dato será siempre la que esté a la izquierda del valor de X; es decir, será de la forma $P(X < x)$ (véase el ejemplo 28).

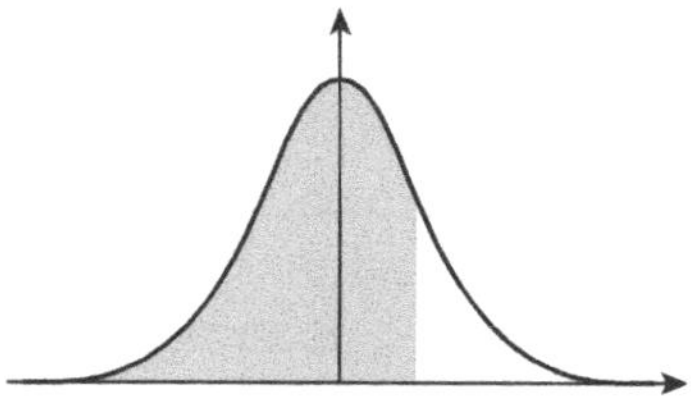

Si se da el área que está a la derecha del valor de X, $P(X > x)$, hay que calcular la diferencia entre esta probabilidad y 1, antes de usar la normal inversa (véase el ejemplo 29).

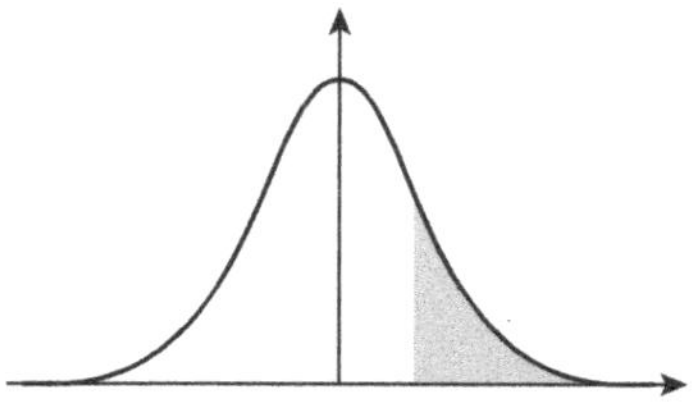

Ejemplo 28

Una variable aleatoria X se distribuye normalmente, con media 75 y desviación típica 12, o $X \sim N(75,12^2)$.
Si $P(X < x) = 0{,}4$, halle el valor de x.

En este caso se da la probabilidad a la **izquierda** del valor de x, así que se puede hallar $P(X < x)$ directamente.

Abrir un nuevo documento y agregar una página de **Calculator** (calculadora)
Presionar menu **5: Probability** (probabilidad) | **5: Distributions** (distribuciones) | **3: Inverse Normal** (normal inversa)
Presionar enter
Ingresar, en el cuadro de diálogo, la probabilidad ("Area" = 0.4), la media (μ = 75) y la desviación típica (σ = 12)

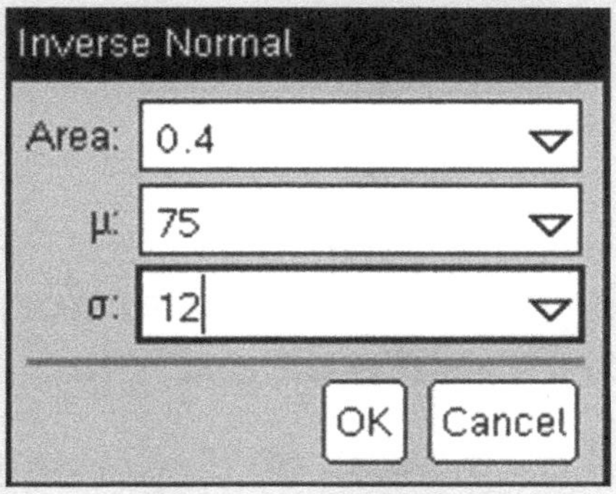

Puede ser más rápido ingresar directamente la función en la calculadora, sin usar los menús y las aplicaciones, pero hay muchos parámetros que recordar en la función invNorm.

Así que, si $P(X < x) = 0{,}4$, entonces $x = 72{,}0$ (3 cs).

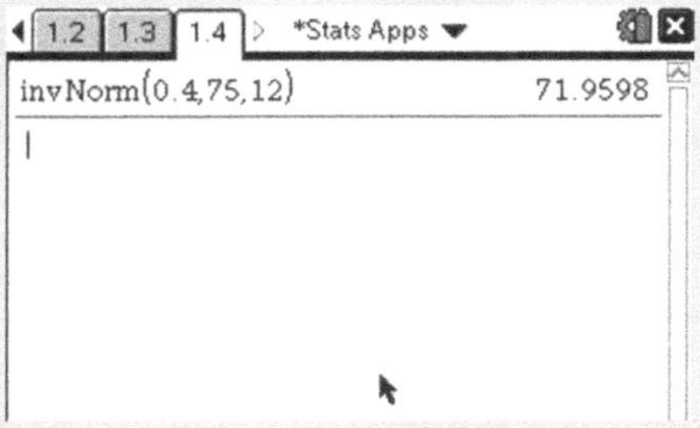

Ejemplo 29

Una variable aleatoria X se distribuye normalmente, con media 75 y desviación típica 12, o $X \sim N(75,12^2)$. Si $P(X > x) = 0,2$, halle el valor de x.

En este caso se da la probabilidad a la **derecha** del valor de x, así que primero hay que hallar $P(X < x) = 1 - 0,2 = 0,8$. Luego se puede usar invNorm como en el ejemplo anterior.

Abrir un nuevo documento y agregar una página de **Calculator** (calculadora)
Presionar menu **5: Probability** (probabilidad) | **5: Distributions** (distribuciones) | **3: Inverse Normal** (normal inversa)
Presionar enter
Ingresar, en el cuadro de diálogo, la probabilidad ("Area" = 0.8), la media ($\mu = 75$) y la desviación típica ($\sigma = 12$)

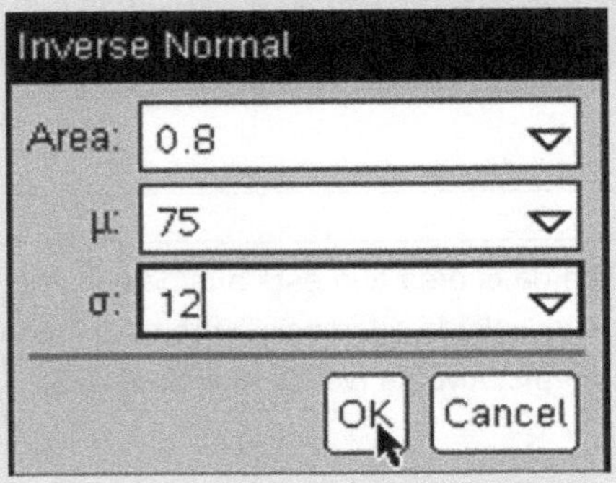

Así que, si $P(X > x) = 0,2$, entonces $x = 85,1$ (3 cs).

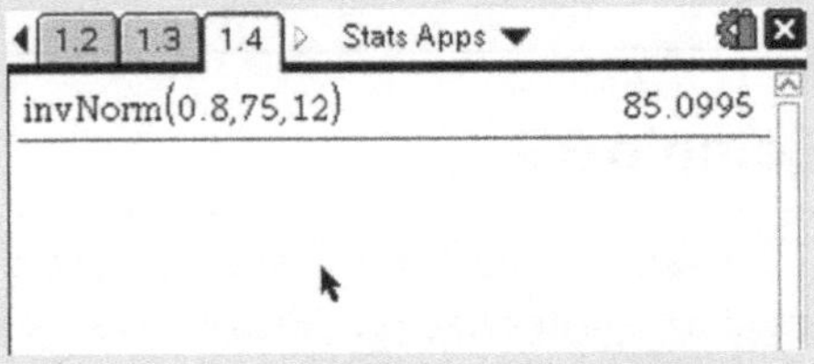

Este dibujo aproximado, que representa una curva de distribución normal, muestra el valor de x y las probabilidades del ejemplo 29.

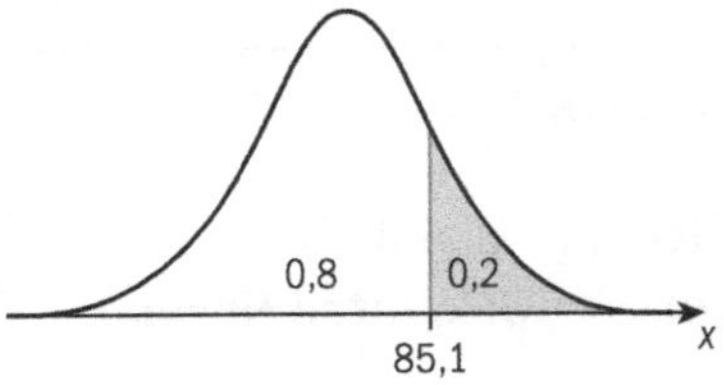

Diagramas de dispersión, regresión lineal y coeficiente de correlación

Para ver cómo calcular el coeficiente de correlación momento-producto de Pearson, véase la sección 5.4 de este capítulo.

5.3 Diagramas de dispersión usando una página de datos y estadística

Una forma rápida de dibujar diagramas de dispersión y de hallar la ecuación de la recta de regresión es usar una página de **Data and Statistics** (datos y estadística).

Ejemplo 30

Estos datos están conectados en forma aproximada por una función lineal.

x	1,0	2,1	2,4	3,7	5,0
y	4,0	5,6	9,8	10,6	14,7

Halle la ecuación de la recta de regresión de mínimos cuadrados de y sobre x.
Utilice la ecuación para estimar el valor de y cuando $x = 3,0$.

▶ Continúa en la página siguiente.

Abrir un nuevo documento y agregar una página de **Lists and Spreadsheet** (listas y hoja de cálculo)

Ingresar los datos en dos listas:

Escribir "*x*" en la primera celda e "*y*" en la celda de su derecha

Ingresar los valores de *x* en la primera columna y los de *y* en la segunda

Usar las teclas ▼ ▲ ◀ ▶ para navegar por la hoja de cálculo

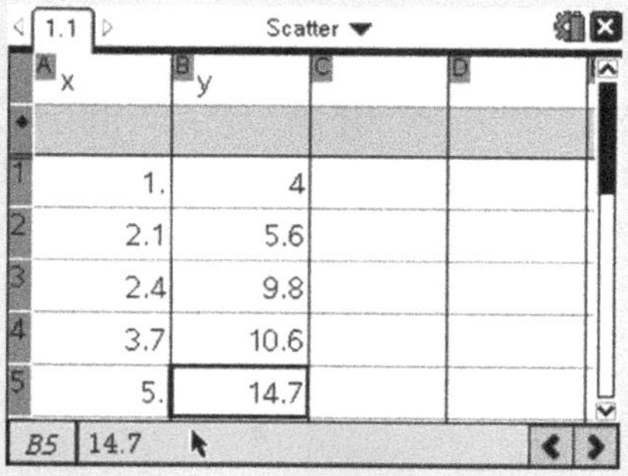

Presionar [On] y agregar una nueva página de **Data and Statistics** (datos y estadística)

Nota: No es necesario preocuparse por lo que muestra esta pantalla.

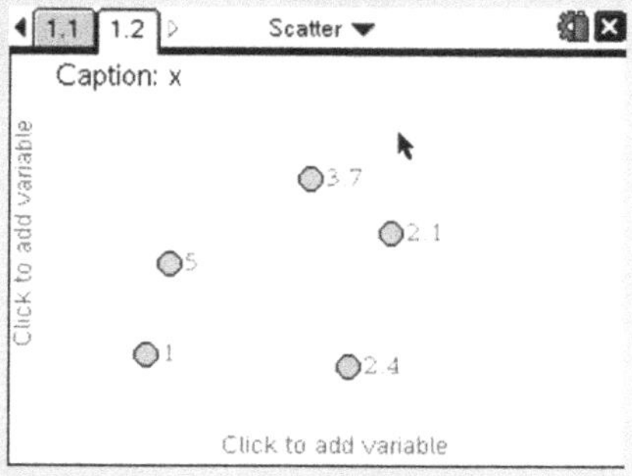

Hacer clic en la parte inferior de la pantalla, donde dice "Click to add variable" (hacer clic para ingresar la variable), seleccionar "*x*" de la lista y presionar [enter]

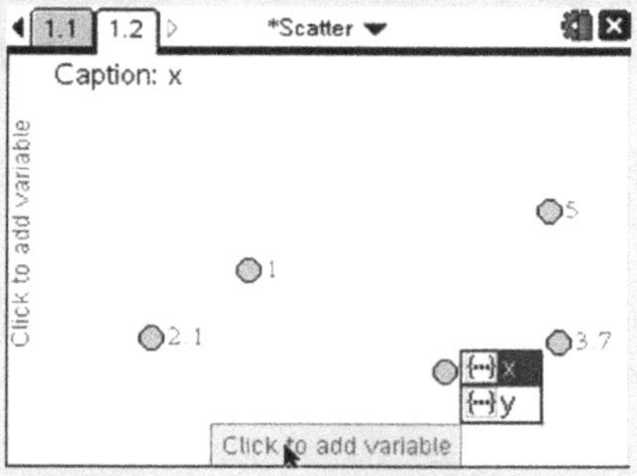

Ahora se ve un diagrama de puntos para los valores de *x*. Mover el cursor cerca del costado izquierdo de la pantalla. Aparecerá nuevamente el mensaje "Click to add variable" (hacer clic para ingresar la variable). Hacer clic en el mensaje, seleccionar "*y*" de la lista y presionar [enter].

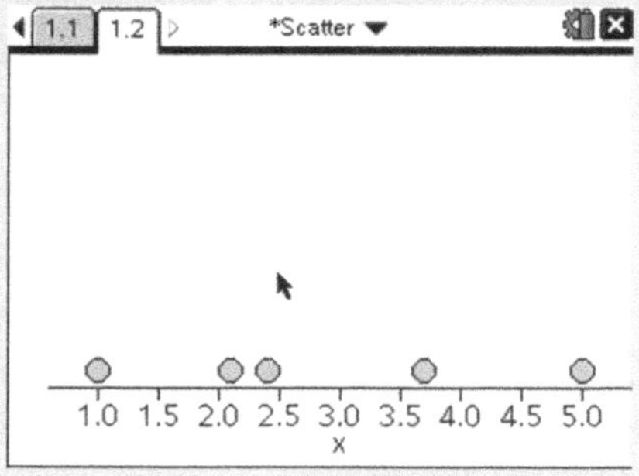

Ahora se ve un diagrama de dispersión de *y* sobre *x*.

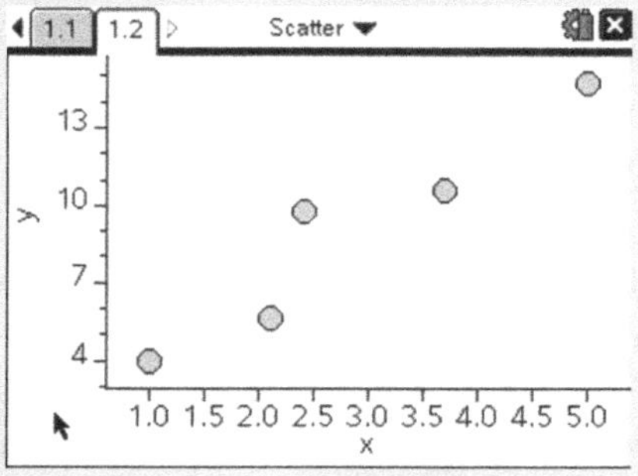

▶ Continúa en la página siguiente.

Presionar menu **4: Analyze** (analizar) | **6: Regression** (regresión) | **1: Show Linear** (mostrar lineal) ($mx + b$)

Presionar enter

Se verá la recta de regresión de mínimos cuadrados de y sobre x y la ecuación, que es:

$y = 2{,}6282x + 1{,}47591$

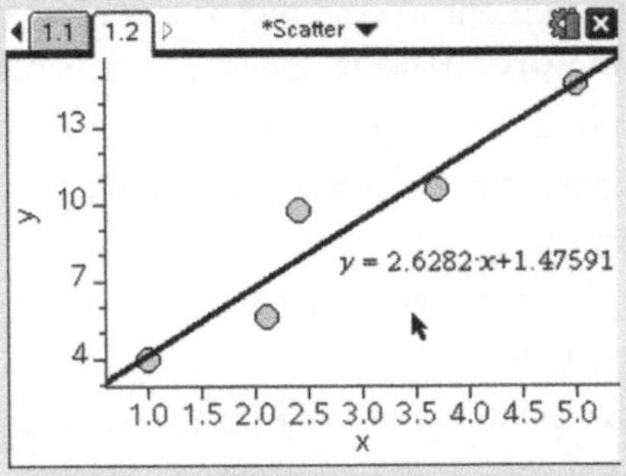

Al hacer clic con el cursor lejos de la recta, se deseleccionará y la ecuación desaparecerá.

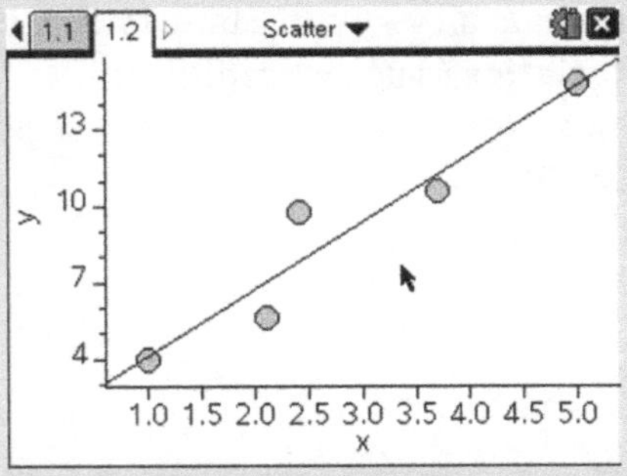

Presionar menu **4: Analyze** (analizar) | **7: Residuals** (residuos) | **1: Show Residual Squares** (mostrar cuadrados de residuos)

Presionar enter

Los cuadrados que se ven en la pantalla representan los cuadrados de las desviaciones de los valores de y (de los datos) respecto de la recta de regresión.

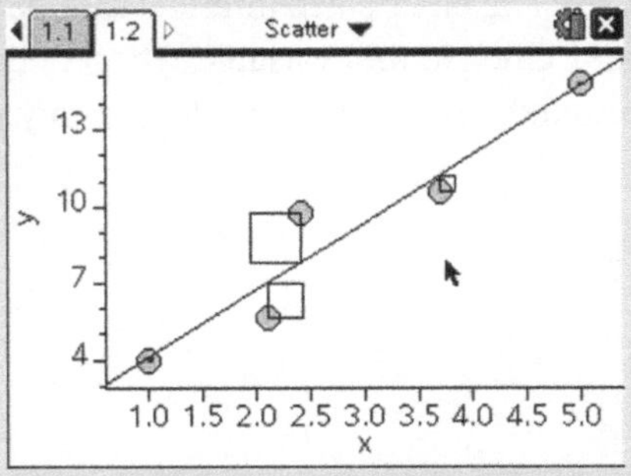

Mover el cursor hacia la recta de regresión. Cuando se convierte en , hacer clic en el *touchpad*.

Ahora se ve la ecuación de la recta de regresión de mínimos cuadrados de y sobre x y la suma de los cuadrados.

La suma de los cuadrados se relaciona con el coeficiente de correlación momento-producto de Pearson.

Presionar menu **4: Analyze** (analizar) | **7: Residuals** (residuos) | **1: Hide Residual Squares** (ocultar cuadrados de residuos)

Presionar enter

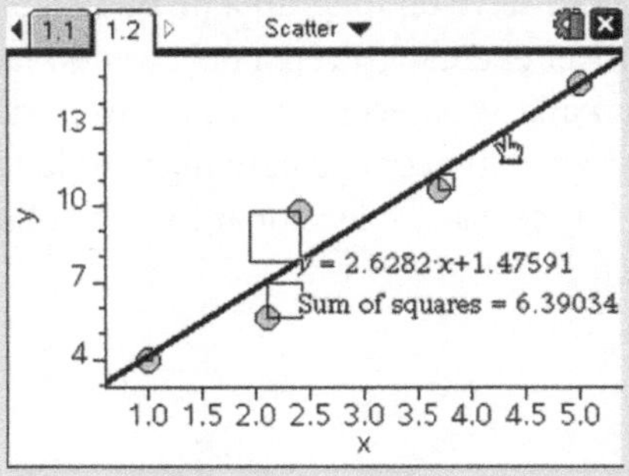

Presionar menu **4: Analyze** (analizar) | **A: Graph Trace** (trazado de gráfico)

Presionar enter

Usar las teclas ◀▶ para mover el cursor de trazado a lo largo de la recta

No es posible posicionar el cursor de trazado sobre un valor exacto, así que hay que acercarse tanto como se pueda a $x = 3$.

Del gráfico, $y \approx 9{,}4$ cuando $x = 3{,}0$.

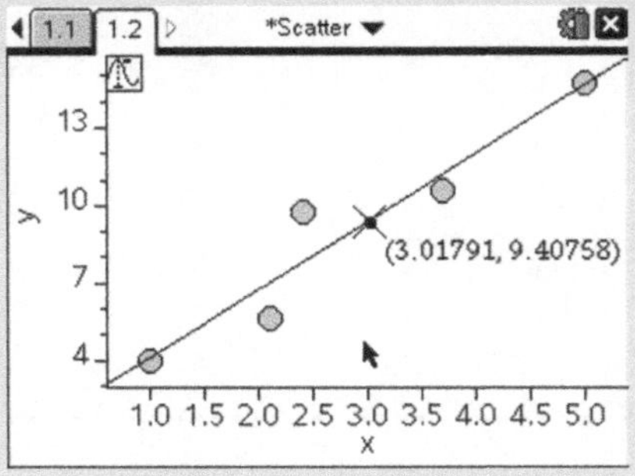

5.4 Diagramas de dispersión usando una página de gráficos

Usar una página de **Graphs** (gráficos) lleva un poco más de tiempo que usar una de **Data and Statistics** (datos y estadística), pero se puede obtener información más detallada de los datos, como por ejemplo, el coeficiente de correlación momento-producto de Pearson.

Ejemplo 31

Estos datos están conectados en forma aproximada por una función lineal.

x	1,0	2,1	2,4	3,7	5,0
y	4,0	5,6	9,8	10,6	14,7

a Halle la ecuación de la recta de regresión de mínimos cuadrados de y sobre x.

b Halle el coeficiente de correlación momento-producto de Pearson.

c Estime el valor de y cuando $x = 3,0$.

Estos son los mismos datos que se usaron en el ejemplo 30.

Abrir un nuevo documento y agregar una página de **Lists and Spreadsheet** (listas y hoja de cálculo)
Ingresar los datos en dos listas:
Escribir "x" en la primera celda e "y" en la celda de su derecha
Ingresar los valores de x en la primera columna y los de y en la segunda
Usar las teclas ▼▲◀▶ para navegar por la hoja de cálculo

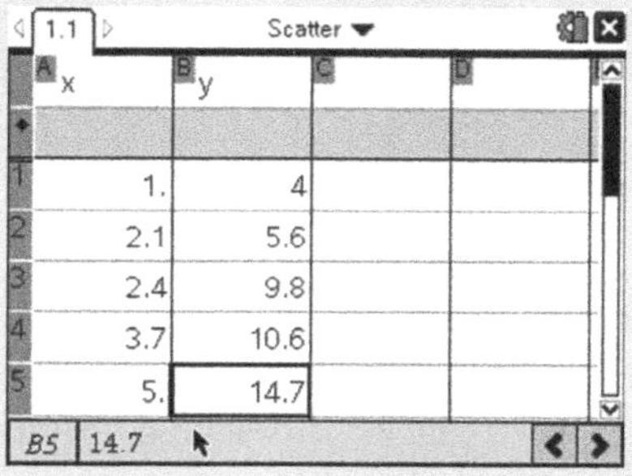

Presionar [On] y agregar una nueva página de **Graphs** (gráficos) al documento

Presionar [menu] **3: Graph Type** (tipo de gráfico) | **4: Scatter Plot** (diagrama de dispersión)

Presionar [enter]
La línea de ingreso aparece en la parte inferior del área de trabajo.
Se visualiza el formato de diagrama de dispersión.
Ingresar los nombres de las listas, x e y, en la función del diagrama de dispersión
Usar [tab] para moverse de x a y

Presionar [enter]

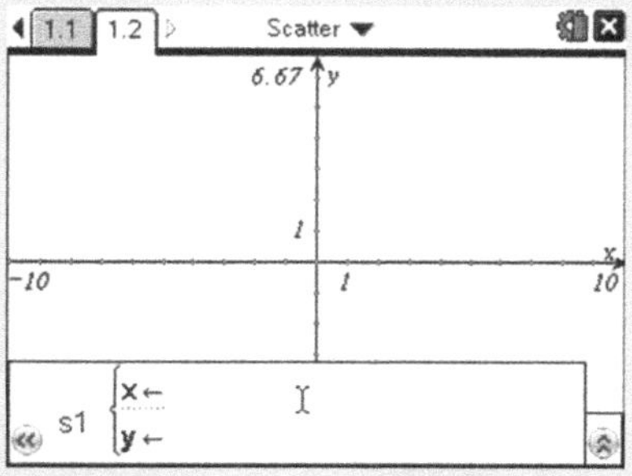

Modificar la configuración de la ventana para mostrar los datos y los ejes x e y
Se muestra un diagrama de dispersión de y sobre x.

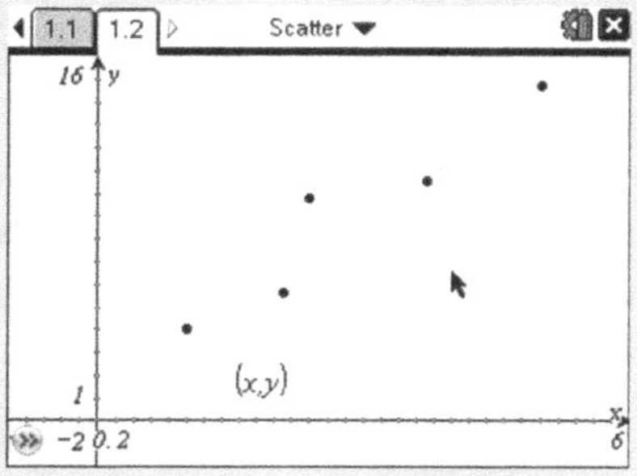

▶ Continúa en la página siguiente.

Presionar ctrl ◀ para volver a la página de **Lists and Spreadsheet** (listas y hoja de cálculo)

Presionar menu **4: Statistics** (estadística) | **1: Stat Calculations** (cálculos estadísticos) | **3: Linear Regression** (regresión lineal) ($mx + b$)

Presionar enter

Del menú desplegable, elegir "x" para "X List" (lista X) e "y" para "Y List" (lista Y). Usar tab para moverse entre los campos.

Presionar enter

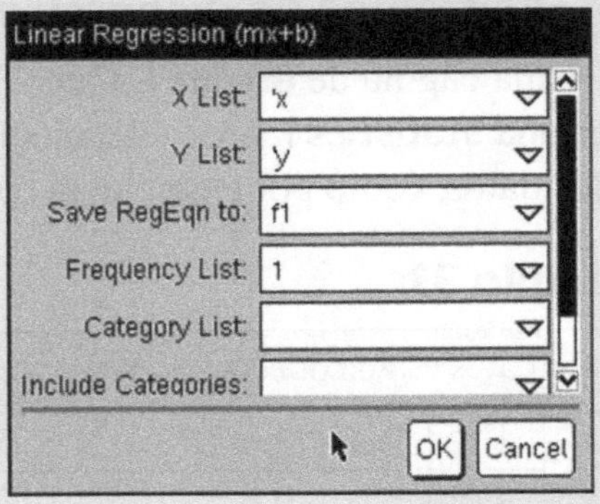

En la pantalla, se verá el resultado de la regresión lineal en las listas que están a la derecha de las listas de x e y.

Los valores de m (2,6282) y de b (1,47591) se muestran por separado.

a La ecuación de la recta de regresión de mínimos cuadrados de y sobre x es $y = 2{,}6282x + 1{,}47591$.

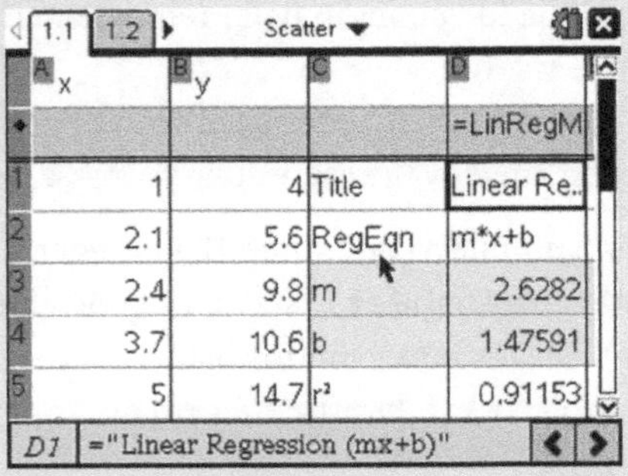

Desplazarse hacia abajo en la tabla para ver el coeficiente de correlación momento-producto de Pearson, dado como r

b El coeficiente de correlación momento-producto de Pearson, $r = 0{,}954741\ldots$

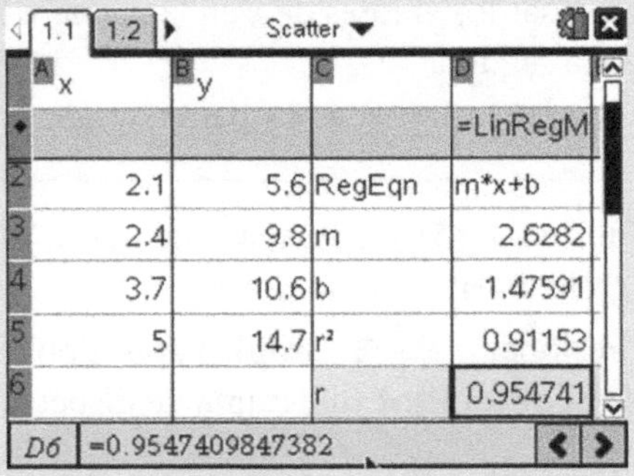

Presionar ctrl ▶ para volver a la página de **Graphs** (gráficos)

Usando el *touchpad*, hacer clic sobre ‹‹ para abrir la línea de ingreso en la parte inferior del área de trabajo

Se verá que la ecuación de la recta de regresión ha sido pegada en $f1(x)$.

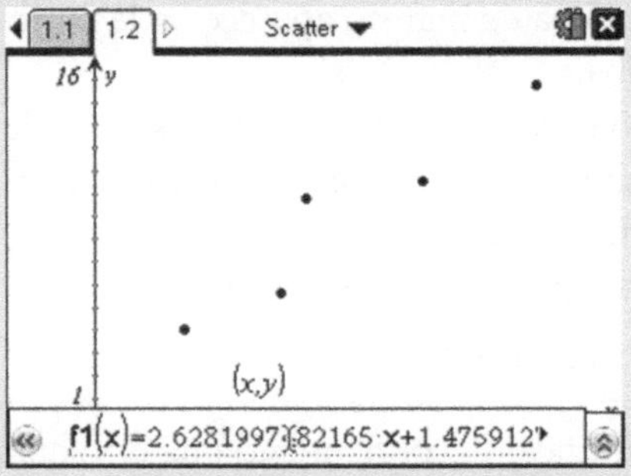

Presionar enter

Ahora la recta de regresión se muestra en el gráfico.

Usar la función de trazado menu **5: Trace** (trazado) | **1: Graph Trace** (trazado de gráfico) para hallar el punto donde $x = 3$

Usando las teclas ▶◀, acercar el cursor de trazado, editar la coordenada x, cambiándola a exactamente 3,0

c Cuando $x = 3$, $y = 9{,}36$.

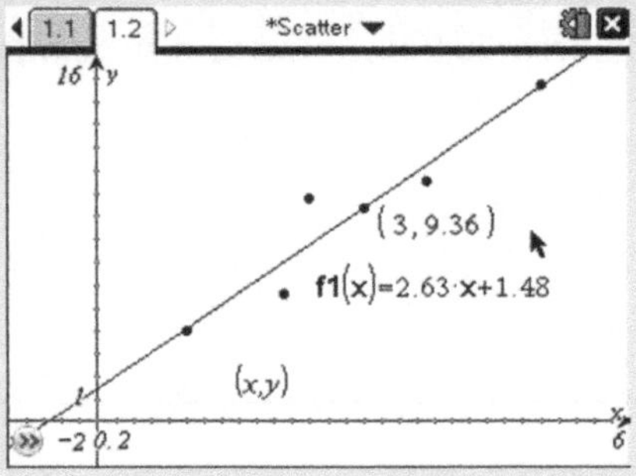

La prueba de χ^2 para la independencia

5.5 Uso de tablas de contingencia

Ejemplo 32

Una encuesta acerca del color preferido de teléfono móvil produjo los siguientes datos:

	Negro	Rojo	Azul	Plateado
Hombres	48	35	33	54
Mujeres	35	66	42	27

Lleve a cabo una prueba de χ^2, a un nivel de significación del 5%, para determinar si la elección del color es independiente del sexo.

Hay que ingresar los datos de la tabla de contingencia en una matriz. La CPG luego calcula las frecuencias esperadas, el valor de χ^2, el número de grados de libertad y el valor *p*.

Abrir un documento nuevo y agregar una página de **Calculator** (calculadora)

Presionar menu **7: Matrix & Vector** (matriz y vector) | **1: Create** (crear) | **1: Matrix** (matriz)

Presionar enter

Usando tab para moverse en el cuadro de diálogo, ingresar 2 en "Number of rows" (número de filas) y 4 en "Number of columns" (número de columnas)

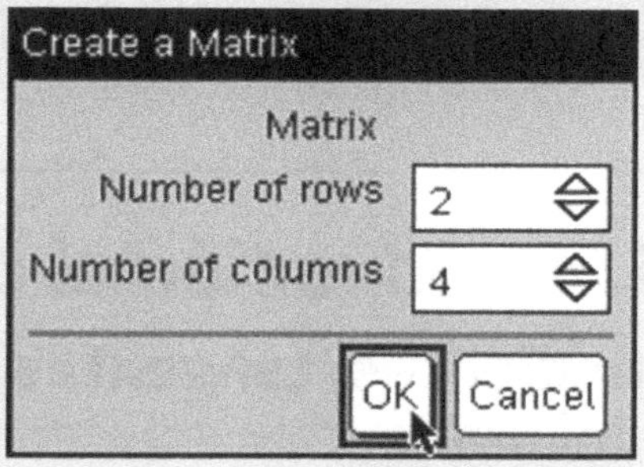

Ingresar los datos de la tabla en la matriz

Usar tab para moverse de una celda a la siguiente. Cuando se hayan ingresado todos los valores, presionar ctrl sto→.

Ingresar el nombre de la matriz, por ejemplo: "observe"

Presionar enter

En esta matriz ahora están los valores observados para los cálculos de χ^2.

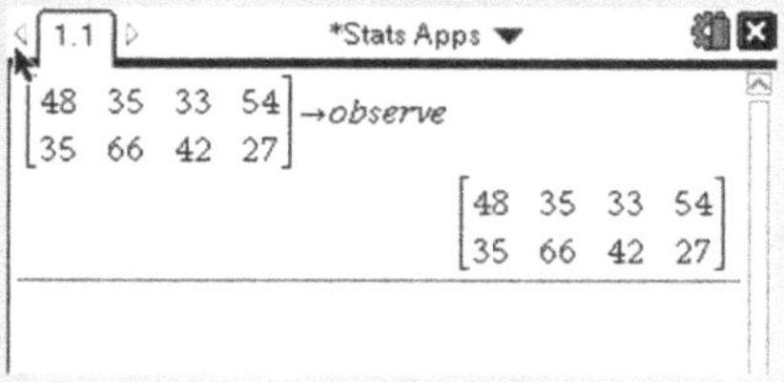

Presionar menu **6: Statistics** (estadística) | **7: Statistical Tests** (pruebas estadísticas) | **8: χ^2 2-Way Test** (χ^2 prueba bilateral)

Presionar enter

Del menú desplegable, elegir "observe" para la opción "Observed Matrix" (matriz observada)

Presionar enter

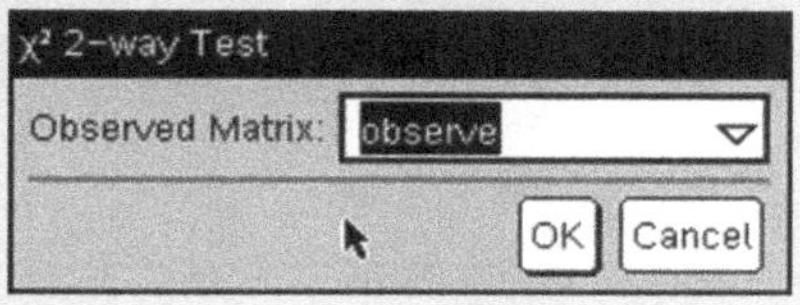

En la pantalla se visualizan los resultados:

$\chi^2 = 21{,}631$

Valor p (PVal) = 0,000078

Número de grados de libertad (df) = 3

Dado que 0,000078 < 0,05 (valor p < nivel de significación), se rechaza la hipótesis nula. Esto es, hay suficiente evidencia para concluir que la elección del color no es independiente del sexo.

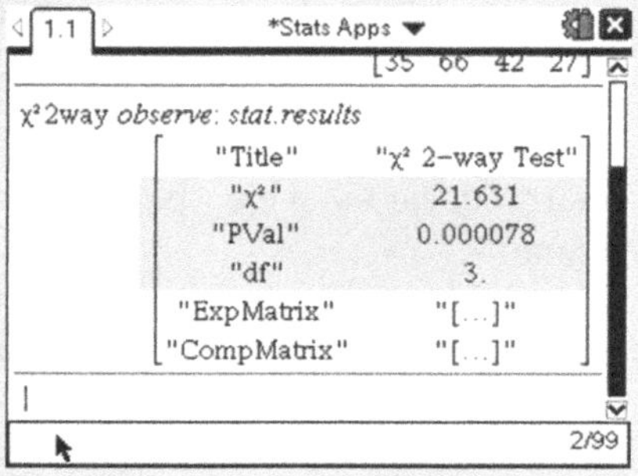

▶ Continúa en la página siguiente.

Al terminar, siempre se debe controlar la tabla de frecuencias esperadas para asegurarse de que al menos 80% de los valores sean mayores que 5. Estos valores están en la variable stat.expmatrix, pero no se muestran directamente en pantalla.
Presionar var
Usando la tecla ▼, desplazarse hacia abajo hasta stat.expmatrix y presionar enter

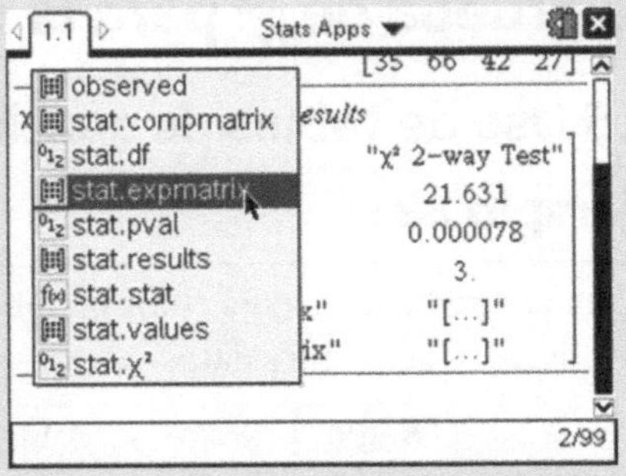

En este ejemplo, ninguno de los valores es menor que 5.
Nota: Si hay demasiadas frecuencias esperadas entre 1 y 5, se pueden combinar filas o columnas de la tabla.

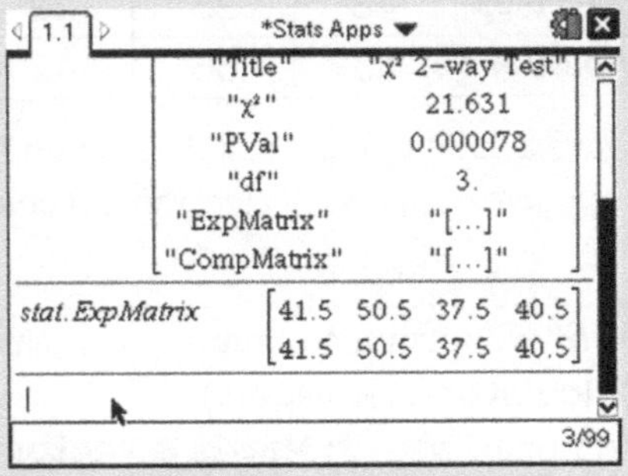

6 Introducción al cálculo diferencial

Pendientes, tangentes, y puntos máximos y mínimos

6.1 Pendiente en un punto

Ejemplo 33

Halle la pendiente de la función cúbica $y = x^3 - 2x^2 - 6x + 5$.

Abrir un nuevo documento y agregar una página de **Graphs** (gráficos)
La línea de ingreso aparece en la parte inferior del área de trabajo.
El tipo de gráfico predeterminado es **Function** (función), así que aparece la forma "$f1(x)=$".
Los ejes predeterminados son $-10 \leq x \leq 10$ y $-6{,}67 \leq y \leq 6{,}67$.
Ingresar $x^3 - 2x^2 - 6x + 5$ y presionar enter
(**Nota:** Ingresar X ^ 3 ▶ para ingresar x^3. El ▶ es para volver a la línea de base desde el exponente.)

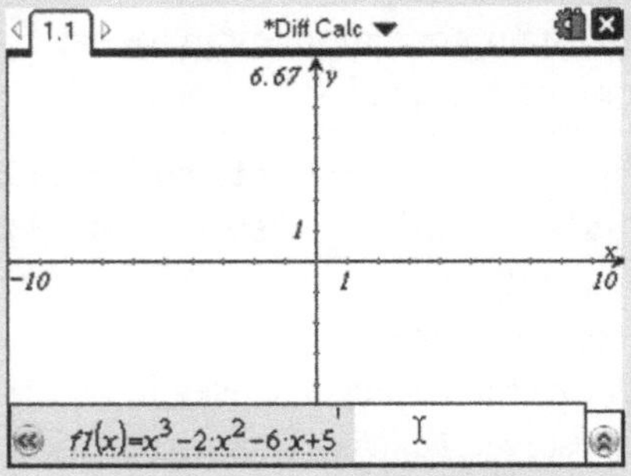

La CPG muestra la curva con los ejes predeterminados. Desplazar los ejes para obtener una mejor vista de la curva, y agarrar el eje x y el eje y para que la curva se ajuste a la ventana

Para obtener ayuda con el desplazamiento de los ejes, véase el manual de la CPG.

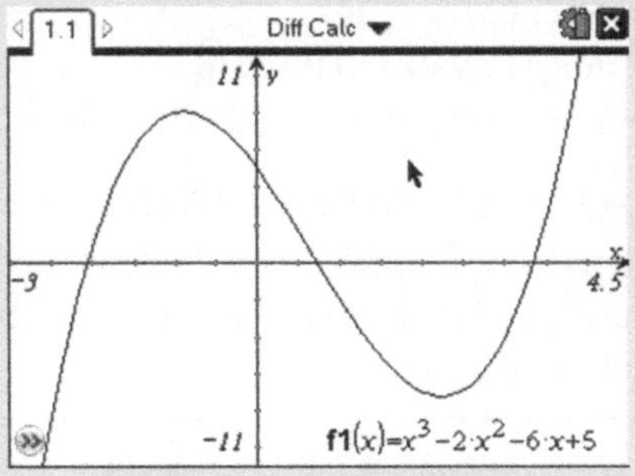

▶ Continúa en la página siguiente.

Presionar menu **6: Analyze Graph** (analizar gráfico) | **5: dy/dx**

Presionar enter

Usando el *touchpad*, mover el icono hacia la curva.

Cuando se aproxima a la curva, el cursor se convierte en y muestra el valor numérico de la pendiente.

Presionar enter para sujetar un punto de la curva

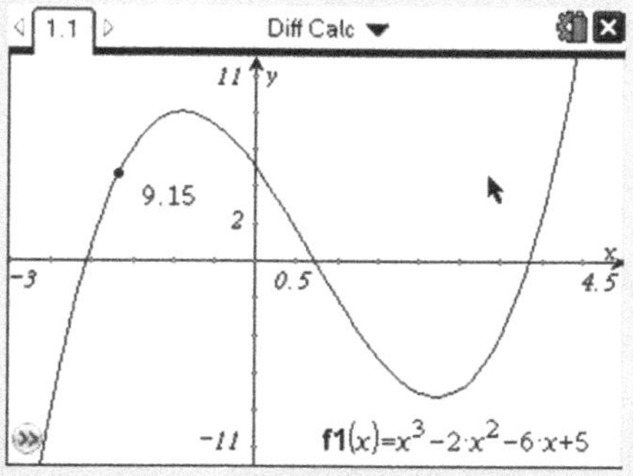

Usar el *touchpad* para mover el icono al punto
Se puede mover ese punto a lo largo de la curva y observar cómo cambia la pendiente a medida que cambia el punto.
En esta captura de pantalla, la pendiente de la curva en este punto es 9,31.

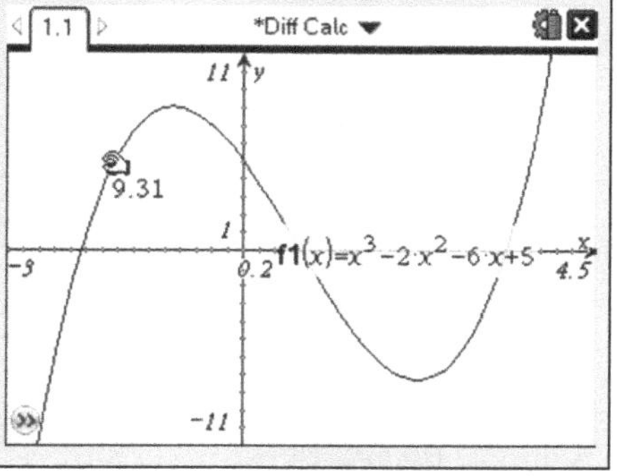

6.2 Dibujo de la tangente a una curva

Ejemplo 34

Dibuje una tangente a la curva $y = x^3 - 2x^2 - 6x + 5$.

Primero dibujar el gráfico de $y = x^3 - 2x^2 - 6x + 5$
(véase el ejemplo 33)

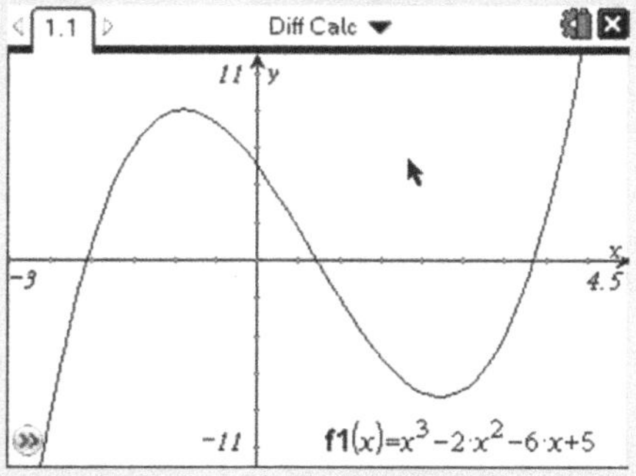

Presionar menu **7: Points and Lines** (puntos y líneas) | **7: Tangent** (tangente)

Presionar enter

Usando el *touchpad*, mover el cursor hacia la curva. Al aproximarse a la curva, el cursor se convierte en .

Presionar enter

El cursor cambia a y muestra la frase "point on" (punto en).
Seleccionar un punto en donde se desee dibujar una tangente y presionar enter

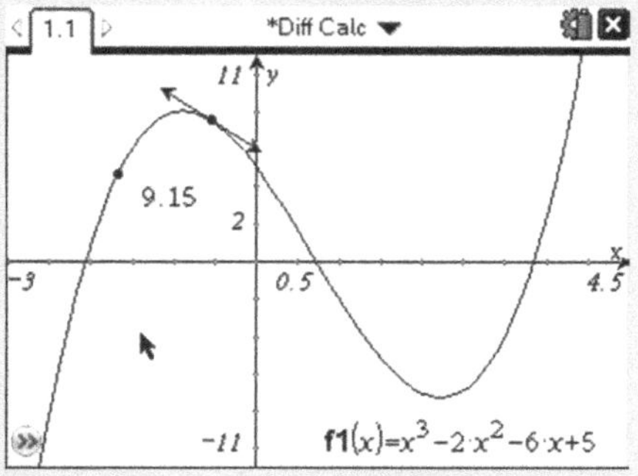

▶ Continúa en la página siguiente.

Con el *touchpad* se puede mover el punto al cual la tangente está sujeta.

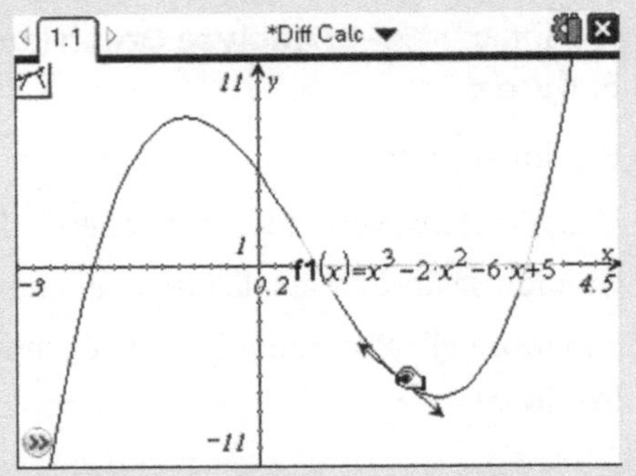

Usar el *touchpad* para arrastrar las flechas que están al final de la recta tangente y así extenderla
Presionar ctrl menu con la recta tangente seleccionada, mover la flecha del final y buscar la palabra “line” (línea)
Elegir **7: Coordinates and Equations** (coordenadas y ecuaciones)
Hacer clic en la recta para visualizar la ecuación de la tangente: $y = -2{,}83x + 5{,}97$
Hacer clic en el punto para visualizar las coordenadas del punto: $(-0{,}559;\ 7{,}55)$

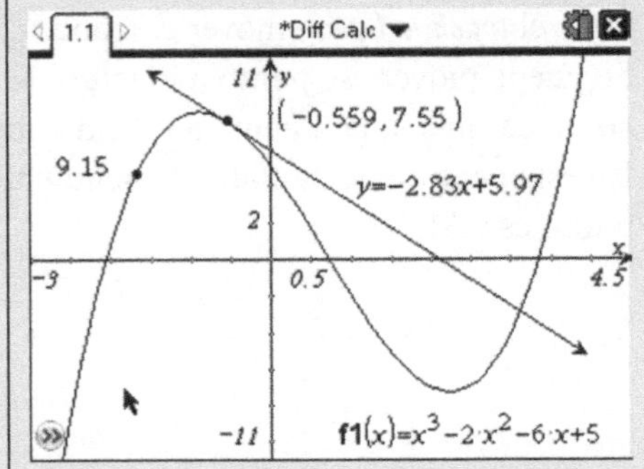

6.3 Puntos máximos y mínimos

Ejemplo 35

Halle el punto máximo local y el punto mínimo local de la curva $y = x^3 - 2x^2 - 6x + 5$.

Primero dibujar el gráfico de $y = x^3 - 2x^2 - 6x + 5$
(véase el ejemplo 33)

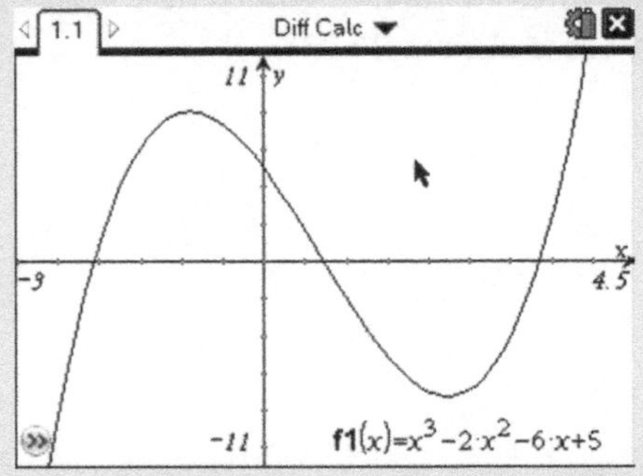

Presionar menu **6: Analyze Graph** (analizar gráfico) | **2: Minimum** (mínimo)

Presionar enter

Para hallar el mínimo, es necesario marcar el límite inferior y el límite superior de una región de búsqueda que lo contenga.
La CPG muestra una línea punteada y pide un límite inferior (“lower bound?”).
Mover la línea usando el *touchpad* y elegir una posición a la izquierda del mínimo
Hacer clic en el *touchpad*

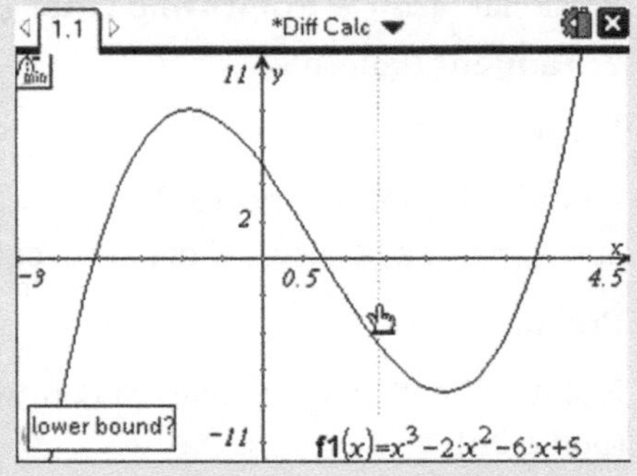

▶ Continúa en la página siguiente.

La CPG muestra otra línea y pide el límite superior (“upper bound?”).
Utilizar el *touchpad* para mover la línea, de manera que la región entre el límite inferior y el superior contenga al mínimo.
Nota: En cada región que se define, la CPG muestra el punto mínimo de esa región. En esta captura de pantalla, el punto que se muestra no es el mínimo local de la función. Hay que asegurarse de definir las líneas, de manera tal que la región definida contenga al punto que se está buscando.

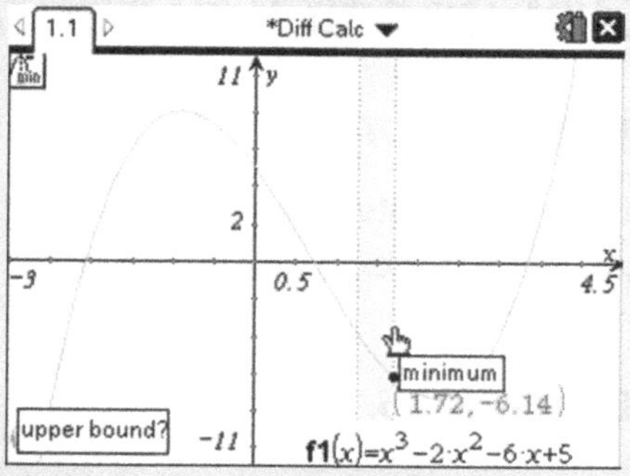

Cuando la región contiene al mínimo, aparecerá una etiqueta con la palabra “minimum” (mínimo) y un punto que se encuentra entre el límite inferior y el superior. El punto que se muestra está claramente entre esos límites.
Hacer clic en el *touchpad*

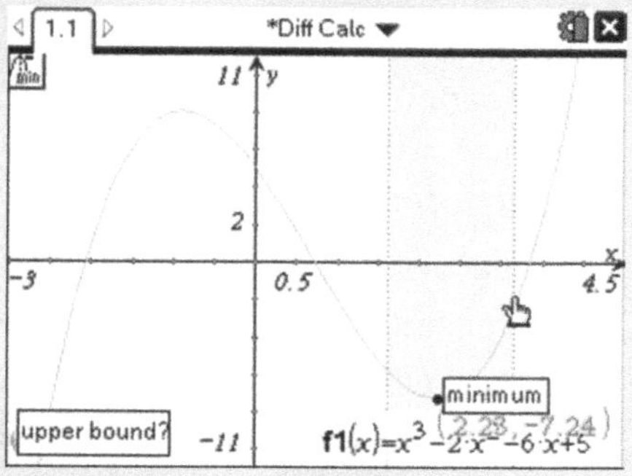

La CPG muestra el punto mínimo de la curva en (2,23; −7,24).

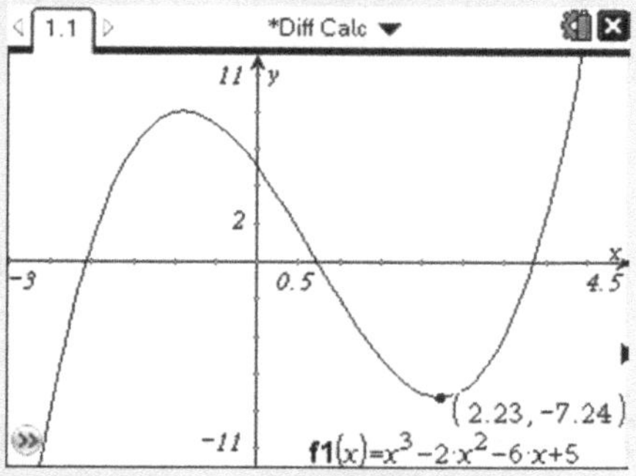

Presionar menu **6: Analyze Graph** (analizar gráfico) | **3: Maximum** (máximo), para hallar el máximo local de la curva siguiendo el mismo procedimiento
El punto máximo es (−0,897; 8,05).

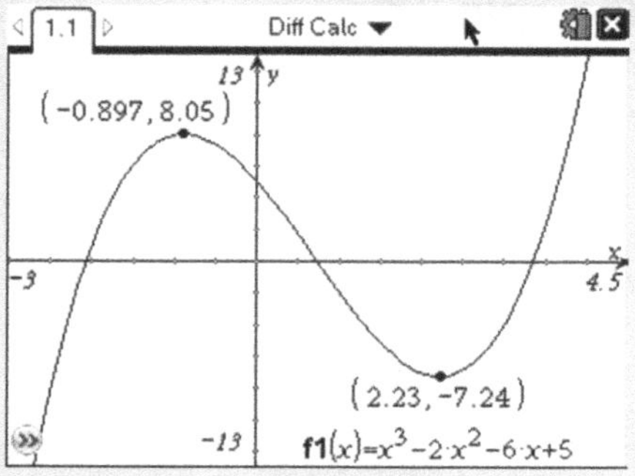

7 Número y álgebra 2

El solucionador financiero

El **Finance Solver** (solucionador financiero) resolverá problemas que involucren préstamos, hipotecas e inversiones.

En general, en problemas financieros, una cantidad de dinero negativa indica que uno le está dando al banco ese dinero y una cantidad de dinero positiva indica que uno está recibiendo del banco ese dinero. Esto puede ser un poco confuso.

Ejemplo 36

Cómo ingresar datos en el **Finance Solver** (solucionador financiero)

Abrir un nuevo documento y agregar una página de **Calculator** (calculadora)
Presionar menu **Finance** (finanzas) | **1: Finance Solver** (solucionador financiero)

Presionar enter

Aparecerá este cuadro de diálogo, donde:

N:	el número total de pagos
I(%):	la tasa o tipo de interés anual como porcentaje
PV:	el valor presente, que es negativo para inversiones
Pmt:	el pago o depósito regular, que es negativo en las inversiones
FV:	el valor futuro
PpY:	el número de pagos por año
CpY:	número de períodos anuales en el que se calcula el interés
PmtAt:	pagos hechos al final o al comienzo de cada período

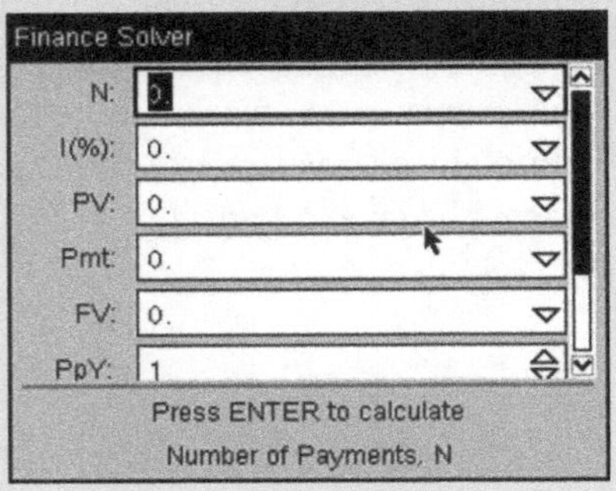

7.1 Valor total de una inversión

Ejemplo 37

Se invierten $1500 con una tasa de interés de 5,25% por año, compuesto en forma semestral. ¿Cuánto valdrá la inversión al cabo de 6 años?

Abrir un nuevo documento y una página de **Calculator** (calculadora)
Presionar menu **Finance** (finanzas) | **1: Finance Solver** (solucionador financiero)

Presionar enter

Moverse en el cuadro de diálogo usando la tecla tab e ingresar:

N:	6
I(%):	5,25
PV:	−1500
Pmt:	0
FV:	dejar en blanco, ya que será calculado
PpY:	1
CpY:	2
PmtAt:	"END" (final)

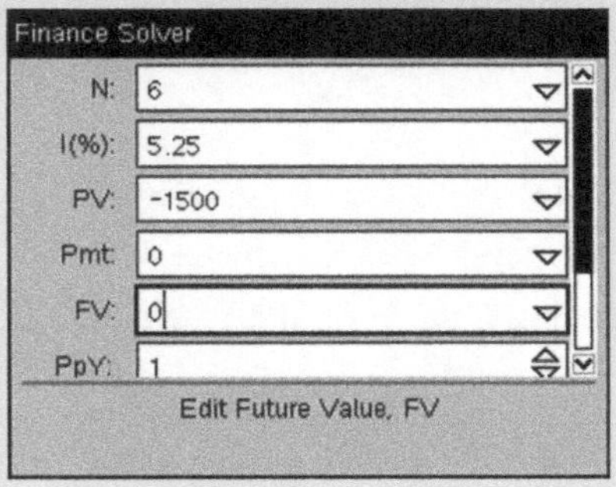

El valor actual (PV) es negativo porque la inversión se paga al banco.

▶ Continúa en la página siguiente.

Seleccionar "FV" y presionar enter
El monto final es $2047,05.

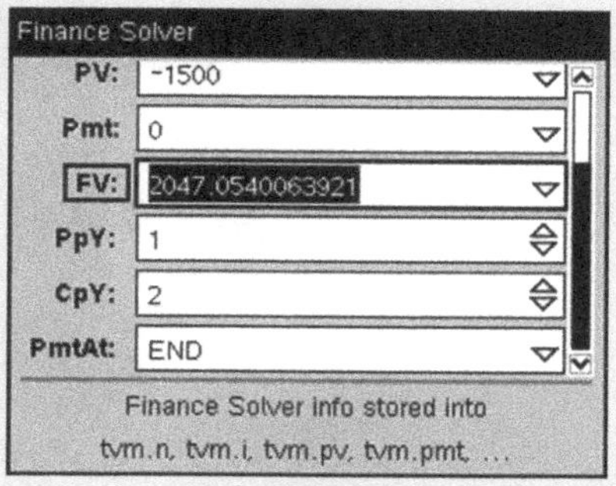

Como se describe en la página 315, es posible calcular esto con la fórmula del interés compuesto: $1500\left(1+\dfrac{5,25}{200}\right)^{12}$.

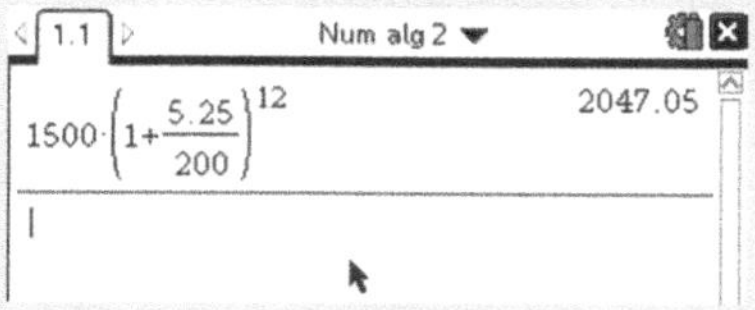

7.2 Cálculo de pagos por un préstamo

Ejemplo 38

Calcule el pago mensual necesario para devolver en 4 años un préstamo de $12 000, compuesto mensualmente, con un interés anual de 4,25%. Los pagos se hacen al final de cada mes.

Abrir un nuevo documento y agregar una página de **Calculator** (calculadora)
Presionar menu **Finance** (finanzas) | **1: Finance Solver** (solucionador financiero)
Presionar enter
Moverse en el cuadro de diálogo usando la tecla tab e ingresar:

N: 48
I(%): 4,25
PV: 12 000
Pmt: dejar en blanco, ya que será calculado
FV: 0
PpY: 12
CpY: 12
PmtAt: "END" (final)

Los pagos se hacen mensualmente, así que el número total de pagos, N, es 4 años × 12 = 48.

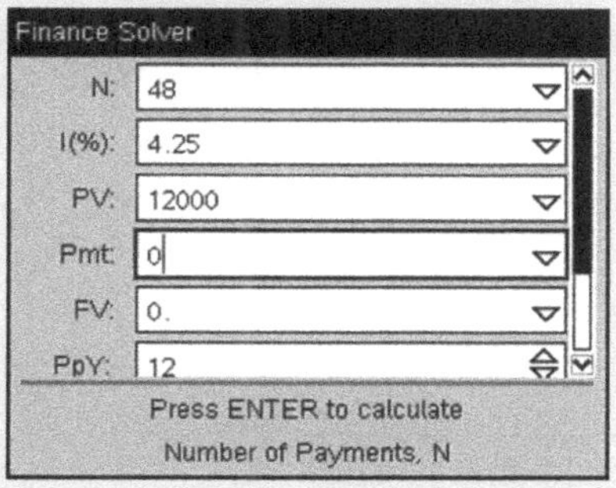

Seleccionar "Pmt" y presionar enter
Los pagos mensuales serán de $272,29.

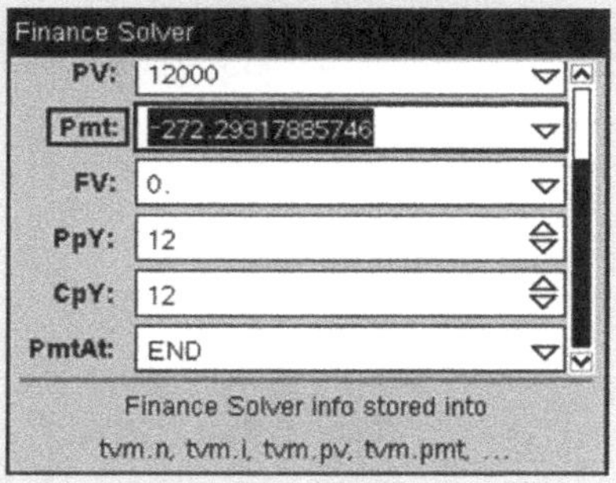

La respuesta, Pmt, es negativa porque es un pago hecho al banco.

13 Conocimientos previos

OBJETIVOS DEL CAPÍTULO:

Este capítulo contiene explicaciones breves, ejemplos y ejercicios de práctica sobre temas que se deberían saber antes de comenzar el curso. No es necesario trabajar en el capítulo completo todo a la vez. Se puede recurrir al mismo cada vez que sea necesario.

Por ejemplo, antes de comenzar el capítulo 2 sobre estadística descriptiva, trabaje en la sección 4, "Estadísticas", de este capítulo.

Contenidos del capítulo

1 Número

1.1 Operaciones

Las siguientes son las reglas relativas al orden en que se deben realizar las operaciones:

- Primero se calculan los paréntesis (o corchetes).
- A continuación, se calculan los exponentes (potencias, raíces).
- Después se calculan las multiplicaciones y las divisiones, de izquierda a derecha.
- Por último, se calculan las sumas (adiciones) y las restas (sustracciones), de izquierda a derecha.

Se puede usar la siguiente regla nemotécnica: **PEMDAS**
Paréntesis
Exponentes
MD multiplicación y división (de izquierda a derecha)
AS adición y sustracción (de izquierda a derecha)

La calculadora de pantalla gráfica (en adelante, CPG) sigue estas reglas, así que si se ingresa una operación correctamente, se debería obtener la respuesta correcta.

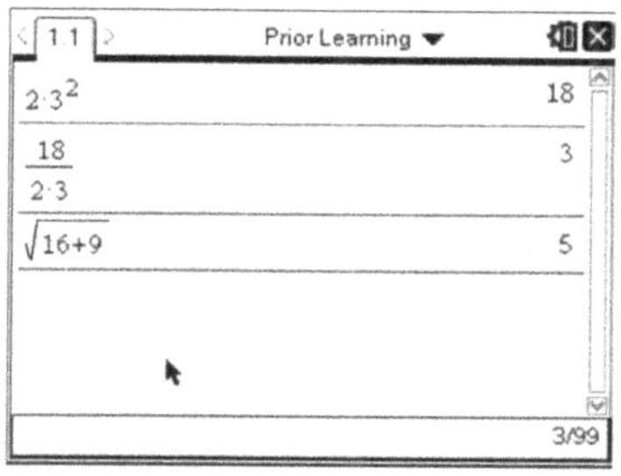

Las calculadoras simples, como las que hay en los teléfonos, no siempre siguen las reglas de las operaciones.

La CPG muestra las divisiones como fracciones y esto aclara el orden de las operaciones.

Ejemplo 1

a Evalúe $\dfrac{11+(-1)^2}{4-(3-5)}$	
$= \dfrac{11+1}{4-(-2)}$	*Primero los paréntesis*
$= \dfrac{12}{6}$ $= 2$	*Simplificar el numerador y el denominador*
b Evalúe $\dfrac{-3+\sqrt{9-8}}{4}$	
$= \dfrac{-3+\sqrt{1}}{4}$	*Simplificar los términos que están dentro de la raíz cuadrada*
$= \dfrac{-3+1}{4}$	*Evaluar la raíz*
$= \dfrac{-2}{4}$ $= -\dfrac{1}{2}$	*Simplificar el numerador y el denominador*

▶ Continúa en la página siguiente.

En la CPG, para las fracciones y las raíces se pueden usar tanto plantillas como paréntesis.	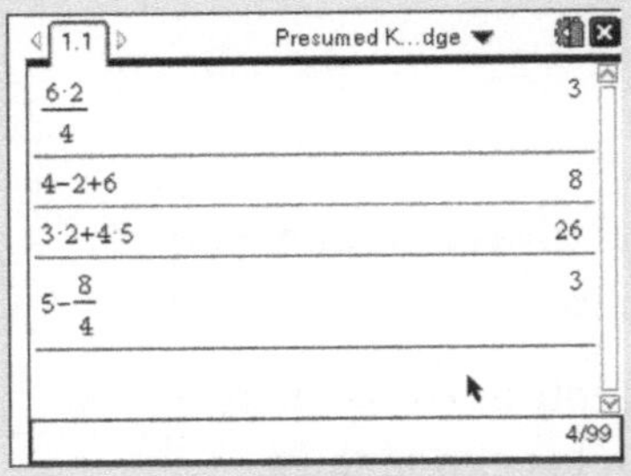

Ejercitación 1A

Realice primero los cálculos a mano, luego verifique sus respuestas con la CPG.

1 Calcule:

a $12 - 5 + 4$ **b** $6 \div 3 \times 5$ **c** $4 + 2 \times 3 - 2$

d $8 - 6 \div 3 \times 2$ **e** $4 + (3 - 2)$ **f** $(7 + 2) \div 3$

g $(1 + 4) \times (8 - 4)$ **h** $1 - 3 + 5 \times (2 - 1)$

2 Halle:

a $\frac{6+9}{4-1}$ **b** $\frac{2\times 9}{3\times 4}$ **c** $\frac{2-(3+4)}{4\times(2-3)}$ **d** $\frac{6\times 5\times 4}{3\times 2-1}$

3 Determine:

a $3 \times (-2)^2$ **b** $2^2 \times 3^3 \times 5$ **c** $4 \times (5 - 3)^2$ **d** $(-3)^2 - 2^2$

4 Calcule:

a $\sqrt{3^2 + 4^2}$ **b** $\left(\sqrt{4}\right)^3$ **c** $\sqrt{4^3}$ **d** $\sqrt{2 + \sqrt{2 + 2}}$

5 Halle:

a $\sqrt{\frac{13^2 - \left(3^2 + 4^2\right)}{2\times 18}}$ **b** $2\sqrt{\frac{3+5^2}{7}}$ **c** $2(3^2 - 4(-2)) - (2 - \sqrt{7-3})$

1.2 Números primos, divisores y múltiplos

Un número **primo** es un entero, mayor que 1, que solo es múltiplo de 1 y de sí mismo.

"Divisor" y "factor" significan lo mismo.

En 2009, el mayor número primo conocido tenía 12 978 189 dígitos. Los números primos se han convertido en un importante tema de estudio, ya que son utilizados en criptografía.

Ejemplo 2

Enumere todos los divisores de 42.	
Respuesta 42 = 1 × 42; 42 = 2 × 21 42 = 3 × 14; 42 = 6 × 7 Los divisores de 42 son 1, 2, 3, 6, 7, 14, 21 y 42.	*Escribir 42 como producto de 2 números, de todas las formas posibles*

Ejemplo 3

Escriba el número 24 como producto de divisores primos.	
Respuesta $24 \div 2$ $\quad 24 = 2 \times 2 \times 2 \times 3$ $12 \div 2$ $\quad = 2^3 \times 3$ $6 \div 2$ $3 \div 3$ 1	*Comenzar dividiendo por el número primo más pequeño. Repetir hasta que el resultado de la división sea 1.*

Ejemplo 4

Halle el **mínimo común múltiplo** (mcm) de 12 y 15.	
Respuesta Los múltiplos de 12 son 12, 24, 36, 48, **60**, 72, 84, 96, 108, **120**, 132, 144, ... Los múltiplos de 15 son 15, 30, 45, **60**, 75, 90, 105, **120**, 135, ... Los múltiplos comunes son 60, 120, ... El mcm es 60.	*Enumerar los múltiplos de cada número hasta encontrar algunos que estén en ambas listas. El mcm es el menor de los números que están en ambas listas.*

Ejemplo 5

Halle el **máximo común divisor** (mcd) de 36 y 54.

Respuesta

$36 \div 2$	$36 = \mathbf{2} \times 2 \times \mathbf{3} \times \mathbf{3}$	$54 \div 2$	$54 = \mathbf{2} \times \mathbf{3} \times \mathbf{3} \times 3$
$18 \div 2$		$27 \div 3$	
$9 \div 3$		$9 \div 3$	
$3 \div 3$		$3 \div 3$	
1		1	

El mcd de 36 y 54 es $2 \times 3 \times 3 = 18$.

Escriba cada número como producto de divisores primos. Halle el producto de todos los divisores que son comunes a ambos números.

Ejercitación 1B

1 Enumere todos los divisores de:

a 18 **b** 27 **c** 30 **d** 28 **e** 78

2 Escriba como producto de divisores primos:

a 36 **b** 60 **c** 54 **d** 32 **e** 112

3 Halle el mcm de:

a 8 y 20 **b** 6, 10 y 16

4 Halle el mcd de:

a 56 y 48 **b** 36, 54 y 90

1.3 Fracciones y decimales

Hay dos tipos de fracciones:

- Fracciones **comunes** (llamadas simplemente "fracciones"), como $\frac{4}{5}$ $\frac{\text{numerador}}{\text{denominador}}$
- Fracciones **decimales** (llamadas simplemente "decimales"), como 0,125

Las fracciones pueden ser:

- **Propias**, como $\frac{2}{3}$, en las que el numerador es menor que el denominador
- **Impropias**, como $\frac{4}{3}$, en las que el numerador es mayor que el denominador
- **Mixtas**, como $6\frac{7}{8}$

Las fracciones en las que el numerador y el denominador no tienen divisores comunes están reducidas a su **mínima expresión**.

$\frac{1}{3}$ y $\frac{4}{12}$ son fracciones **equivalentes**.

0,675 es un decimal **finito**.

0,32... o $0,\overline{32}$ o $0,\dot{3}\dot{2}$ son distintas formas de escribir el decimal **periódico** 0,3232323232...

Los decimales que no son finitos y que tampoco son periódicos son números **irracionales**, como π o $\sqrt{2}$.

En una CPG podemos ingresar una fracción usando la plantilla $\frac{\square}{\square}$ o usando la tecla de división ÷. En algunos casos habrá que tener cuidado, ya que será necesario utilizar paréntesis.

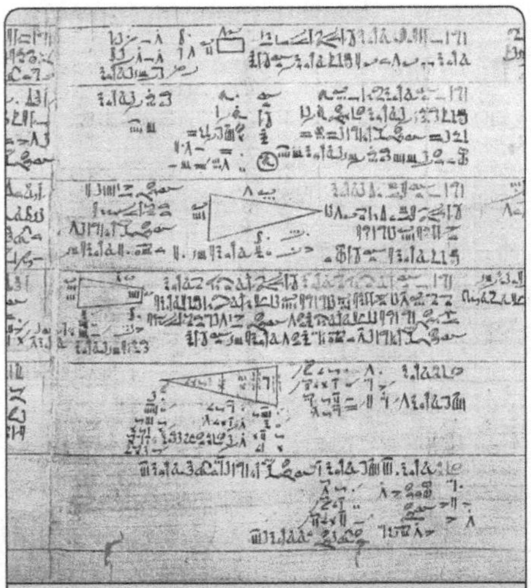

El papiro de Rhind del antiguo Egipto, alrededor del 1600 a. C., muestra operaciones con fracciones. Los egipcios usaban las fracciones **unitarias** en sus cálculos. Así que, por ejemplo, en lugar de $\frac{4}{5}$, escribían $\frac{1}{2}+\frac{1}{4}+\frac{1}{20}$. Esta no es considerada, en general, una forma útil de escribir fracciones.

$\pi \approx$ 3,1415926535897932384626433832795028841971693993 75...
$\sqrt{2} \approx$ 1,4142135623730950488016887242096980785696718 7537...
Estos números no son decimales finitos y no tienen patrones que se repitan (períodos) en sus dígitos.

Ejemplo 6

a Evalúe:

$$\frac{1}{2}+\frac{3}{8}\times\frac{4}{9}$$

× antes que +

$$=\frac{1}{2}+\frac{1}{6}$$

$$=\frac{4}{6}$$

Simplificar

$$=\frac{2}{3}$$

b Evalúe:

Calcular primero el numerador y el denominador

$$\frac{\frac{1}{2}+\frac{1}{3}}{\frac{1}{2}\times\frac{1}{3}}$$

$$=\frac{\frac{5}{6}}{\frac{1}{6}}$$

$$=5$$

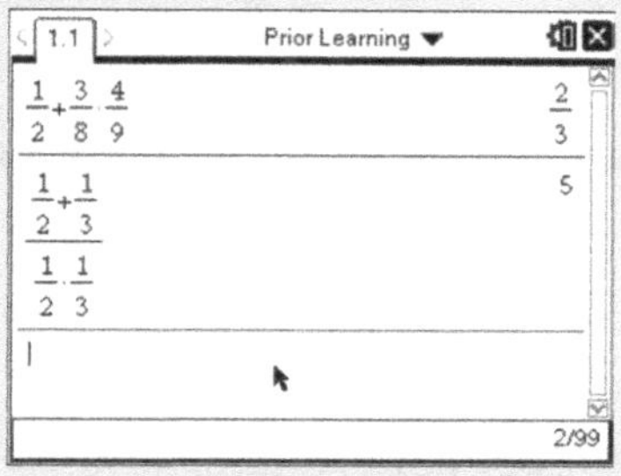

Ejemplo 7

a Convierta a decimal la fracción $\frac{7}{16}$.

b Escriba $3\frac{7}{8}$ como fracción impropia.

Respuestas

a $\frac{7}{16}=0{,}4375$

b $3\frac{7}{8}=\frac{24}{8}+\frac{7}{8}$

$$=\frac{31}{8}$$

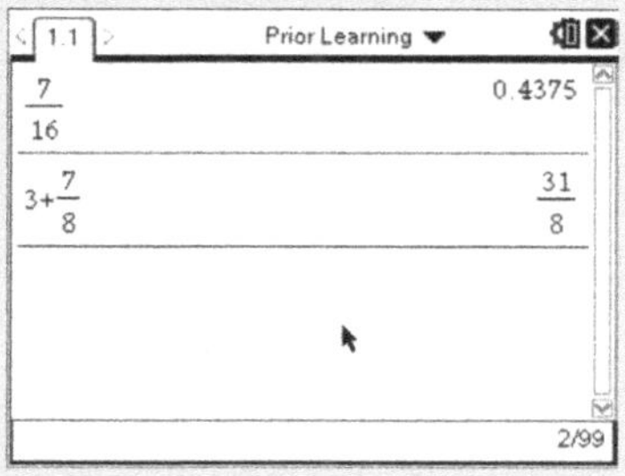

Ejercitación 1C

1 Calcule:

a $\frac{1}{2}+\frac{3}{4}\times\frac{5}{9}$ **b** $\frac{2}{3}\div\frac{5}{6}\times1\frac{1}{3}$

c $\sqrt{\left(\frac{3}{5}\right)^2+\left(\frac{4}{5}\right)^2}$ **d** $\frac{1-\left(\frac{2}{3}\right)^5}{1-\frac{2}{3}}$

2 Escriba las siguientes fracciones reducidas a su mínima expresión:

a $\frac{16}{36}$ **b** $\frac{35}{100}$ **c** $\frac{34}{51}$ **d** $\frac{125}{200}$

3 Escriba estas fracciones mixtas como fracciones impropias:

a $3\frac{3}{5}$ **b** $3\frac{1}{7}$ **c** $23\frac{1}{4}$ **d** $2\frac{23}{72}$

4 Escriba estas fracciones impropias como fracciones mixtas:

a $\frac{32}{7}$ **b** $\frac{100}{3}$ **c** $\frac{17}{4}$ **d** $\frac{162}{11}$

5 Convierta a decimales:

a $\frac{8}{25}$ **b** $\frac{5}{7}$ **c** $3\frac{4}{5}$ **d** $\frac{45}{17}$

La CPG tiene herramientas útiles para operar con fracciones. Véase menu **2: Number** (número).

Para convertir una fracción en número decimal, dividimos el numerador por el denominador. Si presionamos ctrl ≈, veremos el resultado como decimal en lugar de como fracción.

1.4 Porcentajes

Un porcentaje es una forma de expresar una fracción o una razón como una parte de 100. Por ejemplo, 25% significa 25 partes de 100.

Como fracción, $25\% = \frac{25}{100} = \frac{1}{4}$.

Como decimal, 25% = 0,25.

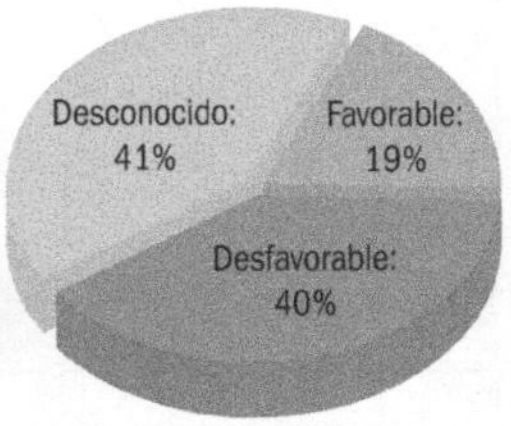

Ejemplo 8

La nota de Lara en su prueba de Matemáticas fue 25 sobre 40. ¿Cuál fue su nota, expresada como porcentaje?	
Respuesta $\frac{25}{40} \times 100 = 62,5\%$	*Escribir la nota como fracción* *Multiplicar por 100* *Usar la CPG*

Ejemplo 9

Hay 80 alumnos que cursan los programas del IB en un colegio. El 15% cursa Estudios Matemáticos. ¿Cuántos son estos alumnos?	
Respuesta **Método 1** $\frac{15}{100} \times 80 = 12$	*Escribir el porcentaje como fracción con denominador 100 y luego multiplicar por 80*
Método 2 15% = 0,15 0,15 × 80 = 12	*Escribir el porcentaje como decimal* *Multiplicar por 80*

Divisas internacionales

Las preguntas en los exámenes de Estudios Matemáticos podrían usar divisas internacionales.

Por ejemplo: franco suizo (CHF), dólar estadounidense (USD), libra esterlina (GBP), euro (EUR), yen japonés (JPY) y dólar australiano (AUD).

Ejercitación 1D

1 Escriba como porcentajes:

a 13 alumnos de una clase de 25

b 14 puntos sobre un total de 20

2 Halle el valor de:

a 7% de CHF32 **b** $4\frac{1}{2}$% de GBP12,00

c 25% de EUR750,28 **d** 130% de JPY8000

7% = 0,07

Aumentos y disminuciones porcentuales

Consideremos un aumento de 35%.
El nuevo valor después del aumento será 135% del valor original.
Así que, para aumentar un monto un 35%, hay que hallar 135% de ese monto. Multiplicar por $\frac{135}{100}$ o 1,35.

Ahora consideremos una disminución de 15%.
Después de una disminución de 15%, el nuevo valor será 85% del valor original. Así que, para disminuir un monto un 15%, hay que hallar 85% de ese monto. Multiplicar por $\frac{85}{100}$ o por 0,85.

Ejemplo 10

a El gerente de un negocio aumenta 12% los precios de los CD. Un CD costaba originalmente CHF11,60. ¿Cuánto costará después del aumento?

b El costo de un boleto de avión disminuye 8%. El precio original era GBP880. ¿Cuál es el nuevo precio?

c El alquiler de un apartamento ha aumentado de EUR2700 a EUR3645 por mes. ¿Qué porcentaje ha aumentado?

Después de un aumento de 12%, el monto será 112% del valor original.

Después de una disminución de 8%, el monto será 92% del valor original.

Respuestas

a 11,60 × 1,12 = 12,99 francos (al centésimo de CHF más cercano)

b 880 × 0,92 = 809,60 libras

c **Método 1**

El aumento es 3645 − 2700 = 945 euros. — *Hallar el aumento*

El porcentaje de aumento es $\frac{945}{2700} \times 100 = 35\%$. — *Calcular el aumento como porcentaje del monto original*

Método 2

$\frac{3645}{2700} = 1,35 = 135\%$ — *Calcular el precio nuevo como porcentaje del precio viejo*

El porcentaje de aumento es 35%.

Porcentaje de aumento $= \frac{\text{aumento real}}{\text{valor original}} \times 100\%$

Ejemplo 11

En un negocio, el precio de un producto se muestra como AUD44, **incluido** el impuesto.
La tasa de impuesto es 10%.
¿Cuál era el precio sin el impuesto?

Respuesta	
Llamemos al precio original x.	
Después de haber agregado el impuesto, el precio será $1{,}10x$.	*110% = 1,10*
Por lo tanto: $1{,}10x = 44$	*Hallar x*
$x = 44 \div 1{,}10$	*Dividir ambos miembros por 1,10*
$= 40$	
El precio sin impuesto es AUD40.	

Ejercitación 1E

1 En el Reino Unido, los precios de algunos bienes incluyen un impuesto del gobierno llamado VAT (IVA), que es del 20%. Un televisor cuesta GBP480 antes de aplicarle el VAT. ¿Cuánto costará después de aplicar el VAT?

2 En una liquidación en un negocio de Tokio, a un vestido que valía JPY17 000 se lo redujo un 12,5%. ¿Cuál es el precio de liquidación?

3 El costo de un boleto de tren semanal aumenta de GBP120 a GBP128,40. ¿Cuál es el porcentaje de aumento?

4 Entre 2004 y 2005, la producción de petróleo en Australia cayó de 731 000 a 537 500 barriles por día. ¿En qué porcentaje disminuyó la producción?

5 Entre 2005 y 2009, la población de Venezuela aumentó un 7%. La población era 28 400 000 en 2009. ¿Cuál era la población en 2005 (redondeada al 100 000 más cercano)?

6 Un producto aparece en una oferta marcado con un 15% de descuento y con una etiqueta de precio de USD27,20. ¿Cuál era el precio original antes del descuento?

7 El impuesto a bienes y servicios que se cobra en los productos vendidos en negocios se incrementó de 17% a 20%. ¿Cuánto aumentaría el precio de un producto que cuesta GBP20 antes de aplicar el impuesto?

8 Por error, un camarero agrega una tasa de servicio de 10% al costo de una comida que fue de AUD50. Luego reduce el precio 10%. ¿Es ahora el precio igual al precio original? Si no lo fuera, ¿cuál es el cambio porcentual respecto del precio original?

1.5 Razón y proporción

La **razón** entre dos números *r* y *s* es *r*:*s*, y es equivalente a la fracción $\frac{r}{s}$. Como ocurre con una fracción, una razón puede reducirse a su mínima expresión. Por ejemplo: 6:12 es equivalente a 1:2 (dividiendo ambos números de la razón por 6).

En una **razón unitaria**, uno de los dos números es 1.

Por ejemplo 1:4,5 o 25:1.

Si dos cantidades *a* y *b* son **proporcionales**, entonces la razón *a*:*b* es constante.

También se escribe $a \propto b$ (*a* es proporcional a *b*).

Cuando se escribe una razón reducida a su mínima expresión, ambos números de la razón deben ser enteros positivos.

Cuando se escribe una razón unitaria, se pueden usar decimales.

Ejemplo 12

Se vendieron 200 entradas para el baile del colegio. Los niños compraron 75 y las niñas compraron el resto. Escriba la razón de niños a niñas en el baile. Dé la respuesta reducida a su mínima expresión.

Respuesta

El número de niñas es 200 − 75 = 125.

La razón de niños a niñas es 75:125 = 3:5.

Hay que dar siempre la razón reducida a su expresión mínima.

Las escalas de los mapas se escriben generalmente como una razón. Una escala de 1:50 000 significa que 1 cm en el mapa representa 50 000 cm (0,5 km) en la tierra.

Ejemplo 13

Un viejo mapa inglés fue hecho con una escala de 1 pulgada a 1 milla. Escriba esta escala en forma de razón.

Respuesta

1 milla = 1760 × 3 × 12

= 63 360 pulgadas

La razón utilizada en el mapa es 1:63 360.

Siempre hay que asegurarse de que las unidades usadas en las razones sean las mismas.

12 pulgadas = 1 pie
3 pies = 1 yarda
1760 yardas = 1 milla

Ejemplo 14

Tres niños, cuyas edades son 8, 12 y 15, ganan un premio de USD140. Deciden compartir el dinero del premio según la razón de sus edades. ¿Cuánto recibe cada uno?

Respuesta

USD140 se divide según la razón 8:12:15.

Esto es un total de

8 + 12 + 15 = 35 partes.

140 ÷ 35 = 4 dólares

8 × 4 = 32, 12 × 4 = 48 y

15 × 4 = 60

Los niños reciben USD32, USD48 y USD60.

Dividir el dinero en 35 partes

Una parte es USD4.

Ejercitación 1F

1 La relación de aspecto (o razón de aspecto) es la razón del ancho de una imagen a su altura. Una fotografía mide 17,5 cm de ancho y 14 cm de altura. ¿Cuál es la relación de aspecto, reducida a su expresión mínima?

2 La razón de sexo se expresa como la razón de hombres a mujeres, en la forma n:100. Según los datos, en el año 2008, la razón de sexo del mundo era 102:100. En el mismo año, en Japón, había 62 millones de hombres y 65,2 millones de mujeres. ¿Cuál era entonces la razón de sexo en Japón?

3 Raquel faltó al colegio un total de 21 días durante un año escolar de 32 semanas. ¿Cuál es la razón del número de días que faltó al número de días que pudo haber asistido al colegio, reducida a su mínima expresión? (Una semana escolar tiene cinco días.)

4 Un modelo de un avión tiene una envergadura de 15,6 cm. El modelo se construye con una escala de 1:72. ¿Cuál es la envergadura, en metros, de un avión en tamaño real?

5 En un mapa, una ruta mide 1,5 cm. La ruta real mide 3 km. ¿Cuál es la escala del mapa? ¿Cuál sería, en el mapa, la longitud de un camino de 800 m?

6 Se realiza una recaudación conjunta para dos organizaciones de beneficencia, una para animales y otra para niños enfermos, y se acuerda que las ganancias deben ser divididas según la razón 5:3. Se recaudan USD72. ¿Cuánto dinero se dona a cada una de las dos organizaciones?

7 Para una feria de tortas, un grupo de alumnos decide hacer *brownies*, galletas de chocolate y galletas de avena, según la razón 5:3:2. Planean hacer 150 unidades en total. ¿Cuántas unidades de cada tipo deben hacer?

Leonardo Da Vinci dibujó el famoso *Hombre de Vitruvio* alrededor de 1487. El dibujo está basado en las proporciones humanas ideales descritas por el arquitecto de la antigua Roma, Vitruvio.

1.6 El método de reducción a la unidad

En el método de reducción a la unidad, se comienza por hallar el valor de **una** parte o un elemento.

Ejemplo 15

Una carretilla está llena de concreto, que se forma mezclando 6 palas de grava, 4 palas de arena, 2 palas de cemento y el agua necesaria. Cuando quedan solamente 3 palas de arena, ¿cuánto de cada uno de los demás ingredientes hará falta para formar el concreto?

▶ Continúa en la página siguiente.

Respuesta

La razón grava:arena:cemento

Es 6:4:2

O bien $\frac{6}{4}:\frac{4}{4}:\frac{2}{4}$

$=\frac{3}{2}:1:\frac{1}{2}=\frac{9}{2}:3:\frac{3}{2}$

Por lo tanto, la mezcla requiere $4\frac{1}{2}$ palas de grava, 3 palas de arena y $1\frac{1}{2}$ palas de cemento.

Dado que el valor que necesitamos cambiar es el de la arena, hay que dividir por 4 para convertir dicho valor en 1. Luego, multiplicar todos los valores por 3, para que la cantidad de arena sea igual a 3.

Ejercitación 1G

1 Nicolás, Julián y Rosana invirtieron USD5000, USD7000 y USD4000 para poner en marcha una compañía. Durante el primer año, tienen una ganancia de USD24 000, que comparten según la razón del dinero que invirtieron. ¿Cuánto dinero recibe cada uno?

2 Claudia está haciendo una prueba de Matemáticas. Se da cuenta de que hay 3 preguntas que valen 12, 18 y 20 puntos. La prueba dura 1 hora con 15 minutos. Decide dividir el tiempo entre las tres preguntas según la razón que forman los puntos asignados. ¿Cuánto tiempo utiliza en cada pregunta?

2 Álgebra

La palabra **álgebra** proviene del título del libro *Hisab al-jabr w'al-muqabala* escrito por Abu Ja'far Muhammad ibn Musa Al-Khwarizmi, en Bagdad, alrededor del año 800. Se considera que este fue el primer libro escrito sobre álgebra.

2.1 Desarrollo de paréntesis y factorización

La **propiedad distributiva** se usa para desarrollar expresiones con paréntesis y para factorizar expresiones.

$a(b + c) = ab + ac$

Otras dos propiedades que se utilizan en álgebra son la **propiedad conmutativa** $ab = ba$ y la **propiedad asociativa** $(ab)c = a(bc)$.

Ejemplo 16

Desarrolle $2y(3x + 5y - z)$.

Respuesta

$2y(3x + 5y - z) = 2y(3x) + 2y(5y) + 2y(-z)$

$= 6xy + 10y^2 - 2yz$

Ejemplo 17

Factorice $6x^2y - 9xy + 12xz^2$.

Respuesta

$6x^2y - 9xy + 12xz^2 = 3x(2xy - 3y + 4z^2)$

Busque un factor común y escríbalo fuera de los paréntesis. Halle los términos que quedan dentro de los paréntesis, dividiendo cada término por el factor común.

Ejercitación 2A

1 Desarrolle:

a $3x(x - 2)$ **b** $\frac{x}{y}(x^2y - y^2 + x)$ **c** $a(b - 2c) + b(2a + b)$

2 Factorice:

a $3pq - 6p^2q^3r$ **b** $12ac^2 + 15bc - 3c^2$ **c** $2a^2bc + 3ab^2c - 5abc^2$

2.2 Fórmulas

Transformación de fórmulas en otras equivalentes

Ejemplo 18

La fórmula del área de un círculo es $A = \pi r^2$, donde A es el área y r es el radio.
En esta fórmula la variable que está despejada es A.
Transforme la expresión en otra equivalente donde esté despejada r.

Se dice que la variable está despejada cuando está sola de un lado del signo =.

Respuesta	
$A = \pi r^2$	
$r^2 = \frac{A}{\pi}$	*Usar las mismas técnicas que para resolver ecuaciones. Lo que se haga en un miembro de la ecuación, se debe hacer en el otro.* *Dividir ambos miembros por π*
$r = \sqrt{\frac{A}{\pi}}$	*Aplicar la raíz cuadrada en ambos miembros*

Se puede usar esta fórmula para calcular el radio de un círculo, cuando se conoce el área.

Ejercitación 2B

Despeje la variable que se indica entre paréntesis:

1 $v = u - gt$ (t) **2** $a = \sqrt{b^2 + c^2}$ (c) **3** $c = 2\pi r$ (r)

4 $\frac{\operatorname{sen} A}{a} = \frac{\operatorname{sen} B}{b}$ (b) **5** $a^2 = b^2 + c^2 - 2bc\cos A$ $(\cos A)$

Valor numérico de una expresión por sustitución

Siempre se puede usar la CPG en Estudios Matemáticos.

Cuando usamos fórmulas, la calculadora puede hacer los cálculos por nosotros. De todas maneras, siempre hay que mostrar el procedimiento.

1 Hallar la fórmula que se va a usar (del cuadernillo de fórmulas, de la pregunta o de la memoria) y escribirla.
2 Identificar los valores que se sustituirán en la fórmula.
3 Escribir la fórmula con las variables ya sustituidas por sus valores correspondientes.
4 Ingresar la fórmula en la calculadora. Usar plantillas para que la fórmula luzca igual en la CPG que como se ve en el papel.
5 Si fuera necesario, usar paréntesis. Siempre es mejor que haya paréntesis de más que de menos.
6 Escribir, con unidades si fuera necesario, el resultado que nos da la calculadora (con el grado de aproximación requerido).

Ejemplo 19

x e y están relacionadas por la fórmula $y = \dfrac{x^2+1}{2\sqrt{x+1}}$.
Halle el valor de y cuando x es 3,1.

Respuesta

$$y = \frac{3{,}1^2+1}{2\sqrt{3{,}1+1}}$$
$$= 2{,}62 \text{ (3 cs)}$$

Escribir la fórmula sustituyendo x por 3,1

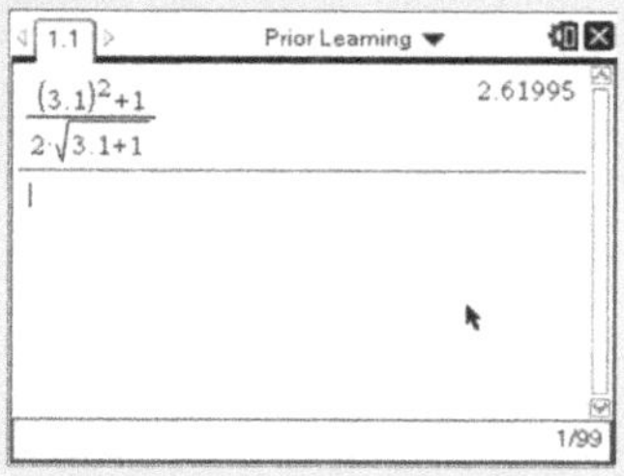

Ejercitación 2C

1 Si $a = 2{,}3$, $b = 4{,}1$ y $c = 1{,}7$, halle el valor de d, siendo
$$d = \frac{3a^2 + 2\sqrt{b}}{ac+b}.$$

2 Si $b = 8{,}2$, $c = 7{,}5$ y $A = 27°$, halle el valor de a, siendo
$$a = \sqrt{b^2 + c^2 - 2bc\cos A}.$$

3 Si $u_1 = 10{,}2$, $r = 0{,}75$ y $n = 14$, halle el valor de S, siendo
$$S = u_1\frac{1-r^n}{1-r}.$$

2.3 Resolución de ecuaciones lineales

"Resolver una ecuación" significa "hallar el valor de la incógnita" (representada con una letra).

Para resolver una ecuación hay que transformarla en otra equivalente, de manera que la incógnita, por ejemplo x, esté despejada. Al hacerlo, hay que mantener la ecuación "equilibrada", es decir siempre hay que hacer lo mismo en ambos miembros de la igualdad.

Ejemplo 20

Resuelva la ecuación $3x + 5 = 17$.	
Respuesta	
$3x + 5 = 17$	
$3x + 5 - 5 = 17 - 5$	*Restar 5*
$3x = 12$	
$\frac{3x}{3} = \frac{12}{3}$	*Dividir por 3*
$x = 4$	

Sume, reste, multiplique o divida en ambos miembros de la ecuación, hasta que x esté sola, en uno de los dos miembros (el derecho o el izquierdo).

Ejemplo 21

Resuelva la ecuación $4(x - 5) = 8$.	
Respuesta	
$4(x - 5) = 8$	
$\frac{4(x-5)}{4} = \frac{8}{4}$	*Dividir por 4*
$x - 5 = 2$	
$x - 5 + 5 = 2 + 5$	*Sumar 5*
$x = 7$	

Siempre hay que ser cuidadoso con el signo "–".

Ejemplo 22

Resuelva la ecuación $7 - 3x = 1$.	
Respuesta	
$7 - 3x = 1$	
$7 - 3x - 7 = 1 - 7$	*Restar 7*
$-3x = -6$	
$\frac{-3x}{-3} = \frac{-6}{-3}$	*Dividir por −3*
$x = 2$	

Un método alternativo para esta ecuación sería comenzar **sumando** 3x. De esta forma, x tendría un coeficiente positivo, pero en el miembro derecho de la ecuación.

Ejemplo 23

Resuelva la ecuación $3(2 + 3x) = 5(4 - x)$.	
Respuesta	
$3(2 + 3x) = 5(4 - x)$	
$6 + 9x = 20 - 5x$	
$6 + 9x + 5x = 20 - 5x + 5x$	*Sumar 5x*
$6 + 14x = 20$	
$6 + 14x - 6 = 20 - 6$	*Restar 6*
$14x = 14$	
$\frac{14x}{14} = \frac{14}{14}$	*Dividir por 14*
$x = 1$	

Compare este método con el usado en el ejemplo 21. Algunas veces puede ser más directo comenzar **dividiendo**, en lugar de desarrollar los paréntesis.

Ejercitación 2D

Resuelva estas ecuaciones:

1 $3x - 10 = 2$

2 $\frac{x}{2} + 5 = 7$

3 $5x + 4 = -11$

4 $3(x + 3) = 18$

5 $4(2x - 5) = 20$

6 $\frac{2}{5}(3x - 7) = 8$

7 $21 - 6x = 9$

8 $12 = 2 - 5x$

9 $2(11 - 3x) = 4$

10 $4(3 + x) = 3(9 - 2x)$

11 $2(10 - 2x) = 4(3x + 1)$

12 $\frac{5x+2}{3} = \frac{3x+10}{4}$

2.4 Sistemas de ecuaciones lineales con dos incógnitas

Hay dos métodos que se pueden usar para resolver **sistemas de ecuaciones lineales con dos incógnitas**, llamados "de sustitución" y "de eliminación". Algunas veces también se pueden resolver gráficamente.

Ejemplo 24

Resuelva el sistema de ecuaciones $3x + 4y = 17$ y $2x + 5y = 16$.

Respuesta

Método gráfico

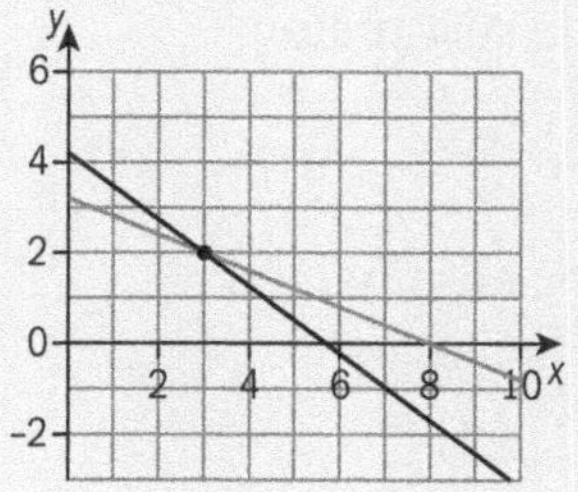

Desde el punto de vista geométrico, se puede considerar a estas dos ecuaciones lineales como las ecuaciones de dos rectas. Hallar la solución del sistema es equivalente a hallar el punto de intersección de ambas rectas. Las coordenadas del punto nos darán los valores de x y de y.

La solución es $x = 3$, $y = 2$.

Método de sustitución

$3x + 4y = 17$

$2x + 5y = 16$

$5y = 16 - 2x$

$y = \frac{16}{5} - \frac{2}{5}x$

Transformar una de las ecuaciones para despejar y

$3x + 4\left(\frac{16}{5} - \frac{2}{5}x\right) = 17$

Sustituir en la otra ecuación la expresión hallada para y

$3x + \frac{64}{5} - \frac{8}{5}x = 17$

$15x + 64 - 8x = 85$

Resolver la ecuación en x

$15x - 8x = 85 - 64$

$7x = 21$

$x = 3$

▶ Continúa en la página siguiente.

$3(3) + 4y = 17$ $9 + 4y = 17$ $4y = 8$ $y = 2$ La solución es $x = 3$, $y = 2$.	*Sustituir el valor hallado para x en una de las ecuaciones originales y hallar el valor de y*
Método de eliminación $3x + 4y = 17$ (1) $2x + 5y = 16$ (2)	
Multiplicar la ecuación (1) por 2 y la ecuación (2) por 3 $6x + 8y = 34$ (3) $6x + 15y = 48$ (4)	*Esto se hace para que los coeficientes de x sean iguales.*
Restar las ecuaciones [(4) − (3)] $7y = 14$ $y = 2$	*Al restar se elimina a la variable x de la ecuación.*
$3x + 4(2) = 17$ $3x + 8 = 17$ $3x = 17 - 8$ $3x = 9$ $x = 3$ La solución es $x = 3$, $y = 2$.	*Sustituir el valor hallado para y en una de las ecuaciones originales y resolver en x*

Ejercitación 2E

1 Resuelva estos sistemas de ecuaciones lineales usando el método de sustitución:

a $y = 3x - 2;\ 2x + 3y = 5$ **b** $4x - 3y = 10;\ 2y + 5 = x$

c $2x + 5y = 14;\ 3x + 4y = 7$

2 Resuelva estos sistemas de ecuaciones lineales usando el método de eliminación:

a $2x - 3y = 15;\ 2x + 5y = 7$ **b** $3x + y = 5;\ 4x - y = 9$

c $x + 4y = 6;\ 3x + 2y = -2$ **d** $3x + 2y = 8;\ 2x + 3y = 7$

e $4x - 5y = 17;\ 3x + 2y = 7$

2.5 Expresiones exponenciales

Una multiplicación en la que los factores son iguales se puede escribir como una expresión **exponencial**. Por ejemplo, el cuadrado de un número:

$3 \times 3 = 3^2$ o $5{,}42 \times 5{,}42 = 5{,}42^2$

Si se multiplica un número por sí mismo tres veces, entonces la expresión exponencial es un cubo. Por ejemplo:

$4{,}6 \times 4{,}6 \times 4{,}6 = 4{,}6^3$

Podemos además usar expresiones exponenciales cuando el exponente es un entero más grande. Por ejemplo:

$3^7 = 3 \times 3 \times 3 \times 3 \times 3 \times 3 \times 3$

Otro nombre posible para **exponente** es **índice**.

Usamos cuadrados en el teorema de Pitágoras, $c^2 = a^2 + b^2$, o en la fórmula del área de un círculo, $A = \pi r^2$. Usamos un cubo en la fórmula del volumen de una esfera, $V = \frac{4}{3}\pi r^3$.

Cuando el exponente no es un entero positivo, se aplican las siguientes reglas:

$$a^0 = 1,\ a \neq 0$$

$$a^{-n} = \frac{1}{a^n}$$

Ejemplo 25

Escriba los valores de 10^2, 10^3, 10^1, 10^0, 10^{-2}, 10^{-3}.

Respuesta

$10^2 = 10 \times 10 = 100$

$10^3 = 10 \times 10 \times 10 = 1000$

$10^1 = 10$

$10^0 = 1$

$10^{-2} = \frac{1}{10^2} = \frac{1}{100} = 0{,}01$

$10^{-3} = \frac{1}{10^3} = \frac{1}{1000} = 0{,}001$

Para evaluar una expresión exponencial con la CPG, usar la tecla ^ o la tecla de plantillas y la plantilla de exponente

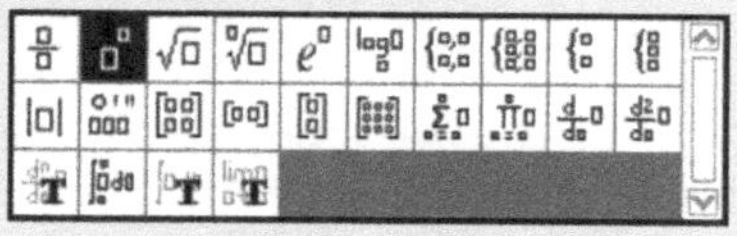

Ejercitación 2F

Realice los siguientes cálculos:

1 **a** $2^3 + 3^2$ **b** $4^2 \times 3^2$ **c** 2^6

2 **a** 5^0 **b** 3^{-2} **c** 2^{-4}

3 **a** $3{,}5^5$ **b** $0{,}495^{-2}$ **c** $2\frac{(1-0{,}02)^{10}}{1-0{,}02}$

2.6 Resolución de inecuaciones

Las inecuaciones se pueden resolver en una forma similar a la usada para resolver ecuaciones.

Ejemplo 26

Resuelva las inecuaciones: **a** $2x + 5 < 7$ **b** $3(x - 2) \geq 4$

Respuestas

a	**b**
$2x + 5 < 7$	$3(x - 2) \geq 4$
$2x < 2$	$x - 2 \geq 1\frac{1}{3}$
$x < 1$	$x \geq 3\frac{1}{3}$

Sumar, restar, multiplicar o dividir en ambos miembros de la inecuación, hasta que x esté sola en uno de los dos miembros

Multiplicar o dividir por un número negativo cambia el sentido de la inecuación.

Si se multiplica o divide una inecuación por un número negativo, se cambian los signos en ambos lados de la inecuación y se invierte el signo de la inecuación. Por ejemplo, $4 > 2$, pero $-4 < -2$.

Ejemplo 27

Resuelva la inecuación $7 - 2x \leq 5$.	
Respuesta	
$7 - 2x \leq 5$	*Restar 7*
$-2x \leq -2$	*Dividir por −2*
$x \geq 1$	*Cambiar ≤ por ≥*

Ejemplo 28

Resuelva la inecuación $19 - 2x > 3 + 6x$.	
Respuesta	
$19 - 2x > 3 + 6x$	
$19 > 3 + 8x$	
$16 > 8x$	
$2 > x$	
$x < 2$	*Invertir el sentido de la inecuación*

Algunas veces la incógnita, x, termina en el lado derecho de la inecuación. En este caso se puede invertir la inecuación, como se muestra en el ejemplo.

Ejercitación 2G

1 Resuelva la inecuación y represente el conjunto solución en la recta numérica.

a $3x + 4 \leq 13$ **b** $5(x - 5) > 15$ **c** $2x + 3 < x + 5$

2 Resuelva en x:

a $2(x - 2) \geq 3(x - 3)$ **b** $4 < 2x + 7$ **c** $7 - 4x \leq 11$

Propiedades de las inecuaciones

→ Cuando se suma o resta un número real en ambos miembros de una inecuación, el sentido de la inecuación no cambia.

Por ejemplo:

- $4 > 6 \Rightarrow 4 + 2 > 6 + 2$
- $15 \leq 20 \Rightarrow 15 - 6 \leq 20 - 6$
- $x - 7 \geq 8 \Rightarrow x - 7 + 7 \geq 8 + 7$
- $x + 5 < 12 \Rightarrow x + 5 - 5 < 12 - 5$

→ Cuando se multiplican o dividen ambos miembros de una inecuación por un número real positivo, el sentido de la inecuación no cambia. Cuando se multiplican o dividen ambos miembros de una inecuación por un número real negativo, el sentido de la inecuación se invierte.

Por ejemplo:

- $4 < 5 \Rightarrow 2(4) < 2(5)$
- $6 \leq 10 \Rightarrow -2(6) \geq -2(10)$
- $10 \leq 30 \Rightarrow \frac{10}{5} \leq \frac{30}{5}$
- $18 < 24 \Rightarrow \frac{18}{-3} > \frac{24}{-3}$
- $-12 > -20 \Rightarrow \frac{-12}{4} > \frac{-20}{4}$

2.7 Valor absoluto

El valor absoluto de un número (o módulo), $|x|$, es la parte numérica del número sin el signo. Puede ser definido como $|x| = \begin{cases} -x, & \text{si } x < 0 \\ x, & \text{si } x \geq 0 \end{cases}$.

Ejemplo 29

Escriba $|a|$, donde $a = -4{,}5$ y $a = 2{,}6$.

Respuesta

Si $a = -4{,}5$, entonces $|a| = 4{,}5$.
Si $a = 2{,}6$, entonces $|a| = 2{,}6$.

Ejemplo 30

Escriba el valor de $|p - q|$, donde $p = 3$ y $q = 6$.

Respuesta

$|p - q| = |3 - 6| = |-3| = 3$

Ejercitación 2H

1 Escriba el valor de $|a|$ cuando a es:

a 3,25 **b** −6,18 **c** 0

2 Escriba el valor de $|5 - x|$, cuando $x = 3$ y cuando $x = 8$.

3 Si $x = 6$ e $y = 4$, escriba los valores de:

a $|x - y|$ **b** $|x - 2y|$ **c** $|y - x|$

3 Geometría

Los elementos de Euclides, escrito alrededor del año 300 a. C., fue uno de los primeros libros de matemática y se mantuvo como libro de texto obligatorio hasta el siglo XX. Euclides comenzó su primer libro definiendo algunos postulados (verdades evidentes), como ser:

Un punto es lo que no tiene partes.

Un línea es una longitud sin anchura.

Una superficie plana es aquella superficie que yace por igual respecto de las líneas que están en ella.

Un ángulo plano es la inclinación mutua de dos líneas que se encuentran una a otra en un plano y no están en línea recta.

3.1 El teorema de Pitágoras

→ En un triángulo rectángulo ABC con lados a, b y c, siendo c la *hipotenusa*, se verifica:

$$c^2 = a^2 + b^2$$

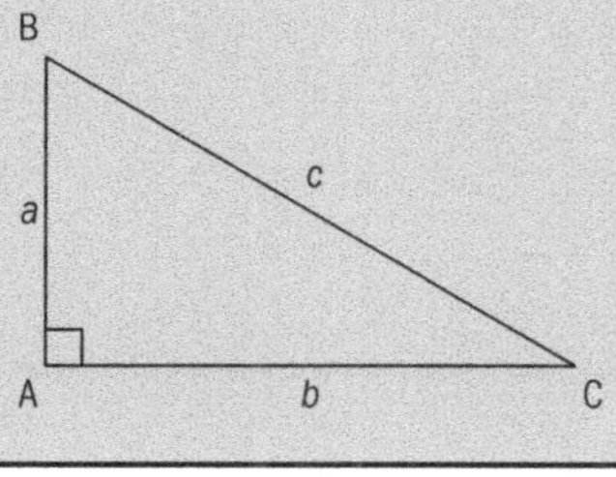

Aunque el teorema lleva el nombre del matemático griego Pitágoras, era conocido cientos de años antes en India, donde figura en los textos Sulba Sutras, y miles de años antes en China, como el teorema de Gougu.

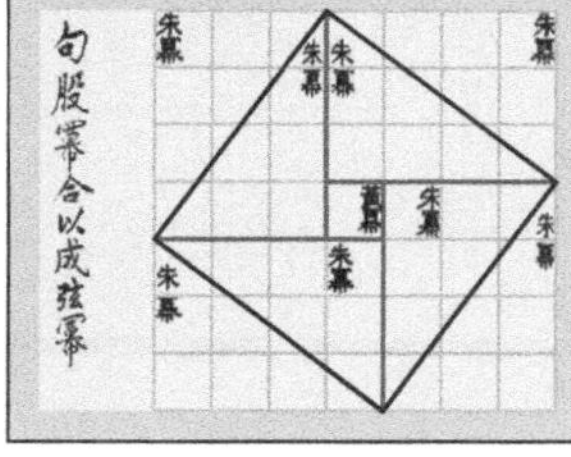

Ejemplo 31

Halle la longitud del lado rotulado *a*.

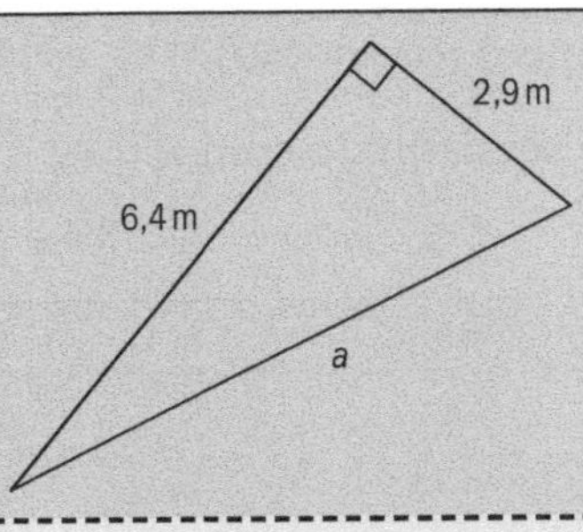

Respuesta

$a^2 = 6{,}4^2 + 2{,}9^2$

$a = \sqrt{6{,}4^2 + 2{,}9^2}$

$a = 7{,}03\,\text{cm}$ (3 cs)

El teorema de Pitágoras se puede usar para calcular la longitud de un lado de un triángulo rectángulo, si se conocen las longitudes de los otros dos lados.

En algunos casos es necesario hallar uno de los catetos.

Ejemplo 32

Halle la longitud del lado rotulado *b*.

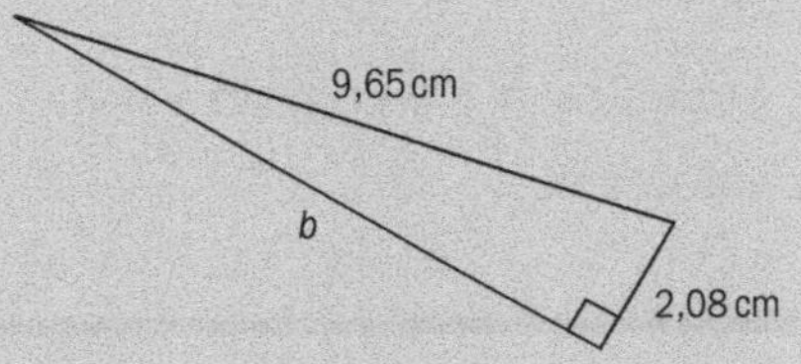

Respuesta

$9{,}65^2 = b^2 + 2{,}08^2$

$b^2 = 9{,}65^2 - 2{,}08^2$

$b = \sqrt{9{,}65^2 - 2{,}08^2}$

$b = 9{,}42\,\text{cm}$ (3 cs)

Verifique la respuesta, asegurándose de que la hipotenusa sea el lado más largo del triángulo.

Ejercitación 3A

En cada diagrama, halle la longitud del lado indicado con una *x*.
Dé su respuesta redondeada a tres cifras significativas.

1

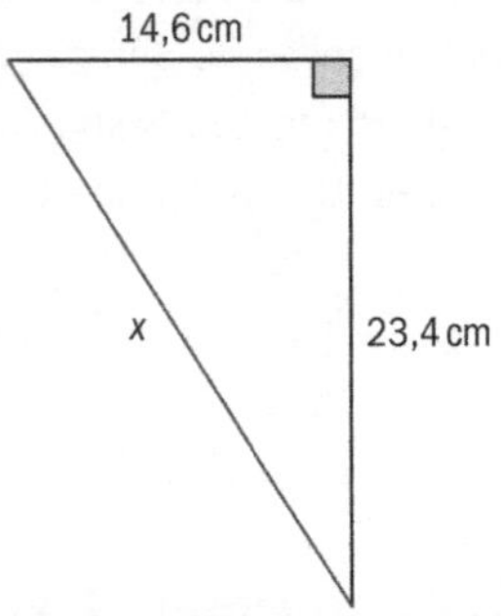

2

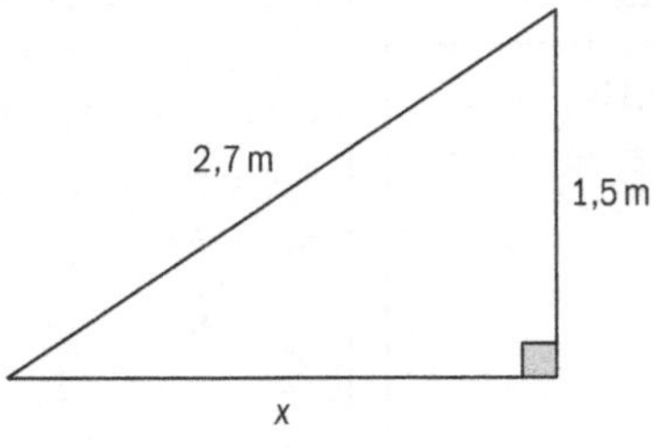

3

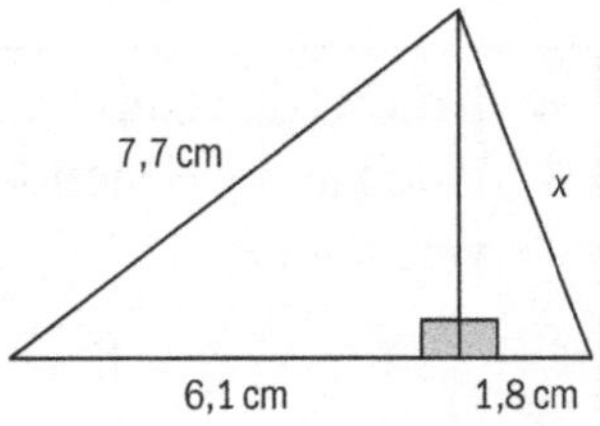

3.2 Puntos, rectas, planos y ángulos

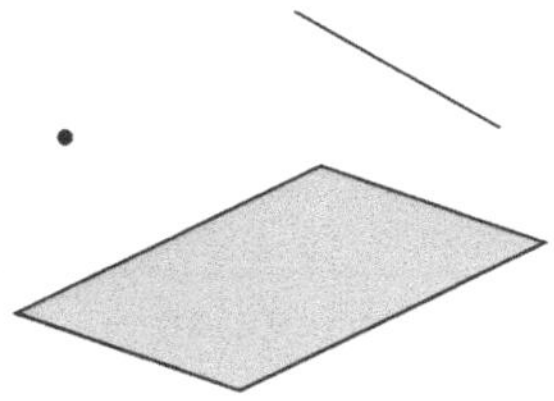

Las ideas más básicas de la geometría son las de punto, recta y plano. Un **segmento** representa el camino más corto entre dos puntos. Los planos pueden ser **finitos**, como por ejemplo, la superficie de un escritorio o la de una pared, o **infinitos**, es decir, continuar en todas las direcciones.

Decimos que un punto tiene dimensión cero, una recta es unidimensional y un plano es bidimensional.

En Estudios Matemáticos medimos los ángulos en grados.

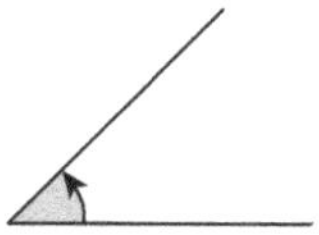	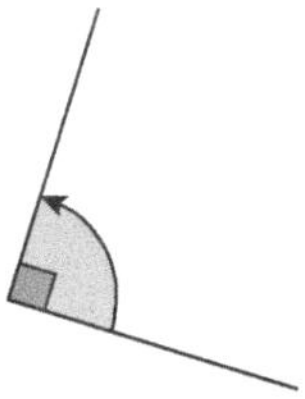		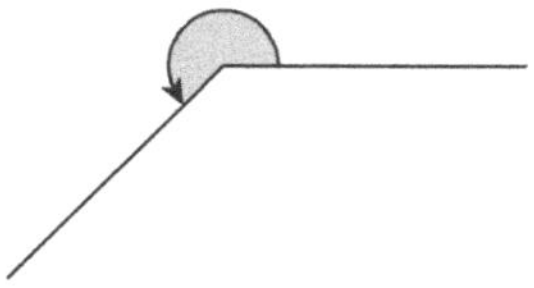
Ángulo agudo, entre 0° y 90°	Ángulo recto, 90°	Ángulo obtuso, entre 90° y 180°	Ángulo cóncavo, entre 180° y 360°

Ejercitación 3B

1 Dibuje:

a Un ángulo cóncavo　　**b** Un ángulo agudo

c Un ángulo recto　　**d** Un ángulo obtuso

2 Indique si los siguientes ángulos son agudos, obtusos o cóncavos:

a

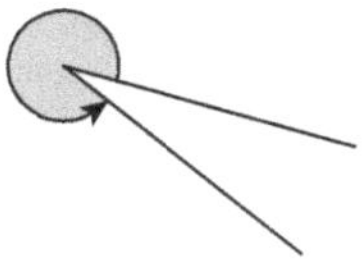

b

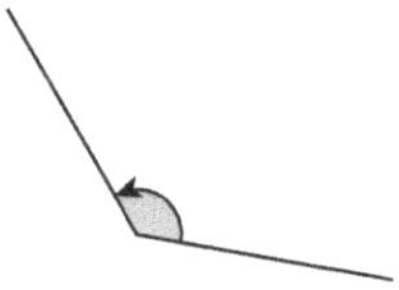

c

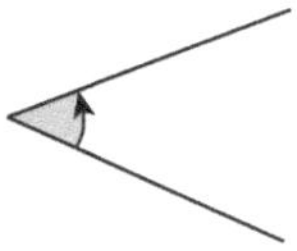

3 Indique si los siguientes ángulos son agudos, obtusos o cóncavos:

a 173°　　**b** 44°　　**c** 272°

d 82°　　**e** 308°　　**f** 196°

3.3 Figuras planas (bidimensionales)

Triángulos

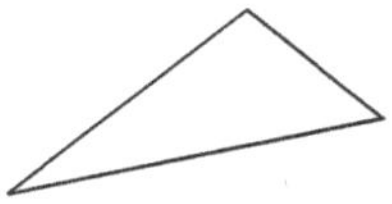	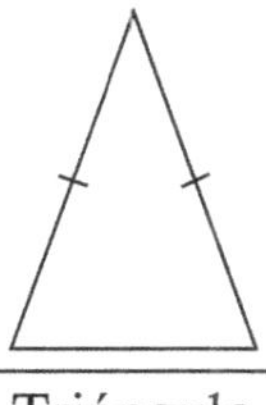	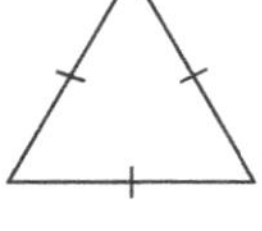	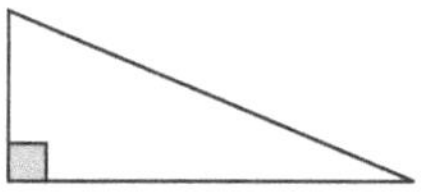
Triángulo escaleno	Triángulo isósceles	Triángulo equilátero	Triángulo rectángulo

Las líneas pequeñas en estos diagramas indican que los lados marcados son iguales y las flechas indican que los lados marcados son paralelos. Los cuadrados sombreados indican que el ángulo marcado es recto.

Cuadriláteros

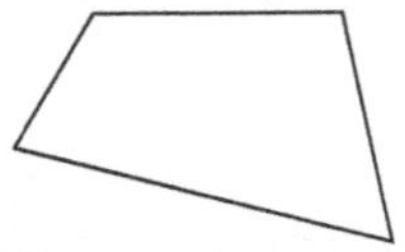	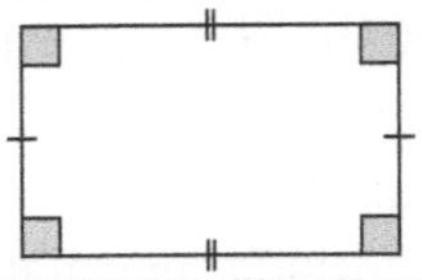	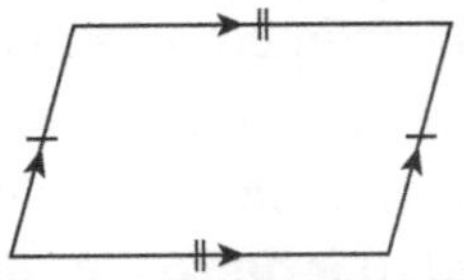	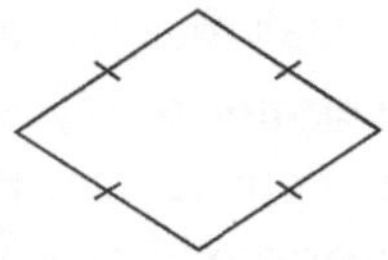
Irregular	Rectángulo	Paralelogramo	Rombo
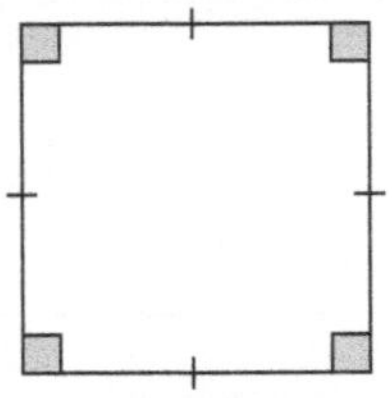	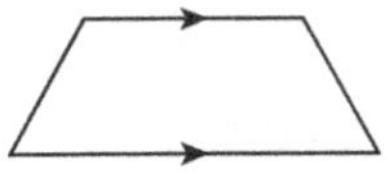	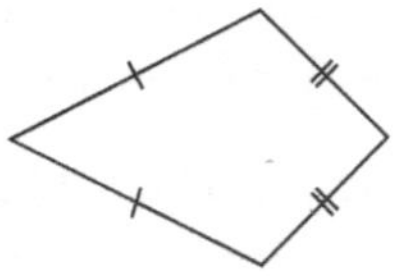	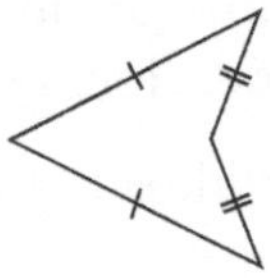
Cuadrado	Trapecio	Cometa	Punta de flecha

Polígonos

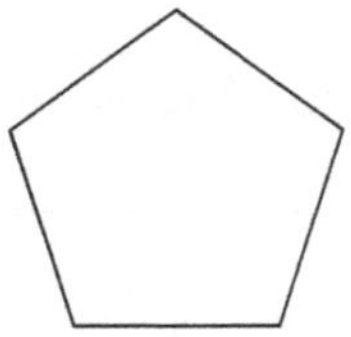	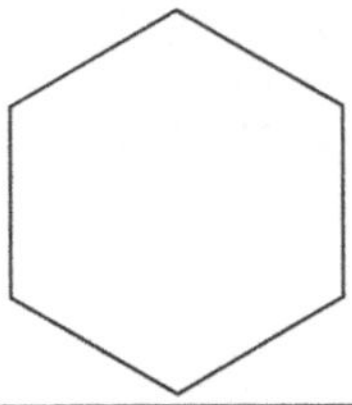	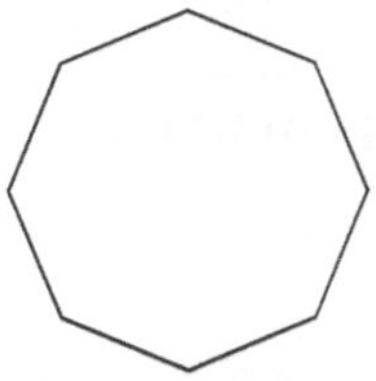	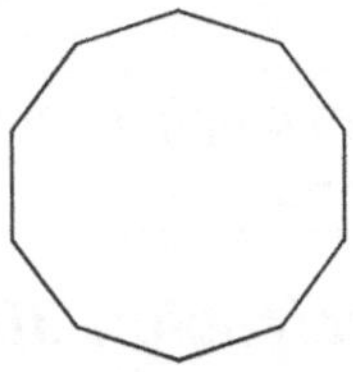
Pentágono	Hexágono	Octógono	Decágono

Ejercitación 3C

1 Dibuje aproximadamente los cuadriláteros nombrados en la tabla anterior y agregue las diagonales. Copie y complete la siguiente tabla:

Diagonales	Irregular	Rectángulo	Paralelogramo	Rombo	Cuadrado	Trapecio	Cometa
Son perpendiculares.					✓		
Son iguales.					✓		
Se cortan en su punto medio.					✓		
Dividen a los ángulos en dos partes iguales.					✓		

Por ejemplo, las diagonales de un cuadrado son perpendiculares entre sí, tienen la misma longitud (son iguales), se cortan mutuamente en partes iguales y dividen a los ángulos en partes iguales.

2 Enumere los nombres de todas las figuras contenidas en cada uno de estos diagramas.

a

b

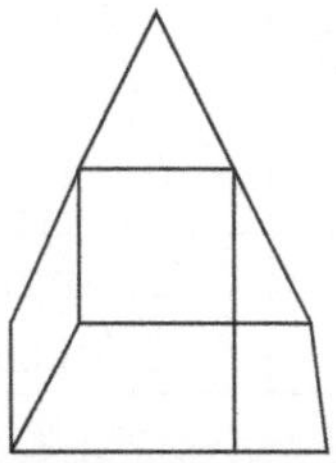

3.4 Perímetro

El **perímetro** de una figura se define como la longitud de su contorno.
El perímetro de un polígono se calcula sumando las longitudes de sus lados.

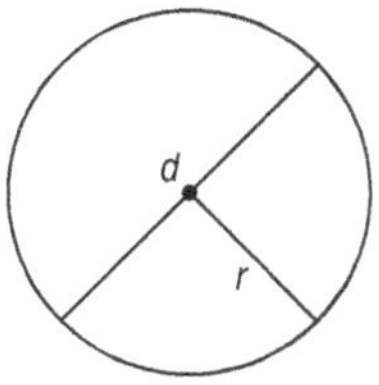

El contorno de un círculo se denomina **circunferencia**.

En el círculo que se muestra a la izquierda, r es el radio y d es el diámetro. Si C es la longitud de la circunferencia, entonces:
$C = 2\pi r$ o $C = \pi d$

> π = 3,141592653589793238462...
> Muchos matemáticos alrededor del mundo celebran el día de Pi el 14 de marzo. El uso del símbolo π fue popularizado por el matemático suizo Leonhard Euler (1707–1783).

Ejemplo 33

Halle el perímetro de esta figura:

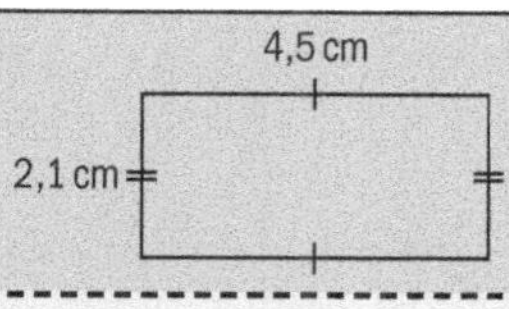

Respuesta
Perímetro = 4,5 cm + 2,1 cm + 4,5 cm + 2,1 cm = 13,2 cm

Ejemplo 34

Halle el perímetro de esta figura:

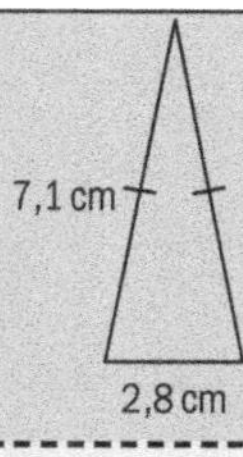

Respuesta
Perímetro = 2 × 7,1 cm + 2,8 cm = 17,0 cm

Ejercitación 3D

Halle el perímetro de estas figuras:

a
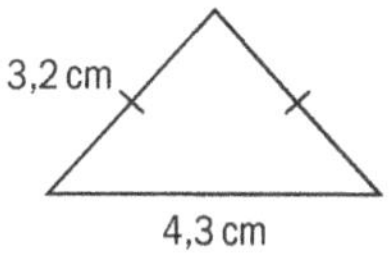

b
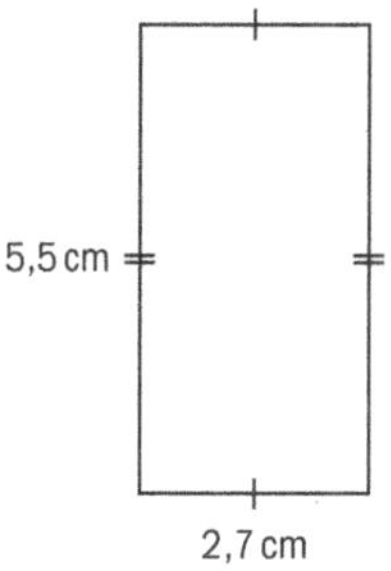

c
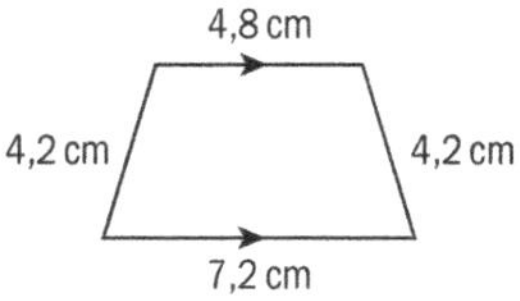

d
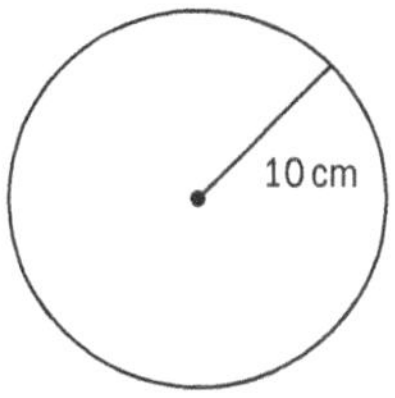

e
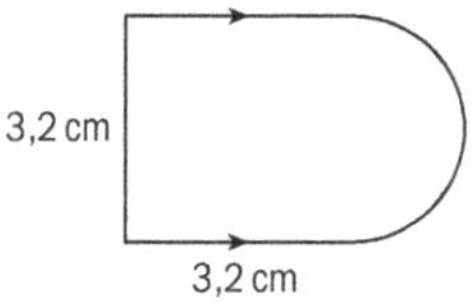

f
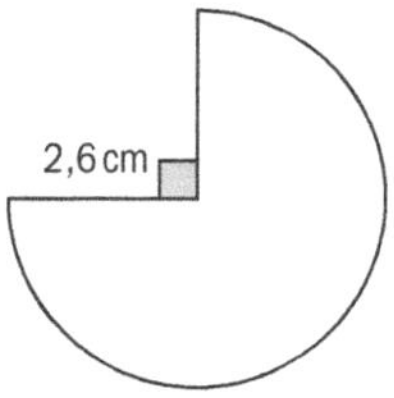

3.5 Área

En la siguiente tabla, se muestran algunas figuras planas junto con las fórmulas de sus áreas.

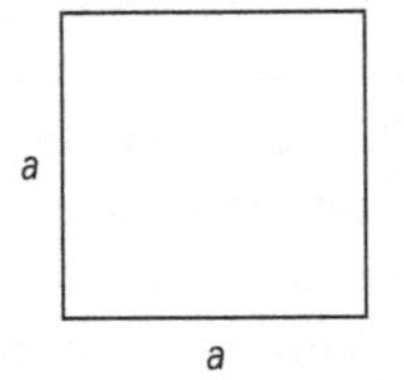	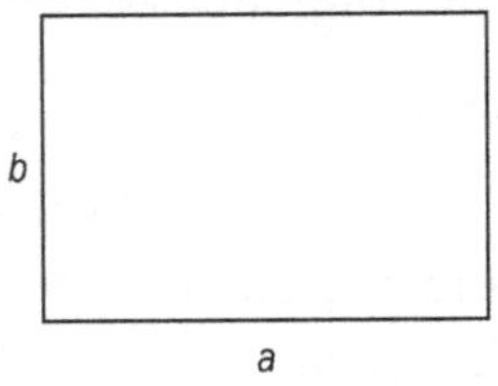	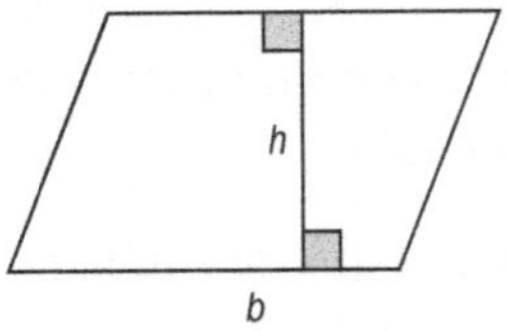	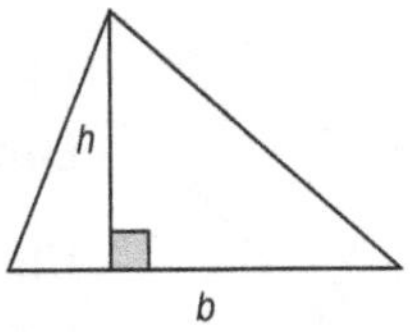
$A = a^2$	$A = ab$	$A = bh$	$A = \frac{1}{2}bh$
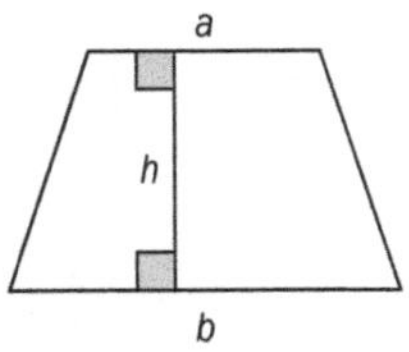	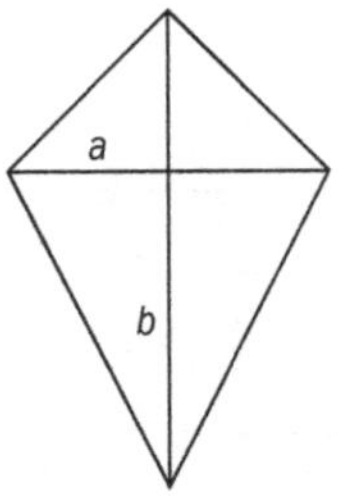	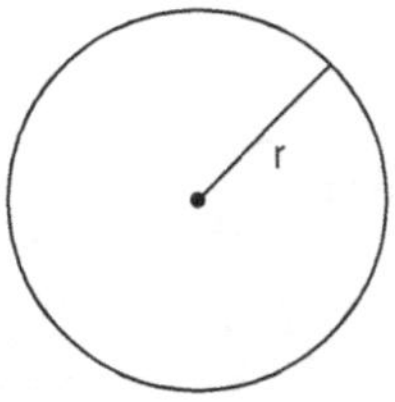	
$A = \frac{1}{2}(a + b)\,h$	$A = \frac{1}{2}ab$	$A = \pi r^2$	

Ejemplo 35

Halle el área de esta figura:

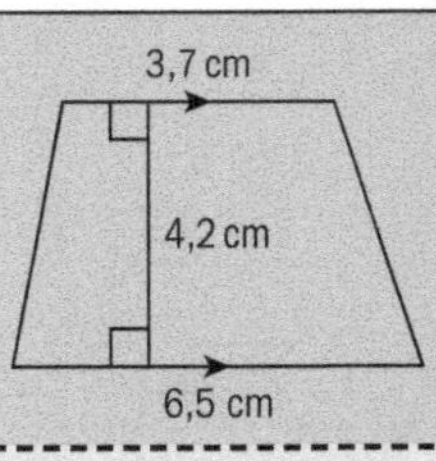

Respuesta

Área = $\frac{1}{2}(3{,}7 + 6{,}5)(4{,}2) = 21{,}42\ \text{cm}^2$

Ejemplo 36

Halle el área de esta figura y redondee su respuesta a tres cifras significativas.

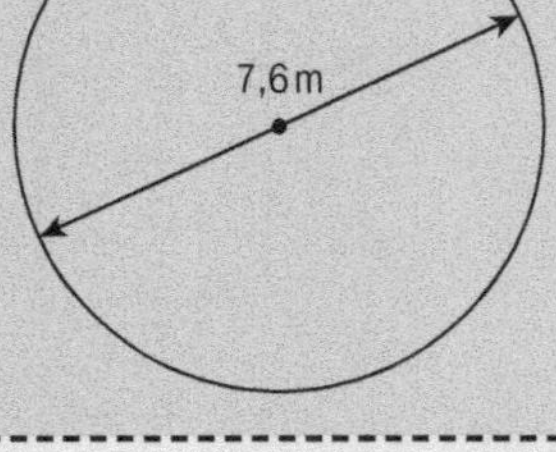

Use la tecla π de la calculadora para ingresar π.

Respuesta

Área = $\pi(3{,}8)^2 = 45{,}4\,\text{cm}^2$ (3 cs)

Diámetro = 7,6 m, entonces radio = 7,6 ÷ 2 = 3,8 m

Ejercitación 3E

Halle las áreas de estas figuras. Dé sus respuestas redondeadas a tres cifras significativas.

1

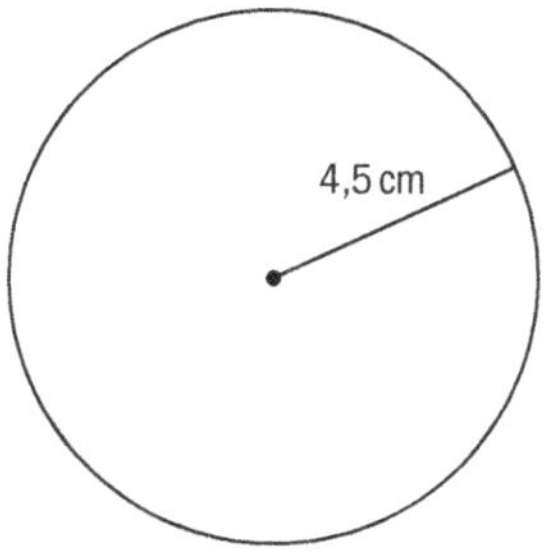

2

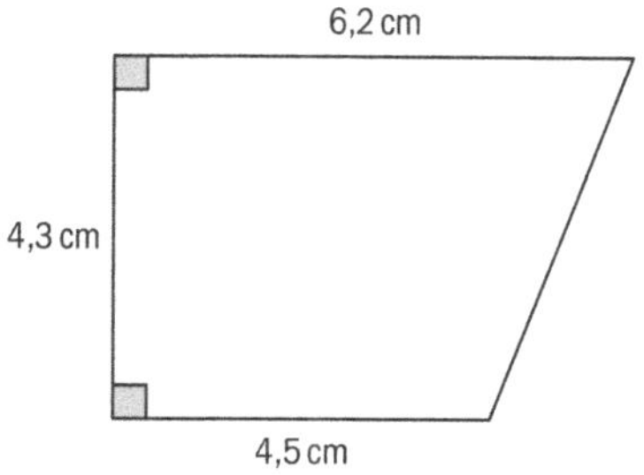

3

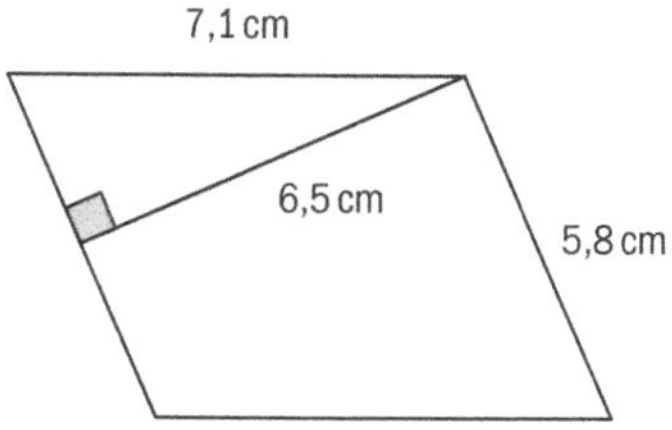

4

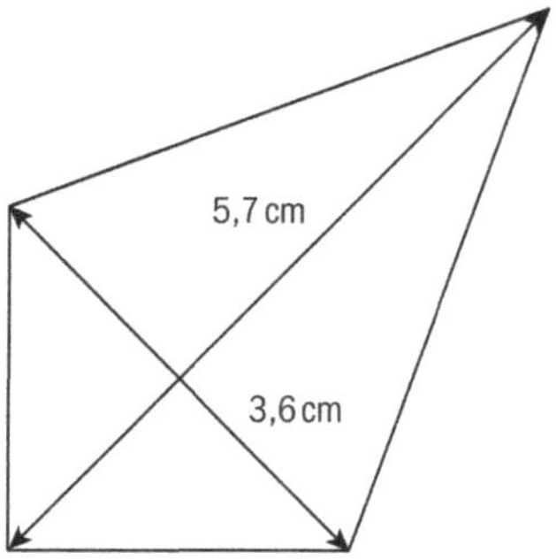

5

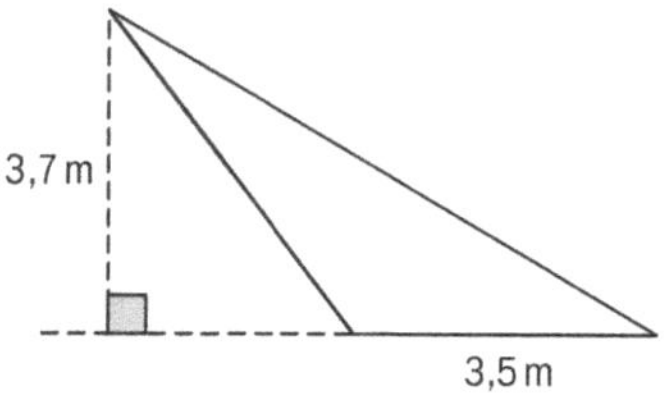

6

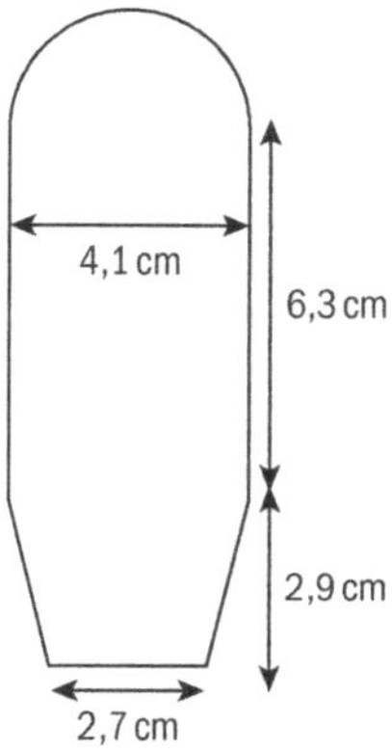

3.6 Geometría analítica

Coordenadas

Las coordenadas de un punto describen su posición en el plano. La posición horizontal se muestra en el eje x y la posición vertical se muestra en el eje y.

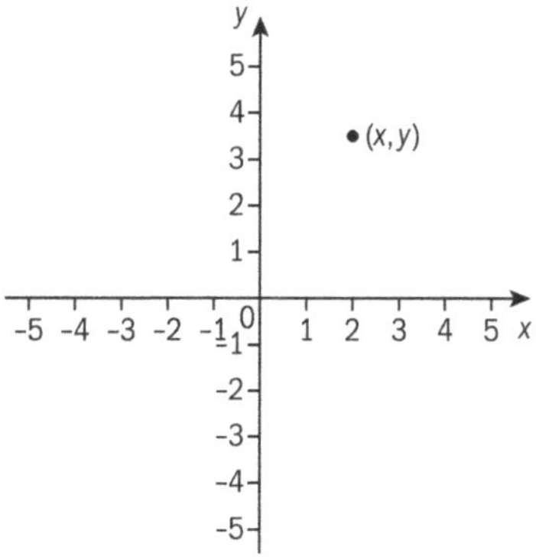

René Descartes introdujo el uso de coordenadas en un tratado en 1637. Es por esta razón que los ejes y las coordenadas también llevan el nombre de "ejes cartesianos" y "coordenadas cartesianas".

Ejemplo 37

Dibuje un par de ejes donde $-10 \leq x \leq 10$ e $-10 \leq y \leq 10$.
Sitúe los puntos de coordenadas: (4, 7), (3, −6), (−5, −2) y (−8, 4).

Respuesta

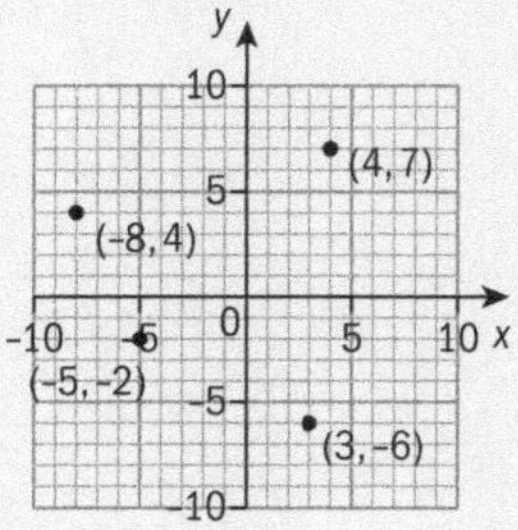

Ejercitación 3F

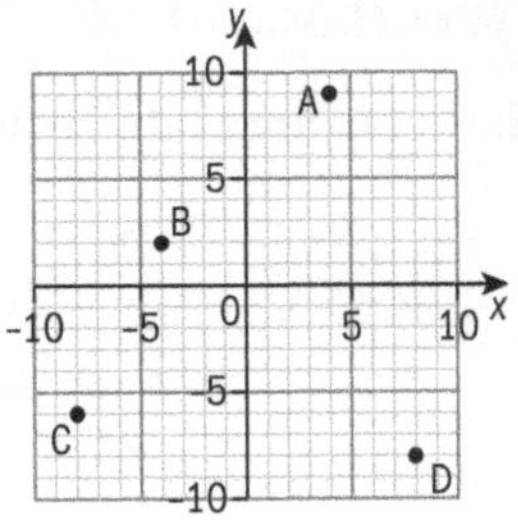

1 Dibuje un par de ejes donde $-8 \leq x \leq 8$ e $-5 \leq y \leq 10$.
Sitúe los puntos con coordenadas:
(5, 0), (2, −2), (−7, −4) y (−1, 9)

2 Escriba las coordenadas de los puntos que se muestran en este diagrama.

Punto medio

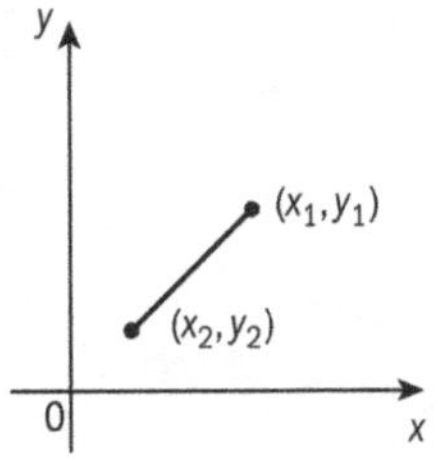

El punto medio del segmento que une los puntos de coordenadas (x_1, y_1) y (x_2, y_2) es $\left(\frac{x_1 + x_2}{2}, \frac{y_1 + y_2}{2}\right)$.

Ejemplo 38

Halle el punto medio del segmento que une los puntos (1, 7) y (−3, 3).

Respuesta

El punto medio es $= \left(\frac{1+(-3)}{2}, \frac{7+3}{2}\right) = (-1, 5)$.

Ejercitación 3G

Calcule el punto medio de los segmentos que unen estos pares de puntos:

1 (2, 7) y (8, 3) **2** (−6, 5) y (4, −7) **3** (−2, −1) y (5, 6)

Distancia entre dos puntos

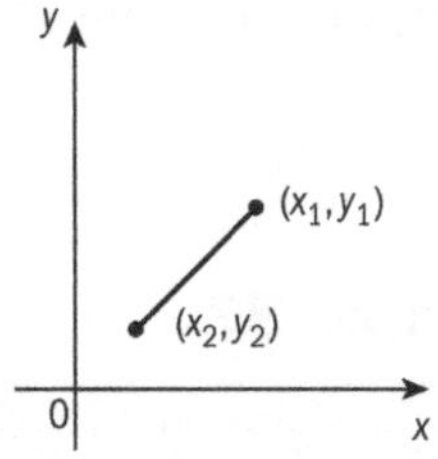

La distancia entre los puntos de coordenadas (x_1, y_1) y (x_2, y_2) es $\sqrt{(x_2 - x_1)^2 + (y_2 - y_1)^2}$.

Ejemplo 39

Halle la distancia entre los puntos de coordenadas (2, −3) y (−5, 4).

Respuesta

Distancia $= \sqrt{(-5-2)^2 + (4-(-3))^2} = \sqrt{(-7)^2 + 7^2} = 9{,}90$ (3 cs)

Ejercitación 3H

Calcule la distancia entre los siguientes pares de puntos. Dé su respuesta redondeada a tres cifras significativas, cuando corresponda.

1 (1, 2) y (4, 6)

2 (−2, 5) y (3, −3)

3 (−6, −6) y (1, 7)

4 Estadística

4.1 Gráficos estadísticos

En una investigación estadística, recopilamos información, conocida como **datos**. Para representar los datos en forma clara podemos usar gráficos. Tres tipos de gráficos estadísticos son gráficos de barras, gráficos de sectores y pictogramas.

Gráficos de barras

Un **gráfico de barras** está formado por rectángulos o barras del mismo ancho, cuyas longitudes son proporcionales a la cantidad que representan, o frecuencia. A veces dejamos un pequeño espacio entre las barras.

Ejemplo 40

Juliana recopiló algunos datos sobre las formas en que sus compañeros de clase viajan al colegio.

Tipo de transporte	Autobús	Automóvil	Taxi	Bicicleta	A pie
Frecuencia	7	6	4	1	2

Represente esta información en un gráfico de barras.

Respuesta

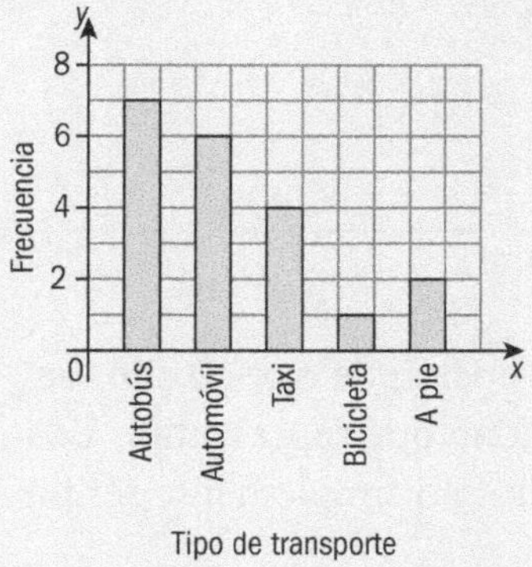

Ejemplo 41

Lionel recopiló datos de la misma clase acerca del número de niños en cada una de sus familias.

Número de niños	1	2	3	4	6
Frecuencia	3	9	5	2	1

Represente esta información en un gráfico de barras.

Respuesta

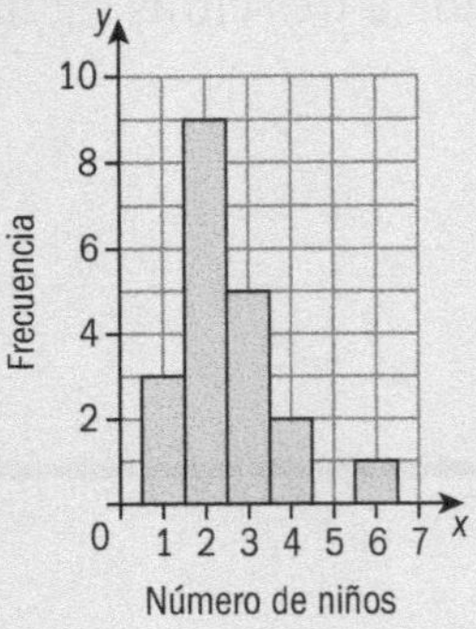

Gráfico de sectores

Un **gráfico de sectores** es un círculo dividido en sectores, como porciones de un pastel. El ángulo de cada sector es proporcional a la cantidad que representa.

Ejemplo 42

Utilice los datos de Juliana del ejemplo 40 para elaborar un gráfico de sectores.

Respuesta

Tipo de transporte	Frecuencia		Ángulo del sector
Autobús	7	$\frac{7}{20} \times 360°$	126°
Automóvil	6	$\frac{6}{20} \times 360°$	108°
Taxi	4	$\frac{4}{20} \times 360°$	72°
Bicicleta	1	$\frac{1}{20} \times 360°$	18°
A pie	2	$\frac{2}{20} \times 360°$	36°

La frecuencia total es 20. El ángulo total en el círculo completo es 360°.

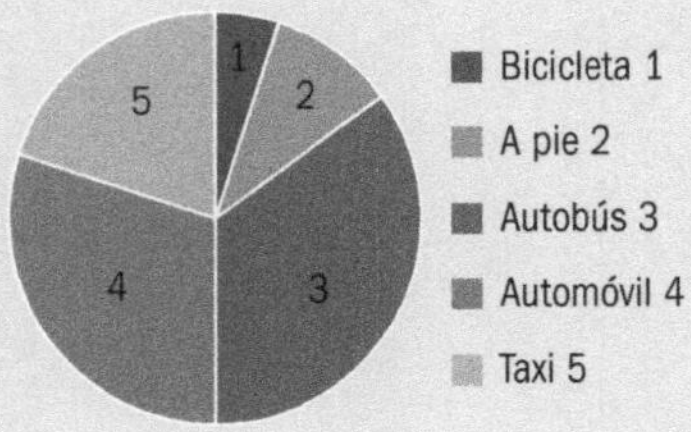

Dibujar primero el radio y luego medir, con un transportador, un ángulo por vez. La suma de todos los ángulos debe ser 360°.

Pictogramas

Los **pictogramas** son similares a los gráficos de barras, con la excepción de que en ellos se utilizan dibujos. La cantidad de dibujos es proporcional a la cantidad que representan. Los dibujos pueden estar relacionados con los elementos que representan o simplemente ser un símbolo, como por ejemplo, un asterisco.

Ejemplo 43

Utilice los datos de Juliana del ejemplo 40 para elaborar un pictograma.

Respuesta

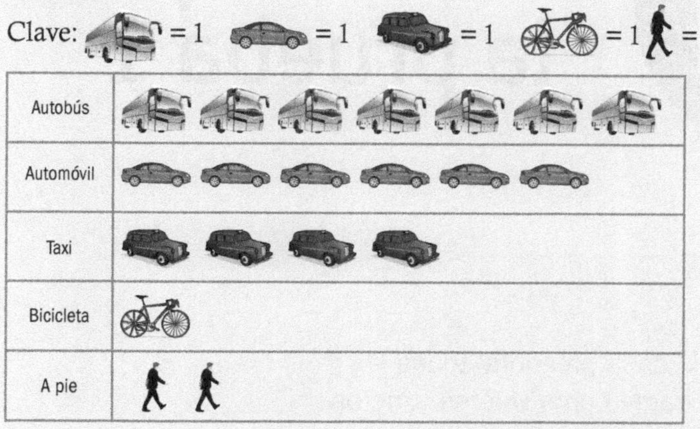

En este pictograma, se emplean símbolos diferentes para cada categoría y cada símbolo describe a su categoría.

Ejemplo 44

Utilice estos datos sobre el número de niños de una muestra de familias para elaborar un pictograma.

Número de niños	1	2	3	4	6
Frecuencia	4	9	6	2	1

Respuesta

Número de niños

1	△△△△
2	△△△△△△△△△
3	△△△△△△
4	△△
6	△

Clave: △ = 1

Ejercitación 4A

1 Desde su ventana, Adam llevó a cabo un sondeo sobre los automóviles que pasaban por el frente de su casa. Anotó el color de los automóviles durante 10 minutos y recopiló los siguientes datos:

Color	Negro	Rojo	Azul	Verde	Plata	Blanco
Frecuencia	12	6	10	7	14	11

Dibuje con precisión un gráfico de barras, un gráfico de sectores y un pictograma para representar estos datos.

2 Ida les preguntó a sus compañeros cuántas veces habían ido al cine en el último mes. Recopiló los siguientes datos:

Número de veces que fueron	1	2	3	4	8	12
Número de alumnos	4	7	4	3	1	1

Dibuje con precisión un gráfico de barras, un gráfico de sectores y un pictograma para representar estos datos.

14 Práctica para la prueba 1

Duración: 1 hora 30 minutos

- Conteste todas las preguntas.
- Salvo que se indique lo contrario en la pregunta, todas las respuestas numéricas deberán darse como valores exactos o con una aproximación de tres cifras significativas.

Se otorgará la máxima puntuación a las respuestas correctas. Aun cuando una respuesta sea incorrecta, podrán otorgarse algunos puntos si el método empleado es correcto, siempre que aparezca por escrito. Si fuera necesario, es posible seguir escribiendo la respuesta debajo de las casillas provistas. Para los resultados obtenidos con calculadora de pantalla gráfica, deberá reflejarse por escrito el procedimiento seguido hasta su obtención. Por ejemplo, cuando deba utilizar gráficos de una calculadora de pantalla gráfica para hallar soluciones, deberá dibujar aproximadamente esos gráficos en su respuesta.

1 **a** Halle el valor exacto de $\frac{\sqrt{b^2 - ac}}{3125}$, siendo $a = 6{,}4$, $b = 7$ y $c = -5$. *[2 puntos]*

b Escriba su respuesta al apartado **a**:

i Redondeada a tres cifras decimales

ii Redondeada a dos cifras significativas

iii En la forma $a \times 10^k$, donde $1 \le a < 10$, $k \in \mathbb{Z}$ *[4 puntos]*

2 La siguiente tabla muestra el número de niños que tienen las familias de los alumnos de una clase en un colegio:

Número de niños	1	2	3	4	5
Frecuencia	3	8	7	4	2

a Escriba el número de familias que hay en la clase. *[1 punto]*

b Calcule la media del número de niños por familia. *[2 puntos]*

c Calcule la desviación típica del número de niños por familia. *[1 punto]*

d Halle la mediana del número de niños por familia. *[2 puntos]*

3 El diagrama muestra la recta L_1.

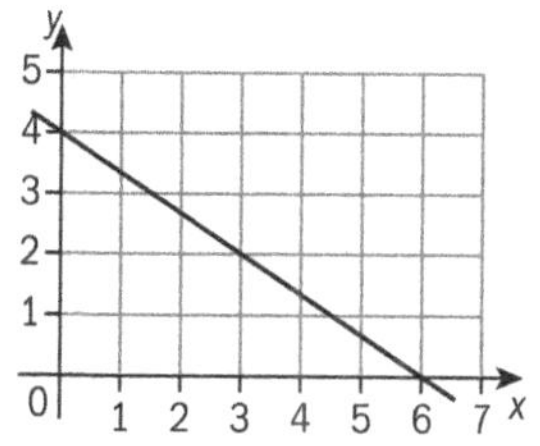

a Calcule la pendiente de L_1. *[2 puntos]*

b Escriba la ecuación de L_1. *[1 punto]*

Una segunda recta, L_2, es perpendicular a L_1 y pasa por el punto (3, 2).

La ecuación de L_2 es $y = mx + c$.

c Halle el valor de m y el de c. *[3 puntos]*

4 **a** Complete las dos columnas siguientes de la tabla de verdad. *[2 puntos]*

p	q	$\neg p$	$\neg p \Rightarrow q$	Contraria
V	V			
V	F			
F	V			
F	F			

b Escriba la proposición contraria de $\neg p \Rightarrow q$. *[2 puntos]*

c Complete la columna final de la tabla de verdad, con los valores de verdad de la proposición de **b**. *[1 punto]*

d La proposición $\neg p \Rightarrow q$ y su contraria **no** son equivalentes. Indique la razón por la que no lo son. *[1 punto]*

5 El segundo término, u_2, de una progresión geométrica es 162.

El quinto término, u_5, de la misma progresión es −6.

a Halle la razón de la progresión. *[4 puntos]*

b Halle u_1, el primer término de la progresión. *[2 puntos]*

6 Una habitación tiene forma de ortoedro. Su piso mide 3 m por 4 m y su altura es 2,5 m.

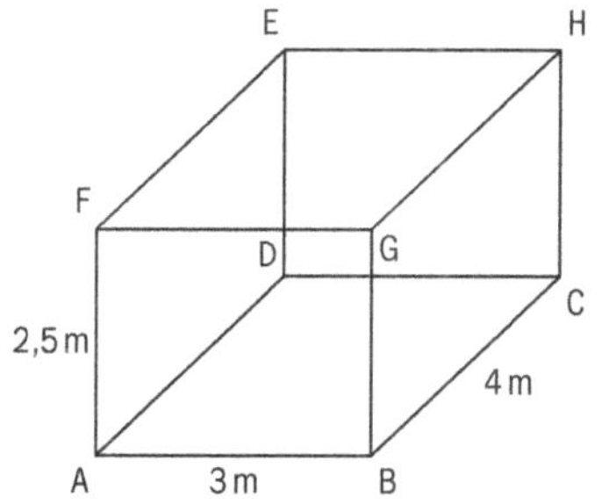

a Calcule la longitud de BD, la diagonal del piso de la habitación. *[2 puntos]*

b Calcule la longitud de BE, la diagonal de la habitación. *[2 puntos]*

c Calcule el ángulo de depresión de B desde E. *[2 puntos]*

7 El gráfico de la función cuadrática $f(x) = 5 + 6x - 2x^2$ corta al eje y en el punto A y tiene su vértice en el punto B.

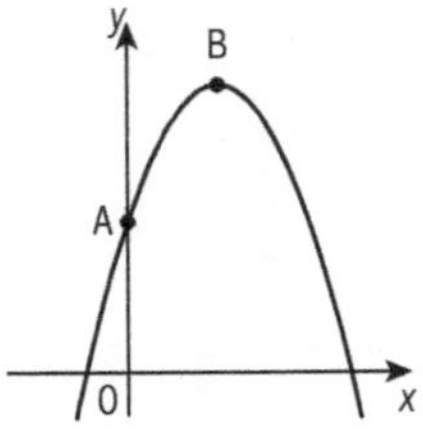

a Escriba las coordenadas de A. *[1 punto]*

b Halle las coordenadas de B. *[2 puntos]*

El punto C tiene la misma coordenada y que el punto A.

c Rotule el punto C en el diagrama. *[1 punto]*

d Escriba las coordenadas de C. *[2 puntos]*

8 La probabilidad de que llueva hoy es 0,8. Si llueve hoy, la probabilidad de que llueva mañana es 0,7. Si no llueve hoy, la probabilidad de que llueva mañana es 0,9.

a Complete el siguiente diagrama de árbol: *[3 puntos]*

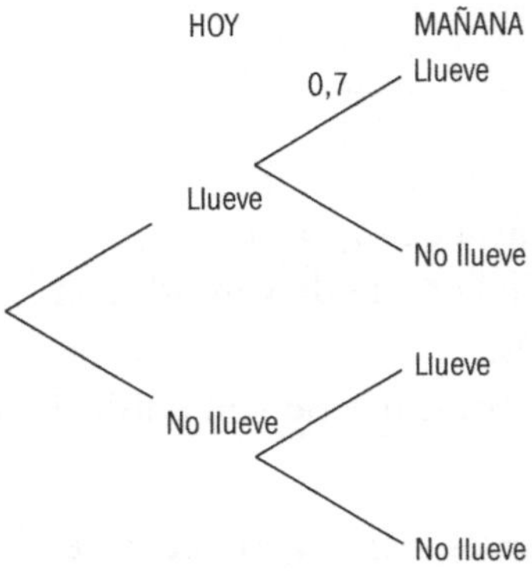

b Calcule la probabilidad de que no llueva mañana. *[3 puntos]*

9 El gráfico muestra la función $f(x) = 10 - (8)a^{-x}$.
Este corta al eje y en el punto A y tiene a la recta L como asíntota horizontal.

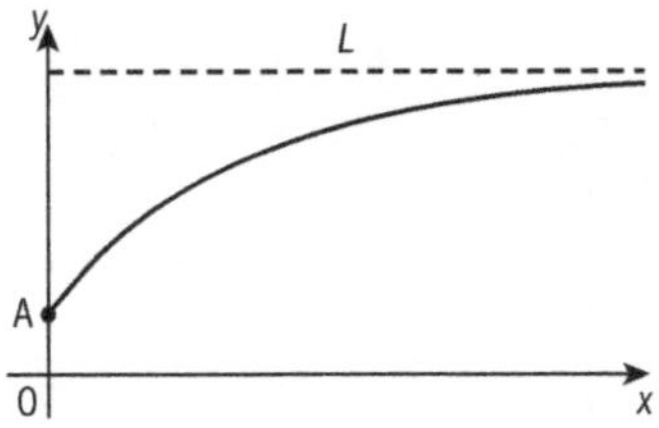

a Halle la coordenada y de A. *[2 puntos]*

b Escriba la ecuación de L. *[2 puntos]*

El gráfico de $f(x)$ pasa por el punto (1, 8).

c Calcule el valor de a. *[2 puntos]*

10 Se recopilaron los pesos en kilogramos de 40 mujeres adultas y luego se resumieron en el siguiente diagrama de caja y bigotes:

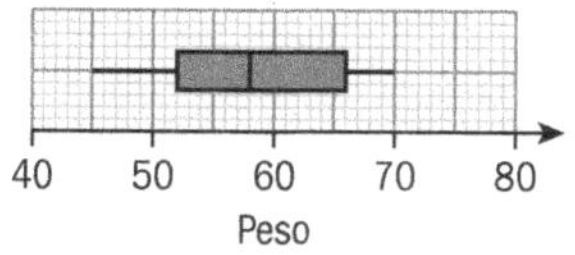

a Escriba la mediana de los pesos de estas mujeres. *[1 punto]*

b Calcule el rango intercuartil. *[2 puntos]*

Se eligen aleatoriamente dos mujeres de este grupo.

c Halle la probabilidad de que ambas mujeres pesen más de 66 kg. *[3 puntos]*

11 Angelina invierte EUR4000 en una cuenta bancaria que ofrece un interés nominal anual del 3%, **compuesto mensualmente**.
Dé todas sus respuestas redondeando a dos cifras decimales.
Halle:

a El valor de la inversión al cabo de 5 años. *[3 puntos]*

b La diferencia que habría en el valor final de la inversión si el interés fuera compuesto trimestralmente, con el mismo interés nominal. *[3 puntos]*

12 Dada la progresión aritmética: 437, 422, 407, 392,...

a Escriba la diferencia de la progresión. *[1 punto]*

b Calcule la suma de los primeros 50 términos de la progresión. *[2 puntos]*

El primer término de la progresión que es negativo es u_k.

c Halle el valor de k. *[3 puntos]*

13 a Exprese, utilizando notación de conjuntos, la región sombreada en el siguiente diagrama de Venn: *[2 puntos]*

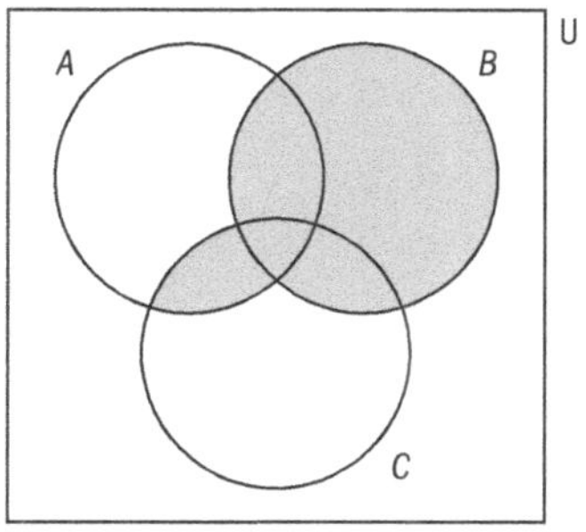

b Sabiendo que $x \in (A \cap B' \cap C')$, ubique a x en la posición correcta del diagrama de Venn. *[2 puntos]*

c Sombree en el diagrama de Venn la región que representa $(A \cup B)' \cap C$. *[2 puntos]*

14 Considere $f(x) = x^2 - kx$.

a Halle $f'(x)$. *[2 puntos]*

El gráfico de $y = f(x)$ tiene un punto mínimo, cuyas coordenadas son $(3, p)$.

b Halle el valor de k. *[2 puntos]*

c Halle el valor de p. *[2 puntos]*

15 Considere esta proposición:

p: "Si un cuadrilátero es un rombo, entonces los cuatro lados del cuadrilátero son iguales."

a Escriba con palabras la contrarrecíproca de la proposición *p*. *[2 puntos]*

b Escriba con palabras la recíproca de la proposición *p*. *[2 puntos]*

c Determine si la recíproca de la proposición *p* es siempre verdadera. Dé un ejemplo para justificar su respuesta. *[2 puntos]*

Utilice el esquema de calificación en la sección de respuestas, al final del libro, para corregir sus respuestas en esta prueba de práctica.

Práctica para la prueba 2

Duración: 1 hora 30 minutos

- Conteste todas las preguntas.
- Salvo que se indique lo contrario en la pregunta, todas las respuestas numéricas deberán darse como valores exactos o con una aproximación de tres cifras significativas.

Se otorgará la máxima puntuación a las respuestas correctas. Aun cuando una respuesta sea incorrecta, podrán otorgarse algunos puntos si el método empleado es correcto, siempre que aparezca por escrito. Si fuera necesario, es posible seguir escribiendo la respuesta debajo de las casillas provistas. Para los resultados obtenidos con calculadora de pantalla gráfica, deberá reflejarse por escrito el procedimiento seguido hasta su obtención. Por ejemplo, cuando deba utilizar gráficos de una calculadora de pantalla gráfica para hallar soluciones, deberá dibujar aproximadamente esos gráficos en su respuesta.

1 Los 350 alumnos de un colegio internacional practican tres deportes: hockey (H), fútbol (F) y tenis (T).

150 practican hockey.
220 practican fútbol.
35 practican tenis.
80 practican hockey y fútbol, pero no tenis.
10 practican fútbol y tenis, pero no hockey.
8 practican tenis y hockey, pero no fútbol.
5 practican los tres deportes.

a Dibuje un diagrama de Venn para representar esta información. *[4 puntos]*
b Halle el número de alumnos que practican únicamente tenis. *[1 punto]*
c Halle el número de alumnos que no practican ningún deporte. *[2 puntos]*

Se elige aleatoriamente un alumno. Calcule la probabilidad de que este alumno:

d Practique hockey o fútbol, pero no ambos *[2 puntos]*
e Practique hockey, sabiendo que el alumno juega tenis *[2 puntos]*

Se eligen aleatoriamente dos alumnos.

f Calcule la probabilidad de que estos dos alumnos practiquen fútbol y tenis. *[3 puntos]*

2 Un grupo de alumnos de una universidad tomaron unas clases adicionales de Física, antes de tener el examen de esa asignatura. En la siguiente tabla, se muestran los resultados del examen (y) de 10 de esos alumnos con la cantidad de clases adicionales que tomaron (x).

Cantidad de clases adicionales (x)	2	3	4	5	7	8	9	10	12	14
Resultado (y)	70	72	75	76	79	80	79	82	87	91

a **i** Utilice la calculadora de pantalla gráfica para hallar r, el coeficiente de correlación entre x e y.

ii Utilice su valor de r para describir la correlación entre x e y. *[4 puntos]*

b Escriba la ecuación de la recta de regresión de y sobre x. *[2 puntos]*

c Utilice la ecuación hallada en **b** para estimar el resultado que obtiene un alumno que tomó seis clases adicionales. *[2 puntos]*

Pedro cree que el momento en el que los alumnos tomaron las clases adicionales (mañana o tarde) influenció sus resultados en el examen de Física. Anota el número de alumnos que tomaron esas clases en la siguiente tabla y lleva a cabo una prueba de chi-cuadrado a un nivel de significación de 5% para determinar si está en lo cierto.

	Resultados de los alumnos en el examen de Física (y)		
	$y \leq 40$	$40 < y < 60$	$60 \leq y \leq 100$
Mañana	35	22	14
Tarde	48	18	9

d Escriba la hipótesis nula, H_0. *[1 punto]*

e Escriba el número de grados de libertad. *[1 punto]*

f Muestre que el número esperado de alumnos que tomaron clases adicionales a la **mañana** y obtuvieron en el examen de Física un resultado de **entre 40 y 60** es 19, redondeado al entero más cercano. *[2 puntos]*

g Utilice su calculadora de pantalla gráfica para hallar el estadístico chi-cuadrado. *[2 puntos]*

El valor crítico correspondiente a un nivel de significación de 5% es 5,991.

h Pedro acepta H_0. Justifique su decisión. *[1 punto]*

3 El siguiente es el gráfico de la función $f(x) = 2x^2 - tx$, siendo t una constante.

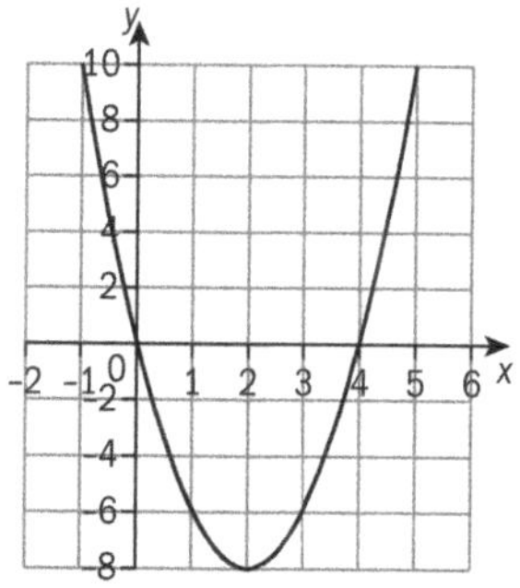

a **i** Factorice la expresión $f(x) = 2x^2 - tx$.

ii Utilice el gráfico de $f(x)$ para escribir las soluciones de la ecuación $f(x) = 0$.

iii A partir de lo anterior o de cualquier otro modo, halle el valor de t. *[6 puntos]*

La función $f(x)$ es creciente en el intervalo $x > a$.

b Escriba el valor de a. *[1 punto]*

El gráfico de la función $g(x) = mx + c$ corta al gráfico de $f(x)$ en los puntos A y B, donde $x = 1$ y $x = 5$ respectivamente.

c Escriba el valor de la coordenada y de:

i A

ii B *[2 puntos]*

d A partir de lo anterior, escriba dos ecuaciones en m y c. *[2 puntos]*

e Halle el valor de m y el de c. *[2 puntos]*

f Halle el valor de la coordenada x del punto en el que $g(x)$ corta al eje x. *[2 puntos]*

g Escriba el intervalo de valores de x para los cuales $g(x) > f(x)$. *[2 puntos]*

4 Tres ciudades, Pemberley (P), Vimy (V) y Ridge (R), son tres vértices de un triángulo. La distancia entre Pemberley y Vimy es 45 km, la distancia entre Vimy y Ridge es 60 km. El ángulo PVR es igual a 75°. Esta información se representa en el siguiente diagrama:

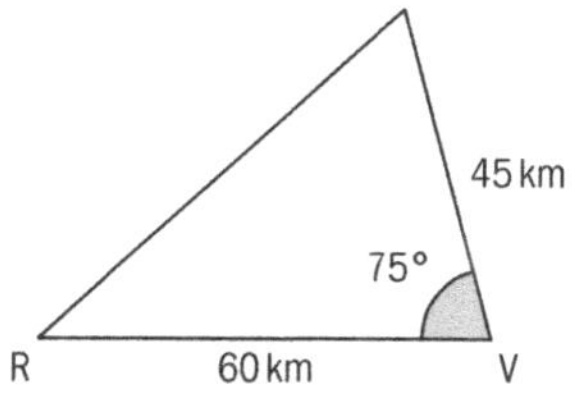

LA FIGURA NO ESTÁ DIBUJADA A ESCALA.

a Calcule el área del triángulo PVR. Dé su respuesta redondeada al km^2 más cercano. *[4 puntos]*

b Halle la longitud de PR. *[3 puntos]*

c Halle el ángulo RPV. *[3 puntos]*

Se construye una ruta desde R que corta a PV en T, siendo RT perpendicular a PV. Una compañía quiere construir un depósito de agua para las tres ciudades en M, el punto medio de RT.

d Muestre que la distancia MR es 29 km, redondeada al km más cercano. *[4 puntos]*

Este depósito de agua tendrá la forma de un cuadrado de lado 150 m y una profundidad de 2,85 m.

e Calcule el volumen del depósito. *[2 puntos]*

Para construir el depósito, la compañía tendrá un gasto de 1,25 francos suizos (CHF) por m^3 de volumen.

f Calcule el gasto en francos suizos. Dé su respuesta redondeada a **dos cifras decimales**. *[2 puntos]*

Un tercio de la capacidad del depósito será usado por Pemberley.
1 m^3 es igual a 1000 litros.

g Calcule la cantidad de litros de agua que usará Pemberley. *[2 puntos]*

h Dé su respuesta al apartado **g** en la forma $a \times 10^k$, donde $1 \le a < 10$, y $k \in \mathbb{Z}$. *[2 puntos]*

5 Considere la función $f(x) = x^2 + \frac{2}{x}, x \neq 0$.

a Dibuje aproximadamente el gráfico de $f(x)$ en $-3 \le x \le 3$ e $-10 \le y \le 10$. Indique claramente las asíntotas del gráfico. *[4 puntos]*

b Escriba la coordenada x del punto donde el gráfico de $f(x)$ corta al eje x. *[1 punto]*

c Halle $f'(x)$. *[3 puntos]*

El gráfico de $f(x)$ tiene un mínimo local en el punto P.

d Utilice su respuesta al apartado **c** para mostrar que la coordenada x de P es igual a 1. *[3 puntos]*

e Escriba la coordenada y de P. *[1 punto]*

f Describa el comportamiento del gráfico de $f(x)$ en el intervalo $x > 1$. *[2 puntos]*

Sea T la tangente al gráfico de $f(x)$ en el punto en que $x = -2$.

g **i** Halle la pendiente del gráfico de $f(x)$ en el punto en que $x = -2$.

ii Escriba la ecuación de T. Dé su respuesta en la forma $ax + by + d = 0$. *[5 puntos]*

h Halle la distancia entre P y el punto de intersección de T con el eje y. *[3 puntos]*

Utilice el esquema de calificación en la sección de respuestas, al final del libro, para corregir sus respuestas en esta prueba de práctica.

Respuestas

Capítulo 1

Comprobemos nuestras habilidades

1 a −0,033 b −12,1
  c 0,88
2 a $x = 7$ b $x = 8$
  c $x = 1$ d $x = 4, x = -4$
3 a 96 b 0,234
4 a $x \geq 9$ 
  b $x > 6$ 
  c $x \leq 0$ 
5 a 5 b $\frac{1}{2}$
  c 2 d 50

Ejercitación 1A

a i 8 ii 12 iii −12 iv 4
b i Natural ii Natural
  iii No natural iv Natural

Investigación: números naturales

a V b V
c Por ejemplo: 3 – 8= −5. Los números negativos no son naturales.

Ejercitación 1B

1 a $x = -\frac{1}{2}$ b No es un entero.
2 a $x = 2; x = -2$
  b Ambos son enteros.
3 a i −3 ii 9,75
  b i Entero ii No entero

Investigación: enteros

a V b V
c Por ejemplo: $\frac{1}{2} = 0{,}5$ d V

Ejercitación 1C

1 a $\frac{2}{3} = 0{,}6666\ldots; -\frac{5}{4} = -1{,}25;$
  $\frac{2}{9} = 0{,}2222\ldots;$
  $\frac{4}{7} = 0{,}57114285\ldots;$
  $\frac{-11}{5} = -2{,}2$
  b i $-\frac{5}{4}, \frac{-11}{5}$ ii $\frac{2}{3}, \frac{2}{9}, \frac{4}{7}$
2 a $\frac{5}{9}$ b $\frac{17}{9}$ c $\frac{22}{9}$

3 a Por ejemplo: $0{,}\dot{8}$
  b Por ejemplo: $0{,}1\dot{2}$
  c Por ejemplo: $3{,}457\dot{8}$

Ejercitación 1D

1 Por ejemplo: 2,1; 2,2; 2,23
2 a 2,5 b Es racional.
3 a Por ejemplo: 1,81; 1,82; 1,83
  b i Por ejemplo: −2,14; −2,12; −2,1
    ii Infinitos

Investigación: números racionales

a V b V
c V d Por ejemplo: $\sqrt{2}$

Ejercitación 1E

1 a 2,5 cm b Racional
2 a (25π) cm² b Irracional

Ejercitación 1F

1 a i $1 < x \leq 3$ ii $x \leq 2$
  b i 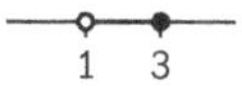
    ii 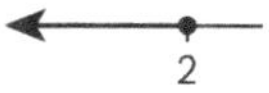
  c i Ambas son soluciones.
    ii q es solución y t no lo es.
2 a i $x > -1$ ii $3 \leq x \leq 7$
    iii $x < 3$
  b i 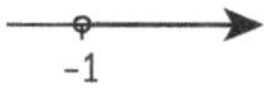
    ii 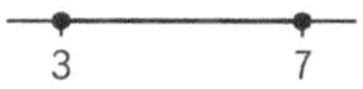
    iii 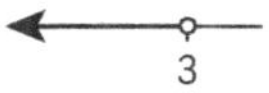

Inecuación / p	2x+1>-1	4≤x+1≤8	2-x>-1
$-\frac{2}{3}$	✓		✓
$\sqrt{10}$	✓	✓	
2π	✓	✓	

Ejercitación 1G

1 a 358 b 25
  c 109 d 10 016
2 a 250 b 110
  c 1020 d 270
3 a 100 b 200
  c 1200 d 3100
4 a 106 000 b 2000
  c 10 000 d 1000
5 Cualquier x donde $150 \leq x < 250$
6 Cualquier x donde $2500 \leq x < 3500$
7 Cualquier x donde $5{,}5 \leq x < 6{,}5$

Ejercitación 1H

1 a 45,7 b 301,1
  c 2,4 d 0,1
2 a 0,00 b 201,31
  c 9,62 d 28,08
3 a 10,049 b 3,900
  c 201,781 d 0,008
4 a 3025,0 b 3024,98
  c 3024,984 d 3000
  e 3000
5 a 15,60 b 15,603
  c 16 d 20
6 Cualquier x donde $2{,}365 \leq x < 2{,}375$
7 Cualquier x donde $4{,}05 \leq x < 4{,}15$

Ejercitación 1I

1 a 3 b 1, 2 o 3
  c 1 d 3 o 4
  e 4
2 a 300 b 0,07
  c 400 d 0,001
3 a 360 b 0,080
  c 1,1 d 1600
4 a 2970 b 0,326
  c 10 400 d 0,501
5 a 400 b 426
  c 425,9 d 425,88
6 a 3 b 3,14
  c 3,1 d 3,142
7 a 200 b 4610
  c 2,70
8 a 0,3703703704
  b i 0,37
    ii 0,370
    iii 0,3704

Ejercitación 1J

1 a 1,828 cm b 11 cm
2 a 2,288 b 20,9
  c 4,5 cm²

Ejercitación 1K

1 a 3000 b 16
  c 15 d 10
2 4000 caños
3 300 personas por km²
4 20 resmas
5 15 km h⁻¹
6 20 000 000 visitantes por año
7 Pedro no tiene razón. Una estimación del área es 10 000 m².

Ejercitación 1L

1 a 119,423 b 17,2% (3 cs)

2 a 8,17 (3 cs) b 8
c 2,04% (3 cs)

3 a 18,5832 m^2
b 5,3 m y 3,5 m
c 0,179% (3 cs)

4 a 5,323 m b 33,4 m (3 cs)
c 10% (2 cs)

Ejercitación 1M

1 $2{,}5 \times 10^{-3}$; 10^{10}

2 a $1{,}356 \times 10^{5}$ b $2{,}45 \times 10^{-3}$
c $1{,}6 \times 10^{10}$ d $1{,}08 \times 10^{-4}$
e $2{,}3 \times 10^{2}$

3 $3{,}4 \times 10^{5}$; $0{,}21 \times 10^{7}$; 215×10^{4}; $2{,}3 \times 10^{6}$

4 $3{,}621 \times 10^{4}$; $0{,}3621 \times 10^{4}$; $3{,}261 \times 10^{3}$; $31{,}62 \times 10^{2}$

Ejercitación 1N

1 a $1{,}764 \times 10^{17}$ b $2{,}25 \times 10^{-4}$
c $1{,}5 \times 10^{-2}$

2 a $2{,}99 \times 10^{6}$
b 3 000 000 o 3×10^{6}

3 a $2{,}205 \times 10^{9}$ b 700
c 7×10^{2}

4 a $2{,}25 \times 10^{10}$
b Verdadero porque $x^2 = 5{,}06 \times 10^{20} > 10^{20}$
c i 150 000 ii $1{,}5 \times 10^{5}$

Investigación: unidades del SI

a Muchos nombres diferentes. Por ejemplo: mm, cm, km.

b 10^6 = M (mega), 10^{-6} = μ (micro).

c Milímetros y centímetros en longitud. Kilogramos en peso.

Ejercitación 1O

1 a km h^{-2} b kg m^{-3}
c m s^{-1}

2 a Decagramo
b Centisegundo
c Milímetro
d Decímetro

3 a 32 000 m b 0,087 dam
c 1,28 m

4 a 0,5 kg b 35 700 dag
c 1,080 hg

5 a 80 ms b 120 das
c 800 ds

6 a 68 kg b 36 km
c $6{,}54 \times 10^{2}$ mg

Ejercitación 1P

1 a 23 600 cm^2
b 0,00015 dam^2
c 54 cm^2
d 60 000 mm^2
e 80 hm^2
f 0,035 km^2

2 a 5×10^{6} cm^3
b 10^{2} m^3
c $3{,}5 \times 10^{0}$ dm^3
d $2{,}55 \times 10^{11}$ mm^3
e $1{,}2 \times 10^{1}$ dam^3
f $7{,}802 \times 10^{2}$ dam^3

3 a 169 cm^2 b 0,0169 m^2

4 a 0,614125 m^3 o 0,614 m^3 (3 cs)
b 614 125 cm^3 o 614 000 cm^3 (3 cs)

5 7560 cm^2; 0,8 m^2; 82 dm^2; 8 000 000 mm^2; 0,081 dam^2

6 1200 dm^3; 0,01 dam^3; 10 900 000 cm^3; 11 020 000 000 mm^3; 11,2 m^3

Ejercitación 1Q

1 a 94 980 s b 95 000 s

2 a 173 100 s
b $1{,}731 \times 10^{5}$ s o $1{,}73 \times 10^{5}$ s

3 a 5000 ml
b 0,0000056 hl
c 4 500 000 cl

4 a 5×10^{5} cm^3
b $1{,}458 \times 10^{1}$ dm^3
c 8×10^{5} cm^3

5 a 13 ℓ b 4 hl
c 81 cl

6 a 75 min b 4500 s

7 a 3,375 m^3 b 3375 dm^3
c No, solo se pueden verter 3375 ℓ.

8 a 0,176 ℓ b 8 tazas de té

9 a 8,625 h b 696,5 km h^{-1}
c 10.08 p. m. (al minuto más cercano, hora de Buenos Aires)

Ejercitación 1R

1 a 6,9 °C b 26,7 °C

2 a 70 °F b 36 °F

3 a 16,85 °C b 62,33 °F

4 a $t_K = t_C + 273{,}15$
b $t_C = \frac{5}{9}(t_F - 32)$

Ejercicio de revisión

Preguntas del estilo de la prueba 1

1

	5	$\frac{\pi}{2}$	−3	$\frac{5}{4}$	$2{,}\dot{3}$
ℕ	✓				
ℤ	✓		✓		
ℚ	✓		✓	✓	✓
ℝ	✓	✓	✓	✓	✓

2 a $\sqrt{2}$ b 1,4142
c $0{,}00139 \times 10^{2}$; $14{,}1 \times 10^{-1}$; $\sqrt{2}$; 1414×10^{-2}; $1{,}4 \times 10^{2}$

3 a $2{,}69 \times 10^{3}$ kg
b i 2700 kg ii 0,372% (3 cs)

4 a 300 000 000 m s^{-1}
b 300 000 km
c $1{,}08 \times 10^{9}$ km h^{-1}

5 a 0,58 kg b 0,6 kg
c 33,3%

6 a 1,56 dm^3 b 1,17 ℓ
c i 21 ii 0,43 ℓ

7 a 31,25 b 31,3
c $3{,}13 \times 10^{1}$

8 a $A = x^2$
b i 1600 m ii 6400 m

9 a 80,33 °F b 311 K

10 a $x > 1$
b 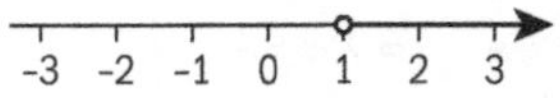

c $\sqrt{3}$; $2{,}0\dot{6}$; $\frac{101}{100}$

11 a 62 370 mm^2
b 0,062370 m^2
c 4,68 g d 2,34 kg

Preguntas del estilo de la prueba 2

1 a 7,52 km b $2463,85
c 1,06% d 3,15 km^2

2 a 2857 m b 4 vueltas
c 0,150 h d 44,842 minutos
e 1,88%

3 a 8,18 cm^3 b 73,63 cm^3
c $\frac{15}{2{,}5} = 6$ d 24,5 cm^3
e 24 500 mm^3 f $2{,}45 \times 10^{4}$ mm^3 o $2{,}45 \times 10^{1}$ cm^3

Capítulo 2

Comprobemos nuestras habilidades

1 (Ejemplo)

¿A qué grupo de edad pertenece?

‡ menores de 16 ‡ mayores de 16

Usted es: ‡ hombre ‡ mujer

2 a

Azul	* * * * * * * *
Verde	* * * * * * * *
Rojo	* * * * * * * *
Naranja	* * * * * * * *
Amarillo	* * * * * * * *

Clave: * = 1 caramelo

b

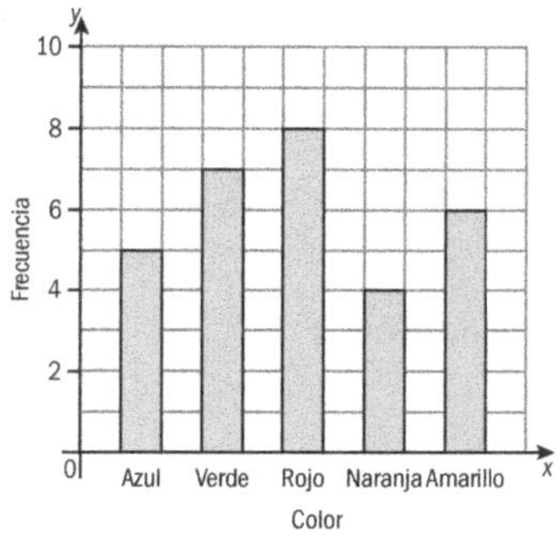

c

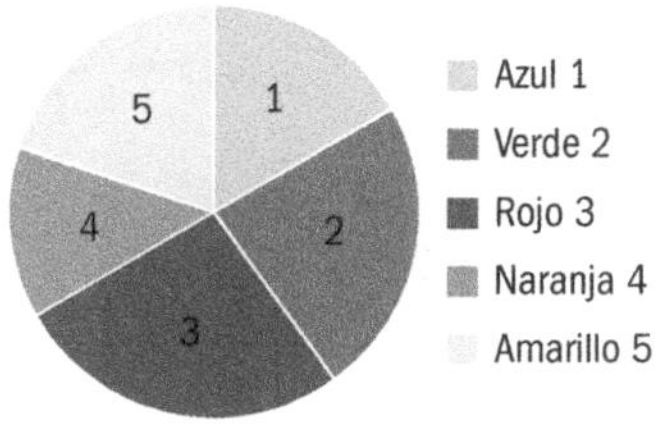

3 Ejes coordenados dibujados a escala tales que, en el eje x, 1 cm represente 2 unidades y, en el eje y, 1 cm represente 10 unidades.

Investigación: distribución de la población

Tower Hamlets tiene una proporción mayor de jóvenes, comparada con la población del Reino Unido, mientras que Christchurch tiene una proporción mayor de gente mayor, comparada con la población del Reino Unido.

Tower Hamlets está en la ciudad de Londres, donde hay muchos trabajos y colegios y, por lo tanto, la gente joven es más propensa a vivir allí.

Ejercitación 2A

1 a Discreto b Continuo
c Discreto d Discreto
e Continuo f Discreto
g Continuo h Continuo
i Continuo j Discreto
k Continuo l Discreto

2 a Sesgada b Aleatoria
c Sesgada d Aleatoria
e Sesgada

Ejercitación 2B

1

Cantidad de goles	Frecuencia
0	4
1	7
2	7
3	4
4	1
5	2

2

Cantidad de caras	Frecuencia
0	1
1	1
2	4
3	4
4	3
5	7
6	9
7	4
8	5
9	2
10	4
11	3
12	3

3

Edad	Frecuencia
9	4
10	9
11	8
12	7
13	4
14	1
15	4
16	3

4

Cantidad de patatas fritas	Frecuencia
88	3
89	6
90	16
91	3
92	2

5

Número	Frecuencia
1	7
2	9
3	11
4	6
5	7
6	10

6 $m = 6, n = 3$

Ejercitación 2C

1 Las respuestas dependerán de la amplitud de los intervalos de clase elegidos. Ejemplo:

a

Número	Frecuencia
$0 \le x < 5$	1
$5 \le x < 10$	7
$10 \le x < 15$	3
$15 \le x < 20$	4
$20 \le x < 25$	6
$25 \le x < 30$	1
$30 \le x < 35$	5
$35 \le x < 40$	0
$40 \le x < 45$	2
$45 \le x < 50$	1

b

Número	Frecuencia
$10 \le x < 20$	7
$20 \le x < 30$	5
$30 \le x < 40$	7
$40 \le x < 50$	5
$50 \le x < 60$	7
$60 \le x < 70$	5
$70 \le x < 80$	5
$80 \le x < 90$	2
$90 \le x < 100$	2

c

Número	Frecuencia
$1 \le x < 3$	3
$3 \le x < 5$	7
$5 \le x < 7$	4
$7 \le x < 9$	3
$9 \le x < 11$	6
$11 \le x < 13$	3
$13 \le x < 15$	4
$15 \le x < 17$	3
$17 \le x < 19$	1
$19 \le x < 21$	1

Ejercitación 2D

1 a

Clase	Límite inferior	Límite superior
9–12	8,5	12,5
13–16	12,5	16,5
17–20	16,5	20,5
21–24	20,5	24,5

b

Tiempo (t segundos)	Límite inferior	Límite superior
$2,0 \le t < 2,2$	2,0	2,2
$2,2 \le t < 2,4$	2,2	2,4
$2,4 \le t < 2,6$	2,4	2,6

Ejercitación 2E

1

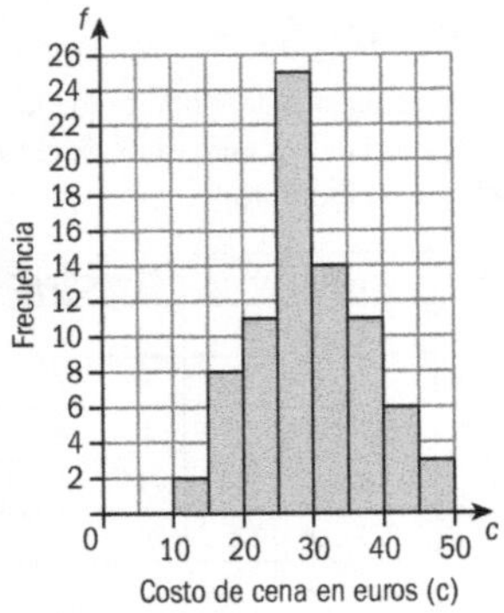

2 a Los límites inferiores son 20, 30, 40, 50, 60.
Los límites superiores son 30, 40, 50, 60, 70.

b

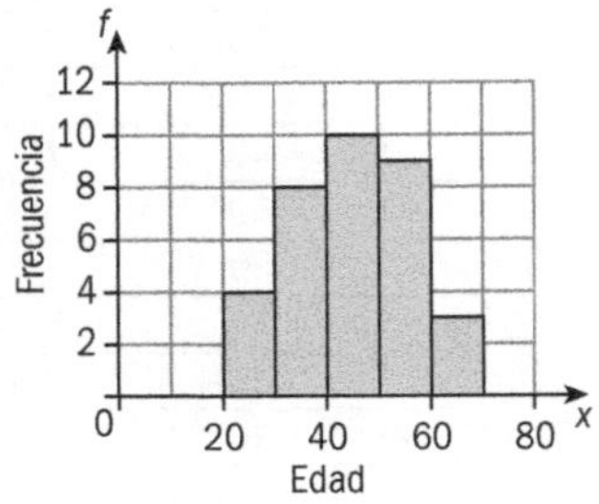

3 a El límite inferior de la tercera clase es 0,8 y el límite superior es 1,0.

b

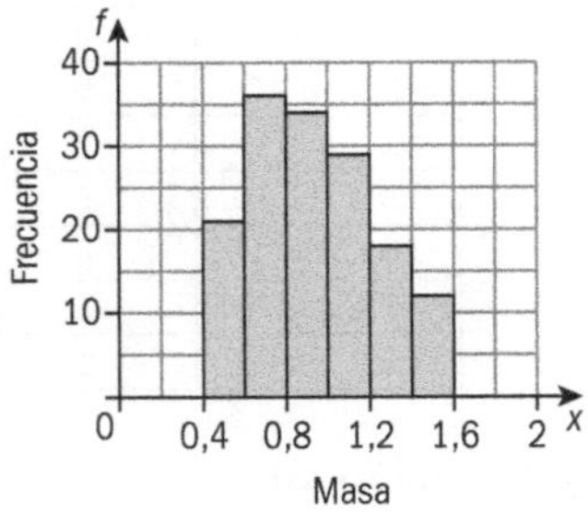

4 a Los límites inferiores son 3,5; 4,5; 5,5; 6,5; 7,5; 8,5; 9,5.
Los límites superiores son 4,5; 5,5; 6,5; 7,5; 8,5; 9,5; 10,5.

b

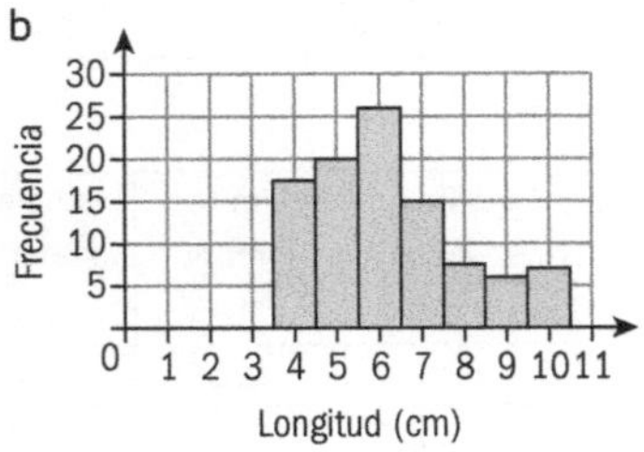

5 a

Número	Frecuencia
$0 \le x < 10$	8
$10 \le x < 20$	10
$20 \le x < 30$	7
$30 \le x < 40$	6
$40 \le x < 50$	3
$50 \le x < 60$	6
$60 \le x < 70$	5
$70 \le x < 80$	4
$80 \le x < 90$	1

b

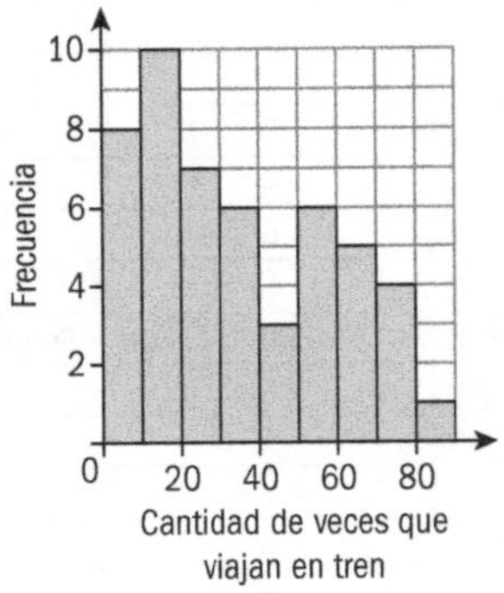

6 a

Cantidad de malas hierbas	Frecuencia
$0 \le x < 10$	10
$10 \le x < 20$	21
$20 \le x < 30$	14
$30 \le x < 40$	12
$40 \le x < 50$	10
$50 \le x < 60$	7
$60 \le x < 70$	3
$70 \le x < 80$	3

b

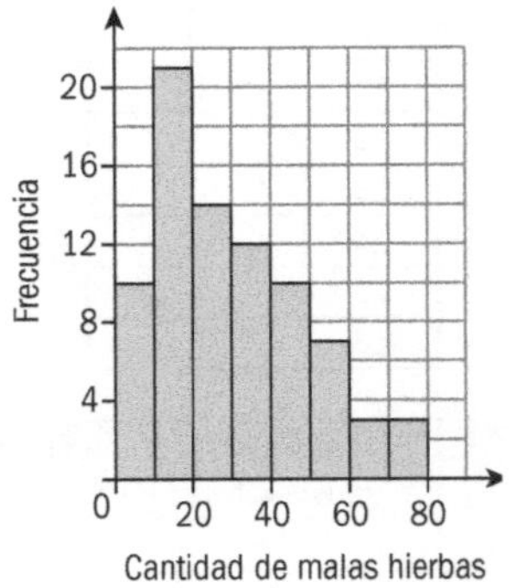

7 a El límite inferior del tercer grupo es 15,5 y el límite superior es 20,5.

b

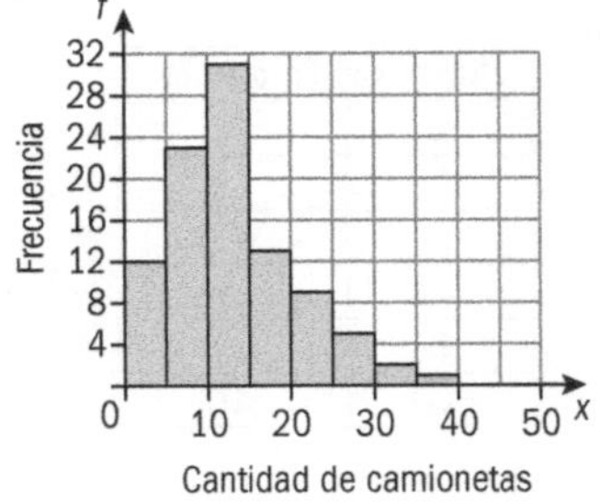

8

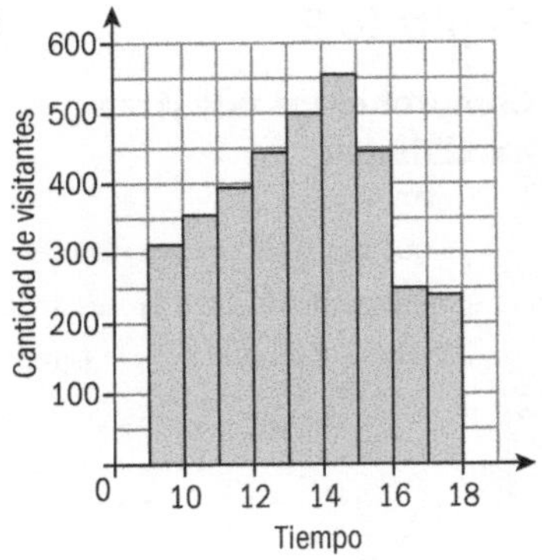

Ejercitación 2F

1 a Moda = 1, mediana = 7, media = 5,57 (3 cs)
b Moda = 5, mediana = 5, media = 5,92 (3 cs)

2 a 1,71; b 1,52 c 31,3
d 54,9 e 58,0

3 a Mediana = 24,45 kg
b Media = 25,0 kg

4 $s = 5$, $t = 11$

5 a Media = 65 b 77

6 a 75 b 86

Ejercitación 2G

1 a 4 b 4
c 3,31 (3 cs)

2 a 25 b 2 c 2,2

3 a $n = 7$ b 3,7 c 4

4 a 4,53 (3 cs)
b 55% c 4

Ejercitación 2H

1 a Clase modal: 24–26, $24 \le t < 26$
b Media = 25,88 minutos

2 a $70 \le s < 80$
b Media = 88,3 km h^{-1} (3 cs)

3 a Clase modal: 40–50
b Media = 51,8

Ejercitación 2I

1 a 50 b $a = 8$, $b = 14$, $c = 38$

2 a $s = 13$, $t = 122$
b

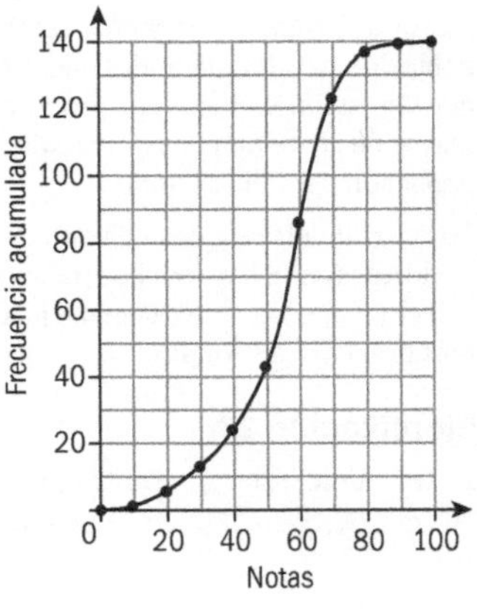

c i La mediana es aproximadamente 60.

ii El primer cuartil es aproximadamente 46.

iii 60% de 140 = 84; por lo tanto, la nota de aprobación es aproximadamente 60.

3 a

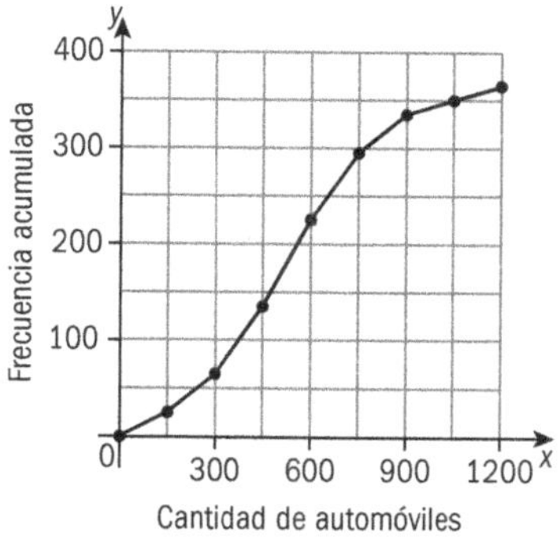

b La mediana es aproximadamente 525 y el rango intercuartil es 690 – 370 = 320.

c Más de 800 automóviles en aproximadamente

365 – 310 = 55 días,

$\frac{55}{365} \times 100 = 15{,}1\%$ de los días.

4 a

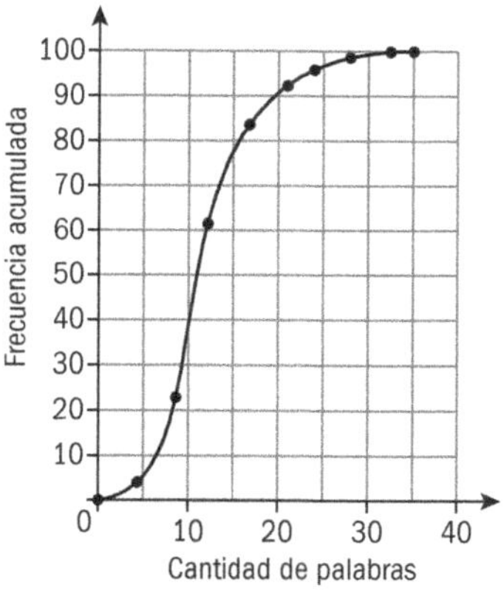

b El primer cuartil es aproximadamente 8,5; el tercer cuartil es aproximadamente 14,5; la mediana es aproximadamente 11,5.

5 a

Longitud (x cm)	Frecuencia acumulada
≤ 28	3
≤ 31	7
≤ 34	18
≤ 37	41
≤ 40	69
≤ 43	84
≤ 46	96
≤ 49	100

b

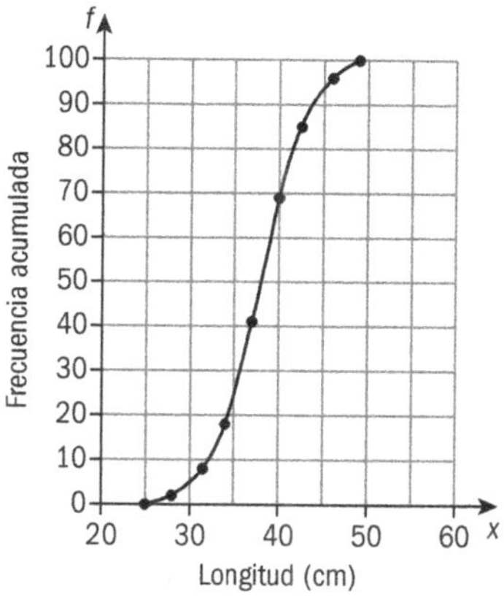

c i 38 cm

ii 41 – 35 = 6 cm

6 a

Tiempo (t minutos)	Frecuencia acumulada
< 15,5	6
< 20,5	19
< 25,5	46
< 30,5	77
< 35,5	92
< 40,5	100

b

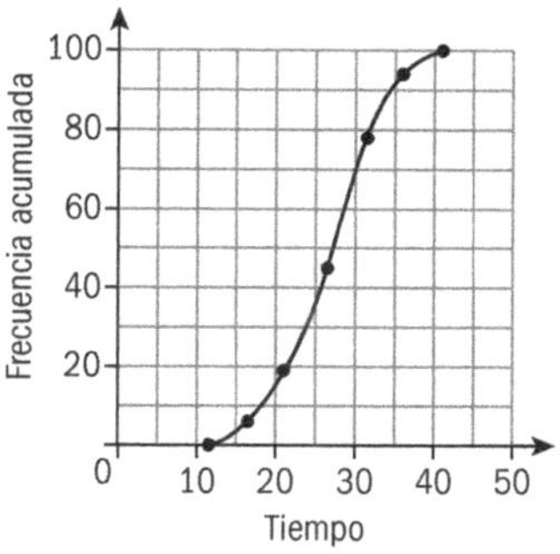

c i 26 min ii 30 – 22 = 8 min

iii 30 min

Ejercitación 2J

1 a

Caramelos	Frecuencia
30	1
31	3
32	10
33	16
34	9
35	4
36	2

b Mediana = 33, primer cuartil = 32, tercer cuartil = 34

c

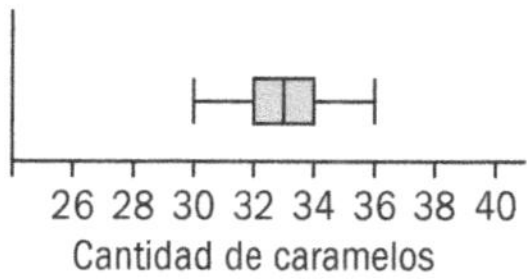

2 a Mediana = 3, primer cuartil = 2, tercer cuartil = 4

b

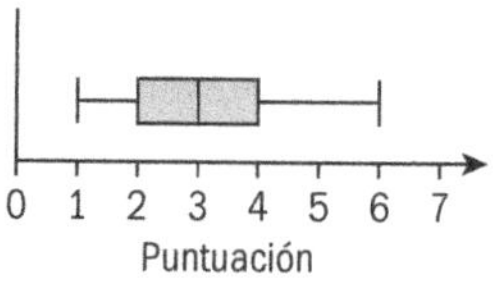

3 a i Mediana = 147 kg

ii Primer cuartil = 141 kg

iii Tercer cuartil = 155 kg

b

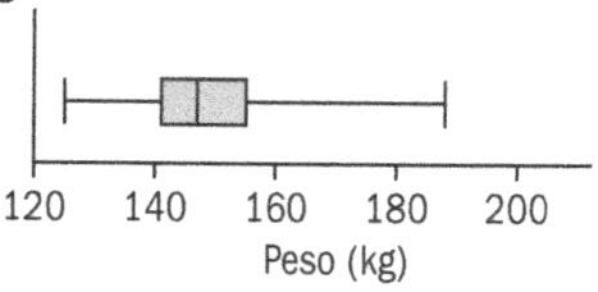

4 a

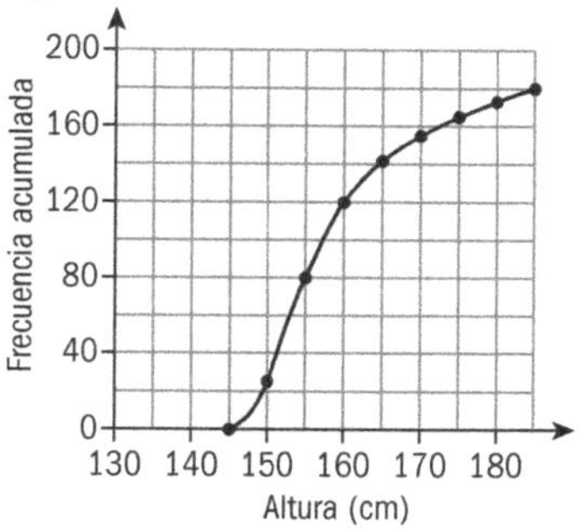

b i La mediana es aproximadamente 156 cm.

ii El tercer cuartil es aproximadamente 163 cm, el primer cuartil es aproximadamente 152 cm.

c

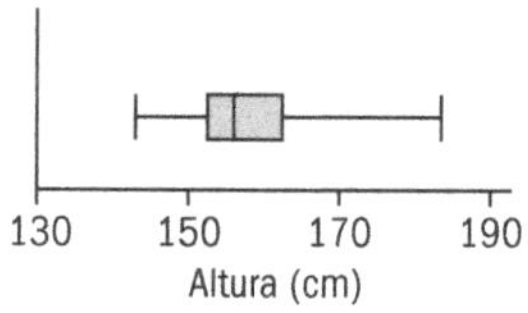

5 a

Altura (x cm)	Frecuencia acumulada
< 210	4
< 220	10
< 230	21
< 240	43
< 250	48
< 260	50

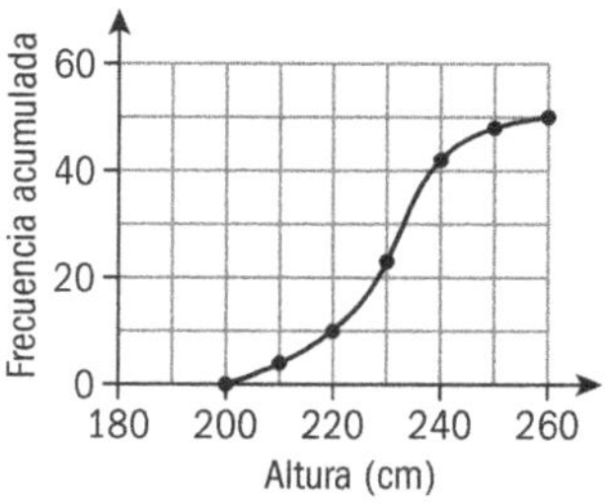

b La mediana es aproximadamente 232 cm.

c El primer cuartil es aproximadamente 223 cm, el tercer cuartil es aproximadamente 237 cm.

d

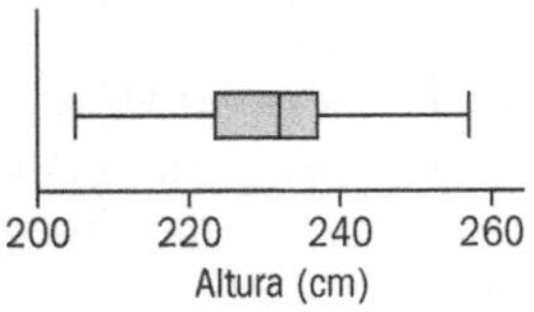

Ejercitación 2K

1 a Mediana para los niños = 55
Mediana para las niñas = 55

b RIC niños = 64 – 40 = 24
RIC niñas = 68 – 45 = 23

c 50% d 25%

2 a 0 b 12

c 14 d 28 e 25%

3 a 22 b 44

c 53 d 22

Ejercitación 2L

1 a i 19 ii 6

b i 13 ii 4

c i 7 ii 4,5

Ejercitación 2M

1 a Desviación típica= 3,17

b Desviación típica= 2,29

2 Media = 8,8
Desviación típica = 5,44

3 a Rango = 5 b RIC = 2

c Media = 3,26
Desviación típica = 1,28

4 a Rango = 6 b RIC = 2

c Media = 7,32
Desviación típica = 1,41

5 a Media = 67,2

b Desviación típica = 4,94

c Rango = 18 d RIC = 6

6 a $x = 45$

b Desviación típica = 15,6

c Rango = 46

d RIC = 27

7 a $m = 9$ b Media = 12,7

c Desviación típica = 1,49

d RIC = 2

8 a Rango = 7, RIC = 3

b Media = 7,92
Desviación típica = 1,87

9 Media = 32 min
Desviación típica = 7,57 min

10 a Media de las niñas = 55,4
Desviación típica = 11,5
Media de los niños = 51,8
Desviación típica = 23,1

b Hay una gran diferencia en la desviación típica, lo que implica que las notas de los niños están mucho más dispersas que las de las niñas.

Ejercicio de revisión

Preguntas del estilo de la prueba 1

1 a 9 b 5,5

2 a 1 b 5,5

3 a 6,62 b 6 c 6

4 a i 6,54 m ii 3,08 m

b 6,1 m

5 a Discretos b 1,93

c 1,25

6 a 46,2

b

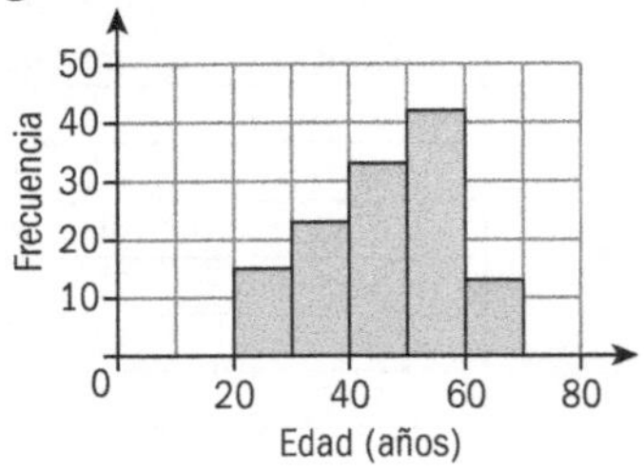

7 a 41 b 31

c 49 d 18

8

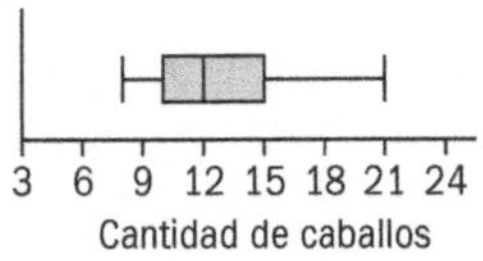

Preguntas del estilo de la prueba 2

1 a i Media = 98

ii Moda = 96

b i

Número	Frecuencia
94	1
96	4
97	3
98	3
99	3
100	3
101	2

ii Mediana = 98, RIC = 4

2 a i

Cantidad	Frecuencia acumulada
< 4,5	18
< 9,5	43
< 14,5	75
< 19,5	89
< 24,5	96
< 29,5	100

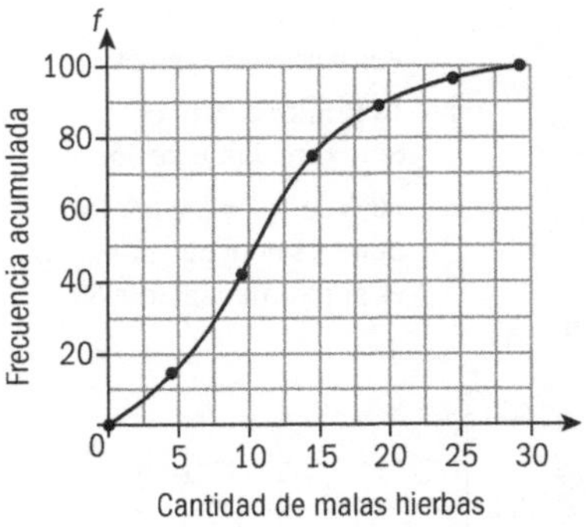

ii La mediana es aproximadamente 10,6.

iii 11%

b i La media es aproximadamente 10,95.

ii La desviación típica es aproximadamente 6,53.

iii La cantidad total de malas hierbas es aproximadamente 8 760 000.

3 a

Nota	Frecuencia acumulada
< 10	3
< 20	17
< 30	38
< 40	73
< 50	115
< 60	170
< 70	213
< 80	245
< 90	260
< 100	270

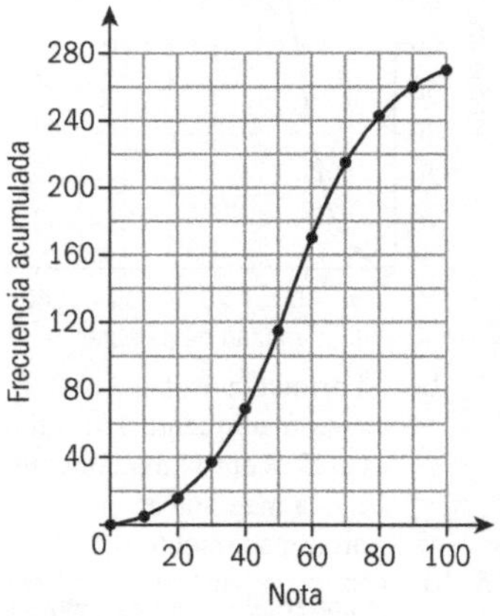

b 53 c 67 – 38 = 29

d 48

e

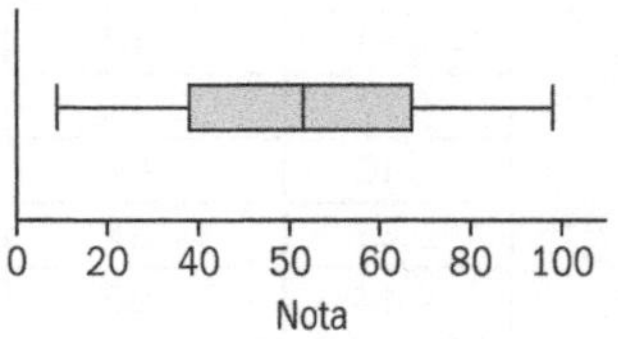

4 a La mediana es aproximadamente 13 000, el RIC es aproximadamente 6200.

b

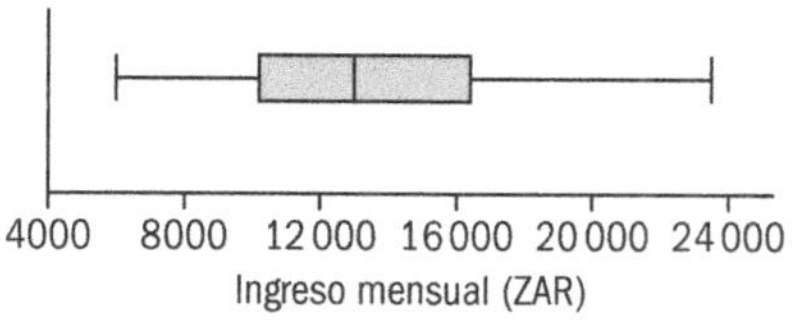

c

Ingreso mensual (ZAR)	Frecuencia
$6000 \le x < 8000$	10
$8000 \le x < 10000$	19
$10000 \le x < 12000$	30
$12000 \le x < 14000$	29
$14000 \le x < 16000$	20
$16000 \le x < 18000$	15
$18000 \le x < 20000$	11
$20000 \le x < 22000$	9
$22000 \le x < 24000$	7

d La media es aproximadamente 13 747 y la desviación típica es 4237.

5 a El grupo modal es 60–65, $60 \le w < 65$.

b La media es aproximadamente 63,2 y la desviación típica es 6,62.

c

Peso (kg)	Frecuencia acumulada
< 50	4
< 55	20
< 60	65
< 65	123
< 70	166
< 75	194
< 80	200

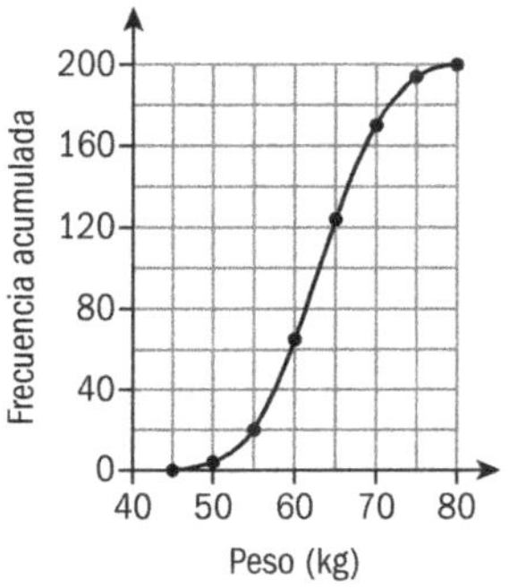

d Mediana = 63, primer cuartil = 59, tercer cuartil = 68

e

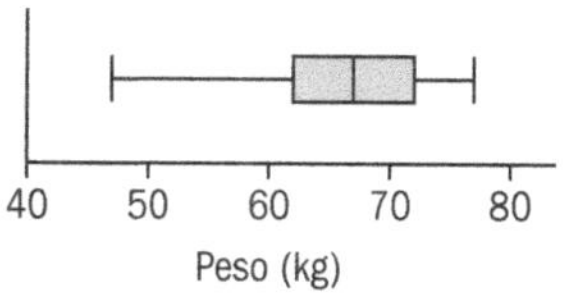

6 a La media es aproximadamente 26,9 y la desviación típica es 4,40.

b La clase modal es 24–28.

c

Edad (años)	Frecuencia acumulada
≤ 20	3
≤ 24	15
≤ 28	37
≤ 32	52
≤ 36	59
≤ 40	60

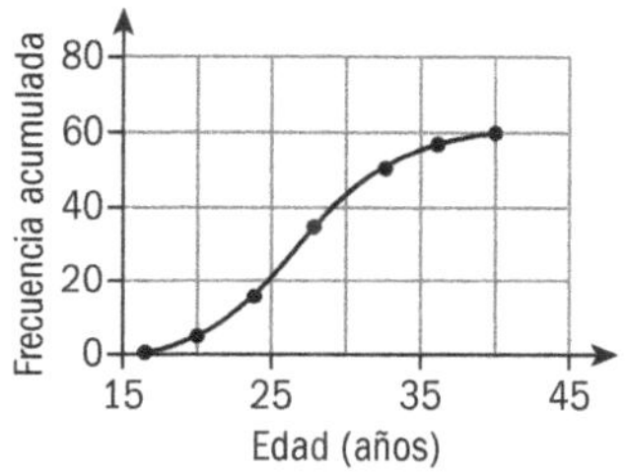

d Mediana = 27, RIC = 5,5

e

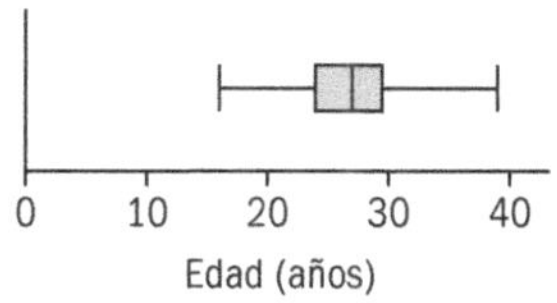

7 a La clase modal es 30–40.

b Una estimación de la media es 34,3 y de la desviación típica es 16,6.

c

Tiempo (s)	Frecuencia acumulada
< 10	5
< 20	24
< 30	42
< 40	64
< 50	80
< 60	92
< 70	100

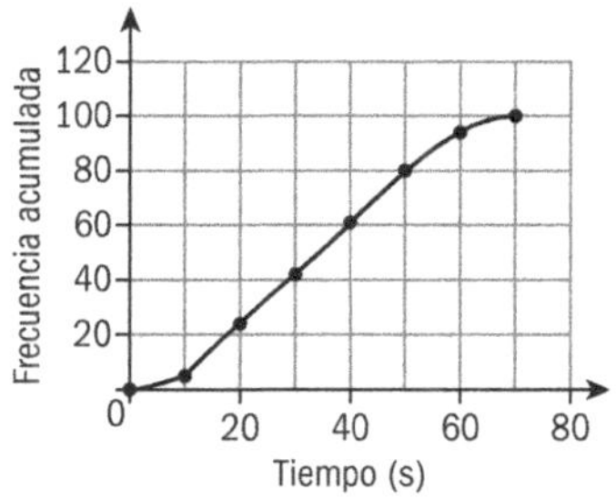

d Mediana = 33, RIC = 25,5

8 a Mediana = 4750, primer cuartil = 4570, tercer cuartil = 5000

b

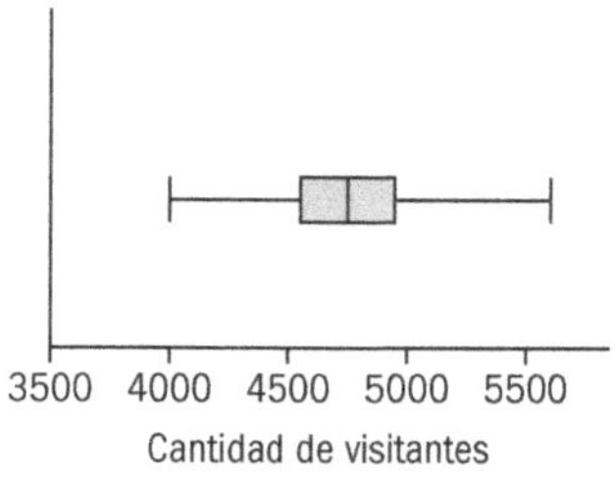

c

Visitantes	Frecuencia
$4000 \le x < 4200$	1
$4200 \le x < 4400$	3
$4400 \le x < 4600$	5
$4600 \le x < 4800$	9
$4800 \le x < 5000$	6
$5000 \le x < 5200$	3
$5200 \le x < 5400$	2
$5400 \le x < 5600$	1
$5600 \le x < 5800$	1

d La clase modal es 4600–4800.

e Una estimación de la media es 4784 y de la desviación típica es 355.

9 a

Peso (x kg)	Frecuencia
$120 \le x < 130$	10
$130 \le x < 140$	35
$140 \le x < 150$	75
$150 \le x < 160$	50
$160 \le x < 170$	15
$170 \le x < 180$	10
$180 \le x < 190$	5

b La clase modal es $140 \le x < 150$.

c Una estimación de la media es 149.

Capítulo 3

Comprobemos nuestras habilidades

1 a $a = 20\,\text{cm}$

b $\sqrt{50}\,\text{cm} = 7{,}07$ (3 cs)

2 a i $(0,6)$ ii $\sqrt{40} = 6{,}32$ (3 cs)

b $q = 3, p = 6$

Ejercitación 3A

1 a -1 b 8 c -8 d 1

2 a i A(1,5); B(0,1) ii 4

b i A(−1,5); B(0,1); ii −4

c i A(0,3); B(3,2); ii $-\frac{1}{3}$

d i A(0,−1); B(1,0); ii 1

e i A(−1, −2); B(2, 0) ii $\frac{2}{3}$

f i A(2, 4); B(4, 1) ii $-\frac{3}{2}$

Ejercitación 3B

1

a

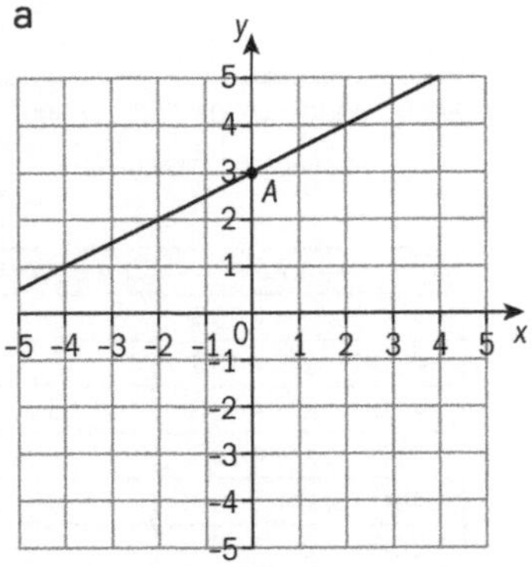

b

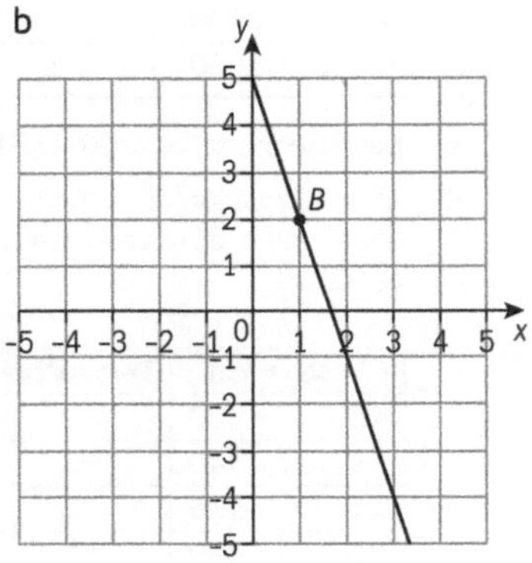

c

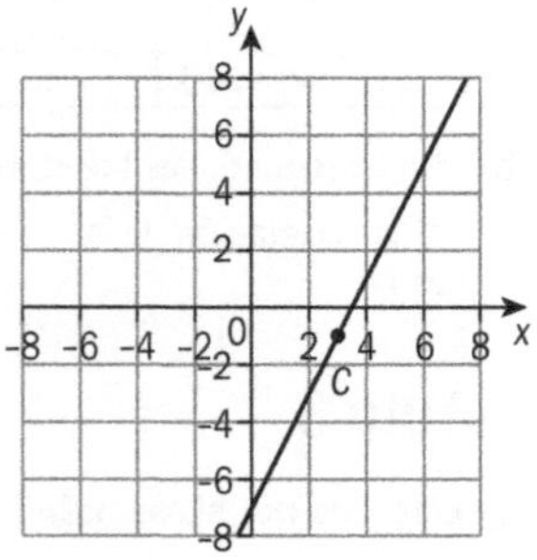

2 a i 2 ii $p = 9$
b i 4 ii $t = 10$
c i −5 ii $q = -10$
d i 1 ii $s = 3$
e i −3 ii $r = -2$

3 a $\frac{5}{a+1}$ b $a = \frac{1}{4}$

4 a 0,5 b $\frac{t-6}{-5}$ c $t = 3{,}5$

Ejercitación 3C

1 a 4,5
b y c

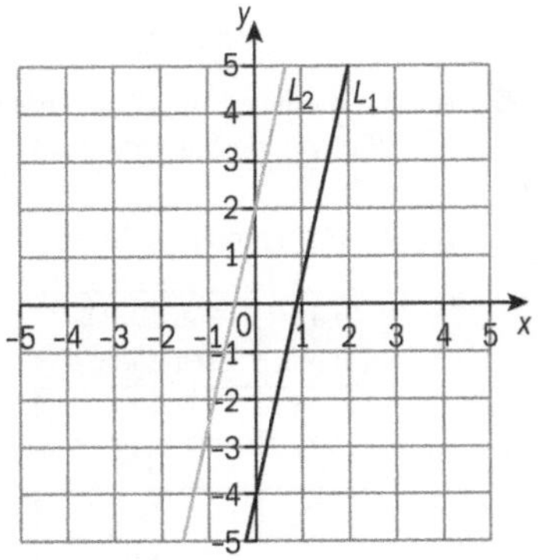

2 a Paralela al eje x
b Paralela al eje y
c Ninguno de los dos

3 a x b y c Cero

4 $a = 3$ 5 $m = -5$

Ejercitación 3D

1 a, b, d

2 b, d

3 a $\frac{1}{3}$ b −1,5
c 4 d −1 e 1

4 a $\frac{3}{7}$ b $-\frac{5}{12}$

5 a i −3 ii $\frac{1}{2}$
iii

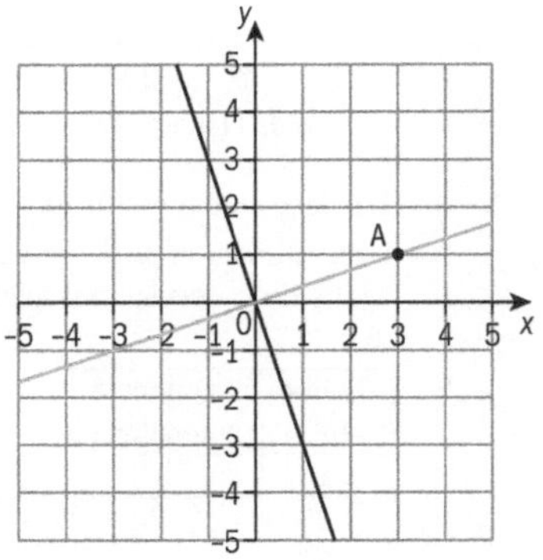

b i $\frac{1}{2}$ ii −2
iii

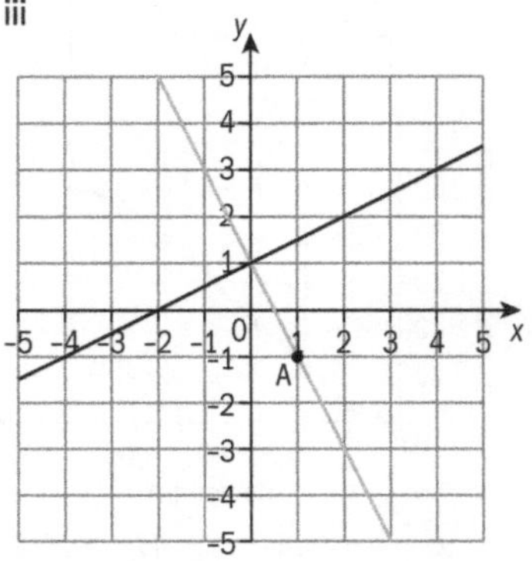

c i $\frac{4}{3}$ ii $-\frac{3}{4}$
iii

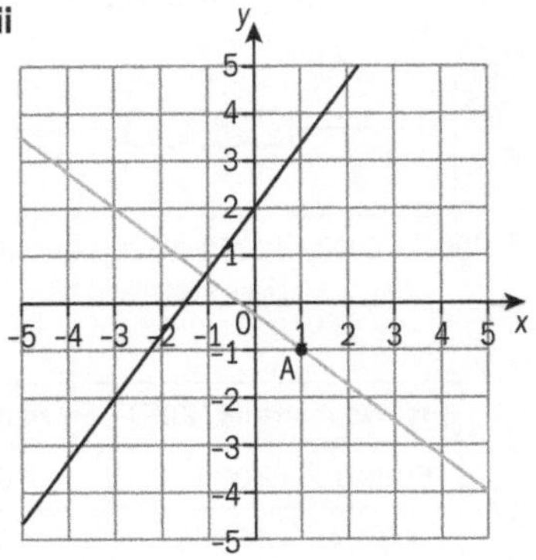

6 a $\frac{a-3}{-2}$ b $-\frac{1}{2}$ c $a = 4$

7 a $-\frac{13}{2}$ b $\frac{2}{13}$ c $t = 18$

Ejercitación 3E

1 a $y = 3x + 1$ b $y = \frac{5}{3}x + \frac{4}{3}$
c $y = -2x - 6$

2 a i 2 ii (0,1)
iii $\left(-\frac{1}{2}, 0\right)$
b i −3 ii (0,2)
iii $\left(\frac{2}{3}, 0\right)$
c i −1 ii (0,3) iii (3,0)
d i $-\frac{2}{5}$ ii (0,−1)
iii (−2,5; 0)

3 a $y = 1{,}5x - 9$ b 1,5
c −9 d (6,0)

4 a −5 b $y = -5x + 6$

5 a 2 b $y = 2x + 1$
c −0,5 d $y = -0{,}5x + 2$

6 a $-\frac{1}{3}$ b $y = -\frac{1}{3}x + \frac{8}{3}$
c 8

7 a $y = x + 1$ b $y = -x + 1$
c $y = -0{,}5x - 1$
d $y = 2x - 2$
e $y = \frac{1}{3}x - \frac{1}{3}$
f $y = \frac{4}{5}x - \frac{3}{5}$

Ejercitación 3F

1 a $4x + y - 20 = 0$
b $x - 2y + 4 = 0$
c $-5x - 4y + 7 = 0$
d $x - y + 5 = 0$

2 a $y = -3x$ b $y = -x - 1$
c $y = -2x + 1$ d $y = 0{,}5x$
e $y = -2x + 3$

3 a $y = 0{,}5x + 1$
b $x = -2$ c $y = 1$

4 a A, C, D, F
b $a = 6{,}5$ c $t = 8$

5 a A, B, E
b $a = \frac{2}{3}$ c $t = 31$

6

Ecuación	Condiciones
A	H
B	G
C	F
D	E

7 a 2 b 6 c $c = -2{,}25$
d $t = 16$ e 2
f $y = 2x + 4\ (2x - y + 4 = 0)$

8 a $y = -2x + 4\ (2x + y - 4 = 0)$
b Sí, A, B y C son colineales. Las coordenadas de A, de B y de C satisfacen la ecuación de L_1.

Investigación: rectas verticales y horizontales

1 a (−3, −1); (−3, 0); (−3, 1); (−3, 2) y (−3, 3).
b Todos los puntos tienen sus coordenadas x igual a −3.
c Para que el punto esté en L_1, su coordenada x debe ser igual a −3, es decir $x = -3$.

2 a (2, −1); (2, 0); (2, 1); (2, 2) y (2, 3).
b Todos los puntos tienen sus coordenadas x igual a 2.
c Para que el punto esté en L_3, su coordenada x debe ser igual a 2, es decir $x = 2$.

3 $x = 1$

4 a (−1, 1); (0, 1); (1, 1); (2, 1) y (3, 1).
b Todos los puntos tienen sus coordenadas y igual a 1.
c Para que el punto esté en L_3, su coordenada y debe ser igual a 1, es decir $y = 1$.

5 a (−1, −2); (0, −2); (1, −2); (2, −2) y (3, −2).
b Todos los puntos tienen sus coordenadas y igual a −2.
c Para que el punto esté en L_4, su coordenada y debe ser igual a −2, es decir $y = -2$.

6 $y = -3$

Ejercitación 3G

1 a $x = 3$ b $y = 1$

2 a (2,0) b (5,1) c (−7, 3)
d (−2,1) e (4, −1) f (0,4)

3 L_1: $y = 5x - 1$
L_2: $y = 5x + 2$
L_1 y L_2 tienen la misma pendiente pero cortan al eje y en distintos puntos.

4 a En ningún punto
b En un número infinito de puntos
c En un solo punto
d En un número infinito de puntos

5 a $y = 5x - 5\ (5x - y - 5 = 0)$
b $y = -\frac{1}{5}x + \frac{1}{5}\ (x + 5y - 1 = 0)$

Investigación: triángulos rectángulos

1 Los ángulos son idénticos.

2 $\frac{AE}{AC} = 1{,}5$

3 $\frac{AD}{AB} = 1{,}5$

4 $\frac{DE}{BC} = 1{,}5$

Todas las razones son idénticas.

Ejercitación 3H

1

H	Op	Ady
XY	YZ	XZ
CB	AB	AC
RQ	PQ	PR

2 a $\cos\delta = \frac{AC}{AB}$
$\operatorname{sen}\delta = \frac{BC}{AB}$
$\tan\delta = \frac{BC}{AC}$

b $\cos\delta = \frac{QR}{PQ}$
$\operatorname{sen}\delta = \frac{PR}{PQ}$
$\tan\delta = \frac{PR}{QR}$

c $\cos\delta = \frac{EF}{DF}$
$\operatorname{sen}\delta = \frac{ED}{DF}$
$\tan\delta = \frac{ED}{EF}$

3 a i $\operatorname{sen}\alpha = \frac{4}{\sqrt{41}}$
ii $\cos\alpha = \frac{5}{\sqrt{41}}$
iii $\tan\alpha = \frac{4}{5}$

b i $\operatorname{sen}\alpha = \frac{\sqrt{28}}{8}$
ii $\cos\alpha = \frac{6}{8}$
iii $\tan\alpha = \frac{\sqrt{28}}{6}$

c i $\operatorname{sen}\alpha = \frac{10}{14}$
ii $\cos\alpha = \frac{\sqrt{96}}{14}$
iii $\tan\alpha = \frac{10}{\sqrt{96}}$

4 a $\operatorname{sen}\beta = \frac{x}{10}$
b $\cos\beta = \frac{x}{5}$
c $\tan\beta = \frac{x}{12}$
d $\tan\beta = \frac{7}{x}$
e $\operatorname{sen}\beta = \frac{14}{x}$
f $\cos\beta = \frac{3}{x}$

Ejercitación 3I

1 $h = 3{,}11\,\text{cm}$ 2 $x = 6{,}41\,\text{cm}$
3 $m = 4{,}88\,\text{cm}$ 4 $y = 13{,}94\,\text{cm}$
5 $t = 386{,}37\,\text{m}$ 6 $s = 86{,}60\,\text{m}$

Ejercitación 3J

1 a

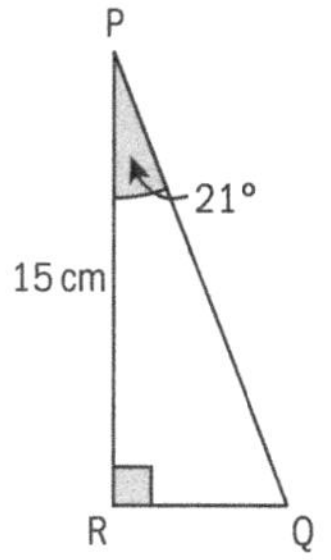

b $\hat{Q} = 69°$ c QR = 5,76 cm

2 a

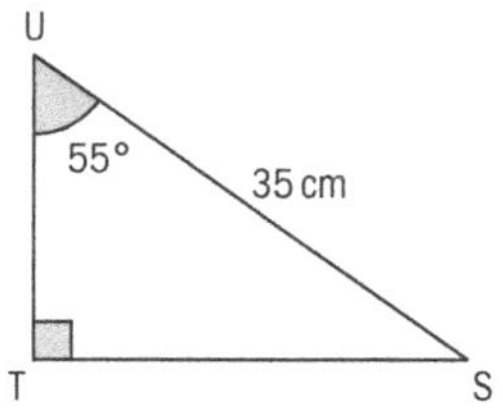

b $\hat{S} = 35°$ c TU = 20,1 cm

3 a

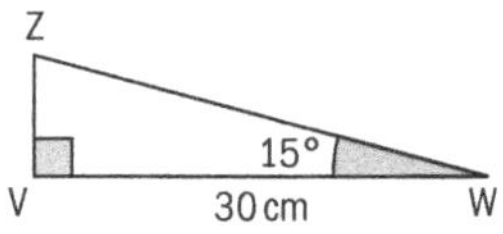

b $\hat{Z} = 75°$ c VZ = 8,04 cm

4 a

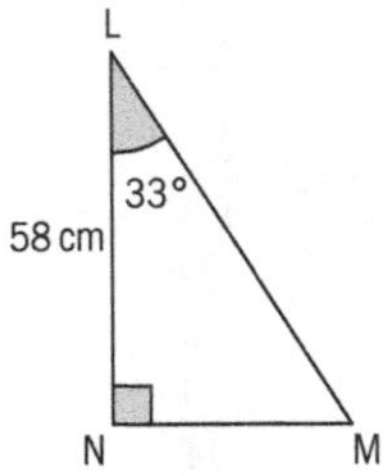

b $\hat{M} = 57°$ c LM = 69,2 cm

5 a 6,93 cm

b 37,9 cm

c 83,1 cm^2

6 7,25 m

7 a

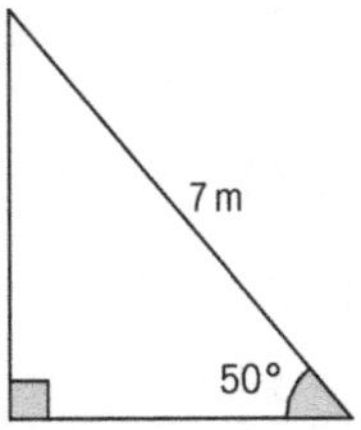

b 5,36 m c 4,50 m

Ejercitación 3K

1 a El ángulo cuyo seno es 0,6

b El ángulo cuya tangente es $\frac{1}{2}$

c El ángulo cuyo coseno es $\frac{2}{3}$

2 a 36,9° b 26,6° c 48,2°

3 a 11,5° b 48,2° c 45°

4 a $\hat{A} = 53,6°; \hat{C} = 36,4°$

b $\hat{R} = 41,4°; \hat{Q} = 48,6°$

c $\hat{M} = 36,9°; \hat{Q} = 53,1°$

d $\hat{Y} = 41,4°; \hat{Z} = 48,6°$

e $\hat{J} = 70,1°; \hat{I} = 19,9°$

f $\hat{D} = 25,9°; \hat{F} = 64,1°$

5 a

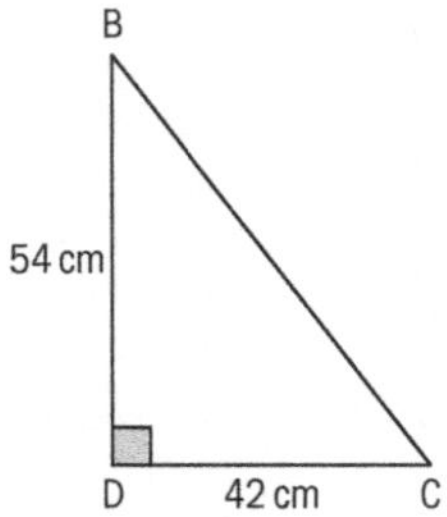

b $\hat{C} = 52,1°$

6 a

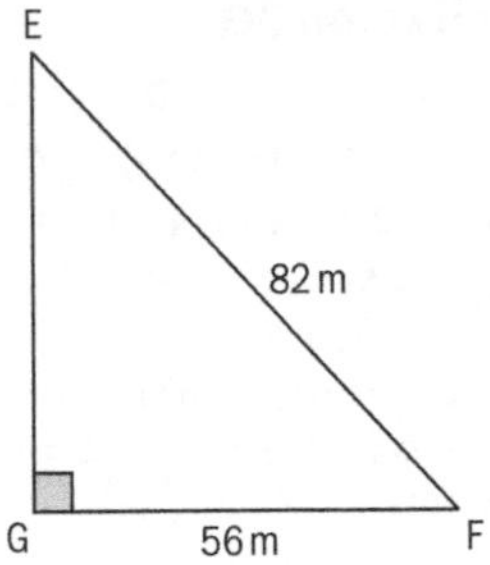

b $\hat{F} = 46,9°$

7 a

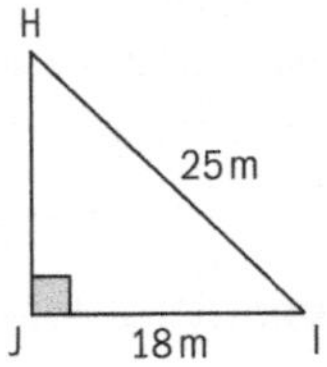

b $\hat{H} = 46,1°$

8 26,6°

9 57,0°

10 22,0°

11 a y b

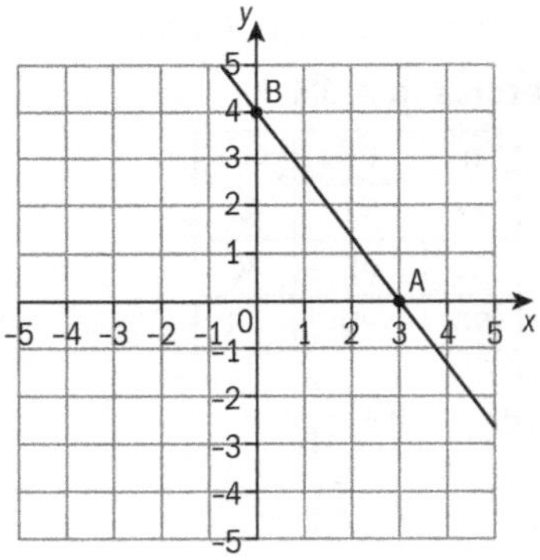

c 53,1°

12 a y b

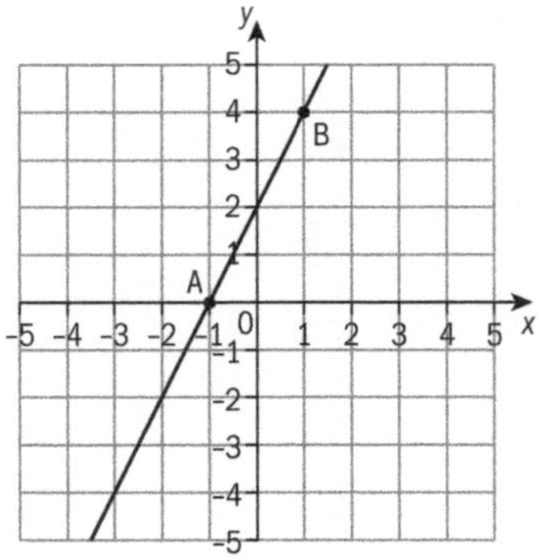

c 63,4°

Investigación: figuras en el plano

1 Las diagonales del rombo son perpendiculares entre sí.

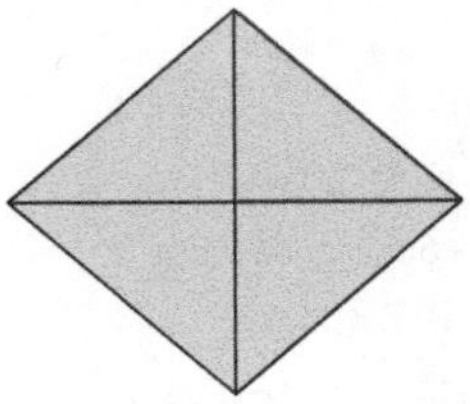

En el rombo hay cuatro triángulos rectángulos. Estos son congruentes, ya que todos los lados tienen la misma longitud.

2 Las diagonales de un cometa son perpendiculares entre sí.

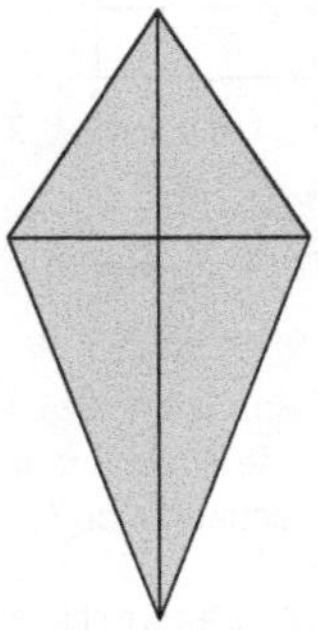

En el cometa hay cuatro triángulos rectángulos. Estos no son congruentes, porque las diagonales no tienen la misma longitud.

3

Si se corta el paralelogramo como se muestra, se obtienen tres figuras, de las cuales dos son triángulos rectángulos. Esto explica la razón por la que el área de un paralelogramo es igual al área de un rectángulo con la misma base y la misma altura.

4

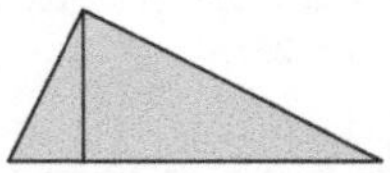

La altura del triángulo es perpendicular a la base. Los dos triángulos rectángulos que quedan formados serían congruentes si el triángulo original fuera equilátero o isósceles.

5 Los triángulos son congruentes si, en el trapecio, AD = BC.

6 ABO es un triángulo isósceles, ya que los dos radios tienen la misma longitud.

Los dos triángulos que se forman son congruentes, porque todos los lados tienen la misma longitud.

Investigación: rombo

1

2

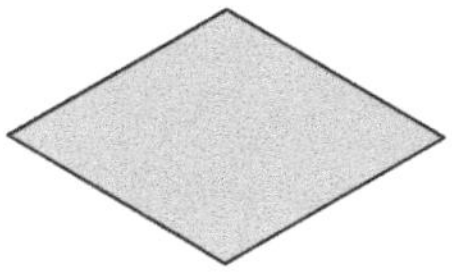

3 Hay un número infinito de rombos en los que el lado mide 6 cm. La diferencia entre ellos es que sus diagonales no tienen la misma longitud.

Ejercitación 3L

1 a

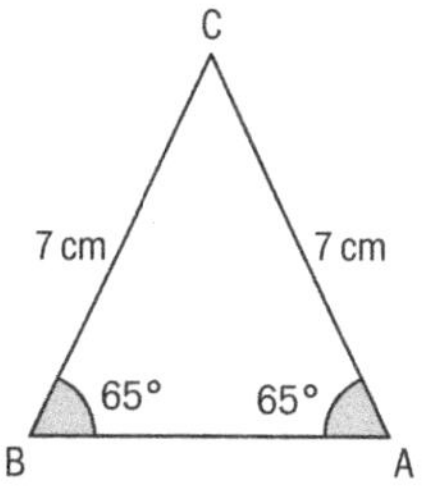

b 5,92 cm c 20 cm

2 60,5°

3 a

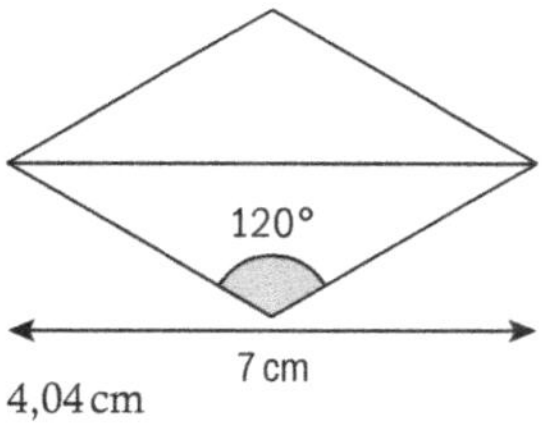

b 4,04 cm

4 b 70,5°

5 a 4 cm b 34 cm^2

c 53,1°

6 a

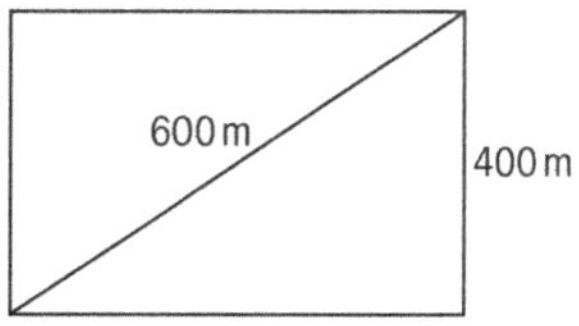

b 41,8°

7 a y bi

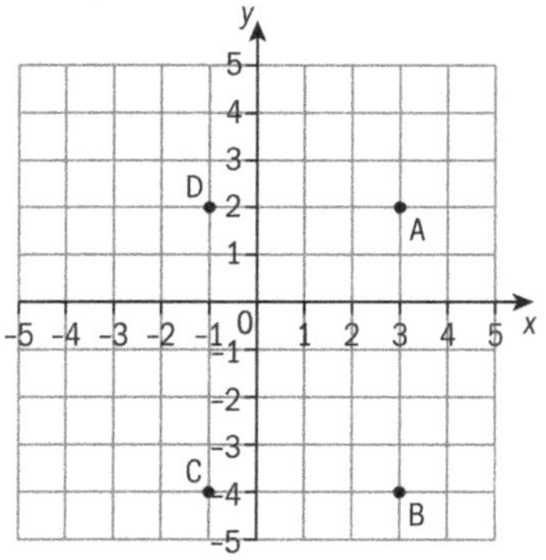

b ii B(3, −4)

c i 6 ii 4 d 56,3°

Ejercitación 3M

1 27,5° 2 52,1°

3 125 m 4 6,89°

5 21,5 m 6 32,3 m

7 a 12° b 425 m

Ejercitación 3N

1 a $y = 13{,}7$ km

b $r = 3{,}47$ cm

c $c = 11{,}0$ km

2 8,34 cm 3 2,65 cm

4 7,32 km

5 a $\hat{C} = 37{,}9°$ b $\hat{R} = 58{,}6°$

c $\hat{Y} = 27{,}6°$

6 $\hat{C} = 42{,}9°$ 7 $\hat{R} = 46{,}3°$

8 a 150° b 5,08 m

c 2,54 m

Ejercitación 3O

1 a $y = 13{,}5$ km

b $p = 9{,}74$ cm

c $c = 6{,}84$ m

2 a $x = 38{,}0°$ b $y = 59{,}4°$

c $a = 50{,}1°$

3 193 m 4 7,14 cm 5 55,8°

6 a

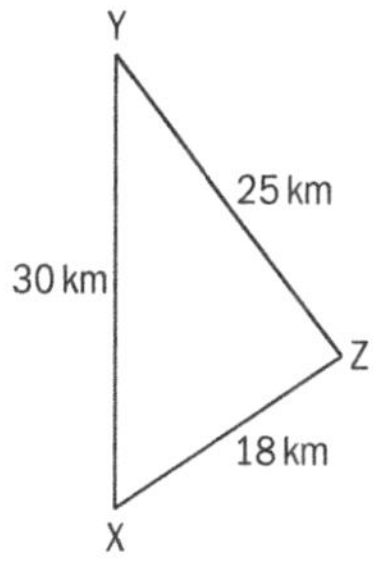

b $\hat{Z} = 86{,}9°$

7 a

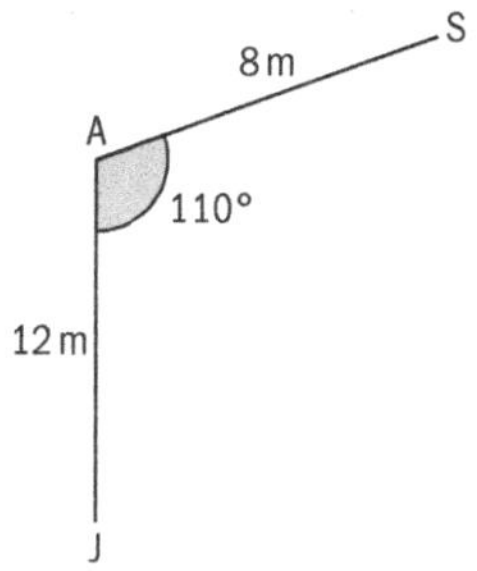

b JS = 16,5 m c 2,74 m

8 113°

9 a PR = 15,9 m

b $P\hat{R}Q = 30{,}5°$ c 2,54 m

Ejercitación 3P

1 a 41,6 km^2 b 1890 m^2

2 a 100° b 49,2 cm^2

3 a 80° b 4,43 m^2

4 60,8 km^2

5 a 50,5° b 1930 m^2

6 a $A = 0{,}25x^2$ o equivalente

b $x = 4$

7 a $\sqrt{61}$ cm o 7,81 cm (3 cs)

b 15,4 cm c 56,5 cm^2

d 71,5 cm^2

Ejercicio de revisión

Preguntas del estilo de la prueba 1

1 a $-\frac{1}{2}$

b $y = -\frac{1}{2}x + 4$ o $x + 2y - 8 = 0$

2 a −1 b 1

c $y = x$ o $y - x = 0$

3 a i (−1,5; 0) ii (0, 3)

b

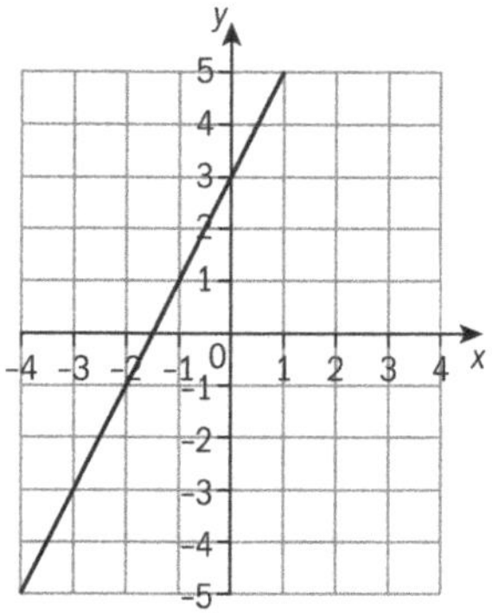

c 63,4°

4 a $a = 1$

b $b = -19$

c (1, 4)

5 a

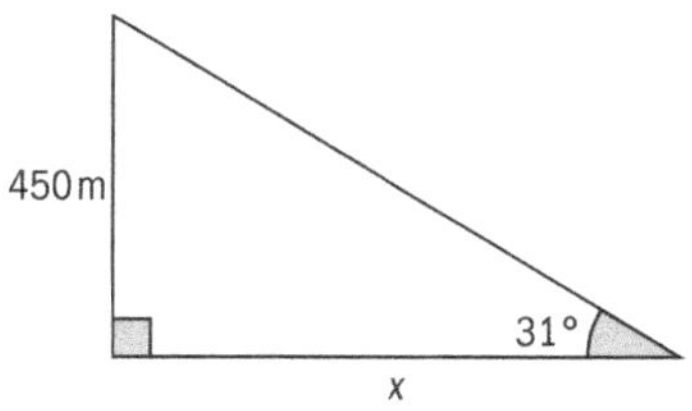

b $x = 749$ m

6 a 116°

b 11,8 cm

c 62,5 cm^2

7 a 9 m

b 38,9°

c 14,1 m^2

8 a 97,2° b 12,4 cm^2 c 66,1 cm^2

Preguntas del estilo de la prueba 2

1 a y b i

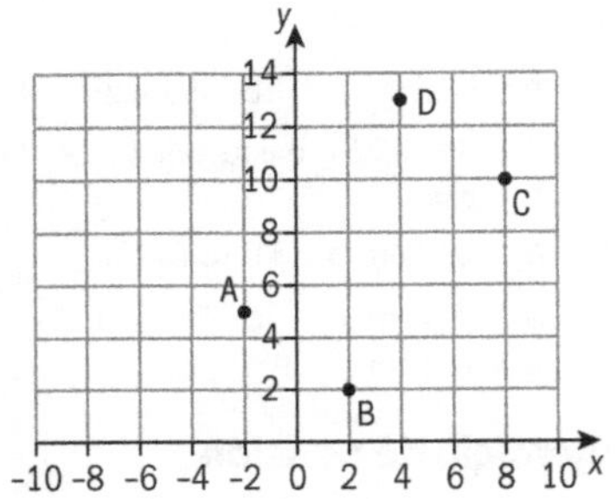

b ii (4, 13) c $\frac{4}{3}$

d $-\frac{3}{4}$ e $3x + 4y - 64 = 0$

f i 5 ii 10

g 26,6°

2 a 4 m b 3,46 m

c 1,96 m d 3,48 m

e 44,8°

3 a 500 m b 36,87°

c 71,1° d 1140 m

e i 3040 m ii 13 minutos

f 0,344 km^2

Capítulo 4

Comprobemos nuestras habilidades

1 a 18,5 b 2 c $-\frac{31}{4}$

2 a 1,30; −2,30 b − 0,781; 1,28

c $x = -19$; $y = -11$

3 a $-\frac{3}{4}$ b $\frac{5}{2}$

Ejercitación 4A

1 a Es función, ya que cada alumno está sólo en una clase de Matemáticas.

b No es función, ya que cada profesor enseña a más de un alumno.

2 a Es función, ya que cada elemento de A se relaciona con uno y solo un elemento de B.

b No es función, ya que hay un elemento en B (16) que no se relaciona con ningún elemento de A.

c Es función, ya que cada elemento de C se relaciona con uno y solo un elemento de A.

3 a i No es función, ya que un elemento de A (4) no se relaciona con ningún elemento de B.

ii No es función, ya que un elemento de A (4) no se relaciona con ningún elemento de C.

iii No es función, ya que un elemento de C (1) no se relaciona con ningún elemento de A.

iv Es función, ya que cada elemento de B se relaciona con uno y solo un elemento de C.

v No es función, ya que un elemento de C (6) no se relaciona con ningún elemento de A.

b iv

B	C
	1
2	2
4	4
6	6

4 a $y = 2x$ b $y = \frac{x}{2}$

c $y = \sqrt[3]{x}$ d $y = \frac{x^3}{2}$

5 a Es función. b Es función.

c No es función, ya que los elementos negativos del primer conjunto no se relacionan con ningún elemento del segundo conjunto.

d Es función.

Ejercitación 4B

1 a i

x	$-\frac{1}{2}$	0	1	3,5	6
$y = 2x$	−1	0	2	7	12

ii El conjunto de todos los números reales.

iii Sí, $y = 0$ es la imagen de $x = 0$.

b i

x	−3	0	2	$\frac{1}{4}$	−2	×
$y = x^2 + 1$	10	1	5	$\frac{17}{16}$	5	5

ii El conjunto de todos los números reales.

iii No, la ecuación $0 = x^2 + 1$ no tiene solución.

c i

x	−2	−1	0	$\frac{1}{2}$	3	5
$y = \frac{1}{x+1}$	−1	×	1	$\frac{2}{3}$	$\frac{1}{4}$	$\frac{1}{6}$

ii El conjunto de todos los números reales excepto $x = -1$.

iii No, la ecuación $0 = \frac{1}{x+1}$ no tiene solución.

d i

x	−3	0	$\frac{1}{4}$	1	9	100
$y = \sqrt{x}$	×	0	$\frac{1}{2}$	1	3	10

ii El conjunto de todos los números reales no negativos.

iii Sí, $y = 0$ es la imagen de $x = 0$.

2 a Falso, la ecuación $0 = \frac{2}{x}$ no tiene solución.

b Verdadero, $y = x^2 \geq 0$ para todos los valores de x.

c Verdadero, $y = x^2 = 3 \geq 3$ para todos los valores de x.

d Verdadero, $y = 3$ cuando $x = \pm 2$.

e Verdadero, $\frac{-3}{3} - 1 = -2$.

f Falso, la imagen de $x = -1$ es $y = 4$.

Ejercitación 4C

1 a

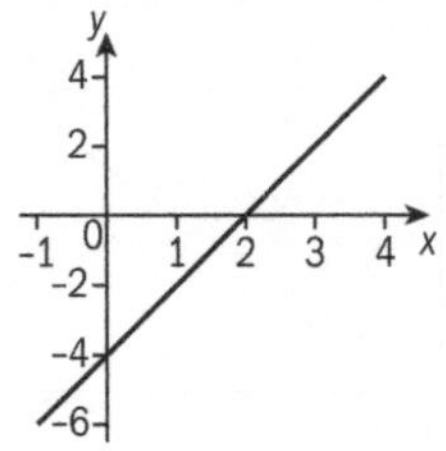

b i (2, 0) ii (0, −4)

c No, $490 \neq 2 \times 250 - 4$

d −10

2 a i $\{x \mid -4 \leq x \leq 6\}$

ii $\{y \mid -4 \leq y \leq 1\}$

iii (4, 0) iv (0, −2)

b i $\{x \mid x \in \mathbb{R}\}$

ii $\{y \mid y \leq 8\}$

iii (−4, 0); (0, 0)

iv (0, 0)

c i $\{x \mid -1 \leq x \leq 1\}$
ii $\{y \mid 0 \leq y \leq 1\}$
iii (–1, 0); (1, 0)
iv (0, 1)

d i $\{x \mid x \geq -1\}$ ii $\{y \mid y \geq 4\}$
iii Ningún punto iv (0, 8)

3 a i Falso ii Falso
iii Verdadero

b i Falso ii Verdadero
iii Falso

c i Falso ii Verdadero
iii Falso

d i Falso ii Falso
iii Verdadero

4 a

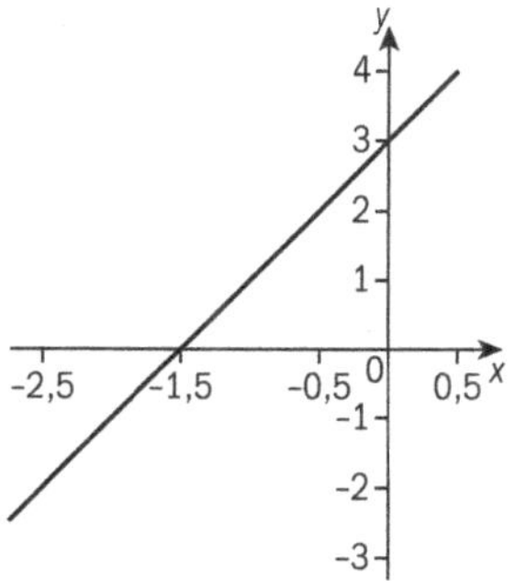

b

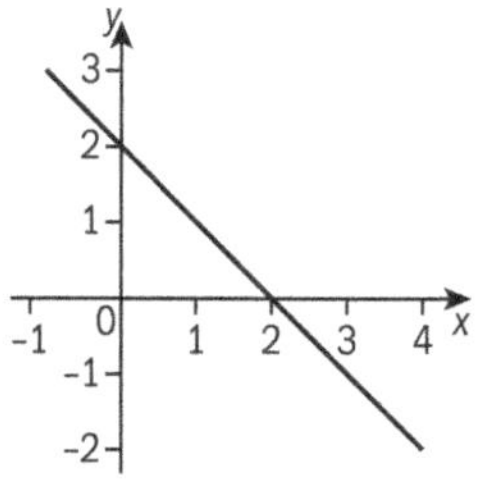

c

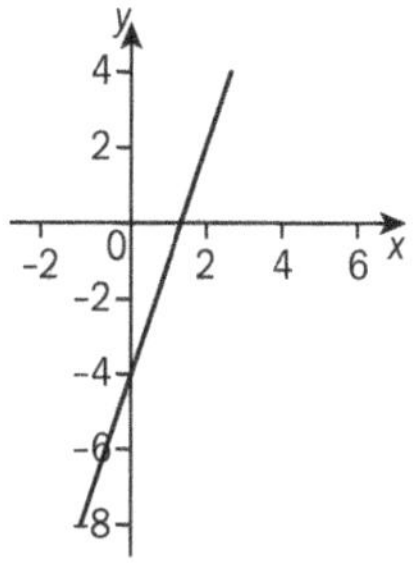

Ejercitación 4D

1 a 10 b $-\frac{7}{8}$

d $f(-1) = -1(-2)(2) = 4$, así que $(-1, -4)$ está en el gráfico de f.

2 a t b 6,25 c 4
d $d(1) = d(4) = 4$

3 a 80 b 70 c 10

4 a i 3 ii –3
b –1 c 2 d $t > 2$

5 a

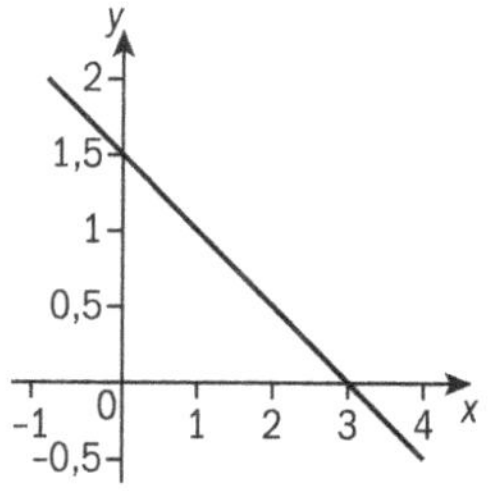

b (3, 0) c (0; 1,5)
d $x = -1$

6 a i 3 ii 6
b $x = -3$

Ejercitación 4E

1 a i $l = 30 - 2x$
ii $a = 15 - 2x$

b $V = (30 - 2x)(15 - 2x)x$
i $V(3)$ es el volumen de la caja cuando se cortan en las esquinas cuadrados de longitud 3 cm.
ii 648 cm^3
iii 646,816 cm^3
iv No, $x < 7{,}5$ ya que el ancho del cartón es solo 15 cm.

2 a $12 - x$
b $A = x(12 - x)$
c i $A(2)$ es el área del rectángulo cuando la longitud es 2 cm.
ii 20 cm^2
d No, si $x = 12$, el ancho del rectángulo sería 0.

3 a $C = 300 + 150n$
b USD4800
c i $300 + 150n \leq 2300$
ii No
iii 13 días

4 b Una pérdida de AUD576
c i AUD3300
ii AUD136
d 10 o 150

Ejercitación 4F

1 a 110 libras
b

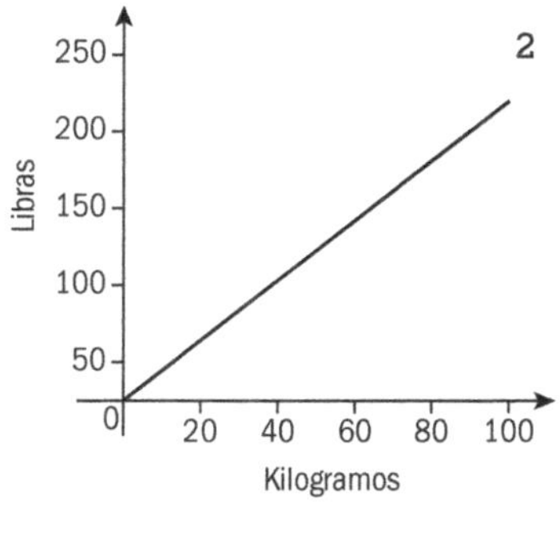

c Pendiente = 2,2 $p(x) = 2{,}2x$
d $p(75) = 165$ $p(125) = 275$
e $k(x) = \frac{x}{2{,}2}$
f $k(75) = 34{,}1$ $k(100) = 45{,}5$

2 a SGD102,5
b

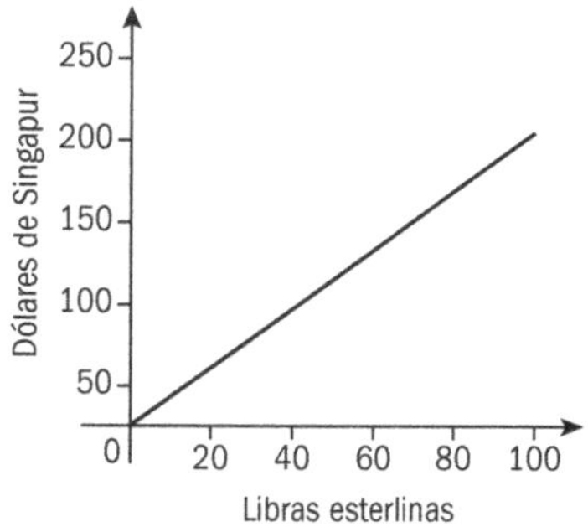

c Pendiente = 2,05 $s(x) = 2{,}05x$
d $s(80) = 164$ $s(140) = 287$
e $p(x) = \frac{x}{2{,}05}$
f $p(180) = 87{,}8$

3 a USD93
b

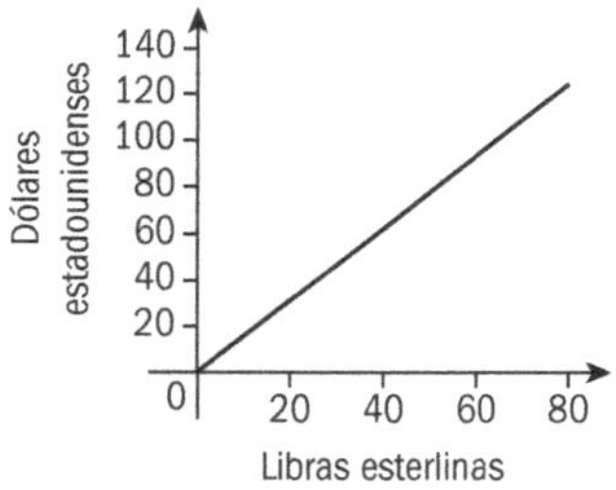

c Pendiente = 1,55 $u(x) = 1{,}55x$
d $u(300) = 465$ $u(184) = 285{,}20$
e $p(x) = \frac{x}{1{,}55}$
f $p(250) = 161$
$p(7750) = 5000$

Ejercitación 4G

1 a

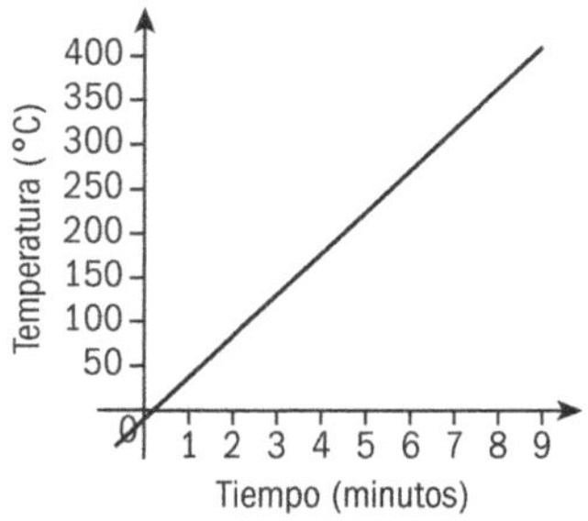

b 10 °C c $T(x) = 40x + 10$

2 a

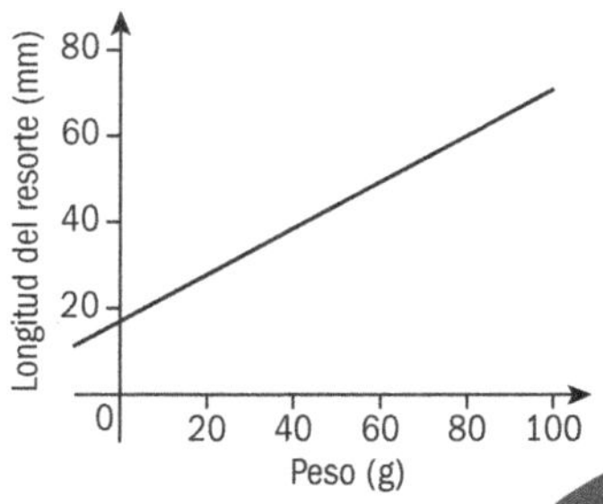

b 18 mm

c 20 mm

d 0,5 mm

e $L(x) = 0{,}5x + 18$

3 b $T(x) = \frac{2}{3}x + 10$

c 66,7 °C

4 b 20 cm

c 20 cm

d 350 g

e $L(x) = 0{,}08x + 20$

Ejercitación 4H

1 a Harina = $80s + 60f$

b Manteca = $50s + 90f$

c 5 bizcochos de vainilla, 7 bizcochos de fruta

2 3 mesas, 9 sillas

3 7 camionetas, 8 automóviles

4 4 aviones de pasajeros, 6 aviones de transporte

5 16 del volumen 1, 8 del volumen 2

Investigación: la curva $y = ax^2$

1 Estas curvas se relacionan porque una es la simétrica de la otra respecto del eje x.

2 a La curva es una parábola. Coeficientes positivos producen una parábola con forma de U. Coeficientes negativos producen una parábola con la forma ∩.

b En cada gráfico hay un eje de simetría vertical con ecuación $x = 0$.

c El vértice es (0, 0). Es un punto mínimo en los gráficos con la forma de U y es un punto máximo en los gráficos con forma ∩.

4 "a" representa la amplitud de la parábola. Los valores más grandes de a producen una curva más empinada y los valores más pequeños una curva menos empinada, más "aplastada". Los valores de a negativos producen una curva con la forma ∩.

Investigación: la curva $y = x^2 + c$

Al cambiar los valores de c, el gráfico de $y = x^2$ se traslada verticalmente hacia arriba o hacia abajo. El valor de c representa la coordenada y del corte con el eje y.

Ejercitación 4I

1

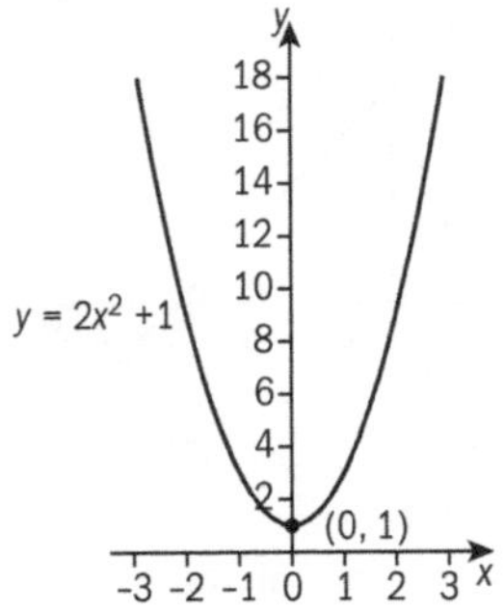

2

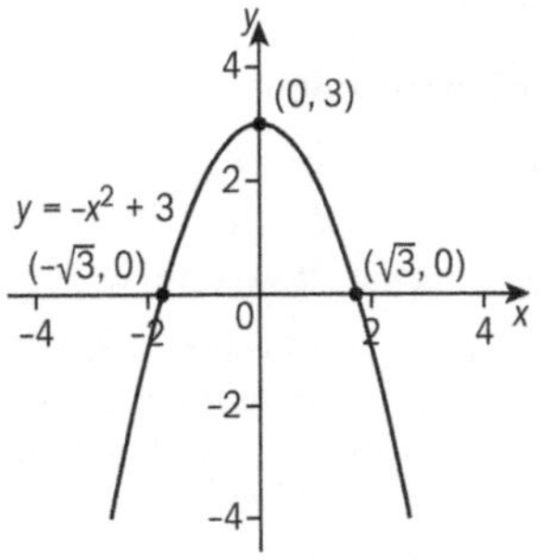

3

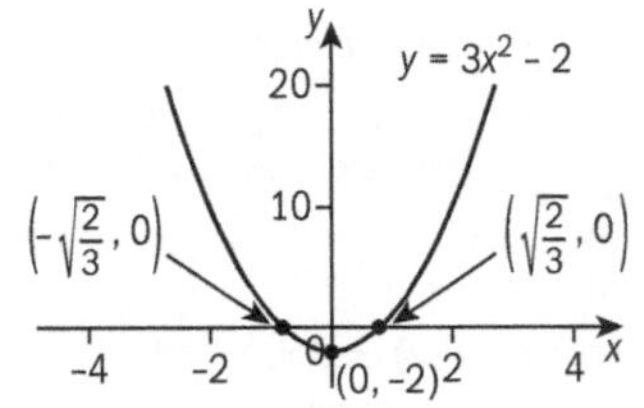

4

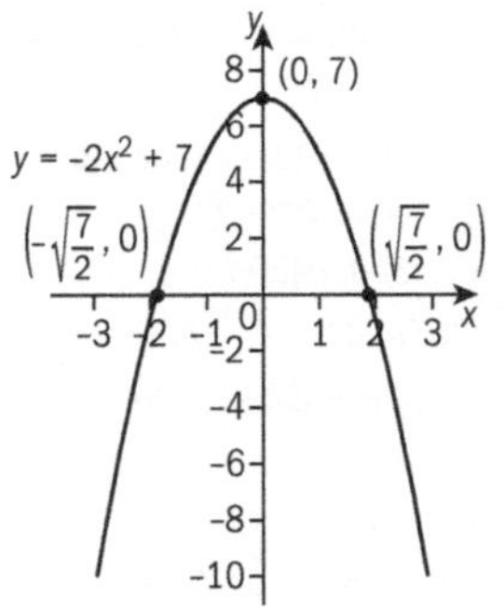

Investigación: las curvas $y = (x + p)^2$ e $y = (x + p)^2 + q$

1 Al cambiar el valor de p, el gráfico de $y = x^2$ se traslada hacia la izquierda si p es positivo, y hacia la derecha si p es negativo.

2 El eje de simetría es $x = -p$.
Las coordenadas del vértice son $(-p, q)$.

Ejercitación 4J

1 (–3, –2) $x = -3$

2 (–5, 4) $x = -5$

3 (4, –1) $x = 4$

4 (5, 7) $x = 5$

5 (–3, 4) $x = -3$

Investigación: las curvas $y = kx - x^2$ e $y = x^2 - kx$

Parte A:

1 El eje de simetría es $x = 2$.
Las coordenadas del vértice son (2, 4).
Los cortes con el eje x son (0, 0) y (4, 0).

2 Gráficos de las curvas solicitadas.

3 Al variar el valor de k, cambian los puntos de intersección con el eje x.
El eje de simetría es $x = \frac{1}{2}k$.
Los puntos de corte con el eje x son (0, 0) y (k, 0).

Parte B:

Gráficos de las curvas solicitadas.

4 Al variar el valor de k, cambian los puntos de intersección con el eje x.
En este caso el gráfico tiene la forma de U.
El eje de simetría es $x = \frac{1}{2}k$.
Los puntos de corte con el eje x son (0, 0) y (k, 0).

Investigación: curvas de la forma $y = (x - p)(x - q)$

1 La curva corta al eje x en (1, 0) y (3, 0).
El eje de simetría es $x = 2$.
Las coordenadas del vértice son (2, –1).

2 La curva corta al eje x en (k, 0) y (1, 0).
El eje de simetría es $x = \frac{(k+1)}{2}$.

Ejercitación 4K

1 a $x = 2$ b (0, 0); (4, 0)
c (2, –4)

2 a $x = -3$ b (0, 0); (–6, 0)
c (–3, –9)

3 a $x = 4$ b (0, 0); (8, 0)
c (4, 16)

4 a $x = \frac{3}{2}$ b (0, 0); (3, 0)
c $\left(\frac{3}{2}, \frac{9}{4}\right)$

5 a $x = 1$ b (0, 0); (2, 0)
c (1, –1)

6 a $x = \frac{1}{2}$ b (0, 0); (1, 0)
c $\left(\frac{1}{2}, -\frac{1}{4}\right)$

7 a $x = -2$ b (0, 0); (−4, 0)
c (−2, −4)

8 a $x = -\frac{1}{2}$ b (0, 0); (−1, 0)
c $\left(-\frac{1}{2}, -\frac{1}{4}\right)$

9 a $x = 1$ b (−1, 0); (3, 0)
c (1, −4)

10 a $x = 1$ b (5, 0); (−3, 0)
c (1, −16)

11 a $x = 4$ b (2, 0); (6, 0)
c (4, −4)

12 a $x = 1$ b (4, 0); (−2, 0)
c (1, −9)

Investigación: la forma general de la cuadrática $y = ax^2 + bx + c$

Parte A

1 La curva corta al eje x en (1, 0) y (3, 0).
El eje de simetría es $x = 2$.
Las coordenadas del vértice son (2, −1).

2 En el caso en que $a = 1$:
La curva corta al eje x en
$\left(\frac{-b - \sqrt{b^2 - 4ac}}{2a}, 0\right)$ y
$\left(\frac{-b + \sqrt{b^2 - 4ac}}{2a}, 0\right)$.
El eje de simetría es $x = \frac{-b}{2}$.
Las coordenadas del vértice son
$\left(\frac{-b}{2}, c - \frac{-b}{4}\right)$.

Parte B

1 La curva no corta al eje x.
El eje de simetría es $x = 1$.
Las coordenadas del vértice son (1, 1).

Ejercitación 4L

1 a $x = 1$ b En ningún punto
c (1, 2)

2 a $x = -2$ b (1, 0); (−5, 0)
c (−2, −9)

3 a $x = -3$
b (−0,764; 0); (−5,24; 0)
c (−3, −5)

4 a $x = 1$ b (0,423; 0); (1,58; 0)
c (1, −1)

5 a $x = 2$
b (−0,121; 0); (4,12; 0)
c (2, −9)

6 a $x = -\frac{3}{2}$
b (0,898; 0); (−3,90; 0)
c $\left(-\frac{3}{2}, -\frac{23}{2}\right)$

7 a $x = 1$
b En ningún punto
c $\left(1, \frac{3}{2}\right)$

8 a $x = -3$
b (1,12; 0); (−7,12; 0)
c $\left(-3, -\frac{17}{2}\right)$

Ejercitación 4M

1 a i (0, −3) ii $x = -1$
iii (−1, −4) iv (−3, 0); (1, 0)
v $y \geq -4$

b

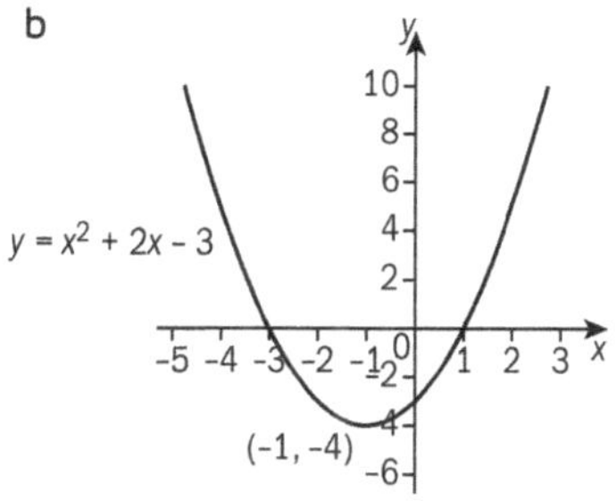

2 a i (0, 7) ii $x = -4$
iii (−4, −9) iv (−7, 0); (−1, 0)
v $y \geq -9$

b

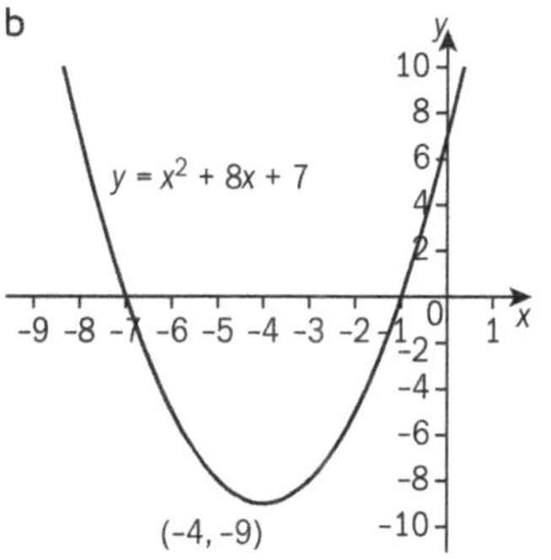

3 a i (0, −7) ii $x = 3$
iii (3, −16)
iv (7, 0); (−1, 0)
v $y \geq -16$

b

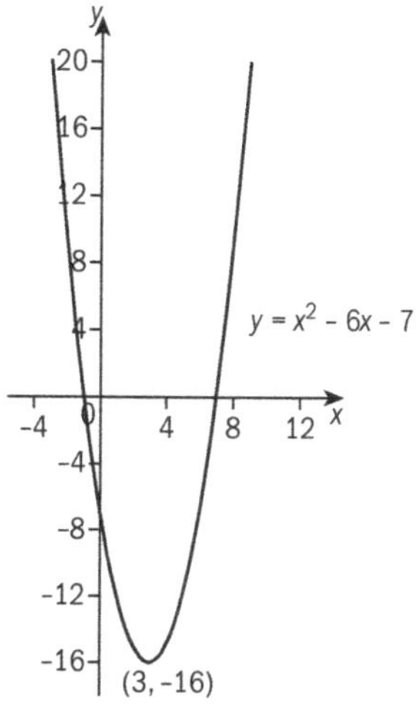

4 a i (0, −4) ii $x = \frac{3}{2}$
iii $\left(\frac{3}{2}, -\frac{25}{4}\right)$
iv (4, 0), (−1, 0)
v $y \geq -\frac{25}{4}$

b

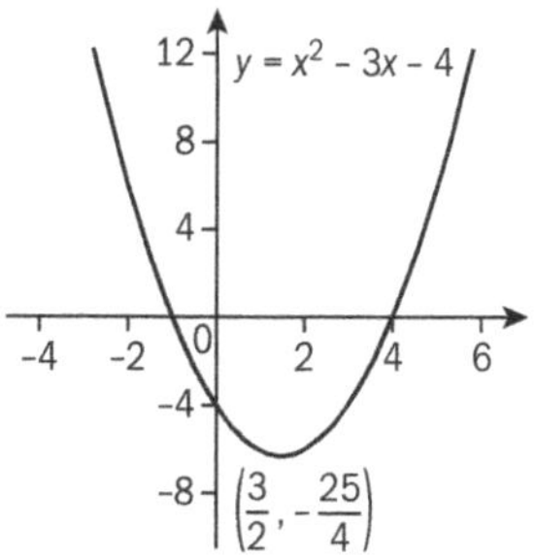

5 a i (0, −10) ii $x = \frac{3}{2}$
iii $\left(\frac{3}{2}, -\frac{49}{4}\right)$
iv (5, 0); (−2, 0)
v $y \geq -\frac{49}{4}$

b

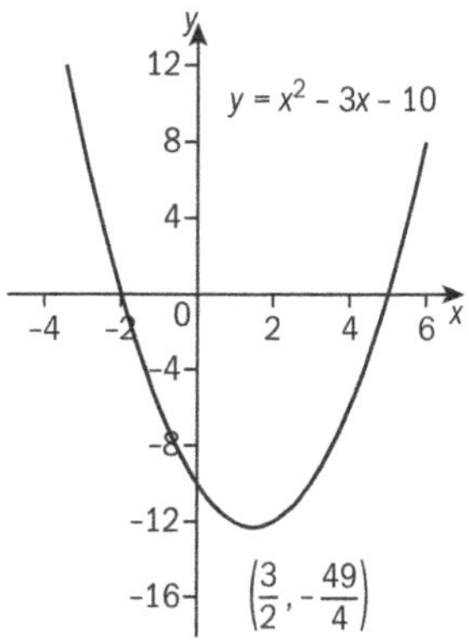

6 a i (0, –3)

ii $x = -\frac{1}{4}$ iii $\left(-\frac{1}{4}, -\frac{25}{8}\right)$

iv (1, 0); $\left(-\frac{3}{2}, 0\right)$

v $y \geq -\frac{25}{8}$

b

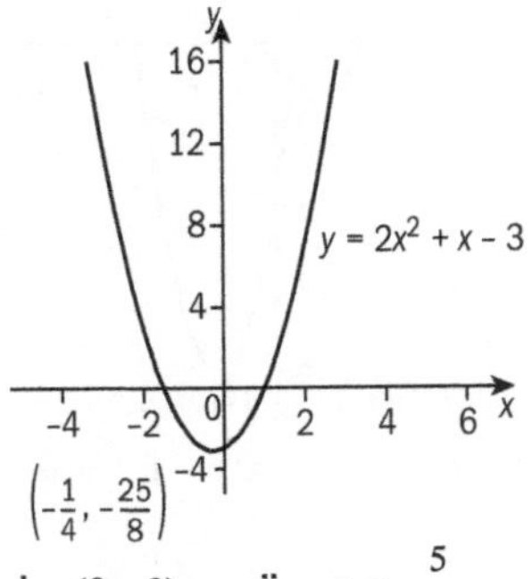

7 a i (0, –3) ii $x = -\frac{5}{4}$

iii $\left(-\frac{5}{4}, -\frac{49}{8}\right)$

iv (–3, 0); $\left(\frac{1}{2}, 0\right)$

v $y \geq -\frac{49}{8}$

b

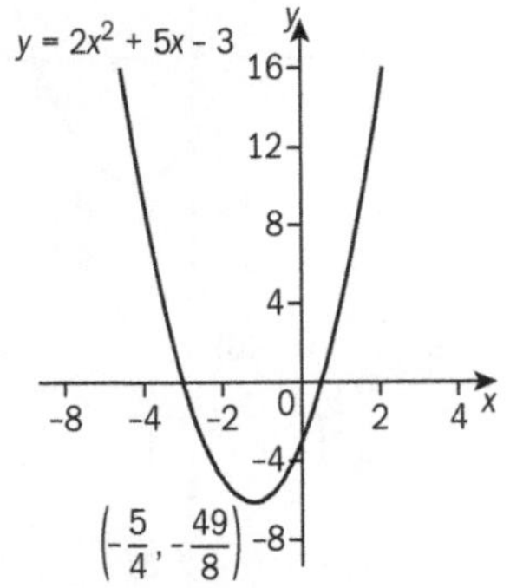

8 a i (0, –4) ii $x = \frac{1}{6}$

iii $\left(\frac{1}{6}, -\frac{49}{12}\right)$

iv (–1, 0); $\left(\frac{4}{3}, 0\right)$

v $y \geq -\frac{49}{12}$

b

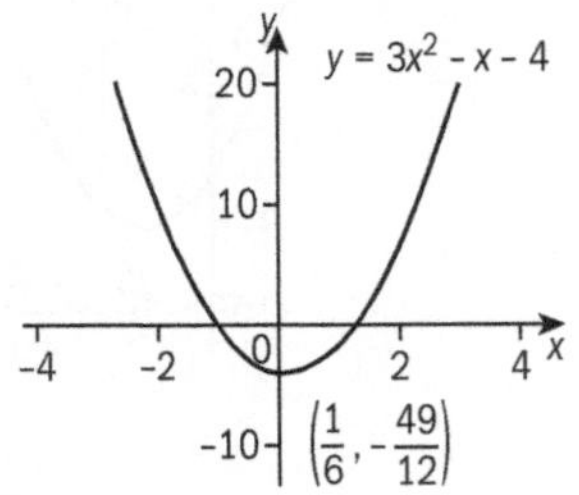

Ejercitación 4N

1

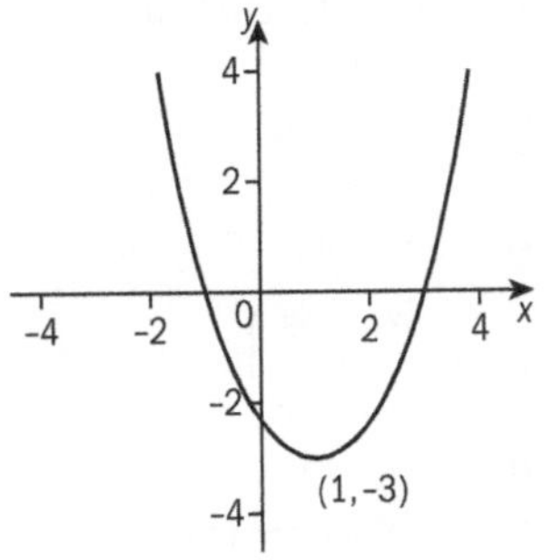

2

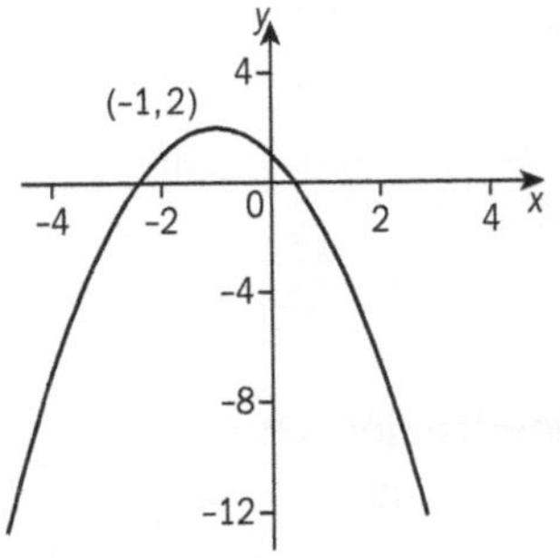

3

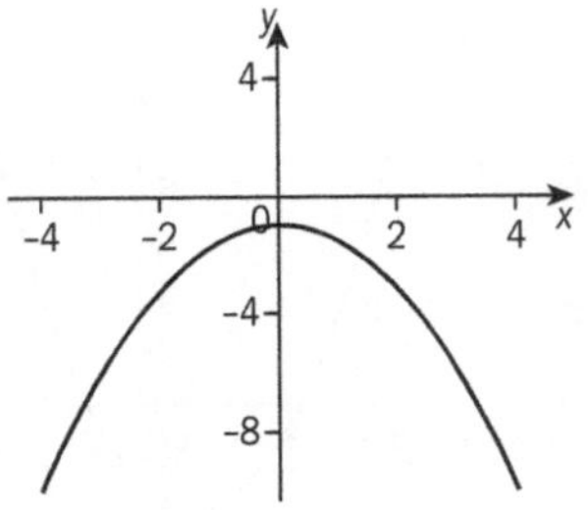

4

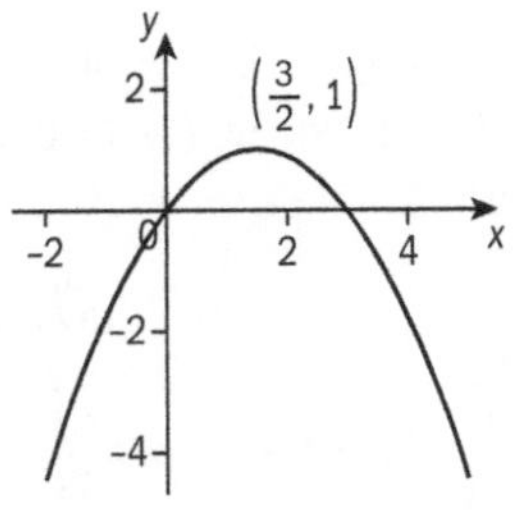

5

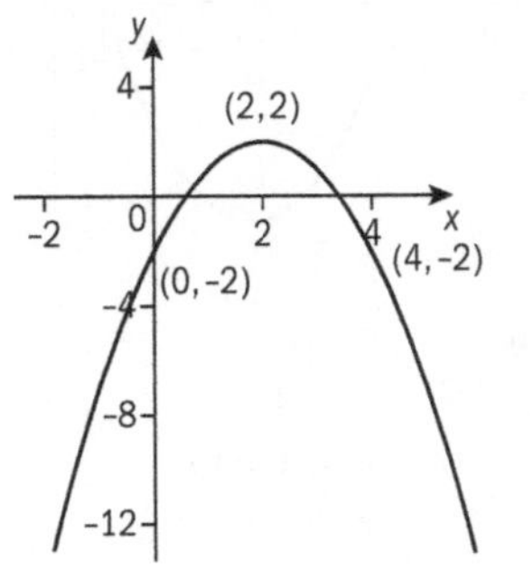

6

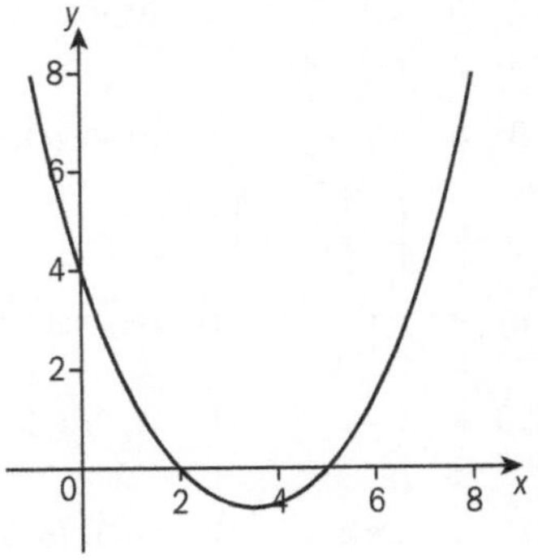

Ejercitación 4O

1 a (–3, –5); (1, –1)

b Sí: $x = -3$ o $x = 1$

c (–2, –7); (1, –1)

2 (0, – 5); (– 4, –1)

3 a (4, 1); (–1, 1)

b (2, 7); (–1, 1)

4 b f: $\{y \mid -3{,}125 \leq y \leq 18\}$
g: $\{y \mid -2 \leq y \leq 4\}$

c $x = -1$ o $x = 2$

e $x = -1$ o $x = \frac{5}{2}$

f (–2, 7); (2, 3)

5 a (2,12; 1,5); (–2,12; 1,5)

b $-2{,}12 < x < 2{,}12$

Ejercitación 4P

1 $f(x) = x^2 + 4x - 1$
$g(x) = x^2 + 2x - 2$

2 $f(x) = x^2 - 4x + 5$
$g(x) = x^2 - 2x + 3$

3 $f(x) = -x^2 + 4x + 5$
$g(x) = -x^2 + 2x + 3$

4 $f(x) = -3x^2 - 6x + 2$
$g(x) = -2x^2 - 8x - 3$

5 $f(x) = 2x^2 + 2x$
$g(x) = -x^2 + 3$

Ejercitación 4Q

1 a Longitud = 42,5 m, ancho = 42,5 m

b Longitud = 31,25 m, ancho = 31,25 m

2 a 13 531,25 riales

b 3000 riales

c 69 o 1369 unidades

3 a 270 m

b 342,25 m

c 37 s

Investigación: gráficos exponenciales

1

Semanas	Cantidad de flores ninfeáceas
1	4
2	8
3	16
4	32
5	64
6	128
7	256
8	512
9	1024
10	2048
11	4096
12	8192

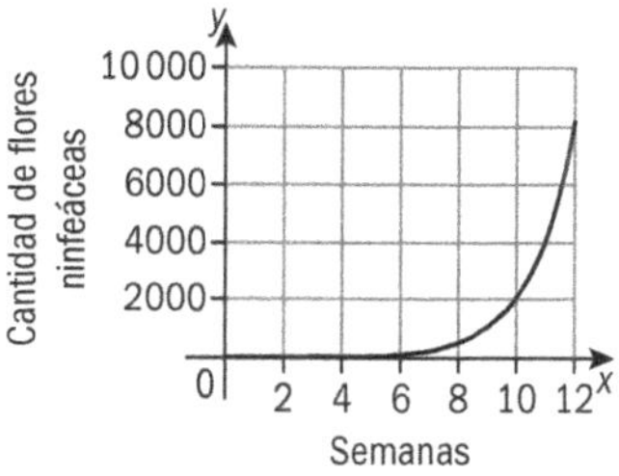

2

Tiempo	Lectura en el contador
0	6000
2	3000
4	1500
6	750
8	375
10	187,5

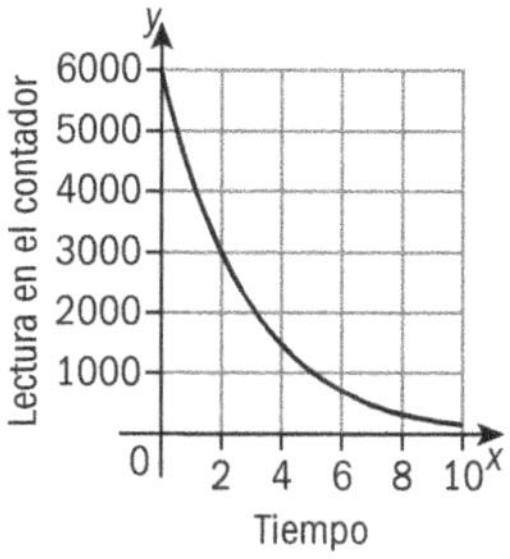

Ejercitación 4R

En todas las preguntas, el punto de corte con el eje y es (0,1) y la asíntota horizontal es $y = 0$.

Investigación: gráficos de $f(x) = ka^x$

1 Gráfico de $y = 2(3)^x$

a $k = 2$ b $(0, 2)$

c $y = 0$

2 Gráfico de $y = 3(\frac{1}{2})^x$

a $k = 3$ b $(0, 3)$ c $y = 0$

3 Gráfico de $y = -3(2)^x$

a $k = -3$ b $(0, -3)$ c $y = 0$

El corte con el eje y es $(0, k)$ y todos los gráficos tienen como asíntota horizontal a $y = 0$.

Investigación: gráficos de $f(x) = ka^x + c$

1 Gráfico de $y = 2^x + 3$

a $k = 1, c = 3$

b $(0, 4)$ c $y = 3$

2 Gráfico de $y = 3(\frac{1}{2})^x - 4$

a $k = 3, c = -4$

b $(0, -1)$ c $y = -4$

3 Gráfico de $y = -2(3)^x + 5$

a $k = -2, c = 5$

b $(0, 3)$ c $y = 5$

El corte con el eje y es $(0, k + c)$ y la asíntota horizontal es $y = c$.

Ejercitación 4S

1 a $(0, 1)$ b $y = 0$

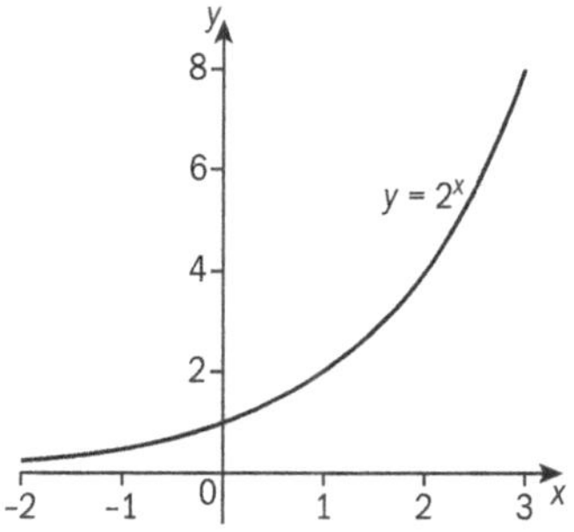

2 a $(0, 1)$ b $y = 0$

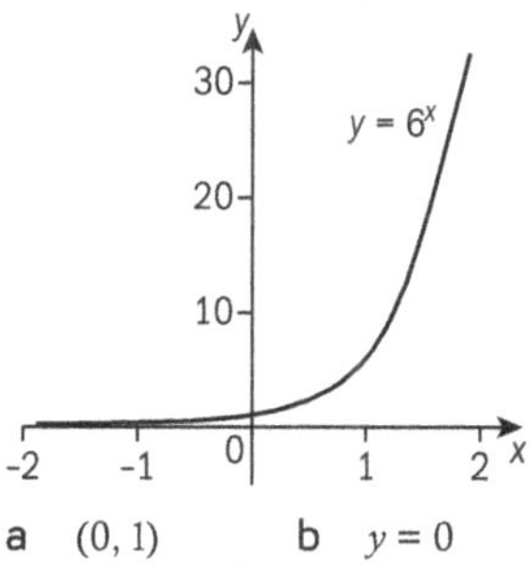

3 a $(0, 1)$ b $y = 0$

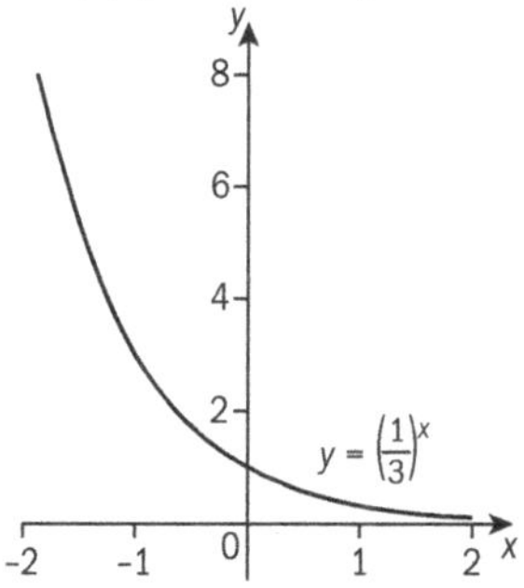

4 a $(0, 1)$ b $y = 0$

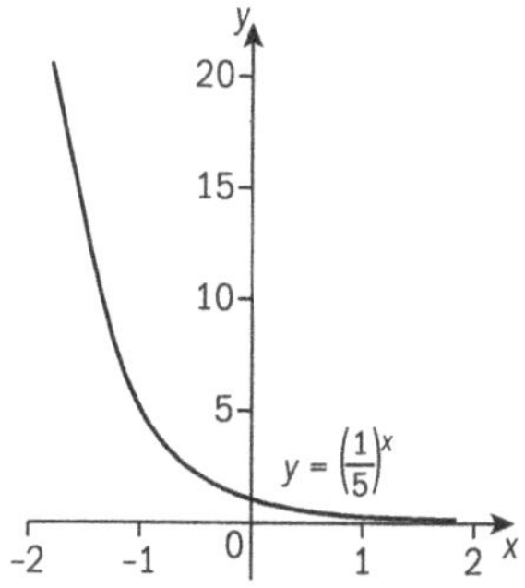

5 a $(0, 7)$ b $y = 4$

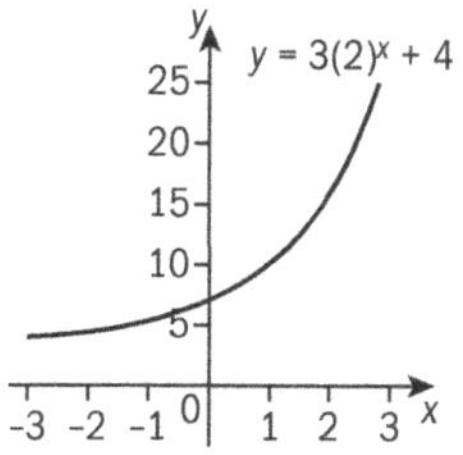

6 a $(0, -3)$ b $y = -1$

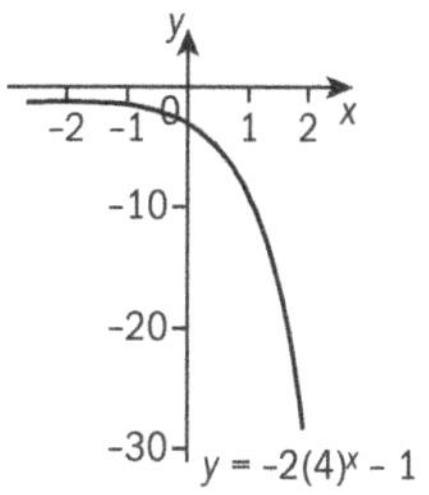

7 a $(0, 2)$ b $y = 3$

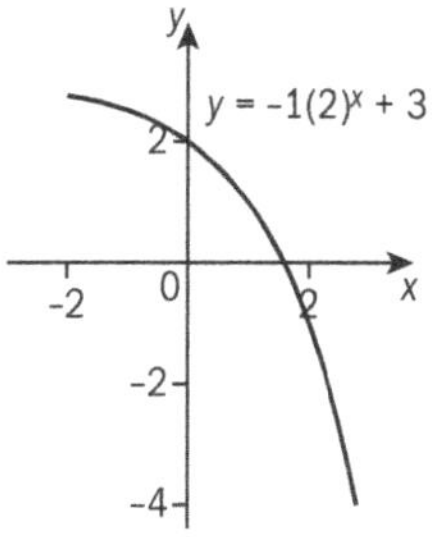

8 a $(0, 2)$ b $y = -2$

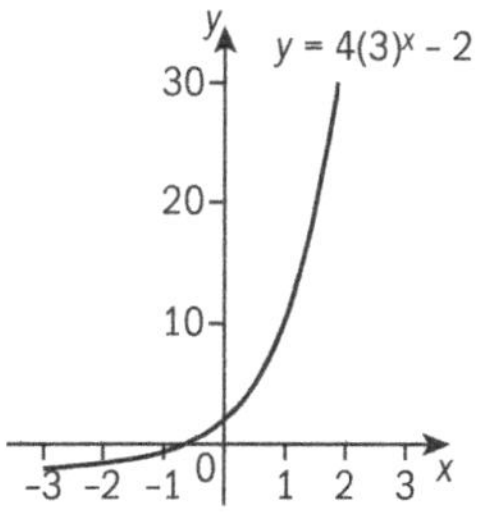

9 a (0; 3,5) b $y = 3$

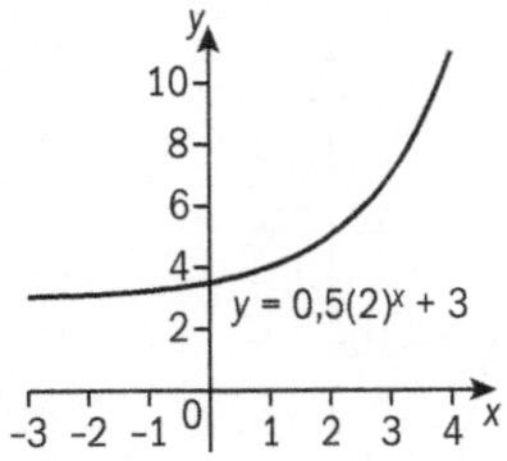

10 a (0, 3) b $y = 1$

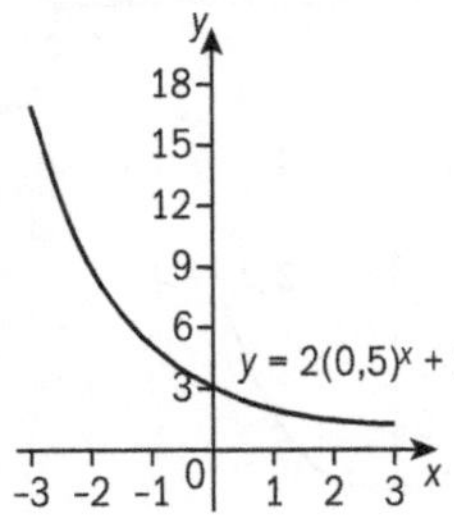

11 a (0, 2) b $y = 1$

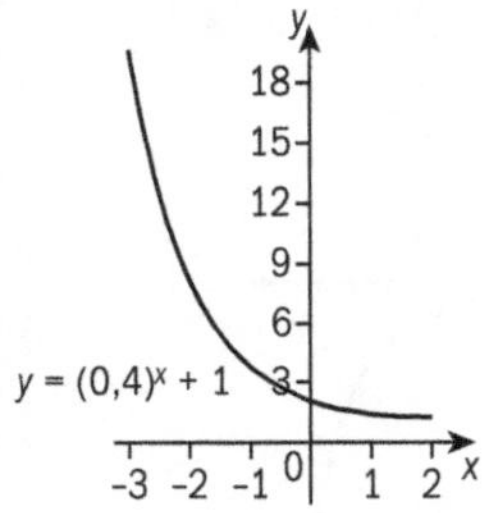

12 a (0, 1) b $y = -1$

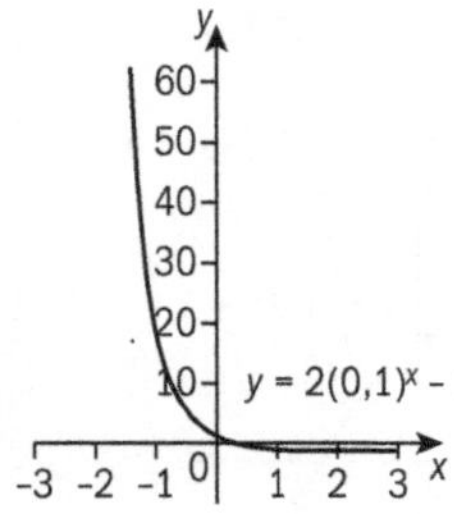

Ejercitación 4T

1 a (0, 6) b $y = 2$

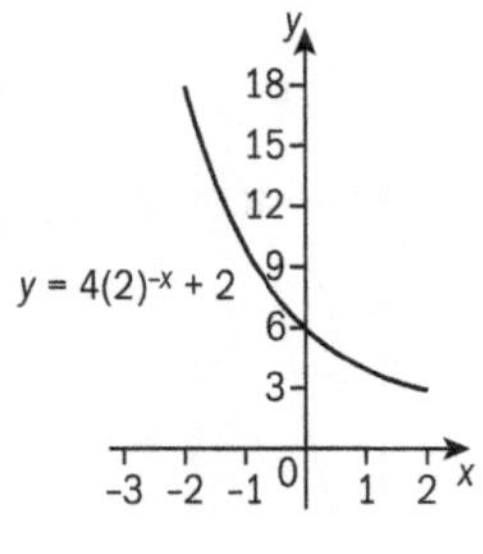

2 a (0, 0) b $y = 1$

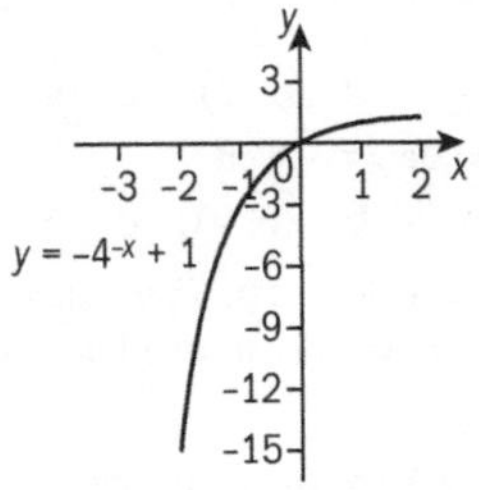

3 a (0, 1) b $y = 3$

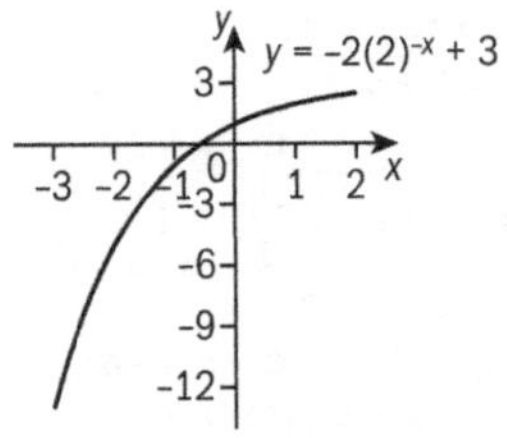

4 a (0, 1) b $y = -2$

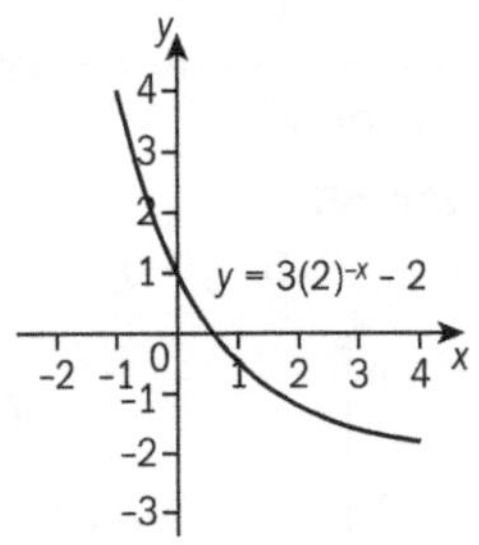

5 a (0; 2,5) b $y = 2$

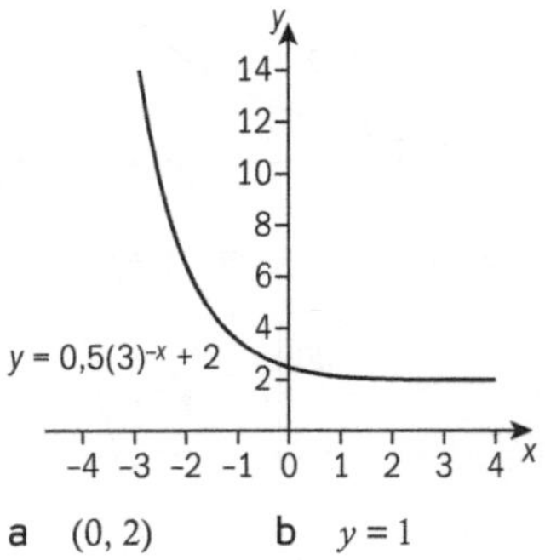

6 a (0, 2) b $y = 1$

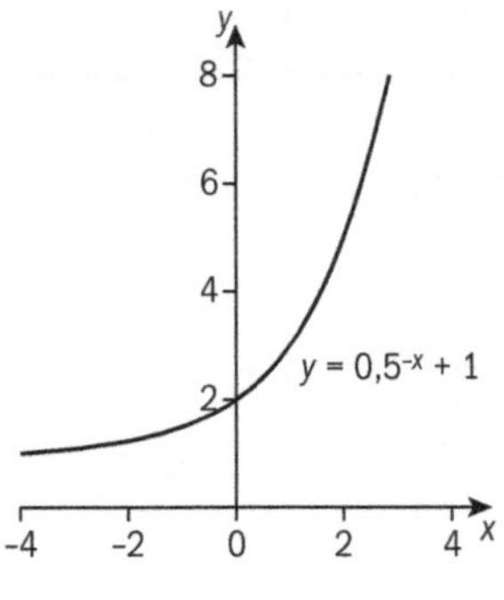

7 a (0, 1) b $y = -1$

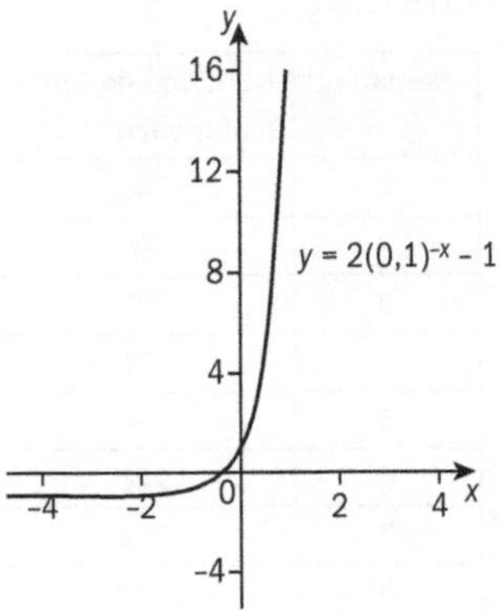

8 a (0, 3) b $y = 2$

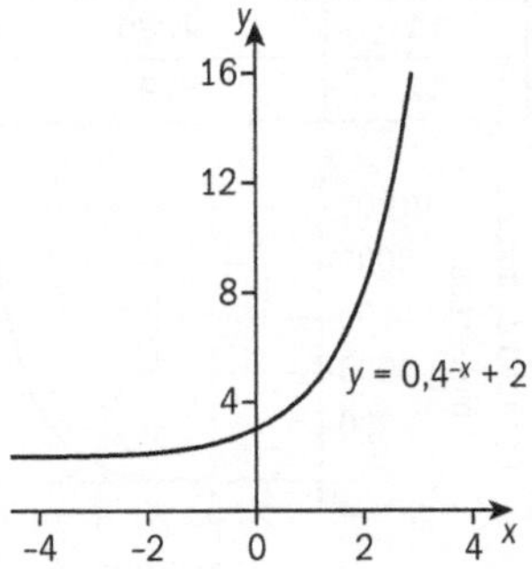

9 a (0, 7) b $y = 4$

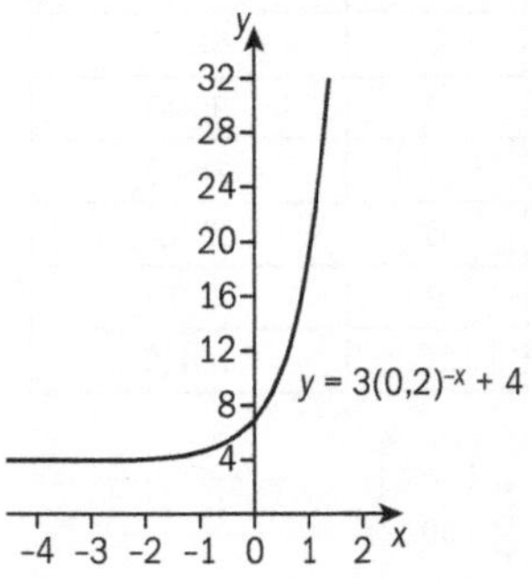

10 a (0, 3) b $y = -2$

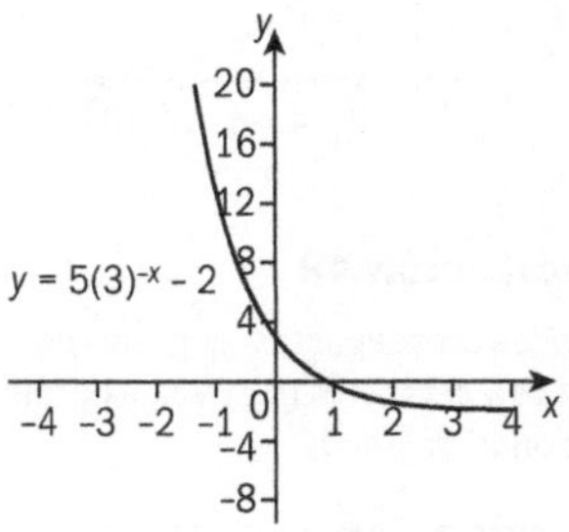

Ejercitación 4U

1

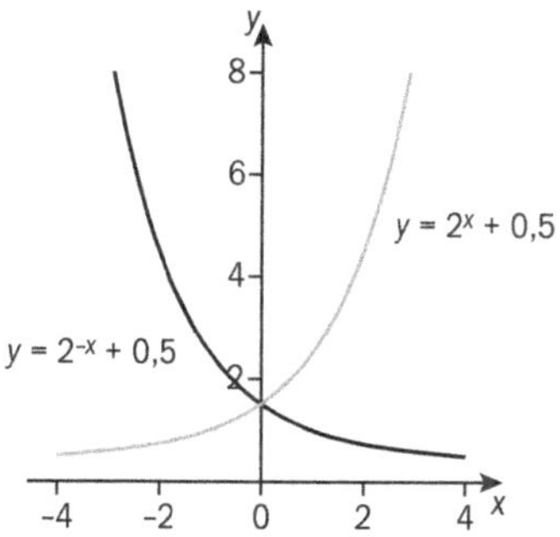

a (0; 1,5) b $y = 0,5$

2 a 26 000 euros b 0,85

c 10 años

3 a

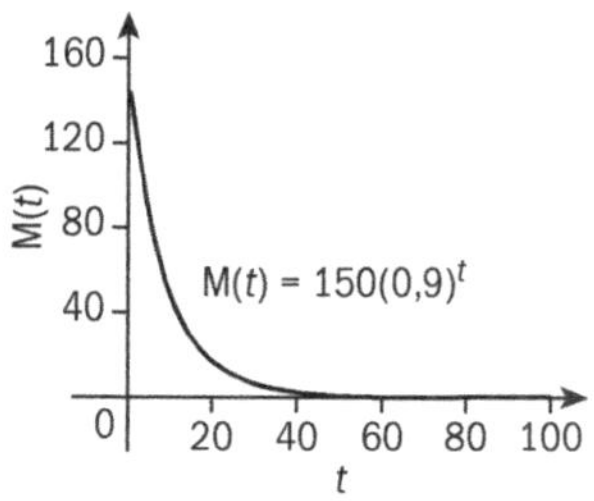

b $M(t) = 0$ c 18,2 g

d 7 años

4 a

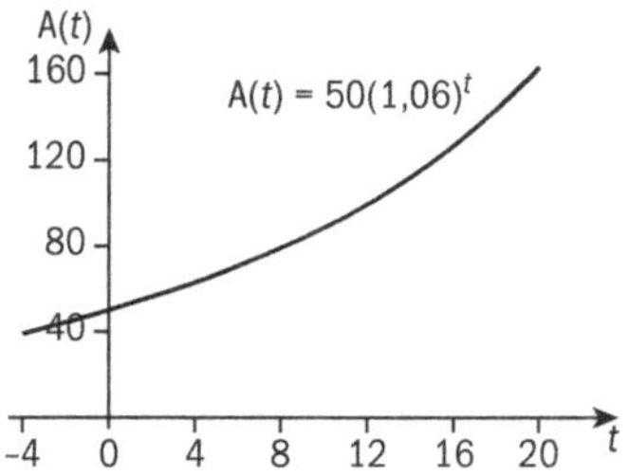

b Días antes del 1 de junio

c 113 m² d $t = 8$

5 $c = -10$, $k = 5$

6 a

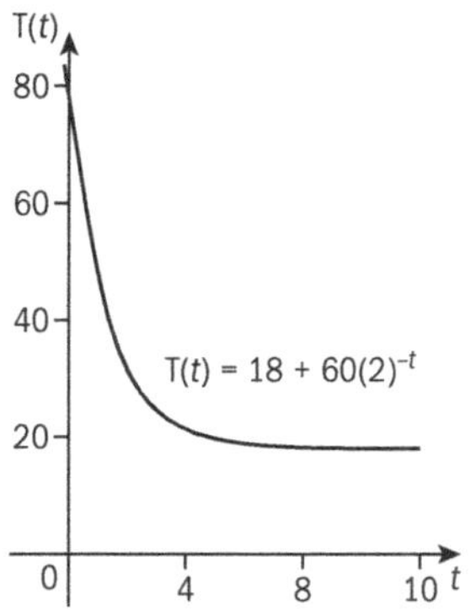

b 78 °C

c 19,875 °C

d 1,45 minutos

e 18 °C, T = 18 es una asíntota, cuando t crece, T se acerca a 18 °C.

7 a USD18 000

b USD10 628,82

c 7 años

8 $a = 5$; $b = 0,2$

9 a $a = 4$, $b = 5$

b $y = 3$

10 a $a = 1,667$; $b = 19$

b

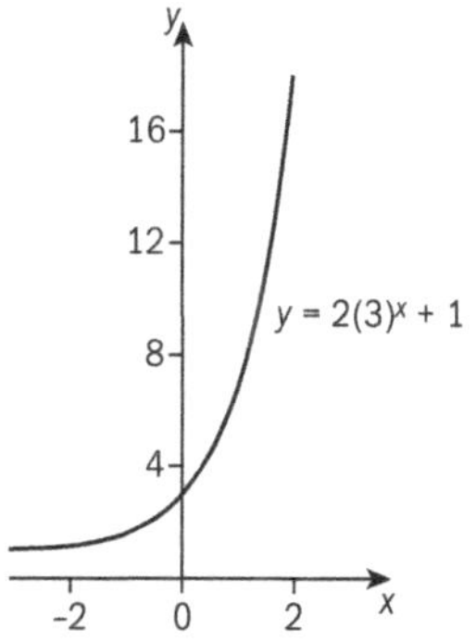

c $f(x) > 1$

Investigación: funciones cuárticas

En general, el gráfico de una función cuártica tiene tres puntos extremos y corta al eje x cuatro veces. Por ser una función, corta al eje y solo una vez.

Ejercitación 4V

1 b 8,77 horas

c 1,80 horas; 17,4 horas

2 a 6

b 2

c $f(x) \geq 6$

Investigación: gráficos de $y = ax^{-n}$

1 Los gráficos de $y = x^{-3}$ e $y = x^{-1}$ (potencias impares) tienen formas muy similares.

Los gráficos de $y = x^{-4}$ e $y = x^{-2}$ (potencias pares) también tienen formas muy similares.

2 Los gráficos con potencias impares tienen todos entre sí formas similares, pero el gráfico de $y = 2x^{-3}$ está más lejos que el gráfico de $y = x^{-3}$, que está más lejos que el gráfico de $y = x^{-1}$.

Los gráficos con potencias pares tienen todos entre sí formas similares, pero el gráfico de $y = 3x^{-4}$ está más lejos que el gráfico de $y = x^{-4}$, que está más lejos que el gráfico de $y = x^{-2}$.

Ejercitación 4W

1 b 28,9 °C

c 2,72 minutos

d $x = 0$

e $y = 21$

f 21 °C

2 b 90 °C

c 1,43 minutos

d 100 °C

3 b ± 0,791

c $x = 0, y = 0$

d $f(x) > 0$

4 b 3,75

c 3

d $x = 0, y = 3$

e $\{y \mid y \in \mathbb{R}, y \neq 3\}$

Ejercitación 4X

1 b Valor mínimo = 17,5 (cuando $x = 1,71$)

c 75,3 m s⁻¹

d 0,403 s; 4,79 s

2 a $V = 2x^2y$

b $A = 2x^2 + \frac{900}{x}$

d Longitud = 6,08 cm, ancho = 12,2 cm, altura = 4,05 cm

3 a $V = \frac{1}{3}x^2a$

c $A = x^2 + 2x\sqrt{a^2 + \left(\frac{x}{2}\right)^2}$

d $A = x^2 + 2x\sqrt{\frac{4500^2}{x^4} + \frac{x^2}{4}}$

f Longitud del lado = 14,7 m, altura = 20,8 m

4 2670 cm²

Ejercitación 4Y

1 a $\{x \mid x \in \mathbb{R}, x \neq 0\}$

b

x	−10	−5	−4	−2	−1	−0,5	−0,2	0	0,2	0,5	1	2	4	5	10
$f(x)$	0,8	0,6	0,5	0	−1	−3	−9	×	11	5	3	2	1,5	1,4	1,2

c

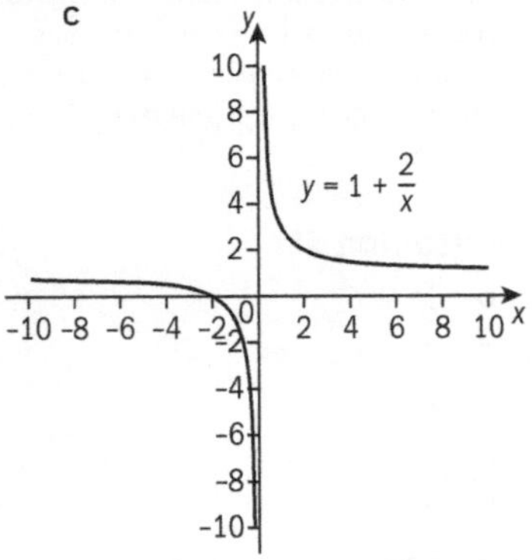

d ii $x = 0$ e ii $y = 3$

2 a $\{x \mid x \in \mathbb{R}, x \neq 0\}$

b

x	−10	−8	−5	−4	−2	−1	0	1	2	4	5	8	10
$f(x)$	2,2	2	1,4	1	−1	−5	×	11	7	5	4,6	4	3,8

c

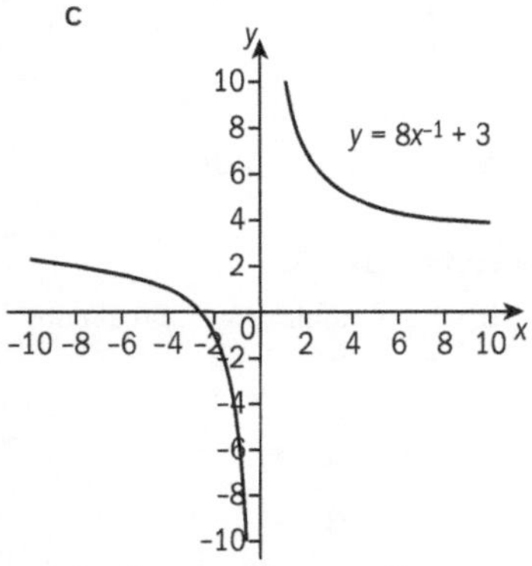

d ii $x = 0$ e ii $y = 3$

Ejercitación 4Z

1

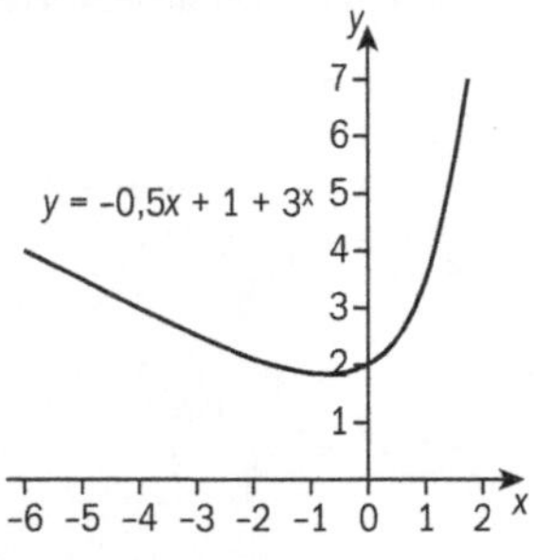

Recorrido: $y \geq 1{,}81$

2

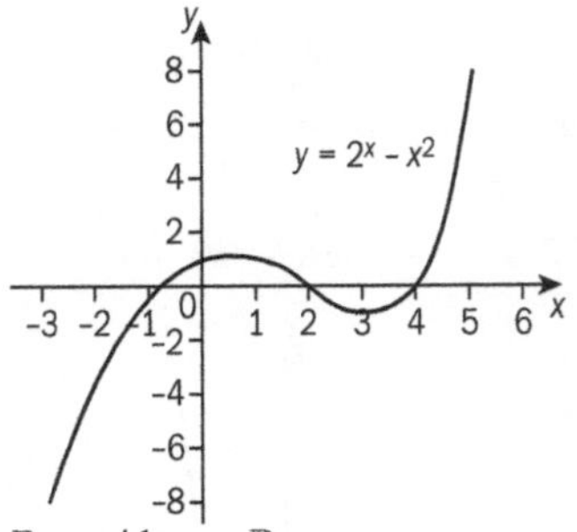

Recorrido: $y \in \mathbb{R}$

3

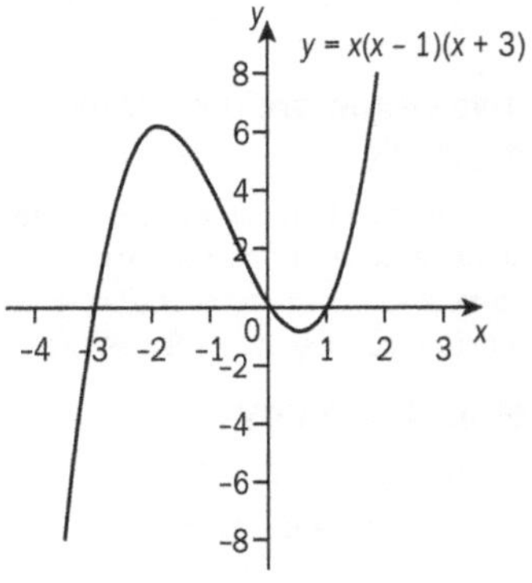

Recorrido: $y \in \mathbb{R}$

4

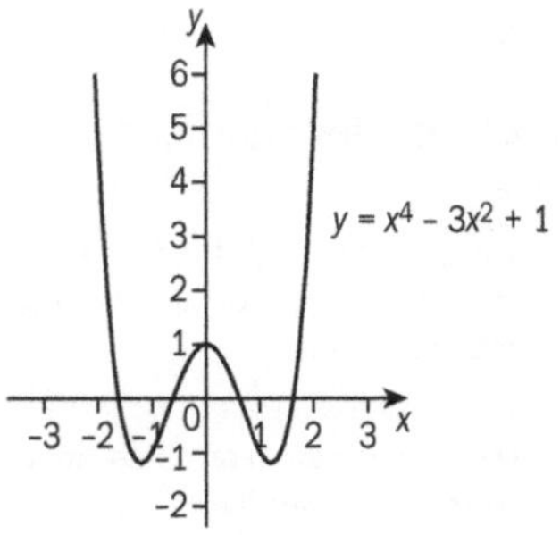

Recorrido: $y \geq -1{,}25$

5

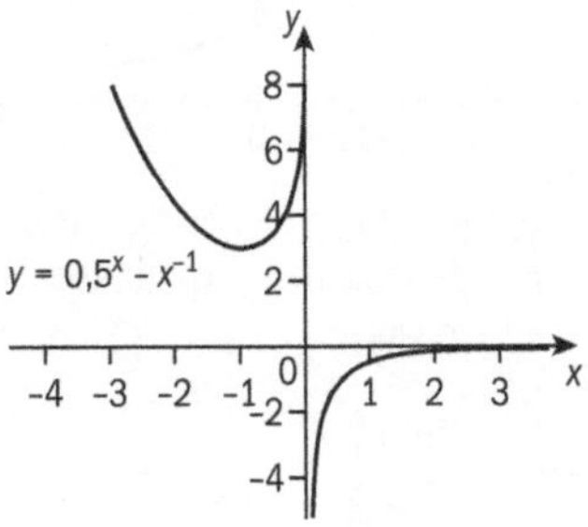

Recorrido: $y < 0$ o $y \geq 2{,}98$

Ejercitación 4AA

1 a

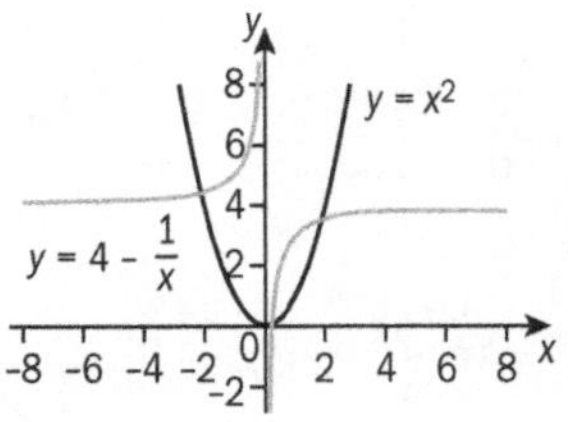

b (0,254; 0,0646); (1,86; 3,46); (−2,11; 4,47)

2 a, c

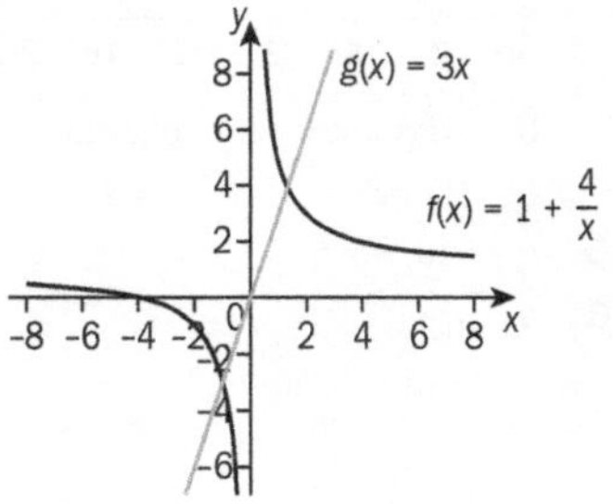

b $y = 1, x = 0$

d $x = -1$ o $1{,}33$

e $\{y \mid y \in \mathbb{R}, y \neq 1\}$

3 a (−0,366; 0,669); (0,633; 2,01)

b $y = 0$

4 a

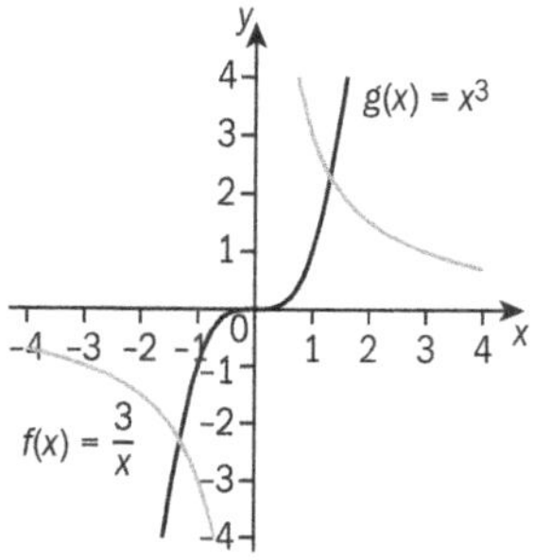

b Dos soluciones

c 1,32 o –1,32

5

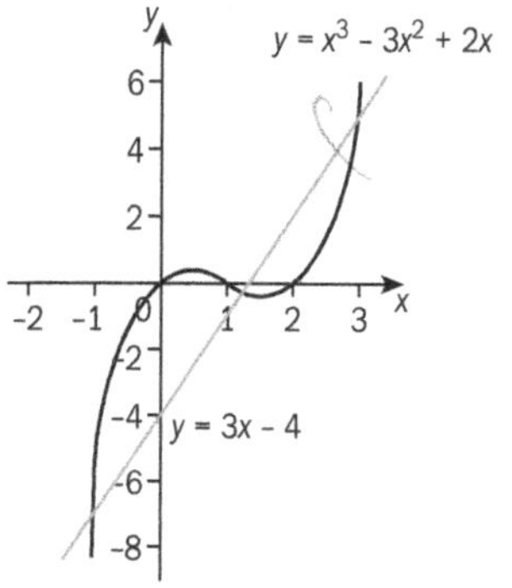

(–1,11; –7,34); (1,25; –0,238); (2,86; 4,58)

6

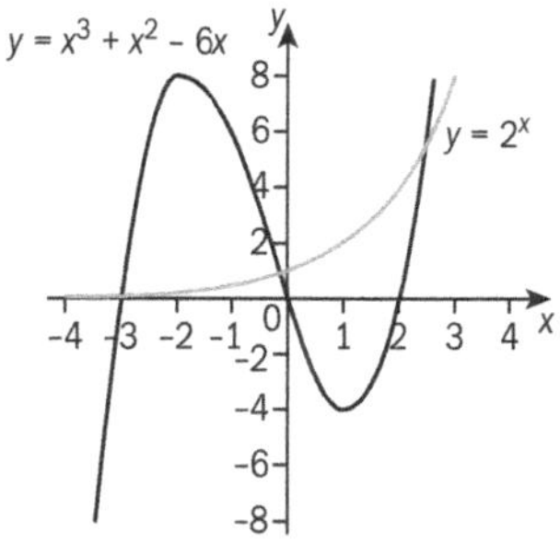

(–2,99; 0,126); (–0,147; 0,903); (2,41; 5,31)

7

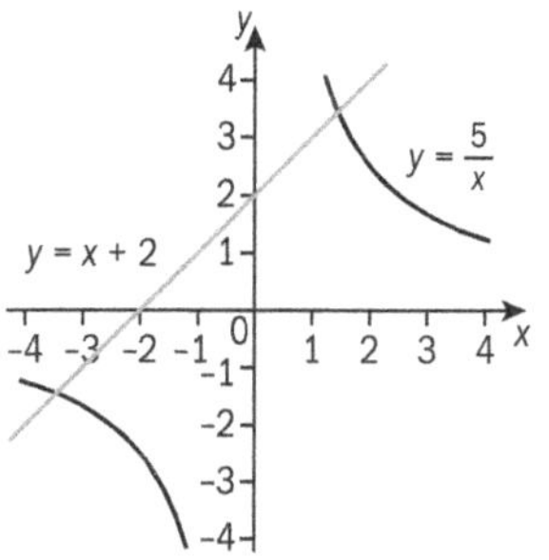

a $x = 1{,}45$ o $-3{,}45$

b $y = 0$ c $x = 0$

Ejercitación 4AB

1 a Tiempo en horas, consumo de agua en litros

b 07.00-20.00

c 07.00-12.00, 14.00-16.00

d 12.00-14.00, 16.00-20.00

e 12.00 (máximo local a las 16.00)

f 07.00, 20.00 (mínimo local a las 14.00)

2 a Tiempo en minutos, temperatura en °C

b 100 °C c 35 °C

d $\frac{1}{2}$ minuto e No

f Aproximadamente 22 °C

3 a

t	0	5	10	15	20
N	1	2	4	8	16

b 13 s c 4096

4 a 45 m b 1,5 s y 5,5 s

c 0–3,5 s d 3,5–7 s

e 90 m; 3,5 s

f La pelota vuelve al suelo.

5 a i 3,8 m ii 2,2 m

iii 02.00 y 06.00

b $2 < t < 6$

6 a Dos veces b 04.00-09.00

c 16.00 d 5 °C

e 11.00-16.00

f 13.00 y 19.30

g No, la temperatura al comienzo del día siguiente será 1 °C, mientras que al comienzo de este día fue 3 °C.

7 a $y = \frac{16}{x^2}$

b

x	0,5	1	2	4	8	10
y = f(x)	64	16	4	1	0,25	0,16

c

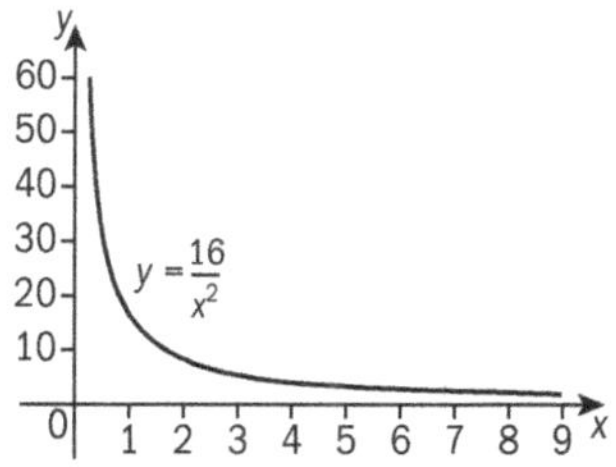

d La altura tiende a 0.

8 a 3000 cm³ b $y = \frac{3000}{x^2}$

c $A = x^2 + \frac{12000}{x}$

d

x (m)	5	10	15	20	25	30	35
A(x) (cm²)	2400	1300	1000	1000	1100	1300	1600

e

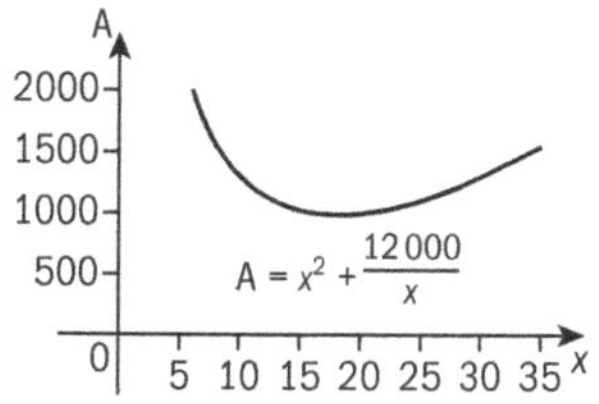

f $x = 18{,}2$

Ejercicio de revisión

Preguntas del estilo de la prueba 1

1 a 00.00-06.00

b 11.30-17.00

c 13 °C

2 a SGD4500

b SGD8000

3 a $x(x + 5)$

b

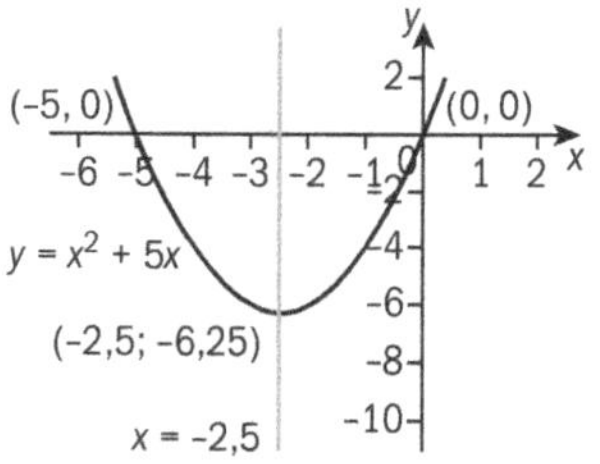

4 a 40 m

b 45 m

c 4 s

5 a $m = 5$

b $n = \frac{1}{5}$ $f(2) = \frac{4}{5}$

6 a $(x - 5)(x + 3)$

b i (–3, 0) ii (1, –16)

7 a ii b i c iii d iv

8 a i (–1,68; 1,19)

ii (2,41; –1,81)

b $-1{,}68 < x < 2{,}41$

c $y = -2$

9 a $2{,}2 - x$

b $A = x(2{,}2 - x)$

c $x = 1{,}1$ m

10 a

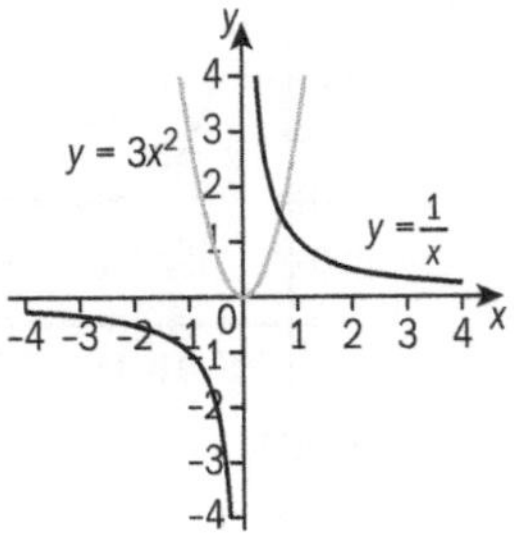

b $x = 0, y = 0$ c $x = 0{,}693$

Preguntas del estilo de la prueba 2

1 a 1980, 4554

b

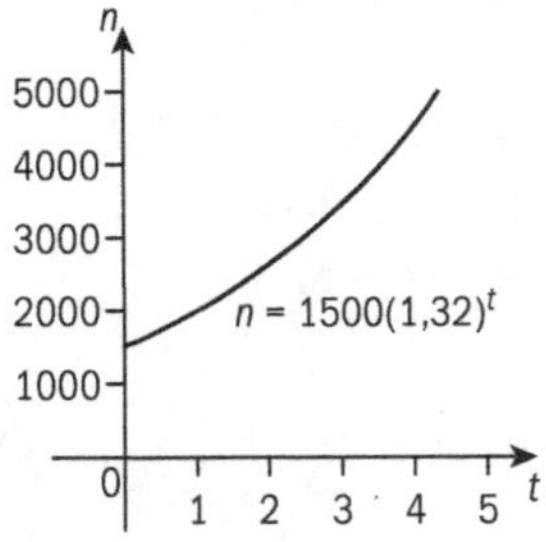

c i 3000

ii 4 horas 20 minutos

2 a, c

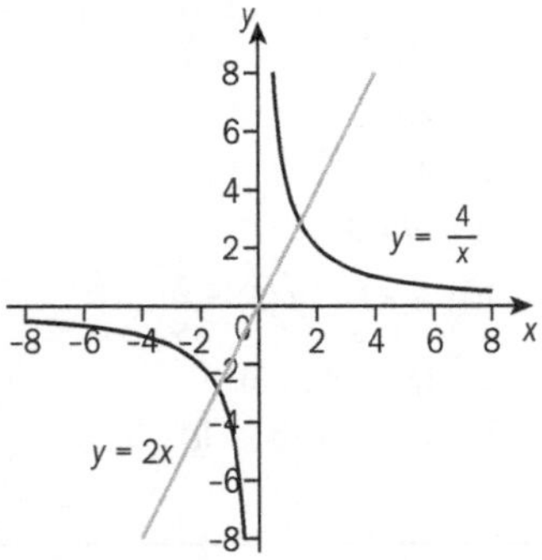

b $y = 0, x = 0$ d $x = \pm 1{,}41$

e $\{y \mid y \in \mathbb{R}, y \neq 0\}$

3 a $a = 4{,}33$; $b = 7{,}5$

b

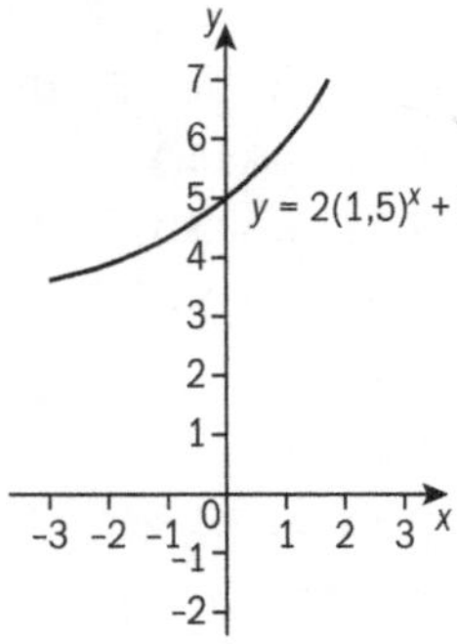

c $f(x) > 3$

d $x = 3$ (aproximadamente)

e $y = 3$

4 a 98 °C b $y = 21$

c 21 °C d 33,9 °C

5 a

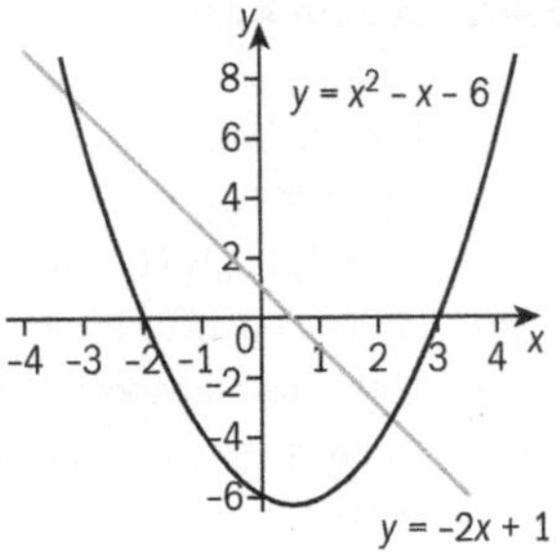

b (0,5; –6,25)

c –2 d (0; 1)

e (2,19; –3,39); (–3,19; 7,39)

f $x = 2{,}19; -3{,}19$

6 a, c

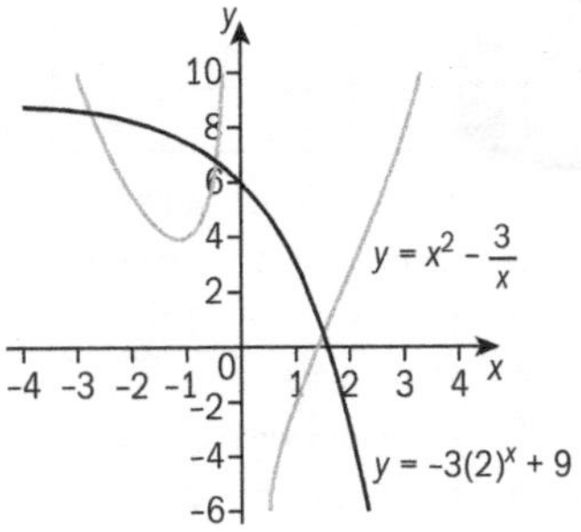

b $x = 0$ d $y = 9$

e (–2,73; 8,55); (–0,454; 6,81); (1,53; 0,362)

7 a

x	0	10	20	30	40	50	60	70	80	90
P	–60	30	100	150	180	190	180	150	100	30

b

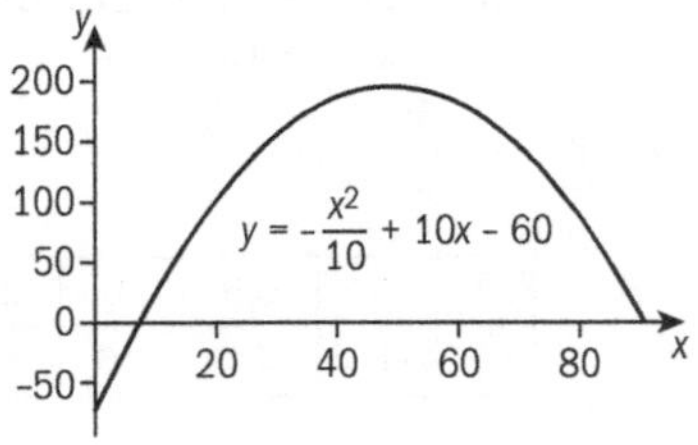

c i 190 euros

ii 50

iii 33 o 67

iv 60 euros

8 a, b

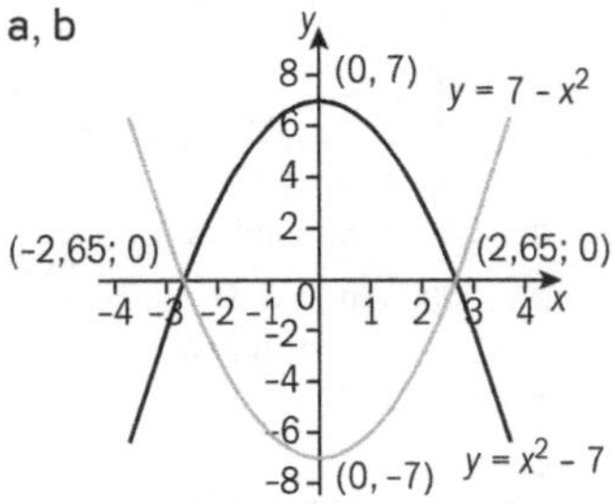

c $x = \pm 2{,}65$

d $c = 1, 2, 3, 4, 5$

9 a (0, 0); (2, 2)

b $x = 2$ c $k = 2$

d

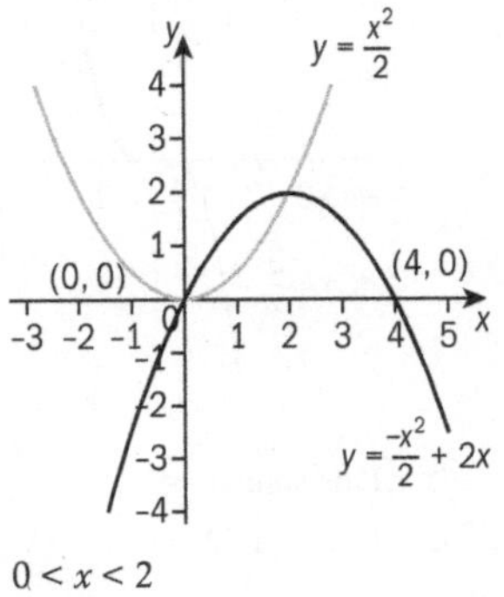

e $0 < x < 2$

Capítulo 5

Comprobemos nuestras habilidades

1 a Media = 3,61 (3 cs)

Desviación típica = 1,21 (3 cs)

La desviación típica muestra que los datos están cerca de la media.

b Media = 4

Desviación típica = 0,643 (3 cs)

La media es igual a la mediana, ya que la distribución de frecuencias es simétrica alrededor de la media. La desviación típica muestra que los datos están muy cerca de la media.

2 a

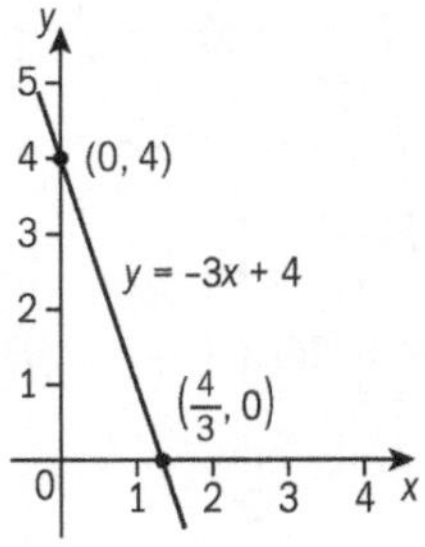

b

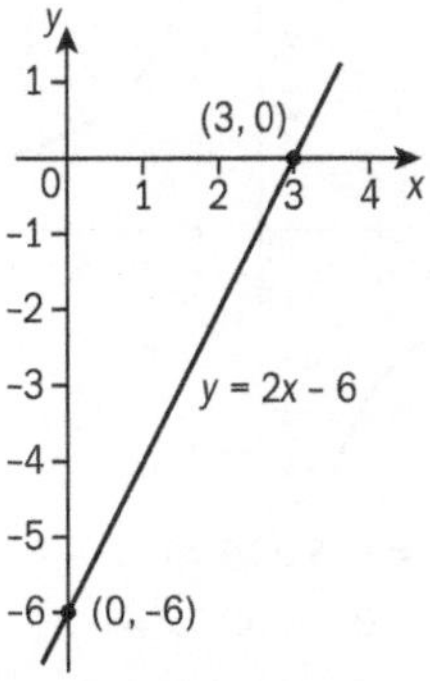

Investigación: ¿datos relacionados?

Hay una correlación positiva entre la altura y el talle de zapato. Indefectiblemente los datos no estarán alineados, pero tendrán una tendencia general: a medida que la persona sea más alta, el talle de zapato será más grande.

Ejercitación 5A

1 a

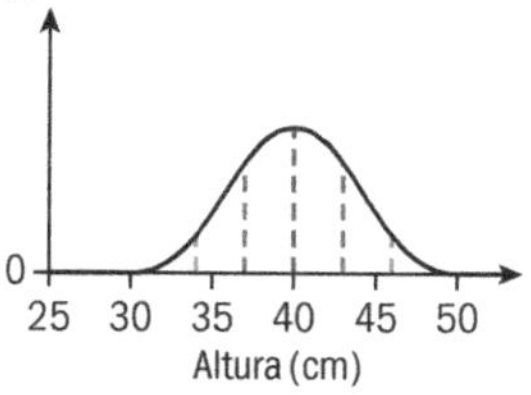

b 16% o 0,16

c 81,9% o 0,819 d 32

2 a

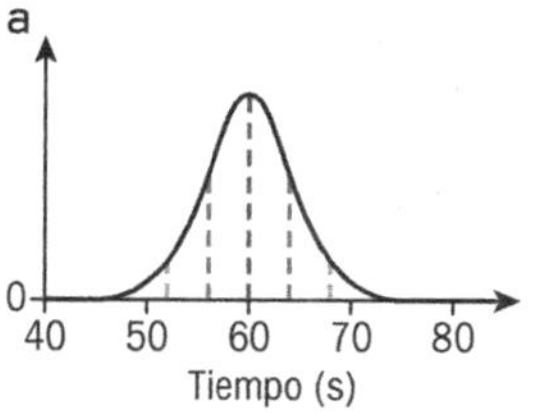

b 81,5% c 50

3 a

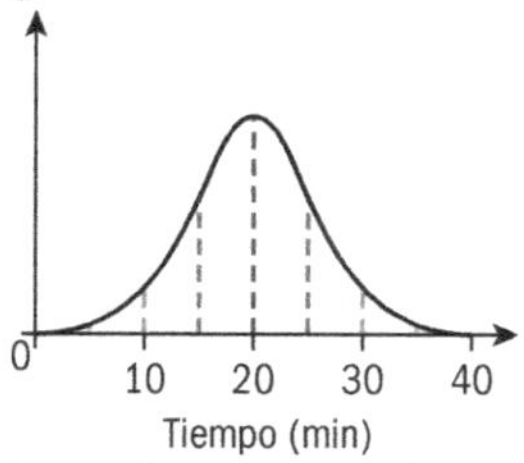

b 16% c 41

4 a

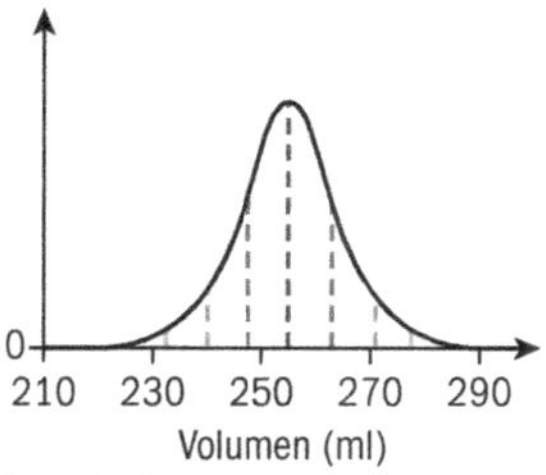

b 0,025 c 63

Ejercitación 5B

1 a

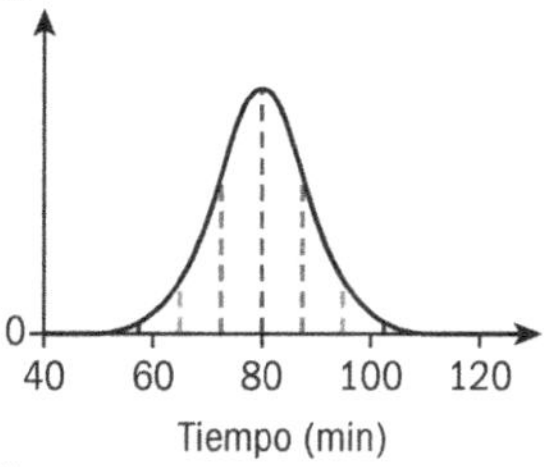

b 0,0766 c 28

2 a i 0,159 ii 0,228

iii 0,819

b 134

3 a 0,0688 b 0,00621

c 278

4 a

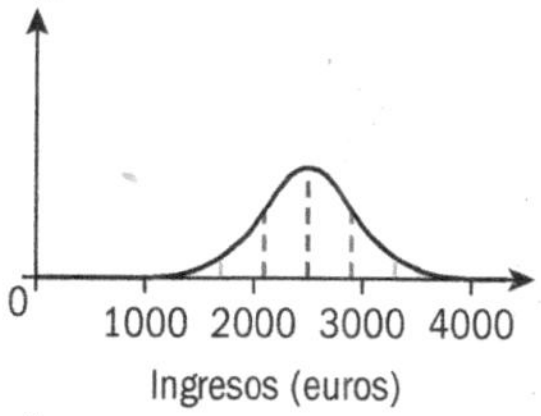

b 0,0401 c 1

5 a 78,9% b 0,00621 c 3

6 0,106

7 a 86,4% b 1

8 a 0,00621 b 3

Ejercitación 5C

1 4,93 2 179

3 20,8 4 222

5 a 3,47–4,99 kg

b 122 o 123 c 0,0685

d 87,7% e 5,48

6 a $a = 29$, $b = 30$, $c = 31$

b 0,919 c 32,8

d 3124 (aceptar 3120 a 3125)

7 a 0,0004291

b 0,854 c 5885

8 a

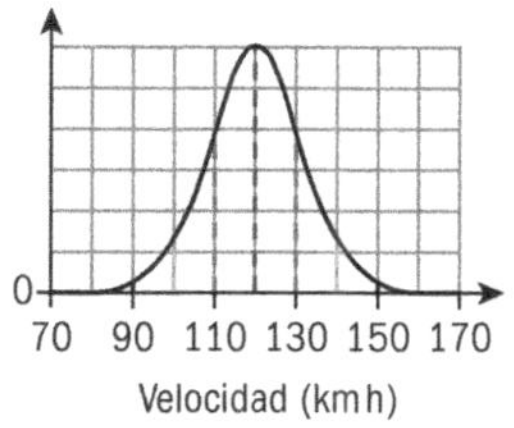

b 62,5% c 106

d 729 e 127

9 a

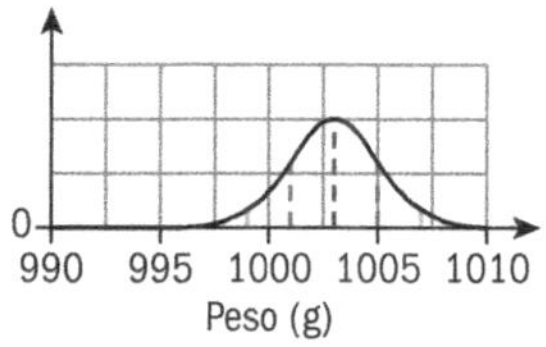

b 0,0228 c 0,0668

d 26 o 27 e 1006

10 a 0,466%

b Uno que pesa 2,34 kg es más probable.

c 24 d 3,16

Ejercitación 5D

1 a Fuerte, positiva, lineal

b Fuerte, negativa, lineal

c Moderada, positiva, lineal

d Débil, positiva, lineal

e Ninguna

f Perfecta, negativa, lineal

g No lineal

h Moderada, negativa

2 a Correlación moderada y positiva

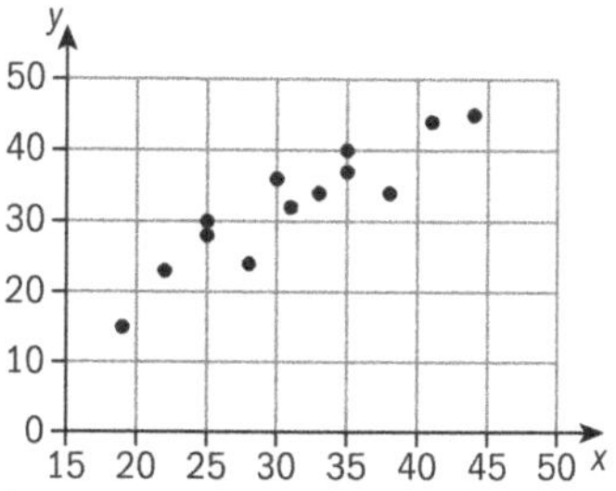

b Correlación moderada y negativa

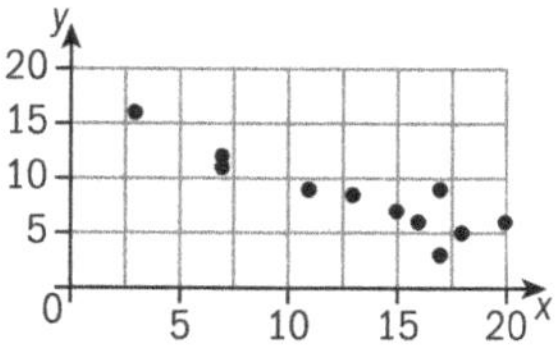

Ejercitación 5E

1 a i, iii correlación lineal, muy fuerte y positiva

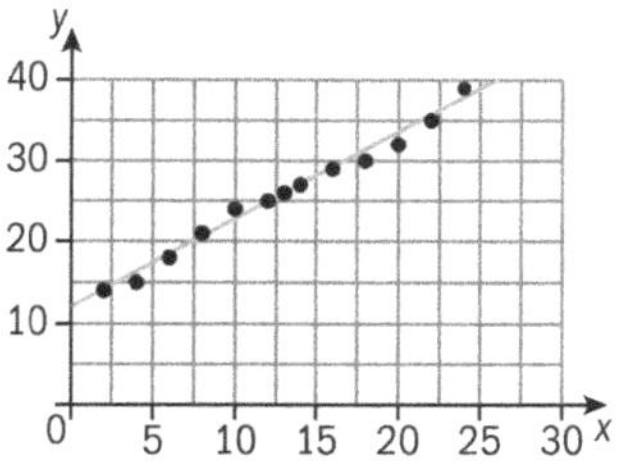

ii 13 y 25,75

b i, iii correlación lineal, fuerte y negativa

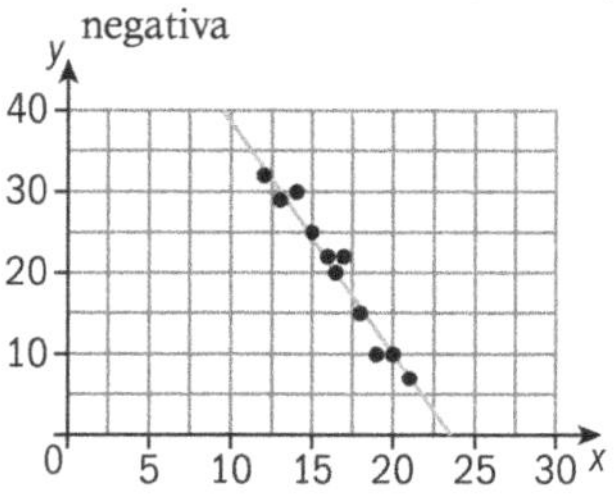

ii 16,5 y 20,2

2 a, c correlación lineal, moderada y positiva

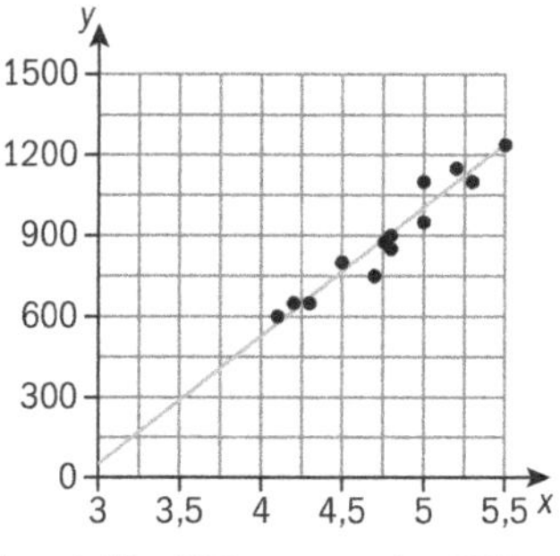

b 4,78 y 896 d 810 kg

3 a, c correlación lineal, moderada y positiva

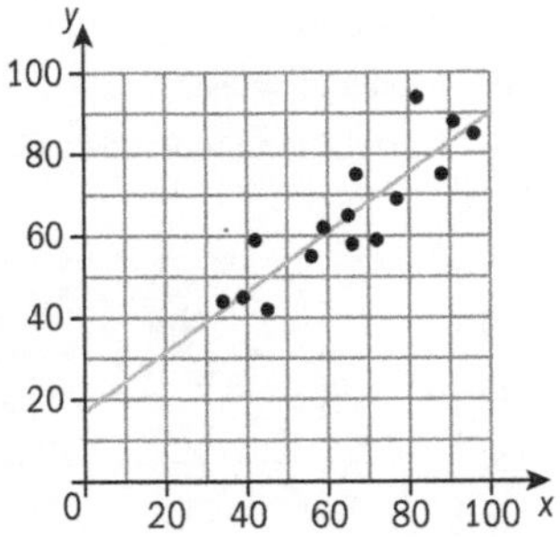

b 65,3 y 65,1 d 54%

4 a, c correlación lineal, moderadamente fuerte, y negativa

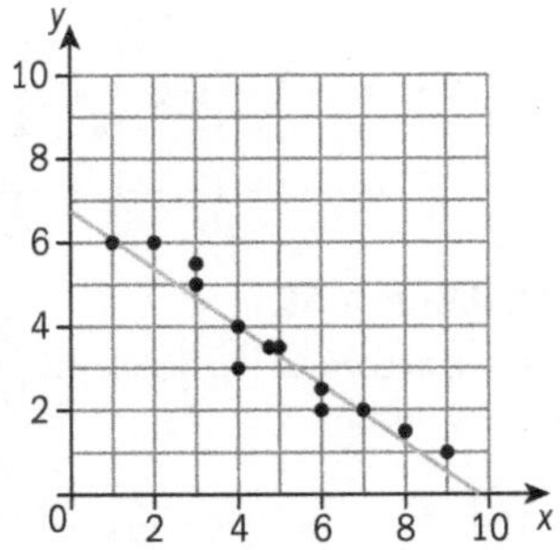

b 4,83 y 3,5 d 4,5

5 a, c correlación lineal, fuerte y positiva

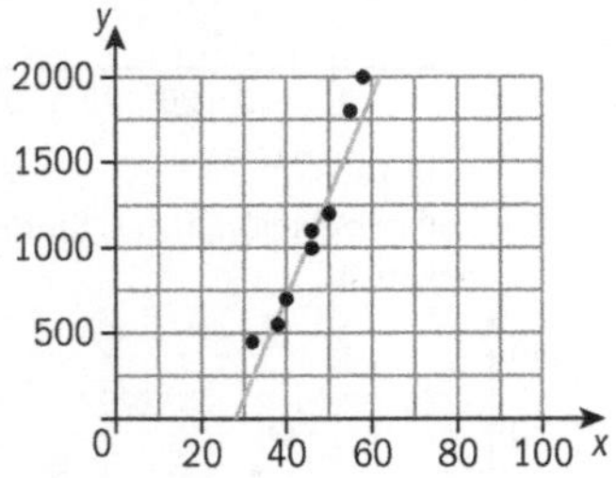

b 45,6 y 1100

d 1500

Ejercitación 5F

1 0,931 muy fuerte y positiva

2 a 0,880

b Fuerte, positiva

3 –0,891 fuerte y negativa

4 0,936 muy fuerte y positiva

5 0,990 muy fuerte y positiva

6 0,200 muy débil y positiva

7 0,985 muy fuerte y positiva

8 0,580 moderada y positiva

Ejercitación 5G

1 a 0,994 muy fuerte y positiva

b $y = 1{,}47x + 116$

c 1586 rupias

2 a 0,974

b $y = 0{,}483x + 15{,}6$

c 19,5 cm

3 a Media de $x = 68{,}6$ y desviación típica de $x = 6{,}55$

Media de $y = 137{,}7$ y desviación típica de $y = 5{,}97$

b –0,860

c Fuerte y negativa

d $y = -0{,}784x + 191{,}5$

e 137 s

4 a 0,792

b $y = 0{,}193x + 1{,}22$ c 4

5 a $y = 0{,}0127x + 0{,}688$

b AUD1,58

6 a $y = 0{,}751x + 11{,}6$ b 49

7 a $y = 1{,}04x - 2{,}53$ b 60

8 a $y = 0{,}279x + 2{,}20$

b 13,4 horas

Ejercitación 5H

1 a H_0: El género de los libros es independiente de la edad.

H_1: El género de los libros no es independiente de la edad.

b $130 \times \frac{97}{300} = 42{,}0$

c 4 d 26,9

e $26{,}9 > 9{,}488$ por lo tanto, se rechaza la hipótesis nula.

2 a H_0: El color de cabello es independiente del color de los ojos.

H_1: El color de cabello no es independiente del color de los ojos.

b $85 \times \frac{90}{227} = 33{,}7$

c 4 d 44,3

e $44{,}3 > 7{,}779$ por lo tanto, se rechaza la hipótesis nula.

3 a H_0: El gusto preferido es independiente de la raza.

H_1: El gusto preferido no es independiente de la raza.

b $35 \times \frac{44}{140} = 11$

c $(3 - 1)(4 - 1) = 6$

d 0,675

e $0{,}675 < 12{,}59$ por lo tanto, no se rechaza la hipótesis nula.

4 a H_0: El género de película es independiente del sexo.

H_1: El género de película no es independiente del sexo.

b $39 \times \frac{21}{80} = 10{,}2$

c 3 d 19,1

e $19{,}1 > 11{,}345$ por lo tanto, se rechaza la hipótesis nula.

5 a H_0: La calificación es independiente de la cantidad de horas que se juega con el computador.

H_1: La calificación no es independiente de la cantidad de horas que se juega con el computador.

b $90 \times \frac{96}{220} = 39{,}27 \approx 39{,}3$

c $(3 - 1)(3 - 1) = 4$ d 42,1

e $42{,}1 > 9{,}488$ por lo tanto, se rechaza la hipótesis nula.

6 a H_0: El tipo de empleo es independiente del sexo.

H_1: El tipo de empleo no es independiente del sexo.

b

11,5	71,5	539
20,5	127,5	960

c 2 d 180

e $180 > 4{,}605$ por lo tanto, se rechaza la hipótesis nula.

7 a H_0: La cantidad vendida de sushi es independiente del día de la semana.

H_1: La cantidad vendida de sushi no es independiente del día de la semana.

b $170 \times \frac{145}{470} = 52{,}4$

c 4 d 0,840

e $0{,}840 < 9{,}488$ por lo tanto, no se rechaza la hipótesis nula.

8 a H_0: El peso del cachorro es independiente del peso del progenitor.

H_1: El peso del cachorro no es independiente del peso del progenitor.

b $46 \times \frac{41}{141} = 13{,}38 \approx 13{,}4$

c 4

d 13,7

e $13{,}7 > 13{,}277$ por lo tanto, se rechaza la hipótesis nula.

Ejercicio de revisión

Preguntas del estilo de la prueba 1

1 a

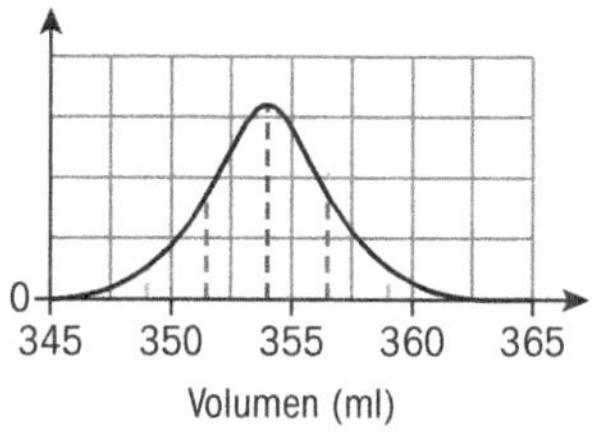

b 0,0548 c 5

2 a 32,2% b 59

3 a 93,3%

b $p = 1{,}01$

4 a Correlación lineal, fuerte y positiva

b Ninguna

c Correlación lineal, moderada y negativa

5 Diagrama y c

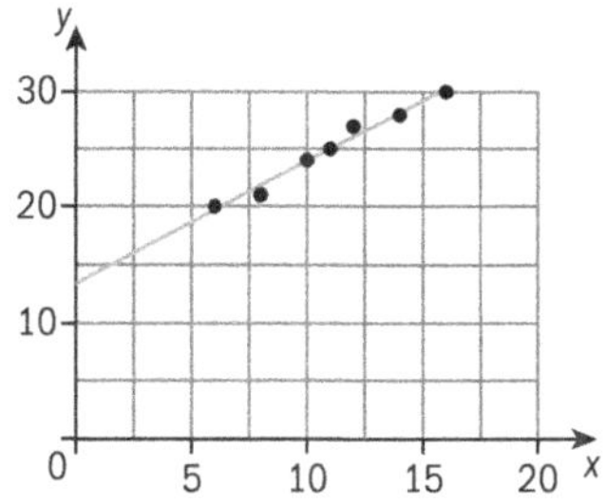

a Correlación lineal, fuerte y positiva

b Media de $x = 11$, media de $y = 25$

d 23

6 a $r = 0{,}980$, correlación fuerte y positiva

b $y = 0{,}801x - 77{,}4$

c 59 cm

7 a $r = 0{,}810$, correlación fuerte y positiva

b $y = 0{,}215x + 14{,}3$

c 22,9 s

8 H_0: El gusto de helado es independiente de la edad.

H_1: El gusto de helado no es independiente de la edad.

Los valores esperados son:

14,1	11,8	11,1
10,6	9,0	8,4
13,3	11,2	10,5

Grados de libertad = 4

$\chi^2 = 0{,}604$

Valor $p = 0{,}963$

$0{,}963 > 0{,}05$ por lo tanto, no se rechaza H_0.

9 a H_0: La cantidad de bolos volteados es independiente de la mano utilizada.

b Grados de libertad = 2

c $\dfrac{20 \times 60}{120} = 10$

d $0{,}422 > 0{,}10$ por lo tanto, no se rechaza H_0.

10 a H_0: El tiempo de preparación para una prueba es independiente del resultado.

b 2

c $0{,}069 > 0{,}05$ por lo tanto, no se rechaza H_0.

Preguntas del estilo de la prueba 2

1 a

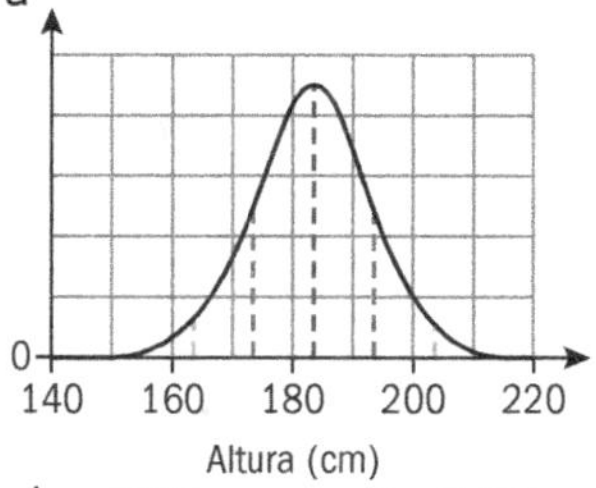

b 0,252 c 0,731

d 3 o 4 e $k = 166$

2 a

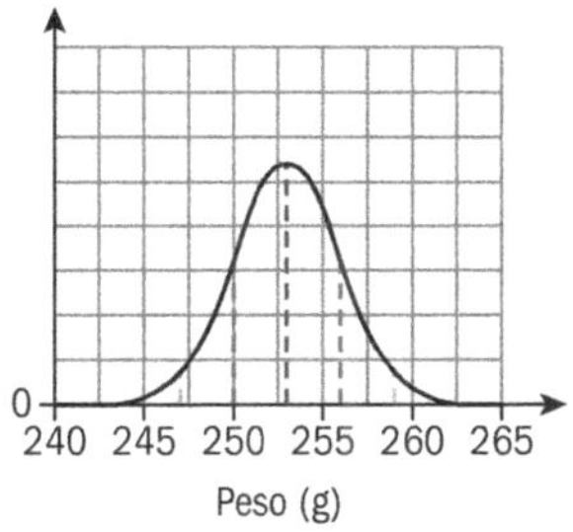

b 15,9% c 75 o 76

3 a y d ii

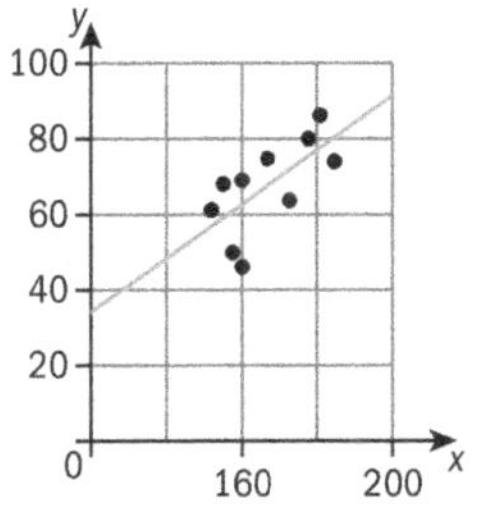

b 166,9 cm c 67,3 kg

d i $y = 0{,}719x - 52{,}8$

e 69,4 kg

4 a $r = 0{,}823$

b Correlación fuerte y positiva

c $y = 0{,}219x + 3{,}85$

d 12 horas

5 a 0,9

b Correlación fuerte y positiva

c $y = 0{,}0666x - 2{,}36$

6 a $r = 0{,}89$

b Correlación fuerte y positiva

c $y = 0{,}0151x + 0{,}229$

d 1,44 euros

7 a $y = 0{,}163x - 15{,}0$

b 12,7 c 0,741

d Correlación moderada y positiva

8 H_0: La elección del juego es independiente del sexo.

H_1: La elección del juego no es independiente del sexo.

Grados de libertad = 2

Valores esperados

39,4	14,8	26,8
29,6	11,2	20,2

$\chi^2 = 0{,}667$

Valor $p = 0{,}717$

$0{,}717 > 0{,}05$ por lo tanto, no se rechaza H_0.

9 a $p = 21{,}6$; $q = 14{,}4$; $r = 13{,}6$

b i H_0: La actividad extracurricular es independiente del sexo.

ii $(2 - 1)(3 - 1) = 2$

c $\chi^2 = 4{,}613$

d $4{,}163 > 4{,}605$ por lo tanto, se rechaza H_0.

10 a i $\dfrac{180 \times 300}{500} = 108$

ii $b = 72$, $c = 132$, $d = 88$

b H_0: La posición es independiente del sexo.

H_1: La posición no es independiente del sexo.

c i $\chi^2 = 59{,}7$

ii Grados de libertad = 2

iii $\chi^2 >$ valor crítico; por lo tanto, se rechaza H_0.

11 a H_1: La elección del candidato no es independiente de donde vive el votante.

b $\dfrac{3680 \times 3720}{8000} = 1711{,}2$

≈ 1711

c i $\chi^2 = 58{,}4$ ii 2

d i Se rechaza H_0.

ii $58{,}4 > 9{,}21$

12 a $\dfrac{90 \times 110}{200} = 49{,}5$

b i H_0: La calificación es independiente del sexo.

ii 2

iii $\chi^2 = 0{,}400$

c $0{,}400 < 5{,}991$ por lo tanto, no se rechaza H_0.

Capítulo 6

Comprobemos nuestras habilidades

1 a $f(5) = 3 - 2(5) = -7$

$f(-5) = 3 - 2(-5) = 13$

b $f(2) = 3(2) + 5 = 11$

$f(-3) = 3(-3) + 5 = -4$

c $g(5) = 5^2 = 25$

$g\left(\frac{1}{2}\right) = \left(\frac{1}{2}\right)^2 = \frac{1}{4}$

d $g(2) = \frac{3}{2} = 1{,}5$

$g(15) = \frac{3}{15} = 0{,}2$

e $f(4) = \frac{4^2}{(4+1)} = 3{,}2$

$f(-3) = \frac{(-3)^2}{(-3+1)} = -4{,}5$

2 a $\frac{C}{2\pi} = r$ b $\sqrt{\frac{A}{\pi}} = r$

c $\sqrt{\frac{A}{4\pi}} = r$ d $\sqrt{\frac{3V}{\pi h}} = r$

e $\sqrt[3]{\frac{3V}{2\pi}} = r$ f $r = \frac{2A}{C}$

3 a 16 b $\frac{1}{8}$ c $\frac{1}{16}$

4 a x^{-1} b x^{-4} c x^2

d x^{-3} e x

5 a $y = 2x - 13$

b $y = -3x + 14$

Investigación: rectas tangentes y función derivada

5

Coordenada x	−3	−2	−1	0	1	2	3	4	x
Pendiente de la tangente	−6	−4	−2	0	2	4	6	8	$2x$

8

Coordenada x	−3	−2	−1	0	1	2	3	4	x
Pendiente de la tangente	−12	−8	−4	0	4	8	12	16	$4x$

Investigación: la CPG y la función derivada

3 a −3,5

b 2

c 0

d −1

e 0

f −0,5

4

Curva	Función derivada
$y = x^2$	$2x$
$y = 2x^2$	$4x$
$y = 3x^2$	$6x$

5

Curva	$y = 4x$	$y = -3{,}5x$	$y = 2x + 4$	$y = 5$	$y = 3 - x$	$y = -3{,}5$	$y = 2 - \frac{1}{2}x$
Función derivada	4	−3,5	2	0	−1	0	$-\frac{1}{2}$

Curva	$y = x^2$	$y = 2x^2$	$y = 3x^2$	$y = 4x^2$	$y = -x^2$	$y = -2x^2$	$y = \frac{1}{2}x^2$
Función derivada	$2x$	$4x$	$6x$	$8x$	$-2x$	$-4x$	x

6

Coordenada x	−3	−2	−1	0	1	2	3	4
Pendiente de la tangente	−3	−1	1	3	5	7	9	11

La regla algebraica: pendiente de la tangente = $2x + 3$

a $2x + 3$

b $2x - 5$

c $4x - 3$

d $6x - 1$

e $5 - 4x$

f $2 - 2x$

g $2x$

h $2x$

i $-2x$

j $2x + 1$

k $4x - 1$

l $3 - 2x$

Para la curva general: $ax^2 + bx + c$, pendiente = $2ax + b$

1 $10x + 7$

2 $5 + 14x$

3 $x - 6$

4 $-3x + 8$

Investigación: la función derivada de una curva cúbica

Curva	$y = x^3$	$y = 2x^3$	$y = 3x^3$	$y = 4x^3$	$y = -x^3$	$y = -2x^3$	$y = \frac{1}{2}x^3$
Función derivada	$3x^2$	$6x^2$	$9x^2$	$12x^2$	$-3x^2$	$-6x^2$	$\frac{3}{2}x^2$

Curva	$y = x^3 - 4$	$y = 2x^3 - 3$	$y = x^3 + 5x$	$y = x^3 - 2x$
Función derivada	$3x^2$	$6x^2$	$3x^2 + 5$	$3x^2 - 2$

Curva	$y = x^3 + 2x^2$	$y = 2x^3 + \frac{1}{2}x^2$
Función derivada	$3x^2 + 4x$	$6x^2 + x$

Curva	$y = x^3 + 3x^2 + 2$	$y = x^3 + 4x^2 + 3x$	$y = x^3 + 5x^2 - 4x + 1$	$y = x^3 - x^2 - 5x - 4$
Función derivada	$3x^2 + 6x$	$3x^2 + 8x + 3$	$3x^2 + 10x - 4$	$3x^2 - 2x - 5$

Función	Fórmula	Función derivada
Constante	$y = a$	0
Lineal	$y = ax + b$	a
Cuadrática	$y = ax^2 + bx + c$	$2ax + b$
Cúbica	$y = ax^3 + bx^2 + cx + d$	$3ax^2 + 2bx + c$

Investigación: la función derivada de cualquier curva

1 $4x^3$

2 $5x^4$

3 nx^{n-1}

Función	Función derivada
$y = ax^n$	nax^{n-1}

Ejercitación 6A

1 a $8x$ b $18x^2$ c $28x^3$

d $15x^2$ e $4x^3$ f 5

g 1 h 12 i $18x$

j $\frac{3x^2}{2}$ k x l $3x^3$

2 a 0 b $-9x^2$ c $-x^3$

d $-2x^2$ e −1 f 0

g $30x^5$ h $-63x^8$ i $4x^7$

j $9x^{11}$ k $-6x^8$ l 0

3 a $6x + 15x^2$ b $20x^3 - 4$
c $9 - 33x^2$ d $4x^3 + 3$

4 a $24x^5 - 5$ b $18x - 5$
c $7 + 20x^4$ d $4x + 3$

Ejercitación 6B

1 a $36 - 12t^2$ b 12
c $3t^2 - 10t$ d $4t + 1$
e $7 - 4t$ f $36t - 9$
g $3t^2 - 2t + 3$ h $6t - 3$

2 a $2r$ b $2r + 6$
c $8r - 12$ d $8r - 20$
e $6r + 30$ f $f'(r) = 70 - 10r$

Ejercitación 6C

1 $\frac{dy}{dx} = -\frac{6}{x^3}$ 2 $f'(x) = -\frac{8}{x^5}$

3 $\frac{dy}{dx} = -\frac{7}{x^2}$ 4 $f'(x) = -\frac{16}{x^9}$

5 $\frac{dy}{dx} = -\frac{35}{x^8}$ 6 $\frac{dy}{dx} = -\frac{2}{x^2}$

7 $f'(x) = 14x - \frac{20}{x^6}$

8 $\frac{dy}{dx} = -4 - \frac{5}{x^3}$

9 $g'(x) = 3x^2 - \frac{6}{x^3}$

10 $\frac{dy}{dx} = 4 + \frac{3}{x^2}$

11 $g'(x) = 15x^2 + \frac{4}{x^5}$

12 $\frac{dy}{dx} = 2x^3 + \frac{6}{x^9}$

13 $\frac{dy}{dx} = \frac{x^3}{2} + 6x - \frac{10}{3x^5}$

14 $g'(x) = 6x^2 - 2x + \frac{3}{x^3}$

15 $A'(x) = 2x + \frac{5}{2x^2} - \frac{3}{2x^3}$

Ejercitación 6D

1 $\frac{dy}{dx} = 2x - 3 \Rightarrow \frac{dy}{dx} = 5$

2 $\frac{dy}{dx} = 6 - 3x^2 \Rightarrow \frac{dy}{dx} = 6$

3 $\frac{dy}{dx} = -8x^3 - 9x^2 \Rightarrow \frac{dy}{dx} = 135$

4 $\frac{dy}{dx} = 20x + 8 \Rightarrow \frac{dy}{dx} = -12$

5 $\frac{dy}{dx} = 3x^2 - 5 \Rightarrow \frac{dy}{dx} = 103$

6 $\frac{dy}{dx} = -2x^3 \Rightarrow \frac{dy}{dx} = 16$

7 $\frac{dy}{dx} = 21 - 36x^2 \Rightarrow \frac{dy}{dx} = -15$

8 $\frac{dy}{dx} = 6x - 5 \Rightarrow \frac{dy}{dx} = -17$

9 $\frac{ds}{dt} = 40 - 10t \Rightarrow \frac{ds}{dt} = 10$

10 $\frac{ds}{dt} = 35 + 12t \Rightarrow \frac{ds}{dt} = 35$

11 $\frac{dv}{dt} = 80 \Rightarrow \frac{dv}{dt} = 80$

12 $\frac{dv}{dt} = 0{,}7 \Rightarrow \frac{dv}{dt} = 0{,}7$

13 $\frac{dA}{dh} = 42h^2 \Rightarrow \frac{dA}{dh} = 18\frac{2}{3}$

14 $\frac{dW}{dp} = 21{,}75p^2$

$\Rightarrow \frac{dW}{dp} = 87$

15 $\frac{dV}{dr} = 8r - \frac{18}{r^2}, \frac{dV}{dr} = 22$

16 $\frac{dA}{dr} = 5 - \frac{16}{r^3}, \frac{dA}{dr} = 4{,}75$

17 $\frac{dV}{dr} = 21r^2 + \frac{8}{r^2}, \frac{dV}{dr} = 86$

18 $\frac{dA}{dr} = 2\pi r + \frac{2\pi}{r^2}, \frac{dA}{dr} = 4\pi$

19 $\frac{dV}{dr} = 6 - \frac{15}{2r^2}, \frac{dV}{dr} = 5{,}7$

20 $\frac{dC}{dr} = 45 - \frac{36}{r^4}, \frac{dC}{dr} = 9$

Ejercitación 6E

1 a $\frac{dy}{dx} = 2x + 3$ b $x = 2$
c $y = 6$

2 a $\frac{dy}{dx} = 4x - 1$ b $x = -2$
c $y = 11$

3 a $\frac{dy}{dx} = 3 - 2x$ b $a = 3, b = 4$

4 $\frac{dy}{dx} = 2x - 6, a = 6, b = 0$

5 $\left(\frac{1}{2}, -3\frac{3}{4}\right)$

6 $(-1, -10)$

7 $(-1, 0); (1, 8)$

8 $(-1, 6); (1, -4); y = -5x + 1$

9 $(2, -11); (-2, 21); y + 8x - 5 = 0$

10 a $b = -2$ b $\frac{dy}{dx} = 2x - 4$
c En $x = 1, \frac{dy}{dx} = -2 = b$
d $c = 1, d = -2$

11 a $b = 7$ b $\frac{dy}{dx} = 2x - 3$
c En $x = 5, \frac{dy}{dx} = 2(5) - 3 = 7 = b$
d En Q, $-3 = 2x - 3 \Rightarrow c = 0$
$d = 0^2 - 3(0) - 3 = -3$

12 a $f'(x) = 4 - 2x$
b $f(5) = -6, \quad f'(5) = -6$
c $(1, 2)$

13 a $f'(x) = 4x - 1$
b $f'(2) = 7, \quad f(2) = 7$
c $(0{,}5; 1)$

14 a $f'(x) = 3 - 2x$
b $f'(1) = 3 - 2(1) = 1$
$f'(1) = 3(1) - 1^2 - 1 = 1$
c $(4, -5)$

15 a $f'(x) = 4x - 1$ b $(0, -1), \left(\frac{5}{2}, 9\right)$

16 a $f'(x) = 2x + 5$ b $(-5, -5), (2, 9)$

17 $(-1, 2)$

Ejercitación 6F

1 a $\frac{dy}{dx} = 2x$ $y = 6x - 9$
b $\frac{dy}{dx} = 6x^2$ $y = 6x - 4$
c $\frac{dy}{dx} = 6 - 2x$ $y = 2x + 4$
d $\frac{dy}{dx} = 6x$ $y = 6x - 13$
e $\frac{dy}{dx} = 4x - 5$ $y = 7x - 14$
f $\frac{dy}{dx} = 10 - 3x^2$ $y = -2x + 21$
g $\frac{dy}{dx} = -4x$ $y = -12x + 29$
h $\frac{dy}{dx} = 6 - 2x$ $y = 2x + 9$
i $\frac{dy}{dx} = 8x - 3x^2$ $y = -16x + 24$
j $\frac{dy}{dx} = 5 - 6x$ $y = 11x + 3$
k $\frac{dy}{dx} = 12x - 6x^2$ $y = 8$
l $\frac{dy}{dx} = 60 - 10x^2$ $y = 40x + 27$
m $\frac{dy}{dx} = 2x^3$ $y = 128x - 391$
n $\frac{dy}{dx} = 10x - 3$ $y = -3x + 17$

o $\dfrac{dy}{dx} = 10 - 4x$ $y = 10x$

p $\dfrac{dy}{dx} = \dfrac{3x^2}{4} - 4x$ $y = -x - 4$

q $\dfrac{dy}{dx} = \dfrac{3}{2}x$ $y = -3x$

r $\dfrac{dy}{dx} = 2x^2$ $y = 2x + \dfrac{5}{3}$

s $\dfrac{dy}{dx} = \dfrac{3}{4}x^2 - 14x$ $y = 31x + 37$

2 a $\dfrac{dy}{dx} = \dfrac{-24}{x^3}$ $3x + y - 9 = 0$

b $\dfrac{dy}{dx} = \dfrac{-18}{x^4}$ $18x + y - 29 = 0$

c $\dfrac{dy}{dx} = 6 + \dfrac{16}{x^3}$ $4x - y - 6 = 0$

d $\dfrac{dy}{dx} = 3x^2 - \dfrac{12}{x^3}$ $15x - y + 20 = 0$

e $\dfrac{dy}{dx} = 5 + \dfrac{8}{x^2}$ $11x - 2y - 8 = 0$

Ejercitación 6G

1 $\dfrac{dy}{dx} = 4x$ $x + 4y - 9 = 0$

2 $\dfrac{dy}{dx} = 12x^2$ $x + 3y - 11 = 0$

3 $\dfrac{dy}{dx} = 0{,}5 - 2x$ $2x - 7y - 25 = 0$

4 $\dfrac{dy}{dx} = 3x + 1$ $x - 5y + 22 = 0$

5 $\dfrac{dy}{dx} = 3 - 2x$ $x + 3y - 30 = 0$

6 $\dfrac{dy}{dx} = 2x + 4$ $x + 4y - 16 = 0$

7 $\dfrac{dy}{dx} = -\dfrac{4}{x^2}$ $x - y = 0$

8 $\dfrac{dy}{dx} = \dfrac{-12}{x^3}$ $x + 12y - 71 = 0$

9 $\dfrac{dy}{dx} = 6 - \dfrac{8}{x^2}$ $x - 2y + 27 = 0$

10 $\dfrac{dy}{dx} = 4x^3 + \dfrac{9}{x^4}$ $x + 5y - 19 = 0$

11 $\dfrac{dy}{dx} = -2 + \dfrac{1}{x^2}$ $2x + 4y - 5 = 0$

12 $\dfrac{dy}{dx} = 5 + \dfrac{9}{2x^2}$ $4x + 22y - 309 = 0$

Ejercitación 6H

1 $\dfrac{dy}{dx} = 2x - 8$ (5, 1)
$y = 2x - 9$

2 $\dfrac{dy}{dx} = 3x^2 - 3$ (−2, −2)
$y = 9x + 16$

3 $\dfrac{dy}{dx} = 1 - \dfrac{6}{x^2}$ (4; 5,5)
$m(\text{normal}) = -\dfrac{8}{5}$
$16x + 10y - 119 = 0$

4 $\dfrac{dy}{dx} = 2x + \dfrac{2}{x^3}$ (−1, 0)
$m(\text{normal}) = \dfrac{1}{4}$
$x - 4y + 1 = 0$

5 $(2, 8)$ $y = 10x - 12$
$\left(\dfrac{-4}{3}, 8\right)$ $10x + y + 5\dfrac{1}{3} = 0$

6 $(5, 20)$ $y = -14x + 50$
$(-2, 20)$ $y = 14x + 8$

7 $11y - x + 1 = 0$

8 $y = \dfrac{-x}{6} - \dfrac{37}{6}$

9 a $x = \dfrac{3}{4}$ b $y = 0$

10 a $x = 2$ b $y = 12$

11 a $x = 4$ b $y = 5x - 11$

12 a $x = 0$ b $y = 3x - 3$
c $y = -\dfrac{1}{3}x - 3$ o
$x + 3y + 9 = 0$

13 a $x = -1$ b $y = 16x + 15$
c $x + 16y + 17 = 0$

14 En $x = 2$, $y = 9$ y la tangente es $y = 36x - 63$.
En $x = -5$, $y = 100$ y la tangente es $y = 36x + 280$.

15 $k = 1$, $b = 12$

16 $k = 5$, $b = -6$

17 $k = \dfrac{1}{2}$, $b = 3$

18 $k = 7$, $b = -2$

19 $p = 2{,}25$; $q = -2$

20 $p = -4$, $q = -18$

Ejercitación 6I

1 a $V(0) = 100\text{ cm}^3$.
b $V(3) = 133\text{ cm}^3$.
c La razón de cambio del volumen de agua en el contenedor con respecto al tiempo.
d $\dfrac{dV}{dt} = 2 + 3t^2$. En $t = 3$,
$\dfrac{dV}{dt} = 2 + 3(3)^2 = 29\text{ cm}^3\text{s}^{-1}$.
e Hay 133 cm² de agua en el contenedor y, en ese momento, el agua está entrando en el contenedor a 29 cm^3s^{-1}.

2 a $A(0) = 0$ b $A(5) = 45\text{ cm}^2$
c La razón de cambio del área del charco de agua con respecto al tiempo.
d $\dfrac{dA}{dt} = 4 + 2t$. En $t = 5$,
$\dfrac{dA}{dt} = 14\text{ cm}^2\text{s}^{-1}$.
e El área del charco es 45 cm² y, en ese momento, el área está aumentando 14 cm^2s^{-1}.

3 a $P(1) = 685$ toneladas
b $\dfrac{dP}{dt} = 10t - \dfrac{640}{t^2}$
c i $\dfrac{dP}{dt}(3) = -41\dfrac{1}{9}\text{ t h}^{-1}$
ii $\dfrac{dP}{dt}(5) = 24{,}4\text{ t h}^{-1}$
d Cuando $t = 3$, el petróleo está saliendo del tanque, pero cuando $t = 5$, el petróleo está entrando al tanque.
e $t = 4$
f Cuando $t = 4$, el peso del petróleo del tanque toma su mínimo valor. (Este es 280 toneladas.)

4 a Cuando $t = 1$, $\dfrac{dV}{dt} = 8\text{ m}^3\text{min}^{-1}$.
b $65 = 10 + 6t + t^2$
$\Rightarrow t^2 + 6t - 55 = 0$
$\Rightarrow t = 5 (>0)$
Cuando $t = 5$,
$\dfrac{dV}{dt} = 16\text{ m}^3\text{min}^{-1}$.

5 a $\dfrac{dy}{dt}(2) = -16\text{ cm s}^{-1}$.
$\dfrac{dy}{dt}(3) = -31\text{ cm s}^{-1}$.
b Usar la CPG para resolver $500 - 4t - t^3 = 0$; 7,77 s

6 a 3,5 cm^2s^{-1}
b La CPG da $t = 6$. Por lo tanto, 9,5 cm^2s^{-1}.

7 a −23,75 toneladas/hora
b $t = 3$ horas

8 a 44 grados por segundo
b $t = \dfrac{1}{6}$ segundos

9 a −15 y −215. Estas son pérdidas de USD15 000 y 215 000.
b $\dfrac{dG}{dx} = -30x^2 + 80x + 10$
c i $G(2) = 85$, $\dfrac{dG}{dx}(2) = 50$
ii $G(3) = -10(3)^3 + 40(3)^2 + 10(3) - 15 = 105$,
$\dfrac{dG}{dx}(3) = -30(3)^2 + 80(3) + 10$
$= -20$

d i Se produce una ganancia y, si se aumenta la producción, la ganancia también aumentará.

ii Se produce una ganancia, pero, si se aumenta la producción, la ganancia disminuirá.

e $\frac{dG}{dx} = -30x^2 + 80x + 10 = 0;$

$x = 2{,}79;\ G = 107$

La CPG ofrece la respuesta. Con este nivel de fabricación, se produce la ganancia máxima. Ganancia máxima = \$107 000, cuando se fabrican 2,79 toneladas.

Ejercitación 6J

1 $x = 3$ 2 $x = 3$

3 $x = -5$ 4 $x = -\frac{5}{2}$

5 $x = \pm 3$ 6 $x = \pm 2$

7 $x = \pm\frac{1}{2}$ 8 $x = \pm\frac{1}{4}$

9 $6x^2 - 18x + 12 = 0 \quad x = 1, 2$

10 $9 + 12x + 3x^2 = 0 \quad x = -1, -3$

11 $3x^2 - 6x - 45 = 0$
$x^2 - 2x - 15 = 0 \quad x = 5, -3$

12 $24x + 3x^2 + 36 = 0$
$x^2 + 8x + 12 = 0 \quad x = -2, -6$

13 $6x^2 - 12x = 0 \quad x = 0, 2$

14 $60x - 15x^2 = 0 \quad x = 0, 4$

15 $\frac{dy}{dx} = 1 - \frac{1}{x^2} = 0 \quad 1 = \frac{1}{x^2}$
$x^2 = 1 \quad x = \pm 1$

16 $\frac{dy}{dx} = 1 - \frac{4}{x^2} = 0 \quad 1 = \frac{4}{x^2}$
$x^2 = 4 \quad x = \pm 2$

17 $\frac{dy}{dx} = 4 - \frac{9}{x^2} = 0 \quad 4 = \frac{9}{x^2}$
$4x^2 = 9 \quad x = \pm 1{,}5$

18 $\frac{dy}{dx} = 8 - \frac{1}{2x^2} = 0 \quad 8 = \frac{1}{2x^2}$
$x^2 = \frac{1}{16} \quad x = \pm\frac{1}{4}$

19 $\frac{dy}{dx} = 27 - \frac{8}{x^3} \quad 27 = \frac{8}{x^3}$
$x^3 = \frac{8}{27} \quad x = \frac{2}{3}$

20 $\frac{dy}{dx} = 1 - \frac{1}{x^3} \quad 1 = \frac{1}{x^3}$
$x^3 = 1 \quad x = 1$

Ejercitación 6K

1 $3x^2 - 18x + 24 = 0$
$3(x-4)(x-2) = 0$
$x = 4$ (4, 0) mínimo
$x = 2$ (2, 0) máximo

2 $3x^2 + 12x + 9 = 0$
$x = -1$ (−1, 1) mínimo
$x = -3$ (−3, 5) máximo

3 $9 + 6x - 3x^2 = 0$
$x = -1$ (−1, −5) mínimo
$x = 3$ (3, 27) máximo

4 $3x^2 - 6x = 0$
$x = 2$ (2, 1) mínimo
$x = 0$ (0, 5) máximo

5 $27 - 3x^2 = 0$ (−3, 54) mínimo
(3, 54) máximo

6 $18x - 3x^2 = 0$ (0, 0) mínimo
(6, 108) máximo

7 $\frac{dy}{dx} = 1 - \frac{1}{x^2}$ (1, 2) mínimo
(−1, −2) máximo

8 $\frac{dy}{dx} = 1 - \frac{9}{x^2}$ (3, 6) mínimo
(−3, −6) máximo

9 $\frac{dy}{dx} = \frac{1}{2} - \frac{8}{x^2}$ (4, 4) mínimo
(−4, −4) máximo

10 $\frac{dy}{dx} = -\frac{9}{x^2} + \frac{1}{4}$ (6, 3) mínimo
(−6, −3) máximo

11 $\frac{dy}{dx} = 2x + \frac{16}{x^2}$ (−2, 12) mínimo

12 $\frac{dy}{dx} = 9 - \frac{1}{3x^3}$ $\left(\frac{1}{3}; 4{,}5\right)$ mínimo

Ejercitación 6L

1 (2, 6) mínimo

2 (3, 29) máximo

3 $\left(-\frac{1}{2}, -3\frac{1}{4}\right)$ mínimo

4 $\left(\frac{5}{2}, 1\frac{3}{4}\right)$ mínimo

5 $\left(\frac{3}{2}, 13\frac{1}{4}\right)$ máximo

6 $\left(-\frac{5}{4}, \frac{235}{8}\right)$ máximo

7 (5, −4) mínimo

8 (9, −81) mínimo

9 (−2, −4) mínimo

Ejercitación 6M

1 a $b = 7 + h$ b $A = h(7 + h)$

2 a $x = 10 - t$ b $V = 3t(10 - t)$

3 a $y = 5 - 2x$ b $p = x^2(5 - 2x)$

4 a $R = \frac{1}{2}r^2(r + 25)$

b $R = \frac{1}{2}n(n - 25)^2$

5 a $L = 2m(m + 100 - 5m)$
$= 2m(100 - 4m)$

b $L = 2\left(20 - \frac{x}{5}\right)\left(20 + \frac{4x}{5}\right)$

6 a $V = \pi r^2(17 - 2r)$

b $V = \frac{\pi h(17 - h)^2}{4}$

7 a $y = 5x^2 + 6x - \frac{3}{2}$

b $\frac{dy}{dx} = 10x + 6$

c $x = -0{,}6;\ y = -3{,}3$

d $c = -5{,}1$

8 a $N = 2n(5 - 1{,}5 + 1{,}2n)$
$= 2n(3{,}5 + 1{,}2n)$

b $\frac{dN}{dn} = 7 + 4{,}8n$

c $N = -5{,}10$ (3 cs)

d $x = 3{,}25$

9 $A = \frac{1}{2}L\left(\frac{3L - 18}{5}\right) = \frac{L(3L - 18)}{10}$

$L = 3,\ A = -2{,}7;\ B = -1{,}8$

10 $C = \pi r\left(\frac{30 - r}{3}\right),\ r = 15,$

$C = 75\pi,\ f = 5$

11 $a = b + 10$
$X = 2b(b + 10)$
$b = -5,\ X = -50$

12 $A = t(12 - 2t)$
$t = 3,\ A = 18$, máx.

13 $A = 2y(30 - 3y)$
$y = 5,\ A = 150$, máx.

14 $A = 3M(2M - 28)$
$M = +7,\ A = -294$, mín.

15 $A = g^2 + (8 - g^2);\ A' = 4g - 16 = 0$
$\Rightarrow g = 4,\ A = 32$, mín.

16 $S = x^2 + (6 - x)^2$
$S' = 4x - 12 \Rightarrow x = 3,\ y = 3$

17 $V = r^2 h = r^2(6 - r)$
$V' = 12r - 3r^2 = 0$
$r = 4,\ V = 32$

18 $V = m^2(9 - m)$
$V' = 18m - 3m^2 = 0$
$m = 6 \Rightarrow V = 108$, máx.
$m = 0 \Rightarrow V = 0$, mín.

Ejercitación 6N

1 $A = 10\,\text{m}, l = 20\,\text{m}$ 2 $x = 12$

3 $2x^2 + 6xa = 150$

$V = 2x^2a = 2x^2\left[\frac{150 - 2x^2}{6x}\right]$

$\Rightarrow V = \frac{500}{3}, A = 5\,\text{cm}, l = 10\,\text{cm}$

$a = \frac{10}{3}\text{cm}$

4 $A = 4$ cm, $l = 6$ cm

5 $a = 60$ cm

6 $V = 268$ (3 cs) cm^3

$r = 8, a = 4$

7 $V_{\text{máx}} = 1000$ cm^3

8 $2\pi r^2 + 6\pi rh = 600$

$V = (600 - 2\pi r^2)$

$V = 300r - \pi r^3$

$V' = 300 - 3\pi r^2$

$a = \frac{20}{\sqrt{\pi}}$ $r = \frac{10}{\sqrt{\pi}}$ cm

9 $V' = 576 - 192x + 12x^2 = 0$

$\Rightarrow x^2 - 16x + 48 = 0$

$(x - 4)(x - 12) = 0$

$x \neq 12, x = 4 \Rightarrow V = 1024$ cm^3

10 $V = 160x - 52x^2 + 4x^3$

$V' = 160 - 104x + 12x^2$

$40 - 26x + 3x^2 = 0$

$(20 - 3x)(2 - x) = 0$

$x = 2$

$x \neq \frac{20}{3}$

$\Rightarrow V = 144$ cm^3

11 a i $\frac{14}{\pi} = 4{,}46$ cm (3 cs)

b i $\frac{350}{4\pi} = 27{,}9$ cm (3 cs)

c i $\pi r^2 a = 350$

ii $a = \frac{350}{\pi r^2}$

iii $A = 2\pi r^2 + \frac{700}{r}$

iv $r = 3{,}82$ cm (3 cs)

$a = 7{,}64$ cm (3 cs)

v $A = 275$ cm^2 (3 cs)

12 a $a = 250$ m

b 1150 m

c $La = 50\,000$

d $a = 182{,}6$ m, $L = 273{,}9$ m, perímetro = 913 (3 cs)

13 a $3950

b $La = 50\,000$

c $a = 165$ m (3 cs)

$L = 303$ m (3 cs)

Costo = $3633,18

14 a $a = 16$ cm

Área de la página = 13×22 = 286 cm^2

b 293 cm^2 (3 cs)

c Área de impresión = Aa

d $P = (A + 4)(a + 6)$

f Ancho = 9,8 cm (3 cs)

Altura = 14,7 cm (3 cs)

15 a i Ancho = 50 cm

iii Longitud del marco = 480 cm

b $225\,000 = 2x^2a$

d $L = 6x + \frac{450\,000}{x^2}$

$\Rightarrow \frac{dL}{dx} = 6 - \frac{900\,000}{x^3}$

Igualando esta expresión a 0

$\Rightarrow x = \sqrt[3]{150\,000} = 53{,}1$ (3 cs)

Ancho	53,1 cm (3 cs)
Longitud	106,2 cm (3 cs)
Altura	39,8 cm (3 cs)
Longitud del marco	478 cm (3 cs)

Capítulo 7

Comprobemos nuestras habilidades

1 a 88,0 (3 cs) b $s = \frac{A - \pi r^2}{\pi r}$

2 a GBP655,20

b 730,24

c EUR96

3 $x = 1, y = -5$

Investigación: progresiones numéricas

Números triangulares:

1		3		3		1	
1	4		6		4		1

Números naturales	1	2	3	4	5	6	7	8	9
Números cúbicos	1	8	27	64	125	216	343	512	729

Investigación: mesadas

A: Mesada total = 10 400 euros

B: Mesada total = 9693 euros

La opción A es la mejor.

Ejercitación 7A

1 a 31 b 599

2 a $u_1 + 2d = 8$

$u_1 + 8d = 26$

b $u_1 = 2, d = 3$

3 3,5

4 a $4n - 1$ b 199

5 a 39, 36 b 17 c 8

6 a 4 b 53

7 56

8 a 4 b 43 c 21

9 a 2,5 b 35,5 c 73

10 a 19, 26 b 7 c 187

Ejercitación 7B

1 a 26 b 246 c 6175

2 a $5k + 2 - (k + 4)$

$= 10k - 2 - (5k + 2)$

$4k - 2 = 5k - 4$

$k = 2$

b 6, 12, 18 c 6

d 150 e 1950

3 a i 6 ii –10 b 28 700

4 a $16 - 4n$ b –11680

5 a i –3 ii 5

b –5010

6 5775 7 127,5

8 a $3k + 4 - (4k - 2)$

$= 6k - (3k + 4)$

$-k + 6 = 3k - 4$

$4k = 10$

$k = 2{,}5$

b 8; 11,5; 15 c 3,5

d 57 e 487,5

Ejercitación 7C

1 a $475 b $4725

2 a 2 m 50 s b 32 m 30 s

3 $p = a = 400$

4 a $2400 b $12 750

c La opción 2 tiene $750 más.

5 a $190 b $2550

6 a 36 b 1050

Ejercitación 7D

1 a 2 b 2 097 152

2 a $\frac{1}{3}$ b $\frac{2}{6561} = 0{,}000305$

3 a –0,5 b –10

4 a 2 b 320

5 a 1,5 b 205,03125

6 a –8 b –0,125

7 $\frac{2}{3}$

8 a 2 b 24 576

Investigación: granos de arroz

La cantidad de granos de arroz es $2^{64} - 1 = 1{,}84 x 10^{19}$.

Investigación: hacerse millonario

Después de 27 meses, nos haríamos millonarios.

Ejercitación 7E

1 a 4 b 0,25 c 32,0
2 a 4 o –4
b $r = 4$ entonces suma = 11 184 810
$r = -4$ entonces suma = –6 710 886
3 a –3 b 29 524
4 a 0,5 o –0,5
b $r = 0{,}5$ entonces suma = 83,9
$r = -0{,}5$ entonces suma = –28,0
5 16 382 6 –64,125

Ejercitación 7F

1 0,975 m 2 GBP49 431,11
3 BGN10 230
4 a 112,57 dinares
b 1273,37 dinares
5 236 221
6 a 142 800 b 157 663
7 a 1,05 b $40 811
8 a Razón = $\frac{24}{8} = 3$
y $\frac{72}{24} = 3$
b 648 c 8744

Ejercitación 7G

1 10 815,82 dólares malayos
2 a EUR391,50 b GBP54,18
3 a EUR606,40 b CAD726,23
c CAD73,77
4 a EUR888 b SEK7338,84
c SEK661,16
5 a ZAR1992,00 b BRL125,50
6 a EUR288,56 b GBP19,18
7 a USD3297,50 b EUR939,38
c Perdió EUR43,98.
8 a 206 yuanes b 174655 yenes
c 0,85 libras esterlinas
9 a EUR45 b GBP2518,84
c EUR486,27
10 a IDR22 475 b CLP229 761
11 a $p = 1{,}3175$, $q = 107{,}99$
b i EUR176,06
ii GBP146,40
12 a GBP1907,10 b GBP16,95

Ejercitación 7H

1 a JPY7715,52 b 11 años
2 a A tiene 3105,94 euros, B tiene 3090,64 euros y C tiene 3067,47 euros.
b 9,21 o 10 años
c 16,2 o 17 años
3 a $6110,73 b $r = 3{,}79$
4 a EGP23 348,49
b 22,4 o 23 años
5 a SGD61 252,15
b SGD75 070,16
6 El señor Lin tiene CNY11 698,59 y el señor Lee tiene CNY11 707,24; así que el señor Lee ha ganado más intereses.
7 a GBP1348,85
b GBP2965 c 11,6 o 12 años
8 a $a\left(1+\frac{6}{100}\right) + (8000 - a)$
$\left(1+\frac{5}{100}\right) = 8430$
b 3000 euros en el banco A y 5000 euros en el banco B

Ejercitación 7I

1 EUR3,69 2 MXN3 745 833
3 USD8811,63 4 CAD50,77
5 KRW13,69 6 GBP28 687,26
7 USD60 303,57 8 EUR119 985,99

Ejercicio de revisión

Preguntas del estilo de la prueba 1

1 a 11,8% b 6,21 o 7 años
2 a USD256 944
b 2,32%
3 a GBP220,10 b 4,49 o 5 años
c 16,5 o 17años
4 a EUR94,13 b AUD0,99
5 a GBP1607 b GBP8073,70
6 a EUR35 220
b EUR26,4 o 27 meses
7 a Primer término = 6, diferencia = 3
b 153 c 3975
8 132
9 a Primer término = ±15, razón = ± 2
b 480 c 3825 o 1275
10 a $\frac{1}{3}$ b $\frac{2}{27}$
c 81,0 o $\frac{59\,078}{729}$
11 a Primer término = ±8, razón común = $\pm\frac{1}{2}$
b –0,25 c –15,75 o 5,25
12 a $450 b $1009,11
c Una vez
13 a 288 b $3r^5 = 96$ c 2

Preguntas del estilo de la prueba 2

1 a i $2750 ii $1920
b $21 250
c Opción 2 (por $1250)
2 a A: $1800, B: $1767,54, C: $1920, D: $1910,06
b C ofrece el monto total más alto.
c 6,27%
3 a i $2250, $2500 ii $6750
iii $\frac{20}{2}(2000 + 6750) = \$87\,500$
b i $2940
ii $2800 \times 1{,}05^4 = 3403{,}42$
c $5085 (opción 1)
4 a $(6k + 4) - 5k = 5k - (3k + 1)$
$\Rightarrow k + 4 = 2k - 1 \Rightarrow k = 5$
b 16, 25, 34 c 9
d 142 e 2030
5 a GBP31 496,19
b i 18 años
ii GBP467,23
6 a 12 b $\frac{1}{5}$ c 2,50

Capítulo 8

Comprobemos nuestras habilidades

1 a 5 es entero, real y racional, ya que se puede escribir como $\frac{5}{1}$.
b $1{,}875 = 1\frac{7}{8}$ no es entero, pero es real y racional, ya que se puede escribir como $\frac{15}{8}$.
c $0{,}333 = \frac{333}{1000}$ no es entero, pero es real y racional.
Observar que $0{,}333 \neq \frac{1}{3}$.
d 0,303 003 000 3... es real, pero no es racional.
e $\sqrt{0{,}5625} = \frac{3}{4}$ es racional y real.
f $\sqrt[3]{2{,}744} = 1{,}4 = \frac{7}{5}$ es racional y real.
g π^2 es real, pero no es racional.
2 Para a–d: −2, −1, 0, 1, 2, 3

3 a i 1, 2, 3, 4, 6, 12   ii 1, 2, 4, 8
iii 1, 17   iv 1, 5, 25
v 1, 2, 3, 4, 6, 8, 12, 24

b i 2, 3   ii 2   iii 17
iv 5   v 2, 3

c 17 es primo.

d Cero tiene un número infinito de factores. Es un entero, es racional y es real, pero no es un número primo.

Investigación: ¿una contradicción?

No hay contradicción, porque algunos alumnos estudian **ambas**, Química y Biología.

La pregunta "¿cuántos?" no puede contestarse, ya que no hay suficiente información.

Pero, **al menos 2** estudian ambas asignaturas y puede haber tantos como 13.

Investigación: intuición

1 a No es justo, y no es práctico.
b No es justo.
c Es justo, pero no es práctico.

2 a Es justo.   b No es justo.
c No es justo. ¿O lo es?
d No es justo.   e Es justo.

Ejercitación 8A

1 a y b

$M = \{2, 3, 4\}$, $n(M) = 3$

$N = \{1, 2, 3, 4, 5\}$, $n(N) = 5$

$P = \{1, 2, 3, 4, 5\}$, $n(P) = 5$

$S = \{(1, 4), (2, 3), (3, 2), (4, 1)\}$, $n(S) = 4$

$T = \{(0, 5), (1, 4), (2, 3), (3, 2), (4, 1), (5, 0)\}$, $n(T) = 6$

$V = \{\ \}$ o $\varnothing$, $n(V) = 0$

$W = \{1, 2, 4, 5, 10, 20\}$, $n(W) = 6$

X es un conjunto infinito no numerable, $n(X) = \infty$.

2 a $\{4, 5, 6\}$ b $\{2, 4, 6\}$
c $\{7, 9, 11\}$ d $\{5, 9, 13, 17, 21\}$
e $\{(2,2), (4,4), (6,6), (8,8), (10,10)\}$
f $\{(6,3), (10,5)\}$

3 a $\{x \mid x = 2y, y \in \mathbb{Z}^+\}$
b $\{p \mid p$ es primo$\}$
c $\{x \mid -2 \leq x \leq 2, x \in \mathbb{Z}\}$
d $\{x \mid 2 \leq x \leq 8, x \in \mathbb{Z}\}$
e $\{x \mid -2 \leq x \leq 8, x$ es par$\}$
f $\{x \mid x = 3y, 1 \leq y \leq 6, y \in \mathbb{Z}\}$

Ejercitación 8B

1 Falso   2 Verdadero
3 Falso   4 Verdadero
5 Verdadero   6 Verdadero
7 Verdadero   8 Verdadero

Ejercitación 8C

1 a Falso   b Verdadero
c Falso   d Verdadero
e Verdadero   f Falso
g Falso   h Falso

2 a i $\varnothing$, $\{a\}$
ii $\varnothing$, $\{a\}$; $\{b\}$; $\{a, b\}$
iii $\varnothing$, $\{a\}$; $\{b\}$; $\{c\}$; $\{a, b\}$; $\{a, c\}$; $\{b, c\}$; $\{a, b, c\}$
iv Hay 16.
b 2^n c 64   d 7

3 a i No hay ninguno.
ii $\{a\}$; $\{b\}$
iii $\{a\}$; $\{b\}$; $\{c\}$; $\{a, b\}$; $\{a, c\}$; $\{b, c\}$
iv Hay 14.
b $2^n - 2$ c 62   d 8

Ejercitación 8D

1 a

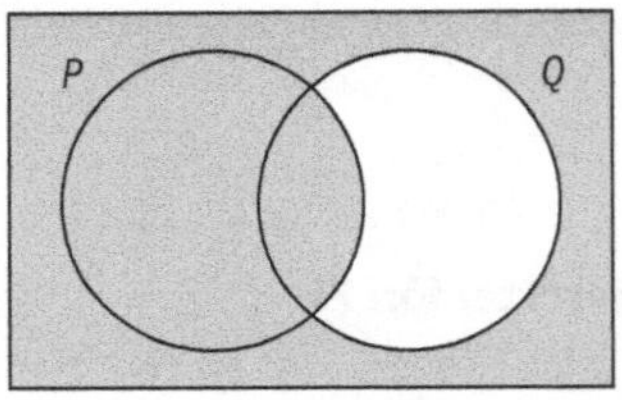

b

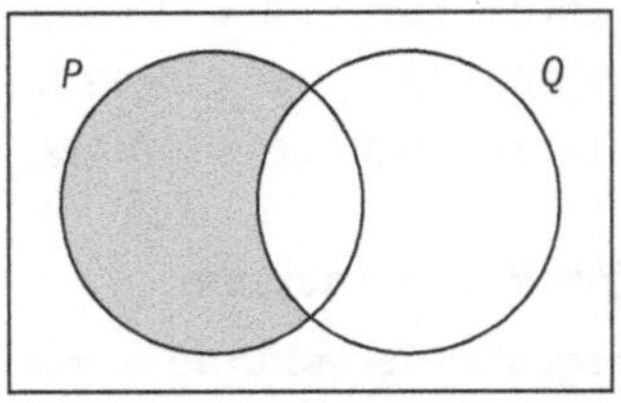

c

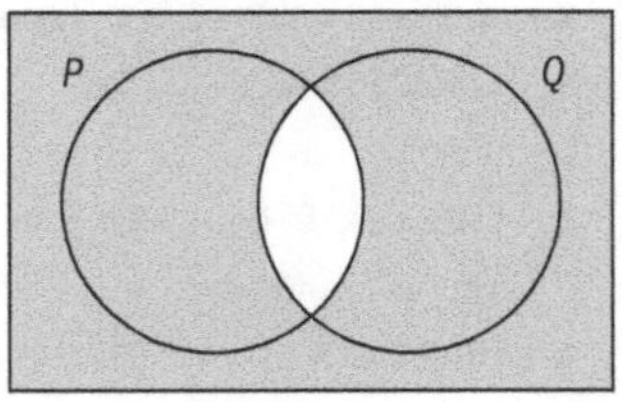

d

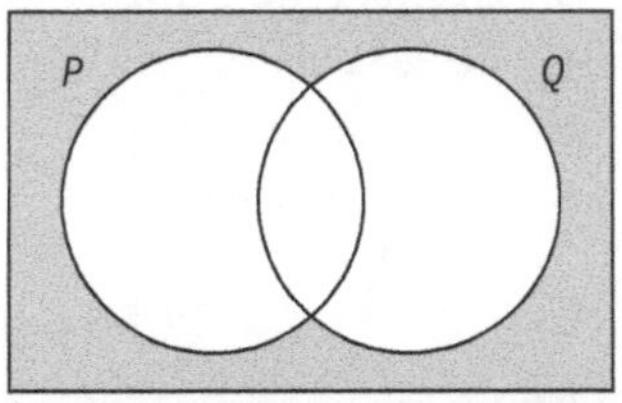

e

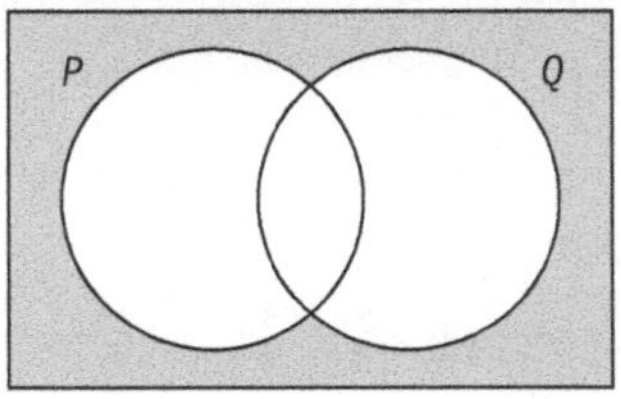

f

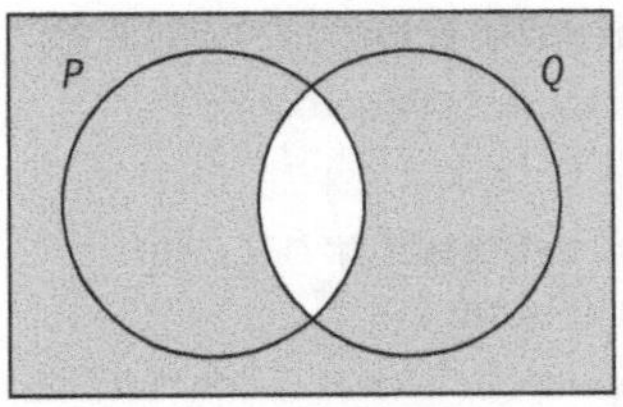

2 a

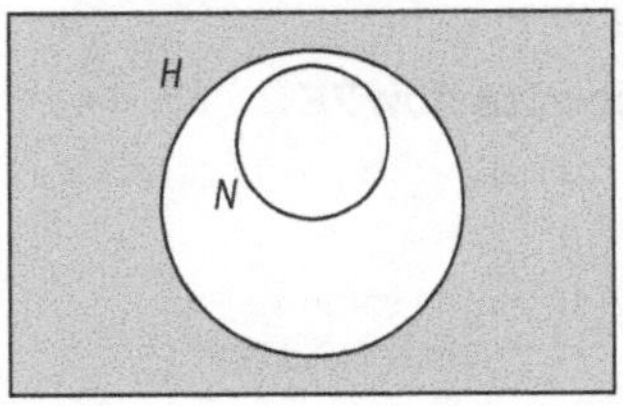

b

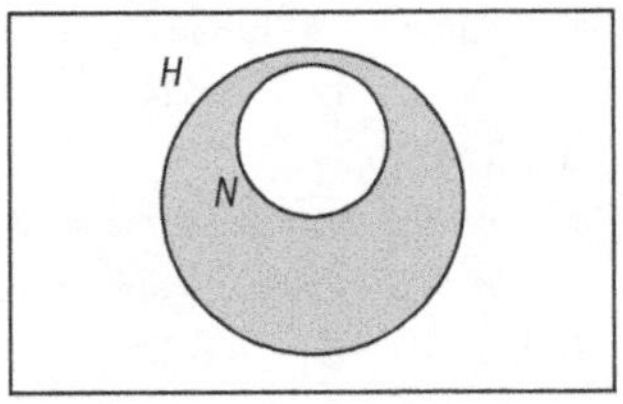

c

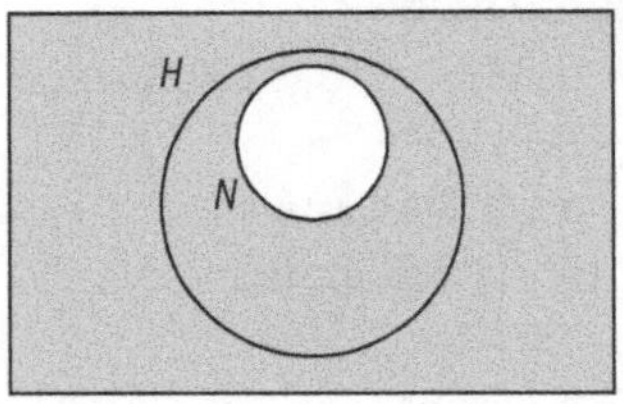

d

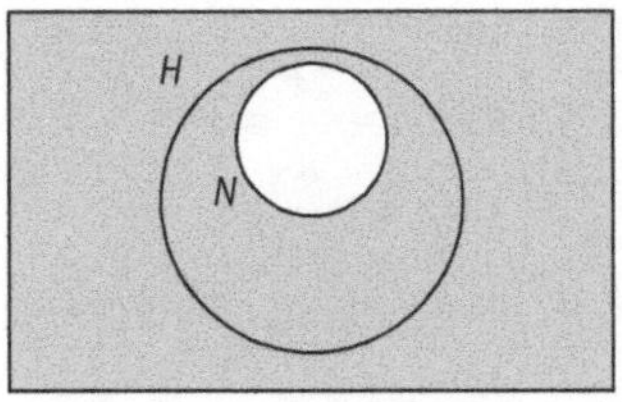

e

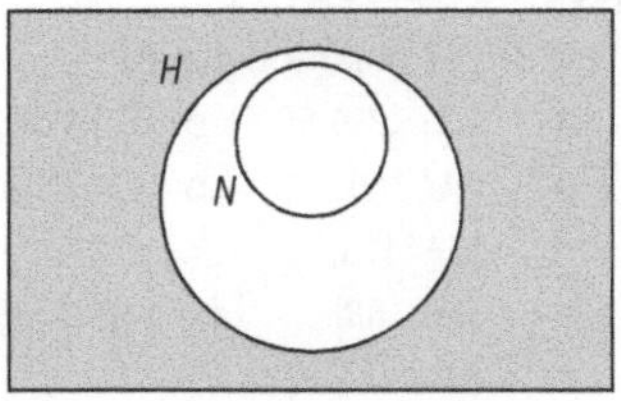

f

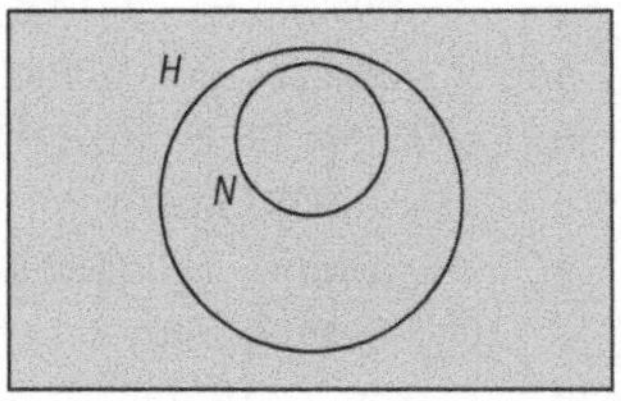

3 a

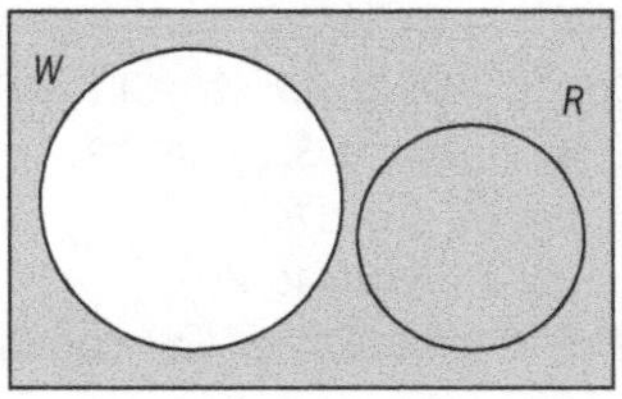

b

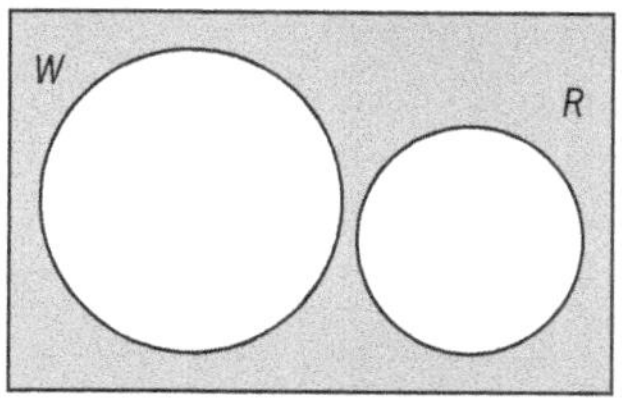

c

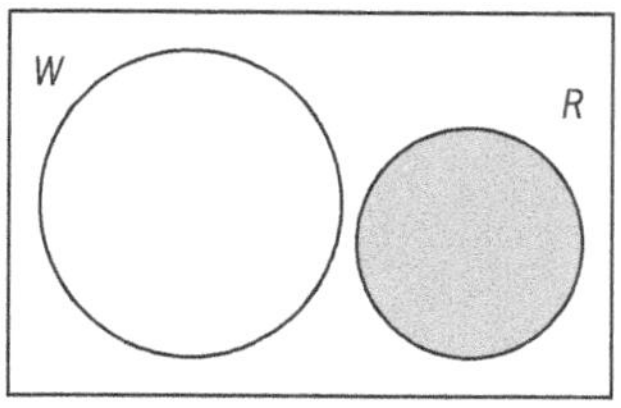

d

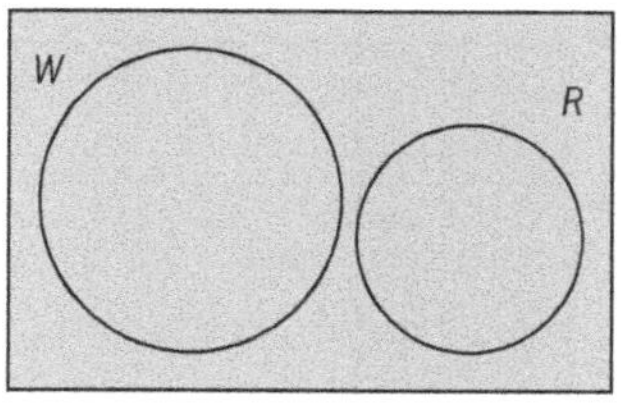

e

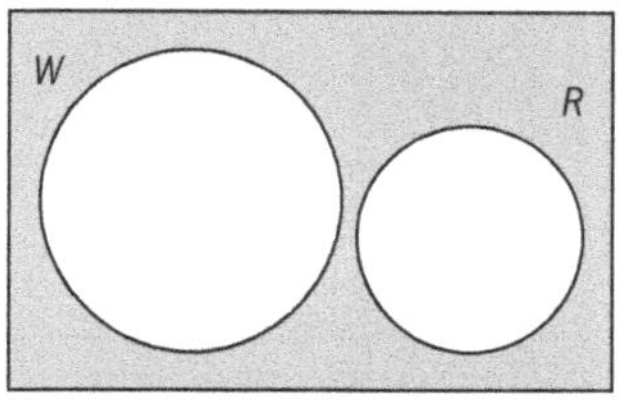

f

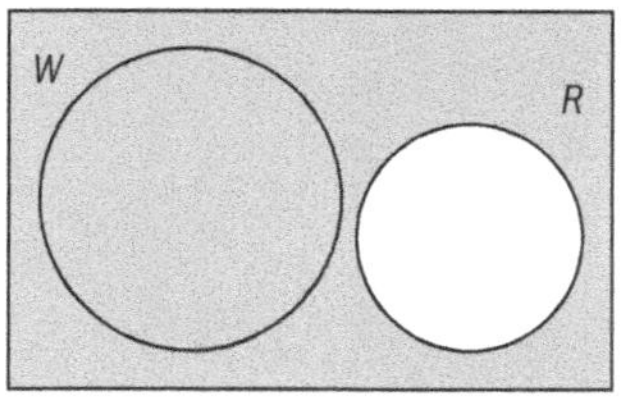

4 a {1, 2, 3, 4} b {1, 4}
c ∅ d ∅ e {4}
f {0, 1, 2, 3, 4, 5}
g {0, 1, 2, 3, 4, 5}
h {2, 4, 5, 6, 7} i {1, 2, 3, 4, 5}
j {0, 1, 2, 3, 4, 5, 6, 7}
k Falso l Falso
m Verdadero n Falso o Falso

Ejercitación 8E

1 a Falso b Verdadero
c Falso d Falso
e Falso f Falso
g Falso h Falso

2 a b, c, d, e, f, g, h, k
b b, d, e, f c c, g, h, k
d c, d, e, k e b, f, g, h

3 a q, t, x, w b p, r
c p, q, r, t, x, w d q, x, w
e p, q, r, x, w

Ejercitación 8F

1 a

i

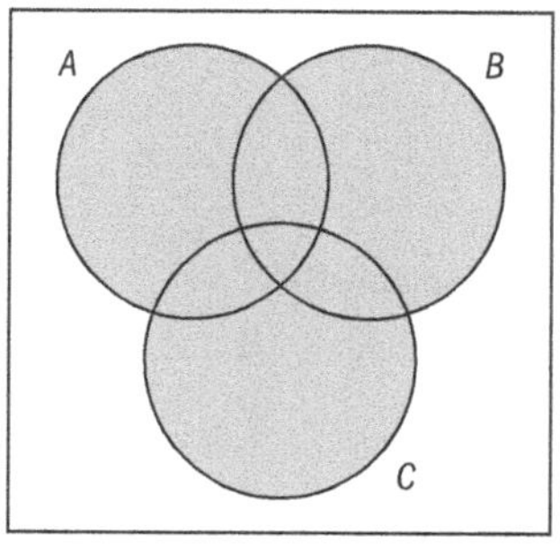

ii

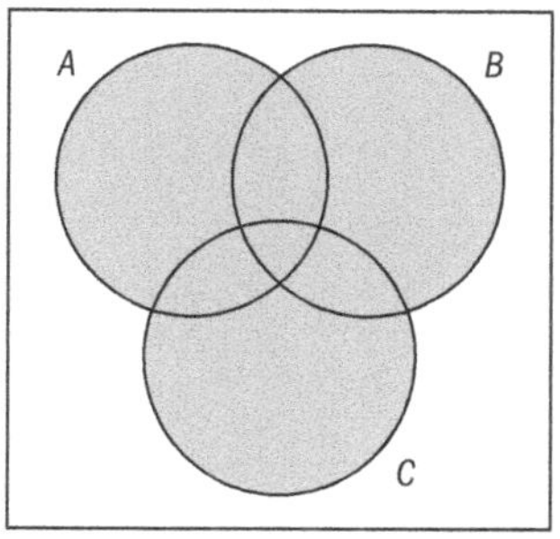

b

i

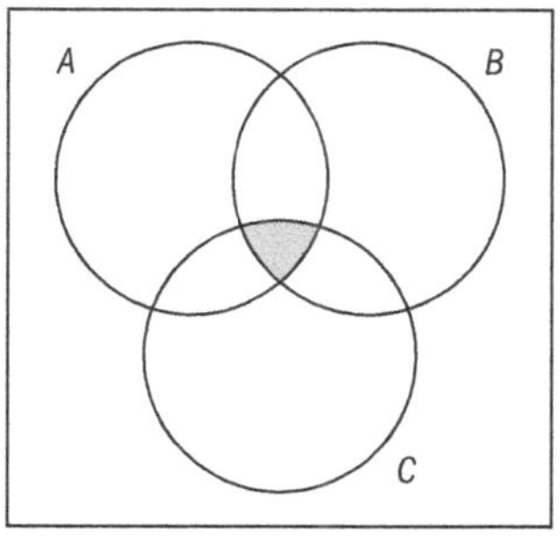

ii

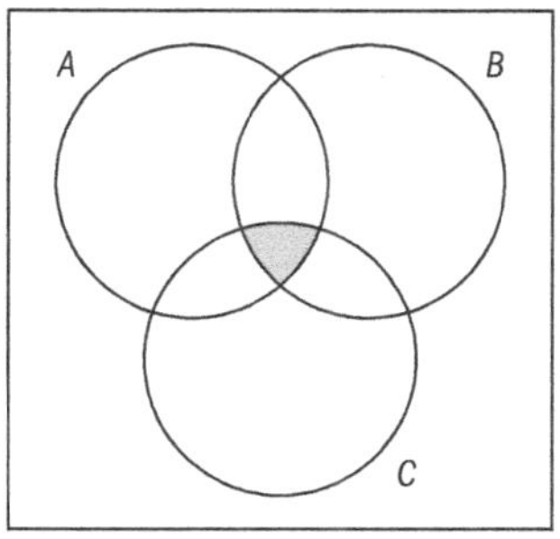

c

i

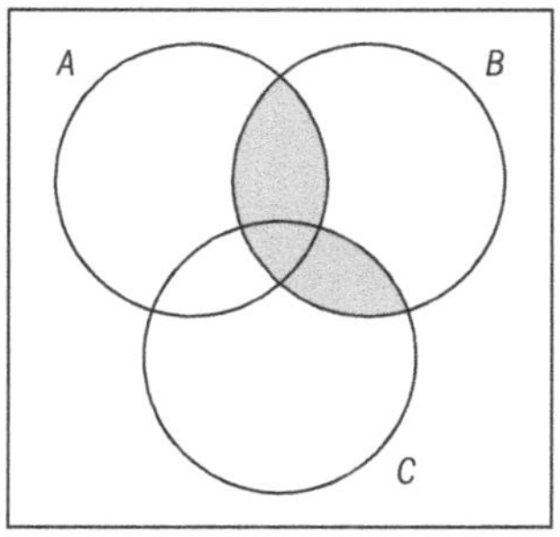

ii

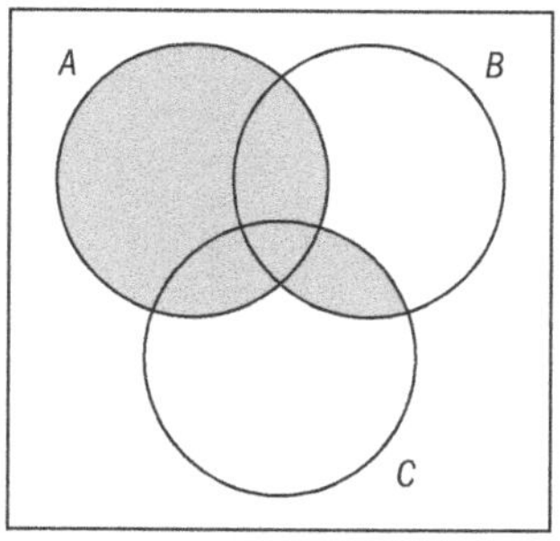

d

i

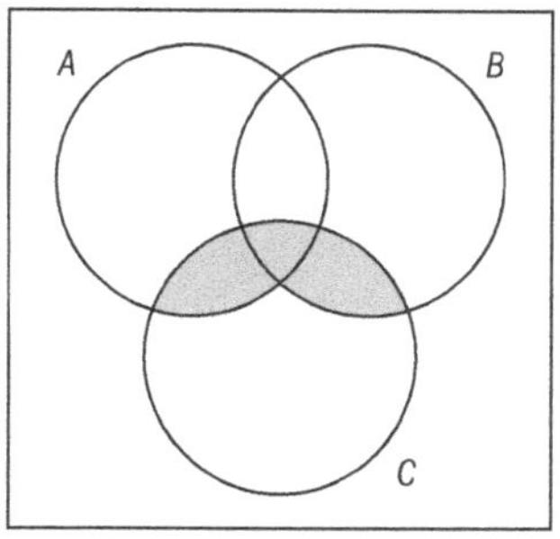

ii

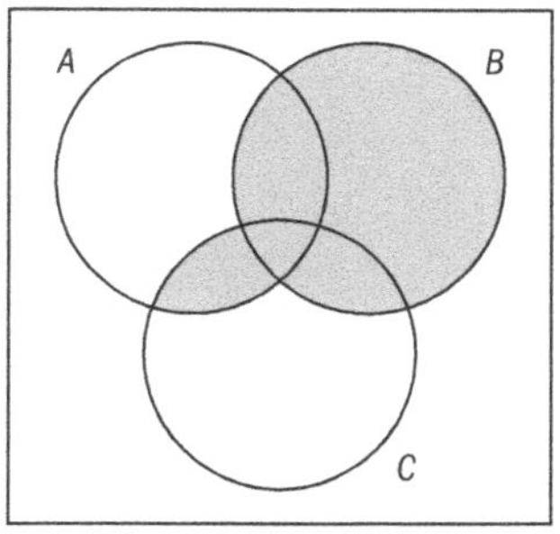

e

i

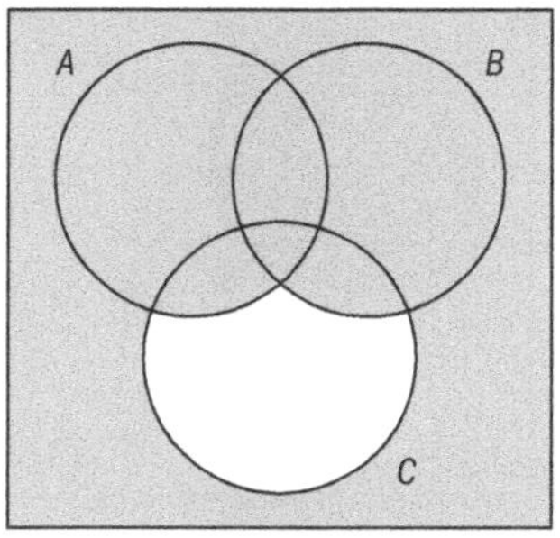

ii

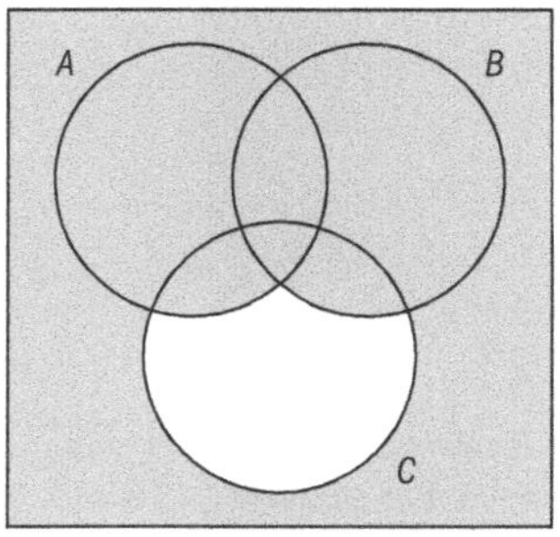

f

i

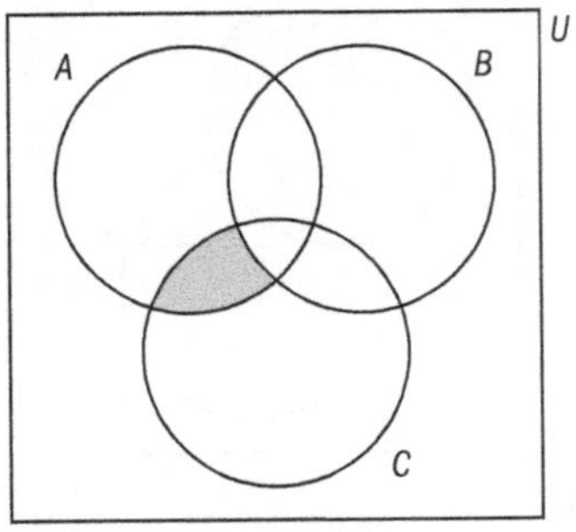

ii

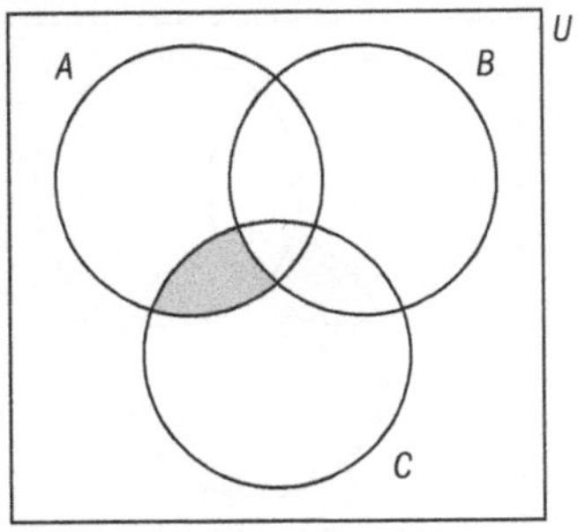

g

i

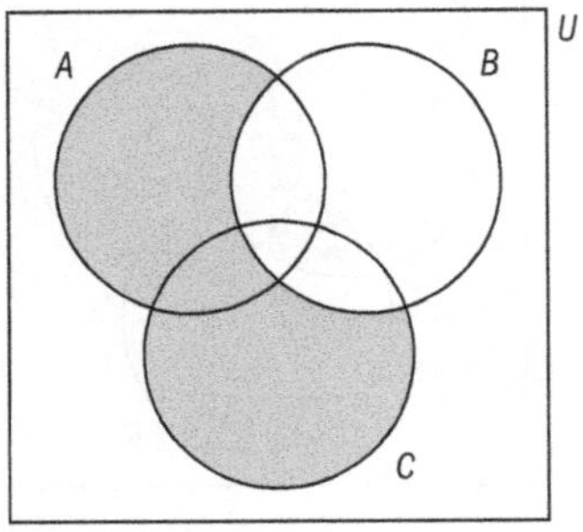

ii

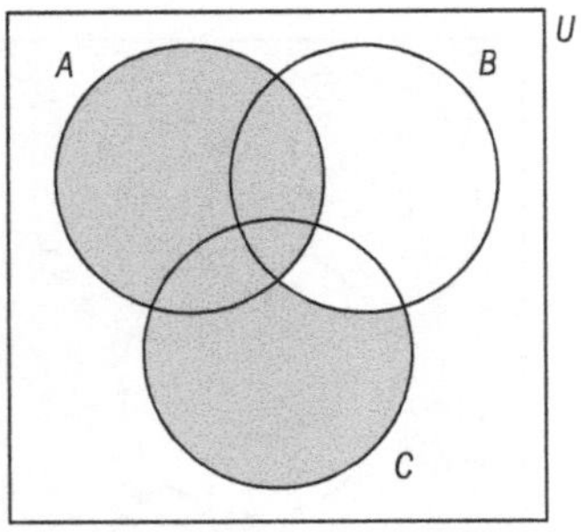

2 a $(A' \cup B') \cap C$
b $A \cap (B' \cup C')$
c $(A' \cap B') \cap C$
d $A' \cap (B \cap C')$
e $(A' \cap C) \cup B$
f $A \cap (C' \cup B)'$
g $A \cap (B \cup C)'$
h $(A \cap C) \cup (A \cup (B \cup C))'$
i $(A \cup B)' \cap C$
j $A' \cap (B \cup C)'$

3 a 1 b 3 c 4
d 2 e 7 f 6
g 5 h 8

4 a 1, 2, 4 b 3, 6, 7
c 1, 4, 7 d 2, 5, 6
e 3, 4, 7 f 2, 6, 8
g 2, 3, 6 h 4, 7, 8

Ejercitación 8G

1 6 2 14 3 21
4 21 5 13 6 11
7 7 8 6 9 14

Ejercitación 8H

1

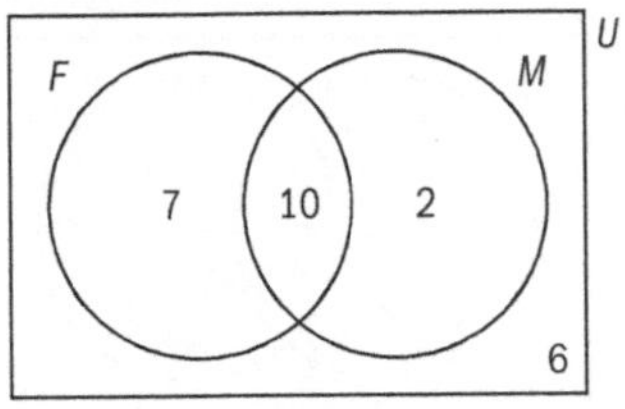

a 7 b 19 c 6 d 15

2

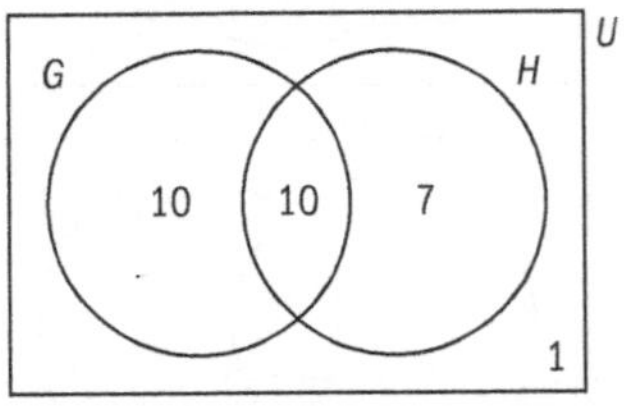

a 28 b 11 c 10 d 17

3

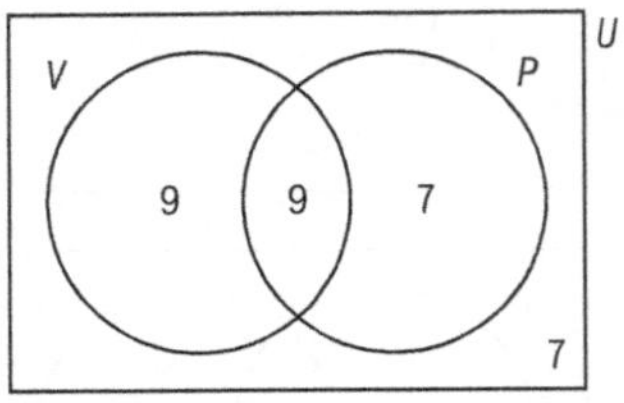

a 9 b 14 c 7 d 16

4

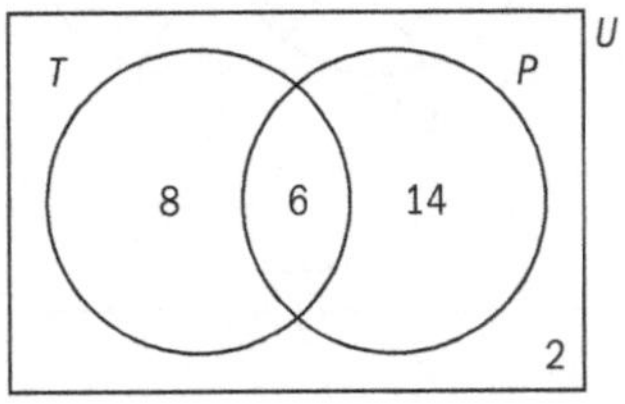

a 6 b 22 c 8

5

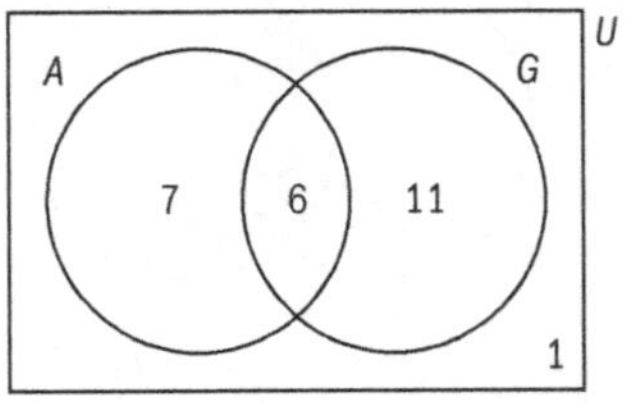

a 6 b 11 c 24

Ejercitación 8I

1 a 70 b 70 c 55
d 25 e 25 f 75
g 70 h 35 i 55
j 25 k 45

2

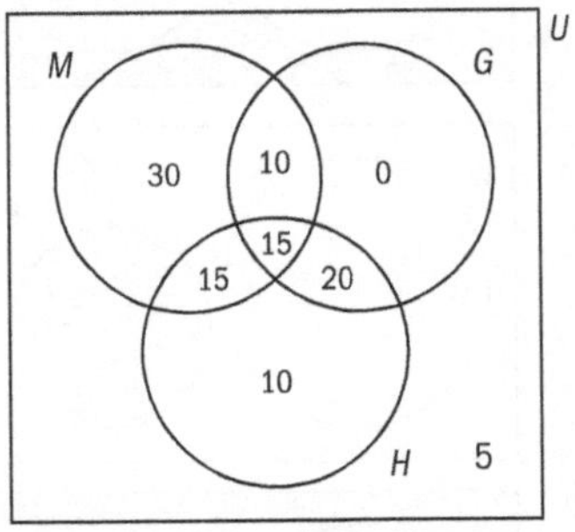

a 100 b 45 c 20
d 15 e 30

3

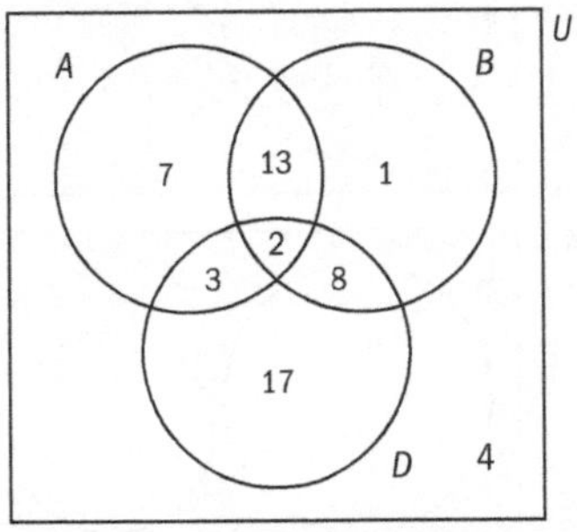

Cuatro no están participando en ninguna de estas actividades.

a 25 b 24 c 29
d 5 e 14

4

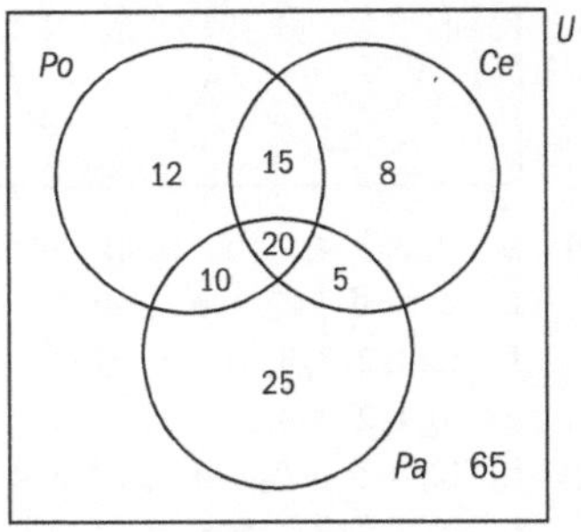

a 50 b 65
c 103 d 15

5

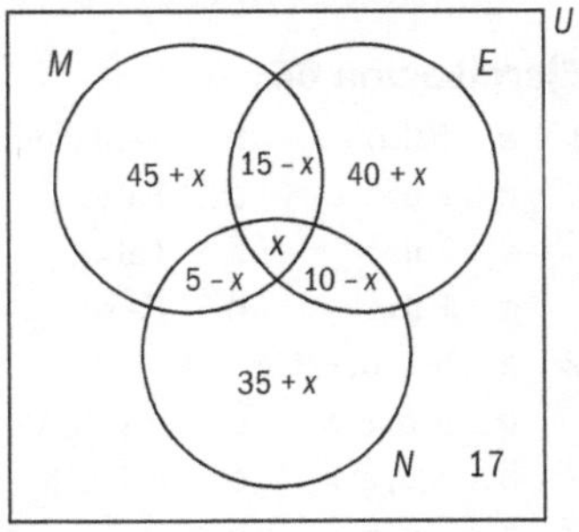

$x = 3$

a 129 b 24 c 146
d 15 e 9

6

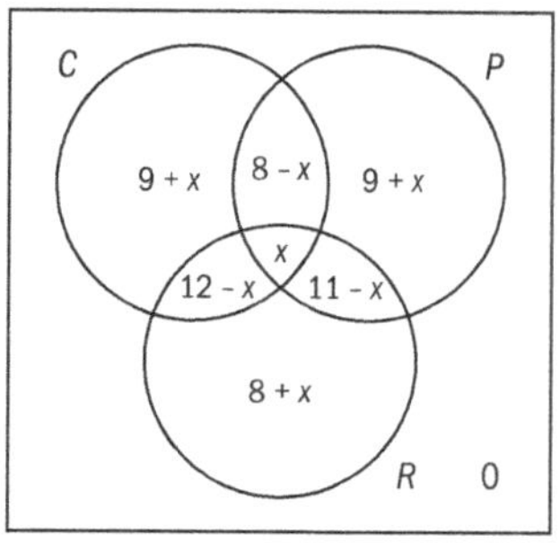

a 8 b 15 c 3

d 0 e 17

7

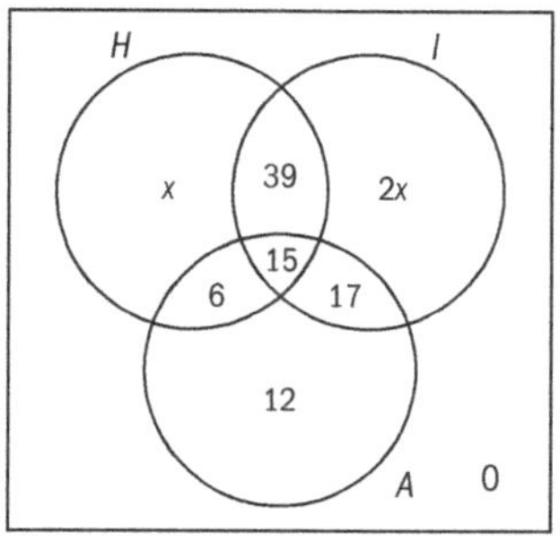

a $x = 9$ b 89

Ejercitación 8J

1 a {1, 4}

b {1, 2, 3, 6}

c

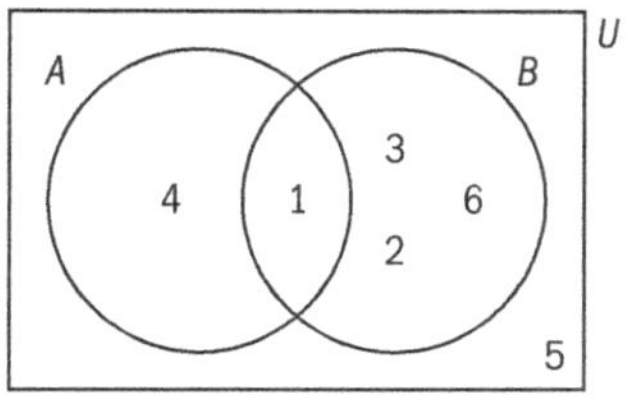

d $\frac{2}{6}$ e $\frac{4}{6}$ f $\frac{4}{6}$

g $\frac{1}{6}$ h $\frac{5}{6}$

2 a {3, 5, 7} b {4, 6, 8, 10}

c

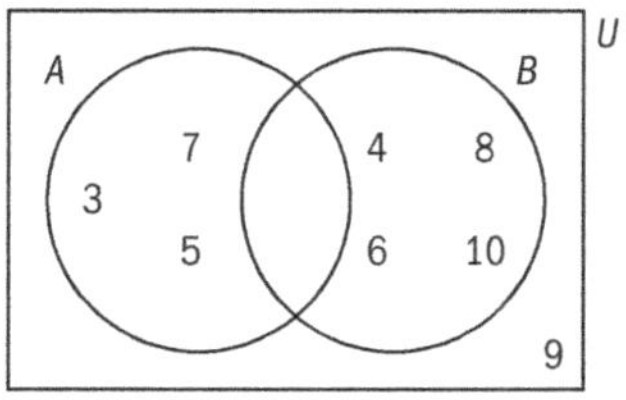

d $\frac{3}{8}$ e $\frac{4}{8}$ f $\frac{5}{8}$

g $\frac{4}{8}$ h 0 i $\frac{7}{8}$

l $\frac{1}{8}$ m 1

3 a {3, 5, 7, 9}

b {4, 9}

c

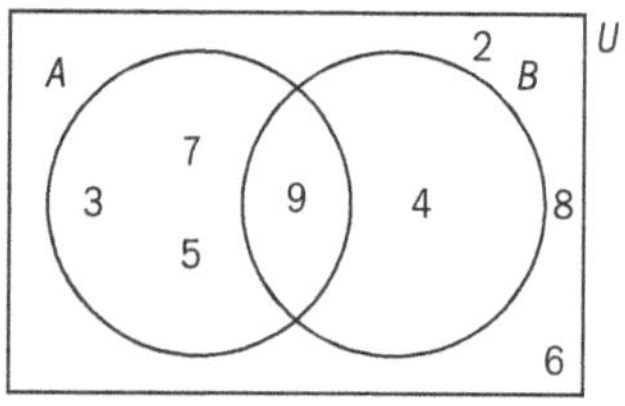

d $\frac{4}{8}$ e $\frac{2}{8}$ f $\frac{1}{8}$ g $\frac{5}{8}$

4 a {CC, CZ, ZC, ZZ}

b $\frac{1}{4}, \frac{1}{2}, \frac{1}{4}$

5 a {CCC, CCZ, CZC, ZCC, CZZ, ZCZ, ZZC, ZZZ}

b $\frac{1}{8}, \frac{3}{8}, \frac{3}{8}, \frac{1}{8}$

6 a $\frac{1}{16}$ b $\frac{1}{16}$ c $\frac{4}{16}$ d $\frac{4}{16}$

e $1-\left(\frac{1}{16}+\frac{4}{16}+\frac{4}{16}+\frac{1}{16}\right)=\frac{6}{16}$

f {CCCC, CCCZ, CCZC, CZCC, CCZZ, CZCZ, CZZC, CZZZ, ZCCC, ZCCZ, ZCZC, ZZCC, ZCZZ, ZZCZ, ZZZC, ZZZZ}

Ejercitación 8K

1 a $\frac{23}{40}$ b $\frac{5}{40}$ c $\frac{5}{40}$

d $\frac{15}{20}$ e $\frac{8}{23}$ f $\frac{8}{23}$

2 a $\frac{14}{30}$ b $\frac{8}{30}$ c $\frac{6}{10}$

d $\frac{8}{20}$ e $\frac{4}{16}$ f 0

3 a $\frac{8}{17}$ b $\frac{2}{17}$ c $\frac{8}{17}$

d $\frac{7}{9}$ e 0 f 1

4 a $\frac{12}{34}$ b $\frac{16}{34}$ c $\frac{28}{34}$

d $\frac{12}{22}$ e $\frac{6}{18}$ f $\frac{10}{22}$

5 a $\frac{13}{24}$ b $\frac{4}{24}$ c $\frac{8}{24}$

d $\frac{17}{24}$ e $\frac{7}{24}$ f $\frac{12}{24}$

g $\frac{9}{24}$

6 a $\frac{5}{22}$ b $\frac{18}{22}$

c $\frac{10}{15}$ d $\frac{3}{8}$

7 a $\frac{12}{28}$ b $\frac{4}{13}$ c $\frac{4}{16}$

d $\frac{3}{28}$ e $\frac{12}{21}$

8 a $\frac{12}{27}$ b $\frac{12}{20}$ c $\frac{7}{19}$

d $\frac{2}{7}$ e $\frac{12}{17}$

Ejercitación 8L

1 $A \cap B = \{1\}$.

2 $A \cap B = \varnothing$, así que A y B son sucesos incompatibles.

3 $A \cap B = \{2\}$.

4 $A \cap B = \varnothing$, así que A y B son sucesos incompatibles.

5 $A \cap B = \{9\}$.

6 $A \cap B = \varnothing$, así que A y B son sucesos incompatibles.

7 $A \cap B = \{6\}$.

8 $A \cap B = \varnothing$, así que A y B son sucesos incompatibles.

Ejercitación 8M

1 No son sucesos independientes.

2 Son sucesos independientes.

3 No son sucesos independientes.

4 Son sucesos independientes.

5 No son sucesos independientes.

6 No son sucesos independientes.

Ejercitación 8N

1

a $\frac{3}{8}$ b $\frac{3}{8}$ c $\frac{1}{4}$ d $\frac{9}{16}$

2

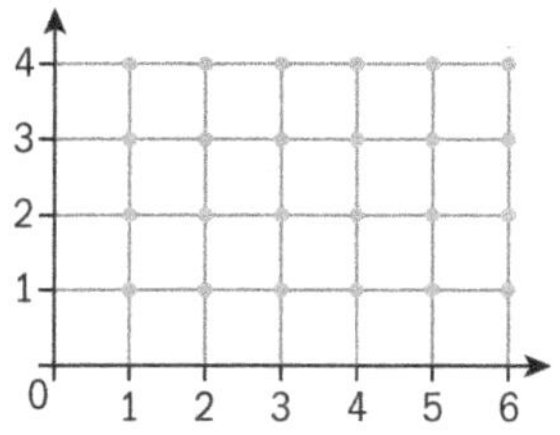

a $\frac{6}{24}$ b $\frac{13}{24}$ c $\frac{6}{24}$

d $\frac{11}{24}$ e $\frac{4}{24}$

3

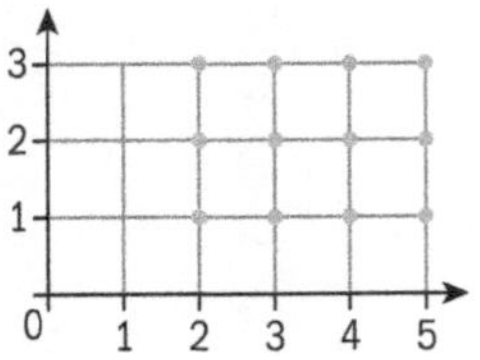

a $\frac{2}{12}$ b $\frac{4}{12}$ c $\frac{9}{12}$

d $\frac{5}{12}$ e $\frac{8}{12}$

4

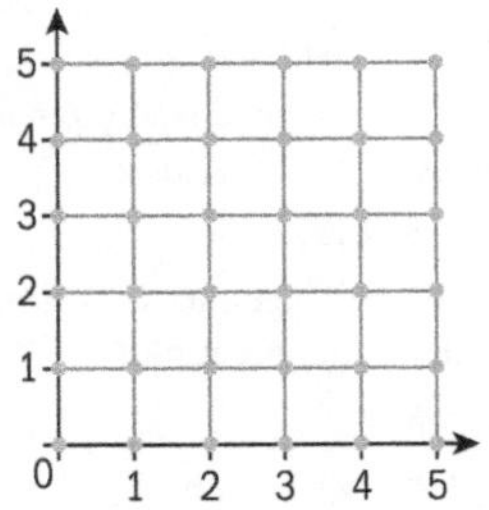

a $\frac{6}{36}$ b $\frac{23}{36}$ c $\frac{26}{36}$

d $\frac{13}{36}$ e $\frac{27}{36}$

5

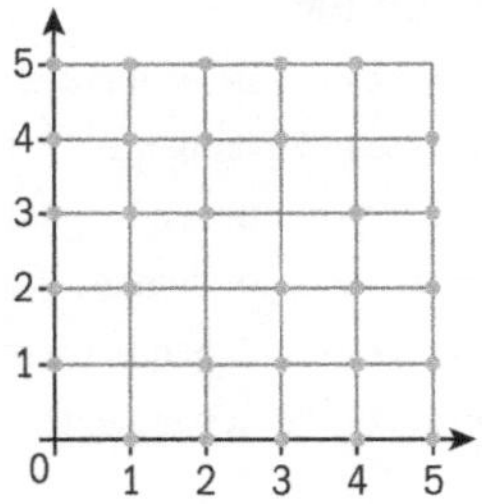

a 0 b $\frac{20}{30}$ c $\frac{22}{30}$

d $\frac{10}{30}$ e $\frac{24}{30}$

Ejercitación 8O

1 a $\frac{60}{121}$ b $\frac{85}{121}$ c $\frac{60}{121}$

d $\frac{1}{2}$ e $\frac{55}{85}$

2 a $\frac{12}{25}$ b $\frac{21}{25}$

c $\frac{3}{7}$ d $\frac{5}{7}$

3

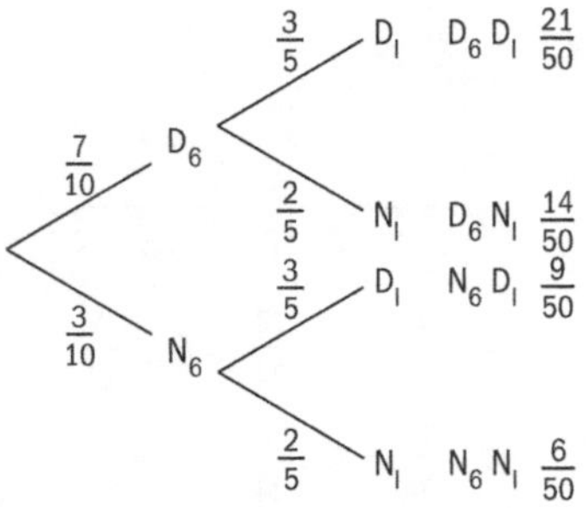

a $\frac{23}{50}$ b $\frac{3}{25}$

c $\frac{14}{23}$ d $\frac{35}{44}$

4

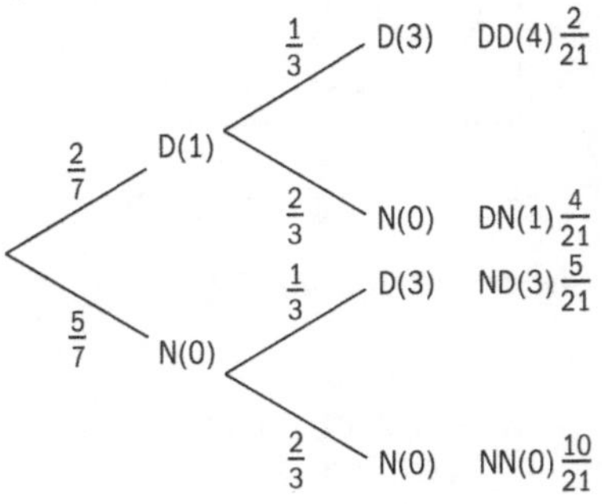

a $\frac{10}{21}$ b $\frac{3}{7}$ c $\frac{6}{11}$ d $\frac{1}{3}$

5 a 0,97 b $\frac{80}{97}$ c $\frac{72}{97}$

Ejercitación 8P

1 a $\frac{60}{110}$ b $\frac{80}{110}$ c $\frac{60}{110}$

d $\frac{1}{2}$ e $\frac{5}{8}$

2 a $\frac{20}{132}$ b $\frac{90}{132}$ c $\frac{1}{2}$

3

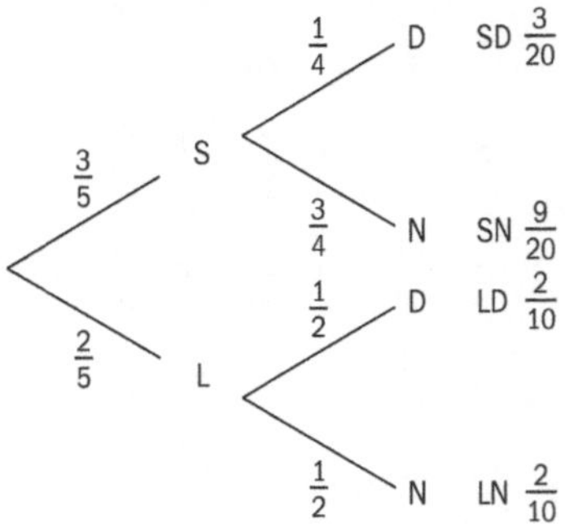

a $\frac{3}{20}+\frac{4}{20}=\frac{7}{20}$ b $\frac{2}{10}$

c $\dfrac{\frac{3}{20}}{\frac{7}{20}}=\frac{3}{7}$ d $\dfrac{\frac{4}{20}}{\left(1-\frac{7}{20}\right)}=\frac{4}{13}$

4

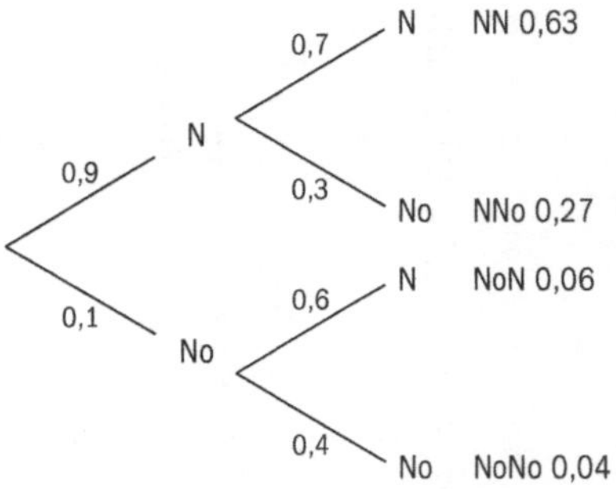

a 0,63 b 0,33

c $\frac{0,27}{0,33}=\frac{9}{11}$ d $\frac{0,9}{0,96}=\frac{15}{16}$

5 $\frac{3}{8}$

Ejercicio de revisión

Preguntas del estilo de la prueba 1

1 a i 6 ii 5

iii 10 iv 24

b

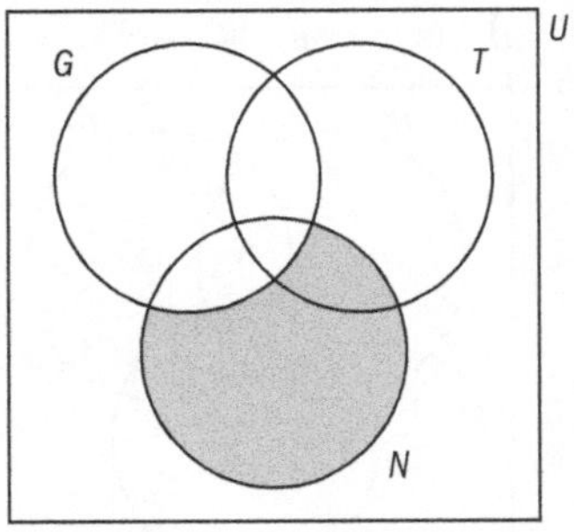

2 a El diagrama debe contener un rectángulo que contenga tres círculos rotulados que se cortan entre sí.

b

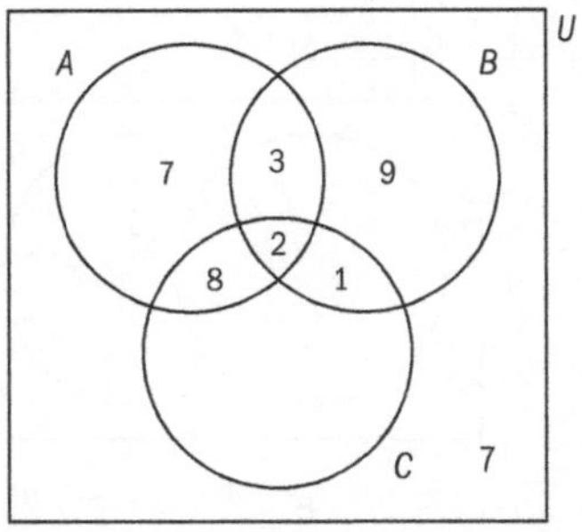

c $40-(7+3+2+1+8+9+7)$
$=3$

3 a Falso

b Verdadero

c Falso

d Verdadero

e Verdadero

f Verdadero

4 a

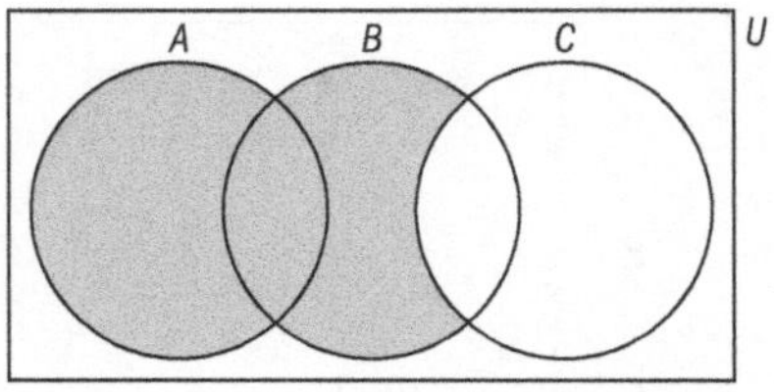

b 15

c i 5, 10, 15, 20 ii 10, 20, 30

5 a Por ejemplo 2, –3 etc.

b Por ejemplo $\frac{3}{5}\left(\text{no}\,\frac{6}{1}\right)$

c Por ejemplo $\frac{3}{5}$ o $\frac{6}{1}$

d Por ejemplo $\frac{3}{5}, \sqrt{2}, \pi$

e Por ejemplo $\sqrt{2}, \pi$

f Por ejemplo $\sqrt{2}, \pi$

6 a $\frac{4}{60}$ o 6,67% o 0,0667

b $\frac{56}{60}$ o 93,3% o 0,933

c $\frac{16}{20}$ o 80% o 0,8

7 a $\frac{3}{15}$ o 20% o 0,2

b $\frac{3}{14}$ o 21,4% o 0,214

c $\frac{4}{15} \times \frac{3}{14} = \frac{2}{35}$ o 5,71% o 0,0571

8 a 12

b $\frac{3}{12} = \frac{1}{4}$ o 25%

c $\frac{4}{12} = \frac{1}{3}$ o 33,3% (3 cs)

9 a $3400 \leq p < 3700$

b $\frac{5}{50} = \frac{1}{10}$ o 10% o 0,1

c $1 - \frac{5}{50} = \frac{45}{50} = \frac{9}{10}$ o 90% o 0,9

d $\frac{20}{45} = \frac{4}{9}$ o 44,4% o 0,444

Preguntas del estilo de la prueba 2

1 a $U = \{8, 9, 10, 11, 12\}$

b

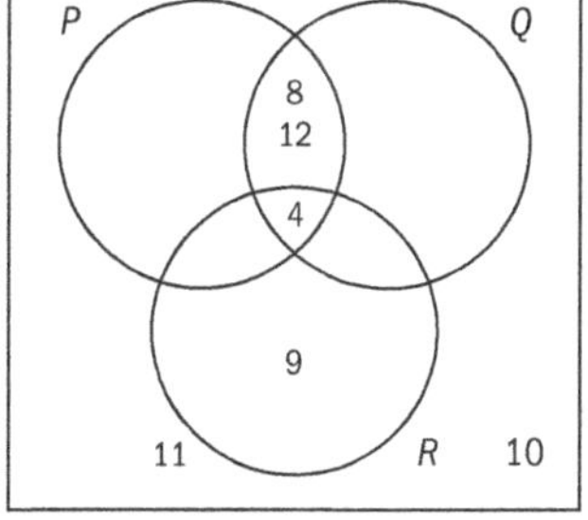

c i No hay. ii No hay.

d $P \cup Q$: el conjunto de los números que son múltiplos de 4 o divisores de 24, o ambos.

e

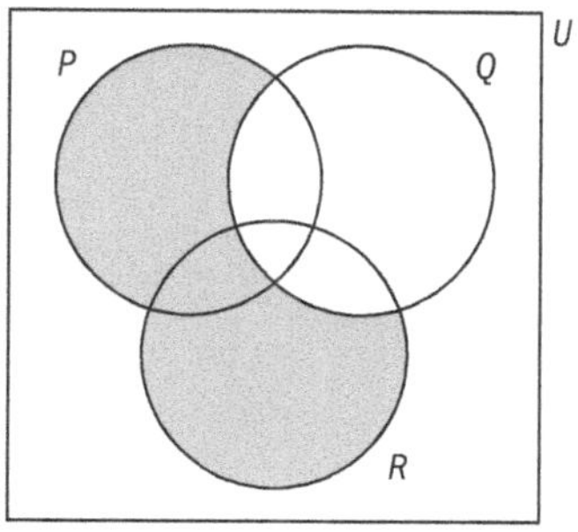

2 a i

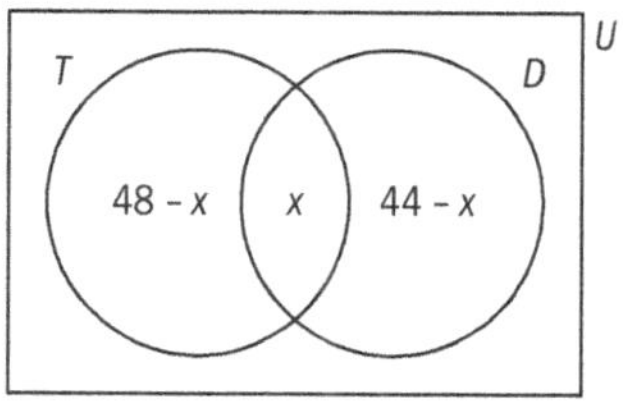

ii $48 - x + x + 44 - x = 70$

$\Rightarrow x = 22$

iii Aquellos socios que **no** participan en **ambas** actividades, teatro y deportes (o equivalente)

iv $P(T \text{ o } D) = \left[\frac{48-22}{70} + \frac{44-22}{70}\right]$

$= \frac{48}{70}$ o $\frac{24}{35}$

b i $\frac{30}{70} = \frac{3}{7}$ ii $\frac{12}{70} = \frac{6}{35}$

3 a

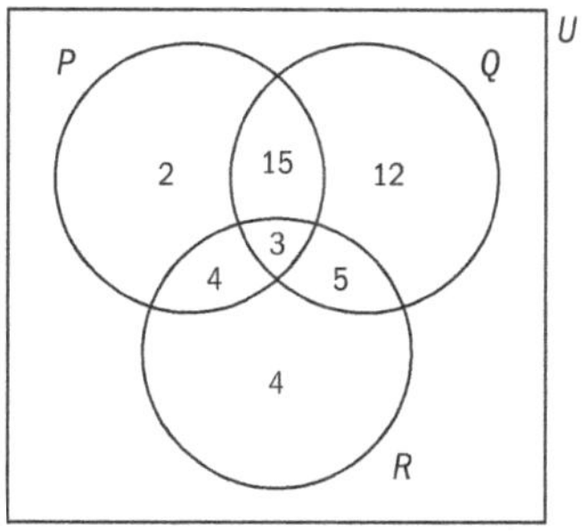

b $50 - (2 + 3 + 4 + 15 + 5 + 4 + 12) = 5$

c i P(jugo de frutas) = $\frac{35}{50}$

ii $P([P \cup Q] \cap R') = \frac{29}{50}$

iii $P(Q' \mid P) = \frac{6}{24}$

d P(ambos hayan tomado ambas bebidas) = $\frac{3}{50} \times \frac{2}{49} = \frac{6}{2450}$

4 a i $P = \{2, 3, 5, 7, 11\}$

ii $Q = \{1, 2, 3, 6, 9\}$

iii $R = \{3, 6, 9, 12\}$

iv $P \cap Q \cap R = \{3\}$

b

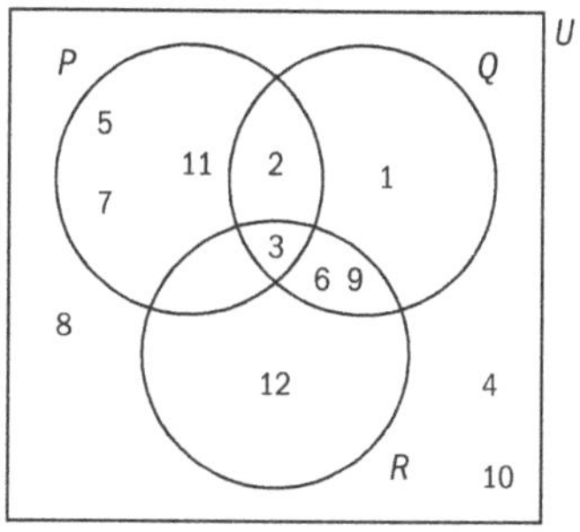

c i $\{2, 3, 5, 6, 7, 9, 11\}$

ii $\{1, 4, 8, 10\}$

iii $\{4, 8, 10\}$

d i $\frac{5}{12}$ ii $\frac{3}{12}$

iii $\frac{4}{12}$ iv $\frac{2}{5}$

5 a

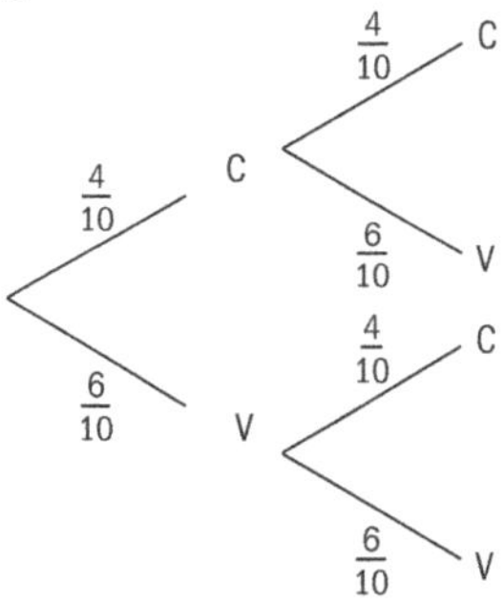

b i P(chocolate, chocolate) = $\frac{4}{10} \times \frac{4}{10} = 0{,}16$

ii P(una de vainilla) = P (chocolate, vainilla) + P(vainilla, chocolate)

$= \frac{4}{10} \times \frac{6}{10} + \frac{6}{10} \times \frac{4}{10} = 0{,}48$

c i $a = 8, b = 9$ ii 0

iii P(al menos una de vainilla) = 1 – P(dos de chocolate)

d P(lata, chocolate)

$= \frac{1}{2} \times \frac{4}{10} + \frac{1}{2} \times \frac{1}{10} = 0{,}25$

6 a i P(desértico) = $\frac{13}{60}$

ii P(inundado y bajo ritmo de crecimiento) = $\frac{16}{60}$

iii P(no templado)

$= 1 - \frac{18}{60} = \frac{42}{60}$

b i P(alto nivel de crecimiento o inundado, pero no los dos)

$= \frac{4}{60} + \frac{7}{60} + \frac{16}{60} = \frac{27}{60}$

ii P(bajo, sabiendo que es desértico)

$= \frac{9}{13}$

c i $\frac{36}{60} \times \frac{35}{59} = \frac{21}{59}$

ii $\frac{45}{60} \times \frac{44}{59} = \frac{33}{59}$

Capítulo 9

Comprobemos nuestras habilidades

1 a

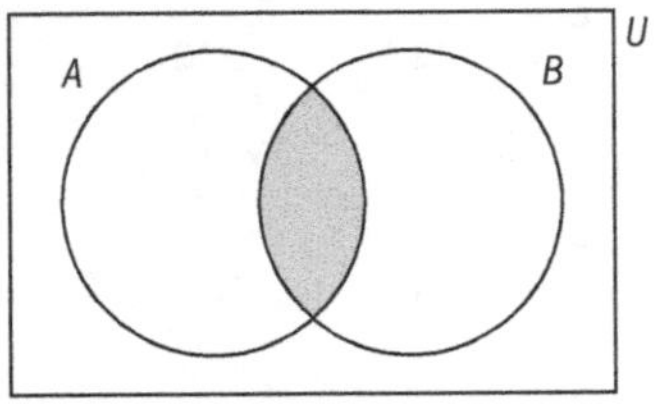

b

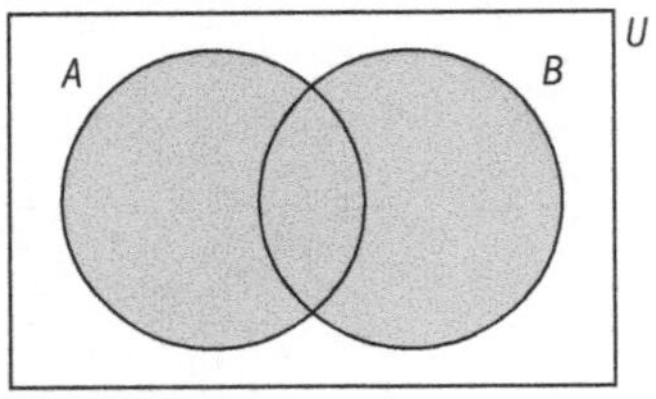

c

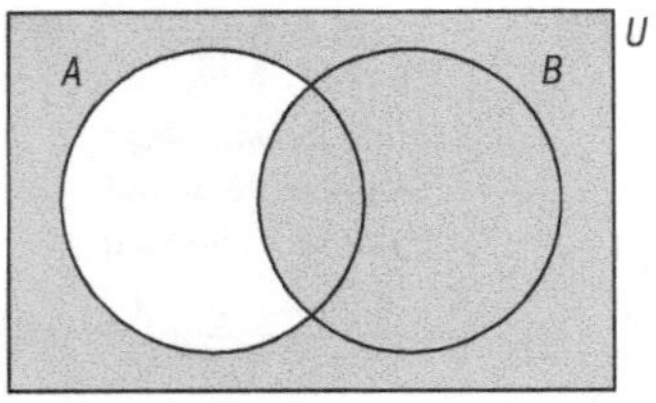

d

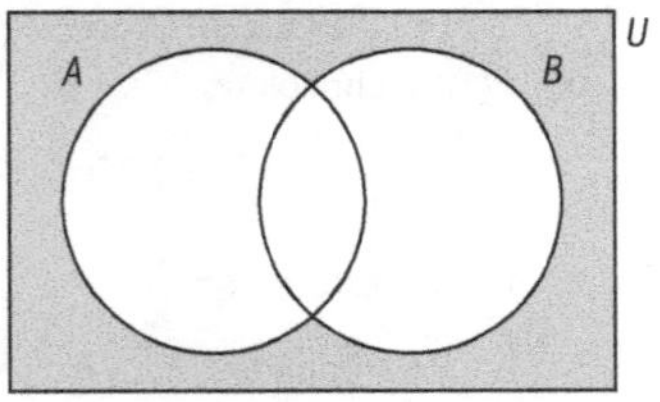

e

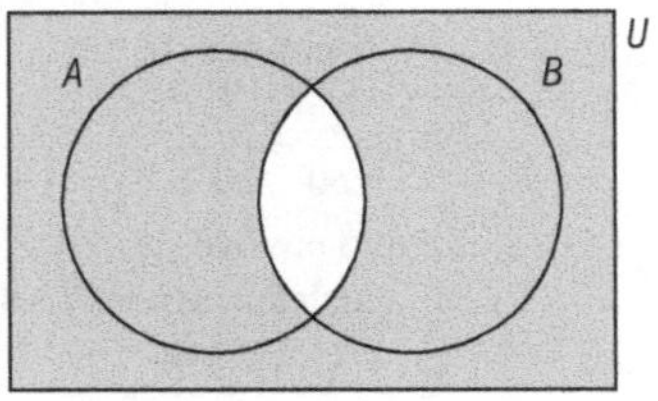

2 a

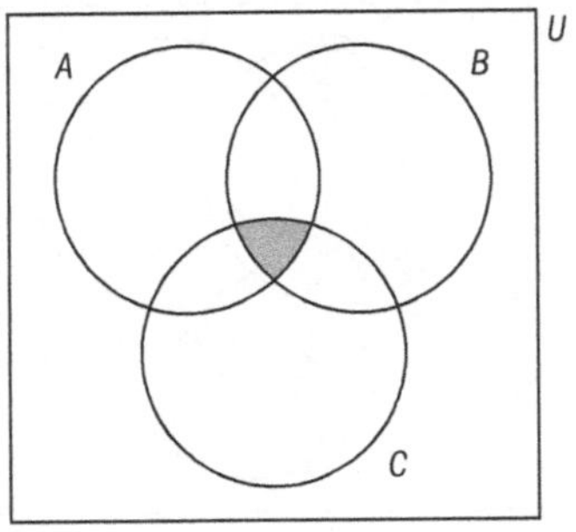

b

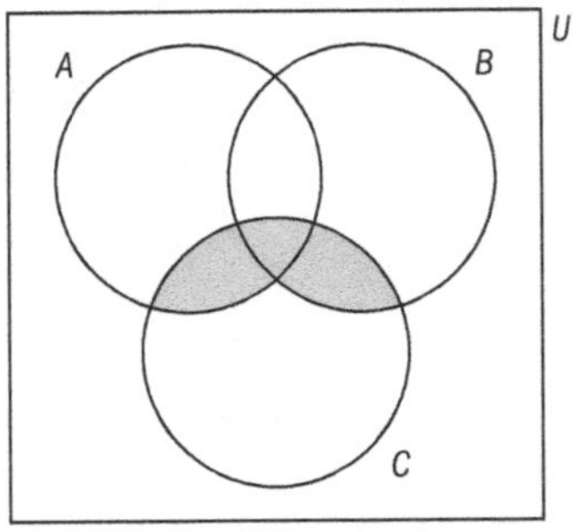

c

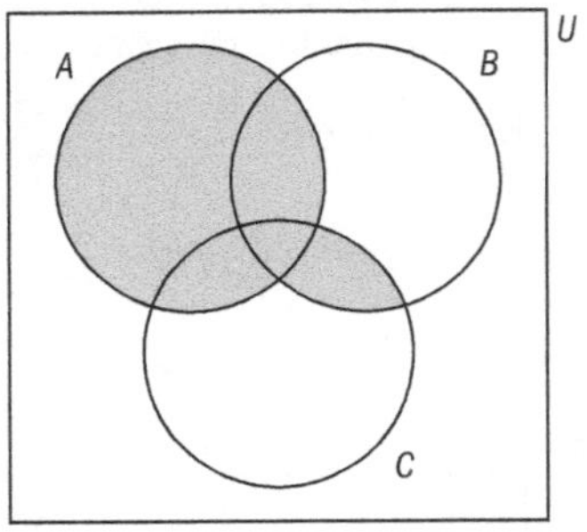

d

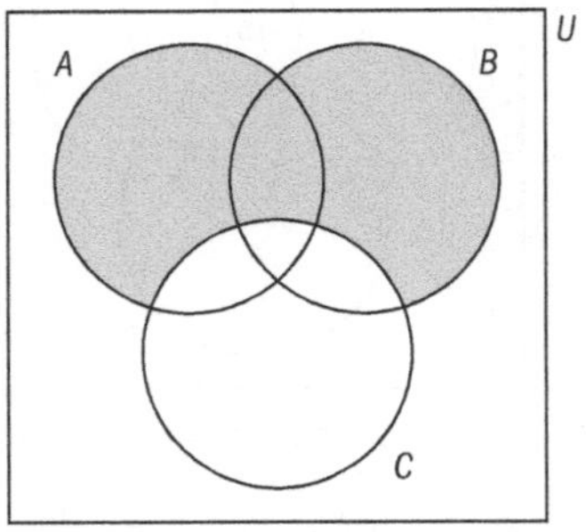

e

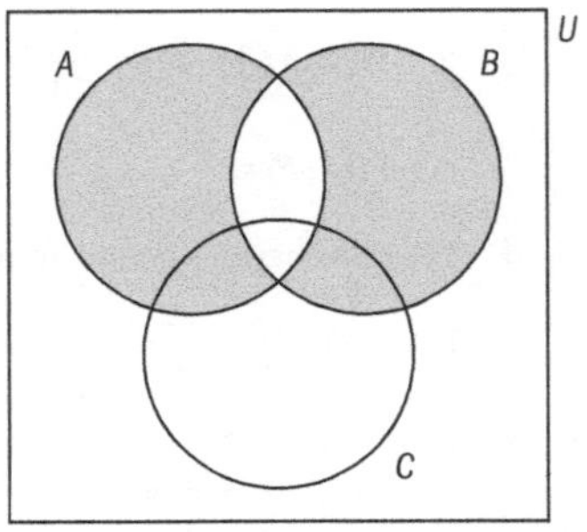

Investigación: pensamiento lógico

1 Que nadie debe llevar comida al salón de deportes y que tampoco nadie debe llevar bebida al salón de deportes.

2 De acuerdo al cartel, sí.

3 Nuevamente, sí.

4 Lamentablemente, no.

5 "No se permite ingresar comida **ni** bebida al salón de deportes."

"No se permite ingresar comida **y no** se permite ingresar bebida al salón de deportes."

Ejercitación 9A

1	Sí	2	No
3	No	4	Sí
5	Sí	6	Sí
7	Sí	8	No
9	Sí	10	Sí
11	Sí	12	Sí
13	Sí	14	No

Ejercitación 9B

1	Exclusivo	2	Exclusivo
3	Inclusivo	4	Inclusivo
5	Inclusivo	6	Inclusivo
7	Exclusivo	8	Exclusivo
9	Exclusivo	10	Exclusivo
11	Exclusivo	12	Exclusivo

Observar que hay algunos casos (sorprendentemente, siete) en los que hay alguna ambigüedad en el uso del "o". Esa ambigüedad **debe** eliminarse.

Ejercitación 9C

1 a El alumno no está en el consejo escolar.

b Ella no tiene un teléfono móvil.

c n no es un número primo.

d ABCD no es un paralelogramo.

e Surabaya no es la capital de Indonesia.

2 a Esta palabra comienza con una consonante.

b Hay un número de páginas impar en este libro.

c Este precio excluye el impuesto de ventas.

d Esta figura es otra que un cuadrilátero.

e Caminó a una velocidad variable.

3 a i Hay otras notas entre la más alta y la más baja.

ii Hay distintos niveles de dificultad.

iii Sandra podría haber obtenido exactamente 50%.

iv Ricardo podría tener un pie en el aula y otro pie fuera.

v A menos que el promedio (media) sea un número entero, la negación está definida correctamente.

b Claramente, no.

c Este método funciona, pero lleva a algunas oraciones construidas en forma complicada.

4 a x es menor o igual que cinco.

b y es mayor o igual que siete.

c z es menor que 10.

d b es mayor que 19.

5 a Ninguno de los dos.

b "x no es negativo."

6 a Carolina fue al colegio el viernes.

b Esta silla no está rota.

c El equipo de hockey ganó o empató el partido.

d El equipo de fútbol no ganó el torneo.

e El hotel tiene agua corriente.

7 a Su firma es legible.

b José Manuel tiene mi edad o es menor que yo.

c La clase tiene al menos ocho alumnos varones.

d Su apellido comienza con una letra distinta a la P.

e Él tiene a lo sumo una hermana.

8 a X es un doctor.

b X es una mujer que no es doctora.

c X es una mujer casada.

d X es un hombre soltero (no está casado).

e R es una rotación positiva entre 0° y 90° inclusive.

f R es una rotación menor o igual a 90°.

Ejercitación 9D

1 a Susan habla francés y Susan habla español.

b Susan no habla francés y Susan habla español.

c Susan habla francés y Susan no habla español.

d Susan no habla francés y Susan no habla español.

e No es el caso que Susan habla francés y Susan habla español.

2 a Jorge habla portugués y Mei Ling habla malayo.

b Jorge no habla portugués y Mei Ling habla malayo.

c Jorge habla portugués y Mei Ling no habla malayo.

d Jorge no habla portugués y Mei Ling no habla malayo.

e No es el caso que Jorge habla portugués y Mei Ling habla malayo.

3 a Todos los perros ladran y todas las flores son amarillas.

b No todos los perros ladran y todas las flores son amarillas.

c Todos los perros ladran y no todas las flores son amarillas.

d No todos los perros ladran y no todas las flores son amarillas.

e No es el caso que todos los perros ladran y todas las flores son amarillas.

4 a China está en África y Ruanda está en Asia.

b China no está en África y Ruanda está en Asia.

c China está en África y Ruanda no está en Asia.

d China no está en África y Ruanda no está en Asia.

e No es el caso que China está en África y Ruanda está en Asia.

5 a Chicago es la ciudad más grande de Canadá y Jakarta es la ciudad más grande de Indonesia.

b Chicago no es la ciudad más grande de Canadá y Jakarta es la ciudad más grande de Indonesia.

c Chicago es la ciudad más grande de Canadá y Jakarta no es la ciudad más grande de Indonesia.

d Chicago no es la ciudad más grande de Canadá y Jakarta no es la ciudad más grande de Indonesia.

e No es el caso que Chicago es la ciudad más grande de Canadá y Jakarta es la ciudad más grande de Indonesia.

6 a $x \le 5$ y $x \ge 5$

b $x > 5$ y $x \ge 5$

c $x \le 5$ y $x < 5$

d $x > 5$ y $x < 5$

e No es el caso que $x \le 5$ y $x \ge 5$.

Sí, si $x = 5$. Por lo tanto, **e** se expresa mejor como $x \ne 5$.

7 a ABCD es un paralelogramo y ABCD es un rectángulo.

b ABCD no es un paralelogramo y ABCD es un rectángulo.

c ABCD es un paralelogramo y ABCD no es un rectángulo.

d ABCD no es un paralelogramo y ABCD no es un rectángulo.

e No es el caso que ABCD es un paralelogramo y ABCD es un rectángulo.

En este caso la proposición **b** no puede ser verdadera.

8 a El triángulo ABC es rectángulo en C y $AB^2 = AC^2 + BC^2 + 1$.

b El triángulo ABC no es rectángulo en C y $AB^2 = AC^2 + BC^2 + 1$.

c El triángulo ABC es rectángulo en C y $AB^2 \ne AC^2 + BC^2 + 1$.

d El triángulo ABC no es rectángulo en C y $AB^2 \ne AC^2 + BC^2 + 1$.

e No es el caso que el triángulo ABC es rectángulo en C y $AB^2 = AC^2 + BC^2 + 1$.

En este caso **a**, **b** y **c** no pueden ser verdaderas.

En este caso **e** y **d** deben ser verdaderas.

9 a n es un entero impar y n es un entero par.

b n no es un entero impar y n es un entero par.

c n es un entero impar y n no es un entero par.

d n no es un entero impar y n no es un entero par.

e No es el caso que n es un entero impar y n es un entero par.

a no puede ser verdadero. **d** no puede ser verdadero, pero solo si el conjunto universal es el conjunto de enteros.

b y **c** son necesariamente verdaderos, pero solo si el conjunto universal es el conjunto de números enteros.

e debe ser verdadero.

10

p	$\neg p$	$p \wedge \neg p$
V	F	**F**
F	V	**F**

$p \wedge \neg p$ es una contradicción lógica, porque todos los valores de su columna son falsos.

11 $p \wedge \neg q$

p	q	$\neg q$	$p \wedge \neg q$
V	V	F	**F**
V	F	V	**V**
F	V	F	**F**
F	F	V	**F**

12 $p \wedge q$

p	q	$p \wedge q$	n
V	V	**V**	**20**
V	F	**F**	**18**
F	V	**F**	**15**
F	F	**F**	**7**

Ejercitación 9E

1 a i x es menor o igual que 36.

ii x es menor o igual que 36, pero no ambos.

b i

2 a i $p \vee r$ ii $p \veebar r$

iii $q \vee r$ iv $(q \vee r) \wedge \neg p$

b No

3 a i $p \vee q$ ii $p \veebar q$

iii $p \vee r$ iv $q \veebar r$

v $p \vee q \vee r$ vi $(p \vee q) \wedge \neg r$

(Observe que los paréntesis son necesarios.)

b i 1, 2, 3, 4, 6, 9, 12, 18, 24, 30, 36

ii 1, 2, 3, 4, 9, 24, 30

iii 1, 4, 6, 9, 12, 16, 18, 24, 25, 30, 36

iv 2, 3, 6, 12, 16, 18, 25

v 1, 2, 3, 4, 6, 9, 12, 16, 18, 24, 25, 30, 36

vi 2, 3, 6, 12, 18, 24, 30

4 a $p \vee q$ b $q \veebar r$

c $p \vee r$ d $r \wedge q$ o $q \wedge r$

5 a $p \vee \neg q$ b $\neg p \wedge \neg q$

6 a x termina en 0 o x no es divisible por 5; 7.

b x termina en 0 o x no es divisible por 5, pero no ambos; 7.

c x termina en 0 y x no es divisible por 5; FALSO.

d x termina en 0 y x es divisible por 5; 10.

e x no termina en 0 y x no es divisible por 5; 15.

7 a i $p \wedge q$ ii $p \veebar q$

iii $p \vee q$ iv $\neg p \vee \neg q$

v $\neg(p \vee q)$ vi $\neg(p \wedge q)$

vii $\neg p \wedge \neg q$

b i i ii iii

iii v y vii

iv iv y vi

Ejercitación 9F

1 a Solamente se dan las columnas finales:

p	q	$p \wedge q$	$p \vee q$	$p \vee q$	$\neg p \vee \neg q$	$\neg(p \vee q)$	$\neg(p \wedge q)$	$\neg p \wedge \neg q$
V	V	V	F	V	F	F	F	F
V	F	F	F	V	V	F	V	F
F	V	F	F	V	V	F	V	F
F	F	F	V	F	V	V	V	V

b vi No es el caso que estoy estudiando francés y chino. (Los equivalentes se muestran en gris en **a**.)

Las columnas en negrita son iguales; por lo tanto, las proposiciones son equivalentes.

2 a

p		$\neg p$	$\neg(\neg p)$
V		F	V
F		V	F

b

p		$p \wedge p$
V		V
F		F

c

p	q	$p \wedge q$	$p \vee (p \wedge q)$
V	V	V	V
V	F	F	V
F	V	F	F
F	F	F	F

d

p	q	$\neg p$	$\neg p \wedge q$	$p \vee (\neg p \wedge q)$	$p \vee q$
V	V	F	F	V	V
V	F	F	F	V	V
F	V	V	V	V	V
F	F	V	F	F	F

3 $(p \wedge \neg q) \vee (\neg p \wedge q)$

p	q	$p \wedge \neg q$	$\neg p \wedge q$	$(p \wedge \neg q) \vee (\neg p \wedge q)$		$p \vee q$
V	V	F	F	F		F
V	F	V	F	V		V
F	V	F	V	V		V
F	F	F	F	F		F

$(p \wedge \neg q) \vee (\neg p \wedge q) \Leftrightarrow p \veebar q$

4 a Tautología porque:

p	$\neg p$	$p \vee \neg p$
V	F	V
F	V	V

b Contradicción porque:

p	$\neg p$	$p \wedge \neg p$
V	F	F
F	V	F

c Ninguna

d Tautología porque:

p	q	$p \vee q$	$\neg p \wedge \neg q$	$(p \vee q) \vee (\neg p \wedge \neg q)$
V	V	V	F	V
V	F	V	F	V
F	V	V	F	V
F	F	F	V	V

e Tautología

f Ninguna

g Ninguna

h Contradicción

Ejercitación 9G

1 $p \vee (q \wedge r)$: ninguna

p	q	r	$(q \wedge r)$	$p \vee (q \wedge r)$
V	V	V	V	V
V	V	F	F	V
V	F	V	F	V
V	F	F	F	V
F	V	V	V	V
F	V	F	F	F
F	F	V	F	F
F	F	F	F	F

2 $(p \vee \neg q) \vee r$: ninguna

p	q	r	$\neg q$	$(p \vee \neg q)$	$(p \vee \neg q) \vee r$
V	V	V	F	V	V
V	V	F	F	V	V
V	F	V	V	V	V
V	F	F	V	V	V
F	V	V	F	F	V
F	V	F	F	F	F
F	F	V	V	V	V
F	F	F	V	V	V

3 $(p \wedge q) \vee (p \wedge \neg r)$: ninguna

p	q	r	$\neg r$	$p \wedge q$	$p \wedge \neg r$	$(p \wedge q) \vee (p \wedge \neg r)$
V	V	V	F	V	F	V
V	V	F	V	V	V	V
V	F	V	F	F	F	F
V	F	F	V	F	V	V
F	V	V	F	F	F	F
F	V	F	V	F	F	F
F	F	V	F	F	F	F
F	F	F	V	F	F	F

4 Ninguna

5 Contradicción

6 Ninguna

7 Ninguna

8 Ninguna; pregunta 1

Ejercitación 9H

1 Las dos proposiciones son equivalentes. No es necesario usar los paréntesis.

2 Ambos diagramas de Venn dan:

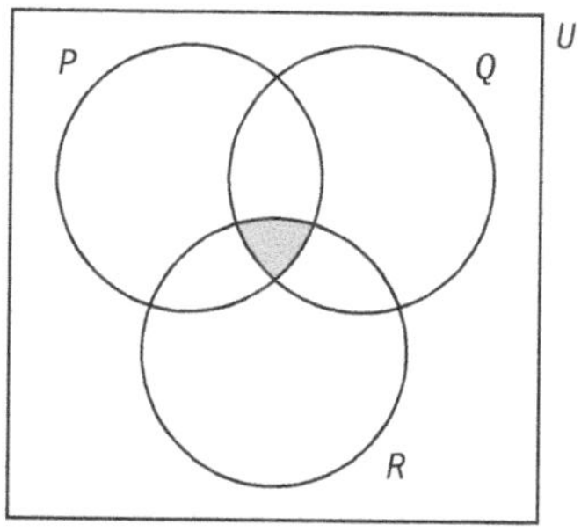

3 Ambos diagramas de Venn dan:

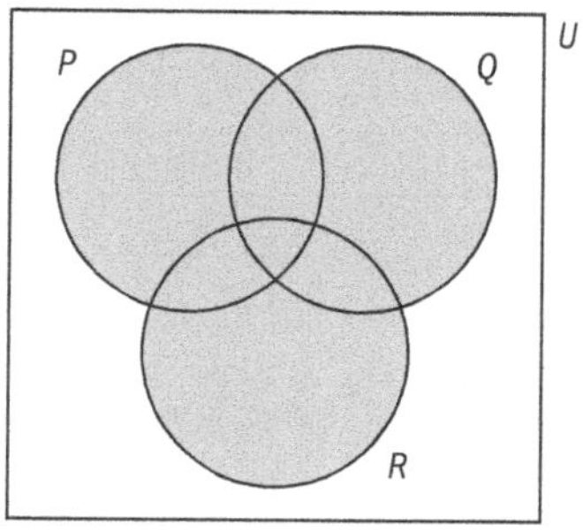

4 La columna final de $p \wedge (q \vee r)$ es V V V F F F F F.
La columna final de $(p \wedge q) \vee r$ es V V V F V F V F.
Es necesario usar paréntesis.

5 $P \cap (Q \cup R)$ y $(P \cap Q) \cup R$ **no** son equivalentes.

6 La columna final de $p \vee (q \wedge r)$ es V V V V V F F F.
La columna final de $(p \vee q) \wedge r$ es V F V F V F F F.
Es necesario usar paréntesis.

7 $P \cup (Q \cap R)$ y $(P \cup Q) \cap R$ **no** son equivalentes.

8 La columna final de $(\neg p \wedge q) \vee (\neg q \wedge r) \vee (\neg r \wedge p)$ es F V V V V V V F.
La columna final de $(\neg p \vee q) \wedge (\neg q \vee r) \wedge (\neg r \vee p)$ es V F F F F F F V.
No son equivalentes.

Ejercitación 9I

1

p	q	$p \wedge q$	$p \Rightarrow p \wedge q$	$p \vee q$	$p \Rightarrow p \vee q$
V	V	V	V	V	V
V	F	F	F	V	V
F	V	F	V	V	V
F	F	F	V	F	V

$p \Rightarrow p \wedge q$: argumento inválido
$p \Rightarrow p \vee q$: tautología

2

p	q	$p \wedge q$	$p \wedge q \Rightarrow p$	$p \vee q$	$p \vee q \Rightarrow p$
V	V	V	V	V	V
V	F	F	V	V	V
F	V	F	V	V	F
F	F	F	V	F	V

$p \wedge q \Rightarrow p$: tautología
$p \vee q \Rightarrow p$: argumento inválido

3

p	q	$p \wedge q$	$p \vee q$	$p \vee q \Rightarrow p$	$p \Rightarrow p \vee q$	$(p \vee q \Rightarrow p) \wedge (p \Rightarrow p \wedge q)$
V	V	V	V	V	V	V
V	F	F	V	V	F	F
F	V	F	V	F	V	F
F	F	F	F	V	V	V

Argumento inválido

4

p	q	$p \wedge q$	$p \vee q$	$p \wedge q \Rightarrow p$	$p \Rightarrow p \wedge q$	$(p \wedge q \Rightarrow p) \wedge (p \Rightarrow p \wedge q)$
V	V	V	V	V	V	V
V	F	F	V	V	F	F
F	V	F	V	V	V	V
F	F	F	F	V	V	V

Argumento inválido

5 $(p \wedge q \Rightarrow p) \vee (p \Rightarrow p \wedge q)$. Columna final VVVV. Tautología.

6 $\neg(p \wedge q) \Rightarrow \neg p \vee \neg q$. Columna final VVVV. Tautología.

7 $\neg(p \vee q) \Rightarrow \neg p \vee \neg q$). Columna final VVVV. Tautología.

8 $\neg p \vee \neg q \Rightarrow \neg(p \wedge q)$. Columna final VVVV. Tautología.

9 $\neg(p \vee q) \Rightarrow \neg p \wedge \neg q$. Columna final VVVV. Tautología.

Ejercitación 9J

1 $[(p \Rightarrow q) \wedge \neg p] \Rightarrow \neg q$; inválido

p	q	$\neg p$	$p \Rightarrow q$	$(p \Rightarrow q) \wedge \neg p$	$\neg q$	$[(p \Rightarrow q) \wedge \neg p] \Rightarrow \neg q$
V	V	F	V	F	F	V
V	F	F	F	F	V	V
F	V	V	V	V	F	F
F	F	V	V	V	V	V

2 $[(p \Rightarrow q) \wedge q] \Rightarrow p$; inválido

p	q	$p \Rightarrow q$	$(p \Rightarrow q) \wedge q$	$[(p \Rightarrow q) \wedge q] \Rightarrow p$
V	V	V	V	V
V	F	F	F	V
F	V	V	V	F
F	F	V	F	V

3 $[(p \Rightarrow q) \wedge \neg q] \Rightarrow p$; válido

p	q	$\neg q$	$p \Rightarrow q$	$(p \Rightarrow q) \wedge \neg q$	$[(p \Rightarrow q) \wedge \neg q] \Rightarrow p$
V	V	F	V	F	V
V	F	V	F	F	V
F	V	F	V	F	V
F	F	V	V	V	V

4 $[(p \Rightarrow q) \wedge (q \Rightarrow r) \wedge \neg r] \Rightarrow \neg p$; válido

p	q	r	$\neg p$	$\neg r$	$p \Rightarrow q$	$q \Rightarrow r$	$[(p \Rightarrow q) \wedge (q \Rightarrow r) \wedge \neg r]$	$[(p \Rightarrow q) \wedge (q \Rightarrow r) \wedge \neg r] \Rightarrow \neg p$
V	V	V	F	F	V	V	F	V
V	V	F	F	V	V	F	F	V
V	F	V	F	F	F	V	F	V
V	F	F	F	V	F	V	F	V
F	V	V	V	F	V	V	F	V
F	V	F	V	V	V	F	F	V
F	F	V	V	F	V	V	F	V
F	F	F	V	V	V	V	V	V

5 $[(p \Rightarrow q) \wedge (q \Rightarrow r)] \Rightarrow (\neg p \Rightarrow \neg r)$; inválido

p	q	r	$\neg p$	$\neg r$	$\neg p \Rightarrow \neg r$	$p \Rightarrow q$	$q \Rightarrow r$	$[(p \Rightarrow q) \wedge (q \Rightarrow r)]$	$[(p \Rightarrow q) \wedge (q \Rightarrow r)] \Rightarrow (\neg p \Rightarrow \neg r)$
V	V	V	F	F	V	V	V	V	V
V	V	F	F	V	V	V	F	F	V
V	F	V	F	F	V	F	V	F	V
V	F	F	F	V	V	F	V	F	V
F	V	V	V	F	F	V	V	V	F
F	V	F	V	V	V	V	F	F	V
F	F	V	V	F	F	V	V	V	F
F	F	F	V	V	V	V	V	V	V

6 $[(p \Rightarrow q) \wedge (q \Rightarrow r)] \Rightarrow (\neg p \Rightarrow \neg r)$; inválido

p	q	r	$\neg p$	$\neg r$	$\neg p \Rightarrow \neg r$	$p \Rightarrow q$	$q \Rightarrow r$	$[(p \Rightarrow q) \wedge (q \Rightarrow r)]$	$[(p \Rightarrow q) \wedge (q \Rightarrow r)] \Rightarrow (\neg p \Rightarrow \neg r)$
V	V	V	F	F	V	V	V	V	V
V	V	F	F	V	V	V	F	F	V
V	F	V	F	F	V	F	V	F	V
V	F	F	F	V	V	F	V	F	V
F	V	V	V	F	F	V	V	V	F
F	V	F	V	V	V	V	F	F	V
F	F	V	V	F	F	V	V	V	F
F	F	F	v	V	V	V	V	V	V

7 $[(p \Rightarrow q) \wedge (q \Rightarrow r) \wedge (r \Rightarrow s)] \Rightarrow (\neg s \Rightarrow \neg p)$; válido

p	q	r	s	$\neg s$	$\neg p$	$p \Rightarrow q$	$q \Rightarrow r$	$r \Rightarrow s$	Conjunción triple	$\neg s \Rightarrow \neg p$	Proposición final
V	V	V	V	F	F	V	V	V	V	V	V
V	V	V	F	V	F	V	V	F	F	F	V
V	V	F	V	F	F	V	F	V	F	V	V
V	V	F	F	V	F	V	F	V	F	F	V
V	F	V	V	F	F	F	V	V	F	V	V
V	F	V	F	V	F	F	V	F	F	F	V
V	F	F	V	F	F	F	V	V	F	V	V
V	F	F	F	V	F	F	V	V	F	F	V
F	V	V	V	F	V	V	V	V	V	V	V
F	V	V	F	V	V	V	V	F	F	V	V
F	V	F	V	F	V	V	F	V	F	V	V
F	V	F	F	V	V	V	F	V	F	V	V
F	F	V	V	F	V	V	V	V	V	V	V
F	F	V	F	V	V	V	V	F	F	V	V
F	F	F	V	F	V	V	V	V	V	V	V
F	F	F	F	V	V	V	V	V	V	V	V

Ejercitación 9K

1 $\neg(p \wedge q) \Leftrightarrow (\neg p \vee \neg q)$ es una tautología.

2 $\neg(p \vee q) \Leftrightarrow (\neg p \wedge \neg q)$ es una tautología.

3 La columna final de $(p \wedge q) \Leftrightarrow p$ es V F V V.

La columna final de $(p \vee q) \Leftrightarrow p$ es V V F V.

Las proposiciones no son equivalentes.

4 Las proposiciones $\neg(p \wedge \neg q)$ y $\neg p \vee q$ son equivalentes.

5 Las proposiciones $\neg(p \vee \neg q)$ y $\neg p \wedge q$ son equivalentes.

6 La proposición $(p \vee \neg q) \Leftrightarrow (\neg p \wedge q)$ es una contradicción.

7 La proposición $\neg(p \vee q) \Leftrightarrow (p \wedge q)$ no es una contradicción ni una tautología.

8 La proposición $(p \wedge \neg q) \Leftrightarrow (\neg p \vee q)$ es una contradicción.

Ejercitación 9L

p	q	Proposición $p \Rightarrow q$	Recíproca $q \Rightarrow p$	Contraria $\neg p \Rightarrow \neg q$	Contrarrecíproca $\neg q \Rightarrow \neg p$
V	V	V	V	V	V
V	F	F	V	V	F
F	V	V	F	F	V
F	F	V	V	V	V

Ejercitación 9M

1 a Válido b Válido c Válido

d Inválido; contraejemplo 18

e Válido f Válido

g Inválido; contraejemplo 12

h Inválido; contraejemplo 3 y 7

i Inválido; contraejemplo 2 y 5

j Válido k Válido l Válido

m Válido n Válido

o Inválido; contraejemplo rombo

p Inválido; contraejemplo $x = -5$

q Válido

r Inválido; contraejemplo $x = -10$

s Válido

2 y 3

a Recíproca: Si ABCD es un cuadrilátero, entonces ABCD es un cuadrado. Inválido: contraejemplo rectángulo.

Contraria: Si ABCD no es un cuadrado, entonces ABCD no es un cuadrilátero. Inválido: contraejemplo rectángulo.

Contrarrecíproca: Si ABCD no es un cuadrilátero, entonces ABCD no es un cuadrado. Válido.

b Recíproca: Si ABCD es un paralelogramo, entonces ABCD es un rectángulo. Inválido: contraejemplo cualquier paralelogramo cuyos ángulos internos no sean iguales a 90°.

Contraria: Si ABCD no es un rectángulo, entonces ABCD no es un paralelogramo. Inválido: contraejemplo rombo.

Contrarrecíproca: Si ABCD no es un paralelogramo, entonces ABCD no es un rectángulo. Válido.

c Recíproca: Si un entero es divisible por 2, entonces es divisible por 4. Inválido: contraejemplo 10.

Contraria: Si un entero no es divisible por 4, entonces no es divisible por 2. Inválido: contraejemplo 10.

Contrarrecíproca: Si un entero no es divisible por 2, entonces no es divisible por 4. Válido.

d Recíproca: Si un entero es impar, entonces es divisible por 3. Inválido: contraejemplo 25.

Contraria: Si un entero no es divisible por 3, entonces es un entero par. Inválido: contraejemplo 25.

Contrarrecíproca: Si un entero es par, entonces no es divisible por 3. Inválido: contraejemplo 18.

e Recíproca: Si un entero es par, entonces es divisible por 2. Válido.

Contraria: Si un entero no es divisible por 2, entonces no es un entero par. Válido.

Contrarrecíproca: Si un entero no es un entero par, entonces no es divisible por 2. Válido.

f Recíproca: Si un entero es divisible por 12, entonces es divisible por 4 y por 3. Válido.

Contraria: Si un entero no es divisible por 4 y por 3, entonces no es divisible por 12. Válido.

Contrarrecíproca: Si un entero no es divisible por 12, entonces no es divisible por 4 y por 3. Válido.

g Recíproca: Si un entero es divisible por 8, entonces es divisible por 4 y por 2. Válido.

Contraria: Si un entero no es divisible por 4 y por 2, entonces no es divisible por 8. Válido.

Contrarrecíproca: Si un entero no es divisible por 8, entonces no es divisible por 4 y por 2. Inválido: contraejemplo 12.

h Recíproca: Si dos enteros son pares, entonces su suma es par. Válido.

Contraria: Si la suma de dos enteros no es par, entonces los dos enteros no son ambos pares. Válido.

Contrarrecíproca: Si dos enteros no son ambos pares, entonces su suma no es par. Inválido: contraejemplo 3 y 7.

i Recíproca: Si dos enteros son ambos pares, entonces su producto es par. Válido.

Contraria: Si el producto de dos enteros no es par, entonces los dos enteros no son ambos pares. Válido.

Contrarrecíproca: Si dos enteros no son ambos pares, entonces su producto no es par. Inválido: contraejemplo 2 y 5.

j Recíproca: Si un entero es impar y el otro es par, entonces su suma es impar. Válido.

Contraria: Si la suma de dos enteros no es impar, entonces los dos enteros son ambos impares o los dos enteros son ambos pares. Válido.

Contrarrecíproca: Si dos enteros son ambos impares o los dos enteros son ambos pares, entonces su suma no es impar. Válido.

k Recíproca: Si dos enteros son ambos impares, entonces su producto es impar. Válido.

Contraria: Si el producto de dos enteros no es impar, entonces los dos enteros no son ambos impares. Válido.

Contrarrecíproca: Si dos enteros no son ambos impares, entonces su producto no es impar. Válido.

l Recíproca: Si $a^2 + b^2 = c^2$, entonces el triángulo ABC es rectángulo. Válido.

Contraria: Si el triángulo ABC no es rectángulo, entonces $a^2 + b^2 \neq c^2$. Válido.

Contrarrecíproca: Si $a^2 + b^2 \neq c^2$, entonces el triángulo ABC no es rectángulo. Válido.

m Recíproca: Si el cuadrado de un entero es impar, entonces el entero es impar. Válido.

Contraria: El cuadrado de un entero par es par. Válido.

Contrarrecíproca: Si el cuadrado de un entero es par, entonces el entero es par. Válido.

n Recíproca: Si el triángulo ABC tiene tres lados iguales, entonces el triángulo ABC tiene tres ángulos iguales. Válido.

Contraria: Si el triángulo ABC no tiene tres ángulos iguales, entonces el triángulo ABC no tiene tres lados iguales. Válido.

Contrarrecíproca: Si el triángulo ABC no tiene tres lados iguales, entonces el triángulo ABC no tiene tres ángulos iguales. Válido.

o Recíproca: Si el cuadrilátero ABCD tiene cuatro ángulos iguales, entonces ABCD tiene cuatro lados iguales. Inválido: contraejemplo rectángulo.

Contraria: Si el cuadrilátero ABCD no tiene cuatro lados iguales, entonces ABCD no tiene cuatro ángulos iguales. Inválido: contraejemplo rectángulo.

Contrarrecíproca: Si el cuadrilátero ABCD no tiene cuatro ángulos iguales, entonces ABCD no tiene cuatro lados iguales. Inválido: contraejemplo rombo.

p Recíproca: Si $x = 5$, entonces $x^2 = 25$. Válido.

Contraria: Si $x^2 \neq 25$, entonces $x \neq 5$. Válido.

Contrarrecíproca: Si $x \neq 5$, entonces $x^2 \neq 25$. Inválido: contraejemplo $x = -5$.

q Recíproca: Si $x = 3$, entonces $x^3 = 27$. Válido.

Contraria: Si $x^3 \neq 27$, entonces $x \neq 3$. Válido.

Contrarrecíproca: Si $x \neq 3$, entonces $x^3 \neq 27$. Válido.

r Recíproca: Si $x > 5$, entonces $x^2 > 25$. Válido.

Contraria: Si $x^2 \leq 25$, entonces $x \leq 5$. Válido.

Contrarrecíproca: Si $x \leq 5$, entonces $x^2 \leq 25$. Inválido: contraejemplo $x = -10$.

s Recíproca: Si $x < 3$, entonces $x^3 < 27$. Válido.

Contraria: Si $x^3 \geq 27$, entonces $x \geq 3$. Válido.

Contrarrecíproca: Si $x \geq 3$, entonces $x^3 \geq 27$. Válido.

Ejercicio de revisión

Preguntas del estilo de la prueba 1

1 a

p	q	$p \vee q$	$\neg(p \vee q)$	$\neg p$	$\neg q$	$\neg p \wedge \neg q$	$\neg(p \vee q) \Rightarrow \neg p \wedge \neg q$
V	V	V	F	F	F	F	V
V	F	V	F	F	V	F	V
F	V	V	F	V	F	F	V
F	F	F	V	V	V	V	V

b Ella no baila bien y ella no canta maravillosamente.

2 a Si el tren sale del andén 2, entonces sale hoy y no del andén 8.

b $\neg r \Leftrightarrow (p \vee q)$.

3 a

p	q	$p \Rightarrow q$	$\neg p$	$\neg q$	$\neg q \vee \neg p$	$\neg p \vee q$
V	V	V	F	F	V	V
V	F	F	F	V	V	F
F	V	V	V	F	F	V
F	F	V	V	V	V	V

b $(p \Rightarrow q) \Leftrightarrow (\neg p \vee q)$

4 a

p	q	$\neg p$	$\neg p \vee q$
V	V	F	V
V	F	F	F
F	V	V	V
F	F	V	V

b i Falso: p es V y q es F.

ii Verdadero: p es F y q es V.

5 a b

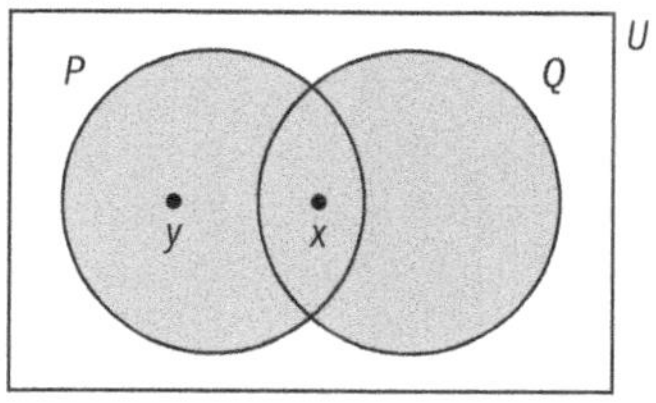

c i $\neg q \Rightarrow \neg p$ ii $\neg p \vee q$

iii $\neg q \Rightarrow p$ iv $p \wedge \neg q$

d i Porque es la contrarrecíproca.

6 a i Picasso pintó el cuadro A o Van Gogh no pintó el cuadro A.

ii Picasso no pintó el cuadro A y Van Gogh pintó el cuadro A.

b

p	q	$\neg p$	$\neg q$	$p \vee \neg q$	$\neg p \wedge q$
V	V	F	F	V	F
V	F	F	V	V	F
F	V	V	F	F	V
F	F	V	V	V	F

c

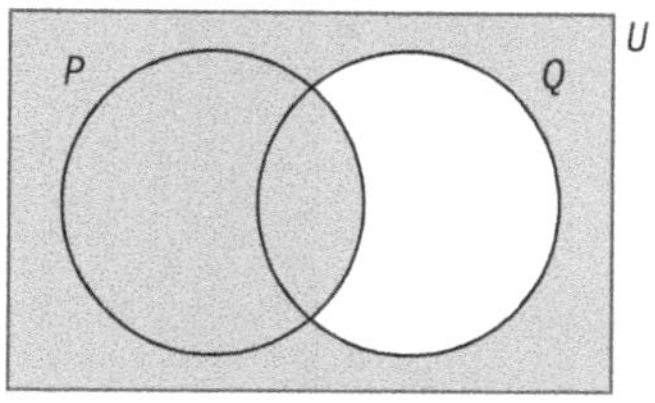

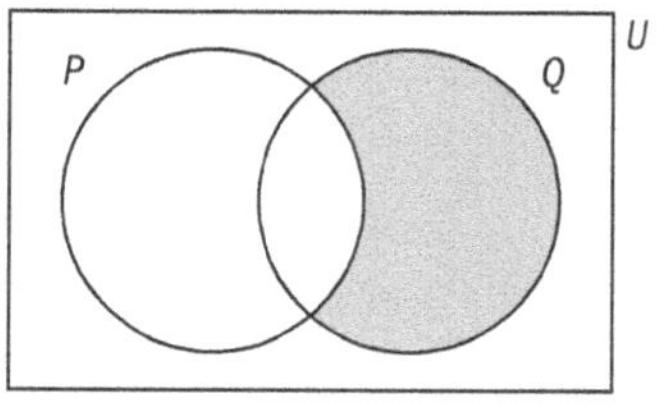

d i FFFF: los valores de verdad de $p \vee \neg q$ y $\neg p \wedge q$ no son nunca los mismos.

ii Las regiones $p \vee \neg q$ y $\neg p \wedge q$ no se superponen; por lo tanto, los valores de verdad de $(p \vee \neg q) \Leftrightarrow (\neg p \wedge q)$ son todos falsos.

e Contradicción lógica.

7 a x es un múltiplo de 3 o un divisor de 90 y no es un múltiplo de 5.

b $r \Rightarrow (p \vee \neg q)$

c

p	q	r	q/r	$\neg p$	$(q/r) - \neg p$
V	V	V	V	F	F
V	F	F	V	F	F
V	F	V	V	F	F
V	F	F	F	F	F
F	V	V	V	V	V
F	V	F	V	V	V
F	F	V	V	V	V
F	F	F	F	V	F

p	q	r	$\neg q$	$p/\neg p$	$r \Rightarrow (p/\neg q)$
V	V	V	F	V	V
V	V	F	F	V	V
V	F	V	V	V	V
V	F	F	V	V	V
F	V	V	F	F	F
F	V	F	F	F	V
F	F	V	V	V	V
F	F	F	V	V	V

d

p	q	r	x
F	V	V	3
F	V	F	12
F	F	V	2

e

p	q	r	$(q/\neg r) - \neg p$	$r \Rightarrow (p/\neg q)$
V	V	V	F	V
V	V	F	F	V
V	F	V	F	V
V	F	F	F	V
F	V	V	V	F
F	V	F	V	V
F	F	V	V	V
F	F	F	F	V

x no es un múltiplo de 5 y es un múltiplo de 3 o un divisor de 90, pero no ambos.

Capítulo 10

Comprobemos nuestras habilidades

1 a $x = 5{,}85\,\text{m}$ b $y = 51{,}3°$

2 a $x = 51{,}2°$ b $2740\,\text{m}^2$

Investigación: ¿cómo dibujar un prisma?

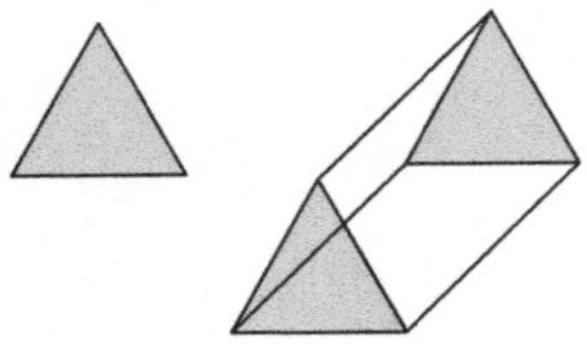

Relaciones entre volúmenes:

Pirámide de base cuadrada

$= \frac{1}{3}$ área de la base × altura

Ortoedro = área de la base × altura

El volumen de una pirámide es $\frac{1}{3}$ del volumen de un ortoedro que tiene la misma base y altura.

Cono = $\frac{1}{3}\pi r^2 a$

Cilindro = $\pi r^2 a$

El volumen de un cono es $\frac{1}{3}$ del volumen de un cilindro que tiene la misma base y altura.

Ejercitación 10A

1 a i Prisma triangular
 ii 5 caras, 9 aristas, 6 vértices
 iii 5 caras planas, 0 caras curvas
 b i Pirámide de base rectangular
 ii 5 caras, 8 aristas, 5 vértices
 iii 5 caras planas, 0 caras curvas
 c i Semiesfera
 ii 2 caras, 1 arista, 0 vértices
 iii 1 cara plana, 1 cara curva

2 a

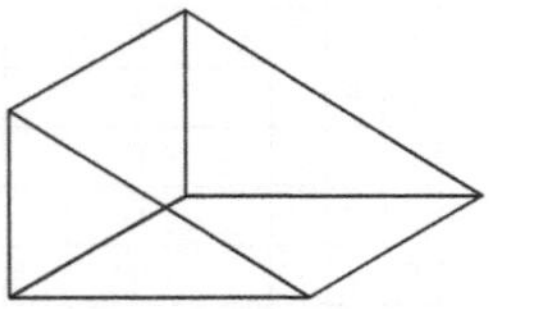

b

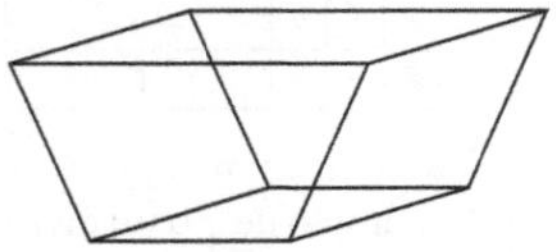

c

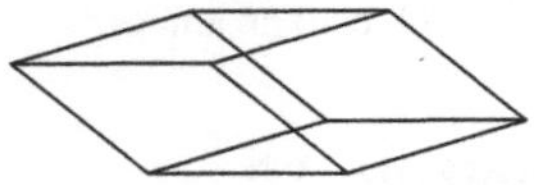

Ejercitación 10B

1 a

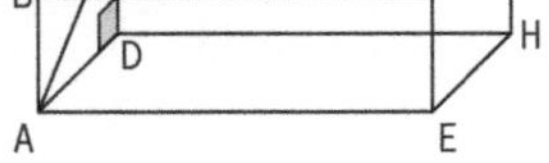

b

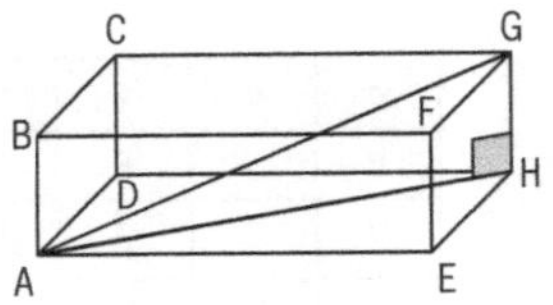

c

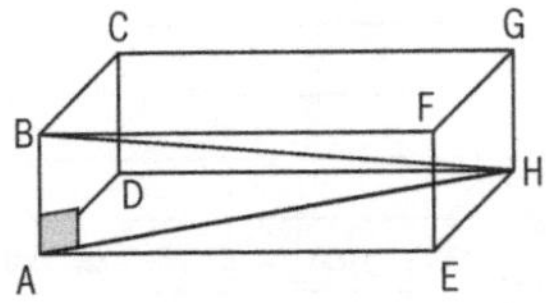

d

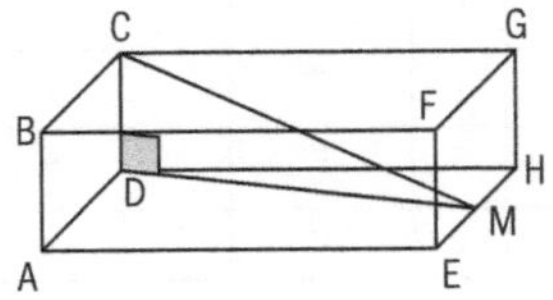

2 a

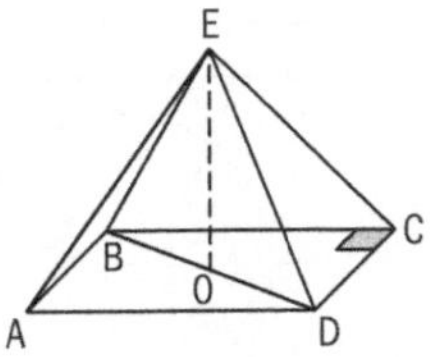

b

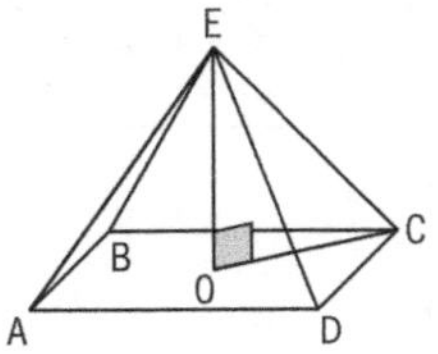

c

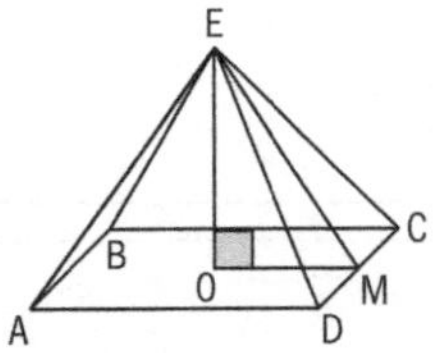

3 a $\sqrt{52}$ cm o 7,21 cm (3 cs)
 b $\sqrt{97}$ cm o 9,85 cm (3 cs)
 c $\sqrt{117}$ cm o 10,8 cm (3 cs)
 d $\sqrt{133}$ cm o 11,5 cm (3 cs)

4 a 0,849 m b 1,56 m
 c 1,53 m

5 $\sqrt{65}$ o 8,06 cm (3 cs)

6 a 1,14 m b 1,88 m

7 a 326 m b 180 m
 c 214 m

Ejercitación 10C

1 a

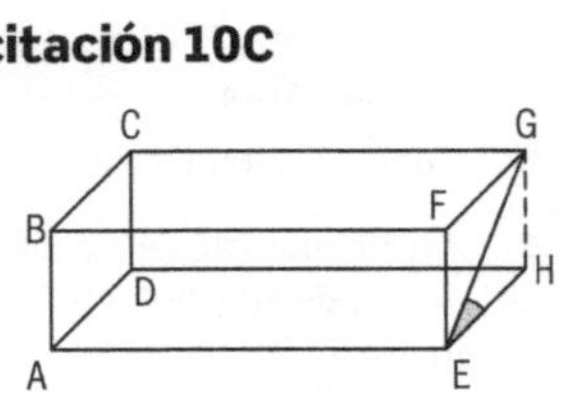

b

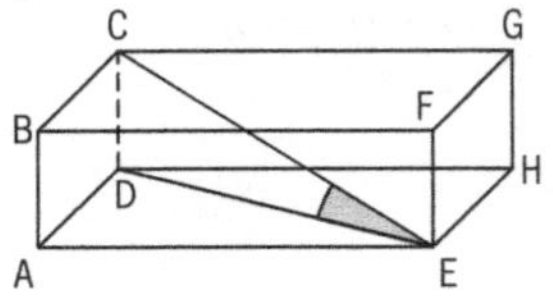

c

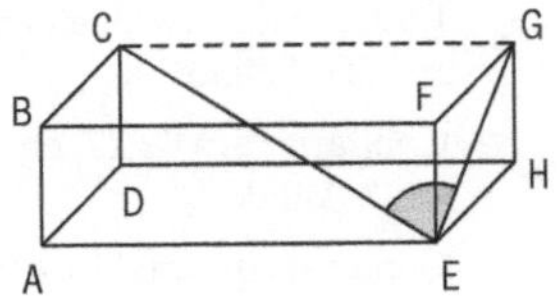

d

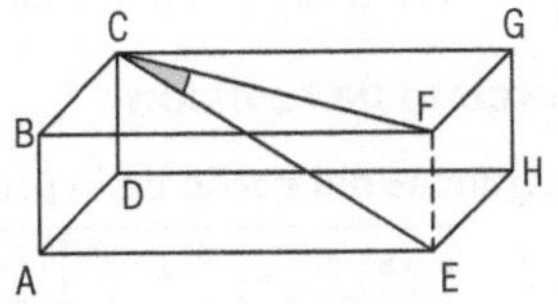

e

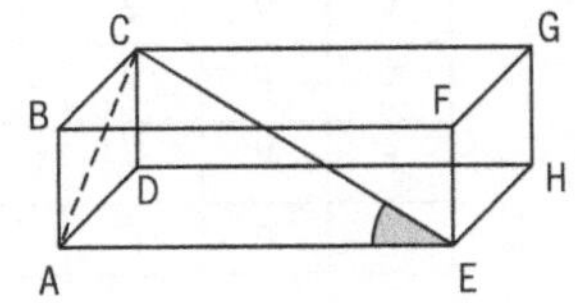

2 a

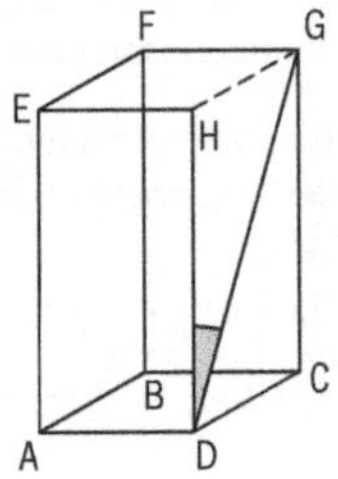

b

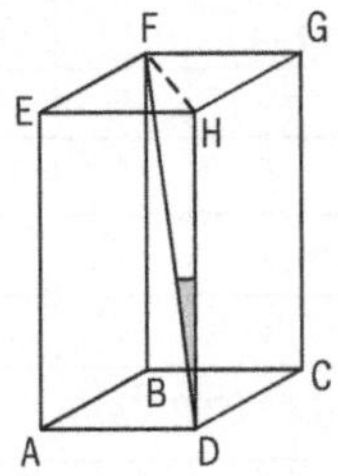

c

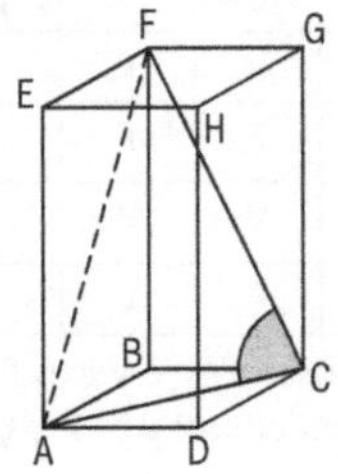

d 90°

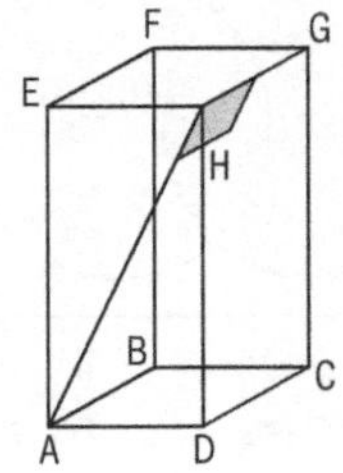

3 a

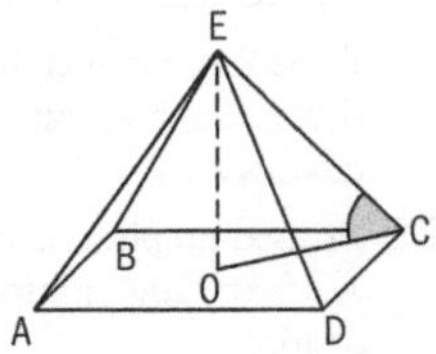

b 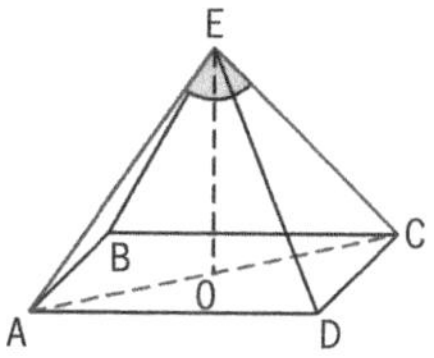

c 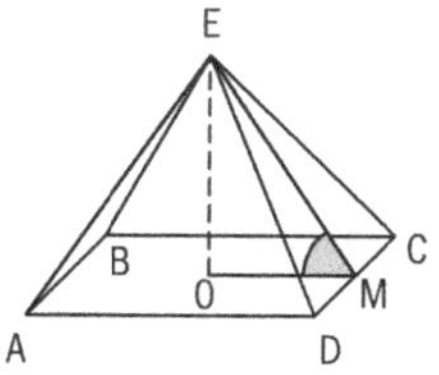

4 a 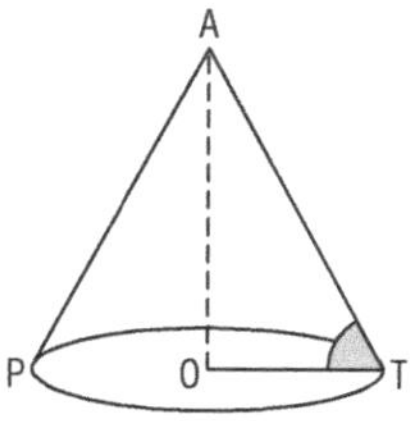

b 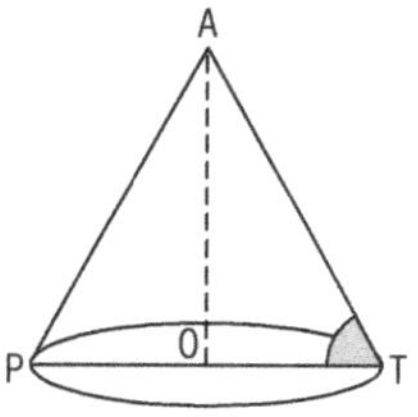

Son iguales.

c 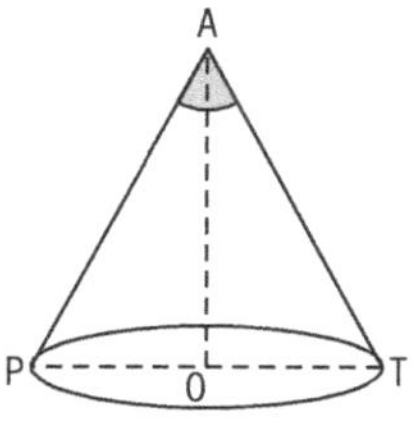

Isósceles

Ejercitación 10D

1 a i $\sqrt{116}$ cm o 10,8 cm (3 cs)
ii 15,6°
b i 5 cm ii 63,4°
2 a $\sqrt{8}$ m o 2,83 m (3 cs)
b 35,3° c 19,5°
3 a i $\sqrt{52}$ cm o 7,21 cm (3 cs)
ii 33,7°
b 56,3°
c i $\sqrt{117}$ cm o 10,8 cm (3 cs)
ii $\sqrt{97}$ cm o 9,85 cm (3 cs)
iii 40,5°
4 a 5 cm b 7,43 cm
c 39,3° d 70,3° e 74,1°
5 a $\sqrt{34}$ cm o 5,83 cm (3 cs)
b 59,0° c 61,9°
6 a 1,26 m b 64,5°

Ejercitación 10E

1 a 24 cm^2 b 23,5 m^2
c 73,9 cm^2
2 a 3,90 cm^2 b 5,20 cm
c 52,6 cm^2
3 a 6,5 cm b 16,25 cm^2
c 90 cm^2
4 1000 cm
5 a 175 m^2 b $1{,}75 \times 10^2$ m
6 a 43,4 m^2 b 53 litros
c USD 243,80 (2 cifras decimales)

Ejercitación 10F

1 a 30π cm^2 o 94,2 cm^2 (3 cs)
b 4π cm^2 o 12,6 cm^2 (3 cs)
c $6{,}75\pi$ cm^2 o 21,2 cm^2 (3 cs)
d $4{,}125\pi$ m^2 o 13,0 m^2 (3 cs)
2 a 38π cm^2 o 119 cm^2 (3 cs)
b $22{,}08\pi$ cm^2 o 69,4 cm^2 (3 cs)
3 8,92 cm (3 cs)
4 a 120π cm^3 o 377 cm^2 (3 cs)
b 12 cm (2 cs)

Ejercitación 10G

1 a 23,4 dm^3 b 90 m^3
c 8 000 cm^3 d 160 cm^3
e 12 m^3 f 210 cm^3
2 a 5,03 m b 15,1 m^2
c 151 m^3
3 a 60° b 10,8 cm^2
c 65,0 cm^2 d 877 cm^3
4 a x^3 b $3x^3$
c $\frac{3x^3}{8}$ o $0{,}375x^3$ d $10x^2$
5 a $25x^2$ b $11\,025 = 25x^2$
c 21
6 a 21 cm b 2205 cm^2

Ejercitación 10H

1 a $75\,140\pi$ mm^3 o 236 000 mm^3 (3 cs)
b $\frac{1}{6}\pi = 0{,}524$ cm^3 (3 cs)
c 32,7 cm^3 d 1130 cm^3
e 32,7 cm^3 f 8 dm^3
2 a 13,6 m^3 b 13 600 dm^3
c 13 600 litros
3 a $V = \frac{x^2 a}{3}$ b $V = 2\pi x^3$
c $V = 9\pi x^3$ d $V = 4{,}5\pi x^3$
4 a 36 cm^2 b 6 cm^2
c 60° d 3,72 cm

5 a 3,63 cm
b 36 mm
6 a 6750π cm^3 o 21 200 cm^3 (3 cs)
b No. El segundo recipiente tiene un volumen (20 400 cm^3) menor que el primero.
7 a i 1,2 cm
ii 1,25 cm
b i 28,8 cm^2
ii 4,89 cm^3
c Número de lápices en una capa $= 5{,}6 \div 0{,}7 = 8$
Número de capas $= 1{,}4 \div 0{,}7 = 2$
Número total de lápices $= 8 \times 2 = 16$
d 27,6 cm^3
e 26%

Ejercicio de revisión

Preguntas del estilo de la prueba 1

1 a 5896 cm^2
b 28,56 dm^3
2 a $\sqrt{116}$ cm o 10,8 cm (3 cs)
b 24,9°
3 a $\sqrt{41}$ cm o 6,40 cm (3 cs)
b 8,62 cm
c 43,6°
4 a $\sqrt{90}$ cm o 9,49 cm (3 cs)
b 28,5 cm^2
c 150 cm^2
5 a 8 cm
b 11,3 cm
c Sí, porque en este cubo la mayor distancia entre 2 puntos es 13,9 cm (3 cs), que es mayor que 13,5 cm.
6 a 71,8°
b i 7,60 cm
ii 49,7 cm^3
7 a 2,71 m^2 b 9,47 m^3

Preguntas del estilo de la prueba 2

1 a 27,0 m b 93,7 m
c 61,3° d USD 677 502
2 b 9 cm c 9,49 cm
d 71,6° e 1,53 kg
3 a 58,3 cm^3 b 508 g

c 7,842 cm d 63,2°

e 37,2° f 99,3 cm^2

4 a 8,58 cm

b i 9,46 cm ii 45,8°

c 215 cm^2 d 183 cm^3

Capítulo 13

Ejercitación 1A

1 a 11 b 10 c 8

d 4 e 5 f 3

g 20 h 3

2 a 5 b 1,5

c 1,25 d 24

3 a 12 b 540

c 16 d 5

4 a 5 b 8

c 8 d 2

5 a 2 b 4 c 34

Ejercitación 1B

1 a 1, 2, 3, 6, 9, 18

b 1, 3, 9, 27

c 1, 2, 3, 5, 6, 10, 15, 30

d 1, 2, 4, 7, 14, 28

e 1, 2, 3, 6, 13, 26, 39, 78

2 a $2^2 \times 3^2$ b $2^2 \times 3 \times 5$

c 2×3^3 d 2^5 e $2^4 \times 7$

3 a 40 b 240

4 a 8 b 18

Ejercitación 1C

1 a $\frac{11}{12}$ b $1\frac{1}{15}$ c 1

d $2\frac{49}{81}$

2 a $\frac{4}{9}$ b $\frac{7}{20}$

c $\frac{2}{3}$ d $\frac{5}{8}$

3 a $\frac{18}{5}$ b $\frac{22}{7}$

c $\frac{93}{4}$ d $\frac{167}{72}$

4 a $4\frac{4}{7}$ b $33\frac{1}{3}$

c $4\frac{1}{4}$ d $14\frac{8}{11}$

5 a 0,32 b 0,714

c 3,8 d 2,65

Ejercitación 1D

1 a 52% b 70%

2 a CHF2,24 b GBP0,54

c EUR187,57 d JPY10 400

Ejercitación 1E

1 GBP576

2 JPY14 875

3 7%

4 26,5%

5 26 500 000

6 USD32

7 GBP0,60

8 No. Disminuye 1%.

Ejercitación 1F

1 5 : 4

2 95,1 : 100

3 21 : 160

4 11,2 m

5 200 000 : 1; 0,4 cm

6 USD45, USD27

7 75, 45 y 30

Ejercitación 1G

1 USD7500, USD10 500, USD6000

2 18 min, 27 min, 30 min

Ejercitación 2A

1 a $3x^2 - 6x$ b $x^3 - xy + \frac{x^2}{y}$

c $b^2 + 3ab - 2ac$

2 a $3pq(1 - 2pq^2r)$

b $3c(4ac + 5b - c)$

c $abc(2a + 3b - 5c)$

Ejercitación 2B

1 $t = \frac{u - v}{g}$ 2 $c = \sqrt{a^2 - b^2}$

3 $r = \frac{C}{2\pi}$ 4 $b = \frac{a \operatorname{sen} B}{\operatorname{sen} A}$

5 $\cos A = \frac{b^2 + c^2 - a^2}{2bc}$

Ejercitación 2C

1 2,49 2 3,73 3 40,1

Ejercitación 2D

1 4 2 4 3 −3

4 3 5 5 6 9

7 2 8 −2 9 3

10 1,5 11 1 12 2

Ejercitación 2E

1 a $x = 1, y = 1$ b $x = 1, y = -2$

c $x = -3, y = 4$

2 a $x = 6, y = -1$ b $x = 2, y = -1$

c $x = -2, y = 2$

d $x = 2, y = 1$

e $x = 3, y = -1$

Ejercitación 2F

1 a 17 b 144 c 64

2 a 1 b $\frac{1}{9}$ c $\frac{1}{16}$

3 a 525,21875 b 4,08

c 1,667

Ejercitación 2G

1 a $x \leq 3$

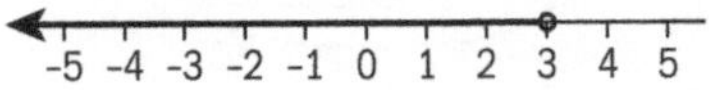

b $x > 8$

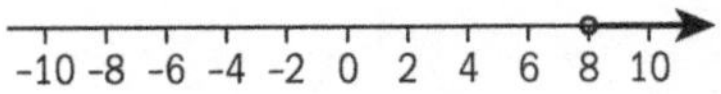

c $x < 2$

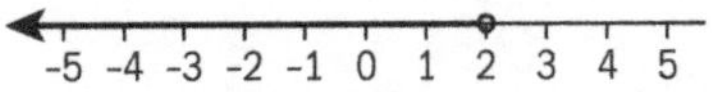

2 a $x \leq 5$ b $x > -1\frac{1}{2}$

c $x \geq -1$

Ejercitación 2H

1 a 3,25 b 6,18 c 0

2 2,3

3 a 2 b 2 c 2

Ejercitación 3A

1 27,6 cm 2 2,24 m

3 5,03 cm

Ejercitación 3B

1 a

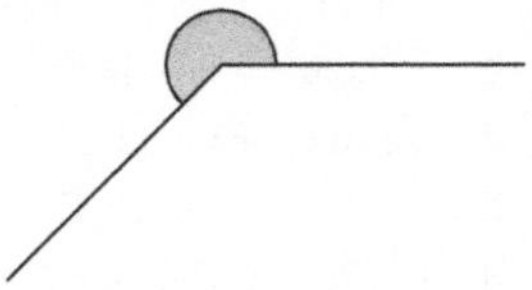

b

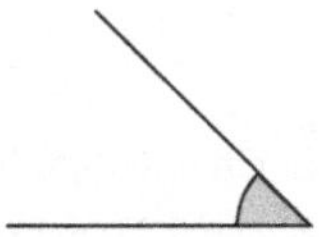

c

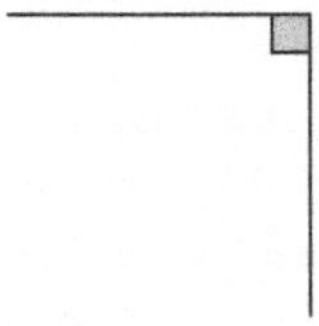

d

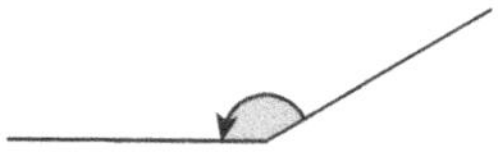

2 a Cóncavo b Obtuso c Agudo

3 a Obtuso b Agudo

c Cóncavo d Agudo

e Cóncavo f Cóncavo

Ejercitación 3C

1

Diagonales	Irregular	Rectángulo	Paralelogramo	Rombo	Cuadrado	Trapecio	Cometa
Son perpendiculares.	✗	✗	✗	✓	✓	✗	✓
Son iguales.	✗	✓	✗	✗	✓	✗	✗
Se cortan en su punto medio.	✗	✓	✓	✓	✓	✗	(Una)
Dividen a los ángulos en dos partes iguales.	✗	✗	✗	✓	✓	✗	(Dos)

2 a Cometa, triángulo isósceles, paralelogramo, triángulo rectángulo (2), triángulo escaleno, rombo, punta de flecha

b Cuadrado, triángulo isósceles, triángulo rectángulo, trapecios (2), rombo

Ejercitación 3D

1 a 10,7 cm b 16,4 cm

c 20,4 cm d 62,8 cm

e 14,6 cm f 17,5 cm

Ejercitación 3E

1 63,6 cm² 2 23,0 cm²

3 37,7 cm² 4 10,3 cm²

5 6,48 m² 6 42,3 cm²

Ejercitación 3F

1

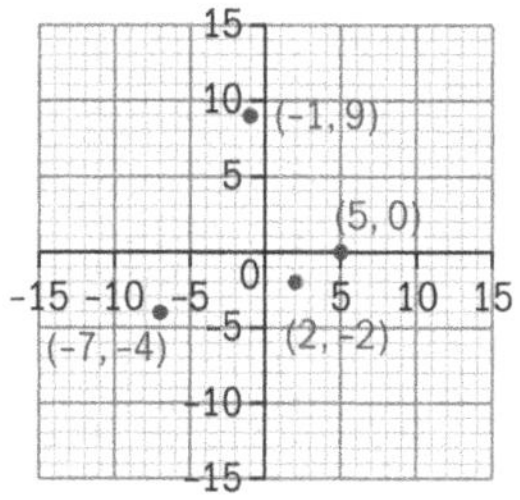

2 A $(4, 9)$, B $(-4, 2)$, C $(-8, -6)$ y D $(8, -8)$

Ejercitación 3G

1 (5, 5) 2 (–1, –1)

3 $\left(1\frac{1}{2}, 2\frac{1}{2}\right)$

Ejercitación 3H

1 5 2 9,43 3 14,8

Ejercitación 4A

1

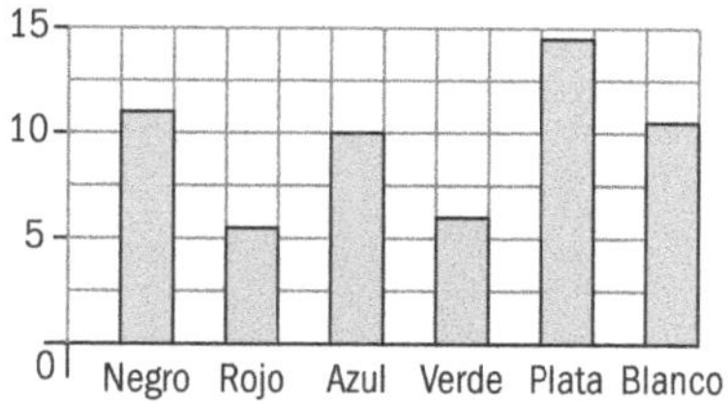

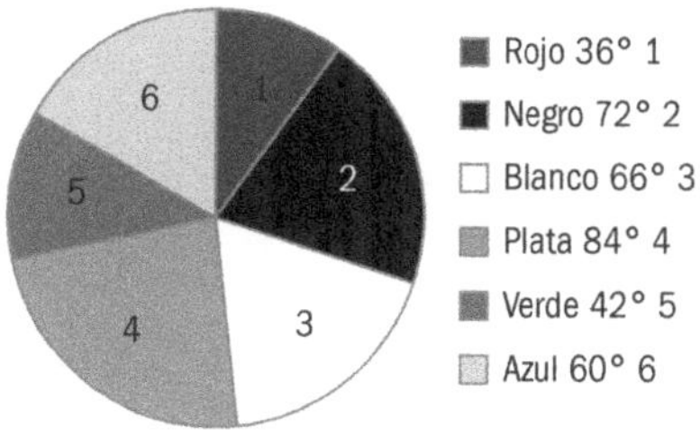

Color	
Negro	* * * * * *
Rojo	* * *
Azul	* * * * *
Verde	* * * ı
Plata	* * * * * * *
Blanco	* * * * * ı

Clave: * = 2 automóviles

2

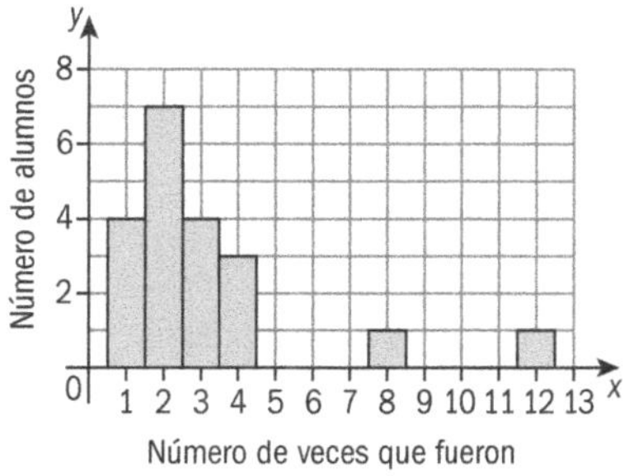

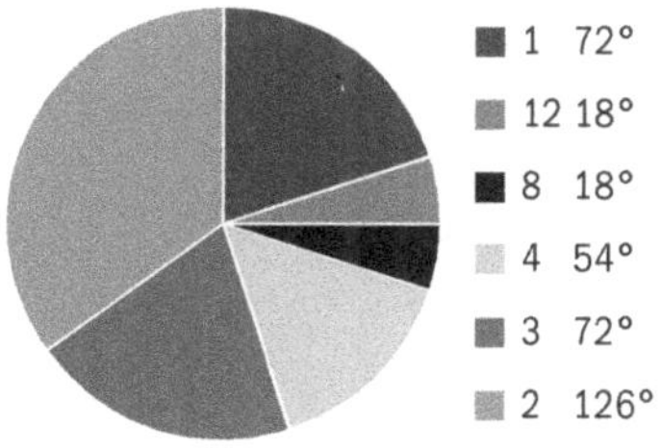

Número de veces que fueron	
1	* * * *
2	* * * * * * *
3	* * * *
4	* * *
8	*
12	*

Clave: * = 1 alumno

Esquema de calificación

Práctica para la prueba 1

1 a $\frac{\sqrt{7^2-(6,4)(-5)}}{3125}$ M1

$= 0,00288$ A1

b i $0,003$ A1

ii $0,00029$ A1

iii $2,88 \times 10^{-3}$ A1 A1

2 a 24 A1

b $\frac{66}{24}$ M1

$= 2,75$ A1

c Desviación típica $= \sqrt{\frac{915}{30}} = 1,13$ A1

d La mediana es el valor central. A1

1, 1, 1, 2, 2, 2, 2, 2, 2, 2, 2, 3, 3, 3, 3, 3, 3, 3, 4, 4, 4, 4, 5, 5,

Mediana = 3

3 a $\frac{0-4}{6-0}$ M1

$= \frac{-2}{3}$ A1

b $y = -\frac{2}{3}x + 4$ A1

c $m(L_2) = \frac{3}{2}$

$(y-2) = \frac{3}{2}(x-3)$ M1

$c = -2,5$ A1

4 a

p	q	$\neg p$	$\neg p \Rightarrow q$	Contraria
V	V	F	V	F
V	F	F	V	V
F	V	V	V	V
F	F	V	F	V

A1 A1 A1ft

b $p \Rightarrow \neg q$ A1A1

Otorgar A1 por la negación correcta, A1 por el orden correcto

c Arriba

d Las dos columnas finales no son iguales. A1

5 a $u_1r = 162$, $u_1r^4 = -6$ A1 A1

$\frac{u_1r^4}{u_1r} = \frac{-6}{162}$ M1

$r = -\frac{1}{3}$ A1

b $u_1\left(\frac{-1}{3}\right) = 162$ M1

$u_1 = -486$ A1ft

6 a $BD = \sqrt{3^2 + 4^2}$ M1

$= 5\,m$ A1

b $BE = \sqrt{5^2 + 2{,}5^2}$ M1

$= 5{,}59\,m$ A1ft

c $\tan(\theta) = \frac{2{,}5}{5}$ M1

Otorgar M1 por la razón trigonométrica correcta

$\theta = 26{,}6°$ A1ft

7 a Cuando $x = 0$, $f(x) = 5$, $(0, 5)$. A1

b $f'(x) = 6 - 4x \cdot f'(x) = 0$ cuando $6 - 4x = 0$, por lo tanto $x = \frac{3}{2}$. M1

Cuando $x = \frac{3}{2}$, $f(x) = 5 + 9 - \frac{9}{2} = 9{,}5$. $B = (1{,}5; 9{,}5)$. A1

c A1

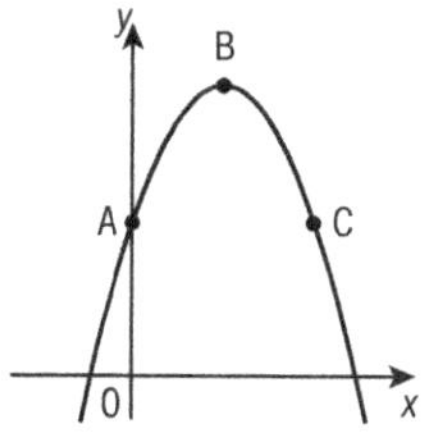

d $5 = 5 + 6x - 2x^2$ A1 A1

$0 = x(6 - 2x)$

$x = 0$ o $x = 3$, por lo tanto $C = (3, 5)$.

8 a

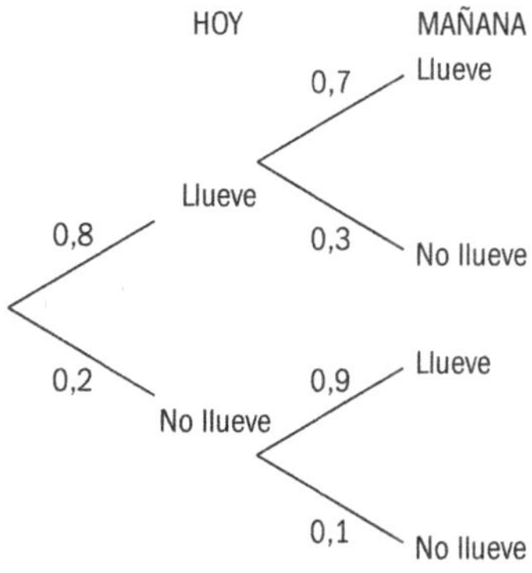

A1 A1 A1

Otorgar A1 por cada par correcto

b $0{,}8 \times 0{,}3 + 0{,}2 \times 0{,}1$ A1 M1

Otorgar A1 por dos productos correctos,
M1 por sumar los productos obtenidos

$= 0{,}26$ A1

9 a $f(0) = 10 - (8)\, a^{-0}$ M1

$y = 2$ A1

b $y = 10$ A1 A1

Otorgar A1 por "y = una constante",
A1 si la constante es 10

c $10 - (8)\, a^{-1} = 8$ M1

$a = 4$ A1

10 a 58 kg A1

b $66 - 52$ M1

Otorgar M1 por ver escritos los cuartiles correctos

$= 14$ A1

c $\frac{10}{40} \times \frac{9}{39}$ A1 M1

Otorgar A1 por dos fracciones correctas, M1 por multiplicar las fracciones obtenidas

$= \frac{3}{52}$ A1

11 a $FV = 4000\left(1 + \frac{3}{1200}\right)^{5\times12}$ M1 A1

Otorgar M1 por sustitución en la fórmula del interés compuesto, A1 por la sustitución correcta

O bien

$N = 5$

$I\% = 3$

$PV = -4000$ M1 A1

$P/Y = 1$

$C/Y = 12$ Otorgar A1 por ver escrito $C/Y = 12$, M1 por los otros valores correctos

O bien

$N = 60$

$I\% = 3$

$PV = -4000$ M1 A1

$P/Y = 12$

$C/Y = 12$ Otorgar A1 por ver escrito $C/Y = 12$, M1 por los otros valores correctos

$= 4646{,}47$ A1 C3

b $VF = 4000\left(1 + \frac{3}{400}\right)^{5\times4}$ M1

Otorgar M1 por sustitución correcta en la fórmula del interés compuesto

O bien

$N = 5$

$I\% = 3$

$VA = -400$ M1

$P/Y = 1$

$C/Y = 4$

M1 por ver escritos todos los valores correctos

O bien

$N = 20$

$I\% = 3$

$VA = -4000$ M1

$P/Y = 4$

$C/Y = 4$

M1 por ver escritos todos los valores correctos

$VF = 4644{,}74$ A1

Diferencia = EUR1,73 A1 C3

Se ilustra el uso de la notación de la CPG, la cual es aceptable únicamente en este caso. Sin embargo, si la misma pregunta apareciera en la prueba 2 y la respuesta se diera sin mostrar procedimiento, entonces se otorgaría G2.

12 a -15 A1

b $S_{50} = \frac{50}{2}\left(2(437)+49(-15)\right)$ $S_{50} = 3475$ M1

c $437 - 15(k-1) < 0$ M1

Otorgar M1 por la sustitución correcta en la fórmula correcta

$k > 30{,}13...$ A1

$k = 31$ A1

13 a $(A \cap C) \cup B$ A1 A1

Otorgar A1 por ver escrito $A \cap C$

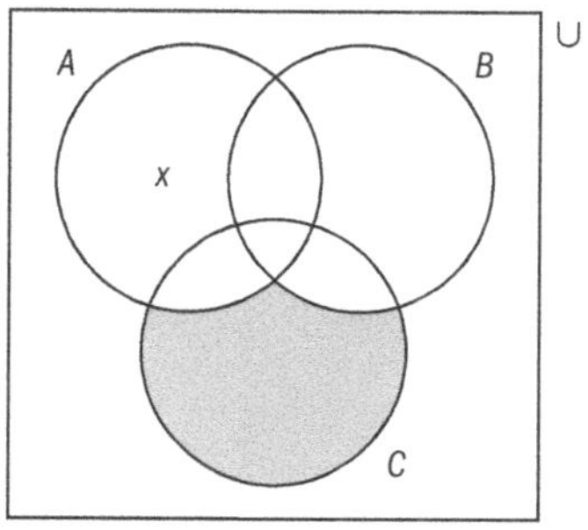

b x en la posición correcta del diagrama de Venn A2

c $(A \cup B)' \cap C$ A2

Otorgar A1 si se sombrea todo C

14 a $f'(x) = 2x - k$ A1 A1

$y = f(x)$ tiene un punto mínimo cuyas coordenadas son $(3, p)$.

b $2x - k = 0$ M1

$k = 6$ A1

c $f(3) = 3^2 - 6 \times 3$ M1

$p = -9$ A1

15 a Si los cuatro lados de un cuadrilátero no son iguales, entonces el cuadrilátero no es un rombo. A1 A1

b Si los cuatro lados de un cuadrilátero son iguales, entonces el cuadrilátero es un rombo. A1 A1

c La recíproca de **esta** proposición p **es** siempre verdadera. Un cuadrado también es un rombo. A1 A1

Esquema de calificación

Práctica para la prueba 2

1 a

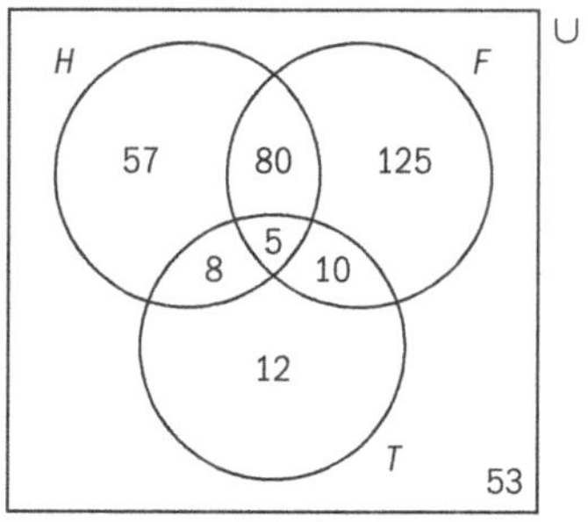

(A1) (A1) (A1) (A1) [4 puntos]

b 12 (A1) [1 punto]

c 350 − (57 + 80 + 125 + 8 + 5 + 10 + 12) (M1)

= 53 (A1) (G2) [2 puntos]

d $\frac{200}{350}\left(=\frac{4}{7}, 0{,}571; 57{,}1\%\right)$ (A1) (A1) (G2) [2 puntos]

e $\frac{13}{350}$(= 0,371; 37,1%) (A1) (A1) (G2) [2 puntos]

f $\frac{15}{350} \times \frac{14}{349}$ (A1) (M1)

$= \frac{3}{1745}(0{,}00172; 0{,}172\%)$ (A1) (G2) [3 puntos]

Total [14 puntos]

2 a i $r = 0{,}982$ (G2)

ii (Muy) fuerte, positiva (A1) (A1) [4 puntos]

b $y = 1{,}60x + 67{,}3$ (A1) (A1) (G2) [2 puntos]

c $y = 1{,}60(6) + 67{,}3$ (M1)

= 77 (aceptar 76,9 o 76) (A1) (G2) [2 puntos]

d H_0: El momento de la clase y el resultado (del examen) son independientes. (A1) [1 punto]

e 2 (A1) [1 punto]

f $\frac{40 \times 71}{146}$ (M1) (A1)

= 19,4… = 19 (AG) [2 puntos]

g $\chi^2_{calc} = 3{,}42$ (G2) [2 puntos]

h $\chi^2_{calc} < \chi^2_{crit}$ (5,991) (R1) [1 punto]

o

0,18122 > 0,05

Total [15 puntos]

3 a i $x(2x - t)$ (A1) (A1)

ii $x = 0; x = 4$ (A1) (A1)

iii $2 \times 4 - t = 0$ (M1)

$t = 8$ (A1) (G2) [6 puntos]

b $a = 2$ (A1) [1 punto]

c i −6 (G1)

ii 10 (G1) [2 puntos]

d $5m + c = 10$ (A1)

$m + c = -6$ (A1) [2 puntos]

e Calculando la diferencia entre la primera y segunda ecuación, se obtiene $4m = 16$ $m = 4$. (A1)

$c = -10$ (A1) [2 puntos]

f $g(x) = 0$ (podría estar implícito)

$4x - 10 = 0$ (M1)

$x = 2{,}5$ (A1) (G2) [2 puntos]

g $1 < x < 5$ (A1) (A1) [2 puntos]

Total [17 puntos]

4 a Área de PVR $= \frac{1}{2} \times 45 \times 60 \times \text{sen}\, 75$ (M1) (A1)

= 1303,99… (A1)

= 1304 (A1) (G3) [4 puntos]

b $x^2 = 45^2 + 60^2 - 2 \times 45 \times 60 \times \cos 75$ (M1) (A1)

$x = 65{,}0$ km (A1) (G2) [3 puntos]

c $\frac{\text{sen } 75}{65{,}01\ldots} = \frac{\text{sen } \alpha}{60}$ (M1) (A1)

$\alpha = 63{,}0$ (aceptar 63,1 en el caso de que se use 65) (A1) (G2) [3 puntos]

d $\text{MR} = \frac{60 \text{ sen } 75}{2}$ (M1) (A1) (M1)

$= 28{,}97\ldots$ (A1)

$= 29$ km (AG) [4 puntos]

e Volumen $= 150^2 \times 2{,}85$ (M1)

$= 64125 \text{ m}^3$ ($= 64100 \text{ m}^3$) (A1) (G2) [2 puntos]

La respuesta incluye la unidad.

f $64125 \times 1{,}25$ (M1)

$= 80156{,}25$ (A1) (G1) [2 puntos]

g $\frac{64\,125 \times 1000}{3}$ (M1)

$= 21375000$ ($= 21400000$) (A1) (G2) [2 puntos]

h $2{,}1375 \times 10^7$ ($2{,}14 \times 10^7$) (A1) (A1) [2 puntos]

Total [22 puntos]

La respuesta debe ser coherente con el apartado **g**.

5 a

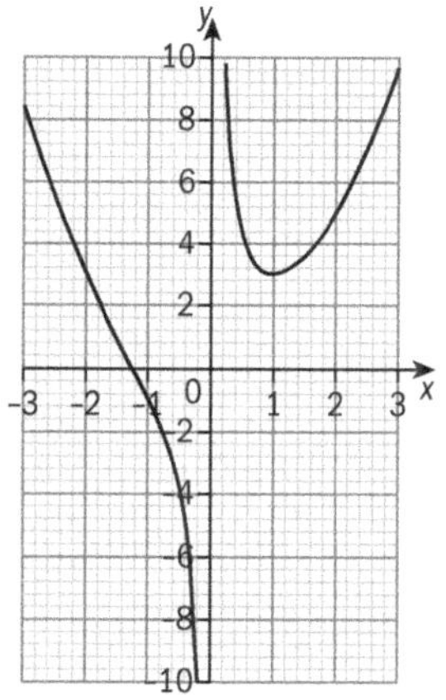

(A1) (A1) (A1) (A1) [4 puntos]

b $-1{,}26$ (G1) [1 punto]

c $f'(x) = 2x - \frac{2}{x^2}$ (A1) (A1) (A1) [3 puntos]

d $f'(x) = 0$ (M1)

$2x - \frac{2}{x^2} = 0$

$2x = \frac{2}{x^2}$ (M1)

$x^3 = 1$ (A1)

$x = 1$ (AG) [3 puntos]

e 3 (G1) [1 punto]

f La curva es creciente (o equivalente). (A2) [2 puntos]

g i $2(-2) - \frac{2}{(-2)^2}$ (M1)

$= -4{,}5$ (A1) (G2)

ii $y = -4{,}5x - 6$ (A1) (A1)

$4{,}5x + y + 6 = 0$ (o cualquier múltiplo) (A1) (G3) [5 puntos]

h Por usar su $(0, -6)$ (M1)

$\sqrt{(1-0)^2 + (3+6)^2}$ (M1)

$= 9{,}06$ (o $\sqrt{82}$) (A1) (G3) [3 puntos]

Total [22 puntos]

Índice temático